최신 기출 유형 **100%** 반영

전산응용기계제도 기능사 필기
5개년 과년도
1800제

SI 단위 적용

정연택 · 유판열 · 손일권 · 서동원 · 고강호 공저

기출문제
CBT 형식
반영

핵심 요약 + 모의고사

실무 및 강의 경험이
풍부한 최상급 저자

정확한 답과 명쾌한
해설

과목별 핵심 요약 수록

질의응답 사이트 운영
http://www.kkwbooks.com
(도서출판 건기원)

도서출판 건기원

PREFACE | 이 책의 머리말 |

    컴퓨터산업의 발달로 CAD(Computer Aided Design)/CAM(Computer Aided Manufacturing)의 응용범위가 더욱 확대되어 CAE(Computer Aided Engineering) 등으로 발전·변화하고 있으며, 그에 따라 생산부문에서 엔지니어들이 제품개발, 설계 등의 기술정보를 목적에 따라 산업표준규격에 준하여 도면으로 업무를 수행하며, 보다 나은 미래의 최첨단 기계개발을 위해 꾸준하게 노력하고 있다.

    본서는 수년간의 실무경험과 강의경험을 통해 〈전산응용기계제도기능사〉를 준비하는 수험생들에게 단기간에 가장 효율적인 학습이 되도록 변경된 출제기준에 맞게 새롭게 구성, 수험자가 반드시 알아야 할 중요한 내용을 요약 정리하였으며, 출제빈도가 높은 엄선된 예상문제를 선정 수록하여 〈전산응용기계제도기능사〉 시험에 100% 대비할 수 있도록 최선을 다하였다.

[본 교재의 특징]

- 변경된 출제기준에 의한 핵심이론을 새롭게 구성하여 변경내용을 확인하도록 하였다.
- 수험자가 단기간에 완성할 수 있도록 한국산업인력공단 출제기준안에 준하여 과목별로 단원을 분류 체계적으로 요약·정리하였다.
- 과년도 기출문제 및 CBT 관련 모의고사 예상문제를 해설과 함께 수록하여 문제해결에 도움을 주고자 하였다.
- 국제적으로 일반화된 SI 단위를 적용하였다.

    본 교재로 충분히 공부하여 〈전산응용기계제도기능사〉 자격시험에 합격하시기를 기원하며 차후 변경되는 출제 경향 및 CBT 검정 문제 등을 참조하여 계속 보완하도록 하겠습니다.

    끝으로 본서를 출간함에 있어 도움을 주시고 지도하여 주신 모든 선·후배 님들께 감사를 드리며, 도서출판 건기원 직원 여러분에게 진심으로 감사를 드린다.

저자 올림

출제기준(필기)

직무분야	기계	중직무분야	기계제작	자격종목	전산응용기계제도기능사	적용기간	2022.1.1. ~ 2024.12.31.
○직무내용: 산업체에서 제품개발, 설계, 생산기술 부문의 기술자들이 기술정보를 목적에 따라 산업표준 규격에 준하여 도면으로 표현하는 업무를 수행하는 직무이다.							
필기검정방법	객관식		문제수	60		시험시간	1시간

필기과목명	주요항목	세부항목	세세항목
기계설계제도	❶ 2D 도면 작업	① 작업환경 설정	1. 도면 영역의 크기 2. 선의 종류 3. 선의 용도 4. KS 기계제도 통칙 5. 도면의 종류 6. 도면의 양식 7. 2D CAD 시스템 일반 8. 2D CAD 입출력장치
		② 도면 작성	1. 2D 좌표계 활용 2. 도형 작도 및 수정 3. 도면 편집 4. 투상법 5. 투상도 6. 단면도 7. 기타 도시법
		③ 기계 재료 선정	1. 재료의 성질 2. 철강 재료 3. 비철금속 재료 4. 비금속 재료
	❷ 2D 도면 관리	① 치수 및 공차 관리	1. 치수 기입 2. 치수 보조 기호 3. 치수 공차 4. 기하 공차 5. 끼워 맞춤 공차 6. 공차 관리 7. 표면 거칠기 8. 표면처리 9. 열처리 10. 면의 지시기호
		② 도면출력 및 데이터 관리	1. 데이터 형식 변환(DXF, IGES)
	❸ 3D 형상 모델링 작업	① 3D 형상 모델링 작업준비	1. 3D 좌표계 활용 2. 3D CAD 시스템 일반 3. 3D CAD 입출력장치
		② 3D 형상 모델링 작업	1. 3D 형상 모델링 작업
	❹ 3D 형상 모델링 검토	① 3D 형상 모델링 검토	1. 조립 구속조건 종류
		② 3D 형상 모델링 출력 및 데이터 관리	1. 3D CAD 데이터 형식 변환(STEP, STL, PARASOLID, IGES)
	❺ 기본측정기 사용	① 작업계획 파악	1. 측정 방법 2. 단위 종류
		② 측정기 선정	1. 측정기 종류 2. 측정기 용도 3. 측정기 선정
		③ 기본측정기 사용	1. 측정기 사용 방법

필기과목명	주요항목	세부항목	세세항목
	❻ 조립도면 해독	① 부품도 파악	1. 기계 부품 도면 해독 2. KS 규격 기계 재료 기호
		② 조립도 파악	1. 기계 조립 도면 해독
	❼ 체결 요소 설계	① 요구기능 파악 및 선정	1. 나사 2. 키 3. 핀 4. 리벳 5. 볼트·너트 6. 와셔 7. 용접 8. 코터
		② 체결요소 선정	1. 체결요소별 기계적 특성
		③ 체결요소 설계	1. 체결요소 설계 2. 체결요소 재료 3. 체결요소 부품 표면처리 방법
	❽ 동력 전달 요소 설계	① 요구기능 파악 및 선정	1. 축 2. 기어 3. 베어링 4. 벨트 5. 체인 6. 스프링 7. 커플링 8. 마찰차 9. 플랜지 10. 캠 11. 브레이크 12. 래칫 13. 로프
		② 동력 전달 요소 설계	1. 동력 전달 요소 설계 2. 동력 전달 요소 재료 3. 동력 전달 요소 부품 표면처리 방법

※ 자세한 출제기준은 한국산업인력공단(http://www.q-net.or.kr/)에서 확인하실 수 있습니다.

CONTENTS | 이 책의 차례 |

핵심 요약

CHAPTER 1 | 2D 도면 작업
01. 작업환경 설정 ·················· 12
02. 도면 작성 ······················· 34
03. 기계 재료 선정 ················ 56

CHAPTER 2 | 2D 도면 관리
01. 치수 및 공차 관리 ············ 95

CHAPTER 3 | 3D 형상 모델링 작업
01. 3D 형상 모델링 작업준비 ········· 151
02. 3D 형상 모델링 작업 ············· 157

CHAPTER 4 | 3D 형상 모델링 검토
01. 3D 형상 모델링 검토 ·············· 171
02. 3D 형상 모델링 출력 및 데이터 관리 173

CHAPTER 5 | 기본측정기 사용
01. 작업계획 파악 ·················· 177
02. 측정기 선정 ···················· 179
03. 기본측정기 사용 ················ 193

CHAPTER 6 | 조립도면 해독
01. 부품도 파악 ···················· 200

CHAPTER 7 | 체결 요소 설계
01. 요구기능 파악 및 선정 ·········· 205

CHAPTER 8 | 동력 전달 요소 설계
01. 요구기능 파악 및 선정 ·········· 229

5개년 과년도 1800제

week ①
- 01회 CBT 모의고사 ……… 292
- 02회 CBT 모의고사 ……… 308
- 03회 CBT 모의고사 ……… 324
- 04회 CBT 모의고사 ……… 341
- 05회 CBT 모의고사 ……… 357
- 06회 CBT 모의고사 ……… 375

week ②
- 01회 CBT 모의고사 ……… 392
- 02회 CBT 모의고사 ……… 408
- 03회 CBT 모의고사 ……… 423
- 04회 CBT 모의고사 ……… 440
- 05회 CBT 모의고사 ……… 456
- 06회 CBT 모의고사 ……… 472

week ③
- 01회 CBT 모의고사 ……… 490
- 02회 CBT 모의고사 ……… 505
- 03회 CBT 모의고사 ……… 521
- 04회 CBT 모의고사 ……… 536
- 05회 CBT 모의고사 ……… 551
- 06회 CBT 모의고사 ……… 567

week ④
- 01회 CBT 모의고사 ……… 584
- 02회 CBT 모의고사 ……… 600
- 03회 CBT 모의고사 ……… 616
- 04회 CBT 모의고사 ……… 634
- 05회 CBT 모의고사 ……… 650
- 06회 CBT 모의고사 ……… 667

week ⑤
- 01회 CBT 모의고사 ……… 684
- 02회 CBT 모의고사 ……… 700
- 03회 CBT 모의고사 ……… 717
- 04회 CBT 모의고사 ……… 733
- 05회 CBT 모의고사 ……… 749
- 06회 CBT 모의고사 ……… 765

7주 완성 학습플래너

다음의 플랜은 가장 이상적인 것이므로 참고하여 개인의 입장과 일정에 맞춰 준비하시기 바랍니다.

Step 1 핵심요약 1주 소요	• 1주 동안 핵심요약을 정독하면서 중요사항은 외우고, 이해할 건 이해하고 넘어 가세요. • 핵심요약과 관련된 기출문제가 나오면 핵심요약을 보면서 기출문제를 풀어 보세요.
Step 2 기출문제 5주 소요	• 1주에 6회, 총 30회의 기출문제가 수록되어 있습니다. • 실제 시험을 치르는 것처럼 기출문제를 풀어 보세요. • 틀린 문제는 꼭 체크한 후 나중에 다시 풀어보세요.
Step 3 정리 1주 소요	• 핵심요약을 전체적으로 복습합니다. • 기출문제에서 체크해 두었던 틀린 문제만 다시 풀어보세요.

CBT 필기시험 미리 보기

http://www.q-net.or.kr

처음 방문하셨나요?

큐넷 서비스를 미리 **체험**해보고
사이트를 쉽고 빠르게 이용할 수 있는
이용 안내, 큐넷 길라잡이를 제공

- 큐넷 체험하기
- CBT 체험하기
- 이용안내 바로가기
- 큐넷길라잡이 보기
- 동영상 실기시험 체험하기
- 전문자격시험체험학습관 바로 가기

 이용방법   **큐넷에 접속**한 후, 메인 화면 하단의 **〈CBT 체험하기〉 버튼**을 클릭한다.

효율적으로 정답을 선택합시다!
(정답을 모르는 문제는 이렇게 골라보면 어떨까요?)

1. 우선 본인이 공부를 하고 50% 정답을 맞힐 수 있는 능력을 갖도록 해야 합니다.

2. 과목별 과락은 넘고 평균 60점이 안 되는 분을 위해 적용하는 것입니다.

3. 확실히 아는 문제의 답만 답안지에 표시합니다.

4. 확실히 정답을 모르는 문제 중 정답이 아닌 지문 2개를 선택합니다.
   (예) ① ② ③̸ ④̸

5. 다시 모르는 문제의 지문 2개를 연구하여 선택합니다. 이때 확신이 없으면 정답으로 선택해서는 안 됩니다(절대 추측은 금물입니다).

6. 답안지에 확실히 정답을 표시한 문제 10개의 정답 분포를 나열합니다.
   (예) ① ② ③ ④
       3 0 2 5

7. 나머지 정답을 모르는 문제 10개를 나열해 봅니다.

1번 ① ② ③̸ ④̸	14번 ①̸ ② ③ ④
⋮	⋮
5번 ① ②̸ ③̸ ④	15번 ① ② ③̸ ④̸
⋮	
7번 ①̸ ② ③ ④̸	17번 ①̸ ② ③̸ ④
⋮	⋮
10번 ①̸ ②̸ ③ ④	19번 ① ② ③̸ ④̸
⋮	⋮
12번 ① ②̸ ③ ④̸	20번 ①̸ ② ③̸ ④

8. 위와 같이 정답을 모르는 문제들 중에 2개 지문이 정답이 아닌 것을 사전에 알 정도로 공부가 되어 있어야 합니다.

9. 이제 정답을 모르는 문제의 답을 확실한 정답 분포와 비교하여 선택해 봅니다.
   1빈 ②, 5번 ①, 7번 ②, 10번 ③, 12번 ③, 14번 ③, 15번 ②, 17번 ②, 19번 ①, 20번 ②

10. 공부를 하시고 이 방법으로 적용하여야 합니다.

효율적으로 공부하여 합격합시다!

1. 특정 과목을 선택하여 문제를 처음부터 끝까지 그 과목만 우선 마무리 진행합니다.

2. 해설의 풀이 과정을 이해하고 관련된 공식을 암기하도록 합니다.

3. 해설이나 보충 내용은 아주 중요한 부분이므로 절대 소홀히 보시면 안 되겠습니다(보충 내용은 시험에 많이 출제된 내용으로 편성되었습니다).

4. 문제를 접하면서 어려운 부분이나 핵심이 되는 내용은 별도의 노트를 준비하여 요약을 간단히 합니다.

5. 또한, 다른 특정 과목을 선택하여 위 방법으로 진행하면서 앞에 공부했던 과목을 같이 병행해 나아가는데, 이때 어려운 부분이나 관련된 핵심의 공식을 점검합니다.

6. 위와 같은 방법으로 반복하여 3회 정도 하면 합격을 하실 수 있습니다.

7. 시험 보기 일주일 전에는 과목별로 노트에 요약된 내용을 총점검하면서 오전, 오후로 나누어 과목별 문제를 가볍고 빠르게 점검합니다.

전산응용기계제도기능사

핵심요약

- CHAPTER 1. 2D 도면 작업
- CHAPTER 2. 2D 도면 관리
- CHAPTER 3. 3D 형상 모델링 작업
- CHAPTER 4. 3D 형상 모델링 검토
- CHAPTER 5. 기본측정기 사용
- CHAPTER 6. 조립도면 해독
- CHAPTER 7. 체결 요소 설계
- CHAPTER 8. 동력 전달 요소 설계

CHAPTER 1 2D 도면 작업

01 작업환경 설정

1 도면 영역의 크기

1) 도면 한계의 기능

일반적인 도면 한계의 기능은 다음과 같다.
① 모눈(grid) 표시의 범위
② 엔티티(entity)의 작도 가능 영역 제한
③ 줌(zoom)/All 표시 영역
④ 플롯(plot) 명령의 영역 옵션 기능

2) 도면 한계 설정의 이점

① 설계 작업속도와 업무 효율성이 증진된다.
② 작도를 도면 한계 영역 내에서만 할 수 있다.

3) 도면 규격 한계(limits)를 설정

① 오토캐드 윈도우 화면의 하단에 위치한 명령 입력창에 'limits'라고 입력한 다음 Enter↵ 한다.
② '왼쪽 아래 구석 지정 또는 [켜기(on)/끄기(off)] 〈0.0000,0.000〉:'이라는 메시지가 나타나면 기준 값이 되도록 별도의 값을 입력하지 않고 Enter↵ 한다.
③ '오른쪽 위 구석 지정 〈12.0000, 9.0000〉:'이라는 메시지에 원하는 용지 규격의 크기(예 A3의 경우: 594,420)를 입력하고 Enter↵ 한다.

4) 용지 크기 설정

〈표 1-1〉 용지 크기

한국산업규격 호칭	용지 크기	플로팅 용지규격 호칭	용지 크기
A0	1,189×841	S2700	2,689×841
A1	841×594	S2100	2,089×841
A2	594×420	S1800	1,789×841
A3	420×297	S1500	1,489×841
A4	297×210	-	-

5) 척도(scale)를 설정

도면에 사용하는 척도는 다음에 따른다.

① 축척: 실물을 축소해서 그린 도면
② 현척(실척): 실물과 같은 크기로 그린 도면
③ 배척: 실물을 확대해서 그린 도면
④ NS(Non Scale): 비례척이 아닌 임의의 척도

〈표 1-2〉 척도의 종류

종류	의미	기준 축척(기계 도면의 경우)
축척	실물 크기보다 작게	1:2, 1:5, 1:10, 1:20, 1:50, 1:100, 1:200
현척	실물 크기와 같게	1:1
배척	실물 크기보다 크게	2:1, 5:1, 10:1, 20:1, 50:1

⑤ 척도의 표시 방법: 척도는 A:B로 표시한다(A: 도면 영역에서의 크기, B: 대상물의 실제 크기).
⑥ 척도의 기입 방법: 척도는 도면의 표제란에 기입한다. 같은 도면에 다른 척도를 사용할 때는 필요에 따라 그 그림 부근에도 기입한다. 도형이 치수에 비례하지 않는 경우에는 그 취지를 적당한 곳에 명기한다. 단, 이들 척도의 표는 잘못 볼 염려가 없을 경우에는 기입하지 않아도 좋다.

6) 윤곽선을 설정

윤곽선은 도면 한계 영역보다 작아야 하며, 10mm 작게 하는 경우 다음과 같이 설정한다.
① 오토캐드 윈도우 화면의 하단에 위치한 명령 입력창에 'REC'라고 입력한 다음 Enter 한다.
② '첫 번째 구석점 지정 또는 [모따기(C)/고도(E)/모깎기(F)/두께(T)/폭(W)]:' 값에 '10,10'을 입력한 다음 Enter 한다.
③ 'RECTANG 다른 구석점 지정 또는 [영역(A) 치수(D) 회전(R)]:' 값에 '584,410'을 입력하고 Enter 하면, 574×400 크기의 윤곽선이 그려진다.

7) 도면 템플릿을 설정

(1) 도면 템플릿 파일에 저장해야 하는 항목을 설정

① 도면 규격 한계(limits)
② 축척(scale)
③ 단위 및 형식
④ 윤곽선(border), 표제란, 부품란, 중심 마크
⑤ 도면층 작성 및 설정

⑥ 선 종류와 선 가중치 설정
⑦ 문자 스타일 및 치수 스타일
⑧ 품번, 다듬질 등 각종 기호
⑨ 플롯 및 게시 설정

(2) 도면 템플릿을 작성
① 시작 화면에서 확장자가 'dwt'인 기존 도면 또는 도면 템플릿을 열어 새 템플릿을 작성한다.
② 도면에서 유지하지 않을 개체를 모두 지운다.
③ 도면 규격 한계를 설정한다. 기본값이 A3이므로 다른 용지 크기를 원하는 경우 변경한다.
④ 관련 규격과 대상품에 따라 도면의 축척과 단위, 형식을 지정한다.
⑤ 윤곽선을 지정한다. 이때 윤곽선은 도면 규격 한계보다 10mm 정도 작게 설정하고, 윤곽선을 참조하여 중심 마크를 한다.
⑥ 표제란 및 부품 목록란을 추가한다. 표제란은 제도 규격에 정확한 규정이 없으므로 산업 현장에서는 일반적으로 설계를 수행하는 업무 표준으로 설정하여 도면 템플릿에 포함하여 관리하므로 참조한다.
⑦ 대상품의 복잡성 등을 고려하여 필요한 경우 도면층을 설정하고, 선의 종류와 선가중치를 함께 설정한다.
⑧ 문자 스타일 및 치수 스타일은 관련 산업 규격 또는 사내 표준 규격에 따라 설정한다.
⑨ 설정이 완료되면 '응용프로그램 → 다른 이름으로 저장 → Auto CAD 도면 템플릿'을 클릭하여 템플릿 파일을 저장한다. 필요시 템플릿에 대한 설명을 입력해 두면 템플릿을 식별하는 데 도움이 된다.

8) 도면층의 기능
① 도면 자체는 물론이고 다양한 객체들의 관리가 용이하다.
② 매우 복잡한 도면을 작업하는 경우, 화면에 객체를 일시적으로 숨기거나 필요시 다시 표시할 수 있다.
③ 객체가 화면에 표시되지만 선택 불가능(잠금)으로 설정하면, 편집 작업을 좀 더 쉽고 빠르게 수행할 수 있다.
④ 객체의 선 가중치와 지정된 색상에 따라 최종 도면을 인쇄할 수 있다.
⑤ 네트워크 설계 환경에서 프로젝트를 수행하는 경우, 외부 참조한 도면의 잠긴 도면층 객체들은 수정할 수 없어 자동으로 보호되어 동시 공동 작업을 수행할 수 있다.

9) 도면층(layer)을 설정
도면층을 작성은 도면층은 layer 명령에서 만들고, 작업 시에 도면층을 관리해야 하는 경우는 layers 툴바의 layer control을 이용하면 편리하다.

① 도면층 특성 관리자에서 새 도면층을 클릭하면 도면층 이름이 도면층 리스트에 추가된다.
② 강조된 도면층 이름 위에 새 도면층 이름을 입력한다.
③ 도면층 이름은 255자(2바이트 또는 영숫자)까지 허용되며, 문자, 숫자, 공백, 몇몇 특수 문자를 포함한다.
④ 도면층 이름에 포함할 수 없는 문자는 〈 〉 / ₩ " : ; ? * | = ' 등이다.
　㉠ 도면층이 많은 복잡한 도면의 경우에는 설명 열에 설명 문자를 입력한다.
　㉡ 각 열을 클릭하여 새 도면층의 설정 및 기본 특성을 지정한다.

10) 도면을 출력

(1) 페이지 설정하기를 한다.
이름은 저장한 목록을 선택하여 현재 설정한 값으로 저장하고 새로운 플롯 이름은 새로운 이름을 입력한다.

(2) 프린터와 플로터 선택하기를 한다.
이름은 도면을 출력할 프린터 또는 플로터를 선택하고 출력한다.

(3) 플롯 영역 설정하기를 한다.
플롯으로 출력할 도면 영역을 설정하고 도면의 한계 영역(디스플레이에 표시된 부분)으로 설정한 부분만 출력한다.

(4) 플롯 축척 설정하기를 한다.
도면이 용지에 출력할 비율과 용지 단위를 지정한 후 용지에 꼭 맞게 설정하여 출력한다.

2 선의 종류

1) 선의 굵기 및 종류 구별
도면을 작성할 경우 도형의 외형선과 중심선 그리고 치수선과 치수보조선 등을 아래 언급된 규칙에 따라 구별하여 작성한다.

① 선의 굵기 기준은 0.18mm, 0.25mm, 0.35mm, 0.5mm, 0.7mm, 1mm로 한다.
② 가는 선, 굵은 선, 및 극히 굵은 선의 굵기 비율은 1 : 2.5 : 5(또는, 1 : 2 : 4)로 한다.
③ 모양에 따른 선의 종류(단속 형식에 따른 종류)
　㉠ 실선(─────): 연속된 선으로 끊어짐 없이 연속되게 그린다.
　㉡ 파선(┈┈┈┈): 짧은 선을 약간의 간격으로 나열한 선으로 선의 길이와 간격의 비율 기준을 2 : 1로 한다.
　㉢ 1점쇄선(─·─·─): 긴 선과 짧은 선 1개를 서로 규칙적으로 나열한 선으로 긴 선의 길이와 간격, 그리고 짧은 선 길이의 비율 기준을 9 : 1 : 1로 한다.

ⓔ 2점쇄선(─··─··─): 긴 선과 짧은 선 2개를 서로 규칙적으로 나열한 선으로 긴 선의 길이와 간격, 짧은 선 길이와 간격, 짧은 선의 비율 기준을 15 : 1 : 1 : 1 : 1로 한다.
④ 굵기에 따라 분류한 선
  ㉠ 가는 선: 굵기가 0.18~0.5mm인 선
  ㉡ 굵은 선: 굵기가 0.35~1mm인 선(가는 선 굵기의 2배)
  ㉢ 아주 굵은 선: 굵기가 0.7~2mm인 선(굵은 선 굵기의 2배)

3 선의 용도

1) 선의 용도에 따라 분류한 선

〈표 1-3〉와 같이 사용한다. 또한, 이 표에 의하지 않는 선을 사용할 때에는 그 선의 용도를 도면 안에 주기한다.

〈표 1-3〉 선의 종류에 의한 사용방법 KS B 0001

용도에 의한 명칭	선의 종류		선의 용도
외형선	굵은 실선	───────	대상물의 보이는 부분의 형상을 표시
치수선	가는 실선		치수를 기입하기 위하여 사용
치수 보조선			치수를 기입하기 위하여 도형으로부터 끌어내는 데 사용
지시선			기술, 기호 등을 표시하기 위하여 끌어내는 데 사용
회전 단면선			도형 내에 그 부분의 끊은 곳을 90도 회전하여 표시
중심선			도형의 중심선을 간략하게 표시
수준면선(2)			수면, 유면 등의 위치를 표시
숨은선	가는 파선 또는 굵은 파선	-------------	대상물의 보이지 않는 부분의 형상을 표시
중심선	가는 1점 쇄선	─·─·─	• 도형의 중심을 표시 • 중심 이동한 중심 궤적을 표시
기준선			위치 결정의 근거가 된다는 것을 명시할 때 사용
피치선			되풀이하는 도형의 피치를 취하는 기준을 표시
특수 지정선	굵은 1점 쇄선	─·─·─	특수한 가공을 하는 부분 등 특별한 요구사항을 적용할 수 있는 범위를 표시하는 데 사용
가상선(3)	가는 2점 쇄선	─··─··─	• 인접부분을 참고로 표시 • 공구, 지그의 위치를 참고로 표시 • 가동부분을 이동 중의 특정한 위치 또는 이동 한계의 위치를 표시 • 가공 전 또는 가공 후의 형상을 표시 • 되풀이하는 것을 표시 • 도시된 단면의 앞쪽에 있는 부분을 표시
무게 중심선			단면의 중심을 연결한 선을 표시

용도에 의한 명칭	선의 종류	선의 용도
파단선	불규칙한 파형의 가는 실선 또는 지그재그선	대형물의 일부를 파단한 경계 또는 일부를 떼어낸 경계를 표시
절단선	가는 1점 쇄선으로 끝부분 및 방향이 변하는 부분을 굵게 한 것(4)	단면도를 그리는 경우 그 절단위치를 대응하는 도면에 표시하는 데 사용
해칭	가는 실선으로 규칙적으로 줄을 늘어 놓은 것	도형의 한정된 특정 부분을 다른 부분과 구별하는 데 사용
특수한 용도의 선	가는 실선	• 외형선 및 은선의 연장을 표시 • 평면이란 것을 표시 • 위치를 명시하는 데 사용
	아주 굵은 실선	얇은 부분의 단면도시를 명시하는 데 사용

2) 겹치는 선의 우선순위

도면에서 2종류 이상의 선이 같은 장소에 중복될 경우에는 다음에 순위에 따라 우선되는 종류의 선부터 그린다.

① 외형선 ② 숨은선
③ 절단선 ④ 중심선
⑤ 무게 중심선 ⑥ 치수 보조선

3) 선의 용법

선의 용법은 KS A 0109의 5에 따르는 외에, 파단선은 가는 실선에 의하여 3종류로 그린다.

〈표 1-4〉 선의 용법

선의 종류	선의 용도
파형의 선	내부 설명을 위하여 일부를 제거한 부분의 파단선
지그재그 선	일부를 도면상에서 생략한 것이 분명한 경우에 사용하는 파단선
8자형의 선	원통 모양 물체를 축직각으로 파단하였을 때의 파단선

4) 선 긋는 방법 중 중심선을 기입하는 방법

도형에 중심이 있을 때에는 반드시 중심선(0.1~0.25mm)을 기입하는 것이 바람직하다.

① 평행선은 선 간격을 선 굵기의 3배 이상으로 하여 긋는다. 다만, 선의 틈새는 0.7mm 이상으로 한다.
② 밀접한 교차선의 경우에는 그 선 간격을 선 굵기의 4배 이상으로 하여 긋는다.
③ 많은 선이 한 점에 집중하는 경우에는 선 간격이 선 굵기의 약 3배가 되는 위치에서 선을 멈춰, 점의 주위를 비우는 것이 좋다.
④ 1점 쇄선 및 2점 쇄선은 긴쪽 선으로 시작하고 끝나도록 긋는다.
⑤ 실선과 파선, 파선과 파선이 서로 만나는 부분은 이어지도록 그린다.
⑥ 1점 쇄선(중심선)끼리 서로 만나는 부분은 이어지도록 긋는다.
⑦ 파선이 서로 평행할 때에는 서로 엇갈리게 그린다.
⑧ 원호와 직선이 서로 만나는 부분은 층이 나지 않게 그린다.
⑨ 모서리에서는 서로 이어지도록 긋는다.

5) CAD 제도에 사용되는 문자

KS A 0107에 따르며, 그 외에는 다음과 같이 한다.

(1) 숫자 · 영문자

서체는 B형 사체를 기본으로 한다. 다만, 특별히 필요한 경우에는 이에 한하지 않는다.

(2) 수치의 소수점

1문자분을 취하여 그 중앙 하부에 기입한다.

(3) 도면 중의 일련의 기술에 사용하는 문자

크기 비율은 한자 : 숫자 · 영문자 = 1 : 0.83으로 하는 것이 바람직하다.

4 KS 기계제도 통칙

1) 표준부품과 설계 규격

① 각 국가에서는 기계 또는 설비 등을 제작할 때 제품의 호환성이나 효율적인 유지보수를 위해 주요 기계요소 같은 부품에 대한 표준과 설계규격을 제정하여 운영하고 있다.
② 우리나라의 경우 한국산업규격 KS(Korean Industrial Standards)를 1961년도부터 제정하여 운영하고 있다. 또한, 전세계 모든 국가가 공유하는 표준의 운영을 위해 국제표준화기구 ISO(International Organization For Standardization)를 만들어 표준을 관리하고 있다.

〈표 1-5〉 각국의 산업 규격

국가 및 기구	규격 기호	제정 연도
영 국	BS(British Standards)	1901
독 일	DIN(Deutsche Industrie Normen)	1917
미 국	ANSI(American National Standards Institute)	1918
스 위 스	SNV(Schweitzerish Normen des Vereinigung)	1918
프 랑 스	NF(Norme Francaise)	1918
일 본	JIS(Japanese Industrial Standards)	194
한 국	KS(Korean Industrial Standards)	1961
국 제 표 준 화 기 구	ISO(International Organization for Standardization)	1946

③ 국가산업(공업)표준 밑에는 기계, 전기, 건축 등 각 분야별로 규격을 분류하여 분류 기호와 규격 번호를 부여하여 관리하고 있다. 한국산업규격의 경우 KS 뒤에 A, B와 같은 알파벳을 추가하여 분류기호를 설정하고 있는데 분야별 분류 기호는 〈표 1-6〉과 같다.

〈표 1-6〉 KS의 분류 기호

분류	KS	KS	KS	KS	KS	KS	KS	KS	KS	KS	KS	KS	KS	KS	KS
기호	A	B	C	D	E	F	G	H	K	L	M	P	R	V	W	X
부문	기본	기계	전기	금속	광산	토건	일용품	식료품	섬유	요업	화학	의료	수송기계	조선	항공	정보산업

④ 분류 기호 밑에는 분류별 0001부터 시작되는 규격번호를 사용하는데, 규격을 설명할 때는 분류 기호와 규격번호를 합쳐 KS B 0001(기계제도)과 같은 형식으로 사용한다. 전 세계 대부분의 국가가 특수한 경우를 제외하고는 일반적인 표준부품과 설계 규격을 모두 이와같은 분류 기호와 규격번호로 관리 및 활용하고 있다고 생각하면 된다.

⑤ 도면을 작성하거나 제품을 제작할 때 국내 규격과 국제 규격이 중복되는 경우 두 가지 중 어떤 것을 사용하여도 상관없으나 가능한 한 작업 요구사항에 맞게 사용하고 작업 요구사항에 규격에 대한 내용이 없을때에는 수출 등 다른 국가와 협력 또는 거래하는 경우라면 해당 국가 규격이나 국제 규격을 사용하는 것이 유리하다.

〈표 1-7〉 KS B 기계 부문 분류 규격

규격번호	0001~0809	1000~2403	3001~3402	4001~4606
관련 분류	기계 기본	기계요소	공구	공작기계
규격번호	5301~5531	6001~6430	7001~7702	8007~8591
관련 분류	측정기용 기계기구, 물리 기계	일반기계	산업기계	철도 용품

5 도면의 종류

1) 용도에 따른 분류

(1) 계획도(scheme drawing)
설계자의 설계 의도와 계획을 나타낸 도면

① 기본설계도(preliminary drawing): 제작도 또는 실시 설계도를 작성하기 전에 필요한 기본적인 설계를 나타낸 계획도
② 실시설계도(working drawing): 건조물을 실제로 건설하기 위한 설계를 나타낸 계획도 (토목 부문, 건축 부문)

(2) 제작도(manufacture drawing, production drawing)
건설 또는 제조에 필요한 모든 정보를 전달하기 위한 도면

① 공정도(process drawing): 제조 공정의 도중 상태, 또는 일련의 공정 전체를 나타낸 제작도로 공작 공정도, 검사도, 설치도가 포함된다.
② 시공도(working diagram): 현장 시공을 대상으로 해서 그린 제작도(건축 부문)
③ 상세도(detail drawing): 건조물이나 구성재의 일부에 대해서 그 형태·구조 또는 조립·결합의 상세함을 나타낸 제작도(건축 부문)

(3) 주문도(drawing for order)
주문하는 사람이 주문하는 물건의 크기, 형태, 정밀도, 정보 등의 주문 내용을 나타낸 도면으로 주문서에 첨부한다.

(4) 견적도(drawing for estimate, estimation drawing)
견적 의뢰를 받은 사람이 의뢰 받은 물건의 견적 내용을 나타낸 도면으로 견적서에 첨부한다.

(5) 승인도(approved drawing)
주문자 또는 기타 관계자의 승인을 얻은 도면이다.

(6) 설명도(explanation drawing)
사용자에게 물품의 구조·기능·성능 등을 설명하기 위한 도면으로 주로 카탈로그(catalogue)에 사용한다.

2) 내용에 따른 분류

(1) 부품도(part drawing)
부품에 대하여 최종 다듬질 상태에서 구비해야 할 사항을 완전히 나타내는 데 필요한 모든 정보를 기록한 도면이다.

(2) 조립도(assembly drawing)

2개 이상의 부품이나 부분 조립품을 조립한 상태에서 그 상호관계와 조립에 필요한 치수 등을 나타낸 도면으로 도면 내에 부품란을 포함하는 것과 별도의 부품표를 갖는 것이 있다.

① 총조립도(general assembly drawing): 대상물 전체의 조립상태를 나타낸 조립도
② 부분 조립도(partial assembly drawing): 대상물 일부분의 조립상태를 나타낸 조립도

(3) 기초도(foundation drawing)

기계나 구조물을 설치하기 위한 기초를 나타낸 도면

(4) 배치도(layout drawing, plot plan drawing)

지역 내의 건물 위치나 공장 내부에 기계 등의 설치 위치의 상세한 정보를 나타낸 도면

(5) 배근도(bar arrangement drawing)

철근의 치수와 배치를 나타낸 도면

(6) 장치도(plan layout drawing)

장치 공업에서 각 장치의 배치, 제조 공정의 관계 등을 나타낸 도면

(7) 스케치도(sketch drawing)

기계나 장치 등의 실체를 보고 프리핸드(freehand)로 그린 도면

6 도면의 양식

1) 도면의 크기

원도 및 복사한 도면의 마무리 치수는 종이의 재단 치수에서 규정하는 A0~A4에 따른다. 제도용지의 크기는 A열 크기를 사용한다. 다만, 연장할 때는 연장 크기를 사용한다. 제도용지의 세로와 가로의 비는 $1 : \sqrt{2}$이며, 원도의 크기는 긴 쪽을 좌우 방향으로 놓고 사용한다. 다만 A4는 짧은 쪽을 좌우 방향으로 놓고 사용할 수 있다.

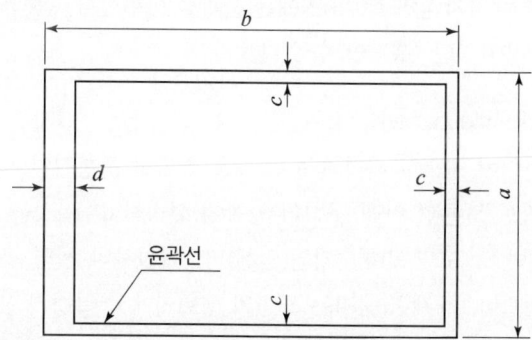

[그림 1-1] 제도용지의 세로와 가로의 비 $1 : \sqrt{2}$

〈표 1-8〉 종이의 재단 치수

호칭방법		A0	A1	A2	A3	A4
a × b		841×1189	594×841	420×594	297×420	210×297
C(최소)		20	20	10	10	10
d(최소)	철하지 않을 때	20	20	10	10	10
	철할 때	25	25	25	25	25

2) 도면의 양식

- 설정하지 않으면 안 되는 사항: 도면의 윤곽 – 윤곽선, 중심 마크, 표제란
- 설정하는 것이 바람직한 사항: 비교 눈금, 도면의 구역 – 구분 기호, 재단 마크, 부품란 – 대조 번호, 도면의 내역란

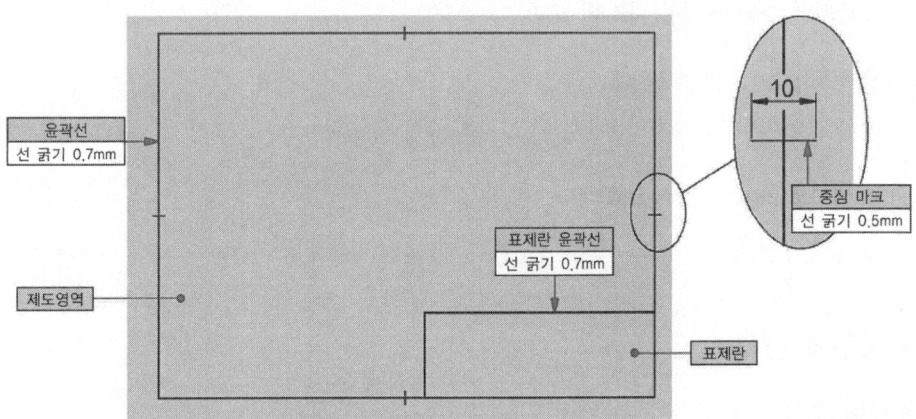

[그림 1-2] 반드시 마련해야 할 양식

(1) 윤곽 및 윤곽선(border & borderline)

도면에 담아 넣는 내용을 기재하는 역할을 명확히 하고, 용지의 가장자리에서 생기는 손상으로 기재 사항을 해치지 않도록, 도면에는 윤곽을 마련한다. 윤곽의 크기는 굵기 0.5mm 이상의 실선을 사용하지만, 생략할 수 있다.

(2) 표제란(title block, title panel)

표제란은 도면 관리에 필요한 사항과 도면 내용에 관한 정형적인 사항 등을 정리하고 기입하기 위하여 윤곽선 오른편 아래 구석의 안쪽에 설정하고, 이것을 도면의 정위치로 한다. 표제란에는 도면번호, 도면 명칭, 기업(단체)명, 책임자의 서명, 도면작성 연월일, 척도, 투상법 등을 기입한다. 표제란 문자는 도면의 정위치에서 읽는 방향으로 기입하고, 도면번호란은 표제란 중 가장 오른편 아래에 길이 170mm 이하로 마련한다.

(3) 부품란(item block)

부품란은 도면에 나타난 대상물 또는 그 구성하는 부품의 세부 내용을 기입하기 위해서 일반적으로 도면의 오른편 아래 표제란 위 또는 도면의 오른편 위에 설정한다. 부품란에는 부품 번호(품번), 부품 명칭(품명), 재질, 수량, 무게, 공정, 비고란 등을 마련한다. 이때 부품 번호는 부품란이 오른편 위에 위치할 때는 위에서 아래로, 오른편 아래에 위치할 때는 아래에서 위로 나열하여 기록한다.

(4) 중심 마크(centering mark)

중심 마크는 도면을 마이크로필름에 촬영하거나 복사할 때의 편의를 위하여 마련한다. 윤곽선 중앙으로부터 용지의 가장자리에 이르는 굵기 0.5mm의 수직의 직선으로, 허용치는 ±5mm로 한다.

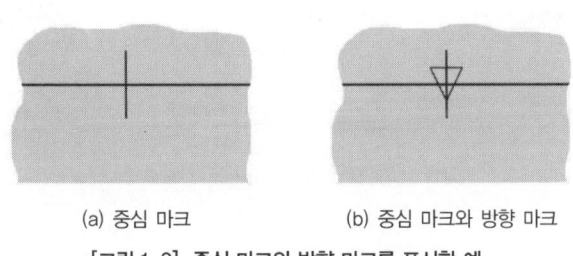

(a) 중심 마크   (b) 중심 마크와 방향 마크

[그림 1-3] 중심 마크와 방향 마크를 표시한 예

(5) 비교 눈금(metric reference graduation)

비교 눈금은 도면을 축소 또는 확대했을 경우, 그 정도를 알기 위해 도면의 아래쪽에 중심 마크를 중심으로 하여 마련한다.

(6) 표제란의 양식 종류와 등록 정보 내용

KS A ISO 7200은 3종류의 표제란을 규정하며 [그림 1-4]와 같이 등록정보를 표시한다.

ⓐ: 알파벳 문자 기호와 아라비아 숫자로 표시된 도면 번호
ⓑ: 반드시 도면 번호 위 칸에 표시된 도면 제목(도면 명칭)
ⓒ: 회사(소속)명 (도면의 법적 소유자명)을 그림이나 문자, 기호(상징 로고, 등록상표 등)

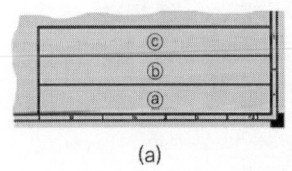 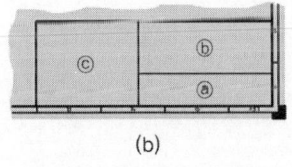 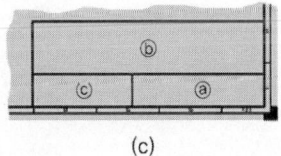

(a)   (b)   (c)

[그림 1-4] 표제란의 등록정보

(7) 도면을 접을 경우의 크기

복사한 도면을 접을 때는 그 크기를 원칙적으로 210×297mm(A4 크기)로 한다. 이때 표제란에 기재한 도면 번호 또는 도면 명칭이 접은 최상면에게 나타나도록 하여야 한다. 그러나 원도는 접지 않는 것이 보통이며 원도를 말아서 보관할 때 안지름이 40mm 이상으로 한다.

(8) 재단 마크

복사한 도면을 재단하는 경우의 편의를 위하여 원도에 재단 마크를 마련하는 것이 바람직하다.

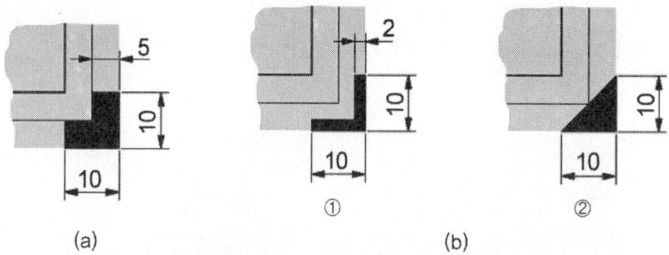

[그림 1-5] 재단 마크의 용지 크기별 치수

(9) 구역 표시

구역 표시는 도면을 읽을 때 윤곽 안에 있는 특정한 부분의 부품도를 읽거나, 지시해야 할 때는 [그림 1-6]과 같이 구역을 표시해 주면 편리하다. 중심 마크를 기준으로 하여 좌우 또는 상하로 한 칸당 50mm 간격으로 0.35mm 굵기의 실선을 윤곽선으로부터 바깥쪽으로 5mm 폭을 긋고 가로 방향은 아라비아 숫자, 세로 방향은 영문자의 대문자로 구역표시 기호를 표시한다.

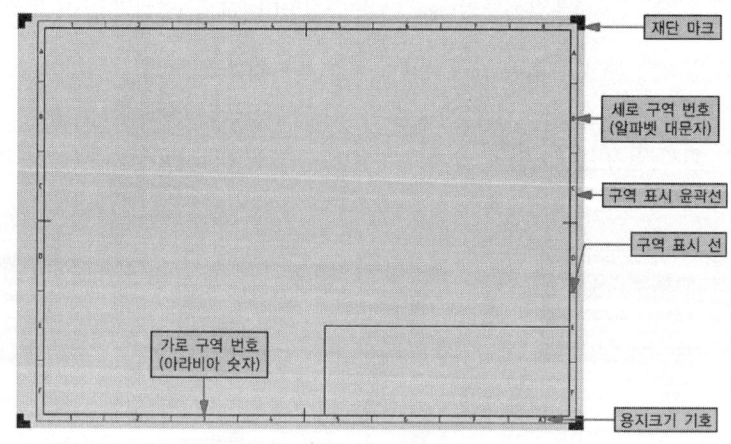

[그림 1-6] 도면에 마련하는 것이 바람직한 양식

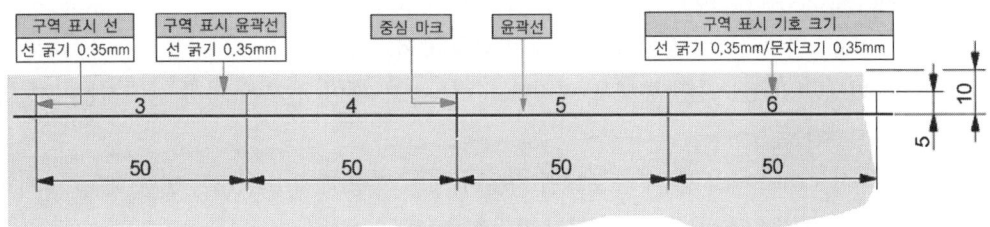

[그림 1-7] 도면의 구역표시

7 2D CAD 시스템 일반

1) 기억장치

(1) 주기억장치

임의의 접근 방식의 기억장치로, 프로그램이나 데이터, 처리결과를 기억한다. 이때 기억공간의 크기에 제한을 받지만 처리속도가 빠르며 ROM과 RAM으로 구성되어 있다.

① ROM: 기억되고 있는 데이터를 읽기만 가능한 비휘발성 메모리
② RAM: 전원이 켜진 상태일 경우에 한해서 읽고 쓰기가 가능한 휘발성 메모리로 RAM의 종류는 크게 SRAM(정적 RAM)과 DRAM(동적 RAM)으로 분류

(2) 기타 기억장치

① 플래시 메모리(flash memory): 플래시 EEPROM이라고도 하며, RAM처럼 저장된 정보를 변경하거나 ROM처럼 한 번 기억된 정보를 유지할 수 있다는 장점이 있으며, 기록된 내용이 유지되는 비휘발성 메모리로 휴대용 컴퓨터나 노트북의 하드디스크 역할 또는 BIOS같이 적은 양의 정보를 기록하는 역할 수행하며 전기적으로 기억된 정보를 삭제하고, 다른 정보를 써넣을 수 있음
② 캐시 메모리(cache memory): CPU와 DRAM으로 구성된 주기억장치와의 처리 속도 차를 줄이기 위해 SRAM으로 구성된 캐시 메모리를 두어 CPU의 작업을 돕는 데 사용함
③ 가상 기억장치(virtual memory): 기억장치의 용량을 보다 크게 사용하기 위한 것으로 디스크의 메모리를 주기억장치와 같이 사용할 수 있도록 하는 것
④ 연관 기억장치(associative memory): CAM(Content Addressable Memory)이라고도 하며, 기억된 내용 일부를 이용하여 데이터에 직접 접근할 수 있는 메모리

2) 중앙처리장치

(1) 중앙처리장치(CPU: Central Processing Unit)

컴퓨터 시스템에서 가장 핵심이 되는 장치로 인간의 뇌에 해당한다. 시스템 전체 상태를 총괄하고 제어 및 처리 데이터에 대해 연산(논리연산과 산술연산)을 수행하는 장치 중앙처리장치의 구성은 크게 제어장치와 논리 연산장치(ALU)로 되어 있다.

① 제어장치(control unit)
　㉠ 입출력장치와 기억장치 및 연산장치 등을 제어
　㉡ 디코더(decoder)를 통해서 명령어를 해독하고 제어 신호에 따라 동작하는가를 감시·감독
　㉢ 사용 레지스터의 종류: 프로그램 카운터(PC), 명령 레지스터(IR), 명령 해독기, 기억번지 레지스터(MAR), 기억버퍼 레지스터(MBR) 등

② 연산장치(ALU: Arithmetic & Logic Unit)
　㉠ 자료의 비교.판단과 산술연산, 논리연산, 관계연산, 이동 등을 수행
　㉡ 사용 레지스터의 종류 : 누산기, 데이터 레지스터, 가산기, 상태 레지스터 등

③ 레지스터(register), 주기억장치
　데이터를 일시적으로 기억할 수 있는 중앙처리장치 내의 임시 기억장치

3) 저장장치

(1) 컴퓨터의 3대 장치
① 입·출력장치(input/out put unit)
② 중앙처리장치(CPU: Central Processing Unit)
③ 기억장치(memory unit)

(2) 컴퓨터의 5대 장치
① 입력장치(input put unit): 처리할 데이터나 처리방법 또는 절차 지시 프로그램을 외부로부터 읽어 들여 기억장치로 전달해 주는 기능
② 기억장치(memory unit): 읽어 들인 데이터나 처리된 결과 또는 프로그램 등을 기억하는 기능
③ 제어장치(control unit): 기억된 프로그램의 명령을 하나씩 읽고 해독하여 컴퓨터의 각 기능이 유기적으로 동작하도록 각 장치들을 제어하고 처리하도록 지시하는 기능
④ 연산장치(ALU: Arithmetic & Logical Unit): 기억된 프로그램에 의하여 데이터를 산술연산이나 논리연산을 하여 새로운 결과를 만들어내는 기능
⑤ 출력장치(out put unit): 컴퓨터 내부에서 처리된 결과나 기억된 내용을 문자, 도형, 음성 등의 형태로 외부로 나타내 주는 기능

> **레지스터의 종류와 기능**
>
> 레지스터(register)는 PC의 CPU에 들어있는 데이터 기억장치로 CPU의 연산장치와 레지스터는 내부 bus로 연결되어 있다.
>
> ① 프로그램 계수기(program counter): 컴퓨터에 의하여 다음에 실행될 명령어의 주소가 저장되어 있는 주기억장치가 있는 레지스터

② 명령 레지스터(instruction register): 프로그램 계수기가 지정한 주소에 CPU에 의하여 다음에 실행될 명령어가 임시 저장 보관되어 있는 레지스터
③ 상태 레지스터(status register): CPU에서 수행되는 연산에 관련된 여러 가지 상태 정보를 기억하기 위하여 사용되는 레지스터
④ 작업 레지스터(working register): 중앙처리장치의 동작을 위해 작업용으로 사용되는 레지스터
⑤ 누산기(accumulator): 레지스터의 일종으로 산술연산 또는 논리연산의 결과를 일시적으로 기억하는 레지스터
⑥ 기억 레지스터(storage register): 기억 위치에서 보내왔거나 또는 기억장치에 보낼 데이터를 일시적으로 일시적으로 보관하는 레지스터
⑦ 주소 레지스터(address register): 데이터가 기억된 기억장치의 주소를 기억하는 레지스터
⑧ 인덱스 레지스터(index register): 어드레스를 계산할 때 사용하는 레지스터
⑨ 명령 레지스터(instruction register): 실행할 명령을 보관하는 레지스터
⑩ 부동소수점 레지스터(floating register): 부동소수점 연산에 사용되는 레지스터

4) 컴퓨터의 구성

컴퓨터는 하드웨어와 소프트웨어, 펌웨어로 구성된다.

(1) 하드웨어(hardware)

컴퓨터를 구성하고 있는 물리적인 기계 장치를 말하며 하드웨어의 구성은 입력장치(input), 제어장치(control), 기억장치(memory), 연산장치(arithmetic), 출력장치(output)이다.

(2) 소프트웨어(software)

소프트웨어는 시스템소프트웨어와 응용소프트웨어로 구성되며 컴퓨터와 관련 장치들을 작동시키는 데 필요한 프로그램들을 말한다.

(3) 펌웨어(firmware)

시스템의 효율을 높이기 위해 롬에 들어 있는 기본적인 프로그램이다. 마이크로프로그램의 집단으로 소프트웨어의 특성을 지니나 ROM에 고정되어 있기 때문에 하드웨어의 특성도 지니고 있다. 이와 같이 펌웨어는 소프트웨어를 하드웨어화시킨 것으로서 소프트웨어와 하드웨어의 중간에 해당하는 것을 말한다.

5) 데이트의 구성단위

① 비트(bit): 자료표현의 최소단위로서 컴퓨터의 표현 수인 0 또는 1을 나타내는 단위
② 니블(nibble): 4개의 비트를 모은 단위로 4자리 자료를 1자리로 표현하기에 적합하다.
③ 바이트(byte): 8bit가 모여서 하나의 문자를 표기할 수 있으며 컴퓨터에서 번지를 나타낼 수 있는 최소단위
④ 워드(word): 연산 처리를 하는 기본자료를 나타내기 위해 일정한 bit 수를 가진 단위
　㉠ 하프 워드(half word): 2byte로 구성

ⓒ 풀 워드(full word): 4byte로 구성
　　　ⓓ 더블워드(double word): 8byte로 구성
　⑤ field: 하나 이상의 byte가 특정한 의미를 갖는 단위
　⑥ record: 정보처리의 기본단위로서 field들의 집합체. 일반적으로 데이터 1매를 의미(물리 레코드, 논리 레코드)
　⑦ block: 성격이 같은 record들의 집합체. 입출력장치에서 자료를 읽어 들이거나 출력하는 단위
　⑧ file: 성격이 다른 record들의 전체 집합
　⑨ volume: 성격이 다른 file들의 집합체

6) CAD 시스템의 활용방식

CAD 시스템의 활용하는 방식에 따라 분류하면 크게 3가지로 구분할 수 있다.

(1) 중앙 통제형

대형 컴퓨터 본체에 작업용 그래픽 터미널, 키보드, 프린터, 플로터 등을 여러 개씩 연결하여 이들을 하나의 중앙 통제형 컴퓨터에서 총괄하여 제어하도록 구성한 방법이다.

(2) 분산 처리형

각 컴퓨터 시스템별로 장착되어 있는 프로세서를 사용하여 자체적으로 자료를 구성하여 작성한 후 서로 통신망을 통하여 교환하는 것뿐만 아니라, 먼 곳에 떨어져 있는 사용자들이 서로 다른 시스템을 사용하더라도 자료를 서로 공유하는 데 어려움이 없도록 하는 방법이다.

(3) 독립형(스탠드 얼론형)

퍼스널 컴퓨터시스템에 의한 방법으로 일반적으로 널리 보급되어 있고 가격이 저렴하며, 여기에는 워크스테이션과 퍼스널 컴퓨터가 사용된다.

8 2D CAD 입·출력장치

1) 입력장치

(1) 논리적 입력장치

　① 실렉터(selector): 스크린상의 특정 물체를 지시하는 데 사용
　　[예] 라이트 펜, 터치패널
　② 로케이터(locator): 좌표를 지정하는 역할을 하는 장치
　　[예] 태블릿, 디지타이저, 조이스틱, 트랙볼, 스타일러스 펜, 마우스 등
　③ 밸류에이터(valuator): 스크린 상에서 물체를 평행이동 또는 회전시킬 경우 그 양을 조절하는 등 특정의 파라미터 값을 변화시키는 데 사용
　　[예] potentiometer

④ 버튼(button): 키보드와 조합된 형태로 각 버튼마다 프로그램된 기능에 의해 작동
[예] programed function keyboard

(2) 물리적 입력장치

① 키보드(key board): 입력장치의 가장 대표적인 장치로 ASCⅡ106키 키보드가 많이 사용
② 디지타이저(digitizer)과 태블릿(tablet): 일반적으로 디지타이저는 태블릿 기능을 겸하며 스타일러스 펜(stylus pen)과 퍽(puck)을 함께 사용하며, 주로 좌표입력, 메뉴의 선택, 커서의 제어 등에 사용됨
③ 마우스(mouse): 커서 제어기구로 볼 방식과 광학적 방식 2가지
④ 스캐너(scanner): 플랫베드 스캐너, 핸드 스캐너(바코드 판독기), 포토 스캐너
⑤ 3차원 측정기: 실물에서 일정한 간격으로 격자를 구성한 지점의 점의 좌표를 얻는 데 사용되며, 자동차, 항공기, 선박 등 자유 곡면을 많이 사용하는 산업 분야에 주로 사용하고 측정하는 부위의 도구를 프로브(probe)와 비접촉식 타입이 있음
⑥ 라이트 펜(light pen): 커서 제어기구로 그래픽 스크린(CRT)상에 접촉한 빛을 인식하는 장치로 CRT나 태블릿 등의 디스플레이에 부속된 장치로 펜 끝에 감광 소자를 내장하여 메뉴를 선택하거나 그림을 그릴 수 있음
⑦ 썸휠(thumb wheel): 커서 제어기구로 x, y축 방향으로 각기 2개의 회전형 가변 저항기를 설치하여 이것을 회전시킴으로써 각 축 방향으로 커서를 이동시키는 장치
⑧ 조이 스틱(joy stick): 화면 위에서 점을 원하는 방향으로 이동하는 데 쓰는 입력장치
⑨ 트랙 볼(track ball): 키보드에 장착된 볼을 말하며 손으로 굴려서 사용함
⑩ 컨트롤 다이얼(control dial): 논리적 수치 측정기로 사용되는 물리적 장치로 볼륨 조정에 사용되는 것과 비슷한 전위차계이다.
⑪ 음성 입력장치: 마이크를 사용하여 음성으로써 데이터를 입력하는 장치이다.

2) 출력장치

(1) CRT(Cathode-ray Tube) 디스플레이

브라운관은 전기신호를 전자빔의 작용에 의해 영상이나 동형, 문자 등의 광학적인 상태로 변환하여 표시하는 특수 진공관으로 음극선관(CRT)라고 말하며 아날로그 신호로 구동한다. CRT 모니터의 특징은 다음과 같다.

① 시야각이 넓다.
② 응답속도가 빠르다.
③ 화질 및 가독성이 좋다.
④ 크기가 크고 무겁다.
⑤ 전자파 발생이 많다.
⑥ 브라운관 형상이다.

(2) CRT 모니터의 종류

① 스토리지형(direct view storage tube type)

DVST 방식이라고도 하며 형상을 한번만 화면에 생성시킨 후, 계속해서 형상이 남아 있게 하는 기법으로 형상을 한번 나타내면 2~3시간 정도 유지할 수 있고, 도형 형상을 CRT 화면상에 저장할 수 있다.

㉠ 화면에 깜박임이 없다.
㉡ 표시할 수 있는 도형의 양에 제한이 없다.
㉢ 연필로 그림을 그리듯이 영상을 만든다.
㉣ 가격이 저렴하다.
㉤ 플리커가 발생하지 않는다.
㉥ 고정밀도이다(해상도 우수)
㉦ 구성된 자료를 인식할 수 없어 부분수정이 불가능하다.
㉧ 컬러가 불가능하다.
㉨ 영상을 재구성하는 데 시간이 많이 걸린다.
㉩ 원형의 동적취급이 불가능하다.
㉪ 화면의 밝기와 선명도가 낮다.
㉫ 애니메이션이 불가능하다.

② 랜덤 스캔형(random scan type)

순서에 따라 영상이 그려지는 기법으로 전자 빔이 인을 때림으로 빛을 내어 영상을 구성하는 것으로 벡터 스캔(vector scan)형이라고도 한다.

㉠ 화질(해상도)이 우수하다
㉡ 부분소거가 가능하여 편집할 수 있다.
㉢ 원형의 동적취급이 가능하다.
㉣ 화면에 깜박임의 현상이 있다.
㉤ 도형의 표시량에 한계가 있다.
㉥ 컬러표시에 제한이 있다.
㉦ 가격이 고가이다.
㉧ 움직이는(애니메이션) 영상을 처리할 수 있다.

③ 래스터 스캔형(raster scan type)

전자 빔의 주사방법은 텔레비전과 같으며, 도형의 유무에 관계없이 항상 수평 방향으로 주사시켜 상을 형성하는 방식으로 현재 가장 널리 사용되며 디지털 TV라고도 한다.

㉠ 컬러표시가 가능하다.
㉡ 표시할 수 있는 데이터의 양에 제한이 없다.
㉢ 부분소거가 가능하다.
㉣ 가격이 저렴하다.

ⓜ 깜박임(flicker)이 없다.
ⓗ 품질(해상도)이 떨어진다.
ⓢ 동적취급(처리속도)이 랜덤 스캔형 보다 느리다.

④ 컬러 디스플레이(color display)
새도 마스크(shadow mask)방식, 그리드 편향 방식, 페니트레이션 방식 3가지가 있다. 표현할 수 있는 색은 전자총 3개에 의해 빨강(적), 파랑(청), 초록(녹)색의 혼합비에 따라서 정해진다.

(3) 평판 디스플레이

① 플라즈마 가스 방출형(PDP: plasma-gas discharge)
평면유리가 덮어있는 매트리스형 셀(cell)로 구성되어 각 셀은 네온과 아르곤이 혼합된 가스로 채워져 있다. 이 가스로 구성되어 잇는 디스플레이를 플라즈마 디스플레이라고 하며, LCD보다 해상도가 좋다.
㉠ 박판형 이면서 대화면 표시가 가능하다.
㉡ 화면이 완전 평면이고 일그러짐이 없다.
㉢ 자기발광으로 밝고, 시야각이 좋다.
㉣ 수명이 수만 시간으로 길다.
㉤ 구동전압이 높다.
㉥ 구동 IC 단가가 높다.
㉦ 고가의 형광체로 제작비가 높다.

② 전자 발광판형(EL: Electro-Luminescent)
AC나 DC 전장이 나타날 때 발광재료에서 빛이 발광하도록 되어 있고, 발광재료는 망간이 첨가된 이연화 횡화물이기 때문에 전자 발광식 디스플레이는 보통 노란색을 많이 띠고 있다.

③ 액정 표시장치(LCD: Liquid Crystal Display)
투과된 빛을 반사시키거나 이동시키는 개념의 디스플레이로 빛을 편광시키는 특성을 가진 유기화합물을 이용하여 투과된 빛의 특성을 수정하는 방식을 사용한다. 일종의 광 스위치 현상을 이용한 소자로서 구동 방법에 따라 TN, STN, TFT 등이 있다.
㉠ 두께가 얇고 가볍다.
㉡ 완전한 평면이다.
㉢ 전자파 발생량이 매우 적다.
㉣ 깜박임이 없다.
㉤ 전력이 적게 소비된다.
㉥ 가격이 비싸지만 주변의 자기장의 영향을 받지 않는다.
㉦ CRT보다 밝지만, 시야각이 좁다.

ⓞ 응답속도가 비교적 느리다.
ⓩ 잔상이 남는 경우가 있고 백라이트가 필요하다.

④ 발광 다이오드(LED: Lighting-Emitting Diodes)
빛을 발하는 반도체소자를 말하며 각종 전자 제품류와 자동차 계기판 등의 전자표시판에 활용되고 있다.

⑤ OLED(Organic Light Emitting Display)
형광성 유기화합물에 전류가 흐르면 빛을 내는 전계 발광현상을 이용하여 스스로 빛을 내는 자체 발광형 유기물질을 이용한 장치로 최근 많이 사용하고 있다.

(4) 플로터(Plotter)

① 플랫 베드형(flat bed type): 펜 플로터
 ㉠ 고밀도, 고정도의 작화가 가능하다.
 ㉡ 용지를 선정이 자유롭게 할 수 있다.
 ㉢ 설치 면적이 크고, 기구가 복잡하다.
 ㉣ 가격이 비싸고 정비 보수가 까다롭다.
 ㉤ 테이블과 용지의 밀착성이 좋아야 한다.
 ㉥ 그림을 그리는 동안 전체를 볼 수 있다(모니터가 용이).

② 드럼형(drum type)
 ㉠ 기구가 비교적 간단하고, 설치면적이 좁다.
 ㉡ 고속작도가 가능하나 고정밀도가 아니다.
 ㉢ 용지의 길이에 제한이 없고, 무인운전이 가능하다.
 ㉣ 작화 중 모니터가 어렵다.

③ 벨트형(belt type)
플랫 베드형과 드럼형의 복합적인 형태로 구조적으로는 설치면적이 작고 연속용지나 규격용지도 사용할 수 있다.

④ 리니어 모터용(linear motor type)
 ㉠ 가동 부분이 경량이다.
 ㉡ 고정밀도이다.
 ㉢ 작화속도가 빠르고 신뢰성이 높다.
 ㉣ 설치면적이 넓다.
 ㉤ 작화 중 모니터가 어렵다.
 ㉥ 오버셧(over shut)의 가능성이 높다.

⑤ 잉크젯식(ink-jet type)
일반적으로 하드 카피라 부르며 그래픽 디스플레이에 나타난 화상을 그대로 받아 도면

으로 표현하는 기기로 애매한 색상을 배합하기가 편리하고 기본색은 cyan, magenta, yellow, black이다.

⑥ 정전식(electrostatic type)

래스터형의 대표적인 것으로 종이에 음전하를 발생시키고 양전하를 띤 검정색의 토너를 흘려서 그림을 그린다.

㉠ 작화 속도가 빠르고, 저소음이다.
㉡ 고화질이고 자동 레이아웃 기능과 자동 절단 기구가 있다.
㉢ 벡터 데이터를 래스터 데이터로 변환해 주어야 하고 펜 플로터용 작화 데이터를 그대로 사용할 수 있다.

⑦ 열전사식

필름에 도포한 잉크를 발열 저항체로 배열한 서멀헤드로 녹여 기록지에 전사하는 방식으로 빠른 프린트 속도와 사진과 같은 인쇄 효과를 얻을 수 있다.

⑧ 광전식

프린터 기판용 패턴 필름(pattern film)을 작성할 때 사용한다.

⑨ 레이저 빔식(래스터 스캔 방식)

레이저 빔 방식 플로터는 복사기와 같은 원리이다.

㉠ 고품질의 도면을 얻을 수 있고 작화 속도가 빠르다.
㉡ 보통의 종이를 사용할 수 있고 가격이 싸다.
㉢ A2 이상의 사이즈를 사용할 수 없고 광학계의 기구가 복잡하다.

(5) 프린터(printer)

① 시리얼 프린터(serial printer)

㉠ 충격식: 잉크가 묻은 용지에 겹쳐놓고 타자방식으로 데이지 휠 또는 도트 메트릭스 프린터 방식을 사용한다.
㉡ 비충격식: 열과 정전기 잉크분사 방법을 이용하며 출력의 질이 좋고 소음이 적으나 다량의 복사는 불가능하고 값이 고기이다.

② 라인 프린터(line printer)

드럼 방식과 벨트방식이 있으며, 어느 방식이든 한 글자씩 찍지 않고 한 줄을 한꺼번에 인쇄하는 방식이다.

③ 페이지 프린터(page printer)

전기, 열, 광선 등을 이용하는 방식, 속도가 비교적 빠르다.

④ 하드 카피 장치(hard copy unit)

CRT에 나타난 영상을 그대로 복사 출력하는 장치로서 CAD 설계작업 시 중간결과를 확인하기에 편리하다. 플로터에 비해 해상도가 좋지 않아 최종 도면의 출력용으로는 부적합하다.

⑤ COM(Computer Output Microfilm)

도면이나 문자를 마이크로필름으로 출력하는 장치로서 출력량이 많거나 또는 도면의 크기가 작은 경우 매우 효과적이다. 수정할 수 없고 해상도도 떨어지지만 쉽고 비교적 처리속도가 빠르다.

> **용어설명**
>
> ① 플리커(flicker): 리프레시(refresh)에 의해 약간 화면이 흐려지고 밝아지는 현상이 일어나는데, 이 과정에서 화면이 흔들리는 현상이다.
> ② 포커싱(focusing): TV나 래스터 주사 디스플레이어에서 화면 안쪽 표면상의 한 점에 점자빔을 집약시키는 것이다.
> ③ 디플렉션(deflection): 빛이나 전자빔 등의 진행 방향을 임의로 변화시키는 것이다.
> ④ 래스터(raster): CRT 화면상에 미리 정해진 수평선의 집합 형태로 이 선들은 전자 빔에 의해 주사되어 일정한 간격을 유지하며 전체화면을 고르게 덮고 있다.
> ⑤ 리프레시(refresh): 영상의 깜박임을 피하기 위해 1초당 30~60회 정도 전자빔을 공급하는 것이다.

02 도면 작성

1 2D 좌표계 활용

1) 좌표계의 종류

(1) 절대 좌표

캐드의 2D/3D 작업환경에서는 어느 지점이나 X, Y, Z축의 좌푯값을 가지고 있다. 원점인 (0, 0)을 기준으로 X, Y축으로 얼마나 떨어져 있는지를 표현할 수 있는 좌표계가 절대 좌표이다.

(2) 상대 좌표

절대 좌표는 기준점이 (0, 0, 0)이지만, 상대 좌표에서는 사용자가 지정한 마지막 지점이 '기준점'이 되어 얼마만큼 이동할 것인가를 정하여 새로운 좌표를 지정한다. 즉, 사용자가 어디로 지정하느냐에 따라 기준점이 상대적으로 변하므로 상대 좌표라고 한다.

(3) 극좌표

극좌표 또한 상대 좌표와 마찬가지로 사용자가 마지막으로 지정해 놓은 점이 기준점이 되어 입력하는 값을 통해 위치를 지정하는 좌표이다.

〈표 1-9〉 좌표계의 종류

구분	기준점	입력방법	해설
절대좌표	X, Y, Z 축이 만나는 곳(원점=0, 0)	X, Y	원점에서 해당 축 방향으로 이동한 거리
상대극좌표	먼저 지정된 좌표	@거리〈방향	먼저 지정된 점과 지정된 점까지의 직선거리 방향은 각도계와 일치
상대좌표	먼저 지정된 좌표	@X, Y	먼저 지정된 점으로부터 해당 축 방향으로 이동한 거리
최종좌표	마지막으로 지정된 좌표	@	지정될 점 이전의 마지막으로 지정된 점

2 도형 작도 및 수정

1) 점 정의

① 임의의 점: 좌표를 입력하거나 마우스로 위치를 선택한다.
② 양 끝점: 개체의 양 끝점은 점으로 정의한다.
③ 교점: 교점이 선분에 있지 않는 경우는 그 연장선에 점을 생성한다.

2) 선(직선) 정의

① 수평선: UCS-X축과 평행한 수평선을 정의한다.
② 수직선: UCS-Y축과 평행한 수직선을 정의한다.
③ 평행선: 지정된 선에 대한 평행선을 정의한다.
④ 접선: 임의의 개체에 접하는 선을 정의한다.
　㉠ 점과 점 선택: 두 점을 잇는 직선이 정의
　㉡ 점과 점 선택: 한 점을 지나고 원에 접하는 직선이 정의
　㉢ 점과 점 선택: 두 원에 접하는 직선이 정의

3) 원 정의

① 중심선과 원: 원의 중심점과 지름, 반지름 지나는 점에 의하여 원을 정의한다.
② 3개의 점과 원: 3개의 점을 지나는 원은 하나밖에 존재하지 않으므로 이를 이용한 기능이다.
③ 접하는 원: 접하는 두 도형과 반지름에 의하여 원을 정의한다.
④ 중심선과 원: 중심선과 접하는 도형에 의하여 원을 정의한다.

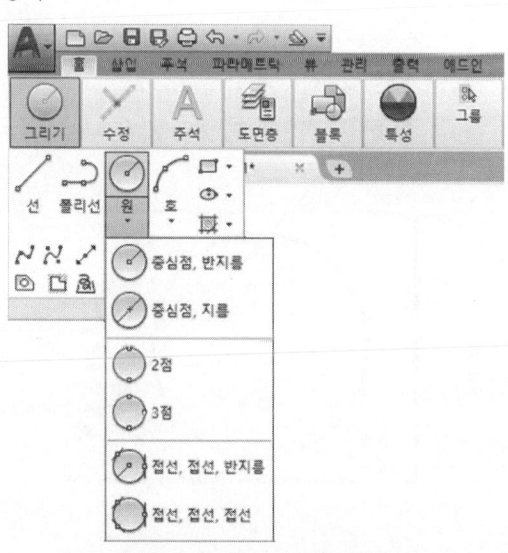

[그림 1-8] 원 그리기 메뉴 예시

4) 원호 정의

① 반지름 원호: 중심선과 반지름에 의해서 원호를 생성한다.
② 두 점과 원호: 두 점과 반지름에 의하여 원호를 정의한다.
③ 3개의 점과 원호: 3개의 점에 의하여 원호를 정의한다.
④ 두 점과 사잇각에 의하여 원호를 정의한다.

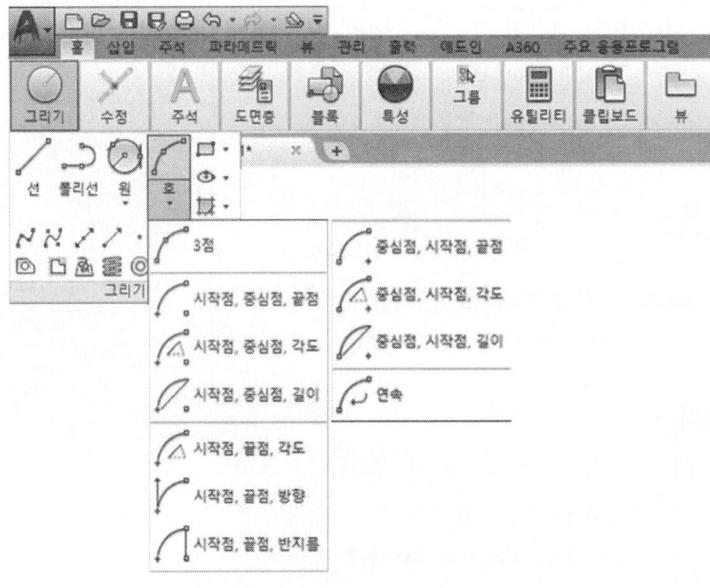

[그림 1-9] 호 그리기 메뉴 예시

5) 2차원 편집

① 한쪽자르기 및 연장: 기존 요소에 대하여 다른 요소를 자르거나 연장한다.
② 양쪽자르기: 선택된 두 요소의 만나는 위치에서 자르거나 연장한다.
③ 한 점 분할: 하나의 요소를 2개의 요소로 분할한다.
④ 두 점 분할: 지정된 두 점을 기준으로 양쪽으로 분할한다.

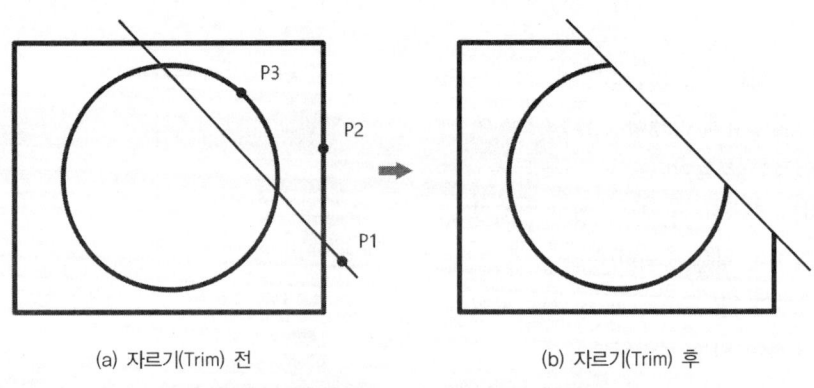

(a) 자르기(Trim) 전   (b) 자르기(Trim) 후

[그림 1-10] 자르기(Trim) 명령 실행 결과 예시

3 투상법

1) 투상법의 개요

투상법은 공간에 있는 물체의 모양이나 크기를 하나의 평면 위에 가장 정확하게 나타내기 위하여 사용하는 방법이다. 즉 입체적인 형상을 평면적으로 그리는 방법이다(도면을 읽을 때는 평면적인 도면을 입체적으로 상상해 낼 수 있는 능력이 필요하다).

2) 투상법의 종류

투상법은 크게 정투상도(orthographic projection drawing)와 입체적 투상도(pictorial projection drawing)로 분류하고, 정투상에는 제3각법과 제1각법이 있고 입체적 투상도에는 등각도, 사 투상도, 투시도가 있다.

(1) 정 투상법

물체를 표면으로부터 평행한 위치에서, 물체를 바라보며 투상하는 것으로 투상선이 평행하며 투상도의 크기는 실물과 똑같은 크기로 나타난다.

① 투상도의 명칭: 투상도는 보는 방향에 따라 6종류로 구분한다.
  ㉠ 정면도(front view): 정면도는 물체 앞에서 바라본 모양을 도면에 나타낸 것으로 그 물체의 가장 주된 면, 즉 기본이 되는 면을 정면도라고 한다.
  ㉡ 평면도(top view): 평면도는 물체의 위에서 내려다본 모양을 도면에 표현한 그림을 말하며, 상면도라고도 함. 정면도와 함께 많이 사용한다.
  ㉢ 우측면도(right side view): 우측면도는 물체의 우측에서 바라본 모양을 도면에 나타낸 그림을 말하며 정면도, 평면도와 함께 많이 사용한다.
  ㉣ 좌측면도(left side view): 좌측면도는 물체의 좌측에서 본 모양을 도면에 표현한 그림이다.
  ㉤ 저면도(bottom view): 저면도는 물체의 아래쪽에서 바라본 모양을 도면에 나타낸 그림을 말하며 하면도라고도 한다.
  ㉥ 배면도(rear view): 배면도는 물체의 뒤쪽에서 바라본 모양을 도면에 나타낸 그림을 말하며 사용하는 경우가 극히 적다.

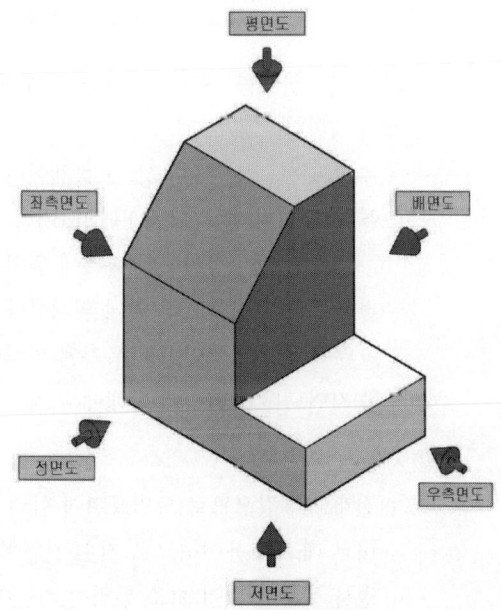

[그림 1-11] 투상도의 명칭

(2) 제 1각법과 제 3각법

[그림 1-12] (a)와 같이 수직 수평의 두 평면이 직교할 때 한 공간을 4개로 구분한다. 이때 수직한 면의 오른쪽과 수평한 면의 위쪽에 있는 공간을 제1 상한, 제1 상한에서 시계 반대 방향으로 돌면서 제2, 제3, 제4 상한이라 한다.

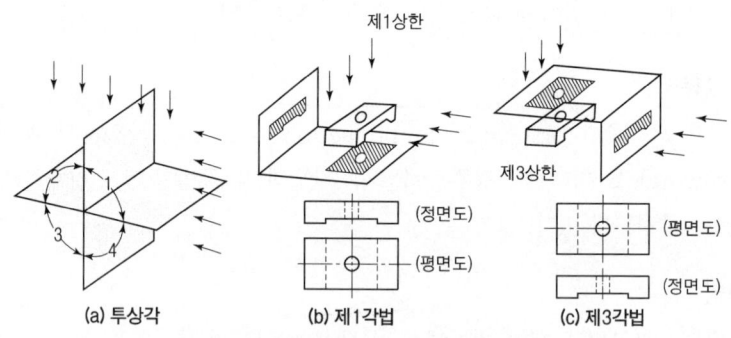

[그림 1-12] 제 1 각법과 제 3 각법의 원리

① 제1각법: 물체를 1각 안에(투상면 앞쪽) 놓고 투상한 것을 말한다. 즉 물체의 뒤의 유리판에 투영한다.
  ㉠ 투상 순서는 눈 → 물체 → 투상이다
  ㉡ 투상도의 위치는 [그림 1-13] (a)와 같다.
    ⓐ 평면도는 정면도의 아래에 위치한다.
    ⓑ 좌측면도는 정면도의 우측에 위치한다.
    ⓒ 우측면도는 정면도의 좌측에 위치한다.
    ⓓ 저면도는 정면도의 위에 위치한다.

② 제3각법: 물체를 제3각 안에 놓고 물체를 투상한 것을 말한다. 즉 물체의 앞의 유리판에 투영한다.
  ㉠ 투상 순서는 눈 → 투상 → 물체이다.
  ㉡ 투상도의 위치는 [그림 1-13] (b)와 같다.
    ⓐ 좌측면도는 정면도의 좌측에 위치한다.
    ⓑ 평면도는 정면도의 위에 위치한다.
    ⓒ 우측면도는 정면도의 우측에 위치한다.
    ⓓ 저면도는 정면도의 아래에 위치한다.

③ 제3각법의 장점
  ㉠ 전개도와 같으므로 도면표현이 합리적
  ㉡ 비교 대조가 용이하므로 치수 기입이 합리적
  ㉢ 경사 부분에 있어 보조 투영이 가능하다.

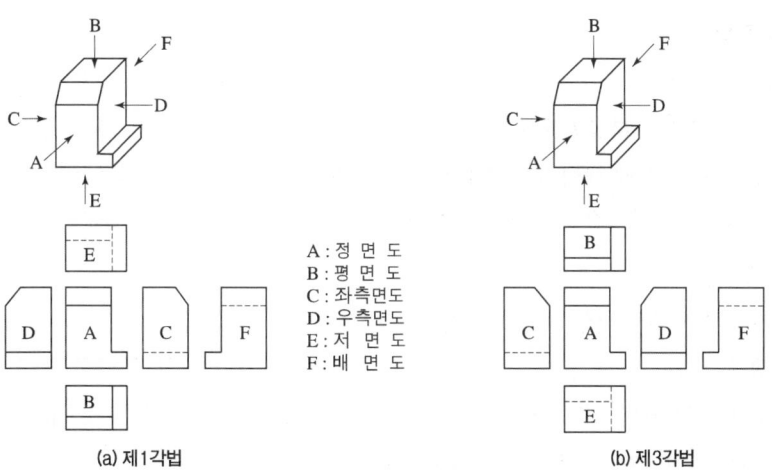

[그림 1-13] 제1각법과 제3각법의 투상도 배치

(3) 제도에 사용하는 투상법

기계제도에서의 투상법은 제3각법에 따른 것을 원칙으로 한다. 제1각법을 따를 때 [그림 1-14]와 같은 투상법의 기호를 표제란 또는 그 근처에 표시한다. 한 도면 안에서는 혼용하지 않는 것이 좋다.

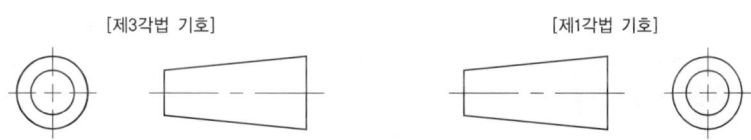

[그림 1-14] 투상법의 기호

(4) 투상법의 명시

같은 도면 내에서 원칙적으로 제3각법과 제1각법을 혼용해서는 안 되지만, 도면을 이해하는 데 도움을 줄 때는 혼용할 수도 있다. 다만, 제3각법에 따른 올바른 배치로 그릴 수 없는 경우, 또는 제3각법에 따라 정확한 위치에 그리면 도리어 도형을 이해하기 곤란한 경우에는 상호관계를 화살표와 문자를 사용하여 표시하고, 그 글자는 투상의 방향과 관계없이 전부 위 방향으로 명백하게 쓴다.

(5) 정면도 선택 시 유의 사항

① 물체의 특징을 가장 잘 나타내는 면을 선택한다.
② 관련 투상도(평면도, 측면도)에는 가급적 은선을 사용하지 않는다.
③ 물체는 자연스러운 위치로 안정감을 가질 수 있도록 한다.
④ 물체의 주요면은 수직, 수평이 되게 한다.
⑤ 물체는 가공공정 순서와 같은 방향으로 선택한다.
⑥ 기어, 베어링과 같은 물체는 축과 직각 방향에서 본 것을 정면도로 선택한다.

(6) 입체 투상도

① 투시 투상법

투시 투상법은 투상면에서 어떤 거리에 있는 시점과 물체의 각 점을 연결한 투상선이 투상면을 지날 때 나타나는 모양을 그리는 투상법으로 물체의 원근감을 나타낼 때 사용하며 건축, 토목조감도 등에 사용한다.

② 사 투상법

- 투상선이 투상면에 사선으로 지나는 평행 투상
- 일반적으로 투상선이 하나
- 종류: 캐비닛도, 카발리에도 등이 있다.

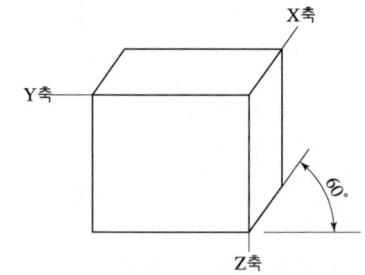

[그림 1-15] 캐비닛도

㉠ 캐비닛도
  ⓐ 투상선이 투상면에 대하여 63° 26'인 경사를 가진 사 투상도
  ⓑ 3축 중 Y, Z 축은 실제 길이를 나타내므로 정면도는 실제 크기이다.
  ⓒ X축은 보통 크기의 1/2을 나타낸다.

㉡ 카발리에도
  ⓐ 투상선이 투상면에 대하여 45°인 경사를 가진 사 투상도
  ⓑ 3축 모두 실제의 길이를 나타낸다.
  ⓒ X축을 수평축에 45° 기울여 그린다.

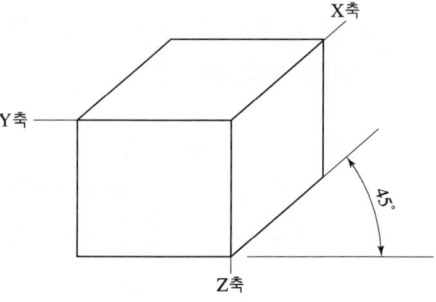

[그림 1-16] 카발리에도

(7) 축측 투상법

- 대상물의 좌표면이 투상면에 대하여 경사를 이룬 직각 투상
- 일반적으로 투상면이 하나
- 등각 투상도, 2등각 투상도, 부등각 투상도가 있다.

① **등각 투상도**: 등각 투상도는 밑변의 모서리 선이 수평면과 좌우 각각 30°를 이루면 세 축이 120°의 등각이 되도록 입체도로 투상한 것으로 정면, 평면, 측면을 동시에 입체적으로 볼 수 있다.

② **2등각 투상도**: 3 좌표축 투상의 교각 중 2개의 교각이 같은 축측 투상

③ **부등각 투상도**: 3 좌표축 투상의 교각이 각기 다른 축측 투상

4 투상도

1) 도형의 표시법

(1) 투상도의 선택 방법

① 투상도의 선택 방법

㉠ 주 투상도에는 대상물의 모양 및 기능을 가장 명확하게 표시하는 면을 그리며, 대상물을 도시하는 상태는 도면의 목적에 따라 「조립도 등 주로 기능을 표시하는 도면에서는 대상물을 사용하는 상태」, 「부품도 등 가공하기 위한 도면에서는 가공에 있어서 도면을 가장 많이 이용하는 공정에 대상물을 놓은 상태」 또는 「특별한 이유가 없는 경우, 대상물을 가로길이로 놓은 상태」 중 하나에 따른다.

㉡ 주 투상도를 보충하거나 보조하는 다른 투상도는 최소로 하고 주 투상도만으로 표기가 가능한 것은 다른 투상도를 그리지 않는다.

㉢ 서로 관련되는 그림의 배치는 최대한 숨은 선을 쓰지 않도록 한다. 다만, 비교 대조하기 불편한 경우에는 예외로 한다.

② 보조 투상도

경사면부가 있는 대상물에서 그 경사면의 실제 길이를 표시할 필요가 있는 경우에는 다음에 의하여 보조 투상도로 표시한다.

㉠ 물체에 경사진 부분이 있는 경우 도면에 투상도의 모양이나 크기가 축소되어 나타나기 때문에 [그림 1-17]에서와 같이 경사면과 나란하게 투상면을 두고 제3각법으로 투상하면 실물과 같은 크기로 투상을 할 수 있으며, 필요한 부분만을 부분 투상도 또는 국부 투상도로 그리는 것이 좋다.

㉡ 지면의 관계 등으로 보조 투상도를 경사면에 맞는 위치에 배치할 수 없는 경우에는 [그림 1-18] (a)와 같이 화살표와 영문 대문자를 써서 표시할 수 있으며, [그림 1-18] (b)와 같이 중심선을 꺾어 투상 관계를 나타내도 좋다.

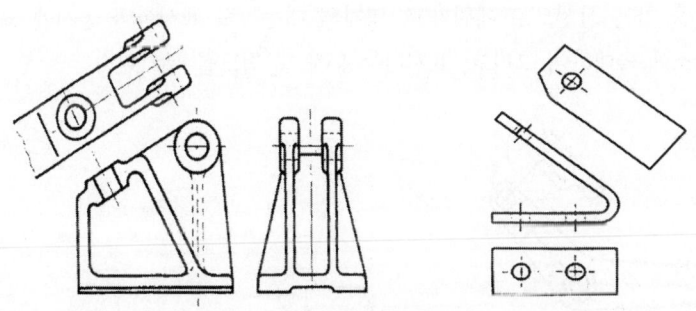

[그림 1-17] 보조 투상도

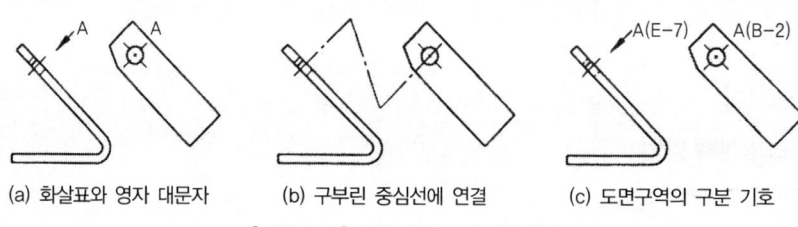

| (a) 화살표와 영자 대문자 | (b) 구부린 중심선에 연결 | (c) 도면구역의 구분 기호 |

[그림 1-18] 보조 투상도의 이동배치

③ 회전 투상도

대상물의 일부가 어느 각도를 가지고 있으므로 투상면에 그 실형이 나타나지 않을 때에 그 부분을 회전해서 그 실형을 도시할 수 있다. 또한, 잘못 볼 우려가 있을 경우에는 작도에 사용한 선을 남긴다.

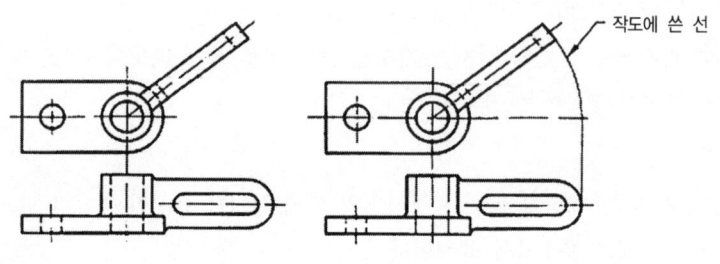

[그림 1-19] 회전 투상도

④ 부분 투상도

그림의 일부를 도시하는 것으로 충분한 경우에는 그 필요 부분만을 부분 투상도로서 표시한다. 이 경우에는 생략한 부분과의 경계를 파단선으로 나타낸다. 다만, 명확한 경우에는 파단선을 생략하여도 좋다.

⑤ 부분 확대도

특정 부분의 도형이 작은 관계로 그 부분의 상세한 도시나 치수 기입을 할 수 없을 때는 그 부분을 가는 실선으로 에워싸고, 영자의 대문자로 표시함과 동시에 그 해당 부분을 다른 장소에 확대하여 그리고, 표시하는 문자 및 척도를 부기한다.

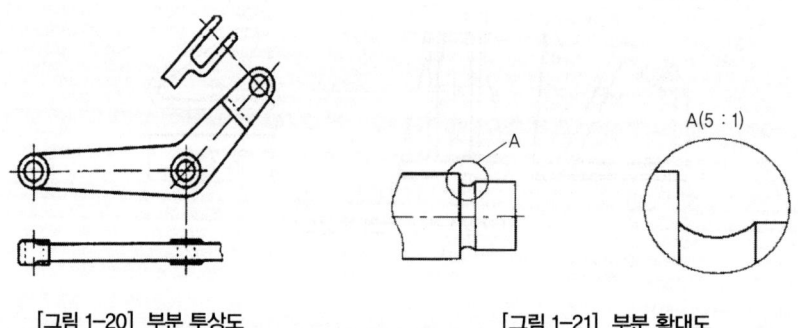

[그림 1-20] 부분 투상도   [그림 1-21] 부분 확대도

⑥ 국부 투상도
대상물의 구멍, 홈 등 한 국부만의 모양을 도시하는 것으로 충분한 경우에는 그 필요한 부분만을 국부 투상도로서 나타낸다. 투상 관계를 나타내기 위하여 원칙적으로 주된 그림으로부터 중심선, 기준선, 치수보조선 등으로 연결한다.

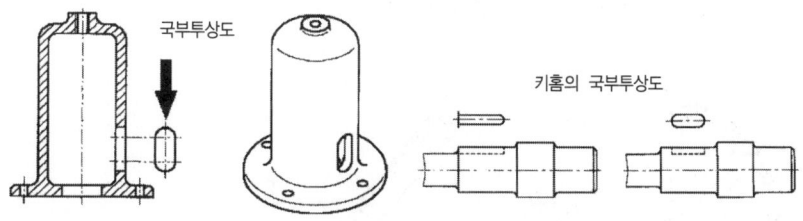

[그림 1-22] 국부 투상도

⑦ 요점 투상도
보조적인 투상도에 보이는 부분을 모두 표시하면 도면이 복잡해져서 오히려 알아보기가 어려운 경우가 있다. 이때에는 요점 부분만 투상도로 표시한다.

⑧ 복각 투상도
도면에 물체의 앞면과 뒷면을 동시에 표시하는 방법으로 정면도를 중심으로 우측면에서 좌측 반은 제1각법으로, 우측 반은 제3각법으로 그린 투상도를 복각 투상도라 한다.

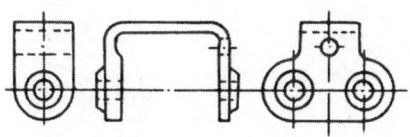

[그림 1-23] 요점 투상도

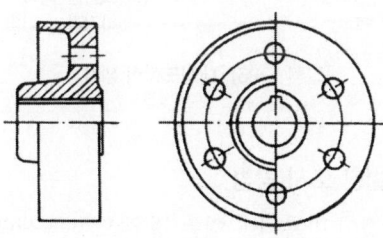

[그림 1-24] 복각 투상도

2) 도형의 생략

(1) 도형이 대칭 형식의 경우

다음 중 어느 한 방법에 따라 대칭 중심선의 한 쪽을 생략할 수 있다.

① 대칭 중심선의 한쪽 도형만을 그리고, 그 대칭 중심선의 양끝 부분에 짧은 2개의 나란한 가는 선(대칭 도시 기호라 한다)을 그린다.

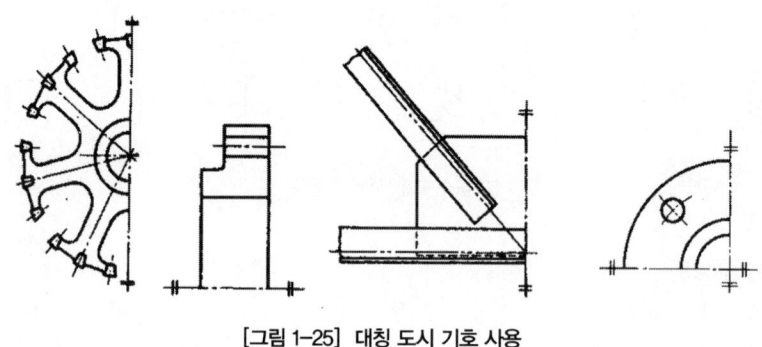

[그림 1-25] 대칭 도시 기호 사용

② 대칭 중심선의 한쪽의 도형을 대칭 중심선을 조금 넘은 부분까지 그린다. 이때에는 대칭 시 기호를 생략할 수 있다.

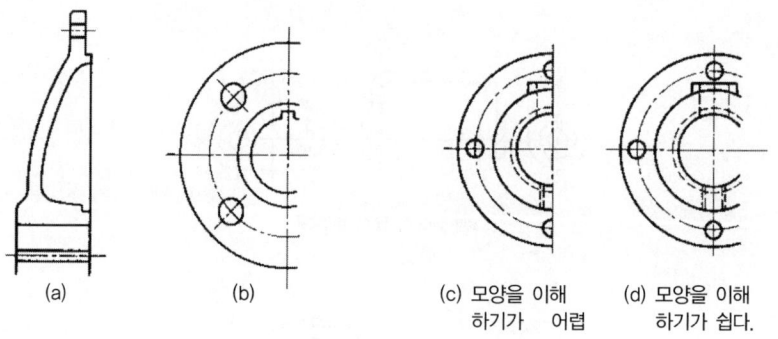

[그림 1-26] 대칭도형의 생략

(2) 반복 도형의 생략 및 특별한 도시 방법

같은 종류, 같은 모양의 것이 반복되어 있는 경우 도형을 생략할 수가 있다.

① 실형 대신 그림 기호를 피치선과 중심선과의 교점에 기입한다.
② 두 가지 이상의 도형이 반복되면 다음과 같이 도형기호를 구분한다. 또한 잘못 볼 우려가 있을 경우에는 양 끝부(한끝은 1피치분), 또는 요점만을 도시하고 다른 쪽은 피치선과 중심선과의 교점으로 나타낸다.

치수 기입에 의하여 교점의 위치가 명확할 때는 피치선에 교차되는 중심선을 생략하여도 좋다. 또한, 이 경우에는 반복 부분의 수를 치수 기입 또는 주기에 의하여 지시하여야 한다.

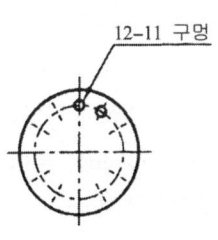 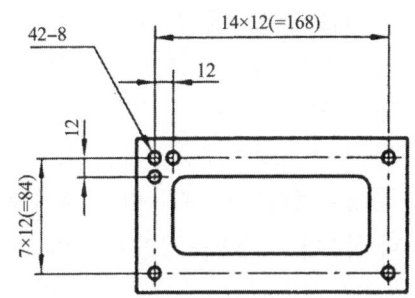

[그림 1-27] 반복 도형의 생략

(3) 중간 부분의 생략

① 동일한 부분의 단면, 같은 모양이 규칙적으로 줄지어 있는 부분, 또는 긴 테이퍼 등의 부분은 지면을 생략하기 위하여 중간 부분을 잘라내서 그 긴요한 부분만을 가까이하여 도시할 수 있다.

> **보기**
> - 축, 막대, 관, 형강
> - 래크, 공작기계의 어미나사, 교량의 난간, 사다리
> - 테이퍼 축
>
> 이 경우, 잘라낸 끝부분은 파단선으로 나타낸다.

② 요점만을 도시하는 경우, 혼동될 염려가 없을 때는 파단선을 생략하여도 좋다.
③ 긴 테이퍼 부분, 또는 기울기 부분을 잘라낸 도시에서는 경사가 완만한 것은 실제의 각도로 도시하지 않아도 좋다.

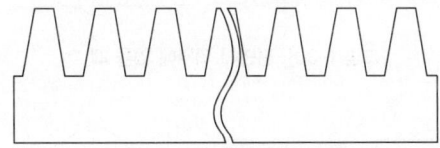

[그림 1-28] 중간 부분의 생략

(4) 특별한 도시 방법

① 전개도

판재를 구부려서 만드는 물체는 면으로 구성된 대상물의 전개한 모양을 나타내어도 된다. 이 경우, 전개도의 위쪽 또는 아래쪽에 "전개도"라고 기입하는 것이 좋다.

② 간명한 도시

도시를 필요로 하는 부분을 알기 쉽게 하기 위하여 다음과 같이 하는 것이 좋다.

㉠ 숨은선이 없어도 이해할 수 있는 경우에는 이것을 생략하여도 좋다.

㉡ 보충하는 투상도에 보이는 부분을 전부 그리면, 도면이 오히려 알기 어렵게 될 경우에는 부분 투상도 또는 보조 투상도를 활용하여 표시하는 것이 좋다.

㉢ 절단면의 앞쪽에 보이는 선은 그것이 없어도 이해할 수 있는 경우에는 생략하여도 좋다.

㉣ 일부분에 특정한 모양을 가진 것은 되도록 그 부분이 그림의 위쪽에 나타나도록 그리는 것이 좋다. 보기를 들면 키 홈이 있는 보스 구멍, 벽에 구멍 또는 홈이 있는 관이나 실린더, 쪼개짐을 가진 링 등의 갈라진 부분은 위쪽으로 투상한다.

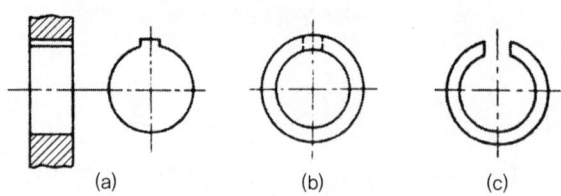

[그림 1-29] 특정한 모양의 도시

(5) 평면의 도시

도형 내의 특정한 부분이 평면이란 것을 표시 필요가 있을 경우에는 가는 실선으로 대각선을 기입한다.

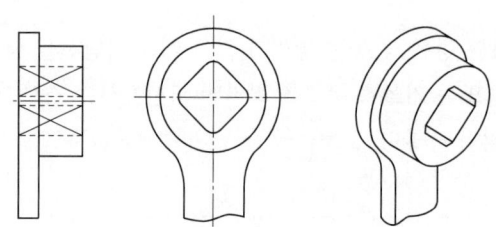

[그림 1-30] 평면이 외부에 있을 때

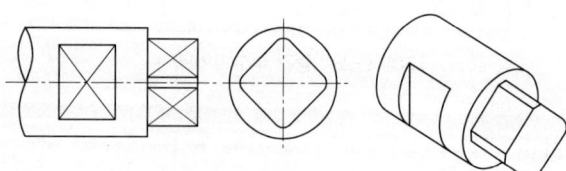

[그림 1-31] 평면이 내부에 있을 때

(6) 가공 전 또는 후의 모양의 도시

그림에 표시하는 대상물의 가공 전 또는 후의 모양의 도시는 다음에 따른다.

① 가공 전의 모양을 표시할 때는 가는 2점 쇄선으로 도시한다.
② 가공 후의 모양, 보기를 들면 조립 후의 모양을 표시할 때는 실선으로 도시한다.

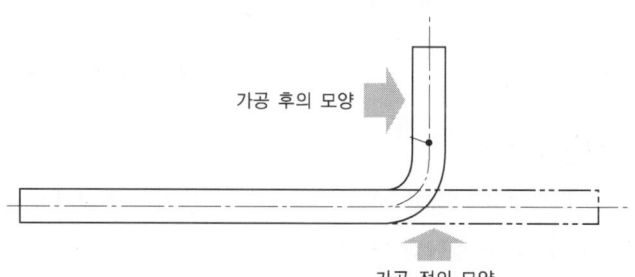

[그림 1-32] 가공 전 또는 후의 모양의 도시

(7) 가공에 사용하는 공구·지그 등의 도시

가공에 사용하는 공구·지그 등의 모양을 참고로 하여 도시할 필요가 있는 경우에는 가는 2점 쇄선으로 도시한다.

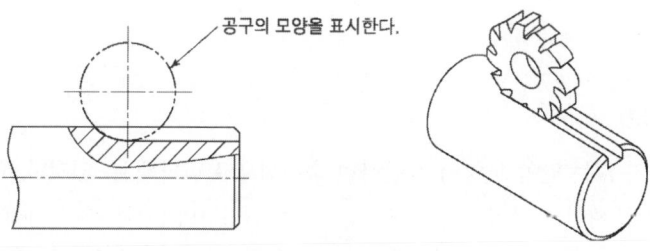

[그림 1-33] 공구·지그 등 도시

(8) 절단면의 앞쪽에 있는 부분의 도시

절단면의 앞쪽에 있는 부분을 도시할 필요가 있는 경우에는 가는 2점 쇄선으로 도시한다.

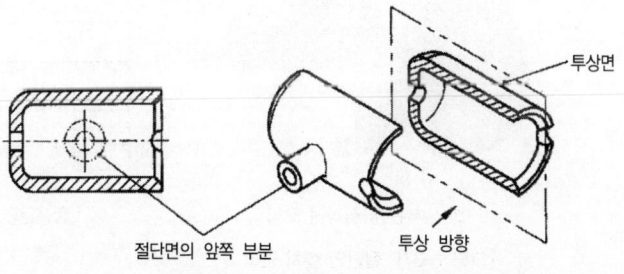

[그림 1-34] 절단면의 앞쪽에 있는 부분의 도시

(9) 인접 부분의 도시

대상물을 인접하는 부분을 참고로 도시할 필요가 있을 때는 가는 2점 쇄선으로 도시한다. 대상물의 도형은 인접 부분에 숨겨지더라도 숨은선으로 하면 안 된다. 단면도에 있어서 인접 부분에는 해칭을 하지 않는다.

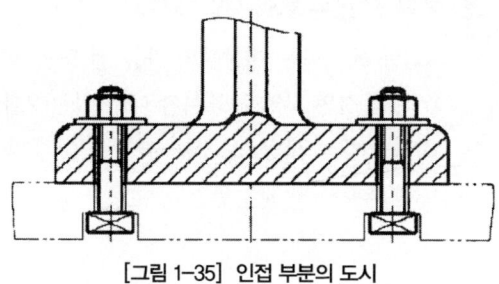

[그림 1-35] 인접 부분의 도시

(10) 특수한 가공 부분의 표시

대상물의 일부분에 특수한 가공을 하는 경우에는 그 범위를 외형선에 평행하게 약간 떼어서 그은 굵은 1점 쇄선으로 나타낼 수 있다.

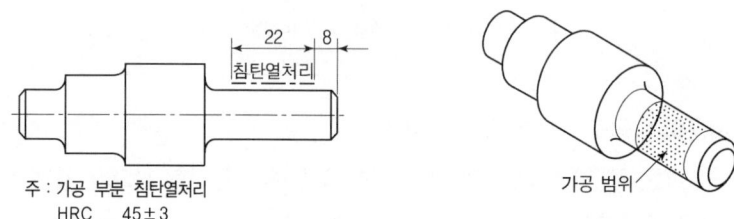

[그림 1-36] 특수가공 부위의 표시

5 단면도

1) 단면도의 원리

물체의 보이지 않는 안쪽 모양이 간단하면 숨은선으로 나타낼 수 있지만 복잡하면 알아보기가 어렵다. 안쪽을 명확하게 나타내기 위해서는 [그림 1-37]의 (a)와 같이 가상의 절단면을 설치하고, (b)와 같이 앞부분을 떼어 낸 다음, (c)와 같이 제도한 것이 단면도의 원리이다.

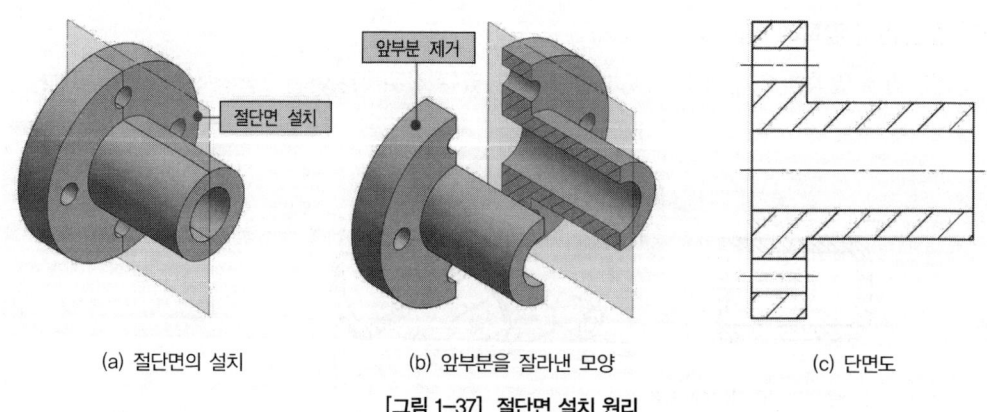

(a) 절단면의 설치   (b) 앞부분을 잘라낸 모양   (c) 단면도

[그림 1-37] 절단면 설치 원리

2) 절단면 설치 위치와 한계 표시

절단면의 한계는 투상도에서의 가상의 절단면 설치 위치와 한계 표시는 [그림 1-38] (a)와 같이 굵은 실선으로 표시하고 투상도의 바깥 부분은 굵은 1점 쇄선으로 긋는다.

절단선은 절단면의 설치 위치와 한계를 나타내는 굵은 실선의 사이에는 [그림 1-38] (b)와 같이 가는 1점 쇄선으로 긋는다.

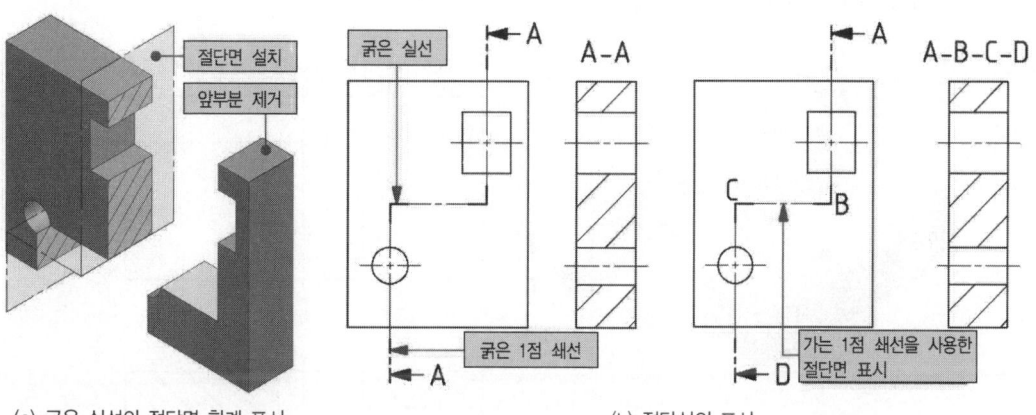

[그림 1-38] 절단면 설치 위치와 한계 표시

3) 해칭과 스머징

(1) 해칭(hatching)

해칭은 단면도는 절단되었다는 것을 표시해 주면 알아보기 쉬우므로 절단면임의 표시는 [그림 1-39] (a)와 같이 45°의 가는 실선을 단면부의 면적에 따라 3~5mm의 같은 간격의 경사선으로 긋는다.

(2) 스머징(smudging)

스머징은 [그림 1-39] (b)와 같이 외형선 안쪽의 일부 또는 전부를 색칠한다.

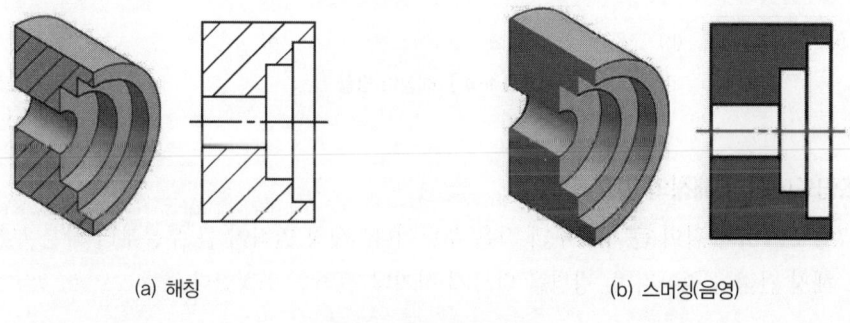

[그림 1-39] 해칭과 스머징

(3) 해칭이나 스머징을 함에 있어서 치수, 문자 및 기호

해칭이나 스머징을 함에 있어서 치수, 문자, 기호는 어느 것보다 우선하므로 이들을 중단하거나 피해서 실시한다.

(4) 엇갈린 해칭

동일한 선상에 절단면 한계가 표시되고 다른 모양이 겹치는 경우에는 [그림 1-40]과 같이 해칭 간격은 같되 선의 위치를 엇갈리게 해칭을 한다.

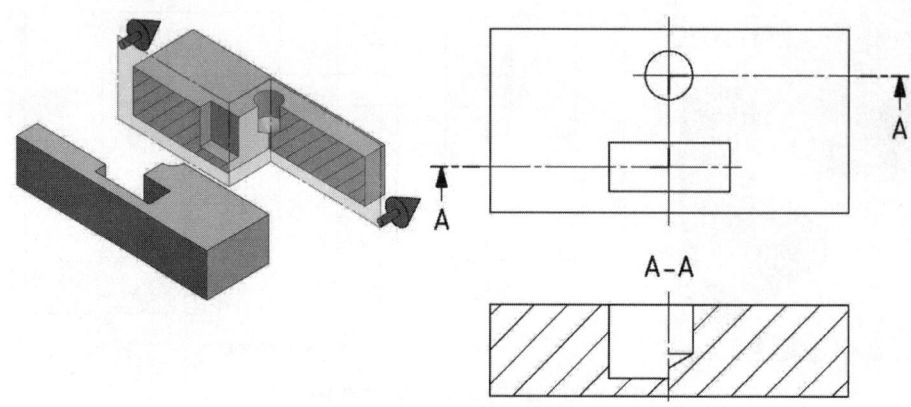

[그림 1-40] 해칭의 엇갈림 제도

(5) 해칭의 방향

[그림 1-41]과 같이 단면의 외형선이나 대칭선에 대하여 편리한 각도(대체로 45°)로 제도한다.

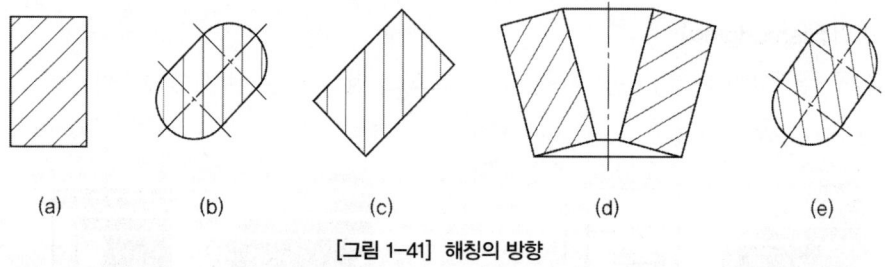

[그림 1-41] 해칭의 방향

(6) 조립도에서의 해칭의 간격과 방향

[그림 1-42]와 같이 큰 부품부터 작은 부품이나, 해칭 면적이 큰 부분부터 작은 부분 쪽으로 해칭 간격이 좁아지며, 방향을 다르게 하거나 간격을 조정한다.

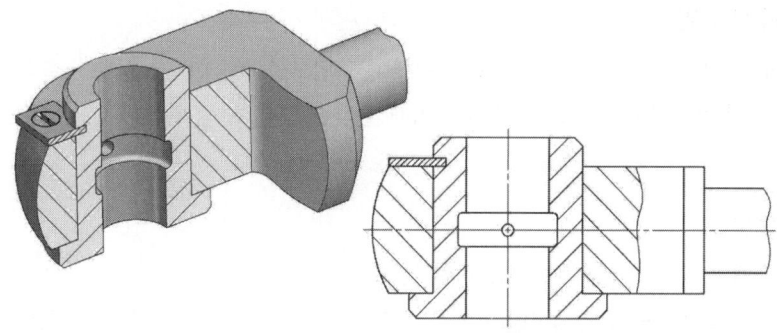

[그림 1-42] 조립도에서의 해칭 방향과 간격

4) 단면도 뒷면 모양 투상

단면도를 보충하는 다른 투상도나 단면도는 숨은선을 표시하지 않고도 충분한 방법을 선택해서 그리도록 하며, 가급적 숨은선을 적게 나타내면서 그린다.

① 절단면 뒤의 투상선은 절단면의 뒤에 나타나는 숨은선, 중심선 등은 표시하지 않는 것이 원칙이나 부득이한 경우에는 나타낼 수 있다
② 단면도는 다른 투상도(평면도 또는 측면도 등)가 그 단면도를 충분하게 설명할 때에는 [그림 1-43] (b)와 같이 단면도의 뒤에 나타나는 숨은선은 생략한다.

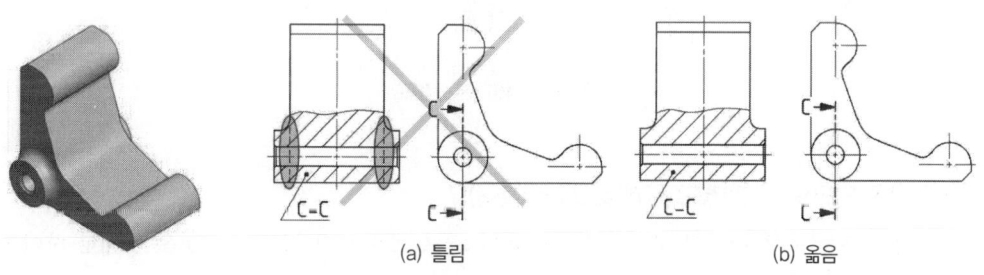

[그림 1-43] 단면도 뒷면의 투상

5) 절단면의 안쪽 모양의 투상선

절단면의 안쪽 모양의 투상선은 [그림 1-44] (b)와 같이 원통 면의 한계와 끝을 외형선으로 긋는다.

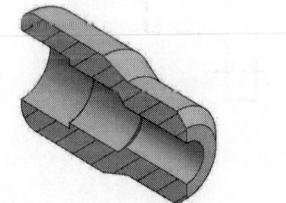 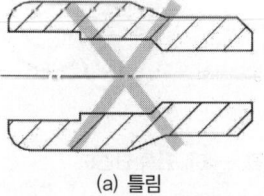 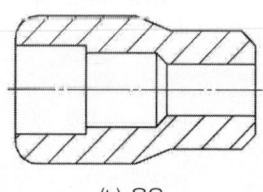

[그림 1-44] 절단 뒷면의 안쪽 모양의 투상선

6) 단면도 표시 방법

물체의 내부 모양을 알기 쉽게 도시하기 위하여 단면도를 활용한다. 물체를 절단하였다고 가정하고 절단한 부분을 떼어 내고 도시한다. 이때 절단한 면을 해칭 처리하여 절단하였음을 나타낸다.

(1) 온 단면도

보통 물체의 절반을 절단하여 작도한다.
① 원칙으로 대상물의 기본적인 모양을 가장 좋게 표시할 수 있도록 절단면을 정하여 그린다. 이 경우에는 절단선은 기입하지 않는다(절단 부위가 확실한 경우).
② 필요할 경우에는 특정 부분의 모양을 잘 표시할 수 있도록 절단면을 정하여 그리는 것이 좋다. 이 경우에는 절단선에 의하여 절단 위치를 나타낸다.

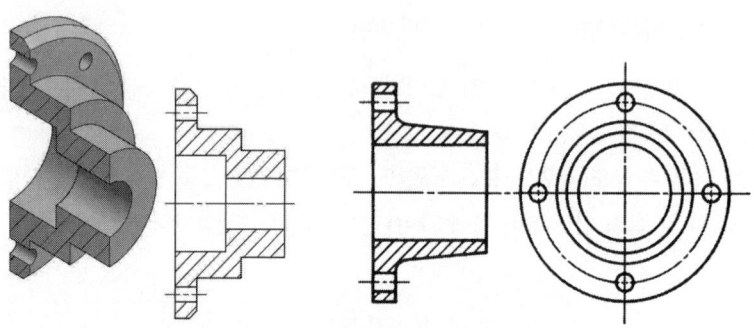

[그림 1-45] 온 단면도

(2) 한쪽 단면도(반 단면도: half section view)

상하 또는 좌우 대칭인 물체는 1/4을 떼어 낸 것으로 보고 기본 중심선을 경계로 하여 1/2은 외형, 1/2은 단면으로 동시에 나타낸 것으로 대칭중심의 우측 또는 위쪽을 단면한다.

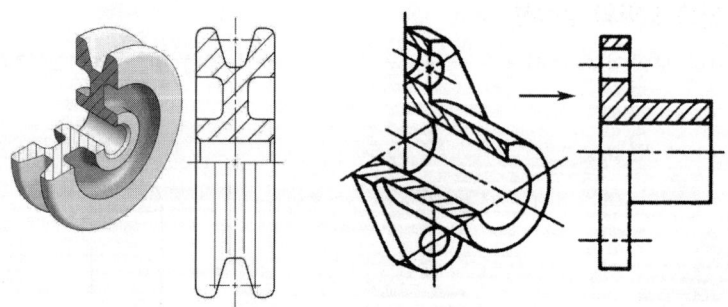

[그림 1-46] 한쪽 단면도

(3) 부분 단면도

외형도에서 필요로 하는 일부분만을 도시할 수 있다. 이 경우 파단선(가는 실선)에 의해서 경계를 나타낸다.

① 단면으로 나타낼 필요가 있는 부분이 좁을 때
② 원칙적으로 길이 방향으로 절단하지 않는 것을 특별히 나타낼 때
③ 단면의 경계가 애매하게 될 염려가 있을 때

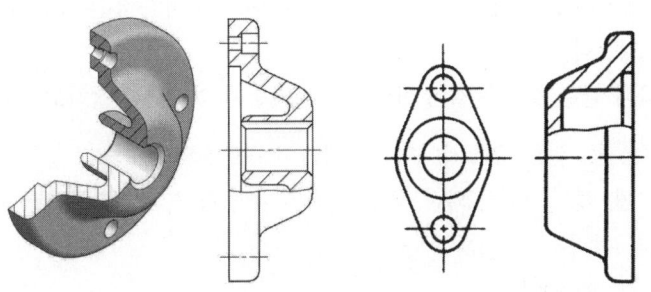

[그림 1-47] 부분 단면도

(4) 회전도시 단면도

핸들이나 바퀴 등의 암 및 림, 리브, 훅, 축, 구조물의 부재 등의 절단한 단면의 모양을 90°로 회전시켜서 투상도의 안이나 밖에 그린다.

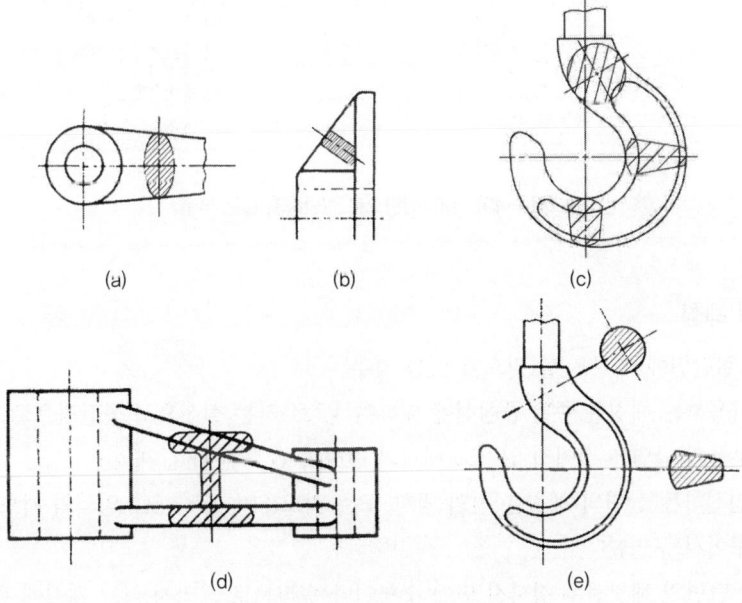

[그림 1-48] 회전도시 단면도

① 절단할 곳의 전후를 끊어 그 사이에 그릴 때는 굵은 실선으로 그린다(a, b).
② 투상도의 바깥이나 절단선의 연장선 위에 그릴 때는 굵은 실선으로 그린다(e).
③ 투상도의 도형 내의 절단한 곳에 겹쳐서 그릴 때는 가는 실선을 사용하여 그린다(c, d).
④ 회전 단면도를 주투상도 밖으로 끌어내어 그릴 경우에는 가는 1점 쇄선으로 단면 위치를 표시하고, 굵은 1점 쇄선으로 한계를 표시할 때는 굵은 실선으로 그린다.

7) 길이 방향으로 절단하지 않는 것

절단했기 때문에 이해를 방해하는 것, 또는 절단하여도 의미가 없는 것은 원칙으로 긴쪽 방향으로는 절단하지 않는다.

KS에서는 다음과 같은 것들은 길이 방향으로 절단하지 않도록 규정하고 있다.

- 물체의 한 부분 중: 리브, 암, 기어의 이, 체인 스프로켓의 이 등
- 부품 중: 축, 핀, 볼트, 너트, 와셔, 작은 나사, 리벳, 강구, 키, 원통롤러 등

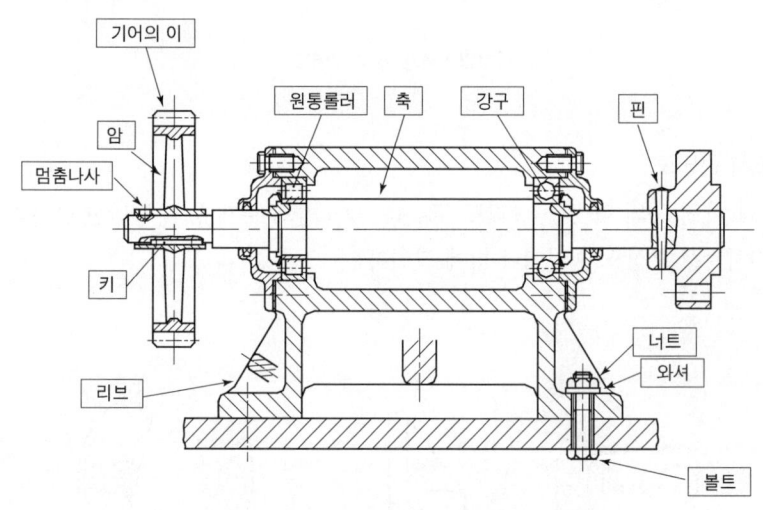

[그림 1-49] 길이 방향으로 절단하지 않는 부품

8) 단면도의 해칭

단면도의 절단면에 해칭을 할 필요가 있을 경우
① 보통 사용하는 해칭은 주된 중심선에 대하여 45°로 가는 실선으로 등간격으로 표시한다.
② 동일 부품의 단면은 떨어져 있어도 해칭의 방향과 간격 등을 같게 한다.
③ 서로 인접하는 단면의 해칭은 선의 방향 또는 각도(30°, 45°, 60° 임의의 각도) 및 그 간격을 바꾸어서 구별한다.
④ 경사진 단면의 해칭선은 경사진 면에 수평이나 수직으로 그리지 않고 재질에 관계없이 기본 중심에 대하여 45° 경사진 각도로 그린다.

⑤ 절단 자리의 면적이 넓을 경우에는 그 외형선을 따라 적절한 범위에 해칭(또는 스머징)을 한다.
⑥ 해칭을 하는 부분 속에 문자, 기호 등을 기입하기 위해 필요한 경우에는 해칭을 중단한다.
⑦ 단면도에 재료 등을 표시하기 위하여 특수한 해칭(또는 스머징)을 해도 좋다.

9) 얇은 두께 부분의 단면도

개스킷, 박판, 형강 등에서 절단면이 얇은 경우 다음에 따라 표시할 수 있다.
① 절단면을 검게 칠한다.
② 실제 치수와 관계없이 한 개의 아주 굵은 실선으로 표시한다.

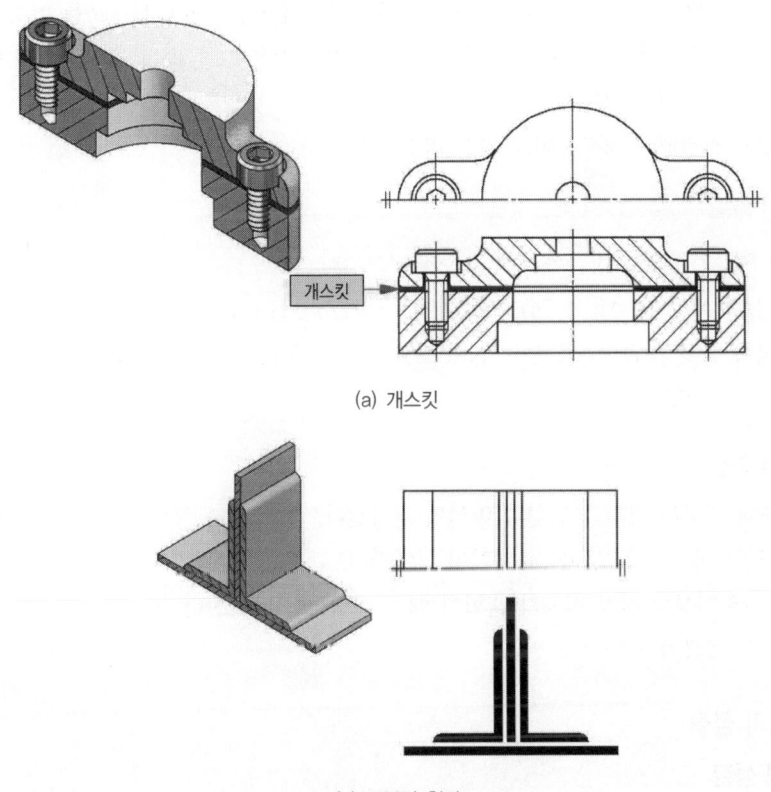

(a) 개스킷

(b) 구부린 철판

[그림 1-50] 얇은 제품의 단면은 굵은 실선으로 표시

03 기계 재료 선정

1 재료의 성질

1) 금속의 특성과 합금

(1) 금속의 공통적 성질
① 실온에서 고체이며, 결정체이다(단, Hg 제외).
② 가공이 용이하고, 연성과 전성이 풍부하고 강도, 경도, 비중이 비교적 크다.
③ 불투명하고 고유의 색상이 있으며, 빛을 반사한다.
④ 전자, 중성자의 배열에 의하여 결정되는 내부구조이고 결정의 내부구조를 변경할 수 있다.
⑤ 비중이 크고, 경도 및 용융점이 높으며 순금속 융점은 그 금속 고유의 온도이다.
⑥ 열 및 전기의 양도체이다.
⑦ 생성된 결정핵이 성장하여 수지상 결정을 만든다.

(2) 금속의 분류
비중 4.5를 기준으로 경금속과 중금속을 구분한다.
① 경금속: Al(2.7), Mg(1.74), Na(0.97), Si(2.33), Li(0.53)
② 중금속: Fe(7.87), Cu(8.96), Ni(8.85), Au(19.32), Ag(10.5), Sn(7.3), Pb(11.34), Ir(22.5)

(3) 합금의 특성
① 강도와 경도가 커지고 전성과 연성이 작아진다.
② 전기전도율 및 열전도율, 융해점이 낮아진다.
③ 두 종류 이상의 결정 입자가 혼합할 때는 내식성이 나빠진다.
④ 담금질 효과가 크다.

2) 금속재료의 성질

(1) 기계적 성질
① 연성: 길고 가늘게 늘어나는 성질(연성순서: Au > Ag > Al > Cu > Pt)
② 전성: 얇은 판을 넓게 펼칠 수 있는 성질(전성순서: Au > Ag > Pt > Al > Fe)
③ 인성: 외력(굽힘, 비틀림, 인장, 압축 등)에 저항하는 질긴 성질
④ 취성(메짐): 잘 깨지고 부서지는 성질로 인성의 반대
⑤ 소성: 외력을 가한 후 제거해도 변형이 그대로 유지되는 성질
⑥ 탄성: 외력을 제거해도 원래대로 돌아오는 성질
⑦ 경도: 재료의 단단한(무르고 굳은) 정도
⑧ 강도: 단위 면적당 작용하는 힘. 외력(굽힘, 비틀림, 인장, 압축 등)에 견디는 힘

⑨ 피로: 작은 힘의 반복 작용에 의해 재료가 파괴되는 현상
⑩ 크리프(creep): 재료를 고온으로 가열했을 때 인장강도, 경도 등을 말한다.
⑪ 인장강도: 재료의 인장 시험에 있어서 시험편이 파단할 때까지의 최대 인장 하중을, 시험 전 시험편의 단면적(A_o)으로 나눈 값(σ_B)으로 극한 강도라고도 불리며 재료의 강도 기준의 하나이다.

$$\sigma_B = \frac{W_{\max}}{A_o} [\text{N/mm}^2, \text{MPa}]$$

여기서, σ_B: 인장강도
$W_{\max}$: 최대하중(N)
A_o: 원래의 단면적(mm^2)

⑫ 연신율: 재료는 인장 하중을 걸면 늘어난다. 이 늘어난 길이의 최초의 길이에 대한 백분율을 연신율이라고 한다.

$$\varepsilon = \frac{L_1 - L}{L} \times 100\%$$

여기서, L: 처음의 표점 거리(mm)
L_1: 파단되었을 때의 표점 거리(mm)

⑬ 단면수축률: 인장 시험에 있어서 시험편 절단 후에 생기는 최소 단면적(S_1)과 그의 원 단면적(S)과의 차와 원 단면적에 대한 백분율을 말한다.

$$\Psi = \frac{S - S_1}{S} \times 100(\%)$$

여기서, S: 처음 단면적(mm^2)
S_1: 파단되었을 때의 수축된 최소 단면적(mm^2)

(2) 물리적 성질

① 비열: 어떤 물질 1g의 온도를 1℃만큼 올리는 데 필요한 열량이다.
② 용융점: 금속을 가열하면 녹아서 액체로 되는데, 액체로 되는 온도점을 말한다.
③ 비중: 물(4℃)과 똑같은 부피를 갖는 물체와의 무게의 비를 말한다.
   ㉠ 실용 금속 중 가장 가벼운 금속: Mg(1.74)
   ㉡ 비중이 가장 무거운 금속: Ir(22.5)
   ㉢ 비중이 가장 가벼운 금속: Li(0.53)
④ 선팽창 계수: 어느 길이의 물체가 1℃ 상승할 때 그 길이의 증가와 늘어나기 전 길이와의 비를 말한다.
   ㉠ 선팽창 계수가 큰 것: Pb, Mg, Sn
   ㉡ 선팽창 계수가 작은 것: Ir, Mo, W

⑤ 열전도율 및 전기전도율: Ag – Cu – Au – Pt – Al – Mg – Zn – Ni – Fe – Pb – Sb
⑥ 금속의 탈색: Sn – Ni – Al – Mg – Fe – Cu – Zn – Pt – Ag
⑦ 자성
  ㉠ 강자성체: Fe, Ni, Co
  ㉡ 상자성체: Al, Pt, Sn, Mn
  ㉢ 반자성체: Cu, Zn, Sb, Ag, Au
⑧ 융해잠열: 어떤 금속 1g을 용해하는 데 필요한 열량을 융해잠열이라 한다.

(3) 화학적 성질
① 부식: 금속은 접하고 있는 주위 환경의 화학적, 전기화학적인 작용에 의해 비금속성 화합물을 만들어 점차적으로 손실되어가는데, 이 현상을 부식이라고 한다.
② 내식성: 금속의 부식에 대한 저항력으로 견디는 성질이다. Cr, Ni 등이 우수하다.
③ 내산성: 기타 산에 견디는 성질, 염기에 견디는 성질로 내염기성이라 한다.
④ 내열성: 금속의 열에 대한 저항력으로 견디는 성질이다.

(4) 가공상의 성질
① 주조성: 금속이나 합금을 녹여 기계 부품인 주물을 만들 수 있는 성질
② 소성 가공성: 재료에 외력을 가하여 원하는 모양으로 만드는 작업
③ 적합성: 재료의 용융성을 이용하여 두 부품을 접합하는 성질
④ 절삭성: 절삭 공구에 의해서 금속재료가 절삭되는 성질

3) 금속의 결정

(1) 금속 원자 결정
① 체심입방격자(BCC)
  ㉠ 융점이 높고 강도가 크다(소속 원자수: 2개, 배위수〈인접 원자수〉: 8개).
  ㉡ Cr, W, Mo, V, Li, Na, Ta, K, α-Fe, δ-Fe

② 면심입방격자(FCC)
  ㉠ 전연성, 전기전도율 크다. 가공성 우수(소속 원자수: 4개, 배위수: 12개)
  ㉡ Al, Ag, Au, Cu, Ni, Pb, Ca, Co, γ-Fe

③ 조밀 육방 격자(HCP)
  ㉠ 전연성, 접착성, 가공성 불량(소속 원자수: 2개, 배위수: 12개)
  ㉡ Mg, Zn, Cd, Ti, Be, Zr, Ce

(2) 금속의 변태
- 변태(Transformation): 고체 → 액체(액체 → 고체)로 결정격자의 변화가 생기는 것

- 변태점 측정법: 열분석법, 시차열분석법, 비열법, 전기저항법, 열팽창법, 자기분석법, X선분석법
- 동소체(Allotropy): 상이 같은 물질이지만 결정격자가 다른 것(α, γ, δ고용체)

① 동소변태
  ㉠ 고체 내에서 원자 배열이 변화로 생긴 것(결정격자 모양이 바뀜)
  ㉡ 성질이 일정한 온도에서 급격히 비연속적으로 변화가 생긴 것
  ㉢ 동소변태 금속은 Fe(A3: 912℃, A4: 1400℃), Co(480℃), Ti(883℃), Sn(18℃)
  ㉣ α-Fe(BCC): 910℃ 이하에서 체심입방격자 γ-Fe(FCC)
  ㉤ 910~1400℃에서 면심입방격자
  ㉥ δ-Fe(BCC): 1400~1538℃에서 체심입방격자
  ㉦ A3 변태: α-Fe ⇔ γ-Fe
  ㉧ A4 변태: γ-Fe ⇔ δ-Fe

② 자기변태(curie point)
  ㉠ 원자 배열에 변화가 생기지 않고 원자 내부에 어떤 변화를 일으킨 것이다.
  ㉡ 점진적이고 연속적으로 변화가 생기며, 자기의 세기가 768℃(A2점) 부근에서 급격히 변화한다.
  ㉢ 자기변태를 일으키는 금속으로 Fe: 768℃, Ni: 360℃, Co: 1120℃ 등이 있다.

(3) 합금의 상태도

① 상률: 계중의 상이 평형을 유지하기 위한 자유도를 규정한 법칙이다.
  ㉠ 상(相): 어느 부분이나 균일하고 불연속적이며, 명확히 경계된 부분으로 되어있는 분자와 원자의 집합 상태를 말한다.
  ㉡ 계(系): 집합의 물체를 외계와 차단하여 그 물질 이외의 것은 물리적 교섭이 없는 상태로 있다고 생각할 때 계라고 한다.

> 참고 $F = n + 2 - P$ (F: 자유도, n: 성분 수, P: 상의 수)
> 압력을 무시하면(응고계 상률): $F = n + 1 - P$

② 공정(eutectic): 2개 성분(成分)의 금속이 용해된 상태에서는 균일한 용액으로 되나 응고 후에는 금속 성분이 각각 결정이 되어 분리되며, 전연 고용체를 만들지 않고 기계적으로 혼합된 조직으로 되는 반응을 말하며, 이때의 결정을 공정(eutectic)이라 한다.

$$\text{액체} \leftrightarrow \text{고체 A} + \text{고체 B(기계적 혼합)}$$

③ 고용체: 금속 원자가 서로 녹아서 고체를 이룬 것으로서 용매금속의 결정 중에 용질금속의 원자나 분자가 녹아 들어가 응고된 고용체라 한다.

$$\text{고체 A} + \text{고체 B} \leftrightarrow \text{고체 C(기계적 방법 구분 不可)}$$

㉠ 침입형 고용체: Fe-C
㉡ 치환형 고용체: Ag-Cu, Cu-Zn
㉢ 규칙격자형: Ni_3-Fe, Cu_3-Au, Fe_3-Al

④ 포정: 하나의 고체에 다른 융체가 작용하여 다른 고체를 형성하는 반응을 말하며, 이때의 고체를 포정(peritectic)이라 한다.

$$고체\ A + 액체 \leftrightarrow 고체\ B$$

⑤ 편정: 일종의 융액에서 고상과 다른 종류의 융액을 동시에 생성하는 반응을 말하며, 이때의 결정을 편정(monotectic)이라 한다.

$$고체 + 액체\ A \leftrightarrow 액체\ B$$

⑥ 공석: 하나의 고용체로부터 2종의 고체가 일정한 비율로 동시에 석출하는 반응이다.

$$\alpha(페라이트) + Fe_3C(시멘타이트) = \alpha + Fe_3C(펄라이트)$$

⑦ 금속 간 화합물: 2종 이상의 금속 원소가 간단한 원자비로 결합되어 본래의 성분 금속과는 다른 새로운 성질을 가진 물질이 형성되며, 그 원자도 규칙적으로 결정 격자점을 보유하는 화합물을 금속 간 화합물(예: Fe_3C, WC, $CuAl_2$)이라 한다.

4) 금속 가공

(1) 소성변형
금속에 외력을 가하였다가 외력을 제거하여도 원상태로 되돌아오지 않고 영구변형을 일으키는 것을 말한다.

(2) 단결정과 소성변형
① 미끄럼(slip): 재료에 외력이 작용할 때 어떤 방향으로 미끄러져 이동하는 현상
② 쌍정(twin): 변형 전과 후의 위치가 경계로 하여 대칭의 관계를 가진 원자배열의 결정부분
③ 전위(dislocation): 금속의 결정격자가 불안전하거나 결함이 있을 때 외력을 작용하면 이곳으로 이동이 생기는 현상

(3) 가공경화
① 재료에 외력을 가하여 변형시키면 굳어지는 현상
② 보통 냉간가공으로 경도가 크고 강해진 현상

(4) 냉간(상온) 가공 시 기계적 성질
- 냉간(상온) 가공의 장점: 제품의 치수 정확, 가공면이 아름답고, 기계적 성질 개선, 강도 및 경도 증가, 연신율 감소
- 냉간(상온) 가공의 단점: 가공 방향으로 섬유조직이 되어 방향에 따라 강도가 다르다.

① 시효경화(age hardening): 냉간 가공 시 시간 경과로 경화되는 현상으로 기계적 성질은 변화하나 나중에는 일정한 값을 나타내는 현상으로 황동, 두랄루민, 강철 등이 잘 일어나며, 인공적으로 100~200℃ 높여 시효경화를 촉진시키는 것을 인공시효라 한다.
② 바우싱거 효과: 동일방향에서의 소성변형에 대하여 전에 받던 방향과 반대의 변형을 부여하면 탄성한도가 낮아지는 현상을 말한다.
③ 회복: 냉간(상온) 가공에 의해서 내부응력을 일으킨 결정입자가 가열에 의해서 그 모양은 바뀌지 않고 내부응력이 감소하는 현상이다.
④ 재결정: 가공경화된 재료를 가열시 결정 핵이 성장하여 전체가 새로운 결정으로 변화
　㉠ 가공도 작을수록 크고, 가열시간은 길수록 크고, 가열온도가 높을수록 크다.
　㉡ 재결정 온도: 열간(고온) 가공과 냉간(상온) 가공이 구분되는 온도
　　• Fe: 350~500℃　　• W: 1200℃　　• Mo: 900℃
　　• Ni: 600℃　　• Pt: 450℃　　• Au, Ag, Cu: 200℃

2 철강 재료

1) 철강 재료의 개요

(1) 철강의 분류

① 철강 재료는 일반적으로 강, 순철, 주철의 세 종류로 구분한다. 이 중에서 순철은 공업용으로 사용 빈도가 적으며, 탄소가 적당히 함유된 강과 주철이 주로 사용된다.
② 보통 강과 주철은 탄소 함유량으로 구분하는데, 학술상 분류는 강은 아공석강(0.025~0.77%C), 공석강(0.77%C), 과공석강(0.77~2.11%C)으로 되어 있고, 주철은 아공정 주철(2.11~4.3%C), 공정 주철(4.3%C), 과공정 주철(4.3~6.68%C)로 되어 있다.
③ 강을 탄소강과 합금강으로 분류하는 경우도 있는데, 탄소강은 탄소(C) 이외에 규소(Si), 망간(Mn), 인(P), 황(S) 등의 5대 원소가 분순물의 성격으로 약간 포함한 것이고, 합금강은 탄소강에 특수한 성질을 부여하기 위해 니켈(Ni), 크롬(Cr), 망간(Mn), 규소(Si), 몰리브덴(MO), 텅스텐(W), 바나듐(V) 등의 합금원소를 한 가지 또는 그 이상 첨가한 것이나.

(2) 철강 재료의 5대 원소

C(강에 가장 큰 영향), S〈0.05%, P〈0.04%, Si〈0.1~0.4%, Mn〈0.2~0.8%

(3) 제철법

① 철광석: 적·자·갈·능철광 → Fe 40~60% 이상
② 선철(pig iron): 철광석을 용광로에 넣어서 정련하여 만든 철
③ 용제: 석회석, 형석, 백운석 등이 있으며, 철과 불순물을 분리시킨다.

(4) 제강법

① 평로 제강법: 바닥이 낮고 넓은 반사로
  ㉠ 산성법: 규소 내화물(저 P, 고 Si)
  ㉡ 염기성법: 돌로마이트 또는 마그네시아(고 P, 저 Si)

② 전로 제강법: 노안에 용선 장입 후 공기를 불어넣어 불순물을 산화시켜 제강
  ㉠ 베세머법(산성법): 규소 내화물(저 P, 고 Si)
  ㉡ 토머스법(염기성법): 돌로마이트 또는 마그네시아(고 P, 저 Si)

③ 전기로 제강법: 전열을 이용하여 강을 제련한다. 온도조절이 용이, 제품이 고가
  ㉠ 종류: 아크식, 유도식, 저항식

> 참고 용량: 1회에 생산되는 용강의 무게

2) 강괴의 종류 및 특징

(1) 킬드강

완전히 탈산한 강으로 강괴의 중앙 상부에 큰 수축관이 생긴다.

(2) 세미 킬드강

킬드강과 림드강의 중간 정도로 탈산한 강

(3) 림드강

탈산 및 기타 가스 처리가 불충분한 상태의 강으로 주형의 외벽으로 림(rim)을 형성한다.

(4) 캡드강

림드강을 변형시킨 강으로 비등을 억제시켜 림 부분을 얇게 한 강이며 탈산제로 Fe-Si, Al, Fe-Mn 등이 쓰인다.

(5) 강괴의 결함

① 비등작용: 산소(O_2)와 탄소(C)가 반응한 코발트(Co)의 생성 가스가 대기 중으로 빠져나가는 현상으로 끓는 것처럼 보이며, 림드강에서 발생한다.
② 헤어크랙(Hair Crack): 수소(H_2)가스에 의해 머리칼 모양으로 미세하게 갈라지는 균열하는 것으로 킬드강에서 발생한다.
③ 백점: 수소의 압력이나 열응력, 변태응력 등에 의해 생긴 균열이 생긴다. 이 외에 수축관, 수축공, 기포, 편석 등이 있으며 킬드강에서 발생한다.

3) 순철

(1) 순철의 용도

탄소의 함유량이 0~0.025% 정도이므로 연하고 전연성이 풍부하고, 기계 재료로는 거의

쓰이지 않으나 항장력이 낮고 투자율이 높기 때문에 변압기 및 발전기용 발 철판의 전기 재료로 많이 사용된다.

(2) 순철의 변태

① 순철의 변태점에는 동소변태 A2(768℃), A3(910℃)이고, 자기변태 A4(1400℃)점이 있다.
② 순철에는 α철, γ철, δ철의 3개 동소체가 있으며 910℃ 이하에서는 α철로 체심입방격자, 910~1400℃에서는 γ철로 안정한 면심입방격자로 되며, 1400℃ 이상에서는 δ철로 체심입방격자이다.
③ 강은 강자성체이나 가열하면 자성이 점점 약해져서 768℃ 부근에서는 급격히 상자성체가 되는데, 이러한 변태를 자기변태(A2)라 하고, 앞에서 말한 격자 변화를 동소변태(A3, A4)라 한다. 또한, 변태가 일어나는 온도를 변태점이라 한다.
④ 동소변태는 원자 배열의 변화가 생기므로 상당한 시간을 요한다.
⑤ 자기변태는 원자 배열의 변화가 없으므로 가열, 냉각 시 온도 변화가 없다.

(3) 순철의 성질

① 순철의 종류로는 아암코철, 전해철, 카보닐철 등이 있으며 카보닐철이 가장 순수하다.
② 항자력이 낮고 투자율이 높아 전기 재료(변압기, 발전기용 박판)로 사용한다.
③ 단접성, 용접성 양호하나 유동성 및 열처리성은 불량하다.
④ 상온에서 전연성 풍부하며 항복점·인장강도 낮고, 연신율·단면수축률·충격값·인성은 높다.
⑤ 순철의 물리적 성질은 비중(7.87), 용융점(1,538℃), 열전도율이 0.18, 인장강도 177~245MPa(18~25N/mm^2), 브리넬경도 586~687MPa(60~70N/mm^2)이다.

4) Fe-C계 평형상태도

720℃에서 A1 변태, 768℃에서 A2 변태, 910℃에서 A3 변태, 1400℃에서 A4 변태가 일어난다. A2 변태점 이하의 온도의 것을 α철, A2 변태점에서 A3 변태점까지의 온도의 것을 β철이라 한다. 또 A3 변태점 온도에서 A4 변태점 온도까지의 것을 γ철이라 하고, A4로부터 용융점에 1536.5℃까지의 것을 δ철이라 한다.

(1) 변태점

① A0(210℃): 시멘타이트의 자기변태점
② A1(723℃): 순철에는 없고 강에서만 일어나는 특유한 변태
③ A2(768℃): 자기변태(Fe, Ni, Co)
④ A3(912℃): 동소변태
⑤ A4(1,400℃): 동소변태

(2) 강의 표준조직(Normal Structure)

① α 고용체: Ferrite(강자성체로 극히 연하고 전성과 연성이 크다. $H_B=90$)
② γ 고용체: Austenite(A1점에서 안정된 조직으로 상자성체이고 인성이 크다. $H_B=155$)
③ Fe_3C: Cementite(경도가 높고 취성이 크며 백색으로, 상온에서 강자성체이다. $H_B=820$)
④ $\alpha + Fe_3C$: Pearlite(오스테나이트가 페라이트와 시멘타이트의 층상으로 된 조직이다. 강도는 크고 어느 정도 연성이 있다. $H_B=225$)
⑤ $\gamma + Fe_3C$: Ledeburite(상온에서 불안정하고 Fe_3C는 흑연과 지철(地鐵)로 분해한다.)

(3) 탄소 함량에 따른 분류

① 강
  ㉠ 공석강: 0.77%C(펄라이트)
  ㉡ 아공석강: 0.025~0.77%C(페라이트+펄라이트)
  ㉢ 과공석강: 0.77~2.0%C(펄라이트+시멘타이트)

② 주철
  ㉠ 공정주철: 4.3%C(레데뷰라이트)
  ㉡ 아공정주철: 2.0~4.3%C(오스테나이트+레데뷰라이트)
  ㉢ 과공정주철: 4.3~6.67%C(레데뷰라이트+시멘타이트)
    ⓐ 포정점: 0.18%C, 1,492℃
    ⓑ 공석점: 0.77%C, 723℃
    ⓒ 공정점: 4.3%C, 1,147℃(상온 표준조직: 펄라이트)

5) 탄소강의 표준조직

강을 단련하여 불림(normalizing)처리, 즉 표준화 처리한 것을 말하며 조직에는 다음과 같은 용어가 있다.

(1) 오스테나이트(austenite)

γ 철에 탄소가 1.7% 이하로 고용된 고용체로서 페라이트보다 굳고 인성이 크다. 그러나 이것은 비자성이다. A1점(723℃) 이상에서 안정된 조직을 갖는다.

(2) 페라이트(ferrite)

α (BCC)철에 극히 소량(상온에서 0.006%, 721℃에서 최대 0.03%)까지 탄소가 고용된 고용체이며, α 고용체라고도 한다. 이것은 극히 연하고 연성이 크나 인장 강도는 작고 상온에서 강자성체이다. 파면의 백색을 띠며 순철의 바탕 조직이다.

(3) 펄라이트(pearlite)

A1 변태점에서 오스테나이트의 분열에 의하여 생기는 것으로 탄소 0.85%C의 함유하며 γ 고용체가 723℃에서 분열하여 생긴 페라이트와 시멘타이트의 공석정으로 페라이트와 시

멘타이트가 층으로 나타나며 앞에서 설명한 페라이트보다 경도가 크고 강하며 자성이 있다. 탄소강의 기본조직이다.

(4) 시멘타이트(cementite)

시멘타이트는 철(Fe)과 탄소(C)의 화합물인 탄화철(Fe_3C)로서 탄소를 6.68%의 탄소를 함유한 탄화철로 경도와 취성이 커서 잘 부스러지는 성질, 즉 메짐성이 크며 백색이다. 상온에서 강자성체이며, 담금질을 해도 경화되지 않고 화학식으로는 Fe_3C로 표시한다.

(5) 레데부라이트(ledeburite)

γ고용체와 시멘타이트의 공정조직으로 주철에 나타난다.

> **조직의 경도 순서**
>
> 시멘타이트 〉 마텐자이트 〉 트루스타이트 〉 베이나이트 〉 솔바이트 〉 펄라이트 〉 오스테나이트 〉 페라이트

6) 탄소강의 온도에 따른 여러 가지 취성

(1) 청열 취성

강은 온도가 높아지면 전연성이 커지나, 200~300℃에서는 강도는 크지만 연신율은 대단히 작아져서 결국 메짐성을 증가한다. 이때의 강은 청색의 산화피막을 형성하는데, 이것을 청열 취성(메짐성)이라고 한다.

(2) 적열 취성

강이 900℃ 이상에서 황이나 산소가 철과 화합하여 산화철이나 황화철을 만든다. 황(S)이 많은 강은 고온에 있어서 여린 성질을 나타내는데, 이것을 적열 취성이라고 한다.

(3) 상온 취성

인(P)은 강의 결정 입자를 조대화시켜서 강을 여리게 만들며, 특히 상온 또는 그 이하의 저온에 있어서는 특별히 현저해 진다. 인(P)은 상온 메짐성 또는 냉간 메짐성의 원인이 된다.

(4) 고온 취성

강은 구리(Cu)의 함유량이 0.2% 이상(일반적으로 Cu 1.0% 이하)으로 되면 고온에 있어서 현저히 여리게 되며, 결국 고온 메짐성을 일으킨다.

(5) 냉간(저온) 취성

강은 일반적으로 충격값은 100℃ 부근에서 최대이며, 상온 이하에 있어서는 현저히 여리게 된다. 이것을 냉간 메짐성이라고 한다.

7) 탄소강 중의 타 원소의 영향

(1) 규소(Si)
강의 경도, 탄성 한계, 인장 강도를 증가시키며, 연신율·충격값·전성, 가공성은 감소시킨다. 단접성을 해치고 주조성(유동성)을 좋게 하며, 결정입자의 크기를 증대시켜 거칠어진다. 탄소함량은 0.10~0.35%이다.

(2) 망간(Mn)
황과 화합하여 적열취성을 방지(MnS)하게 되어 황의 해를 제거하며, 고온 가공을 용이하게 한다. 강도·경도·인성을 증가시키며, 고온에 있어서는 결정 입자의 성장을 방해한다. 소성을 증가시키고 주조성을 좋게 한다. 담금질 효과를 크게 하며 탈산제로도 사용되며, 강중의 탄소함량은 0.20~0.80%이다.

(3) 인(P)
경도와 강도를 증가시키고, 연신율이 감소하며 가공 시 편석 및 균열을 일으킨다. 상온메짐성의 원인이 된다. 기포가 없는 주물을 만들 수 있고, 절삭성이 좋아진다.

(4) 황(S)
적열 상태에서는 메짐성이 커 적열취성의 원인이 되며, 인장강도·연신율·충격값을 감소시킨다. 강의 용접성을 나쁘게 하며, 강의 유동성을 해치고 기포를 발생시킨다. 망간과 화합하여 절삭성이 좋아진다.

(5) 구리(Cu)
인장 강도, 탄성 한도를 증가시키고 내식성을 증가시킨다. 압연 시 균열의 원인이 된다.

(6) 가스(O_2, N_2, H_2)
산소는 적열 메짐성의 원인이 되며, 질소는 경도와 강도를 증가시키고, 수소는 백점(flake)이나 헤어 크랙(hair crack)의 원인이 된다.

8) 탄소강과 그 용도

(1) 0.15%C 이하의 저탄소강
탄소량이 적어 담금질 뜨임에 의한 개선이 어려워 냉간가공을 하여 강도를 높여 사용할 때가 많다. 대상강·박강판·강선 등에는 냉간 가공성이 좋으며 규소 함유량이 적은 저탄소강이 사용된다. 보일러용 강판 및 강관은 냉간 가공성·용접성·내식성이 좋아야 하므로 저탄소강이 가장 적당하다.

(2) 0.16~0.25%C 탄소강
강도에 대한 요구보다도 절삭 가공성을 중요시하는 것으로 0.15%C 부근의 것은 침탄용 강 또는 냉간 가공용 강으로 널리 사용된다. 0.25%C 부근의 것은 볼트·너트·핀 등 용도는 극히 넓다. 엷은 탄소강 관재로는 0.15~0.25%C 정도가 많이 사용된다. 강 주물도 이 범위의 탄소량의 것이 주조가 가장 쉽다.

(3) 0.25~0.35%C 탄소강

이 범위의 탄소강은 단조 · 주조 · 절삭가공 · 용접 등 어떠한 경우에도 쉽다. 또한, 조질에 의해서 재질을 개선할 수도 있다. 담금질, 뜨임을 실시하면 대단히 강인해 지며 차축 등 기타 일반 기계 부품에서는 압연 또는 단조 후 풀림이나 불림을 행하므로 열간가공에 의해서 조대화 또는 불균일하게 된 결정입자를 균일 미세화해서 그대로 절삭 가공만을 하여 사용한다.

(4) 0.35~0.60%C 탄소강

취성이 있고 담금질성은 크나 담금질 균열이 생기기 쉽다. 열균열이 생기기 쉽고 인성도 불충분하기 때문에 크랭크축, 기어 등에 사용할 때는 설계상 충분히 주의해야 하며, 이 범위의 탄소강은 비교적 용도가 적다.

(5) 0.65%C 이상의 고탄소강

구조용재로서 0.6%C 이상의 고탄소강을 사용하는 일은 거의 없으나 공구강 · 핀 · 차륜 · 레일(rail) · 스프링 등과 같은 내마모성, 고항복점을 요구하는 물품에 사용된다.

(6) 탄소 함량에 따른 분류

① 가공성만을 요구하는 경우: 0.05~0.3% C
② 가공성과 강인성을 동시에 요구하는 경우: 0.3~0.45% C
③ 가공성과 내마모성을 동시에 요구하는 경우: 0.45~0.65% C
④ 내마모성과 경도를 동시에 요구하는 경우: 0.65~1.2% C

9) 주강과 단강

주철은 주물을 만들기 쉽지만 종래의 편상 흑연 주철로는 강도가 부족하고 취성이 있는 결점이 있어 보다 강인한 주물이 필요할 때 주강 주물이 사용된다.

(1) 주강의 성질

① 주강은 단조강보다 가공 공정을 줄일 수 있고, 균일한 재질을 얻을 수 있다.
② 대량생산에도 적합하다. 하지만 용융점이 높이 주조하기가 힘든 단점이 있다.
③ 수축률은 주철의 2배이며 주조 시 응력이 크고 기포가 발생되기 쉽다.
④ 주조 시에는 조직이 억세고 메지기 때문에 주조 후 반드시 열처리해야 한다.

(2) 주강의 종류

종류에는 0.3%C 이하의 저탄소 주조강, 0.2~0.5%C의 중탄소강 0.5%C 이상의 고탄소 주강이 있으며, C · Si · Mn의 %는 규정하지 않고 P, S만 규정하고 있다. 또 강도 · 내식 · 내열 · 내마모성 등이 요구되는 경우 Ni · Mn · Cu · Mo 등이 첨가 된 특수 주강을 사용한다.

(3) 단강의 성질

일반적으로 단강은 주강과 연성의 압연재에 비해 강도 및 인성이 우수하기 때문에 소형품은 물론 대형품까지 공업재료의 중요한 부분을 차지한다.

① **자유단조**: 개방형의 단조기를 이용해 만드는 방법으로 소량생산에 이용되는 경우가 많고 대형 발전기 축 또는 터빈 축, 선박용 추진기용 축류, 압연용 롤을 비롯한 각종 롤(roll), 원자력이나 화학 반응용의 고압 및 저온 압력용기벽 등의 중요 공업 부품의 제조에 적용된다.

② **형단조법(CDF)**: 제품의 형상과 동일한 형을 이용해 단조하는 방법으로 제품의 정도가 좋고 재료의 낭비가 적은 점 등의 우수한 특징이 있다. 자동차 엔진의 소형 크랭크 샤프트 · 각종 부품 · 차축 · 기어 등의 제조에 적용되고 있다.

10) 탄소강의 열처리

(1) 담금질(quenching)

담금질은 강을 강도 및 경도를 증가시킬 목적으로 아공석강인 경우 A3+50℃, 공석강과 과공석강인 경우는 A1+50℃의 높은 온도로 일정 시간 가열한 후 물 또는 기름과 같은 담금질제 중에서 급랭시키는 조작이다. 즉 오스테나이트 조직에서 급랭함에 따라 강의 변태를 정지시키고 마텐자이트 조직을 얻는 방법이다.

① 담금질 조직의 경한 순으로 나열하면 다음과 같다.

시멘타이트(HB850) 〉 마텐자이트(HB650) 〉 트루스타이트(HB430) 〉 소르바이트(HB270) 〉 펄라이트(HB200) 〉 오스테나이트(HB130) 〉 페라이트(HB100)

② 냉각 방법
   ㉠ 급랭: 소금물, 물, 기름에서 급속히 냉각
   ㉡ 노냉: 노 내에서 서서히 냉각
   ㉢ 공랭: 공기 중에서 자연냉각
   ㉣ 항온냉각: 급랭 후 일정 온도 유지한 다음 냉각

③ **질량 효과(mass effect)**: 재료를 담금질할 때 질량이 작은 재료는 내 · 외부에 온도차가 없으나 질량이 큰 재료는 열의 전도에 시간이 길게 소요되어 내 · 외부에 온도차가 생겨 외부는 경화되어도 내부는 경화되지 않는 현상이다. 질량이 큰 재료일수록 질량효과가 크며 담금질 효과가 감소한다.

(2) 뜨임(tempering)

담금질한 강은 경도는 크나 반면 취성을 가지게 되므로 경도는 약간 낮추고 인성을 증가시키기 위해 재가열하여 서냉하는 열처리이며, 불안정한 조직을 안정화하는 것으로 재결정온도 이하에서 행한다. 재결정온도 이상으로 가열 유지시키면 담금질 전의 상태로 되돌아가게 된다. 담금질한 강을 재가열하면 마텐자이트 → 트루스타이트 → 소르바이트 → 펄라이트로 변화한다.

① 뜨임 방법
  ㉠ 저온 뜨임: 주로 150~200℃ 가열 후 공랭시키며, 내부응력을 제거하고 경도를 유지하면서 변형 방지, 내마모성 향상과 고속도강, 합금강 등의 잔류 오스테나이트를 안정화시키기 위해서 한다. 주로 절삭공구, 게이지, 공구 등이 뜨임에 사용한다.
  ㉡ 고온 뜨임: 주로 500~600℃ 가열 후 급랭시키며 뜨임 취성이 발생한다. 솔바이트 조직을 얻기 위해서 강도와 인성이 풍부한 조직으로 만들기 위해서는 고온에서 뜨임을 하는데 이것을 고온 뜨임이라 한다. 따라서 구조용 강과 같이 높은 강도와 풍부한 인성이 요구되고 좋은 절삭성이 요구되는 것은 열처리를 한 후 고온 뜨임을 하여 사용한다.
  ㉢ 뜨임은 담금질 후 뜨임 처리를 실시하는데, 이와 같이 담금질과 뜨임을 같이 실시하는 조작을 조질이라 하며, 상온가공한 강을 탄성한계를 향상시키기 위해 250~370℃로 가열하는 작업을 블루잉(bluing)이라 한다.

② 뜨임 균열
  ㉠ 발생 원인: 탈탄층이 있을 때, 급히 가열하였을 때, 급히 냉각하였을 때 발생한다.
  ㉡ 방지책: 뜨임 전에 탈탄층을 제거하고, 급가열을 피하며 서냉한다.

(3) 불림(normalizing)

불림은 내부응력을 제거하면서 기계적, 물리적 성질을 표준화하는 것으로 단조, 압연 등의 소성가공이나 주조로 거칠어진 조직을 미세화하고, 편석이나 잔류응력을 제거하기 위해 A3 변태점보다 약 30~50℃ 높게 가열하여 대기 중에서 공랭하는 조작을 불림이라 한다. 불림처리한 강의 성질은 결정입자와 조직이 미세하게 되어 경도, 강도가 크게 증가하고 연신율과 인성도 다소 증가한다.

(4) 풀림(annealing)

재료를 단조, 주조 및 기계 가공을 하면 조직이 불균일하며 거칠어지고 가공경화나 내부응력이 생기게 되는데, 이를 제거하기 위해 변태점 이상의 적당한 온도로 가열하여 서서히 냉각시키는 작업을 풀림이라 한다.

① 풀림의 목적
  ㉠ 기계적 성질 및 피절삭성의 개선이 개선되며 조직이 균일화된다.
  ㉡ 내부응력 및 재료의 불균일을 제거시킨다.
  ㉢ 인성의 증가 및 조직을 개선하고 담금질 효과를 향상시킨다.

② 풀림의 종류
  ㉠ 완전풀림: 일반적으로 풀림이라면 완전풀림을 말하며, 탄소강을 고온으로 가열하면 결정입자가 커지고, 재질이 약해진다. 이 결점을 제거하기 위하여 A3~A1 변태점보다 30~50℃ 높은 온도에서 풀림을 한다.

ⓒ 구상화 풀림: 펄라이트 중에 시멘타이트가 망상으로 존재하면 가공성이 나쁘고 여리고 약해지며 담금질할 때 변형이나 균열이 생기기 쉽다. 이것을 방지하기 위해 AC3~Acm ±(20~30℃)에서 가열과 냉각을 반복하던가 장시간 가열 후 서냉하여 망상조직을 구상화시킨다. 공구강과 같은 고탄소강은 담금질하기 전에 반드시 시멘타이트를 구상화하여야 한다.
ⓒ 저온풀림: 응력을 제거하는 목적으로 500~600℃로 가열 후 서냉하는 응력제거풀림이다.

(5) 심랭처리(sub zero-treatment)

담금질 후 경도 증가, 시효변형 방지하기 위하여 0℃ 이하의 온도로 냉각하면 잔류 오스테나이트를 마텐자이트로 만드는 처리를 심랭처리라 한다. 특히, 스테인리스강에서의 기계적 성질 개선과 조직 안정화와 게이지강에서의 자연시효 및 경도 증대를 위해 실시한다.

① 심랭처리의 목적
  ㉠ 공구강의 경도 증대 및 성능이 향상되고 강을 강인하게 만든다.
  ㉡ 게이지 등 정밀기계부품의 조직을 안정화시키고, 형상 및 치수의 변형을 방지한다.
  ㉢ 스테인리스강에서의 기계적 성질을 개선시킨다.

(6) 항온 열처리(isothermal heat treatment)

변태점 이상으로 가열한 강을 보통의 열처리와 같이 연속적으로 냉각하지 않고 염욕 중에 담금질하여 그 온도로 일정한 시간 동안 항온 유지하였다가 냉각하는 열처리를 항온 열처리라 하다. 담금질과 뜨임을 같이 할 수 있고, 담금질의 균열을 방지할 수 있어 경도와 인성이 동시에 요구되는 공구강, 합금강의 열처리에 사용된다.

가. 강의 항온냉각 변태 곡선

강을 오스테나이트 상태에서 A1점 이하의 항온까지 급랭하여 이 온도에 그대로 항온 유지했을 때 일어나는 변태를 항온변태(isothermaltrans-formation)라 하고, 이 항온변태 및 조직의 변화를 시간에 대하여 그림으로 나타낸 것을 항온변태 곡선(TTT curve: Time-Temperature Transformation curve) 또는 그 모양이 S자이므로 S 곡선이라고도 한다. 베이나이트(bainite)는 마텐자이트와 트루스타이트의 중간 상태의 조직이다.

나. 연속냉각 변태 곡선

강재를 오스테나이트 상태에서 급랭 또는 서냉할 때의 냉각 곡선을 연속냉각 변태 곡선(CCT curve: Continuous Cooling Transformation curve)이라 한다.

다. 항온 열처리 종류

① 등온풀림(isothermal annealing)
  풀림온도로 가열한 강재를 S 곡선의 코(nose) 부근의 온도(600~650℃)에서 항온변태시킨 후 공랭한다. 공구강, 특수강, 기타 자경성이 강한 특수강의 풀림에 적합하다.

② 항온 담금질(Isothermal quenching)
　㉠ 오스템퍼(austemper): 오스테나이트 상태에서 Ar'와 Ar"(Ms점) 변태점 사이의 온도에서 염욕에 담금질한 후 과냉한 오스테나이트가 변태 완료할 때까지 항온으로 유지하여 베이나이트를 충분히 석출시킨 후 공랭하는 열처리로서 베이나이트 조직이 되며, 뜨임이 필요 없고 담금질 균열이나 변형이 잘 생기지 않는다.
　㉡ 마템퍼(martemper): 담금질 온도로 가열한 강재를 Ms와 Mf점 사이의 열욕(100~200℃)에 담금질하여 과냉 오스테나이트의 변태가 거의 완료할 때까지 항온 유지한 후에 꺼내어 공랭하는 열처리로서 마텐자이트와 베이나이트의 혼합조직이며, 경도와 인성이 크다.
　㉢ 마퀜칭(marquenching): 담금질 온도까지 가열된 강을 Ar"(Ms)점보다 다소 높은 온도의 열욕에 담금질한 후 마텐자이트로 변태를 시켜서 담금질 균열과 변형을 방지하는 방법으로 복잡하고, 변형이 많은 강재에 적합하다.
　㉣ MS 퀜칭(MS quenching): 담금질 온도로 가열한 강재를 MS점보다 약간 낮은 온도의 열욕에 넣어 강의 내외부가 동일 온도로 될 때까지 항온 유지한 후 꺼내어 물 또는 기름 중에 급랭하는 방법이다.
　㉤ 패턴팅: 패턴팅은 시간 담금질을 응용한 방법이며 피아노선 등을 냉간가공할 때 이 방법이 쓰인다. 패턴팅은 재료의 조직을 소르바이트 모양의 펄라이트 조직으로 만들어 인장강도를 부여하기 위한 것으로서 냉간가공 전에 한다. 고탄소강의 경우에는 900~950℃의 오스테나이트 조직으로 만든 후 400~550℃의 염욕 속에 넣어 담금질한다.

③ 항온 뜨임(isothermal tempering)
　MS점(약 250℃) 부근의 열욕에 넣어 유지시킨 후 공랭하여 마텐자이트와 베이나이트의 혼합된 조직을 얻는다. 고속도강이나 다이스(dies)강 등의 뜨임에 이용되는 방법으로 뜨임 온도로부터 항온 유지시켜 2차 베이나이트가 생기지 않는다.

11) 합금강(특수강)

(1) 강에서 합금원소의 영향
탄소강에서 얻을 수 없는 특별한 성질을 얻기 위해서 양질의 강괴를 선정하여 여기에 탄소 이외의 Mn, Si, Ni, Cr, Mo, V 등의 합금원소를 첨가하면 목적하는 강도가 증가됨에 따라 인성도 좋아져서 경량화에 유리한 특수 재료를 얻을 수 있다. 이러한 강을 합금강 또는 특수강이라 한다. 합금강은 용도에 따라 구조용, 공구용, 특수 용도용으로 구분한다.

가. 합금강의 목적
① 강의 경화능 증가로 기계적 성질의 향상(강도, 경도, 인성, 내피로성)
② 고온 및 저온에서의 기계적 성질의 저하 방지

③ 높은 뜨임 온도에서 강도 및 연성유지
④ 담금질성의 향상
⑤ 단접 및 용접의 용이
⑥ 전자기적 성질의 개선
⑦ 결정 입도의 성장방지

나. 일반적인 합금원소의 영향
① 탄소: 주된 경화 원소
② 유황: 기계 가공성 향상
③ 인: 기계 가공성 향상
④ 망간: 경도의 증대, 내마멸성 증가, 황의 메짐 방지, 탈황제
⑤ 니켈: 강인성, 내식성, 내마멸성의 증대, 저온 충격 저항 증가
⑥ 크롬: 내식성(15% 크롬보다 많은 경우), 경도 깊이(15% 크롬보다 낮은 경우), 내마모성 증가
⑦ 규소: 전자기 특성, 내식성, 내열성 우수
⑧ 몰리브덴: 경도 깊이증가, 고온에서의 강도, 인성 증대, 뜨임 메짐 방지, 텅스텐 효과의 2배
⑨ 바나듐, 티탄, 이리튬: 입자 미세화, 결정 입자의 조절, 경화성은 증가하나 단독사용 안 됨
⑩ 텅스텐: 경화능, 고온에 있어서의 경도와 인장 강도 증가
⑪ 실리콘: 유동성, 탈산제
⑫ 실리콘과 망간: 작업 경화능력 향상
⑬ 알미늄: 탈산제
⑭ 붕소(boron): 경화능력 향상
⑮ 납: 기계 가공성 향상
⑯ 구리: 공기 중 내산화성 증가
⑰ 코발트: 고온경도 및 인장 강도 증대, 단독사용 불가
⑱ 티탄: 입자 사이의 부식에 대한 저항을 증가시켜 탄화물을 만들기 쉬움

다. 합금원소의 공통된 특성
① P, Si, Mo, Ni, Cr, W, Mn: 페라이트 강화성
② V, Mo, Mn, Cr, Ni, W, Cu, Si: 담금질 효과, 침투성 향상
③ Al, V, Ti, Zr, Mo, Cr, Si, Mn: 오스테나이트 결정 입자의 성장 방지
④ V, Mo, W, Cr, Si, Mn, Ni: 뜨임 저항성 향상
⑤ Ti, V, Cr, Mo, W: 탄화물 생성성 향상

라. 보통 특수강의 탄소함유량은 0.25~0.55%가 많이 사용되며 다음과 같은 성질의 개선을 위하여 제조한다.
① 기계적 성질의 개선 및 고온에서 저하방지
② 내식성, 내마멸성의 증가
③ 담금질성의 향상과 단조 및 용접의 용이함

(2) 구조용 합금강

가. 강인강

탄소강으로 얻기 어려운 강인성을 가져야 하므로 탄소강에 Ni, Cr, Mo, W, V, Ti, Zr, Co, B, Si 등을 적당량 첨가한 것으로서 Ni-Cr강, Ni-Cr-Mo강, Ni-Mo강, Cr강, Cr-Mo강, Mn강(저망간강, 고망간강), 고장력강 등이 있다.

① Ni강(1.5~5% Ni 첨가): 표준상태에서 펄라이트 조직, 질량효과가 적고 자경성, 강인성이 목적

② Cr강(1~2% Cr첨가): 상온에서 펄라이트 조직, 자경성, 내마모성이 목적

③ Ni-Cr강(SNC)
㉠ 수지상 조직이 발생이 쉽고 냉각 중 헤어크랙, 백점 등을 발생시키며 뜨임 취성이 있다.
㉡ 강인하고 점성이 크며 담금질성이 높다.
㉢ 850℃ 담금질, 550~680℃에서 뜨임하여 소르바이트 조직을 얻는다.
㉣ 가장 널리 쓰이는 구조용강으로 Ni강에 Cr 1% 이하의 첨가로 경도 보충한 강

④ Ni-Cr-Mo강(SNCM)
㉠ Mo 첨가로 뜨임 취성이 방지
㉡ 고급 내연기관의 크랭크축, 기어, 축 등에 쓰인다.

⑤ Cr-Mo강(SCM)
㉠ 펄라이트 조직의 강으로 뜨임 취성이 없고 용접선 우수
㉡ 인장강도 충격저항이 증가하고 Ni-Cr강의 대용으로 사용

⑥ Mn강
㉠ 저망간강(듀콜강): 펄라이트 조직의 Mn 1~2% 함유한 강
㉡ 고망간강(하드필드강): 오스테나이트 조직의 Mn 10~14% 함유한 강. 고온취성이 생기므로 1000~1100℃에서 수중 담금질(수인법)하여 인성을 부여한다.

> **수인법**
> 고 Mn강이나 18-8 스테인리스강 등과 같이 첨가 원소량이 많은 것은 변태온도가 있으므로 서냉하여도 오스테나이트 조직으로 된다. 이것은 1,000~1,200℃에서 수중에 급랭시켜 완전히 오스테나이트로 만든 것이 오히려 연하고 인성이 증가되어 가공이 용이한 방법을 말한다.

⑦ 고장력강: 인장강도 491MPa(50kgf/mm^2) 이상, 항복강도 314MPa(32kgf/mm^2) 이상의 강으로 인장강도 1962MPa(200kgf/mm^2) 이상의 것은 초고장력강이라 한다.

⑧ Cr-Mn-Si강: 구조용 강으로 값이 싸고 기계적 성질이 좋아 차축 등에 널리 쓰인다. 대표적으로 크로만실이 있다.

나. 표면 경화강

① 침탄강: 침탄용강으로는 보통 저탄소강(0.25% 이하)이 사용되나 보다 우수한 성능이 요구될 때는 Ni, Cr, Mo, W, V 등을 함유하는 특수강이 쓰인다.

② 질화강: 질화강은 Al, Cr, Mo, Ti, V 등의 원소 중에 두가지 이상의 원소를 함유한 것이 사용되고 있는데, 최근에는 질화강 중에서 Al 1~2%, Cr 1.5~1.8%, Mo 0.3~0.5%를 함유하는 것이 널리 사용되고 있다.

③ 스프링강: 탄성한도, 항복점이 높은 Si-Mn강이 사용되며, 정밀고급품에는 Cr-V강을 사용한다.

(3) 공구용 합금강

공구란 금속을 가공할 때 절삭, 전단 등에 사용되는 날 류 또는 측정에 사용되는 기구를 말하는 것으로서 공구 재료로서 구비해야 할 조건은 다음과 같다.

① 상온 및 고온 경도가 높을 것
② 내마모성이 클 것
③ 강인성이 있을 것
④ 열처리 및 가공이 용이해야 할 것
⑤ 제조취급이 쉽고 가격이 저렴할 것

따라서 각종 공구 재료로서 사용되는 특수강은 탄소 공구강보다 강도, 인성, 내마모성이 우수해야 한다. 그러므로 공구용 특수강은 높은 탄소 함유량 외에 Cr, W, Mn, Ni, V 등이 하나 이상 첨가되며, 고급 특수강에서는 성질 개선을 위하여 Mo, V, Co 등이 더 첨가된다.

가. 합금 공구강(STS)

경도를 크게 하고 절삭성을 개선하기 위하여 탄소 공구강에 Cr, W, V, Mo 등을 첨가한 강으로서 바이트(bite), 탭(tap), 드릴(drill), 절단기(cutter), 줄 등에 쓰인다.

나. 고속도강(SKH)

절삭 공구강의 대표적인 특수강으로서 W, Cr, V 이외의 Co, Mo 등을 다량 함유하고 있는 고 합금강으로 500~600℃까지 가열하여도 뜨임에 의해서 연화되지 않고 고온에서도 경도 감소가 적은 것이 특징이다. 대표적인 것으로는 W 18%, Cr 4%, V 1%를 함유한 18-4-1형이 있다.

① 고속도강의 열처리: 1250~1350℃에서 담금질하고 550~600℃에서 뜨임하여 2차 경화시킨다. 풀림은 820~860℃에서 행한다.

② 고속도강의 종류
  ㉠ W계 고속도강(SKH2~10): 18-4-1이 대표적으로 선삭 공구, 센터 드릴 등에 주로 일반 절삭용에 적용
  ㉡ Mo계 고속도강(SKH51~57): W계에 비해 가격이 싸고, 인성이 높으며 담금질 온도가 낮아 열처리가 용이하다. 인성이 강해 드릴, 엔드밀 등에 주로 사용된다. 일반적으로 사용되는 드릴과 엔드밀은 거의 모두 위의 규격이다.
  ㉢ Co계 고속도강(SKH59): 고온 경도와 내마모성 증가 등의 성능 개선을 위해 고속도강에 12% 정도의 코발트를 첨가한 고속도강을 말한다(주로 Mo계 고속도강에 적용). 일반 고속도강의 경우 HRC63~65 정도까지만 경화되지만, 코발트 고속도강은 HRC70 정도까지도 경화가 가능하다. 그러나 취성이 따라서 증가하고 공구 연마가 어려워지므로 취성과 치핑의 영향을 줄이기 위해 67~68HRC까지만 경화시켜 사용하는 것이 일반적이다. 기어 절삭 호브, 난삭재 가공 등에 주로 사용된다.

> **공구강의 경도 순서**
>
> 탄소 공구강 < 합금 공구강 < 스텔라이트 < 고속도강 < 초경합금 < 세라믹 < 다이아몬드 < CBN

다. 주조경질 합금

주조한 강을 연마하여 사용하는 공구 재료로서 충분한 강도를 가지고 있으므로 열처리가 필요 없고 단조가 불가능하다. 대표적인 것으로는 Co를 주성분으로 하는 Co-Cr-W-C계의 스텔라이트(stellite)가 있으며 절삭용 공구, 다이스(dies), 드릴(drill), 의료용 기구, 착암기의 비트(bit) 등에 사용된다.

라. 소결 초경합금

고속도강보다 더욱 훌륭한 공구 재료로서 Co, W, C 등의 분말형 탄화물을 프레스로 성형하여 소결시킨 것으로 소결 경질 합금이라고도 한다. 상품명으로는 독일의 비디아(widia), 미국의 카아볼로아(carboloy), 영국의 미디아(midia), 일본의 탕갈로이(tungaloy) 등이 있다. 초경합금은 사용목적, 용도에 따라 재질의 종류와 형상이 다양한데, 절삭공구용 P, M, K종과 내마모성 공구용으로 D종 그리고 광산공구용으로 E종이 있다.

마. 세라믹 공구(ceramictool)

Al_2O_3 외 99% 이상의 분말을 산화물, 탄화물 등을 배합하여 1600℃ 이상에서 소결한 공구로 1000℃ 이상에서 경도를 유지할 수 있다. 하지만, 초경합금보다 취약하고 열충격에 약한 단점이 있다. Al_2O_3-Tic계 세라믹은 이 결점을 개선한 것이다.

(4) 특수용도용 합금강

가. 쾌삭강

탄소강에 S, Pb, 흑연을 첨가시켜 절삭성을 향상시킨 것을 말하며, S을 0.16% 정도 첨가시킨 황 쾌삭강, 0.10~0.30% 정도의 Pb을 첨가시킨 납 쾌삭강, 탄화물을 흑연화시킨 흑연 쾌삭강이 있다.

나. 게이지(gauge)강

게이지 블록(gauge block), 와이어 게이지(wire gauge) 등 정밀 기계 기구 등에 사용된다. 조성은 W-Cr-Mn이고 소입 후 장시간 저온 뜨임 또는 영하 처리(심랭처리)한다. 게이지강은 다음과 같은 성질이 필요하다.
① 내마모성이 크고 경도가 높을 것
② 담금질에 의한 변형 및 담금질 균열이 적을 것
③ 오랜 시간 경과하여도 치수의 변화가 적을 것
④ 열팽창계수는 강과 유사하며 내식성이 좋을 것

다. 스프링용 특수강

보통 냉간 가공의 것과 열간 가공의 것이 있다. 철사, 스프링, 얇은 판스프링 등은 냉간 가공, 판스프링, 코일 스프링은 열간 가공에 속하는데 열간 가공용의 스프링으로서는 0.5~1.0%C의 탄소강 외에 Mn강, Si-Mn강, Si-Cr강, Cr-V강 등의 특수강이 사용된다.

라. 베어링강

0.95~1.10%의 고탄소 크롬강이 사용되는데 고급용은 V, Mo 등을 첨가해서 사용된다. 고탄소 크롬강은 내구성이 크고 담금질 후 140~160℃에서 반드시 뜨임한다.

마. 스테인리스강

Cr, Ni을 다량 첨가하여 내식성을 현저히 향상시킨 강으로서 녹이 슬지 않는다 하여 불수강이라고도 한다. 일반적으로 Cr의 함량이 12% 이상인 강을 스테인리스강이라 하고, 그 이하의 강은 그대로 내식성 강이라 하며, 금속 조직 학상 마텐자이트계와 페라이트계 및 오스테나이트계로 분류되는데 그 대표적인 것은 18-8형 스테인리스강인 오스테나이트계 스테인리스강이다.

18-8형 스테인리스강이라 함은 그 성분이 18% Cr, 8% Ni인 것으로 그 특징은 다음과 같다.

① 내산 및 내식성이 13% Cr 스테인리스강보다 우수하다.
② 비자성이다.
③ 인성이 좋으므로 가공이 용이하다.
④ 산과 알칼리에 강하다.
⑤ 용접하기 쉽다.
⑥ 탄화물(Cr_4C)이 결정립계에 석출하기 쉽다(즉, 결정입계부식이 발생하는데 이를 강의 예민화(Sensitize)라 한다).

> **입계부식방지법**
> ① Cr탄화물(Cr_4C)을 오스테나이트 조직 중에 용체화하여 급랭시킨다.
> ② 탄소량을 감소시켜 Cr_4C의 발생 억제
> ③ Ti, V, Nb 등을 첨가하여 Cr_4C의 발생 억제

바. 내열강과 내열 합금(STR)

① 공업의 발달에 따라서 기계나 설비의 중요한 부분이 고온을 받아야 할 경우가 많다. 따라서 재료도 고온에 견딜 수 있는 것이 요구되는데, 그 고온에 견딜 수 있는 내열 재료의 구비 조건은 다음과 같다.
  ㉠ 고온에서 화학적으로 안정해야 한다.
  ㉡ 고온에서 기계적 성질이 우수해야 한다(경도, 크리프한도, 전연성).
  ㉢ 고온에서 조직이 변하지 않아야 한다.
  ㉣ 열팽창 및 열변형이 적어야 한다.
  ㉤ 소성가공, 절삭가공, 용접 등이 쉬워야 한다.

② 내열강의 종류에는 Fe-Cr계를 기본으로 하여 이것에 Cr을 비롯한 여러 원소를 첨가한 페라이트계 내열강, 이 중에는 특히 Cr량을 적게 하여 고온취성을 피하고 Si를 첨가하여 내산성의 저하를 보충한 내열강(0.1% C, 6.5% Cr, 2.5% Si), 18-8계 스테인리스강을 주체로 하고, 이것에 Ti, Mo, Ta, W 등을 첨가하여 만든 오스테나이트계 내열강, 초내열 합금(super heat resisting alloy) 등이 있다.

사. 전자기용 특수강

① 규소강(Si): 저 탄소(0.08% 이하)강에 0.5~4.5%의 Si를 첨가한 규소강(silicon steel)은 잔류 자속밀도가 적다. 따라서 히스테리시스 손실이 적으므로 발전기, 전동기, 변압기 등의 철심 재료에 적합하다.

② 자석강: 강한 영구자석 재료로는 결정입자가 극히 미세하고 결정 입계가 많은 것이 좋다. 잔류 자기와 항자력이 크고, 온도, 진동 등에 의해 자기를 상실하지 않는 것으로 텅스텐, 코발트, 크롬이 함유된 강이다. KS 자석강은 Fe-Co-Cr-W계 합금이다.

③ 비자성강: 변압기, 차단기, 반전기의 커버 및 배전판에 자성재를 사용하면 맴돌이 전류가 유도 발생되어 온도가 상승되므로 이것을 피하기 위하여 비자성재료를 사용하는데, Ni의 일부를 Mn으로 대치한 Ni-Mn강 또는 Ni-Cr-Mn강 등이 사용된다.

아. 불변강

불변강(invariable steel)이라 함은 온도가 변화하더라도 어떤 특정의 성질(열팽창 계수, 탄성 계수 등)이 변화하지 않는 강을 말하며, 그 종류에는 다음과 같은 것들이 있다.

① 인바(invar): Ni 36%를 함유하는 Fe-Ni 합금으로서 상온에서 열팽창계수가 매우 적고 내식성이 대단히 좋으므로 줄자, 시계의 진자, 바이메탈 등에 쓰인다.

② 초인바(super invar): 인바아보다도 열팽창계수가 한층 더 작은 Fe-Ni-Co 합금이다.

③ 엘린바(elinvar): 상온에 있어서 실용상 탄성 계수가 거의 변화하지 않는 30% Ni-12% Cr 합금으로 고급 시계, 정밀 저울 등의 스프링 및 기타 정밀 계기의 재료에 적합하다.

④ 플래티나이트(platinite): Ni 40~50%, 나머지 Fe이고, 전구의 도입선과 같은 유리와 금속의 봉착용으로 쓰이는 Fe-Ni계 합금으로 페르니코(Fe 54%, Ni 28%, Co 18%), 코바르(Fe 54%, Ni 29%, Co 17%)라는 것도 있다.

⑤ 코엘린바(Coelinvar): Cr 10~11%, Co 26~58%, Ni 10~16% 함유하는 철 합금으로 온도변화에 대한 탄성율의 변화가 극히 적고 공기 중이나 수중에서 부식되지 않고, 스프링, 태엽, 기상관측용 기구의 부품에 사용된다.

⑥ 퍼멀로이(permalloy): Ni 75~80%, Co 0.5% 함유, 약한 자장으로 큰 투자율을 가지므로 해저전선의 장하 코일용으로 사용되고 있다.

12) 주철

(1) 주철의 특성

주철은 탄소(C)의 함유량이 2.11~6.68%(보통 2.5~4.5% 정도)인 철(Fe)-탄소(C)의 합금을 말한다. 인장강도가 강에 비하여 작고 메짐성이 크며, 고온에서도 소성변형이 되지 않는 결점이 있으나 주조성이 우수하여 복잡한 형상으로도 쉽게 주조되고 값이 저렴하므로 널리 이용되고 있다.

가. 주철의 특징

주철의 특징은 탄소량 또는 같은 탄소량이라 하더라도 그 때의 성분, 용해(溶解) 조건 등에 따라 달라질 수 있으나 일반적인 주철의 성질은 다음과 같다.

① 주철의 장점
  ㉠ 주조성이 우수하고 복잡한 부품의 성형이 가능하다.
  ㉡ 가격이 저렴하다.
  ㉢ 잘 녹슬지 않고 칠(도색)이 좋다.
  ㉣ 마찰저항이 우수하고 절삭가공이 쉽다.
  ㉤ 압축 강도가 인장강도에 비하여 3~4배 정도 좋다.
  ㉥ 내마모성이 우수하고, 알카리나 물에 대한 내식성(부식)이 우수하다.
  ㉦ 용융점이 낮고 유동성이 좋다.

② 주철의 단점
  ㉠ 인장강도, 휨 강도가 작고 충격에 대해 약하다.
  ㉡ 충격값, 연신율이 작고 취성이 크다.
  ㉢ 소성가공(고온가공)이 불가능하다.
  ㉣ 내열성은 400℃까지는 좋으나 이상온도에서는 나빠진다.
  ㉤ 산(질산, 염산)에 대한 내식성이 나쁘다.
  ㉥ 단조, 담금질, 뜨임이 불가능하다.

(2) 주철의 조직

가. 주철 중에 함유되는 탄소량

① 탄소의 상태와 파단면의 색에 따른 분류
  ㉠ 회주철: 유리탄소 또는 흑연이며, 다른 일부분은 지금 중에 화합 상태로 펄라이트(pearlite) 또는 시멘타이트(cementite)로서 존재하는 화합 탄소(combined carbon)로 되어 있다. 따라서 주철에 함유하는 탄소량은 보통이 2가지 합한 전탄소(total carbon)로 나타낸다. 즉 흑연+화합탄소=전탄소이다. 주철은 같은 탄소량이라 하더라도 여러 조건(성분, 용해 조건, 주입 조건) 등에 의하여 흑연과 화합탄소(Fe_3C)의 비율이 뚜렷하게 달라지는데 흑연이 많을 경우에는 그 파면이 흰색을 띠는 회주철(gray cast iron)로 된다.
  ㉡ 백주철: 흑연의 양이 적고 대부분의 탄소가 화합탄소로 존재할 경우에는 그 파면이 흰색을 띠는 백주철(white cast iron)로 되는 것이다. 일반적으로 주철이라 함은 회주철을 말한다.
  ㉢ 반주철: 회주철과 백주철의 혼합된 조직으로 되어 있을 경우에는 반주철(mottledcast iron)이라 한다.

② 탄소 힘유량에 따른 분류
  ㉠ 아공정 주철: 2.0~4.3%C이며 조직은 오스테나이트+레데부라이트이다.
  ㉡ 공정 주철: 4.3%C이며 조직은 레데부라이트(오스테나이트+시멘타이트)이다.
  ㉢ 과공정 주철: 4.3~6.68%C이며 조직은 레데부라이트+시멘타이트이다.

나. 마우러의 조직도(Maurer's diagram)

탄소(C)량과 규소(Si)량에 의해 마우러가 주철의 조직도를 만든 것으로 냉각속도에 따른 조직의 변화를 표시한 것으로 규소(Si)는 강력한 흑연화 촉진 요소로 함유량이 많아질수록 회주철화 된다.

(3) 주철의 성질

가. 주철의 주조성
① 주철의 용해온도: 주철은 보통 큐폴라 또는 전기로 등에서 용해하며 용융점은 대게 1200℃ 정도이다. 용해온도는 약 1400℃~1500℃이다.
② 유동성: 주철에 Si량이 증가되면 수축이 적어지며 다량 첨가되면 팽창된다. 유동성이란 용융금속이 주형 내로 흘러 들어가는 성질을 말하며 주조성을 이루는 중요한 요인이 된다.

나. 주철의 성장

주철은 보통 Ar점(723℃) 상하의 고온으로 가열과 냉각을 반복하면 부피는 더욱 팽창하고 강도나 수명을 저하시키는데, 이것을 주철의 성장(growth of cast iron)이라 한다.

① 주철의 성장 원인
  ㉠ 펄라이트 조직 중의 Fe_3C 분해에 따른 흑연화에 의한 팽창
  ㉡ 페라이트 조직 중의 규소의 산화에 의한 팽창
  ㉢ A1 변태의 반복 과정에서 오는 체적 변화에 따른 미세한 균열이 형성되어 생기는 팽창
  ㉣ 흡수된 가스에 의한 팽창
  ㉤ 불균일한 가열로 생기는 균열에 의한 팽창
  ㉥ 시멘타이트의 흑연화에 의한 팽창

② 주철의 성장 방지법
  ㉠ 흑연의 미세화로 조직을 치밀하게 한다.
  ㉡ C, Si는 적게 하고 Ni 첨가한다.
  ㉢ 편상 흑연을 구상화시킨다.
  ㉣ 탄화물 안정원소 망간, 크롬, 몰리브덴, 바나듐 등을 첨가하여 Fe_3C 분해 방지한다.

③ 주철의 성장에 도움되는 원소
규소, 알루미늄, 니켈, 티탄이다. 이중 티탄은 강탈산제이면서 흑연화를 촉진하나 오히려 많이 첨가하면 흑연화를 방해하는 요소가 된다.

④ 주철의 성장에 방해되는 원소
크롬, 망간, 황, 몰리브덴

다. 주철에 미치는 원소의 영향

① C: 주철에 가장 큰 영향을 미치며, 탄소함유량이 적으면 백선화 된다. 반대로 증가하면 용융점이 저해되고 주조성이 좋아진다.
② Si: 주철의 질을 연하게 하고 냉각 시 수축을 적게 한다. 규소가 많으면 공정점이 저탄소강 쪽으로 이동하며, 흑연화를 촉진시킨다.
③ Mn: 적당한 양의 망간은 강인성과 내열성을 크게 한다.
④ P: 쇳물의 유동성을 좋게 하고, 주물의 수축을 적게 하나 너무 많으면 단단해지고 균열이 생기기 쉽다.
⑤ S: 쇳물의 유동성을 나쁘게 하며 기공이 생기기 쉽고 수축율이 증가한다.

라. 시즈닝(자연시효)

주철을 급랭하면 서냉시키는 것보다 수축이 크고 수축 응력이 많이 생기므로 주물에 균열이 생긴다. 그러므로 정밀가공을 요하는 주물에는 응력을 제거하여야 하는데 응력을 제거하는 방법이 시즈닝이라 한다. 응력 제거는 주조 후 1년 이상 장시간 자연 중에 방치하는 자연시효와 인공시효가 있다.
자연균열을 일으키는 주된 원인은 상온취성이다.

(4) 주철의 종류

주철의 종류는 분류하는 방법에 따라 여러 가지가 있겠으나 가장 일반적인 방법으로 다음과 같이 나눌 수 있다.

가. 보통 주철

① 조직: 편상 흑연과 페라이트(ferrite)로 되어 있으며, 다소의 펄라이트(pearlite)를 함유하는데 보통 회주철 중의 1~3종을 말한다(보통 주철의 KS규격: GC).

〈표 1-10〉 보통 주철의 조성(단위: %)

C	Si	Mn	P	S
3.0~3.6	1.0~2.0	0.5~1.0	0.3~1.0	0.06~0.1

② 성질: 흑연의 모양, 분포 등에 따라 좌우되나 강인성이 적고 단조가 되지 않으며, 용융점이 낮아 유동성이 좋은 편이므로 기계 구조 부분 등에 사용된다.
  ㉠ 기계적 성질: 인장강도, 하중, 경도 등으로 표시한다. 회주철의 인상강노는 100~350MPa 이하의 회주철을 보통 주철이라 한다.
  ㉡ 내마모성: Ni, Cr, Mo 등을 알맞게 가하여 기타의 조직을 베이나이트(bainite)로 한 특수주철은 내마모성이 우수, 특히 이를 애시큘러 주철(aciculer carst iron)이라 한다.

ⓒ 피삭성: 강에 비해 우수하다.
ⓓ 내열성: 주철의 성장현상, 고온산화, 고온 강도 크리프(creep) 열충격 등에 대한 저항성을 정리하여 주철의 내열성이라 한다.
ⓔ 내식성: 주철은 대기 또는 물이나 바닷물에 대해서는 내식성이 우수하다. 그러나 알카리(수류)에는 강하게 산(묽은 황산, 질산, 염산)에는 약하다. 이 같은 현상을 에로젼(errosion)이라 한다. Ni을 다량으로 포함한 주철은 내연과 오스테나이트 조직으로 되고 이것은 내식성, 내열성, 무수하고 비자성체가 된다.

나. 고급 주철

C 2.5~3.2%, Si 1~2%이고 현미경 조직은 펄라이트와 미세한 흑연으로 된 것으로 인장강도 245MPa(25kgf/mm^2) 이상인 것을 말한다. 회주철 4~6종이 이에 속한다. 고강도, 내마멸성을 요구하는 기계 부품(피스톤 링)에 많이 사용된다.

(2) 특수주철

가. 합금주철

몇 가지를 들어보면 내열성인 Al 주철, 내식성인 Cr 주철, 내마모성인 Ni 주철과 내마모 주철로서 침상주철, 애시큘러 주철(acicular cast iron)이 있다. 합금주철에서 가장 많이 사용되는 원소는 대개 7종(Al, Cr, Mo, Ni, Si, B, Cu)인데 그 영향을 보면 대략 다음과 같다.

① Al: 강력한 흑연화 원소의 하나로 Al_2O_3을 만들어 고온산화 저항성을 향상시키고, 10% 이상되면 내열성을 증대시킨다.
② Cr: 흑연화를 방지하고 탄화물을 안정시킨다. 탄화물을 안정화시키며, 내식성, 내열성을 증대시고 내부식성이 좋아진다.
③ Mo: 강도, 경도, 내마모성을 증가시키며 0.25%~1.25% 정도 첨가시킨다. 두꺼운 주물(鑄物)의 조직을 균일하게 한다.
④ Ni: 흑연화를 촉진하며, 내열, 내산화성이 증가한다. 내알칼리성을 갖게 하며, 내마모성도 좋아진다.
⑤ Cu: 보통 0.25~2.5% 첨가하면 경도가 증가하고 내마모성이 개선되며, 내식성이 좋아진다.
⑥ Si: 내열성이 좋아진다.
⑦ Ti: 강탈산제이고, 흑연을 미세화 시켜 강도를 높인다.
⑧ V: 흑연을 방지하고 펄라이트를 미세화 시킨다.

나. 미하나이트 주철(meehanite cast iron)

미하나이트 주철은 약 3%C, 1.5%Si인 쇳물에 칼슘 실리케이트(Ca-Si)나 페로실리콘(Fe-Si)을 접종시켜 미세한 흑연을 균일하게 분포시킨 펄라이트 주철이다. 이 주철은 주물의 두께 차나 내외에 상관없이 균일한 조직을 얻을 수 있고, 강인하나 칠화할 위험성이 있다. 인장강도는 255~340MPa이고, 용도는 브레이크 드럼, 크랭크 축, 기어 등에 내마모성이 요구되는 공작기계의 안내면과 강도를 요하는 내연기관의 실린더 등에 사용한다. 접종(inoculation)은 백선화 억제 및 양호한 흑연을 얻기 위하여 첨가물을 용탕 속에 넣는 것이다.

다. 칠드 주철(chilled casting: 냉경 주물)

① 적당한 성분의 주철을 금형이 붙어 있는 사형에 주입해서 응고할 때 필요한 부분만을 급랭시키면 급랭된 부분은 단단하게 되어 연화고 강인한 성질을 갖게 되는데, 이와 같은 조작을 칠(chill)이라고 하며, 칠층의 두께는 10~25mm 정도이다. 이와 같이 해서 만들어진 주물을 냉경주물(chill casting)이라 한다.

② 칠드(chilled) 주철이란 표면은 백주철로 하고, 내부는 연한 회주철로 만든 것으로 압연용 칠드 롤러, 차륜 등과 같은 것에 사용된다.

라. 구상흑연주철

① 주철은 보통 주방 상태에서 흑연이 편상으로 된다. 그러나 특수한 처리(특수 원소 첨가, 열처리)를 하면 흑연이 구상으로 되는데 이것을 구상흑연주철이라 하다.

② 인장강도는 주조상태가 370~800MPa, 풀림 상태가 230~480MPa이다.

③ 구상흑연주철은 조직에 따라 페라이트형, 펄라이트형, 시멘타이트형을 분류되다. 페라이트형은 그 모양이 마치 황소의 눈과 같다고 하여 소눈 조직(bull's eye structure)이라고 한다.

④ 주철을 구상화하기 위하여 Mg, Ca, Ce 등을 첨가하며, 구상화 촉진원소 Cu 〉 Al 〉 Sn 〉 Zr 〉 B 〉 Sb 〉 Pb 〉 Bi 〉 Te이다.

⑤ 소형자농자의 크랭크축, 캠축, 브레이크느덤 등 재료로 광법위하게 사용된나.

〈표 1-11〉 구상흑연주철의 분류와 성질

명칭	발생 원인	성질
시멘타이트형 (시멘타이트가 석출)	① Mg의 첨가량이 많을 때 ② C, Si 특히 Si가 적을 때 ③ 냉각 속도가 빠를 때 ④ 접종이 부족할 때	① 경도가 HB220 이상이 된다. ② 연성이 없다.
펄라이트형 (바팅조직이 필라이트)	시멘타이트형과 페라이트형의 중간의 발생 원인	① 강인하고 인장강도 400~800 MPa ② 연신율 2% 정도 ③ 경도 HB=150~240
페라이트형 (페라이트가 석출한 것)	① C, Si 특히 Si가 많을 때 ② Mg의 양이 적당할 때 ③ 냉각속도가 느리고 풀림을 했을 때 ④ 접종이 양호한 경우	① 연시율 6~20 ② 경도 HB=150~200 ③ Si가 3% 이상이 되면 여려진다.

마. 가단주철
가단주철이란 주철의 취약성을 개량하기 위해서 백주철을 열처리하여 제조하기 쉽고 강인성을 부여시킨 주철로서 다음과 같이 분류할 수 있다.

① 백심 가단주철(WMC)
백주철을 철광석 및 스케일(mill scale)과 같은 산화철과 함께 풀림 상자 안에 넣고 약 950~1000℃로 가열하여 표면에서 상당한 깊이까지 탈탄시킨 것이다. 이로써 표면은 탈탄하여 페라이트로 되어 연하며 내부로 들어갈수록 강인한 조직이 된다.

② 흑심 가단주철(BMC)
저탄소, 저규소의 백주철을 풀림 처리하여 Fe_3C를 분해시켜 흑연을 입상으로 석출시킨 것이다.
㉠ 제1단계 흑연화: 백주철을 700~950℃로 가열 풀림 처리한다. 기지조직은 펄라이트 조직을 가지는데 이를 불스아이 조직이라 한다.
㉡ 제2단계 흑연화: 펄라이트 조직 중의 공석 Fe_3C의 분해로 뜨임탄소와 페라이트 조직이 된다.

③ 펄라이트 가단주철(pearlite) (PMC)
흑심 가단주철의 흑연화를 완전히 하지 않고 제2단의 흑연화를 막기 위하여 제 1단의 흑연화가 끝난 후에 약 800℃에서 일정한 시간 동안 유지하고 급랭하면 펄라이트가 남게 되는데 이와 같은 처리를 한 것을 말한다. 가단주철은 그 용도가 많아 자동차 부속품, 방직기 부속품, 캠, 농기구, 기어, 밸브, 공구류, 차량의 프레임 등에 쓰인다. 각 주철의 인장강도는 구상흑연 〉 펄라이트가단 〉 백심가단 〉 흑심가단 〉 미하나이트 〉 칠드순서이다.

3 비철금속 재료

1) 알루미늄과 그 합금

(1) 알루미늄 합금의 성질
① 마그네슘, 베릴륨 다음으로 가벼운 금속으로 비중이 2.7, 용융점 660℃, 변태점이 없다.
② 열 및 전기의 양도체이다(구리 다음).
③ 대기 중에서 산소와 화학 작용을 하여 산화알루미늄이라는 얇은 보호 피막을 형성하여 내식성이 우수하고, 전연성이 풍부하며, 400~500℃에서 연신율이 최대이다.
④ 표면이 산화막이 형성되어 있어 내식성이 우수하다. 그러나 유동성이 불량하고, 수축률이 커서 순수 알루미늄은 주조가 불가능하므로 구리, 규소, 마그네슘, 아연 등을 합금하여 기계적 성질을 개선한다.

⑤ 알루미늄 합금의 열처리는 탄소강과는 달리 시효경화를 이용한다. 시효경화란 시간이 경과함에 따라 고용물질이 석출되면서 강도가 증가하는 현상을 말하며 인공적으로 시효경화를 일으키는 인공 시효와 대기 중에서 진행하는 자연 시효가 있다. 자연 시효를 이용할 경우 열처리 과정을 생략할 수 있어 시간과 경비를 절감할 수 있다.

(2) 알루미늄 합금의 특성과 용도

① 알루미늄 합금은 용접 및 기계적인 조립을 할 수 있다.
② 주조용 합금과 가공용 합금이 있으므로 특성에 맞는 재료를 선택해야 하며, 알루미늄은 비철 공구 재료로써 가장 광범위하게 사용되고 있다.
③ 가공성, 적응성 좋고 무게가 가볍다.
④ 알루미늄은 광범위하게 각종 형상을 만들 수 있다.
⑤ 경도나 안정성을 증가시키기 위한 공정이나 열처리를 병행할 수 있다는 점이다.
⑥ 알루미늄은 보통 필요한 조건에 따라 주문하며 그 후의 처리는 불필요하다. 이는 시간과 경비를 절감하는 것이다.
⑦ 알루미늄은 용접도 할 수 있으며 기계적인 클램핑력에 의해 결합될 수 있다.

(3) 알루미늄의 열처리

Al합금의 대부분은 시효경화성이 있으며 용체화 처리와 뜨임에 의해 경화한다.

① **고용체화 처리**: 완전한 고용체가 되는 온도까지 가열하였다가 급랭해 과포화 상태로 만든 방법
② **시효처리**: 과포화 고용체를 120~200℃로 가열 10~14일간 뜨임해 과포화 성분을 석출시켜 경화시키는 방법
③ **풀림**: 과포화 처리온도와 시효 처리온도의 중간 정도로 가열, 잔류응력 제거와 연화시키는 방법

> **석출 경화**
> 급랭에 의해 과포화로 고용된 탄화물, 화합물이 그 뒤의 시효에 의해 석출되어 경화하는 현상을 말한다.

(4) 알루미늄의 방식법

알루미늄 표면을 적당한 전해액 중에서 양극산화 처리하여 산화물계 피막을 형성시킨 방법이며 수산법, 황산법, 크롬산법 등이 있다.

(5) 알루미늄 합금의 종류

① 가공용 알루미늄 합금

〈표 1-12〉 가공용 알루미늄 합금

분류	합금계	대표 합금	특징	용도
내식용 Al 합금	Al-Mn계	알민(almin)	Mn 2% 미만 함유	차량, 선반, 창, 송전선
	Al-Mg-Si계	알드레이(aldrey)	시효경화 처리 가능	
	Al-Mg계	하이드로날륨 (hydronalium)	대표적인 내식성 합금 비열처리형 합금	
고강도 Al 합금	Al-Cu-Mg계	듀랄루민 (dralumin)	Al-Cu-Mg-Mn의 합금으로 시효경화 처리한 대표적인 합금, 이외에도 인장강도 50kgf/mm² 이상의 초듀랄루민이 있다.	항공기, 자동차, 리벳, 기계
	Al-Zn-Mg계	초듀랄루민	Al-Cu-Zn-Mg의 합금으로 인장강도 54kgf/mm² 이상으로 알코아 75S 등이 이에 속한다.	
내열용 Al 합금	Al-Cu-Ni계	Y-합금	Al-Cu-Ni-Mg의 합금으로 대표적인 내열용 합금이다. $Al_5Cu_2Mg_2$가 석출 경화되며 시효 처리한다.	내연 기관의 피스톤, 실린더
	Al-Cu-Ni계	코비탈륨 (cobitalium)	Y-합금의 일종으로 Ti와 Cu를 0.2% 정도씩 첨가한다.	
	Al-Ni-Si계	로우엑스 합금 (lo-Ex)	Al-Si계에 Cu, Mg, Ni을 첨가한 특수 실루민으로 Na으로 개질처리 한다.	

> **참고** Al의 내식성을 해치지 않고 강도를 개선하는 요소로는 Mn, Mg, Si 등이 있다.

② 주조용 알루미늄 합금

㉠ Al-Cu계: 담금질과 시효경화에 의해 강도 증가, 내열성, 연율, 절삭성이 좋으나 고온취성이 크며 수축균열이 있다. 실용합금으로는 4% Cu 합금인 알코아 195(alcoa)가 있다.

㉡ Al-Si계: 이 합금의 주조조직의 Si는 육각판상의 거친 조직이므로 실용화 할 수 있도록 개량(개질) 처리한다. 대표합금으로 실루민(silumin) 알펙스(alpax) 등이 있다.

㉢ Al-Cu-Si계: Si에 의해 주조성 개선 Cu로 피삭성을 좋게 한 합금으로 대표적인 합금으로 라우탈이 있다.

> **개량 처리(개질 처리: modification)**
> Si의 거친 육각판상조직을 금속니코륨, 가성소다, 알칼리염 등을 접종시켜 조직을 미세화시키고 강도를 개선하기 위한 처리

㉣ Al-Mg 합금: 내식성이 크고 절삭성도 좋은 합금이지만 용해될 때 용탕 표면에 생기는 산화피막 때문에 주조가 곤란하고 내압 주물로서 부적당하다.

2) 황동(brass)

(1) 황동의 성질
① 전기(열)전도도가 Zn 40%까지 감소 그 이상에서는 50%에서 최대이고, 연신율은 Zn 30% 최대이다.
② 주조성, 가공성, 내식성, 기계적 성질이 좋다. 압연과 단조가 가능하다.
③ 인장강도는 Zn 45% 최대가 되며 그 이상에서는 급감한다. 따라서 Zn 50% 이상의 황동은 취약해진다.
④ 경년변화(시효경화): 황동의 가공재를 상온에서 방치하거나 저온풀림 경화시킨 스프링재가 사용도중 시간의 경과에 따라 경도 등 여러 가지 성질이 악화되는 현상으로 가공도가 낮을수록 심해진다.
⑤ 화학적 성질
  ㉠ 탈아연 부식(dezincification): 불순한 물 및 부식성 물질이 녹아있는 수용액의 작용에 의해 황동의 표면에는 내부까지 탈아연 되는 현상이며, 방지책은 Zn 30% 이하의 α황동 사용 또는 0.1~0.5%, As, Sb 1% 정도의 Sn을 첨가한다.
  ㉡ 자연 균열(season cracking): 일종의 응력부식균열(stress corrosion cracking)로 잔류 응력에 기인하는 현상으로 방지책은 도료 및 Zn 도금, 180~260℃에서 응력제거 풀림 등으로 잔류응력을 제거된다.
  ㉢ 고온 탈아연(dezincing): 고온에서 탈아연 되는 현상으로 표면이 깨끗할수록 심하다. 방지책은 표면에 산화물 피막이 형성된다.

(2) 황동의 종류
① 단련황동
  ㉠ 톰백(tombac): 5~20%의 저 아연합금으로 전연성이 좋고 색이 금에 가까우므로 모조금박으로 금대용으로 사용
  ㉡ 7-3 황동(cartridage brass): Cu 70%, Zn 30%의 $\alpha+\beta$ 황동이며, 인장강도가 크고 고온가공이 용이하다. 탈아연 부식이 일어나기 쉽다. 열교환기, 열간 단조용으로 사용된다.
② 주석황동: 황동에 소량의 Sn을 첨가하면 인장강도, 내식성이 증가하고 연율이 감소하며 황동의 내식성을 개선하기 위하여 1%의 Sn을 첨가하면 탈아연 부식억제, 내식성 증가, 경도 및 강도가 증가한다.
  ㉠ 애드미럴티황동(admiralty brass): 7-3 황동에 1% Sn을 첨가하여 관, 판으로 증발기, 열교한기에 사용
  ㉡ 네이벌황동(naval brass): 6-4 황동에 0.75% Sn을 첨가하여 파이프, 용접봉, 선박 기계부품으로 사용
  ㉢ 델타메탈(delta metal): 6-4 황동에 1~2% Fe을 함유하여 강도, 내식성 증가, 광신

기계, 선박, 화학기계용으로 사용
- ㉣ 두라나메탈(durana metal): 7-3 황동에 2% Fe, 그리고 소량의 Sn, Al 첨가
③ 연 황동: 황동에 Pb을 1.5~3.0% 첨가하여 절삭성을 좋게 한다.
④ Al 황동: 황동에 Al을 1.5~2.0% 첨가하여 결정립자의 미세화, 내식성을 증가한다.
⑤ 철 황동: 6: 4황동에 Fe을 1~2% 첨가하여 강도가 크고 내식성을 좋게 한다.
⑥ 양은, 양백(nickel silver 또는 germem silver): 7-3 황동에 10~20% Ni을 첨가하여 전기저항이 높고, 내열, 내식성이 우수하여 Ag 대용으로 사용한다. 이 외에도 1.5~2% Al을 첨가한 Al 황동(알브렉: Albrac), 1.5~3% pb을 첨가하여 절삭성을 좋게 한 연황동, 그리고 고강도 황동으로는 6-4 황동에 8% Mn을 첨가한 망간황동이 있다.

3) 청동(bronze)

넓은 의미에서 황동 이외의 구리합금을 모두 청동이라고 하지만 좁은 의미에선 Cu-Sn 합금을 말한다. Sn이 증가할수록 전기전도율과 비중이 감소된다. Sn 17~20%에서 최대 인장강도 값을 가지며, 연율은 Sn 4%에서 최대치가 된다. 부식률은 실용금속 중 가장 낮다.

(1) 청동의 종류 및 용도

① 압연용 청동: 3.5~7.0% Sn 청동으로 단련 및 가공성용이. 화폐, 메달, 선, 봉 등에 사용한다.
② 포금(gun metal): 8~12% Sn, 1% Zn첨가, 내해수성이 좋고 수압, 증기압에도 잘 견딘다. 선박용 재료로 사용된다.
③ 화폐용 청동(coining bronze): 3~10% Sn에 1% Zn 첨가 이외에도 미술용 청동과 13~18% Sn을 첨가한 베어링 청동 등이 있다.
④ 베어링용 청동: Sn 10~14%의 함유로 베어링과 차축에 사용된다.

> **참고** 켈밋(kelmet): Cu+Pb(30~40%): 고하중 · 고속도 운전에 사용된다.

(2) 특수청동

① 인청동(phosphor bronze): 청동에 탈산제 P를 첨가한 합금으로 경도, 강도 증가하며 내마모성 탄성이 개선된다. 고탄성을 요구하는 판, 선의 가공재로써 내식성, 내마모성이 요구되는 밸브, 베어링, 선박용품, 고급 스프링재료로 사용된다.
② 연청동(lead bronze): 청동에 3.0~26% pb을 첨가한 것으로, 그 조직 중에 Pb이 거의 고용되지 않고 윤활성이 좋아 고속 고하중용 베어링에 적합하여 베어링, 패킹재료 등에 널리 쓰인다.
③ Al 청동: 8~12%의 Al을 첨가하여 강도, 경도, 인성, 내마모성, 내식성, 내피로성이 황동, 청동보다 좋지만, 주조성, 가공성, 용접성이 나쁘다.

④ 규소청동: Cu에 탈탄을 목적으로 Si를 첨가한 청동으로 4.7% Si까지 Cu 중에 고용되어 인장강도를 증가시키고 내식성, 내열성을 좋게 한다.
⑤ 니켈청동: 니켈청동은 105Kg/mm^{2}의 높은 인장강도와 통신선, 전화선으로 사용되는 Cu-Ni-Si의 콜슨(corson)합금, 뜨임경화성이 큰 쿠니알 청동, 열전대용 및 전기저항선에 사용되는 Cu-Ni 45%의 콘스탄탄이 있다.
⑥ 망간청동: 전기저항재료로 사용되는 Cu-Mn-Ni의 망가닌(manganin) 등이 있다. Cu-Cd계 합금은 1%의 Cd 함유 합금으로 큰 인장강도와 우수한 전도도로 송전선, 안테나용으로 쓰인다.
⑦ 베릴륨 청동: Cu에 2~3%의 Be를 첨가한 시효경화성 합금으로 구리합금 중 최고 강도(약 100Kg/mm^2)를 가진다.
⑧ 오일리스베어링: 구리, 주석, 흑연의 분말을 혼합시켜 성형한 후 가열하여 소결한 것으로 주유가 곤란한 곳에 사용된다. 큰 하중이나 고속회전에는 부적합하다.
⑨ 양은: 니켈 15~20%, 아연 20~30%에 구리를 함유한 합금으로 주로 기계부품, 식기, 가구, 온도조절용 바이메탈, 스프링 재료에 쓰인다.

4) 구리와 그 합금

(1) 구리의 성질

비중이 8.9 정도이며, 용융점이 1083℃ 정도이다.
① 전기 및 열전도성이 우수하다.
② 전연성이 좋아 가공이 용이하다.
③ 내식성이 강해 부식이 안 된다.
④ 아름다운 광택과 귀금속적 성질이 우수하다.
⑤ Zn, Sn, Ni, Ag 등과 용이하게 합금을 만든다.

구리는 철과 같은 동소변태기 없고 재결정온도는 약 200℃ 정도이다. 또 상온 중 크리프 현상이 일어난다.

5) 신소재

(1) 형상 기억 합금

형상 기억 합금이란, 문자 그대로 어떠한 모양을 기억할 수 있는 합금을 말한다. 즉, 고온 상태에서 기억한 형상을 언제까지라도 기억하고 있는 것으로, 저온에서 작은 가열만으로도 다른 형상으로 변화시켜 곧 원래의 형상으로 되돌아가는 현상을 형상 기억 효과라 하며, 이 효과를 나타내는 합금을 형상기억 합금(shape memory alloy)이라고 한다.
현재 실용화된 대표적인 형상 기억 합금은 니켈-티탄(Ni-Ti)계, 구리-알루미늄-니켈, 구리-아연-알루미늄 합금의 세 종류이며, 회복력은 30kgf/cm^{2}이고 반복 동작을 많이 하여도 회복 성능이 거의 저하되지 않는다.

① 니켈-티탄(Ni-Ti) 합금: 내식성 및 내 피로성이 우수하지만, 가격이 비싸고 소성가공이 어렵다. 센서와 액추에이터를 겸비한 기능재료로 기계, 전기 분야에 널리 사용된다.

② 구리계 합금: 구리-알루미늄-니켈, 구리-아연-알루미늄 합금으로 니켈-티탄(Ni-Ti) 합금에 비하여 내식성 및 내 피로성이 떨어지지만 가격이 싸고 소성가공이 용이하다. 반복사용하지 않은 이음쇠 등에 이용된다. 특히 Cu-Zn-Al 합금은 결정 입자의 미세화가 곤란하기 때문에 피로회복 특성이 좋지 않다.

③ 형상 기억 합금의 응용분야: 군사용으로 우주선의 안테나, 전투기의 파이프 이음쇠에 사용되며 일반용으로 기계장치 고정 핀, 냉난방 겸용 에어컨, 커피 메이커에 사용되며 의료용으로는 정형외과, 외과 치과 인플랜트 교정기, 여성의 브래지어 와이어, 안경테 프레임, 전기커넥터 등에 사용된다.

(2) 제진 재료

제진 재료란, "두드려도 소리가 나지 않는 재료"라는 뜻으로, 기계 장치나 차량 등에 접착되어 진동과 소음을 제어하기 위한 재료를 말한다.

제진 합금으로는 Mg-Zr, Mn-Cu, Cu-Al-Ni, Ti-Ni, Al-Zn, Fe-Cr-Al 등이 있으며, 내부 마찰이 크므로 고유 진동 계수가 작게 되어 금속음이 발생되지 않는다.

(3) 초전도 재료

금속은 전기저항이 있으므로 전류를 흐르면 전류가 소모된다. 보통 금속은 온도가 내려 갈수록 전기저항이 감소하지만, 절대온도 근방으로 냉각하여도 금속 고유의 전기저항은 남는다. 그러나 초전도 재료는 일정 온도에서 전기저항이 0이 되는 현상이 나타나는 재료를 말한다.

초전도를 나타내는 재료는 순금속계, 합금계, 세라믹스계로 나눠진다.

[초전도체로 구비해야 하는 조건]
① 초전도 전이온도가 가능한 높고 물리화학적으로 안전할 것
② 요구되는 전자기 특성을 만족할 것
③ 자원이 많고 가공이 쉽고 경제성이 있을 것
④ 독성이 없을 것

가. 합금계 초전도 재료
① Nb-Zr 합금: 가공성이 풍부하고 인발가공으로 선재를 만든다.
② Nb-Ti 합금: 일반적으로 많이 사용되고 있으며, 가격 저렴하고 가공성 및 기계적 성질이 좋고 취급이 용이하다.
③ Nb-Ti심 둘레에 Cu-Ni 합금층 삽입 또는 Nb-Ti-Ta(3원 합금): 강자성, 초전도 마그네트의 유망한 재료로 사용

나. 초전도 재료의 응용

초전도 재료의 응용 분야는 전기 저항이 0으로 에너지 손실이 전혀 없으므로 전자석용 선재의 개발 및 초고속 스위칭 시간을 이용한 논리 회로 및 미세한 전자기장 변화도 감지할 수 있는 감지기 및 기억 소자 등에 응용할 수 있다. 또한, 전력 시스템의 초전도화, 핵융합, MHD(Magnetic HydroDynamic generator), 자기부상열차, 핵자기 공명 단층 영상 장치, 컴퓨터 및 계측기 등의 여러 분야에 응용할 수 있다.

4 비금속 재료

1) 합성수지

(1) 합성수지의 개요 및 분류

합성수지는 어떤 온도에서 가소성(可塑性)을 가진 성질이란 의미를 나타내는 플라스틱(plastics)이다. 가소성이란 유동체와 탄성체도 아닌 물질로서 인장, 굽힘, 압축 등의 외력을 가하면 어느 정도의 저항력으로 그 형태를 유지하는 성질을 말한다. 합성수지는 천연수지의 대용품으로서 개발된 것으로 석유, 석탄 등에서 얻어지며 특히 원유를 정제할 때의 부산물로 제조한다. 합성수지는 인조수지로서 다음과 같은 공통적인 성질을 나타낸다.

① 가볍고 강하다. 유리섬유 강화 플라스틱, 폴리아세탈, 나일론, 폴리카보네이트 등은 중량당 강도가 강철과 비슷하고, FRP는 강철보다 강력하다.
② 가공성이 크고 성형이 간단하다. 또 철분을 혼합하면 전도성이 좋은 플라스틱을 제조할 수 있고, 표면에 쉽게 도금이 될 수 있으므로 내열성과 강도 등을 크게 개선할 수 있다.
③ 전기절연성이 좋다.
④ 산, 알카리, 유류, 약품 등에 강하다.
⑤ 단단하나 열에는 약하다. 가열하면 연소되어 사용할 수 없고, 열전도율이 낮아 부분적으로 과열되기 쉬우므로 주의해야 한다.
⑥ 투명한 것이 많으며 착색이 자유롭다.
⑦ 비강도는 비교적 높고, 표면의 강도가 약하다. 표면경도가 가한 것으로서 멜라민수지가 있으나, 그 경도는 금속재료에 미치지 못하며 폴리스티렌, 폴리에틸렌 등 일반용 수지는 표면경도가 크게 낮고 흠이 나기 쉬우므로 주의해야 한다.
⑧ 가격이 저렴하다. 일반적으로 제품의 제조원가는 금속보다 높은 경우도 있으나, 비중이 낮고 대량생산이 가능하므로 가격이 저렴하다.

(2) 합성수지의 종류 및 특징

합성수지는 가열하면서 가압 및 성형하여 굳어지면 다시 가열해도 연화하거나 용융되지 않고 연소하는 열경화성 수지와, 성형 후에도 가열하면 연화 및 용융되었다가 냉각하면 다시 굳어지는 성질을 가진 열가소성 수지로 분류된다. 열경화성 수지에는 페놀계 수지,

요소 수지, 멜라민 수지, 실리콘 수지, 푸란 수지, 폴리에스테르 수지 및 에폭시 수지 등이 있고 열가소성 수지에는 스티렌 수지, 염화비닐 수지, 폴리에틸렌 수지, 초산비닐 수지, 아크릴 수지, 폴리아미드 수지, 불소 수지 및 쿠마론인덴 수지 등이 있다.

원료별로 분류하면 석탄에서는 아세틸렌계의 염화 및 초산비닐, 석회질소계의 멜라민 수지, 코크스계의 요소수지, 콜타르계의 페놀 수지, 폴리아미드 등이 있고, 석유에서는 에틸렌계의 폴리에틸렌, 폴리스티렌, 염화비닐리덴, 프로필렌계의 아크릴수지 등이 있으며 목재에서는 질산 및 초산셀룰로즈가 있다.

열경화성 수지는 기계적 강도가 크고, 내열성이 좋아서 기계재료 및 치공구재료로서 기어, 베어링 케이스, 핸들, 소형기구의 프레임 등에 쓰인다.

〈표 1-13〉 합성수지의 특징 및 용도

종류		특징	용도
열경화성수지	페놀수지	경질, 내열성	전기 기구, 식기, 판재, 무음기어
	요소수지	착색 자유, 광택이 있음	건축 재료, 문방구 일반, 성형품
	멜라민수지	내수성, 내열성	테이블판 가공
	규소수지	전기 절연성, 내열성, 내한성	전기 절연재료, 도표, 그리스
열가소성수지	스티렌수지	성형이 용이함, 투명도가 큼	고주파 절연재료, 잡화
	염화비닐	가공이 용이함	관, 판재, 마루, 건축재료
	폴리에틸렌	유연성 있음	판, 피름
	초산비닐	접착성이 좋음	접착제, 껌
	아크릴수지	강도가 큼, 투명도가 특히 좋음	방풍, 광학 렌즈

① 에폭시(EP: EPoxy resin) 및 플라스틱

수지의 특성은 가볍고 가공이 쉬우며 내식성이 우수한 장점을 갖고 있으나 열에 매우 약하며 강도가 부족한 것이 일반적인 단점이다. 그러나 최근에는 탄소계 수지 등 재질에 따라 강도, 인성, 내열성 등이 충분한 것도 많이 개발되어 그 상용 가지는 대단히 크게 향상되었다. 특히 플라스틱은 고분자재료로서 가볍고 내식성, 내마멸성, 내충격성이 좋은 반면에 내열성이 나쁘고 무른 것이 흠이다. 이러한 단점을 보안한 강화 플라스틱이 기계재료로 쓰이는데, F.R.P.(glass Fiber Reinforced Plastics)로서 강도가 높아 이용가치가 크다.

> **섬유강화플라스틱(fiber reinforced plastics)이란?**
> 섬유 같은 강화재로 복합시켜, 기계적 강도와 내열성을 좋게 한 플라스틱이다.

② 페놀수지(PF: Phenol Formaldehyde)

페놀, 크레졸 등과 포르말린을 반응시켜 제조한 것으로서 베이클라이트라는 상품명으로 널리 사용된다. 수지에 나무조각, 솜, 석면 등을 혼합하여 전기기구, 가정용품 등으로 제조하여 활용한다. 액체상태로는 페인트, 접착제로도 쓰이며 기계적 성질이 우수하고 가격이 싸며 전기절연성, 내후성도 좋다. 0℃ 이하에서는 파괴되고, 60℃ 이상에서는 강도가 저하되며, 갈색이므로 착색성은 보통이고, 성형가공성도 일반적이다. 주요용도는 전기절연체, 전화기, 핸들, 가재도구, 기어, 프로펠러, 선체부품, 장식품대, 라디오상자, 광고간판 등에 사용되며 접착제, 포장재, 단연재로도 쓰인다.

③ 요소(우레아)수지(UF: Urea Formaldehyde)

요소와 포름알데히드와의 축합에 의해 얻어지는 플라스틱으로 원래는 무색 투명하다. 강도, 내수, 내열성 및 전기절연성은 다소 떨어지나 가공성 및 아름답게 착색할 수 있기 때문에 착색 성형품이 많다. 우레아수지도 전기관계에 사용되지만 그 외에 철기 손잡이 등 일용 잡화품에도 많이 사용하고 있다.

무색이므로 착색이 자유로우나 열탕에 접하면 광택이 감소되고 균열이 생기기 쉬우며, 100℃ 이하에서는 연속사용도 가능하다.

④ 멜라민수지(MF: Melamine Formaldehyde)

무색의 가벼운 침상결정체로서 요소수지보다 강도, 내수성, 내열성이 우수하다. 딱딱하고 물, 기름, 약품에 강하고, 또 열에도 강하다. 위생적이고 착색광택도 좋아서 고급 식기류로 사용하고 있다. 포르말린, 석탄산, 요소 등과 합성하여 각종 성형품(일용품, 식기, 전기기기부품, 라디오상자, 천장재료, 실내장식용), 접착제, 페인트, 섬유제조 등에 사용된다. 150℃에도 잘 견딘다. 결점으로는 약간 가격이 비싸다는 것이다.

⑤ 실리콘수지(SF: Silicone Formaldehyde)

수지상, 고무상, 유상, 그리스상 등이 있으며 내열, 내수성이 우수하고 전기절연성도 좋다. 150~177℃에서 장시간 사용 가능하고, 그 이상의 온도에서도 쓰이며, 기계 가공성도 우수하다. 농기구, 가구, 전기절연체, 섬유물 등의 방수제로 쓰이며, 내열 및 방처도료, 접착제, 전기절연체, 탄성체 등의 제품으로 생산된다. 실리콘오일계는 절연유, 윤활유 등으로 사용되고 있다.

⑥ 푸란수지(FF: Furan Formaldehyde)

130~170℃에 견디고 내약품, 내알칼리성, 접착성 등이 우수하여 저장탱크, 화학장치, 화학약품, 부식성 가스 등에 접하는 부분의 보호 및 도장에 쓰인다. 석재, 목재, 콘크리트 등에 침투시켜 기계적 강도, 내식성을 증가시키기도 한다.

⑦ 아크릴수지(PMMA: Poly(Metly) Methacrylate Acrylic)

아크릴(Acrylic)수지는 투명성이 우수하고, 탄성이 크면 햇볕에 변색되지 않으므로 안전유리의 중간층 재료, 케이블의 피복재료, 도료 등에 쓰인다. 벤젠, 아세톤, 유기산 등에는 녹으나 알콜, 물, 사염화탄소, 식물유에는 녹지 않는다.

광학특성이 우수하여 렌즈제조에도 사용되며 각종 장식품, 식기류, 밸브, 테이블 항공기 방풍유리, 치과재료, 시계부속품, 도료 등에 사용된다. 주로 판재, 조명기구, 렌즈(lens) 등 고급부품에 사용된다. 아크릴수지는 흡습성이 있으므로 성형할 때는 수분을 충분히 건조시키는데, 일반적으로 80~100℃의 열풍(熱風)으로 2~3시간 정도하면 된다.

⑧ 폴리에스테르수지(polyethylene resins)

유리섬유를 넣어 섬유보강 플라스틱으로 제조하여 가볍고 큰 강도를 용하는 항공기, 선박, 차량 등의 구조재로 쓰이며, 100~150℃에서 사용한계이고 -90℃에서도 견딘다. 알칼리나 산에 침식되나, 내후성이 우수하여 건축내장재나 벽재료로 쓰이고, 액상수지는 도료로도 사용된다.

⑨ 폴리염화비닐수지(PVC: PolyVinyl chioride resins)

석회석, 석탄, 소금 등을 원료로 하므로 원자재가 풍부하며 내산, 내알카리성이 우수하다. 황산, 염산, 수산화나트륨 등의 약품이나 바닷물에 용해하거나 부식되지 않으며 기름, 흙속에 묻혀도 침식되지 않는다. 전기, 열의 불량도체이므로 전선관이나 수도관 제조에 적합하고 제품의 내외면이 매끄러우므로 마찰계수가 적다. 비중 1.4로서 가벼우며, 부서지지 않고, 가공이 쉬우나 열에 약하다. -20℃ 이하에서는 취약하고 80℃에서 연화된다. 연질제품은 커튼, 포장재, 모사, 전기피복, 가스관 등으로 제조하며 경질제품은 판재, 상하수도관, 전선배선과, 레코드판 등에 사용된다.

⑩ 폴리에틸렌수지(polyethylene resins)

무색투명하고 내수성, 전기절연서, 내산, 내알칼리성이 우수하다. 120~180℃에서 사출성형이 용이하고 염화비닐보다 가볍고 -60℃에서 경화되지 않는다. 충격에도 잘 견디며 내화성도 우수하여 석유상자, 브러쉬, 장난감, 농공용배관, 수도관, 전선피복재, 필름(비닐하수우스용) 등으로 제조 사용한다.

⑪ 초산비닐수지(polyvinyl acetate resins)

상온에서 고무와 비슷한 탄성을 나타내며 무취, 무색, 무미, 무독하고 접착성, 투명성이 있어 접착제, 도료, 성형재, 껌원료 등에 쓰인다. 생산품은 레코드판, 레인코트, 에어프론, 밴드, 전기기구, 타일, 필름, 식탁용커버, 합성섬유원료 등이 있다.

CHAPTER 2. 2D 도면 관리

01 치수 및 공차 관리

1 치수 기입 및 치수 보조기호

1) 치수 지시의 개념

치수는 크기·자세·위치 치수로 구분하여 지시하게 된다. 크기 치수는 길이, 높이, 두께의 치수 값을 의미하고 자세 치수나 위치 치수는 각도나 가로·세로의 치수이다.

2) 치수 기입 방법

① 치수는 치수선, 치수 보조선, 치수 보조 기호 등을 사용하여 치수 수치(치수를 나타내는 수치를 말한다)에 의하여 표시한다.
② 도면에 기입하는 치수는 필요한 경우에 치수의 허용한계를 지시한다. 다만 이론적으로 정확한 치수는 제외한다.
③ 도면에 표시하는 치수는 특별히 명시하지 않는 한 그 도면에 도시한 대상물의 마무리 치수(완성 치수)를 표시한다.
④ 길이, 높이의 치수 지시 위치는 주로 정면도에 지시되며 모양에 따라 평면도, 측면도 등에 지시할 수 있다.
⑤ 두께 치수는 주로 평면도나 측면도에 지시한다. 다만, 부분적인 특징에 따라 다른 투상도에 지시할 수 있다.
⑥ 원기둥, 각기둥, 홈, 구멍 등의 위치를 정면도에 크기가 지시되면 위치 치수는 측면도나 평면도 등 다른 투상도에 지시한다.
⑦ 면의 기울기, 원기둥, 각기둥, 홈, 구멍 등의 자세 치수는 가로·세로 치수나 각도로 지시한다.
⑧ 치수 보조선은 치수선에 직각으로 그리고 치수선을 약간 넘도록 연장한다. 또한, 수선에 직각으로 치수선을 2~3mm 지날 때까지 가는 실선으로 그리고 치수 보조선과 투상도 사이를 0.5~1mm 틈새를 두고 그린다.
⑨ 치수 기입의 관계상 특히 필요한 경우에는 치수선에 대하여 적당한 각도로 치수 보조선을 그릴 수 있다. 이 경우 될 수 있는대로 치수선과 60° 또는 45°가 되도록 치수보조선을 그리는 것이 좋다.

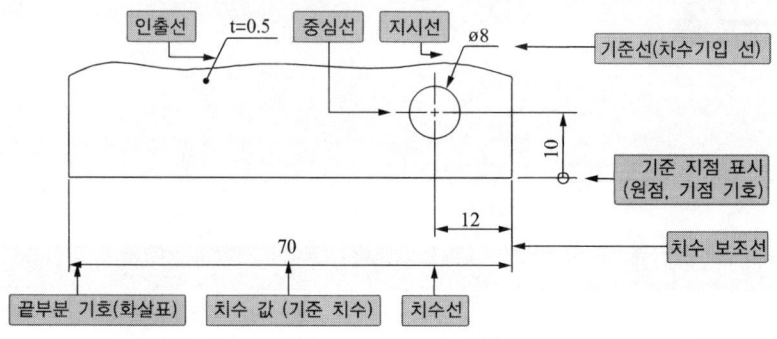

[그림 2-1] 치수 기입의 요소

3) 치수 지시의 요소

① 숫자는 크기, 자세, 위치 등을 지시하는 아라비아 숫자를 말하며 투상도의 어떤 선보다 우선하여 지시한다.
② 문자는 투상도에 지시하는 개별 주서나 표제란 근처에 지시하는 일반 주서를 말하며, 투상도의 어떤 선보다 우선하여 지시한다.
③ 숫자와 문자의 크기는 도면과 투상도의 크기에 따라 마이크로필름 촬영, 축소 및 확대의 경우를 대비하여 선택한다.

4) 치수 수치의 표시 방법

① 길이의 치수 수치는 원칙적으로 mm의 단위로 기입하고 단위 기호는 붙이지 않는다.
② 각도의 치수 수치는 일반적으로 도의 단위로 기입하고, 필요한 경우에는 분 및 초를 병용할 수 있다. 각도의 치수 수치를 라디안의 단위로 기입하는 경우에는 그 단위 기호 rad를 기입한다.
③ 치수 수치의 소수점은 아래쪽의 점으로 하고 숫자 사이를 적당히 띄워서 그 중간에 약간 크게 찍는다. 치수 수치의 자리 수가 많은 경우 3자리마다 숫자의 사이를 적당히 띄우고 콤마는 찍지 않는다.
④ 도면에 표현된 형상의 크기를 나타내는 치수에 추가적으로 의미를 명확히 하기 위하여 보조 기호를 사용한다.

5) 치수 기입의 원칙

① 대상물의 기능·제작·조립 등을 고려하여 필요하다고 생각되는 치수를 명료하게 도면에 기입한다.
② 치수는 대상물의 크기, 자세 및 위치를 가장 명확하게 표시하는 데 필요 충분한 것을 기입한다.
③ 치수는 되도록 주 투상도에 집중시키며, 중복 기입을 피하고 되도록 계산하여 구할 필요가 없도록 기입한다.

④ 치수는 필요에 따라 기준으로 하는 점, 선 또는 면을 기초로 하여 기입한다.
⑤ 도면에 나타내는 치수는 특별하게 명시하지 않는 한, 그 도면에 도시한 대상물의 다듬질 치수를 표시한다.
⑥ 치수는 기능상 필요한 경우 KS A 0108에 따라 치수의 허용한계를 지시한다.
⑦ 치수는 되도록 계산해서 구할 필요가 없도록 기입한다.
⑧ 관련 치수는 가능한 한곳에 모아 기입하고 공정마다 배열을 분리 기입한다.
⑨ 치수 중 참고 치수에 대해서는 치수 수치에 괄호를 사용한다.

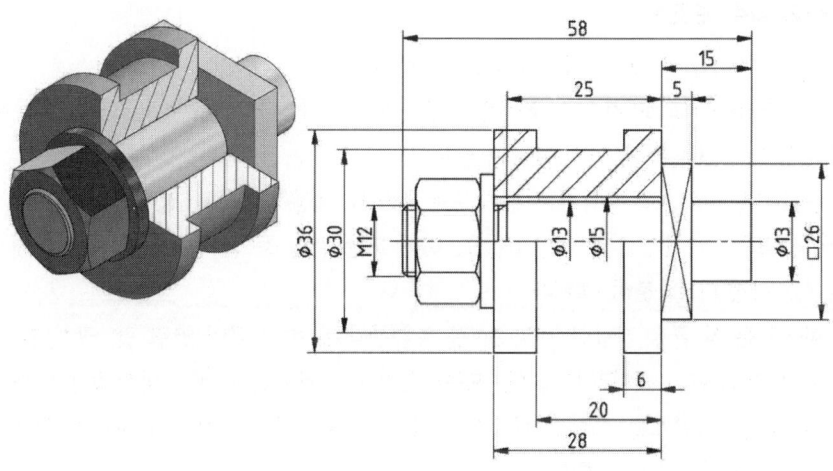

[그림 2-2] 지시 구역을 나누어 치수 기입

〈표 2-1〉 치수 보조 기호

구분	기호	사용법	예
지름	Φ	지름 치수의 수치 앞에 붙인다.	Φ30
반지름	R	반지름 치수의 수치 앞에 붙인다.	R10
구의 지름	SΦ	구의 지름 치수 수치 앞에 붙인다.	SΦ20
구의 반지름	SR	구의 반지름 치수 수치 앞에 붙인다.	SR10
정사각형의 변	□	정사각형의 한 변의 치수 수치 앞에 붙인다.	□20
판의 두께	t	판 두께의 치수 수치 앞에 붙인다.	t10
45°의 모떼기	C	모떼기 치수 수치 앞에 붙인다.	C3
카운터 보어	⊔	카운트 보어 지름 치수 앞에 붙인다.	10⊔
카운터 싱킹	∨	카운드 싱킹 각도 앞에 붙인다.	10∨
깊이	▽	깊이 치수 앞에 붙인다.	10▽
전개 길이	⌒	전개 길이 앞에 붙인다.	10⌒
실제 둥글기	TR	실제 둥글기(True radius) 치수 앞에 붙인다	10TR
등 간격	EQS	등 간격의 개수 앞쪽으로 한 칸 띄어서 붙인다	

구분	기호	사용법	예
원호의 길이	⌒	원호의 길이 치수 수치 위에 붙인다.	⌒20
이론적으로 정확한 치수	☐	이론적으로 정확한 치수를 붙인다.	20
참고 치수	( )	참고 치수의 치수 수치를 둘러싼다.	(20)
치수의 기준(기점)	⊥	누진·좌표 치수를 지시할 때 치수의 기준이 되는 지점을 표시한다.	

6) 치수선과 치수 보조선

① 치수선 치수 보조선에는 가는 실선을 사용한다.

② 치수선은 원칙적으로 치수 보조선을 사용하여 긋는다. 다만, 치수 보조선을 사용하여 그림이 혼동되기 쉬워질 때 이에 따르지 않는다.

③ 치수선은 원칙적으로 지시하는 길이 또는 각도를 측정 방향으로 평행하게 긋는다.

④ 치수선 또는 그 연장선 끝에는 화살표, 사선 또는 검정 동그라미(이하, 총칭할 때는 끝부분의 기호라 한다)를 붙여 그린다.

　㉠ 화살표는 살 끝을 적당한 각도(90°를 포함한다)로 하고 끝이 열린 것, 닫힌 것, 빈틈없이 칠한 것의 어느 것이라도 좋다. 또한, 화살표는 치수선 쪽에서 바깥쪽으로 향하여 붙인다. 다만, 화살표를 기입할 여지가 없을 때는 치수선을 연장하여 치수선 쪽으로 향하여 화살표를 기입하여도 좋다.

　㉡ 사선은 치수보조선을 지나 왼쪽 아래에서 오른쪽 위로 향하여 약 45°로 교차하는 짧은 선으로 한다.

　㉢ 검정 동그라미는 치수선의 끝을 중심으로 하여 빈틈없이 칠한 작은 원으로 한다.

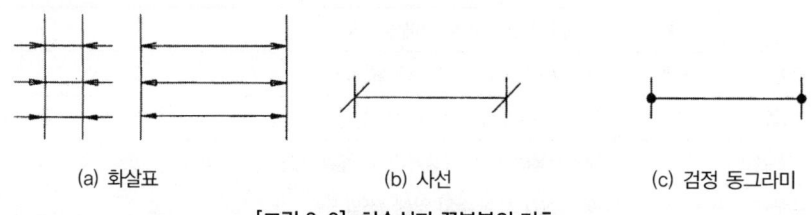

(a) 화살표　　　　　(b) 사선　　　　　(c) 검정 동그라미

[그림 2-3] 치수선과 끝부분의 기호

⑤ 치수선에 붙이는 끝부분 기호는 일련의 도면에서 다음의 경우를 제외하고는 같은 모양의 것으로 통일하여 사용한다.

　㉠ 반지름을 지시하는 치수선에는 호 쪽에만 화살표를 붙이고 중심 쪽에는 붙이지 않는다.

　㉡ 누진 치수 기입시 기점에는 기점 기호를 사용하고 다른 끝에는 화살표를 사용한다.

　㉢ 치수보조선의 간격이 좁아 화살표를 기입할 여지가 없을 때는 화살표 대신에 검정 동그라미 도는 사선을 사용할 수 있다.

⑥ 기점 기호는 치수선의 기점을 중심으로 한 칠하지 않은 작은 원으로 하되 검정 동그라미보다 약간 크게 그린다.
⑦ 끝부분 기호 및 기점 기호의 크기는 그림의 크기에 따라 보기 쉬운 크기로 한다.
⑧ 치수 보조선은 지시하는 치수의 끝에 해당하는 도형상의 점 또는 선의 중심을 지나 치수선에 직각으로 긋고, 치수선을 약간 넘도록 연장한다. 이때 치수보조선과 도형 사이를 약간 띄워도 좋다. 또한, 치수를 지시하는 점 또는 선을 명확하게 하려면 특별히 필요한 경우에는 치수선에 대하여 적당한 각도를 갖는 서로 평행한 치수 보조선을 그을 수 있다. 이 각도는 60°가 좋다.
⑨ 중심선, 외형선, 기준선 및 이들의 연장선을 치수선으로 사용해서는 안 된다.
⑩ 각도를 기입하는 치수선은 각도를 구성하는 두 변 또는 그 연장선(치수 보조선)의 교점을 중심으로 하여, 양변 또는 그 연장선 사이에 그린 원호로 표시한다.

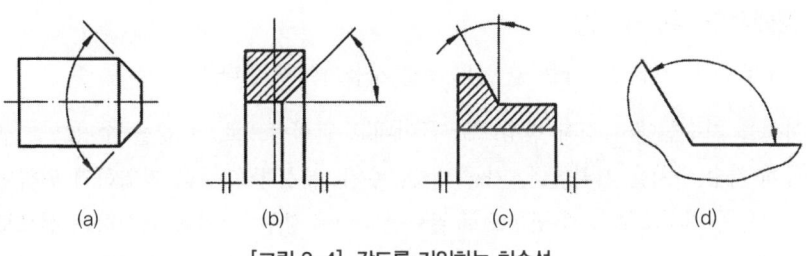

[그림 2-4] 각도를 기입하는 치수선

7) 치수 수치를 기입하는 위치 및 방향

특별히 정한 누진 치수 기입법의 경우를 제외하고는 다음 2가지 방법 중 일반적으로 방법 1에 따른다(같은 도면 내에서 방법 2와 방법 1을 혼용해서는 안 됨).

(1) 방법 1

수평 방향의 치수선에 대하여는 도면의 아래쪽에서, 수직 방향의 치수선에 대하여는 도면의 오른쪽에서 읽도록 쓴다. 경사 방향의 치수선에 대해서도 이에 따라서 쓴다. 치수 수치는 치수선을 중단하지 않고 치수선 위쪽에 약간 띄워서 중앙에 기재한다. 수직선에 대하여 시계 반대 방향으로 향하여 약 30° 이하의 각도를 이루는 방향에는 치수의 기입을 피한다.

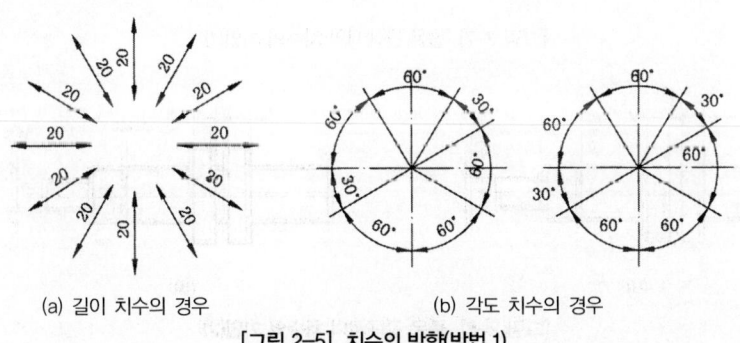

(a) 길이 치수의 경우 (b) 각도 치수의 경우

[그림 2-5] 치수의 방향(방법 1)

(2) 방법 2

치수 수치를 도면의 아래쪽에서 읽을 수 있도록 쓴다. 그러므로 수평 방향 이외의 치수선은 치수 수치를 끼우기 위하여 중앙을 중단하여 기입한다.

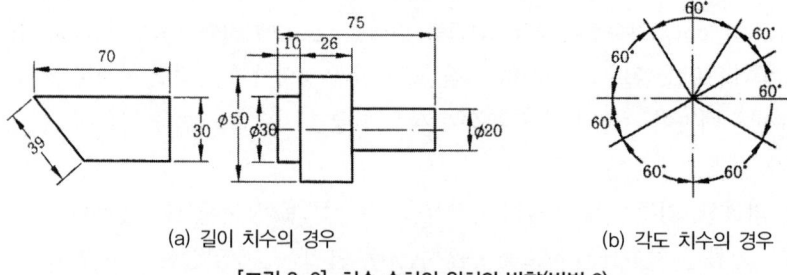

(a) 길이 치수의 경우   (b) 각도 치수의 경우

[그림 2-6] 치수 수치의 위치와 방향(방법 2)

8) 좁은 곳에서의 치수의 기입

부분 확대도로 기입하거나 다음 중 어느 것을 사용하여도 좋다.

① 지시선을 치수선에서 경사 방향으로 끌어내고 원칙적으로 그 끝을 수평으로 구부리고 그 위쪽에 치수 수치를 기입한다. 가공 방법, 주기, 부품번호 등을 기입하기 위하여 사용하는 지시선은 원칙적으로 경사 방향으로 끌어낸다. 이 경우, 모양을 표시하는 선으로부터 지시선을 끌어낼 때는 끝부분에 화살표를 하고, 모양을 표시하는 선의 안쪽에서 지시선을 끌어낼 때는 끝부분에 검은 둥근 점을 붙인다.
② 치수선을 연장하여 그 위쪽 또는 바깥쪽에 기입하여도 좋다.
③ 치수보조선의 간격이 좁아서 화살표를 기입할 여지가 없을 때는 화살표 대신 검은 둥근 점 또는 경사선을 사용하여도 좋다.

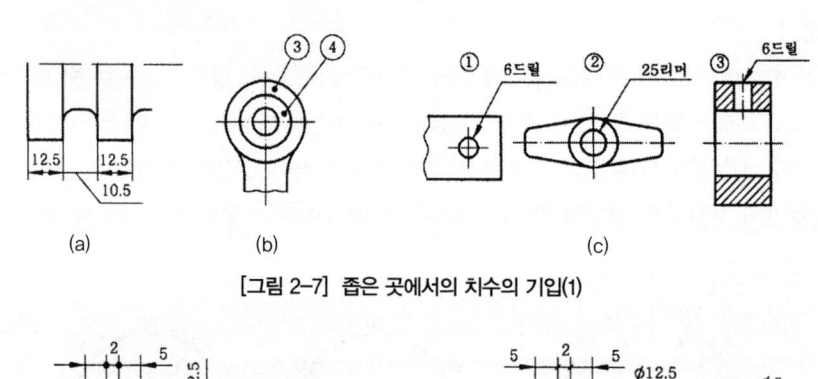

[그림 2-7] 좁은 곳에서의 치수의 기입(1)

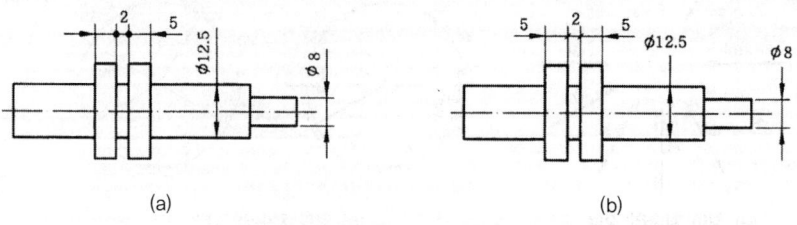

[그림 2-8] 좁은 곳에서의 치수의 기입(2)

9) 치수의 배치

(1) 직렬 치수 기입법

직렬로 나란히 연결된 개개의 치수에 주어진 치수 공차가 차례로 누적되어도 상관없는 경우에 사용한다.

(2) 병렬 치수 기입법

이 방법에 따르면 병렬로 기입하는 개개의 치수 공차는 다른 치수의 공차에 영향을 미치지 않는다.

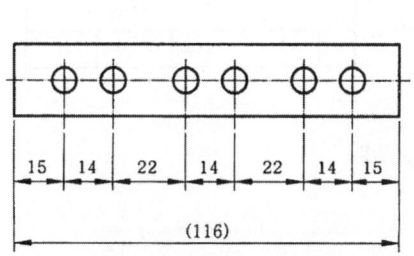

[그림 2-9] 직렬 치수 기입법

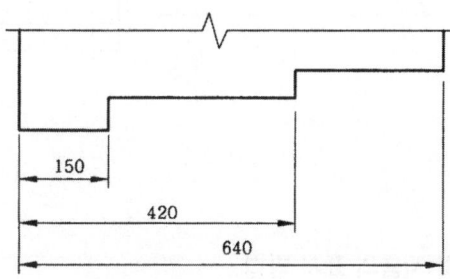

[그림 2-10] 병렬 치수 기입법

(3) 누진 치수 기입법

이 방법에 따르면 치수 공차에 관하여 병렬 치수 기입법과 완전히 동등한 의미가 있으면서, 한 개의 연속된 치수선으로 간편하게 표시할 수 있다. 기점 기호(○)와 치수선의 다른 끝은 화살표로 표시한다.

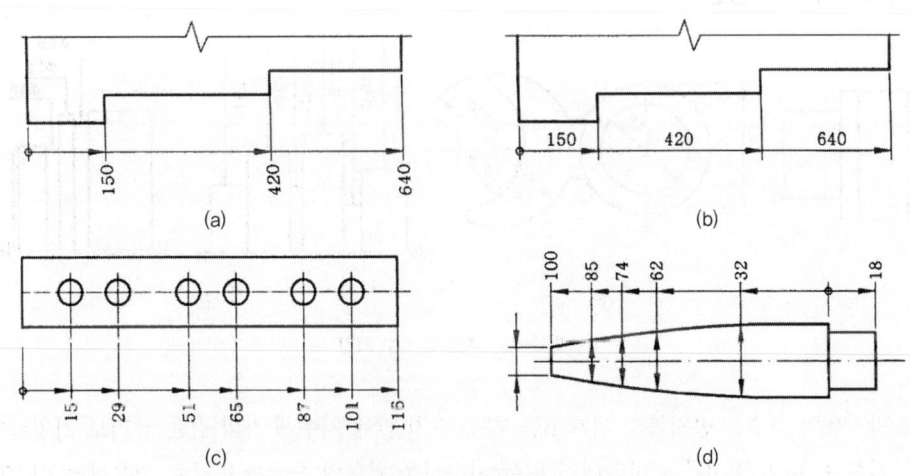

[그림 2-11] 누진 치수 기입법

(4) 좌표 치수 기입법

구멍의 위치나 크기 등의 치수는 좌표를 사용하여 표로 나타내어도 좋다. 예를 들면 기점은 기준 구멍이나 대상물의 한구석 등 기능 또는 가공의 조건을 고려하여 적절하게 선택한다.

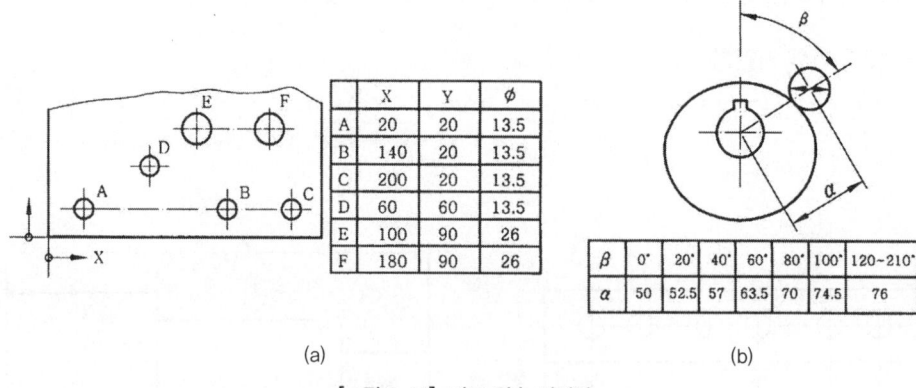

[그림 2-12] 좌표 치수 기입법

10) 지름의 표시 방법

① 단면이 원형일 때, 지름의 기호를 치수 수치의 앞에 치수 숫자와 같은 크기로 기입하여 표시한다. 원형의 그림에 지름의 치수를 기입할 때는 치수 수치의 앞에 지름의 기호는 기입하지 않는다. 원형 일부를 그리지 않은 도형에서 치수선의 끝부분 기호가 한쪽만 있는 경우에는 반지름의 치수와 혼동되지 않도록 지름의 치수를 수치 앞에 Ø을 기입한다.

② 지름이 서로 다른 원통이 연속되어 있고, 그 치수 수치를 기입할 여백이 없을 때 한쪽에만 치수선의 연장선과 화살표를 그리고, 지름의 기호와 치수 수치를 기입한다.

11) 반지름의 표시 방법

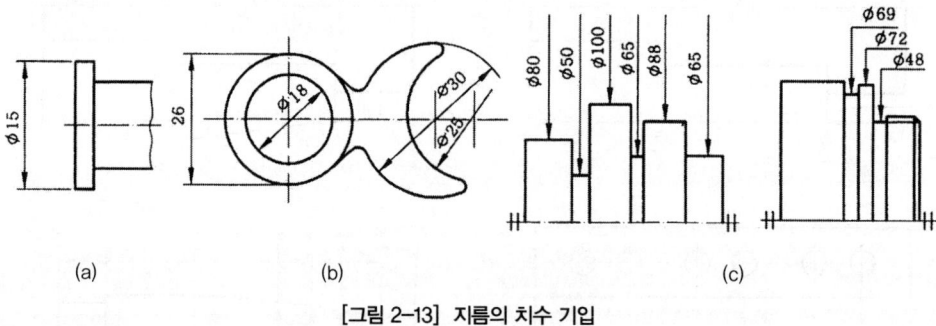

[그림 2-13] 지름의 치수 기입

① 반지름의 치수는 반지름의 기호 R을 치수 수치 앞에 치수 숫자와 같은 크기로 기입하여 표시한다. 다만 반지름을 나타내기 위한 치수선을 원호의 중심까지 긋는 경우에는 이 기호를 생략하여도 좋다.

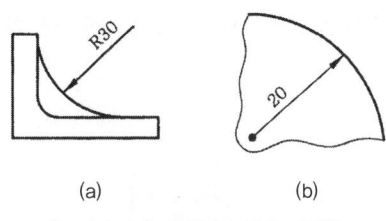

[그림 2-14] 반지름의 치수 기입(1)

② 원호의 반지름을 나타내기 위한 치수선에는 원호 쪽에만 화살표를 붙이고 치수 앞에 반지름 기호 R을 붙인다.

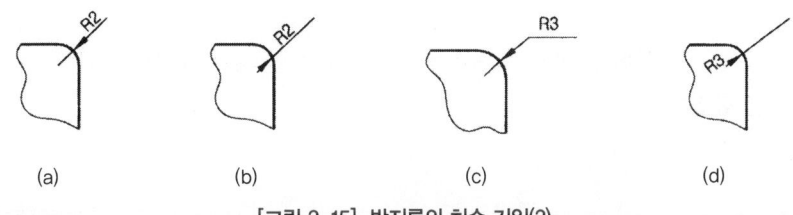

[그림 2-15] 반지름의 치수 기입(2)

③ 반지름의 치수를 나타내기 위하여 원호의 중심 위치를 표시할 필요가 있을 때는 +자 또는 검은 둥근 점으로 그 위치를 나타낸다. 반지름이 큰 원호의 중심 위치를 나타낼 필요가 있으면, 지면 등의 제약이 있을 때는 그 반지름의 치수선을 꺾어도 좋다. 이 경우, 치수선의 화살표가 붙은 부분은 정확히 중심을 향하고 있어야 한다.

④ 동일 중심을 가진 반지름은 길이 치수와 같이 기점 기호를 사용하여 누진 치수 기재법을 사용해서 표시할 수 있다.

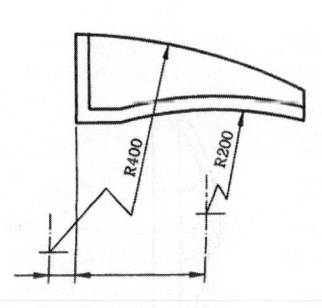 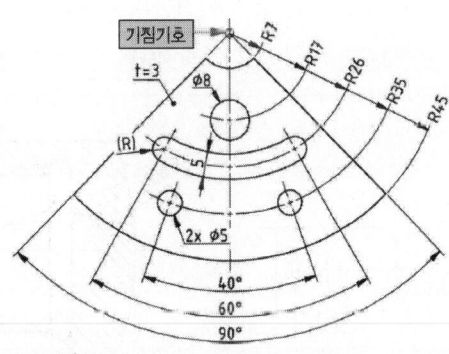

[그림 2-16] 반지름이 큰 경우의 중심과 치수선의 표시 [그림 2-17] 동일 중심을 가진 반지름의 치수 기입

⑤ [그림 2-18]과 같이 정면도 투상을 생략한 단면도에서는 반드시 등간격임을 'EQS'를 붙여서 지시한다.

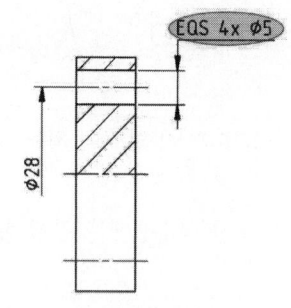

[그림 2-18] 등 간격의 지시

⑥ 실제의 투상도가 아닌 곳에 실제 반지름 치수를 지시할 때는 그림과 같이 치수 앞에 TR 보조기호를 붙인다.

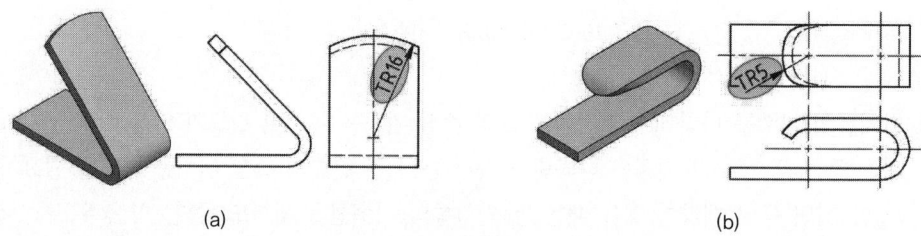

[그림 2-19] 실제 둥글기 치수 지시

12) 구의 지름 또는 반지름의 표시 방법

구의 지름 또는 구의 반지름의 치수는 그 치수 수치의 앞에 치수 숫자와 같은 크기로 구의 기호 S 또는 구의 반지름 기호 SR을 기입하여 표시한다.

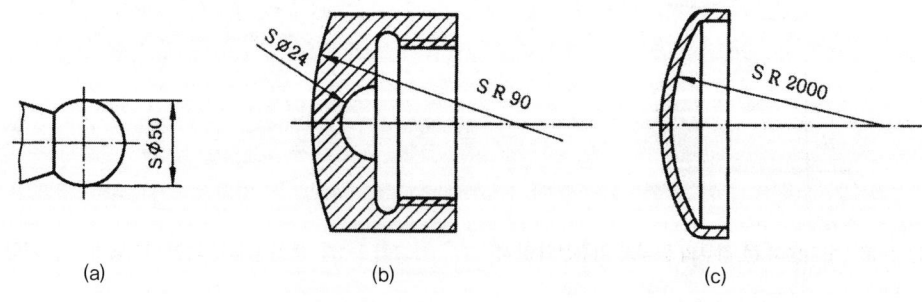

[그림 2-20] 구의 지름 또는 반지름의 치수 기입

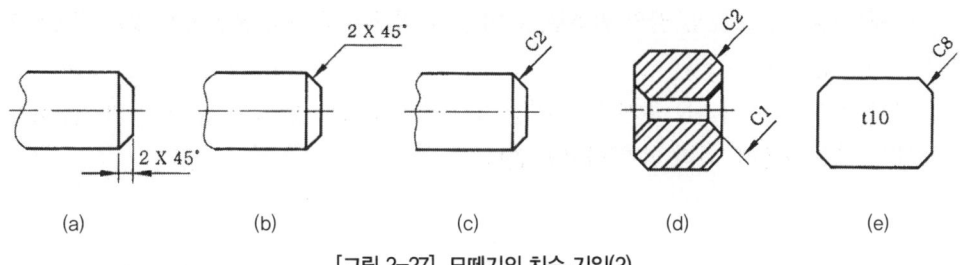

[그림 2-27] 모떼기의 치수 기입(2)

18) 구멍의 표시 방법

① 드릴 구멍, 펀칭 구멍, 코어 구멍 등 구멍의 가공 방법에 따른 구별을 나타낼 필요가 있을 때는 원칙적으로 공구의 호칭 치수 또는 기준 치수를 나타내고, 그 뒤에 가공 방법의 구별을 지시한다. 다만 〈표 2-2〉에 표시한 것에 대하여는 이 표의 간략 지시에 따를 수 있다.

〈표 2-2〉 가공 방법의 간략 지시

가공 방법	간략 지시
주조한 대로	코어
프레스 펀칭	펀칭
드릴로 구멍 뚫기	드릴
리머 다듬질	리머

② 여러 개의 동일치수 볼트 구멍, 작은 나사 구멍, 핀 구멍, 리벳 구멍 등의 치수 표시는 구멍으로부터 지시선을 끌어내어 그 총수를 나타내는 숫자 다음에 짧은 선을 끼워서 구멍의 치수를 기입한다.

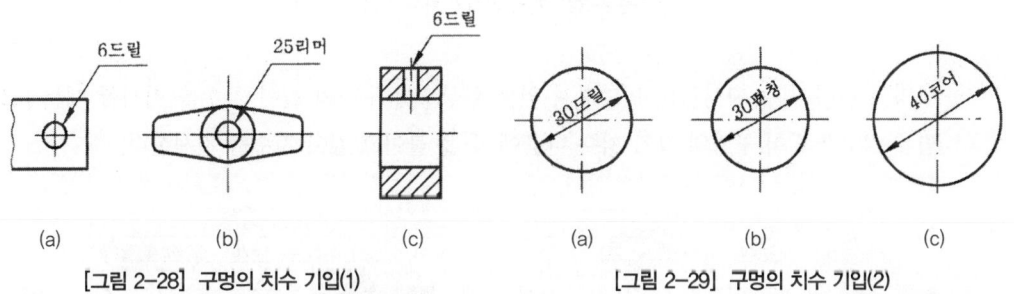

[그림 2-28] 구멍의 치수 기입(1)   [그림 2-29] 구멍의 치수 기입(2)

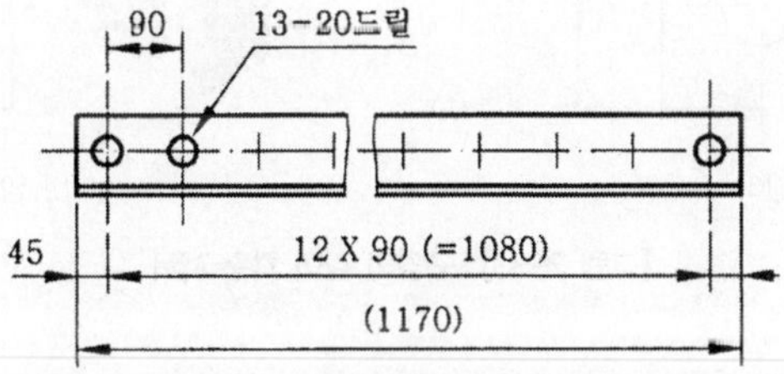

[그림 2-30] 같은 간격의 구멍 치수 기입

③ 구멍의 깊이를 지시할 때는 구멍의 지름을 나타내는 치수 다음에 "깊이"라 쓰고 그 수치를 기입한다.

㉠ 관통 구멍의 경우 구멍 깊이를 기입하지 않는다.

ⓒ 구멍 깊이란 드릴 앞 끝의 원추부, 리머 앞 끝의 원추부 등을 포함하지 않는 원통부의 깊이를 말한다.

④ 볼트, 너트 등의 자리를 좋게 하기 위한 자리 파기의 표시 방법은 자리 파기의 지름을 나타내는 치수 다음에 "자리 파기"라고만 쓴다.

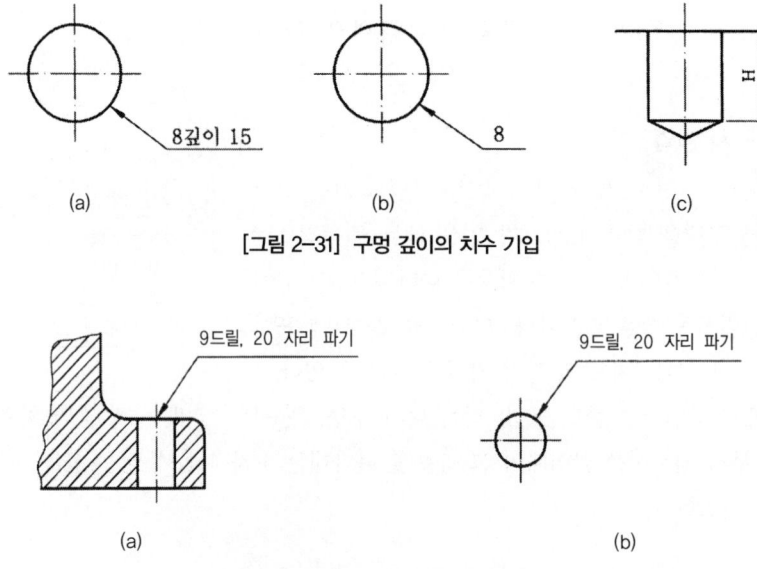

[그림 2-31] 구멍 깊이의 치수 기입

[그림 2-32] 자리 파기의 치수 기입

⑤ 구멍의 깊이 치수 지시원으로 그려져 있는 투상도에 구멍의 깊이 치수를 지시할 때는 [그림 2-33]과 같이 구멍의 크기 치수 다음에 ⬇을 붙이고 깊이 치수를 지시한다.

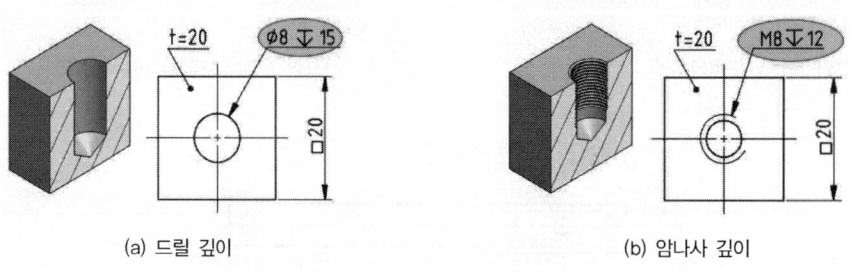

(a) 드릴 깊이   (b) 암나사 깊이

[그림 2-33] 구멍의 깊이 치수 지시

⑥ 볼트 머리를 잠기게 할 때 사용하는 깊은 자리 파기의 표시 방법은 깊은 자리 파기의 지름을 나타내는 치수 다음에 "깊은 자리 파기"라고 쓰고 다음에 깊이 수치를 기입한다.

깊은 자리 파기의 깊이 수치를 반대쪽 면으로부터 지시할 필요가 있을 때는 치수선을 사용하여 표시한다.

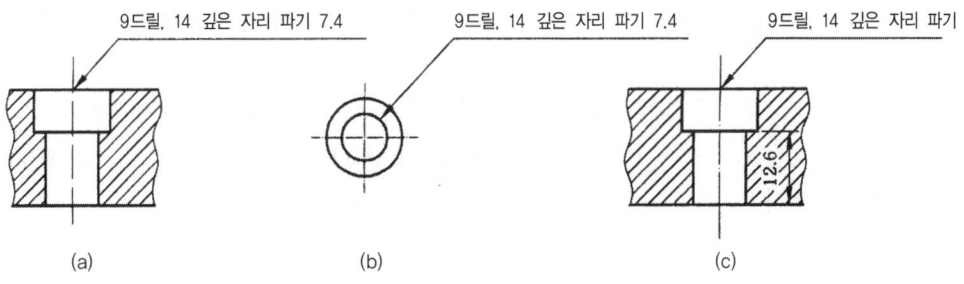

[그림 2-34] 깊은 자리 파기의 치수 기입

⑦ 볼트, 너트, 와셔 등과 같이 반제품에서 흑피를 깎는 정도의 자리 파기는 [그림 2-35]와 같이 드릴지름 치수 앞에 ⊔ 보조 기호를 표시하고 그 깊이는 지시하지 않는다.

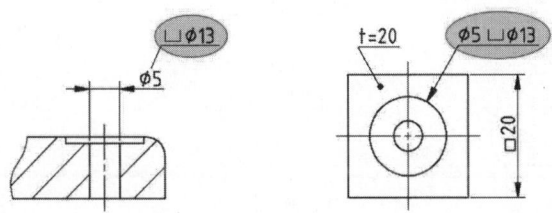

[그림 2-35] 자리 파기 구멍 치수 지시

⑧ 구멍의 원형이 표시된 투상도에 지시할 때는 [그림 2-36] (b)와 같이 지시한다.

(a) 단면부에 지시　　　　　　　　　(b) 간략 지시

[그림 2-36] 6각 구멍 붙이 볼트구멍 치수 지시

⑨ 접시머리 볼트 등의 머리가 잠기게 하는 구멍은 [그림 2-37]과 같이 지시한다.

(a) 단면부에 지시　　　　　　　　　(b) 간략 지시

[그림 2-37] 접시머리 볼트 구멍의 치수 지시

⑩ 긴 원의 구멍은 기능 또는 가공 방법에 따라 치수의 기입 방법을 어느 것인가에 따라 지시한다.
  ㉠ 하나의 공구로 가공하여 전체 치수가 필요한 경우에는 (a), (d)와 같이 지시한다.
  ㉡ 하나의 공구로 가공하여 중심 거리가 설계에서 필요한 경우에는 (b), (c), (e), (f)와 같이 지시한다.
⑪ 경사진 구멍의 깊이는 구멍 중심선상의 깊이로 표시하든가, 그것에 따를 수 없는 경우에는 치수선을 사용하여 표시한다.

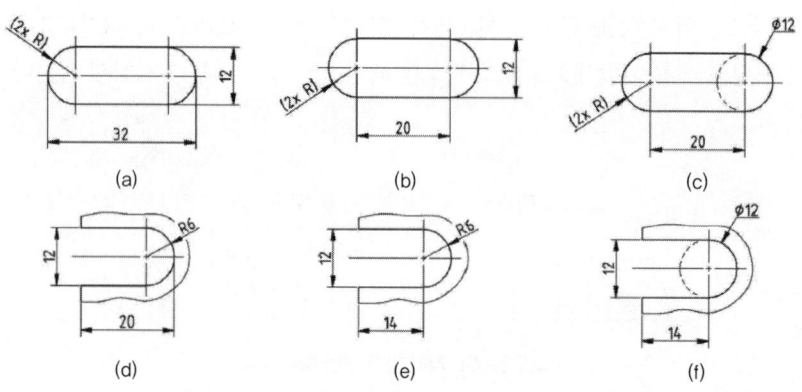

[그림 2-38] 긴 원 구멍의 치수 기입

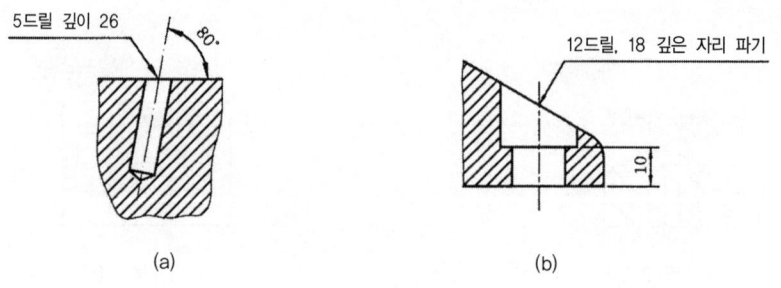

[그림 2-39] 경사진 구멍의 치수 기입

⑫ 원이나 암나사의 부품도에서 지시선을 사용할 때는 [그림 2-40]과 같이 중심 방향으로 수평선으로부터 60°로 꺾어서 긋는다.

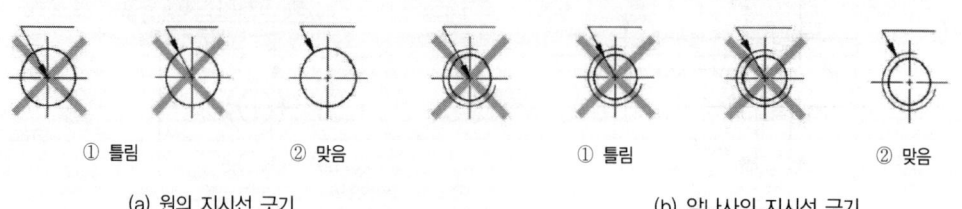

[그림 2-40] 원과 암나사의 지시선

⑬ 인출선은 조립도, 부품도 등에서 지시 허가나 설명을 위한 선으로써 [그림 2-41]과 같이 그 끝에는 0.7 또는 1mm 점(•)이나 화살표를 붙인다.

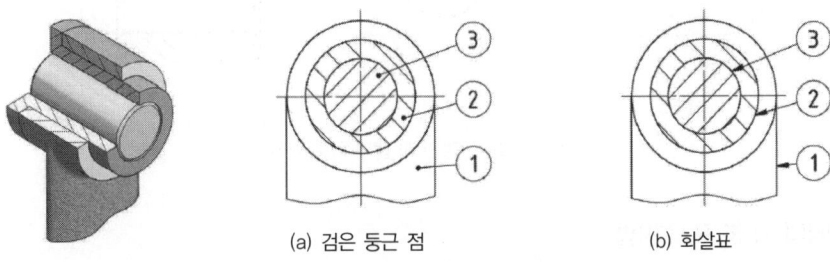

(a) 검은 둥근 점   (b) 화살표

[그림 2-41] 조립도의 인출선과 끝부분 기호

19) 키 홈의 표시 방법

(1) 축의 키 홈 표시 방법

① 축의 키 홈 치수는 키 홈의 나비, 깊이, 길이, 위치 및 끝 부를 표시하는 치수에 따른다.
② 키 홈을 밀링커터 등에 의하여 절삭하는 경우에는 기준위치에서 공구 중심까지의 거리와 공구 지름을 표시한다.
③ 키 홈의 깊이는 키 홈과 반대쪽의 축 지름 면으로부터 키 홈 바닥까지의 치수로 표시한다. 다만, 필요한 경우에는 키 홈의 중심면 위에서의 축 지름 면으로부터 키 홈의 바닥까지의 치수(절삭 깊이)로 표시할 수 있다.

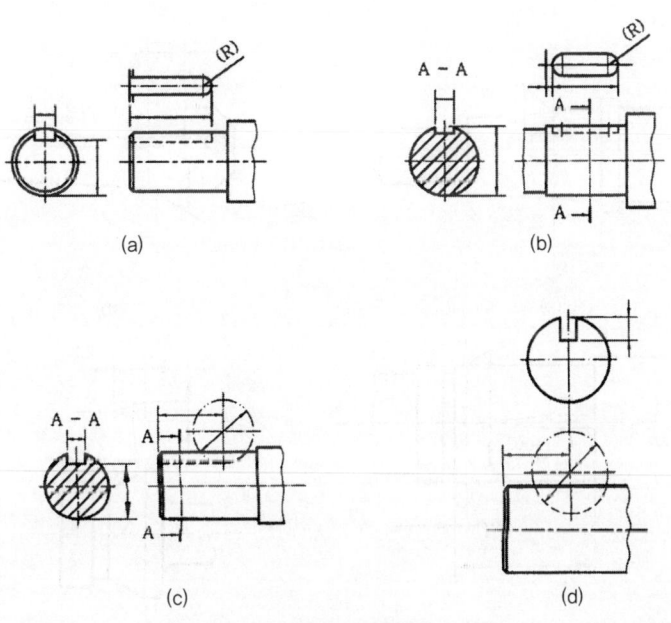

[그림 2-42] 축의 키 홈의 치수 기입

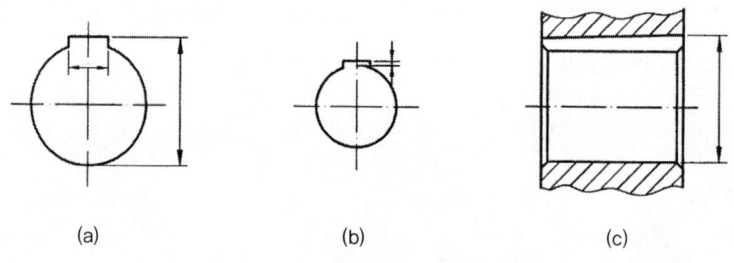

[그림 2-43] 구멍의 키 홈의 치수 기입

(2) 구멍의 키 홈 표시 방법

① 구멍의 키 홈 치수는 키 홈의 나비 및 깊이를 표시하는 치수에 따른다.
② 키 홈의 깊이는 키 홈과 반대쪽의 구멍 지름 면으로부터 키 홈의 바닥까지의 치수로 표시한다. 다만, 특히 필요한 경우에는 키 홈의 중심 면상에서의 구멍 지름 면으로부터 키 홈의 바닥까지의 치수로 표시할 수 있다.
③ 경사 키 보스의 키 홈의 깊이는 키 홈의 깊은 쪽에 표시한다.

20) 테이퍼, 기울기의 표시 방법

테이퍼는 원칙적으로 중심선에 연하여 기입하고, 기울기는 변에 연하여 기입한다.

① 테이퍼 또는 기울기의 정도와 방향을 특별히 명확하게 나타낼 필요가 있을 때는 별도로 표시한다.
② 특별한 경우에는 경사면에서 지시선을 끌어내어 기입할 수 있다.

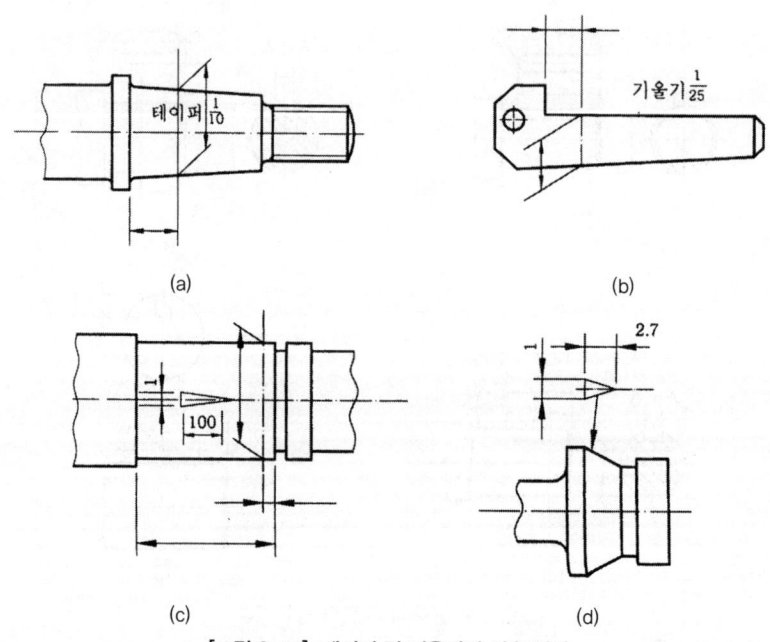

[그림 2-44] 테이퍼 및 기울기의 치수 기입

21) 펼친 길이 치수 지시

(1) 선이나 봉의 펼친 길이

선이나 봉의 펼친 길이는 [그림 2-45]와 같이 지시한다.

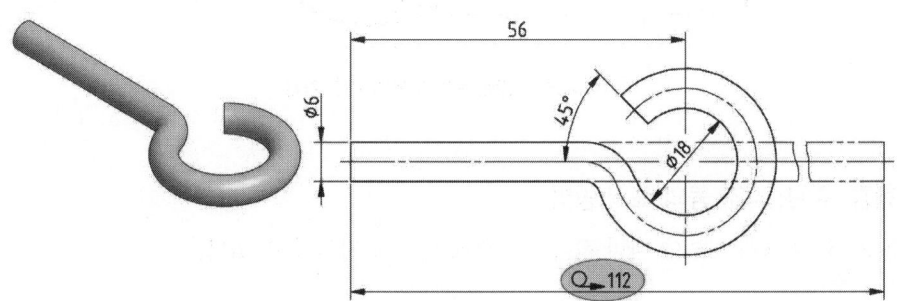

[그림 2-45] 선, 봉의 펼친 길이 치수 기입

(2) 판의 펼친 길이

판의 펼친 길이는 [그림 2-46]과 같이 지시한다.

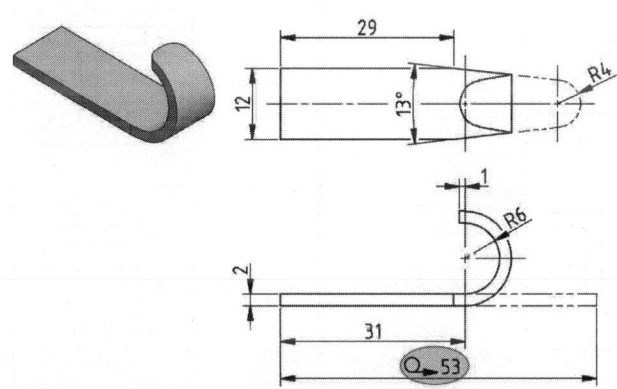

[그림 2-46] 판의 펼친 길이 치수 지시

22) 얇은 두께 부분의 표시 방법

얇은 두께의 단면을 아주 굵은 실선으로 그린 도형에 치수를 기입하는 경우에는 단면을 표시한 굵은 실선에 연하여 짧고 가는 실선을 긋고, 여기에 치수선의 끝부분을 기호를 댄다. 이 경우, 가는 실신을 그려준 쪽까지의 치수를 의미한다.

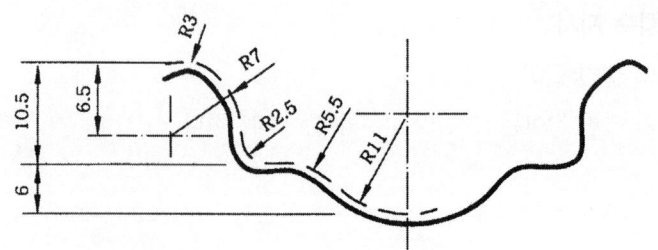

[그림 2-47] 얇은 두께 부분의 치수 기입

23) 형강, 강관, 각강 등의 표시 방법

〈표 2-3〉의 표시 방법에 따라 각각의 도형에 연하여 기입할 수 있다.

〈표 2-3〉 형강 등의 치수 표시 방법

종류	단면 모양	표시 방법	종류	단면 모양	표시 방법
등변ㄱ형강		$\llcorner A \times B \times t - L$	T형강		$\text{T } B \times H \times t_1 \times t_2 - L$
부등변부등 두께ㄱ형강		$\llcorner A \times B \times t_1 \times t_2 - L$	I형강		$\text{I } H \times A \times t_1 \times t_2 - L$
I형강		$\text{I } H \times B \times t - L$	경ㄷ형강		$\sqsubset H \times A \times B \times t - L$
ㄷ형강		$\sqsubset H \times B \times t_1 \times t_2 - L$	립ㄷ형강		$\sqsubset H \times A \times C \times t - L$

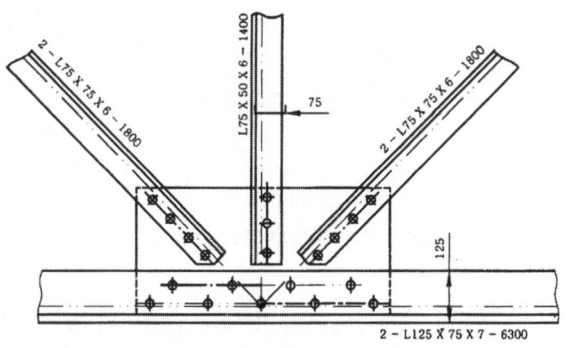

[그림 2-48] 형강의 치수 기입

24) 치수 기입시 기타 주의사항

① 치수 수치를 나타내는 일련의 치수 숫자는 도면에 그린 선에서 분할되지 않는 위치에 그리는 것이 좋다.
② 치수 숫자는 선에 겹쳐서 기입하면 안 된다. 다만, 할 수 없는 경우에는 치수 숫자와 겹치는 선의 부분을 중단하여 치수 수치를 기입한다.

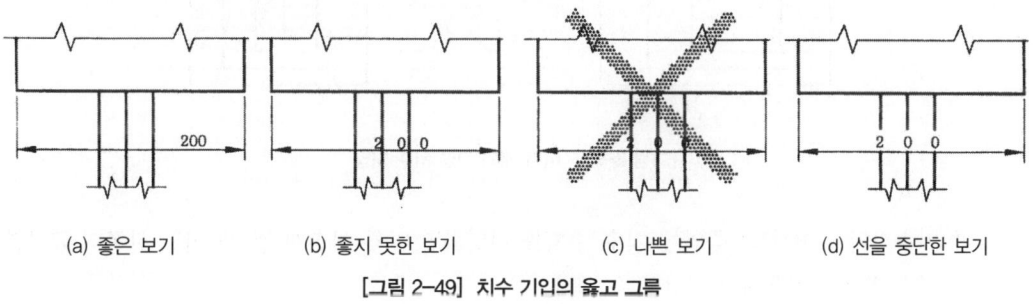

[그림 2-49] 치수 기입의 옳고 그름

③ 치수 수치는 치수선과 교차하는 장소에 기입하면 안 된다.
④ 치수선이 인접해서 연속될 때는 동일 직선상에 가지런히 긋는 것이 좋다. 또한, 관련되는 부분의 치수는 동일 직선상에 기입하는 것이 좋다.

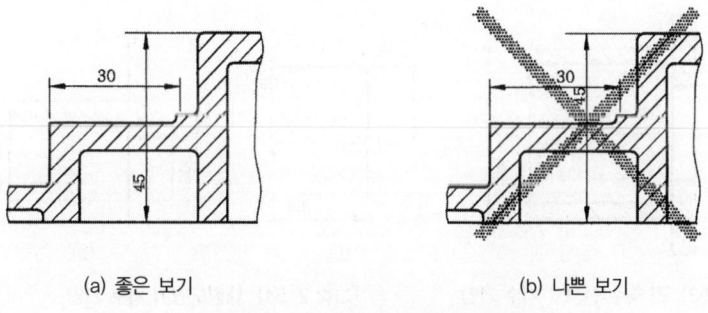

[그림 2-50] 교차 부분 치수 기입

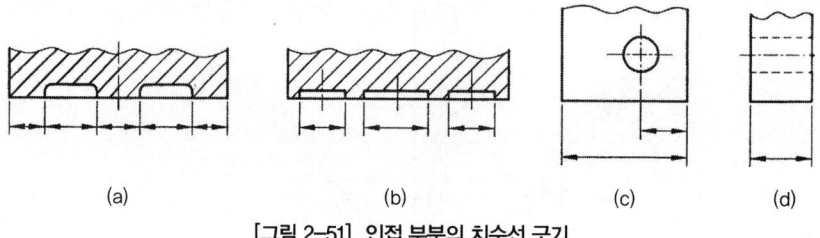

[그림 2-51] 인접 부분의 치수선 긋기

⑤ 치수 보조선을 긋고 기입하는 지름의 치수가 대칭 중심선의 방향에 몇 개 늘어선 경우에는 각 치수선을 되도록 같은 간격으로 긋고 작은 치수를 안쪽에, 큰 치수를 바깥쪽에 가지런하게 기입한다. 다만, 지면의 형편으로 치수선의 간격이 좁은 경우에는 치수 수치를 대칭 중심선의 양쪽에 교대로 써도 좋다.

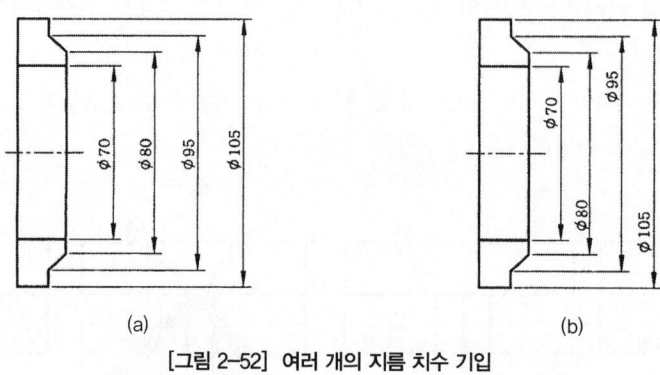

[그림 2-52] 여러 개의 지름 치수 기입

⑥ 치수선이 길어서 그 중앙에 치수 수치를 기입하면 알기 어렵게 될 때 어느 한쪽의 끝부분 기호 쪽으로 치우쳐서 기입할 수 있다.
⑦ 대칭도형에서 대칭 중심선을 지나는 치수선은 원칙적으로 그 중심선을 넘어서 적당히 연장한다. 이 경우, 연장한 치수선 끝에는 끝부분 기호를 붙이지 않는다. 다만, 오해할 염려가 없는 경우에는 치수선이 중심선을 넘지 않아도 좋다. 또한, 대칭의 도형에 다수의 지름 치수를 기입 할 때는 치수선의 길이를 더 짧게 하여 여러 단으로 분리하여 기입할 수 있다.

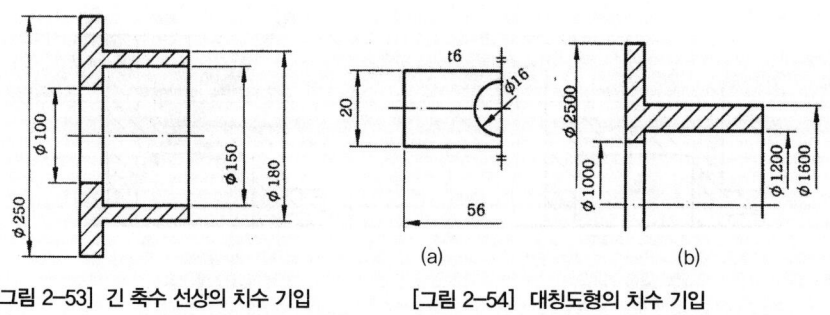

[그림 2-53] 긴 축수 선상의 치수 기입   [그림 2-54] 대칭도형의 치수 기입

⑧ 치수 기입에 있어서 치수 수치 대신 글자 기호를 써도 좋다. 이 경우 그 수치를 별도로 표시한다.
⑨ 서로 경사진 두 개의 면 사이에 둥글기 또는 모따기가 있을 때, 두 면의 교차하는 위치를 나타낼 때는 둥글기 또는 모따기를 하기 이전의 모양을 가는 실선으로 표시하고, 그 교점에서 치수 보조선을 끌어낸다. 이 경우 교점을 명확하게 나타낼 필요가 있을 때는 각각의 선을 서로 교차시키든가 또는 교점에 검은 둥근 점을 붙인다.
⑩ 원호 부분의 치수는 원호가 180°까지는 원칙적으로 반지름으로 표시하고, 그것을 넘을 때는 원칙적으로 지름으로 표시한다. 다만, 180° 이내라고 기능상 또는 가공상 특히 지름의 치수가 있어야 하는 것에 대해서는 지름의 치수를 기입한다.

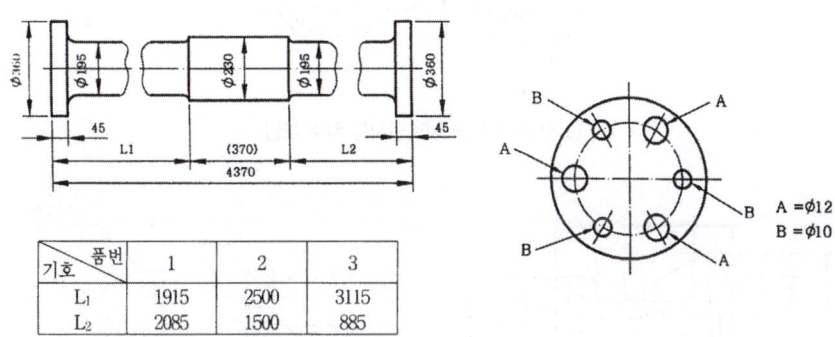

[그림 2-55] 글자 기호에 의한 치수 기입

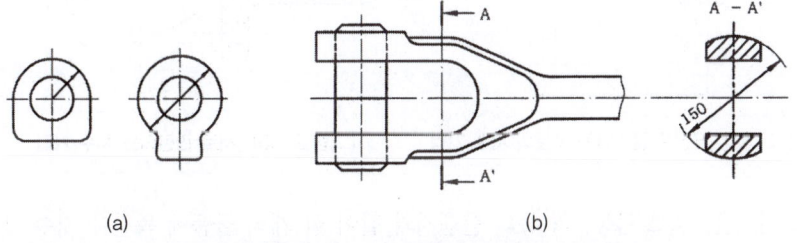

[그림 2-56] 180° 내외의 원호 부분의 치수 기입

⑪ 반지름의 치수가 다른 곳에 지시한 치수에 따라 자연히 결정되면 반지름의 치수선과 반지름의 기호만으로 나타내고, 치수 수치는 기입하지 않는다. 키홈이 단면에 나타나 있는 보스의 안지름 치수를 기입한다.
⑫ 가공 또는 조립할 때 기준으로 할 곳이 있는 경우의 치수는 그곳을 기준으로 하여 기입한다. 특히 그곳을 나타낼 필요가 있을 때는 그 취지를 기입한다.
⑬ 공정을 달리하는 부분의 치수는 그 배열을 나누어서 기입하는 것이 좋다. 서로 관련되는 치수는 한곳에 모아서 기입한다. 예를 들면 플랜지의 경우 볼트구멍의 피치원 지름과 구멍의 치수 및 구멍의 배치는 피치원이 그려져 있는 쪽 그림에 모아서 기입하는 것이 좋다.

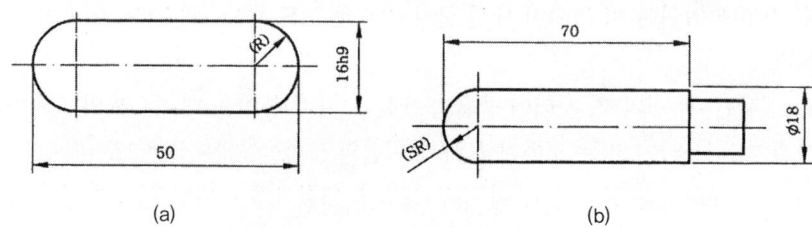

[그림 2-57] 인식되는 반지름의 표시

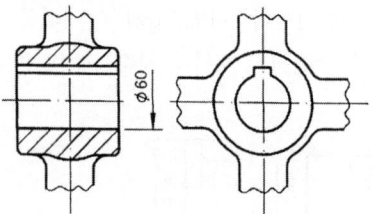

[그림 2-58] 보스의 안지름 치수 기입

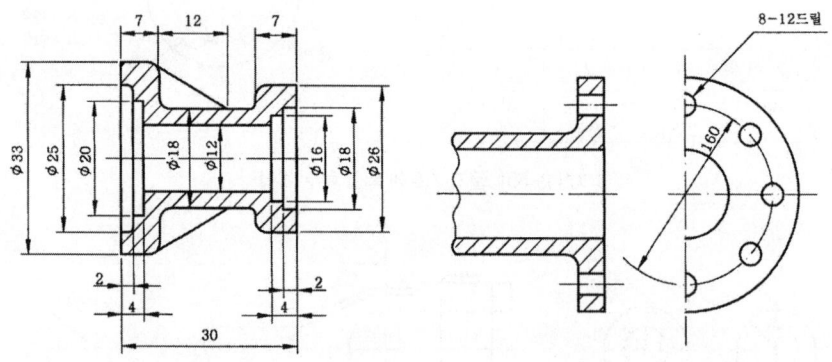

[그림 2-59] 공정을 달리하는 부분의 치수 기입   [그림 2-60] 서로 관련되는 치수 기입

⑭ T형 관이음, 밸브 몸통, 콕 등의 플랜지와 같이 한 개의 물품에 똑같은 치수 부분이 두 개 이상 있는 경우 그중 한쪽만 기입하는 것이 좋고, 치수를 기입하지 않는 부분에 동일치수 인 것을 주기한다.

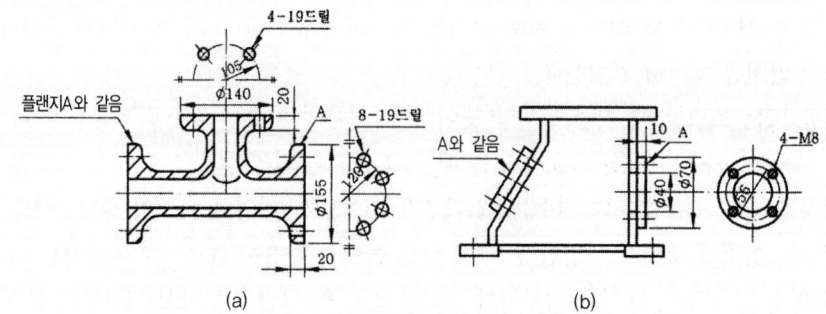

[그림 2-61] 같은 치수 부분이 두 개 이상 있을 경우의 치수 기입

⑮ 일부의 도형이 그 치수 수치에 비례하지 않을 때는 치수 숫자의 아래쪽에 굵은 실선을 긋는다.

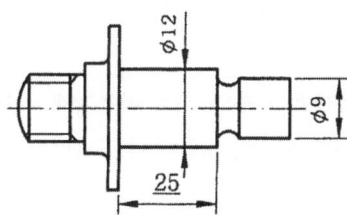

[그림 2-62] 치수와 도형이 비례하지 않는 경우의 치수 기입

⑯ 출도 후에 변경할 때 [그림 2-63]과 같이 치수에 가로선을 그은 다음 그 옆에 변경된 치수를 지시한다. 이때 변경한 가까운 곳에 변경 그림 기호를 지시하고 이유, 이름, 년·월·일을 표시한다.

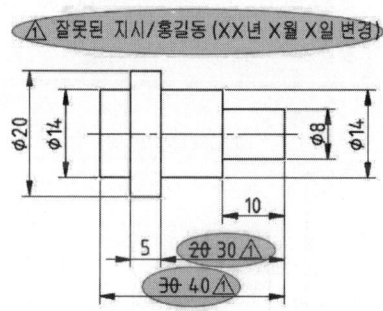

[그림 2-63] 출도가 된 후의 치수 변경

2 공차와 끼워 맞춤

1) 공차

(1) 치수 공차

부품이 조립되어 원활한 기능을 발휘하도록 지시되는 공차는 공작기계의 정밀도와 생산방법에 따라 측정된 값이 그 기준 치수보다 크거나 작게 공차 결과가 나오게 되는데 이것을 치수 공차라고 한다. 치수 공차의 용어는 다음과 같다.

① 구멍: 주로 원통형 부분의 내측 부분
② 축: 주로 원통형 부분의 외측 부분
③ 실 치수: 두 점 사이의 거리를 실제로 측정한 치수
④ 허용한계 치수: 실 치수가 그사이에 들어가도록 정한 대·소의 허용치수이며, 최대허용치수(30.2)와 최소허용치수(29.9)가 있다(예: $30^{+0.2}_{-0.1}$).
⑤ 기준 치수: 치수 허용한계의 기준이 되는 치수

⑥ 기준선: 허용한계 치수 또는 끼워 맞춤을 도시할 때 치수허용차의 기준이 되는 선으로, 치수허용차가 0인 직선으로 기준 치수를 나타낼 때 사용한다.

⑦ **치수허용차**: 허용한계 치수에서 그 기준 치수를 뺀 값으로, 위 치수허용차와 아래 치수허용차가 있다.

⑧ **치수 공차**: 최대 허용한계 치수와 최소 허용한계 치수의 차이다. 또는 위 치수허용차와 아래 치수허용차의 차를 의미하기도 하며 공차라고도 한다.

예제

 에서 최대허용치수와 최소허용치수는?

 해설
① 최대허용치수 = 기준치수 + 위 치수허용차 = 30 + 0.05 = 30.05mm
② 최소허용치수 = 기준치수 + 아래 치수허용차 = 30 + (-0.02) = 29.98mm
③ 치수 공차 = 최대허용치수 - 최소허용치수 = 30.05 - 29.98 = 0.07mm

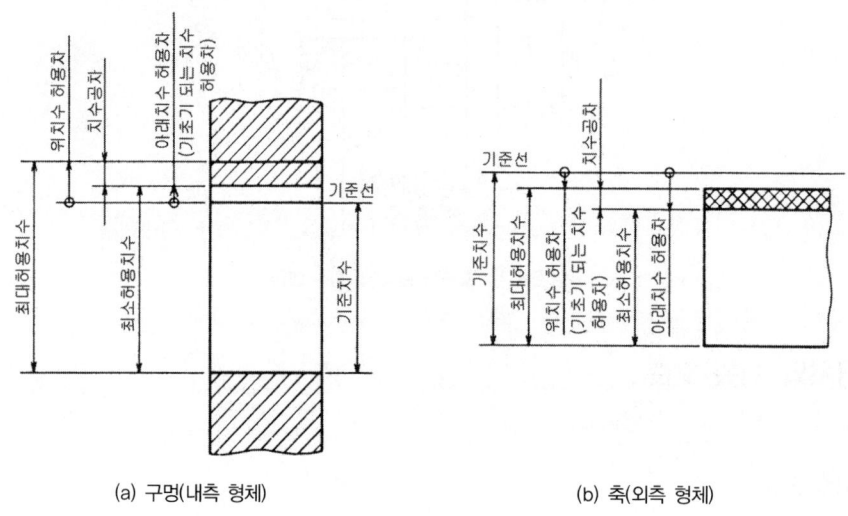

(a) 구멍(내측 형체) (b) 축(외측 형체)

[그림 2-64] 치수 공차의 용어

(2) 기본 공차 등급 적용

IT 기본 공차는 치수 공차와 끼워 맞춤에 있어서 정해진 모든 치수 공차를 의미하는 것으로, 국제 표준화 기구(ISO) 공차 방식에 따라 분류한다.

① 기본 공차의 적용

용도	게이지 제작 공차	끼워 맞춤 공차	끼워 맞춤 이외 공차
구멍	IT 01~IT 5	IT 6~IT 10	IT 11~IT 18
축	IT 01~IT 4	IT 5~IT 9	IT 10~IT 18

② IT 공차의 수치: 기준 치수가 500 이하인 경우와 500을 초과하여 3150까지 기본 공차의 수치를 나타낸다.

(3) IT(International tolerance) 기본 공차

기본 공차는 치수 공차와 끼워 맞춤의 기준 치수를 구분하여 공차값을 적용하는 것으로써 표와 같이 IT 01급부터 IT 18급까지 20등급으로 구분하고 있다.

〈표 2-4〉 IT 기본 공차

구분	등급	IT 01	IT 0	IT 1	IT 2	IT 3	IT 4	IT 5	IT 6	IT 7	IT 8	IT 9	IT 10	IT 11	IT 12	IT 13	IT 14	IT 15	IT 16	IT 17	IT 18
초과	이하	기본 공차의 수치(μm)													기본 공차의 수치(mm)						
-	3	0.3	0.5	0.8	1.2	2.0	3.0	4.0	6.0	10	14	25	40	60	0.10	0.14	0.26	0.40	0.60	1.00	1.40
3	6	0.4	0.6	1.0	1.5	2.5	4.0	5.0	8.0	12	18	30	48	75	0.12	0.18	0.30	0.48	0.75	1.20	1.80
6	10	0.4	0.6	1.0	1.5	2.5	4.0	6.0	9.0	15	22	36	58	90	0.15	0.22	0.36	0.58	0.90	1.50	2.20
10	18	0.5	0.8	1.2	2.0	3.0	5.0	8.0	11	18	27	43	70	110	0.18	0.27	0.43	0.70	1.10	1.80	2.27
18	30	0.6	1.0	1.5	2.5	4.0	6.0	9.0	13	21	33	52	84	130	0.21	0.33	0.52	0.84	1.30	2.10	3.30
30	50	0.6	1.0	1.5	2.5	4.0	7.0	11	16	25	39	62	100	160	0.25	0.39	0.62	1.00	1.60	2.50	3.90
50	80	0.8	1.2	2.0	3.0	5.0	8.0	13	19	30	46	74	120	190	0.30	0.46	0.74	1.20	1.90	3.00	4.60
80	120	1.0	1.5	2.5	4.0	6.0	10	15	22	35	54	87	140	220	0.35	0.54	0.87	1.40	2.20	3.50	5.40
120	180	1.2	2.0	3.5	5.0	8.0	12	18	25	40	63	100	160	250	0.40	0.63	1.00	1.60	2.50	4.00	6.30
180	250	2.0	3.0	4.5	7.0	0	14	20	29	46	72	115	185	290	0.46	0.72	1.15	1.85	2.90	4.60	7.20

(4) 공차역

치수 공차역이란 최대허용치수와 최소허용치수를 나타내는 2개 직선 사이의 영역이다. 치수 공차역은 기준선으로부터 상대적인 공차의 위치를 나타내기 위한 것으로 영문자로서 표기한다. 구멍과 같이 안지수를 나타낼 때는 내문자를, 축과 같이 바깥지수를 나타낼 때는 소문자를 사용한다.

① 구멍의 공차역
  ㉠ 구멍의 공차역은 A B C CD D EF F FG G H J JS K M N P R S T U X Y Z ZA ZB ZC로서 대문자를 사용하여 27가지로 표현된다.
  ㉡ 구멍의 경우 A에 가까워질수록 실제 치수가 호칭 치수보다 크고, Z에 가까워질수록 실제 치수가 호칭 치수보다 작다. 즉, A에 가까워질수록 구멍의 크기가 커지며, Z에 가까워질수록 구멍의 크기가 작아진다.
  ㉢ 구멍 공차역 H의 최소 치수는 기준 치수와 동일하다.
  ㉣ 구멍 공차역 JS 공차역에서는 위 치수허용차와 아래 치수허용차의 크기가 같다.

② 축의 공차역
  ㉠ 축의 공차역은 a b c cd d ef f fg g h j js k m n p r s t u v x y z za zb zc로서 소문자를 사용하여 27가지로 표현된다.

ⓒ 축의 경우 a에 가까워질수록 실제 치수가 호칭 치수보다 작고, z에 가까워질수록 실제 치수가 호칭 치수보다 크다. 즉, a에 가까워질수록 축의 크기가 작아지며, z에 가까워질수록 축의 크기가 커진다.
ⓒ 축 공차역 h의 최대 치수는 기준 치수와 동일하다.
ⓔ 축 공차역 js 공차역에서는 위 치수허용차와 아래 치수허용차의 크기가 같다.

2) 끼워 맞춤

(1) 끼워 맞춤의 기준
① 구멍 기준식 끼워 맞춤은 아래 치수허용차가 0인 H 기호의 구멍을 기준 구멍으로 하고 이에 적당한 축을 선정하여 필요로 하는 죔새나 틈새를 얻는 끼워 맞춤 방식이다.
② 축 기준식 끼워 맞춤은 위 치수허용차가 0인 h 기호의 축을 기준으로 하고 이에 적당한 구멍을 선정하여 필요한 죔새나 틈새를 얻는 끼워 맞춤 방식이다.

(2) 끼워 맞춤의 종류
- 틈새: 구멍의 치수가 축의 치수보다 클 때의 치수차(헐거움 끼워 맞춤)
- 죔새: 구멍의 치수가 축의 치수보다 작을 때의 치수차(억지 끼워 맞춤)

① 헐거움 끼워 맞춤
구멍의 최소 치수가 축의 최대 치수보다 큰 경우에 사용되며 항상 틈새가 생기는 끼워 맞춤으로 미끄럼 운동이나 회전운동이 필요한 기계 부품 조립에 적용한다.

[예] 40H7은 $40^{+0.025}_{0}$ 또는 $\frac{40.025}{40.000}$, 40g6은 $40^{-0.009}_{-0.025}$ 또는 $\frac{39.991}{39.975}$

∴ 최소 틈새=구멍의 최소허용치수−축의 최대허용치수=40.000−39.991=0.009
  최대 틈새=구멍의 최대허용치수−축의 최소허용치수=40.025−39.975=0.050

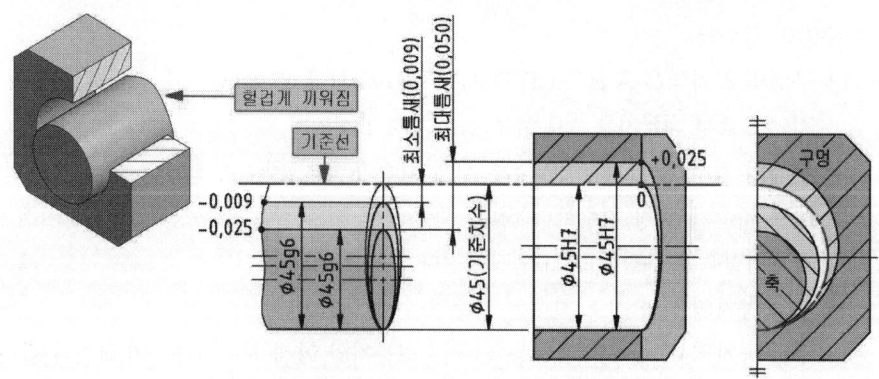

[그림 2-65] 틈새가 있는 헐거운 끼워 맞춤(⌀45 H7/p6의 경우)

② 중간 끼워 맞춤(정밀 끼워 맞춤)

구멍과 축의 실제 치수에 따라 죔새와 틈새가 생기는 끼워 맞춤으로 베어링 조립에 주로 쓰인다.

[예] 40H7은 $40^{+0.025}_{0}$ 또는 $\frac{40.025}{40.000}$, 40n6은 $40^{+0.033}_{+0.017}$ 또는 $\frac{40.033}{40.017}$

∴ 최대 죔새=축의 최대허용치수−구멍의 최소허용치수= 40.033 − 40.000 = 0.033

최대 틈새=구멍의 최대허용치수−축의 최소허용치수= 40.025 − 40.017 = 0.008

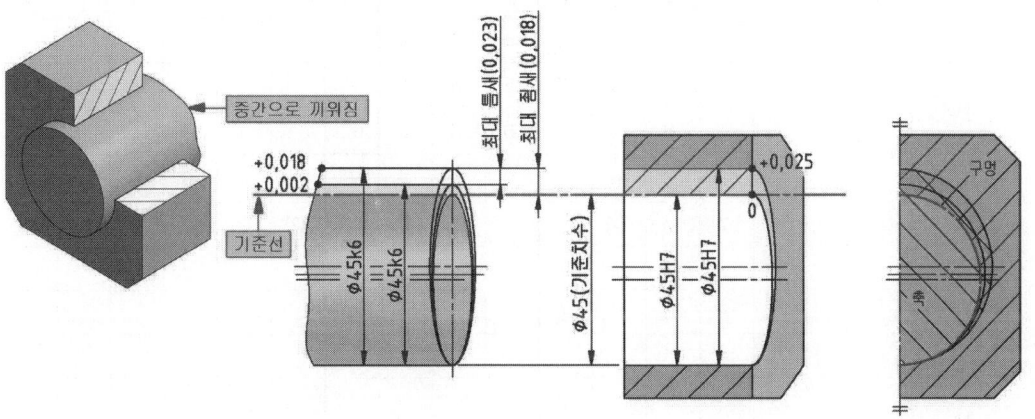

[그림 2-66] 틈새와 죔새가 있는 중간 끼워 맞춤(∅45 H7/k6의 경우)

③ 억지 끼워 맞춤

구멍의 최대 치수가 축의 최소 치수보다 작은 경우이며, 항상 죔새가 생기는 끼워 맞춤으로 동력전달장치의 분해조립의 반영구적인 곳에 적용된다.

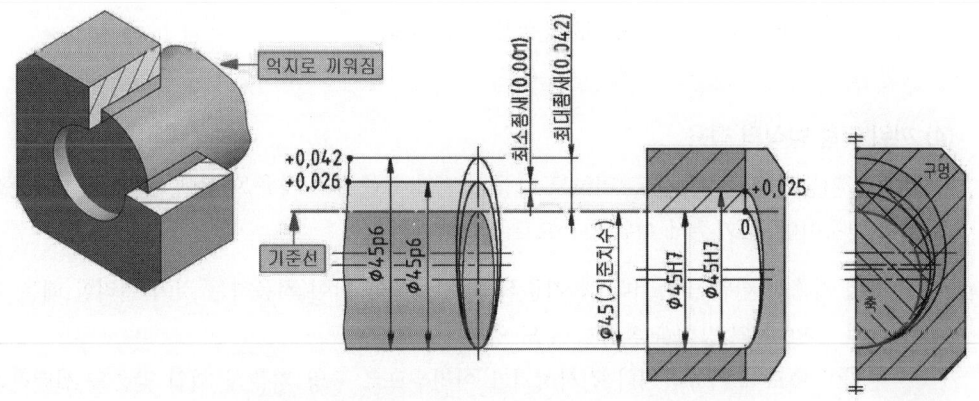

[그림 2-67] 죔새가 있는 억지 끼워 맞춤(∅45 H7/p6의 경우)

(3) 끼워 맞춤 방식

① 구멍 기준식 끼워 맞춤: H6~H10(아래 치수허용차가 0인 H 기호 구멍)
② 축 기준식 끼워 맞춤: h5~h9(위 치수허용차가 0인 h 기호 축)

〈표 2-5〉 상용하는 구멍 기준 끼워 맞춤 공차

기준 구멍	축의 종류와 등급																
	헐거운 끼워 맞춤							중간 끼워 맞춤			억지 끼워 맞춤						
	b	c	d	e	f	g	h	js	k	m	n	p	r	s	t	u	x
H5						4	4	4	4	4							
H6					5	5	5	5	5	5							
				6	6	6	6	6	6	6	$6^{(1)}$	$6^{(1)}$					
H7				(6)	6	6	6	6	6	6	6	$6^{(1)}$	$6^{(1)}$	6	6	6	6
			7	7	(7)	7	7	(7)	(7)	(7)	(7)	(7)	(7)	(7)	(7)	(7)	(7)
H8				7	7		7										
			8	8			8										
		9	9														
H9			8	8			8										
		9	9	9			9										
H10	9	9	9														

[비고] (1) 이들의 끼워 맞춤은 치수의 구분에 따라 예외가 생긴다. 표 중의 괄호를 붙인 것은 될 수 있는 대로 사용하지 않는다.

참고 ① φ50H7g6: 구멍 기준식 헐거운 끼워 맞춤
② φ40H7p5: 구멍 기준식 억지 끼워 맞춤
③ φ30G7 h5: 축 기준식 헐거운 끼워 맞춤

(4) 끼워 맞춤 방식의 적용

부품의 기능과 작동상태를 고려하고 가공 방법과 표준품의 사용 여부에 따라 구멍 기준식 끼워 맞춤이나 축 기준식 끼워 맞춤으로 선택한다.

① 구멍 기준식 끼워 맞춤이나 축 기준식 끼워 맞춤을 같이 적용하는 것이 편리할 때는 다음의 ②와 ③의 방식을 혼용할 수도 있다.
② 구멍이 축보다 가공하거나 검사하기가 어려우므로 구멍 기준식 끼워 맞춤을 선택하는 것이 편리하며 일반적인 기계설계 도면에 적용한다.
③ 구멍 기준식 끼워 맞춤이나 축 기준식 끼워 맞춤을 같이 적용하는 것이 편리할 때는 다음 [보기]의 '1)'과 '2)'의 방식을 혼용할 수 있다.

[보기] 1) 평행 핀(m6, h8, h11)과 테이퍼 핀(h10)을 사용할 경우
2) 기어 펌프의 기어 외경(h6)과 펌프 내경(G7)의 경우

3) 치수 공차와 끼워 맞춤 공차의 지시

(1) 기준 치수의 허용한계를 수치에 의하여 치수 공차를 지시하는 경우

① 기준 치수 다음에 치수허용차(위 치수허용차 및 아래 치수허용차)의 수치를 기준 치수와 같은 크기로 [그림 2-68]과 같이 지시한다.

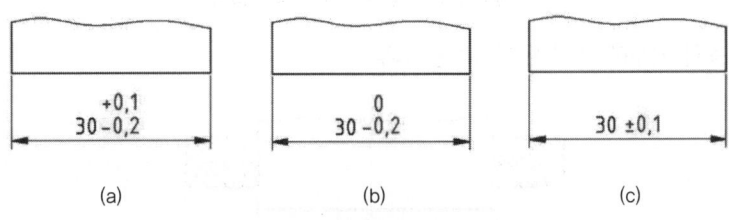

[그림 2-68] 허용한계를 허용차 값으로 지시

② 허용한계 치수(최대허용치수 및 최소허용치수) 때문에 [그림 2-69]와 같이 지시하며 최대 허용치수는 위에, 최소허용치수는 아래에 지시한다.

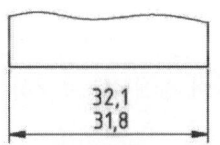

[그림 2-69] 허용한계 치수로 지시

(2) 허용한계를 끼워 맞춤 공차 기호에 의하여 시시하는 경우

[그림 2-70]과 같이 기준 치수 뒤에 끼워 맞춤 공차의 기호를 지시하거나 그 위·아래 치수 허용자를 기호 다음의 괄호 안에 넛붙여 지시하는 어느 한 가시 방법에 따른다. 이때 기호 크기의 호칭은 기준 치수의 숫자와 같게 하고 허용한계 치수는 기준 치수의 크기로 한다.

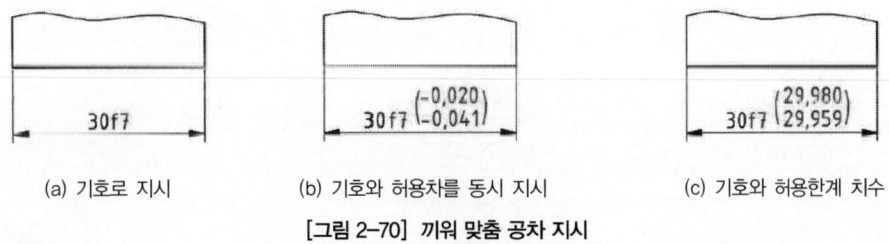

(a) 기호로 지시   (b) 기호와 허용차를 동시 지시   (c) 기호와 허용한계 치수

[그림 2-70] 끼워 맞춤 공차 지시

4) 조립상태에서 기입 방법

(1) 수치에 의하여 지시하는 경우

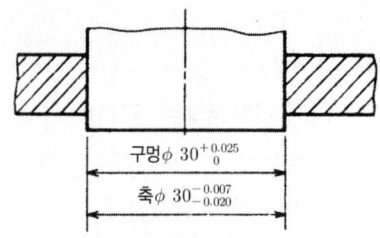

[그림 2-71] 조립상태에서 기입 방법(1)

(2) 치수허용차 기호에 의하여 지시하는 경우

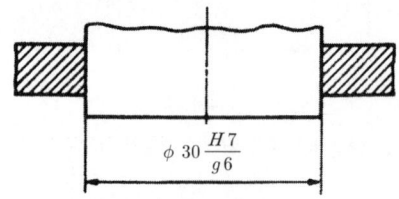

[그림 2-72] 조립상태에서 기입 방법(2)

3 기하 공차

기하 공차(geometrical tolerancing)는 기계 부품의 치수 공차에 형상 및 위치 공차를 주어 제품을 정밀하고 효율적으로 생산하여 경제성을 추구하는 데 있다.

1) 기하 공차 필요성

기하 공차는 치수 공차만으로 규제된 도면의 문제점을 보완 개선하여, 더 정확하고 확실한 정보를 도면상에 나타내어 경제적으로 제품을 생산할 수 있고 기능 관계에 중점을 두고 있으며 다음과 같은 경우에 사용된다.

① 가공부품의 정밀도에 대해 요구될 때
② 호환성 확보 및 기능 향상이 필요할 때
③ 제조와 검사의 일관성을 위해 참조기준이 필요할 때

2) 기하 공차의 종류와 기호

〈표 2-6〉 기하 공차의 종류와 기호

적용하는 형체	구분	기호	공차의 종류	
단독 형체	모양 공차	—	진직도 공차	
		▱	평면도 공차	
		○	진원도 공차	
단독 형체 또는 관련 형체		⌭	원통도 공차	
		⌒	선의 윤곽도 공차	
		⌓	면의 윤곽도 공차	
관련 형체	자세 공차	∥	평행도 공차	최대실체공차 적용 (MMC)
		⊥	직각도 공차	
		∠	경사도 공차	
	위치 공차	⊕	위치도 공차	
		◎	동축도 공차 또는 동심도 공차	
		≡	대칭도 공차	
	흔들림 공차	↗	원주 흔들림 공차	
		↗↗	온 흔들림 공차	

〈표 2-7〉 기하 공차 부가 기호

	표시하는 내용	기호
공차붙이 형체	직접 표시하는 경우	
	문자기호에 의하여 표시하는 경우	
데이텀	직접 표시하는 경우	
	문자기호에 의하여 표시하는 경우	
데이텀 표적(target) 기입 틀		

표시하는 내용		기호
이론적으로 정확한 치수	직각 테두리로 표시	50
돌출 공차역	돌출된 부분까지 포함하는 공차 표시	Ⓟ
최대 실체 공차 방식	최대질량의 실체를 갖는 조건	Ⓜ
형체 치수 무관계	규제기호로 표시되지 않음	Ⓢ

3) 기하 공차의 기입 방법

① 기하 공차에 대한 표시사항은 공차 기입 틀을 두 구획 또는 그 이상으로 한다.
② 단독 형체에 기하 공차를 지시하기 위하여 기하 공차의 종류를 나타내는 기호와 공차값을 테두리 안에 도시한다.
③ 단독 형체에 공차역을 나타낼 때 공차 수치 앞에 공차역의 기호를 붙여 기입한다.
④ 관련 형체에 대한 기하 공차를 나타낼 때는 기하 공차의 기호와 공차값, 데이텀을 지시하는 문자 기호를 나타낸다.
⑤ 관련 형체의 날 기말 과제를 여러 개를 지시할 때 데이텀의 우선순위별로 공차값 다음에 칸막이하여 왼쪽에서 오른쪽으로 기입하여 나타낸다.

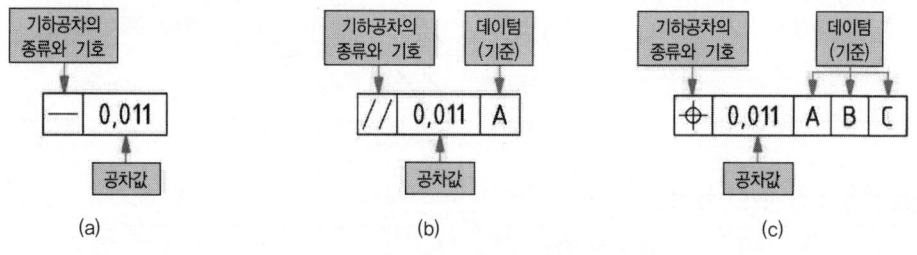

[그림 2-73] 공차 지시 틀과 구획

⑥ "6구멍", "4면"과 같은 공차 붙이 형체에 연관시켜서 지시하는 주기는 공차 기입 틀의 위쪽에 지시한다.
⑦ 한 개의 형체에 두 개 이상의 종류의 공차를 지시할 필요가 있을 때 공차의 지시 틀을 상·하로 겹쳐서 지시한다.

[그림 2-74] 기하 공차의 기입 방법

⑧ 원주 흔들림 공차와 온 흔들림 공차의 표시

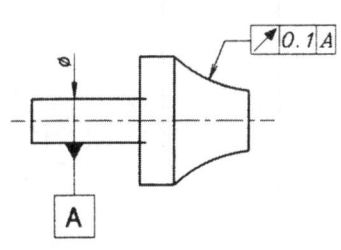
(a) 원주 흔들림 공차 표시

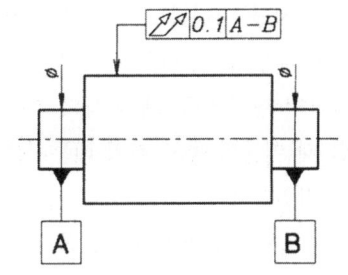
(b) 온 흔들림 공차 표시

[그림 2-75] 흔들림 공차 표시

⑨ 공차역에 쓰이는 선
  ㉠ 굵은 실선 또는 파선: 형체
  ㉡ 굵은 1점 쇄선: 데이텀
  ㉢ 가는 실선 또는 파선: 공차역
  ㉣ 가는 1점 쇄선: 중심선
  ㉤ 가는 2점 쇄선: 보충하는 투상면 또는 절단면
  ㉥ 굵은 2점 쇄선: 투상면 또는 절단면에의 형체의 투상

4) 기하 공차 지시 방법

기하 공차를 지시할 경우, 기하 공차를 나타내는 테두리를 규제하는 형체 옆이나 아래에 나타내거나 지시선, 치수보조선 또는 치수선의 연장선에 다음과 같이 나타낸다.

① 단독 형체에 대해 기하 공차를 지시할 때 규제 형체에 화살표를 붙인 지시선을 수직으로 하고, 기입 테두리를 연결하여 나타낸다.
② 단독 형상의 원통 형체에 기하 공차를 지시할 때는 수직한 지시선이나 치수선의 연장선 또는 치수보조선에 기입 테두리를 연결하여 나타낸다.

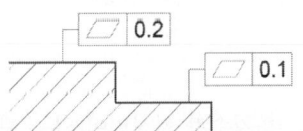

[그림 2-76] 형체의 표시방법

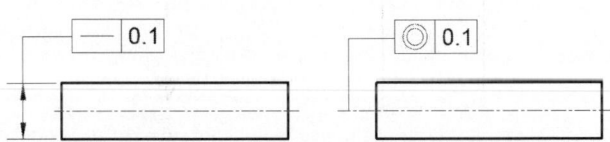

[그림 2-77] 형체의 축선 또는 중심면 표시방법

③ 치수가 지정된 형체의 축선 또는 중심면에 기하 공차를 지정할 때는 치수의 연장선이 공차 기입 테두리로부터의 지시선이 되도록 한다.
④ 하나의 형체에 두 개 이상의 기하 공차를 지시할 때 이들의 공차 기입 테두리를 상하로 겹쳐서 기입한다.
⑤ 축선 또는 중심면이 공통인 모든 형체의 축선 또는 중심면에 공차를 지정할 때는 축선 또는 중심면을 나타내는 중심선에 수직으로 기입한다.

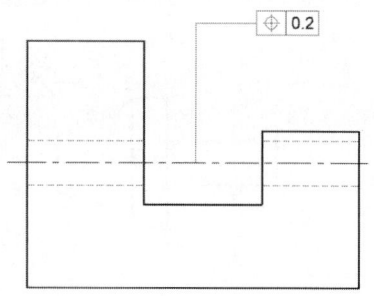

[그림 2-78] 축선의 중심면이 공통인 경우

4) 데이텀을 표시하는 방법

① 데이텀 형체를 지시하려면 외형선, 치수보조선 또는 치수선의 연장선에 삼각형의 한 변을 일치시켜 나타낸다.
② 데이텀을 나타낸 삼각 기호와 규제 형체의 기하 공차 기입 테두리를 직접 연결하여 나타낸다. 이 경우에는 데이텀을 지시하는 문자 부호와 사각형의 틀을 생략할 수 있다. 또한, 데이텀 형체에 삼각 기호를 나타낸 직각 장점에서 끌어낸 선 끝에 사각형의 테두리를 붙이고 그 테두리 안에 데이텀을 지시하는 알파벳 대문자의 부호를 기입하여 나타낸다.

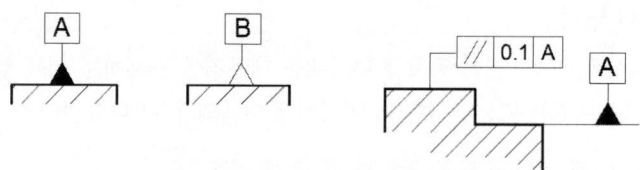

[그림 2-79] 데이텀 삼각기호

③ 치수가 지정되어 있는 형체의 축 직선 또는 중심 평면이 데이텀인 경우에는 치수선의 연장선을 데이텀의 지시선으로 사용하여 나타낸다.

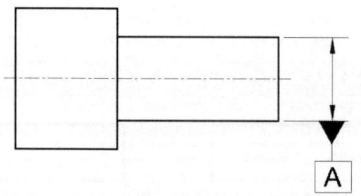

[그림 2-80] 치수선의 연장선에 데이텀 지시

5) 데이텀 및 데이텀 표적의 기호

사 항	기 호	설 명
데이텀을 지시하는 문자기호	A	• 규제하는 형체가 단독 형체인 경우는 문자 기호를 공차 기입들에 기입하지 않는다(KS B 0243).
데이텀 삼각기호	(삼각기호)	 • 삼각 기호는 검게 칠하지 않아도 된다(KS B 0243).
데이텀 표적 기입 테두리	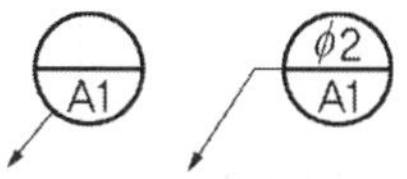 A1 / ⌀2 A1	• 데이텀 표적 기입 테두리 상단 : 보조 사항을 기입한다. • 데이텀 표적 기입 테두리 하단 : 형체 전체의 데이텀과 같은 데이텀을 지시하는 문자 기호 또는 표적의 번호를 나타내는 숫자를 기입한다.
데이텀 표적 기호 — 점	×	• 굵은 실선으로 ×표를 한다.
데이텀 표적 기호 — 선	×——×	• 2개의 ×표시를 가는 실선으로 연결한다.
데이텀 표적 기호 — 영역 (원인 경우)	 (빗금친 원)	• 원칙적으로 가는 2점 쇄선으로 둘러싸고 해칭을 한다. 단, 도시가 곤란한 경우에는 2점 쇄선 대신에 가는 실선을 사용해도 좋다(KS B 0243).
데이텀 표적 기호 — 영역 (직사각형인 경우)	 (빗금친 직사각형)	

[그림 2-81] 데이텀 및 데이텀 표적의 기호

6) 기하공차 기호의 지시와 해석

(1) 모양 공차

① 진직도 공차

공차 지시	공차 적용 범위	해석
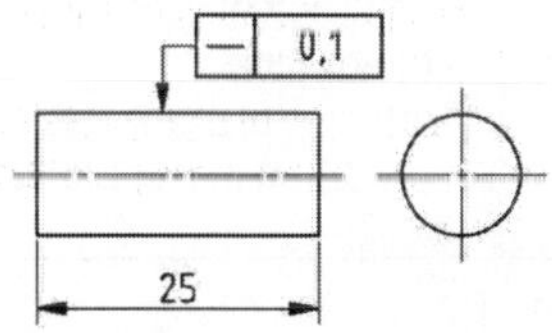 — 0.1 / 25	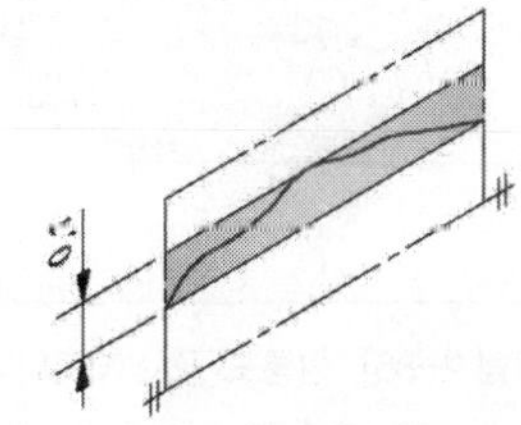 (그림)	지시선의 화살표로 나타낸 길이 25mm의 원기둥 면 위에 임의의 능선 바르기는 중심에서 한쪽의 바깥 방향으로 0.1mm만큼 떨어진 두 개의 평행한 직선 사이 안에 있어야 한다. [보기] 평행 핀 등
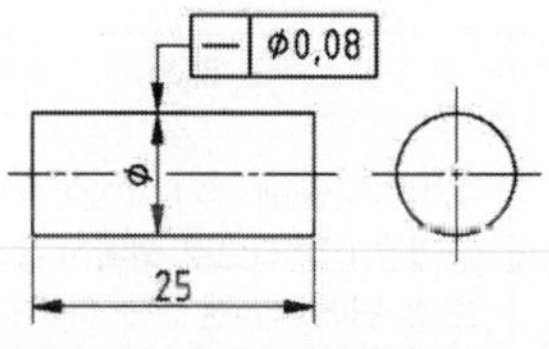 — ⌀0.08 / 25	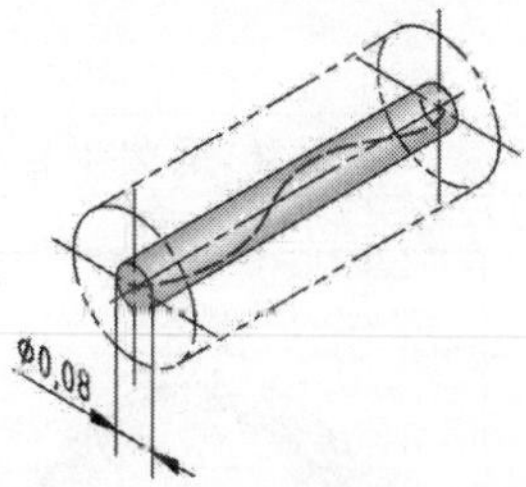 (그림)	길이 25mm의 원기둥에 지름을 나타내는 치수에 지시 틀이 연결되어 있는 경우의 원기둥 축 선 바르기는 지름 0.08mm이 원통 내에 있어야 한다. [보기] 평행 핀 등

[그림 2-82] 진직도 공차 지시와 해석

② 평면도 공차

공차 지시	공차 적용 범위	해석
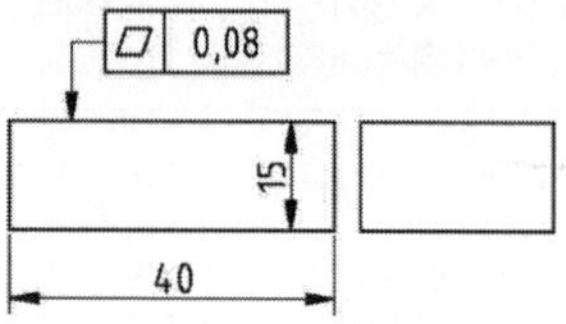	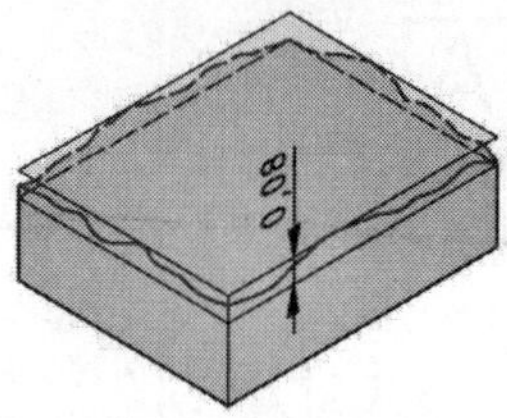	화살표로 지시한 길이 40mm, 두께 15mm의 표면은 0.08mm만큼 떨어진 두 개의 평행한 평면 사이 이내의 평탄 고르기로 있어야 한다. [보기] 측정용 정반의 표면, 면 접촉의 미끄럼운동을 하는 부품 등

[그림 2-83] 평면도 공차 지시와 해석

③ 진원도 공차

공차 지시	공차 적용 범위	해석
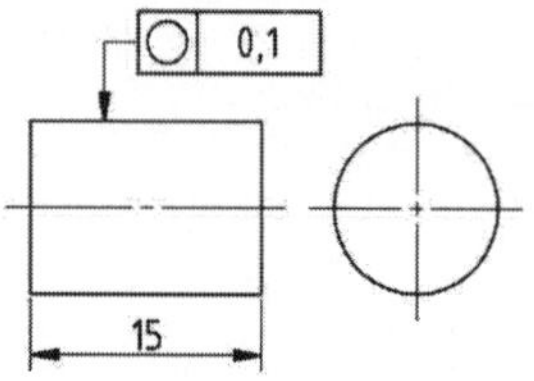	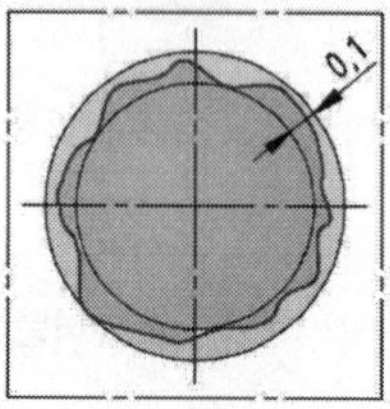	길이 15mm의 축이나 구멍을 임의의 위치에서 축직각으로 단면을 한 원형 단면 모양의 바깥 둘레 바르기는 0.1mm만큼 떨어진 두 개의 동심원 사이의 찌그러짐 안에 있어야 한다. [보기] 진원이 필요로 하는 원형 단면 의 부품

[그림 2-84] 진원도 공차 지시와 해석

④ 원통도 공차

공차 지시	공차 적용 범위	해석
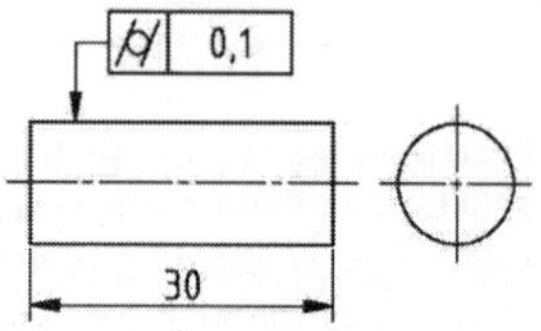	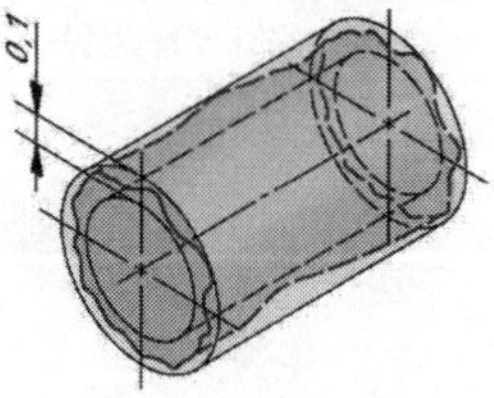	길이 30mm 원기둥의 표면 찌그러짐 은 같은 중심에서 0.1mm만큼 떨어진 두 개의 원통면 사이 이내의 찌그러 짐이어야 한다. [보기] 직선, 미끄럼 운동을 하는 부품 으로서 미끄럼 베어링과 축 등

[그림 2-85] 원통도 공차 지시와 해석

⑤ 선의 윤곽도 공차

공차 지시	공차 적용 범위	해석
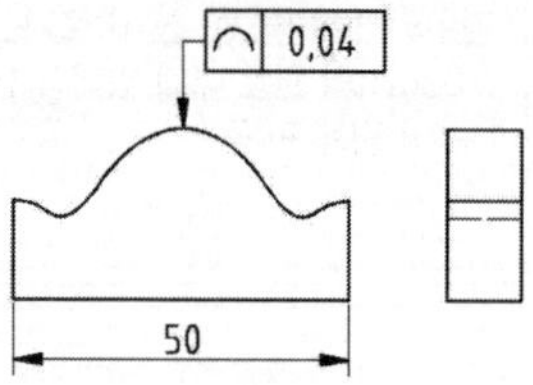	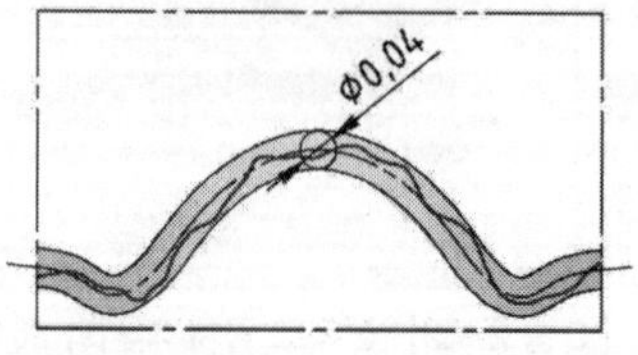	길이 50mm에 생긴 임의의 단면 곡선 윤곽은 이론적으로 정확한 윤곽을 갖 는 선 위에 중심을 두는 지름 0.04mm 의 원이 만드는 두 개의 포락선 사이 의 고르기 이내에 있어야 한다. [보기] 주로 캠의 곡선 등

[그림 2-86] 선의 윤곽도 공차 지시와 해석

⑥ 면의 윤곽도 공차

공차 지시	공차 적용 범위	해석
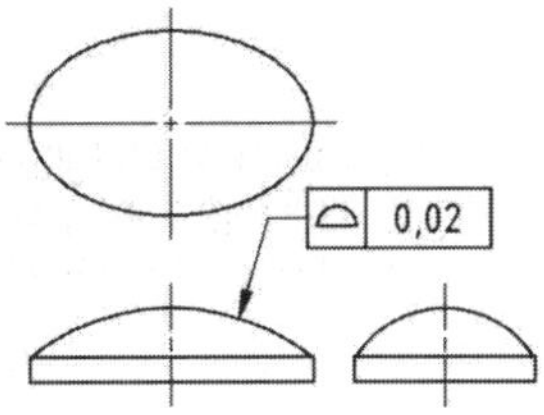	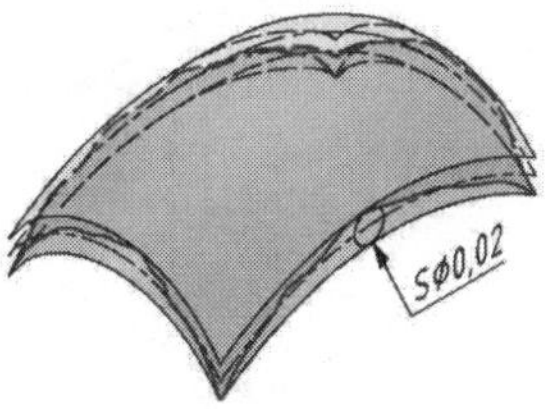	구의 면 고르기는 이론적으로 정확한 윤곽을 갖는 구의 면 위에 중심을 두는 면 사이에서 구가 굴러서 만드는 두 개의 면 사이인 지름 0.02mm의 이내에 있어야 한다. [보기] 주로 캠의 곡면 등

[그림 2-87] 면의 윤곽도 공차 지시와 해석

(2) 자세 공차 기호

① 평행도 공차

공차 지시	공차 적용 범위	해석
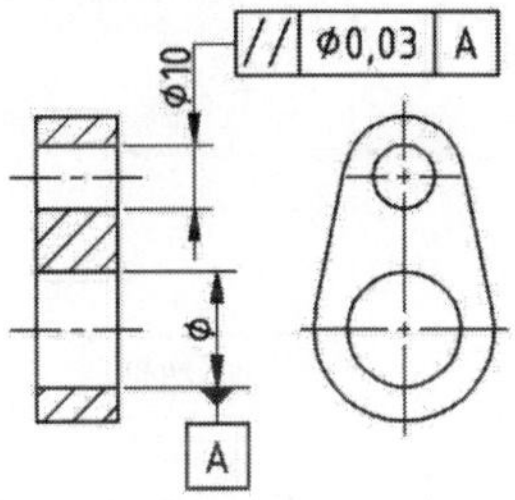	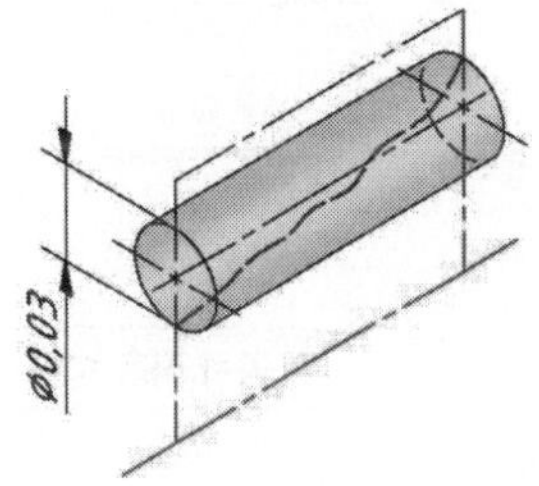	지시선의 화살표로 나타내는 지름 10mm의 축 선은 데이텀 축 직선 A에 평행한 지름 0.03mm의 원통 내에 있어야 한다. [보기] 구름 베어링이나 미끄럼 베어링이 설치된 하우징 등
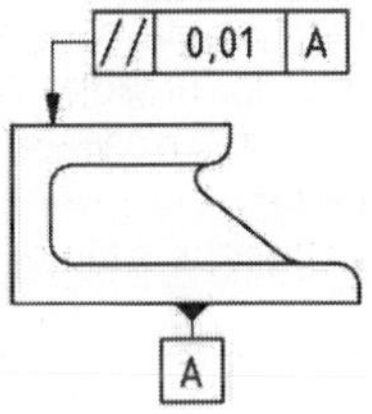	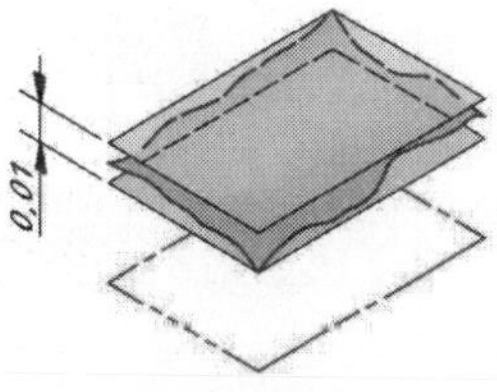	지시선의 화살표로 나타내는 면은 데이텀평면 A에 평행하고 또한, 지시선의 화살표 방향으로 0.01mm만큼 떨어진 두 개의 평면 사이에 있어야 한다.

[그림 2-88] 평행도 공차 지시와 해석

② 경사도 공차

공차 지시	공차 적용 범위	해석
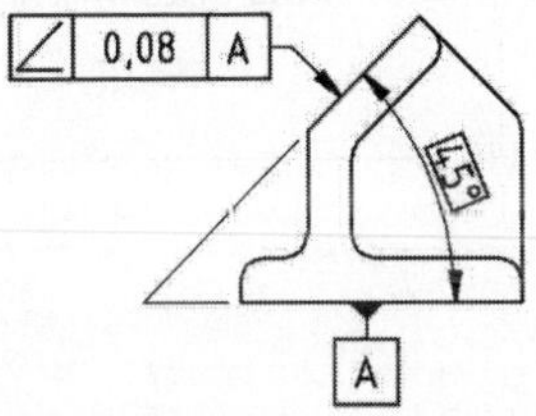	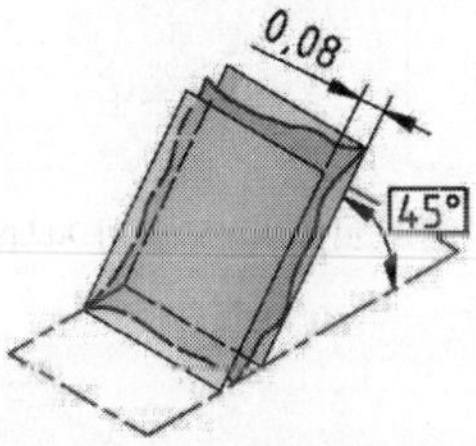	지시선의 화살표로 나타내는 면은 데이텀평면 A에 대하여 이론적으로 정확하게 45° 기울고, 지시선의 화살표 방향으로 0.08mm만큼 떨어진 두 개의 평행한 평면 사이에 있어야 한다. [보기] 경사면, 더브테일 홈 등

[그림 2-89] 경사도 공차 지시와 해석

③ 직각도 공차

공차 지시	공차 적용 범위	해석
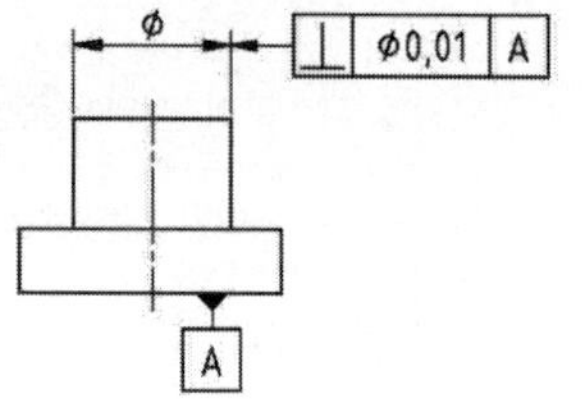	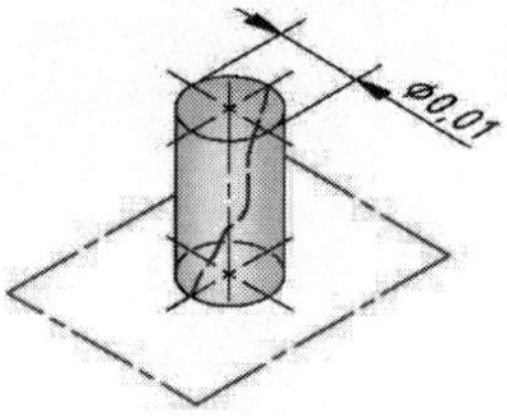	지시선의 화살표로 나타내는 원통의 축선은 데이텀 평면 A에 수직한 지름 0.01mm의 원통 내에 있어야 한다.
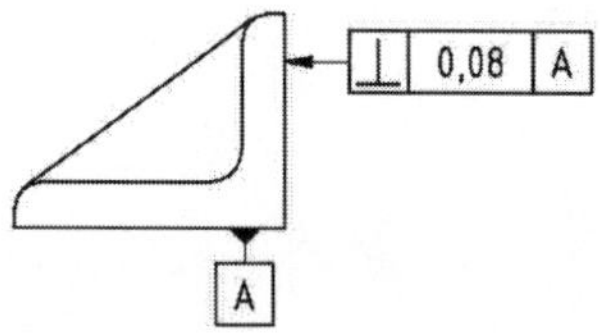	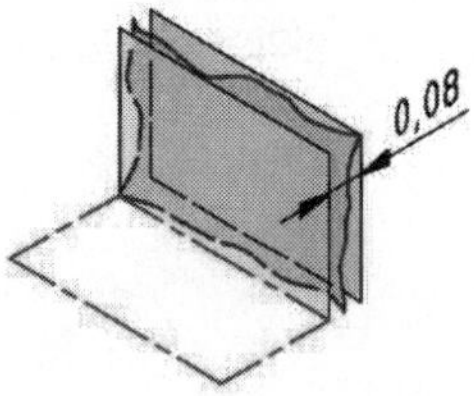	지시선의 화살표로 나타내는 면은 데이텀 평면 A에 수직하고 또한, 지시선의 화살표 방향으로 0.08mm만큼 떨어진 두 개의 평행한 평면 사이에 있어야 한다.

[그림 2-90] 직각도 공차 지시와 해석

(3) 위치 공차 기호

① 위치도 공차

공차 지시	공차 적용 범위	해석
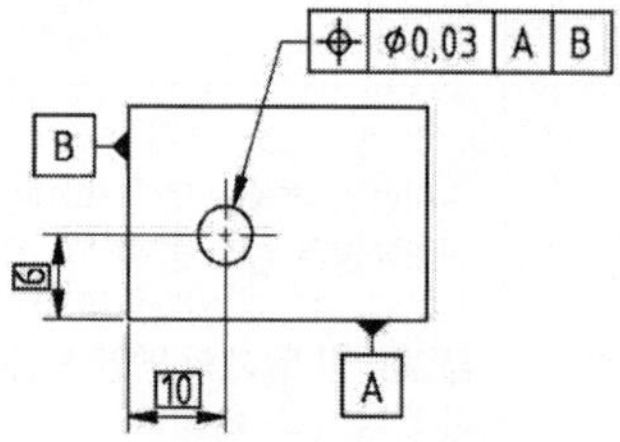	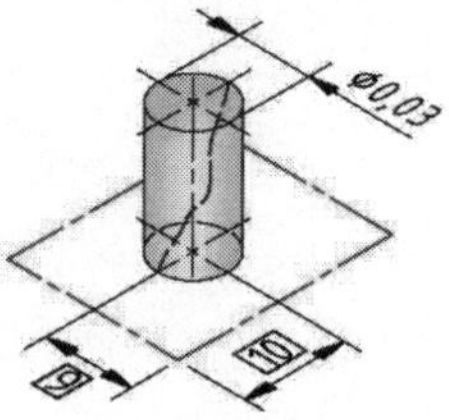	지시선의 화살표로 나타낸 원은 데이텀 직선 A로부터 6mm, 데이텀 직선 B로부터 10mm 떨어진 위치를 중심으로 하는 지름 0.03mm의 원 안에 있어야 한다. [보기] 금형과 슬라이더 부품 등
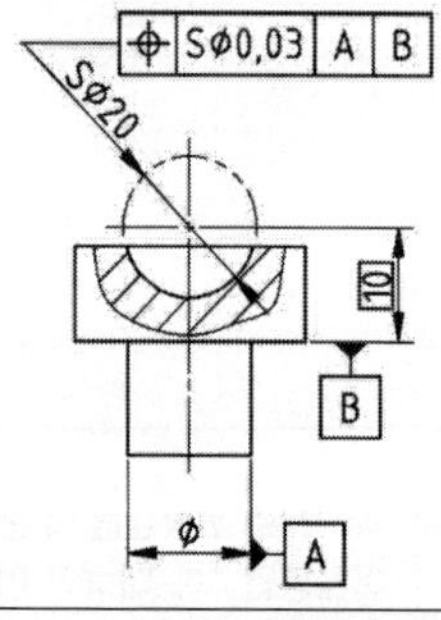	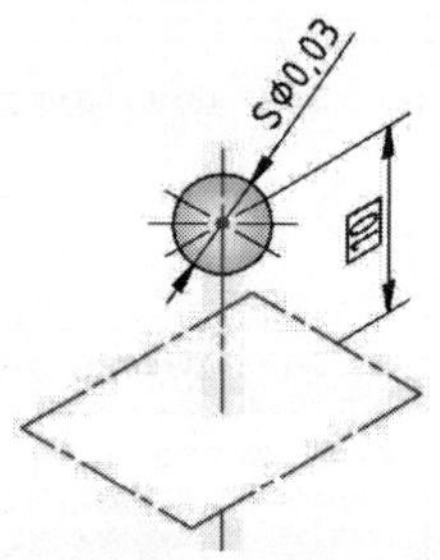	지시선의 화살표로 나타낸 구의 중심은 데이텀 축 직선 A의 선 위에서 데이텀 평면 B로 부터 10mm 떨어진 위치에 중심을 갖는 지름 0.03mm의 구 안에 있어야 한다. [보기] 미끄럼 피봇(pivot) 베어링

[그림 2-91] 위치도 공차 지시와 해석

② 동축도 공차

공차 지시	공차 적용 범위	해석
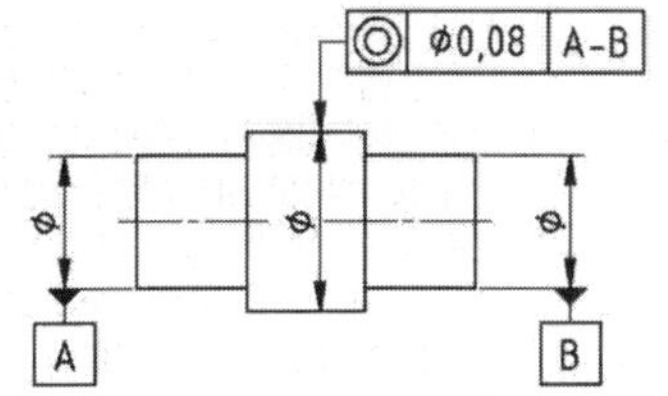	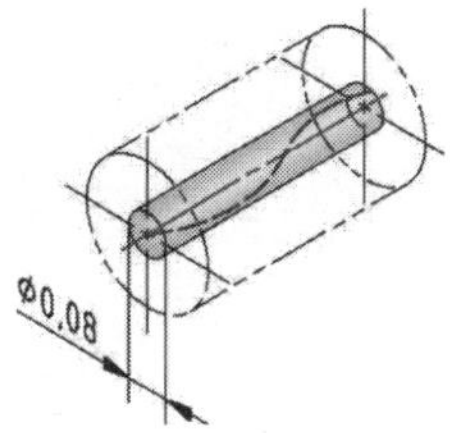	지시선의 화살표로 나타낸 축선은 데이텀 축 직선 A-B를 축선으로 하는 지름 0.08mm인 원통안에 있어야 한다.

[그림 2-92] 동축도 공차 지시와 해석

③ 동심도 공차

공차 지시	공차 적용 범위	해석
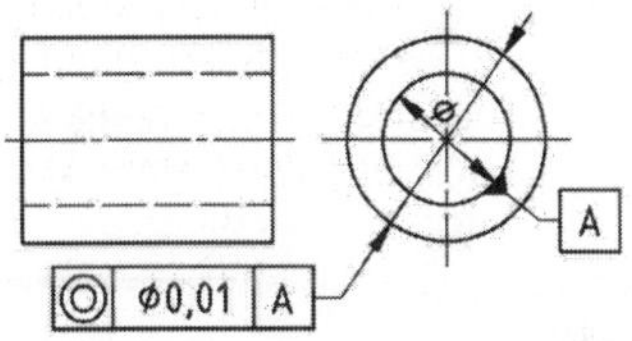	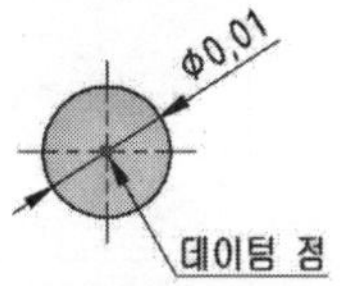	지시선의 화살표로 나타낸 원의 중심은 데이텀 점 A를 중심으로 하는 지름 0.01mm인 원통 안에 있어야 한다.

[그림 2-93] 동심도 공차 지시와 해석

④ 대칭도 공차

공차 지시	공차 적용 범위	해석
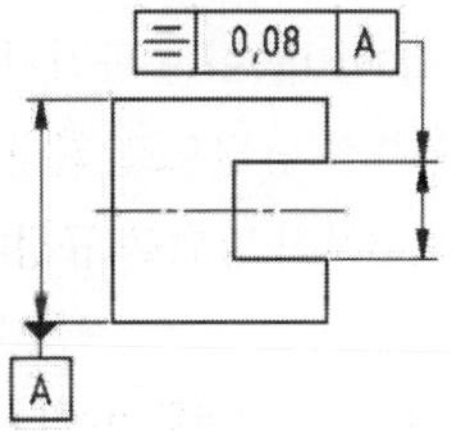	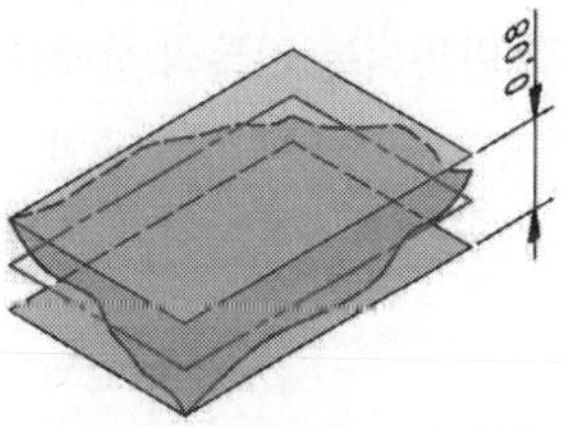	지시선의 화살표는 나타낸 중심 면은 데이텀 중심 평면 A에 대칭으로 0.08mm 의 간격을 갖는 평행한 두 개의 평면 사이에 있어야 한다.

[그림 2-94] 대칭도 공차 지시와 해석

(4) 흔들림 공차

① 원주 흔들림 공차

공차 지시	공차 적용 범위	해석
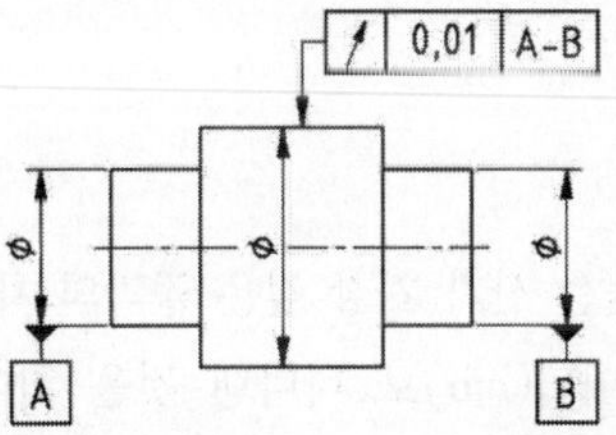	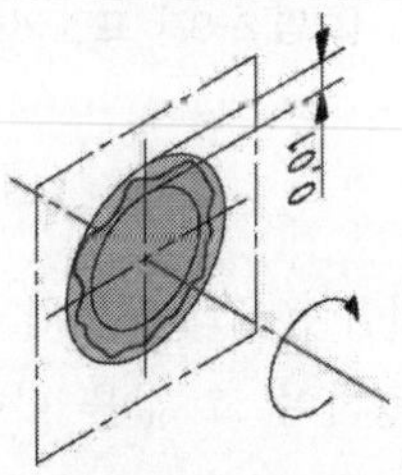	지시선이 화살표로 나타내는 원통 면의 반지름 방향의 흔들림은 데이텀 축 직선A-B에 관하여 1회전 시켰을 때 데이텀 축 직선에 수직한 임의의 측정 평면 위에서 0.01mm를 초과하지 않아야 한다.

[그림 2-95] 원주 흔들림 공차 지시와 해석

② 온 흔들림 공차

공차 지시	공차 적용 범위	해석
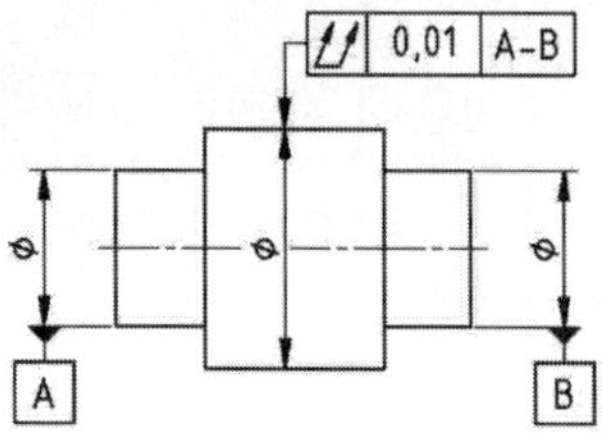 ⌿ 0.01 A-B	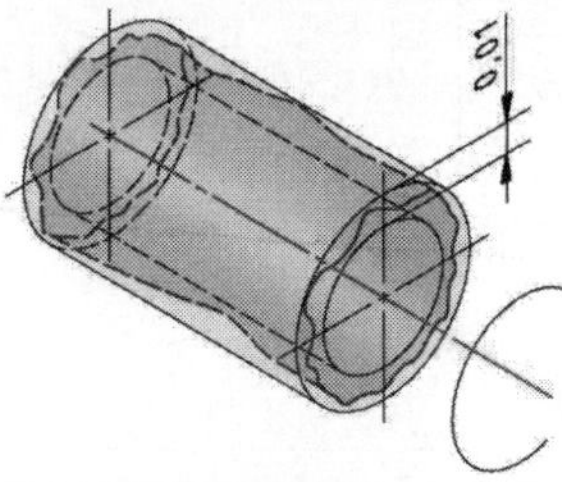	지시선과 화살표로 나타낸 원통 면의 온흔들림은 측정 기구를 외형선 방향으로 상대 이동시키면서 데이텀 A-B로 원통 부분을 회전시켰을 때에 원통 표면 위의 임의의 점에서 0.01mm 이내에 있어야 한다. 이때 측정기구 또는 대상물의 이동은 이론적으로 정확한 윤곽선에 따른다.
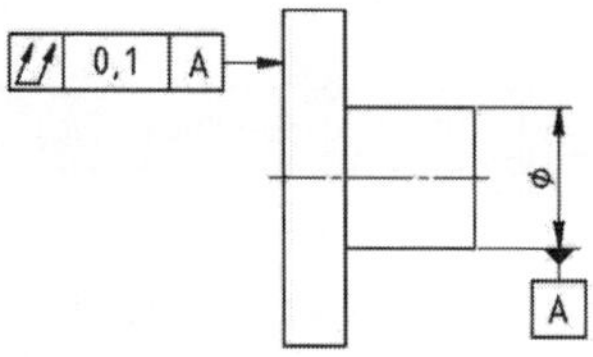 ⌿ 0.1 A	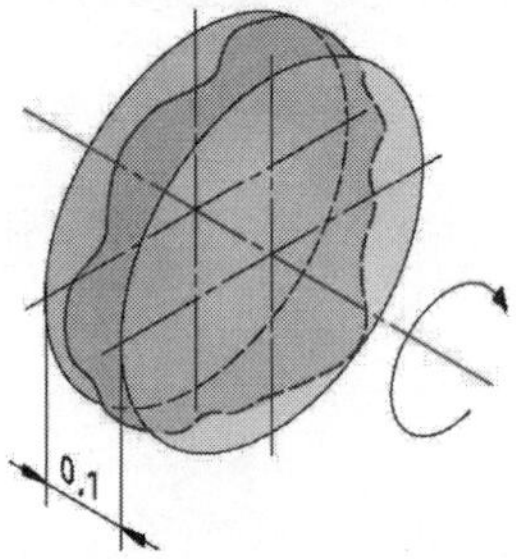	지시선의 화살표로 나타낸 원통 측면의 축 방향의 온 흔들림은 이 측면과 측정 기구 사이에서 반지름 방향으로 상대 이동시키면서 데이텀 축 직선 A에 관하여 원통 측면을 회전시켰을 때, 원통 측면 위의 임의의 점에서 0.1mm를 초과하지 않아야 한다. 이때 측정기구 또는 대상물의 상대 이동은 이론적으로 정확한 윤곽선에 따른다.

[그림 2-96] 온 흔들림 공차 지시와 해석

4 표면 거칠기

공작물의 표면에 생긴 작은 구간에서의 요철을 표면 거칠기(surface roughness)라 한다. 또한, 표면 거칠기보다 큰 간격으로 반복되는 기복의 상태를 파상도라 하며, 이는 공작기계나 바이트의 변형, 진동 등에 의하여 발생한다. KS에서는 표면 거칠기의 측정 방법으로 최대높이(Ry), 10점 평균 거칠기(Rz: ten point height), 산술 평균 거칠기(Ra)의 3가지 방법을 규정하고 있다.

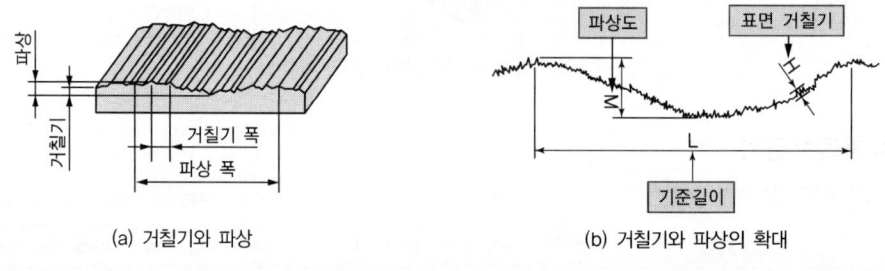

(a) 거칠기와 파상　　　　　(b) 거칠기와 파상의 확대

[그림 2-97] 표면 거칠기

1) 최대높이

단면 곡선에서 기준 길이 l을 채취하여 그 부분의 가장 높은 산과 가장 깊은 골과의 차를 단면 곡선의 종배율의 방향으로 측정하여 그 값을 마이크로미터(μm)로 나타낸 것을 최대높이(Ry)라 한다.

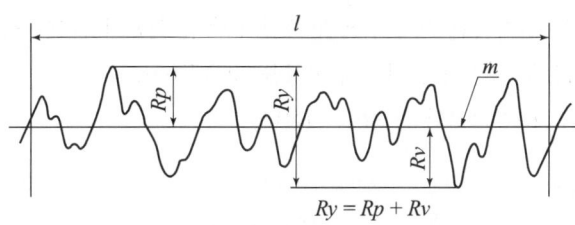

[그림 2-98] 최대높이(Ry)

2) 10점 평균 거칠기(Rz)

10점 평균 거칠기는 단면 곡선에서 기준 길이만큼 채취한 부분에 있어서 평균선에 평행, 또한 단면 곡선을 가로지르지 않는 직선에서 세로 배율의 방향으로 측정한 가장 높은 곳으로부터 5번째의 봉우리의 표고 평균값과 가장 깊은 곳으로부터 5번째까지 골밑의 표고 평균값과의 차이를 [μm]로 나타낸 것을 말한다.

l: 기준 길이

R_1, R_3, R_5, R_7, R_9: 기준 길이 l에 대응하는 채취 부분의 가장 높은 곳으로부터 5번째까지의 봉우리 표고

$R_2, R_4, R_6, R_8, R_{10}$: 기준 길이 l에 대응하는 채취 부분의 가장 깊은 곳으로부터 5번째까지의 골밑 표고

$$Rz = \frac{(R_1 + R_3 + R_5 + R_7 + R_9) - (R_2 + R_4 + R_6 + R_8 + R_{10})}{5}$$

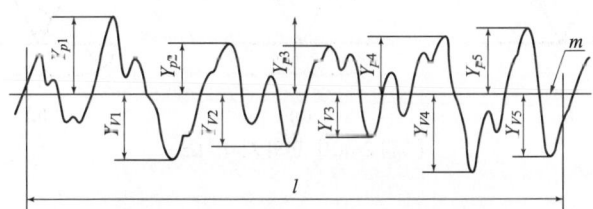

[그림 2-99] 10점 평균 거칠기를 구하는 방법

3) 산술 평균 거칠기(Ra)

단면 곡선으로부터 표면 파상도나 매우 작은 요철을 전기적으로 제거하여 기록한 곡선을 거칠기 곡선이라 한다. 이 곡선에서 일정한 측정 길이 l의 부분을 채취하여 이 부분의 산을 깎아 골을 메웠을 때 생기는 직선을 평균선이라 한다. 평균선으로부터 아래쪽에 있는 부분을 위쪽으로 접어서 얻은 빗금친 부분의 면적을 측정 길이 l로 나누어 얻은 수치(Ra)를 미크론 단위로 나타낸 것을 산술 평균 거칠기라 한다.

산술 평균 거칠기는 전기적인 직독식 표면 거칠기 측정기를 사용하여 직접 구한다. 이 측정기로 표면 파상도의 성분을 제거하는 한계의 파장을 컷오프(cut off)라 한다. 측정 길이는 원칙적으로 컷오프 값의 3배 또는 그보다 큰 값을 취한다.

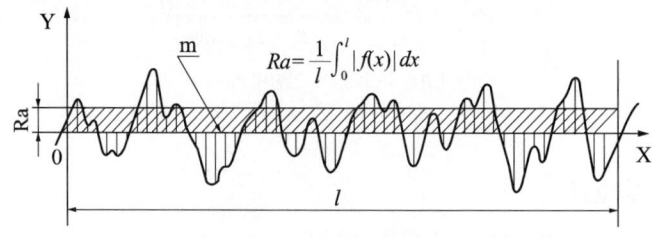

[그림 2-100] 산술 평균 거칠기(Ra)

4) 표면 거칠기의 표시

(1) 대상면을 지시하는 기호

① [그림 2-101] (a)와 같이 절삭 등 제거 가공의 필요 여부를 문제 삼지 않을 때는 면에 지시 기호를 붙여서 사용한다.
② [그림 2-101] (b)와 같이 제거 가공이 있어야 한다는 것을 지시할 때는 면의 지시 기호의 짧은 쪽의 다리 끝에 가로선을 부가한다.
③ [그림 2-101] (c)와 같이 제거 가공해서는 안 된다는 것을 지시할 때는 면의 지시 기호에 내접하는 원을 그린다.

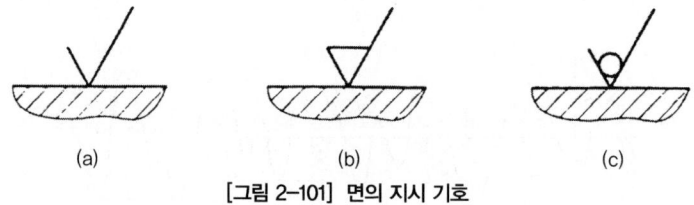

[그림 2-101] 면의 지시 기호

(2) 표면 거칠기 값의 지시

① [그림 2-102] (a)와 같이 표면 거칠기의 최댓값만을 지시하는 경우
② [그림 2-102] (b)와 같이 구간으로 지시하는 경우

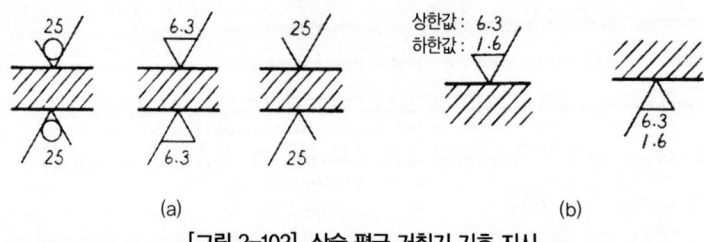

[그림 2-102] 산술 평균 거칠기 기호 지시

③ [그림 2-103] (a)와 같이 컷 오프값을 지시하는 경우
④ [그림 2-103] (b)와 같이 최대높이를 지시하는 경우

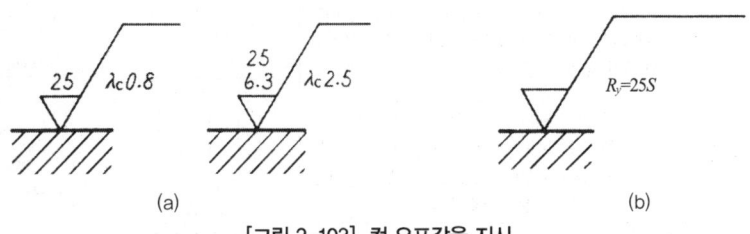

[그림 2-103] 컷 오프값을 지시

(3) 최대높이, 10점 평균 거칠기 지시 방법

표면 거칠기의 지시값은 지시 기호의 긴 쪽 다리에 가로선을 붙이고, 그 아래쪽에 간략 기호와 함께 기입한다.

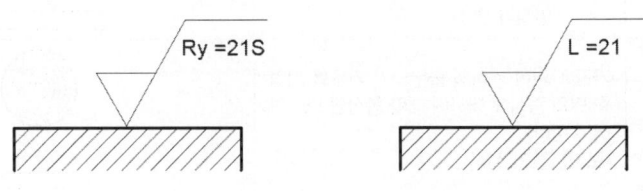

[그림 2-104] 최대높이, 10점 평균 거칠기 기호

(4) 면의 지시 기호에 대한 각 지시 사항의 기입 위치

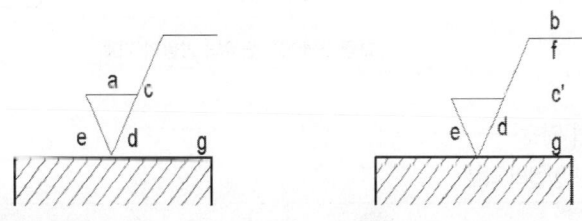

a : 산술평균 거칠기 값
c : 컷오프 값
d : 줄무늬 방향 기호
f : 산술평균 거칠기 이외의 표면 거칠기 값
b : 가공방법
c' : 기준길이
e : 다듬질 여유 기입
g : 표면 파상도

[그림 2-105] 면의 지시 기호

① 줄무늬 방향의 기호(가공 기호)

기호	의미	설명도
=	가공에 의한 커터의 줄무늬 방향이 기호를 기입한 그림의 투상 면에 평행해야 한다. [보기] 세이빙 면 등	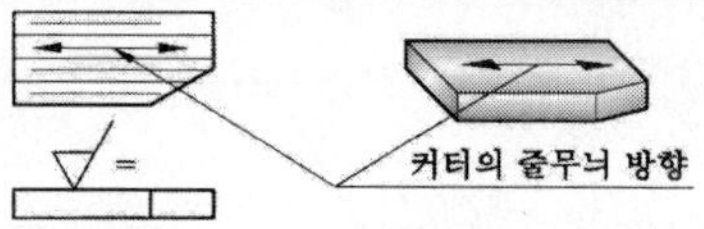
⊥	가공에 의한 커터의 줄무늬 방향이 기호를 기입한 그림의 투상 면에 직각이어야 한다. [보기] 세이빙 면(옆으로부터 보는 상태), 선삭, 원통 연삭 면 등	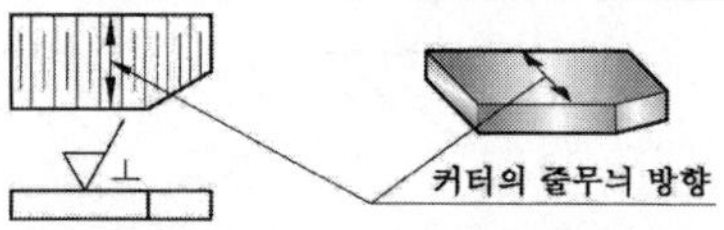
X	가공에 의한 커터의 줄무늬 방향이 기호를 기입한 그림의 투상 면에 경사지고 두 방향으로 교차해야 한다. [보기] 호닝 다듬질 면	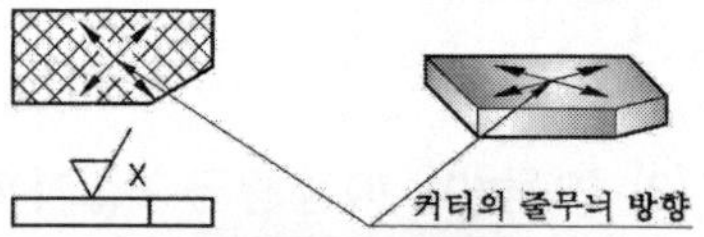
M	가공에 의한 커터의 줄무늬 방향이 여러방향으로 교차 또는 두 방향이어야 한다. [보기] 래핑 다듬질 면, 수퍼피니싱 면, 가로 이송을 한 정면 밀링, 또는 앤드 밀절삭 면 등	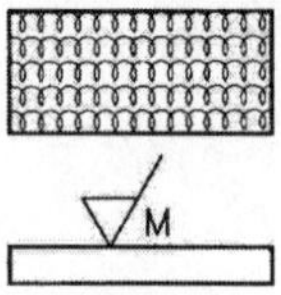
C	가공에 의한 커터의 줄무늬가 기호를 기입한 면의 중심에 대하여 대략 동심원 모양이어야 한다. [보기] 끝 면 절삭	
R	가공에 의한 커터의 줄무늬가 기호를 기입한 면의 중심에 대하여 대략 레디얼 모양이어야 한다.	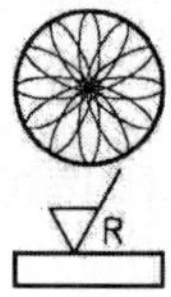

[그림 2-106] 줄무늬 방향의 기호

② 가공 방법의 약호

〈표 2-8〉 가공 방법의 약호

가공 방법	약호 I	약호 II	가공 방법	약호 I	약호 II
선반가공	L	선반	호우닝가공	GH	호우닝
드릴가공	D	드릴	액체호우닝다듬질	SPLH	액체호우닝
보링머신가공	B	보링	배럴연마가공	SPBR	배럴
밀링가공	M	밀링	버프다듬질	FB	버프
플레이닝가공	P	평삭	브러스트다듬질	SB	브러스트
세이핑가공	SH	형삭	래핑다듬질	FL	래핑
브로우치가공	BR	브로칭	줄다듬질	FF	줄
리머가공	FR	리머	스크레이퍼다듬질	FS	스크레이퍼
연삭가공	G	연삭	페이퍼다듬질	FCA	페이퍼
벨트샌드가공	GB	포연	주조	C	주조

5) 다듬질 기호 및 표면 거칠기의 표준값

〈표 2-9〉 다듬질 기호 및 표면 거칠기의 표준값

다듬질 기호		정도(精度)	사용보기	분류	R_z	R_a	표준편 게이지 번호
∇	/////	일체의 가공이 없는 자연면	압력에 견뎌야 하는 곳	자연면	특히 규정 않음		
	∼	고운 자연면을 그대로 두고 아주 거친 곳만 조금 가공	스패너의 자루, 핸들의 암, 주조 및 단조한 그대로의 면, 플랜지의 측면 등	주조면, 단조면			
∇w	∇	줄 가공, 플래너, 선반, 밀링, 그라인딩, 샌드페이퍼 등에 의한 가공으로써 가공 흔적이 뚜렷하게 남을 정도의 거친 가공면	저널 베어링 몸체의 밑면, 펌프 본체의 밑면, 축이나 핀의 양 끝, 다른 부품과 닿지 않는 가공면 등	거친 다듬면	50-S 100-S	12.5a 25a	N10 N11
			중요하지 않은 독립 부분의 거친 면이나 간단하게 흑피(표면의 불규칙한 돌기를 제거하는 정도의 거친 면				
∇x	∇∇	줄 가공, 선반, 밀링, 브로칭 등에 의한 선삭, 그라인딩에 의한 가공으로 가공 흔적이 희미하게 남을 정도의 보통의 가공면	플랜지나 커플링의 접합면, 키로 고정하는 구멍의 안지름 면과 축의 바깥지름면, 저널 베어링의 본체와 뚜껑의 접합면, 리머 볼트가 끼워지는 안지름 면, 기어의 이 끝 면, 키의 외면과 키 홈의 면, 나사 산의 면, 회전 및 직선 미끄럼 운동을 하지 않은 접촉면과 접착되는 면, 패킹의 접착 면, 핸들의 사각 구멍 안쪽면, 부시나 미끄럼 베어링의 양 끝면, 볼트로 고정하는 접촉면, 기어의 보스양 측면, 풀리의 보스 양 측면	보통 (중간) 다듬면	12.5-S 25-S	3.2a 6.3a	N8 N9
∇y	∇∇∇	줄 가공, 선반이나 밀링 등에 의한 선삭, 그라인딩, 래핑, 보링 등에 의한 가공으로 가공 흔적이 전혀 남아 있지 않은 극히 깨끗한 정밀 고급 가공면	오링이 끼워지거나 접촉해 고정되는 면, 크랭크 핀의 바깥지름 면, 크랭크축과 운동하는 저널의 안지름 면, 기어의 이 맞물림 면, 부시나 미끄럼 베어링의 안지름 면, 회전 또는 지선 왕복운동을 하는 축의 바깥지름과 보스의 안지름 면, 밸브 시트 면이나 콕의 스토퍼 접촉 면, 크랭크 축과 미끄럼 접촉하는 저널의 안지름 면, 내연기관의 피스톤 로드와 피스톤 핀 및 크로스헤드 핀, 피스톤 링의 바깥지름 면, 중저속 베어링의 구름면, 캠의 면, 기타 윤이 나거나, 도금을 해야 하는 외면, 정밀 나사의 산 면 등	고운 다듬면	3.2-S 6.3-S	0.8a 1.6a	N6 N7
∇z	∇∇∇∇	래핑, 버핑 등에 의한 가공으로 광택이 나며, 거울 면처럼 극히 깨끗한 초정밀 고급 가공면	정밀을 요하는 래핑(lapping), 버핑(buffing) 등에 의한 특수용도의 고급 플랜지 면	정밀 다듬면	0.1-S 0.2-S 0.4-S 0.8-S 1.6-SS	0.025a 0.05a 0.1a 0.2a 0.4a	N1 N2 N3 N4 N5
			내연기관의 피스톤 로드와 피스톤 핀 및 크로스헤드 핀, 피스톤 링의 바깥지름면, 고속 베어링의 구름 면, 연료 펌프의 플랜지, 공기압 또는 유압 실린더의 안지름 면, 오일 실 및 오링과 회전운동 및 직선 왕복미끄럼 접촉하는 축 바깥지름 면, 볼이나 니들 롤러의 외면 등				

6) 다듬질 기호의 표시 방법

① 가공표면에 삼각 기호의 꼭지점이 접하게 그린다.
② 가공면에 직접 그리기 곤란할 경우에는 가공면에서 연장한 가는 실선 상에 표시하거나 지시선에 의해 나타낸다.
③ 전체 면이 동일한 다듬질 면일 때는 도면 위에 표시하거나 부품번호 옆에 표시한다.
④ 다듬질 면이 대부분 같으나 일부가 다를 경우에는 일부가 다른 면은 도형상에 나타내고 대부분 같은 다듬질 면 기호 옆에 묶음표를 하여 일부 다른 다듬질 기호를 나타낸다.
⑤ 가공 방법을 지정할 필요가 있을 경우에는 삼각 기호 빗면이나 파형 기호를 연장하고 평행하게 그린 선 위에 가공법을 나타낸다.

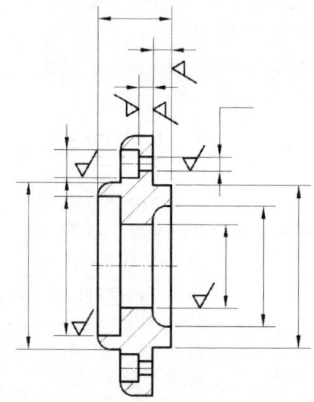

[그림 2-107] 표면 거칠기의 도면 기입 방법

5 표면처리

1) 침탄법

탄소의 함유량(0.2% 이하)이 적은 저탄소강을 탄소 또는 탄소를 많이 함유한 목탄, 골탄 등으로 표면에 탄소를 침투시켜 고탄소강으로 만든 다음에 이것을 급랭시켜 표면을 표면 경화하는 방법이다. 침탄 후 담금질 열처리를 케이스 하드닝이라 한다.

(1) 고체 침탄법

침탄제인 목탄, 코크스, 골탄 분말과 침탄 촉진제 탄산바륨($BaCO_3$), 탄산 소다(Na_2CO_3), 염화나트륨($NaCl$) 등을 소재와 함께 침탄 상자 속에 침탄하려는 물품을 넣고 내화점토로 밀봉하고 900~950℃로 가열하여 4~5시간 동안 유지하면 0.5~2.0mm 정도의 침탄층을 얻는 방법이다.

(2) 액체 침탄법(청화법)

침탄제로 시안화칼륨(KCN), 사이안화 나트륨($NaCN$) 및 페로 시안 칼륨($K_4Fe(CN)_6$, H_2O) 등을 사용하고 촉진제로는 탄산칼륨(K_2CO_3), 탄산나트륨(Na_2CO_3), 염화칼륨(KCl), 염화나트륨($NaCl$) 등을 사용하여 융용 염 욕(salt bath)을 만들어 이 속에 강을 침적시키는 방법으로 탄소(C) 및 질소(N)도 침투되므로 침탄 질화법(carob-nitriding) 또는 시안 청화법(cyanidin)이라고도 한다.

(3) 가스 침탄법

고온에서 탄화수소계인 천연가스, 메탄(C_2H_6), 에틸렌(C_2H_4), 프로판가스(C_3H_8), CO, CO_2 등의 가스를 표면에 침투시켜 활성탄소를 석출시키는 방법이다.

〈표 2-10〉 고체, 액체, 가스 침탄법의 특성

고체 침탄법	액체 침탄법	가스 침탄법
① 값이 싸다. ② 작업이 곤란하다. ③ 작업이 안전하다.	① 용융염의 온도 조절과 작업이 용이하다. ② 물품을 빨리 균일하게 가열시킨다. ③ 처리 시간이 짧으며, 열처리 응력이 적다. ④ 형상이 복잡하고 정밀 가공한 소형 부품에도 할 수 있다. ⑤ 대량생산에 적합하다. ⑥ 맹독을 발한다. ⑦ 염류는 값이 비싸고 소모가 많다. ⑧ 침탄층이 얕다.	① 침탄층의 침탄 농도와 확산 조절이 용이하다. ② 균일한 침탄층을 얻는다. ③ 열효율이 높다. ④ 작업이 간단하다.

2) 질화법

강을 500~550℃의 암모니아(NH_3) 가스 중에서 장시간 가열하면 질소가 흡수되어 Fe_4N, Fe_2N 등의 질화물이 형성된다.

〈표 2-11〉 침탄법과 질화법의 비교

침 탄 법	질 화 법
① 침탄층의 경도는 질화층보다 작다. ② 침탄 후 열처리가 필요하다. ③ 침탄 후에도 수정할 수 있다. ④ 단시간에 표면경화 할 수 있다. ⑤ 경화에 의한 변형이 생긴다. ⑥ 고온이 도면 뜨임에 의해 경도가 낮아진다. ⑦ 침탄층은 여리지 않다. ⑧ 처리비용이 비교적 작다. ⑨ 처리 적용 강의 종류에 제한이 적다.	① 질화층의 경도가 크다. ② 질화 후 열처리가 필요 없다. ③ 질화 후 수정이 불가능하다. ④ 표면경화 시간이 길다. ⑤ 경화로 인한 변형이 적다. ⑥ 고온으로 가열하여도 경도 저하가 없다. ⑦ 질화층은 여리다. ⑧ 처리비용이 많이 든다. ⑨ 처리 적용 강의 종류에 제한받는다.

3) 물리적 표면 경화법

(1) 고주파 경화법

재료를 장치된 코일 속으로 고주파 전류를 흐르게 하면 재료 표면에는 맴돌이 전류가 유도되고 표피만 가열되는데 표면 온도가 A1 점을 넣었을 때 냉각수를 분사하여 표면만 경화시키는 방법으로 토코 방법(toco process)이라고도 한다. 또한, 주파수가 높아질수록 경화 깊이가 얕아진다.

[고주파 경화법의 특징]
① 열처리 시간이 매우 짧아 산화 및 변형이 적다.
② 직접 가열하기 때문에 열효율이 높고 대량생산이 가능하다.
③ 국부적인 가열과 전체적인 가열을 선택하여 할 수 있다.
④ 전류는 강재 표면에 흐르기 쉬우므로 표면의 가열이 잘 된다.
⑤ 유지비가 적고 균일 가열 및 온도제어가 용이하다.
⑥ 작업이 깨끗하다.
⑦ 설비비용이 많이 들고, 부품의 형상과 소재가 제한적이다.

(2) 화염 경화법(flame hardening)
산소-아세틸렌(또는 LPG)가스 불꽃을 이용하여 강 표면을 급속 가열한 후 담금질 온도에 도달할 때 냉각수로 급랭시켜 표면층만을 경화시키는 열처리 방법이다.

[화염 경화법의 특징]
① 부품의 크기와 형상에 제한이 없다.
② 국부 담금질이 가능하고 설비비가 저렴하다.
③ 담금질 변형이 적다.
④ 가열온도의 조절이 어렵다.

4) 금속 침투법(cementation)

(1) 세라다이징(Zn의 침투처리)
Zn을 침투 확산시키는 방법으로서, 청분(blue powder)이라고 불리는 300 메시(mesh) 정도의 가는 Zn 분말 속에 경화시키고자 하는 재료를 묻고, 보통 300~420℃로 1~5시간 동안 처리해서 두께 0.015mm 정도의 경화층을 얻는 방법으로 고온산화에 강하다.

(2) 크로마이징(Cr 침투처리)
재료의 표면에 Cr를 침투 확산시키는 방법으로서, 도금할 물건을 침투제인 크롬 분말(Al_2O_3를 20~25% 첨가) 속에 파묻고, 환원성 또는 중성 분위기 중의 연강이 사용되며, 탄소량이 그 이상으로 되면 크롬침투가 곤란해진다. Cr이 침투된 표면층은 고 크롬의 조성이 되어 스테인리스강의 성질을 갖게 되므로 내열, 내식성 및 내마모성이 크게 된다.

(3) 칼로라이징(Al 침투처리)
주로 철강의 표면에 Al을 침투 확산시키는 방법으로써 Al 분말을 소량의 염화암모늄과 혼합시켜 피경화재료와 같이 회전로 중에 넣어 중성 분위기를 만든 후 850~950℃에서 1,000℃에서 12~40시간 동안 가열하여 침투 Al이 확산하도록 한다. 내스케일성 증가 및 고온산화에 견딘다.

(4) 보로나이징(boronizing: B 침투처리)

철강에 붕소를 확산 침투시키면 내마모성 증가로 경도가 커진다(Hv=1300~1400).

(5) 실리코나이징(siliconizing: Si 침투처리)

철강에 Si를 확산 침투시켜 내식성, 내산성을 향상한다.

5) 기타 표면 경화법

(1) 쇼트 피이닝

쇼트 피이닝(shot peening)은 표면 냉간 가공의 일종으로 재료의 표면에 고 속력으로 강철이나 주철의 작은 입자(0.5~0.1mm)를 분산하여 금속의 표면층을 가공경화시키는 방법으로서, 이와 같은 처리를 한 재료를 한 재료는 인장이나 압축에는 그다지 영향이 없으나 휨이나 비틀림의 반복 응력에 대하여서는 기계 부품의 피로 한도를 뚜렷하게 증가시킨다.

(2) 방전 경화법

방전 경화법은 방전 현상을 이용하여 강의 표면을 침탄·질화시키는 방법이다. 즉, 음극에 탄화텅스텐(WC)이나 탄화티탄(Tic) 등의 초경합금을 사용하는데, 이것을 공구의 피경화 부분을 향하여 방전시켜서 공구 표면에 WC이나 Tic을 융착시키고, 동시에 그 열로써 주위도 경화시키는 방법이다. 전압 120V로써 50~70μ 두께의 경호층이 얻어진다. 이 경화층의 경도는 Hv 1400~1600에 달하므로 내마모성이 향상되고, 절삭 수명이 증가한다.

(3) 하드 페이싱(hard facing)

금속의 표면에 스텔라이트, 경합금 등을 용착시켜 표면 경화층을 만드는 방법이다.

(4) 금속 용사법

철강 표면에 Zn 및 Al 등의 용융한 금속을 압축공기가 분무 상태로 붙이는 방법이나.

> **열처리의 목적**
>
> 강은 소재 상태에서 사용하는 경우도 있지만, 일반적으로 소정의 기계적 및 금속학적 특성을 가지도록 열처리를 실시한 후에 사용하게 된다. 열처리의 목적은 다음과 같다.
> ① 표면을 경화시킨다.
> ② 강을 연하 시킨다.
> ③ 내부 응력과 변형을 감소시킨다.
> ④ 일반적으로 조직을 미세화하고 기계적 성질을 향상한다.
> ⑤ 강의 전기적, 자기적 성질을 향상한다.

6 열처리

1) 담금질(quenching)

담금질은 강을 강도 및 경도를 증가시킬 목적으로 아공석강일 때 A3+50℃, 공석강과 과공석강인 경우는 A1+50℃로 높은 온도로 일정 시간 가열한 후 물 또는 기름과 같은 담금질제 중에서 급랭시키는 조작이다. 즉, 오스테나이트 조직에서 급랭함에 따라 강의 변태를 정지시키고 마텐자이트 조직을 얻는 방법이다.

(1) 담금질 조직

① 오스테나이트(austenite)
  ㉠ 냉각 속도가 지나치게 빠르고, 고탄소강을 수랭하였을 때 나타나는 조직이다.
  ㉡ 탄소강에서는 상온에서 불안정하여 가열하면 분해되어 마텐자이트로 변한다.
  ㉢ 비자성체이며, 전기 저항이 크고 경도는 낮으며 인장 강도와 비교하면 연신율이 크다.
  ㉣ 점성과 내식성이 크고 절삭성이 나쁘다.

② 소르바이트(sorbite)
  ㉠ 트루스타이트보다 냉각 속도를 공랭으로 느리게 하면 나타나는 조직이다.
  ㉡ 경도와 강도는 마텐자이트와 펄라이트의 중간 정도이다.
  ㉢ 큰 강재를 기름에 냉각하거나 작은 강재를 공기 중에서 냉각할 때 나타난다.
  ㉣ 강도와 경도가 트루스타이트보다 작다.
  ㉤ 인성과 탄성을 동시에 필요로 하는 스프링, 와이어로프, 피아노선 등에 많이 이용된다.
  ㉥ 가공경화가 가장 작은 조직이다.

③ 트루스타이트(troostite)
  ㉠ 마텐자이트보다 냉각속도를 조금 유랭으로 느리게 하였을 때 나타난다.
  ㉡ 냉각이 불충분하면 오스테나이트 조직이 페라이트와 시멘타이트로 변한 조직이다.
  ㉢ 인성과 연성이 있는 큰 경도와 약간의 충격값을 요구하는 곳에 쓰인다.
  ㉣ 큰 강재를 수중에 담금질할 때 재료 중앙 부분에 잘 나타난다.

④ 마텐자이트(martensite)
  ㉠ 강을 물에 급랭시켰을 때 나타나는 침상조직으로 과포화한 상태로 고용된 α 철의 조직이 된다.
  ㉡ 부식 저항이 크고, 인장 강도 및 경도는 가장 크나 메짐성이 있다.
  ㉢ 강자성체이며 여린 성질이 있고 연성이 작다.
  ㉣ 마텐자이트가 시작하는 온도를 Ms 점, 끝나는 온도를 Mf 점이라 한다.
  ㉤ 급랭이 너무 빠르면 오스테나이트 일부가 남는다.

이상 네 가지 조직이 담금질 조직이라 하는 것인데, 이 조직들의 경한 순으로 나열하면 다음과 같다.

시멘타이트(HB850) 〉 마텐자이트(HB650) 〉 트루스타이트(HB430) 〉 소르바이트(HB270) 〉 펄라이트(HB200) 〉 오스테나이트(HB130) 〉 페라이트(HB100)

냉각 속도가 클수록 오른쪽 조직이 얻어지며, 경도는 이 순서대로 높아지며 냉각 방법 다음과 같다.
- **급랭**: 소금물, 물, 기름에서 급속히 냉각
- **노랭**: 노 내에서 서서히 냉각
- **공랭**: 공기 중에서 자연 냉각
- **항온 냉각**: 급랭 후 일정온도 유지한 다음 냉각

(2) 담금질 액과 담금질 온도

담금질 효과는 냉각 속도에 영향을 받게 되며 냉각제와 밀접한 관계가 있다. 냉각능이 큰 것은 소금물(식염수: 10%의 NaCl), NaOH 용액, 황산액 등이 있고, 물보다 냉각능이 적은 것은 각종 기름이나 비눗물 등이 있다. 대체로 냉각제의 냉각 능력은 교반할수록 커진다.

(3) 담금질 균열과 그 방지책

재료를 경화하기 위하여 급랭하면 재료 내외의 온도 차에 의한 열응력과 변태 응력으로 인하여 내부 변형도는 균열이 일어나는데, 이처럼 갈라진 금을 담금질 균열(Quenching crack)이라 하며, 그 방지책은 다음과 같다.
① 급격한 냉각을 피하고 무리 없이 일정한 속도로 냉각한다.
② 가능한 한 수랭을 피하고 유랭을 하여야 한다.
③ 담금질 후 즉시 뜨임처리 한다.
④ 부분적인 온도 차를 적게 하려면 부분 단면을 적게 한다.
⑤ 재료 면의 스케일을 완전히 제거하여 담금질 액이 잘 접촉하게 한다.
⑥ 설계 시 부품에 될 수 있는 대로 직각 부분을 적게 한다.
⑦ 유랭을 해서 충분한 담금질 효과를 가져올 수 있는 특수 원소가 포함된 재료를 선택한다.
⑧ 구멍이 있는 부분은 점토, 석면으로 메운다.
⑨ 탄소 함유량이 0.5% 이상의 강은 담금질 후 오랜 시간에 뜨임 처리나 심랭처리(서브제로)를 한다.

(4) 질량 효과(mass effect)

재료를 담금질할 때 질량이 작은 재료는 내외부에 온도차가 없으니 질량이 큰 재료는 열의 전도에 시간이 길게 소요되어 내외부에 온도차가 생겨 외부는 경화되어도 내부는 경화되지 않는 현상이다. 질량이 큰 재료일수록 질량 효과가 크며 담금질 효과가 감소한다.

2) 뜨임(tempering)

담금질한 강은 경도는 크나 반면 취성을 가지게 되므로 경도는 약간 낮추고 인성을 증가시키기 위해 재가열하여 서냉하는 열처리며 불안정한 조직을 안정화하는 것으로 재결정온도 이하에서 행한다. 재결정 온도 이상으로 가열 유지하면 담금질 전의 상태로 되돌아가게 된다.

담금질한 강을 재가열하면 마텐자이트 → 트루스타이트 → 솔바이트 → 펄라이트로 변화한다.

(1) 뜨임 방법
① 저온 뜨임: 주로 150~200℃ 가열 후 공랭시키며 내부 응력을 제거하고 경도를 유지하면서 변형 방지, 내마모성 향상과 고속도강, 합금강 등의 잔류 오스테나이트를 안정화하기 위해서 한다. 주로 절삭공구, 게이지, 공구 등이 뜨임에 사용한다.
② 고온 뜨임: 주로 500~600℃ 가열 후 급랭시키며 뜨임 취성이 발생한다. 솔바이트 조직을 얻기 위해서 강도와 인성이 풍부한 조직으로 만들기 위해서는 고온에서 뜨임을 하는데 이것을 고온 뜨임이라 한다. 따라서 구조용 강과 같이 높은 강도와 풍부한 인성이 요구되고 좋은 절삭성이 요구되는 것은 열처리한 후 고온 뜨임을 하여 사용한다.
③ 뜨임: 담금질 후 뜨임 처리하는데, 이와 같이 담금질과 뜨임을 같이 시행하는 조작을 조질이라 하며, 상온 가공한 강을 탄성한계를 향상시키기 위해 250~370℃로 가열하는 작업을 블루잉(bluing)이라 한다.

(2) 뜨임 균열
① 발생원인: 탈탄층이 있을 때, 급히 가열하였을 때, 급히 냉각하였을 때
② 방지책: 뜨임 전에 탈탄층을 제거하고, 급가열을 피하고 서냉한다.

3) 불림(normalizing)

불림은 내부 응력을 제거하면서 기계적, 물리적 성질을 표준화하는 것으로 단조, 압연 등의 소성가공이나 주조로 거칠어진 조직을 미세화하고, 편석이나 잔류응력을 제거하기 위해 A3 변태점보다 약 30~50℃ 높게 가열하여 대기 중에서 공랭하는 조작을 불림이라 한다.

불림 처리한 강의 성질은 결정 입자와 조직이 미세하게 되어 경도, 강도가 크게 증가하고 연신율과 인성도 다소 증가한다. 600MPa의 고장력 강 등에서는 강도와 인성을 확보하는 목적으로 시행하기도 한다.

4) 풀림(annealing)

재료를 단조, 주조 및 기계 가공을 하면 조직이 불균일하며 거칠어지고 가공경화나 내부 응력이 생기게 되는데, 이를 제거하기 위해 변태점 이상의 적당한 온도로 가열하여 서서히 냉각시키는 작업을 풀림이라 하며, 잔류응력을 감소시키는 것을 주목적으로 하는 열처리이다.

(1) 풀림의 목적
① 기계적 성질 및 피절삭성의 개선이 개선되며 조직이 균일화된다.

② 내부 응력 및 재료의 불균일 제거한다.
③ 인성의 증가 및 조직을 개선하고 담금질 효과를 향상한다.

(2) 풀림의 종류

① 완전 풀림: 일반적으로 풀림이라면 완전 풀림을 말하며, 탄소강을 고온으로 가열하면 결정 입자가 커지고, 재질이 약해진다. 이 결점을 제거하기 위하여 A3~A1 변태점보다 30~50℃ 높은 온도에서 풀림을 한다.
② 구상화 풀림: 펄라이트 중에 시멘타이트가 망상으로 존재하면 가공성이 나쁘고 여리고 약해지며 담금질할 때 변형이나 균열이 생기기 쉽다. 이것을 방지하기 위해 AC3~Acm ±(20~30℃)에서 가열과 냉각을 반복하든가 장시간 가열 후 서냉하여 망상조직을 구상화시킨다. 공구강과 같은 고탄소강은 담금질하기 전에 반드시 시멘타이트를 구상화하여야 한다.
③ 저온 풀림: 응력을 제거하는 목적으로 500~600℃로 가열 후 서냉하는 응력 제거 풀림이다.

5) 심랭처리(sub zero-treatment)

담금질 후 경도 증가, 시효변형 방지하기 위하여 0℃ 이하의 온도로 냉각하면 잔류 오스테나이트를 마텐자이트로 만드는 처리를 심랭처리라 한다. 특히, 스테인리스강에서의 기계적 성질 개선과 조직 안정화와 게이지강에서의 자연시효 및 경도 증대를 위해 실시한다.

▶ 심랭처리의 목적
① 공구강의 경도 증대 및 성능이 향상되고 강을 강인하게 만든다.
② 게이지 등 정밀기계부품의 조직을 안정화하고, 형상 및 치수의 변형을 방지한다.
③ 스테인리스강에서의 기계적 성질 개선한다.

6) 항온 열처리(Isothermal heat treatment)

변태점 이상으로 가열한 강을 보통의 열처리와 같이 연속적으로 냉각하지 않고 염 욕 중에 담금질하여 그 온도로 일정한 시간 동안 항온 유지하였다가 냉각하는 열처리를 항온 열처리라 한다. 담금질과 뜨임을 같이 할 수 있고, 담금질의 균열을 방지할 수 있어 경도와 인성이 동시에 요구되는 공구강, 합금강의 열처리에 사용된다.

(1) 강의 항온냉각 변태 곡선

강을 오스테나이트 상태에서 A1점 이하의 항온까지 급랭하여 이 온도에 그대로 항온 유지했을 때 일어나는 변태를 항온변태(isothermaltrans-formation)라 하고, 이 항온변태 및 조직의 변화를 시간에 대하여 나타낸 것을 항온변태 곡선(TTT curve: Time-Temperature Transformation curve) 또는 그 모양이 S자이므로 S 곡선이라고도 한다. 베이나이트(bainite)는 마텐자이트와 트루스타이트의 중간 상태의 조직이다.

(2) 연속냉각 변태 곡선

강재를 오스테나이트 상태에서 급랭 또는 서냉할 때의 냉각 곡선을 연속냉각 변태 곡선(CCT curve: Continuous Cooling Transformation curve)이라 한다.

(3) 항온 열처리 종류

① 등온 풀림(Isothermal annealing): 풀림 온도로 가열한 강재를 S 곡선의 코(nose) 부근의 온도(600~650℃)에서 항온변태시킨 후 공랭한다. 공구강, 특수강 기타 자경성이 강한 특수강의 풀림에 적합하다.

② 항온 담금질(Isothermal quenshing)
  ㉠ 오스템퍼(austemper): 오스테나이트 상태에서 Ar'와 Ar"(Ms 점) 변태점 사이의 온도에서 염욕에 담금질한 후 과냉한 오스테나이트가 변태 완료할 때까지 항온으로 유지하여 베이나이트를 충분히 석출시킨 후 공랭하는 열처리로서 베이나이트 조직이 되며 뜨임이 필요 없고 담금질 균열이나 변형이 잘 생기지 않는다.
  ㉡ 마템퍼(martemper): 담금질 온도로 가열한 강재를 Ms와 Mf 점 사이의 열욕(100~200℃)에 담금질하여 과냉 오스테나이트의 변태가 거의 완료할 때까지 항온 유지한 후에 꺼내어 공랭하는 열처리로서 마텐자이트와 베이나이트의 혼합조직이며, 경도와 인성이 크다.
  ㉢ 마퀜칭(marquenching): 담금질 온도까지 가열된 강을 Ar"(Ms) 점보다 다소 높은 온도의 열욕에 담금질한 후 마텐자이트로 변태를 시켜서 담금질 균열과 변형을 방지하는 방법으로 복잡하고, 변형이 많은 강재에 적합하다.
  ㉣ MS 퀜칭(MS quenching): 담금질 온도로 가열한 강재를 MS 점보다 약간 낮은 온도의 열욕에 넣어 강의 내외부가 동일 온도로 될 때까지 항온 유지한 후 꺼내어 물 또는 기름 중에 급랭하는 방법이다.
  ㉤ 패턴팅: 패턴팅은 시간 담금질을 응용한 방법이며 피아노선 등을 냉간 가공할 때 이 방법이 쓰인다. 패턴팅은 재료의 조직을 소르바이트 모양의 펄라이트 조직으로 만들어 인장 강도를 부여하기 위한 것으로서 냉간 가공 전에 한다. 고탄소강의 경우에는 900~950℃의 오스테나이트 조직으로 만든 후 400~550℃의 염욕 속에 넣어 담금질한다.

③ 항온 뜨임(Isothermal tempering): MS 점(약 250℃) 부근의 열욕에 넣어 유지한 후 공냉하여 마텐자이트와 베이나이트의 혼합된 조직을 얻는다. 고속도강이나 다이스(dies)강 등의 뜨임에 이용되는 방법으로 뜨임 온도로부터 항온 유지해 2차 베이나이트가 생기지 않는다.

CHAPTER 3. 3D 형상 모델링 작업

01. 3D 형상 모델링 작업준비

1. 3D 좌표계 활용

1) 좌표계의 종류

CAD/CAM 시스템을 이용하여 형상을 정의하기 위해서는 형상을 정의하는데 가장 기본적인 공간상의 점을 정의하는 방법이 필요하다.

① 직교 좌표계(cartesian coordinate system)
② 극 좌표계(polar coordinate system)
③ 원통 좌표계(cylindrical coordinate system)
④ 구면 좌표계(spherical coordinate system)

(1) 직교 좌표계(cartesian coordinate system)

직교 좌표계는 X, Y, Z 방향의 축을 기준으로 공간상에서 하나의 점을 표시할 때 각 축에 대한 X, Y, Z 대응하는 좌푯값으로 표시하는 방식으로 교차하는 지점인 $P(x_1, y_1, z_1)$가 형성하는 것이다.

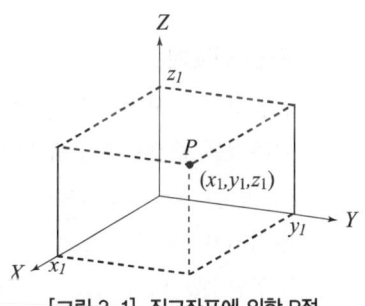

[그림 3-1] 직교좌표에 의한 P점

(2) 극 좌표계

한 쌍의 직교축과 단위 길이를 사용하여 평면상의 한 점 P의 위치를 표시하는 방식으로 표기방법은 한 점 $P(거리, 각도)$ 또는 $P(r, \theta)$로 표기하며 방향은 CCW이다.

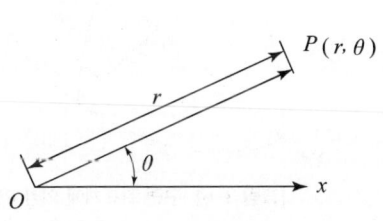

[그림 3-2] 극 좌표계에 의한 P점

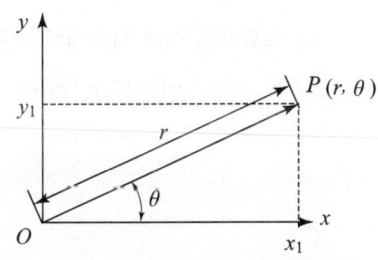

[그림 3-3] 극좌표의 직교좌표 변환

극좌표의 기준축을 X축이라고 하면 $P(r, \theta)$에 의한 x_1, y_1은 다음과 같이 표기한다.

$$x_1 = r \cdot \cos\theta,\ y_1 = r \cdot \sin\theta$$

즉, $P(r, \theta)$를 직교 좌표계의 좌푯값으로 표기하면 $(x_1, y_1) = (r \cdot \cos\theta, r \cdot \sin\theta)$임을 알 수 있다.

(3) 원통 좌표계

평면상에 있는 하나의 점 P를 나타내기 위해 사용한 극 좌표계에 공간의 개념을 적용하여 공간상의 한 점을 표기하기 위한 좌표계로서 표시되는 점 P는 (r, θ, z_1)으로 표기되며, 극좌표계의 좌푯값 (r, θ)가 Z축 방향으로 z_1만큼 이동한 결과이다. 원통 좌표계의 점 $P(r, \theta, z_1)$를 직교좌표로 표기하면 다음과 같다.

$$x_1 = r \cdot \cos\theta,\ y_1 = r \cdot \sin\theta,\ z_1 = z_1$$

그리고 x, y, z값의 표기를 원통 좌표계로 표기할 수도 있다.

$$r^2 = x_1^2 + y_1^2,\ \theta = \tan^{-1}\frac{y_1}{x_1},\ z_1 = z_1$$

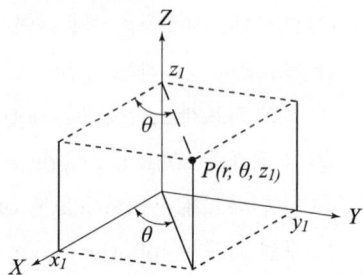

[그림 3-4] 원통 좌표계에 의한 P점

(4) 구면 좌표계

공간상에 구성되어 있는 하나의 점 P를 표현하는 방법 중의 한 가지로 해당점의 좌표의 기준점을 중심으로 구를 그리듯 표기하는 방법으로, 이때 하나의 점은 (ρ, ϕ, θ)로 표기되며, 변수 ρ는 기준점으로부터 점 P까지의 거리, ϕ는 Z축과 기준점으로부터 P까지의 직선거리가 이루는 각도, θ는 XZ평면과 기준점으로부터 P까지의 직선거리가 XY평면에 투영된 선과의 각도를 의미한다.

① 구면 좌표계를 원통 좌표계로 변환
$$r = \rho \cdot \sin\phi,\ \theta = \theta,\ z = \rho \cdot \cos\phi$$

② 원통 좌표계를 직교 좌표계로 변환
$$x = r \cdot \cos\theta,\ y = r \cdot \sin\theta,\ z = z$$

③ 구면 좌표계를 직교 좌표계로 변환
$$x = \rho \cdot \sin\phi \cdot \cos\theta,\ y = \rho \cdot \sin\phi \cdot \sin\theta,$$
$$z = \rho \cdot \cos\phi$$

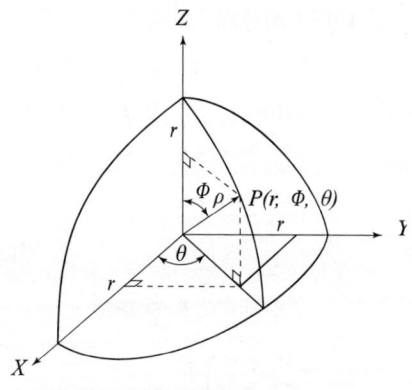

[그림 3-5] 구면 좌표계에 의한 P점

2 3D CAD 시스템 일반

1) 소프트웨어의 구성

(1) Foley와 Van-Dam이 구성한 3가지 모델
① 그래픽 시스템
② 응용프로그램
③ 응용 데이터베이스

(2) 소프트웨어의 기능

① 그래픽 요소의 생성기능
　㉠ 컴퓨터 그래픽에서 그래픽 요소는 점, 선, 원과 같은 형상의 기본단위와 알파벳 문자, 특수 기호 등으로 구성한다.
　㉡ 기본요소의 조합으로 구(sphere), 관(tube), 원통(cylinder) 등 기본 모델을 형성하고 이것을 소프트웨어에 따라 프리미티브(primitive), 오브젝트, 엘리멘트, 엔티티 등으로 설명한다.
　㉢ 3차원 모델링 방법은 와이어프레임 모델링(wireframe modeling)과 서피스 모델링(surface modeling), 솔리드 모델링(solid modeling)이 있다.

② 데이터 변환기능
　㉠ 스케일링(scaling): 형상의 확대, 축소
　㉡ 이동(translation): 위치 변환
　㉢ 회전(rotation): 회전 변환

③ 디스플레이 제어와 윈도우기능
　㉠ 디스플레이 제어: 은선 제거(hidden-line removal)와 같은 기능이다.
　㉡ 윈도우 기능: 사용자가 형상을 임의의 각도나 크기로 표현할 수 있는 기능이다.

④ 세그먼트기능
　㉠ 형상의 일부분을 수정, 삭제할 수 있도록 하는 기능이다.
　㉡ 세그먼트란 하나의 요소 혹은 몇 개의 요소들의 모임으로 수정, 삭제의 기본단위를 말한다.

⑤ 사용자 입력기능
　㉠ 시스템에 명령이나 데이터를 입력장치를 이용하여 입력하는 기능이다.
　㉡ 입력이 간단하고 쉽게 이루어지도록 단순화해야 한다.

2) CAD 소프트웨어의 옵션 기능

① 비도형 정보처리 기능: 도형의 선의 종류, 도형의 계층, 도형에 부여하는 재질, 밀도, 주기 등의 정보를 입출력하여 계산이나 표를 만드는 데 이용하는 기능이다.

② 파라메트릭 도형 기능: 형상은 같으나 치수가 다른 도형 등을 작성할 때 가변되는 기본 도형을 작성하여 놓고 필요에 따라 치수를 입력하여 비례되는 도형을 작성하는 기능이다.
③ 도형 처리 언어: 형상 및 치수가 변경되는 가변 도형처리나 해석, 판정처리, 반복처리 등을 조합한 전용 명령어를 작성할 수 있는 CAD 전용 언어이다.
④ 메뉴 관리 기능: 매크로화 기능이나 도형처리 전용 언어를 이용하여 작성한 전용 명령어를 메뉴에 배치할 때 이용할 수 있도록 하는 기능이다.
⑤ 데이터 호환 기능: CAD 시스템 간의 모델 데이터(model data)를 서로 주고받기 위한 기능이다.
⑥ NC 정보 기능: CAD에 의한 모델링을 포스트 프로세서를 통하여 NC 가공 정보 데이터를 출력하는 기능이다.

3) 모델링 기법

모델링 작업의 주요 기법은 다음과 같다.
① wire frame: 선으로만 모든 것을 표현하는 기법이다.
② color: 각 물체에 고유의 특성에 따라 color를 넣는 기법이다.
③ depth cueing: 멀리 있는 선을 흐리게 또는 엷게 그려줌으로써 원근감을 표현하는 기법이다.
④ depth clipping: 멀리 있는 것을 눈에서 안 보이도록 삭제하는 기법이다.
⑤ gouraud shaded polygons with diffuse reflection: 각 면 간의 구분 선에서 부드럽게 표현하는 기법이다.
⑥ phong shaded polygons with specular reflection: gouraud shading 기법보다 더 부드럽게 표현하는 기법이다.
⑦ visible(line determination): 가려서 보이지 않는 선을 제거하는 기법이다.
⑧ visible(surface determination): 가려서 보이지 않는 면을 제거하는 기법이다.
⑨ gouraud shaded polygons with specular reflection: 조명이 있는 곳을 특히 밝게 하여 실제 모양과 비슷하게 표현하는 기법이다.
⑩ individually shaded polygons with specular reflection: 조명의 위치와 각 물체의 위치 및 거리를 고려하여 계산하는 기법이다.

4) 이미지 표현 방법

① 비트맵 이미지(bitmap image): 도형, 그림을 픽셀(pixel) 또는 비트맵의 조합으로 표현한 이미지이다.
② 벡터 이미지(vector image): 컴퓨터에서 표현된 이미지가 곡선으로 연결된 것으로 원래 이미지를 손상하지 않고 확대, 축소, 회전 등 다양한 조작을 할 수 있고, 저용량이며 객체 지향적 이미지라고도 한다.

③ 래스터 이미지(raster image): 기본 원리는 비트맵 이미지와 같은 픽셀 방식에 의한 표현으로서 컴퓨터 그래픽스에서의 드로잉, 페인팅, 사진 등 모든 이미지는 이 픽셀을 다양하게 사용하고 있다.

5) 렌더링 기법

물체의 그림자를 표현하거나, 또는 입체감을 구현하기 위하여 사용하는 방법으로 3차원 형상의 정보를 2차원 평면의 화면에 나타내 3차원의 이미지처럼 느낄 수 있도록 하는 것을 말하며, 렌더링 기법은 다음과 같다.

① shadows: 음영을 처리하는 기법을 말한다.
② texture mapping: 각 면체의 무늬를 입히는 기법으로 컴퓨터 내부적으로 이미 만들어진 것을 다른 것에 삽입하는 방법을 사용함으로써 그리는 시간이 빨라진다.
③ reflection mapping: 바닥에 물체들이 반사되도록 하는 기법이다.
④ ray tracing(광선투사법) 알고리즘: 은선/은면 제거 알고리즘 중 광원으로부터 빛이 물체에 반사되고 이것이 관찰자에게 도달함으로써 관찰자가 이를 볼 수 있다는 원리에 근거한 알고리즘으로 광원으로부터 나오는 광선이 직접 또는 반사 및 굴절을 거쳐 화면에 도달하는 경로를 역 추적하여 화면을 구성하는 각 화소의 빛의 강도와 색깔을 결정하는 렌더링 방법이다. 광선투사법(ray tracing) 특징은 다음과 같다.
　㉠ 광선이 광원으로부터 나와 물체에 반사되어 뷰잉 평면에 투사될 때까지의 궤적을 거꾸로 추적한다.
　㉡ 뷰잉 화면상에서 거꾸로 추적한 광선이 광원까지 도달하였다면 광원과 화소 사이에는 반사체가 존재한다고 해석한다.
　㉢ 뷰잉 화면상에서 거꾸로 추적한 광선이 광원까지 도달하지 않는다면 그 반사면에서의 색깔을 화소에 부여한다.
　㉣ 가상의 광선이 카메라에서 나와 장면내의 물체를 거쳐 다시 돌아오는 경로를 계산함으로써 사실적인 영상을 얻을 수 있기 때문에 현재 널리 쓰이고 있는 기법이나 렌더링 시간이 오래 걸리는 단점이 있다.
⑤ 고라드(Gouraud) 음영법: 임의의 삼각형으로 표현된 곡면의 각 꼭지점에서 이웃 삼각형들과 법선벡터의 평균을 사용하여 반사광의 강도를 보간하여 내부의 화소에서 반사광의 강도를 계산하는 렌더링 기법이다.
⑥ improved illumination model and multiple lights: 조명의 개수가 많아지게 하는 기법으로 스탠드 전구의 불빛을 묘사하게 된다.
⑦ curved surfaces with specular reflection: 다각형모델을 곡선 모델로 바꾸는 기법으로 각이진 것이 없어지게 한다.

6) 3차원 디자인 표현기법

3차원 모델링은 2차원평명을 돌출시킨 입체에 입체감을 주는 단계이다.

① 와이어프레임 모델: 선과 점을 이어 단순히 면을 표현하여 주는 3D의 기본이며 뼈대로만 구성되는 모델을 말한다.
② 서피스 모델: 와이어프레임 모델에 표면을 처리하는 방식으로 속은 비어 있고 표면만 있는 모델이다.
③ 솔리드 모델: 속이 차있는 모델로서 일단 작성되면 무게와 질량 및 중심 등 물체의 물리적인 특성을 알 수 있게 되므로 CAE 해석에 사용하기 유용하다.
④ 프랙털 모델: 단순한 모양에서 출발하여 차츰 복잡한 형상으로 구축되는 기법이며, 산이나 구름 등 자연 대상물의 불규칙적인 성질을 갖는 움직임을 표현할 경우 사용된다.
⑤ 파라메트릭 모델: 수학적 방식으로 정의되는 모델을 생성하는 표현으로 곡면 모델이라고도 하며, 점과 점을 잇는 선분이 부드러운 곡선으로 되어 있어 가장 많은 계산을 필요로 하는 모델이다.

7) 그래픽 용어

① 픽셀(pixel, 화소): 디지털 이미지의 가장 작은 구성단위로는 눈으로 볼 수 있는 모든 디지털 이미지는 화소로 구성되어 있고 좌표들은 화상에서의 픽셀 위치를 정의하는 데 사용되며 픽셀은 모니터의 '가로×세로' 안에 들어가는 수치로 해상도를 나타낸다.
② 채널(channel): 그래픽에서 RGB 모드에는 빨강, 초록, 파랑 세 개의 채널이 있다. 각 채널은 각 색상의 음영으로 이루어지는데, 이 세 개의 채널을 합하면 하나의 완성된 이미지를 이루게 된다. 이미지를 이루는 채널은 각 색상모드를 이루는 기본 채널 외에도 더 추가할 수 있는데 이것을 알파채널(alpha channel)이라고 한다.
③ 이미지 맵(image map): 이미지 파일의 영역을 구분해 메뉴로 이용하는 것인데, 웹에서 지도 찾기를 할 때 A지역을 클릭하면 A에 관련된 정보가, B를 클릭하면 B에 관련된 정보가 나타날 수 있도록 하나의 이미지를 여러 개의 링크로 구분한 것이다.
④ 매핑(mapping): 3D 프로그램에서 목표물의 표면에 나타날 재질, 색상, 이미지 등을 정의하여 입히는 일을 말한다.
⑤ 그라디언트(gradient): 여러 가지 색상의 중간색을 단계적으로 채워나가는 것을 말한다.
⑥ 그레이스케일(gray scale): 무태색이라고 말하는 흰색, 회색, 검정색으로 구성된 이미지를 말한다. 컬러 이미지를 그레이 스케일로 변환했다면 모든 색은 256가지의 음양을 가진 흑백 이미지로 변하게 되고 당연히 검정색 채널 하나만 남게 된다. 흑백 정보만을 갖게 되므로 컬러 이미지보다 파일 크기가 훨씬 작아진다.
⑦ 그리드(grid): 모눈종이와 같이 가로 세로의 격자를 그리드라고 하며, 이미지의 정확한 수정이 필요할 때 그리드를 사용한다.

⑧ 워터마크(watermark): 인터넷 서비스가 대중화되면서 웹에서의 이미지는 누구나 저장할 수 있고 복사하거나 수정하는 일이 가능하게 하고, 그래서 이미지의 저작권을 보호하기 위해 디지털 이미지에 저작권을 포함시키는 것을 워터마크라고 한다.
⑨ 디더링(dithering): 화면에 어떤 색상을 표시할 수 없는 경우, 표시할 수 있는 색상들의 화소를 모아 조합하여 원하는 비슷한 색상을 만들어 내는 것을 말한다.
⑩ 텍스처(texture): 3차원 입체 도형을 2차원의 그물로 감싸 놓은 듯한 모습으로 나타나게 하는 그래픽 정보 표시 기법이다.
⑪ 레이어(layer): 이미지의 층으로서 복잡한 형상을 구현할 경우 사용하면 효과적인데 이것은 여러 개의 투명한 셀룰로이드 판 종이를 준비하여 각각의 투명 종이에 차례로 그림을 그린 후 필요한 층만 활성화 시켜 겹쳐 나타내면 하나의 그림처럼 보이는 원리를 이용한다.
⑫ 필터(filter): 컴퓨터 그래픽에서 명암을 주기 위하여 픽셀을 표현하는 다각형 정보를 처리해 나가는 과정을 말한다. 각각의 정의 위치와 색상을 변형시키면 변화된 형태의 이미지를 얻을 수 있는데, 이러한 이미지 표현 방법을 필터 효과라고 한다.
⑬ 마스크(mask): 흔히 스프레이 물감을 뿌려 글씨를 표시할 때 종이에 원하는 글자를 쓴 후 그 부분을 오려 내고 스프레이하면 주위에 묻지 않고 깨끗한 글씨를 나타낼 수 있다. 이때 마스크는 글씨를 오려낸 종이와 같은 것이다.
⑭ 모핑(morphing): 2차원의 이미지나 3차원의 이미지를 다른 형상으로 변화시키는 작업으로 CAD/CAM 시스템에서 모델링 화면 디스플레이와 관계가 없다.

02 3D 형상 모델링 작업

1 3D 형상 모델링 작업

1) 3D 형상 모델링 종류

(1) 와이어프레임 모델링(Wire-frame Modeling)

모델링의 표현에 있어 모델의 특정 선과 점으로 형상을 표현하는 것이다. 따라서 모델의 표시내용도 선과 점으로 구성된다. 선과 점의 수정을 통해 모델의 형상 수정이 이루어진다. 초기 모델링은 대부분 이러한 와이어프레임 모델링으로 이루어졌다. 주로 2차원의 도면 출력을 위한 용도와 평면 가공에 적합한 모델링 방식 Auto CAD가 대표적인 프로그램이라고 할 수 있다.

① 와이어 모델의 특징
  ㉠ data의 구성이 단순하다.
  ㉡ Model 작성을 쉽게 할 수 있다.
  ㉢ 처리 속도가 빠르다.

ⓓ 3면 투시도의 작성이 용이하다.
　　ⓔ 은선 제거(hidden line removal)가 불가능하다.
　　ⓕ 단면도(section drawing) 작성이 불가능하다.
　　ⓖ 물리적 성질의 계산이 불가능하다.

(2) 서피스 모델링(surface modeling)

선과 점으로 형상이 표현되는 와이어프레임 모델에서 선과 점에 면의 정보를 추가하여 표현하는 것이다. 표현은 곡선 방정식, 곡면방정식을 활용하여 수학적 표현을 나타낸다. 따라서 화면 위의 모델을 조작하면 곡면방정식의 목록, 곡선 방정식의 목록 및 끝점의 좌표로 이루어진 모델 데이터가 수정되어 표시된다.

① 서피스 모델링의 특징
　　㉠ 은선 제거가 가능하다.
　　㉡ section drawing(단면)할 수 있다.
　　㉢ 2개의 면의 교선을 구할 수 있다.
　　㉣ 복잡한 형상을 표현할 수 있다.
　　㉤ NC data 생성할 수가 있다
　　㉥ 물리적 성질(weight, center of gravity, moment)을 구하기 어렵다.
　　㉦ 유한요소법(FEM: Finite Element Method)의 적용을 위한 요소 분할이 어렵다.
　　㉧ surface 표현 시 와이어프레임 엔티티를 요구할 수가 있다.
　　㉨ Wire-frame보다 데이터 처리 때문에 컴퓨터의 용량이 커야 한다.
　　㉩ 솔리드와 같이 명암(shade) 알고리즘을 제공할 수가 있다.

② 서피스 모델링의 용도
　　㉠ NC공구 경로 생성
　　㉡ 솔리드 프리미티브 생성
　　㉢ 음영 처리와 같은 렌더링을 이용한 곡면의 품질평가
　　㉣ 도면 생성

(3) 솔리드 모델링(solid modeling)

서피스 모델링에 면 및 질량을 표현한 형상 모델을 솔리드 모델링이라고 한다. 서피스 모델링은 아주 얇은 면으로 이루어져 있으므로 이론적으로는 체적을 표시할 수 없으나 솔리드 모델은 면과 질량이 추가되어 물체의 다양한 성질을 좀 더 정확하게 표현할 수 있다. 현재 솔리드 모델링은 입체적 형상의 표현이 가능할 뿐만 아니라 무게중심 등의 해석과 질량 등을 나타내는 것이 가능하다. 대부분의 현장에서 솔리드 모델링이 주로 사용되며 일부 뷰(view)를 활용하거나 고급 모델링에서 와이어프레임 모델링이나 서피스 모델링을 활용하고 있다.

가. 솔리드 모델링의 특징과 용도

① 솔리드 모델링의 특징
- ㉠ 은선 제거가 가능하다.
- ㉡ 간섭 체크가 가능하다.
- ㉢ 형상을 절단하여 단면도를 작성하기가 쉽다.
- ㉣ 불리언(boolean) 연산(합, 차, 적)에 의하여 복잡한 형상도 표현할 수 있다.
- ㉤ 물리적 성질(weight, center of gravity moment)의 계산이 가능하다.
- ㉥ 명암(shade) 컬러 기능 및 회전, 이동을 이용하여 사용자가 좀 더 명확하게 물체를 파악할 수 있다.
- ㉦ CAD/CAM 이외에 잡지, 출판물, 영화 필름, 애니메이션 시뮬레이터에 이용할 수 있다.
- ㉧ 복잡한 data로 컴퓨터 사용 용량이 증가하여 data 처리 시간이 오래 걸린다.

② 솔리드 모델링의 용도
- ㉠ 표면적, 부피, 관성 모멘트 계산
- ㉡ 유한요소 해석
- ㉢ 솔리드 모델들 간의 간섭현상 검사
- ㉣ NC 공구 경로 생성
- ㉤ 도면 생성

나. CSG(Constructive Solid Geometry 또는 B-rep building block) 방식

CSG는 복잡한 형상을 단순한 형상(primitive: 구, 실린더, 직육면체, 원추 등)의 조합으로 생성하는데, 여기서는 불리언 연산자(합, 차, 적)를 사용한다.

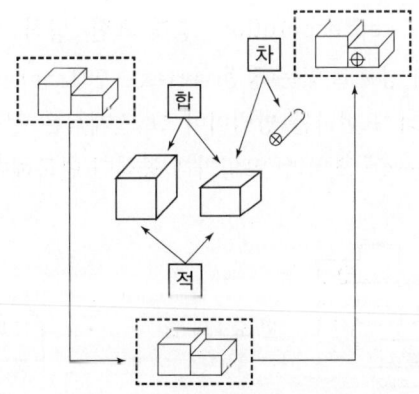

[그림 3-6] CSG에 의한 솔리드 예

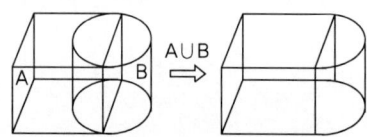
[그림 3-7] 합집합 작업의 예

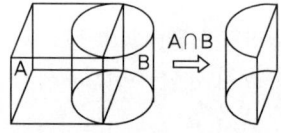
[그림 3-8] 교집합 작업의 예

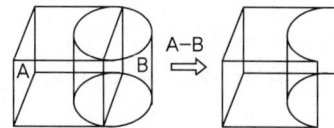
[그림 3-9] 차집합 작업의 예

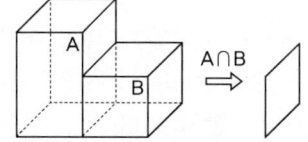
[그림 3-10] 피해야 할 불리언 작업의 예

① 장점
　㉠ 불리언 연산자로 더하기(합), 빼고(차), 교차(적)시키는 방법을 통해 명확한 모델 생성이 쉽다.
　㉡ 데이터를 아주 간결한 파일로 저장할 수 있어 메모리가 적다.
　㉢ 형상 수정이 용이하고 중량을 계산할 수 있다.
　㉣ CSG 트리로 저장된 솔리드는 항상 구현이 가능한 입체를 나타낸다.
　㉤ 기본형상(primitive)의 파라미터만 간단히 변경하여 입체형상을 쉽게 바꿀 수 있다.
　㉥ CSG 표현은 항상 대응되는 B-Rep 모델로 치환할 수 있다.

② 단점
　㉠ 모델을 화면에 나타내기 위한 디스플레이에서 체적 및 면적의 계산 등에 많은 계산시간이 필요하다.
　㉡ 3면도, 투시도, 전개도, 표면적 계산이 곤란하다.

다. B-rep(Boundary representation, 경계 표현) 방식

사용자가 형상을 구성하고 있는 정점(vertex), 면(face), 모서리(edge)가 어떠한 관계를 가지는지에 따라 표현하는 방법이며 그 관계식은 정점+면-모서리=2이다. 즉, "v-e+f-h=2(s-p)" 오일러-포앙카레 공식이 만족해야 한다.

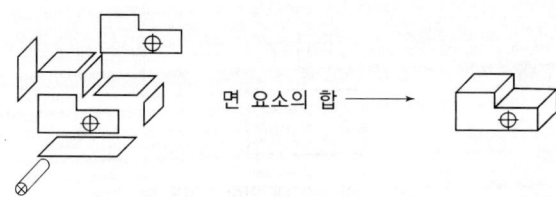
[그림 3-11] B-rep에 의한 솔리드 예

① 장점
　㉠ CSG방법으로 만들기 어려운 물체를 모델화시킬 때 편리하다(비행기 동체, 자동차 외형 모델).
　㉡ 화면의 재생 시간이 적게 소요되며, 3면도, 투시도, 전개도, 표면적 계산이 용이하다.
　㉢ 데이터 상호교환이 쉬워 많이 사용되고 있다.

② 단점
　㉠ 모델의 외곽을 저장하므로 많은 메모리가 필요하다.
　㉡ 적분법을 사용하기 때문에 중량계산이 곤란하다.

〈표 3-1〉 B-rep & CSG 방식의 비교

구 분		CSG	B-Rep
데이터 작성		용이	곤란
데이터 구조		단순	복잡
필요 메모리 영역		적음	많음
데이터 수정		약간 곤란	용이
3면도, 투시도 작성		곤란	용이
패턴의 응용		비교적 용이	곤란
전개도 작성		곤란	용이
중량계산		용이	약간 곤란
유한요소	솔리드	용이	곤란
	표면	곤란	용이

라. NURBs(Non Uniformed Ration B-spline)

B-spline의 일종으로 ARC, CONIC을 B-spline에서는 완벽한 표현이 불가능하였으나, NURB로는 표현이 가능하다.

기존의 solid 모델링 s/w는 Line, Arc, Conic, B-spline, Bezier curve, Non-linear Curve, Parametric Cubic Spline 등의 도형요소를 이용하여 형상을 단순히 정의했다. 그렇지만 여기서는 곡선을 원하는 치수까지 연속성/불연속성을 유지할 수 있으며, 곡선의 부분적인 수정이 가능하고, 모든 종류의 geometry entity를 한 종류의 방정식으로 표현도 가능하다. 또한, 계산속도가 빠르며, Wave가 없는 Fair한 곡선을 얻을 수 있다.

이외의 특징으로는 타 s/w와 데이터 교환이 쉽고, s/w 자체의 algorithm이 간단하다.

마. feature-base design(특징 형상 모델링)

feature-base란 slot, counter bore, pocket와 같이 tooling이 되는 부분으로서 parameterized object로 표현할 수 있다. Feature-Base Design에서는 solid 모델링 기법에는 주로 사용되는 boolean operation 대신 object로부터 feature를 가감함으로써 원하는 형상을 만들어간다.

종래의 CAD system에서는 제조과정(fixturing, 또는 tooling)에 관한 정보를 전혀 포함하지 않았으므로 제작 시 숙련기능공이 지식과 경험을 바탕으로 도면을 참고하여 제작순서나 tooling방법을 결정한다. feature-base design에서 만들어진 모델을 기하학적 정보뿐만 아니라 가공정보를 가지고 있으므로 모델로부터 제작순서, tooling 정보를 추출할 수 있다(hole → drilling, slot → milling).

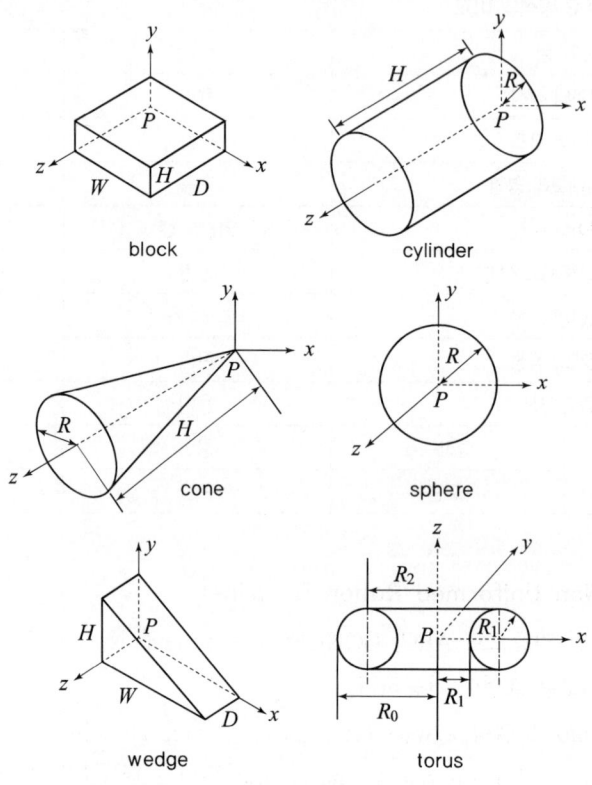

[그림 3-12] 일반적인 기본입체

feature-based modeling의 특징은 다음과 같다.
① 구멍(hole), 슬롯(slot), 포켓(pocket) 등의 형상단위를 라이브러리(library)에 미리 갖추어 놓고 필요시 이들의 치수를 변화시켜 설계에 사용하는 모델링 방식이다.
② 피쳐 기반 모델링은 모서리만 가지고 있는 와이어프레임 모델과는 달리 체적이 있기 때문에 솔리드 모델이라 부르며, 대부분의 CAD/CAM 소프트웨어는 솔리드 모델을 피쳐 베이스모델 또는 3D 부품 모델링이라고 한다.

③ Design이 완료되면, 모델로부터 제작을 위한 데이터(가공경로, 가공조건, 가공 tool 등)를 추출해 낼 수 있으므로 CAM과 연결이 가능하다.

바. parametric design(파라메트릭 모델링)

형상을 sketch한 후 특정 값이나 parameter로 표현되는 수식을 입력함으로써 형상을 만들어내는 방식으로 parameter나 수식을 변경하면 자동적으로 형상이 수정된다. parametric 모델링은 사용자가 형상 구속조건과 치수 조건을 이용하여 형상을 모델링하는 방식으로 특정 값이나 변수로 표현된 수식을 입력하여 형상을 생성하는 방식으로 이후 매개변수나 수식을 변경하면 자동으로 형상이 수정되는 형식이며, 수학적 방식으로 정의되는 모델을 생성하는 표현으로 곡면 모델이라고도 한다. 점과 점을 잇는 선분이 부드러운 곡선으로 되어 있어 가장 많은 계산을 필요로 하는 모델이며 형상 구속조건은 기준점에서 형상 기호로 표시한다.

특징 형상 모델링 특징은 다음과 같다.
① 설계자에 친숙한 형상 단위로 물체를 모델링할 수 있다.
② 대부분 시스템이 제공하는 전형적인 특징 형상으로는 모따기(chamfer), 구멍(hole), 슬롯(slot), 포켓(pocket) 등이 있다.
③ 형상 구속조건과 치수 구속조건을 이용하여 모델링한다.
④ 구속 조건식을 푸는 방법으로 순차적 풀기, 동시 풀기 방법에 따라 결과 형상이 달라질 수 있다.
⑤ 특징 형상을 정의할 때 그 크기를 결정하는 파라미터들도 같이 정의하며, 이들을 변경하여 모델의 크기를 바꾸는 것은 파라메트릭 모델링의 한 형태로 볼 수 있다.
⑥ 파라메트릭 모델링의 형상 요소를 한 번 만든 후에는 직접 형상 요소를 수정하는 것보다 조건식을 이용하여 수정하는 것이 효과적이다.
⑦ 특징 형상의 종류는 많이 사용되는 적용 분야에 따라 결정되며, 우리나라의 경우 KS 규격에서 여러 적용 분야에 대해 필요한 모든 특징 형상을 정의하고 있지 않다.

사. variational design

parametric design 방식과 유사하며, parametric design → parameter가 형상이 결정되고, variational design → relation(constraint)으로 형상 결정된다.

① 장점
  ㉠ 도면 수정이 용이
  ㉡ kinematics design이 가능
  ㉢ 유사 형상의 부품 설계가 가능
  ㉣ tolerance and sensitivity analysis
  ㉤ 최적 설계 시 관련 부품의 설계가 연계되어 활용될 수 있다.

② 단점
  ㉠ 완벽한 기능을 갖는 상용 package가 없다.
  ㉡ relation(constraint)에 관한 정보를 타 system으로 전달할 수 있는 표준 tool이 없다.

아. 비례 전개법 모델링

곡면을 모델링하는 여러 방법 중에서 평면도 정면도 측면도상에 나타난 곡면의 경계 곡선들로부터 비례적인 관계를 이용하여 곡면을 모델링(modeling)하는 방법이다.

자. decomposition(분해) 모델링

임의의 3차원 입체형상을 그보다 작은 정육면체 등과 같이 기본적인 입체 요소의 집합으로 잘게 분할, 근사한 형상으로 대체하여 표현하는 기법으로 유한요소법(FEM)에서 주로 사용되며 3차원 형상 모델을 분해 모델로 저장하는 방법은 다음과 같다.

- 복셀(voxel) 모델
- 옥트리(octree) 모델
- 세포분해(cell decomposition) 모델

복셀(voxel) 모델의 특징은 다음과 같다.
① 3D 공간의 한 점을 정의한 일단의 그래픽 정보로 정밀하게 얻어진 실제 부피의 데이터 표본을 뜻하며, 어떠한 형상의 물체이든 간에 정확한 형상의 표현이 불가능하다.
② 질량, 관성 모멘트 등의 성질을 계산하기 용이하다.
③ 공간 내의 물체를 표현하기 용이하다.
④ 필요로 하는 메모리 공간의 복셀의 크기를 줄일수록 급격히 증가한다.

차. 비다양체(nonmanifold) 모델링

솔리드 모델링은 표현할 수 있는 형상은 닫힌 부피 영역을 가지는 형상으로 수학적으로 다양체(manifold)라고 불리는 형상으로 국한된다. 따라서 모델링 시스템은 비다양체 상항을 허용하지 않는다는 것으로 비다양체 상황의 예로는 다음과 같다.
① 하나의 점에서 만나는 두 개의 곡면
② 곡선을 따라가면서 만나는 두 개의 곡면
③ 공통 경계의 면
④ 모서리
⑤ 꼭지점을 공유하는 두 개의 독립된 닫힌 부피 영역
⑥ 곡면 위의 한 점에서 뻗어 나온 와이어 모서리
⑦ 셀 구조를 이루는 면 등

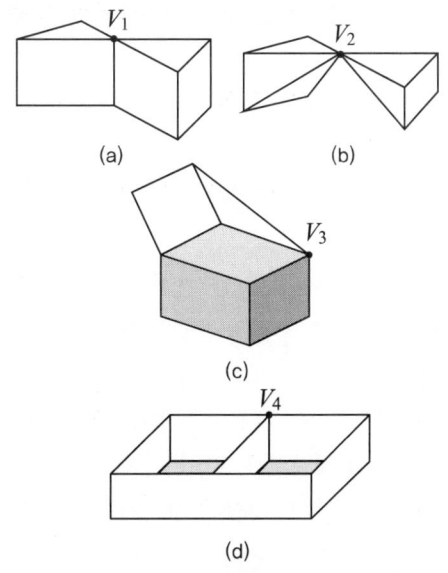

[그림 3-13] 비다양체 모델의 예

2) 3D 형상 모델링 방법

(1) 3D 모델링 방법

① **돌출(밀어내기)**: 하나의 2차원 단면 형상을 돌출시켜 3차원 솔리드 모델을 생성하는 기법이다. 각 프로그램별로 용어를 달리 사용하고 있으나 형상을 만드는 것을 기본으로 한다.

② **회전**: 부품의 형상이 중심축에 대해 회전 대칭인 경우 사용되는 기법이다. 이것은 하나의 기준선을 가지고 그에 상응하는 단면을 회전시켜 3차원 솔리드를 만드는 방법이다. 하나의 곡선을 임의의 축이나 요소를 중심으로 회전시켜 모델링한 곡면으로 컵, 유리병 등을 그리는 것이다.

③ **스윕(sweep)**: 2차원 단면을 기준 궤적을 따라 이동시켰을 때 생성되는 궤적으로 3차원 솔리드를 생성하는 기법으로 두 개 이상의 곡선에서 안내 곡선을 따라 이동 곡선이 이동규칙에 따라 이동하면서 생성되는 곡면이다.

④ **셸(shell)**: 두께를 주고 내부를 비우는 기법이다.

⑤ **구배**: 각도와 기울기를 만드는 기법이다.

⑥ **리브(rib)**: 부품을 강화하기 위한 보강대를 만드는 기법이다.

⑦ **라운드(round)**: 부품의 각이 있는 곳을 둥글게 만드는 기법이다.

⑧ **모따기(chamfer)**: 부품의 모서리 혹은 구석을 비스듬하게 만드는 기법이다.

⑨ **패턴**: 같은 형상의 모양을 반복적으로 만들어 내기 위한 기법이다.

⑩ **대칭 복사**: 대칭적인 모양에 대한 복사 기법이다.

⑪ **구멍 가공**: 표준적인 모양이나 일반적인 모양의 구멍 가공이 필요한 곳에 구멍을 만드는 기법이다.
⑫ **스윕(sweep)**: 2차원 단면을 기준 궤적을 따라 이동시켰을 때 생성되는 궤적으로 3차원 솔리드를 생성하는 기법이다.
⑬ **헬리컬 스윕**: 스프링과 같이 회전하면서 2차원 단면이 회전하면서 스프링과 같은 형상을 만드는 기법이다.
⑭ **블렌드(blend)**: 여러 개의 단면 데이터를 가지고 하나의 3차원 형상을 만드는 기법이다.
⑮ **스윕 블렌드(sweepblend)**: 이 기능은 스윕과 블렌드 여러 개의 단면 데이터를 가지고 하나의 3차원 형상을 만드는 기법이다.
⑯ **로프트(loft) 곡면**: 여러 개의 단면 곡선이 연결규칙에 따라 연결된 곡면이다.
⑰ **patch**: 경계 곡선의 내부를 형성하는 곡면이다.
⑱ **blending 곡면**: 두 곡면이 만나는 부분을 모서리 부분을 반경으로 부드럽게 만들 때 생성하는 곡면이다.
⑲ **grid 곡면**: 삼차원 측정기 등에서 얻은 점을 근사적으로 연결하는 곡면이다.
⑳ **메시(mesh)**: 그물처럼 널려 있는 곡선을 가까이 지나는 곡면이다.
㉑ **필릿(fillet)**: 두 곡면이 만나는 날카로운 부위를 공이 굴러가는 곡면으로 대치하여 부드럽게 만드는 곡면이다.
㉒ **리메싱(remeshing)**: 종방향의 배열이 맞지 않는 데이터를 오와 열의 배열이 가지런한 형태의 곡면 입력점을 새로이 구해내는 절차이다.
㉓ **스무딩(smoothing)**: 표현된 심한 굴곡 면을 평활한 곡면으로 재계산하는 것이다.
㉔ **필리팅(filleting)**: 연결부위를 일정한 반지름을 갖도록 하는 것이다.
㉕ **피팅(fitting)**: 점 데이터로 곡면을 형성할 때 측정오차 등으로 인한 굴곡을 명확하게 하는 것이다.
㉖ **로프트(loft)**: 여러 개의 단면 곡선을 연결규칙에 따라 연결한 것이다.
㉗ **패치(patch)**: 기본적으로 곡면이 많은 사각형 또는 삼각형으로 분할하여 분할된 단위 곡면요소들을 이어서 곡면을 표현할 때 이 사각형 또는 삼각형의 곡면요소를 말한다.
㉘ **스키닝(skinning)**: 미리 정해진 연속된 단면을 덮는 표면 곡면을 생성시켜 닫혀진 부피 영역 혹은 솔리드 모델을 만드는 방법이다.

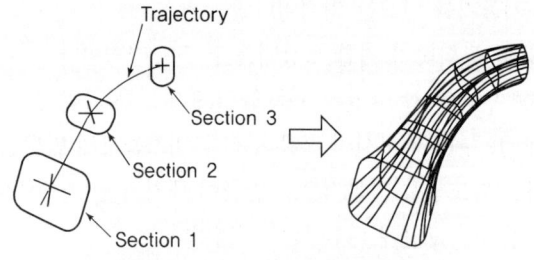

[그림 3-14] 스키닝에 의한 물체 생성의 예

㉙ **트위킹(tweeking)**: 곡면 모델링 시스템에 의해 만들어진 곡면을 불러들여 기존 모델의 평면을 바꾸기도 하는데 이러한 모델링 기능을 트위킹이라 한다.

㉠ [그림 3-15]처럼 관련된 부분을 변형시키면서 꼭지점을 새로운 위치로 옮길 수 있다.

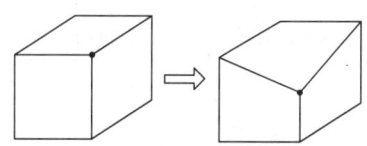

[그림 3-15] 꼭지점 이동에 의한 물체의 수정

㉡ [그림 3-16]처럼 직선 모서리를 곡선 모서리로 바꾸고 그 모서리에서 만나는 면들을 새로운 곡면을 바꿀 수 있다.

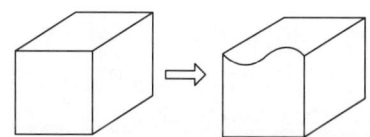

[그림 3-16] 모서리 교체에 의한 물체의 수정

㉢ [그림 3-17]처럼 평면을 새로운 곡면으로 바꿔서 해당 면과 그 경계 모서리를 변형시킬 수 있다.

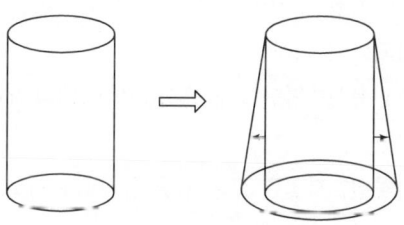

[그림 3-17] 면 교체에 의한 물체의 수정

㉚ **리프팅(lifting)**: 주어진 물체의 특정 면의 전부 또는 일부를 원하는 방향으로 움직여서 물체가 그 방향으로 늘어난 효과를 갖도록 하는 것이다.

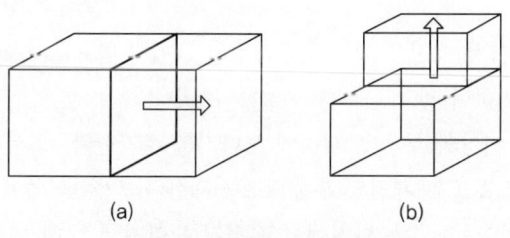

[그림 3-18] 리프팅 작업의 예

㉛ 보간(interpolation): 순서가 정해진 여러 개의 점을 입력하면 이를 모두를 지나는 곡선을 생성하는 것이다.
㉜ 근사(approximation): 점들이 곡면으로부터 조금 떨어져 있는 것을 허용하는 것이다.
㉝ 스위핑(sweeping): 하나의 2차원 단면 형상을 입력하고 폐쇄된 평면 영역이 단면이 되어 직진 이동 혹은 회전 이동시켜 솔리드 모델링은 만드는 기법으로 단면이 직진 이동되면 직진 스위핑, 회전하면 스윙잉 또는 회전 스위핑이라 한다.
㉞ 룰드 곡면(ruled surface): 가장 간단한 곡면을 2개의 선이나 곡선 지정하는 패치로 마주 보는 2개의 단면 형상일 때 곡면을 표현한다.
㉟ 경계 곡면(surface of boundary): 3개의 곡선을 지정한다.
㊱ 테이퍼 곡면(tapered surface): 어떤 선, 곡선, 원의 요소에 진행 방향과 길이, 각도 지정한 것을 말한다.
㊲ 변형 스위프 곡면: 원, 다각형 지정하여 이동한다.
㊳ coons 곡면: 네 개의 경계 곡선을 선형 보간하여 곡면을 표현한 것이다.
  ㉠ hermite 곡선: 양 끝점의 위치와 양 끝점에서의 도함수를 이용해 구한 3차원 곡선식이다.
  ㉡ conic 곡선: 직원뿔을 그 꼭짓점을 지나지 않는 평면으로 잘랐을 때 생기는 단면 평면곡선의 총칭으로 원추 곡선이라고도 한다.
  ㉢ hyperbolic 곡선: 원뿔곡선의 하나로 $x_2/a_2 - y_2/b_2 = 1$(단, $a > 0$)인 것이다.
  ㉣ polynomial 곡선: 다항식으로 표시할 수 있는 곡선으로 직선, 이차곡선 등이 있다.
  ㉤ bezier 곡선: 주어진 양 끝점만 통과하고 중간의 점은 조정점의 영향에 따라 근사하고 부드럽게 연결되는 선이다.
  ㉥ 퍼거슨(ferguson) 곡선: 평면상에 곡선뿐만 아니라 3차원 공간에 있는 형상도 간단히 표현할 수 있다.
  ㉦ 스플라인(spline)곡선: 지정된 모든 점을 통과하면서도 부드럽게 연결된 곡선이다.

(2) 3D 형상 모델링 수정작업

① 구멍: 파라메트릭 드릴, 카운터 보어, 접촉 공간 또는 카운터싱크 구멍 피쳐를 작성한다. 부품 피쳐의 경우 단일 구멍 피쳐는 동일한 구성(지름과 종료 방법)을 가진 여러 개의 구멍을 나타낼 수 있다. 다른 구멍은 동일하고 공유된 구멍 패턴 스케치로부터 작성될 수 있다.
② 셸: 부품 내부에서 재질을 제거하여 지정된 두께의 벽으로 속이 빈 구멍을 작성한다. 선택된 면을 제거하여 셸 개구부를 구성할 수 있다.
③ 모따기: 하나 이상의 부품 모서리에 모따기를 추가한다. 모서리 모양을 지정하고 모서리를 개별적으로 또는 체인의 부품으로 선택한다. 단일 작업에서 작성된 모든 모따기는 하나의 피쳐이다. 조립품 환경에서 작성된 모따기에 대해 여러 개의 부품에서 형상을 선택할 수 있다.

④ 모깎기: 2개의 면 세트 사이 또는 3개의 인접 면 세트 사이에서 하나 이상의 부품 모서리에 모깎기 또는 라운드를 추가한다. 모서리 모깎기의 경우 접선(G1) 또는 부드러운 (G2) 연속성을 인접 면에 적용할 수 있다.

⑤ 제도(면 기울기): 피쳐의 지정된 면에 기울기를 적용한다. 기울기 각도는 고정된 모서리 또는 접하는 모서리, 기존 피쳐의 고정 면이나 작업 평면으로부터 계산된다.

⑥ 분할(면, 부품): 부품 면을 분할하고, 전체 부품을 자르고, 결과로 발생하는 면 중 하나를 제거하거나 솔리드를 두 개의 본체로 분할합니다. 면 분할은 분할된 양쪽 면에 기울기가 적용될 수 있도록 허용합니다. 면을 분할할 3D 곡선을 선택할 수도 있다.

⑦ 스레드: 구멍, 샤프트, 스터드 또는 볼트에 스레드를 작성한다. 스레드 위치, 스레드 길이, 간격띄우기, 방향, 형태, 호칭 크기, 클래스 및 피치를 지정한다. 스레드 데이터는 스프레드시트에 생성되며 스레드 유형 및 크기를 추가하여 사용자 지정할 수 있다.

⑧ 결합: 솔리드 본체의 체적을 결합하여 하나 이상의 솔리드 본체를 결합한다. 결합 작업으로 도구 본체의 체적이 기준 솔리드에 추가된다. 잘라내기 작업으로 도구 본체의 체적이 기준 솔리드에서 제거된다. 교차 작업으로 선택된 본체의 공유 체적에서 기준 솔리드가 수정된다.

⑨ 객체 복사
  ㉠ 조립품에서 한 부품으로부터 다른 부품에 곡면 형상의 연관 또는 비연관 사본을 작성한다. 예를 들면, 조립품에서 원본 부품의 결합 곡면을 같은 조립품의 대상 부품에 복사하여 대상 부품에서 참조로 사용할 수 있다.
  ㉡ 부품 파일 내의 형상을 구성 환경 내에서 복합, 기준 곡면 또는 그룹으로 복사하거나 이동합니다. 예를 들어, 구성 환경과 부품 모델링 환경 간에 사본을 작성하거나 형상을 이동할 수 있다.

⑩ 본체 이동: 다중 본체 부품 파일에서 원하는 방향으로 솔리드 본체를 이동합니다. 이 본체는 가져온 파생 구성요소이거나 일반적인 모델링 명령을 사용하여 작성된 부품 본체일 수 있다.

⑪ 굽힘: 굽힘을 사용하여 부품의 일부를 굽힙니다. 절곡부 선을 사용하여 절곡부의 접선 위치를 정의한 후 굽힐 부품 면, 굽힐 방향, 각도, 반지름 또는 호 길이를 지정할 수 있다.

(3) 상세 특징 형상(detail feature)

① 두께 주기(thicken): 지정된 두께 값을 사용하여 솔리드 바디의 내부를 비우거나 그 주위에 셸을 생성할 수 있다. 각 면에 대해 개별 두께를 할당하고 중공 과정에서 천공할 면의 영역을 선택할 수 있다.

② 구배(draft): 지정된 벡터 및 선택적인 참조 점을 기준으로 면 또는 모서리에 테이퍼를 적용할 수 있다. 한 개 이상의 면, 모서리 또는 개별 특징 형상을 수정하도록 선택할 수 있다. 그러나 이러한 항목은 모두 동일한 솔리드 바디의 일부여야 한다.

③ 모서리 블렌드(edge blend): 모서리에서 만나는 면에 볼이 계속 접촉하도록 유지하면서 blend할 모서리(blend반경)를 따라 볼을 굴려 수행된다. blend 볼은 둥근 모서리 blend(재료 제거)를 생성하는지 또는 필렛 모서리 blend(재료 추가)를 생성하는지에 따라 면의 안쪽 또는 바깥쪽에서 굴러간다.
④ 면 블렌드(face blend): 선택한 면세트 사이에 접하는 블렌드 면을 추가한다. 블렌드 형상은 원형, 원뿔, 제어 법칙 중 하나이다.
⑤ 스타일 블렌드: 곡면을 블렌딩한 후 블렌딩한 곡선의 접하는 곡선에 기울기 및 곡률 구속조건을 추가한다.
⑥ 외양 면 블렌드: 블렌드의 접하는 블렌드에서 기울기 또는 곡률 구속조건을 적용하는 동안 곡면을 블렌드한다. 블렌드 단면 형상은 원형, 원뿔 또는 리드인 유형일 수 있다.
⑦ 브리지: 두 면을 결합하는 시트 바디를 생성한다.
⑧ 블렌드 코너: 블렌드 코너 또는 상호 블렌드에서 기존 면의 일부를 교체할 패치를 생성한다.
⑨ 스타일 코너: 세 곡면을 교차하는 지점에 정확하고 보기 좋은 클래스 품질의 코너를 생성한다.
⑩ 모따기(chamfer): 원하는 chamfer 치수를 정의하여 솔리드 바디의 모서리에 빗각을 낼 수 있다. 선택 방법은 edge blend와 동일하다.
⑪ 셸(shell): 지정된 두께 값을 사용하여 솔리드 바디의 내부를 비우거나 그 주위에 셸을 생성할 수 있다. 각 면에 대해 개별 두께를 할당하고 중공 과정에서 천공할 면의 영역을 선택할 수 있다.

CHAPTER 4. 3D 형상 모델링 검토

 3D 형상 모델링 검토

1 조립 구속조건 종류

1) 조립 구속조건

① 조립 구속조건이란 어셈블리 상에서 단품이나 서브 어셈블리를 해당 위치에 고정시키거나 다른 부품과의 관계로 인하여 움직임에 대한 제한 조건을 설정하는 기능을 의미한다.

② 공간이라는 것은 x축, y축 그리고 z축으로 이루어져 있으며, 대상물은 이러한 공간에서 축 방향으로 움직이거나 축을 기준으로 회전할 수 있다. 이러한 이동이나 회전에 대한 제한 조건을 설정한다.

③ 이러한 제한 조건 이외에도 3D 프로그램에서는 요소 간의 간격, 거리 등과 같은 제한 조건으로 공간상에서 대상물의 움직임을 제한하고 있다.

④ 형상을 만드는 경우 본드, 핀 또는 볼트 등으로 부품을 몸체 등에 고정시키거나 원하는 방향, 각도로만 움직일 수 있게 한다. 이러한 본드나 볼트 등의 역할을 하는 것이 조립 구속조건을 부여하는 것과 같다고 할 수 있다.

⑤ 구속조건 설정 시 몇 개의 요소를 선택하는가에 따라서 구속 방법이 조금씩 달라진다. 선택 요소가 1개인 경우는 구속조건을 부여하려는 대상을 선택해야 하며, 선택 요소가 2개인 경우는 기준으로 설정하려는 대상의 요소(기준 요소)와 구속조건을 부여하려는 대상의 요소를 선택해야 한다.

⑥ 선택 요소가 3개인 경우는 구속조건을 부여하려는 대상의 요소와 기준 요소 2개를 선택해야 한다. 그리고 여기서 말하는 대상이란 단품과 서브 어셈블리를 말하는데, 요소별로 각각의 단품과 서브 어셈블리를 의미한다. 그리고 어셈블리에서 서브 어셈블리는 일반적으로 단품화하여 처리한다.

⑦ 서브 어셈블리에 2개의 단품(A, B)이 있다고 할 때, 단품 A, B의 구속조건 설정은 어셈블리에서 할 수 없다. 어셈블리 상에서 볼 때, 단품 A와 B는 각각의 단품으로 보는 것이 아니라 하나의 단품으로 인식하기 때문이다.

(1) 고정

① 단품 및 서브 어셈블리가 움직이지 않도록 하는 명령어이다.

② 3D CAD 프로그램에서 몸체가 움직이지 않도록 고정시킨 후 다른 단품이나 서브 어셈블리를 추가하게 되는데 사용하는 것이 고정 명령어이다.

(2) 일치

① 일치 명령어는 2개의 대상물의 선택 요소를 정렬시키는 데 사용한다.
② 선택 요소는 점, 선 그리고 면을 선택할 수 있으며, 선택하는 요소에 따른 의미다.
③ 면과 면일치, 선과 선 일치, 면과 선 일치 등이 많이 사용된다.
④ 면과 면 일치인 경우는 3축에 대한 모든 회전(x축, y축, z축 회전)에 대하여 구속시킬 수 있는 성질이 있다.

(3) 동심

① 2개의 대상물에 대한 요소를 정렬시키는 명령어로써 일치 명령어와 비슷하며 선택 요소에서 구별된다.
② 선택 요소는 면을 선택할 수 있는데, 면에서도 원통의 옆면을 의미한다.
③ 동심 명령어는 원통과 원통의 구속조건으로 원통의 옆면에 대한 일치 조건이 아니라 원통의 중심축 간의 동심 조건이다.

(4) 옵셋

① 2개의 대상물에 대한 요소 사이에 일정한 간격을 설정하는 기능이며, 요소 간에 평행하다는 의미가 내포되어 있다.
② 옵셋 명령어는 평면과 평면의 일정한 간격을 유지하는 경우에 많이 사용된다.

(5) 각도

2개의 대상물에 대한 요소 사이에 일정한 각도를 설정하는 기능이다.

(6) 평행, 수직, 탄젠트

① 평행 명령어는 옵셋 명령어와 동일하지만 일정한 간격을 설정하는 것이 아니며, 평행 상태만 유지하는 것이다.
② 수직 명령어는 두 요소 간의 각도를 90°로 설정하는 것을 말하고, 탄젠트 명령어는 고정 요소를 기준으로 대상 요소를 접선 방향으로 배치하는 기능이다.

(7) 대칭

① 3개의 대상물에 대한 요소 사이에 대칭 구조를 형성하는 기능이다.
② 대칭 구조란 원본인 단품을 기준면을 기준으로 동일하게 복사하는 것을 의미하는데, 여기서는 원본 단품과 동일한 단품을 고정 요소로 인식하고, 똑같은 거리에 떨어져 있는 기준면에 대상 요소를 배치하는 것을 의미한다.
③ 베어링 같은 단품을 배치할 때 한쪽 면에서 일정 간격을 유지하는 것보다 양쪽 면에서 일정 간격을 유지하고 싶을 때 대칭 명령어를 많이 사용한다.

2) 파트(part) 조립

(1) 제약 조건

제약 조건은 부품과 부품 간 위치 구속을 목적으로 적용하는 기능으로, 부품간 정확한 조립과 동작 분석을 위해서 사용한다. 제약 조건 적용은 부품의 면과 면, 선(축)과 선(축), 점과 점, 면과 선(축), 면과 점, 선(축)과 점 등 부품의 다양한 요소를 선택하여 조건에 맞는 제약 조건을 부여할 수 있다.

① 일치 제약 조건: 일치시키고자 하는 면과 면, 선과 선, 축과 축 등을 선택하면 일치시켜 주는 제약 조건

② 접촉 제약 조건: 선택한 면과 면, 선과 선을 접촉하도록 하는 제약 조건

③ 오프셋 제약 조건: 선택한 면과 면, 선과 선 사이에 오프셋으로 거리를 주는 제약 조건

④ 각도 제약 조건: 면과 면, 선과 선을 선택해 각도로 제약을 주는 조건

⑤ 고정 컴포넌트: 선택한 파트를 고정해 주는 기능

02 3D 형상 모델링 출력 및 데이터 관리

1 3D CAD 데이터 형식 변환

1) STEP(Standard for The Exchange of Product model data)

① 개별적인 생산 및 설계 시스템 간에 데이터 공유를 통한 유기적 연결을 위해 국제표준기구에서 정한 "생산 정보 모델에 대한 자료의 교환을 위한 표준"이다.

② STEP 파일(STEP-file)은 ISO 10303-21에서 규정한 3D CAD 도면 파일이며, 1994년 처음 만들어졌다. 파일 확장자에는 stp, step, p21이 있다.

③ solid 형식을 갖고 있어 호환 파일 중에서 제일 우수하다.

④ STEP는 정식명칭과 같이 제품 데이터(product)의 표현(representation) 및 교환(exchange)을 위한 국제표준 규격이다.

⑤ 개념 설계에서 상세설계, 시 제품, 테스트, 생산, 생산지원 등의 제품에 관련된 life cycle의 모든 부문에 적용되는 데이터를 뜻한다.

⑥ 형상 데이터뿐만 아니라 부품표(BOM), 재료, 관리데이터, NC 가공 데이터 등 많은 종류의 data를 포함하고 있으므로 CAD/CAM system 표준이 되는 IGES나 DXF와의 차이점이다. DXF나 IGES는 형상 데이터, 속성데이터 등 CAD/CAM 시스템에서 사용하는 데이터만을 교환할 수 있기 때문이다.

2) STL(Stereo Lithography)

① STL 파일은 쾌속 조형의 표준 입력 파일 포맷으로 많이 사용되고 있으며, 1987년 미국의

3D system 사가 Albert Consulting Group에 의뢰하여 만들어진 것이다.
② 3차원 데이터의 서피스 모델을 삼각형 다면체(facet)로 근사시킨 것으로 CAD/CAM s/w 개발자들이 STL 파일을 표준 출력의 옵션으로 선정하였다.
③ 쾌속 조형 소프트웨어 알고리즘은 STL 기반을 갖추고 있다.
④ STL 파일은 내부 처리 구조가 다른 CAD/CAM 시스템에서 쉽게 정보를 교환할 수 있는 장점이 있다.
⑤ 모델링된 곡면을 정확히 삼각형 다면체로 옮길 수 없는 점과, 이를 정확히 변환시키려면 용량이 많이 차지하는 단점도 있다.
⑥ STL 파일은 ASCⅡ 포맷과 Binary 포맷이 있는데, Binary 포맷이 이 ASCⅡ 포맷보다 용량이 25%이므로 binary 포맷을 주로 사용하고 있다.

3) parasolid

① parasolid 호환 파일로 3D CAD 간의 호환성이 없는 것을 해결하기 위해 만든 중립 포맷 파일이다.
② x_t 파일은 Siemens PLM software에서 개발한 parasolid model part file로 UG NX 등에서 3D 호환용으로 생성되는 3D 파일이며, parasolid 파일이라고 부른다.
③ 종류는 다음과 같다.
  ㉠ 텍스트 형식의 경우

  *.x_t 또는 *.xmt_txt 및 *.xmt

  x_t 텍스트 형식 파일이 용량은 크지만, 일반적으로 파일 변환할 때 많이 사용하는 형식이다.
  ㉡ 바이너리 형식의 경우

  *.x_b 또는 *.xmt_bin

  x_b 바이너리 파일은 텍스트 파일보다 용량이 작지만, 일부 대상 응용프로그램에서는 지원되지 않는다.
  ㉢ Neutral 형식의 경우

  *.x_n 또는 *.xmt_neu

4) IGES

IGES 파일은 IGES(Initial Graphics Exchange Specification)를 기반으로 하며 다른 CAD 응용프로그램 간에 3D 모델을 전송하는 데 널리 사용되는 표준이다(미국에서 시작하여 ISO의 표준규격으로 제정). 그러나 많은 프로그램 또한 동일한 목적으로 STEP 3D CAD 형식(.stp 파일)에 의존하여 사용하고 있다.

(1) **preprocessor**: 자체 데이터를 IGES로 바꾸는 프로그램

(2) **postprocessor**: preprocessor에 반대

(3) IGES 파일의 구조

① 개시 섹션(start section): IGES 파일에 대한 임의의 주석을 기록하는 부분이다.
② 그로벌 섹션(global section): IGES 파일을 만든 시스템 환경에 대한 정보를 기록하는 부분이다. 총 24개의 데이터를 기록한다.
③ 디렉토리 섹션(directory section): 파일에 기록되어 있는 모든 형상/비형상 개체(entity)에 대한 속성정보를 기록하는 부분이다.
④ 파라미터 섹션(parameter section): 디렉토리 섹션에서 정의된 개체들에 대한 실제 데이터를 기록하는 부분이다.
⑤ 종결 섹션(terminate section): 5개 구성 섹션에 사용된 줄 수를 기록한다.
⑥ 플래그 섹션(flag section): 압축형 ACSCⅡ와 이진형식에서만 사용되는 것으로 데이터의 표현형식에 따른 선택사항이다.

5) DXF(Data Exchange File)

CAD 시스템에서 구성된 자료에 대해 서로 다른 CAD 소프트웨어를 사용하더라도 서로의 CAD 자료를 공통으로 사용하기 위한 가장 일반적 데이터 교환 방식으로 DXF(Data Exchange File) 파일을 선정할 수 있다. DXF 파일에 의해서 직접 사용하고자 하는 CAD 소프트웨어로 읽어들일 수 있는 특징을 갖고 있다. 이 DXF 파일은 Auto CAD 데이터와의 호환성을 위해 제정한 자료 공유 파일을 말한다. 또한 DXF 파일은 아스키(ASCII) 텍스트 파일로 구성된다.

(1) DXF 파일의 구성

① 헤더 섹션(header section): 도면에 대한 일반적인 자료와 자 변수명(variable name)과 사용된 값을 수록하고 있다.
② 테이블 섹션(table section): L Type, layer, Style, View, HCS, Vport, Dimstyle, Appid(응용부분 테이블)이 수록되어 있다.
③ 블록(block) 섹션: 도면에서 사용된 블록에 대한 자료를 수록한 블록정의 부분을 수록하고 있다.
④ 엔티티(entity) 섹션: 도면을 구성하는 도형요소 및 블록의 참고사항 등을 수록하고 있다.
⑤ END OF FILE: 파일의 끝을 표시한다.

6) GKS(Graphical Kernel System)

GKS(Graphical Kernal System)은 2차원 그래픽 시스템을 위한 표준 규격이다. 컴퓨터 그래픽의 표준화 움직임은 ACM과 SIGGRAPH에 의해 CORE라고 불리는 표준안을 만들게 되었다. 1977년 CORE가 처음 발표되었으나, 레스터 그래픽기법에 대한 표준안이 다루어지지 않아

서 2년 뒤에(1979)년 수정안을 다시 발표하였다. 이 무렵 독일의 DIN에 의해 GKS(Graphical Kerriel System)가 제안되어 국제 표준기구인 ISO, ANSI 등에서 1985년에 GKS를 표준으로 채택하게 되었다.

(1) GKS-3D

3차원 기능을 부여한 것으로 3D 요소의 입력과 디스플레이 등을 추가

(2) PHIGS

PHIGS(Programmer's Hierachical Interactive Graphics System)는 3차원의 움직이는 물체를 실제와 같이(realtime) 화면에 나타나게 하며 주로 이용되는 산업 분야는 도형 구성 분야, 항공교통망 시뮬레이션, 몰분자 모델링 분야, 건축설계 등 여러 분야에서 활용되고 있다.

 ASCII code

미국 표준협회에서 제정한 코드로 7비트 또는 8비트로 한 문자를 표시하는데, 3비트의 문자 비트와 4비트의 숫자 비트로 구성되고, 8비트인 경우 1비트의 패리티비트가 추가되어 128개의 문자 표현 방식이다.

7) CGI(Computer Graphic Interface)

CGI는 VDI(Virtual Device Interface)라는 이름으로 시작된 하드웨어 기준의 표준이며, 이를 ISO에서 취급하게 되면서 CGI로 명칭이 바뀐 것이다. 그래픽 기능과 hardware driver 간에 공유되어 각종 하드웨어를 control 할 수 있도록 하는 표준규격이다.

8) CGM(Computer Graphic Metafile)

VDM(Virtual Device Metafile)이라고도 한다. CGM은 서로 다른 시스템 간에 형상된 모형에 관한 도형의 이미지와 정보의 저장방법 및 도형정보를 file로 저장할 때, 도형의 종류에 따라 일정한 규칙을 정하여 저장 파일을 구성하게 하는 표준규칙으로, 다른 시스템에서 바로 이 파일을 이용하여 수정·편집이 가능하도록 한 표준이다.

9) NAPLPS(North American Presentation Level Protocol Syntax)

문자와 도형을 전송하기 위해서 통신회선을 사용하고자 할 때 필요한 규정으로 미국의 AT&T가 채택한 하드웨어기준의 표준규격이다. 문자와 도형으로 나타난 영상자료를 전송할 때 필요한 코드 체계를 제정한 것이다.

CHAPTER 5 기본측정기 사용

01 작업계획 파악

1 측정 방법

1) 직접 측정

직접 측정은 측정기를 직접 제품에 접촉 또는 비접촉을 하는 방식으로 이루어지며, 직접 눈금을 읽음으로 측정값을 얻는 방법이다. 절대 측정이라고도 한다.

(1) 직접 측정을 이용한 몇 가지 예
① 자를 이용한 길이를 측정한다.
② 버니어 캘리퍼스를 이용한 길이를 측정한다.
③ 마이크로미터를 이용한 길이를 측정한다.
④ 베벨 각도기를 이용한 각도를 측정한다.

(2) 직접 측정의 장·단점
① 측정 범위가 다른 방법에 비하여 넓다.
② 직접 피측정물의 실제 치수를 읽을 수 있다.
③ 수량이 적고 종류가 많은 측정에 유리하다.
④ 눈금 읽음의 시차가 생기기 쉽고 측정시간이 많이 걸린다.
⑤ 정밀하게 측정하기 위해서는 숙련과 경험이 필요하다.

2) 간접 측정

측정물의 모양이 기하학적으로 복잡한 경우 측정 부위의 치수를 기하학적이나 수학적인 관계에서 얻을 수 있는 측정 방법으로 투영기에 의한 형상 측정, 삼침을 이용한 나사의 유효지름 측정, 사인 바와 인디케이터에 의한 각도 측정, 롤러와 게이지 블록에 의한 테이퍼 측정 등이 있다.

3) 비교 측정

기준이 되는 일정한 치수와 피측정물을 비교하여 그 측정치의 차이를 읽는 방법이다. 비교 측정 기기에는 테스트 인디케이터, 다이얼 게이지, 실린더 게이지 등이 있다.

비교 측정의 장·단점은 다음과 같다.
① 높은 정밀도의 측정을 비교적 쉽게 할 수 있다.
② 치수가 고르지 못한 것을 계산하지 않고 알 수 있다.
③ 길이, 각종 모양, 공작기계의 정밀도 검사 등 사용범위가 넓다.
④ 먼 곳에서 측정할 수 있고, 자동화에 도움을 줄 수 있다.
⑤ 히스테리시스(백래시) 오차가 적다.
⑥ 범위를 전기량으로 바꾸어서 측정할 수 있다.
⑦ 나이프 에지를 이용 1,000배 정도 확대 측정이 가능하다.
⑧ 측정 범위가 좁고, 직접 제품의 치수를 읽을 수 없다.
⑨ 기준 치수인 표준게이지가 필요하다.

4) 절대 측정(Absolute Measurement)

정의에 따라서 결정된 양을 실현하고, 그것을 사용하여 실시하는 측정이다. U자관 압력계-수은주 높이, 밀도, 중력가속도를 측정해서 종합적으로 압력의 측정값을 결정하는 것을 말한다.

2 단위 종류

1) 단위의 정의

측정 시 사용되는 일정한 크기의 양, 즉 비교 측정에 있어서 기초가 되는 일정한 양 등이다.

(1) 단위의 필요(충족)조건

① 확실한 기준이 되는 크기를 가지고 있어야 함
② 어떠한 여건하에서도 크기의 변화가 있어서는 안 됨
③ 누구나 사용하기 편리하고 기억이 쉬워야 함
④ 국제적으로 통용이 되어야 함

(2) 일반적으로 사용되고 있는 단위계(SI 기본단위)

① 미터법: 1m는 10dm(데시미터), 10^2cm, 10^3mm, $10^6 \mu$m, 10^9mμ
② 인치법: 1inch는 25.4mm
③ 야드 파운드법: 1야드(국제)=0.9144m

2) 단위의 크기

1m의 정의: 1983년 제17차 세계도량형 총회(CGPM)에서 규정하였다.

> 참고 1m = 빛이 진공 중에서 299,792,458분의 1초 동안 진행된 경로의 길이이다.

(1) 길이의 단위(SI 단위)

배수	접두어	기호	약수	접두어	기호
10^{18}	엑사(exa)	E	10^{-1}	데시(deci)	d
10^{15}	페타(peta)	P	10^{-2}	센티(centi)	c
10^{12}	테라(tera)	T	10^{-3}	밀리(milli)	m
10^{9}	기가(giga)	G	10^{-6}	마이크로(micro)	μ
10^{6}	메가(mega)	M	10^{-9}	나노(nano)	n
10^{3}	킬로(kilo)	K	10^{-12}	피코(pico)	p
10^{2}	헥토(hecto)	h	10^{-15}	펨토(femto)	f
10^{1}	데카(deca)	da	10^{-18}	아토(atto)	a

(2) 각도: 도, 라디안

① 1도(degree): 원주를 360등분한 호의 중심에 대한 평면의 각도를 말한다.

② 라디안(radian): 원의 반지름과 같은 길이와 같은 호의 중심에 대한 각도이다.

$$1\text{rad} = (r/2\pi r) \times 360 = 180/\pi = 57.29577951°$$

보조 단위로는 1mm rad = 1/1,000red, 1ured = 1/1,000,000red이다.

02 측정기 선정

1 측정기 종류

1) 측정기의 종류

(1) 도기(standard)

일정한 길이 또는 각도를 눈금 또는 면으로 나타낸 것으로 표준자, 금속자 등과 같이 선과 선의 간격을 길이로 나타낸 것을 선도기(line standard), 블록 게이지, 한계게이지 등과 같이 양끝면의 간격을 길이로 나타낸 것을 단도기(end standard)라 한다.

① 선도기(line standard): 눈금 간격의 길이를 구체화한 것으로 줄자, 강철 자, 눈금자 등이 여기에 속한다.

② 단도기(end standard): 양 단면의 간격으로 길이를 구체화한 것으로 게이지 블록(gauge blcok), 갭 게이지(gap gauge 또는 snap gauge), 플러그 게이지(plug gauge), 직각자 등이 여기에 속한다.

(2) 지시 측정기

측정량에 따라 표점이 눈금에 따라 이동하는 측정 기기로, 버니어 캘리퍼스, 마이크로미터, 높이게이지, 테스트 인디케이터, 지침 측미기 등이 여기에 속한다.

(3) 시준기

기계적인 접촉이 없이 광학적인 방법을 이용하여 길이를 측정하는 기기로서 투영기, 공구현미경, 오토콜리메이터 등이 여기에 속한다.

(4) 게이지(gauge)

측정을 위한 측정량이 정해진 측정기이다. 움직이는 부분을 갖지 않는 것으로, R 게이지(radius gauge), 틈새게이지, 나사 게이지, 피치 게이지(pitch gauge), 와이어 게이지(wire gauge), 게이지 블록(gauge block), 링 게이지(ring gauge) 등이 여기에 속한다.

(5) 인디케이터(indicator)

일정량의 조정 또는 지시에 사용하는 것이다.

2) 측정기 선택 시 고려사항

(1) 측정 대상의 특성

① 측정 제품의 수량이 많을 때는 비교 측정, 수량이 적으면 비접촉 측정이 더 적합하다.
② 일정 치수의 외경을 측정할 때는 벤치 마이크로미터와 같은 비교 측정기의 역할을 할 수 있는 측정기를 선택한다.
③ 측정 제품의 수량은 특히 다량의 측정 제품을 연속으로 측정할 때는 측정의 자동화를 고려해야 하며, 복잡한 형상 제품의 연속 측정에는 3차원 측정기가 효율적이다.
④ 측정 제품의 성질은 부드러운 재질일 때 측정 압력으로 변형이 발생할 수 있으므로, 비접촉 측정기를 선정하는 게 적합하다.

(2) 측정환경

측정 장소의 온도, 습도, 진동, 소음 등을 고려한다. 특히, 온도의 열팽창에 의한 오차가 발생할 수 있으므로 주의해야 한다.

(3) 측정 정도

일반적으로 측정기를 선정할 때 제품의 편측 허용차의 1/10의 최소 눈금자 크기를 가진 측정기를 선정한다.

(4) 측정 방법

① 측정 방법은 편의법, 영위법, 치환법, 보상법 등으로 분류되며, 길이 측정에는 일반적으로 편위법과 영위법이 사용되고, 비교 측정은 영위법, 보상법, 치환법 등이 복합되어 사용된다.
② 영위법이 일반적으로 널리 사용된다.

(5) 측정 능률

① 측정 능률을 높이기 위해 측정의 자동화가 요구된다.

② 개인 오차와 측정시간을 줄이기 위해 눈금 읽기의 자동화가 필요하며, 측정값의 자동 통계 처리가 필요하다.

(6) 경제성

① 측정의 경제성과 직접 관련이 있는 것은 측정기의 가격, 유지비, 측정에 소요되는 부대 비용이 있다.
② 고가의 측정기는 측정 목적에 따라 유지비, 수리비 및 측정에 드는 비용 등을 고려해야 한다.

3) 측정기 선정 시 주의사항

① 제품 공차: 제품 공차의 1/10보다 높은 정도의 측정기를 선정한다.
② 제품의 수량: 수량이 많은 경우 비교 측정 및 한계게이지로 측정하는 방법을 선정한다.
③ 측정 대상물의 재질: 측정물이 금속이 아니고 고무, 종이, 합성수지 등과 같이 연질일 때 측정 압력으로 변형이 발생할 수 있으므로 비접촉식 측정기를 선정한다.
④ 측정기 성능: 측정 범위, 정밀도, 감도, 내구성 등을 고려하여 선정한다.
⑤ 측정 방법: 측정 제품의 수량 등을 고려하여 원격 측정, 자동 측정, 기록 등의 방법을 선정한다.

4) 제품의 형상과 측정 범위에 따른 측정기를 선정

측정 요소의 형상과 측정 범위에 따라 적용할 수 있는 측정기는 다음을 고려하여 선정한다.

① 측정 제품의 형상: 제품의 형상에 따라 측정 범위는 길이, 위치, 자세, 형상 및 흔들림 등이 있으므로 이에 따른 적절한 측정 방법과 측정기를 선정한다.
② 측정 대상 제품의 품질 등급 또는 중요도
③ 측정 대상 제품의 수량
④ 경제성: 절삭가공 제품에서 측정 수량이 적으면 손쉽게 다양한 기하 공차를 포함한 측정이 가능한 3차원 측정기를 활용하지만, 복잡하지 않은 제품은 2차원 측정기를 활용한다. 그러나 수량이 대량이면 게이지에 의한 비교 측정 방법이 훨씬 경제적이고 효과적이므로, 제품의 측정 범위와 공차에 알맞은 게이지를 선정한다.

5) 한계게이지

(1) 표준게이지

호환성 있는 측정 방식을 표준게이지로 만들어 이용하였으며, 표준게이지로는 [그림 5-1]과 같다.
① 와이어 게이지: 각종 선재의 지름이나 판재의 두께 측정에 사용된다.
② 틈새게이지: 미소한 틈새 측정에 사용된다.
③ 피치 게이지: 나사의 피치나 산수를 측정

④ 센터 게이지: 나사바이트의 각도 측정
⑤ 반지름게이지: 곡면의 둥글기를 측정
⑥ 드릴 게이지: 단계적으로 크기 순서대로 만들어 드릴의 지름을 측정

그 외에도 각도게이지, 기어측정 게이지, 애크미 게이지 등이 있다.

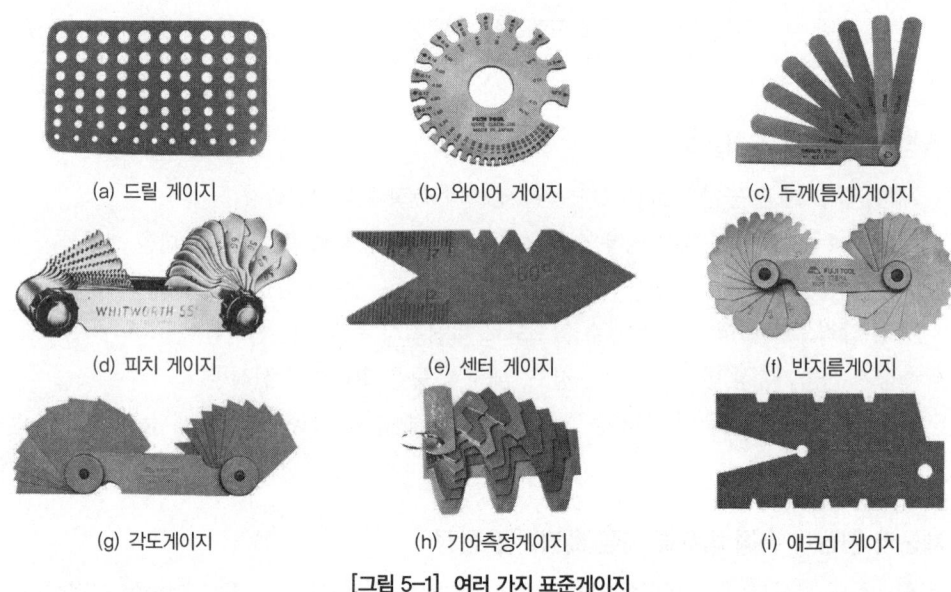

(a) 드릴 게이지　　(b) 와이어 게이지　　(c) 두께(틈새)게이지
(d) 피치 게이지　　(e) 센터 게이지　　(f) 반지름게이지
(g) 각도게이지　　(h) 기어측정게이지　　(i) 애크미 게이지

[그림 5-1] 여러 가지 표준게이지

(2) 한계게이지(limit gauge)

기계 부품의 정해진 실제 치수가 크고 작은 두 개의 한계 사이에 들도록 하는 것이 합리적이다. 이 두 개의 한계를 나타내는 치수를 허용한계 치수라 하고, 큰 쪽을 최대허용치수, 작은 쪽을 최소허용치수라 하고, 두 한계 치수의 차를 공차라 한다. 이 부품의 실제 가공된 치수가 두 한계 허용치수 내에 있는지는 한계게이지를 이용하여 검사한다. 공차 부호의 방향 는 통과 측 플러그 게이지는 '+'로 하고, 정지 측 게이지는 '-'로 한다.

① 한계게이지의 장점
　㉠ 검사하기가 편하고 합리적이다.
　㉡ 합·부 판정이 쉽다.
　㉢ 취급의 단순화 및 미숙련공도 사용 가능하다.
　㉣ 측정시간 단축 및 작업의 단순화한다.

② 한계게이지의 단점
　㉠ 합격 범위가 좁다.
　㉡ 특정 제품만 제작되므로 공용사용이 어렵다.

(3) 테일러(taylor's)의 원리

한계게이지로 검사하여 합격한 제품이라 하더라도 축의 약간 구부림 현상이나 구멍의 요철, 타원이 생겼을 때 끼워 맞춤이 안 되는 경우가 많았는데, "통과 측은 전 길이에 대한 치수 또는 결정량이 동시에 검사되고, 정지 측은 각각의 치수가 따로따로 검사되어야 한다."

(4) 한계게이지 종류

한계게이지는 산업현장에서 측정의 목적을 효과적이면서도 경제적으로 달성하는 방법으로 절삭가공작업자가 작업 현장에서 직접 사용이 가능하거나, 수량이 많은 경우 이에 알맞은 게이지를 선정한다.

(a) 스플라인 플러그 게이지   (b) 테이퍼 플러그 게이지
(c) 플러그 게이지   (d) 나사 플러그 게이지
(e) 갭(gap) 또는 스냅(snap) 게이지   (f) 링 게이지   (g) 나사 링 게이지

[그림 5-2] 한계게이지

① 구멍용 한계게이지

구멍의 최소허용치수를 기준으로 한 측정 단면이 있는 부분을 통과(go) 측이라 하고, 구멍의 최대 허용치수를 기준으로 한 측정 단면이 있는 부분을 정지(no go)라 한다.

㉠ 플러그 게이지(plug gauge)

㉡ 평게이지(flat gauge)

㉢ 판게이지(plate gauge)

㉣ 터보 게이지(tebo gauge)

㉤ 봉게이지(bar gauge)

② 축용 한계게이지

축의 최대 허용치수를 기준으로 한 측정 단면이 있는 부분을 통과측이라 하고, 축의 최소허용치수를 기준으로 한 측정 단면이 있는 부분을 정지 측이라 한다.

㉠ 링 게이지(ring gauge): 지름이 작은 것이나 두께나 얇은 공작물의 측정에 사용된다. 링 게이지는 스냅 게이지에 비하여 가격이 비싸지만, 테일러의 원리에 따라 통과 측에는 링 게이지를 사용하는 것이 바람직하다.

㉡ 스냅 게이지(snap gauge): 스냅 게이지를 사용한 방법은 일반적으로 측정 압력이 작용하므로 취급에 주의하여야 한다. 스냅 게이지는 테일러의 원리에 따라 정지 측에만 사용하는 것이 좋으나, 게이지 원가 가격이 싸고 사용상 편리성, 축의 형상 오차가 작다는 것 등을 고려하여 통과 측, 정지 측 모두 사용하고 있다.

6) 기본측정기의 종류와 특징

(1) 버니어 캘리퍼스

버니어 캘리퍼스는 자와 캘리퍼스를 조합한 것으로, 공작물의 바깥지름, 안지름, 깊이, 단차 등을 측정하는 데 사용한다. 측정 정도는 일반적으로 0.02mm~0.05mm까지 측정할 수 있으며, 디지털이나 다이얼 타입은 0.01mm까지도 측정할 수 있다. 측정 조(jaw)와 어미자, 아들자의 눈금에 의해 치수를 측정한다. 호칭 치수는 측정이 가능한 최대 길이로 나타낸다.

▶ 버니어 캘리퍼스의 종류

KS에는 M1형, M2형, CB형, CM형 네 종류를 규정하고, 그 외 다이얼 캘리퍼스, 깊이 게이지, 이 두께 버니어 캘리퍼스 등이 있다.

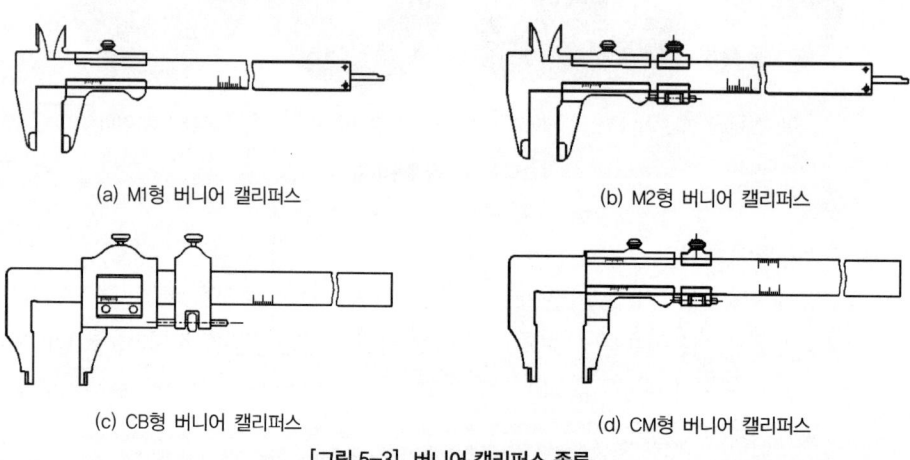

(a) M1형 버니어 캘리퍼스   (b) M2형 버니어 캘리퍼스
(c) CB형 버니어 캘리퍼스   (d) CM형 버니어 캘리퍼스

[그림 5-3] 버니어 캘리퍼스 종류

(2) 마이크로미터

마이크로미터의 원리는 나사를 이용한 것으로, 수나사가 암나사 속에서 1회전할 때 나사축의 진행 거리는 나사의 1피치만큼 이동한다. 크기의 간격은 25mm로 되어 있어 측정물의 크기에 따라 적합한 마이크로미터를 선정한다.

▶ 마이크로미터의 종류

마이크로미터에는 외측 마이크로미터 이외에 내측 마이크로미터, 나사 마이크로미터, 디스크 마이크로미터, 포인트 마이크로미터, 깊이 마이크로미터 등 여러 종류가 있다.

[그림 5-4] 마이크로미터 종류

(3) 다이얼 게이지

다이얼 게이지(dial gauge)는 측정자(測定子)의 직선 또는 원호 운동을 기계적으로 확대하여 그 움직임을 지침의 회전 변위로 변환하여 눈금으로 읽을 수 있는 길이 측정기이다.

① 다이얼 게이지의 사용범위

평행도, 직각도, 진원도, 두께, 깊이, 축의 굽힘 검사, 공작기계의 정밀도 검시, 회전축의 흔들림 검사, 기계 가공에 있어서 흔들림 검사에 사용된다.

② 다이얼 게이지의 특징
㉠ 소형이고 가볍고 취급하기 쉬우며, 측정 범위가 넓다.
㉡ 눈금과 지침으로 읽기 때문에 읽음 오차가 적다.
㉢ 연속된 변위량을 측정할 수 있다.
㉣ 많은 개소의 측정을 동시에 할 수 있다.
㉤ 부속 장치의 사용에 따라 광범위하게 측정할 수 있다.

③ 다이얼 게이지의 응용
㉠ 다이얼 두께게이지
㉡ 다이얼 깊이게이지
㉢ 진원도 측정: 지름법, 반지름법, 3점법
㉣ 내경 측정

ⓜ 큰 구면의 지름
ⓑ 직각도, 흔들림 측정

④ 다이얼 게이지의 응용 범위
  ㉠ 외경, 높이, 두께 측정
  ㉡ 깊이 측정
  ㉢ 진원도 측정
  ㉣ 안지름(캠식 실린더 게이지) 측정
  ㉤ 직각도 측정
  ㉥ 흔들림 측정
  ㉦ 공구 및 공작물 세팅

(4) 실린더 게이지

① 치수의 변화량을 측정자로 캠에 전달하고, 캠의 전도자로 누름핀에 전달되어 다이얼 게이지의 스핀들을 변화시켜 지침으로 표시된다.
② 내경 또는 홈 폭을 측정하는 데 편리하다. 측정할 때는 고정된 측정자를 안쪽으로 붙여 가동식으로 하면 측정 범위가 넓어진다.
③ 측정 길이가 길게 되면 휨이 생겨 오차의 원인이 되므로 주의해야 하며 측정 범위는 6~400mm까지로 되어있다.
④ 측정자 변화량의 운동 방향을 직각으로 바꾸어 다이얼 게이지에 전달하는 기구에는 캠(cam), 레버(lever), 경사판, 쐐기(wedge) 등이 주로 사용된다.

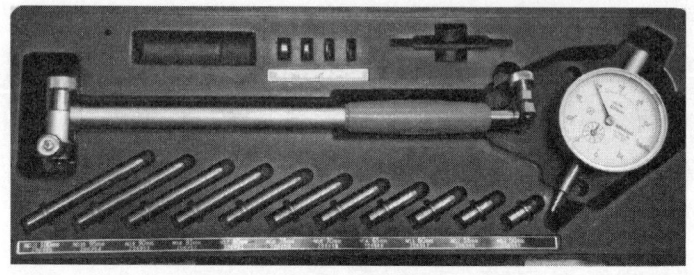

[그림 5-5] 실린더 게이지 세트 예시

(5) 게이지 블록

게이지 블록(gauge block)은 길이의 기준으로 사용되고 있는 평행 단도기로서, 요한슨이 처음으로 제작하였다. 103개 이상의 게이지에 의해 1,000mm부터 201mm까지 0.01mm 간격으로 2만 개 정도의 많은 치수를 1개 또는 몇 개를 조합하여 얻을 수 있다. 조합된 게이지 블록의 치수 오차는 측정면이 래핑 가공되어 있으므로, 밀착하여 사용해도 $1\mu m$ 간격으로 조합할 수 있고, 그 정도가 아주 높고 쉽게 임의의 치수를 얻을 수 있다. 내마모성을 높이기 위하여 HRC 65(Hv 800 이상) 정도로 열처리한 후 시효경화 처리가 되어있다. 수량에 따라 분류하면 103조, 76조, 47조, 32조, 8조 등으로 나눈다.

① 게이지 블록의 특징
    ㉠ 광 파장으로부터 직접 길이를 측정한다.
    ㉡ 길이의 정도가 아주 높다(0.01μm).
    ㉢ 측정 면이 서로 밀착하는 특징으로 몇 개의 수로 많은 치수의 기준을 얻어진다.
    ㉣ 사용이 편리하다.

② **밀착 방법**
    ㉠ 밀착하기 전에 깨끗한 천으로 방청유와 먼지를 깨끗이 닦아낸다.
    ㉡ 측정면의 중앙에서 서로 직교하도록 댄다.
    ㉢ 가볍게 누르면서 돌려 붙이면 밀착된다.
    ㉣ 두꺼운 것과 얇은 것과의 밀착은 [그림 5-6] (a)와 같이 얇은 것을 두꺼운 것의 한쪽에 대고 가볍게 누르면서 밀어 밀착한다.
    ㉤ 두꺼운 게이지 블록의 밀착은 [그림 5-6] (b)와 같이 먼저 밀착면을 직각으로 맞추고 가볍게 누르면서 90°로 회전시키면서 밀착한다.

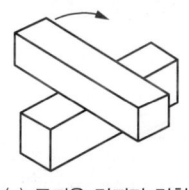 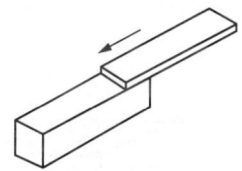

(a) 두꺼운 것끼리 밀착   (b) 두꺼운 것과 얇은 것 밀착

[그림 5-6] 밀착 방법

③ 게이지 블록의 선택 방법
    게이지 블록 표준 조합의 선택은 다음 조건을 고려해서 선택하는 것이 좋다.
    ㉠ 필요로 하는 최소 치수의 단계
    ㉡ 필요로 하는 측정 범위
    ㉢ 필요로 하는 치수에 대하여 밀착되는 개수를 가능하면 적게 할 것

④ 게이지 블록의 등급과 용도
    게이지 블록의 등급과 용도는 〈표 5-1〉과 같다.

〈표 5-1〉 게이지 블록의 등급과 용도

용도	사용 목적	등급
참조용	• 표준용 게이지 블록의 정밀도 점검, 학술적 연구 • 검사는 3년, 정밀도(평행도 허용치)는 ±0.05μ	K 또는 00
표준용	• 공작용 게이지 블록의 정밀도 검사 • 검사용 게이지 블록의 정밀도 검사 • 검사는 2년, 정밀도(평행도 허용치)는 ±0.1μ	0
검사용	• 게이지의 정밀도 점검, 측정기류의 정밀도 조정 • 기계 부품, 공구 등의 검사 • 검사는 1년, 정밀도(평행도 허용치)는 ±0.2μ	1
공작용	• 게이지의 제작, 측정기류의 조정 • 공구, 절삭 공구의 설치 및 조정 • 검사는 6개월, 정밀도(평행도 허용치)는 ±0.4μ	2

⑤ 게이지 블록의 종류

게이지 블록의 종류는 모양에 따라 직사각형의 단면을 가진 요한슨형, 중앙에 구멍이 뚫린 정사각형의 단면을 가진 호크(hoke)형과, 원형으로 중앙에 구멍이 뚫린 캐리(cary)형, 팔각형 단면으로서 2개의 구멍을 가진 것 등이 있다. 일반적으로 KS에서 규정된 요한슨형이 많이 사용하고, 호크형은 주로 미국에서 많이 사용하며, 얇은 치수(0.05~1mm)에는 캐리형이 사용되나 근래에는 거의 생산되지 않는다.

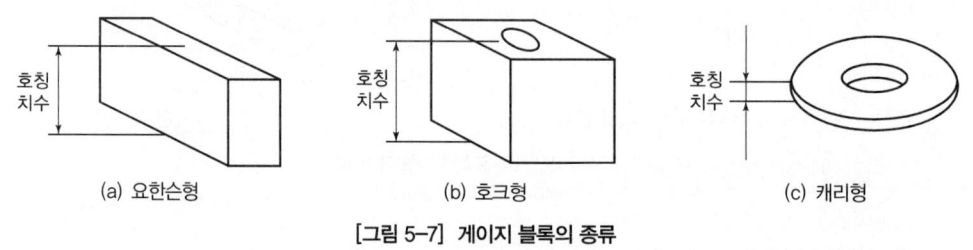

(a) 요한슨형　　(b) 호크형　　(c) 캐리형

[그림 5-7] 게이지 블록의 종류

(6) 하이트 게이지(height gauge)

하이트 게이지는 대형 부품, 복잡한 모양의 부품 등을 정반 위에 올려놓고 정반면을 기준으로 하여 높이를 측정하거나, 스크라이버(scriber) 끝으로 금 긋기 작업을 하는 데 사용한다. 하이트 게이지의 기본 구조는 스케일과 베이스 및 서피스 게이지를 한데 묶은 것으로, 아베의 원리에 어긋나는 구조이다. 호칭 치수는 300mm, 600mm, 1,000mm가 있다.

① 아들자의 눈금 기입 방법

일반적으로 어미자 49mm를 50등분한 아들자로서, 최소 측정값이 1/50mm로 되어있고, 어미자 양쪽에 눈금을 새긴 것에는 1/20mm의 최소 측정값을 함께 사용하고 있다.

② 하이트 게이지 종류

하이트 게이지는 HT형, HM형, HB형의 세 종류가 있으며, HT형과 HM형의 복합형이 가장 많이 사용하고 있다.

㉠ HT형은 정반으로부터 높이를 측정할 수 있으며, 눈금자가 별도로 스탠드 홈을 따라 상하로 이동하기 때문에 0점 조정을 할 수 있고, 슬라이더를 조금씩 이동시킬 수 있는 장치가 있다.

㉡ HM형은 견고하여 금긋기 작업에 적당하고, 0점을 조정할 수 없으며, 슬라이더를 조금씩 이동시킬 수는 있다.

㉢ HB형은 슬라이더가 상자 모양으로 되어있으며, 스크라이버의 밑면은 정반면까지 내려갈 수 없으나 슬라이더의 이동 거리가 곧 높이가 된다.

(7) 측장기

측장기는 내부에 표준자 또는 기준 편을 가지고 피측정물의 치수와 길이를 직접 구할 수 있는 길이 측정기로서 주로 게이지류, 정밀 공구, 정밀 부품 길이측정에 사용되는 것이므로, 비교적 큰 치수의 것을 높은 정밀도로 직접 측정하는 장치이다.

(8) 각도게이지

각도게이지는 여러 종류의 각도를 갖는 게이지이다. 각도게이지의 조합으로 다양한 각도를 얻을 수 있는 게이지로, 요한슨식과 NPL식이 있다.

NPL식의 각도게이지는 측정면이 요한슨식 각도게이지보다 크고 몇 개의 블록을 조합하여 임의의 각도를 만들 수 있고, 그 위에 밀착할 수 있어 현장에서도 많이 쓰고 있다.

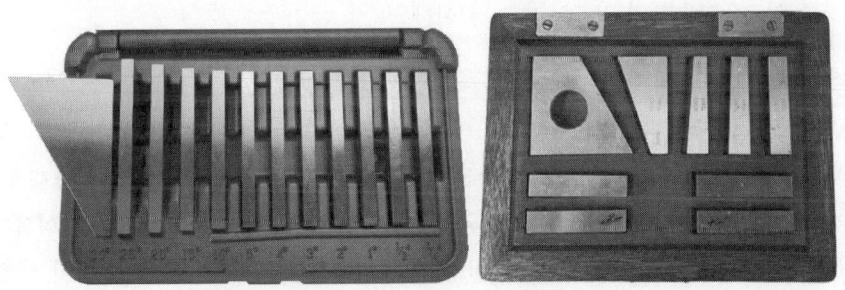

[그림 5-8] 각도게이지(NPL식) 예시

① 요한슨식 각도게이지

요한슨(Johansson)에 의해 고안된 게이지로 길이는 약 50mm, 폭은 19mm, 두께는 2mm의 판게이지를 85개 또는 49개를 한 조로 하고 있다. 이 게이지는 긴 방향의 양 측면이 서로 평행하여 이 평행한 측면에 대하여 게이지면은 네 귀퉁이에 경사된 짧은 다듬질 가공면으로 되어있고, 여기에 각도가 기입되어 있으며, S자는 그 장소를 표시한 것이다.

홀더(holder)를 이용하여 2개를 조합하여 사용하고 85개조의 측정 범위는 0~10°와 350~360° 사이의 각도는 1° 간격으로, 그 외의 각도는 1′ 간격으로 만들 수 있다. 49개조는 0~10°와 350~360° 사이의 각도를 1° 간격으로, 그 외의 각도는 5′ 간격으로 만들 수 있다.

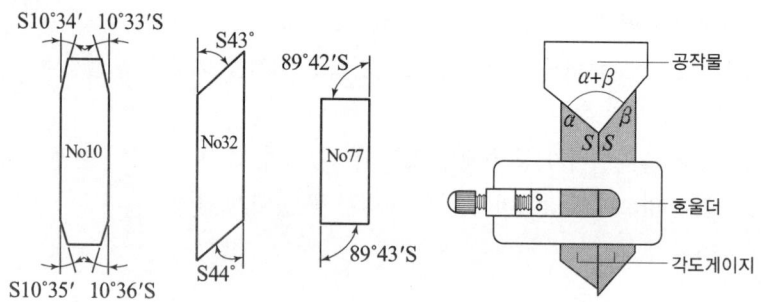

[그림 5-9] 요한슨식 각도게이지

② NPL식 각도게이지

영국의 톰린스(Tomlinson)에 의하여 고안된 것으로 100×15mmm의 쐐기형 강철제 블록으로 되어있다. NPL식 각도게이지는 12개 게이지 6″, 18″, 30″, 1′, 3′, 9′, 27′, 1°, 3°, 9°, 27°, 41°를 한 조로 2개 이상 조합해서 0°~81°까지 6″ 간격으로 임의의 각도를 만들 수 있고, 조립 후의 정도는 ±2~3″이다.

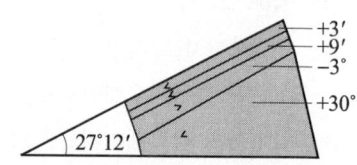

[그림 5-10] NPL식 각도게이지

(9) 베벨 각도기

2면 간의 각도를 간단하게 측정하는 데는 베벨 각도기가 많이 쓰이며, 눈금 읽는 방법에 따라서 기계적인 각도기와 광학적인 각도기가 있다. 각도의 읽음을 5′ 또는 3″까지 읽을 수 있는 것이 있다. 원주 눈금이 새겨진 자와 읽음용 눈금 혹은 아들자 눈금을 가진 회전체로 되어 있으며, 기계적 베벨 각도기(bevel protractor)와 광학적 베벨 각도기가 많이 사용된다.

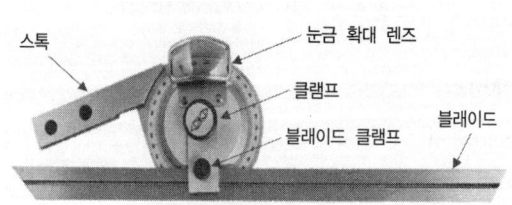

[그림 5-11] 베벨 각도기의 각부 명칭 예시

① 만능(베벨) 각도기

두 면 간의 각도를 측정하는 측정기로 눈금 원판은 1눈금이 1′이고, 최소 읽을 눈금은 23′를 12등분한 아들자는 5′이고, 19°를 20등분한 아들자는 3′이다.

[그림 5-13]은 눈금 읽는 방법의 예로서 눈금 원판과 버니어 눈금의 일치점이 버니어 눈금에서 25′이므로 측정값은 20°25′이 되겠다.

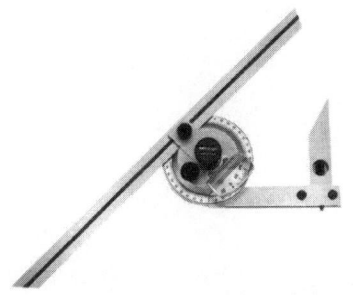

[그림 5-12] 만능(베벨) 각도측정기

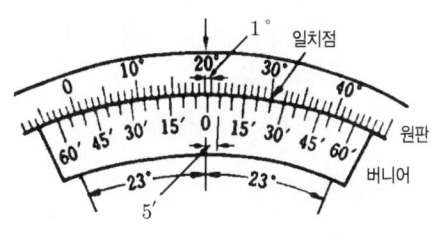

[그림 5-13] 눈금 읽는 방법 예

② 콤비네이션 세트(combination set)

강철자에 스퀘어 헤드와 센터 헤드가 있는 것을 콤비네이션 스퀘어(combination square)라 하며, 여기에 각도기가 붙어 있는 것을 콤비네이션 세트라 한다. 스퀘어 헤드는 높이 측정에 사용하고, 센터 헤드는 중심을 내는 금긋기 작업에 이용한다. 또한, 각도기에는 수준기가 붙어있는 것도 있다.

[그림 5-14] 콤비네이션 세트

(10) 수준기

수준기는 수평 또는 수직을 정하는 데 쓰이며, 그 외에 수평·수직으로부터 약간 경사진 부분을 측정한다. 경사각은 눈금을 읽어 각도로 환산하며 경사각을 라디안으로 나타내면 $\theta = \dfrac{L}{R}$ (θ : radian) 수준기의 감도는 KS에서 기포관의 1눈금(2mm)이 변위되는 데 필요한 경사각을 밑면 1m에 대한 높이 또는 각도로 표시된다.

따라서 $\rho = 206265 \times \dfrac{a}{R}$ 가 된다.

(11) 투영기

나사, 게이지, 기계 부품 등의 측정물을 광학적으로 정확한 배율로 확대, 투영하여 스크린에서 그 형상, 치수, 각도 등을 측정하는 장치로서, 다음과 같은 측정을 할 수 있는 측정기이다.

① 투영기의 측정 범위
  ㉠ 눈금자에 의한 치수 측정
  ㉡ 챠트를 이용한 비교 측정
  ㉢ XY 방향 재물대를 이용한 직각 좌표 측정
  ㉣ 회전 테이블과 XY 방향 재물대를 이용한 극좌표 측정
  ㉤ 각도 측정
  ㉥ 나사의 측정
    ⓐ 바깥지름 및 골 지름 측정
    ⓑ 유효지름 측정
    ⓒ 피치와 각도 측정

(12) 형상 측정기
공작물의 형상을 측정하는 방법은 다음과 같다.

① 게이지(template)에 의한 방법
나사산의 형상, 피치, 반지름, 각도와 같은 비교적 단순한 형상에 대하여 게이지와 공작물을 대조하여 그 틈새로서 측정한다.

② 공구 현미경에 의한 방법
공작물의 윤곽을 현미경으로 확대하여 기준과 비교에 의해 측정한다.

③ 투영기에 의한 방법
확대 투영한 공작물의 윤곽을 X-Y 테이블을 이송하거나, 스크린 회전으로 측정한다.

④ 형상 측정기
표면 거칠기 측정의 원리를 이용한 기구적인 측정 방법이다. 정밀도가 높으며 고정식과 휴대용이 있다.

(13) 표면 거칠기 측정기
표면 거칠기는 표면의 요철로 가공된 표면에 미세한 간격으로 나타나는 미세한 굴곡을 말한다. 절삭가공 방법이나 다듬질 방법에 따라 모양과 크기가 다르다. 이러한 표면 구조는 표면의 입체적 구조를 형성하는 실측 표면의 공칭 표면에 대한 변위로서, 거칠기(roughness), 파상도(waviness), 결(lay), 흠(flaw) 등으로 이루어진다. 표면 거칠기는 주로 Ra, Rz로 가장 많이 표현된다. 표면의 결에 대한 기본 그림 기호는 '√'로 표기하며, 세부적인 파라미터의 정의 및 표시는 KS B ISO4287을 참조한다.

① 표면 거칠기의 측정법
  ㉠ 비교용 표준편과의 비교 측정: 사람의 손가락 감각으로 표준편과 가공된 제품과의 표면 거칠기를 비교 측정
  ㉡ 광절단식 표면 거칠기 측정법: β쪽의 좁은 틈새로 나온 빛을 투사하여 광선으로 표

면을 절단하여 γ방향에서 현미경이나 투영기에 의해서 확대하여 관측 또는 사진을 찍어서 요철 상태를 알 수 있다.

ⓒ 광파간섭식 표면 거칠기 측정법: 빛의 간섭을 이용하여 가공면의 거칠기를 측정하는 방법으로 래핑면과 같이 초점 밑면에 적합하며 $1\mu m$ 이하의 비교적 미세한 표면의 측정에 사용되며, 최대높이 거칠기는 $R_{max} = \dfrac{b}{a} \times \dfrac{\lambda}{2}$ 식으로 구한다.

ⓐ 장점: 분해 능력이 크고, 매우 부드러운 물체의 측정이 가능하며, 직접 측정이 어려운, 기어, 나사면, 구멍 등을 측정할 수 있다.

ⓑ 단점: 반사면이 좋은 표면에만 사용할 수 있고, 진동에 민감하므로 연구실용으로 적당하다.

ⓔ 촉침식 표면 거칠기 측정법: 표면 거칠기 측정법의 대표적인 방법으로 측정원리는 피측정면에 수직으로 움직이는 촉침으로 피측정면의 표면을 긁어서 상·하의 움직임양을 전기적인 신호로 변환하고, 증폭시켜 그래프에 그리거나 meter에 값을 지시한다. 구성요소는 촉침, 감응기, 증폭기, 기록계(지시계) 등으로 구성된다.

② 표면 거칠기의 표현
ⓐ 최대높이 거칠기(Ry)
ⓑ 산술 평균 거칠기(Ra)
ⓒ 10점 평균 거칠기(Rz)

03 기본측정기 사용

1 측정기 사용 방법

1) 측정 물의 설치 시 고려사항

(1) 치환법

측정에 있어서 측정값의 신뢰도는 측정할 때 발생할 수 있는 측정 오차 발생 가능성을 최소화할 필요가 있다. 특히, 길이측정의 경우 치환법을 사용하면 측정 오차를 피하는 방법이 된다. 치환법이란, 예를 들면 게이지 블록 등의 표준게이지로 측정기와 피측정물의 위치, 고정 방법 등을 정한 후, 표준게이지를 피측정물로 치환하는 방법이다.

나이얼 게이지를 이용하여 길이의 측정을 할 때 게이지 블록을 올려놓고 측정한 다음 피측정물을 바꾸어 넣었을 때의 1지시의 차 $h_2 - h_1$ 을 읽고 사용한 게이지 블록의 높이 H_0을 알면 다음 식에 의해서 피측정물의 높이를 구할 수 있다.

$$H = H_0 + (h_2 - h_1)$$

이와 같이, 지시량과 미리 알고 있는 양으로부터 측정량을 아는 방법을 치환법(置換法)이라 한다.

(2) 편위법
측정하려고 하는 양의 작용 때문에 계측기의 지침에 편위를 일으켜 이 편위를 눈금과 비교함으로써 측정을 행하는 방식이다. 편위법은 정밀도를 높이기에는 곤란하지만, 조작이 간단하므로 널리 쓰이고 있다. 비교 측정치를 얻는 것으로 다이얼 게이지, 가동 코일식 전압계, 전류계 등 일반계측기는 대부분이 다 이 방식이다.

(3) 영위법
기준량을 준비하여 측정량에 평행 시켜 계측기의 지시가 0 위치를 나타낼 때의 크기로부터 측정량의 크기를 간접으로 아는 방식이다.
[예] 마이크로미터, 히스톤 브리지, 전위차계 등
[특징] 0 위치로부터 불 평형을 검출하여 기준량에 피드백시켜 평형이 되도록 기준량의 크기를 조정하는 것

(4) 보상법
천칭을 이용하여 물체의 질량 M을 측정할 때 분동과 물체의 불 평형의 정도 m을 바늘이 가리키는 눈금을 읽어도 물체의 질량을 알 수 있다. 이와같이 측정량과 크기가 거의 같은 미리 알고 있는 양의 분동을 준비하여 분동과 측정량의 차이로부터 알아내는 방법을 보상법(補償法)이라 한다. 보상법은 영위법과 편위법을 혼용한 방식으로 볼 수 있으며 치환법에 따른 길이의 측정도 원리적으로는 보상법 같은 경우가 많다. 영위법과 편위법의 혼합방식이다.

2) 아베의 원리(Abbe's principle)
"표준자와 피측정물은 같은 축선상에 있어야 한다."라는 원리이다. 이것을 컴퍼레이터의 원리라고도 하며, 예를 들어 [그림 5-15]에서 (a) 외측 마이크로미터는 눈금자가 측정접촉자의 변위 선상에 있고, (b) 버니어 캘리퍼스는 눈금자가 측정접촉자와 어떤 거리만큼 떨어진 평행선상에 있으므로 같은 기울어짐에 대하여 생기는 오차는 외측 마이크로미터가 극히 작다. 그러므로 외측 마이크로미터를 아베의 원리에 만족하는 구조라고 하며, 정도가 높은 측정기에서는 이러한 구조가 기본이다.

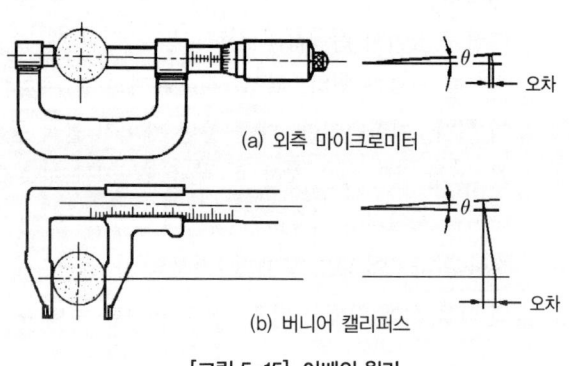

[그림 5-15] 아베의 원리

2 측정 오차

1) 오차와 보정 값

측정할 때 제품은 절삭가공으로 결정된 값을 가지는데, 이 값을 참값이라고 한다. 측정값은 환경 조건, 측정 기기의 오차 등 여러 가지 이유로 참값을 구현하는 것은 현실적으로 불가능에 가깝다고 보는 것이 좋다. 측정값과 참값과의 차를 오차(error)라고 하고, 보정 값은 오차의 역수가 되는 것으로 다음과 같이 나타낸다.

① 오차 = 측정값 − 참값

② 보정 값 = 참값 − 측정값

③ 오차율 = $\dfrac{오차}{참값} \times 100(\%)$

2) 오차의 원인

(1) 측정기에 의한 오차

지시의 흐트러짐(흔들림 오차, 되돌림 오차, 반복 오차), 지시 오차, 직선성과 같은 측정기 고유의 요인으로 발생하는 오차이다.

(2) 사람에 의한 오차

측정 시 측정자의 자세에 의한 눈금 읽음, 측정 결과의 기록 오류와 같이 사람의 습관, 심리적인 요인 등으로 발생하는 오차이다.

(3) 환경에 의한 오차

측정 장소 주변 환경(온도, 먼지, 진동 등), 측정기의 측정 압력, 측정기나 소재의 탄성 변형, 측정 방법 등으로 발생하는 오차이다.

(4) 복잡한 요소가 중복된 오차

여러 가지 원인(온도, 기압, 습도, 지동, 측정하는 사람의 심리적 요소 등)이 서로 독립적으로 불규칙하게 작용하여 발생하는 오차로, 원인을 규명하기 어려운 오차이다.

3) 오차의 종류

(1) 개인 오차

측정 시 눈금을 읽을 때 측성사의 습관으로 발생히는 오차로, 측정자에 따라서 한 눈금 사이를 읽을 때 실제보다 크게 또는 작게 읽는 경우이다. 이러한 오차는 반복 숙련으로 최소화할 수 있다.

(2) 기기 오차

측정기의 구조상에서 일어나는 오차로서 아무리 정밀하게 제작한 기기라도 다소의 오차는 발생한다. 측정기의 구조상의 오차가 발생하거나, 측정기 0점 조정 및 교정의 잘못으로 인하여 발생하는 오차로서, 정확하게 교정하여 사용함으로써 오차를 줄일 수 있다.
① 소중히 취급하며 가장 좋은 상태를 유지한다.
② 정도 파악 및 치수 정도에 적합한 측정기를 선택한다.
③ 반복 측정 시 산포 값은 최대와 최소의 평균값을 오차로 한 보정을 하여 준다.
④ 보정 값 = 측정값 − 기차이다.

(3) 환경 오차

실내 온도나 채광의 변화가 영향을 주어 일어나는 오차이다. 따라서 실내 온도나 조명법을 충분히 고려하여 이들 조건을 항상 일정하게 하여 측정치에 대한 영향을 피하도록 하여야 한다.

(4) 우연 오차

잘못을 없애고, 계통적 오차를 보정하여도 여전히 측정값에는 산포가 따르는 것이 보통이다. 이것은 복잡한 요소가 중복된 것으로, 보정할 수 없는 것이 보통이다. 우연 오차는 측정 횟수가 매우 많아지면 다음과 같은 특성이 나타난다.
① 작은 오차는 큰 오차보다 많이 나온다.
② 같은 크기의 음(−), 양(+)의 오차는 같은 횟수로 나온다.
③ 매우 큰 오차는 나오지 않는다.

4) 변형에 의한 오차 요인

가늘고 긴 모양의 피측정물을 정반 위에 놓으면 접촉하는 면의 형상 오차 때문에 불규칙한 변형이 생기므로, 보통 2점에서 지지한다. 이때 긴 물체는 자중 때문에 휨이 생기고 정확한 치수 측정이 불가능하다. 따라서, 각 지점의 지지 위치에 따라 모양이 각각 달라지므로, 사용 목적에 따라 가장 적합한 것을 선택하여야 한다.

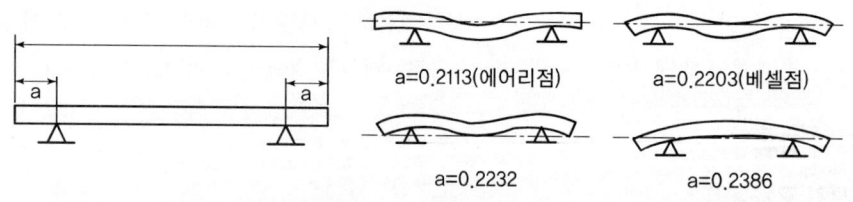

[그림 5-16] 지지점과 처짐

(1) (a = 0.2113L) 에어리 점(airy point)

눈금이 중립면에 없는 경우 및 게이지 블록과 단도기를 수평으로 지지할 때 사용되는 방법으로서, 처음 평행한 2개의 단면이 지지 때문에 굽힘이 발생한 후에도 양 단면이 평행을 유지할 수 있는 지지 방법으로서 길이의 오차도 최소화할 수 있다.

(2) (a = 0.2203L) 베셀점(bessel point)

중립 면에 눈금을 만든 표준자를 지지할 때 사용되는 방법이며, 눈금 면의 직선거리와의 차이를 최소화하는 데 사용되는 방법으로 중립축 또는 중립면의 변위를 최소화할 수 있다.

(3) a = 0.2232L

전장에 걸쳐 변형이 가장 작으며, 양단과 중앙의 처짐이 동일하게 된다.

(4) a = 0.2386L

지지점 사이, 즉 중앙부의 처짐을 최소화(0점)할 수 있으므로 중앙부의 직선 유지가 필요한 경우에 사용된다.

3 측정기 측정값 읽기

1) 버니어 캘리퍼스(vernier calipers) 길이측정

외경, 내경, 깊이, 단차 및 길이를 측정하는 것으로 미터식에서는 1/20mm, 1/50mm까지 읽을 수 있다. 종류로는 미동장치가 없는 M1형(0.05mm) 및 미동장치가 있는 M2형(1/20mm까지 측정)과 CB형 및 CM형(1/20mm까지 측정)의 4가지가 있다.

$$C = S - \left(\frac{n-1}{n}\right) = \frac{S}{n}$$

〈표 5-2〉 버니어 캘리퍼스의 눈금

어미 자의 최소 눈금(mm)	아들자의 눈금 기입 방법	최소 측정값(mm)
0.5	12mm를 25등분	0.02
	24.5mm를 25등분	
	49mm를 50등분	
1	19mm를 20등분	0.05
	39mm를 20등분	

아들자의 네 번째 눈금 선이 어미자 눈금과 일치하므로 어미자 23mm 눈금 선에서 아들자 0선까지의 치수 0.05×4=0.2mm가 되며, 최종 길이 읽음 값은 23+0.2=23.2mm가 된다.

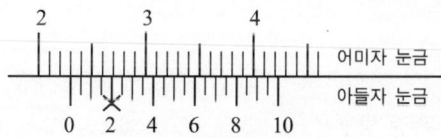

[그림 5-17] 눈금 읽는 방법

2) 마이크로미터(micrometer)

표준마이크로미터는 나사의 피치 0.5mm, 딤블의 원주눈금이 50등분되어 있기 때문에 딤블의 1회전에 의한 스핀들의 이동량(M)은 0.01mm의 측정이 가능하다.

$$M = 0.5 \times \frac{1}{50} = \frac{1}{100} = 0.01\,\mathrm{mm}$$

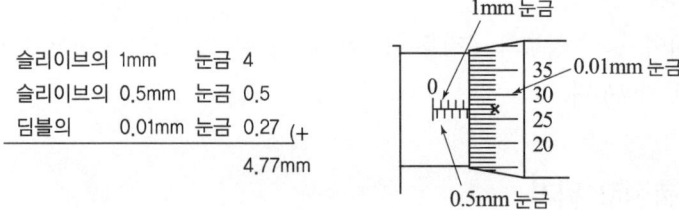

| 슬리이브의 | 1mm | 눈금 | 4 |
| 슬리이브의 | 0.5mm | 눈금 | 0.5 |
| 딤블의 | 0.01mm | 눈금 | 0.27 | (+
| | | | 4.77mm |

[그림 5-18] 마이크로미터의 눈금

3) 실린더 게이지로 안지름(내경)의 길이를 측정

① 2점 접촉식으로 2점 접촉이 자동적으로 지름 위에 오도록 하는 중심장치가 있다. 측정자 변화량의 운동 방향을 직각으로 바꾸어 다이얼 게이지에 전달하는 기구에는 캠(cam), 레버(lever), 경사판, 쐐기(wedge) 등이 주로 사용된다.

② 표준형 실린더 게이지의 측정 범위는 6mm~400mm이다. 측정치는 최소치를 구하면 되므로 실린더 게이지의 손잡이를 측정가가 위치한 방향으로 몇 차례 움직이며, 이때 발생하는 눈금의 최소치를 취한다.

③ 0점 조정(Setting) 방법
  ㉠ 내경 치수와 동일한 링 게이지나 게이지 블록을 활용한다.
  ㉡ 외경 마이크로미터(Micrometer)를 활용한다.

4) 나사측정

(1) 나사측정의 개요

나사를 측정할 때에는 바깥지름(outside diameter), 골지름, 유효지름, 피치(pitch), 나사의 각 등 5가지 요소를 측정한다.

(2) 수나사 측정

유효지름을 측정은 나사 마이크로미터, 삼선법, 공구 현미경 등의 광학적 측정기로 하는 방법이 있다. 삼침법 측정 방법은 $d_2 = M - 3d + 0.86603p$이다.

① 삼침법

나사 게이지 등과 같이 정밀도가 높은 나사의 유효지름 측정에 3침법(3선법)이 쓰이며,

지름이 같은 3개의 핀 게이지를 나사산의 골에 끼운 상태에서 바깥지름을 마이크로미터 등으로 측정하여 계산하며, 유효지름을 측정하는 가장 정밀한 방법이다.

② 나사 마이크로미터에 의한 방법
엔빌 측에 V홈 측정자를 스핀들 측에 원뿔형 측정자를 사용하여 유효지름 값을 직접 읽을 수 있다.

③ 광학적인 방법
투영기, 공구현미경 등의 광학적 측정기에서 나사축 선과 직각으로 움직이는 전후이동 마이크로미터 헤드의 읽음값으로 구할 수 있다.

5) 사인 바(Sine bar)

삼각함수의 사인을 이용하여 임의의 각도를 설정 및 측정하는 측정기로서, 크기는 롤러 중심 간의 거리로 표시하며 일반적으로 100mm, 200mm를 많이 사용한다.

$$\sin\alpha = \frac{H}{L}, \ H = L \times \sin\alpha$$

$$\alpha = \sin^{-1}\frac{H}{L}$$

사인 바를 이용하여 각도 측정 시 $\alpha > 45°$로 되면 오차가 커지므로 기준면에 대하여 45° 이하로 설정한다.

CHAPTER 6 조립도면 해독

01 부품도 파악

1 KS 규격 기계 재료기호

1) 재질의 표시

기계의 부품에는 철강 재료, 비철금속 재료 및 비금속 재료 등 다양한 기계 재료가 사용된다. 도면의 부품란에는 각 부품의 기능에 적합한 기계 재료를 선택하여 이를 표제란이나 부품란에 재질을 표시하는 데, 작업자나 부품 구매자는 물론 제품 재질과 관련된 구성원은 재질을 반드시 이해하여야 한다. 기계 재료를 표시할 때는 주철, 황동 등 일반적인 재료 명칭 대신 규격에 정해진 재료기호를 사용한다. 도면에서 재료기호를 사용하면 부품의 재료를 간단하고 명료하게 표시할 수 있다. 규격이 제정되어 있지 않은 비금속 재료의 경우에는 재료명을 직접 기입한다.

2) 재료기호의 이해

한국 산업 규격의 금속 부문에는 재료의 종류별로 화학 성분, 기계적 성질 및 용도에 따라 재료기호를 지정해 놓았다. 단, 여기에서 정해진 재료기호는 일반적으로 다음과 같이 구성되어 있다. 재료기호는 영문자와 숫자로 이루어져 있으며, 보통 다음의 세 부분으로 나누어진다.

처음은 재질을 나타내는 부분으로 로마자 표기의 머리글자나 원소기호 등으로 표기한다. 중간 부분에는 규격명, 제품명, 형상별 종류나 용도를 나타내는 부분으로, 로마자 표기의 머리글자로 표기한다. 그다음에 재질의 종류 번호나 최고, 최저 인장 강도를 숫자나 영문자로 표시한다. 때에 따라서는 재료기호 끝부분에 제조 방법, 모양, 열처리 방법 등을 덧붙여 표시한다.

3) 재료기호의 구성

한국산업규격(KS)의 금속 부문(D)에는 재료의 종류별로 화학 성분, 기계적 성질 및 용도에 따라 재료기호를 지정해 놓았다.

(1) 처음 부분

재질을 나타내는 부분으로 영문자의 머리글자나 원소기호로 지시한다.

(2) 중간 부분

규격명, 제품명, 형상별 종류나 용도를 나타내는 부분으로 영자의 머리글자로 지시한다.

(3) 끝부분

재질의 종류 번호, 최저 인장강도, 제조 방법, 열처리 방법 등을 숫자나 영문자로 표시한다.

① SF340A(탄소강 단강 품)

② PW1(피아노선 1종)

③ SM20C(기계 구조용 탄소 강재)

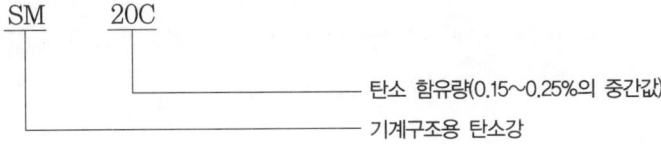

④ BSBMAD□(기계용 황동 각봉)

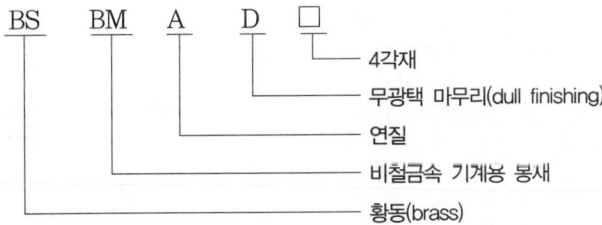

〈표 6-1〉 처음 부분의 기호

기호	재질명	영문	기호	재질명	영문
Al	알루미늄	aluminium	HBs	고강도 황동	high strength brass
AlB	알루미늄 청동	aluminium bronze	HMn	고망간	high manganese
B	청동	bronze	PB	인 청동	phosphor bronze
Bs	황동	brass	S	강	steel
C	구리	copper	ST	스테인리스강	stainless steel
Cr	크롬	chromium	WM	화이트 메탈	white metal

⟨표 6-2⟩ 중간 부분의 기호

기호	재질명	기호	재질명
B	봉(bar)	MC	가단주철품(malleable iron cashing)
C	주조품(castings)	P	판(plate)
CD	구상흑연주철	PS	일반 구조용 관
CP	냉간 압연강판	PW	피아노선
CS	냉간 압연강대	S	일반 구조용 압연재
DC	다이 캐스팅(die castings)	SW	강선(steel wire)
F	단조품(forgings)	T	관(tube)
HG	고압 가스용기	TC	탄소공구강
HP	열간 압연강판	W	선(wire)
HR	열간 압연	WR	선재(wire rod)
HS	열간 압연강대	WS	용접구조용 압연강
K	공구강		

4) 기계 재료의 종류와 기호

각종 기계의 부품에는 철강 재료, 비철금속 재료 등 다양한 재료가 사용되며, 기계의 용도와 각 부품의 기능에 적합한 재료를 선택하여 도면의 부품란에 규격에서 정한 재료기호를 기입한다. 한국 산업 규격의 금속 부문에는 기계 재료의 종류별로 재료·기호가 정해져 있으므로, 각 부품의 기능에 적합한 재료를 선택하여 그 기호를 사용하면 된다.

① SHP1~SHP3: 열간압연 연강판 및 강대

② SS330, SS400, SS490, SS540: 일반구조용 압연강판

③ SCP1~SCP3: 냉간 압연강판 및 강대

④ SWS 400A~SWS570: 용접구조용 압연강재

⑤ PW1~PW3: 피아노선

⑥ SPS1~SPS9: 스프링 강재

⑦ SCr415~SCr420: 크롬 강재

⑧ SNC415, SNC815: 니켈 크롬 강재

⑨ SF340A~SF640B: 탄소강 단강품

⑩ STC1~STC7: 탄소공구강재

⑪ SM10C~SM58C, SM9CK, SM15CK, SM20CK: 기계구조용 탄소강재

⑫ SC360~SC480: 탄소 주강품

⑬ GC100~GC350: 회주철품

⑭ GCD370~GCD800: 구상흑연 주철품

⑮ BMC270~BMC360: 흑심 가단 주철품

⑯ WMC330~WMC540: 백심가단 주철품

⑰ C5191B: 인청동

⑱ BC1~BC7: 청동주물

⑲ ALDC1~ALDC8: 알루미늄 합금 다이캐스팅

5) 기계 재료의 열처리 표시

부품 전체에 열처리할 때는 부품란에 재질과 함께 열처리 방법을 표시하거나 주기란에 기입한다. 부품의 면 일부분에 열처리할 때는 [그림 6-1]과 같이 범위를 외형선에 평행하게 약간 떼어서 굵은 1점 쇄선을 긋고 열처리 방법을 기입한다.

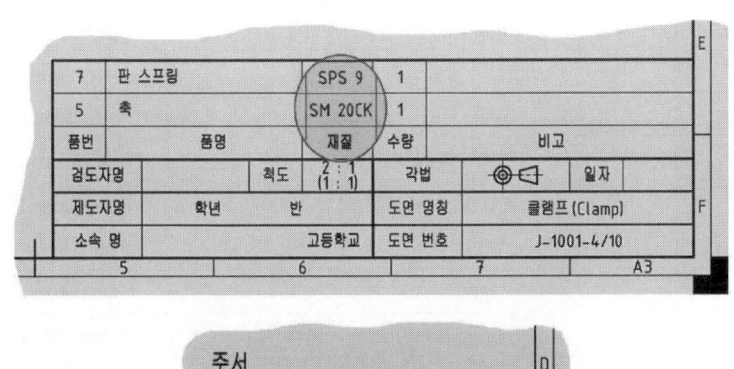

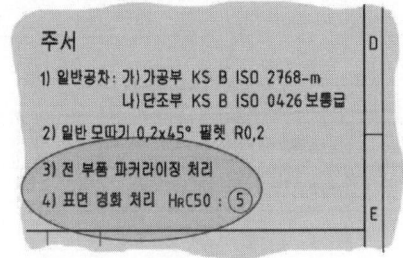

[그림 6-1] 전체 열처리 경우 표제란에 지시하는 방법

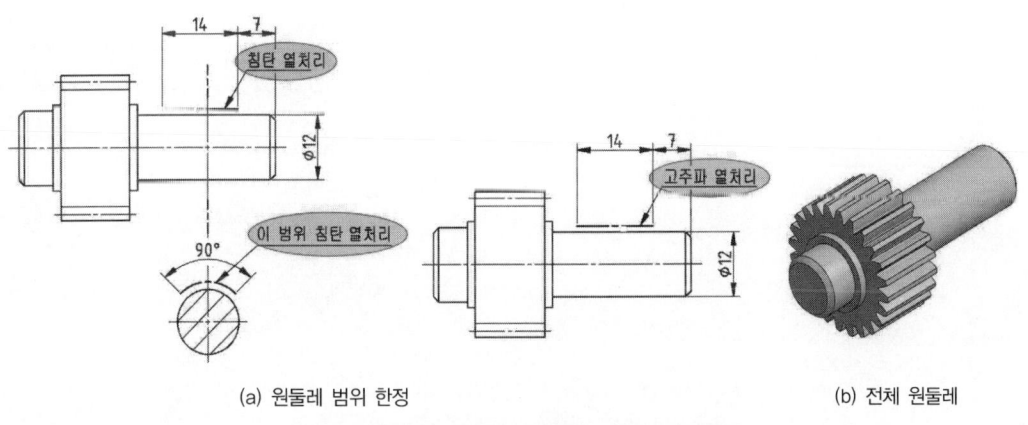

(a) 원둘레 범위 한정 (b) 전체 원둘레

[그림 6-2] 부품 일부분을 열처리할 경우의 지시 방법

〈표 6-3〉 열처리(heat treatment) 기호

기호	가공 방법	의미
R	압연한 그대로	As-rolled
A	어닐링, 소둔	Annealing
N	노멀라이징	Normalizing
Q	퀜칭, 소입	Quenching
NT	노멀라이징, 소균	Normalizing
T	템퍼링, 소려	Tempering
S	고용화 열처리	Solutin Treatment
HG	시효	Ageing
HSZ	서브제로 처리	Subzero treatment
HC	침탄	Carburizing
HCN	침탄질화	Carbon-Nitriding
HNT	질화	Nitriding
HNTS	연질화	Soft Nitriding
HSL	침황	Sulphurizing
HSLN	침황질화	Nitrosulphurizing

CHAPTER 7 체결 요소 설계

01 요구기능 파악 및 선정

1 나사

둥근 막대에 나선의 높은 부분을 갖게 한 것으로, 막대 중심선을 포함한 단면에 있어서 홈과 홈 사이의 높은 부분을 나사산이라고 하며 삼각, 사각, 둥근 것 등 사용 목적에 따라 분류한다. 나사의 용도에 따라 결합용, 운동용, 계측용으로 분류한다.

1) 나사 곡선

[그림 7-1]에서 지름 d인 원기둥에 밑면 AB= πd인 직각 삼각형 ABC를 원통 축선에 직각이 되게 A를 기점으로 하여 올라가면 그 빗변 AC는 원통 위에 하나의 곡선이 된다. 이 곡선을 나사 곡선이라 한다.

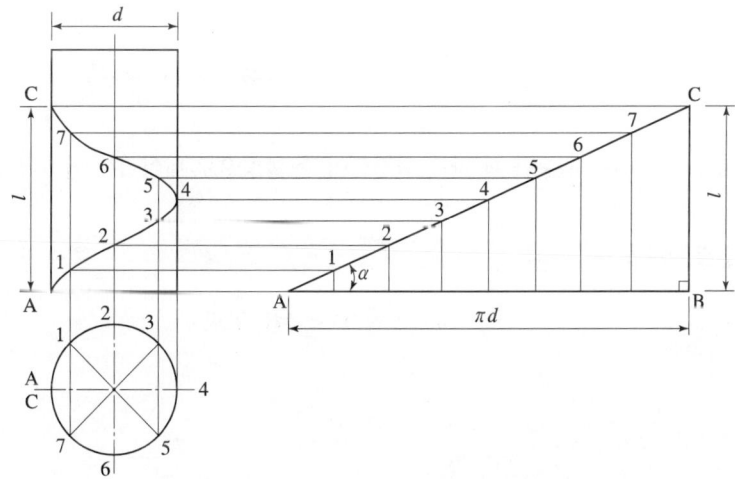

[그림 7-1] 나사 곡선

2) 나사 용어

① 바깥지름: 수나사의 산봉우리에 접하는 가상적인 원통 또는 원뿔의 지름이다. 수나사의 크기는 바깥지름으로 나타내고 암나사는 이것에 끼워지는 수나사의 바깥지름으로 나타낸다. 수나사에서 최소지름을 말하며, 암나사의 최대지름이기도 하다.

② 골지름: 수나사의 골 밑에 접하는 가상적인 원통 또는 원뿔의 지름 수나사는 최소, 암나사는 최대지름이다.

③ 유효지름(피치지름): 나사골의 너비가 나사산의 너비와 같은 가상적인 원통 또는 원뿔의 지름이다.

$$d_2 = \frac{d+d_1}{2}$$

④ 나사 각: 나사의 축선을 포함한 단면 형에 있어서 측정한 인접된 2개의 플랭크가 이루는 각이다.
⑤ 산 높이: 골 밑에서 산의 끝까지를 축선에 직각으로 측정한 거리이다.
⑥ 호칭지름: 나사의 치수를 대표하는 지름으로 수나사의 바깥지름에 대한 기준 치수가 사용된다.
⑦ 산수: 인치나사에서 1인치를 피치로 나눈 값이다.
⑧ 피치(pitch): 나사의 축선을 포함하는 단면에서 서로 이웃한 나사산에 대응하는 2점 사이의 축선 방향의 거리이다.

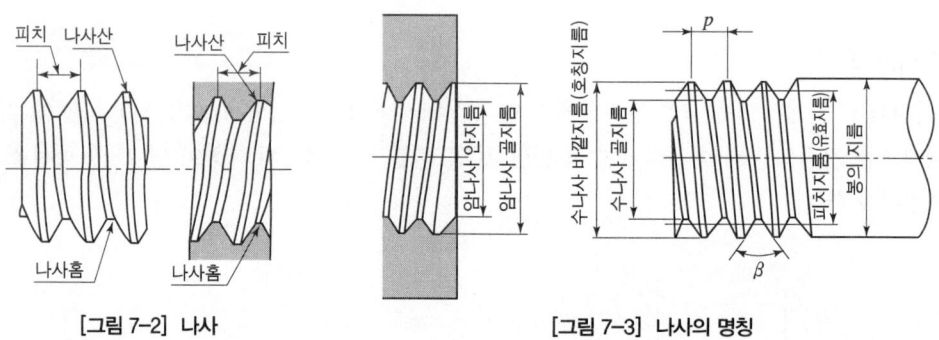

[그림 7-2] 나사 　　　　　　[그림 7-3] 나사의 명칭

⑨ 리드(lead): 나사산이 원통을 한 바퀴 회전하여 축 방향으로 나아가는 거리이다.

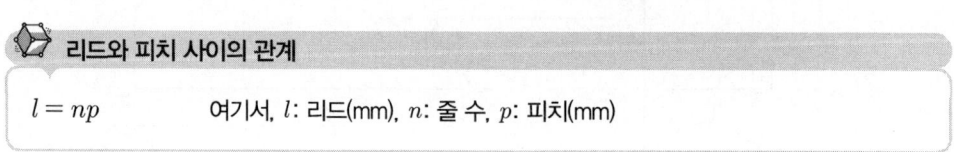

리드와 피치 사이의 관계

$l = np$ 　　여기서, l: 리드(mm), n: 줄 수, p: 피치(mm)

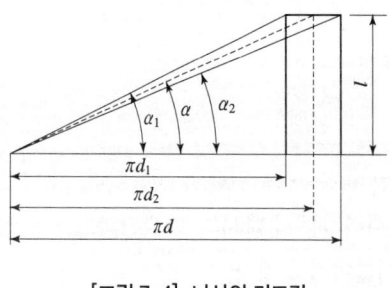

[그림 7-4] 나사의 리드각

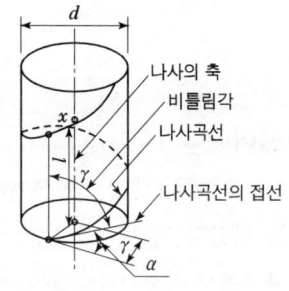

[그림 7-5] 리드각과 비틀림각

⑩ 리드각: 직각 삼각형에 감은 종이의 경사각 α로서 나사의 골지름, 유효지름, 바깥지름에서 각각 다르고 골지름이 가장 크다.

$$\alpha = \tan^{-1}\frac{l}{\pi d}$$

⑪ 비틀림각(β): 나사의 나사 곡선과 그 위의 1점을 통과하는 나사의 축에 평행한 직선과 맺는 각이다.

$$\alpha + \gamma = 90°$$

⑫ 나사의 유효 단면적: 나사의 유효지름과 수나사의 골지름 간의 평균값을 지름으로 하는 원통의 단면적이다.

$$A = \frac{\pi}{4}\frac{(유효지름 + 수나사골지름)^2}{2}$$

⑬ 완전 나사부: 산 끝과 골 밑이 양쪽 모두 같이 산 모양을 가진 나사 부분이다.
⑭ 불완전 나사부: 나사 공구 모떼기 부위, 또는 나사산이 완전히 만들어지지 않는 부분이다.
⑮ 유효 나사부: 산 끝과 골 밑이 규정 나사산에 가까운 모양을 갖는 나사부로부터 나사의 한 끝에 있어서 면을 잘라내는 것 때문에 산마루가 완전하지 않은 부분이 있을 때는 허용오차 범위 내에서 유효 나사부라고 볼 수 있다.

3) 나사의 종류와 용도

① 외형에 따라: 수나사, 암나사
② 감김에 따라: 오른나사, 왼나사
③ 줄 수에 따라: 1줄 나사, 2줄 나사, 3줄 나사
④ 용도에 따리
  ㉠ 체결용: 미터나사, 유니 파이 나사, 관용 나사, 둥근 나사
  ㉡ 전동용: 사다리꼴 나사, 각 나사, 톱니 나사, 볼나사
  ㉢ 위치 조정용: 작은 나사, 멈춤 나사
  ㉣ 거리 조절용: 삼각나사, 사각나사
  ㉤ 계측용: 마이크로미터용 나사, 차동나사 기구
⑤ 호칭에 따라: 미터나사, 인치나사
⑥ 산의 크기에 따라: 보통 나사, 가는 나사
⑦ 산의 모양에 따라: 삼각나사(체결용), 사각나사(힘 전달용), 둥근 나사(큰 힘이 작용하는 곳), 사다리꼴 나사(운동 전달용), 톱니 나사(한쪽 방향으로 강한 힘을 받는 경우)

(1) 체결용 나사

기계 부품의 접합 또는 위치의 조정에 사용되는 나사로서 삼각나사가 주로 사용된다. 나사산의 단면이 정삼각형에 가까운 나사이다.

① 미터나사
  ㉠ KS와 ISO 규격 나사로 기호는 M, 호칭치수는 수나사의 바깥지름과 피치를 mm도 나타내며 나사산의 각도는 60°이다.
  ㉡ 용도는 기계 부품의 접합 또는 위치 조정 등에 사용되며, 체결용 나사로써 가장 많이 사용된다.
    ⓐ 미터 보통 나사: 일반적으로 많이 사용되는 나사로서 KS B 0201에 규정된 호칭치수는 바깥지름의 치수로서 0.25~68mm까지 규격화되어 있다.
    ⓑ 미터 가는 나사: (M×피치)로 표기하고, 지름에 대한 피치의 비율이 보통 나사보다 작고 관용 나사보다는 약간 크게 한 것으로 보통 나사와 비교해서 골 지름이 커 강도가 크고 나사에 의한 조정을 세밀하게 할 수 있다.
    ⓒ 미터나사의 용도는 다음과 같다.
      • 보통 나사보다 강도를 필요로 하는 곳
      • 살이 얇은 원통 부분
      • 정밀기계, 공작기계의 이완 방지용
      • 자동차, 비행기 등의 롤링 베어링 부품
      • 진동에 의해 나사의 이완이 있는 부분
      • 수밀이나 기밀을 필요로 하는 부분

② 유니 파이 나사
  미국, 영국, 캐나다 3국 협정으로 제정된 나사로 ABC 나사라고도 하며, 인치계 나사로서 기호 U로 나타내고 호칭치수는 수나사의 바깥지름을 인치로 나타낸 값과 1인치(25.4mm) 사이의 나사산의 수(n)로 나타낸다. 나사산의 각도는 60°이며 유니파이 보통 나사와 항공기용 작은 나사에 사용되는 유니파이 가는 나사가 있다.

③ 휘트워드 나사
  영국의 나사 규격으로 우리나라에서는 1971년 규격에서 폐지되었다. 기호는 W, 나사산의 각도는 55°이다.

④ ISO 나사
  국제 표준화 기구에 의해 제정된 나사로 나사산의 모양은 미터나사, 유니파이 나사와 같다. ISO 미터나사와 ISO 인치나사가 있다.

⑤ 관용 나사
  파이프 연결 시 사용하는 나사로서 (기본 나사를 사용하면 나사산이 너무 높아 파이프의 강도를 감소) 누설을 방지하고 기밀을 유지하는 데 사용되고 관용 테이퍼 나사(기밀용)와 관용 평행나사가 있다. 나사산의 각도는 55°이고, 크기는 인치당 산수로 나타낸다.
  ㉠ 관용 평행나사(PF): 평행 수나사 · 암나사가 있으며 관용 테이퍼 나사보다 기밀이 떨어진다.

ⓒ 관용 테이퍼 나사(PT): 나사의 내밀성을 주목적으로 하며, 테이퍼 수나사·암나사가 있다. 테이퍼는 1/16로 한다.

(2) 운동용 나사

① 사각나사(square screw thread)

용도는 축 방향에 큰 하중을 받아 운동 전달에 적합. 하중의 방향이 일정하지 않은 교번 하중 작용 시 효과적이다. 나사산의 모양이 4각이며, 3각 나사보다 풀어지기는 쉬우나 저항이 작은 이점과 동력전달용 잭(Jack), 나사 프레스, 선반의 피드(Feed)에 쓰인다. 단점은 가공이 어렵고 자동 조심 작용이 없어 높은 정밀도의 나사로는 적합하지 않다.

② 사다리꼴 나사(trapezoidal screw thread)

애크미 나사라고도 하고, 나사산의 각도는 미터계(TM)에서는 30°, 인치계(TW)에서는 29°이다. 용도는 스러스트(thrust)를 전달시키는 운동용 나사로서 사각나사보다 강도가 높고 저항력이 크며, 물림이 좋고 마모에 대해서도 조정이 쉬워 공작기계의 이송나사(lead screw)로 널리 사용되고 그 밖에 밸브의 개폐용, 잭, 프레스 등의 축력을 전달하는 운동용 나사로 사용된다.

③ 톱니 나사(buttress screw thread)

용도는 한쪽으로 집중하중이 작용하여 압착기·바이스·나사 잭 등과 같이 압력의 방향이 항상 일정할 때 사용하며 압력 쪽은 사각나사, 반대쪽은 삼각나사로 되어 있다. 나사 각은 30°와 45°가 있고 하중을 받지 않는 면에는 0.2mm의 틈새를 준다. 제작을 간단히 하기 위하여 압력을 받는 면에 30°인 경우는 3° 경사가 45°인 경우에는 5°의 경사를 붙인다.

④ 둥근 나사(너클나사: round thread)

원형·너클나사라고도 하고 나사산의 각은 30°로 나사산의 산마루와 골의 모양은 둥글게 되어 있나. 용도는 급격한 충격을 받는 부분, 전구, 먼지와 모래 등이 많이 끼는 경우와 오염된 액체의 밸브 또는 호스 이음 나사 등에 사용된다. 나사의 크기는 1[inch] 내에 있는 나사산의 수를 기준으로 정한다.

⑤ 볼나사(ball screw)

수나사와 암나사의 산 대신에 골에 볼을 넣어서 마찰 저항을 감소시키고 회전을 쉽게 한 나사로서 금속과 금속의 마찰에 구름 접촉을 채택하는 것은 초기 운동을 시작할 때의 마찰을 최소화하고, 낮은 온도에서 부드럽게 운동해야 할 때 고착 상태가 일어나는 영향을 막을 수 있기 때문이다.

ⓐ 백래시 제거 방법: 너트를 2개(이중너트) 사이에 중간 조임쇠를 넣고 너트를 죔으로써 한쪽 너트는 반대 방향의 너트에 대항하여 예비부하를 받게 되는 방법을 사용한다.

ⓑ 장점

ⓐ 나사의 효율이 높다(약 90% 이상).

　　　　ⓑ 백래시를 작게 할 수 있다.
　　　　ⓒ 윤활에 그다지 주의하지 않아도 좋다.
　　　　ⓓ 먼지에 의한 마모가 적다.
　　　　ⓔ 높은 정밀도를 오래 유지할 수가 있다.
　　ⓒ 단점
　　　　ⓐ 자동체결이 곤란하다.
　　　　ⓑ 가격이 비싸다.
　　　　ⓒ 피치를 그다지 작게 할 수 없다.
　　　　ⓓ 너트의 크기가 크게 된다.
　　　　ⓔ 고속으로 회전하면 소음이 발생한다.
　　ⓔ 실용 범례: 자동차의 스티어링부, 공작기계의 이송나사, 항공기의 이송나사

⑥ 롤러 나사

볼나사와 같은 효율을 얻을 수 있는 것으로 이송나사의 마찰 손실을 감소시키고 나사축과 너트를 보다 가볍게 작동시키는 방법으로 구름마찰을 이용한 방법이다. 용도는 연삭기, 밀링, 호빙 등 대형공작기계의 이송 부분, 나사 잭의 구동 부분, 유압 모터의 흡입 밸브 장치, 원자력 발전 장치, 전차의 대포, 미사일의 조준 장치에 사용된다.

2 키(key)

축에 기어, 풀리, 플라이휠, 커플링 등의 회전체를 고정하고, 축과 회전체를 일체로 하여 회전을 전달시키는 기계요소이다.

1) 키의 종류

① 성크 키(sunk key)

묻힘 키라고도 하며 축과 보스 양쪽에 모두 키 홈을 파서 비틀림 모멘트를 전달하는 키로 가장 많이 사용하는 형태이다.
㉠ 성크 키의 종류는 단면 형상에 따라 정사각형 키는 축 지름이 작을 때 사용하고 직사각형은 축 지름이 클 때 사용한다.
㉡ 키를 축에 붙이는 방법에 따라 묻힘 키와 드라이빙 키로 나눈다.
㉢ 평행 키, 경사 키, 기브헤드 경사 키의 종류가 있고 경사 키는 1/100의 기울기를 붙인다.
㉣ 축과 보스를 맞추고 키를 때려 박는 드라이빙 키, 키를 축의 키 홈에 묻는 다음 보스를 때려 맞추는 세트 키, 보스와 축을 분해할 때 편리한 머리가 달린 비녀 키(gibheaded key)가 있다.

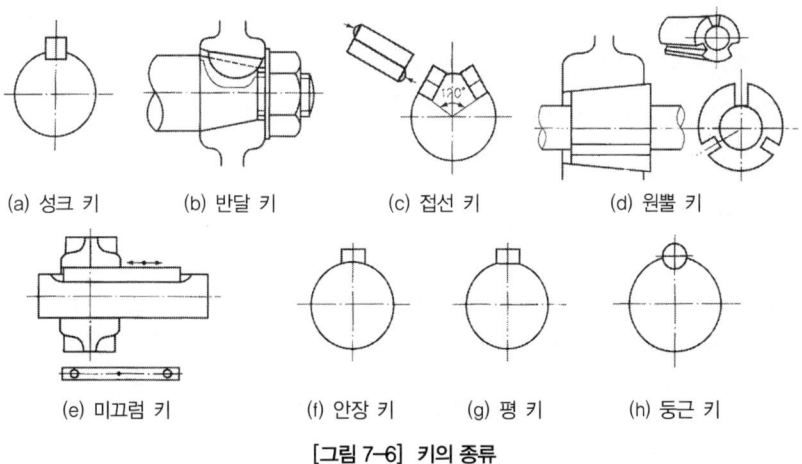

[그림 7-6] 키의 종류

② 반달 키(woddruff key)

반월상의 키로서 축의 홈이 깊게 되어 축의 강도가 약하게 되기는 하나 축과 키 홈의 가공이 쉽고, 키가 자동으로 축과 보스 사이에 자리를 잡을 수 있어 자동차, 공작기계 등의 60mm 이하의 작은 축이나 테이퍼 축에 사용한다.

③ 접선 키(tangential key)

접선 방향에 설치하는 키로서 1/100의 기울기를 가진 2개의 키를 한 쌍으로 하여 사용된다. 회전 방향이 양방향(역회전)일 경우 중심각이 120° 되는 위치에 2조 설치한다. 아주 큰 회전력의 경우에 사용된다. 케네디 키는 단면이 정사각형이고 90°로 배치된 키이다.

④ 원뿔 키(cone key)

축과 보스에 키를 파지 않고 보스 구멍을 테이퍼 구멍으로 하여 속이 빈 원뿔을 끼워 마찰력만으로 밀착시키는 키로서 바퀴가 편심되지 않고 축의 어느 위치에나 설치할 수 있다.

⑤ 미끄럼 키(sliding key)

안내키, 페더키(Father Key)라고도 하며, 보스와 축이 상대적으로 축 방향으로만 이동이 가능한 키이다.

⑥ 스플라인 키(spline key)

㉠ 스플라인축의 특성: 축의 원주에 수많은 키를 깎은 것으로 큰 토크를 전달시키고, 내구력이 크며 축과 보스의 중심축을 정확하게 맞출 수 있고 축 방향으로 이동도 가능하다.

㉡ 스플라인의 종류

ⓐ 각형 스플라인: 보통 스플라인으로 4, 6, 8, 10, 16, 20의 짝수개의 잇수로 만든다.

ⓑ 인벌류트 스플라인: 인벌류트 치형을 가진 스플라인으로 정밀도가 평행치의 스플라인보다 높고, 강도가 좋다.

ⓒ 중심 맞추기: 바깥지름 · 안지름 · 플랭크 중심 맞추기

ⓓ 용도: 자동차, 일반기계에서 동력을 전달하는 축과 구멍을 결합하는 데 주로 사용된다.

⑦ 세레이션(serration)

축과 보스의 상대각 위치를 되도록 가늘게 조절해서 고정하려 할 때 사용한다. 이의 높이가 낮고 잇수가 많으므로, 축의 강도가 높다. 삼각치형, 인벌류트 치형, 삼각치형의 맞대기 세레이션이 있다.

⑧ 소 회전력의 키

㉠ 안장 키(saddle key): 축에는 홈을 파지 않고 축과 키 사이의 마찰력으로 회전력을 전달한다. 축의 강도를 감소시키지 않고 고정할 수 있으나, 큰 동력을 전달시킬 수 없으므로 경하중 소직경에 사용된다.

보스의 기울기 : 1/100

㉡ 평 키(flat key): 축을 키의 폭만큼 납작하게 깎아서 보스의 키 홈과의 사이에 밀어 넣는다. 1/100의 기울기를 붙이기도 하고 새들 키보다 약간 큰 힘을 전달시킬 수 있다.

㉢ 둥근 키(round key): 핀 키라고도 하며, 핸들과 같이 작은 것의 고정에 사용되고 단면은 원형이고 하중이 작을 때만 사용된다.

2) 키의 설계

(1) 보통 키의 강도

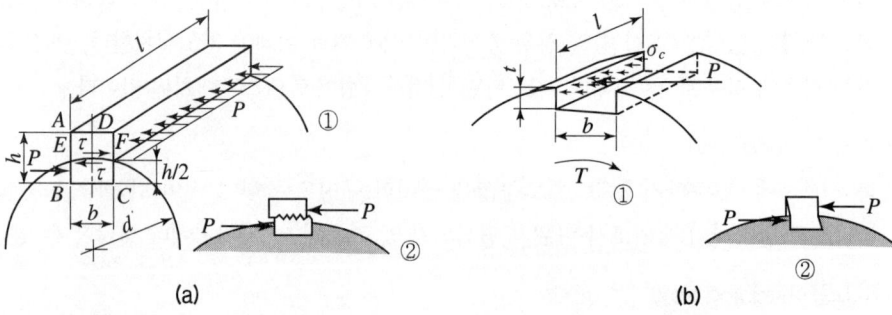

T : 키가 전달시키는 비틀림 모멘트(N/mm)
b : 키의 폭(mm)
h : 키의 높이(mm)
σ_c : 키에 생기는 허용 압축 응력(N/mm^2)
d : 축 지름(mm)
τ : 키에 생기는 허용 전단 응력(N/mm^2)
l : 키의 유효길이(mm)
t : 축에 묻히는 키의 깊이

[그림 7-7] 전단 응력과 압축 응력

키에 발생하는 전단 응력을 살펴보면

$$T = \frac{d}{2}P, \ \tau = \frac{P}{bl} \Rightarrow P = \tau l b$$

$$\therefore T = \frac{\tau l b d}{2}, \ \therefore \tau = \frac{2T}{lbd}$$

압축 응력에 대하여 살펴보면

$$\sigma_c = \frac{P}{tl} = \frac{2T}{dtl}$$

여기서 $t = \frac{h}{2}$라 하면

$$\sigma_c = \frac{4T}{hld}$$

가 된다. 지금 키는 전단력과 압축력이 같아야 하므로

$$\tau l b = \sigma_c l \frac{h}{2} \qquad \therefore \frac{b}{h} = \frac{\sigma_c}{2\tau},\ h = b\frac{2\tau}{\sigma_c}$$

여기서, $\sigma_c = 2\tau$라고 하면 $b = h$되어 단면이 정사각형이 된다.

키의 전단저항은 회전력에 의해 축에 작용하는 응력과 같아야 하므로 τ_d를 축의 비틀림 응력이라 하면

$$T = \frac{\tau l b d}{2} = \frac{\pi d^3}{16}\tau_d$$

축과 키를 같은 재료라 하여 $\tau = \tau_d$로 하면 $lb\frac{d}{2} = \frac{\pi d^3}{16}$가 된다.

길이 l은 키를 축에 끼워 맞추려면 경험에 의하여 $l \geq 1.5d$ 하므로 이를 $l = 1.5d$을 대입하면 $b = \frac{\pi}{12}d \fallingdotseq \frac{d}{4}$로 된다. 또 압축 저항에 의한 회전력이 축에 작용하는 회전력과 같게 하면

$$p\frac{d}{2} = \frac{d}{2}tl\sigma_c = \frac{\pi}{16}d^3\tau_d$$

$$\therefore \sigma_c = \frac{\pi d^2 \tau_d}{8tl}$$

3 핀(pin)

고정물체의 탈락 방지 및 위치결정, 너트의 풀림 방지에 사용되며, 축 방향에 직각으로 끼워서 사용한다. 핀은 풀리, 기어 등에 작용하는 하중이 작을 때, 설치 방법이 간단하므로 키 대용으로 널리 사용한다.

1) 핀의 종류

① 평행 핀(dowel pin): 기계 부품을 조립할 경우나 안내 위치를 결정할 때 사용된다. 호칭법은 규격번호 또는 명칭, 종류, 형식, 호칭지름×길이, 재료이다.

② 테이퍼 핀(taper pin): $T = \frac{1}{50}$, 호칭지름은 작은 축 지름으로 주축을 보스에 고정할 때 사용된다. 호칭법은 명칭, 등급, $d \times l$, 재료이다.

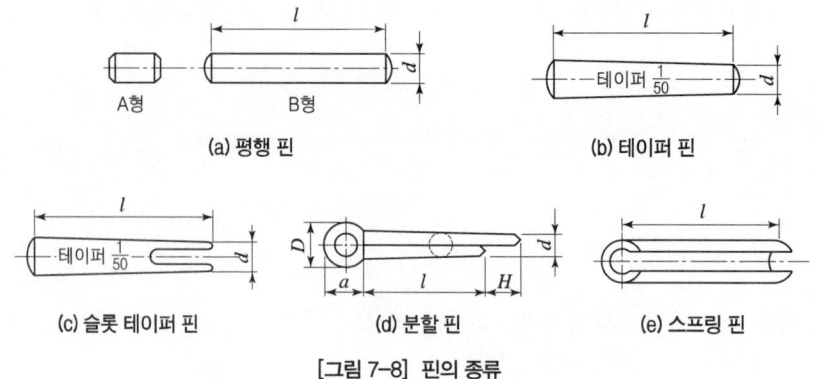

[그림 7-8] 핀의 종류

③ 분할 핀(split pin): 너트의 풀림 방지나 바퀴가 축에서 빠지는 것을 방지하기 위하여 사용한다. 호칭법은 규격번호 또는 명칭, 호칭지름×길이, 재료이다.
④ 스프링 핀: 탄성을 이용하여 물체를 고정하는 데 사용되며, 해머로 때려 박을 수 있는 핀이다.

2) 너클 핀 이음(knuckle pin joint)

2개 막대의 둥근 구멍에 1개의 이음 핀을 넣어 2개의 막대가 상대적으로 각 운동을 할 수 있도록 연결한 것이다. 구조물의 인장 막대 및 자동차의 동력 전달기구 등에 널리 쓰인다.

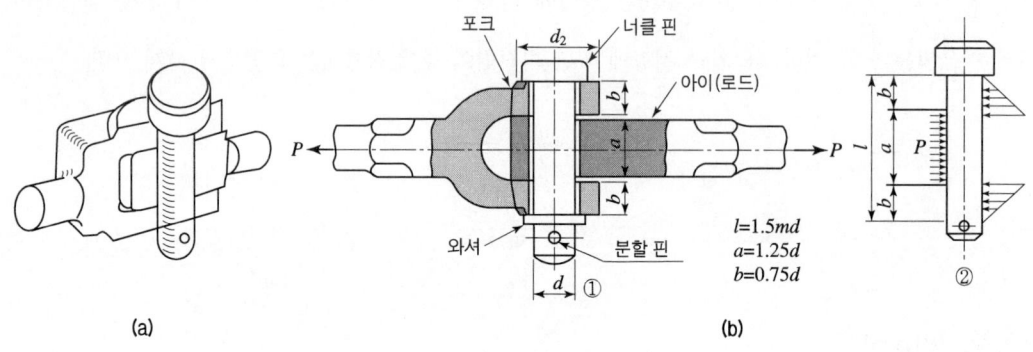

[그림 7-9] 핀 이음에 작용하는 힘

① 핀의 접촉 면압: 핀 이음용 핀의 지름 d는 다음과 같이 구한다.

$$m = \frac{b}{d}, \ d = \sqrt{\frac{W}{mp}}$$

여기서, W: 하중(N)
b: 핀의 링크와의 접촉 길이(mm)
b': 두 갈래(fork)의 두께

② 전단강도 $\quad W = 2 \times \frac{\pi}{4} d^2 \tau$

③ 굽힘 모멘트 $M = \dfrac{Wl}{8} = \dfrac{\pi}{32}d^3\sigma_b$ ($l = 1.5md$)

④ 하중 $W = 0.52d^2\dfrac{\sigma_b}{m}$

4 리벳

강판 또는 형강을 영구적으로 접합하는 데 사용하는 체결용 기계요소이다.

1) 리벳 이음의 특징

① 용접 이음과는 달리 초기응력에 의한 잔류 변형이 생기지 않으므로, 취약 파괴가 일어나지 않는다.
② 구조물 등에서 현장 조립할 때는 용접 이음보다 쉽다.
③ 경합금과 같이 용접이 곤란한 재료에는 신뢰성이 있다.

2) 리벳의 종류

(1) 제조 방법에 따른 분류

① 냉간 성형 리벳: 제작 시 상온(냉간)에서 성형되는 리벳(지름 1~13mm)으로 둥근 머리, 작은 둥근 머리, 접시 머리, 얇은 납작 머리, 냄비 머리 리벳 등이 있다.
② 열간 성형 리벳: 소재의 변태점 이상의 온도에서 머리 부분을 성형한 리벳으로 종류는 일반용, 보일러용, 선박용의 구분에 따라 7종류(둥근 머리, 접시 머리, 납작 머리, 둥근 접시 머리, 선박용 둥근 접시 머리 리벳 등)가 있다.

(2) 사용 목적에 의한 분류

① 보일러용 리벳: 강도와 기밀을 필요로 하는 리벳 이음으로 보일러, 고압 탱크 등에 사용
② 저압용(용기용·기밀용) 리벳: 강도보다는 수밀을 필요로 하는 리벳으로 저압 탱크 등에 사용
③ 구조용 리벳: 주로 강도를 목적으로 하는 리벳 이음으로 차량, 철교, 구조물 등에 사용

(3) 장소에 따른 분류

① 공장 리벳: 공장에서 리베팅을 완료하는 리벳
② 현장 리벳: 큰 구조물은 운반 상 현장에서 조립하는 리벳

(4) 리벳 용어

① 피치(pitch): 중심선상에 인접한 리벳과 리벳 사이의 중심거리
② 뒷피치(back pitch): 인접하고 있는 리벳 열과 리벳 열의 중심 간의 거리
③ 마진(margin): 판 끝과 바깥쪽 리벳 열의 중심 간의 거리

(5) 리벳의 크기

① 리벳의 크기는 지름×길이로 나타낸다.

② 호칭지름은 자리 면에서부터 $1/4 \times d$인 지점에서 측정한다.

③ 호칭길이는 머릿밑에서 리벳의 몸통 끝까지로 하고 접시 머리만은 포함한 길이로 한다.

3) 리벳 이음의 종류

(1) 이음 방향에 따라

① 길이 방향 이음(새로 이음): 용기 원통의 가로 방향으로 이음 한 것

② 원주 방향 이음(가로 이음): 용기의 원통의 둘레 방향으로 이음 한 것

(2) 형식에 따라

① 겹치기 리벳 이음(lap joint): 결합하려는 두 판재를 직접 겹쳐 죄는 이음으로, 힘의 전달이 동일 평면이 아닌 편심하중으로 된다. 가스와 액체 용기의 리벳 이음 또는 보일러의 원둘레 이음에 사용된다.

② 맞대기 리벳 이음(butt joint): 결합한 두 판재의 양 끝을 맞대어 덮개판을 한쪽 또는 양쪽에 대고 리베팅하는 방법으로 동일 평면 안에서 결합하며 양쪽 덮개판의 경우에는 마찰 저항을 받는 면이 2배로 증가한다. 보일러의 세로 방향 이음 구조물의 리베팅에 사용된다.

㉠ 배열에 따라: 평행 형과 지그재그형

㉡ 줄 수에 따라: 1열, 2열, 3열

㉢ 전단면 수에 따라: 단 전단면 이음, 복 전단면 이음

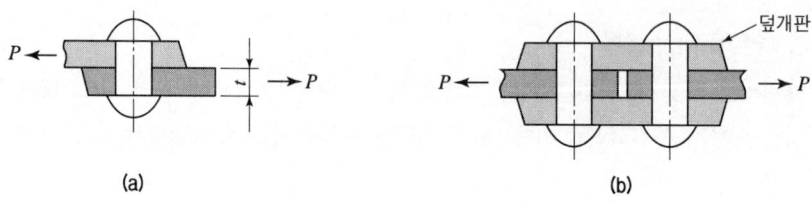

[그림 7-10] 리벳 이음의 종류

(3) 리베팅(riveting)

① 리벳 구멍은 리벳의 지름보다 1~1.5mm 크게 뚫는다. 20mm까지는 펀칭으로 구멍을 뚫지만, 중요한 이음과 연성이 없는 강판에는 알맞지 않으므로 드릴링 또는 리밍 한다.

② 25mm 이하는 수작업, 그 이상은 압축공기 또는 수압 등의 기계력을 이용한 리베팅 머신을 사용한다.

③ 8mm 이하는 냉간작업, 10mm 이상은 열간 작업을 한다.

④ 리베팅이 끝난 후에도 냉각될 때까지 계속 눌러 놓아야 한다.

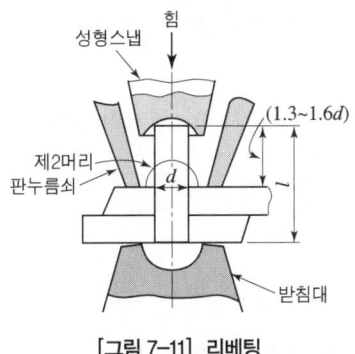

[그림 7-11] 리베팅

(4) 코킹(caulking)과 풀러링(fullering)

① 코킹: 고압 탱크, 보일러와 같이 기밀을 필요로 할 때는 리베팅이 끝난 후 리벳 머리의 주위와 강판의 가장자리를 정(chisel)으로 때려 그 부분을 밀착시켜서 틈을 없애는 작업. 강판의 가장자리는 75~85° 기울어지게 절단한다. 강판의 두께 5mm 이하는 효과가 없으므로 얇은 강판에는 그사이에 안료를 묻힌 베, 기름종이 등의 패킹재료를 끼워 리베팅하고 고온에는 석면을 사용한다.

② 풀러링: 코킹과 같은 목적의 작업으로 판재의 끝 부를 때리는 작업이다. 아래쪽의 강판에 때린 자국이 나지 않도록 주의한다. 기밀을 완전하게 하도록 강판과 같은 너비의 끌과 같은 풀러링 공구로 때려 붙이는 작업이다.

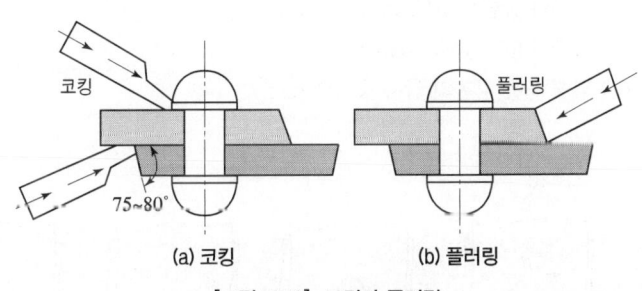

(a) 코킹 (b) 풀러링

[그림 7-12] 코킹과 풀러링

4) 리벳 이음의 강도 및 효율

(1) 리벳 이음의 전단강도

$$\text{마찰력 } F = \mu Q = \mu\, Q_t\, A$$

여기서, σ_t : 리벳의 인장응력
A : 리벳의 단면적
μ : 마찰계수

여기서 μ의 값은 정지시험으로 행한 값보다 리벳으로 조이고 행한 시험 결과가 크며, 코킹을 하면 더욱 커진다.

바하(Bach)의 연구에 의하면 미끄럼이 생기지 않으려면 $\mu\sigma < 600 \sim 700(\text{N/cm}^2)$이라야 된다.

(2) 리벳 이음의 강도 계산

① 리벳이 전단으로써 파괴되는 경우: $P = \dfrac{\pi}{4}d^2\tau$

② 리벳 구멍 사이의 강판이 찢어지는 경우: $P = (p-d)t\sigma_t$

③ 리벳 또는 리벳 구멍이 압궤(눌러 부숨)되는 경우: $P = dt\sigma_c$

④ 강판 가장자리가 절단되는 경우: $P = 2et\tau_p$, $P = 2\left(e - \dfrac{d}{2}\right)^2 t$

⑤ 강판이 절개되는 경우: $M = \dfrac{1}{8}Pd$, $Z = \dfrac{1}{6}\left(e - \dfrac{d}{2}\right)^2 t$, $M = \sigma_b Z$ 에서 $P = \dfrac{1}{3d}(2e-d)^2 t\sigma_b$

여기서, ┌ P: 인장하중(N)
├ p: 리벳의 피치(cm)
├ e: 리벳의 중심에서 강판의 가장자리까지의 거리
├ t: 강판의 두께(mm)
├ d: 리베팅 후의 리벳 지름 또는 구멍의 지름(mm)
├ τ: 리벳의 전단 응력(N/cm^2)
├ τ_p: 강판의 전단 응력(N/cm^2)
├ σ_b: 강판의 굽힘응력(N/cm^2)
├ σ_t: 강판의 인장응력(N/cm^2)
└ σ_c: 리벳 또는 강판의 압축 응력(N/cm^2)

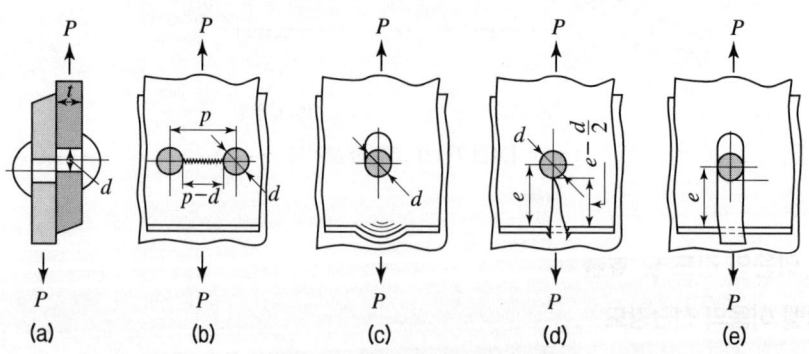

[그림 7-13] 리벳 이음의 파괴 상태

이상의 각 저항력이 모두 같은 값을 가지도록 각부의 치수를 결정 설계하는 것이 가장 좋으나, 모두 만족시킬 수 없으므로 실제적인 경험치를 기초로 하여 결정한 값에 대하여 윗식을 적용시켜 그 한계 이내에 있도록 설계한다.

한줄 맞대기 리벳 이음 이외일 때에는 단위 깊이 내에 있는 리벳이 전단을 받는 곳의 수를 n이라고 하면

$$p = d + \frac{\pi d^2 n \tau}{4t\sigma_t}$$

(3) 리벳의 효율

리벳 이음의 강도에 대한 구멍이 없는 판의 강도의 비

① 판의 효율: 리벳 구멍이 있는 판과 없는 판의 강도의 비

$$\eta_1 = \frac{(p-d)t\sigma_t}{pt\sigma_t} = \frac{p-d}{p} = 1 - \frac{d}{p}$$

② 리벳의 효율: 리벳의 전단강도에 대한 구멍이 없는 판의 강도의 비

㉠ 1면 전단의 경우: $\eta_2 = \dfrac{\frac{\pi}{4}d^2\tau}{pt\sigma_t}$

㉡ 2면 전단의 경우: $\eta_2 = \dfrac{1.8 \times \frac{\pi}{4}d^2\tau}{pt\sigma_t}$

이들 효율 중 작은 것을 리벳 이음의 효율이라 하며 리벳 이음의 강도를 결정한다.

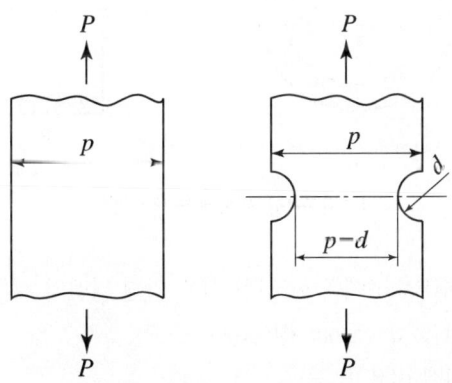

[그림 7-14] 리벳 이음의 효율

(4) 보일러용 리벳 이음

① 강판의 두께

㉠ 용기의 원주 방향(길이 방향의 파단면)에 생기는 인장응력은

$$\sigma_{t1} = \frac{p_o Dl}{2tl} = \frac{p_o D}{2t}$$

ⓛ 용기의 축 방향(둘레 방향의 파단면)에 생기는 인장응력은

$$\sigma_{t2} = \frac{\frac{\pi}{4} D^2 p_o}{Dt} = \frac{p_o D}{4t}$$

이므로 $\sigma_{t1} = 2\sigma_{t2}$ 가 된다. 따라서 길이 방향의 이음에 대하여 두께를 계산하게 된다.

ⓒ $t = \frac{p_o D}{2\sigma_{t1}}$ 로 결정되고 여기에 실제로 이음의 효율, 판의 부식 등을 고려하면

$t = \frac{p_o DS}{2\sigma_{t1}\eta} + C$ 로 구한다.

여기서, ┌ t: 강판의 두께
├ σ_t: 강판의 인장강도
├ p_o: 내압(보일러의 게이지압력)(N/cm^2)
├ D: 보일러 동체의 안지름
├ S: 안전계수
├ η: 리벳 이음의 효율
└ C: 부식 여유(육용 보일러는 1mm, 선박용 보일러에서는 1.5mm)

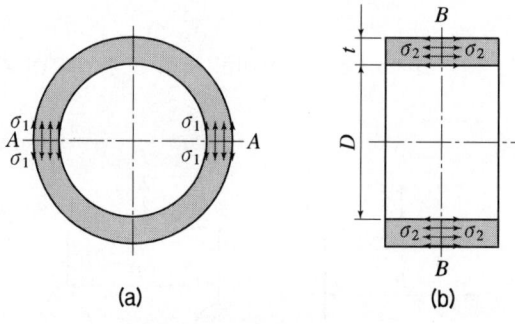

[그림 7-15] 원통에 생기는 응력

② 리벳의 지름: 바하(Bach)에 의한 경험 식에 의해 리벳의 지름은 다음과 같다.
  ㉠ 겹치기 리벳 이음: $d = \sqrt{50t} - 4 (\text{mm})$
  ㉡ 양쪽 덮개판 리벳 이음
    ⓐ 1열일 때: $d = \sqrt{50t} - 5 (\text{mm})$
    ⓑ 2열일 때: $d = \sqrt{50t} - 6 (\text{mm})$
    ⓒ 3열일 때: $d = \sqrt{50t} - 7 (\text{mm})$

③ 구조용 리벳 이음: 강도만을 고려하여 리벳의 수, 배열 등을 정한다.

$$d = \sqrt{50t} - 2 (\text{mm}),\ p = (3 \sim 3.5)d,\ e = (2 \sim 2.5)d$$

강판 또는 형강을 영구적으로 접합하는 데 사용하는 체결 기계요소

5 용접

1) 용접의 정의

용접은 2개 이상의 금속을 그 용융온도 이상으로 가열하여 접합하는 금속적 결합법. 주조, 단조, 리벳 이음 등을 대신하는 영구 이음 방법으로 사용된다.

(1) 용접 이음의 장점
① 사용재료의 두께 제한이 없고, 기계 결합 요소가 필요 없다.
② 기밀 유지에 용이하고, 이음 효율이 100%까지 할 수 있다.
③ 사용재료의 선택 폭이 넓고, 다른 이음 방법보다 제작물의 무게를 경감시킨다.
④ 사용 기계가 간단하고, 작업 공정 수가 적어 생산성이 높다.
⑤ 작업 소음이 적다.

(2) 용접 이음의 단점
① 단시간의 가열, 냉각으로 용접부의 금속조직이 취성 파손 및 강도 저하를 가져온다.
② 용접 후 재료에 잔류응력이 존재하여 변형 위험과 부재의 재질에 제한이 있다(주철, 경금속 등은 용접이 곤란).
③ 진동을 감쇠시키기 어렵고 비파괴 검사가 어렵다.

2) 용접 이음의 강도

(1) 맞대기 용접 이음의 강도 계산

① 인장강도(=전단응력 τ): $\sigma_t = \dfrac{P}{tl} = \dfrac{P}{hl}$

② 굽힘응력: $M = \dfrac{1}{6}tl^2\sigma_b$, $\sigma_b = \dfrac{M}{Z} = \dfrac{M}{\dfrac{la^2}{6}} = \dfrac{6M}{la^2} = \dfrac{6M}{lh^2}$

여기서, P: 하중(N)
h: 모재의 두께(mm)
t: 목 두께(mm)
l: 용접의 유효길이(mm)
σ_t: 허용인장응력(N/mm^2)
M: 굽힘 모멘트(N·mm)

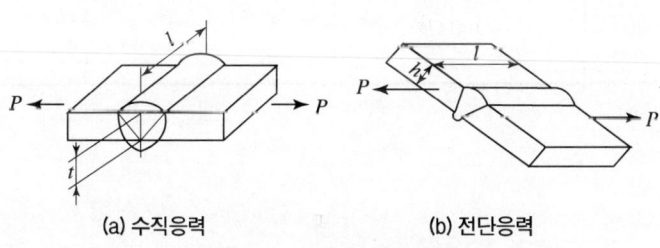

(a) 수직응력　　　(b) 전단응력

[그림 7-16] 맞대기 용접 이음

〈표 7-1〉 여러 가지 용접 이음의 강도계산식

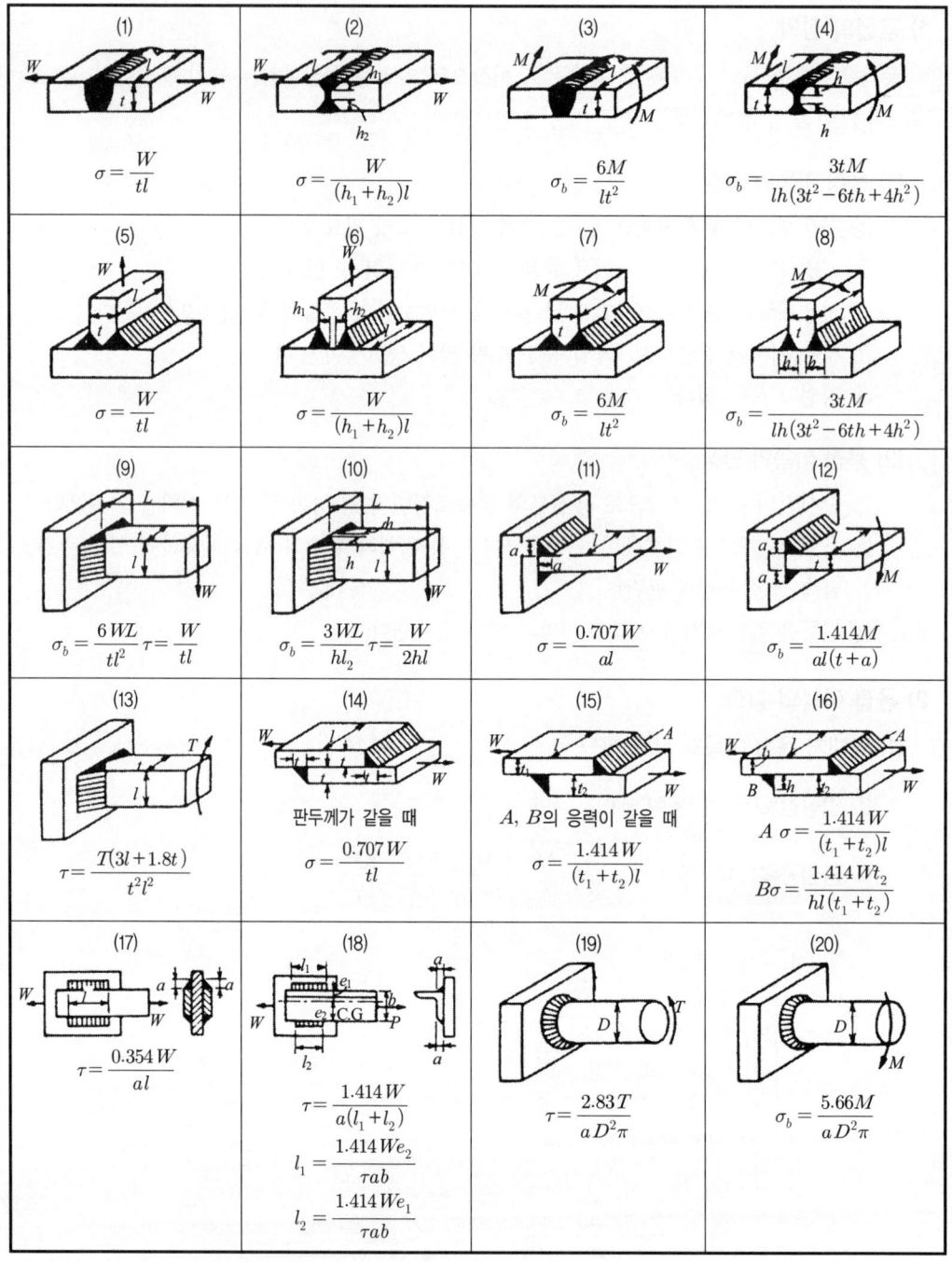

(2) 겹치기 용접 이음의 강도 계산

① 측면 필릿 이음

$$t = f \cdot \cos 45° = 0.707f$$

$$\tau = \frac{P}{A} = \frac{P}{2tl} = \frac{P}{2 \times f \cdot \cos 45 \times l} = \frac{0.707P}{f \cdot l} = \frac{0.707P}{h \cdot l}$$

② 전면 필릿 이음

$$\tau = \frac{P}{tl} = \frac{P}{f \cdot \cos 45 \times l} = \frac{1.414P}{f \cdot l} = \frac{1.414P}{h \cdot l}$$

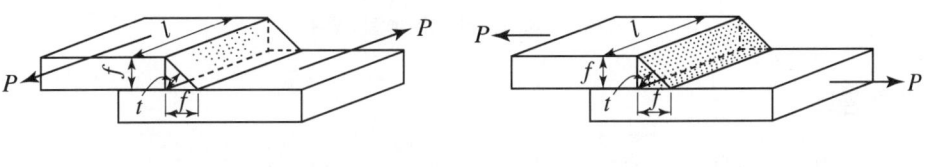

(a) 측면 필릿 이음   (b) 전면 필릿 이음

[그림 7-17] 겹치기 필릿 용접 이음

6 볼트와 너트

볼트와 너트는 다듬질 정도에 따라 상·중·흑피로 나누어지고, 나사는 정밀도에 따라 1급·2급·3급으로 나뉜다.

1) 일반 볼트

볼트의 머리와 너트가 육각형으로 된 것으로 KS B 1002에 규격화되어있고 주로 체결용으로 사용된다.

① **관통볼트**: 체결하려는 2개의 부분에 구멍을 뚫고, 여기에 볼트를 관통시킨 다음 너트를 죈다.
② **탭 볼트**: 체결하려는 부분이 두꺼워서 관통 구멍을 뚫을 수 없을 때, 또 긴 구멍을 뚫었더라도 구멍이 너무 길어 관통볼트의 머리가 숨겨져서 죄기 곤란할 때 너트를 사용하지 않고, 체결하는 상대 쪽에 암나사를 내고 머리붙이 볼트를 나사 박음하여 체결하는 볼트로 한 부분에 구멍을 뚫고 다른 한 부분은 중간까지 나사를 죄어 이것에 머리 달린 나사를 박는다.
③ **스터드 볼트**: 막대의 양끝에 나사를 깎은 머리 없는 볼트로서 한 끝을 본체에 튼튼하게 박고 다른 끝에는 너트를 끼워서 죈다. 자주 분해·결합하는 경우 사용하며 양쪽에 나사를 만든다.
④ **양 너트 볼트**: 머리 부분이 길어서 사용할 수 없을 때, 양 끝 모두 바깥에서 너트로 죄는 볼트이다.

⑤ **리머 볼트**: 다듬질한 구멍에 꼭 끼워 미끄럼을 방지하며 전단력이 발생하는 부분에 링을 끼워 링이 전단력을 받도록 하거나 볼트의 축 부분을 테이퍼 지게 하여 움직이지 않도록 고정한다.

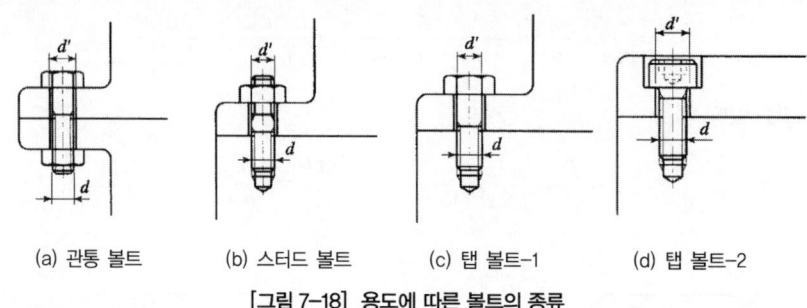

[그림 7-18] 용도에 따른 볼트의 종류

2) 특수 볼트

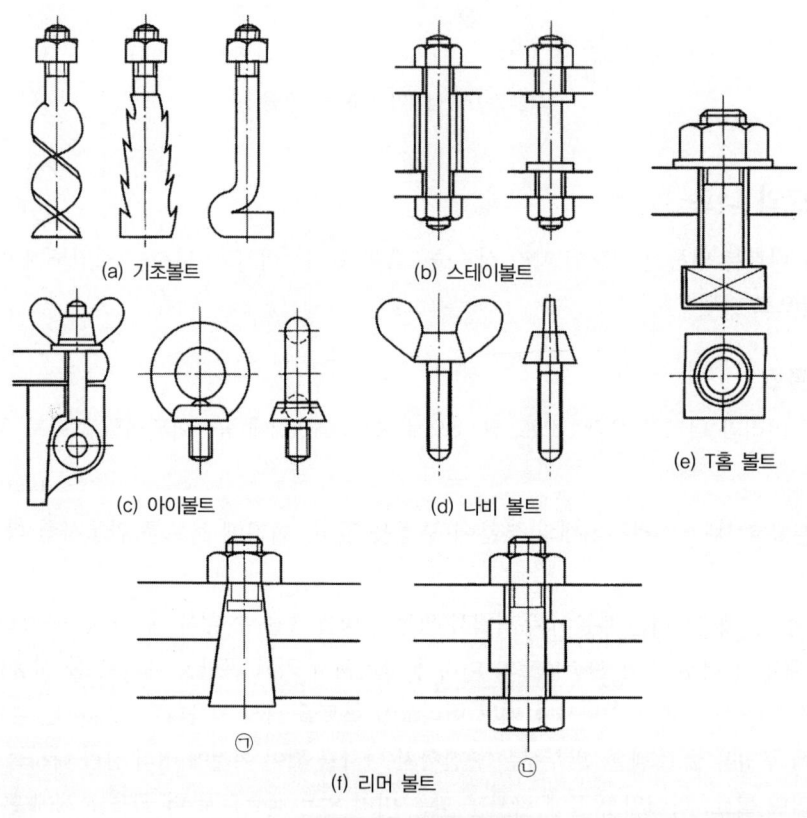

[그림 7-19] 특수용 볼트

① **기초볼트**: 기계, 구조물 등을 콘크리트 바닥에 설치하는 데 쓰이는 볼트로 한 쪽 끝은 수나사로 파여 있어 기계를 고정하는 데 사용하고, 다른 쪽 끝은 콘크리트에서 고정되었을 때 움직이지 않게 되어 있다.

② 스테이볼트: 부품을 일정한 간격으로 유지하고, 구조 자체를 보강하는 데 사용한다.
③ 아이볼트: 무거운 기계와 전동기 등을 들어 올릴 때 로프, 체인 또는 훅을 거는 데 사용한다. 리프트 아이 볼트(eye bolt)는 물건을 매달 때 사용된다.
④ 나비 볼트: 나사의 머리모양을 나비모양으로 만들어 스패너 없이 손으로 조일 수 있도록 한다.
⑤ T홈 볼트: 공작기계의 테이블 T홈에 볼트의 머리 부분을 끼워서 적당한 위치에 공작물과 기계 바이스를 고정할 때 사용한다. 나사의 머리를 사각형으로 만들어 T자형 홈에 끼우면 너트를 조일 때 나사 머리가 회전하지 않게 된다.
⑥ 리머 볼트: 리머로 다듬질한 구멍에 꼭 끼워 미끄럼을 방지하는 볼트이다.
⑦ 충격 볼트: 섕크 부분이 단면적을 작게 하여 늘어나기 쉽게 한 볼트로 충격적인 인장력이 작용할 때 사용한다.
⑧ 둥근 머리 사각 목 볼트: 머리 부분의 사각 부분을 사각 구멍에 끼워서 죌 때 헛돌지 않도록 한 것. 목재 구조물 등에 쓰인다.

3) 여러 가지 나사

(1) 작은 나사
지름이 8mm 이하의 작은 나사로 힘을 많이 받지 않는 작은 부품과 얇은 판자 등을 붙이는 데 사용한다.

(2) 멈춤 나사
보스와 축을 고정하고 축에 끼워 맞춰진 기어와 풀리의 설치 위치의 조정 및 키의 대용으로 사용된다.

(3) 나사못과 태핑 나사
① 나사못: 목재에 나사를 돌려받는 데 적합한 나사산으로 되어 있으며, 나사의 끝이 드릴과 탭의 역할을 한다.
② 태핑 나사: 끝을 침탄 담금질하여 단단하게 한 작은 나사의 일종으로서 얇은 판이나 무른 재료에 암나사를 내면서 체결하는 데 사용한다.

4) 너트의 종류
① 사각너트: 겉모양이 사각인 너트로서 주로 목재에 쓰이며, 기계에도 가끔 쓰인다.
② 둥근(원형)너트: 자리가 좁아 보통의 육각너트를 쓸 수 없을 경우 또는 너트의 높이를 작게 할 경우에 사용한다. 너트를 외부에 노출시키지 않을 때 흔히 사용된다.
③ 플랜지 너트: 육각의 대각선 거리보다 큰 지름의 플랜지가 달린 너트로 접촉면이 거칠거나, 큰 면압을 피하려 할 때 사용한다.
④ 홈붙이 둥근너트: 위쪽에 분할 핀을 끼울 수 있는 홈이 있는 너트로 너트의 두께가 얇고 균형이 잘 잡혀 있다. 구름 베어링의 부속품으로 사용된다.

⑤ 캡 너트: 나사 구멍이 뚫려 있지 않은 너트로 유체의 흐름 방지 및 부식 방지의 목적으로 사용한다. 너트의 한쪽은 관통되지 않도록 만든 것이다.
⑥ 아이 너트: 머리에 링이 달린 너트로 아이볼트와 같은 목적으로 사용된다.
⑦ 나비 너트: 손으로 돌려서 죌 수 있는 모양으로 된 것
⑧ T 너트: T자 모양의 것으로 공작기계의 테이블 T홈에 끼워서 공작물을 설치하는 데 사용한다.
⑨ 슬리브 너트: 머리 밑에 슬리브가 있는 너트로 수나사 중심선의 편심을 방지하는 데 사용한다.
⑩ 플레이트 너트: 암나사를 깎을 수 없는 얇은 판에 리벳으로 설치하여 사용하는 너트
⑪ 턴버클: 양 끝에 오른나사 및 왼나사가 깎여 있어서, 이를 오른쪽으로 돌리면 양 끝의 수나사가 안으로 끌리므로, 막대와 로프 등을 죄는 데 사용한다.
⑫ SPAC 너트: 너트를 판에 때려 박아 사용
⑬ 와셔 붙이 너트: 너트의 밑면에 너트를 끼운 모양으로 만든 너트를 말한다. 접촉하는 재료와의 접촉면적을 크게 함으로써 접촉압력을 줄인다.
⑭ 스프링 판 너트: 스프링 판을 굽혀서 만들며 사용이 간단한 특징이 있다.

7 와셔

1) 와셔의 종류

와셔는 볼트 머리 밑면에 끼우는 것으로서 일반적인 볼트 머리 부분의 압력을 넓게 분산시키는 역할을 한다. 스프링 와셔 또는 접시 와셔는 진동에 의한 풀림을 줄인다.
① 기계용: 둥근형 와셔
② 너트 풀림 방지용: 스프링 와셔, 이붙이 와셔, 혀붙이 와셔, 클로오 와셔 등

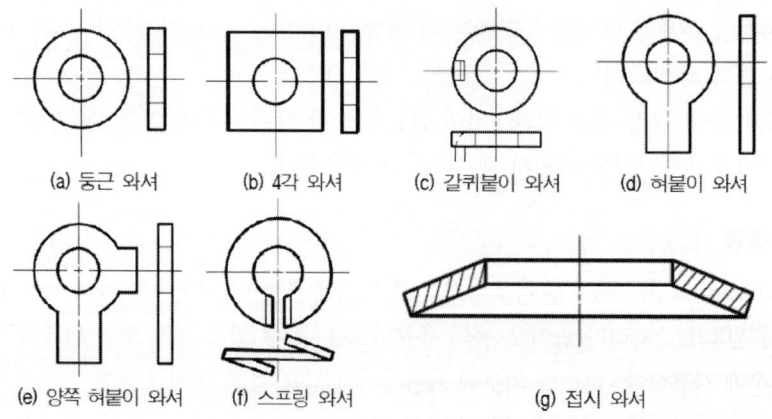

[그림 7-20] 와셔의 종류

2) 와셔의 용도

① 볼트의 구멍이 볼트의 지름보다 너무 클 때
② 표면이 거칠 때
③ 접촉면이 기울어져 있을 때
④ 목재나 고무와 같이 압축에 약하여 너트가 내려앉는 것을 막을 필요가 있을 때

8 코터

한쪽 또는 양쪽 기울기가 있는 평판 모양의 쐐기로써 2개의 축을 축 방향으로 연결하는 데 사용되는 일시적인 결합 요소이다. 축 방향의 인장력, 압축력을 전달하는 데 주로 사용한다. 코터의 재료는 축보다 경도가 높은 재료를 사용하고 응력 집중을 막기 위해 모서리를 둥글게 한다.

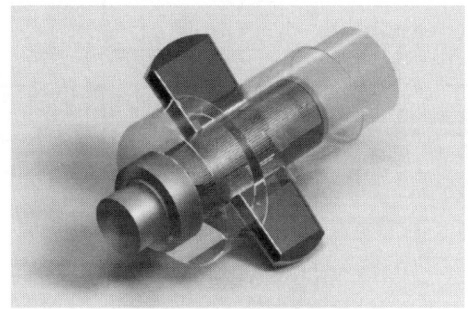

[그림 7-21] 코터의 구성요소

1) 코터의 구성요소

코터는 로드(rod), 소켓(socket), 코터(cotter)로 구성된다.

2) 코터의 기울기

① 반영구적인 곳: 1/50~1/100
② 자주 분해할 때: 1/15~1/10(핀 사용), 1/10~1/5(너트 사용)
③ 보통 분해 시: 1/20

3) 코터 이음의 자립조건은 마찰각 ρ, 구배(경사각)를 α 라 할 때

① 한쪽 기울기인 경우: $\alpha \leq 2\rho$
② 양쪽 기울기인 경우: $\alpha \leq \rho$

4) 코터의 강도를 계산

① 코터의 전단 강도를 구한다.

$$\tau = \frac{P}{2bh}$$

② 핀의 굽힘 강도를 계산한다.

$$M = \frac{PD}{8} = \sigma_b \frac{bh^2}{6}$$

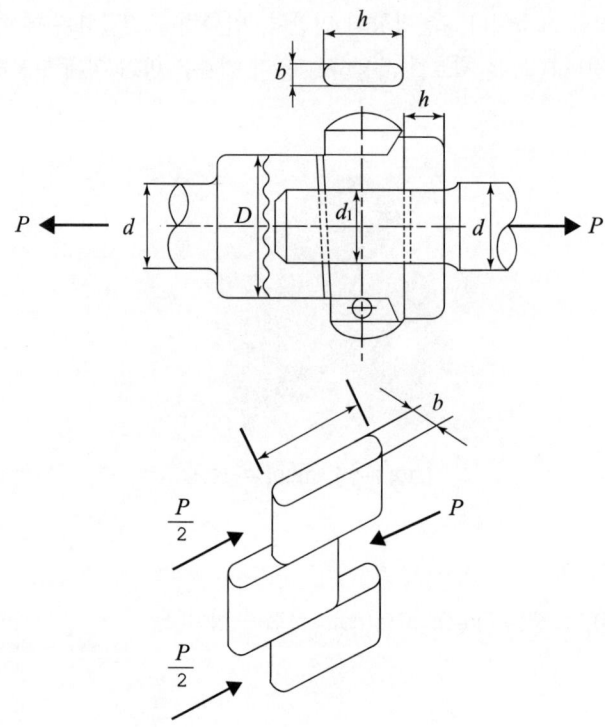

[그림 7-22] 코터의 강도 계산을 위한 개념도

CHAPTER 8. 동력 전달 요소 설계

01 요구기능 파악 및 선정

 **기계요소의 분류**

- 체결(결합)용 기계요소: 두 개 이상의 기계 부품을 결합하거나 고정할 때 사용하는 기계요소로 나사, 핀 키 등이 있다.
- 동력 전달(전동)용 기계요소: 동력이나 운동을 전달할 때 사용하는 기계요소로 마찰차, 기어, 벨트와 벨트풀리, 체인과 스프로킷 등이 있다.
- 축용 기계요소: 회전체의 중심을 고정하거나 축을 받쳐 줄 때 사용하는 기계요소로 축, 베어링, 클러치 등이 있다.
- 제어용 기계요소: 기계의 제동 또는 진동의 완충에 사용하는 기계요소로 브레이크, 스프링 등이 있다.
- 관용 기계요소: 기체나 액체를 수송할 때 사용하는 기계요소로 관, 밸브 등이 있다.

1 축(shaft)

1) 축의 분류

회전 운동으로 동력이나 운동을 전달하는 기계요소로 기어, 풀리, 플라이휠 등이 설치된다. 축의 단면은 원형이며 굽힘, 인장, 압축, 비틀림 하중 등이 단독 또는 복합적으로 작용하기 때문에 설계 시 여러 가지 강도를 고려해야 한다. 축은 주로 베어링에 의해 지지가 되며, 회전, 왕복 또는 요동 운동을 한다.

(1) 작용 하중에 따른 분류

① 전동축(동력 축): 비틀림과 휨을 동시에 받으며, 동력 전달이 주목적으로 주로 공장의 동력 전달 축으로 사용되며 주축, 선축, 중간축으로 구성된다.
  ㉠ 주축: 원동기에서 직접 동력을 받는 축
  ㉡ 선축: 주축에서 동력을 받아 각 공장에 분배하는 축
  ㉢ 중간축: 선축에서 동력을 받아 각각의 기계에 동력을 전달

② 차축(axel): 하중을 받치는 축으로 굽힘 모멘트를 받으며 철도차량, 자동차 등의 바퀴가 연결된 축이 차축이다. 토크를 전달하지 않는 정치 차축과 토크를 전달하는 회전 차축이 있다.

③ 스핀들(spindle): 지름에 비하여 비교적 짧은 축으로 비틀림과 휨이 동시에 작용하나 주로 비틀림을 받는 축으로 치수가 정밀하며 변형량이 적고 길이가 짧은 회전축으로 공작기계의 주축으로 사용된다.

(2) 외형에 따른 분류

① 직선 축(straight shaft): 일직선으로 곧은 원통형의 축이며, 일반적인 동력 전달용으로 사용된다.
② 테이퍼 축(taper shaft): 원뿔형의 축으로 연삭기, 밀링 머신, 드릴링 머신 등의 주축에 사용된다.
③ 크랭크축(crank shaft): 몇 개의 축 중심을 서로 어긋나게 한 것으로, 왕복 운동기관 등의 직선 운동과 회전 운동을 서로 변환시키는 데 사용하고 곡선 축이라고도 하며, 내연기관에 많이 사용된다. 일체식과 조립식이 있다(내연 기관, 압축기에 사용).
④ 플렉시블 축(flexible shaft): 강선을 2중, 3중으로 감은 나사 모양의 축으로 축 방향이 수시로 변하는 작은 동력 전달 축으로 공간상의 제한으로 일직선 형태의 축을 사용할 수 없을 때 사용된다. 비틀림 강도는 크나 굽힘 강도는 작다.

(3) 단면 모양에 따른 분류

① 원형 축(round shaft): 단면 모양이 원형으로 속이 찬 축과 속이 빈축이 있다. 일반적으로 속이 찬 축이 많이 사용된다.
② 각축(square shaft, hexagonal shaft): 특수한 목적에 사용하기 위하여 축의 단면 모양을 사각형 또는 육각형으로 만든 축으로 믹서나 진동체 축 등에 많이 사용된다.

2) 축의 재료

① 보통 축: 탄소 0.1~0.4%인 탄소강
② 고속회전축: 니켈강, 니켈크롬강
③ 크랭크축: 니켈크롬몰리브덴강, 크롬몰리브덴강, 단조강, 미하나이트 주철

3) 축의 강도

(1) 축 설계상 고려사항

① 강도(strength): 정하중, 충격, 반복 등을 동시에 수반할 경우가 많아 피로 파괴의 위험과 축 지름의 변화와 키의 홈, 원주 홈 등의 노치에서 발생하는 응력집중을 고려한다.
② 응력집중(stress concentration): 축에 키 홈이나 코 터 구멍, 노치, 단 붙임 등이 있는 부분은 단면적이 감소하고 또한 변화가 급격하므로 응력이 집중하여 축의 강도는 감소한다. 이러한 부분은 보강을 통하여 응력집중을 피하여야 한다.
③ 강성도(stiffness): 처짐이나 비틀림에 대해 저항하는 세기, 긴 전동축에서는 강도 이외에 굽힘 강성과 비틀림 강성을 고려해야 한다.

④ 변형
  ㉠ 비틀림각 변형: 주기적 또는 확실한 전동을 요구하는 축은 비틀림각에 제한받게 된다. 예를 들면 긴 축의 양단이 동시에 회전하는 천장 주행 기중기의 회전축, 운전기의 롤러 축 등에서 축의 비틀림각이 크면 기계적 불균형이 생긴다.
  ㉡ 처짐(휨) 변형: 굽힘 하중을 받는 축의 힘이 주어진 범위를 넘으면 베어링 압력의 불균형, 베어링 틈새의 불균일, 기어의 물림 상태가 불량하게 된다. 또 공작기계의 스핀들에도 굽힘이 생기면 가공 불량이 된다. 따라서 축의 종류에 따라 처짐량이 어느 한도 이내가 되도록 처짐을 제한하여 설계하여야 한다.

⑤ 진동(vibration): 축은 회전 시 굽힘 진동 또는 비틀림 진동 때문에 공진(resonance) 현상이 생겨 축이 파괴되는데, 이때의 회전속도를 위험 속도(critical speed)라 한다. 이를 방지하기 위해서는 회전속도를 위험 속도에 가까이하면 안 된다. 또 운전의 안정을 잃는 경우가 가끔 일어나므로 고속 회전을 하는 축에서는 진동의 요인에 의하여 주의하여야 한다.

⑥ 부식(corrosion): 선박의 프로펠러축, 수차축, 펌프 축과 같이 항상 액체 속에 있는 축은 전기적, 화학적 작용으로 부식되는 경우가 많으므로 내식재 선택에 주의하고 부식 여유를 고려해야 한다.

⑦ 열응력(thermal stress): 제트 엔진, 증기 터빈의 회전축과 같이 고온 상태에서 사용되는 축에 있어서는 열응력 열팽창 등에 주의하여 설계하여야 한다. 축의 길이가 변화해도 그 변화가 구속되어 있으면 축에 열응력과 베어링 하중이 증가하고, 축의 길이가 변화하면 기어 같은 경우에는 그 물림 상태가 나쁘게 된다.

⑧ 열팽창(thermal expansion): 고온 상태에서 운전되는 가스 터빈, 증기 터빈 등의 축은 온도상승으로 인하여 축의 길가 변화하고 베어링 하중이 증가하므로 축의 설계에 있어서는 열팽창에 따른 열응력을 충분히 고려하여야 한다.

(2) 강도에 의한 축의 설계
① 차축과 같이 굽힘 모멘트(M)만을 받는 축
  ㉠ 실제 축(중실 축)의 경우
  $$M = \sigma_b \times Z = \sigma_b \times \frac{\pi d^3}{32}$$
  $$\therefore d = \sqrt[3]{\frac{32M}{\pi \sigma_b}} = \sqrt[3]{\frac{10.2M}{\sigma_b}}$$
  ㉡ 중공 축의 경우
  $$M = \sigma_b \times Z = \sigma_b \times \frac{\pi}{32}\left(\frac{d_2^4 - d_1^4}{d_2}\right) = \sigma_b \times \frac{d_2^3}{10.2}(1 - x^4)$$
  $$\therefore d_2 = \sqrt[3]{\frac{10.2M}{(1-x^4)\sigma_b}} \quad (단, \; x = \frac{d_1}{d_2} = 내외경비)$$

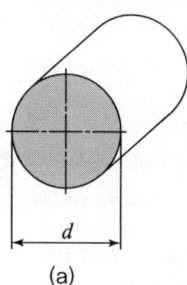
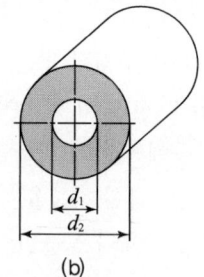

[그림 8-1] 속이 찬 축과 속이 빈축 단면

② 비틀림 모멘트(T)만을 받을 때
    ㉠ 실제 축(중실 축)의 경우

$$T = \tau_a \times Z_P = \tau_a \times \frac{\pi d^3}{16}$$

$$\therefore d = \sqrt[3]{\frac{16T}{\pi \tau_a}} = \sqrt[3]{\frac{5.1T}{\tau_a}}$$

    ㉡ 중공 축의 경우

$$T = \tau_a \times Z_P = \tau_a \times \frac{\pi}{16}\left(\frac{d_2^4 - d_1^4}{d_2}\right) = \tau_a \times \frac{d_2^3}{5.1}(1 - x^4)$$

$$\therefore d_2 = \sqrt[3]{\frac{5.1T}{(1-x^4)\tau_a}}$$

    ㉢ 중실 축과 중공 축의 비교
        ⓐ 중공 축과 중실 축의 비 $\dfrac{d_2}{d} = \sqrt[3]{\dfrac{1}{1-x^4}}$

        ⓑ 중공 축과 중실 축 지름의 비 $\dfrac{d_2}{d} = \sqrt[3]{\dfrac{1}{0.9375}} ≒ 1.022$

        ⓒ 중량비 $= \dfrac{d_2^2(1-x^2)}{d^2}$

    ㉣ 축에 작용하는 전달 토크를 구할 경우

$$T = 7024 \times 10^3 \frac{H}{N} \,[\text{N} \cdot \text{mm}][\text{PS}]$$

$$T = 9549 \times 10^3 \frac{H}{N} \,[\text{N} \cdot \text{mm}][\text{kW}]$$

SI 단위 변환

- $T = \dfrac{H(\text{kW})}{\omega(\text{각속도})} = \dfrac{100 \times 10^3}{\left(\dfrac{2\pi N}{60}\right)} [\text{N} \cdot \text{m}]$
- $H(\text{kW}) = T\omega = T \times \dfrac{2\pi N}{60} [\text{N} \cdot \text{m/s}]$

ⓜ 중실 축 지름을 구할 경우

$$d = 329.5 \sqrt[3]{\frac{H[\text{PS}]}{\tau_a[\text{N/mm}^2] N[\text{rpm}]}} \,[\text{mm}]$$

$$d = 365 \sqrt[3]{\frac{H[\text{PS}]}{\tau_a[\text{N/mm}^2] N[\text{rpm}]}} \,[\text{mm}]$$

ⓗ 중공 축에 지름을 구할 경우

$$d = 329.5 \sqrt[3]{\frac{H[\text{PS}]}{(1-x^4)\tau_a[\text{N/mm}^2] N[\text{rpm}]}} \,[\text{mm}]$$

$$d = 365 \sqrt[3]{\frac{H[\text{PS}]}{(1-x^4)\tau_a[\text{N/mm}^2] N[\text{rpm}]}} \,[\text{mm}]$$

③ 굽힘 모멘트와 비틀림 모멘트를 동시에 받는 축

㉠ 연성재료의 경우

ⓐ 실제 축 $d = \sqrt[3]{\dfrac{16 T_e}{\pi \tau_a}}$ ∴ $d = \sqrt[3]{\dfrac{5.1 T_e}{\tau_a}}$

ⓑ 중공 축 $d_2 = \sqrt[3]{\dfrac{16 T_e}{\pi(1-x^4)\tau_a}}$

ⓒ 상당 비틀림 모멘트 $T_e = \sqrt{M^2 + T^2}$

㉡ 취성재료의 경우

ⓐ 실제 축 $d = \sqrt[3]{\dfrac{32 M_e}{\pi \sigma_a}}$ ∴ $d = \sqrt[3]{\dfrac{10.2 M_e}{\sigma_b}}$

ⓑ 중공 축 $d_2 = \sqrt[3]{\dfrac{32 M_e}{\pi(1-x^4)\sigma_a}}$

ⓒ 상당 굽힘 모멘트 $T_e = \dfrac{1}{2}\left(M + \sqrt{M^2 + T^2}\right)$

2 축이음(shaft joint)

1) 축이음의 분류

(1) 커플링의 종류

① 고정 커플링: 일직선상에 있는 두 축을 연결한 것으로, 볼트 또는 키를 사용하여 접합하고 양축 사이의 상호이농이 전혀 허용되시 않는 구조. 원통 기플링과 플랜지 커플링이 있다.

㉠ 원통 커플링: 머프 커플링, 마찰 원통 커플링, 셀러 커플링, 클램프 커플링

㉡ 플랜지 커플링: 단조 플랜지 커플링, 조립식 플랜지 커플링, 세레이션 커플링

② 플랙시블 커플링: 원칙적으로 동일선상에 있는 두 축의 연결에 사용하나, 양 축간 약간의 상호 이동을 허용. 온도의 변화에 따른 축의 신축 또는 탄성 변형 등에 의한 축 심의 불일치를 완화하여 원활히 운전할 수 있는 커플링이다. 기어형 축이음, 체인 축이음, 그리드 형 축이음, 고무 축이음 등이 있다.

③ 올 덤 커플링: 두 축이 평행하고 축의 중심선이 약간 어긋났을 때 각 속도의 변동 없이 토크를 전달하는 데 사용하는 축이음이다.

④ 유니버설 커플링(자재 이음): 두 축의 축선이 어느 각도로 교차하고, 그 사이의 각도가 운전 중 다소 변하여도 자유로이 운동을 전달할 수 있도록 구조가 되어 있는 커플링이다.

⑤ 커플링의 분류
  ㉠ 두 축이 동일선상에 있는 경우: 고정 커플링(fixed coupling)
  ㉡ 두 축이 정확한 일직선상에 있지 않을 때: 플렉시블 커플링(flexible coupling)
  ㉢ 두 축이 평행하는 경우: 올덤 커플링(oldham's coupling)
  ㉣ 두 축이 교차하는 경우: 유니버설 조인트(universal joint)

(2) 클러치

운전 중 또는 정지 중에 간단한 조작으로 동력을 전달할 수 있는 형식. 두 축은 일직선상에 있는 경우가 많다. 다음 4가지로 구분된다.

① 맞물림 클러치: 클러치 중 가장 간단한 구조로 플랜지에 서로 물릴 수 있는 돌기 모양의 턱이 있어 서로 맞물려 동력을 단속한다.

② 마찰클러치: 각축에 붙어 있는 부분의 면을 밀어붙여 접촉시키며, 그사이의 마찰을 이용하여 연결하는 클러치로 원판 마찰 클러치와 원추 마찰 클러치가 있다.

③ 일방향 클러치: 구동축이 종동축보다 속도가 늦어졌을 때 종동축이 자유로 공전할 수 있도록 한 것으로 일방향에만 동력을 전달시키고, 역방향에는 전달시키지 못하는 클러치

④ 원심클러치: 입력축의 회전에 의한 원심력에 의하여 클러치의 결합이 이루어지는 것으로 원동축이 시동이 되어 점차 회전속도가 상승하면 클러치가 연결된다.

⑤ 전자 클러치: 전자력을 이용하여 마찰력을 발생시키는 클러치이다.

⑥ 유체 클러치: 펌프 축을 원동기에 결합하고 터빈 축은 부하를 받는 쪽에 결합하여 동력을 전달하는 클러치이다.

2) 커플링

(1) 고정 커플링

① 원통 커플링: 가장 간단한 구조로 원통 속에 두 축을 끼워 넣고 일직선이 될 수 있도록 키, 볼트로 결합해 키의 전단력이나 마찰력으로 전동하는 이음이다.

  ㉠ 머프 커플링: 주철제의 원통 속에서 두 축을 맞대어 맞추고 키로 고정한 것으로, 축 지름과 하중이 아주 작을 때 사용. 인장력이 작용하는 축이음에는 부적합하다. 작업상 안전을 위하여 안전 커버를 씌워 사용한다.

- ⓒ 마찰 원통 커플링: 바깥 둘레가 원뿔형으로 된 주철제 분할 통으로 두 축의 연결 단에 덮어씌우고, 이것을 연강제의 링으로 양 끝에서 끼워 맞춰 체결한다. 분할 통은 중앙에서 양 끝으로 1/20~1/30의 테이퍼이고, 큰 토크 전달에는 적당하지 않으나, 설치 및 분해가 쉽고 긴 전동축의 연결에 편리. 150mm 이하의 축과 진동이 없는 경우에 사용한다.
- ⓒ 반중 첩 커플링: 주철제 원통 속에 전달축보다 약간 크게 한 축 단면에 기울기를 주어 중첩시킨 후 공통의 키로서 고정한 커플링이며, 축 방향으로 인장력이 작용하는 기계의 축 이음에 사용된다.
- ⓔ 분할 원통 커플링(클램프 커플링): 2개의 반원 통, 즉 클램프를 보통 6개의 볼트로 두 줄로 나누어 체결하고(소형 축의 경우 4개, 대형 축의 경우 6~8개) 테이퍼가 없는 키를 박은 것으로 축 지름 200mm까지 사용한다.
- ⓜ 셀러 커플링: 머프 커플링을 셀러가 개량한 것으로 주철제 원통은 내면이 원추면으로 되어 있다. 여기에 두 축을 끼우고, 바깥면이 원추면으로 되어 있는 원추 통을 양쪽에서 끼워 넣은 다음 3개의 볼트로 죄어 축을 고정하는 커플링이다. 이것은 연결할 두 축의 지름이 다소 달라도 두 축이 자연히 동일선상에 있게 된다.
- ② **플랜지 커플링**: 주철 또는 주강제의 플랜지를 축에 억지 끼워 맞춤을 하거나 키로 결합한 후 두 플랜지를 볼트로 체결한 것이다. 플랜지의 중앙부는 요철을 만들어 두 축의 중심을 일치시키고, 큰 축과 고속도인 정밀 회전축에 적당하고, 공장 전동축 또는 일반 기계의 커플링으로 가장 널리 사용된다. 전단에 대한 사항만을 고려하면 $T_2 = Z \times \frac{\pi}{4} d^2 \tau_b \times \frac{D_b}{2} = \frac{\pi d^2 \tau_b Z D_b}{8}$ 가 된다.

(7) 플렉시블 커플링

두 축의 중심선을 완전히 일치시키기 어려울 때, 또 내연 기관과 같이 전달 토크의 변동이 많은 원동기에서 다른 기계로 동력을 전달하는 경우 및 고속 회전으로 진동을 일으킬 때 사용된다.

① **기어형**: 두 축의 양 끝에 한 쌍의 외접기어를 각각 키 박음 하여 결합. 외치와 내치 사이의 틈새가 축의 편심을 어느 정도 흡수할 수 있으며, 고속 및 큰 토크에도 견딜 수 있다(원심 펌프, 컨베이어, 교반기, 발전기, 송풍기, 믹서, 유압 펌프, 압축기, 크레인, 기중기 등).
② **체인**: 두 축의 끝에 스프로킷 휠을 키 박음하여 장착하고, 2줄 체인을 사용하여 두 축에 끼워져 있는 스프로킷 휠을 이은 것이다. 회전속도가 중간속도이고 일정한 하중이 작용하는 기계에 장착된다(주로 교반기 컨베이어, 펌프, 기중기 등에 사용).
③ **그리드 형**: 두 축의 끝부분에 축 방향으로 홈이 파여 있는 한 쌍의 원통(허브)을 키 박음하여 각각 고정. 양 축의 축 방향 홈이 일직선이 되도록 조정한 후 S자 모양의 금속격자(그리드)를 홈 속으로 집어넣어 연결한다.

(3) 올 덤 커플링

두 축이 평행하며, 그 거리가 비교적 짧고 축선의 위치가 어긋나 있으나 각속도의 변화 없이 회전력을 전달시키려 할 때 사용하고, 밸런스와 마찰의 난점이 있고 편심량이 큰 회전 전달이나 고속의 경우에는 적합지 않다.

(4) 유니버설 조인트(훅 조인트)

① 두 축이 동일 평면 내에 있고 그 중심선이 α 각도($\alpha \leq 30°$)로 교차하는 경우의 전동장치이다.
② 교각 α는 30도 이하에서 사용하고 특히 5° 이하가 바람직하며, 45° 이상은 사용이 불가능하다.
③ 두 축 단의 요크 사이에 십자형 핀을 넣어서 연결한다.
④ 자동차, 공작기계, 압연 롤러, 전달 기구 등에 많이 사용한다.
⑤ 요크와 십자형 핀 사이에는 니들 베어링 또는 부시를 넣어서 그리스로 윤활 하는 것이 보통이다.
⑥ 각속비는 $\tan\phi = \tan\theta \cos\alpha$ $\therefore \frac{\omega_2}{\omega_1} = \left(\frac{\cos\alpha}{1-\sin^2\theta \sin^2\alpha}\right)$이다.

3) 클러치

원동축에서 종동축에 토크를 전달시킬 때, 간단히 두 축을 연결하거나 분리시키기 위해서 사용되는 축이음으로 맞물림 클러치, 마찰클러치, 유체 클러치, 마그네틱 클러치 등이 있다.

(1) 클러치의 종류

① 맞물림 클러치(claw clutch): 가장 널리 사용되는 것으로 서로 맞물려 토크를 전달한다.
  ㉠ 기어 클러치: 삼각형의 턱을 아주 작게 많이 가지고 있다.
  ㉡ 마그네틱 클러치: 온도상승을 꺼리는 NC 공작기계에 사용된다.
② 마찰클러치: 원동축의 회전을 정지시키지 않고 충격 없이 종동축을 연결할 수 있고, 일정량 이상의 과하중이 종동축에 작용하면 접촉면은 미끄러져 일정량 이상의 하중이 원동축에 걸리지 않는 축이음이다.
  ㉠ 축 방향 클러치: 마찰 면이 축 방향으로 이동하여 전동력이 작고 경부하 고속용에 쓰인다.
    ⓐ 원판 클러치(disc clutch): 원동축과 종동축 사이에 마찰판을 1장 또는 여러 장을 설치하여 접촉시켜 그사이의 마찰로 전동하는 장치이고, 마찰력을 효과적으로 작용시키기 위하여 바깥둘레 부분만을 접촉시키고 중앙부를 떼어놓고 있다.
    ⓑ 원뿔 클러치(cone clutch): 마찰 면이 원추형으로 되어 있으며 축 방향의 누르는 힘이 원판 클러치보다 작은 데 비해 큰 전달 동력을 얻을 수 있는 장점이 있다.
  ㉡ 원주 클러치: 마찰 면은 축 심을 향하여 움직이며 전달 동력은 비교적 크고 저속 중하중용에 적합하다. 종류로는 블록 클러치, 스플릿링 클러치, 밴드 클러치가 있다.

ⓒ 전자 클러치: 자동화, 고속화 등 수치제어 공작기계, 서보모터 전기기계에 많이 사용된다.

③ 원심력클러치
ⓐ 원심클러치: 원동축 블록이 드럼 속에 코일 스프링으로 연결되어 있어 마찰력으로 토크를 전달한다.
ⓑ 유체 클러치: 직선 방사상의 날개를 갖는 2개의 임펠러를 마주 보도록 하고 여기에 기름을 채운 것으로 원동기를 펌프 축에 터빈 축을 부하에 결합하여 동력을 전달한다. 자동차, 건설기계, 산업기계, 선박, 철도, 차륜 등에 사용된다.
유체 클러치의 특징은 다음과 같다.
- 원동기의 시동이 쉽다.
- 과부하의 상태가 발생하더라도 원동기를 보호하고, 비틀림 진동과 충격을 완화한다.
- 역회전도 쉽게 할 수 있고, 몇 개의 원동기로 한 개의 부하를 쉽게 운전할 수 있다.
- 변속의 자동화가 용이하다.

(2) 마찰클러치의 전달 토크 및 마력

① 전달 토크

$$T = \mu p \pi b D_m \frac{(D_1 + D_2)}{4}$$

② 전달 마력

$$T = 7023.5 \frac{H[\text{PS}]}{N} = 9549 \frac{H[\text{kW}]}{N}$$

$$H[\text{PS}] = \frac{\mu P D_m N}{2 \times 7023.5 \times 1000} = \frac{\mu \pi b p D_m^3 N}{2 \times 7023.5 \times 1000}$$

$$H[\text{kW}] = \frac{\mu P D_m N}{2 \times 9549 \times 1000} = \frac{\mu \pi b p D_m^3 N}{2 \times 9549 \times 1000}$$

3 베어링(bearing)

1) 베어링의 개요

회전축을 지지하고 회전을 원활하게 하는 기계요소로 미끄럼 베어링과 구름 베어링이 있다. 베어링을 설계할 때는 작용 하중에 의한 변형을 작게 하려고 충분한 강도와 강성을 갖도록 해야 하며, 마찰과 윤활, 베어링의 압력을 고려해야 한다.

(1) 베어링의 종류

① 축과 베어링의 접촉 방법에 따른 분류
ⓐ 미끄럼 베어링(sliding bearing): 저널과 베어링 면이 윤활유를 중개물로 하여 직접 대면하여 미끄럼 접촉을 하는 베어링으로 평면 베어링이라 부른다.

ⓒ 구름 베어링(rolling bearing): 축과 베어링 사이에 볼 또는 롤러, 바늘형 롤러를 넣고 구름 접촉을 하는 것으로 마찰이 미끄럼 베어링보다 훨씬 적게 한 베어링

② 작용 하중의 방향에 따른 분류
  ㉠ 레이디얼 베어링(radial bearing): 레이디얼 하중, 즉 축에 직각 방향의 하중을 지지할 때 사용한다. 미끄럼 베어링에서는 저널 베어링이라고도 한다.
  ㉡ 스러스트 베어링(thrust bearing): 스러스트 하중, 즉 축 단이나 축의 중간에 단을 만들어 축 방향의 하중을 받을 때 사용한다. 피벗 베어링, 칼라 스러스트 베어링이 있다.
  ㉢ 테이퍼 베어링(taper bearing): 레이디얼 하중과 스러스트 하중이 동시에 작용하는 하중을 지지한다.

(2) 미끄럼 베어링과 구름 베어링의 비교

항목 \ 종류	미끄럼 베어링	구름 베어링
크기	지름은 작으나 폭이 크게 된다.	폭은 작으나 지름이 크게 된다.
구조	일반적으로 간단하다.	전동체가 있어서 복잡하다.
충격 흡수	유막에 의한 감쇠력이 우수하다.	감쇠력이 작아 충격 흡수력이 작다.
고속 회전	저항은 일반적으로 크게 되나, 고속 회전에 유리하다.	윤활유가 비산하고, 전동체가 있어 고속 회전에 불리하다.
저속 회전	유막 구성력이 낮아 불리하다.	유막의 구성력이 불충분하더라도 유리하다.
소음	특별한 고속 이외는 정숙하다.	일반적으로 소음이 크다.
하중	추력 하중은 받기 힘들다. 비교적 작은 하중을 받는다.	추력 하중을 용이하게 받는다. 큰 하중을 받는다.
기동토크	유막 형성이 늦었을 때 크다	작다.
베어링 강성	정압 베어링에서는 축 심의 변동 가능성이 있다.	축 심의 변동은 적다.
규격화	자체 제작하는 경우가 많다.	표준형 양산품으로 호환성이 높다.
마찰	마찰계수가 크다(유체마찰).	마찰계수가 작다(구름마찰).
경제성	호환성이 없고 동압 미끄럼 베어링은 싸고, 정압 미끄럼 베어링은 부대시설이 비싸다.	양산 및 규격화로 비교적 싸다.

2) 미끄럼 베어링(sliding bearing)

(1) 미끄럼 베어링의 구조

일반적인 구조는 베어링 메탈, 윤활부, 베어링 하우징으로 구성하고 베어링 메탈은 접촉면의 마찰을 감소시키고 저널의 마멸을 방지하며 윤활부는 윤활제를 베어링의 접촉면에 공급하여 마멸을 감소시키고 마찰열을 흡수하여 방산시키는 기구와 기능을 갖는다. 베어링 하우징은 베어링 메탈을 지지하면서 작용하는 힘을 프레임에 전달한다.

(2) 미끄럼 베어링의 종류

① 레이디얼 미끄럼 베어링

ㄱ) 단일체 베어링(solid bearing): 구조가 간단하여 경하 중의 저속용에 쓰이며, 베어링 하우징에 끼워 고정된 축을 지지하는 데 주로 사용. 하우징 상부에는 급유 구가 붙어 있다.

ㄴ) 분할 베어링(split bearing): 본체와 캡으로 분할된 베어링. 중하중의 고속용에 사용. 베어링의 유격 조정은 준할 면에 심(shim)을 넣어 적절히 유지하며, 내면에는 원활한 윤활을 위하여 오일 홈(groove)을 만든다.

② 스러스트 미끄럼 베어링

ㄱ) 피벗 베어링(pivot bearing): 피벗 베어링은 절구 베어링이라고도 하며 세워져 있는 축에 의하여 스러스트 하중을 받을 때 사용한다.

ㄴ) 칼라 베어링(collar bearing): 칼라 베어링은 수평으로 된 축이 스러스트 하중을 받을 때 사용하는 베어링으로 여러 단의 칼라가 배열되어 있어 베어링의 길이가 비교적 길어진다.

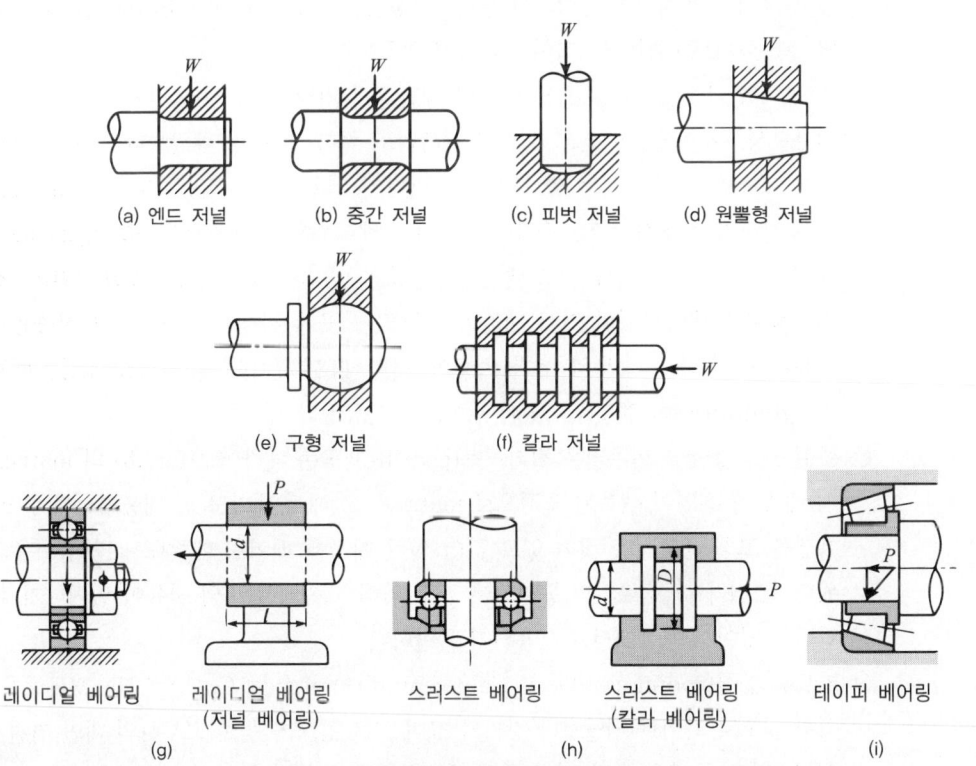

[그림 8-2] 저널과 베어링의 분류

(3) 미끄럼 베어링 재료의 특성

① 베어링 메탈

축이 운전 중 저널과 베어링 메탈과의 사이의 유막이 불완전 유막 윤활 상태가 되면 저널과 베어링 메탈이 접촉하게 되어 마모가 일어나게 되고, 마찰열에 의한 열 붙음 현상이 생기게 되므로 미끄럼 베어링에서의 베어링 메탈은 상당이 중요하며 다음과 같은 성질을 갖추어야 한다.

㉠ 마찰열을 잘 분산시키기 위하여 열전도율이 높아야 한다.
㉡ 저널과의 접촉성이 좋아야 한다.
㉢ 면압 강도, 강성, 피로 강도가 좋아야 한다.
㉣ 내식성이 커야 한다.
㉤ 마찰계수가 작아야 한다.

② 베어링 메탈 재료

㉠ 화이트 메탈(white metal) : Sn, Pb, Zn 등을 주성분으로 하여 Cu와 Sb를 포함하는 합금으로서 연하고 가공하기 쉬우며, 축과의 접촉성이 좋고 윤활유의 흡착력도 높고 수리도 용이하여 널리 이용된다. 주성분을 기반으로 하여 Sn(base) 화이트 메탈, Pb 화이트 메탈, Zn 화이트 메탈로 분류된다.

㉡ 동(구리)합금(copper alloy) : 베어링 메탈로서 가장 널리 사용되며, 열전도가 좋고 내마모성, 내충격성이 좋고 축과의 접촉성도 좋다. 베어링 메탈보다 경도나 강도가 크다. 그러나 고속에서는 열 붙음이 일어나기 쉬우므로 부적당하다. 황동(brass)은 피로 강도가 비교적 높고, 중저속의 고압용 베어링으로 사용된다. 포금(gun metal)은 Cu-Sn-Zn의 합금으로 황동과 청동의 중간적인 성질을 갖고 있다. 청동(bronze)은 내마모성이 커서 내압이 요구되는 곳에 사용되며, 중속 고 하중용으로 사용된다. 청동은 성분의 첨가 정도에 따라 다시 인(phosphorus) 청동, 베릴륨(beryllium) 청동, 켈밋(kelmet) 청동으로 분류된다.

㉢ 주철(cast iron) : 회주철은 펄라이트(pearlite) 또는 페라이트(ferrite)의 matrix(기지)에 편상 흑연이 석출된 조직으로 matrix는 강해서 내마모성, 내충격성이 좋으며, 흑연은 고체 윤활의 성질이 있고 값이 싸기 때문에 베어링 메탈로서 많이 이용되어 왔다. 그러나 축 재료와의 동일한 성질로 인해 고속에서는 열 붙음이 일어나기 쉬운 단점이 있어서 고속에서는 사용하기 곤란하다.

㉣ 카드뮴 합금(cadmium alloy) : Cd(cadmium) matrix에 Cu, Ag, Ni, Mg 등을 첨가한 것으로 화이트 메탈보다 강도가 크며 고온 강도가 높아 고부하의 내연 기관, 압연기, 펌프 등에 사용된다. 그러나 열팽창계수가 약간 높고, 산성의 윤활유에 약한 단점도 있다.

㉤ 알루미늄 합금(aluminum alloy) : 일반적으로 다른 베어링 메탈에 비해 가볍고, 친화성과 내마모성이 좋아 고속 고 하중의 베어링으로 사용된다. 마찰 때문에 생성되

는 산화피막 때문에 축을 손상하는 단점도 있다.
- ⓗ 오일리스 베어링: 분말야금에 의하여 성형 소결한 베어링으로 기공(氣孔) 부에 기름을 함유할 수가 있고, 운전 중에는 온도상승 때문에 기름이 스며 나오고 운전을 정지하면 다시 기공 부로 흡수하므로 별도로 기름을 급유할 필요가 없으므로 오일리스 베어링(oil less bearing)이라 부른다. 이것은 대하중용으로는 부적당하며 급유가 곤란한 곳에 적합하여 소형전동기, 가정용기계 등에 사용된다.
- ⓢ 비금속재료: 목재, 경질고무, 플라스틱 재료 등이 이용된다. 가공이 쉽고 내식성이 커서 사용 목적에 따라 편리한 점도 있으나 열에 약하고 열팽창이 큰 단점도 있다. 그 외에 시계나 정밀기기의 베어링으로 사용되기도 한다.

(4) 미끄럼(슬라이딩) 베어링의 설계

① 베어링 압력

㉠ 레이디얼 저널(radial journal)의 압력: $P = \dfrac{W}{dl} [\text{N/mm}^2]$

여기서, P: 베어링 압력
W: 베어링 하중
d: 저널의 지름
l: 저널의 길이

㉡ 스러스트 저널(thrust journal)의 압력: $P [\text{N/mm}^2]$

ⓐ 피벗 저널(pivot journal)

- 실제 축의 경우: $P = \dfrac{W}{\dfrac{\pi d^2}{4}}$, $d = \sqrt{\dfrac{4W}{\pi P}}$

- 중공원 축의 경우: $P = \dfrac{W}{\dfrac{\pi}{4}(d_2^2 - d_1^2)}$

ⓑ 칼라 스러스트 저널(collar thrust journal)

$$P = \dfrac{W}{\dfrac{\pi}{4}(d_2^2 - d^2) Z} \qquad W = d_m b Z P$$

여기서, Z: 칼라 수
d_m: 수압면의 평균지름
b: 수압면의 나비

② 레이디얼 저널의 설계

㉠ 끝 저널의 설계: $M = \dfrac{Pl}{2} = \sigma_b Z = \sigma_b \dfrac{\pi d^3}{32}$ 이므로 $\quad \therefore d = \sqrt[3]{\dfrac{16 Pl}{\pi \sigma_b}} = \sqrt[3]{\dfrac{5.1 Pl}{\sigma_b}}$

여기서, M: 최대 굽힘 모멘트
Z: 단면계수
σ_b: 허용 굽힘 응력

위 식에 $P = p_a dl$을 대입하면

$$M = \frac{Pl}{2} = \frac{p_a dl^2}{2} = \sigma_b \frac{\pi d^3}{32} \qquad \therefore \frac{l}{d} = \sqrt{\frac{\sigma_b}{5.1 p_a}}$$

식에서 $\frac{l}{d}$를 폭지름 비(폭 경비)라 한다.

ⓒ 중간 저널의 설계: $M = \frac{PL}{8} = \sigma_b Z = \sigma_b \frac{\pi d^3}{32} \qquad \therefore d = \sqrt[3]{\frac{4PL}{\pi \sigma_b}} = \sqrt[3]{\frac{1.25 PL}{\sigma_b}}$

여기서, $L = l + 2l_1 = el$, $e = 1.0 \sim 2.0$이나 보통 1.5를 잡는다.

ⓒ 폭 경비($\frac{l}{d}$)

ⓐ 엔드 저널의 경우 $\frac{l}{d} = \sqrt{\frac{\sigma_b}{5.1 p}}$

ⓑ 중간 저널의 경우 $e = 1.5$로 잡으면 $\frac{l}{d} = \sqrt{\frac{\sigma_b}{1.91 p}}$

ⓒ 실제의 설계에 있어서 $\frac{l}{d}$가 커지면 축이 굽을 때 베어링 끝에 압력이 집중하여 유막이 파괴될 우려가 있고, $\frac{l}{d}$가 작아지면 기름의 누설이 현저하여 유막 압력이 저하하고 부하 능력이 감소한다.

ⓓ 경험적으로 $\frac{l}{d} = 0.6 \sim 0.3$이 상용되며 보통 하중의 경우 $\frac{l}{d} = 1.0 \sim 1.5$가 많이 사용된다.

ⓔ 마찰열을 고려한 저널설계: $f = \mu W [\text{N}]$, $A_f = \mu W v [\text{N} \cdot \text{m/sec}]$, $a_f = \frac{A_f}{A} = \frac{\mu W v}{dl} = \mu pv$

여기서, f: 마찰력(N)
μ: 마찰계수
W: 저널의 하중(N)
A_f: 단위시간당 마찰일량(N·m/sec)
a_f: 비마찰 작업일량
pv: 발열계수(압력속도계수)

ⓐ 발열계수: pv
 • 레이디얼 저널(radial journal)

$$pv = \frac{W}{dl} \times \frac{\pi d N}{60 \times 1000} [\text{N/mm}^2 \cdot \text{m/sec}], \quad pv = \frac{\pi W N}{60000 l}$$

$$\therefore l = \frac{\pi W N}{60000 pv}$$

- 스러스트 저널(thrust journal)

  – 실제원 축: $pv = \dfrac{W}{\dfrac{\pi d^2}{4}} \times \dfrac{\pi\left(\dfrac{d}{2}\right)N}{60 \times 1000}$, $pv = \dfrac{WN}{30000d}$

  $$\therefore d = \dfrac{WN}{30000pv} = \dfrac{\mu WN}{30000 a_f}$$

  – 중공원 축: $pv = \dfrac{W}{\dfrac{\pi}{4}(d_2^2 - d_1^2)} \times \dfrac{\pi \times d_m \times N}{60 \times 1000}$

  $$d_m = \dfrac{d_2 + d_1}{2}(d_2^2 - d_1^2) = (d_2 + d_1)(d_2 - d_1)$$

  정리하면 $\therefore (d_2 - d_1) = \dfrac{WN}{30000pv}$

  또한, 칼라 저널의 경우 $\therefore (d_2 - d_1)Z = \dfrac{WN}{30000pv}$

  ⓑ 베어링의 마찰손실동력: $H = \dfrac{\mu Wv}{75 \times 9.81}$[PS], $H' = \dfrac{\mu Wv}{102 \times 9.81}$[kW]

3) 구름 베어링(rolling bearing)

구름 베어링은 구름 접촉을 하기 때문에 미끄럼 베어링에 비해 마찰이 작아서 마찰손실이 적고, 기동저항과 발열도 작아 고속 회전을 할 수 있다. 그러나 전동체와 궤도륜이 점 접촉이나 선 접촉을 해서 충격에 약하고, 소음이 생기기 쉬운 결점이 있다.

(1) 구름 베어링의 구조

궤도륜(외륜과 내륜) 사이에 전동체(轉動体)가 들어있고, 전동체는 리테이너에 의하여 일정한 간격을 유지하게 되어 있어 마멸과 소음을 방지하게 된다. 보통 내륜은 축과 결합하고 외륜은 하우징과 결합한다.

전동체의 형상에 따라 볼 베어링과 롤러 베어링으로 구분한다. 롤러 베어링은 모양에 따라 원통 롤러, 테이퍼 롤러, 자동 조심 롤러, 니들 롤러로 구분한다. 볼 베어링은 전동체가 점접촉을 하므로 마찰저항이 적어 고속 및 고정밀 회전축에 적합하다. 롤러 베어링은 전동체가 선접촉을 하므로 중하중용으로 적합하다.

(2) 구름 베어링의 종류

① 레이디얼 볼 베어링

㉠ 깊은 홈 볼 베어링: 구름 베어링 중에서 가장 널리 사용한다. 궤도는 내·외륜 모두 원호 모양의 깊은 홈이 있다. 내·외륜 분리가 불가하며 구조가 간단하고, 정밀도가 높아 고속 회전용으로 가장 적합하다.

㉡ 마그네토 볼 베어링: 외륜 궤도면의 한쪽 궤도 홈 턱을 제거하여 베어링 요소의 분리 조립을 쉽게 하도록 한 베어링으로 접촉각이 작아 깊은 홈 볼 베어링보다 부하 하중

을 작게 받는다. 스러스트 하중에 대해서도 한쪽방향으로만 부하 능력을 가지고 고속, 소형 정밀기기에 사용한다.
ⓒ 앵귤러 볼 베어링: 볼과 내외륜과의 접촉점을 잇는 직선이 레이디얼 방향에 대해서 어느 각도를 이루고 있으며 이 각도를 접촉각이라 한다. 구조상 레이디얼 하중 외에 한 방향의 스러스트 하중을 받는 경우에 적합하고 접촉각이 클수록 스러스트 부하 능력이 증가한다.
ⓔ 자동 조심 볼 베어링: 외륜의 궤도면이 구면이어서 그 중심이 베어링 중심과 일치하고 있기 때문에 자동적으로 중심을 맞출 수 있다. 축이나 베어링 하우징의 공작이나 설치 시에 발생하는 축심의 어긋남을 조절할 수 있어 무리한 힘이 생기지 않는다. 스러스트 하중을 받는 능력은 그다지 크지 않은 편이다. 안지름이 테이퍼 진 경우에는 베어링 번호 뒤에 K가 붙으며 표준 테이퍼는 1/12이다.

② 레이디얼 롤러 베어링
㉠ 원통 롤러 베어링: 전동체로 원통 롤러를 사용하는 베어링으로 선접촉을 하므로 레이디얼 방향의 부하 용량이 크다. 따라서 중하중, 고속 회전에 적합하다.
㉡ 테이퍼 롤러 베어링: 전동체로 테이퍼 롤러를 사용한 베어링으로 내륜, 외륜 및 롤러 원추의 정점이 축선상의 한 점에 집중되며, 롤러는 내륜의 턱에 의하여 안내된다. 레이디얼 하중과 스러스트 하중의 합성 하중에 대한 부하능력이 크다.
㉢ 자동조심 롤러 베어링: 표면이 구면으로 되어있는 롤러를 전동체로 사용한 것으로 자동 조심 작용이 있어 축심의 어긋남을 자동적으로 조절한다. 레이디얼 부하용량이 크고 구면을 이용하여 양방향의 스러스트 하중에도 견딜 수 있으므로 중하중 및 충격하중에 적합하다.
㉣ 니들 롤러 베어링: 지름 5mm 이하의 바늘 모양의 롤러를 사용한 것으로 리테이너는 없으며 내외륜이 있는 것과 내륜이 없고 축에 직접 접촉하는 구조가 있다. 축 지름에 비하여 바깥지름이 작고, 부하 용량이 크므로 다른 롤러 베어링을 사용할 수 없는 좁은 장소나 충격하중이 있는 곳에 사용한다.

③ 스러스트 볼 베어링
㉠ 스러스트 하중만을 받으므로 고속 회전에 부적합하고 단식은 스러스트 하중에 한 방향일 경우, 복식은 양 방향일 경우 사용한다.
㉡ 단식에서는 회전륜과 고정륜 사이에 볼을 넣어 사용하고, 고속 회전에는 부적합하다. 복식에서는 상하에 고정륜 중간에 회전륜이 있으며 고정륜과 회전륜 사이에는 볼이 있고, 축은 회전륜에 부착한다.

④ 스러스트 자동조심 롤러 베어링
㉠ 축 방향 하중을 크게 받을 수 있으나 고속 회전에는 부적합하다.
㉡ 스러스트 하중이 작용할 때 어느 정도의 레이디얼 하중을 받을 수도 있다. 궤도면은 구면으로 자동 조심 작용을 하여 설치오차 및 축의 휨을 받아준다.

(3) 구름 베어링 규격

① 구름 베어링의 호칭 번호

㉠ 호칭 번호를 붙이는 목적은 제조나 사용 시 혼란을 방지하고, 정리의 편의를 도모하기 위함이다.

㉡ 호칭 번호로 주요 치수를 손쉽게 알 수 있고, 호칭 번호 앞뒤에 붙이는 기호로 그 베어링의 특수한 형태를 알 수 있다.

㉢ 아래 표와 같이 기본 기호와 보조 기호로 이루어져 있고, 베어링의 치수는 안지름을 기준으로 하여 규격화되어있다.

기본 기호			보조 기호					
베어링 계열기호	안지름 번호	접촉각 기호	내부변경 기호	실·실드기호	궤도륜 형상기호	조합 기호	내부틈새 기호	등급 기호

• 기본 기호

| 형식 기호 | 치수 계열 기호(폭과 지름 기호) | 안지름 번호 | 접촉각 기호 |

• 형식기호 : 베어링의 형식에 따라 정해진 번호 또는 기호. 베어링 호칭 시 제일 먼저 나오는 기호이다. 형식기호 1, 2, 3, 4인 경우 복렬, 6, 7인 경우 단열, N인 경우 원통 롤러 베어링이다.

• 치수계열 기호 : 베어링의 치수는 안지름, 바깥지름, 폭(또는 높이)이 기본. 베어링 치수규격은 안지름을 기준으로 각각의 안지름에 대하여 여러 가지 크기의 폭과 바깥지름을 조합한 것으로 구성된다.

• 치수계열 기호는 두 자리수로 나타내는데 첫 번째 숫자는 폭계열(또는 높이 계열) 수이며, 두 번째 숫자는 지름계열 수로 나타낸다.

• 안지름 번호 : 아래 표와 같이 베어링 내륜의 안지름을 표시한다.

안지름 범위(mm)	안지름 치수	안지름 기호	예
10mm 미만	정수인 경우 정수 아닌 경우	안지름 /안지름	2mm이면 2 2.5mm이면 /2.5
10mm 이상 20mm 미만	10mm 12mm 15mm 17mm	00 01 02 03	
20mm 이상 500mm 미만	5의 배수인 경우	안지름을 5로 나눈 수	40mm이면 08
	5의 배수 아닌 경우	/안지름	28mm이면 /28
500mm 이상		/안지름	560mm이면 /560

• 접촉각 기호 : 볼 또는 롤러 베어링에서 하중이 가해지는 작용선이 반지름방향과 이루는 각을 접촉각이라 한다.

• 구름 베어링의 호칭 번호는 형식 기호, 치수 기호(폭 기호는 생략하는 수가 있다), 안지름 번호를 순서대로 조합하여 4자리 또는 5자리의 숫자(또는 기호)로 표시한다.

• 이밖에 필요에 따라 실 또는 실드 기호, 틈새 기호, 등급 기호 등의 보조 기호를 병기하여 사용한다.

(4) 구름 베어링의 기본 설계

① 구름 베어링의 마찰

㉠ 전동체는 부하 하중에 의해 궤도면을 파고 들어가 전동체의 전후가 볼록하게 올라오며 전동체가 통과한 후에는 다시 원상태로 되돌아간다.

ⓒ 내외륜에 궤도면의 곡률 반지름과 볼의 반지름을 같게 하면 하중이 가해 질 때 양쪽의 접촉 면적이 증가하므로 마찰저항이 크게 된다. 이 때문에 궤도면의 반지름을 볼의 반지름보다 약간 크게 한다.

② 구름 베어링의 수명과 정격 수명
  ㉠ 베어링 수명: 소음과 진동의 증가, 마멸에 의한 정밀도의 저하, 구름면의 피로 박리 등으로 인하여 베어링을 사용할 수 없을 때까지의 한계 회전수나 시간
  ㉡ 베어링 피로 수명: 최초의 플레이킹이 생길 때까지의 총회전수

플레이킹(flaking)

베어링의 내외륜 및 전동체가 반복되는 압축력과 재료 내부 표면에 평행하게 생기는 전단응력에 의해 균열이 발생하고 균열이 성장하여 재료의 표면이 떨어져 나가게 되는 현상

  ㉢ 정격 수명: 동일 규격의 베어링을 같은 조건으로 여러 개 사용하였을 때 이 중 90% 이상의 베어링이 피로에 의한 손상이 생기지 않을 때까지의 총회전수나 시간

$$L_h = \frac{L(10^6 회전)}{60 \times n}$$

〈표 8-1〉 구름베어링의 수명계수 및 속도계수

베어링 형식	볼 베어링	롤러 베어링
수명시간	$L_h = 500 f_h^3$	$L_h = 500 f_h^{\frac{10}{3}}$
수명계수	$f_h = f_n \left(\frac{C}{P}\right)$	$f_h = f_n \left(\frac{C}{P}\right)$
속도계수	$f_n = \left(\frac{33.3}{n}\right)^{\frac{1}{3}}$	$f_n = \left(\frac{33.3}{n}\right)^{\frac{3}{10}}$

③ 구름 베어링의 정격 하중
구름 베어링이 견딜 수 있는 최대 하중을 정격하중 또는 부하용량이라 하며 정 정격하중과 동 정격하중으로 분류한다.
  ㉠ 기본 정 정격하중: 구름 베어링이 정지하고 있는 상태에서 견딜 수 있는 최대 하중을 정 정격하중이라 한다. 즉, 베어링 내의 최대 응력을 받고 있는 접촉부에서 전동체와 궤도륜과의 영구 변형량의 합이 전동체 지름의 1/10000 이내가 되도록 한 정지 하중을 말하고 C0로 표기한다.
  ㉡ 기본 동 정격하중: 구름 베어링이 회전 중에 견딜 수 있는 최대 하중을 동 정격 하중이라 하고 베어링의 정격 회전 수명이 100만 회전이 되도록 방향과 크기가 일정한 하

중을 기본 동 정격하중이라 하며 C로 표기한다. 즉, 33.3rpm로 500시간에 견딜 수 있는 최대 하중이라 할 수 있다.

④ 구름 베어링의 정격 수명 계산

$$L = \left(\frac{C}{P}\right)^r$$

여기서,
- L: 베어링 수명
- P: 베어링 부하하중
- C: 기본 동 정격하중
- r: 지수-볼 베어링 3, 롤러 베어링 10/3

$$L_h = \frac{10^6 \text{회전}}{60 \times n}\left(\frac{C}{P}\right)^r$$

정격 시간 수명 L_h는 500시간에 견디는 경우고 수명은 하중의 r승에 반비례하므로 다음과 같이 정리할 수 있다.

$$L_h = \frac{10^6 \text{회전}}{60 \times n}\left(\frac{C}{P}\right)^r = 500 \times \frac{33.3}{n}\left(\frac{C}{P}\right)^r = 500 f_n^r \left(\frac{C}{P}\right)^r = 500 f_h^r$$

여기서,
- f_h: 수명계수 $\sqrt[r]{\frac{33.3}{n}}\left(\frac{C}{P}\right) = f_n\left(\frac{C}{P}\right)$
- f_n: 속도계수 $\left(\frac{33.3}{n}\right)^{\frac{1}{r}}$

> **참고**
> - **기본부하용량**: 33.3rpm으로 500hr의 수명을 견딜 수 있는 하중
> - **기본 회전수**: 33.3회전/min×500×60min=10^6회전

⑤ 베어링 하중의 평가

하중 보정계수: $C = P^r \sqrt{L_n}$ 에서

㉠ 일반기계의 실제하중: $P = f_w \cdot P_{th}$

㉡ 기어가 설치된 축에 작용하는 실제하중: $P = f_w \cdot f_g \cdot P_g$

㉢ 벨트풀리 축에 작용하는 실제하중: $P = f_w \cdot f_b \cdot P_b$

여기서,
- P: 실제하중($P = P_{th} \times f_w$)
- P_{th}: 이론하중
- f_w: 하중계수
- f_g: 기어계수
- f_b: 벨트계수
- P_g: 기어 축에 작용하는 이론하중
- P_b: 벨트의 유효 전달력

4 마찰차

구름 접촉을 하는 원동차와 종동차의 접점에 생기는 마찰력에 의하여 동력을 전달하는 것을 마찰 전동이라 하고, 마찰 전동에 사용되는 바퀴를 마찰차라 한다.

1) 마찰차의 적용 범위

① 전달하여야 할 힘이 크지 않고 속도비를 중요시되지 않을 때
② 회전속도가 커서 보통의 기어를 사용할 수 없는 경우
③ 양축 사이를 빈번히 단속할 필요가 있을 때
④ 무단변속을 시키는 경우와 안전장치의 역할이 필요한 경우

2) 마찰차의 특성

① 접촉하고 있는 표면은 구름 접촉이므로 접촉 선상의 한 점에 있어서 양쪽의 표면속도는 항상 같다.
② 약간의 미끄럼이 생기므로 확실한 전동과 강력한 동력의 전달은 곤란하다.
③ 전동의 단속이 무리 없이 행해진다.
④ 무단 변속하기 쉬운 구조로 할 수 있다.
⑤ 운전이 정숙하며, 효율은 그다지 높지 못하다.
⑥ 과부하의 경우 미끄럼에 의한 다른 부분의 손상을 막을 수 있다.
⑦ 두 축에 바퀴를 만들어 구름 접촉을 통해 순수한 마찰력만으로 동력을 전달한다.
⑧ 동력을 전달하면서 마찰 차를 이동시킬 수 있는 변속 장치나 자동차의 클러치, 작은 힘을 전달하거나 정확한 회전 운동을 하지 않는 곳에 주로 사용된다.
⑨ 전동 중 접촉 부분을 떼지 않고 마찰 차를 이동시키거나 접촉 부분을 자유롭게 붙였다 뗄 수 있다.

3) 마찰차의 실용적인 면에서 구별

① 원통 마찰차: 두 축이 평행하고 바퀴는 원통형이다.
② 홈 마찰차: 두 축이 평행하다. V 홈이 있다.
③ 원추 마찰차: 두 축이 어느 각도로서 서로 만나고 있으며 바퀴는 원뿔형이다.
④ 무단변속 마찰차
  ㉠ 원판 마찰차식 무단변속 기구: 직교하는 두 축 사이로 롤러와 원판이 접촉하여 동력을 전달하는 마찰차이다.
  ㉡ 원추 마찰차식 무단변속 기구: 두 축이 어느 각도로서 서로 만나고 있으며 바퀴는 원뿔형이다.
  ㉢ 구면 마찰차식 무단변속 기구: 직선 또는 직각으로 만나는 두 축에 플랜지나 롤러를 고정하고 그 사이에 구면 형상의 중간 차를 넣어 동력을 전달하는 마찰차이다.

회전 운동을 회전 운동으로 전달하는 기계요소

마찰차, 기어, 벨트와 벨트풀리, 체인과 스프로킷 등이 있다.

4) 마찰차의 종류

① **원통 마찰차**: 두 축이 평행하고 바퀴는 원통형으로 평 마찰차와 V 홈 마찰차가 있다.
② **원추 마찰차**: 두 축이 서로 교차하고 바퀴는 원추형으로 속도비가 일정하다.
③ **구 마찰차**: 두 축이 평행 또는 교차하며 속도비가 일정하다.
④ **변속 마찰차**: 속도비를 일정한 범위 내에서는 자유롭게 연속적으로 변화시킬 수 있다.

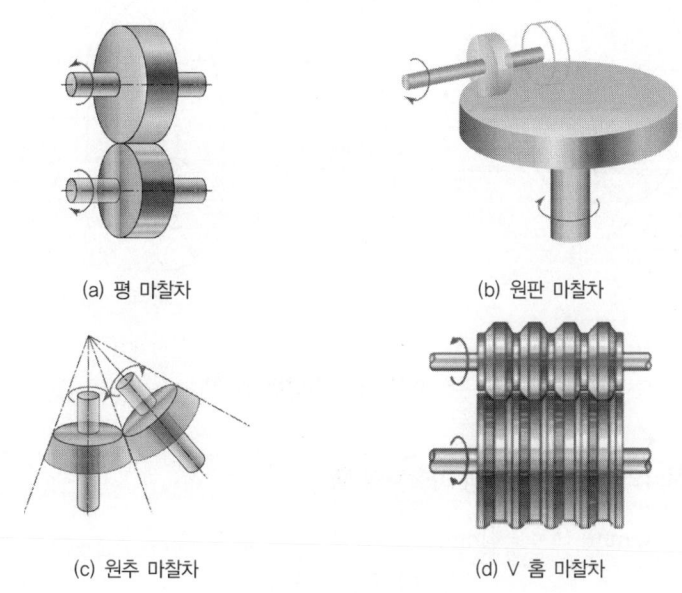

(a) 평 마찰차　　　　　　　　(b) 원판 마찰차

(c) 원추 마찰차　　　　　　　(d) V 홈 마찰차

[그림 8-3] 마찰차의 종류

(1) 원통 마찰차

평행한 두 축 사이에서 외접하거나 내접하는 2개의 원통형 바퀴에 의하여 동력을 전달하는 것을 평 마찰차 또는 원통 마찰차라 한다.

① 마찰차의 속도와 속도비

　㉠ 회전비(속도비 i): $i = \dfrac{N_B}{N_A} = \dfrac{D_A}{D_B} = \dfrac{\omega_B}{\omega_A}$

　㉡ 중심거리 C

　　외접: $C = \dfrac{D_B + D_A}{2}$, 내접: $C = \dfrac{D_B - D_A}{2}$

ⓒ 원주 속도: $v = \dfrac{\pi D_A N_A}{60 \times 1000} = \dfrac{\pi D_B N_B}{60 \times 1000}$ [m/sec]

② 마찰차에 의한 전달 동력

㉠ 전달 토크: $T = \mu P \dfrac{D_B}{2}$ [N·mm]

㉡ 전달 동력: $H = \dfrac{\mu P v}{75 \times 9.81} = \dfrac{\mu P \pi D_A N_A}{75 \times 9.81 \times 60 \times 1000}$ [PS]

$$H' = \dfrac{\mu P v}{102 \times 9.81} = \dfrac{\mu P \pi D_A N_A}{102 \times 9.81 \times 60 \times 1000} \text{ [kW]}$$

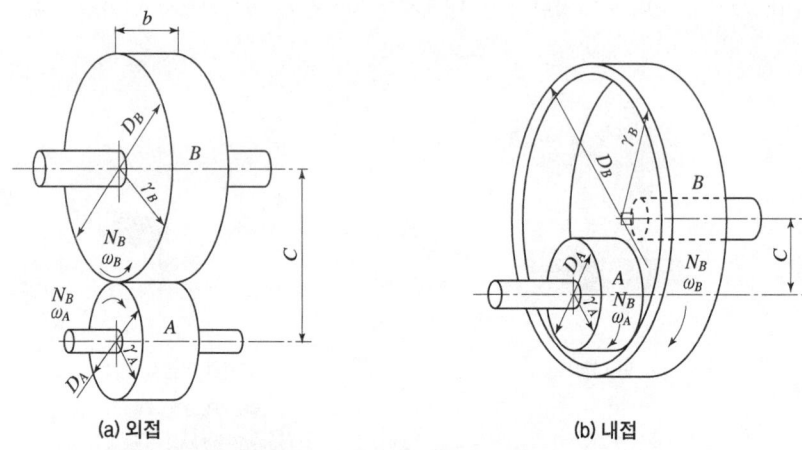

[그림 8-4] 원통 마찰차의 회전비

③ 접촉선상의 허용 면 압력과 마찰차의 폭

$P = qb$ [N/mm], $b = \dfrac{P}{q}$ [mm]

(2) V 홈 마찰차

마찰차에서 큰 동력 전달을 위한 밀어붙이는 힘의 증가는 베어링 하중으로 되고 이로 인하여 큰 마찰손실이 생기는데, 이것을 개량한 것이 V 홈 마찰차이다.

① 유효 마찰계수(μ'): 수정 마찰계수, 등가 마찰계수, 외관 마찰계수

$$\mu' = \dfrac{\mu}{\sin\alpha + \mu\cos\alpha}$$

V 홈 마찰차의 경우 μ'은 평 마찰차의 마찰 계수 μ의 $\dfrac{1}{\sin\alpha + \mu\cos\alpha}$ 배로 증가한다.

② 홈의 깊이: $h = 0.94\sqrt{\mu' P}$ [mm]

(3) 원추 마찰차

동일 평면 내의 서로 어긋나는 두 축 사이에서 외접하여 동력을 전달하는 원뿔형 바퀴를 말하며, 주로 무단 변속 장치의 변속 기구로 쓰인다.

① 속도비

$$i = \frac{N_B}{N_A} = \frac{D_A}{D_B} = \frac{2\overline{OC}\sin\alpha}{2\overline{OC}\sin\beta} = \frac{\sin\alpha}{\sin\beta} = \frac{\sin\alpha}{\sin(\theta-\alpha)} = \frac{\sin\alpha}{\sin\theta\cos\alpha - \cos\theta\sin\alpha}$$

$\cos\alpha$ 로 나누어 정리하면 $\therefore i = \dfrac{\tan\alpha}{\sin\theta - \cos\theta\tan\alpha}$

㉠ α 와 i 의 관계: $\tan\alpha = \dfrac{\sin\theta}{\dfrac{1}{i} + \cos\theta} = \dfrac{\sin\theta}{\dfrac{N_A}{N_B} + \cos\theta}$

㉡ β 와 i 의 관계: $\tan\beta = \dfrac{\sin\theta}{i + \cos\theta} = \dfrac{\sin\theta}{\dfrac{N_B}{N_A} + \cos\theta}$

② 전달 동력

$$P = \frac{Q_A}{\sin\alpha} = \frac{Q_B}{\sin\beta}$$

㉠ $H = \dfrac{\mu P v}{75 \times 9.81} = \dfrac{\mu Q_A v}{75 \times 9.81 \sin\alpha} = \dfrac{\mu Q_B v}{75 \times 9.81 \sin\beta}$ [PS]

㉡ $H' = \dfrac{\mu P v}{102 \times 9.81} = \dfrac{\mu Q_A v}{102 \times 9.81 \sin\alpha} = \dfrac{\mu Q_B v}{102 \times 9.81 \sin\beta}$ [kW]

③ 베어링 하중

$$R = \sqrt{R_A^2 + (\mu P)^2} \text{ 또는 } R = \sqrt{R_B^2 + (\mu P)^2}$$

여기서, R: 베어링에 작용하는 합성가로 하중(N)

④ 원뿔 마찰차의 나비

$$b = \frac{P}{f} \quad \therefore b = \frac{Q_A}{f\sin\alpha} = \frac{Q_B}{f\sin\beta}$$

여기서, f: 접촉선에 작용하는 힘(N)

(4) 마찰차에 의한 무단변속

접촉점의 자리를 바꾸면 속도비를 무단계(연속적)로 변동시킬 수 있다.

① 원판 마찰차에 의한 변속

$$N_B = \frac{N_A}{R_B}x, \quad N_C = \left(\frac{S}{x} - 1\right)N_A$$

여기서, S: 축간거리

② 원뿔 마찰차에 의한 변속(에반스)

$$\frac{N_B}{N_A} = \frac{d + 2x\tan\alpha}{D - 2x\tan\alpha} \qquad \therefore N_B = \frac{d + 2x\tan\alpha}{D - 2x\tan\alpha} N_A$$

③ 구면 마찰차에 의한 변속

$$N_B = \frac{R_A}{R_B} \cdot \frac{x_B}{x_A} \cdot N_A \text{ 또는 } N_B = \frac{D_A \sin\theta_B}{D_B \sin\theta_A}$$

5 기어

1) 기어의 개요

동력을 전달시키는데 마찰차의 접촉면에 차례로 물리는 이에 의하여 운동을 전달시키는 기계요소를 기어(치차)라 하고, 잇수가 적은 것을 피니언이라 한다.

기어의 특징은 다음과 같다.
① 전동이 확실하고, 큰 동력을 일정한 속도비로 전달할 수 있다.
② 축 압력이 작으며, 사용 범위가 넓다.
③ 회전비가 정확하고, 전동 효율이 좋고 감속비가 크다.
④ 충격음을 흡수하는 성질이 약하고, 소음과 진동이 발생한다.
⑤ 한 쌍의 바퀴 둘레에 이를 만들고, 이 두 바퀴의 이가 서로 맞물려 회전하며 동력을 전달하는 장치이다.
⑥ 기어 전동은 동력 전달이 확실하고 내구성도 좋아 각종 기계의 회전 속도와 힘의 크기를 정확히 변경하고자 할 때 사용한다.
⑦ 서로 맞물려 있는 한 쌍의 기어 잇수 비를 다르게 하면 전달하는 회전수를 조절 가능하다.
⑧ 시계의 기어 상자나 자동차 변속기에 사용 예를 들 수 있다.

2) 기어의 종류

서로 물리는 한 쌍의 기어 중 잇수가 많은 쪽(큰 쪽)을 기어, 잇수가 적은 것(작은 쪽)을 피니언이라고 하고, 기어의 지름이 무한대로 된 것을 래크라 한다.

(1) 두 축이 서로 평행한 경우

① 스퍼 기어(spur gear): 직선 치형을 가지며 잇줄이 축에 평행하며, 가장 일반적으로 사용된다. 시계, 선반, 내연기관 등에 사용한다.
② 랙(rack)과 피니언(pinon): 두 축이 평행할 때 사용하며, 회전 운동을 직선 운동으로 바꾸는 데 사용되며, 래크는 원통 기어의 반지름이 무한대로 큰 경우의 일부분이라고 볼 수 있으며 피니언의 회전에 대하여 래크는 직선 운동을 한다. 선반, 드릴링 머신, 사진기 등의 이송기구에 사용한다.
③ 내접 기어(internal gear): 원통의 안쪽에 이가 있는 기어로 잇줄이 축에 대하여 평행하

며, 맞물린 기어와 회전 방향이 같다. 유성기어 장치 또는 기어형 축이음에 사용된다.
④ 헬리컬 기어(helical gear): 이를 축에 경사시킨 것으로 이의 물림이 좋아 조용한 운전을 하나 축에 트러스트 발생한다. 공작기계, 내연 기관 등에 사용한다.
⑤ 헬리컬 랙(helical rack): 헬리컬 기어와 맞물리고 잇줄이 축 방향과 일치하지 않는다. 피치원의 반지름이 무한대인 헬리컬 기어로 생각할 수 있다.
⑥ 더블 헬리컬 기어: 방향이 반대인 헬리컬 기어를 같은 축에 고정시킨 것으로 축에 트러스트가 발생하지 않는다.

(2) 두 축이 만나는 경우

① 직선 베벨 기어(straight bevel gear): 회전 방향을 직각으로 바꿀 때, 교차하는 두 축의 운동을 전달하기 위해 원뿔면에 이를 만든 것으로 이가 직선인 것을 직선 베벨 기어라 한다. 전동용으로 가장 널리 쓰인다. 드릴, 자동차의 구동장치 등에 사용한다.
② 스파이럴 베벨 기어(spiral bevel gear): 잇줄이 곡선이고 모직선에 대하여 비틀려 있는 기어로서 이의 물림이 좋고 조용한 회전을 하나 제작이 어렵다.
③ 마이터 기어(miter gear): 두 축의 교각이 90°이고 잇수비가 1 : 1인 기어이다.

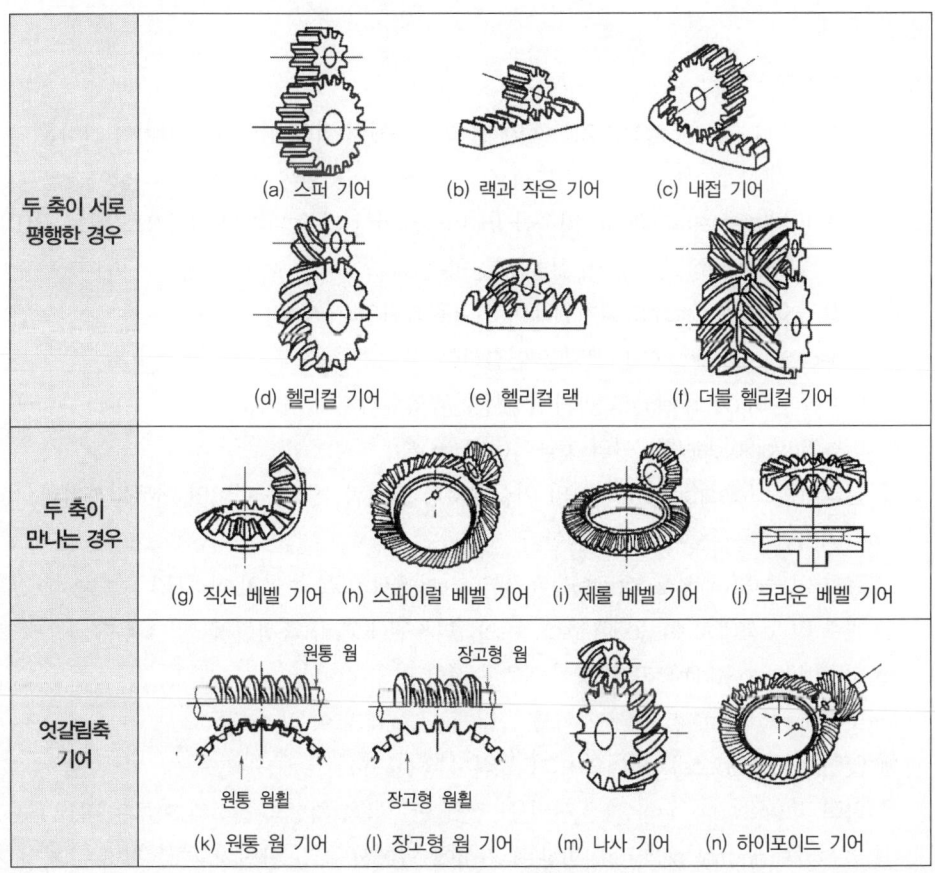

[그림 8-5] 기어의 종류

④ 제롤 베벨 기어(zerol bevel gear): 스파이럴 베벨 기어 중에서 이 너비의 중앙에서 비틀림각이 영(zero)인 베벨 기어이다.
⑤ 크라운 기어(crown gear): 피치면이 평면으로 된 베벨 기어로 축 방향에 트러스트가 발생하고 스퍼 기어에서 래크에 해당한다.
⑥ 스큐 베벨 기어(skew bevel gear): 이가 원추면의 모선과 경사진 기어이다.

(3) 두 축이 평행하지도 만나지도 않는 경우(엇갈림 축 기어)

① 웜 기어(worm gear): 웜과 웜 기어를 한 쌍으로 사용하고, 큰 감속비를 얻을 수 있으며, 원동차를 보통 웜으로 한다.
② 하이포이드 기어(hypoid gear): 스파이럴 베벨 기어와 같은 형상이고 축만 엇갈린 기어이며, 자동차의 차동장치에 쓰인다.
③ 나사 기어(screw gear): 서로 교차하지도 않고 평행하지도 않는 두 축 사이의 운동을 전달하는 기어이다.
④ 스큐 기어(skew gear): 교차하지도 또 평행하지도 않는 2축(스큐 축) 간에 운동을 전달하는 기어를 총칭하여 스큐 기어라 한다.

3) 스퍼 기어

(1) 기어의 각부 명칭

① 피치원(P.C: Pitch Circle): 기본적인 원으로 축에 수직인 평면과 피치원이 만나는 원
② 원주 피치(p: circular pitch): 피치원상의 이에서 이웃한 이까지의 원호 길이
③ 지름 피치(diametral pitch): 잇수를 inch를 표시한 기준 피치원 지름으로 나눈 값(DP)
④ 이끝원(addenum circle): 이 끝을 연결하는 원
⑤ 이끝 높이(addendum): 피치원에서 이끝원까지의 거리(a)
⑥ 이뿌리 원(root circle): 이뿌리를 연결하는 원
⑦ 이뿌리 높이(dedendum): 피치원에서 이뿌리원까지의 거리(d)
⑧ 이높이(whole depth): 이의 총높이($h = a + d$)
⑨ 클리어런스(clearance): 기어의 이끝원부터 그것과 물리는 기어의 이뿌원까지의 거리를 클리어런스 또는 이끝틈새라 한다.
⑩ 유효 이 높이(working depth): 한 쌍의 기어에서 이끝 높이의 거리(h)
⑪ 원주 이 두께(circular tooth thickness): 피치원에 따라 측정한 원호 이 두께
⑫ 이 나비(face width): 축선 방향으로 측정한 이의 길이
⑬ 뒷틈(back lash): 한 쌍의 기어를 물리게 했을 때의 이 사이 간극
⑭ 잇면(tooth surface): 기어의 이가 물려서 닿는 면
⑮ 압력 각(pressure angle): 잇면의 한 점에 반지름과 치형의 접선과 이루는 각(α)
⑯ 법선피치(normal pitch): 인벌류트 기어에 있어서 특정 단면의 서로 접하는 치형 간의 공통법선에 따라서 잰 피치를 법선피치라고 한다.

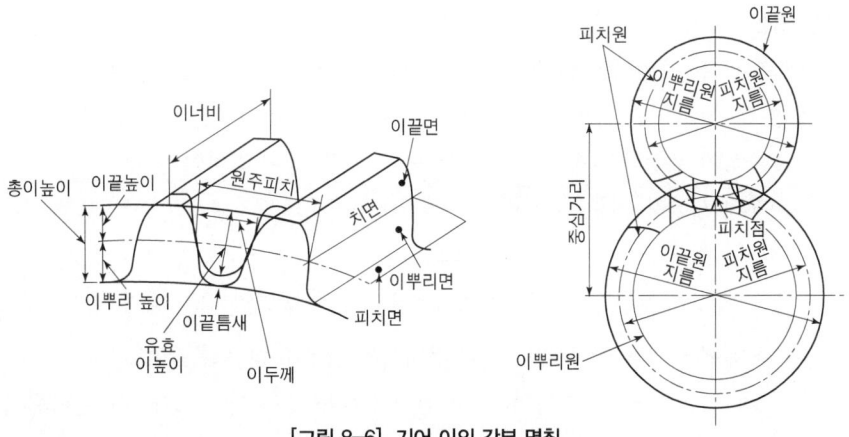

[그림 8-6] 기어 이의 각부 명칭

(2) 이의 크기

기어 이의 크기를 표시하는 방법으로는 다음과 같이 3가지가 있다.

① 원주 피치(p): 피치원주를 잇수로 나눈 수치이다.

$$p = \frac{\pi D}{Z} = \pi m$$

② 모듈(m): 미터방식으로 나타낸 이의 크기, 모듈 값이 클수록 이의 크기는 커진다.

$$m = \frac{p}{\pi} = \frac{D}{Z}$$

③ 지름 피치(P_d 또는 $D \cdot P$): 인치 방식으로 이의 크기를 나타내는 방법으로서 잇수를 인치 단위의 지름으로 나눈 값으로 P_d의 값이 작을수록 이는 커진다.

$$P_d = \frac{\pi}{P} = \frac{Z}{D} = \frac{1}{m} [\text{inch}], \ P_d = \frac{25.4}{m} [\text{mm}]$$

④ 법선 피치(기초 피치): 기초원의 둘레를 잇수로 나눈 값이다.

$$P_n = \frac{\pi D \cos \alpha}{z} = p \cos \alpha$$

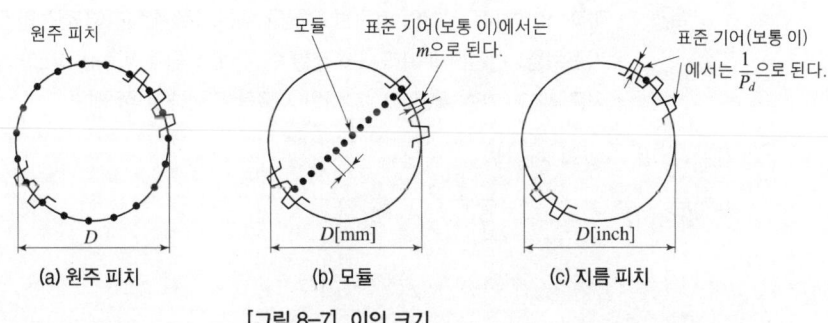

[그림 8-7] 이의 크기

(3) 치형 곡선

① **인벌류트 곡선**: 원기둥에 감은 실을 풀 때, 실 위의 한 점이 그리는 원의 일부를 곡선으로 한 것이다. 일반 동력전달 기계의 기어에 사용되며 장점은 다음과 같다.
  ㉠ 호환성이 우수하다(원주 피치 또는 모듈, 압력 각이 같아야 한다).
  ㉡ 치형의 제작가공이 용이하다.
  ㉢ 이뿌리 부분이 튼튼하여 전동용으로 사용된다.
  ㉣ 물림에 있어 축간거리가 다소 변해도 속도비에 영향이 없어 널리 사용되고 있다.

  한쪽 실패에서 다른 쪽 실패로 실이 감겨지는 경우는 다음과 같다.
  ㉠ 두 개의 실패를 연결하는 실의 한 점에서 실을 끊어 다시 실패에 감는다면 실의 끝점이 그리는 궤적도 인벌류트 곡선이다.
  ㉡ 한 쪽 실패에서 다른 쪽 실패로 실을 옮겨 감을 때 실의 한 점이 그리는 선은 직선이며, 이의 접촉점에 세운 공통법선이 된다.
  ㉢ 공통법선은 피치 점을 지나게 되므로 카뮈의 정리를 만족한다.

② **사이클로이드 곡선**: 피치원을 기초원으로 하여 그 위를 작은 원인 구름원이 미끄럼 없이 굴러갈 때 이 구름원 위의 한 점이 그리는 궤적을 치형 곡선으로 한 것으로 공작하기가 어려워 거의 사용되지 않고, 시계용 기어 등과 같은 정밀기기의 소형기어에 사용되며 특징은 다음과 같다.
  ㉠ 접촉점에서 미끄럼이 적으므로 마모가 적고 소음이 적으며 효율이 높다.
  ㉡ 공작이 어렵고 호환성이 적다.
  ㉢ 정밀 측정기구 시계, 계기류에 사용되고 속도비가 정확하다.
  ㉣ 피치 점이 완전히 일치하지 않으면 물림이 잘되지 않는다.
  ㉤ 접촉점에서 미끄럼이 적어 마모가 적고 소음이 적다.

(4) 표준기어와 전위기어

① **표준기어**: 기준 래크 모양의 래크 공구의 기준 피치선과 기어의 기준 피치원을 피치 점에서 서로 구름 운동을 하도록 하면, 이 두께가 원주 피치의 1/2인 기어가 만들어지는데, 이 기어를 표준기어라 한다.

> **참고**
> • **래크**: 인벌류트 기어의 피치원 지름을 무한대로 한치형이 직선인 막대 모양의 기어
> • **기준치형**: 피치원에 따라서 측정한 이 두께가 원주 피치의 1/2과 같은 치형
> • **기준 래크**: 기준 치형에서 피치원 지름을 무한대로 한 래크

② 표준 스퍼 기어의 계산식
  ㉠ 회전비: $i = \dfrac{N_B}{N_A} = \dfrac{D_A}{D_B} = \dfrac{Z_A}{Z_B}$
  ㉡ 기초원 지름: $D_g = Zm\cos\alpha = D\cos\alpha$
  ㉢ 바깥지름: $D_0 = m(Z+2)$

㉣ 중심거리: $C = \dfrac{D_A \pm D_B}{2} = \dfrac{m(Z_A \pm Z_B)}{2}$

  여기서, N_A, N_B: 각 기어의 회전수
  α: 압력 각
  D_A, D_B: 각 기어의 피치원 지름

(5) 스퍼 기어 열의 이해

① 기어 열: 기어 열 회전을 전달하기 위하여 몇 개의 기어를 차례로 조합하여 속도비나 회전 방향을 얻는 장치이다.

② 속도비(speed ratio): $\dfrac{n_5}{n_1} = \left(-\dfrac{N_1}{N_2}\right)\left(-\dfrac{N_3}{N_4}\right)\left(-\dfrac{N_4}{N_5}\right)$

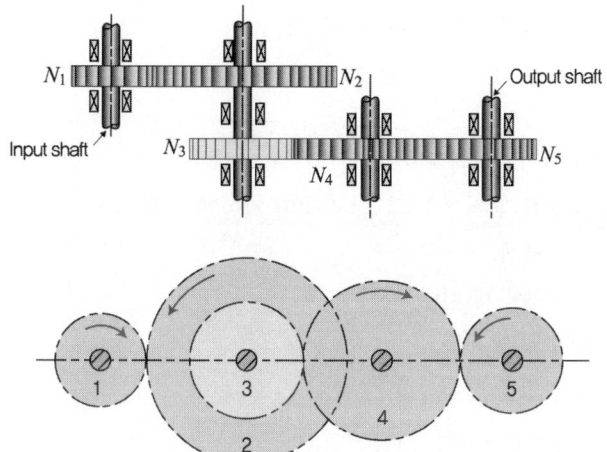

[그림 8-8] 기어 속도비 계산을 위한 구성도

③ 아이늘러 기어(idler gear)
  ㉠ 두 개의 메인 기어 사이에 설치되어 그 위치를 조정하거나 회전 방향을 변환시킬 목적으로 사용되는 기어이다.
  ㉡ 이 기어로는 동력을 변화시킬 수 없다.
  ㉢ 대표적인 사용 예: 변속기에서 차량을 후진할 때 쓰이는 후진 기어이다.

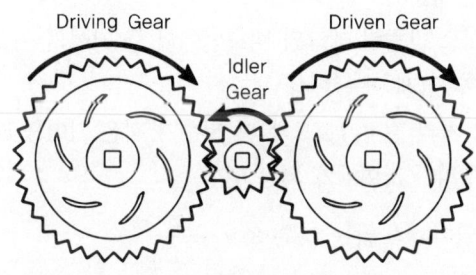

[그림 8-9] 아이들러 기어 구성도

④ 전위기어: 기어에 있어서 실용적인 잇수 이하의 기어를 절삭할 때 발생하는 언더컷을 방지하기 위하여 기준 래크 공구로 표준 절삭량보다 낮게 절삭하여 기준 피치선의 피치원보다 다소 바깥쪽으로 절삭한 기어이다.

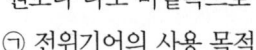

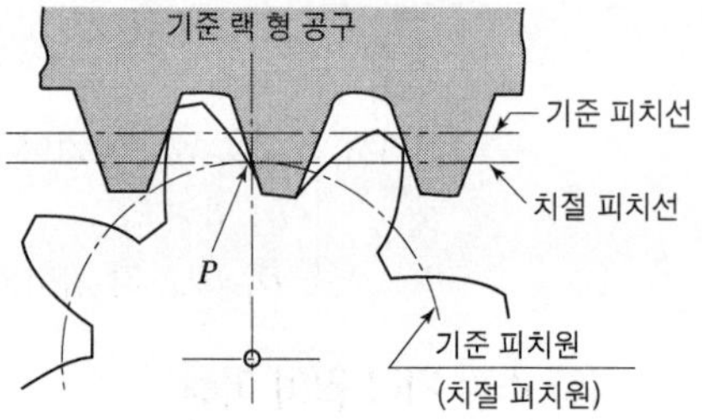

[그림 8-10] 전위 기어

㉠ 전위기어의 사용 목적
ⓐ 중심거리를 자유로 변화시키려고 할 때
ⓑ 언더컷을 방지하고 싶을 때
ⓒ 이의 강도를 증대하려고 할 때

㉡ 전위기어의 장점
ⓐ 모듈에 비하여 강한 이가 얻어진다.
ⓑ 최소 잇수를 극히 적게 할 수 있다.
ⓒ 물림률을 증대시킨다.
ⓓ 주어진 중심거리의 기어의 설계가 용이하다.
ⓔ 공구의 종류가 적어도 되고, 각종의 기어에 응용된다.

㉢ 전위기어의 단점
ⓐ 계산이 복잡하게 된다.
ⓑ 교환성이 없게 된다.
ⓒ 베어링 압력을 증대시킨다.

⑤ 언더컷 방지의 전위계수 $x = 1 - \dfrac{Z}{2}\sin^2\alpha$

언더컷 한계 전위계수

α	20°	15°	14.5°
이론적	1−Z/17	1−Z/30	1−Z/32
실용적	(14−Z)/17	(25−Z)/30	(26−Z)/32

⑥ 치형의 간섭 및 언더컷
㉠ 이의 간섭: 서로 맞물린 래크와 피니언에서 큰 기어의 이끝이 피니언의 이뿌리에 닿아서 회전할 수 없게 되는 현상
㉡ 이의 언더컷: 치의 절하라고도 하며 잇수가 적은 기어를 래크 공구나 피니언 공구로 절삭하면 이뿌리가 파여지게 되는 현상
• 언더컷이 일어나지 않는 잇수 $Z \geqq \dfrac{2}{\sin^2\alpha}$

⑦ 백래시: 잇면의 놀음 또는 백래시를 주지 않으면 원활한 전동을 할 수 없다. 백래시를 주는 이유는 다음과 같다.
  ㉠ 치형오차, 피치오차, 편심가공오차
  ㉡ 중 하중 고속 회전으로 발열되어 팽창
  ㉢ 윤활을 위한 잇면 사이의 유막 두께

⑧ 기어 트레인(치차열): 원동축의 회전수로부터 필요한 회전수를 얻으려면 몇 개의 기어를 적당히 조합하여 기어 트레인을 만든다.

$$\text{속도비 } i = \frac{N_3}{N_1} = \frac{Z_1 \times Z_3}{Z_2 \times Z_4} = \frac{\text{원동축쪽 잇수의 곱}}{\text{종동축쪽 잇수의 곱}}$$

⑨ 스퍼 기어의 전달 동력

$$v = \frac{\pi DN}{60 \times 1000} [\text{m/sec}]$$

$$H = \frac{Fv}{75 \times 9.81} [\text{PS}]$$

$$H' = \frac{Fv}{102 \times 9.81} [\text{kW}] = \frac{\pi m ZN}{60 \times 1000} [\text{m/sec}]$$

여기서, F: 기어를 돌리는 힘($F = F_n \cos \alpha$)
   F_n: 이면에 수직으로 작용하는 힘
   v: 피치원 위의 원주 속도

⑩ 굽힘 강도에 의한 설계(루이스(Lewis)의 공식)

$$F = \sigma_b p b y = \sigma_b \pi m b y = \sigma_b \pi \frac{25.4}{DP} b y$$

$$\sigma_b = \sigma_a \cdot f_v \cdot f_w \cdot f_n$$

여기서, σ_b: 기어의 굽힘응력
   f_v: 속도계수
   f_w: 하중계수
   f_n: 물림계수
   f_v: 속도계수

㉠ 보통 기어 저속용($v = 0.5 \sim 10 \text{ m/s}$): $f_v = \dfrac{3.05}{3.05 + v}$

㉡ 정밀 기어 중속용($v = 6 \sim 20 \text{ m/s}$): $f_v = \dfrac{6.1}{6.1 + v}$

㉢ 고정밀 기어 고속용($v = 20 \sim 50 \text{ m/s}$): $f_v = \dfrac{5.55}{5.55 + \sqrt{v}}$

㉣ 비금속 기어: $f_v = \dfrac{0.75}{1 + v} + 0.25$

⑪ 면압 강도에 의한 설계(헤르쯔(Hertz)의 공식)
  ㉠ 최대 접촉 압축응력

  $$\sigma_c = \frac{0.35 F_n \left(\dfrac{1}{\rho_1} + \dfrac{1}{\rho_2}\right)}{b\left(\dfrac{1}{E_1} + \dfrac{1}{E_2}\right)}$$

  $$F_n = \frac{\sigma_c^2 \sin 2\alpha}{1.4}\left(\frac{1}{E_1} + \frac{1}{E_2}\right) bm \frac{Z_1 Z_2}{Z_1 + Z_2}$$

  ㉡ 기어의 회전력

  $$F = f_v \cdot K \cdot b \cdot m \cdot \frac{2Z_1 Z_2}{Z_1 + Z_2} = K f_v b \frac{2D_1 Z_2}{Z_1 + Z_2}$$

  $$K = \frac{\sigma_c^2 \sin 2\alpha}{2.8\left(\dfrac{1}{E_1} + \dfrac{1}{E_1}\right)}$$

  여기서, K : 접촉면 응력계수
  $F : F_n \cos\alpha$

⑫ 스퍼 기어의 각부 설계
  ㉠ 림: 림의 두께: $(0.5 \sim 0.7)P$ mm
  ㉡ 암의 수: $n = \dfrac{1}{3}\dfrac{\sqrt{D \sim 1}}{6}\sqrt{D}$
  ㉢ 보스: $\delta = 0.5d$ 중(重) 하중일 때, $\delta = 0.44d$ 중(中) 하중일 때, $\delta = 0.4d$ 경(輕) 하중일 때

  $$l = (1.2 \sim 2.2)d[\text{mm}], \quad l = b + \frac{D}{40}[\text{mm}]$$

  여기서, δ: 보스의 두께에서 키 홈의 두께를 빼낸 두께(mm)

4) 유성 기어(planet gear)

고정중심을 갖는 기어 1을 태양 기어(sun gear)라 하며, 기어가 회전하면 3기어는 자전하는 동시에 O1을 중심으로 공전도 같이 하게 되는 기어이다.

기구에서 기어 1을 고정하고 Arm 2를 기어 3과 1의 둘레로 회전시켰을 때 기어 3의 회전수는 다음과 같다.

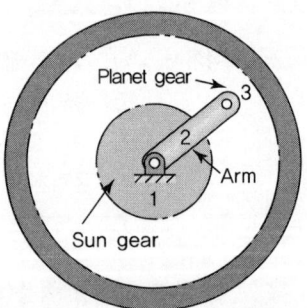

[그림 8-11] 유성 기어 구성도

(1) Arm 2가 1회전 하는 동안 기어 3

① 전체를 고정한 상태에서 시계 (+)방향으로 1회전하면 1, 3, 2는 각각 시계방향으로 1회전한다.
② 다음에 Arm 2를 고정한 상태로 기어 1을 반시계(−) 방향으로 1회전시키면 기어 3은 시계 (+) 방향으로 N1/N2 회전한다.

$\dfrac{n_3}{n_1} = \dfrac{N_1}{N_2}$ 에서

$n_3 = n_1 \times \dfrac{N_1}{N_3},\ n_1 = 1$

③ 위의 두 조작을 합치면 1의 회전은 0이 되고 2는 1회전한 것이 되며, 3의 합계(정미 회전수)는 다음과 같다.

$1 + \dfrac{N_3}{N_1}$

〈표 8-2〉 Arm 2가 1회전하는 동안 기어 3

구분	3	1	2
전체 고정	+1	+1	+1
Arm 고정	$+\dfrac{N_3}{N_1}$	-1	0
합계 (정미 회전수)	$+1+\dfrac{N_3}{N_1}$	0	+1

* Arm 2가 n_2로 회전할 때 기어 3의 회전수 n_3

* $\dfrac{n_3}{n_2} = 1 + \dfrac{N_3}{N_1},\ n_3 = n_2\left(1+\dfrac{N_3}{N_1}\right)$

5) 헬리컬 기어

(1) 헬리컬 기어의 특징

① 운전이 원활 정연하여 진동 소음이 적고 고속 운전, 대 동력에 적합하다.
② 평기어 보다 물림 길이가 길고 물림상태가 좋아 치의 강도 면에서 유리하다.
③ 큰 회전비를 얻어 지고 1/10~1/15 또는 그 이상의 것도 얻어진다.
④ 전동 효율이 좋아 98~99%까지 얻을 수 있고 아주 큰 동력, 고속 전동에는 추력이 없는 더블 헬리컬 기어를 사용한다.
⑤ 축 방향으로 트러스트가 생기고 가공, 조립상의 오차로 잇 면의 접촉이 나쁘다.

(2) 헬리컬 기어의 치형

① **축직각 방식**: 기어 축에 직각인 단면의 치형을 기준 래크의 치형으로 표시하는 방법이다.
② **치직각 방식**: 잇줄에 직각인 단면의 치형을 기준 래크의 치형으로 표시한 방식이다. 호빙 머신, 기어 형삭기 등으로 기어를 절삭할 때나 설계할 때에는 치직각 방식을 적용한다.
③ 축직각 모듈 m_s와 치직각 모듈 m_n 관계식

$P_n = P_s \cos\beta,\quad m_n = \dfrac{P_n}{\pi} = \dfrac{P_s}{\pi}\cos\beta = m_s\cos\beta$

여기서, β: 비틀림각(°)
m_s, m_n: 축 또는 이의 직각 기준 모듈
α_s, α_n: 축 또는 이의 직각 기준 기어 압력 각(°)
p_s, p_n: 축 또는 이의 직각 기준 원주 피치

(3) 헬리컬 기어의 설계

치직각 치형에 비하여 축직각 치형은 치의 높이 방향의 치수는 같으나 가로의 나비 방향, 즉 피치 방향의 치수는 $\dfrac{1}{\cos\beta}$배로 된다.

① 모듈: $m_s = \dfrac{m}{\cos\beta}$ 여기서, 치직각 모듈 $m_n = m$으로 한다.

② 압력 각: $\tan\alpha_s = \dfrac{\tan\alpha}{\cos\beta}$

③ 피치원 지름: $D_s = Zm_s = Z\dfrac{m}{\cos\beta} = \dfrac{Zm}{\cos\beta} = \dfrac{D}{\cos\beta}$

④ 바깥지름(D_0): $D_0 = D_s + 2m = Zm_s + 2m = \left(\dfrac{Z}{\cos\beta} + 2\right)m$

⑤ 중심거리: $C = \dfrac{D_{s1} + D_{s2}}{2} = \dfrac{Z_1 m_s + Z_2 m_s}{2} = \dfrac{(Z_1 + Z_2)m}{2\cos\beta}$

(4) 헬리컬 기어의 강도계산

① 헬리컬 기어의 상당 평 기어

$$Z_e = \dfrac{D_e}{m} = \dfrac{D}{m\cos^2\beta} = \dfrac{Z}{\cos^3\beta}$$

여기서, D_e: 상당 평 기어의 피치원 $\left(D_e = 2R = \dfrac{D}{\cos^2\beta}\right)$

② 원주 속도

$$v = \dfrac{\pi D_{s1} N_1}{60 \times 1000} = \dfrac{\pi D_{s2} N_2}{60 \times 1000} [\text{m/sec}]$$

여기서, D_s: 축직각의 피치원 지름

③ 스러스트 하중

$$W_t = F\tan\beta$$

④ 전달 동력 및 회전력

㉠ 전달 동력: $H = \dfrac{Fv}{75 \times 9.81}[\text{PS}]$, $H' = \dfrac{Fv}{102 \times 9.81}[\text{kW}]$

㉡ 회전력: $F = \dfrac{75 \times 9.81 H}{v} = \dfrac{102 \times 9.81 H'}{v}[\text{N}]$

⑤ 헬리컬 기어에 작용하는 힘

㉠ 굽힘 강도(루이스의 식): $F = \sigma_b Pby = f_v \sigma_a Pby = f_v \sigma_a \pi m by$

㉡ 면압 강도(헤르쯔의 식): $F = f_v \cdot \dfrac{C_w}{\cos^2\beta} \cdot kbm_s \dfrac{2Z_{s1} \cdot Z_{s2}}{Z_{s1} + Z_{s2}}$

여기서, C_w: 면압 계수(≒0.75보통)

β: 비틀림각(만약 β가 30°일 때 $\dfrac{C_w}{\cos^2\beta} = 1$)

6) 베벨 기어

(1) 베벨 기어의 종류

① 곡선 베벨 기어(spiral bevel gear)

㉠ 톱니 줄기가 나선 모양으로 된 베벨 기어를 말한다.

㉡ 직선 베벨 기어에 비해 물림 길이가 커서 부드럽게 움직인다.

② 제롤 베벨 기어(zerol bevel gear)
  ㉠ 곡선 베벨 기어 가운데 톱니 줄기의 비틀림각도가 0°인 기어를 말한다.
  ㉡ 회전 방향이 변해도 추력 방향이 바뀌지 않는다.
③ 하이포이드 기어(hypoid gear)
  ㉠ 베벨 기어와 같은 형상을 하고 있지만 물림 위치가 베벨 기어와는 다소 다르다.
  ㉡ 평행도 아니고 교차도 없는 기어를 말한다.
  ㉢ 이의 단면적이 크며 전동이 용이하고 축간거리를 일정 범위 내에서 임의로 정할 수 있다.
  ㉣ 자동차 감속비(뒷차축의 최종단의 감속기) 또는 감속비가 별로 크지 않을 때에는 웜 기어 대신 많이 사용한다.

(2) 베벨 기어의 명칭

① 베벨 기어의 각부 명칭과 치수

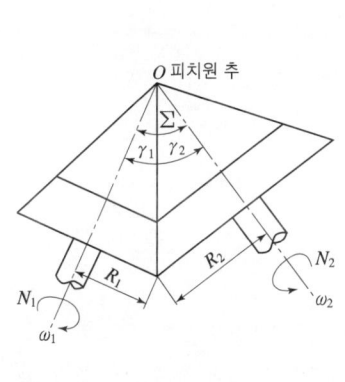

[그림 8-12] 베벨 기어의 피치 원추 그림   [그림 8-13] 베벨 기어의 명칭

㉠ 속도비. 속도비는 마찰차의 경우와 같다.

$$i = \frac{N_2}{N_1} = \frac{D_1}{D_2} = \frac{Z_1}{Z_2} = \frac{\omega_2}{\omega_1} = \frac{\sin\gamma_1}{\sin\gamma_2}$$

㉡ 피치 원추각: 피치 원추에서 꼭지각의 1/2을 피치 원추각이라 하다.

$$\tan\gamma_1 = \frac{\sin\Sigma}{\dfrac{Z_2}{Z_1}+\cos\Sigma} = \frac{\sin\Sigma}{\dfrac{1}{i}+\cos\Sigma}, \ \tan\gamma_2 = \frac{\sin\Sigma}{\dfrac{Z_1}{Z_2}+\cos\Sigma} = \frac{\sin\Sigma}{i+\cos\Sigma}$$

축각 $\Sigma = \gamma_1 + \gamma_2 = 90°$ 이면 $\tan\gamma_1 = i = \dfrac{Z_1}{Z_2}, \ \tan\gamma_2 = \dfrac{1}{i} = \dfrac{Z_2}{Z_1}$

② 베벨 기어의 상당 스퍼 기어

$$\cos\gamma = \frac{\frac{D}{2}}{R_e} \qquad \therefore R_e = \frac{D}{2\cos\gamma}$$

$$\sin\gamma = \frac{\frac{D}{2}}{L} \qquad \therefore L = \frac{D}{2\sin\gamma}$$

여기서, R_e : 백 콘 반지름
L : 외단 원뿔거리(모선 길이)
D : 피치원의 지름

③ 상당 스퍼 기어의 잇수

$$Z_e = \frac{2\pi R_e}{P} = \frac{Z}{\cos\gamma}$$

④ 베벨 기어의 강도계산

㉠ 절손(折損)에 의한 굽힘 강도

$$F = \sigma_b b p y_e \lambda = \sigma_b b \pi m y_e \lambda, \quad \lambda = \frac{L-b}{L}$$

여기서, λ : 베벨 기어 계수
b : 베벨 기어 치형의 폭
y_e : 상당 평기어의 치형 계수

㉡ 면압 강도

$$F = 1.67 b \sqrt{D_1 f_m \cdot f_s}$$

7) 웜과 웜 기어

1개 또는 그 이상의 잇수를 가진 나사 모양의 기어를 웜이라 하며, 웜과 맞물리는 작은 기어가 웜 기어이고, 큰 기어가 웜휠이라 하며 웜과 웜휠의 개요는 다음과 같다.

① 웜휠(Worm Wheel)은 웜과 맞물리는 기어로, 웜 기어에서 두 축이 이루는 각은 대개 90°이다.
② 일반적으로 웜이 웜휠을 회전시키며 동력을 전달한다.
③ 특수한 경우에는 웜휠이 웜을 회전시키기도 한다.
④ 웜과 웜 기어를 합하여 웜 기어 장치라고 한다.
⑤ 작은 공간에서 큰 감속비(1/10~1/100)를 얻을 수 있다.
⑥ 주로 웜이 구동기어가 되고 웜휠은 피동 기어가 되며 감속된다.
⑦ 반대 구동은 가속되는 경우이다.
⑧ 다른 기어에 비하여 효율이 낮다(40~50%).
⑨ 웜에 축 방향 하중이 생기고 미끄럼마찰에 의한 동력손실이 크기 때문이다.
⑩ 웜과 웜휠이 맞물리려면 웜휠의 비틀림각의 크기와 웜의 리드각과 같아야 하며 비틀림 방향이 일치하여야 한다.

⑪ 웜휠의 축직각 피치는 웜의 축 방향 피치와 같아야 맞물리는 이의 크기가 같다.
⑫ 웜은 웜휠보다 미끄럼마찰을 더 받기 때문에 마모에 강한 재질을 사용해야 한다.

(1) 웜 기어 장치의 특징
① 작은 용량으로 큰 감속비를 얻을 수 있다(1/10~1/100).
② 부하 용량이 크다.
③ 소음이 작아 정숙한 운전을 할 수 있고 역전 방지가 가능하다.
④ 인벌류트 원통 기어와 같이 교환성이 없고 조정이 필요하다.
⑤ 치면에서의 미끄럼이 커서 전동 효율이 낮다(40~50%).
⑥ 웜휠의 스러스트 하중이 생긴다.
⑦ 웜휠의 공작에는 특수공구가 필요하고 연삭 가공이 어렵다.
⑧ 웜휠은 정도 측정이 곤란하며 가격이 비싸다.
⑨ 중심거리의 오차가 있을 때는 마멸이 심하다.

(2) 웜과 웜휠의 기하학적 관계
① Lead(L)
  ㉠ 웜이 1회전하는 동안 축 방향으로 전진한 길이
  ㉡ 웜휠의 피치원주 상에서 회전한 길이와 같음

$$L = p_w N_w$$

> **참고** Axial pitch(p_w): 웜의 축 방향 피치로서, 웜휠의 축직각 피치와 크기가 같다.

② Lead angle(λ)
  ㉠ 웜에서 축직각 방향과 잇줄 방향이 이루는 각
  ㉡ 축선 방향과 치직각 방향이 이루는 각과 같음
  ㉢ 웜의 피치원 둘레에 대한 웜이 리드 길이의 비를 각도로 나타낸 경우이다.

$$\tan\lambda = \frac{L}{\pi d_w} = \frac{p_w N_w}{\pi d_w}$$

  ㉣ 비틀림각은 나선각이라고도 하며 축선 방향과 잇줄 방향이 이루는 각으로서 리드각과의 관계는 다음과 같다.

$$\beta + \lambda = 90°$$

(3) 속도비와 작용하는 힘
① 속도비

$$i = \frac{Z_1}{Z_2} = \frac{N_2}{N_1} = \frac{l}{\pi \cdot D_2}$$

여기서, Z_2: 웜 기어 잇수 $= \frac{\pi D_2}{P}$
Z_1: 웜 줄 수(물린 산수) $= \frac{l}{p}$
D_2: 웜 기어의 피치원 지름
l: 웜 리드

② 웜과 웜 기어의 설계
  ㉠ 웜 기어의 굽힘 강도
    $F_1 = \sigma_b pby = \sigma_b p_s by\cos\beta$
    여기서, σ_b: 허용굽힘 응력
    b: 이뿌리의 폭(mm)
    y: 치형 계수
    p_s: 웜의 축 방향 피치(mm)
    p: 웜의 치직각 피치(mm)
    β: 웜의 리드각(°)

  ㉡ 마멸에 의한 강도
    $F_2 = \phi D_2 B_e K$
    여기서, ϕ: 진입각의 보정계수
    D_2: 웜 기어의 피치원 지름(mm)
    B_e: 유효 이 두께 $= \sqrt{D_{e1}^2 - D_{01}^2}$ [mm]
    K: 마멸에 대한 내마멸 계수

〈표 8-3〉 진입각 보정계수

진입각	보정계수
$\beta < 10°$	1
$\beta = 10\sim25°$	1.25
$\beta > 25$	1.5

6 캠

회전 운동을 직선 운동이나 왕복운동으로 전달하는 기계요소는 캠, 링크 등이 있다.

1) 캠

① 캠은 특정한 모양이나 홈을 가진 것으로 동력장치의 회전 운동을 직선이나 왕복운동으로 바꾸는 기계요소이다.
② 구조가 간단하지만 복잡한 운동을 쉽게 만들어 낼 수 있다.
③ 움직이는 장난감, 재봉틀, 내연 기관의 밸브 장치 등에 사용한다.

2) 링크

① 링크는 길이가 서로 다른 몇 개의 막대를 핀으로 연결한 것으로 주동절의 운동에 따라 종동절이 회전 운동이나 왕복운동 등 일정한 운동을 하는 기계요소이다.
② 링크 장치는 열 가지 운동을 하게 할 수 있어 기계의 각 부분에서 동력이나 운동을 전달하는 데 널리 쓰인다.
③ 움직이는 장난감, 재봉틀, 내연 기관의 밸브 장치 등에 사용한다.

3) 캠의 특징

캠이 회전하면 여기에 접촉된 종동절이 캠의 바깥 둘레나 홈을 따라 이동하면서 왕복운동을 하며 규칙적으로 반복되는 운동이 필요한 곳에 사용된다.

4) 캠의 종류

(1) 평면 캠

① 판 캠: 회전 중심에서 접촉면까지의 거리가 일정하게 달라지는 모양을 가진 캠이 회전하면 접촉면의 굴곡을 따라 종동절이 상하 왕복운동한다.

(2) 입체 캠

① 원통 캠: 표면에 물결 모양의 홈이 파인 원통 형태의 캠이 회전하면 표면의 홈을 따라 종동절이 왕복 운동한다.

② 구면 캠: 구의 표면에 홈이 나 있어 이것이 축의 둘레를 회전하면, 종동절은 그 축과 직각 방향을 축으로 하여 어떤 각도 내에서 왕복 회전 운동을 한다.

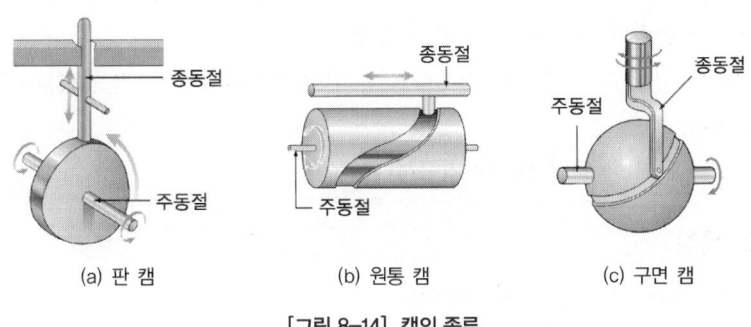

(a) 판 캠　　　　　(b) 원통 캠　　　　　(c) 구면 캠

[그림 8-14] 캠의 종류

5) 링크의 특징

링크 장치는 열 가지 운동을 하게 할 수 있어 기계의 각 부분에서 동력이나 운동을 전달하는 데 널리 쓰인다.

6) 링크의 종류

① 3절 링크(고정 링그): 연결된 막대가 고정되어 움직이지 않는다. 지붕틀, 송전 철탑 등에 이용한다.

② 4절 링크(구속 링크): 한 개의 링크를 고정하면 다른 링크가 일정한 운동을 한다. 기계 장치에서는 4절링크 장치를 많이 사용한다.

③ 5절 링크(불구속 링크): 한 개의 링크를 고정해도 다른 링크가 자유롭게 움직인다.

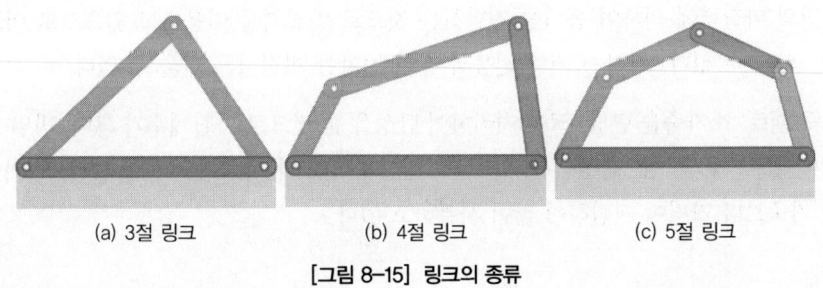

(a) 3절 링크　　　　　(b) 4절 링크　　　　　(c) 5절 링크

[그림 8-15] 링크의 종류

7 벨트

1) 벨트 전동

양축에 고정한 벨트풀리에 벨트를 걸어서 마찰력에 의하여 동력과 운동을 전달하는 장치이며, 축간거리가 10m 이하이고 속도비는 1 : 10 정도, 속도는 10~30m/s이다. 벨트의 전동 효율은 96~98%이며, 충격하중에 대한 안전장치의 역할을 하므로 원활한 전동이 가능하다.

2) 벨트와 벨트풀리

① 벨트와 벨트풀리 사이의 마찰력을 이용하여 평행한 두 축 사이에 회전 동력을 전달하는 장치이다.
② 벨트풀리와 벨트 면 사이에서 미끄럼이 발생할 수 있으므로 정확한 회전비를 필요로 하는 동력이나 큰 동력의 전달에는 적합하지 않다.
③ 두 축 사이의 거리가 비교적 멀거나 마찰차, 기어 전동과 같이 직접 동력을 전달할 수 없을 때 사용한다.
④ 놀이 기구와 같이 큰 동력 전달이 가능하다.

3) 평 벨트의 특징

① 양축 간의 거리가 비교적 길 때 사용한다.
② 부하가 커지면 미끄러져서 기계에 무리를 일으키는 경우도 적고, 비교적 정숙한 운전을 시킬 수 있다.
③ 단차를 이용하여 자유로운 변속이 가능하다.
④ 전동 효율이 높다(95%까지).
⑤ 장치가 간단하며 가격이 저렴하여 널리 이용되나, 약간의 미끄럼을 수반하며 회전이 부정확하다.
⑥ 회전비가 완전히 일정한 경우 강력한 고속도의 운전에는 곤란하고 진동도 일으키기 쉽다.
⑦ 일반적으로 회전비는 1 : 6 이하, 주 속도는 10~30m/s이며, 최고속도는 50m/s에서 사용한다.

4) 평 벨트 종류

가죽, 직물, 강판 등으로 만든 띠 모양의 벨트를 두 축에 각각 부착한 벨트풀리에 감아 걸어 그 접촉면의 마찰력에 의하여 동력을 전달하는 것으로 마찰력을 이용하고 있으므로 어느 정도의 미끄럼은 피할 수 없다. 따라서 기어 전동과 같이 정확한 회전비는 얻을 수 없다.

① **가죽 벨트**: 소가죽을 탄닝, 크롬 처리하여 탄성을 준 것으로 마찰계수가 크며, 방열성도 좋다.
② **섬유 벨트**: 무명, 삼, 합성섬유의 직물로 만들며 길이와 너비에 제한이 없다. 습기에 약하지만 가죽보다 가격이 저렴하여 많이 사용하고 있다.

③ **고무 벨트**: 직물 벨트에 고무를 입혀서 만든 것으로 유연하고 풀리에 잘 밀착하므로 미끄럼이 적고 비교적 수명이 길다. 습기에는 강하나 열, 기름 등에는 약하다. 인장강도가 크다.
④ **강철 벨트**: 강도가 제일 크나 벨트풀리의 외주의 모양과 두 축의 평행도가 일치해야 한다. 수명이 길고 신장률이 작으므로 고정밀도의 회전각 전달용 등으로 사용된다.
⑤ **풀리 벨트**: 나일론 시트의 양쪽 면에 나일론 천을 붙이고, 그 위에 특수 합성고무를 첨부한 것
⑥ **타이밍 벨트**: 미끄럼 방지를 위하여 접촉면에 치형을 붙여 맞물림에 의하여 전동하도록 조합한 새로운 치붙임 동기 벨트이다. 특징은 슬립과 크리프가 거의 없고, 속도 변화가 아주 적다. 그리고 굽힘저항이 작으므로 작은 지름을 사용할 수 있고 저속 및 고속에서 원활한 운전이 가능하다. 타이밍 벨트로서의 특징은 다음과 같다.
　㉠ 정확한 회전비를 얻을 수 있고 미끄럼과 크리프가 거의 없다.
　㉡ 초기장력이 필요 없고, 베어링에 걸리는 하중이 작다.
　㉢ 금속끼리의 접촉이 없으므로 윤활이 필요 없고, 소음이 매우 적다.
　㉣ 항장력이 크고, 넓은 속도 범위(고속 및 저속)에서 사용이 가능하다.
　㉤ 유연성이 좋으므로 작은 풀리에도 사용할 수 있다.
　㉥ 축 사이의 거리가 짧은 협조한 장소에서도 사용이 가능하다.
　㉦ 내열성이 있는 벨트를 이용하면 자동차엔진 등의 가혹한 환경에서도 사용할 수 있다.
⑦ **원형 벨트(round belt)**
　㉠ 단면이 원형으로 동력을 전달하는 용도로 사용된다.
　㉡ 필요한 만큼 잘라서 사용하며 다축 구동이 가능하다.

5) 벨트 거는 법

① 벨트를 풀리에 거는 방법에는 바로 걸기 방법(평행형 걸기: open belting)과 엇걸기 방법(십자형 걸기: cross belting)이 있다.
② 바로 걸기 방법에서는 원동차와 종동차의 회전 방향이 같으며, 엇걸기 방법에서는 회전 방향이 반대이다.
③ 벨트가 원동차에 들어가는 쪽을 인장 측이라 하고, 원동차로부터 풀려나오는 쪽을 이완 측이라 한다.

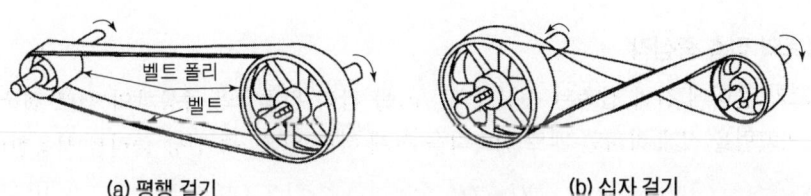

(a) 평행 걸기　　　　　　(b) 십자 걸기

[그림 8-16] 평 벨트 거는 방법

6) 벨트에 장력을 가하는 방법

양 벨트풀리의 지름 차이가 아주 크거나 축간거리가 짧을 때는 접촉각이 작으므로 미끄럼이 증대한다. 만일 축간거리가 아주 길고, 고속 회전일 때는 플래핑(flapping) 현상이 생긴다. 이러한 현상을 없애고, 일정한 장력을 유지시켜 주기 위한 방법은 다음과 같다.

① 자중에 의한 방법
② 탄성 변형에 의한 방법
③ 스냅 풀리로서 벨트를 잡아당기는 방법
④ 보조 풀리로서 벨트를 밀어 붙이는 방법
⑤ 가요(可撓) 전동기계 이용하는 방법
⑥ 유성(遊星) 기어 이용하는 방법

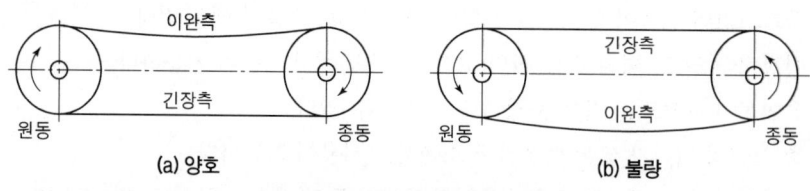

[그림 8-17] 벨트의 긴장 측과 이완 측

7) 평 벨트의 속도비와 원주 속도 및 벨트 길이

(1) 속도비(회전비 i)

벨트의 신축성이 없고, 벨트와 풀리 사이에 미끄럼이 없으며, 벨트의 무게를 무시한다면

$$i = \frac{N_2}{N_1} = \frac{D_1}{D_2}$$

가 되어 속도비는 풀리의 지름에 반비례한다.

(2) 원주 속도

$$v = \frac{\pi D_1 N_1}{60 \times 1000} = \frac{\pi D_2 N_2}{60 \times 1000} \, [\text{m/sec}]$$

(3) 벨트의 접촉 중심각

벨트가 풀리에 감겨 접촉된 중심각 θ_1, θ_2를 각각 원동차와 종동차의 벨트 접촉각이라 하고 미끄럼을 적게 하려면 벨트 접촉각을 크게 하면 된다. 즉 인장 풀리를 사용한다.

① 바로 걸기의 경우: $\sin\phi = \dfrac{D_2 - D_1}{2C}$ 이 된다.

$$\theta_1 = 180° - 2\phi = 180° - 2\sin^{-1}\left(\frac{D_2 - D_1}{2C}\right), \quad \theta_2 = 180° + 2\phi = 180° + 2\sin^{-1}\left(\frac{D_2 - D_1}{2C}\right)$$

② 엇걸기의 경우: $\theta_1 = \theta_2 = 180° + 2\phi = 180° + 2\sin^{-1}\left(\dfrac{D_2+D_1}{2C}\right)$

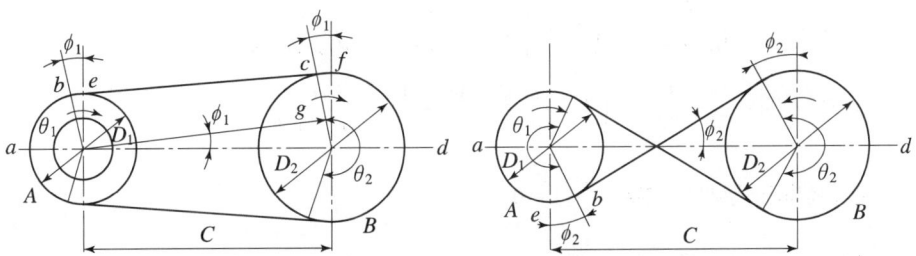

D_1, D_2: 원동차와 종동차의 지름[mm], C: 축의 중심거리[mm], ϕ: 사잇각

[그림 8-18] 평 벨트의 길이와 접촉각

(4) 벨트의 길이

평 벨트의 사용한도는 115m, 회전비는 1 : 10, 벨트 속도는 30m/s 정도이다.

① 바로 걸기의 경우: $L = 2C + \dfrac{\pi}{2}(D_1+D_2) + \dfrac{(D_2-D_1)^2}{4C}$

② 엇걸기의 경우: $L = 2C + \dfrac{\pi}{2}(D_1+D_2) + \dfrac{(D_2+D_1)^2}{4C}$

8) 벨트의 전달 동력

(1) 벨트의 장력

① 초기장력(T_0): 동력 전달에 필요한 마찰력을 주기 위하여 멈추고 있을 때 작용되는 장력

$$T_0 = \dfrac{T_t + T_s}{2}$$

② 유효장력(T_e): 회전하기 시작하여 동력을 전달하게 되면, 인장쪽의 장력은 커지고 이완쪽의 장력은 작아지는데, 이 장력의 차를 유효장력이라고 한다.

$$T_e = T_t - T_s = \left(T_t - \dfrac{w}{g}v^2\right) \times \dfrac{e^{\mu\theta}-1}{e^{\mu\theta}}$$

③ 장력비 $\quad e^{\mu\theta} = \dfrac{T_t}{T_s}$

④ 긴장 측 장력 $\quad T_t = T_e \times \dfrac{e^{\mu\theta}}{e^{\mu\theta}-1}$

⑤ 이완 측 장력 $\quad T_s = T_e \times \dfrac{1}{e^{\mu\theta}-1}$

(2) 전달 동력

① 원심력을 고려하는 경우

$$H[\text{kW}] = \frac{T_e v}{102 \times 9.81} = \left(T_t - \frac{w}{g}v^2\right) \times \frac{e^{\mu\theta}-1}{e^{\mu\theta}} \times \frac{v}{102 \times 9.81}$$

$$H'[\text{PS}] = \frac{T_e v}{75 \times 9.81} = \left(T_t - \frac{w}{g}v^2\right) \times \frac{e^{\mu\theta}-1}{e^{\mu\theta}} \times \frac{v}{75 \times 9.81}$$

② 원심력을 무시한 경우: $\frac{w}{g}v^2 = 0$

$$H[\text{kW}] = \frac{T_t v}{102 \times 9.81} \times \frac{e^{\mu\theta}-1}{e^{\mu\theta}}, \quad H'[\text{PS}] = \frac{T_t v}{75 \times 9.81} \times \frac{e^{\mu\theta}-1}{e^{\mu\theta}}$$

(3) 벨트의 강도

벨트는 인장 쪽의 장력을 받음과 동시에 벨트풀리의 림 면에 따라 감아 돌리므로 휨 작용도 받는다.

$$\sigma_{\max} = \sigma_t + \sigma_b = \frac{T_t}{bt} + \frac{tE}{D}$$

여기서 $\frac{t}{D}$가 아주 작으면, 즉 벨트의 두께에 대하여 풀리의 지름을 아주 크게 하면 σ_b를 무시할 수 있으므로 $\sigma_{\max} = \frac{T_t}{bt\eta}$

> **벨트풀리 암의 수**
> $$Z = \left(\frac{1}{3} \sim \frac{1}{6}\right)\sqrt{D} = \frac{D}{300} + 2$$

9) V 벨트 전동

단면이 사다리꼴인 고무벨트, 즉 V 벨트를 벨트풀리의 V형 홈에 끼워서 쐐기 작용에 의한 큰 마찰력으로 회전을 전달하는 장치로서 벨트풀리와의 마찰이 크므로 접촉각이 작더라도 미끄럼이 생기기 어려워 축간거리가 짧고 속도비가 큰 경우에 좋다. V 벨트의 특징은 다음과 같다.

① 고속 운전이 가능하며 속도비가 크다($i = 7 \sim 10$).
② 짧은 거리의 운전이 가능, 2~5m까지 전동 가능하다.
③ 미끄럼이 적고 능률이 높다. 효율은 보통 90~95% 정도이다.
④ 운전이 원활하고 정숙하며, 충격이 아주 작다.
⑤ 이음이 없어 전체가 균일한 강도를 갖으나 끊어졌을 때 접합이 불가능하다.
⑥ V 벨트 단면의 형상은 M, A, B, C, D, E 형의 6종류가 있으며 M에서 E쪽으로 가면 단면이 커진다.

⑦ V 벨트의 길이는 사다리꼴 단면의 중앙을 통과하는 원둘레의 길이를 유효길이라 부른다.

$$호칭번호 = \frac{벨트의\ 유효둘레}{25.4}$$

[예] A30: 단면은 A형이고 유효둘레는 30인치

(1) V 벨트의 전달 동력

① 마찰계수

$$\mu' = \frac{\mu}{\sin\alpha + \mu\cos\alpha}$$

여기서, μ : 마찰계수
μ' : 유효마찰계수(수정, 등가마찰계수)

즉, V 벨트 전동장치에서는 전달마력이 평 벨트의 경우보다 증가한다.

② 전달 마력

$$H_{kw} = \frac{T_e v}{102 \times 9.81} = \left(T_t - \frac{w}{g}v^2\right) \times \frac{e^{\mu\theta}-1}{e^{\mu\theta}} \times \frac{v}{102 \times 9.81}$$

$$H_{ps} = \frac{T_e v}{75 \times 9.81} = \left(T_t - \frac{w}{g}v^2\right) \times \frac{e^{\mu\theta}-1}{e^{\mu\theta}} \times \frac{v}{75 \times 9.81}$$

③ V 벨트의 가닥 수를 Z라 할 때

$$H_{kw} = Z\left(T_t - \frac{w}{g}v^2\right) \times \frac{e^{\mu\theta}-1}{e^{\mu\theta}} \times \frac{v}{102} = \frac{ZT_e v}{102}$$

10) 로프 전동

목면, 삼, 강선 등으로 만든 로프를 홈이 있는 바퀴에 감아 걸어서 회전을 전달하는 것이며, 이 바퀴를 로프 풀리 또는 시브라고 한다.

(1) 장점

① 대동력 전동에는 평 벨트 및 V 벨트보다 유리하고 속비는 보통 1:1~1:2이고, 큰 경우는 1:5 정도이다.
② 장거리 전동이 가능하다(와이어로프 50~100m, 섬유질 10~30m).
③ 1개의 원동 풀리에서 여러 송동 풀리에 분배하여 전동을 할 수 있다.
④ 벨트에 비해 미끄럼이 적으며, 고속 운전이 가능하다.
⑤ 전동 경로가 직선이 아니어도 사용이 가능하다.

(2) 단점

① 장치가 복잡하고 착탈이 어렵다.

② 조정이 곤란하고 절단되었을 경우 수리가 곤란하다.
③ 미끄럼이 적으나 전동이 불확실하다.

(3) 로프의 종류

① **섬유로프(면, 삼 로프)**: 면 로프는 매우 유연하여 잘 굽어지므로 작은 로프 풀리에 걸어서 사용할 수 있으나, 습기의 영향을 받기 쉽고 옥외에서 사용하는 경우에는 수명이 짧고 삼 로프는 비바람에 강하기 때문에 옥외 사용에 적합하다.

② **와이어 로프**
  ㉠ 먼저 강선을 열처리하여 여러 번 다이(die)를 통과시켜서 소요의 크기로 한 다음 아연 도금하여 소선(wire)으로 만든다.
  ㉡ 이것을 여러 개 꼬아서 스트랜드(strand)를 만들고, 중심에 심(core: 마사를 꼬아서 윤활유를 포함시킨 것)을 넣고 스트랜드를 여러 개 꼬아서 로프로 만든다.
  ㉢ 심은 로프의 형성을 용이하게 하며 포함된 윤활유에 의하여 마찰을 감소시킨다. 또한, 스트랜드 속에 넣는 수도 있다.
  ㉣ 같은 굵기의 로프라도 되도록 가는 강선을 여러 개 사용한 것이 유연성이 풍부하다.
  ㉤ 와이어 로프의 꼬는 방법에도 왼쪽 꼬임, 오른쪽 꼬임의 구별이 있다.
  ㉥ 스트랜드와 와이어 로프의 꼬임이 반대방향인 것을 보통꼬임(common lay, regular lay), 같은 방향인 것을 랭꼬임(Lang's lay)이라고 한다.
  ㉦ KS에서는 로프의 왼쪽, 오른쪽 꼬임만으로는 틀리기 쉬우므로 Z 꼬임, S 꼬임이라고 구별하고 있다.

(4) 로프의 꼬는 방법

① **보통 꼬임**
  ㉠ 랭 꼬임에 비하여 소선(wire)의 꼬임의 경사가 급격하기 때문에 접촉 면적이 적고, 소선의 마멸이 빠르지만, 엉키어 풀리지 않으므로 취급이 쉽다.
  ㉡ 소선을 꼬는 방향이 반대되게 꼬는 것으로 랭 꼬임에 비하여 소선의 경사가 급하고 마모로 인하여 잘 끊어지고 내구성이 떨어지나 엉킴이 생기지 않고 취급하기 쉽다. 일반적으로 많이 사용한다.

② **랭 꼬임**
  ㉠ 꼬임의 경사가 완만하므로 접촉 면적이 크고 마멸에 의한 손상이 적기 때문에서 내구성이 높고, 또한 유연성도 보통꼬임보다 좋다.
  ㉡ 소선을 꼬는 방향이 같은 방향으로 꼬는 것으로 내구성이 우수하고 마모가 한 곳에 집중하지 않으므로 마모가 중요시되는 곳에 사용되나 엉키어 풀리기 쉬우므로 취급에 주의를 요한다.

③ Z 꼬임: 스트랜드(strand)의 꼬는 방법이 오른나사와 같은 방법으로 되어 있는 꼬임으로서 S 꼬임에 비해 일반적으로 많이 사용된다.

④ S 꼬임: 왼나사와 같은 방향으로 되어 있는 꼬임이다.

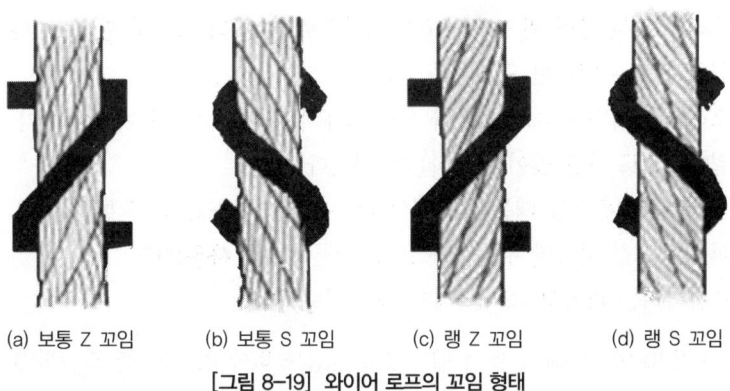

(a) 보통 Z 꼬임   (b) 보통 S 꼬임   (c) 랭 Z 꼬임   (d) 랭 S 꼬임

[그림 8-19] 와이어 로프의 꼬임 형태

8 체인

1) 체인과 스프로킷

① 체인을 스프로킷의 이에 하나씩 물리게 하여 회전 동력을 전달한다.
② 동력을 전달하는 두 축 사이의 거리가 비교적 멀어 기어 전동이 불가능한 곳에 사용한다.
③ 정확하게 동력을 전달할 수 있으나 소음과 진동을 일으키기 쉬워 고속 회전이나 정숙한 운전이 필요한 곳에는 적합하지 않다.

2) 체인 전동의 특징 및 종류

체인 전동(chain drive)은 보통 축간거리 4m 이하에 사용하며 체인 휠(chain wheel)에 체인이 물려서 동력을 전달한다. 주로 축간거리가 짧고 기어 전동이 불가능한 경우에 사용된다.

(1) 체인 전동의 특징

① 전동이 확실하고 속도비가 일정하다.
② 초기장력이 필요치 않으며 베어링의 마멸이 적다.
③ 온도, 습도, 기름 등의 영향이 적고 수명이 길다.
④ 길이를 임의로 조정할 수 있다. 다축 전동이 용이하다.
⑤ 작은 장치로 큰 동력을 전달할 수 있으며 효율도 90~95%이다.
⑥ 접촉각은 90° 이상이면 되고 축간거리도 비교적 짧게 잡을 수도 있다.
⑦ 어느 정도 충격을 흡수할 수 있으며 유지 및 수리가 용이하다.
⑧ 진동과 소음이 발생하며 축간거리가 40m 이상의 전동이나 고속 회전에는 부적당하다.
⑨ 회전각은 90° 이상이면 좋으나 회전각의 전달 정확도가 나쁘며 윤활이 필요하다.
⑩ 체인의 탄성으로 어느 정도 충격하중을 흡수한다.

(2) 체인의 종류

① **롤러체인(roller chain)**: 일반적으로 널리 사용되고 있고 저속에서 고속 회전까지 넓은 범위에서 사용된다. 링크 수가 짝수일 때는 이음 링크를, 홀수일 때에는 오프셋 링크를 사용하며, 짝수이어야 사용하기에 편리하다. 핀, 부시 롤러 등으로 조합되어 있다.
　㉠ 롤러가 있는 롤러 링크를 사용한 체인으로서, 롤러 링크와 핀 링크 사이에 롤러를 끼워서 핀으로 연결한 구조이다.
　㉡ 오래 사용하면 피치가 늘어나 물림 상태가 나빠지고 소음이 발생한다.
　㉢ 일반적으로 가장 많이 사용되는 체인이다.
　㉣ 링크 수가 홀수일 때는 이음매의 한쪽은 롤러 링크, 다른 한쪽은 핀 링크에 이어서 이음 링크를 사용할 수 없으므로 오프셋 링크를 사용한다.
　㉤ 축간거리는 피치의 40~50배가 가장 적당하다.

② **부시 체인(bush chain)**: 롤러 체인에서 롤러를 없애고, 구조를 간단하게 하여 경하중용에 쓰인다.

③ **더블피치 롤러체인(double pitch roller chain)**: 롤러 체인의 피치를 2배로 하여 부하가 적게 걸리는 반송용 체인으로 사용된다.

④ **오프셋 체인(offset chain)**: 링크 판이 오프셋 모양으로 구부러진 형태를 하고 있으며, 오프셋은 전동 중 충격을 흡수하므로 중 하중, 저속 전동에 적합하다.

⑤ **핀틀 체인(pintle chain)**: 오프셋 링크에서 링크판과 부시를 일체화시킨 것으로, 저속 중용량의 컨베이어, 엘리베이터용으로 사용된다.

⑥ **사일런트 체인(silent chain)**: 주로 고속용으로, 조용하고 원활한 운전이 필요할 때 사용된다. 사일런트 체인은 스프로킷 휠의 치와의 접촉 면적이 크므로 운전은 원활하고, 전동 효율도 98% 이상까지 도달한다. 가격이 고가이며 규격이 없으므로 보통 ASA규격에 따라 치수를 정하고 있다.
　㉠ 링크가 스프로킷에 비스듬히 미끄러져 들어가 맞물려있어 롤러 체인보다 소음이 적다.
　㉡ 고속 회전이 필요할 때, 조용하고 원활한 운전이 필요할 때 사용된다.
　㉢ 스프로킷 휠의 치와의 접촉 면적이 크므로 운전은 원활하다.
　㉣ 약 98% 이상으로 전동 효율이 높다.
　㉤ 가격이 고가이며 제작이 어렵다.

⑦ **리프 체인(leaf chain)**: 몇 개의 링크판과 핀으로 구성되어 있고 달아 내림용, 평행용, 운반전달용이 있으며 주로 저속용으로 사용하고 있다.

⑧ **블록체인(block chain)**: 플레이트(plate)의 링크를 핀(pin)으로 연결한 체인으로 모두 강철로 만들고, 핀은 플레이트 링크(plate link)에 고정되어 있으며, 4~4.5m/sec 이하의 저속도의 전달에 적당하며, 비교적 값이 싸나 마찰 부분이 많고 경하중에는 적합하고 잇수 15개 이상이 사용된다. 주로 수송용, 견인용 체인블록, 하역기계 이용된다.

⑨ 디태쳐블 체인(detachable chain): 핀틀 체인을 간단하게 한 것으로 부착이 간편하며, 강도, 정밀도가 낮고 저속 및 소하중 동력전동용(운반용)으로 쓰인다.

⑩ 쇼트 링크 체인(short link chain): 둥근링을 용접 또는 단접하여 만든 것으로 중량물의 하역에 쓰인다.

⑪ 엇걸이 체인(Detachable chain)
  ㉠ 가단주철의 링크 체인을 간단하게 한 것이다.
  ㉡ 주로 저속 및 소하중 동력 전동용으로 사용한다.

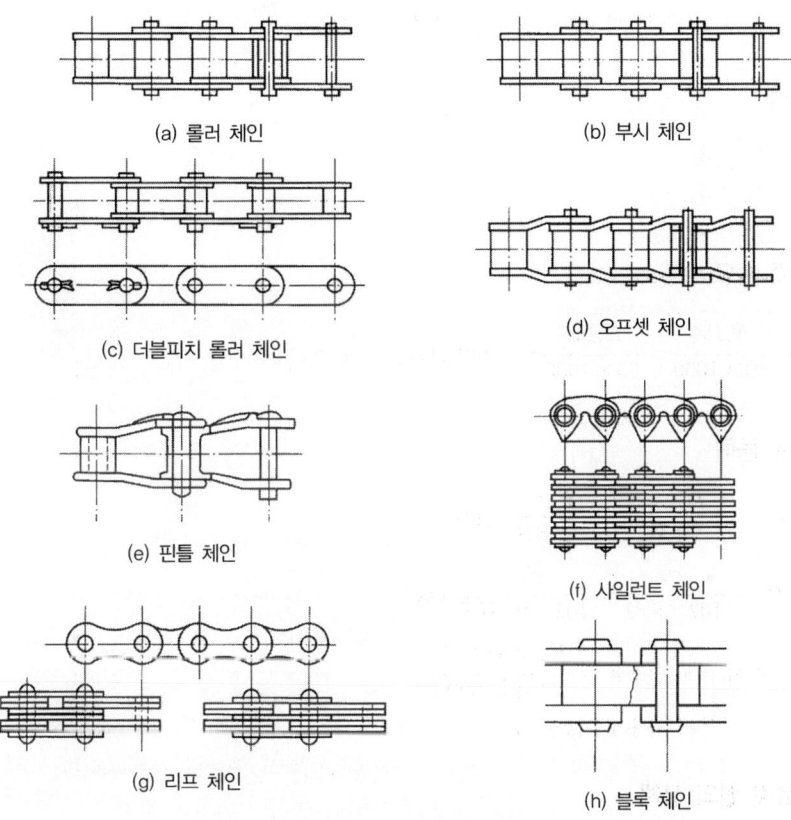

(a) 롤러 체인   (b) 부시 체인
(c) 더블피치 롤러 체인   (d) 오프셋 체인
(e) 핀틀 체인   (f) 사일런트 체인
(g) 리프 체인   (h) 블록 체인

[그림 8-20] 체인의 종류

(3) 스프라킷 휠

스프라킷은 강 또는 주강으로 만들며, 잇수가 많은 것은 주강제가 사용된다. 롤러 체인용 스프라킷의 치형은 KS B 1408에서 ASA치형 및 BS치형의 2종류를 규정하고 있다.

3) 체인의 설계

(1) 체인의 길이(L)

$$L = 2C + \frac{\pi}{2}(D_1 + D_2) + \frac{(D_2 - D_1)^2}{4C} = L_n \times P$$

$$L_n = \frac{2C}{p} + \frac{1}{2}(Z_1 + Z_2) + \frac{0.0257p(Z_2 - Z_1)^2}{C}$$

여기서, L_n: 링크의 수
P: 원주 피치
D_1, D_2: 피치원 지름($\pi D = PZ$이므로, $D = \frac{PZ}{\pi}$이다.)

(2) 속비

$$i = \frac{N_2}{N_1} = \frac{Z_1}{Z_2}$$

(3) 원주 속도(m/sec)

$$v = \frac{N_1 P Z_1}{60 \times 1000} = \frac{N_2 P Z_2}{60 \times 1000} = 0.000524 D_1 N_1 = 0.000524 D_2 N_2$$

(4) 전달 동력

① $H = \dfrac{Fv}{75 \times 9.81} = \dfrac{F_B v}{75 \times 9.81 kS}$ [PS]

② $H' = \dfrac{Fv}{102 \times 9.81} = \dfrac{F_B v}{102 \times 9.81 kS}$ [kW]

여기서, S: 안전율 $= \dfrac{F_B(\text{파단하중})}{F(\text{허용장력})}$
k: 사용계수($k \geq 1$)

4) 스프로킷 휠의 설계

(1) 피치원 지름(D)

$$\sin\frac{180°}{Z} = \frac{\frac{P}{2}}{\frac{D}{2}} = \frac{P}{D} \qquad \therefore D = \frac{P}{\sin\frac{180°}{Z}} = P\cosec\frac{\pi}{Z}$$

(2) 바깥지름(D_0)

$$\frac{D_0}{2} = \overline{OM} + h, \quad \tan\frac{180°}{Z} = \frac{\frac{P}{2}}{\overline{OM}}, \quad \overline{OM} = \frac{\frac{P}{2}}{\tan\frac{180°}{Z}} = \frac{P}{2}\cot\frac{180°}{Z}$$

$$\frac{D_0}{2} = \frac{P}{2}\cot\frac{180°}{Z} + 0.3P, \quad D_0 = P\cot\frac{180°}{Z} + 0.6P$$

$$\therefore D_0 = P\left(0.6 + \cot\frac{180°}{Z}\right)$$

9 브레이크

1) 브레이크의 기능과 구조

(1) 브레이크의 기능

기계 부분의 에너지를 흡수하여 그 운동을 증대시키든지 또는 운동 속도를 조절하여 위험을 방지하는 기계요소이다.

(2) 브레이크 구조

① 작동부: 브레이크 블록, 브레이크 드럼, 브레이크 막대
② 조작부: 인력, 공기압, 유압, 전자석 등으로 브레이크 힘을 조작

(3) 조작력

손으로 누르는 힘은 100~150N가 보통이며, 최대의 경우라도 200N을 넘지 않는다.

2) 브레이크의 분류

(1) 작동 부분의 구조에 따라

블록 브레이크, 밴드 브레이크, 디스크(원판) 브레이크, 축압 브레이크, 자동 브레이크

(2) 작동력의 전달 방법에 따라

공기 브레이크, 유압 브레이크, 전자 브레이크, 기계 브레이크

(3) 제동목적에 따라

유체 브레이크, 전기 브레이크

3) 브레이크의 종류와 제동력

(1) 브레이크 종류

① 마찰 브레이크
  ㉠ 원주 브레이크: 블록 브레이크(단식·복식), 밴드 브레이크(차동, 합동, 단동), 내확 브레이크
  ㉡ 축 방향 브레이크: 원판 브레이크, 원추 브레이크
② 자동하중 브레이크: 웜, 나사, 캠, 체인, 원심력, 코일, 로프, 전자기 브레이크 등이 있다.

(2) 브레이크의 제동력

① 블록 브레이크: 차량, 기중기 등에 많이 사용되는 장치로 브레이크 드럼의 원주상에 1개 또는 2개의 브레이크 블록을 브레이크 레버로 밀어붙여 마찰에 의해 제동작동을 하는 것

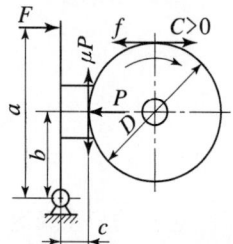
제1형식 내작용선

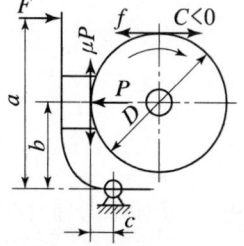
제2형식 외작용선

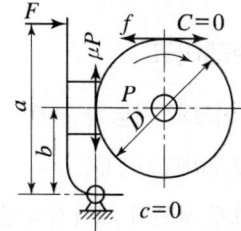
제3형식 중작용선

우회전: $F = f(b+\mu c)/\mu a$
좌회전: $F = f(b-\mu c)/\mu a$

$F = f(b-\mu c)/\mu a$
$F = f(b+\mu c)/\mu a$

$F = fb/\mu a$

[그림 8-21] 단식 블록 브레이크

㉠ 블록 브레이크의 회전력(Torque): T

ⓐ 제동력: $f = \mu P [\text{N}]$

$$\therefore T = \frac{\mu PD}{2} = \frac{fD}{2} [\text{N} \cdot \text{mm}]$$

㉡ 브레이크의 조작력: F

ⓐ 내작용 선형($C>0$)

- 우회전: $Fa - Pb - \mu Pc = 0$, $F = \dfrac{P}{a}(b+\mu c)$ $\quad \therefore F = \dfrac{f(b+\mu c)}{\mu a}$

- 좌회전: $Fa - Pb + \mu Pc = 0$, $F = \dfrac{P}{a}(b-\mu c)$ $\quad \therefore F = \dfrac{f(b-\mu c)}{\mu a}$

ⓑ 외작용 선형($C<0$)

- 우회전: $Fa - Pb + \mu Pc = 0$, $F = \dfrac{P}{a}(b-\mu c)$ $\quad \therefore F = \dfrac{f(b-\mu c)}{\mu a}$

- 좌회전: $Fa - Pb - \mu Pc = 0$, $F = \dfrac{P}{a}(b+\mu c)$ $\quad \therefore F = \dfrac{f(b+\mu c)}{\mu a}$

ⓒ 중작용 선형($C=0$)

$Fa - Pb = 0$ $\qquad\qquad \therefore F = \dfrac{Pb}{a} = \dfrac{fb}{\mu a}$

㉢ 복식블록 브레이크의 조작력(F) 및 회전력(Torque: T)

$Fa - Pb$

$\therefore F = \dfrac{Pb}{a}$ $\quad \therefore T = 2\mu P \dfrac{D}{2}$

ⓔ 블록 브레이크 용량
  ⓐ 블록 브레이크 접촉면 압력: $q[\text{N/mm}^2]$

  $$q = \frac{Q}{A} = \frac{Q}{bt}$$

  여기서, b: 브레이크 블록의 폭
  t: 브레이크 블록의 길이
  A: 브레이크 블록의 마찰면적

  ⓑ 브레이크 용량(brake capacity): Q

  $$Q = \mu q v = \mu \frac{W}{A} v [\text{N/mm}^2 \cdot \text{m/sec}]$$

  • 제동마력: $H = \dfrac{fv}{75} = \dfrac{\mu W v}{75}[\text{PS}]$, $H' = \dfrac{fv}{102} = \dfrac{\mu W v}{102}[\text{kW}]$, $\mu W v = 75H = 102H'$

  $$\therefore \mu q v = \mu \frac{W}{A} v = \frac{75H}{A} = \frac{102H'}{A}$$

② 드럼(내부 확장식) 브레이크
  ㉠ 특성
   ⓐ 마찰면이 안쪽에 있어 먼지와 기름 등이 마찰면에 부착되지 않는다.
   ⓑ 브레이크륜의 바깥 면에서 열을 발산시키는 데 편리하다.
   ⓒ 브레이크 슈우를 밀어붙이는데 캠 또는 유압장치를 사용하며 유압장치를 사용하는 것은 자동차용으로 널리 쓰인다.

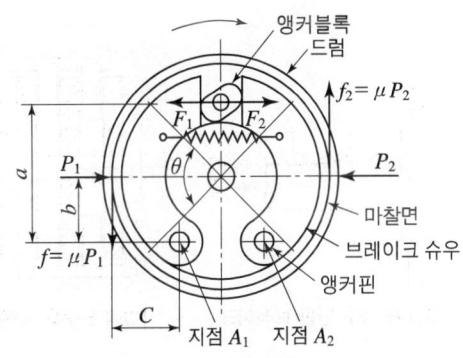

[그림 8-22] 내확 브레이크의 단면도

  ㉡ 조작력
   ⓐ 우회전: $F_1 = \dfrac{P_1}{a}(b - \mu c)$, $F_2 = \dfrac{P_2}{a}(b + \mu c)$
   ⓑ 좌회전: $F_1 = \dfrac{P_1}{a}(b + \mu c)$ $F_2 = \dfrac{P_2}{a}(b - \mu c)$

  ㉢ 접촉면각도 θ는 $\mu < 0.4$에서 $\theta < 90°$, $\mu < 0.2$에서 $\theta < 120°$로 한다. 또한 브레이크 회전력은(f)는 $f = \mu P_1 + \mu P_2$이다.

③ 축압 브레이크
  ㉠ 원판 브레이크(disc brake)
   ⓐ 캘리퍼형 원판 브레이크: 자동차 바퀴 등의 제동에 쓰인다.

ⓑ 클러치형 원판 브레이크

- 단판 브레이크: $f = \mu P,\ T = fR = \mu PR = \dfrac{\mu PD}{2}$
- 다판 브레이크: 마찰면의 수를 Z라 하면

$$f = Z\mu P,\quad T = fR = Z\mu PR = \dfrac{Z\mu PD}{2}$$

여기서, P: 축 방향에 가해지는 힘(N)
R: 평균 반지름(mm)
f: 평균지름에 있어서의 브레이크 제동력

ⓒ 원추 브레이크(cone brake): 마찰면을 원추로 한 브레이크

$$P = 2\pi Rbq\sin\alpha,\quad Q = \mu P = 2\pi Rbq\mu = \dfrac{\mu P}{\sin\alpha}$$

여기서, b: 마찰면의 폭(mm)
q: 접촉면 압력
α: 마찰면과 브레이크 축과의 원뿔각

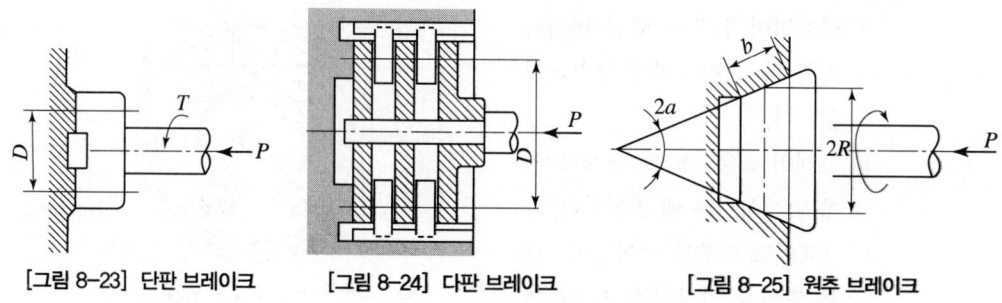

[그림 8-23] 단판 브레이크   [그림 8-24] 다판 브레이크   [그림 8-25] 원추 브레이크

④ 밴드 브레이크(band brake): 브레이크륜의 외주에 강철 밴드를 감고 밴드에 장력을 주어 밴드와 브레이크륜 사이의 마찰에 의하여 제동 작용을 하는 것으로 마찰계수 μ를 크게하기 위하여 밴드의 안쪽에 나무조각, 가죽, 석면직물 등을 라이닝 한다.

㉠ 밴드 브레이크의 종류: 단동식, 차동식, 합동식으로 분류

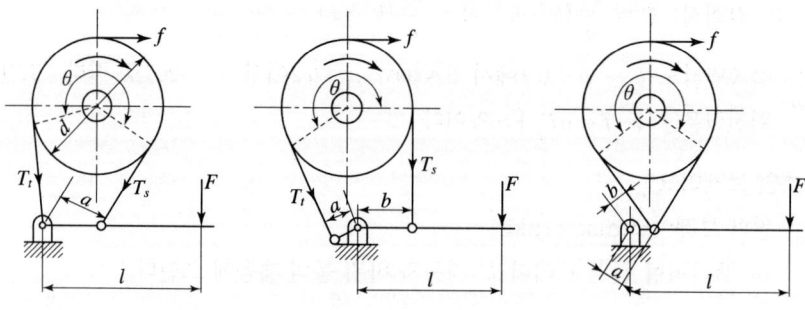

[그림 8-26] 밴드 브레이크의 종류

ⓛ 밴드 브레이크의 장력 및 제동마력

$$e^{\mu\theta} = \frac{T_t}{T_s} > 1$$

여기서, T_t: 긴장측 장력(회전방향의 반대 측)
$e^{\mu\theta}$: 장력비
T_s: 이완측(회전 방향 측)
θ: 접촉 중심각
f: 제동력

ⓐ 장력

$$T_t = e^{\mu\theta} T_s, \ f = (T_t - T_s), \ f = T_s e^{\mu\theta} - T_s = T_s(e^{\mu\theta} - 1), \ T_s = \frac{f}{(e^{\mu\theta} - 1)},$$

$$T_t = T_s e^{\mu\theta} = \frac{fe^{\mu\theta}}{(e^{\mu\theta} - 1)}$$

ⓑ 제동 Torque: $T = f \cdot \dfrac{D}{2} = (T_t - T_s)\dfrac{D}{2}$

ⓒ 제동 마력: $H = \dfrac{fv}{75} = \dfrac{NT}{716.2}[\text{PS}]$

여기서, T: 회전력(N·m)
N: 회전수(rpm)

ⓒ 밴드 브레이크의 조직력

ⓐ 단동식 밴드 브레이크

• 우회전의 경우: $F = f\dfrac{a}{l}\dfrac{1}{(e^{\mu\theta} - 1)}$

• 좌회전의 경우: $F = f\dfrac{a}{l}\dfrac{e^{\mu\theta}}{(e^{\mu\theta} - 1)}$

ⓑ 차동식 밴드 브레이크

• 우회전의 경우: $F = \dfrac{f(b - ae^{\mu\theta})}{l(e^{\mu\theta} - 1)}$

• 좌회전의 경우: $F = \dfrac{f(be^{\mu\theta} - a)}{l(e^{\mu\theta} - 1)}$

ⓒ 합동식 밴드 브레이크: $F = f\dfrac{a}{l}\dfrac{(e^{\mu\theta} + 1)}{(e^{\mu\theta} - 1)}$

ⓓ 밴드 브레이크의 강도: $\sigma_a = \dfrac{T_t}{A} = \dfrac{T_t}{bh\eta}[\text{N/mm}^2]$

여기서, σ_a: 허용인장응력
η: 효율

ⓔ 밴드 브레이크의 용량: $Q = \mu qv = \dfrac{75H}{A} = \dfrac{102H'}{A} = \dfrac{102H'}{r\theta b}$

여기서, A: 접촉면적 ($A = r\theta b$)

⑤ 자동 하중 브레이크: 윈치(winch), 크레인(crane) 등으로 하물을 올릴 때는 제동 작용은 하지 않고 클러치 작용을 하며, 하물을 아래로 내릴 때는 하물 자중에 의한 제동 작용으로 하물의 속도를 조절하거나 정지시킨다.
  ㉠ 웜 브레이크: 웜휠의 역전에 의하여 웜 축에 생기는 추력을 이용하여 원판 브레이크를 작용시킨다.
  ㉡ 나사 브레이크: 기어의 축의 구멍에 깎여진 암나사의 역전에 의하여 이것과 끼워 맞춰져 있는 수나사와 일체의 축에 주는 추력으로서 원판 브레이크에 작용한다. 웜 대신에 나사를 이용한 것이다.
  ㉢ 원심 브레이크: 원심 브레이크는 정지시키기 위한 제동은 없고, 오로지 물체를 올릴 때 속도를 일정하게 유지시키기 위한 것이다.
  ㉣ 전자 브레이크: 2장의 마찰 원판을 사용하여 두 원판의 탈착조작이 전자력에 의해 이루어져 브레이크 작용을 하는 것이다. 회전축 방향에 힘을 가하여 회전을 제동하며 하역 운반 기계, 공작기계, 승강기 등에 사용된다.

4) 래칫 휠과 플라이 휠
(1) 래칫 휠
래칫 휠은 기계의 역전방지, 한 방향의 가동 클러치, 분할작업 등에 쓰인다.

① 외측 래칫 휠의 설계

$$M = Fh = \frac{be^2}{6}\sigma_a, \quad P = 3.75^3\sqrt{\frac{T}{\phi Z \sigma_a}}$$

여기서, F: 폴에 작용하는 힘
M: 이뿌리의 굽힘모멘트(N·mm)
h: 이높이
Z: 래칫의 잇수
e: 이뿌리 두께(mm)
T: 래칫에 작용하는 회전 토크
P: 래칫의 이의 피치(mm)
ϕ: 이 나비계수로서 나비는(피치×이 나비계수)이다.

$b = 0.5p$ 즉, $\phi = 0.5$ 라 하면 $\therefore P = 4.75^3\sqrt{\frac{T}{Z\sigma_a}}$

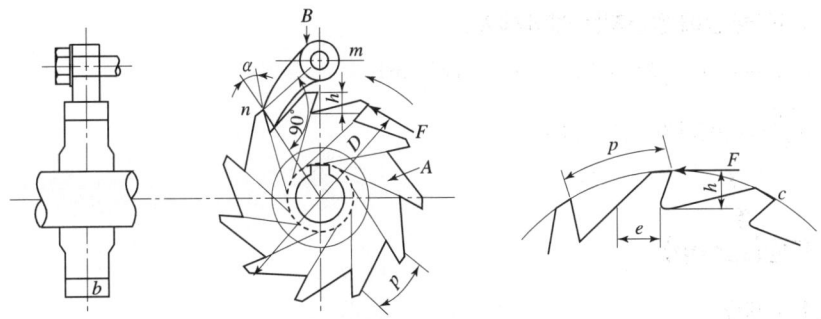

[그림 8-27] 외측 래칫 휠

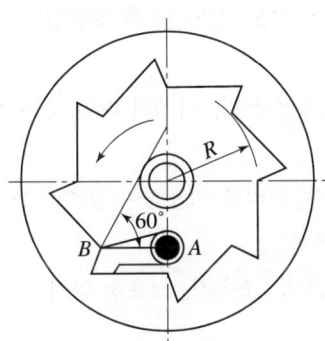

[그림 8-28] 내측 래칫 휠

② 래칫 휠의 면압 강도(q)

$$q = \frac{F}{bh}$$

$q = 0.5 \sim 1\,(\text{N/mm}^2)$: 주철, $q = 1.5 \sim 3\,(\text{N/mm}^2)$: 주강, 단강

③ 내측 래칫 휠의 설계

일반적으로 잇수는 $z = 16 \sim 30$, 이 높이는 15~30mm로 한다.

내측 휠의 경우에는 이끝의 두께 $e = p$로 하여 계산하면 $P = 2.37^3 \sqrt{\dfrac{T}{\phi Z \sigma_a}}$

(2) 플라이 휠(fly wheel)

축에 토크 변동이 심할 경우 휠(wheel)을 부착하여 규칙적인 회전을 유지시킨다.

① 각속도 변동률(δ)

$$\delta = \frac{\Delta \omega}{\omega} = \frac{\omega_1 - \omega_2}{\omega}$$

여기서, ω: 평균 각속도(rad/sec)
ω_1: 최대 각속도(rad/sec)
ω_2: 최소 각속도(rad/sec)

② 1사이클 중에 얻어지는 에너지(E)

∴ $E = 4\pi T_m$, $\Delta E = I\omega^2 \delta [\text{N} \cdot \text{m/sec}^2 \cdot \text{m}]$

$\dfrac{\Delta E}{E} = \varepsilon$ (에너지 변동계수)

10 스프링(spring)

1) 스프링의 개요

(1) 스프링의 용도

① 완충용(충격 에너지 흡수, 방진, 진동 및 충격완화): 차량용 현가장치, 승강기 완충 스프링, 방진 스프링
② 에너지 축적 이용: 계기용 스프링, 시계의 태엽, 완구용 스프링, 축음기, 총포의 격심용 스프링
③ 측정 및 조정용: 힘의 변형원리를 이용하여 압축력(또는 인장력)에 의한 변형 길이로 힘을 측정한다. 저울, 안전밸브
④ 복원력의 이용: 밸브 스프링, 조속기, 스프링 와셔

(2) 스프링의 종류

① 모양에 따른 스프링의 종류
  ㉠ 코일 스프링(coil spring): 인장용과 압축용이 있고, 제작비가 저렴하며 기능이 확실 유효하여 경량소형으로 제조할 수 있다.
  ㉡ 겹판 스프링(leaf spring): 너비가 좁고 얇은 긴 보로서 하중을 지지한다. 여러 장 겹쳐서 사용하는 것을 겹판 스프링이라 한다. 자동차의 현가장치로 널리 사용한다.
  ㉢ 태엽 스프링(spiral spring): 시계나 계기류의 등의 변형 에너지를 저장하여 동력용으로 사용한다.
  ㉣ 토션 바 스프링: 원형봉에 비틀림 모멘트를 가하면 비틀림 변형이 생기는 원리로 소형 승용차의 현가용에 사용된다.
  ㉤ 벌류트 스프링: 태엽 스프링을 축 방향으로 감아올려 사용하는 것으로 압축용으로 사용한다. 오토바이 차체 완충용으로 사용된다.
  ㉥ 접시 스프링(disk spring): 원판 스프링이라고도 한다. 중앙에 구멍이 있고 원추형이다. 프레스의 완충장치, 공작기계에 사용한다.
  ㉦ 와이어 스프링: 탄성의 강한 선형재료로 여러 가지 모양으로 만들어 탄성에 의한 복원력을 이용한 스프링이다.
  ㉧ 와셔 스프링: 볼트, 너트의 중간재 사이에 사용하여 충격을 흡수하는 역할을 한다.

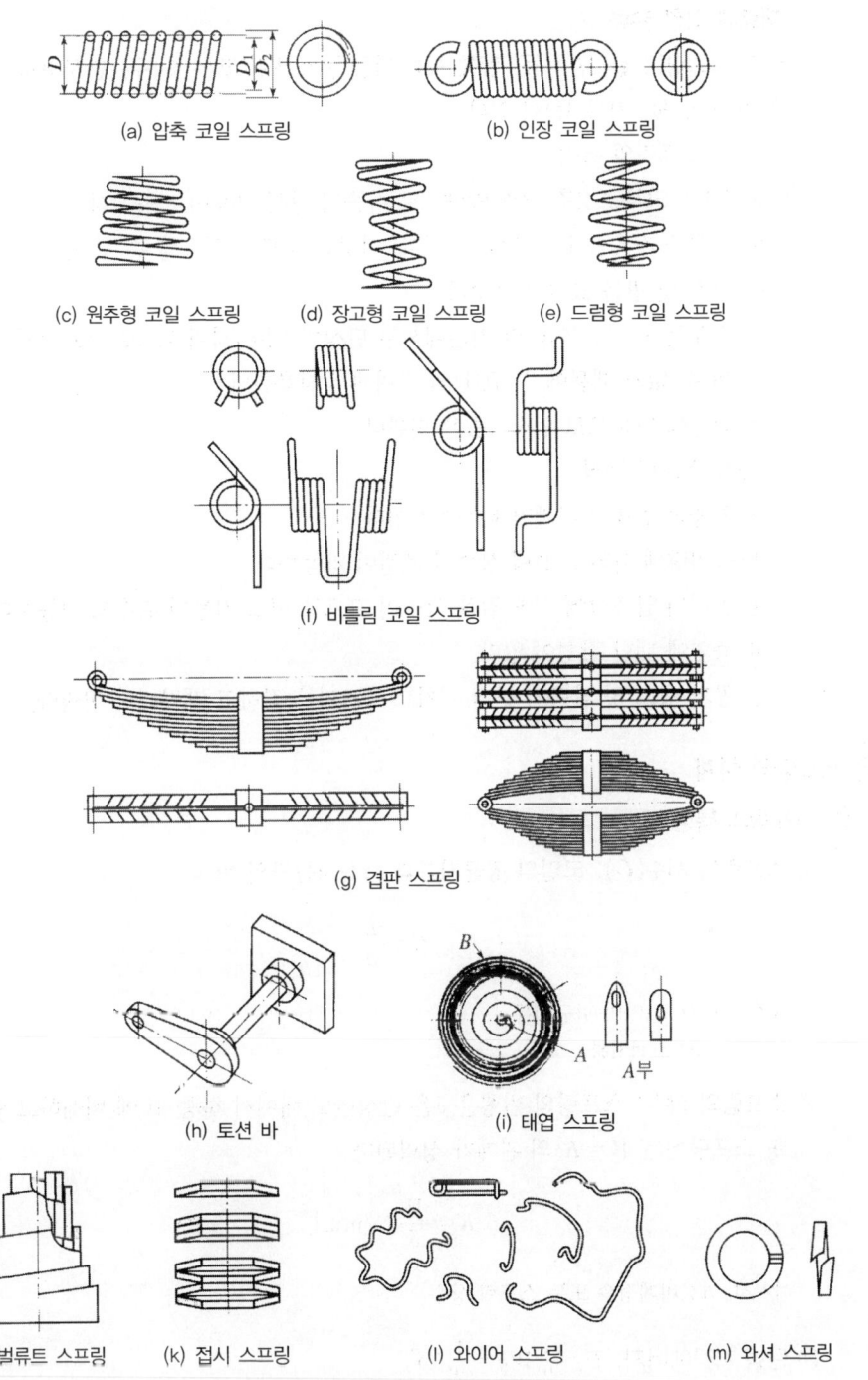

[그림 8-29] 모양에 따른 스프링의 종류

② 재료에 의한 분류

금속 스프링(강철, 인청동, 황동 등), 비금속 스프링(고무, 나무, 합성수지 등), 유체 스프링(공기, 물, 기름 등)이 있다.

㉠ 고무 스프링의 특징
  ⓐ 1개의 고무로 2축, 3축 방향으로 하중의 동시 작용이 가능하다.
  ⓑ 형상을 자유롭게 선택할 수 있고, 다양한 용도로 적용할 수 있다.
  ⓒ 방진 및 방음 효과가 우수하다.
  ⓓ 고무는 −10℃ 이하의 저온에서는 탄성이 매우 작아지므로 스프링의 기능을 발휘할 수 없기 때문에 0~70℃의 범위에서 사용한다.
  ⓔ 인장에 약하므로 인장하중은 피한다.

㉡ 공기 스프링 특징
  ⓐ 하중과 변형의 관계가 비선형적이다.
  ⓑ 공기량에 따라 스프링 상수의 조절이 가능하다.
  ⓒ 공기의 압축성에 의해 감쇄 특성이 크므로 미소 진동의 흡수도 가능하다.
  ⓓ 측면에 대한 강성이 없다.
  ⓔ 공기 탱크 및 압축기 등의 설치로 구조가 복잡하고 제작비가 비싸다.

2) 스프링의 설계

(1) 스프링의 특성

① 스프링의 지수(C): 코일의 평균지름과 소선지름과의 비

$$C = \frac{D}{d}$$

여기서, D: 코일의 평균지름
d: 소선지름

② 스프링의 상수: 스프링의 변형은 δ은 탄성한도 내에서 하중 W에 비례하고 인장바축 선형 스프링에는 $W = K\delta$의 관계가 성립된다.

$$K = \frac{W}{\delta} [\text{N/mm}]$$

여기서, K: 비례정수 또는 스프링 상수

③ 탄성 저장에너지: $U = \frac{1}{2}W\delta = \frac{1}{2}K\delta^2$

④ 자유 높이: 코일의 평균지름 D와 자유높이 H와의 비를 스프링의 종횡비 r라 하면 $r = \frac{H}{D}$

(2) 스프링의 조합

① 병렬 연결: $K = K_1 + K_2 + \cdots$

② 직렬 연결: $\dfrac{1}{K} = \dfrac{1}{K_1} + \dfrac{1}{K_2} + \cdots$

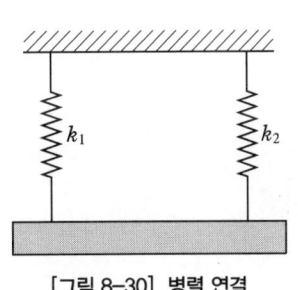

[그림 8-30] 병렬 연결   [그림 8-31] 직렬 연결

(3) 코일 스프링

① 코일 스프링의 구조

스프링 제작이 용이하고 효율이 높고 가격이 저렴하기 때문에 차량용 현가, 내연기관의 밸브, 안전밸브 등의 스프링으로 사용되고 있다.

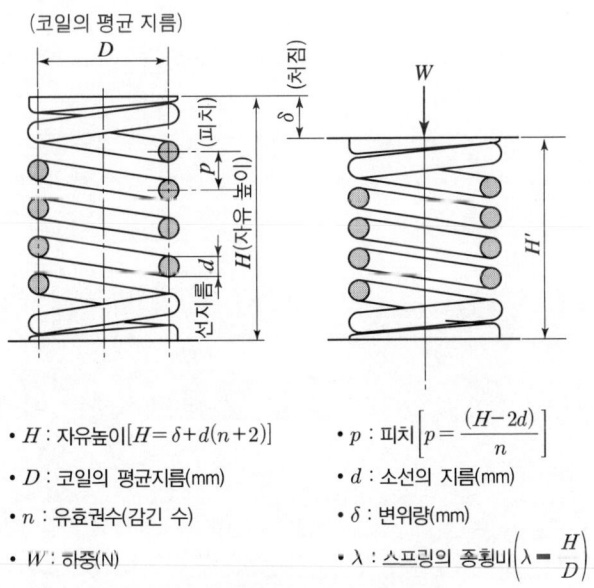

- H : 자유높이 $[H = \delta + d(n+2)]$
- D : 코일의 평균지름(mm)
- n : 유효권수(감긴 수)
- W : 하중(N)
- p : 피치 $\left[p = \dfrac{(H-2d)}{n} \right]$
- d : 소선의 지름(mm)
- δ : 변위량(mm)
- λ : 스프링의 종횡비 $\left(\lambda = \dfrac{H}{D} \right)$

[그림 8-32] 코일 스프링의 각부 명칭

② 스프링 지수(C): $C = \dfrac{D}{d} = \dfrac{R}{r}$

③ 스프링에 발생되는 전단응력: $\tau_{max} = \dfrac{8KDW}{\pi d^3}$

    K: 왈(kwale)의 응력 수정계수: $\left(K = \dfrac{4c-1}{4c-4} + \dfrac{0.615}{c} \right)$

④ 스프링의 처짐: $\delta = \dfrac{8nD^3 W}{Gd^4}$

⑤ 스프링 상수: $k = \dfrac{W}{\delta} = \dfrac{Gd^4}{8nD^3}$

⑥ 초기장력: $\tau_0 = \dfrac{8DW_0}{\pi d^3}$ $\therefore W_0 = \dfrac{\pi d^3 \tau_0}{8D}[\text{N}]$

⑦ 스프링의 길이: $l = \pi DN = \pi 2RN$

⑧ 서징(surging): 스프링에 작용하는 진동 수가 스프링의 고유 진동 수와 같거나 또는 공진을 하여 국부적으로 큰 응력이 생기는 현상

week 1

전산응용기계제도기능사
CBT 모의고사

- 01회 CBT 모의고사
- 02회 CBT 모의고사
- 03회 CBT 모의고사
- 04회 CBT 모의고사
- 05회 CBT 모의고사
- 06회 CBT 모의고사

01회 CBT 모의고사

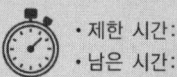

01 공구용 합금강을 담금질 및 뜨임 처리하여 개선되는 재질의 특성이 아닌 것은?

① 조직의 균질화 ② 경도 조절
③ 가공성 향상 ④ 취성 증가

해설 담금질 후 뜨임 처리하면 인성이 증가하므로 취성이 감소한다.

02 금속재료를 고온에서 오랜 시간 외력을 걸어놓으면 시간의 경과에 따라 서서히 그 변형이 증가하는 현상은?

① 크리프 ② 스트레스
③ 스트레인 ④ 템퍼링

해설 크리프: 금속재료를 고온에서 오랜 시간 외력을 걸어놓으면 시간의 경과에 따라 서서히 그 변형이 증가하는 현상이다.

03 절삭 공구류에서 초경합금의 특성이 아닌 것은?

① 경도가 높다. ② 마모성이 좋다.
③ 압축 강도가 높다. ④ 고온 경도가 양호하다.

해설 초경합금
① W-Ti-Ta 등의 탄화물 분말을 Co 또는 Ni을 결합하여 1400℃ 이상에서 소결시킨 것이다(주성분: W, Ti, Co, C 등).
② 경도 및 고온경도가 높다.
③ 내마모성과 취성이 크다.
④ 피복 초경합금은 내열성, 내마모성, 내용착성이 우수하며 일반 초경합금에 비해 2~5배의 공구수명이 증대되며, 고온, 고속절삭에서 우수한 성능을 갖는다.

04 황동의 연신율이 가장 클 때 아연(Zn)의 함유량은 몇 % 정도인가?

① 30 ② 40
③ 50 ④ 60

해설 황동의 성질
① 전기(열)전도도가 Zn 40%까지 감소, 그 이상에서는 50%에서 최대이고, 연신율은 Zn 30%가 최대이다.
② 주조성, 가공성, 내식성, 기계적 성질이 좋다. 압연과 단조가 가능하다.
③ 인장강도는 Zn 45%가 최대가 되며, 그 이상에서는 급감한다. 따라서 Zn 50% 이상의 황동은 취약해진다.

정답 01. ④ 02. ① 03. ② 04. ①

05 구상흑연주철을 조직에 따라 분류했을 때 이에 해당하지 않는 것은?

① 마르텐자이트형   ② 페라이트형
③ 펄라이트형   ④ 시멘타이트형

📝**해설** 구상흑연주철
① 주철은 보통 주방 상태에서 흑연이 편상으로 된다. 그러나 특수한 처리(특수원소 첨가, 열처리)를 하면 흑연이 구상으로 되는데 이것을 구상흑연주철이라 한다.
② 인장강도는 주조상태가 50~70N/mm², 풀림상태가 45~55N/mm²이다.
③ 구상흑연주철은 조직에 따라 페라이트형, 펄라이트형, 시멘타이트형을 분류되다. 페라이트형은 그 모양이 마치 황소의 눈과 같다고 하여 소눈 조직(bull's eye structure)이라고 한다.

06 주철의 장점이 아닌 것은?

① 압축 강도가 작다.   ② 절삭 가공이 쉽다.
③ 주조성이 우수하다.   ④ 마찰 저항이 우수하다.

📝**해설** 주철의 장점은 압축 강도가 크다.

07 합금의 종류 중 고용융점 합금에 해당하는 것은?

① 티탄 합금   ② 텅스텐 합금
③ 마그네슘 합금   ④ 알루미늄 합금

📝**해설** 용융점
① 티탄 합금: 1668℃
② 텅스텐 합금: 3410℃
③ 마그네슘 합금: 650℃
④ 알루미늄 합금: 660℃

08 다음 중 구름 베어링의 특성이 아닌 것은?

① 감쇠력이 작아 충격 흡수력이 작다.
② 축심의 변동이 작다.
③ 표준형 양산품으로 호환성이 높다.
④ 일반적으로 소음이 작다.

📝**해설** 구름 베어링의 장·단점
① 동력이 절약되고, 가동저항이 크다. 슬라이딩 베어링의 10~50% 정도로 한다.
② 윤활유 절약되고, 윤활유에 의한 기계의 오손이 적다.
③ 신뢰성이 있고, 유지비가 감소된다.
④ 기계의 정밀도를 장시간 유지할 수 있고 고속 회전할 수 있다.
⑤ 베어링 교환과 선택이 쉽고 베어링 길이를 단축할 수 있다.
⑥ 가격이 비교적 비싸고 외경이 크게 된다.
⑦ 소음이 생기고 충격에 약하다.
⑧ 제작, 설치와 조립이 어렵고, 부분적 수리가 불가능하다.

[정답] 05. ① 06. ① 07. ② 08. ④

09 지름이 50mm 축에 폭이 10mm인 성크 키를 설치했을 때, 일반적으로 전단 하중만을 받을 경우 키가 파손되지 않으려면 키의 길이는 몇 mm인가?

① 25mm　　② 75mm
③ 150mm　　④ 200mm

해설 $l = h(0.15b) \times d = 0.15 \times 10 \times 50 = 75\,mm$

10 롤링 베어링의 내륜이 고정되는 곳은?

① 저널　　② 하우징
③ 궤도면　　④ 리테

해설 저널: 롤링 베어링의 내륜이 고정되는 곳이다.

11 자동차의 스티어링 장치, 수치제어 공작기계의 공구 이송장치 등에 사용되는 나사는?

① 둥근나사　　② 볼나사
③ 유니파이나사　　④ 미터나사

해설 볼나사 용도: 자동차의 스티어링부, 공작 기계의 이송나사, 항공기의 이송나사

12 모듈 5, 잇수가 40인 표준 평 기어의 이끝원 지름은 몇 mm인가?

① 200mm　　② 210mm
③ 220mm　　④ 240mm

해설 이끝원(바깥지름) 지름 $D = M \times (Z+2) = 5 \times 42 = 210\,mm$
피치원 지름 $D = M \times Z = 5 \times 40 = 200\,mm$

13 두 축이 평행하고 거리가 아주 가까울 때 각 속도의 변동 없이 토크를 전달할 경우 사용되는 커플링은?

① 고정 커플링(fixed coupling)
② 플렉시블 커플링(flexible coupling)
③ 올덤 커플링(Oldham's coupling)
④ 유니버설 커플링(universal coupling)

정답 09. ② 10. ①
11. ② 12. ②
13. ③

[해설]
① **원통 커플링**: 가장 간단한 구조로 원통 속에 두 축을 끼워 넣고 일직선이 될 수 있도록 키, 볼트로 결합시켜 키의 전단력이나 마찰력으로 전동하는 이음이다.
② **플렉시블 커플링**: 두 축의 중심선을 완전히 일치시키기 어려울 때, 또 내연 기관과 같이 전달 토크의 변동이 많은 원동기에서 다른 기계로 동력을 전달하는 경우 및 고속 회전으로 진동을 일으키는 경우에 사용된다.
③ **올덤 커플링**: 두 축이 평행하며, 그 거리가 비교적 짧고 축선의 위치가 어긋나 있으나 각 속도의 변화 없이 회전력을 전달시키려 할 때 사용하고, 밸런스와 마찰의 난점이 있고 편심량이 큰 회전 전달이나 고속의 경우에는 적합하지 않다.
④ **유니버설 커플링**: 두 축이 동일 평면 내에 있고 그 중심선이 α 각도 ($\alpha \leq 30°$)로 교차하는 경우의 전동 장치로 자동차, 공작기계, 압연 롤러, 전달기구 등에 많이 사용된다.

14 기하 공차의 종류 중 적용하는 형체가 관련 형체에 속하지 않는 것은?
① 자세 공차
② 모양 공차
③ 위치 공차
④ 흔들림 공차

[해설] 모양 공차는 단독형체이다.

15 다음은 제3각법으로 그린 정 투상도이다. 입체도로 옳은 것은?

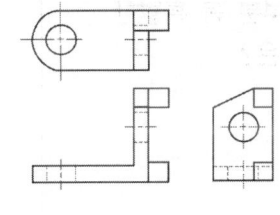

① 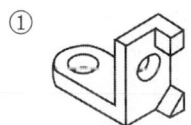   ②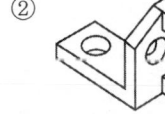

③ 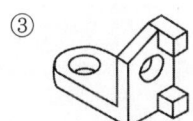   ④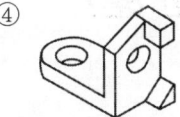

16 다음 중 '가는 선 : 굵은 선 : 아주 굵은 선' 굵기의 비율이 옳은 것은?
① 1 : 2 : 4
② 1 : 3 : 4
③ 1 : 3 : 6
④ 1 : 4 : 8

[해설] 선 굵기의 비율은 1(가는 선) : 2(굵은 선) : 4(아주 굵은 선)

[정답] 14. ② 15. ③ 16. ①

17 모양 공차를 표기할 때 그림과 같은 공차 기입 틀에 기입하는 내용은?

| A | B |

① A: 공차값, B: 공차의 종류 기호
② A: 공차의 종류 기호, B: 데이텀 문자기호
③ A: 데이텀 문자기호, B: 공차값
④ A: 공차의 종류 기호, B: 공차값

해설 기하 공차 기입 방법

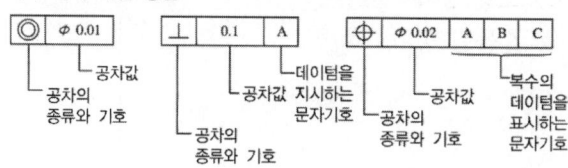

18 도면에 사용한 선의 용도 중 특수한 가공을 하는 부분 등 특별한 요구 사항을 적용할 범위를 표시하는 데 쓰이는 선은?

① 가는 1점 쇄선
② 가는 2점 쇄선
③ 굵은 1점 쇄선
④ 굵은 2점 쇄선

해설
① 가는 1점 쇄선: 중심선, 기준선, 피치선
② 가는 2점 쇄선: 가상선, 무게 중심선
③ 굵은 1점 쇄선: 특수 지정선

19 선의 종류에 따른 용도의 설명으로 틀린 것은?

① 굵은 실선 – 외형선으로 사용한다.
② 가는 실선 – 치수선으로 사용한다.
③ 파선 – 숨은선으로 사용한다.
④ 굵은 1점 쇄선 – 단면의 무게 중심선으로 사용한다.

해설 굵은 1점 쇄선 – 특수 지정선

20 좌우 또는 상하가 대칭인 물체의 1/4을 잘라내고 중심선을 기준으로 외형도와 내부 단면도를 나타내는 단면의 도시 방법은?

① 한쪽 단면도
② 부분 단면도
③ 회전 단면도
④ 온 단면도

[정답] 17. ④ 18. ③
       19. ④ 20. ①

한쪽 단면도: 상하 또는 좌우 대칭인 물체는 1/4을 떼어 낸 것으로 보고 기본 중심선을 경계로 하여 1/2은 외형, 1/2은 단면으로 동시에 나타낸 것으로 대칭중심의 우측 또는 위쪽을 단면한다.

답안 표기란				
21	①	②	③	④
22	①	②	③	④
23	①	②	③	④

21 투상도의 선택 방법에 대한 설명으로 틀린 것은?

① 조립도 등 주로 기능을 나타내는 도면에서는 대상물을 사용하는 상태로 놓고 그린다.
② 부품을 가공하기 위한 도면에서는 가공 공정에서 대상물이 놓인 상태로 그린다.
③ 주 투상도에서는 대상물의 모양이나 기능을 가장 뚜렷하게 나타내는 면을 그린다.
④ 주 투상도를 보충하는 다른 투상도는 명확한 이해를 위해 되도록 많이 그린다.

 주 투상도를 보충하는 다른 투상도는 되도록 적게 한다.

22 그림과 같은 지시 기호에서 "b"에 들어갈 지시 사항으로 옳은 것은?

① 가공방법
② 표면 파상도
③ 줄무늬 방향 기호
④ 컷 오프 값·평가 길이

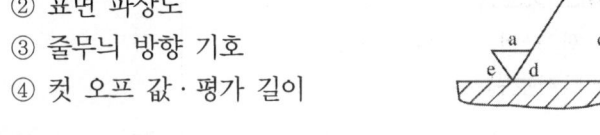

 a: 산술 평균 거칠기 값
b: 가공방법
c: 컷 오프 값
d: 줄무늬 방향 기호
e: 다듬질 여유 기입

23 다음 치수 보조 기호에 관한 내용으로 틀린 것은?

① C: 45°의 모따기
② D: 판의 두께
③ □: 정사각형 변의 길이
④ ⌒: 원호의 길이

정사각형의 변	□
관의 두께	t
45°의 모따기	C
원호의 길이	⌒

정답 21. ④ 22. ①
23. ②

24. 기준 치수가 30, 최대허용치수가 29.9, 최소허용치수가 29.8일 때 아래 치수허용차는?

① −0.1
② −0.2
③ +0.1
④ +0.2

해설 $30^{-0.1}_{-0.2}$. 위 치수허용차 −0.1, 아래 치수허용차 −0.2이다.

25. 최대허용치수와 최소허용치수의 차를 무엇이라고 하는가?

① 치수 공차
② 끼워 맞춤
③ 실제 치수
④ 기준선

해설 최대허용치수와 최소허용치수의 차를 치수 공차라한다.

26. 투상법의 종류 중 정 투상법에 속하는 것은?

① 등각 투상법
② 제3각법
③ 사 투상법
④ 투시도법

해설 정 투상법은 제3각법, 제1각법이다.

27. 도면을 마이크로 필름에 촬영하거나 복사할 때의 편의를 위하여 도면의 위치결정에 편리하도록 도면에 표시하는 양식은?

① 재단 마크
② 중심 마크
③ 도면의 구역
④ 방향 마크

해설
① **중심 마크**(centering mark): 중심 마크는 도면을 마이크로필름에 촬영하거나 복사할 때의 편의를 위하여 마련한다. 윤곽선 중앙으로부터 용지의 가장자리에 이르는 굵기 0.5mm의 수직한 직선으로, 허용치는 0.5mm로 한다.
② **비교눈금**(metric reference graduation): 비교눈금은 도면을 축소 또는 확대했을 경우, 그 정도를 알기 위해 도면의 아래쪽에 중심마크를 중심으로 하여 마련한다.
③ **도면을 접을 경우의 크기**: 복사한 도면을 접을 때는 그 크기를 원칙적으로 A4 (210×297mm) 크기로 한다.
④ **재단 마크**: 복사한 도면의 재단하는 경우의 편의를 위하여 원도에 재단 마크를 마련하는 것이 바람직하다.

정답 24. ② 25. ① 26. ② 27. ②

28 다음 중 알루미늄 합금주물의 재료 표시 기호는?

① ALBrC1 ② ALDC1
③ AC1A   ④ PBC2

해설 ① ALBrC1: 알루미늄청동주물
② ALDC1: 다이캐스트용 알루미늄합금
③ AC1A: 알루미늄 합금주물
④ PBC2: 인청동주물

29 지름과 반지름의 표시방법에 대한 설명 중 틀린 것은?

① 원 지름의 기호는 ∅로 나타낸다.
② 원 반지름의 기호는 R로 나타낸다.
③ 구의 지름의 치수를 기입할 때는 G∅를 쓴다.
④ 구의 반지름의 치수를 기입할 때는 SR을 쓴다.

해설 구의 지름의 치수를 기입할 때는 S∅를 쓴다.

30 다음 입체도에서 화살표 방향이 정면일 경우 정 투상도 평면도로 옳은 것은?

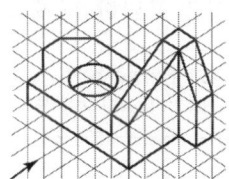

① 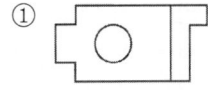   ②

③ 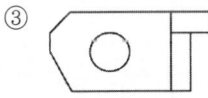   ④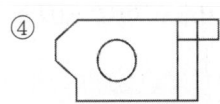

해설 위 입체도에서 화살표 방향이 정면일 경우 정 투상도 평면도로 옳은 것은 ④항이다.

31 기어의 도시 방법을 나타낸 것 중 틀린 것은?

① 이끝원은 굵은 실선으로 그린다.
② 피치원은 가는 1점 쇄선으로 그린다.
③ 단면으로 표시할 때 이뿌리원은 가는 실선으로 그린다.
④ 잇줄 방향은 보통 3개의 가는 실선으로 그린다.

해설 단면으로 도시할 때에는 이뿌리원은 굵은 실선으로 그린다.

정답 28. ③ 29. ③
      30. ④ 31. ③

32. 끼워 맞춤의 표시방법을 설명한 것 중 틀린 것은?

① ∅20H7: 지름이 20인 구멍으로 7등급의 IT 공차를 가짐
② ∅20h6: 지름이 20인 축으로 6등급의 IT 공차를 가짐
③ ∅20H7/g6: 지름이 20인 H7 구멍과 g6 축이 헐거운 끼워 맞춤으로 결합되어 있음을 나타냄
④ ∅20H7/f6: 지름이 20인 H7 구멍과 f6 축이 중간 끼워 맞춤으로 결합되어 있음을 나타냄

해설 ∅20H7/f6: 지름이 20인 H7 구멍과 f6 축이 헐거운 끼워 맞춤이다.

33. 도면이 구비하여야 할 기본 요건이 아닌 것은?

① 보는 사람이 이해하기 쉬운 도면
② 그린 사람이 임의로 그린 도면
③ 표면 정도, 재질, 가공방법 등의 정보성을 포함한 도면
④ 대상물의 크기, 모양, 자세, 위치 등의 정보성을 포함한 도면

해설 어떤 필요한 물체를 제작하고자 할 때 그 모양이나 크기를 일정한 규격에 따라 점, 선, 문자, 기호 등을 사용하여 사용 목적에 알맞은 모양, 기능, 구조, 크기 및 공작 방법 등을 합리적으로 설계하여 제품의 치수, 다듬질의 정도, 재료, 공정 등을 제도법에 의해 도면에 작성하는 것

34. 평행키 끝부분의 형식에 대한 설명으로 틀린 것은?

① 끝부분 형식에 대한 지정이 없는 경우는 양쪽 네모형으로 된다.
② 양쪽 둥근형은 기호 A를 사용한다.
③ 양쪽 네모형은 기호 S를 사용한다.
④ 한쪽 둥근형은 기호 C를 사용한다.

해설 양쪽 네모형은 기호 B를 사용한다.

35. 나사의 제도시 불완전 나사부와 완전 나사부의 경계를 나타내는 선을 그릴 때 사용하는 선의 종류는?

① 굵은 파선
② 굵은 1점 쇄선
③ 가는 실선
④ 굵은 실선

정답 32. ④ 33. ② 34. ③ 35. ④

해설 나사 도시 방법
① 수나사의 바깥지름과 암나사의 안지름을 표시하는 선은 굵은 실선으로 그린다.
② 수나사와 암나사의 골을 표시하는 선은 가는 실선으로 그린다.
③ 완전 나사부와 불완전 나사부의 경계선은 굵은 실선으로 그린다.
④ 불완전 나사부의 골을 나타내는 선은 축선에 대하여 30°의 가는 실선으로 그리고 필요에 따라 불완전 나사부의 길이를 기입한다.

36 평 벨트풀리의 도시 방법이 아닌 것은?

① 암의 단면형은 도형의 안이나 밖에 회전도시 단면도로 도시한다.
② 풀리는 축직각 방향의 투상을 주투상도로 도시할 수 있다.
③ 풀리와 같이 대칭인 것은 그 일부만을 도시할 수 있다.
④ 암은 길이방향으로 절단하여 단면을 도시한다.

해설 평 벨트풀리의 도시법
① 벨트풀리는 축직각 방향의 투상을 정면도로 한다.
② 모양이 대칭형인 벨트풀리는 그 일부분만을 도시한다.
③ 방사형으로 되어 있는 암(arm)은 수직 중심선 또는 수평 중심선까지 회전하여 투상한다.
④ 암은 길이 방향으로 절단하여 단면을 도시하지 않는다.
⑤ 암의 단면형은 도형의 안이나 밖에 회전 단면을 도시한다.
⑥ 암의 테이퍼 부분 치수를 기입할 때 치수 보조선은 경사선(수평과 60° 또는 30°)으로 긋는다.

37 베어링의 안지름 번호를 부여하는 방법 중 틀린 것은?

① 안지름 치수가 1, 2, 3, 4mm인 경우 안지름 번호는 1, 2, 3, 4이다.
② 안지름 치수가 10, 12, 15, 17mm인 경우 안지름 번호는 01, 02, 03, 04이다.
③ 안지름 치수가 20mm 이상 480mm 이하인 경우 5로 나눈 값을 안지름 번호로 사용한다.
④ 안지름 치수가 500mm 이상인 경우 "/안지름 치수"를 안지름 번호로 사용한다.

해설
안지름 치수가 10, 12, 15, 17mm인 경우 안지름 번호는 00, 01, 02, 03이다.

38 아래 그림이 나타내는 용접 이음의 종류는?

① 모서리 이음
② 겹치기 이음
③ 맞대기 이음
④ 플랜지 이음

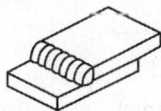

정답 36. ④ 37. ②
38. ②

01회 CBT 모의고사

39 축의 도시 방법에 대한 설명으로 틀린 것은?
① 가공 방향을 고려하여 도시하는 것이 좋다.
② 축은 길이 방향으로 절단하여 온 단면도로 표현하지 않는다.
③ 빗줄 널링의 경우에는 축선에 대하여 30°로 엇갈리게 그린다.
④ 긴 축은 중간을 파단하여 짧게 표현하고, 치수 기입은 도면상에 그려진 길이로 나타낸다.

해설 긴 축은 중간을 파단하여 짧게 그릴 수 있으며, 실제 치수를 기입한다.

40 코일 스프링 도시의 원칙 설명으로 틀린 것은?
① 스프링은 원칙적으로 하중이 걸린 상태로 도시한다.
② 하중과 높이 또는 휨과의 관계를 표시할 필요가 있을 때는 선도 또는 요목표에 표시한다.
③ 특별한 단서가 없는 한 모두 오른쪽 감기로 도시한다.
④ 스프링의 종류와 모양만을 간략도로 도시할 때에는 재료의 중심선만을 굵은 실선으로 그린다.

해설 스프링은 원칙적으로 무하중인 상태로 그린다. 만약, 하중이 걸린 상태에서 그릴 때에는 선도 또는 그 때의 치수와 하중을 기입한다.

41 인치계 사다리꼴 나사의 나사산 각도는?
① 29°
② 30°
③ 55°
④ 60°

해설 **사다리꼴 나사(Trapezoidal screw thread)**
애크미 나사라고도 하고, 나사산의 각도는 미터계(TM)에서는 30°, 인치계(TW)에서는 29°이다. 용도는 스러스트(thrust)를 전달시키는 운동용 나사

42 다음 중 기계설계에서 CAD에서 사용하는 3차원 모델링 방법이라고 할 수 없는 것은?
① 와이어프레임 모델링(wire frame modeling)
② 오브젝트 모델링(object modeling)
③ 솔리드 모델링(solid modeling)
④ 서피스 모델링(surface modeling)

정답 39. ④ 40. ①
41. ① 42. ②

43 다음 표는 표준 스퍼 기어 요목표이다. (1), (2)에 들어갈 숫자로 옳은 것은?

스퍼 기어		
기어 치형		표준
공구	치형	보통 이
	모듈	2
	압력 각	20°
잇수		32
피치원 지름		(1)
전체 이 높이		(2)
다듬질 방법		호브 절삭
정밀도		KS B 1405, 5급

① (1): ∅64   (2): 4.5
② (1): ∅40   (2): 4
③ (1): ∅40   (2): 4.5
④ (1): ∅64   (2): 4

해설 피치원 지름(PCD) = $MZ = 2 \times 32 = 64$
전체 이 높이(h) = $2.25 \times M = 4.5$
(여기서, $M=2$, $Z=32$)

44 스스로 빛을 내는 자기발광형 디스플레이로서 시야각이 넓고 응답시간도 빠르며 백라이트가 필요 없기 때문에 두께를 얇게 할 수 있는 디스플레이는?

① TFT-LCD
② 플라즈마 디스플레이
③ OLED
④ 래스터스캔 디스플레이

해설 OLED: 스스로 빛을 내는 자기 발광형 디스플레이로서 시야각이 넓고 응답시간도 빠르며 백라이트가 필요 없기 때문에 두께를 얇게 할 수 있는 디스플레이이다.

45 CAD로 2차원 평면에서 원을 정의하고자 한다. 다음 중 특정 원을 정의할 수 없는 것은?

① 원의 반지름과 원을 지나는 하나의 접선으로 정의
② 원의 중심점과 반지름으로 정의
③ 원의 중심점과 원을 지나는 하나의 접선으로 정의
④ 원을 지나는 3개의 점으로 정의

해설 원 정의
① 중심선과 원: 원의 중심점과 지름, 반지름 지나는 점에 의하여 원을 정의한다.
② 3개의 점과 원: 3개의 점을 지나는 원은 하나밖에 존재하지 않으므로 이를 이용한 기능이다.
③ 접하는 원: 접하는 두 도형과 반지름에 의하여 원을 정의한다.
④ 중심선과 원: 중심선과 접하는 도형에 의하여 원을 정의한다.

46 이미 치수를 알고 있는 표준편과의 차를 구하여 치수를 내는 방법은?

① 절대 측정
② 비교 측정
③ 직접 측정
④ 간접 측정

해설 비교 측정은 다이얼 게이지, 미니미터, 공기 마이크로미터, 전기 마이크로미터, 지침 측미기 등이 있다.

정답 43. ① 44. ③ 45. ① 46. ②

47. 다음 컴퓨터 장치 중 해당 장치가 잘못 연결된 것은?

① 주기억장치: 하드디스크
② 보조기억장치: USB메모리
③ 입력장치: 태블릿
④ 출력장치: LCD

해설
- **주기억장치**: 임의 접근 방식의 기억장치로, 프로그램이나 데이터, 처리결과를 기억하며 기억공간의 크기에 제한을 받지만, 처리속도가 빠르고, ROM과 RAM으로 구성되어 있음
- **하드디스크**: 표면이 자성체(磁性體)로 코팅된 알루미늄 합금판이나 플라스틱판 등을 기록 매체로 사용하는 고용량 고속회전식의 저장 장치

48. 다음은 직접 측정의 장점은?

① 측정시간이 많이 소요되지 않는다.
② 측정 범위가 다른 측정방법보다 넓다.
③ 소품종 다량 제품의 측정에 적합하다.
④ 눈금을 정확히 읽을 수 있어 오류가 없다

해설 장점으로는 측정 범위가 다른 측정방법보다 넓고, 다품종 소량생산에 적합하고, 피 측정물의 실제 치수를 직접 읽을 수 있다.

49. 비교 측정에 사용되는 측정기가 아닌 것은?

① 다이얼 게이지
② 버니어 캘리퍼스
③ 공기 마이크로미터
④ 전기 마이크로미터

해설 버니어 캘리퍼스
- 직접 측정으로 외경, 내경, 깊이, 단차 및 길이를 측정하는 것으로서 미터식에서는 1/20mm, 1/50mm까지 읽을 수 있다.
- 종류로는 미동 장치가 없는 M1형(0.05mm) 및 미동 장치가 있는 M2형(1/20mm까지 측정)과 CB형 및 CM형(1/20mm까지 측정) 4가지가 있다.

50. 각도의 단위에서 1rad(라디안)을 맞게 나타낸 것은?

① $180/\pi$
② $\pi/180$
③ $360/\pi$
④ $\pi/360$

해설 라디안(radian): 원의 반지름과 같은 길이와 같은 호의 중심에 대한 각도로서
$$1\text{rad} = \frac{r}{2\pi r} \times 360 = \frac{180}{\pi} = 57.29577951°$$이다.
보조 단위로는 1mm rad = 1/1,000red, 1ured = 1/1,000,000red이다.

정답 47.① 48.② 49.② 50.①

51 눈금 간격의 길이를 구체화한 것으로, 줄자, 강철 자, 눈금자 등에 속하는 측정기는?

① 선도기
② 단도기
③ 지시 측정기
④ 시준기

52 게이지 블록 등의 측정기 측정 면과 정밀기계부품, 광학 렌즈 등의 마무리 다듬질 가공방법으로 가장 적절한 것은?

① 연삭
② 래핑
③ 호닝
④ 밀링

해설 래핑: 게이지 블록 등의 측정기 측정 면과 정밀기계부품, 광학 렌즈 등의 마무리 다듬질 가공방법이다.

53 조립체 모델링에서 동일한 부품을 중복(copy)해서 사용하면 조립체 모형화의 파일 크기가 크게 증가하게 된다. 중복되는 부품으로 인한 조립체의 파일 크기를 줄이기 위해서, CAD 시스템은 부품에 대한 링크(link), 정보만을 조립체에 포함한다. 이와 같은 방법을 무엇이라 하는가?

① 인스턴스(Instance)
② 이력(History)
③ 특징 형상(Feature)
④ 만남 조건(Mating condition)

해설 인스턴스(Instance)
조립체 모델링에서 동일한 부품을 중복(copy)해서 사용할 경우 조립체 모델링의 파일 크기가 크게 증가한다. 중복되는 부품으로 인한 조립체의 파일 크기를 줄이기 위해서, CAD 시스템은 부품에 대한 링크(link), 정보만을 조립체에 포함한다.

54 STEP 표준을 정의하는 모델링 언어는?

① EXPRESS
② PART
③ PDES
④ AP

해설 STEP은 정식명칭과 같이 제품 데이터(Product)의 표현(Representation) 및 교환(Exchange)을 위한 국제표준 규격으로 모델링 언어는 EXPRESS이다.

55 솔리드 모델이 갖고 있는 기하학적 요소 중 서피스 모델이 갖지 못하는 것은?

① 꼭지점
② 모서리
③ 표면
④ 부피

해설 부피는 솔리드 모델링에서만 가능하다.

정답 51.① 52.② 53.① 54.① 55.④

56. 컴퓨터 내부 모델링 방법 중 3차원적인 물체의 표현 방법이 아닌 것은?

① 회전 분할에 의한 표현 방법
② 공간 격자에 의한 표현 방법
③ 메시(mash) 분할에 의한 표현 방법
④ 시브(sheave)에 의한 표현 방법

해설 3차원적인 물체의 형상 표현 방법
① 공간 격자에 의한 방법
② 프리미티브에 의한 방법
③ 메시 분할에 의한 방법
④ 빈 공간에 의한 방법
⑤ 시브에 의한 방법
⑥ 경계 표현에 의한 방법

57. 다음 중 미리 정해진 연속된 단면을 덮는 표면 곡면을 생성시켜 닫혀진 부피 영역 혹은 솔리드 모델을 만드는 모델링 방법은?

① 스위핑(sweeping)
② 스키닝(skinning)
③ 트위킹(tweaking)
④ 리프팅(lifting)

해설
① **스위핑(sweeping)**: 2차원 도형을 미리 정해진 선의 궤적을 따라 이동시키거나 임의의 회전축을 중심으로 회전시켜 입체를 생성하는 기능
② **스키닝(skinning)**: 미리 정해진 연속된 단면을 덮는 표면 곡면을 생성시켜 닫혀진 부피 영역 혹은 솔리드 모델을 만드는 모델링 방법
③ **트위킹(tweaking)**: 기존에 주어진 입체의 형상을 수정하여 가면서 원하는 형상을 모델링하는 방법
④ **리프팅(lifting)**: 주어진 물체의 특정면 전부 또는 일부를 원하는 방향으로 움직여서 물체가 그 방향으로 늘어난 효과를 갖도록 하는 기능

58. 떨어져서 구성된 두 곡면의 접선, 법선벡터를 일치시켜 곡면을 구성시키는 방법은?

① Smoothing
② Blending
③ Filleting
④ Stretching

해설
① **회전(Revolve)곡면**: 하나의 곡선을 임의의 축이나 요소를 중심으로 회전시켜 모델링 한 곡면
② **Sweep 곡면**: 두 개 이상의 곡선에서 안내 곡선을 따라 이동 곡선이 이동규칙에 따라 이동하면서 생성되는 곡면
③ **연결(Patch) 곡면**: 여러 개의 단면 곡선이 연결규칙에 따라 연결된 곡면
④ **Patch**: 경계 곡선의 내부를 형성하는 곡면
⑤ **Blending 곡면**: 두 곡면이 만나는 부분을 부드럽게 만들 때 생성되는 곡면

정답 56. ① 57. ② 58. ②

⑥ **리메싱(remeshing)**: 종 방향의 배열이 맞지 않는 데이터를 오와 열의 배열이 가지런한 형태의 곡면 입력점을 새로이 구해내는 절차
⑦ **스무딩(smoothing)**: 표현된 심한 굴곡면을 평활한 곡면으로 재계산하는 것
⑧ **필렛팅(filleting)**: 연결부위를 일정한 반지름을 갖도록 하는 것

59 조립 구속조건에 대한 설명으로 틀린 것은?

① 선택 요소가 3개인 경우는 구속조건을 부여하려는 대상의 요소와 기준 요소 3개를 선택해야 한다.
② 공간이라는 것은 x축, y축 그리고 z축으로 이루어져 있으며, 대상물은 이러한 공간에서 축 방향으로 움직이거나 축을 기준으로 회전할 수 있다. 이러한 이동이나 회전에 대한 제한 조건을 설정한다.
③ 이러한 제한 조건 이외에도 3D 프로그램에서는 요소 간의 간격, 요소 간의 거리 등과 같은 제한 조건으로 공간상에서 대상물의 움직임을 제한하고 있다.
④ 형상을 만드는 경우 본드, 핀 또는 볼트 등으로 부품을 몸체 등에 고정하거나 원하는 방향, 원하는 각도로만 움직일 수 있게 한다.

해설 선택 요소가 3개인 경우는 구속조건을 부여하려는 대상의 요소와 기준 요소 2개를 선택해야 한다.

60 금속 침투법 중에서 Al를 침투시키는 것은?

① 세라다이징
② 알리마이징
③ 실리코나이징
④ 칼로나이징

해설 **금속 침투법의 종류**
① 세라다이징: 철강 표면에 Zn확산 침투
② 크로마이징: 철강 표면에 Cr확산 침투, 0.2% 이하의 연강사용
③ 칼로라이징: 철강 표면에 Al확산 침투
④ 실리코나이징: 철강 표면에 Si확산 침투
⑤ 보로나이징: 철강 표면에 B확산 침투

정답 59. ① 60. ④

02회 CBT 모의고사

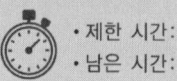

01 강의 표면 경화법으로 금속 표면에 탄소(C)를 침입 고용시키는 방법은?

① 질화법
② 침탄법
③ 화염경화법
④ 숏피닝

해설
① **질화법(nitriding)**: 암모니아가스(NH₃)와 같은 질소를 포함한 가스 속에서 강재를 가열하여 질소를 강재 표면에 작용시켜 경도가 큰 질화철 층을 만드는 표면경화법이다.
② **침탄법(carburizing)**: 침탄법은 0.2%C 이하의 저탄소강의 표면에 탄소(C)를 침투시켜 고탄소강을 만든 후 담금질시키는 방법이며, 침탄과 담금질 작업을 합하여 표면경화라 한다.

02 비철금속 구리(Cu)가 다른 금속 재료와 비교해 우수한 것 중 틀린 것은?

① 연하고 전연성이 좋아 가공하기 쉽다.
② 전기 및 열전도율이 낮다.
③ 아름다운 색을 띠고 있다.
④ 구리합금은 철강 재료에 비하여 내식성이 좋다.

해설 **구리의 성질**: 비중이 8.9 정도이며, 용융점이 1083℃ 정도이다.
① 전기 및 열전도성이 우수하다.
② 전연성이 좋아 가공이 용이하다.
③ 내식성이 강해 부식이 안 된다.
④ 아름다운 광택과 귀금속적 성질이 우수하다.
⑤ Zn, Sn, Ni, Ag 등과 용이하게 합금을 만든다.
⑥ 구리는 철과 같은 동소변태가 없고 재결정온도는 약 200℃ 정도이다. 또 상온 중 크리프 현상이 일어난다.

03 다음 중 플라스틱 재료로서 동일 중량으로 기계적 강도가 강철보다 강력한 재질은?

① 글라스 섬유
② 폴리카보네이트
③ 나일론
④ FRP

해설 FRP: 플라스틱 재료로서 동일 중량으로 기계적 강도가 강철보다 강력하다.

04 열처리란 탄소강을 기본으로 하는 철강으로 매우 중요한 작업이다. 열처리의 특성으로 잘못 설명한 것은?

① 내부의 응력과 변형을 감소시킨다.

정답 01. ② 02. ② 03. ④ 04. ②

② 표면을 연화시키는 등의 성질을 변화시킨다.
③ 기계적 성질을 향상시킨다.
④ 강의 전기적/자기적 성질을 향상시킨다.

해설 열처리는 경도, 항장력의 증가와 조직연화 및 기계 가공성의 향상된다.

05 5~20% Zn의 황동으로 강도는 낮으나 전연성이 좋고 황금색에 가까우며 금박대용, 황동단추 등에 사용되는 구리 합금은?
① 톰백
② 문쯔메탈
③ 텔터 메탈
④ 주석황동

해설 **톰백**: 5~20% Zn의 황동으로 강도는 낮으나 전연성이 좋고 황금색에 가까우며 금박대용, 황동단추 등에 사용되는 구리 합금이다.

06 철과 탄소는 약 6.68% 탄소에서 탄화철이라는 화합물질을 만드는데 이 탄소강의 표준조직은 무엇인가?
① 펄라이트
② 오스테나이트
③ 시멘타이트
④ 솔바이트

해설 **시멘타이트**: 철과 탄소는 약 6.68% 탄소에서 탄화철이라는 화합물질을 만드는데 이 탄소강의 표준조직이다.

07 일반 구조용 압연강재의 KS 기호는?
① SS330
② SM400A
③ SM45C
④ SNC415

해설
① **SS330**: 일반 구조용 압연강재
② **SM400A**: 용접 구조용 압연강재
③ **SM45C**: 기계구조용 탄소강재
④ **SNC415**: 니켈크롬강

08 회전체의 균형을 좋게 하거나 너트를 외부에 돌출시키지 않으려고 할 때 주로 사용하는 너트는?
① 캡 너트
② 둥근 너트
③ 육각 너트
④ 와셔붙이 너트

해설 **둥근 너트**: 회전체의 균형을 좋게 하거나 너트를 외부에 돌출시키지 않으려고 할 때 주로 사용하며 너트의 높이를 작게 할 경우에 사용한다.

정답 05. ① 06. ③ 07. ① 08. ②

09 축이음 기계요소 중 플렉시블 커플링에 속하는 것은?

① 올덤 커플링
② 셀러 커플링
③ 클램프 커플링
④ 마찰 원통 커플링

해설 올덤 커플링: 두 축이 평행하고 축의 중심선이 약간 어긋났을 때 각 속도의 변동 없이 토크를 전달하는 데 사용하는 축이음이다.

10 스퍼 기어에서 Z는 잇수(개)이고, P가 지름 피치(인치)일 때 피치원 지름(D mm)을 구하는 공식은?

① $D = \dfrac{PZ}{25.4}$
② $D = \dfrac{25.4}{PZ}$
③ $D = \dfrac{P}{25.4Z}$
④ $D = \dfrac{25.4Z}{P}$

해설
① 원주피치(p): $p = \dfrac{\pi D}{Z} = \pi m$
② 모듈(m): $m = \dfrac{p}{\pi} = \dfrac{D}{Z}$
③ 지름 피치(P_d 또는 DP): $P_d = \dfrac{\pi}{P} = \dfrac{Z}{D} = \dfrac{1}{m}$[inch], $P_d = \dfrac{25.4}{m}$[mm]
④ 피치원의 지름: $D = MZ$, $D = \dfrac{25.4Z}{P}$

11 왕복운동 기관에서 직선운동과 회전운동을 상호 전달할 수 있는 축은?

① 직선 축
② 크랭크 축
③ 중공 축
④ 플렉시블 축

해설
① 직선 축(Straight shaft): 일직선으로 곧은 원통형의 축이며, 일반적인 동력 전달용
② 크랭크 축(Crank shaft): 몇 개 축의 중심을 서로 어긋나게 한 것으로, 왕복 운동기관 등의 직선운동과 회전운동을 서로 변환시키는 데 사용하며 곡선축이라고도 하며 내연 기관에 많이 사용(내연기관, 압축기에 사용)
③ 테이퍼 축(Taper shaft): 원뿔형의 축으로 연삭기, 밀링 머신, 드릴링 머신 등의 주축에 사용
④ 플렉시블 축(Flexible shaft): 강선을 2중, 3중으로 감은 나사 모양의 축으로 축 방향이 수시로 변하는 작은 동력 전달 축으로 공간상의 제한으로 일직선 형태의 축을 사용할 수 없을 때 사용된다. 비틀림 강도는 크나 굽힘 강도는 작다.

정답 09. ① 10. ④ 11. ②

12 스프링의 길이가 100mm인 한 끝을 고정하고, 다른 끝에 무게 40N의 추를 달았더니 스프링의 전체 길이가 120mm로 늘어났을 때 스프링 상수는 몇 N/mm인가?

① 8   ② 4
③ 2   ④ 1

해설
- 변형량(δ) = 120 − 100 = 20mm
- 스프링 상수(k) = $\dfrac{W}{\delta} = \dfrac{40}{20} = 2\text{N/mm}$

13 다음 벨트 중에서 인장강도가 대단히 크고 수명이 가장 긴 벨트는?

① 가죽 벨트   ② 강철 벨트
③ 고무 벨트   ④ 섬유 벨트

해설
① **가죽 벨트**: 소가죽을 탄닝, 크롬 처리하여 탄성을 준 것으로 마찰계수가 크며, 방열성도 좋다.
② **강철 벨트**: 강도가 제일 크나 벨트풀리의 외주의 모양과 두 축의 평행도가 일치해야 한다. 수명이 길고 신장률이 작으므로 고정밀도의 회전각 전달용 등으로 사용된다.
③ **고무 벨트**: 직물 벨트에 고무를 입혀서 만든 것으로 유연하고 풀리에 잘 밀착하므로 미끄럼이 적고 비교적 수명이 길다. 습기에는 강하나 열, 기름 등에는 약하다. 인장강도가 크다.
④ **섬유 벨트**: 무명, 삼, 합성섬유의 직물로 만들며 길이와 너비에 제한이 없다. 습기에 약하지만 가죽보다 가격이 저렴하여 많이 사용하고 있다.

14 큰 토크를 전달시키기 위해 같은 모양의 키 홈을 등 간격으로 파서 축과 보스를 잘 미끄러질 수 있도록 만든 기계요소는?

① 코터   ② 묻힘 키
③ 스플라인   ④ 테이퍼 키

해설 **스플라인**: 축의 원주에 수많은 키를 깎은 것으로 큰 토크를 전달시키고 내구력이 크며, 축과 보스의 중심축을 정확하게 맞출 수 있고 축 방향으로 이동도 가능하다.

15 다음의 평면도에 해당하는 것은? (단, 제3각법의 경우)

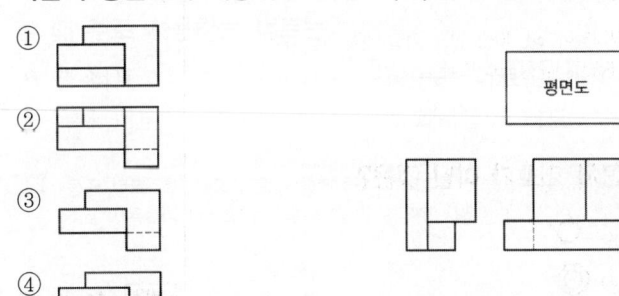

정답 12. ③ 13. ② 14. ③ 15. ③

16 도면 관리에서 다른 도면과 구별하고 도면 내용을 직접 보지 않고도 제품의 종류 및 형식 등의 도면 내용을 알 수 있도록 하기 위해 기입하는 것은?

① 도면 번호
② 도면 척도
③ 도면 양식
④ 부품 번호

> **해설** 표제란에는 도면 번호, 도면 명칭, 기업(단체)명, 책임자의 서명, 도면 작성 연월일, 척도, 투상법 등을 기입한다.

17 입체도에서 화살표 방향을 정면도로 할 때, 제3각법으로 투상한 것 중 옳은 것은?

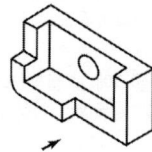

①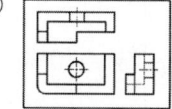
②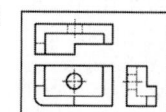
③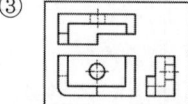
④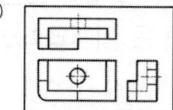

18 산술 평균 거칠기 표시 기호는?

① Ra
② Rs
③ Rz
④ Ru

> **해설** KS에서는 표면 거칠기의 측정방법은 최대높이(Ry), 10점 평균 거칠기(Rz: ten point height), 산술 평균 거칠기(Ra)의 3가지 방법을 규정하고 있다.

19 다음 기하 공차의 종류 중 위치 공차 기호가 아닌 것은?

① ⊕
② ⌓
③ ═
④ ◎

정답 16. ①   17. ④
        18. ①   19. ②

위치 공차	⊕	위치도 공차
	◎	동축도 또는 동심도 공차
	=	대칭도 공차

20 도면에 치수를 기입할 때의 주의사항으로 틀린 것은?
① 치수는 정면도, 측면도, 평면도에 보기 좋게 골고루 배치한다.
② 외형선, 중심선, 혹은 그 연장선의 치수선으로 사용하지 않는다.
③ 치수는 가능한 한 도형의 오른쪽과 윗 쪽에 기입한다.
④ 한 도면 내에서는 같은 크기의 숫자로 치수를 기입한다.

해설 중복치수는 피하고 되도록 정면도에 집중하여 기입한다.

21 아래 도면의 기하 공차가 나타내고 있는 것은?
① 원통도
② 진원도
③ 온 흔들림
④ 원주 흔들림

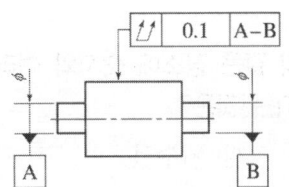

22 조립한 상태의 치수 허용한계값을 나타낸 것으로 틀린 것은?

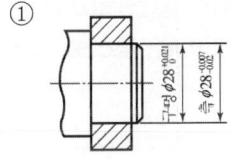 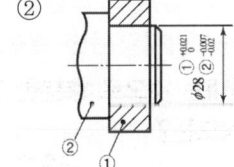

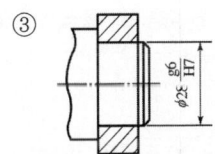 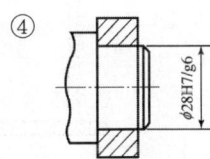

23 투상도법에서 원근감을 갖도록 나타내어 건축물 등의 공사 설명용으로 주로 사용하는 투상도법은?
① 등각 투상도   ② 투시도
③ 정 투상도   ④ 부등각 투상도

해설 투시도: 원근감을 갖도록 나타내어 건축물 등의 공사 설명용으로 주로 사용한다.

정답 20. ① 21. ③ 22. ③ 23. ②

02회 CBT 모의고사

24 다음은 KS 제도 통칙에 따른 재료기호이다. KS D 3752 SM 45C 이 기호에 대한 설명 중 옳은 것을 모두 고르면?

> ㉠ KS D는 KS 분류 기호 중 금속 부문에 대한 설명이다.
> ㉡ S는 재질을 나타내는 기호로 강을 의미한다.
> ㉢ M은 기계구조용을 의미한다.
> ㉣ 45C는 재료의 최저 인장강도가 45kgf/mm² 를 의미한다.

① ㉠, ㉡
② ㉠, ㉣
③ ㉠, ㉡, ㉢
④ ㉡, ㉢, ㉣

해설 45C는 탄소함유량 0.45% 평균치를 의미한다.

25 제작 도면으로 사용할 도면의 같은 장소에 숫자와 여러 종류의 선이 겹치게 될 때 가장 우선되는 것은?

① 해칭선
② 치수선
③ 숨은선
④ 숫자

해설 도면에서 숫자와 2종류 이상의 선이 같은 장소에 중복될 경우에는 숫자가 가장 우선이고, 다음에 순위에 따라 우선되는 종류의 선부터 그린다.
① 외형선 ② 숨은선 ③ 절단선 ④ 중심선 ⑤ 무게중심선 ⑥ 치수보조선

26 대상물의 구멍, 홈 등 모양만을 나타내는 것으로 충분한 경우에 그 부분만을 도시하는 그림과 같은 투상도는?

① 회전 투상도
② 국부 투상도
③ 부분 투상도
④ 보조 투상도

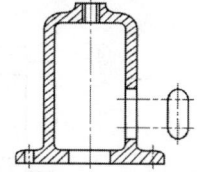

해설
① **회전 투상도**: 투상 면이 어느 각도를 가지고 있기 때문에 그 물체의 실제 모형을 표시하지 못할 때는 그 부분을 회전해서 물체의 실제 모형을 도시할 수 있다.
② **국부 투상도**: 물체의 구멍이나 홈 등의 한 국부만의 모양을 도시하는 것으로 충분한 경우에는 필요한 부분을 국부 투상도로 나타낸다.
③ **부분 투상도**: 그림의 일부를 도시하는 것으로 충분한 경우에는 필요한 부분만 투상도로서 나타낸다.
④ **보조 투상도**: 물체의 경사면을 실형으로 그려서 바꾸기 할 필요가 있을 경우에는 그 경사면과 위치에 필요 부분만을 보조 투상도로 표시한다.

정답 24. ③ 25. ④ 26. ②

27 그림과 같은 단면도를 무슨 단면도라 하는가?

① 회전도시 단면도
② 부분 단면도
③ 한쪽 단면도
④ 온 단면도

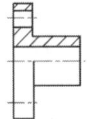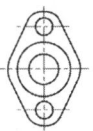

해설
① **회전도시 단면도**: 핸들이나 바퀴 등의 암이나 리브, 훅, 축, 구조물의 부재 등의 절단면은 90° 회전하여 도시하거나 절단할 곳의 전후를 끊어서 그 사이에 그린다.
② **부분 단면도**: 외형도에서 필요로 하는 일부분만을 부분 단면도로 도시할 수 있다. 파단선(가는 실선)으로 단면의 경계를 표시하고 프리핸드로 외형선의 1/2 굵기로 그린다.
③ **한쪽 단면도**: 상하 또는 좌우 대칭형의 물체는 기본 중심선을 경계로 1/2은 외형도로, 나머지 1/2은 단면도로 동시에 나타낸다. 대칭 중심선의 우측 또는 위쪽을 단면으로 한다.
④ **온 단면도**: 물체의 기본적인 모양을 가장 잘 나타낼 수 있도록 물체의 중심에서 반으로 절단하여 나타낸 것을 온 단면도 혹은 전 단면도라 한다.

28 다음 그림의 면의 지시 기호이다. 그림에서 M은 무엇을 의미하는가?

① 밀링 가공
② 줄무늬 방향
③ 표면 거칠기
④ 선반 가공

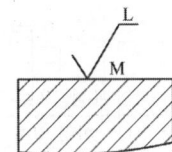

해설
- M: 줄무늬 방향(다방면으로 교차 또는 무방향)
- L: 선반가공(가공방법)

29 가상선의 용도에 대한 설명으로 틀린 것은?

① 인접 부분을 참고로 표시하는 데 사용한다.
② 수면, 유면 등의 위치를 표시하는 데 사용한다.
③ 가공 전, 가공 후의 보양을 표시하는 데 사용한다.
④ 도시된 단면의 앞쪽에 있는 부분을 표시하는 데 사용한다.

해설 가상선의 용도
① 인접부분을 참고로 표시
② 공구, 지그의 위치를 참고로 표시
③ 가동부분을 이동중의 특정한 위치 또는 이동 한계의 위치를 표시
④ 가공 전 또는 가공 후의 형상을 표시
⑤ 되풀이 하는 것을 표시
⑥ 도시된 단면의 앞쪽에 있는 부분을 표시

[정답] 27. ③ 28. ② 29. ②

30 치수 보조 기호의 설명으로 틀린 것은?

① 구의 지름 – SØ
② 구의 반지름 – SR
③ 45° 모따기 – C
④ 이론적으로 정확한 치수 – (15)

해설

이론적으로 정확한 치수	□
참고 치수	( )

31 IT 기본 공차의 등급은 모두 몇 등급으로 되어 있는가?

① 10등급 ② 18등급
③ 20등급 ④ 25등급

해설 IT 기본 공차는 IT 01부터 IT 18까지 20등급으로 구분한다.

용도	게이지 제작 공차	끼워 맞춤 공차	끼워 맞춤 이외 공차
구멍	IT 01~IT 5	IT 6~IT 10	IT 11~IT 18
축	IT 01~IT 4	IT 5~IT 9	IT 10~IT 18

32 중간 끼워 맞춤에서 구멍의 치수는 $50_0^{+0.035}$, 축의 치수가 $50_{+0.017}^{+0.042}$ 일 때 최대 죔새는?

① 0.033 ② 0.008
③ 0.018 ④ 0.042

해설

예제	구멍	축
최대허용치수	A=50.035mm	a=50.042mm
최소허용치수	B=50.000mm	b=50.017mm
최대 죔새	a−B=0.042mm	
최소 죔새	b−A=0.018mm	

33 다음 도면의 양식 중에서 반드시 마련해야 하는 양식은?

① 도면의 구역 ② 중심 마크
③ 비교 눈금   ④ 재단 마크

[정답] 30. ④ 31. ③
32. ④ 33. ②

해설 중심 마크(centering mark)
도면을 마이크로필름에 촬영하거나 복사할 때의 편의를 위하여 마련한다. 윤곽선 중앙으로부터 용지의 가장자리에 이르는 굵기 0.5mm의 수직한 직선으로, 허용치는 0.5mm로 한다.

34 다음 그림과 같은 리브 둥글기 반지름이 현저하게 다른 리브를 그릴 때 평면도로 옳은 것은?

① 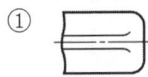   ②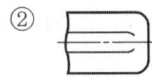

③ 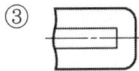   ④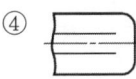

35 다음 그림은 어떤 기계요소를 나타낸 것인가?

① 원뿔 키
② 접선 키
③ 세레이션
④ 스플라인

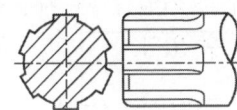

36 수나사 막대의 양 끝에 나사를 깎은 머리 없는 볼트로서, 한끝은 본체에 박고 다른 끝은 너트로 죌 때 쓰이는 것은?

① 관통 볼트   ② 미니추어 볼트
③ 스터드 볼트   ④ 탭 볼트

해설 **스터드 볼트**: 수나사 막대의 양 끝에 나사를 깎은 머리 없는 볼트로서, 한끝은 본체에 박고 다른 끝은 너트로 죌 때 사용된다.

37 다음 중 플러그 용접 기호는?

① ⊖   ② ⊓
③ ○   ④ ||

해설 ① 심용접
② 플러그용접
③ 점용접
④ 평행 맞대기 용접

정답 34. ② 35. ④
36. ③ 37. ②

38. 〈보기〉의 설명을 나사 표시방법으로 옳게 나타낸 것은?

- 왼줄 나사이며 두 줄 나사이다.
- 미터 가는 나사로 호칭 지름이 50mm, 피치가 2mm이다.
- 수나사 등급이 4h 정밀급 나사이다.

① L 2줄 M50×2-4h
② 왼 2N TM50×2-4h
③ 2N M50×2-4h
④ 왼 2줄 M2×50-4h

39. 평 벨트풀리의 도시 방법으로 틀린 것은?

① 벨트풀리는 축직각 방향의 투상을 주 투상도로 할 수 있다.
② 암은 길이 방향으로 절단하여 단면을 도시하지 않는다.
③ 대칭형인 벨트풀리는 생략하지 않고 되도록 전체를 그려야 한다.
④ 암의 테이퍼 부분 치수를 기입할 때 치수 보조선은 경사선에 그어서 치수를 나타낼 수 있다.

해설 모양이 대칭형인 벨트풀리는 그 일부분만을 도시한다.

40. 베어링 호칭 번호가 "7210CDTP5" 다음과 같을 때 이에 대한 설명으로 틀린 것은?

① 베어링 계열 기호는 "72"이다.
② 안지름 번호는 "10"으로 호칭 베어링의 안지름이 50mm이다.
③ 접촉각 기호는 "C"이다.
④ 정밀도 등급은 "DT"이다.

해설 정밀도 등급은 "P5"이다. 베어링의 병렬조합 "DT"이다.

41. 스프링의 종류 및 모양만으로 간략도로 도시하는 경우 표시방법으로 옳은 것은?

① 재료의 중심선을 굵은 실선으로 그린다.
② 재료의 중심선을 가는 2점 쇄선으로 그린다.
③ 재료의 중심선을 가는 실선으로 그린다.
④ 재료의 중심선을 굵은 1점 쇄선으로 그린다.

정답 38. ① 39. ③ 40. ④ 41. ①

해설 ① 코일 부분의 중간 부분을 생략할 때에는 생략한 부분을 가는 1점 쇄선으로 표시하거나 또는 가는 2점 쇄선으로 표시해도 좋다.
② 스프링의 종류와 모양만을 도시할 때에는 재료의 중심선만을 굵은 실선으로 그린다.

42 모듈 m인 한 쌍의 외접 스퍼 기어가 맞물려 있을 때에 각각의 잇수를 Z_1, Z_2라면 두 기어의 중심거리를 구하는 계산식은?

① $\dfrac{(Z_1+Z_2)\times m}{2}$ ② $m\times(Z_1+Z_2)$

③ $\dfrac{m}{2\times(Z_1+Z_2)}$ ④ $2\times m\times(Z_1+Z_2)$

43 다음 중 센터 구멍이 필요하지 않은 경우를 나타낸 기호는?

① 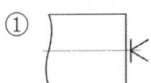   ②

③ 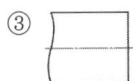   ④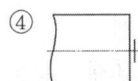

44 기어의 도시 방법으로 옳은 것은? (단, 단면도가 아닌 일반 투상도로 나타낼 때로 가정한다.)

① 잇봉우리원은 가는 실선으로 그린다.
② 피치원을 가는 1점 쇄선으로 그린다.
③ 이골원은 가는 2점 쇄선으로 그린다.
④ 잇줄 방향은 보통 2개의 굵은 실선으로 그린다.

해설 기어 도시 방법
① 항목표에는 원칙적으로 이 절삭, 조립, 검사 등에 필요한 사항을 기입한다.
② 재료, 열처리, 경도 등에 관한 사항은 필요에 따라 표의 비고란 또는 그림 속에 적당히 기입한다.
③ 이끝원은 굵은 실선으로 그리고 피치원은 가는 1점 쇄선으로 그린다.
④ 이뿌리원은 가는 실선으로 그린다(단, 축에 직각인 방향으로 본 그림(이하 주 투상도라 한다.)의 단면으로 도시할 때에는 이뿌리원은 굵은 실선으로 그린다. 또, 베벨 기어와 웜휠에서는 이뿌리원은 생략해도 좋다).
⑤ 잇줄 방향은 보통 3개의 가는 실선으로 그린다(단, 외접 헬리컬 기어의 주투상도를 단면으로 도시할 때에는 잇줄 방향 도시는 3개와 가는 2점 쇄선으로 그린다).

45 다음 중 직접 측정기에 속하는 것은?

① 옵티미터   ② 다이얼 게이지
③ 미니미터   ④ 마이크로미터

정답 42.① 43.① 44.② 45.④

46. 컴퓨터에서 중앙처리장치의 구성으로만 짝지어진 것은?

① 출력장치, 입력장치
② 제어장치, 입력장치
③ 보조기억장치, 출력장치
④ 제어장치, 연산장치

해설 중앙처리장치(CPU: Central Processing Unit)
컴퓨터 시스템에서 가장 핵심이 되는 장치로 인간의 뇌에 해당하며 시스템 전체 상태를 총괄하고 제어 및 처리 데이터에 대해 연산(논리연산과 산술연산)을 수행하는 장치 중앙처리장치의 구성은 크게 제어장치와 논리 연산장치(ALU)로 되어 있다.

47. 각 좌표계에서 현재 위치, 즉 출발점을 항상 원점으로 하여 임의의 위치까지의 거리로 나타내는 좌표계 방식은?

① 직교 좌표계
② 극 좌표계
③ 상대 좌표계
④ 원통 좌표계

해설

구 분	해 설
절대 좌표	원점에서 해당 축 방향으로 이동한 거리
상대 극좌표	먼저 지정된 점과 지정된 점까지의 직선거리 방향은 각도계와 일치
상대 좌표	먼저 지정된 점으로부터 해당 축 방향으로 이동한 거리
최종 좌표	지정될 점 이전의 마지막으로 지정된 점

48. 면을 사용하여 은선을 제거시킬 수 있고 또 면의 구분이 가능하므로 가공면을 자동적으로 인식처리할 수 있어서 NC data에 의한 NC가공작업이 가능하나 질량 등의 물리적 성질은 구할 수 없는 모델링 방법은?

① 서피스 모델링
② 솔리드 모델링
③ 시스템 모델링
④ 와이어프레임 모델링

해설 서피스 모델링(Surface Modeling)
① 은선 제거가 가능하다.
② Section Drawing(단면)할 수 있다.
③ 2개의 면의 교선을 구할 수 있다.
④ 복잡한 형상을 표현할 수 있다.
⑤ NC data 생성할 수가 있다.
⑥ 물리적 성질(Weight, Center of Gravity, Moment)을 구하기 어렵다.
⑦ 유한요소법(FEM: finite element method)의 적용을 위한 요소분할이 어렵다.
⑧ surface 표현시 와이어프레임 엔티티를 요구할 수가 있다.
⑨ Wire-frame보다 데이터 처리 때문에 컴퓨터의 용량이 커야 한다.
⑩ 솔리드와 같이 명암(shade)알고리즘을 제공할 수가 있다.

정답 46. ④ 47. ③ 48. ①

49 길이의 측정 단위로서 가장 작은 것은?
① Pm ② Nm
③ mm ④ μm

해설 Micro: 10^{-6}, Nano: 10^{-9}, Pico: 10^{-12}

50 측정량에 따라 표점이 눈금에 따라 이동하는 측정기기로, 버니어 캘리퍼스, 마이크로미터, 높이게이지, 테스트 인디케이터, 지침 측미기 등이 여기에 속하는 측정기는?
① 선도기 ② 단도기
③ 지시 측정기 ④ 시준기

51 다음 중 시준기로 분류되는 측정기는 어느 것인가?
① 피치 게이지 ② 투영기
③ 다이얼 게이지 ④ 지시마이크로미터

52 다음 측정기를 선택하는 기준 중 거리가 가장 먼 것은?
① 공차의 크기 ② 측정할 물체의 수량
③ 측정 한계 ④ 측정물의 경도

해설 측정기의 선택 시 고려사항
① 제품 공차: 제품 공차의 1/10보다 높은 정도의 측정기를 선정한다.
② 제품의 수량: 수량이 많은 경우 비교 측정 및 한계게이지로 측정하는 방법을 선정한다.
③ 측정 대상물의 재질: 측정물이 금속이 아니고 고무, 종이, 합성수지 등과 같이 연질인 경우에는 측정 압력으로 변형이 발생할 수 있으므로, 비접촉식 측정기를 선정한다.
④ 측정기 성능: 측정 범위, 정밀도, 감도, 내구성 등을 고려하여 선정한다.
⑤ 측정방법: 측정 제품의 수량 등을 고려하여 원격 측정, 자동 측정, 기록 등의 방법을 선정한다.

53 게이지 블록의 부속 부품이 아닌 것은?
① 홀더 ② 스크레이퍼
③ 스크라이버 포인트 ④ 베이스 블록

해설 스크레이퍼: 기계 가공한 면을 다시 정밀하게 가공하는 작업을 스크레이핑이라고 하며, 이때 사용하는 공구를 스크레이퍼라 한다. 공작기계의 베드, 미끄럼면, 측정용 정밀정반 등의 최종마무리 가공에 사용된다.

정답 49.① 50.③
51.② 52.④
53.②

54. 조립체 모델링에서 사용되는 만남 조건(mating condition)이 아닌 것은?

① 공간(space)
② 일치(coincident)
③ 직교(perpendicular)
④ 평행(parallel)

해설 조립체 모델링 만남 조건
① 일치(coincident) ② 직교(perpendicular) ③ 평행(parallel)

55. 다음 중 회사 간에 컴퓨터를 이용한 데이터의 저장과 교환을 위한 산업 표준이 되는 CALS에서 채택하고 있는 제품 데이터 교환 표준은?

① CAT
② STEP
③ XML
④ DXF

해설 STEP: 회사 간에 컴퓨터를 이용한 데이터의 저장과 교환을 위한 산업 표준이 되는 CALS에서 채택하고 있는 제품 데이터 교환 표준이다.

56. 다음 중 풀림(annenling) 열처리의 목적이 될 수 없는 것은?

① 금속결정 입자의 조절
② 가공 또는 공작에서 인화된 재료의 경화
③ 단조, 주조, 기계 가공에서 생긴 내부 응력 제거
④ 열처리로 인하여 경화된 재료의 연화

57. 모델링에서 어셈블리 구조에 대한 설명으로 틀린 것은?

① 어셈블리의 작업 방식에는 상향식 설계 방식과 하향식 설계 방식 그리고 이를 혼합하여 사용하는 방식이 있다.
② 제품 설계 시 어떤 방식으로 설계했다는 것이 중요한 것은 아니지만, 이러한 개념을 이해하고 특정한 방법을 적용하여 어셈블리 모델링을 할 수 있다.
③ 파트 모델링에서도 형상을 만드는 방법은 여러 가지가 있고 산업현장에서는 상향식 방법이 좋은 모델링 방법이다.
④ 어셈블리 방법도 파트 모델링처럼 사용자가 활용하기 편한 좋은 방법을 찾아야 한다.

해설 파트 모델링에서도 형상을 만드는 방법은 여러 가지가 있다고 하였으며, 여러 가지 상황에 맞게 사용자가 쉽고 편하게 작업하는 방법이 좋은 모델링 방법이다.

정답 54. ① 55. ② 56. ② 57. ③

58 곡면의 입력 데이터 자체가 오차를 갖고 있는 경우에 만들어진 곡면은 심한 굴곡을 갖게 되는데 이때 곡면의 곡률을 조정하여 원활한 곡면을 얻도록 재계산하는 기능은?

① Blending
② Smoothing
③ Filleting
④ Meshing

해설
① **Blending**: 두 곡면이 만나는 부분을 모서리 부분을 반경으로 부드럽게 만들 때 생성하는 곡면
② **Smoothing**: 표현된 심한 굴곡 면을 평활한 곡면으로 재계산하는 것
③ **Filleting**: 연결 부위를 일정한 반지름을 갖도록 하는 것

59 2차원 단면 형상을 임의의 경로를 따라 이동하면서 3차원 솔리드를 생성하는 솔리드 모델링 기법은?

① 블렌딩(blending)
② 트리밍(trimming)
③ 클리핑(clipping)
④ 스위핑(sweeping)

해설 **스위핑(sweeping)**
하나의 2차원 단면 형상을 입력하고 폐쇄된 평면 영역이 단면이 되어 직진이동 혹은 회전 이동시켜 솔리드 모델링을 만드는 기법

60 솔리드 모델링 기법에 의한 물체의 표현 방식 중 CSG(Constructive Solid Geometry) 방식이 B-rep(Boundary representation) 방식에 비해 우수한 점으로 틀린 것은?

① 기억용량이 적다.
② 데이터의 구조가 간단하다.
③ 3면도나 투시도의 작성이 용이하다.
④ 기본 도형을 직접 입력하므로 데이터의 작성 방법이 쉽다.

해설 B-rep & CSG 방식의 비교

구 분		CSG	B-rep
데이터 작성		용이	곤란
데이터 구조		단순	복잡
필요 메모리 영역		적음	많음
데이터 수정		약간 곤란	용이
3면도, 투시도 작성		곤란	용이
패턴의 응용		비교적 용이	곤란
전개도 작성		곤란	용이
중량 계산		용이	약간 곤란
유한요소	솔리드	용이	곤란
	표면	곤란	용이

정답 58. ② 59. ④ 60. ③

01
마텐자이트와 베이나이트의 혼합조직으로 Ms와 Mf 점 사이의 열욕에 담금질하여 과냉 오스테나이트의 변태가 완료될 때까지 항온 유지한 후에 꺼내어 공랭하는 열처리는 무엇인가?

① 오스템퍼(Austemper)
② 마템퍼(Martemper)
③ 마퀜칭(Marquenching)
④ 패턴팅(Patenting)

해설
① **오스템퍼(Austemper)**: 오스테나이트 상태에서 Ar'와 Ar"(Ms 점) 변태점 사이의 온도에서 염욕에 담금질한 후 과냉한 오스테나이트가 변태 완료할 때까지 항온으로 유지하여 베이나이트를 충분히 석출시킨 후 공랭하는 열처리로서 베이나이트 조직이 된다.
② **마템퍼(Martemper)**: 담금질 온도로 가열한 강재를 Ms와 Mf 점 사이의 열욕(100~200℃)에 담금질하여 과냉 오스테나이트의 변태가 거의 완료할 때까지 항온 유지한 후에 꺼내어 공랭하는 열처리로서 마텐자이트와 베이나이트의 혼합조직이며, 경도와 인성이 크다.
③ **마퀜칭(Marquenching)**: 담금질 온도까지 가열된 강을 Ar"(Ms) 점보다 다소 높은 온도의 열욕에 담금질한 후 마텐자이트로 변태를 시켜서 담금질 균열과 변형을 방지하는 방법으로, 복잡하고 변형이 많은 강재에 적합하다.
④ **패턴팅(Patenting)**: 조직을 소르바이트 모양의 펄라이트 조직으로 만들어 인장강도를 부여하기 위한 것으로서 냉간가공 전에 한다. 고탄소강의 경우에는 900~950℃의 오스테나이트 조직으로 만든 후 400~550℃의 염욕 속에 넣어 담금질한다.

02
내열용 알루미늄합금 중에 Y합금의 성분은?

① 구리, 납, 아연, 주석
② 구리, 니켈, 망간, 주석
③ 구리, 알루미늄, 납, 아연
④ 구리, 알루미늄, 니켈, 마그네슘

해설
Y-합금: Al-Cu-Ni-Mg의 합금으로 대표적인 내열용 합금이다. Al5Cu2Mg2가 석출 경화되며 시효 처리한다.

03
항공기 재료로 가장 적합한 것은 무엇인가?

① 파인 세라믹
② 복합 조직강
③ 고강도 저합금강
④ 초두랄루민

해설
두랄루민(dralumin): Al-Cu-Mg-Mn의 합금으로 시효경화 처리한 대표적인 합금. 이외에도 인장강도 186MPa 이상의 초두랄루민이 있으며 항공기 재료로 가장 적합하다.

정답 01. ② 02. ④ 03. ④

04 초경공구와 비교한 세라믹 공구의 장점 중 옳지 않은 것은?
① 고속절삭 가공성이 우수하다.
② 고온 경도가 높다.
③ 내마멸성이 높다.
④ 충격강도가 높다.

해설 세라믹 합금
① 산화알루미늄 가루(Al_2O_3) 분말에 규소 및 마그네슘 등의 산화물이나 다른 산화물의 첨가물을 넣고 소결한 것
② 고속절삭, 고온에서 경도가 높고, 내마멸성이 좋다.
③ 경질합금보다 인성이 적고 취성이 있어 충격 및 진동에 약하다.
④ 고속절삭 시 구성인선이 생기지 않아 가공 면이 좋다.

05 탄소강에 함유된 5대 원소는?
① 원소, 망간, 탄소, 규소, 인
② 탄소, 규소, 인, 망간, 니켈
③ 규소, 탄소, 니켈, 크롬, 인
④ 인, 규소, 황, 망간, 텅스텐

해설 철강 재료의 5대 원소
C(강에 가장 큰 영향), S < 0.05%, P < 0.04%, Si < 0.1~0.4%, Mn < 0.2~0.8%

06 황이 함유된 탄소강의 적열취성을 감소시키기 위해 첨가하는 원소는?
① 망간 ② 규소
③ 구리 ④ 인

해설 망간(Mn): 황과 화합하여 적열취성방지(MnS)하게 되어 황의 해를 제거하며, 고온 가공을 용이하게 한다. 강도, 경도, 인성을 증가시키며, 고온에 있어서는 결정 입자의 성장을 방해한다. 소성을 증가시키고 수조성을 좋게 한다. 남남실 효과를 크게 하며 탈산제로도 사용되며, 강중의 탄소함량은 0.20~0.80%이다.

07 내열성과 내마모성이 크고 온도가 600℃ 정도까지 열을 주어도 연화되지 않는 특징이 있으며, 대표적인 것으로 텅스텐(18%), 크롬(4%), 바나듐(1%)으로 조성된 강은?
① 합금공구강 ② 다이스강
③ 고속도공구강 ④ 탄소공구강

해설 고속도 공구강(SKH)
① 재료: W - Cr - V - Mo - Co
② 대표적인 것으로 W(18%) - Cr(4%) - V(1%)이 있다.

정답 04. ④ 05. ① 06. ① 07. ③

08 나사에 대한 설명으로 틀린 것은?

① 나사산의 모양에 따라 삼각, 사각, 둥근 것 등으로 분류한다.
② 체결용 나사는 기계 부품의 접합 또는 위치 조정에 사용된다.
③ 나사를 1회전하여 축 방향으로 이동한 거리를 "리드"라 한다.
④ 힘을 전달하거나 물체를 움직이게 할 목적으로 사용하는 나사는 주로 삼각나사이다.

해설 힘을 전달하거나 물체를 움직이게 할 목적으로 사용하는 나사는 주로 사각나사이고, 삼각나사는 체결용 나사이다.

09 스프링의 용도에 대한 설명 중 틀린 것은?

① 힘의 측정에 사용된다.
② 마찰력 증가에 이용한다.
③ 일정한 압력을 가할 때 사용한다.
④ 에너지를 저축하여 동력원으로 작동시킨다.

해설 스프링의 용도
① 완충용(충격 에너지 흡수, 방진): 차량용 현가장치, 승강기 완충 스프링
② 에너지 축적 이용: 계기용 스프링, 시계의 태엽, 완구용 스프링, 축음기, 총포의 격심용 스프링
③ 측정용: 힘의 변형원리를 이용하여 압축력(또는 인장력)에 의한 변형 길이로 힘을 측정한다. 저울 등이 이에 해당한다.
④ 동력용: 안전밸브, 조속기, 스프링 와셔

10 양쪽 끝 모두 수나사로 되어 있으며, 한쪽 끝에 상대 쪽에 암나사를 만들어 미리 반영구적으로 나사 박음하고, 다른 쪽 끝에 너트를 끼워 죄도록 하는 볼트는 무엇인가?

① 스테이 볼트
② 아이 볼트
③ 탭 볼트
④ 스터드 볼트

해설
① **스테이 볼트**: 부품을 일정한 간격으로 유지하고, 구조자체를 보강하는 데 사용한다.
② **아이 볼트**: 무거운 기계와 전동기 등을 들어올릴 때 로프, 체인 또는 훅을 거는 데 사용한다.
③ **탭 볼트**: 체결하려는 부분이 두꺼워서 관통 구멍을 뚫을 수 없을 때, 또 긴 구멍을 뚫었더라도 구멍이 너무 길어 관통볼트의 머리가 숨겨져서 죄기 곤란할 때 너트를 사용하지 않고, 체결하는 상대 쪽에 암나사를 내고 머리붙이 볼트를 나사 박음하여 체결하는 볼트이다.
④ **스터드 볼트**: 막대의 양끝에 나사를 깎은 머리 없는 볼트로서 한 끝을 본체에 튼튼하게 박고 다른 끝에는 너트를 끼워서 죈다.

정답 08. ④ 09. ② 10. ④

11 유니버셜 조인트의 허용 축 각도는 몇 도(°) 이내인가?

① 10° ② 20°
③ 30° ④ 40°

해설 유니버셜 조인트(훅 조인트)
① 두 축이 동일 평면 내에 있고 그 중심선이 α 각도($\alpha \leq 30°$)로 교차하는 경우의 전동 장치
② 교각 α는 30° 이하에서 사용하고 특히 5° 이하가 바람직하며, 45° 이상은 사용이 불가능하다.

12 기어의 잇수가 40개이고, 피치원이 지름이 320mm일 때 모듈의 값은?

① 4 ② 6
③ 8 ④ 12

해설 $D = M \times Z$, $320 \div 40 = 8$

13 깊은 홈 볼베어링의 호칭 번호가 6208일 때 안지름은 얼마인가?

① 10mm ② 20mm
③ 30mm ④ 40mm

해설 안지름 번호(내륜 안지름)
00: 10mm, 01: 12mm
02: 15mm, 03: 17mm
04×5=20mm~495mm까지
08×5=40mm

14 외측 마이크로미터 "0"점 조정 시 기준이 되는 것은?

① 게이지 블록   ② 다이얼 게이지
③ 오토콜리메이터   ④ 레이저 측정기

해설 게이지 블록: 외측 마이크로미터 "0"점 조정 시 기준이 된다.

15 선의 종류에서 용도에 의한 명칭과 선의 종류를 바르게 연결한 것은?

① 외형선 – 굵은 1점 쇄선   ② 중심선 – 가는 2점 쇄선
③ 치수보조선 – 굵은 실선   ④ 지시선 – 가는 실선

해설 ① 외형선 – 굵은 실선
② 중심선 – 가는 1점 쇄선
③ 치수보조선 – 가는 실선
④ 지시선 – 가는 실선

정답 11. ③ 12. ③
13. ④ 14. ①
15. ④

16 구멍의 최대허용치수가 50.025, 최소허용치수가 50.000이고, 축의 최대허용치수가 50.050, 최소허용치수가 50.034일 때 최소 죔새는 얼마인가?

① 0.009
② 0.050
③ 0.025
④ 0.034

해설

예제	구멍	축
최대허용치수	A=50.025mm	a=50.050mm
최소허용치수	B=50.000mm	b=50.034mm
최대 죔새	a−B=0.050mm	
최소 죔새	b−A=0.009mm	

17 치수 공차 및 끼워 맞춤에 관한 용어의 설명으로 옳지 않은 것은?

① 허용한계치수 : 형체의 실 치수가 그 사이에 들어가도록 정한, 허용할 수 있는 대소 2개의 극한의 치수
② 기준치수 : 위 치수허용차 및 아래 치수허용차를 적용하는 데 따라 허용한계치수가 주어지는 기준이 되는 치수
③ 치수허용차 : 실제 치수와 이에 대응하는 기준치수와의 대수차
④ 기준선 : 허용한계치수 또는 끼워 맞춤을 도시할 때 치수허용차의 기준이 되는 직선

해설 **치수허용차** : 허용한계치수에서 그 기준 치수를 뺀 값으로 위 치수허용차와 아래 치수허용차가 있다.

18 치수보조선에 대한 설명으로 옳지 않은 것은?

① 필요한 경우에는 치수선에 대하여 적당한 각도로 평행한 치수보조선을 그을 수 있다.
② 도형을 나타내는 외형선과 치수보조선은 떨어져서는 안 된다.
③ 치수보조선은 치수선을 약간 지날 때까지 연장하여 나타낸다.
④ 가는 실선으로 나타낸다.

해설 치수보조선은 치수를 기입하기 위하여 도형으로부터 끌어내는 데 사용하며, 도형을 나타내는 외형선과 치수보조선은 떨어져야 한다.

정답 16. ① 17. ③ 18. ②

19 주로 금형으로 생산되는 플라스틱 눈금자와 같은 제품 등에 제거 가공 여부를 묻지 않을 때 사용되는 기호는?

① 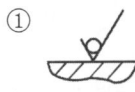 ②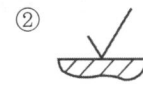
③  ④

해설   : 제거가공의 필요 여부를 문제삼지 않는다.
      제거가공을 해서는 안 된다.
      제거가공을 필요로 한다.

20 다음 그림에서 모따기가 C2일 때 모따기의 각도는?

① 15°
② 30°
③ 45°
④ 60°

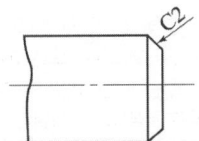

해설 **모따기의 표시방법**: 일반적인 모따기는 보통의 치수 기입 방법에 따라 표시한다. 45° 모따기의 경우에는 모따기의 치수 수치×45 또는 모따기 기호 C를 치수 수치 앞에 치수 숫자와 같은 크기로 기입하여 표시한다.

21 특수한 가공을 하는 부분 등 특별한 요구사항을 적용할 수 있는 범위를 표시하는 데 사용하는 선은?

① 굵은 1점 쇄선   ② 가는 2점 쇄선
③ 가는 실선   ④ 굵은 실선

해설 ① 굵은 1점 쇄선: 특수 지정선
      ② 가는 2점 쇄선: 가상선
      ③ 가는 실선: 치수선, 치수 보조선, 지시선, 회전 단면선, 중심선, 수준면선, 해칭 등
      ④ 굵은 실선: 외형선

22 특별히 연장한 크기가 아닌 일반 A 계열 제도 용지의 세로 : 가로의 비는 얼마인가? (단, 가로가 긴 용지를 기준으로 한다.)

① 1 : 1   ② 1 : $\sqrt{2}$
③ 1 : $\sqrt{3}$ ④ 1 : 2

해설 제도 용지의 세로, 가로의 비는 1 : $\sqrt{2}$ 이며, 원도의 크기는 긴 쪽을 좌우 방향으로 놓고 사용한다.

답안 표기란
19 ① ② ③ ④
20 ① ② ③ ④
21 ① ② ③ ④
22 ① ② ③ ④

정답 19. ② 20. ③
      21. ① 22. ②

23. 경사면부가 있는 대상물에 대해서 그 대상면의 실형을 도시할 필요가 있는 경우 그림과 같이 투상도를 나타낼 수 있는데, 이 투상도의 명칭은?

① 부분 투상도
② 보조 투상도
③ 국부 투상도
④ 특수 투상도

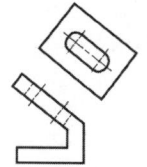

해설
① **부분 투상도**: 그림의 일부를 도시하는 것으로 충분한 경우에는 필요한 부분만 투상도로서 나타낸다.
② **보조 투상도**: 물체의 경사면을 실형으로 그려서 바꾸기 할 필요가 있을 경우에는 그 경사면과 위치에 필요 부분만을 보조 투상도로 표시한다.
③ **국부 투상도**: 물체의 구멍이나 홈 등의 한 국부만의 모양을 도시하는 것으로 충분한 경우에는 필요한 부분을 국부 투상도로 나타낸다.

24. 다음 중 모양 공차의 종류에 속하지 않는 것은?

① 평면도 공차
② 원통도 공차
③ 평행도 공차
④ 면의 윤곽도 공차

해설

구분	기호	공차의 종류
모양 공차	—	진직도 공차
	▱	평면도 공차
	○	진원도 공차
	⌭	원통도 공차
	⌒	선의 윤곽도 공차
	⌓	면의 윤곽도 공차

25. 인쇄, 복사 또는 플로터로 출력된 도면을 규격에서 정한 크기대로 자르기 위해 마련한 도면의 양식은?

① 비교눈금
② 재단 마크
③ 윤곽선
④ 도면의 구역기호

해설 **재단 마크**: 복사한 도면의 재단하는 경우의 편의를 위하여 원도에 재단 마크를 마련하는 것이 바람직하다.

정답 23. ② 24. ③ 25. ②

26 다음 그림을 제3각법(정면도-화살표 방향)의 투상도로 볼 때 좌측면도로 가장 적합한 것은?

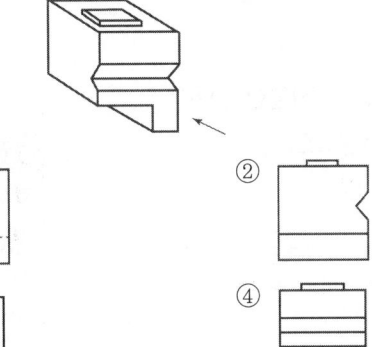

27 가공에 의한 커터의 줄무늬 방향이 그림과 같을 때, (가) 부분의 기호는?

① X
② M
③ R
④ C

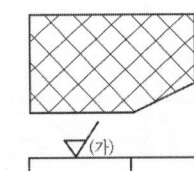

해설

기호	의 미
=	가공으로 생긴 앞줄의 방향이 기호를 기입한 그림의 투영면에 평행
⊥	가공으로 생긴 앞줄의 방향이 기호를 기입한 그림의 투영면에 수직
X	가공으로 생긴 선이 두 방향으로 교차
M	가공으로 생긴 선이 다방면으로 교차 또는 무방향
C	가공으로 생긴 선이 거의 동심원
R	가공으로 생긴 선이 거의 방사상(레이디얼형)

28 다음과 같이 표시된 기하 공차에서 A가 의미하는 것은?

| // | 0.011 | A |

① 공차 종류 기호
② 데이텀 기호
③ 공차 등급 기호
④ 공차값

해설
- //: 공차값(평행도)
- 0.011: 공차값
- A: 데이텀을 지시하는 문자기호

정답 26. ② 27. ①
28. ②

29 다음 중 회전도시 단면도로 나타내기에 가장 부적절한 것은?

① 리브
② 기어의 이
③ 훅
④ 바퀴의 암

해설 회전도시 단면도: 핸들이나 바퀴 등의 암이나 리브, 훅, 축, 구조물의 부재 등의 절단면은 90° 회전하여 도시하거나 절단할 곳의 전후를 끊어서 그 사이에 그린다.

30 다음 그림은 어떤 물체를 제3각법 정 투상도로 나타낸 것이다. 입체도로 옳은 것은?

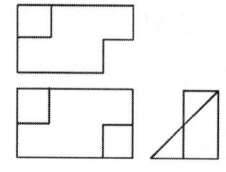

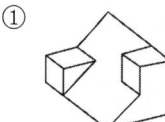 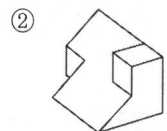

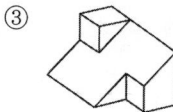 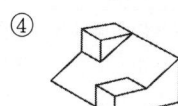

31 다음과 같이 정면도와 우측면도가 주어졌을 때 평면도로 알맞은 것은? (단, 제3각법의 경우)

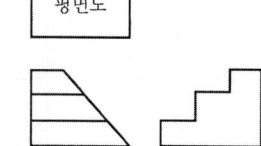

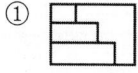 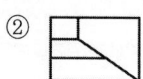

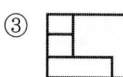 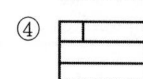

정답 29.② 30.③ 31.①

32 같은 단면의 부분이나 같은 모양이 규칙적으로 나타난 경우는 그림과 같이 중간 부분을 잘라내어 도시할 수 있다. 이와 같은 용도로 사용하는 선의 명칭은?

① 절단선
② 파단선
③ 생략선
④ 가상선

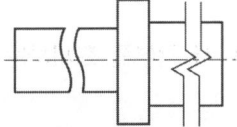

해설 파단선: 대상물의 일부를 파단한 경계 또는 일부를 떼어낸 경계를 표시하며, 불규칙한 파형의 가는 실선 또는 지그재그선으로 그린다.

33 다음 투상도에 표시된 "SR"은 무엇을 의미하는가?

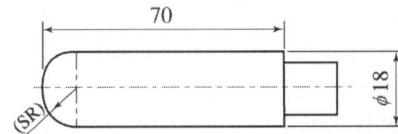

① 원호의 반지름
② 원호의 지름
③ 구의 반지름
④ 구의 지름

해설

구 분	기 호
지름	ϕ
반지름	R
구의 지름	$S\phi$
구의 반지름	SR

34 롤러 베어링의 안지름 번호가 03일 때 안지름은 몇 mm인가?

① 15
② 17
③ 3
④ 12

해설 안지름 범위가 10mm 이상~20mm 미만인 경우
- 00: 안지름 10mm
- 01: 안지름 12mm
- 02: 안지름 15mm
- 03: 안지름 17mm

35 호칭 지름 6mm, 호칭 길이 30mm, 공차 m6인 비경화강 평행 핀의 호칭 방법이 옳게 표현된 것은?

① 평행 핀 - 6×30 - m6 - St
② 평행 핀 - 6×30 - m6 - A1
③ 평행 핀 - 6 m6×30 - St
④ 평행 핀 - 6 m6×30 - A1

해설
- **비경화강**: KSB 1320 평행 핀 - 6 m6×30 - St
- **경화강**: KSB 1320 평행 핀 - 6 m6×30 - A1

정답 32. ② 33. ③ 34. ② 35. ③

36. 나사의 도시에 관한 내용 중 나사 각부를 표시하는 선 종류가 틀린 것은?

① 수나사의 골 지름과 암나사의 골 지름은 가는 실선으로 그린다.
② 가려서 보이지 않는 나사부는 파선으로 그린다.
③ 완전 나사부와 불완전 나사부의 경계는 가는 실선으로 그린다.
④ 수나사의 바깥지름과 암나사의 안지름은 굵은 실선으로 그린다.

해설
① 완전 나사부와 불완전 나사부의 경계선은 굵은 실선으로 그린다.
② 불완전 나사부의 골을 나타내는 선은 축선에 대하여 30°의 가는 실선으로 그리고 필요에 따라 불완전 나사부의 길이를 기입한다.

37. 스프로킷 휠의 도시법에 대한 설명으로 틀린 것은?

① 바깥지름은 굵은 실선, 피치원은 가는 1점 쇄선으로 도시한다.
② 이뿌리원을 축에 직각인 방향에서 단면 도시할 경우에는 가는 실선으로 도시한다.
③ 이뿌리원은 가는 실선 또는 가는 파선으로 도시하나 기입을 생략해도 좋다.
④ 항목표에는 원칙적으로 톱니의 특성을 나타내는 사항을 기입한다.

해설 스프로킷 휠의 도시 방법
① 스퍼 기어와 같은 방법으로 바깥지름은 굵은 실선, 피치원은 가는 1점 쇄선, 이뿌리원은 가는 실선 또는 굵은 파선으로 표시한다.
② 축에 직각 방향으로 본 그림을 단면으로 도시할 때에는 톱니를 단면으로 하지 않고, 이뿌리의 위치에서 절단하여 이뿌리선은 굵은 실선으로 한다.

38. 다양한 형태를 가진 면, 또는 홈에 의하여 회전 운동 또는 왕복운동을 발생시키는 기구는?

① 캠   ② 스프링
③ 베어링   ④ 링크

해설 캠
다양한 형태를 가진 면 또는 홈에 의하여 회전운동 또는 왕복운동을 함으로써 주기적인 운동을 발생하는 기구를 캠 기구라 한다. 캠을 이용한 장치는 내연 기관의 밸브 개폐 장치, 인쇄기, 직조기, 자동선반 등에 사용한다.

정답 36. ③ 37. ②
38. ①

39 다음 중 운전 중에 두 축을 결합하거나 떼어 놓을 수 있는 것은?

① 플렉시블 커플링   ② 플랜지 커플링
③ 유니버설 조인트   ④ 맞물림 클러치

해설 맞물림 클러치
클러치 중에서 가장 간단한 구조로 플랜지에 서로 물릴 수 있는 돌기 모양의 턱이 있어 서로 맞물려 동력을 단속하는 클러치로 운전 중에 두 축을 결합하거나 떼어 놓을 수 있다.

40 스퍼 기어 도시법에서 잇봉우리원을 나타내는 선의 종류는?

① 가는 실선   ② 굵은 실선
③ 가는 1점 쇄선   ④ 가는 2점 쇄선

해설 ① 이끝원(잇봉우리원)은 굵은 실선으로 그리고 피치원은 가는 1점 쇄선으로 그린다.
② 이뿌리원은 가는 실선으로 그린다.

41 나사의 호칭에 대한 표시방법 중 틀린 것은?

① 미터 사다리꼴 나사 : R3/4
② 미터 가는나사 : M8×1
③ 유니파이 가는나사 : No.8-36UNF
④ 관용 평행나사 : G1/2

해설
• 미터 사다리꼴 나사 : Tr 10×2
• 테이퍼 수나사 : R3/4

42 용접부의 기호 도시 방법에 대한 설명 중 잘못된 것은?

① 용접부 도시를 위해서는 일반적으로 실선과 점선의 2개의 기준선을 사용한다.
② 기준선에서 경우에 따라 점선은 나타내지 않을 수도 있다.
③ 기준선은 우선적으로는 도면 아래 모서리에 평행하도록 표시하고, 여의치 않을 경우 수직으로 표시할 수도 있다.
④ 용접부가 접합부의 화살표 쪽에 있다면 용접 기호는 기준선의 점선 쪽에 표시한다.

해설 용접부가 접합부의 화살표 쪽에 있다면 용접 기호는 기준선의 끝에 꼬리를 덧붙인다.

[정답] 39. ④ 40. ② 41. ① 42. ④

03회 CBT 모의고사

43 다음 스퍼 기어 요목표에서 Ⓐ의 잇수는?

스퍼 기어 요목표	
기어치형	표준
치형	보통이
모듈	2
압력 각	20°
잇수	Ⓐ
피치원 지름	∅100
다듬질 방법	호브 절삭

① 5
② 20
③ 40
④ 50

해설 $D = MZ = 100 \div 2 = 50$

44 일반적으로 CAD작업에서 사용되는 좌표계 또는 좌표의 표현방식과 거리가 먼 것은?

① 원점 좌표
② 절대 좌표
③ 극 좌표
④ 상대 좌표

해설

구 분	설 명
절대 좌표	원점에서 해당 축 방향으로 이동한 거리
극좌표	먼저 지정된 점과 지정된 점까지의 직선거리 방향은 각도계와 일치
상대 좌표	먼저 지정된 점으로부터 해당 축 방향으로 이동한 거리
최종 좌표	지정될 점 이전의 마지막으로 지정된 점

45 다음 자료의 표현단위 중 그 크기가 가장 큰 것은?

① bit(비트)
② byte(바이트)
③ record(레코드)
④ field(필드)

해설 하나의 단위로서 다루어지는 관련한 데이터 또는 워드(word)의 집합. 외부 기억 장치 혹은 입출력장치에서 컴퓨터 내부로의 정보 수수는 워드(어) 단위가 아니고 수 워드를 묶은 레코드라는 단위로 한다.

[정답] 43. ④ 44. ①
45. ③

46 CAD 시스템의 입력장치로 볼 수 있는 것을 모두 고른 것은?

| ㄱ. 태블릿 | ㄴ. 플로터 |
| ㄷ. 마우스 | ㄹ. 라이트펜 |

① ㄱ, ㄴ
② ㄴ, ㄷ, ㄹ
③ ㄷ, ㄹ
④ ㄱ, ㄷ, ㄹ

해설 플로터는 출력장치이다.

47 CAD에서 기하학적 형상을 나타내는 방법 중 선에 의해서만 3차원 형상을 표시하는 방법을 무엇이라고 하는가?

① line drawing modeling
② shaded modeling
③ cure modeling
④ wireframe modeling

해설 와이어프레임 모델링(Wire-frame Modeling)
① data의 구성이 단순하다.
② Model 작성을 쉽게 할 수 있다.
③ 처리속도가 빠르다.
④ 3면 투시도의 작성이 용이하다.
⑤ 은선 제거(Hidden Line Removal)가 불가능하다.
⑥ 단면도(Section Drawing) 작성이 불가능하다.
⑦ 물리적 성질의 계산이 불가능하다.

48 절대 측정의 특징이 아닌 것은?
① 측정자의 숙련과 경험이 필요 없다.
② 측정 범위가 넓다.
③ 측정물의 실제 치수를 직접 읽을 수 있다.
④ 적은 양 많은 측정에 유리하다.

해설 절대 측정(직접 측정)의 단점은 측정자의 숙련과 경험이 필요하다.

49 측정기를 선택하는 기준이 아닌 것은?
① 공차의 크기
② 측정 한계
③ 측정할 물체의 수량
④ 측정물의 경도

50 다음 중 측정기의 분류 중에서 지시 측정기에 속하는 측정기는?
① 버니어 캘리퍼스
② 표준척
③ 터보 게이지
④ 블록 게이지

해설
① 지시 측정기: 버니어 캘리퍼스, 마이크로미터, 지침 측미기 등
② 단도기: 게이지 블록, 각도게이지, 직각자, 표준게이지, 한계게이지 등

정답 46. ④ 47. ④ 48. ① 49. ④ 50. ①

51 측정 정밀도 표시방법 중 일반적으로 길이측정에 가장 많이 이용되는 방법은?

① 분산
② 불편분산
③ 표준 편차
④ 변동계수

52 측정기에서 읽을 수 있는 측정값의 범위를 무엇이라 하는가?

① 지시 범위
② 지시 한계
③ 측정 범위
④ 측정 한계

> **해설** 지시 범위와 측정 범위
> ① 지시 범위: 눈금 위에서 읽을 수 있는 범위라서, 반드시 0에서 시작될 필요가 없다. 마이크로미터는 25mm이며 다이얼 게이지는 5mm, 10mm이다.
> ② 측정 범위: 실제 측정이 가능한 범위, 즉 측정기에서 읽을 수 있는 측정값의 범위를 말한다.

53 게이지 종류에 대한 설명 중 틀린 것은?

① pitch 게이지: 나사 피치 측정
② thickness 게이지: 미세한 간격(두께) 측정
③ radius 게이지: 기울기 측정
④ center 게이지: 선반의 나사바이트 각도 측정

> **해설** radius 게이지: 곡면의 둥글기를 측정

pitch 게이지

thickness(두께) 게이지

radius 게이지

center 게이지

54 측정 시 측정자의 자세에 의한 눈금 읽음, 측정 결과의 기록 오류와 같이 사람의 습관, 심리적인 요인 등으로 발생하는 오차는?

① 측정기에 의한 오차
② 사람에 의한 오차
③ 환경에 의한 오차
④ 복잡한 요소가 중복된 오차

정답 51. ③ 52. ①
      53. ③ 54. ②

55 단조된 재료나 주조된 재료 내부에 생긴 내부 응력을 제거하거나, 또는 결정조직을 균일화시키기 위한 목적으로 열처리하는 가장 좋은 방법은?

① 담금질 ② 뜨임
③ 불림   ④ 풀림

해설
① **담금질**: 강도와 경도 증가
② **뜨임**: 담금질로 인한 취성을 감소시키고 인성증가
③ **불림**: 결정조직의 균일화
④ **풀림**: 내부 응력 제거, 강의 조직 개선 및 재질의 연화

56 다음 중 고주파 경화법의 장점이 아닌 것은?

① 재료의 표면 부위만 경화된다.
② 가열 시간이 대단히 짧다.
③ 표면의 탈탄 및 결정 입자의 조대화가 일어나지 않는다.
④ 표면에 산화가 많이 일어난다.

해설 **고주파 경화법(고주파 담금질)의 특징**
① 표면 경화법 중 가장 편리한 방법이다.
② 고주파 유도 전류에 의하여 소요 깊이까지 급가열하여 급랭하는 방법이다.
③ 가열 시간이 짧고, 복잡한 형상에 사용된다.
④ 값이 저렴하고 경제적이다.
⑤ 표면의 탈탄 및 결정 입자의 조대화가 일어나지 않는다.

57 조립체 모델링에서 조립체를 구성하는 인스턴스(instance)에 필요한 정보는?

① 형상 모델링 정보
② 부품 형상 및 조립 정보
③ 형상을 나타내는 기하 정보
④ 형상을 구속하는 치수 정보

해설 인스턴스(instance)에 필요한 정보는 부품 형상 및 조립 정보이다.

58 다음 중 곡면 모델링에서 두 개 이상의 곡선에서 안내 곡선(기준 곡선)을 따라 이동 곡선(단면 곡선)이 이동규칙에 의해 이동되면서 생성되는 곡면은?

① sweep   ② revolve
③ patch   ④ blending

해설 **sweep**: 곡면 모델링에서 두 개 이상의 곡선에서 안내 곡선(기준 곡선)을 따라 이동 곡선(단면 곡선)이 이동규칙에 의해 이동되면서 생성되는 곡면이다.

[정답] 55. ③ 56. ④
57. ② 58. ①

59 3차원 형상 모델 중 B-rep과 비교한 CSG 방식의 특징을 설명한 것으로 옳은 것은?

① 데이터의 작성에 필요한 메모리가 많이 요구된다.
② 불 연산을 통한 모델링 기법을 적용하기 곤란하다.
③ 화면 재생에 필요한 연산 과정이 적게 소요된다.
④ 3면도, 투시도, 전개도 등의 작성이 곤란하다.

해설 CSG 방식의 특징
① 불리언 연산자로 더하기(합), 빼고(차), 교차(적)시키는 방법을 통해 명확한 모델생성이 쉽다.
② 데이터를 아주 간결한 파일로 저장할 수 있어, 메모리가 적다.
③ 형상 수정이 용이하고 중량을 계산할 수 있다.
④ CSG 트리로 저장된 솔리드는 항상 구현이 가능한 입체를 나타낸다.
⑤ 기본형상(primitive)의 파라미터만 간단히 변경하여 입체 형상을 쉽게 바꿀 수 있다.
⑥ CSG 표현은 항상 대응되는 B-Rep 모델로 치환이 가능하다.
⑦ 모델을 화면에 나타내기 위한 디스플레이에서 체적 및 면적의 계산 등에 많은 계산 시간이 필요하다
⑧ 3면도, 투시도, 전개도, 표면적 계산이 곤란하다.

60 다음의 데이터 교환 표준 가운데 제품의 전 주기(즉, 설계, 제조, 검사, 서비스)에 관한 데이터를 표현하기 위해 고안된 것은?

① DXF
② IGES
③ STEP
④ VDA

해설
① **DXF**: 미국의 Auto desk사에서 개발한 Auto CAD Data와 호환성을 위해 제정한 ASC Ⅱ Format이다.
② **IGES**: 기계, 전기, 전자, 유한요소해석(FEM), Solid Model 등의 표현 및 3차원 곡면 데이터를 포함하여 CAD/CAM Data를 교환하는 ANSI 표준 형식이다.
③ **STEP**: 제품의 모델과 이와 관련된 데이터의 교환에 관한 국제규격으로 개념설계에서 상세설계, 시제품, 테스트, 생산, 생산지원 등의 제품에 관련된다. Life Cycle의 모든 부문에 적용되는 데이터를 뜻한다.
④ **VDA**: 자동차 산업 협회

정답 59. ④ 60. ③

04회 CBT 모의고사

01 공구재료의 필요조건이 아닌 것은?
① 열처리가 쉬울 것
② 내마멸성이 작을 것
③ 강인성이 클 것
④ 고온 경도가 클 것

해설 인성, 강도와 내마모성이 커야 한다.

02 니켈강을 가공 후 공기 중에 방치하여도 담금질 효과를 나타내는 현상은 무엇인가?
① 질량 효과
② 자경성
③ 시기 균열
④ 가공경화

해설 자경성: 니켈강을 가공 후 공기 중에 방치하여도 담금질 효과를 나타내는 현상이다.

03 구리 4%, 마그네슘 0.5%, 망간 0.5%, 나머지가 알루미늄인 고강도 알루미늄 합금은?
① 실루민
② 두랄루민
③ 라우탈
④ 로우엑스

해설 두랄루민: Al – Cu – Mg계로 Al – Cu – Mg – Mn의 합금으로 시효경화 처리한 대표적인 합금. 이외에도 인장강도 186MPa 이상의 초두랄루민이 있다.

04 주철의 성질을 가장 올바르게 설명한 것은?
① 탄소의 함유량이 2.0% 이하이다.
② 인장강도가 강에 비하여 크다.
③ 소성변형이 잘 된다.
④ 주조성이 우수하다.

해설 주철의 성질
① 탄소의 함유량이 2.11~6.68%(보통 2.5~4.5% 정도)
② 압축 강도가 인장강도에 비하여 3~4배 정도 좋고 인장강도, 휨 강도가 작고 충격에 대해 약하다.
③ 소성가공(고온가공)이 불가능하다.
④ 주조성이 우수하고 복잡한 부품의 성형이 가능하다.

정답 01. ② 02. ② 03. ② 04. ④

05 킬드강에는 어떤 결함이 주로 생기는가?
① 편석 증가
② 내부에 기포
③ 외부에 기포
④ 상부 중앙에 수축공

해설 킬드강: 페로실리콘(Fe-Si), 알루미늄(Al) 등의 강탈산제를 사용하여 완전히 탈산한 강으로 헤어크랙이 생기기 쉬우며 강괴의 중앙 상부에 큰 수축관이 생긴다.

06 합금주철에서 0.2~1.5% 첨가로 흑연화를 방지하고 탄화물을 안정시키는 원소는 무엇인가?
① Cr
② Ti
③ Ni
④ Mo

해설
① Cr: 흑연화를 방지하고 탄화물을 안정시킨다. 탄화물을 안정화시키며, 내식성, 내열성을 증대시키고 내부식성이 좋아진다.
② Ti: 강탈산제이고, 흑연을 미세화시켜 강도를 높인다.
③ Ni: 흑연화를 촉진하며, 내열, 내산화성이 증가한다. 내알칼리성을 갖게 하며, 내마모성도 좋아진다.
④ Mo: 강도, 경도, 내마모성을 증가시키며 0.25%~1.25% 정도 첨가시킨다. 두꺼운 주물의 조직을 균일하게 한다.

07 내식용 Al 합금이 아닌 것은?
① 알민(Almin)
② 알드레이(Aldrey)
③ 하이드로날륨(hydronalium)
④ 코비탈륨(cobitalium)

해설

내식용 Al 합금	Al-Mn계	알민(Almin)
	Al-Mg-Si계	알드레이(Aldrey)
	Al-Mg계	하이드로날륨(hydronalium)

08 볼트와 볼트 구멍 사이에 틈새가 있어 전단응력과 휨 응력이 동시에 발생하는 현상을 방지하기 위한 가장 올바른 방법은?
① 와셔를 사용한다.
② 로크너트를 사용한다.
③ 멈춤 나사를 사용한다.
④ 링이나 봉을 끼워 사용한다.

해설 볼트와 볼트 구멍 사이에 틈새가 있어 전단응력과 휨 응력이 동시에 발생하는 현상을 방지하기 위해서 링이나 봉을 끼워 사용한다.

정답 05. ④ 06. ① 07. ④ 08. ④

09 웜 기어의 특징으로 가장 거리가 먼 것은?

① 큰 감속비를 얻을 수 있다.
② 중심거리에 오차가 있을 때는 마멸이 심하다.
③ 소음이 작고 역회전 방지를 할 수 있다.
④ 웜 홀의 정밀측정이 쉽다.

해설 웜 홀은 정밀측정이 어렵다.

10 나사의 용어 중 리드에 대한 설명으로 맞는 것은?

① 1회전 시 작용되는 토크
② 1회전 시 이동한 거리
③ 나사산과 나사산의 거리
④ 1회전 시 원주의 길이

해설 리드(lead): 나사산이 원통을 한 바퀴 회전하여 축 방향으로 나아가는 거리
• 리드와 피치 사이의 관계: $l = np$

11 축의 설계시 고려해야 할 사항으로 거리가 먼 것은?

① 강도
② 제동장치
③ 부식
④ 변형

해설 축 설계상 고려사항
① 강도(Strength)
② 응력집중(Stress concentration)
③ 강성도(Stiffness)
④ 변형
⑤ 진동(Vibration)
⑥ 부식(Corrosion)
⑦ 열응력(Thermal stress)
⑧ 열팽창(Thermal expansion)

12 3줄 나사에서 피치가 2mm일 때 나사를 6회전시키면 이동하는 거리는 몇 mm인가?

① 6
② 12
③ 18
④ 36

해설 $l = np = (3 \times 6) \times 2 = 36$

13 사용 기능에 따라 분류한 기계요소에서 직접전동 기계요소는?

① 마찰차
② 로프
③ 체인
④ 벨트

해설 직접전동 기계요소는 마찰차이고 나머지는 간접전동 기계요소이다.

정답 09.④ 10.② 11.② 12.④ 13.①

14. 볼트의 머리와 중간재 사이 또는 너트와 중간재 사이에 사용하여 충격을 흡수하는 작용을 하는 것은?

① 와셔 스프링
② 토션 바
③ 벌류트 스프링
④ 코일 스프링

해설
① **와셔 스프링**: 볼트, 너트의 중간재 사이에 사용하여 충격을 흡수하는 역할을 한다.
② **토션 바**: 원형봉에 비틀림 모멘트를 가하면 비틀림 변형이 생기는 원리로 소형 승용차의 현가용에 사용된다.
③ **벌류트 스프링**: 태엽 스프링을 축 방향으로 감아올려 사용하는 것으로 압축용으로 사용한다. 오토바이 차체 완충용으로 사용된다.
④ **코일 스프링**: 인장용과 압축용이 있고, 제작비가 저렴하며 기능이 확실 유효하여 경량소형으로 제조할 수 있다.

15. 절삭 저항의 크기를 측정하는 것은?

① 다이얼 게이지(dial gauge)
② 서피스 게이지(surface gauge)
③ 스트레인 게이지(strain gauge)
④ 게이지 블록(gauge block)

해설 스트레인 게이지: 절삭 저항의 크기를 측정한다.

16. 진원도 측정법이 아닌 것은?

① 지름법
② 수평법
③ 삼점법
④ 반지름법

해설 진원도 측정법: 지름법, 삼점법, 반지름법이 있다.

17. 다음 선의 종류 중 선의 굵기가 다른 것은?

① 해칭선
② 중심선
③ 치수 보조선
④ 특수 지정선

해설 특수 지정선은 굵은 1점 쇄선이고 나머지는 가는 실선이다.

정답 14. ① 15. ③ 16. ② 17. ④

18 다음 중 자세 공차에 속하지 않는 것은?

① //
② ⊥
③ ▱
④ ∠

해설

자세 공차	//
	⊥
	∠

19 치수 보조 기호에서 이론적으로 정확한 치수를 나타내는 것은?

① ㅤ30ㅤ (박스)
② ⌢30
③ _30_
④ (30)

해설
① 30 : 이론적으로 정확한 치수
② ⌢30: 원호의 길이 치수
③ _30_ : 비례척이 아님
④ (30): 참고치수

20 다음 제3각법으로 나타낸 정 투상도 중 틀린 것은?

①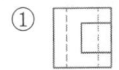
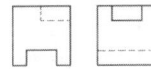

②

③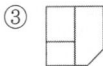

④

21 다음 도면과 같이 치수 25 밑에 그은 선이 의미하는 것은?

① 다듬질 치수
② 가공 치수
③ 기준 치수
④ 비례하지 않는 치수

해설 문제 19번 해설 참조

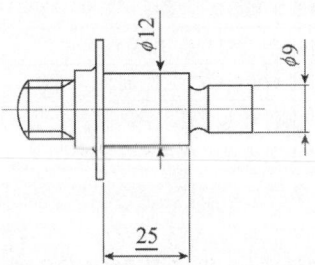

[정답] 18. ③ 19. ①
20. ④ 21. ④

22. 치수 기입의 원칙과 방법에 관한 설명으로 적합하지 않은 것은?

① 치수는 중복기입을 피한다.
② 치수는 되도록 공정마다 배열을 분리하여 기입한다.
③ 치수는 되도록 계산하여 구할 필요가 없도록 기입한다.
④ 치수는 되도록 정면도, 평면도, 측면도 등에 분산시켜 기입한다.

해설 치수는 되도록 정면도에 기입한다.

23. 표면 거칠기 기호 중 제거가공을 필요로 하는 경우 지시하는 기호로 맞는 것은?

해설
√ : 제거가공의 필요 여부를 문제삼지 않는다.
∀ : 제거가공을 해서는 안 된다.
∇ : 제거가공을 필요로 한다.

24. 줄무늬 방향의 기호에서 가공에 의한 컷의 줄무늬가 여러 방향으로 교차 또는 무방향을 나타내는 것은?

① M
② C
③ R
④ X

해설

기호	의 미
=	가공으로 생긴 앞줄의 방향이 기호를 기입한 그림의 투영면에 평행
⊥	가공으로 생긴 앞줄의 방향이 기호를 기입한 그림의 투영면에 수직
X	가공으로 생긴 선이 두 방향으로 교차
M	가공으로 생긴 선이 다방면으로 교차 또는 무방향
C	가공으로 생긴 선이 거의 동심원
R	가공으로 생긴 선이 거의 방사상(레이디얼형)

25. 재료 기호 SM10C에서 10을 바르게 설명한 것은?

① 탄소강 10번
② 주조품 1종
③ 인장강도 $10\,kgf/mm^2$
④ 탄소함유량 0.08~0.13%

정답 22. ④ 23. ② 24. ① 25. ④

해설 SM10C(기계구조용 탄소 강재)
- SM: 기계구조용 탄소강
- 10C: 탄소함유량(0.08~0.13%의 중간값)

26 다음 투상도의 평면도로 가장 적합한 것은? (단, 제3각법으로 도시하였다.)

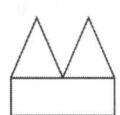 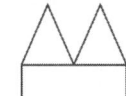
정면도   우측면도

①   ②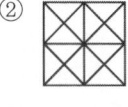

③    ④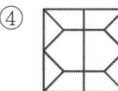

27 구멍의 최소치수가 축의 최대치수보다 큰 경우이며, 항상 틈새가 생기는 끼워 맞춤으로 직선운동이나 회전운동이 필요한 기계 부품의 조립에 적용하는 것은?

① 억지 끼워 맞춤　　② 중간 끼워 맞춤
③ 헐거운 끼워 맞춤　④ 구멍기준식 끼워 맞춤

해설
① **헐거운 끼워 맞춤**: 구멍의 최소치수가 축의 최대치수보다 큰 경우이며, 항상 틈새가 생기는 끼워 맞춤으로 미끄럼 운동이나 회전 운동이 필요한 기계 부품 조립에 적용한다.
② **억지 끼워 맞춤**: 구멍의 최대치수가 축의 최소치수보다 작은 경우이며, 항상 죔쇠가 생기는 끼워 맞춤으로 동력 전달하기 위한 기계 조립이나 분해 조립이 불필요한 영구 조립 부품에 적용한다.
③ **중간 끼워 맞춤**: 중간 끼워 맞춤은 축, 구멍의 치수에 따라 틈새 또는 죔쇠가 생기는 끼워 맞춤으로, 헐거운 끼워 맞춤이나 억지 끼워 맞춤으로 얻을 수 없는 더욱 작은 틈새나 죔쇠를 얻는 데 적용하며, 베어링 조립은 중간 끼워 맞춤의 대표적인 보기이다.

28 길이 치수의 치수 공차 표시방법으로 틀린 것은?

① $50^{-0.05}_{0}$　　② $50^{+0.05}_{0}$
③ $50^{+0.05}_{+0.02}$　　④ 50 ± 0.05

해설 ①의 올바른 표시방법 $50^{0}_{-0.05}$

정답 26. ② 27. ③
28. ①

29 다음은 제3각법으로 도시한 물체의 투상도이다. 이 투상법에 대한 설명으로 틀린 것은? (단, 화살표 방향은 정면도이다.)

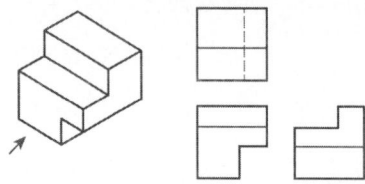

① 눈 → 투상면 → 물체의 순서로 놓고 투상한다.
② 평면도는 정면도 위에 배치된다.
③ 물체를 제1면각에 놓고 투상하는 방법이다.
④ 배면도의 위치는 가장 오른쪽에 배열한다.

해설 제3각법: 물체를 제3각 안에 놓고 물체를 투상한 것을 말한다. 즉 물체의 앞의 유리판에 투영한다.
① 투상 순서는 눈 → 투상 → 물체이다.
② 좌측면도는 정면도의 좌측에 위치한다.
③ 평면도는 정면도의 위에 위치한다.
④ 우측면도는 정면도의 우측에 위치한다.
⑤ 저면도는 정면도의 아래에 위치한다.

30 도면이 구비해야 할 기본 요건으로 가장 거리가 먼 것은?
① 대상물의 도형과 함께 필요로 하는 구조, 조립 상태, 치수, 가공방법 등의 정보를 포함하여야 한다.
② 애매한 해석이 생기지 않도록 표현상 명확한 뜻을 가져야 한다.
③ 무역 및 기술 국제교류의 입장에서 국제성을 가져야 한다.
④ 제품의 가격 정보를 항상 포함하여야 한다.

해설 제품의 가격 정보는 포함하지 않는다.

31 구멍의 치수 $\phi 50^{+0.025}_{+0.005}$, 축의 치수 $\phi 50^{+0.033}_{+0.017}$의 끼워 맞춤에서 최대죔새는?
① 0.008
② 0.028
③ 0.042
④ 0.050

정답 29. ③ 30. ④
31. ②

해설

예제	구멍	축
최대허용치수	A=50.025mm	a=50.033mm
최소허용치수	B=50.005mm	b=50.017mm
최대 죔새	a-B=0.028mm	
최소 죔새	b-A=-0.008mm	

32 그림과 같이 물체를 투상할 때 중심선 또는 절단선을 기준으로 그 앞부분을 잘라내고 남은 뒷부분의 단면 모양을 나타내는 것은?

① 한쪽 단면도
② 회전도시 단면도
③ 온 단면도
④ 조합에 의한 단면도

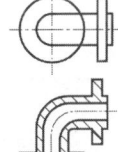

해설 온 단면도(전 단면도: Full section view)
물체의 기본적인 모양을 가장 잘 나타낼 수 있도록 물체의 중심에서 반으로 절단하여 나타낸 것을 온 단면도 혹은 전 단면도라 한다.

33 단면도를 나타낼 때 길이 방향으로 절단하여 도시할 수 있는 것은?

① 볼트
② 기어의 이
③ 바퀴 암
④ 풀리의 보스

해설 단면을 표시하지 않는 부품
① 길이 방향으로 절단하지 않는 부품
  - 축 스핀들 종류
  - 볼트, 너트, 와셔 종류
  - 작은 나사 및 세트 스크루 종류
  - 키, 핀, 코터, 리벳의 종류
② 세로 방향으로 절단하지 않는 부품: 리브, 바퀴의 암, 기어의 이, 핸들 등
③ 얇은 부분: 리브, 웨브
④ 베어링의 볼, 롤러 등

34 기계제도 도면에 사용되는 척도의 설명이 틀린 것은?

① 한 도면에서 공통적으로 사용되는 척도는 표제란에 기입한다.
② 도면에 그려지는 길이와 대상물의 실제 길이와의 비율로 나타낸다.
③ 척도의 표시는 잘못 볼 염려가 없다고 하여도 반드시 기입하여야 한다.
④ 같은 도면에서 다른 척도를 사용할 때에는 필요에 따라 그림 부근에 기입한다.

해설 척도의 기입 방법: 척도는 도면의 표제란에 기입한다. 같은 도면에 다른 척도를 사용할 때는 필요에 따라 그 그림 부근에도 기입한다. 도형이 치수에 비례하지 않는 경우에는 그 취지를 적당한 곳에 명기한다. 또, 이들 척도의 표는 잘못 볼 염려가 없을 경우에는 기입하지 않아도 좋다.

정답 32. ③ 33. ④ 34. ③

35 구(sphere)를 도시할 때 필요한 최소의 투상도 수는?

① 1개 ② 2개
③ 3개 ④ 4개

해설 구(sphere)를 도시할 때 필요한 투상도 수는 1개이다.

36 되풀이 되는 도형을 도시할 때 적용하는 가상선의 종류는?

① 가는 2점 쇄선 ② 가는 1점 쇄선
③ 가는 실선 ④ 가는 파선

해설
① **가는 2점 쇄선**: 되풀이하는 것을 표시, 도시된 단면의 앞쪽에 있는 부분을 표시
② **가는 1점 쇄선**: 되풀이하는 도형의 피치를 취하는 기준을 표시
③ **가는 실선**: 도형 내에 그 지분의 끊은 곳을 90도 회전하여 표시
④ **가는 파선**: 대상물의 보이지 않는 부분의 형상을 표시

37 일반적으로 가장 널리 사용되며 축과 보스에 모두 홈을 가공하여 사용하는 키는?

① 접선 키 ② 안장 키
③ 묻힘 키 ④ 원뿔 키

해설
① **접선 키**: 접선 방향에 설치하는 키로서 1/100의 기울기를 가진 2개의 키를 한 쌍으로 하여 사용. 회전 방향이 양 방향일 경우 중심각이 120°되는 위치에 2조 설치한다. 아주 큰 회전력의 경우에 사용
② **안장 키**: 축에는 홈을 파지 않고 축과 키 사이의 마찰력으로 회전력을 전달. 축의 강도를 감소시키지 않고 고정할 수 있으나, 큰 동력을 전달시킬 수 없으므로 경하중 소직경에 사용
③ **묻힘 키**: 축과 보스 양쪽에 모두 키 홈을 파서 비틀림 모멘트를 전달하는 키로서 가장 많이 사용된다.
④ **원뿔 키**: 축과 보스에 키를 파지 않고 보스 구멍을 테이퍼 구멍으로 하여 속이 빈 원뿔을 끼워 마찰력만으로 밀착시키는 키로서 바퀴가 편심 되지 않고 축의 어느 위치에나 설치가 가능

38 다음 중 복렬 앵귤러 콘택트 고정형 볼 베어링의 도시기호는?

① ②
③ ④

정답 35. ① 36. ① 37. ③ 38. ②

해설
① 앵귤러 콘택트 볼 베어링
② 복렬 앵귤러 콘택트 고정형 볼 베어링
③ 복렬 앵귤러 콘택트 분리형 볼 베어링
④ 복렬 테이퍼 롤러 베어링

39 미터 보통나사 M50×2의 설명으로 맞는 것은?
① 호칭 지름이 50mm이며, 나사 등급이 2급이다.
② 호칭 지름이 50mm이며, 나사 피치가 2mm이다.
③ 유효지름이 50mm이며, 나사 등급이 2급이다.
④ 유효지름이 50mm이며, 나사 피치가 2mm이다.

해설 M50×2 : 호칭 지름이 50mm이며, 나사 피치가 2mm이다.

40 다음 중 평 벨트 장치의 도시 방법에 관한 설명으로 틀린 것은?
① 암은 길이 방향으로 절단하여 도시하는 것이 좋다.
② 벨트풀리와 같이 대칭형인 것은 그 일부만을 도시할 수 있다.
③ 암과 같은 방사형의 것은 회전도시 단면도로 나타낼 수 있다.
④ 벨트풀리는 축직각 방향의 투상을 주 투상도로 할 수 있다.

해설 암은 길이 방향으로 절단하지 않으며 단면형은 도형의 밖이나 도형 속에 표시한다.

41 나사를 도면에 그리는 방법에 대한 설명으로 틀린 것은?
① 나사의 골 밑은 가는 실선으로 나타낸다.
② 나사의 감긴 방향이 오른쪽이면 도면에 별도 표기할 필요가 없다.
③ 수나사와 암나사가 결합되어 있는 나사를 그릴 때에는 암나사 위주로 그린다.
④ 나사의 불완전 나사부는 필요할 경우 중심 축선으로부터 경사된 가는 실선으로 표시한다.

해설 수나사와 암나사의 결합부의 단면은 수나사로 나타낸다.

42 다음 중 캠을 평면 캠과 입체 캠으로 구분할 때 입체 캠의 종류로 틀린 것은?
① 원통 캠   ② 삼각 캠
③ 원뿔 캠   ④ 빗판 캠

해설
• **평면 캠** : 판 캠, 직선운동 캠, 정면 캠, 반대 캠
• **입체 캠** : 단면 캠, 빗판(경사판) 캠, 원통 캠, 원뿔 캠, 구형 캠

정답 39. ② 40. ①
41. ③ 42. ②

43 축을 제도할 때 도시 방법의 설명으로 맞는 것은?

① 축에 단이 있는 경우는 치수를 생략한다.
② 축은 길이 방향으로 전체를 단면하여 도시한다.
③ 축 끝에 모따기는 치수는 생략하고 기호만 기입한다.
④ 단면 모양이 같은 긴 축은 중간을 파단하여 짧게 그릴 수 있다.

해설 축의 도시 방법
① 축은 길이 방향으로 단면도시를 하지 않는다. 단, 부분 단면은 허용한다.
② 긴축은 중간을 파단하여 짧게 그릴 수 있으며 실제 치수를 기입한다.
③ 축 끝에는 모따기 및 라운딩을 할 수 있다.
④ 축에 있는 널링(knurling)의 도시는 빗줄인 경우는 축선에 대하여 30°로 엇갈리게 그린다.

44 기어의 도시 방법에 대한 설명 중 틀린 것은?

① 기어 소재를 제작하는 데 필요한 치수를 기입한다.
② 잇봉우리원은 굵은 실선, 피치원은 가는 1점 쇄선으로 그린다.
③ 헬리컬 기어를 도시할 때 잇줄 방향은 보통 3개의 가는 실선으로 그린다.
④ 맞물리는 한 쌍의 기어에서 잇봉우리원은 가는 1점 쇄선으로 그린다.

해설 맞물리는 한 쌍 기어의 도시에서 맞물림부의 잇봉우리원은 모두 굵은 실선으로 그리고, 주 투상도를 단면으로 도시할 때에는 맞물림부의 한쪽 잇봉우리원을 표시하는 선은 가는 파선 또는 굵은 파선으로 그린다.

45 모듈 2인 한 쌍의 스퍼 기어가 맞물려 있을 때 각각의 잇수를 20개와 30개라고 하면, 두 기어의 중심거리는?

① 20   ② 30
③ 50   ④ 100

해설 $C = \dfrac{M(Z_1 + Z_2)}{2} = \dfrac{2 \times (20 + 30)}{2} = 50mm$

46 컴퓨터가 기억하는 정보의 최소 단위는?

① bit   ② recerd
③ byte   ④ field

해설 컴퓨터가 기억하는 정보의 최소 단위는 bit이다.

정답 43. ④ 44. ④
     45. ③ 46. ①

47 그림과 같이 한쪽 면을 용접하려고 할 때 용접기호로 옳은 것은?

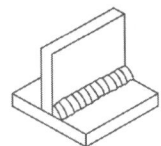

① ② ③ ④

해설 ② 플러그 용접이다.
④ 한쪽 면을 용접은 필릿 용접이다.

48 공간상에 구성되어 있는 하나의 점을 표현하는 방법으로서 기준점을 중심으로 2개의 각도 데이터와 1개의 길이 데이터로 해당 점의 좌표를 나타내는 좌표계는?

① 직교 좌표계
② 상대 좌표계
③ 원통 좌표계
④ 구면 좌표계

해설 좌표계의 종류
① 직교 좌표계(cartesian coordinate system): 공간상 교차하는 지점인 $P(x_1, y_1, z_1)$
② 극 좌표계(polar coordinate system): 평면상의 한 점 P(거리, 각도)
③ 원통 좌표계(cylindrical coordinate system): 점 $P(r, \theta, z_1)$를 직교 좌표
④ 구면 좌표계(spherical coordinate system): 공간상에 점 $P(\rho, \phi, \theta)$

49 일반적으로 CAD에서 사용하는 3차원 형상 모델링이 아닌 것은?

① 솔리드 모델링(solid modeling)
② 시스템 모델링(system modeling)
③ 서피스 모델링(surface modeling)
④ 와이어 모델링(wire frame modeling)

해설 3차원 형상 모델링
① 솔리드 모델링(solid modeling)
   형상을 절단하여 단면도를 작성하기가 쉽고, 불리언(Boolean) 연산(합, 차, 적)에 의하여 복잡한 형상도 표현할 수 있으며, 물리적 성질(Weight, Center of Gravity Moment)의 계산이 가능하다.
② 서피스 모델링(surface modeling)
   Section Drawing(단면)할 수 있고, 2개의 면의 교선을 구할 수 있으며 복잡한 형상을 표현할 수 있다.
③ 와이어 모델링(wire frame modeling)
   data의 구성이 단순하고, Model 작성을 쉽게 할 수 있으며 처리속도가 빠르다.

정답 47.④ 48.④
      49.②

50. 비교 측정의 장단점으로 틀린 것은?

① 높은 정밀도의 측정을 비교적 쉽게 할 수 있다.
② 치수가 고르지 못한 것을 계산하지 않고 알 수 있다.
③ 길이, 각종 모양, 공작기계의 정밀도 검사 등 사용범위가 넓다.
④ 히스테리시스(백래시) 오차가 크다.

해설 히스테리시스(백래시) 오차가 적으며 측정 범위가 좁고, 직접 제품의 치수를 읽을 수 없다.

51. 한계게이지의 종류에 해당하지 않는 것은?

① 봉 게이지
② 스냅 게이지
③ 틈새게이지
④ 플러그 게이지

해설 표준게이지
① 와이어 게이지: 각종 선재의 지름이나 판재의 두께 측정에 사용된다.
② 틈새게이지: 미소한 틈새 측정에 사용된다.
③ 피치 게이지: 나사의 피치나 산수를 측정
④ 센터 게이지: 나사바이트의 각도 측정
⑤ 반지름게이지: 곡면의 둥글기를 측정

52. 허용할 수 있는 부품의 오차 정도를 결정한 후 각각 최대 및 최소 치수를 설정하여 부품의 치수가 그 범위 내에 드는지를 검사하는 게이지는?

① 다이얼 게이지
② 게이지 블록
③ 간극 게이지
④ 한계게이지

해설 **한계게이지**: 허용할 수 있는 부품의 오차 정도를 결정한 후 각각 최대 및 최소 치수를 설정하여 부품의 치수가 그 범위 내에 드는지를 검사하는 게이지로 공차 부호의 방향는 통과 측 플러그 게이지는 +로 하고, 정지 측 게이지는 -로 한다.

53. 다음 중 테일러의 원리에 맞게 제작하지 않아도 되는 게이지는?

① 평형 플러그 게이지
② 나사 피치 게이지
③ 원통형 플러그 게이지
④ 링 게이지

정답 50. ④ 51. ③ 52. ④ 53. ②

54 M형 버니어 캘리퍼스로 작은 구멍을 측정할 때 일어나는 오차 현상은?

① 실제 직경보다 크게 측정된다.
② 실제보다 크게도 되고, 작게도 된다.
③ 실제 직경보다 작게 된다.
④ 오차는 거의 없다.

55 부척을 사용하여 직접 길이를 측정하며 1/20mm, 1/50mm까지 비교적 정밀측정이 가능한 것은?

① 버니어 캘리퍼스
② 마이크로미터
③ 서피스 게이지
④ 다이얼 게이지

56 다음 중 강도와 탄성을 동시에 필요로 하는 구조용 강재에서 가장 많이 사용되는 담금질 조직은?

① 마텐자이트
② 소르바이트
③ 오스테나이트
④ 트루우스타이트

57 조립체(assembly) 모델링과 관련이 없는 기능은?

① 부품 간의 만남 조건(mating condition)부여 기능
② 조립 전개도(exploded view) 생성기능
③ 부품 간의 구속조건 생성기능
④ 리프팅(lifting) 기능

해설 리프팅(lifting)은 주어진 물체의 특정 면의 전부 또는 일부를 원하는 방향으로 움직여서 물체가 그 방향으로 늘어난 효과가 있도록 하는 것이다.

58 주어진 점들이 곡면상에 놓이도록 점 데이터로 곡면을 형성하는 것은?

① 보간(interpolation)
② 근사(approximation)
③ 스무딩(smoothing)
④ 리메싱(remeshing)

해설 보간(interpolation): 주어진 점들이 곡면상에 놓이도록 점 데이터로 곡면을 형성하는 것이다.

정답 54. ③ 55. ① 56. ② 57. ④ 58. ①

59. Parasolid 파일에 대한 설명으로 틀린 것은?

① Parasolid 호환 파일로 3D CAD 간의 호환성이 없는 것을 해결하기 위해 만든 중립 포맷 파일이다.
② x_t 파일은 Siemens PLM Software에서 개발한 Parasolid Model Part File로 UG NX 등에서 3D 호환용으로 생성되는 3D 파일이며 Parasolid 파일이라고 부른다.
③ 형식의 경우 x_t 텍스트 형식 파일이 용량은 크지만, 일반적으로 파일 변환할 때 많이 사용하는 형식이 아니다.
④ 형식의 x_b 바이너리 파일은 텍스트 파일보다 용량이 적지만, 일부 대상 응용프로그램에서는 지원되지 않는다.

해설 형식의 경우 x_t 텍스트 형식 파일이 용량은 크지만, 일반적으로 파일 변환할 때 많이 사용하는 형식이다.

60. 다음의 솔리드 모델링(solid Modeling) 기능 중에서 하위 구성 요소들을 수정하여 솔리드 모델을 직접 조작, 주어진 입체의 형상을 변화시켜 가면서 원하는 형상을 모델링하는 것은?

① 트위킹(tweaking)
② 스키닝(skinning)
③ 리프팅(lifting)
④ 스위핑(sweeping)

해설 **트위킹(tweaking)**: 하위 구성 요소들을 수정하여 솔리드 모델을 직접 조작, 주어진 입체의 형상을 변화시켜 가면서 원하는 형상을 모델링한다.

정답 59. ③ 60. ①

01 가단주철의 종류에 해당하지 않는 것은?

① 흑심 가단주철
② 백심 가단주철
③ 오스테나이트 가단주철
④ 펄라이트 가단주철

해설 가단주철 종류
① 백심 가단주철(WMC): 백주철을 철광석 밀 스케일(mill scale)과 같은 산화철과 함께 풀림 상자 안에 넣고 약 950~1000℃로 가열하여 표면에서 상당한 깊이까지 탈탄시킨 것이다.
② 흑심 가단주철(BMC): 저탄소, 저규소의 백주철을 풀림 처리하여 Fe_3C를 분해시켜 흑연을 입상으로 석출시킨 것이다.
③ 펄라이트(Pearlite) 가단주철(PMC): 흑심 가단주철의 흑연화를 완전히 하지 않고 제2단의 흑연화를 막기 위하여 제1단의 흑연화가 끝난 후에 약 800℃에서 일정한 시간 동안 유지하고 급랭하면 펄라이트가 남게 되는데 이와 같은 처리를 한 것을 말한다.

02 비자성체로서 Cr과 Ni을 함유하며 일반적으로 18-8 스테인리스강이라 부르는 것은?

① 페라이트계 스테인리스강
② 오스테나이트계 스테인리스강
③ 마텐자이트계 스테인리스강
④ 펄라이트계 스테인리스강

해설 스테인리스강
Cr, Ni을 다량 첨가하여 내식성을 현저히 향상시킨 강으로서 녹이 슬지 않는다 하여 불수강이라고도 한다. 일반적으로 Cr의 함량이 12% 이상인 강을 스테인리스강이라 하고, 그 이하의 강은 그대로 내식성 강이라 하며, 금속 조직학상 마텐자이트계와 페라이트계 및 오스테나이트계로 분류되는데, 그 대표적인 것은 18-8형 스테인리스강인 오스테나이트계 스테인리스강이다.

03 8~12% Sn에 1~2% Zn의 구리합금으로 밸브, 콕, 기어, 베어링, 부시 등에 사용되는 합금은?

① 코르손 합금
② 베릴륨 합금
③ 포금
④ 규소 청동

해설 포금(Gun metal)
8~12% Sn, 1% Zn 첨가, 내해수성이 좋고 수압, 증기압에도 잘 견딘다. 밸브, 콕, 기어, 베어링, 부시, 선박용 재료로 사용된다.

정답 01. ③ 02. ②
03. ③

04. 주철의 여러 성질을 개선하기 위하여 합금 주철에 첨가하는 특수원소 중 크롬(Cr)이 미치는 영향이 아닌 것은?

① 경도를 증가시킨다.
② 흑연화를 촉진시킨다.
③ 탄화물을 안정시킨다.
④ 내열성과 내식성을 향상시킨다.

해설 주철에서 Cr을 첨가하면 흑연화를 방지하고 탄화물을 안정시킨다. 탄화물을 안정화시키며, 내식성, 내열성을 증대시키고 내부식성이 좋아진다.

05. 다이캐스팅 알루미늄 합금으로 요구되는 성질 중 틀린 것은?

① 유동성이 좋을 것
② 금형에 대한 점착성이 좋을 것
③ 열간 취성이 적을 것
④ 응고수축에 대한 용탕 보급성이 좋을 것

해설 다이캐스팅 알루미늄 합금은 유동성과 주조성이 좋아야 한다.

06. 탄소강의 경도를 높이기 위하여 실시하는 열처리는?

① 불림
② 풀림
③ 담금질
④ 뜨임

해설
① **불림**: 조직의 표준화
② **풀림**: 내부 응력 제거, 재질을 연하고 균일
③ **담금질**: 경도 증가
④ **뜨임**: 담금질 후 인성 부여

07. 고용체에서 공간격자의 종류가 아닌 것은?

① 치환형
② 침입형
③ 규칙 격자형
④ 면심 입방 격자형

해설 **고용체**: 금속 원자가 서로 녹아서 고체를 이룬 것으로서 용매금속의 결정 중에 용질금속의 원자나 분자가 녹아 들어가 응고된 고용체라 한다.
고체 A + 고체 B ↔ 고체 C(기계적 방법 구분 불가)
① 침입형 고용체: Fe-C
② 치환형 고용체: Ag-Cu, Cu-Zn
③ 규칙격자형: Ni_3-Fe, Cu_3-Au, Fe_3-Al

정답 04. ② 05. ②
06. ③ 07. ④

08 브레이크 드럼에서 블레이크 블록에 수직으로 밀어 붙이는 힘이 1000N이고 마찰계수가 0.45일 때 드럼의 접선 방향 제동력은 몇 N인가?

① 150 ② 250
③ 350 ④ 450

해설 제동력(f) = $W \times \mu$ = 1000 × 0.15 = 450N

09 지름 200mm, 300mm의 내접 마찰차에서 그 중심거리는 몇 mm인가?

① 50 ② 100
③ 125 ④ 250

해설 $C = \dfrac{D_B - D_A}{2} = \dfrac{300 - 200}{2} = 50\,\text{mm}$

10 기어 전동의 특징에 대한 설명으로 가장 거리가 먼 것은?

① 큰 동력을 전달한다. ② 큰 감속을 할 수 있다.
③ 넓은 설치장소가 필요하다. ④ 소음과 진동이 발생한다.

해설 기어 전동의 특징
① 전동이 확실하고 큰 동력을 일정한 속도비로 전달할 수 있다.
② 축압력이 작으며 사용 범위가 넓다.
③ 회전비가 정확하고, 전동 효율이 좋고 감속비가 크다.
④ 충격음을 흡수하는 성질이 약하고 소음과 진동이 발생한다.

11 미터나사에 관한 설명으로 틀린 것은?

① 기호는 M으로 표기한다.
② 나사산의 각도는 55° 이다.
③ 나사의 지름 및 피치를 mm로 표시한다.
④ 부품의 결합 및 위치의 조정 등에 사용된다.

해설 미터나사의 나사산의 각도는 60° 이다.

12 평 벨트의 이음방법 중 효율이 가장 높은 것은?

① 이음쇠 이음 ② 가죽 끈 이음
③ 관자 볼트 이음 ④ 접착제 이음

해설 평 벨트는 접착제 이음방법이 효율이 가장 높다.

정답 08. ④ 09. ①
10. ③ 11. ②
12. ④

13 축 방향으로 인장하중만을 받는 수나사의 바깥지름(d)과 볼트 재료의 허용인장응력(σ_a) 및 인장하중(W)과의 관계가 옳은 것은? (단, 일반적으로 지름 3mm 이상인 미터나사이다.)

① $d = \sqrt{\dfrac{2W}{\sigma_a}}$ ② $d = \sqrt{\dfrac{3W}{8\sigma_a}}$

③ $d = \sqrt{\dfrac{8W}{3\sigma_a}}$ ④ $d = \sqrt{\dfrac{10W}{3\sigma_a}}$

해설 볼트의 설계
① 축 방향에 정하중을 받는 경우(아이 볼트, 훅 볼트, 턴 버클)
∴ $d = \sqrt{\dfrac{2W}{\sigma_a}}$
② 축 방향에 하중을 받고 동시에 비틀림을 받는 경우(죔용 나사, 마찰 프레스)
∴ $d = \sqrt{\dfrac{8W}{3\sigma_a}}$
③ 축에 직각으로 전단 하중을 받는 경우
∴ $d = \sqrt{\dfrac{4W}{\pi\tau}}$

14 베어링 호칭 번호가 6205인 레이디얼 볼 베어링의 안지름은?

① 5mm   ② 25mm
③ 62mm ④ 205mm

해설 안지름 번호(내륜 안지름)
00: 10mm
01: 12mm
02: 15mm
03: 17mm
04×5=20mm~495mm까지
∴ 05×5=25mm

15 지름이 30mm인 연강을 선반에서 절삭할 때, 주축을 200rpm으로 회전시키면 절삭속도는 약 몇 m/min인가?

① 10.54   ② 15.48
③ 18.85   ④ 21.54

해설 $V = \dfrac{\pi DN}{1000} = \dfrac{\pi \times 30 \times 200}{1000} = 18.85 \, \text{m/min}$

정답 13. ① 14. ② 15. ③

16 다음 도면에서 표현된 단면도로 모두 맞는 것은?

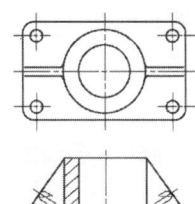

① 전 단면도, 한쪽 단면도, 부분 단면도
② 한쪽 단면도, 부분 단면도, 회전도시 단면도
③ 부분 단면도, 회전도시 단면도, 계단 단면도
④ 전 단면도, 한쪽 단면도, 회전도시 단면도

해설 위 그림은 한쪽 단면도, 부분 단면도, 회전도시 단면도이다.

17 정 투상도 1각법과 3각법을 비교 설명한 것으로 틀린 것은?
① 3각법에서는 저면도는 정면도의 아래에 나타낸다.
② 1각법은 평면도를 정면도의 바로 아래에 나타낸다.
③ 1각법에서는 정면도 아래에서 본 저면도를 정면도 아래에 나타낸다.
④ 3각법에서 측면도는 오른쪽에서 본 것을 정면도의 바로 오른쪽에 나타낸다.

해설 **제1각법**: 물체를 1각 안에(투상면 앞쪽) 놓고 투상한 것을 말한다. 즉 물체의 뒤의 유리판에 투영한다.
① 투상순서는 눈 → 물체 → 투상이다
② 평면도는 정면도의 아래에 위치한다.
③ 좌측면도는 정면도의 우측에 위치한다.
④ 우측면도는 정면도의 좌측에 위치한다.
⑤ 지면도는 정면도의 위쪽에 위치한다.

18 아래 투상도는 제3각법으로 투상한 것이다. 이 물체의 등각 투상도로 맞는 것은?

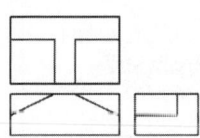

① 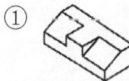 ②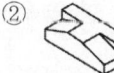

③  ④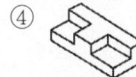

정답 16. ② 17. ③
18. ②

19 치수 배치 방법 중 치수 공차가 누적되어도 좋은 경우에 사용하는 방법은?

① 누진 치수 기입법
② 직렬 치수 기입법
③ 병렬 치수 기입법
④ 좌표 치수 기입법

해설
① **직렬 치수 기입법**: 직렬로 나란히 연결된 개개의 치수에 주어지는 치수 공차가 차례로 누적되어도 상관없는 경우에 적용한다.
② **병렬 치수 기입법**: 한곳을 중심으로 치수를 기입하는 방법으로, 개개의 치수 공차는 다른 치수의 공차에는 영향을 주지 않는다.
③ **누진 치수 기입법**: 치수 공차에 대해서는 병렬 치수 기입법과 같은 의미를 가지며 하나의 연속된 치수선으로 간단히 표시할 수 있다.

20 여러 각도로 기울여진 면의 치수를 기입할 때 일반적으로 잘못 기입된 치수는?

① Ⓐ
② Ⓑ
③ Ⓒ
④ Ⓓ

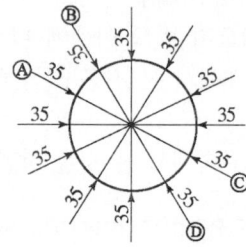

해설 아래 그림과 같이 치수를 기입한다.

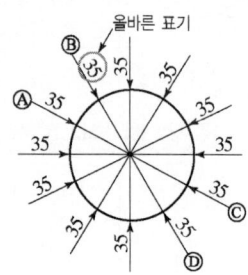

올바른 표기

21 스케치도를 작성할 필요가 없는 경우는?

① 제품 제작을 위해 도면을 복사할 경우
② 도면이 없는 부품을 제작하고자 할 경우
③ 도면이 없는 부품이 파손되어 수리 제작할 경우
④ 현품을 기준으로 개선된 부품을 고안하려 할 경우

해설 스케치도를 작성할 필요는 다음과 같다.
① 도면이 없는 부품을 제작하고자 할 경우
② 도면이 없는 부품이 파손되어 수리 제작할 경우
③ 현품을 기준으로 개선된 부품을 고안하려 할 경우

정답 19. ② 20. ② 21. ①

22 ⌀50H7의 구멍에 억지 끼워 맞춤이 되는 축의 끼워 맞춤 공차 기호는?

① ⌀50js6
② ⌀50f6
③ ⌀50g6
④ ⌀50p6

해설 상용하는 구멍 기준 끼워 맞춤

기준축	구멍 공차역 클래스							
	헐거운 끼워 맞춤		중간 끼워 맞춤			억지 끼워 맞춤		
H6		g5	h5	js5	k5	m5			
	f6	g6	h6	js6	k6	m6	n6	p6	
H7	f6	g6	h6	js6	k6	m6	n6	p6	r6
	f7		h7	js7					
H8	f7		h7						
	f8		h8						
H9			h8						
			h9						

23 대상 면을 지시하는 기호 중 제거 가공을 허락하지 않는 것을 지시하는 것은?

해설

다듬질 기호	정도(精度)
∨	일체의 가공이 없는 자연면(제거 가공을 허락하지 않는다.)
W∨	가공 흔적이 남을 정도의 막다듬질
X∨	가공 흔적이 거의 없는 중다듬질
Y∨	가공 흔적이 전혀 없는 상다듬질
Z∨	광택이 나는 고급 다듬질

24 기하 공차의 기호 중 진원도를 나타낸 것은?

① ○
② ◎
③ ⊕
④ ⌭

해설 ① ○ : 진원도 ② ◎ : 동축(심)도
③ ⊕ : 위치도 ④ ⌭ : 원통도

정답 22. ④ 23. ③ 24. ①

25 도면에 기입된 공차도시에 관한 설명으로 틀린 것은?

//	0.050	A
	0.011/200	

① 전체 길이는 200mm이다.
② 공차의 종류는 평행도를 나타낸다.
③ 지정 길이에 대한 허용 값은 0.011이다.
④ 전체 길이에 대한 허용 값은 0.050이다.

해설 지정된 길이는 200mm이다.

26 다음 중 억지 끼워 맞춤 또는 중간 끼워 맞춤에서 최대 죔새를 나타내는 것은?

① 구멍의 최대허용치수 – 축의 최소허용치수
② 구멍의 최대허용치수 – 축의 최대허용치수
③ 축의 최소허용치수 – 구멍의 최소허용치수
④ 축의 최대허용치수 – 구멍의 최소허용치수

해설

최소 죔새	축의 최소허용치수 – 구멍의 최대허용치수
최대 죔새	축의 최대허용치수 – 구멍의 최소허용치수

27 치수 기입의 일반적인 원칙에 대한 설명으로 틀린 것은?

① 치수는 되도록 공정마다 배열을 분리하여 기입할 수 있다.
② 관계된 치수를 명확히 나타내기 위해 치수를 중복하여 나타낼 수 있다.
③ 대상물의 기능, 제작, 조립 등을 고려하여 필요하다고 생각되는 치수를 명료하게 도면에 지시한다.
④ 도면에 나타내는 치수는 특별히 명시하지 않는 한 그 도면에 도시한 대상물의 다듬질 치수를 도시한다.

해설 치수 기입의 원칙
① 부품의 기능상 또는 제작, 조립 등에 있어서 꼭 필요하다고 생각되는 치수만 명확하게 기입한다.
② 치수는 되도록 계산해서 구할 필요가 없도록 기입한다.
③ 중복 치수는 피한다.
④ 가능하면 정면도에 집중하여 기입한다.

정답 25. ① 26. ④ 27. ②

28 보조 투상도의 설명 중 가장 옳은 것은?
① 복잡한 물체를 절단하여 그린 투상도
② 그림의 특정 부분만을 확대하여 그린 투상도
③ 물체의 경사면에 대향하는 위치에 그린 투상도
④ 물체의 홈, 구멍 등 투상도의 일부를 나타낸 투상도

> **해설** **보조 투상도**: 물체의 경사면을 실형으로 그려서 바꾸기 할 필요가 있을 경우에는 그 경사면과 위치에 필요 부분만을 보조 투상도로 표시한다.

29 가공에 의한 커터의 줄무늬 방향이 다음과 같이 생길 경우 올바른 줄무늬 방향 기호는?

① C
② M
③ R
④ X

> **해설**

X	가공으로 생긴 선이 두 방향으로 교차	
M	가공으로 생긴 선이 다방면으로 교차 또는 무방향	
C	가공으로 생긴 선이 거의 동심원	
R	가공으로 생긴 선이 거의 방사상(레이디얼형)	

30 다음 중 물체의 이동 후의 위치를 가상하여 나타내는 선은?
① ─────────────
② ─ ─ ─ ─ ─ ─ ─ ─ ─
③ ─·─·─·─·─·─·─·─
④ ─··─··─··─··─··─

> **해설** 가상선은 가는 2점 쇄선이다.

정답 **28.** ③ **29.** ①
30. ④

31 2개 면이 교차 부분을 표시할 때 "R1=2×R2"인 평면도의 모양으로 가장 적합한 것은?

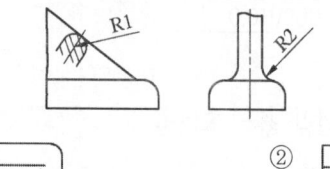

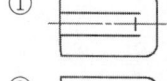
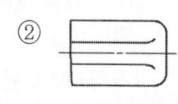
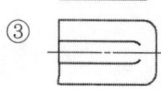
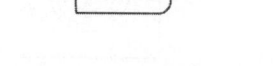

32 도면의 양식 중에서 반드시 마련해야 하는 사항이 아닌 것은?
① 표제란
② 중심 마크
③ 윤곽선
④ 비교 눈금

해설 도면의 양식
① 설정하지 않으면 안 되는 사항: 도면의 윤곽 – 윤곽선, 중심 마크, 표제란
② 설정하는 것이 바람직한 사항: 비교 눈금, 도면의 구역 – 구분 기호, 재단 마크, 부품란 – 대조 번호, 도면의 내역란

33 입체도에서 정 투상도의 정면도로 옳은 것은?

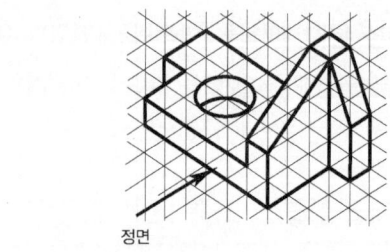
정면

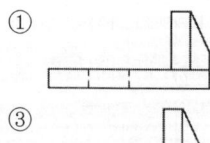
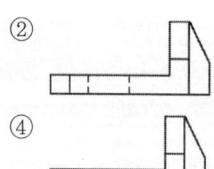

정답 31. ③ 32. ④ 33. ②

34 도면이 구비하여야 할 요건이 아닌 것은?

① 국제성이 있어야 한다.
② 적합성, 보편성을 가져야 한다.
③ 표현상 명확한 뜻을 가져야 한다.
④ 가격, 유통체제 등의 정보를 포함하여야 한다.

해설 도면은 가격, 유통체제 등의 정보를 포함하지 않는다.

35 파선의 용도 설명으로 맞는 것은?

① 치수를 기입하는 데 사용된다.
② 도형의 중심을 표시하는 데 사용된다.
③ 대상물의 보이지 않는 부분의 모양을 표시한다.
④ 대상물의 일부를 파단한 경계 또는 일부를 떼어낼 경계를 표시한다.

해설
① 치수선(가는 실선): 치수를 기입하는 데 사용된다.
② 중심선(가는 1점 쇄선): 도형의 중심을 표시하는 데 사용된다.
③ 숨은선(파선): 대상물의 보이지 않는 부분의 모양을 표시한다.
④ 파단선(불규칙한 파형의 가는 실선 또는 지그재그선): 대상물의 일부를 파단한 경계 또는 일부를 떼어낼 경계를 표시한다.

36 축에 빗줄로 널링(knurling)이 있는 부분의 도시 방법으로 가장 올바른 것은?

① 널링부 전체를 축선에 대하여 45°로 엇갈리게 동일한 간격으로 그린다.
② 널링부의 일부분만 축선에 대하여 45°로 엇갈리게 동일한 간격으로 그린다.
③ 널링부 전체를 축선에 대하여 30°로 동일한 간격으로 엇갈리게 그린다.
④ 널링부의 일부분만 축선에 대하여 30°로 엇갈리게 동일한 간격으로 그린다.

해설 축에 있는 널링(knurling)의 도시는 빗줄인 경우는 축선에 대하여 30°로 엇갈리게 그린다.

37 다음 중 평면 캠의 종류가 아닌 것은?

① 판 캠   ② 정면 캠
③ 구형 캠   ④ 직선운동 캠

해설 평면 캠의 종류: 판 캠, 정면 캠, 직선운동 캠, 하아트 캠, 확동 캠, 직동 캠, 반대 캠

정답 34. ④ 35. ③
36. ④ 37. ③

38. 스프로킷 휠의 도시 방법에 대한 설명 중 옳은 것은?

① 스프로킷의 이끝원은 가는 실선으로 그린다.
② 스프로킷의 피치원은 가는 2점 쇄선으로 그린다.
③ 스프로킷의 이뿌리원은 가는 실선으로 그린다.
④ 축의 직각 방향에서 단면을 도시할 때 이뿌리선은 가는 실선으로 그린다.

해설 스프로킷 휠 제도법
① 바깥지름(이끝원)은 굵은 실선으로 그린다.
② 피치원은 가는 일점쇄선으로 그린다.
③ 이뿌리원은 가는 실선으로 그린다.
④ 정면도를 단면으로 도시할 경우 이뿌리는 굵은 실선으로 그린다.

39. 운전 중 결합을 끊을 수 없는 영구적인 축이음을 아래 단어 중에서 모두 고른 것은?

> 커플링, 유니버설 조인트, 클러치

① 커플링, 유니버설 조인트
② 커플링, 클러치
③ 유니버설 조인트, 클러치
④ 커플링, 유니버설 조인트, 클러치

해설 커플링, 유니버설 조인트는 운전 중 결합을 끊을 수 없는 영구적인 축이음이다.

40. 미터 사다리꼴 나사 [Tr 40×7 LH]에서 'LH'가 뜻하는 것은?

① 피치
② 나사의 등급
③ 리드
④ 왼나사

해설 LH: 왼나사를 의미한다.

41. 볼트의 골 지름을 제도할 때 사용하는 선의 종류로 옳은 것은?

① 굵은 실선
② 가는 실선
③ 숨은선
④ 가는 2점쇄선

해설 볼트의 골 지름은 가는 실선으로 그린다.

[정답] 38. ③ 39. ① 40. ④ 41. ②

42 스퍼 기어 표준 치형에서 맞물림 기어의 피니언 잇수가 16, 기어 잇수가 44일 때 축 중심간 거리로 옳은 것은? (단, 모듈이 5이다.)

① 120mm ② 150mm
③ 200mm ④ 300mm

해설 중심거리
$$C = \frac{D_A \pm D_B}{2} = \frac{m(Z_A \pm Z_B)}{2}$$
$$C = \frac{m(Z_A + Z_B)}{2} = \frac{5(16+44)}{2} = 150\,mm$$

43 "테이퍼 핀 1급 4×30 SM50C"의 설명으로 맞는 것은?

① 테이퍼 핀으로 호칭 지름이 4mm, 길이가 30mm, 재료가 SM50C이다.
② 테이퍼 핀으로 최대 지름이 4mm, 길이가 30mm, 재료가 SM50C이다.
③ 테이퍼 핀으로 핀의 평균 지름이 4mm, 길이가 30mm, 재료가 SM50C이다.
④ 테이퍼 핀으로 구멍의 지름이 4mm, 길이가 30mm, 재료가 SM50C이다.

해설 테이퍼 핀 1급 4×30 SM50C
테이퍼 핀으로 호칭 지름이 4mm, 길이가 30mm, 재료가 SM50C(기계구조용 탄소강재)이다.

44 축에 작용하는 하중의 방향이 축직각 방향과 축 방향에 동시에 작용하는 곳에 가장 적합한 베어링은?

① 니들 롤러 베어링 ② 레이디얼 볼 베어링
③ 스러스트 볼 베어링 ④ 테이퍼 롤러 베어링

해설
① **니들 롤러 베어링**: 축지름에 비하여 바깥지름이 작고, 부하 용량이 크므로 다른 롤러 베어링을 사용할 수 없는 좁은 장소나 충격하중이 있는 곳에 사용한다.
② **레이디얼 볼 베어링**: 구름 베어링 중에서 가장 널리 사용한다.
③ **스러스트 볼 베어링**: 스러스트 하중만을 받으므로 고속 회전에 부적합하고 단식은 스러스트 하중에 한 방향일 경우, 복식은 양 방향일 경우 사용한다.
④ **테이퍼 롤러 베어링**: 레이디얼 하중과 스러스트 하중의 합성하중에 대한 부하능력이 크다. 하중의 방향이 축직각 방향과 축 방향에 동시에 작용하는 곳에 가장 적합하다.

45 서피스(surface) 모델링에서 곡면을 절단하였을 때 나타나는 요소는?

① 곡선 ② 곡면
③ 점 ④ 면

해설 서피스(surface) 모델링에서 곡면을 절단하였을 때 곡선이 나타난다.

정답 42. ② 43. ① 44. ④ 45. ①

46 다음 그림과 같은 점용접을 용접기호로 바르게 나타낸 것은?

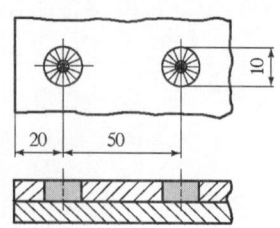

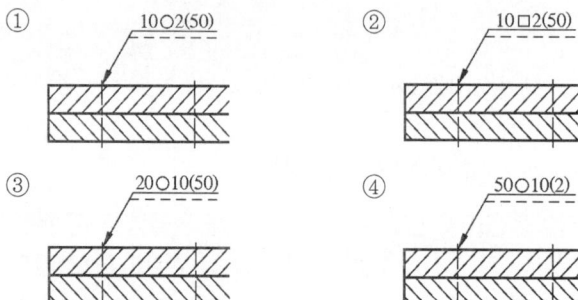

47 컴퓨터의 기억용량 단위인 비트(bit)의 설명으로 틀린 것은?

① binary digit의 약자이다.
② 정보를 나타내는 가장 작은 단위이다.
③ 전기적으로 처리하기가 아주 편리하다.
④ 0과 1을 동시에 나타내는 정보 단위이다.

> **해설** 비트는 컴퓨터 데이터의 가장 작은 단위이며, 하나의 2진수 값(0 또는 1)을 가진다.

48 CAD 시스템에서 마지막 입력 점을 기준으로 다음 점까지의 직선거리와 기준 직교축과 그 직선이 이루는 각도로 입력하는 좌표계는?

① 절대 좌표계 ② 구면 좌표계
③ 원통 좌표계 ④ 상대 좌표계

> **해설** 상대 좌표는 마지막에 입력한 점에서부터 다음 점이 지정되므로 계산이 편리하며 대부분의 도면 작업 시에 사용하는 좌표계이다.
> ① 상대 좌표계: @X, Y
> ② 상대극좌표: @거리〈방향

정답 46. ① 47. ④ 48. ④

49 직접 측정의 설명으로 틀린 것은?

① 측정물의 실제 치수를 직접 읽을 수 있다.
② 측정기의 측정 범위가 다른 측정법에 비하여 넓다.
③ 게이지 블록을 기준으로 피측정물을 측정한다.
④ 수량이 적고, 많은 종류의 제품 측정에 적합하다.

해설 **직접 측정**: 일정한 길이나 각도로 표시되어있는 측정기를 사용하여 피 측정물에 직접 접촉하여 눈금을 읽는 방식(절대 측정)
장점 및 단점은 다음과 같다.
① 측정 범위가 다른 측정방법보다 넓다.
② 피 측정물의 실제 치수를 직접 읽을 수 있다.
③ 양이 적고 종류가 많은 제품을 측정하기에 적합하다(다품종 소량생산).
④ 눈금을 잘못 읽기 쉽고, 측정 시 시간이 많이 걸린다.
⑤ 측정기가 정밀할 때는 측정 시 많은 숙련과 경험이 필요하다.
⑥ 눈금을 잘못 읽기 쉽고, 측정 시 시간이 많이 걸린다.
⑦ 측정기가 정밀할 때는 측정 시 많은 숙련과 경험이 필요하다.

50 한계게이지에 대한 설명 중 맞는 것은?

① 스냅 게이지는 최소 치수 측을 통과 측, 최대 치수 측을 정지 측이라 한다.
② 양쪽 모두 통과하면 그 부분은 공차 내에 있다.
③ 플러그 게이지는 최대 치수 측을 정지 측, 최소 치수 측을 통과 측이라 한다.
④ 통과 측이 통과되지 않을 경우는 기준 구멍보다 큰 구멍이다.

해설 ① 한계게이지는 공차 부호의 방향 는 통과 측 플러그 게이지는 +로 하고, 정지 측 게이지는 -로 한다.
② 구멍용 한계게이지(플러그 게이지)는 구멍의 최소허용치수를 기준으로 한 측정 단면이 있는 부분을 통과(go) 측이라 하고, 구멍의 최대허용치수를 기준으로 한 측정 단면이 있는 부분을 정지(no go)라 한다.
③ 축용 한계게이지(스냅 게이지)는 축의 최대 허용치수를 기준으로 한 측정 단면이 있는 부분을 통과 측이라 하고, 축의 최소허용치수를 기준으로 한 측정 단면이 있는 부분을 정지 측이라 한다.

51 테일러의 원리에 맞게 제작되지 않아도 되는 게이지는?

① 링 게이지   ② 스냅 게이지
③ 테이퍼 게이지   ④ 플러그 게이지

해설 **테일러의 원리**: 통과 측에는 모든 치수 또는 결정량이 동시에 검사되고 정지 측에는 각 치수가 개개로 검사되어야 한다. 라는 것으로 끼워 맞춤에 적용되는 것으로 테일러의 원리가 반드시 적용하는 것은 아니며, 게이지의 사용상 불편한 점도 있으므로 어느 정도 벗어난 것도 허용된다.

답안 표기란				
49	①	②	③	④
50	①	②	③	④
51	①	②	③	④

정답 49. ③ 50. ③
     51. ③

52. 버니어 캘리퍼스의 종류가 아닌 것은?
① M1형 ② B1형
③ CB형 ④ CM형

해설 버니어 캘리퍼스의 종류
KS에는 M1형, M2형, CB형, CM형 네 종류를 규정하고, 그 외 다이얼 캘리퍼스, 깊이 게이지, 이 두께 버니어 캘리퍼스 등이 있다.

53. 마이크로미터 측정 면의 평면도 검사에 가장 적합한 측정기기는?
① 옵티컬플랫
② 공구현미경
③ 광학식 클리노미터
④ 투영기

해설 평행 광선정반
① 측정 면의 평면도: 광선정반, 평생 관선 정반을 사용하며, 평면도 측정(옵티컬플랫): 일반적으로 45mm~60mm가 쓰인다.
② 측정 면의 평면도(옵티컬플랫, 옵티컬파라렐: 평행도): 4개가 1세트며, 4개의 데이터 중 최댓값을 마이크로미터의 평행도라 한다.

54. 다음 중 각도를 측정할 수 있는 측정기는?
① 사인 바 ② 마이크로미터
③ 하이트 게이지 ④ 버니어 캘리퍼스

해설 사인 바
삼각함수의 사인을 이용하여 임의의 각도를 설정 및 측정하는 측정기로서, 크기는 롤러 중심 간의 거리로 표시하며 일반적으로 100mm, 200mm를 많이 사용한다.
$\sin\alpha = H/L$, $H = L \times \sin\alpha$, $\alpha = \sin^{-1}\dfrac{H}{L}$
사인 바를 이용하여 각도 측정 시 $\alpha > 45°$로 되면 오차가 커지므로 기준면에 대하여 45° 이하로 설정한다.

55. 기계 부품이나 자동차부품 등에 내마모성, 인성, 기계적 성질을 개선하기 위한 표면 경화법은?
① 침탄법 ② 항온 풀림
③ 저온 풀림 ④ 고온 뜨임

정답 52.② 53.① 54.① 55.①

56 어셈블리 상에서 여러 단품 및 서브 어셈블리가 결합한 상태의 절단면 상태를 보여 주는 섹션 명령어는?

① 측정
② 물성치
③ 두께 검사
④ 간섭 체크

57 다음 중 일반적으로 3차원 형상 정보를 표현하고 데이터를 교환하는 표준으로 적당하지 않은 것은?

① IGES
② STEP
③ DWG
④ STL

> **해설**
> ① **IGES**: 기계, 전기, 전자, 유한요소해석(FEM), Solid Model 등의 표현 및 3차원 곡면 데이터를 포함하여 CAD/CAM Data를 교환하는 세계적인 표준이고, IGES는 3차원 모델링 기법인 CSG(Constructive solid geometry: 기본입체의 집합연산 표현 방식) modelling과 B-rap(Boundary representation: 경계 표현 방식)에 의한 모델을 정의할 수 있다.
> ② **STEP**: STEP는 정식명칭과 같이 제품 데이터(Product)의 표현(Representation) 및 교환(Exchange)을 위한 국제표준 규격이다.
> ③ **DWG**: Auto CAD 저장파일명이다.
> ④ **STL**: 쾌속 조형의 표준입력파일 포맷으로 많이 사용되고 있으며, 3차원 데이터의 서피스 모델을 삼각형 다면체(facet)로 근사시킨 것으로 CAD/CAMS/W 개발자들이 STL 파일을 표준 출력의 옵션으로 선정하였다.

58 점 데이터로 곡면을 형성할 때 측정오차 등으로 인한 굴곡이 있는 경우 이를 평활하게 하는 것은?

① 블렌딩(blending)
② 필렛팅(filleting)
③ 페어링(fairing)
④ 피팅(fitting)

> **해설**
> **페어링(fairing)**: 점 데이터로 곡면을 형성할 때 측정오차 등으로 인한 굴곡이 있는 경우 이를 평활하게 하는 것이다.

59 CAD 시스템에서 사용되는 곡면 모델링에 대한 설명으로 틀린 것은?

① 스윕(Sweep) 곡면: 안내 곡선을 따라 이동곡선이 이동하면서 생성되는 곡면
② 그리드(Grid) 곡면: 측정기 등에서 얻은 점을 근사적으로 연결하는 곡면
③ 블랜딩(Blending) 곡면: 두 곡면이 만나는 부분을 부드럽게 만들 때 생성되는 곡면
④ 회선(Revolve) 곡면: 하나의 곡선을 축을 따라 평행 이동시켜 모델링한 곡면

> **해설**
> **회전(Revolve) 곡면**: 하나의 곡선을 임의의 축이나 요소를 중심으로 회전시켜 모델링한 곡면으로 컵, 유리병 등을 그리는 것

[정답] 56. ④ 57. ③ 58. ③ 59. ④

60. 특징 형상 모델링(feature-based modeling)에 대한 설명이 아닌 것은?

① 특징 형상 모델링은 설계자에게 친숙한 형상 단위로 물체를 모델링 할 수 있게 해준다.
② 전형적인 특징 형상으로는 모따기, 구멍, 필렛, 슬롯, 포켓 등이 있다.
③ 특징 형상은 각 특징 등이 가공 단위가 될 수 있기 때문에 공정계획으로 사용될 수 있다.
④ 특징 형상 모델링의 방법에는 리볼빙, 스위핑 등이 있다.

해설 특징 형상 모델링(feature-based modeling)
① 구멍(hole), 슬롯(slot), 포켓(pocket) 등의 형상 단위를 라이브러리(library)에 미리 갖추어 놓고 필요시 이들의 치수를 변화시켜 설계에 사용하는 모델링 방식이다.
② 피처 기반 모델링은 모서리만 가지고 있는 와이어프레임 모델과는 달리 체적이 있기 때문에 솔리드 모델이라 부르며, 대부분의 CAD/CAM 소프트웨어는 솔리드 모델을 피처 베이스 모델 또는 3D 부품 모델링이라고 한다.
③ Design이 완료되면 모델로부터 제작을 위한 데이터(가공경로, 가공조건, 가공 tool 등)를 추출해 낼 수 있으므로 CAM과 연결이 가능하다.

정답 60. ④

06회 CBT 모의고사

01 열처리 방법 및 목적으로 틀린 것은?

① 불림 - 소재를 일정 온도에 가열 후 공랭시킨다.
② 풀림 - 재질을 단단하고 균일하게 한다.
③ 담금질 - 급랭시켜 재질을 경화시킨다.
④ 뜨임 - 담금질된 것에 인성을 부여한다.

해설 풀림 - 내부 응력을 제거하여 재질을 균일하게 한다.

02 특수강에 포함되는 특수원소의 주요 역할 중 틀린 것은?

① 변태속도의 변화
② 기계적, 물리적 성질의 개선
③ 소성 가공성의 개량
④ 탈산, 탈황의 방지

해설 특수강에서 망간은 탈산, 탈황의 효과가 있다.

03 금속의 결정구조에서 체심입방격자의 금속으로만 이루어진 것은?

① Au, Pb, Ni
② Zn, Ti, Mg
③ Sb, Ag, Sn
④ Ba, V, Mo

해설
① **체심입방격자(BCC)**: Cr, W, Mo, V, Li, Na, Ta, K, α-Fe, δ-Fe
② **면심입방격자(FCC)**: Al, Ag, Au, Cu, Ni, Pb, Ca, Co, γ-Fe
③ **조밀육방격자(HCP)**: Mg, Zn, Cd, Ti, Be, Zr, Ce

04 황동의 합금원소는 무엇인가?

① Cu-Sn
② Cu-Zn
③ Cu-Al
④ Cu-Ni

해설
① **황동**: Cu-Zn 합금으로 주조성, 가공성이 좋고 청동에 비하여 값이 저렴하고 판, 봉, 관, 선 등의 가공재, 주물에 이용된다.
② **청동**: Cu-Sn 합금으로 부식에 강한 밸브, 동상, 베어링 합금 등에 널리 사용된다.

05 국제단위계(SI)의 기본단위에 해당하지 않는 것은?

① 길이 : m
② 질량 : kg
③ 광도 : mol
④ 열역학 온도 : K

해설 광도의 국제단위계는 칸델라(cd)를 기본단위로 하고, 유도단위로서 광속의 루멘(lm=cd/sr), 휘도의 칸델라 퍼제곱미터(cd/m^2), 조명도의 룩스(lx=lm/m^2)가 정해져 있다. 몰은 물질량의 단위로, 기호는 mol이다.

[정답] 01. ② 02. ④ 03. ④ 04. ② 05. ③

06 초경합금에 대한 설명 중 틀린 것은?

① 경도가 HRC 50 이하로 낮다.
② 고온경도 및 강도가 양호하다.
③ 내마모성과 압축강도가 높다.
④ 사용목적, 용도에 따라 재질의 종류가 다양하다.

해설 **초경합금**
① W-Ti-Ta 등의 탄화물 분말을 Co 또는 Ni을 결합하여 1400℃ 이상에서 소결시킨 것이다(주성분: W, Ti, Co, C 등).
② 경도(HRC 90정도) 및 고온경도가 높다.
③ 내마모성과 취성이 크다.
④ 피복 초경합금은 내열성, 내마모성, 내용착성이 우수하며 일반 초경합금에 비해 2~5배의 공구수명이 증대되며, 고온, 고속절삭에서 우수한 성능을 갖는다.

07 다이캐스팅용 알루미늄(Al)합금이 갖추어야 할 성질로 틀린 것은?

① 유동성이 좋을 것
② 열간취성이 적을 것
③ 금형에 대한 점착성이 좋을 것
④ 응고수축에 대한 용탕 보급성이 좋을 것

해설 다이캐스팅용 알루미늄(Al)합금은 금형에 대한 점착성이 좋지 않을 것

08 경질이고 내열성이 있는 열경화성 수지로서 전기기구, 기어 및 프로펠러 등에 사용되는 것은?

① 아크릴수지
② 페놀수지
③ 스티렌수지
④ 폴리에틸렌

해설
① **아크릴수지**: 열가소성 수지로서 강도가 큼. 투명도가 특히 좋고 방풍유리, 광학 렌즈에 사용한다.
② **페놀수지**: 경질이고 내열성이 있는 열경화성 수지로서 전기기구, 기어 및 프로펠러 등에 사용한다.
③ **스티렌수지**: 열가소성 수지로서 성형이 용이함. 투명도가 크며 고주파 절연재료, 잡화에 사용한다.
④ **폴리에틸렌**: 열가소성 수지로서 유연성 있으며 판, 필름에 사용한다.

09 볼나사의 단점이 아닌 것은?

① 자동체결이 곤란하다.

정답 06. ① 07. ③ 08. ② 09. ④

② 피치를 작게 하는 데 한계가 있다.
③ 너트의 크기가 크다.
④ 나사의 효율이 떨어진다.

해설 볼나사(Ball screw)의 장점
① 나사의 효율이 좋다(약 90% 이상).
② 백래시를 작게 할 수 있다.
③ 윤활에 그다지 주의하지 않아도 좋다.
④ 먼지에 의한 마모가 적다.
⑤ 높은 정밀도를 오래 유지할 수가 있다.

10 외접하고 있는 원통마찰차의 지름이 각각 240mm, 360mm일 때, 마찰차의 중심거리는?
① 60mm   ② 300mm
③ 400mm   ④ 600mm

해설 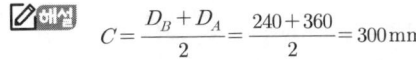 $C = \dfrac{D_B + D_A}{2} = \dfrac{240+360}{2} = 300\,mm$

11 축을 설계할 때 고려하지 않아도 되는 것은?
① 축의 강도   ② 피로 충격
③ 응력 집중의 영향   ④ 축의 표면 조도

해설 축 설계상 고려사항
① 강도(Strength)   ② 응력집중(Stress concentration)
③ 강성도(Stiffness)   ④ 변형
⑤ 진동(Vibration)   ⑥ 부식(Corrosion)
⑦ 열응력(Thermal stress) ⑧ 열팽창(Thermal expansion)

12 가장 널리 쓰이는 키(key)로 축과 보스 양쪽에 키 홈을 파서 동력을 전달하는 것은?
① 성크 키   ② 반달 키
③ 접선 키   ④ 원뿔 키

해설
① **성크 키**: 축과 보스 양쪽에 모두 키 홈을 파서 비틀림 모멘트를 전달하는 키로서 가장 많이 사용한다.
② **반달 키**: 축과 키 홈의 가공이 쉽고, 키가 자동적으로 축과 보스 사이에 자리를 잡을 수 있어 자동차, 공작기계 등의 60mm 이하의 작은 축이나 테이퍼 축에 사용한다.
③ **접선 키**: 회전 방향이 양방향일 경우 중심각이 120° 되는 위치에 2조 설치한다. 아주 큰 회전력의 경우에 사용한다.
④ **원뿔 키**: 축과 보스에 키를 파지 않고 보스 구멍을 테이퍼 구멍으로 하여 속이 빈 원뿔을 끼워 마찰력만으로 밀착시키는 키로서 바퀴가 편심되지 않고 축의 어느 위치에나 설치 가능하다.

답안 표기란
10	①	②	③	④
11	①	②	③	④
12	①	②	③	④

정답 10. ② 11. ④ 12. ①

13. 다음 중 치수기입 원칙에 어긋나는 것은?

① 중복된 치수 기입을 피한다.
② 관련되는 치수는 되도록 한곳에 모아서 기입한다.
③ 치수는 되도록 공정마다 배열을 분리하여 기입한다.
④ 치수는 각 투상도에 고르게 분배되도록 한다.

해설 치수는 되도록 주 투상도에 집중시키며, 중복 기입을 피하고 되도록 계산하여 구할 필요가 없도록 기입한다.

14. 투상도 표시방법 설명으로 잘못된 것은?

① 부분 투상도 - 대상물의 구멍, 홈 등과 같이 한 부분의 모양을 도시하는 것으로 충분한 경우에는 그 필요한 부분만을 도시한다.
② 보조 투상도 - 경사부가 있는 물체는 그 경사면의 보이는 부분의 실제 모양을 전체 또는 일부분을 나타낸다.
③ 회전 투상도 - 대상물의 일부분을 회전해서 실제 모양을 나타낸다.
④ 부분 확대도 - 특정한 부분의 도형이 작아서 그 부분을 자세하게 나타낼 수 없거나 치수기입을 할 수 없을 때는 그 해당 부분을 확대하여 나타낸다.

해설
① 부분 투상도 - 그림의 일부를 도시하는 것으로 충분한 경우에는 필요한 부분만 투상도로서 나타낸다.
② 국부 투상도 - 대상물의 구멍, 홈 등과 같이 한 부분의 모양을 도시하는 것으로 충분한 경우에는 그 필요한 부분만을 도시한다.

15. 다음 중 도면 제작에서 원의 지시선 긋기 방법으로 맞는 것은?

① 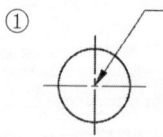 ②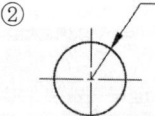

③ 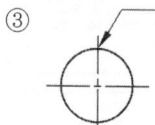 ④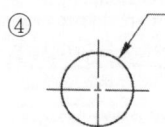

정답 13. ④ 14. ①
15. ④

16 다음은 어느 단면도에 대한 설명인가?

> 상하 또는 좌우 대칭인 물체는 1/4을 떼어낸 것으로 보고, 기본 중심선을 경계로 하여 1/2은 외형, 1/2은 단면으로 동시에 나타낸다. 이때, 대칭 중심선의 오른쪽 또는 위쪽을 단면으로 하는 것이 좋다.

① 한쪽 단면도 ② 부분 단면도
③ 회전도시 단면도 ④ 온 단면도

해설 **한쪽 단면도**: 상하 또는 좌우 대칭형의 물체는 기본 중심선을 경계로 1/2은 외형도로, 나머지 1/2은 단면도로 동시에 나타낸다. 대칭 중심선의 우측 또는 위쪽을 단면으로 한다.

17 다음 중 억지 끼워 맞춤인 것은?

① 구멍 - H7, 축 - g6 ② 구멍 - H7, 축 - f6
③ 구멍 - H7, 축 - p6 ④ 구멍 - H7, 축 - e6

해설 H7p6: 억지 끼워 맞춤

18 다음 중 2종류 이상의 선이 같은 장소에서 중복될 경우 가장 우선되는 선의 종류는?

① 중심선 ② 절단선
③ 치수 보조선 ④ 무게 중심선

해설 겹치는 선의 우선순위
① 외형선 ② 숨은선 ③ 절단선 ④ 중심선 ⑤ 무게중심선 ⑥ 치수보조선

19 다음과 같이 지시된 기하 공차의 해석이 맞는 것은?

○	0.05	
//	0.02/150	A

① 원통도 공차값 0.05mm, 축선은 데이텀 축직선 A에 직각이고 지정길이 150mm 평행도 공차값 0.02mm
② 진원도 공차값 0.05mm, 축선은 데이텀 축직선 A에 직각이고 전체 길이 150mm 평행도 공차값 0.02mm
③ 진원도 공차값 0.05mm, 축선은 데이텀 축직선 A에 평행하고 지정길이 150mm 평행도 공차값 0.02mm
④ 원통도 윤곽도 공차값 0.05mm, 축선은 데이텀 축직선 A에 평행하고 전체 길이 150mm 평행도 공차값 0.02mm

해설

○	0.05	
//	0.02/150	A

진원도 공차값 0.05mm, 축선은 데이텀 축직선 A에 평행하고 지정길이 150mm 평행도 공차값 0.02mm

정답 16. ① 17. ③ 18. ② 19. ③

20. 다음 중 줄무늬 방향의 기호 설명 중 잘못된 것은?

① X : 가공에 의한 커터의 줄무늬 방향의 기호를 기입한 투상면에 경사지고 두 방향으로 교차
② M : 가공에 의한 커터의 줄무늬 방향의 기호를 기입한 투상면에 평행
③ C : 가공에 의한 커터의 줄무늬 방향의 기호를 기입한 면의 중심에 대하여 대략 동심원 모양
④ R : 가공에 의한 커터의 줄무늬 방향의 기호를 기입한 면의 중심에 대하여 대략 레이디얼 모양

해설 ① M: 가공으로 생긴 선이 다방면으로 교차 또는 무방향
② = : 가공에 의한 커터의 줄무늬 방향의 기호를 기입한 투상면에 평행

21. 다음 중 가장 고운 다듬 면을 나타내는 것은?

①
②
③
④ (25)

해설 표면 거칠기 값이 작을수록 고운 다듬 면을 의미한다.

22. 다음 중 3각 투상법에 대한 설명으로 맞는 것은?

① 눈 → 투상면 → 물체
② 눈 → 물체 → 투상면
③ 투상면 → 물체 → 눈
④ 물체 → 눈 → 투상면

해설 (1) 제3각법
① 물체를 투상면의 뒤쪽에 놓고 투상(투상면을 물체의 앞에 둠)
② 눈 → 투상면 → 물체
(2) 제1각법
① 물체를 투상면의 앞쪽에 놓고 투상(투사면을 물체의 뒤에 둠)
② 눈 → 물체 → 투상면

23. 특수한 가공을 하는 부분 등 특별히 요구사항을 적용할 수 있는 범위를 표시하는 데 사용하는 선은?

① 가는 1점 쇄선
② 가는 2점 쇄선
③ 굵은 1점 쇄선
④ 아주 굵은 실선

정답 20. ② 21. ② 22. ① 23. ③

해설 특수 지정선(굵은 1점 쇄선): 특수한 가공을 하는 부분 등 특별한 요구사항을 적용할 수 있는 범위를 표시하는 데 사용한다.

24 다음 중 인접 부분을 참고로 나타내는데 사용하는 선은?

① 가는 실선 ② 굵은 1점 쇄선
③ 가는 2점 쇄선 ④ 가는 1점 쇄선

해설 가상선(가는 2점 쇄선): 인접 부분을 참고로 표시, 공구, 지그의 위치를 참고로 표시한다.

25 ∅35h6에서 위 치수허용차가 0일 때, 최대허용한계 치수값은? (단, 공차는 0.016이다.)

① ∅34.084 ② ∅35.000
③ ∅35.016 ④ ∅35.084

해설 최대허용한계 치수값=기준 치수-위 치수허용차

26 정 투상 방법에 따라 평면도와 우측면도가 다음과 같다면 정면도에 해당하는 것은?

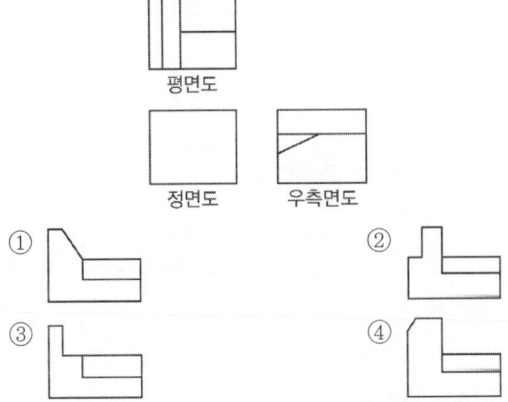

27 공차 기호에 의한 끼워 맞춤의 기입이 잘못된 것은?

① 50H7/g6 ② 50H7 - g6
③ $50\dfrac{H7}{g6}$ ④ 50H7(g6)

28 기하 공차의 종류를 나타낸 것 중 틀린 것은?

① 진직도(—) ② 진원도(○)
③ 평면도(□) ④ 원주 흔들림(↗)

해설 평면도(⌓)

[정답] 24. ③ 25. ②
26. ① 27. ④
28. ③

29. KS의 부문별 분류 기호로 맞지 않는 것은?

① KS A : 기본
② KS B : 기계
③ KS C : 전기
④ KS D : 전자

해설

분류 기호	KS A	KS B	KS C	KS D
부문	기본	기계	전기	금속

30. 도면에서 A3 제도 용지의 크기는?

① 841×1189
② 594×841
③ 420×594
④ 297×420

해설

A0	841×1189
A1	594×841
A2	420×594
A3	297×420
A4	210×297

31. 다음의 투상도의 좌측면도에 해당하는 것은? (단, 제3각 투상법으로 표현한다.)

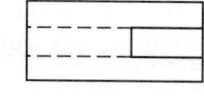
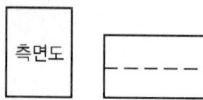

①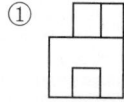
②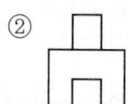
③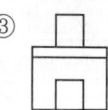
④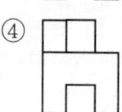

정답 29. ④ 30. ④
31. ②

32 다음 그림이 나타내는 코일스프링 간략도의 종류로 알맞은 것은?

① 벌류트 코일 스프링
② 압축 코일 스프링
③ 비틀림 코일 스프링
④ 인장 코일 스프링

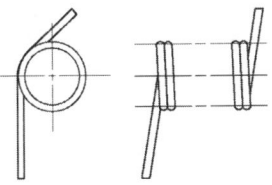

33 베어링의 호칭이 "6026"일 때 안지름은 몇 mm인가?

① 26
② 52
③ 100
④ 130

📝해설 안지름 번호(내륜 안지름)
00: 10mm
01: 12mm
02: 15mm
03: 17mm
04×5=20mm~495mm까지
∴ 26×5=130mm

34 스퍼 기어 요목표에서 잇수는?

스퍼 기어 요목표		
기어 치형		표준
공구	모듈	2
	치형	보통이
	압력 각	20°
전체 이 높이		4.5
피치원 지름		40
잇수		(?)
다듬질 방법		호브 절삭
정밀도		KS B ISO 1328-1, 4급

① 5
② 10
③ 15
④ 20

📝해설 $z = \dfrac{D}{m} = \dfrac{40}{2} = 20$

35 V 벨트의 형별 중 단면의 폭 치수가 가장 큰 것은?

① A형
② D형
③ E형
④ M형

📝해설 V 벨트 단면의 형상은 M, A, B, C, D, E 형의 6종류가 있으며, M에서 E쪽으로 가면 단면이 커진다.

정답 32. ③ 33. ④
      34. ④ 35. ③

36 용접 지시기호가 나타내는 용접부위의 형상으로 가장 옳은 것은?

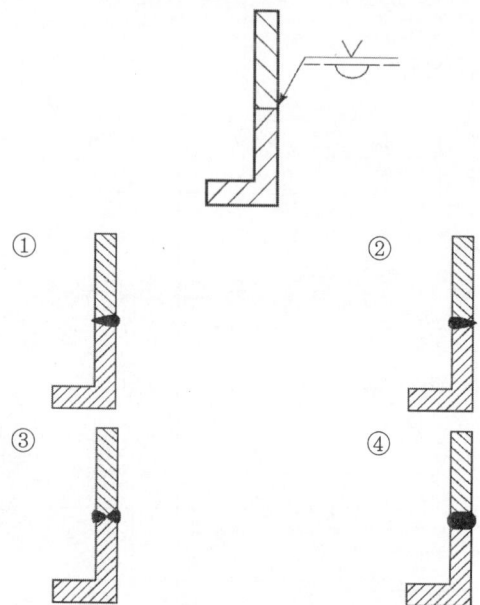

37 평행키의 호칭 표기 방법으로 맞는 것은?

① KS B 1311 평행키 10×8×25
② KS B 1311 10×8×25 평행키
③ 평행키 10×8×25 양 끝 둥금 KS B 1311
④ 평행키 10×8×25 KS B 1311 양 끝 둥금

해설 평행키의 호칭 표기 방법: KS B 1311 평행키 10×8×25

38 나사 면에 증기, 기름 또는 외부로부터의 먼지 등이 유입되는 것을 방지하기 위해 사용하는 너트는?

① 나비 너트 ② 둥근 너트
③ 사각 너트 ④ 캡 너트

해설
① **나비 너트**: 손으로 돌려서 죌 수 있는 모양으로 된 것이다.
② **둥근 너트**: 자리가 좁아 보통의 육각너트를 쓸 수 없을 경우 또는 너트의 높이를 작게 할 경우에 사용한다.
③ **사각 너트**: 겉모양이 사각인 너트로서 주로 목재에 쓰이며, 기계에도 가끔 쓰인다.
④ **캡 너트**: 나사 구멍이 뚫려 있지 않은 너트로 유체의 흐름 방지 및 부식 방지의 목적으로 사용한다.

정답 36. ① 37. ①
38. ④

39 기어제도 시 잇봉우리원에 사용하는 선의 종류는?
① 가는 실선   ② 굵은 실선
③ 가는 1점 쇄선   ④ 가는 2점 쇄선

> **해설** ① 이끝원(잇봉우리원)은 굵은 실선으로 그리고 피치원은 가는 1점 쇄선으로 그린다.
> ② 이뿌리원은 가는 실선으로 그린다.
> ③ 잇줄 방향은 보통 3개의 가는 실선으로 그린다.

40 운전 중 또는 정지 중에 운동을 전달하거나 차단하기에 적절한 축이음은?
① 외접기어   ② 클러치
③ 올덤 커플링   ④ 유니버설 조인트

> **해설** 클러치: 운전 중 또는 정지 중에 간단한 조작으로 동력을 전달할 수 있는 형식

41 "왼 2줄 M50×2 6H"로 표시된 나사의 설명으로 틀린 것은?
① 왼 : 나사산의 감는 방향
② 2줄 : 나사산의 줄 수
③ M50×2 : 나사의 호칭 지름 및 피치
④ 6H : 수나사의 등급

> **해설** 6H: 나사의 등급(암나사 6등급)

42 중앙처리장치(CPU)의 구성 요소가 아닌 것은?
① 주기억장치   ② 파일저장장치
③ 논리연산장치   ④ 제어장치

> **해설** 중앙처리장치(CPU: Central Processing Unit)
> ① 제어장치(Control Unit)
> ② 연산장치(ALU: Arithmetic & Logic Unit)
> ③ 레지스터(Register), 주기억장치

43 디스플레이상의 도형을 입력장치와 연동시켜 움직일 때, 도형이 움직이는 상태를 무엇이라고 하는가?
① 드래깅(dragging)   ② 트리밍(trimming)
③ 쉐이딩(shading)   ④ 주밍(zooming)

> **해설** 드래깅(dragging): 디스플레이상의 도형을 입력장치와 연동시켜 움직일 때, 도형이 움직이는 상태를 말한다.

[정답] 39. ② 40. ②
41. ④ 42. ②
43. ①

06회 CBT 모의고사

44 다음 중 와이어프레임 모델링(wireframe modeling)의 특징은?

① 단면도 작성이 불가능하다.
② 은선 제거가 가능하다.
③ 처리속도가 느리다.
④ 물리적 성질의 계산이 가능하다.

해설 와이어프레임 모델링(Wire-frame Modeling)
① data의 구성이 단순하다.
② Model 작성을 쉽게 할 수 있다.
③ 처리속도가 빠르다.
④ 3면 투시도의 작성이 용이하다.
⑤ 은선 제거(Hidden Line Removal)가 불가능하다.
⑥ 단면도(Section Drawing) 작성이 불가능하다.
⑦ 물리적 성질의 계산이 불가능하다.

45 다음 시스템 중 출력장치로 틀린 것은?

① 디지타이저(digitizer)
② 플로터(plotter)
③ 프린터(printer)
④ 하드 카피(hard copy)

해설 디지타이저(digitizer): 일반적으로 디지타이저는 태블릿 기능을 겸하며 스타일러스 펜(stylus pen)과 퍽(puck)을 함께 사용하며, 주로 좌표입력, 메뉴의 선택, 커서의 제어 등에 사용된다.

46 축용으로 사용되는 한계게이지는?

① 봉 게이지
② 스냅 게이지
③ 게이지 블록
④ 플러그 게이지

해설 축용 한계게이지: 스냅 게이지, 링 게이지

47 허용한계 치수의 해석에서 "통과 측에는 모든 치수 또는 결정량이 동시에 검사되고 정지 측에는 각각의 치수가 개개로 검사되어야 한다."는 무슨 원리인가?

① 아베(Abbe)의 원리
② 테일러(Taylor)의 원리
③ 헤르츠(Hertz)의 원리
④ 훅(Hook)의 원리

정답 44. ① 45. ① 46. ② 47. ②

48 보통 버니어 캘리퍼스로 할 수 없는 측정은?
① 외측 측정
② 유효경 측정
③ 좁은 폭의 외측 측정
④ 내측 측정

49 일반적으로 직경(외경)을 측정하는 공구로서 가장 거리가 먼 것은?
① 강철자
② 그루브 마이크로미터
③ 버니어 캘리퍼스
④ 지시 마이크로미터

> **해설** **그루브 마이크로미터**: 스핀들에 플랜지가 부착되어 구멍과 외경 내외부에 있는 홈의 너비(두께), 깊이, 위치를 측정할 수 있다.

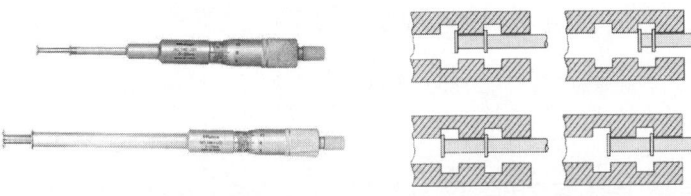

그루브 마이크로미터   그루브 마이크로미터에 의한 측정

50 하이트 마이크로미터의 측정 범위를 크게 하려고 사용되는 것은?
① 게이지 블록
② 하이트 게이지
③ 라이저 블록
④ 앵글 플레이트

51 마이크로미터 0점 조정 시 슬리브의 기선과 딤블의 눈금이 하나 이하의 차이가 있을 때는 무엇을 돌려 수정해야 하는가?
① 슬리브
② 딤블
③ 래칫스톱
④ 클램프

52 마이크로미터 자체의 오차를 무엇이라 하는가?
① 기차
② 우연 오차
③ 개인 오차
④ 자체 오차

53 사인 바(Sine bar)의 호칭 치수는 무엇으로 표시하는가?
① 롤러 사이의 중심거리
② 사인 바의 전장
③ 사인 바의 중량
④ 롤러의 직경

> **해설** **사인 바**: 삼각함수의 사인을 이용하여 임의의 각도를 설정 및 측정하는 측정기로서, 크기는 롤러 중심 간의 거리로 표시하며 일반적으로 100mm, 200mm를 많이 사용한다.

정답 48. ② 49. ② 50. ③ 51. ① 52. ① 53. ①

06회 CBT 모의고사

54 질화법에 관한 설명 중 틀린 것은?
① 담금질을 할 필요가 없고 질화 후는 그대로 제품으로 쓸 수 있다.
② 질화층은 고온에서도 매우 경하며 내식성도 크다.
③ 질화용강은 질화로 표면에 질화철의 층, 즉 질화층을 만든다.
④ 질소만 함유하는 강을 질화용강이라 한다.

해설 질화법 Al, Cr, Mo 등이 질화물을 형성하여 단단한 경화층을 얻는다.
[특징]
① 높은 표면 경도, 내마멸성이 크다.
② 피로한도 향상, 내식성 우수
③ 고온강도가 높다. 변형이 적다.
④ 자동차의 크랭크축, 캠, 스핀들 등에 적용한다.

55 다음 합금강 중 질량 효과가 가장 적은 것은?
① 탄소강
② 고속도강
③ Ni-Cr-Mo강
④ Ni-Cr-Mo-W강

해설 질량 효과
① 재료의 질량과 단면 치수의 대소에 따라 열처리 효과가 달라지는 정도를 말한다.
② 탄소강이 질량 효과가 가장 크다.
③ Ni, Cr, Mo, Mn을 첨가한 강이 질량 효과가 적다.

56 모델링 보정에서 겉면적, 밀도, 질량, 부피, 면적, 무게중심 좌표, 관성 모멘트 등을 말하는 것은?
① 측정
② 물성치
③ 두께 검사
④ 간섭 체크

57 IGES(Initial Graphics Exchanges Specification)에 관한 설명으로 옳은 것은?
① 설계, 제조, 품질 보증, 시험, 유지 보수를 포함하는 제품의 전체 주기와 관련된 제품 데이터이다.
② Auto CAD 도면을 다른 CAD 시스템에 전달하기 위해 개발되었다.
③ IGES 파일은 일반적으로 여섯 개의 섹션으로 구성되어 있다.

[정답] 54. ④ 55. ③ 56. ② 57. ③

④ 제품 데이터의 교환용으로 개발되었으며 공정계획, NC 프로그래밍, 공구 설계, 로봇 공학 등이 포함되어 있다.

해설 IGES(Initial Graphics Exchanges Specification)
기계, 전기, 전자, 유한요소해석(FEM), Solid Model 등의 표현 및 3차원 곡면 데이터를 포함하여 CAD/CAM Data를 교환하는 세계적인 표준이며, IGES 파일의 구조는 flag(플래그), Start(개시), Global(글로벌), Directory(디렉토리), Parameter(파라미터), Terminate(종결) 6개의 섹션(Section)으로 구성되어 있다.

58 솔리드 모델링 기법의 일종인 특징 형상 모델링 기법의 성격에 대한 설명으로 틀린 것은?

① 모델링 입력을 설계자 또는 제작자에게 익숙한 형상 단위로 수행하는 것이다.
② 전형적인 특징 형상은 모따기(chamfer), 구멍(hole), 슬롯(slot), 포켓(pocket) 등과 같은 것이다.
③ 모델링 된 입체를 제작하는 단계의 공정계획에서 매우 유용하게 사용될 수 있다.
④ 사용 분야와 사용자에 관계없이 특징 형상의 종류가 항상 일정하다는 것이 장점이다.

해설 Parametric Design의 특징
① 설계자에 친숙한 형상 단위로 물체를 모델링 할 수 있다.
② 대부분의 시스템이 제공하는 전형적인 특징 형상으로는 모따기(chamfer), 구멍(hole), 슬롯(slot), 포켓(pocket) 등이 있다.
③ 형상 구속조건과 치수 구속조건을 이용하여 모델링한다.
④ 구속조건 식을 푸는 방법으로 순차적 풀기, 동시 풀기 방법에 따라 결과 형상이 달라질 수 있다.

59 자주 설계되는 홀(hole), 키 슬롯(key slot), 포켓(pocket) 등을 라이브러리(library)에 미리 갖추어 놓고, 필요시 이들을 단품 설계에 사용하는 모델링 방식은 무엇인가?

① Parametric modeling
② Feature-based modeling
③ Surface modeling
④ Boolean operation

해설 Feature-based modeling의 특징
구멍(hole), 슬롯(slot), 포켓(pocket) 등의 형상 단위를 라이브러리(library)에 미리 갖추어 놓고 필요시 이들의 치수를 변화시켜 설계에 사용하는 모델링 방식이다.

[정답] 58. ④ 59. ②

60 형상 모델링과 가장 관계가 깊은 것은?
① 스위핑(sweeping)
② 만남 조건(mating condition)
③ 제품 구조(product structure)
④ 인스턴스 정보(instancing information)

> **해설** 스위핑(sweeping): 하나의 2차원 단면 형상을 입력하고 이를 안내 곡선을 따라 이동시켜 입체를 생성

정답 60. ①

week 2

전산응용기계제도기능사
CBT 모의고사

- 01회 CBT 모의고사
- 02회 CBT 모의고사
- 03회 CBT 모의고사
- 04회 CBT 모의고사
- 05회 CBT 모의고사
- 06회 CBT 모의고사

01회 CBT 모의고사

01 베어링으로 사용되는 구리계 합금으로 거리가 먼 것은?

① 켈밋(kelmet)
② 연청동(lead bronze)
③ 문쯔 메탈(muntz metal)
④ 알루미늄 청동(Al bronze)

해설
① **켈밋(kelmet)**: Cu계 베어링합금으로 켈밋(Kelmet)은 내소착성이 좋고 고속, 고하중용으로 적합하다. 자동차, 항공기 등의 주 베어링용, 발전기, 전동기, 철도차량용, 베어링에 사용된다.
② **연청동(lead bronze)**: 청동에 3.0~26% pb을 첨가한 것으로, 그 조직 중에 Pb이 거의 고용되지 않으며 윤활성이 좋아 베어링, 패킹재료 등에 널리 쓰인다.
③ **문쯔 메탈(muntz metal)**: 6-4 황동으로 500~600℃로 가열하면 연성이 회복되어 열간가공이 적합하며 인장강도도 최대이다. Zn 40% 내외의 것을 문쯔 메탈이라 한다.
④ **알루미늄 청동(Al bronze)**: 8~2%의 Al을 첨가하여 강도, 경도, 인성, 내마모성, 내식성, 내피로성이 황동, 청동보다 좋지만, 주조성, 가공성, 용접성이 나쁘다.

02 다음 중 알루미늄 합금이 아닌 것은?

① Y합금
② 실루민
③ 톰백(tombac)
④ 로엑스(Lo-Ex) 합금

해설
① **Y합금**: 내열용 Al-Cu-Ni-Mg의 합금으로 대표적인 내열용 합금이다. $Al_5Cu_2Mg_2$가 석출 경화되며, 시효 처리한다.
② **실루민**: 주조용 Al-Si계로 이 합금의 주조조직의 Si는 육각판상의 거친 조직이므로 실용화할 수 있도록 개량(개질)처리 한다. 대표 합금으로 실루민(Silumin), 알펙스(Alpax) 등이 있다.
③ **톰백(tombac)**: 5~20%의 저 아연합금으로 전연성이 좋고 색이 금에 가까우므로 모조 금박으로서 금 대용으로 사용한다.
④ **로엑스(Lo-Ex) 합금**: 내열용 합금으로 Al- Si계에 Cu, Mg, Ni을 첨가한 특수 실루민으로 Na으로 개질 처리한다.

03 탄소 공구강의 구비 조건으로 거리가 먼 것은?

① 내마모성이 클 것
② 저온에서의 경도가 클 것
③ 가공 및 열처리성이 양호할 것
④ 강인성 및 내충격성이 우수할 것

해설 탄소 공구강은 고온에서의 경도가 클 것

정답 01. ③ 02. ③
03. ②

04 고속도 공구강 강재의 표준형으로 널리 사용되고 있는 18-4-1형에서 텅스텐 함유량은?

① 1% ② 4%
③ 18% ④ 23%

해설 **고속도강(SKH)**: 절삭 공구강의 대표적인 특수강으로서 W, Cr, V 이외의 Co, Mo 등을 다량 함유하고 있는 고합금강으로, 500~600℃까지 가열하여도 뜨임에 의해서 연화되지 않고 고온에서도 경도 감소가 적은 것이 특징이다. 대표적인 것으로는 W 18%, Cr 4%, V 1%를 함유한 18-4-1형이 있다.

05 열처리의 방법 중 강을 경화시킬 목적으로 실시하는 열처리는?

① 담금질 ② 뜨임
③ 불림 ④ 풀림

해설 ① **담금질**: 경도증가 ② **뜨임**: 인성 부여
③ **불림**: 재질의 표준화 ④ **풀림**: 내부응력 제거

06 공구용으로 사용되는 비금속 재료로 초내열성 재료, 내마멸성 및 내열성이 높은 세라믹과 강한 금속의 분말을 배열 소결하여 만든 것은?

① 다이아몬드 ② 고속도강
③ 서멧 ④ 석영

해설 **서멧 공구**: Al_2O_3 분말 70%에 탄질화 티탄 TiC 또는 TiN 분말을 30% 정도 혼합하여 수소 분위기에 소결하여 제작한다.

07 마우러 조직도에 대한 설명으로 옳은 것은?

① 탄소와 규소량에 따른 수철의 소식 관계를 표시한 것
② 탄소와 흑연량에 따른 주철의 조직 관계를 표시한 것
③ 규소와 망긴량에 따른 주철의 조직 관계를 표시한 것
④ 규소와 Fe_3C량에 따른 주철의 조직 관계를 표시한 것

해설 **마우러 조직도**: 탄소와 규소량에 따른 주철의 조직 관계를 표시한 것

08 피치 4mm인 3줄 나사를 1회전 시켰을 때의 리드는 얼마인가?

① 6mm ② 12mm
③ 16mm ④ 18mm

해설 리드(L) = 줄 수(N) × 피치(P) = 4 × 3 = 12mm

[정답] 04. ③ 05. ①
06. ③ 07. ①
08. ②

01회 CBT 모의고사

09 기어에서 이(tooth)의 간섭을 막는 방법으로 틀린 것은?

① 이의 높이를 높인다.
② 압력 각을 증가시킨다.
③ 치형의 이끝면을 깎아낸다.
④ 피니언의 반경 방향의 이뿌리면을 파낸다.

해설 **이의 간섭**: 서로 맞물린 래크와 피니언에서 큰 기어의 이끝이 피니언의 이뿌리에 닿아서 회전할 수 없게 되는 현상으로 이의 높이를 낮춘다.

10 볼트 너트의 풀림 방지 방법 중 틀린 것은?

① 로크너트에 의한 방법
② 스프링 와셔에 의한 방법
③ 플라스틱 플러그에 의한 방법
④ 아이 볼트에 의한 방법

해설 **나사의 풀림 방지법**
① 와셔를 사용하는 방법
② 로크너트를 사용하는 방법
③ 자동죔 너트에 의한 방법
④ 핀, 작은 나사, 멈춤 나사에 의한 방법
⑤ 철사에 의한 방법
⑥ 플라스틱 플러그에 의한 방법

11 전달마력 30kW, 회전수 200rpm인 전동 축에서 토크 T는 약 몇 N·m인가?

① 107
② 146
③ 1070
④ 1430

해설
$$T = 9549 \times 10^3 \times \frac{H'}{N} [\text{N} \cdot \text{mm}] [\text{kW}]$$
$$T = 9549 \times 10^3 \times \frac{30}{200} = \frac{1432350}{1000} = 1432.4 \text{N} \cdot \text{m}$$

12 원주에 톱니형상의 이가 달려 있으며 폴(pawl)과 결합하여 한쪽 방향으로 간헐적인 회전 운동을 주고 역회전을 방지하기 위하여 사용되는 것은?

① 래칫 휠
② 플라이 휠
③ 원심 브레이크
④ 자동하중 브레이크

정답 09. ① 10. ④ 11. ④ 12. ①

해설 ① 래칫 휠: 기계의 역전방지, 한 방향의 가동 클러치, 분할작업 등에 쓰인다.
② 플라이 휠: 축에 토크 변동이 심할 경우 휠(wheel)을 부착하여 규칙적인 회전을 유지시킨다.

13 벨트전동에 관한 설명으로 틀린 것은?

① 벨트풀리에 벨트를 감는 방식은 크로스벨트 방식과 오픈벨트 방식이 있다.
② 오픈벨트 방식에서는 양 벨트풀리가 반대 방향으로 회전한다.
③ 벨트가 원동차에 들어가는 측을 인(긴)장 측이라 한다.
④ 벨트가 원동차로부터 풀려 나오는 측을 이완 측이라 한다.

해설 벨트전동에서 오픈벨트 방식에서는 양 벨트풀리가 같은 방향으로 회전한다.

14 축에 키(key) 홈을 가공하지 않고 사용하는 것은?

① 묻힘(sunk) 키   ② 안장(saddle) 키
③ 반달 키   ④ 스플라인

해설 ① **묻힘(sunk) 키**: 축과 보스 양쪽에 모두 키 홈을 파서 비틀림 모멘트를 전달하는 키로서 가장 많이 사용한다.
② **안장(saddle) 키**: 축에는 홈을 파지 않고 축과 키 사이의 마찰력으로 회전력을 전달한다. 축의 강도를 감소시키지 않고 고정할 수 있으나, 큰 동력을 전달시킬 수 없으므로 경하중 소직경에 사용한다.
③ **반달 키**: 반월상의 키로서 축의 홈이 깊게 되어 축의 강도가 약하게 되기는 하나 축과 키 홈의 가공이 쉽고, 키가 자동적으로 축과 보스 사이에 자리를 잡을 수 있어 자동차, 공작기계 등의 60mm 이하의 작은 축이나 테이퍼 축에 사용한다.
④ **스플라인**: 축의 원주에 수많은 키를 깎은 것으로 큰 토크를 전달시키고, 내구력이 크며 축과 보스의 중심축을 정확하게 맞출 수 있고 축 방향으로 이동도 가능하다.

15 다음 기하 공차 종류 중 단독형체가 아닌 것은?

① 진직도   ② 진원도
③ 경사도   ④ 평면도

해설

적용하는 형체	구분	기호	공차의 종류
단독 형체	모양 공차	—	진직도 공차
		⟋	평면도 공차
		○	진원도 공차
		⌓	원통도 공차
단독 형체 또는 관련 형체		⌒	선의 윤곽도 공차
		⌓	면의 윤곽도 공차

정답 13. ② 14. ② 15. ③

16. 도면에서 구멍의 치수가 "$\varnothing 80^{+0.03}_{-0.02}$"로 기입되어 있다면 치수 공차는?

① 0.01
② 0.02
③ 0.03
④ 0.05

해설 0.03+0.02=0.05

17. 구의 반지름을 나타내는 치수 보조 기호는?

① ∅
② S∅
③ SR
④ C

해설

구분	기호
지름	∅
반지름	R
구의 지름	S∅
구의 반지름	SR

18. 다음 중 가는 2점 쇄선의 용도로 틀린 것은?

① 인접 부분 참고 표시
② 공구, 지그 등의 위치
③ 가공 전 또는 가공 후의 모양
④ 회전 단면도를 도형 내에 그릴 때의 외형선

해설 가는 2점 쇄선(가상선)
① 인접 부분을 참고로 표시
② 공구, 지그의 위치를 참고로 표시
③ 가동 부분을 이동 중의 특정한 위치 또는 이동 한계의 위치를 표시
④ 가공 전 또는 가공 후의 형상을 표시
⑤ 되풀이하는 것을 표시
⑥ 도시된 단면의 앞쪽에 있는 부분을 표시

19. 끼워 맞춤에서 축 기준식 헐거운 끼워 맞춤을 나타낸 것은?

① H7/g6
② H6/F8
③ h6/P9
④ h6/F7

정답 16. ④ 17. ③
18. ④ 19. ④

해설 상용하는 축 기준 끼워 맞춤

기준 축	구멍 공차역 클래스						
	헐거운 끼워 맞춤				중간 끼워 맞춤		
h6			F7	G7	H7	K7	M7
		E7	F7				
h7			F8		H8		
	D8	E8	F8		H8		
	D9	E9			H9		

20 제3각법으로 그린 3면도 투상도 중 틀린 것은?

① ② ③ ④

21 핸들, 벨트풀리나 기어 등과 같은 바퀴의 암, 리브 등에서 절단한 단면의 모양을 90° 회전시켜서 투상도의 안에 그릴 때, 알맞은 선의 종류는?

① 가는 실선 ② 가는 1점쇄선
③ 가는 2점쇄선 ④ 굵은 1점쇄선

해설 회전도시 단면도: 핸들이나 바퀴 등의 암 및 림, 리브, 훅, 축, 구조물의 부재 등의 절단면은 90° 회전하여 표시하여도 좋다.
① 절단할 곳의 전후를 끊어 그 사이에 그린다.
② 절단선의 연장선 위에 그린다.
③ 도형 내의 절단한 곳에 겹쳐서 가는 실선을 사용하여 그린다.

22 다음 중 척도의 기입 방법으로 틀린 것은?

① 척도는 표제란에 기입하는 것이 원칙이다.
② 표제란이 없는 경우에는 부품 번호 또는 상세도의 참조 문자 부근에 기입한다.
③ 한 도면에는 반드시 한 가지 척도만 사용해야 한다.
④ 도형의 크기가 지수와 비례하지 않으면 NS라고 표시한다.

해설 척도의 기입 방법
척도는 도면의 표제란에 기입한다. 같은 도면에 다른 척도를 사용할 때는 필요에 따라 그 그림 부근에도 기입한다. 도형이 치수에 비례하지 않는 경우에는 그 취지를 적당한 곳에 명기한다. 또, 이들 척도의 표는 잘못 볼 염려가 없을 경우에는 기입하지 않아도 좋다.

정답 20.② 21.① 22.③

23. 다음 등각 투상도의 화살표 방향이 정면도일 때, 평면도를 올바르게 표시한 것은? (단, 제3각법의 경우에 해당한다.)

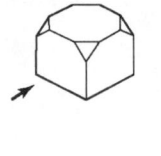

① ② ③ ④

24. 다음과 같이 다면체를 전개한 방법으로 옳은 것은?

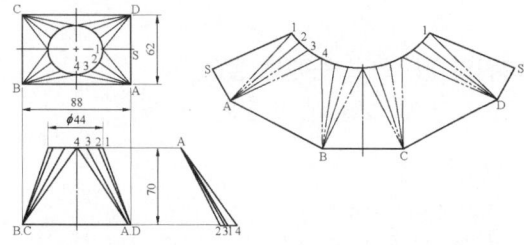

① 삼각형법 전개 ② 방사선법 전개
③ 평행선법 전개 ④ 사각형법 전개

해설 판금 제품의 전개방법을 그리는 방법으로는 평행선법, 방사선법, 삼각형법이 있다.
① **삼각형법 전개**: 꼭지점이 먼 각뿔, 원뿔 등에 해당하는 면을 삼각형으로 분할하여 전개도를 그리는 방법
② **방사선법 전개**: 삼각뿔, 사각뿔 등의 각뿔과 원뿔의 꼭지점을 기준으로 부채꼴로 펼쳐서 전개도를 그리는 방법
③ **평행선법 전개**: 삼각기둥, 사각기둥 등과 같이 여러 가지의 각기둥과 원기둥을 평행하게 전개하여 그리는 방법

25. 치수기입에 대한 설명 중 틀린 것은?

① 제작에 필요한 치수를 도면에 기입한다.
② 잘 알 수 있도록 중복하여 기입한다.
③ 가능한 한 주요 투상도에 집중하려 기입한다.
④ 가능한 한 계산하여 구할 필요가 없도록 기입한다.

해설 치수는 되도록 주 투상도에 집중시키며, 중복 기입을 피하고, 되도록 계산하여 구할 필요가 없도록 기입한다.

정답 23. ② 24. ① 25. ②

26 다음 중심선(산술) 평균 거칠기 값 중에서 표면이 가장 매끄러운 상태를 나타내는 것은?

① 0.2a
② 1.6a
③ 3.2a
④ 6.3a

해설

분 류	Ry	Rz	Ra
거친 다듬면	100S	100Z	25a
보통 다듬면	25S	25Z	6.3a
고운 다듬면	6.3S	6.3Z	1.6a
정밀 다듬면	0.8S	0.8Z	0.2a

27 단면도에 관한 내용이다. 올바른 것을 모두 고른 것은?

㉠ 절단면은 중심선에 대하여 45° 경사지게 일정한 간격으로 가는 실선으로 빗금을 긋는다.
㉡ 정면도는 단면도로 그리지 않고, 평면도나 측면도만 절단한 모양으로 그린다.
㉢ 한쪽 단면도는 위, 아래 또는 왼쪽과 오른쪽이 대칭인 물체의 단면을 나타낼 때 사용한다.
㉣ 단면 부분에는 해칭(hatching)이나 스머징(smudging)을 한다.

① ㉠, ㉡
② ㉡, ㉢
③ ㉠, ㉡, ㉢
④ ㉠, ㉢, ㉣

해설 단면도의 해칭
① 보통 사용하는 해칭은 주된 중심선에 대하여 45°의 가는 실선으로써 등간격으로 표시한다.
② 동일 부품의 단면은 떨어져 있어도 해칭의 방향과 간격 등을 같게 한다.
③ 서로 인접하는 단면의 해칭은 선의 방향 또는 각도(30°, 45°, 60° 임의의 각도) 및 그 간격을 바꾸어서 구별한다.
④ 경사진 단면의 해칭선은 경사진 면에 수평이나 수직으로 그리지 않고, 재질에 관계없이 기본 중심에 대하여 45° 경사진 각도로 그린다.
⑤ 잘린 자리의 면적이 넓을 경우에는 그 외형선을 따라 적절한 범위에 해칭(또는 스머징)을 한다.

28 치수 공차와 끼워 맞춤에서 구멍의 치수가 축의 치수보다 작을 때, 구멍과 축과의 치수의 차를 무엇이라고 하는가?

① 틈새
② 죔새
③ 공차
④ 끼워 맞춤

해설 구멍과 축이 조립되는 관계를 끼워 맞춤이라 하고, 구멍의 지름이 축의 지름보다 큰 경우 두 지름의 차를 틈새, 축의 지름이 구멍의 지름보다 큰 경우 두 지름의 차를 죔새라 한다.

정답 26. ① 27. ④ 28. ②

29 기계 도면에서 부품란에 재질을 나타내는 기호가 "SS400"으로 기입되어 있다. 기호에서 "400"은 무엇을 나타내는가?

① 무게
② 탄소함유량
③ 녹는 온도
④ 최저 인장강도

해설
- SS: 일반구조용 압연강판
- 400: 최저 인장강도

30 그림과 같이 경사면부가 있는 대상물에서 그 경사면의 실형을 표시할 필요가 있는 경우에 사용하는 투상도의 명칭은?

① 부분 투상도
② 보조 투상도
③ 국부 투상도
④ 회전 투상도

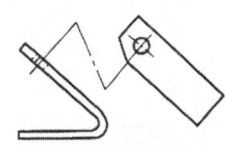

해설 보조 투상도: 물체의 경사면을 실형으로 그려서 바꾸기 할 필요가 있을 경우에는 그 경사면과 위치에 필요 부분만을 보조 투상도로 표시한다.

31 도면의 표제란에 사용되는 제1각법의 기호로 옳은 것은?

①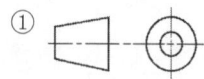
②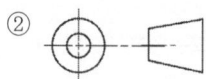
③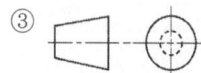
④

해설 투상법의 기호

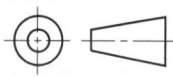　　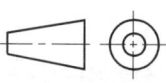
[제3각법의 기호]　　[제1각법의 기호]

32 다음 가공방법의 약호를 나타낸 것 중 틀린 것은?

① 선반가공(L)
② 보링가공(B)
③ 리머가공(FR)
④ 호닝가공(GB)

해설 호닝가공(GH), 벨트샌드가공(GB)

정답 29. ④ 30. ② 31. ① 32. ④

33 기하 공차의 종류 중 모양 공차에 해당하지 않는 것은?

① 평행도 공차
② 진직도 공차
③ 진원도 공차
④ 평면도 공차

해설

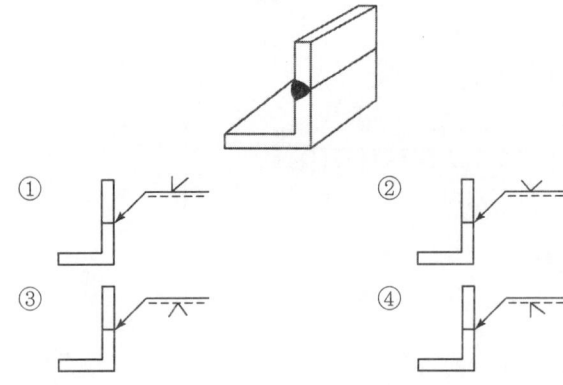

34 다음 용접 이음의 용접기호로 옳은 것은?

해설 그림의 기호는 한면 개선형 맞대기 용접으로, 옳은 것은 ③이다.

35 "6208 ZZ"로 표시된 베어링에 결합되는 축의 지름은?

① 10mm
② 20mm
③ 30mm
④ 40mm

해설 ① 62: 베어링 계열 기호
② 08: 안지름 번호(베어링 안지름 40mm)

36 관용 테이퍼 나사 중 테이퍼 수나사를 표시하는 기호는?

① M
② Tr
③ R
④ S

해설 ① M: 미터 보통 나사
② Tr: 미터 사다리꼴 나사
③ R: 관용테이퍼 수나사
④ S: 미니추어 나사

정답 33.① 34.③ 35.④ 36.③

01회 CBT 모의고사

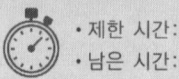

37 헬리컬 기어, 나사 기어, 하이포이드 기어의 잇줄 방향의 표시방법은?
① 2개의 가는 실선으로 표시
② 3개의 가는 2점 쇄선으로 표시
③ 3개의 가는 실선으로 표시
④ 3개의 굵은 2점 쇄선으로 표시

해설 기어의 잇줄 방향은 3개의 가는 실선으로 표시

38 평 벨트풀리의 도시 방법에 대한 설명 중 틀린 것은?
① 암은 길이 방향으로 절단하여 단면 도시를 한다.
② 벨트풀리는 축직각 방향의 투상을 주투상도로 한다.
③ 암의 단면형은 도형의 안이나 밖에 회전단면을 도시한다.
④ 암의 테이퍼 부분 치수를 기입할 때 치수보조선은 경사선으로 긋는다.

해설 암은 길이 방향으로 절단하여 단면을 도시하지 않는다.

39 나사용 구멍이 없는 평행키의 기호는?
① P   ② PS
③ T   ④ TG

해설 나사용 구멍이 없는 평행키의 기호는 P이다.

40 볼트의 머리가 조립 부분에서 밖으로 나오지 않아야 할 때, 사용하는 볼트는?
① 아이 볼트   ② 나비 볼트
③ 기초 볼트   ④ 육각 구멍붙이 볼트

해설
① **아이 볼트**: 무거운 기계와 전동기 등을 들어올릴 때 로프, 체인 또는 훅을 거는 데 사용한다.
② **나비 볼트**: 손으로 돌려 죌 수 있는 모양이다.
③ **기초 볼트**: 기계 등을 콘크리트 바닥에 설치하는 데 쓰인다.
④ **육각 구멍붙이 볼트**: 볼트의 머리가 조립 부분에서 밖으로 나오지 않아야 할 때 사용한다.

정답 37. ③ 38. ① 39. ① 40. ④

41 기어의 종류 중 피치원 지름이 무한대인 기어는?
① 스퍼 기어 ② 래크
③ 피니언 ④ 베벨 기어

해설 래크: 피치원 지름이 무한대인 기어이다.

42 축의 끝에 45° 모떼기 치수를 기입하는 방법으로 틀린 것은?

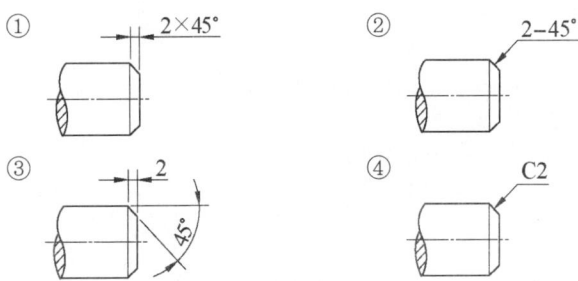

해설 모떼기의 치수 기입

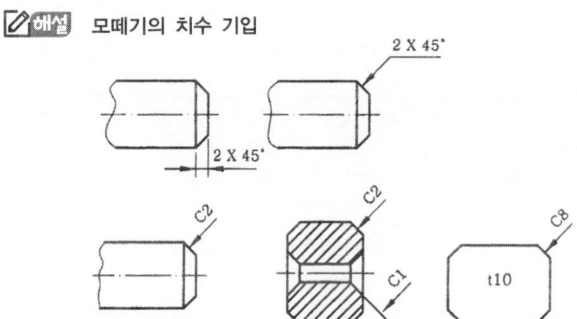

43 스프링 도시의 일반 사항이 아닌 것은?
① 코일 스프링은 일반적으로 무 하중 상태에서 그린다.
② 그림 안에 기입하기 힘든 사항은 일괄하여 요목표에 기입한다.
③ 하중이 걸린 상태에서 그린 경우에는 치수를 기입할 때, 그 때의 하중을 기입한다.
④ 단서가 없는 코일 스프링이나 벌류트 스프링은 모두 왼쪽으로 감은 것을 나타낸다.

해설 특별한 단서가 없는 한 모두 오른쪽 감기로 도시하고, 왼쪽 감기로 도시할 때에는 '감긴 방향 왼쪽'이라고 표시한다.

44 컴퓨터가 데이터를 기억할 때의 최소 단위는 무엇인가?
① bit ② byte
③ word ④ block

해설 bit: 컴퓨터가 데이터를 기억할 때의 최소 단위이다.

정답 41. ② 42. ② 43. ④ 44. ①

45. CAD 시스템에서 점을 정의하기 위해 사용되는 좌표계가 아닌 것은?

① 극 좌표계
② 원통 좌표계
③ 회전 좌표계
④ 직교 좌표계

해설 좌표계의 종류
① 직교 좌표계(cartesian coordinate system): 공간상 교차하는 지점인 $P(x_1, y_1, z_1)$
② 극 좌표계(polar coordinate system): 평면상의 한 점 P(거리, 각도)
③ 원통 좌표계(cylindrical coordinate system): 점 $P(r, \theta, z_1)$를 직교 좌표
④ 구면 좌표계(spherical coordinate system): 공간상에 점 $P(\rho, \phi, \theta)$

46. 다음 설명에 가장 적합한 3차원의 기하학적 형상 모델링 방법은?

- Boolean연산(합, 차, 적)을 통하여 복잡한 형상 표현이 가능하다.
- 형상을 절단한 단면도 작성이 용이하다.
- 은선 제거가 가능하고 물리적 성질 등의 계산이 가능하다.
- 컴퓨터의 메모리량과 데이터처리가 많아진다.

① 서피스 모델링(surface modeling)
② 솔리드 모델링(solid modeling)
③ 시스템 모델링(system modeling)
④ 와이어프레임 모델링(wireframe modeling)

해설 솔리드 모델링(Soild Modeling)
① 은선 제거가 가능하다.
② 간섭 체크가 가능하다.
③ 형상을 절단하여 단면도를 작성하기가 쉽다.
④ 불리언(Boolean) 연산(합, 차, 적)에 의하여 복잡한 형상도 표현할 수 있다.
⑤ 물리적 성질(Weight, Center of Gravity Moment)의 계산이 가능하다.

47. 다음 중 입출력장치의 연결이 잘못된 것은?

① 입력장치 – 트랙볼, 마우스
② 입력장치 – 키보드, 라이트펜
③ 출력장치 – 프린터, COM
④ 출력장치 – 디지타이저, 플로터

해설 디지타이저는 입력장치이다.

정답 45. ③ 46. ② 47. ④

48 나사 마이크로미터는 다음의 어느 측정에 가장 널리 사용되는가?
① 나사의 골지름
② 나사의 유효지름
③ 나사의 호칭 지름
④ 나사의 바깥지름

49 마이크로미터 측정면의 평면도 검사에 가장 적당한 기기는?
① 블록 게이지
② 옵티컬 플랫
③ 옵티컬 페러렐
④ 다이얼 게이지

50 다이얼 게이지의 특징이 아닌 것은?
① 측정 범위가 좁고 직접 제품의 치수를 읽을 수 있다.
② 소형, 경량으로 취급이 용이하다.
③ 눈금과 지침에 의해서 읽기 때문에 오차가 적다.
④ 연속된 변위량의 측정이 가능하다.

해설 다이얼 게이지의 특징
① 측정 범위가 넓다.
② 연속된 변위량의 측정이 가능하다.
③ 소형, 경량으로 취급이 용이하다.
④ 어태치먼트의 사용방법에 따라 측정이 광범위하다.
⑤ 다이얼 눈금과 지침에 의해서 읽기 때문에 읽기 오차가 적다.
⑥ 다원측정(동시에 많은 개소의 측정이 가능)의 검출기로서 이용할 수 있다.

51 간접 측정방법에 해당하지 않는 것은?
① 투영기에 의한 형상 측정
② 삼침을 이용한 나사의 유효지름 측정
③ 사인 바와 인디케이터에 의한 각도 측정
④ 나사 마이크로미터에 의한 유효지름 측정

해설 간접 측정방법
① 투영기에 의한 형상 측정
② 삼침을 이용한 나사의 유효지름 측정
③ 사인 바와 인디케이터에 의한 각도 측정
④ 롤러와 게이지 블록에 의한 테이퍼 측정

52 한계게이지의 종류에 해당하지 않는 것은?
① 봉 게이지
② 스냅 게이지
③ 다이얼 게이지
④ 플러그 게이지

해설 ① 구멍용 한계게이지: 플러그 게이지, 봉 게이지
② 축용 한계게이지: 링 게이지, 스냅 게이지

정답 48. ② 49. ②
50. ① 51. ④
52. ③

53. 사인 바 200mm 되는 것으로 10°를 만들 때 블록 게이지 높이는?
① 26.6mm   ② 34.8mm
③ 38.4mm   ④ 41.8mm

해설) $200 \times \sin 10 = 34.72$mm

54. 질화법에서 질화가 쉽게 이루어지는 강은?
① Ti를 포함하는 강   ② Cl를 포함하는 강
③ Au를 포함하는 강   ④ Mg를 포함하는 강

55. 모델링 보정에서 단품에 대한 모델링 과정 및 최종 형상에 대한 검토보다 어셈블리에 대한 구속과정 및 단품과 단품의 떨어진 거리 등을 확인하기 위하여 더 많이 사용하는 것은?
① 측정   ② 물성치
③ 두께 검사   ④ 간섭 체크

56. IGES에 대한 설명으로 옳은 것은?
① 데이터 교환의 표준 형식으로 채택된 규격
② 가로축 방향을 u축, 세로축 방향을 v축으로 갖는 좌표계
③ 각 화소(pixel)마다 해당 점과의 거리를 저장하는 기억 장소
④ 이차원 도형을 어느 직선 방향으로 이동시키거나 회전시켜 입체를 생성하는 기능

해설) IGES는 기계, 전기, 전자, 유한요소해석(FEM), Solid Model 등의 표현 및 3차원 곡면 데이터를 포함하여 CAD/CAM Data를 교환하는 세계적인 표준이고, IGES는 3차원 모델링 기법인 CSG(Constructuve Solid Geometry: 기본입체의 집합연산 표현방식) Modeling과 B-rap(Boundary representation: 경계표현 방식)에 의한 모델을 정의할 수 있다.

57. 3차원 형상 모델을 분해 모델로 저장하는 방법 중 틀린 것은?
① facet 모델
② 복셀(voxel) 모델
③ 옥트리(octree) 표현
④ 세포분해(cell decomposition) 모델

[정답] 53. ② 54. ① 55. ① 56. ① 57. ①

해설 Decomposition(분해) 모델링
임의의 3차원 입체 형상을 그보다 작은 정육면체 등과 같이 기본적인 입체 요소의 집합으로 잘게 분할, 근사한 형상으로 대체하여 표현하는 기법으로 유한요소법(FEM)에서 주로 사용되며 3차원 형상 모델을 분해 모델로 저장하는 방법은 다음과 같다.
① 복셀(Voxel) 모델
② 옥트리(Octree) 모델
③ 세포분해(Cell Decomposition) 모델

58 다음 중 CAD/CAM 소프트웨어의 모델 데이터베이스에 포함되어야 하는 기본요소와 가장 거리가 먼 것은?

① 모델 형상
② 설계자 인적 사항
③ 모델의 재질 특성
④ 모델을 구성하는 그래픽요소(attributes)

해설 CAD/CAM에서 모델 데이터베이스에 포함되어야 하는 기본요소는 모델 형상, 모델의 재질 특성, 모델을 구성하는 그래픽요소 등이다.

59 어떤 선, 곡선, 원 등의 요소에 진행 방향을 지정한 후 길이와 각도로써 곡면을 만들거나, 또는 진행 방향에 그대로 제한 평면(limit plane)이나 제한 곡면(limit surface)을 지정하여 작성하는 곡면은?

① 테이퍼 곡면   ② 회전 곡면
③ 룰드 곡면   ④ 경계 곡면

해설 곡면(surface)의 작성 방법
① 룰드 곡면(ruled surface): 2개의 곡선 지정
② 회전 곡면(surface of revolution): 곡선 경로와 회전축 지정
③ 경계 곡선(surface of boundries): 3개의 곡선 지정
④ 테이퍼 곡면(tapered surface): 어떤 선, 곡선, 원의 요소에 진행 방향과 길이, 각도 지정
⑤ 변형 스위프 곡면: 원, 다각형 지정

60 Cup(컵)이나 유리병과 같이 형상을 가진 대상을 작성하기 위해 사용하는 명령어 중 가장 적절한 것은?

① 단순 평면(plane surface)
② 복합 곡면(ruld surface)
③ 회전 곡면(revolution surface)
④ Bezier 곡면

[정답] 58. ② 59. ①
60. ③

02회 CBT 모의고사

01 수기가공에서 사용하는 줄, 쇠톱날, 정 등의 절삭가공용 공구에 가장 적합한 금속재료는?

① 주강 ② 스프링강
③ 탄소공구강 ④ 쾌삭강

해설 탄소공구강(STC)
① 탄소강: 탄소량 0.6~1.5, 탄소공구강: 탄소함유량 0.9~1.3
② 200℃ 이상의 온도에서 뜨임 효과 → 경도 저하 → 고속절삭에 불리
  ※ 저온 뜨임(100~200℃), 고온 뜨임(400~650℃)
③ 줄, 펀치, 정, 쇠톱날 등을 제작

02 일반적인 합성수지의 공통된 성질로 가장 거리가 먼 것은?

① 가볍다. ② 착색이 자유롭다.
③ 전기절연성이 좋다. ④ 열에 강하다.

해설 합성수지는 단단하나 열에는 약하다. 가열하면 연소되어 사용할 수 없고, 열전도율(熱傳導率)이 낮아 부분적으로 과열(過熱)되기 쉬우므로 주의해야 한다.

03 다음 비철 재료 중 비중이 가장 가벼운 것은?

① Cu ② Ni
③ Al ④ Mg

해설 비중
① Cu: 8.9 ② Ni: 8.9
③ Al: 2.7 ④ Mg: 1.74

04 탄소강에 첨가하는 합금원소와 특성과의 관계가 틀린 것은?

① Ni - 인성 증가 ② Cr - 내식성 향상
③ Si - 전자기적 특성 개선 ④ Mo - 뜨임취성 촉진

해설 몰리브덴(Mo): 경도 깊이증가, 고온에서의 강도, 인성 증대, 뜨임취성 방지, 텅스텐 효과의 2배

05 철-탄소계 상태도에서 공정 주철은?

① 4.3%C ② 2.1%C
③ 1.3%C ④ 0.86%C

답안 표기란

01 ① ② ③ ④
02 ① ② ③ ④
03 ① ② ③ ④
04 ① ② ③ ④
05 ① ② ③ ④

정답 01. ③ 02. ④
03. ④ 04. ④
05. ①

해설 ① 공정주철 : 4.3%C(레데뷰라이트)
② 아공정주철 : 2.0~4.3%C(오스테나이트＋레데뷰라이트)
③ 과공정주철 : 4.3~6.67%C(레데뷰라이트＋시멘타이트)

06 탄소공구강의 단점을 보강하기 위해 Cr, W, Mn, Ni, V 등을 첨가하여 경도, 절삭성, 주조성을 개선한 강은?
① 주조경질합금
② 초경합금
③ 합금공구강
④ 스테인리스강

해설 합금공구강(STS)
경도를 크게 하고 절삭성을 개선하기 위하여 탄소 공구강에 Cr, W, V, Mo 등을 첨가한 강으로서 바이트(bite), 탭(tap), 드릴(drill), 절단기(cutter), 줄 등에 쓰인다.

07 다음 중 청동의 합금원소는?
① Cu＋Fe
② Cu＋Sn
③ Cu＋Zn
④ Cu＋Mg

해설 청동(bronze)
넓은 의미에서 황동 이외의 구리합금을 모두 청동이라고 하지만 좁은 의미에서는 Cu-Sn 합금을 말한다.

08 베어링의 호칭 번호가 6308일 때 베어링의 안지름은 몇 mm인가?
① 35
② 40
③ 45
④ 50

해설 안지름 번호(내륜 안지름)
00 : 10mm
01 : 12mm
02 : 15mm
03 : 17mm
08×5=40mm

09 2kN의 짐을 들어 올리는 데 필요한 볼트의 바깥지름은 몇 mm 이상이어야 하는가? (단, 볼트 재료의 허용인장응력은 400N/cm² 이다.)
① 20.2
② 31.6
③ 36.5
④ 42.2

해설 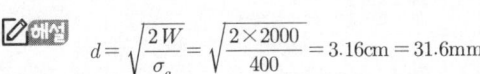 $d = \sqrt{\dfrac{2W}{\sigma_a}} = \sqrt{\dfrac{2 \times 2000}{400}} = 3.16\text{cm} = 31.6\text{mm}$

[정답] 06. ③ 07. ②
08. ② 09. ②

10 테이퍼 핀의 테이퍼 값과 호칭 지름을 나타내는 부분은?

① 1/100, 큰 부분의 지름 ② 1/100, 작은 부분의 지름
③ 1/50, 큰 부분의 지름   ④ 1/50, 작은 부분의 지름

해설 테이퍼 핀(taper pin): $T = \dfrac{1}{50}$
호칭 지름은 작은 축 지름으로 주축을 보스에 고정할 때 사용한다.

11 나사의 기호 표시가 틀린 것은?

① 미터계 사다리꼴 나사: TM ② 인치계 사다리꼴 나사: WTC
③ 유니파이 보통 나사: UNC ④ 유니파이 가는 나사: UNF

해설

30° 사다리꼴 나사	TM
29° 사다리꼴 나사	TW
미터 사다리꼴 나사	Tr

12 나사의 피치가 일정할 때 리드(lead)가 가장 큰 것은?

① 4줄 나사   ② 3줄 나사
③ 2줄 나사   ④ 1줄 나사

해설 리드(lead): 나사산이 원통을 한 바퀴 회전하여 축 방향으로 나아가는 거리
• 리드와 피치 사이의 관계: $l = n \times p$

13 원통형 코일의 스프링 지수가 9이고, 코일의 평균 지름이 180mm 이면 소선의 지름은 몇 mm인가?

① 9   ② 18
③ 20   ④ 27

해설 소선의 지름$(d) = \dfrac{D}{C} = \dfrac{180}{9} = 20$

14 간헐운동(intermittent motion)을 제공하기 위해서 사용되는 기어는?

① 베벨 기어   ② 헬리컬 기어
③ 웜 기어   ④ 제네바 기어

해설 제네바 기어: 간헐운동(intermittent motion)을 제공하기 위해서 사용되는 기어이다.

답안 표기란				
10	①	②	③	④
11	①	②	③	④
12	①	②	③	④
13	①	②	③	④
14	①	②	③	④

[정답] 10. ④
11. ①,②(중복답안)
12. ① 13. ③
14. ④

15 직접전동 기계요소인 홈 마찰차에서 홈의 각도(2α)는?

① $2\alpha = 10 \sim 20°$
② $2\alpha = 20 \sim 30°$
③ $2\alpha = 30 \sim 40°$
④ $2\alpha = 40 \sim 50°$

해설 홈 마찰차에서 홈의 각도: $2\alpha = 30 \sim 40°$

16 이론적으로 정확한 치수를 나타낼 때 사용하는 기호로 옳은 것은?

① t
② ( )
③ ☐
④ △

해설

판의 두께	t
45°의 모따기	C
원호의 길이	⌒
참고 치수	( )
이론적으로 정확한 치수	☐

17 도면의 척도가 "1 : 2"로 도시되었을 때 척도의 종류는?

① 배척
② 축척
③ 현척
④ 비례척이 아님

해설 척도의 종류
① 축척: 실물을 축소해서 그린 도면
② 현척(실척): 실물과 같은 크기로 그린 도면
③ 배척: 실물을 확대해서 그린 도면
④ NS(Non Scale): 비례척이 아닌 임의의 척도

18 도면 제작과정에서 다음과 같은 선들이 같은 장소에 겹치는 경우 가장 우선시 하여 나타내야 하는 것은?

① 절단선
② 중심선
③ 숨은선
④ 지수선

해설 겹치는 선의 우선순위
① 외형선 ② 숨은선 ③ 절단선 ④ 중심선 ⑤ 무게중심선 ⑥ 치수보조선

19 가는 1점 쇄선으로 표시하지 않는 선은?

① 가상선
② 중심선
③ 기준선
④ 피치선

해설 가상선: 가는 2점 쇄선

정답 15. ③ 16. ③
17. ② 18. ③
19. ①

20 다음 등각 투상도에서 화살표 방향을 정면도로 할 경우 평면도로 가장 옳은 것은?

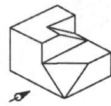

①    ②

③    ④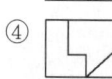

21 가공 결과 그림과 같은 줄무늬가 나타났을 때 표면의 결 도시기호로 옳은 것은?

① 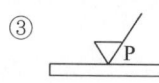   ②

③ (P)   ④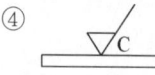

해설

M	가공으로 생긴 선이 다방면으로 교차 또는 무방향	
C	가공으로 생긴 선이 거의 동심원	
R	가공으로 생긴 선이 거의 방사상(레이디얼형)	

22 제3각법에서 정면도 아래에 배치하는 투상도를 무엇이라 하는가?

① 평면도   ② 좌측면도
③ 배면도   ④ 저면도

정답 20. ② 21. ① 22. ④

해설 제3각법에서 투상도의 위치는 그림과 같다.
① 좌측면도는 정면도의 좌측에 위치한다.
② 평면도는 정면도의 위에 위치한다.
③ 우측면도는 정면도의 우측에 위치한다.
④ 저면도는 정면도의 아래에 위치한다.

23 "가" 부분에 나타날 보조 투상도를 가장 적절하게 나타낸 것은?

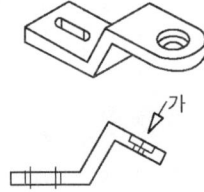

①  ②

③  ④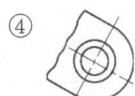

24 우리나라의 도면에 사용되는 길이 치수의 기본적인 단위는?
① mm
② cm
③ m
④ inch

해설 치수 수치의 표시방법
① 길이의 치수 수치는 원칙적으로 mm의 단위로 기입하고 단위기호는 붙이지 않는다.
② 각도의 치수 수치는 일반적으로 도의 단위로 기입하고, 필요한 경우에는 분 및 초를 병용할 수 있다. 또 각도의 치수 수치를 라디안의 단위로 기입하는 경우에는 그 단위 기호 rad를 기입한다.

25 그림과 같은 표면의 결 지시기호에서 각 항목에 대한 설명이 틀린 것은?

① a: 거칠기 값
② c: 가공 여유
③ d: 표면의 줄무늬 방향
④ f: R_a가 아닌 다른 거칠기 값

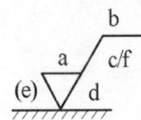

해설 c: 컷 오프 값

26. 상하 또는 좌우 대칭인 물체의 1/4을 절단하여 기본 중심선을 경계로 1/2은 외부모양, 다른 1/2은 내부모양으로 나타내는 단면도는?

① 전 단면도
② 한쪽 단면도
③ 부분 단면도
④ 회전 단면도

해설
① **전 단면도(온 단면도)**: 물체의 기본적인 모양을 가장 잘 나타낼 수 있도록 물체의 중심에서 반으로 절단하여 나타낸다.
② **한쪽 단면**: 상하 또는 좌우 대칭형의 물체는 기본 중심선을 경계로 1/2은 외형도로, 나머지 1/2은 단면도로 동시에 나타낸다. 대칭 중심선의 우측 또는 위쪽을 단면으로 한다.
③ **부분 단면도**: 외형도에서 필요로 하는 일부분만을 부분 단면도로 도시할 수 있다. 파단선(가는실선)으로 단면의 경계를 표시하고 프리핸드로 외형선의 1/2 굵기로 그린다.
④ **회전 단면도**: 핸들이나 바퀴 등의 암이나 리브, 훅, 축, 구조물의 부재 등의 절단면은 90° 회전하여 도시하거나, 절단할 곳의 전후를 끊어서 그 사이에 그린다.

27. 재료기호가 "STS 11"로 명기되었을 때 이 재료의 명칭은?

① 합금 공구강 강재
② 탄소 공구강 강재
③ 스프링 강재
④ 탄소 주강품

해설
① 합금 공구강 강재: STS
② 탄소 공구강 강재: STC
③ 스프링 강재: SPS
④ 탄소 주강품: SC

28. 다음 기하 공차 중 모양 공차에 속하지 않는 것은?

① ▱
② ○
③ ∠
④ ⌒

해설

구분	기호	공차의 종류
모양 공차	—	진직도 공차
	▱	평면도 공차
	○	진원도 공차
	⌭	원통도 공차
	⌒	선의 윤곽도 공차
	⌒	면의 윤곽도 공차

정답 26. ② 27. ① 28. ③

29 구멍의 최소 치수가 축의 최대 치수보다 큰 경우로 항상 틈새가 생기는 상태를 말하며, 미끄럼 운동이나 회전 운동이 필요한 부품에 적용하는 끼워 맞춤은?

① 억지 끼워 맞춤 ② 중간 끼워 맞춤
③ 헐거운 끼워 맞춤 ④ 조립 끼워 맞춤

해설 헐거운 끼워 맞춤
구멍의 최소 치수가 축의 최대 치수보다 큰 경우이며, 항상 틈새가 생기는 끼워 맞춤으로 미끄럼 운동이나 회전 운동이 필요한 기계 부품조립에 적용한다.

30 그림의 "b" 부분에 들어갈 기하 공차 기호로 가장 옳은 것은?

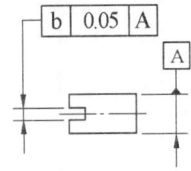

① ⊥ ② ⌒
③ ∠ ④ =

31 다음 중 국가별 표준규격 기호가 잘못 표기된 것은?

① 영국 – BS ② 독일 – DIN
③ 프랑스 – ANSI ④ 스위스 – SNV

해설 ① 프랑스 – NF
② 미국 – ANSI

32 제3각법으로 표시된 다음 정면도와 우측면도에 가장 적합한 평면도는?

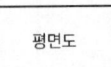

 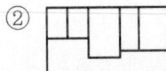
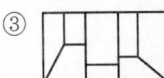 

정답 29. ③ 30. ④
31. ③ 32. ①

33 단면을 나타내는 데 대한 설명으로 옳지 않은 것은?

① 동일한 부품의 단면은 떨어져 있어도 해칭의 각도와 간격을 동일하게 나타낸다.
② 두께가 얇은 부분의 단면도는 실제 치수와 관계없이 한 개의 굵은 실선으로 도시할 수 있다.
③ 단면은 필요에 따라 해칭하지 않고 스머징으로 표현할 수 있다.
④ 해칭선은 어떠한 경우에도 중단하지 않고 연결하여 나타내야 한다.

해설 해칭을 하는 부분 속에 문자, 기호 등을 기입하기 위해 필요한 경우에는 해칭을 중단한다.

34 각도의 허용한계 치수 기입 방법으로 틀린 것은?

① $60° \pm 0°30'$

② $60°^{+0°30'}_{-0°10'}$

③ $60°10'$
$60°30'$

④ $60°^{+0°0'30'}_{-0°0'15'}$

35 아래와 같은 구멍과 축의 끼워 맞춤에서 최대 죔새는?

구멍: 20 H7 = $20^{+0.021}_{0}$
축: 20 p6 = $20^{+0.035}_{+0.022}$

① 0.035
② 0.021
③ 0.014
④ 0.001

해설

	구멍	축
최대허용치수	A=20.021mm	a=20.035mm
최소허용치수	B=20.000mm	b=20.022mm
최대 죔새	a − B = 0.035mm	
최소 죔새	b − A = 0.001mm	

정답 33. ④ 34. ③ 35. ①

36 기어의 잇수는 31개, 피치원 지름은 62mm인 표준 스퍼 기어의 모듈은 얼마인가?

① 1
② 2
③ 4
④ 8

해설 $m = \dfrac{d}{z} = \dfrac{피치원의\ 지름}{잇수} = \dfrac{62}{31} = 2$

37 다음 중 스프로킷 휠의 도시 방법으로 틀린 것은? (단, 축 방향에서 본 경우를 기준으로 한다.)

① 항목표에는 톱니의 특성을 나타내는 사항을 기입한다.
② 바깥지름은 굵은 실선으로 그린다.
③ 피치원은 가는 2점 쇄선으로 그린다.
④ 이뿌리원을 나타내는 선은 생략 가능하다.

해설 스프로킷 휠 제도법
① 바깥지름(이끝원)은 굵은 실선으로 그린다.
② 피치원은 가는 일점쇄선으로 그린다.
③ 이뿌리원은 가는 실선으로 그린다.
④ 정면도를 단면으로 도시할 경우 이뿌리는 굵은 실선으로 그린다.

38 나사 표기가 다음과 같이 나타날 때 설명으로 틀린 것은?

$$\text{Tr}40 \times 14(\text{P}7)\text{LH}$$

① 호칭 지름은 40mm이다.
② 피치는 14mm이다.
③ 왼 나사이다.
④ 미터 사다리꼴 나사이다.

해설 Tr40×14(P7)LH: 호칭 지름은 40mm, 리드 14mm, 피치는 7mm, L(왼 나사)이다.

39 구름 베어링 호칭 번호 "6203 ZZ P6"의 설명 중 틀린 것은?

① 62: 베어링 계열 번호
② 03: 안지름 번호
③ ZZ: 실드 기호
④ P6: 내부 틈새 기호

해설 P6: 등급 기호

정답 36.② 37.③
38.② 39.④

40 그림과 같이 가장자리(edge) 용접을 했을 때 용접 기호로 옳은 것은?

① ⋁ (with split)
② Y
③ |||
④ V

41 6각 구멍붙이 볼트 M50×2-6g에서 6g가 나타내는 것은?
① 다듬질 정도
② 나사의 호칭 지름
③ 나사의 등급
④ 강도 구분

📝**해설** 미터 가는 나사
- M50: 호칭 지름
- 2: 피치
- 6: 수나사 등급
- g: 공차 위치

42 동력을 전달하거나 작용 하중을 지지하는 기능을 하는 기계요소는?
① 스프링
② 축
③ 키
④ 리벳

43 웜의 제도 시 피치원 도시 방법으로 옳은 것은?
① 가는 1점 쇄선으로 도시한다.
② 가는 파선으로 도시한다.
③ 굵은 실선으로 도시한다.
④ 굵은 1점 쇄선으로 도시한다.

📝**해설** 이끝원은 굵은 실선으로 그리고 피치원은 가는 1점 쇄선으로 그린다.

44 다음 중 키의 호칭 방법을 옳게 나타낸 것은?
① (종류 또는 기호) (표준번호 또는 키 명칭) (호칭치수)×(길이)
② (표준번호 또는 키 명칭) (종류 또는 기호) (호칭치수)×(길이)
③ (종류 또는 기호) (표준번호 또는 키 명칭) (길이)×(호칭치수)
④ (표준번호 또는 키 명칭) (종류 또는 기호) (길이)×(호칭치수)

[정답] 40. ③ 41. ③
42. ② 43. ①
44. ②

해설 키의 호칭 방법: (표준번호 또는 키 명칭) (종류 또는 기호) (호칭치수)×(길이)

45 압축 하중을 받는 곳에 사용되며, 주로 자동차의 현가장치, 자전거의 안장 등 충격이나 진동 완화용으로 사용되는 스프링은?

① 압축 코일 스프링
② 판 스프링
③ 인장 코일 스프링
④ 비틀림 코일 스프링

해설 **압축 코일 스프링**: 압축 하중을 받는 곳에 사용되며, 주로 자동차의 현가장치, 자전거의 안장 등 충격이나 진동 완화용으로 사용된다.

46 CAD 시스템에서 기하학적 데이터의 변환에 속하지 않는 것은?

① 이동(translation)
② 회전(rotation)
③ 스케일링(scaling)
④ 리드로잉(redrawing)

해설 데이터 변환기능
① 스케일링(scaling): 형상의 확대, 축소
② 이동(translation): 위치 변환
③ 회전(rotation): 회전 변환

47 CPU(중앙처리장치)의 주요 기능으로 거리가 먼 것은?

① 제어 기능
② 연산 기능
③ 대화 기능
④ 기억 기능

48 정육면체, 실린더 등 기본적인 단순한 입체의 조합으로 복잡한 형상을 표현하는 방법은?

① B-rep 모델링
② CSG 모델링
③ Parametric 모델링
④ 분해 모델링

해설 **CSG 모델링**
① 불리언 연산자로 더하기(합), 빼고(차), 교차(적)시키는 방법을 통해 명확한 모델생성이 쉽다.
② 데이터를 아주 간결한 파일로 저장할 수 있어, 메모리가 적다.
③ 형상 수정이 용이하고 중량을 계산할 수 있다.

49 표면 경화강인 질화강에서 질화층 강도를 높여주는 역할을 하는 원소는?

① Cr
② Cu
③ Mo
④ Al

해설 질화 효과를 가장 크게 하는 원소는 Al이며 Cr, Mo도 영향을 준다.

[정답] 45.① 46.④ 47.③ 48.② 49.④

50. 비교 측정방법에 해당하는 것은?

① 사인 바에 의한 각도 측정
② 버니어 캘리퍼스에 의한 길이측정
③ 롤러와 게이지 블록에 의한 테이퍼 측정
④ 공기 마이크로미터를 이용한 제품의 치수 측정

해설 비교 측정(Relative Measurement)
기준이 되는 일정한 치수와 피측정물을 비교하여 그 측정치의 차이를 읽는 방법으로 비교 측정은 다이얼 게이지, 미니미터, 공기 마이크로미터(공기의 흐름을 확대 기구를 이용하여 길이를 측정하는 방식), 전기 마이크로미터 등이 있다.

51. 트위스트 드릴의 각부에서 드릴 홈의 골 부위(웨브 두께)를 측정하기에 가장 적합한 것은?

① 나사 마이크로미터
② 포인트 마이크로미터
③ 그루브 마이크로미터
④ 다이얼 게이지 마이크로미터

해설 포인트 마이크로미터: 트위스트 드릴의 각부에서 드릴 홈의 골 부위(웨브 두께)를 측정하기에 가장 적합하다.

52. 일반적인 게이지 블록 조합의 종류가 아닌 것은?

① 12개 조
② 32개 조
③ 76개 조
④ 103개 조

해설 게이지 블록
각 면의 치수가 다른 육면체로 아주 정밀하게 다듬질 되어있다. 이들 각 면을 몇 개 조합하여 밀착(wringing)시켜 필요한 치수로 만들어 길이의 기준으로 한다. 보통 103, 76, 32, 8개가 한 세트로 조합되어 있다.

53. -18μm의 오차가 있는 게이지 블록에 다이얼 게이지를 영점 세팅하여 공작물을 측정하였더니, 측정값이 46.78mm이었다면 참값(mm)은?

① 46.760
② 46.798
③ 46.762
④ 46.603

정답 50. ④ 51. ② 52. ① 53. ③

해설
- 계기 오차=측정값-참값=46.78-46=0.78
- 실제 치수=측정값+오차=46.78+(-0.018)=46.762

54 게이지 블록 구조 형상의 종류에 해당하지 않은 것은?
① 호크형　　② 캐리형
③ 레버형　　④ 요한슨형

해설 게이지 블록 구조 형상의 종류

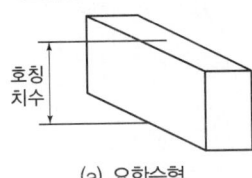
(a) 요한슨형

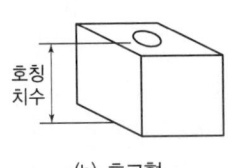
(b) 호크형

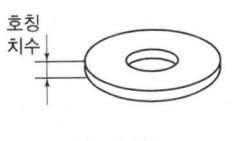
(c) 캐리형

55 100mm인 사인 바로 30° 만들 때 필요한 게이지 블록 중 관계없는 것은?
① 4.5　　② 5.5
③ 20　　④ 40

해설 $100 \times \sin 30° = 50$, 즉 ①, ②, ④의 세 개의 게이지 블록을 조합하여 50의 높이를 만들 수 있다.

56 고온의 오스테나이트 영역에서 탄소강을 냉각하면 냉각 속도의 차이에 따라 여러 조직으로 변태되는데 이들 조직의 강도와 경도를 큰 순서대로 바르게 나열한 것은?
① 마텐자이트 > 펄라이트 > 소르바이트 > 트루스타이트
② 마텐자이트 > 트루스타이트 > 펄라이드 > 소르바이트
③ 트루스타이트 > 마텐자이트 > 소르바이트 > 펄라이트
④ 마텐자이트 > 트루스타이트 > 소르바이트 > 펄라이트

57 컴퓨터 그래픽의 기본 요소(PRIMITIVE)중 3차원 프리미티브에 해당하지 않는 것은 어느 것인가?
① 구(sphere)　　② 관(tube)
③ 원통(cylinder)　　④ 선(line)

해설 프리미티브(primitive) 형상
① 기본형상 구성기능(primitive): 육면체(box), 원기둥(cylinder), 구(sphere), 원추(cone), 회전체(revolution), 프리즘(prism), 스윕(sweep) 등
② 기본형상 조합기능: 두 물체 더하기, 빼내기, 공통부분 찾기 등

정답 54. ③　55. ③　56. ④　57. ④

58 모델링 오류 검토에 대한 설명으로 틀린 것은?

① 선택한 요소 및 형상에 대한 정보를 사용자에게 알려 주는 기능을 모아 놓은 도구 모음이다.
② 도구 모음의 명령어는 형상을 생성·제거하는 기능을 하는 것이 아니라, 형상에 대한 정보를 통하여 비교·검토하여 오류 발견 시 수정할 수 있게 도와주는 역할을 한다.
③ 최종 형상에 대한 검토보다 모델링하는 과정에서의 형상 검토 및 명령어를 실행하는 과정에서 필요한 수치 정보를 얻기 위하여 많이 사용한다.
④ 선택한 요소 간의 성분을 알려 주는 기능으로 점과 직선의 두께 검사이다.

59 IGES 파일을 구성하는 6개의 섹션(Section)들 중, Directory Entry 섹션에서 기입한 각 요소를 정의하는 실제 데이터를 담고 있는 것은?

① Parameter Data 섹션
② Terminate 섹션
③ Flag 섹션
④ Global 섹션

해설
① **Parameter Data 섹션**: 도형요소 등의 데이터를 구체적으로 기술하는 부분이다. 1~64번까지는 같은 데이터를 기록하고, 나머지 칸은 Directory Section과 Parameter Section의 관계를 표시한다.
② **Terminate 섹션**: 이 섹션은 5개 구성 섹션에 사용된 줄의 수를 표시한다.
③ **Flag 섹션**: 압축형 ACSCⅡ와 2진 형식에서만 사용되는 것으로 데이터의 표현형식에 따른 선택사항이다.
④ **Global 섹션**: 생성된 CAD/CAM시스템의 이름, 제품명, IGES Version 등을 표시한다. 총 24개의 데이터를 기록한다.

60 특정 값이나 변수로 표현된 수식을 입력하여 형상을 생성하는 방식으로 이후 매개변수나 수식을 변경하면 자동으로 형상이 수정되는 형상 모델링 방법은?

① Feature-Based 모델링
② Parametric 모델링
③ 와이어프레임 모델링
④ Surface 모델링

해설 Parametric 모델링
특정 값이나 변수로 표현된 수식을 입력하여 형상을 생성하는 방식으로 이후 매개변수나 수식을 변경하면 자동으로 형상이 수정되는 형상 모델링 방법으로 UG NX, Inventor 등이 대표적인 S/W이다.

정답 58. ④ 59. ① 60. ②

03회 CBT 모의고사

01 Cu와 Pb 합금으로 항공기 및 자동차의 베어링 메탈로 사용되는 것은?

① 양은(nickel silver)
② 켈밋(kelmet)
③ 배빗 메탈(babbit metal)
④ 애드미럴티 포금(admiralty gun metal)

해설 켈밋(kelmet)
Cu와 Pb 합금으로 항공기나 자동차, 디젤 엔진 등의 베어링에 널리 사용되고 있다.

02 다음 중 표면 경화법의 종류가 아닌 것은?

① 침탄법
② 질화법
③ 고주파 경화법
④ 심랭처리법

해설 심랭처리법
담금질에 수반되는 잔류 오스테나이트의 변태를 촉진시키기 위한 냉각 조작. 서브제로처리라고도 부른다. 강재의 담금질에 있어서 탄소, 니켈, 크롬, 망간 등의 함유량이 많을수록, 담금질 온도가 높을수록, 또한 담금질 가능한 한도 내에서 냉각 속도가 작을수록 잔류 오스테나이트가 많다. 이것이 상온에서 서서히 분해하기 때문에 치수의 경년 변화(經年變化)와 담금질 경도의 불균일을 초래한다. 따라서, 냉동 장치로 0℃ 이하로 냉각하여 마텐자이트 변태를 촉진시킨다.

03 금속이 탄성한계를 초과한 힘을 받고도 파괴되지 않고 늘어나서 소성변형이 되는 성질은?

① 연성
② 취성
③ 경도
④ 강도

해설
① **연성**: 금속이 탄성한계를 초과한 힘을 받고도 파괴되지 않고 늘어나서 소성변형이 되는 성질
② **취성**: 재료가 외력에 의하여 영구 변형을 하지 않고 파괴되거나 극히 일부만 영구변형을 하고 파괴되는 성질. 인성(靭性)과 반대되는 성질로 항력이 크며 변형능이 적다.
③ **경도**: 어떤 물체를 다른 물체로 눌렀을 때 그 물체의 변형에 대한 저항력의 크기
④ **강도**: 물체의 강한 정도를 말하는 것으로, 재료에 하중이 걸린 경우, 재료가 피괴되기까지의 변형 저항

정답 01.② 02.④ 03.①

03회 CBT 모의고사

04 주철의 특성에 대한 설명으로 틀린 것은?
① 주조성이 우수하다.
② 내마모성이 우수하다.
③ 강보다 인성이 크다.
④ 인장강도보다 압축강도가 크다.

해설 주철의 장점
① 주조성이 우수하고 복잡한 부품의 성형이 가능하다.
② 가격이 저렴하다.
③ 잘 녹슬지 않고 칠(도색)이 좋다.
④ 마찰저항이 우수하고 절삭가공이 쉽다.
⑤ 압축강도가 인장강도에 비하여 3~4배 정도 좋다.
⑤ 내마모성이 우수하고, 알칼리나 물에 대한 내식성(부식)이 우수하다.
⑥ 용융점이 낮고 유동성이 좋다.
⑦ 인장강도, 휨 강도가 작고 충격에 대해 약하다.
⑧ 충격값, 연신율이 작고 취성이 크다.

05 접착제, 껌, 전기 절연재료에 이용되는 플라스틱 종류는?
① 폴리초산비닐계
② 셀룰로오스계
③ 아크릴계
④ 불소계

해설 폴리초산비닐계: 접착제, 껌, 전기 절연재료에 이용되는 플라스틱이다.

06 주조용 알루미늄 합금이 아닌 것은?
① Al-Cu계
② Al-Si계
③ Al-Zn-Mg계
④ Al-Cu-Si계

해설 주조용 알루미늄 합금
① Al-Cu계: 담금질과 시효경화에 의해 강도 증가, 내열성, 연율, 절삭성이 좋으나 고온 취성이 크며 수축균열이 있다. 실용합금으로는 4% Cu 합금인 알코아 195(Alcoa)가 있다.
② Al-Si계: 이 합금의 주조조직의 Si는 육각판상의 거친 조직이므로 실용화할 수 있도록 개량(개질) 처리한다. 대표적인 합금으로 실루민(Silumin), 알펙스(Alpax) 등이 있다.
③ Al-Cu-Si계: Si에 의해 주조성 개선 Cu로 피삭성을 좋게 한 합금으로 대표적인 합금으로 라우탈이 있다.
④ Al-Mg 합금: 내식성이 크고 절삭성도 좋은 합금이지만 용해될 때 용탕 표면에 생기는 산화피막 때문에 주조가 곤란하고 내압 주물로서 부적당하다.

※ Al-Zn-Mg계(초강 두랄루민)
Al-Cu-Zn-Mg의 합금으로 인장강도 227MPa 이상으로 알코아 75S 등이 이에 속한다.

정답 04. ③   05. ①
06. ③

07 주철의 결점인 여리고 약한 인성을 개선하기 위하여 먼저 백주철의 주물을 만들고, 이것을 장시간 열처리하여 탄소의 상태를 분해 또는 소실시켜 인성 또는 연성을 증가시킨 주철은?

① 보통주철　　② 합금주철
③ 고급주철　　④ 가단주철

해설　**가단주철**: 주철의 결점인 여리고 약한 인성을 개선하기 위하여 먼저 백주철의 주물을 만들고, 이것을 장시간 열처리하여 탄소의 상태를 분해 또는 소실시켜 인성 또는 연성을 증가시킨 주철이다.

08 나사가 축을 중심으로 한 바퀴 회전할 때 축 방향으로 이동한 거리는?

① 피치　　② 리드
③ 리드각　　④ 백 래쉬

해설　**리드**: 나사가 축을 중심으로 한 바퀴 회전할 때 축 방향으로 이동한 거리이다.

09 축의 원주에 많은 키를 깎은 것으로 큰 토크를 전달시킬 수 있고, 내구력이 크며 보스와의 중심축을 정확하게 맞출 수 있는 것은?

① 성크 키　　② 반달 키
③ 접선 키　　④ 스플라인

해설　**스플라인**: 축의 원주에 많은 키를 깎은 것으로 큰 토크를 전달시킬 수 있고, 내구력이 크며 보스와의 중심축을 정확하게 맞출 수 있다.

10 교차하는 두 축의 운동을 전달하기 위하여 원추형으로 만든 기어는?

① 스퍼 기어　　② 헬리컬 기어
③ 웜 기어　　④ 베벨 기어

해설　**베벨 기어**: 교차하는 두 축의 운동을 전달하기 위하여 원추형으로 만든 기어이다.

11 다음 중 전동용 기계요소에 해당하는 것은?

① 볼트와 너트　　② 리벳
③ 체인　　④ 핀

해설　볼트와 너트, 리벳, 핀은 결합용 기계요소이다.

[정답] 07. ④　08. ②　09. ④　10. ④　11. ③

12. 롤러 체인에 대한 설명으로 잘못된 것은?

① 롤러 링크와 판 링크를 서로 교대로 하여 연속적으로 연결한 것을 말한다.
② 링크의 수가 짝수이면 간단히 결합되지만, 홀수이면 오프셋 링크를 사용하여 연결한다.
③ 조립 시에는 체인에 초기 장력을 가하여 스프로킷 휠과 조립한다.
④ 체인의 링크를 잇는 핀과 핀 사이의 거리를 피치라고 한다.

해설 롤러 체인을 감을 수 있도록 이가 달린 바퀴를 스프로킷 휠이라고 한다.

13. 나사의 피치와 리드가 같다면 몇 줄 나사에 해당이 되는가?

① 1줄 나사 ② 2줄 나사
③ 3줄 나사 ④ 4줄 나사

해설 나사의 피치와 리드가 같다면 1줄 나사이다.

14. 압축코일스프링에서 코일의 평균지름이 50mm, 감김 수가 10회, 스프링 지수가 5일 때, 스프링 재료의 지름은 약 몇 mm인가?

① 5   ② 10
③ 15 ④ 20

해설 선재지름 = $\dfrac{평균지름}{스프링지수} = \dfrac{50}{5} = 10\,mm$

15. 초경합금의 주요 성분으로 거리가 먼 것은?

① 황   ② 니켈
③ 코발트 ④ 텅스텐

해설 초경합금
① W-Ti-Ta 등의 탄화물 분말을 Co 또는 Ni을 결합하여 1400℃ 이상에서 소결시킨 것이다(주성분: W, Ti, Co, C 등).
② 경도 및 고온경도가 높다.
③ 내마모성과 취성이 크다.
④ 피복 초경합금은 내열성, 내마모성, 내용착성이 우수하며 일반 초경합금에 비해 2~5배의 공구 수명이 증대되며, 고온, 고속절삭에서 우수한 성능을 갖는다.

정답 12.③ 13.① 14.② 15.①

16 왼쪽 입체도 형상을 오른쪽과 같이 도시할 때 표제란에 기입해야 할 각법 기호로 옳은 것은?

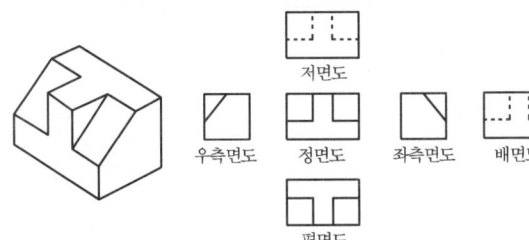

① 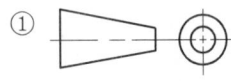 ②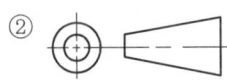

③ 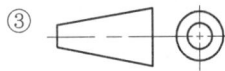 ④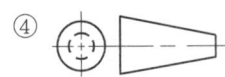

해설 각법의 기호

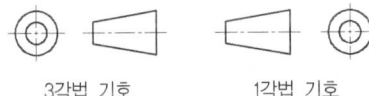

3각법 기호   1각법 기호

17 구멍의 치수가 $\varnothing 30 {}^{+0.025}_{0}$, 축의 치수가 $\varnothing 30 {}^{+0.020}_{+0.005}$일 때 최대 죔새는 얼마인가?

① 0.030 ② 0.025
③ 0.020 ④ 0.005

해설

예제	구멍	축
최대 허용치수	A=30.025mm	a=30.020mm
최소 허용치수	B=30.000mm	b=29.995mm
최대 죔새	a−B=0.020mm	
최대 틈새	A−b=0.030mm	

18 어떤 물체를 제3각법으로 다음과 같이 투상했을 때 평면도로 옳은 것은?

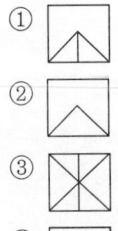

평면도

정답 16. ③ 17. ③
      18. ①

19 표면 거칠기 지시기호의 기입 위치가 잘못된 것은?

①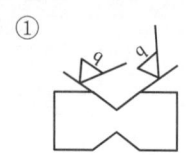
②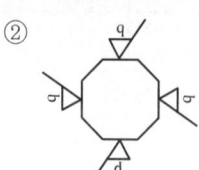
③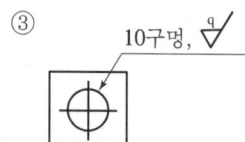
④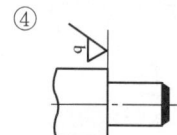

해설 올바른 기입 방법
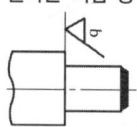

20 가공 과정에서 줄무늬가 다음과 같이 나타날 때 표면의 줄무늬 방향 지시기호(*)로 옳은 것은?

① =
② M
③ C
④ R

← 줄무늬 방향 지시기호

해설

X	가공으로 생긴 선이 두 방향으로 교차	
M	가공으로 생긴 선이 다방면으로 교차 또는 무방향	
C	가공으로 생긴 선이 거의 동심원	
R	가공으로 생긴 선이 거의 방사상	

정답 19. ④ 20. ③

21 기계제도에서 사용하는 선에 대한 설명 중 틀린 것은?

① 숨은선, 외형선, 중심선이 한 장소에 겹칠 경우 그 선은 외형선으로 표시한다.
② 지시선은 가는 실선으로 표시한다.
③ 무게 중심선은 굵은 1점 쇄선으로 표시한다.
④ 대상물을 보이는 부분의 모양을 표시할 때는 굵은 실선을 사용한다.

해설 무게 중심선은 가는 2점 쇄선으로 표시한다.

22 도면 작성 시 가는 2점 쇄선을 사용하는 용도로 틀린 것은?

① 인접한 다른 부품을 참고로 나타낼 때
② 길이가 긴 물체의 생략된 부분의 경계선을 나타낼 때
③ 축 제도 시 키 홈 가공에 사용되는 공구의 모양을 나타낼 때
④ 가공 전 또는 후의 모양을 나타낼 때

해설 가상선
① 인접 부분을 참고로 표시
② 공구, 지그의 위치를 참고로 표시
③ 가동 부분을 이동 중의 특정한 위치 또는 이동 한계의 위치를 표시
④ 가공 전 또는 가공 후의 형상을 표시
⑤ 되풀이하는 것을 표시
⑥ 도시된 단면의 앞쪽에 있는 부분을 표시

23 다음 중 공차의 종류와 기호가 잘못 연결된 것은?

① 진원도 공차 - ○
② 경사도 공차 - ∠
③ 직각도 공차 - ⊥
④ 대칭도 공차 - ⫽

해설

| 대칭도 | = |
| 온 흔들림 | ⫽ |

24 치수의 배치방법 중 개별 치수들을 하나의 열로서 기입하는 방법으로 일반 공차가 차례로 누적되어도 문제없는 경우에 사용하는 치수 배치방법은?

① 직렬 치수 기입법
② 병렬 치수 기입법
③ 누진 치수 기입법
④ 좌표 치수 기입법

해설 **직렬 치수 기입법**: 직렬로 나란히 연결된 개개의 치수에 주어지는 치수 공차가 차례로 누적되어도 상관없는 경우에 적용한다.

정답 21. ③ 22. ② 23. ④ 24. ①

25. 그림에서 나타난 치수선은 어떤 치수를 나타내는가?

① 변의 길이
② 호의 길이
③ 현의 길이
④ 각도

해설 호의 치수기입

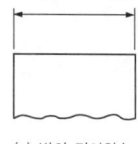  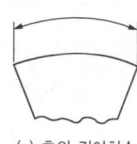 

(a) 변의 길이치수   (b) 현의 길이치수   (c) 호의 길이치수   (d) 각도 치수

26. 투상도의 선택 방법에 관한 설명으로 옳지 않은 것은?

① 대상물의 양 및 기능을 가장 명확하게 표시하는 면을 주투상도로 한다.
② 조립도 등 주로 기능을 표시하는 도면에서는 대상물을 사용하는 상태로 투상도를 그린다.
③ 특별한 이유가 없는 경우는 대상물을 가로길이로 놓은 상태로 그린다.
④ 대상물의 명확한 이해를 위해 주 투상도를 보충하는 다른 투상도를 되도록 많이 그린다.

해설 주 투상도에는 대상물의 모양·기능을 가장 명확하게 나타내는 면을 정면도로 선택하되, 투상도를 보충하는 다른 투상도를 가급적 그리지 않는다.

27. 제도의 목적을 달성하기 위하여 도면이 구비하여야 할 기본 요건이 아닌 것은?

① 면의 표면 거칠기, 재료 선택, 가공방법 등의 정도
② 도면 작성 방법에 있어서 설계 임의의 창의성
③ 무역 및 기술의 국제 교류를 위한 국제적 통용성
④ 대상물의 도형, 크기, 모양, 자세, 위치의 정보

해설 어떤 필요한 물체를 제작하고자 할 때 그 모양이나 크기를 일정한 규격에 따라 점, 선, 문자, 기호 등을 사용하여 사용 목적에 알맞은 모양, 기능, 구조, 크기 및 공작 방법 등을 합리적으로 설계하여 제품의 치수, 다듬질의 정도, 재료, 공정 등을 제도법에 의해 도면에 작성하는 것

정답 25. ② 26. ④ 27. ②

28 다음 투상도에서 A-A와 같이 단면 했을 때 가장 올바르게 나타낸 단면도는?

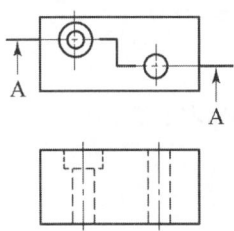

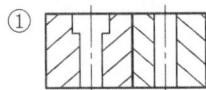 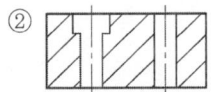
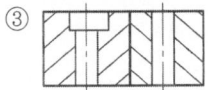 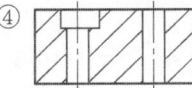

29 단면을 나타내는 방법에 대한 설명으로 옳지 않은 것은?

① 단면임을 나타내기 위해 사용하는 해칭선은 동일 부분의 단면인 경우 같은 방식으로 도시되어야 한다.
② 해칭 부위가 넓은 경우 해칭을 할 범위의 외형 부분에 해칭을 제한할 수 있다.
③ 경우에 따라 단면 범위를 매우 굵은 실선으로 강조할 수 있다.
④ 인접하는 얇은 부분의 단면을 나타낼 때는 0.7mm 이상의 간격을 가진 완전한 검은색으로 도시할 수 있다. 단 이 경우 실제 기하학적 형상을 나타내어야 한다.

해설 **단면도 표시방법**
물체의 내부 모양을 알기 쉽게 도시하기 위하여 단면도를 활용한다. 물체를 절단하였다고 가정하고 절단한 부분을 떼어 내고 도시한다. 이때 절단한 면을 해칭 처리하여 절단하였음을 나타낸다.

30 다음 중 재료기호의 명칭이 틀린 것은?

① SM20C: 회주철품
② SF340A: 탄소강 단강품
③ SPPS420: 압력배관용 탄소강관
④ PW-1: 피아노선

해설 ① SM20C: 기계구조용 탄소강재
② GC350: 회주철품

정답 28. ④ 29. ④ 30. ①

31 도면의 촬영, 복사 및 도면 접기의 편의를 위한 중심마크의 선 굵기는 몇 mm인가?

① 0.1mm
② 0.3mm
③ 0.7mm
④ 1.0mm

해설 중심마크의 선 굵기는 0.7mm로 한다.

32 최대허용치수가 구멍 50.025mm, 축 49.975mm이며 최소허용치수가 구멍 50.000mm, 축 49.950mm일 때 끼워 맞춤의 종류는?

① 헐거운 끼워 맞춤
② 중간 끼워 맞춤
③ 억지 끼워 맞춤
④ 상용 끼워 맞춤

해설 **헐거운 끼워 맞춤**: 구멍의 최소치수가 축의 최대치수보다 큰 경우이며, 항상 틈새가 생기는 끼워 맞춤으로 미끄럼 운동이나 회전 운동이 필요한 기계 부품 조립에 적용한다.

예제	구멍	축
최대허용치수	A=50.025mm	a=49.975mm
최소허용치수	B=50.000mm	b=49.950mm
최대 틈새	A−b=0.075mm	
최소 틈새	B−a=0.025mm	

33 치수선에서 치수의 끝을 의미하는 기호로 단일 기호와 기점 기호를 사용하는데 다음 중 단일 기호에 속하지 않는 것은?

해설 화살표와 화살표의 종류

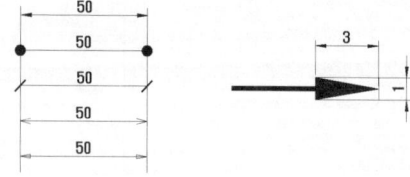

정답 31. ③ 32. ①
33. ④

34 그림에서 ㉮부와 ㉯부에 두 개의 베어링을 같은 축선에 조립하고자 한다. 이때 ㉮부의 데이텀을 기준으로 ㉯부 기하 공차를 적용하고자 할 때 올바른 기하 공차 기호는?

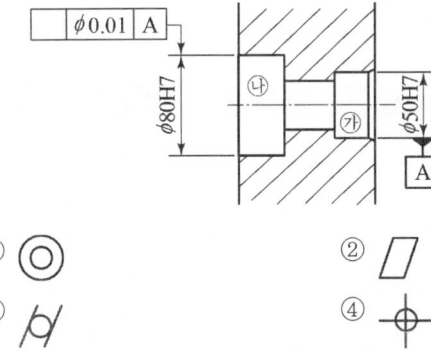

① ◎
② ∠
③ ⌀
④ ⊕

해설 그림에서 ㉮부를 기준으로 ㉯부 기하 공차는 동심(축)도이다.

35 다음과 같이 제3각법으로 그린 정 투상도를 등각 투상도로 바르게 표현한 것은?

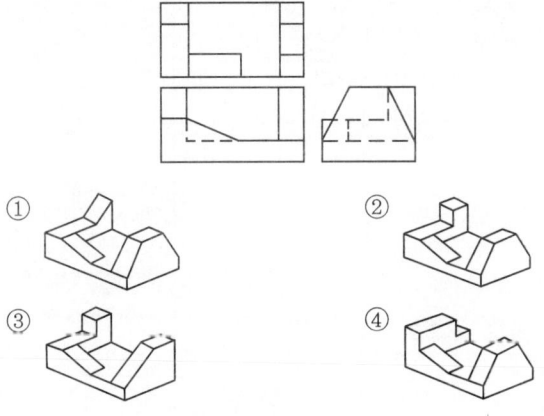

36 스프링의 제도에 관한 설명으로 틀린 것은?
① 코일 스프링은 일반적으로 하중이 걸리지 않는 상태로 그린다.
② 코일 스프링에서 특별한 단서가 없으면 오른쪽을 감은 스프링을 의미한다.
③ 코일 스프링에서 양 끝을 제외한 동일 모양 부분의 일부를 생략할 때는 생략하는 부분의 선 지름의 중심선을 가는 1점 쇄선으로 나타낸다.
④ 스프링의 종류와 모양만을 간략도로 나타내는 경우에는 스프링 재료의 중심선만을 가는 실선으로 그린다.

해설 스프링의 종류와 모양만을 도시할 때에는 재료의 중심선만을 굵은 실선으로 그린다.

정답 34. ① 35. ② 36. ④

37 나사 제도에 관한 설명으로 틀린 것은?

① 측면에서 본 그림 및 단면도에서 나사산의 봉우리는 굵은 실선으로 골 밑은 가는 실선을 그린다.
② 나사의 끝면에서 본 그림에서 나사의 골 밑은 가는 실선으로 그린 원주의 3/4에 가까운 원의 일부로 나타낸다.
③ 숨겨진 나사를 표시할 때는 나사산의 봉우리는 굵은 파선, 골 밑은 가는 파선으로 그린다.
④ 나사부의 길이 경계는 보이는 경우 굵은 실선으로 나타낸다.

해설 보이지 않는 나사부의 산마루는 보통의 파선으로 골을 가는 파선으로 그린다.

38 스프로킷 휠의 도시 방법에 대한 설명으로 틀린 것은?

① 축 방향으로 볼 때 바깥지름은 굵은 실선으로 그린다.
② 축 방향으로 볼 때 피치원은 가는 1점 쇄선으로 그린다.
③ 축 방향으로 볼 때 이뿌리원은 가는 2점 쇄선을 그린다.
④ 축에 직각인 방향에서 본 그림을 단면으로 도시할 때에는 이뿌리의 선은 굵은 실선으로 그린다.

해설 이뿌리원은 가는 실선으로 그린다.

39 그림과 같은 용접부의 용접 지시기호로 옳은 것은?

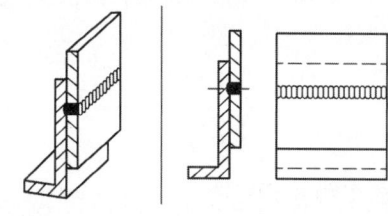

① ⊖   ② ○
③ ═   ④ ⊓

해설

필릿	△
플러그	⊓
점, 프로젝션	○
심	⊖
표면접합부	═

정답 37. ③ 38. ③
39. ①

40 축의 도시 방법에 대한 설명 중 잘못된 것은?
① 모떼기는 길이 치수와 각도로 나타낼 수 있다.
② 축은 주로 길이 방향으로 단면도시를 한다.
③ 긴 축은 중간을 파단하여 짧게 그릴 수 있다.
④ 45° 모떼기의 경우 C로 그 의미를 나타낼 수 있다.

해설 축은 길이 방향으로 단면도시를 하지 않는다.

41 일반적으로 키의 호칭방법에 포함되지 않는 것은?
① 키의 종류   ② 길이
③ 인장강도   ④ 호칭 치수

해설 키의 호칭법

규격번호	종류 및 호칭 치수	×	길이	끝 모양의 특별 지정	재료
KS B 1311	평행 키 10×8		25	양 끝 둥금	SM 45 C

42 나사 표시 기호 중 틀린 것은?
① M: 미터 가는 나사   ② R: 관용 테이퍼 암나사
③ E: 전구 나사   ④ G: 관용 평행 나사

해설
- R: 관용 테이퍼 수나사
- Rc: 관용 테이퍼 암나사

43 스퍼 기어 제도 시 축 방향에서 본 그림에서 이골원은 어느 선으로 나타내는가?
① 가는 실선   ② 가는 파선
③ 가는 1점 쇄선   ④ 가는 2점 쇄선

해설 이뿌리원(이골원)은 가는 실선으로 그린다.

44 모듈이 2, 잇수가 30인 표준 스퍼 기어의 이끝원의 지름은 몇 mm 인가?
① 56   ② 60
③ 64   ④ 68

해설 바깥지름: $D_0 = m(Z+2) = 2(30+2) = 64\text{mm}$

정답 40.② 41.③ 42.② 43.① 44.③

45 CAD 시스템에서 원점이 아닌 주어진 시작점을 기준으로 하여 그 점과의 거리로 좌표를 나타내는 방식은?

① 절대좌표방식 ② 상대좌표방식
③ 직교좌표방식 ④ 극좌표방식

해설 상대좌표방식
CAD 시스템에서 원점이 아닌 주어진 시작점을 기준으로 하여 그 점과의 거리로 좌표를 나타내는 방식

46 CAD 작업 시 모델링에 관한 설명 중 틀린 것은?

① 3차원 모델링에는 와이어프레임, 서피스, 솔리드 모델링이 있다.
② 자동적인 체적 계산을 위해서는 솔리드 모델링보다는 서피스 모델링을 사용하는 것이 좋다.
③ 솔리드 모델링은 와이어프레임, 서피스모델링에 비해 놓은 데이터 처리 능력이 필요하다.
④ 와이어프레임 모델링의 경우 디스플레이된 방향에 따라 여러 가지 다는 해석이 나올 수 있다.

해설 자동적인 체적 계산을 위해서는 솔리드 모델링을 사용하는 것이 가장 좋다.

47 다음 중 CAD 시스템의 출력장치가 아닌 것은?

① Plotter ② Printer
③ Keyboard ④ TFT-LCD

해설 Keyboard는 입력장치이다.

48 컴퓨터에서 CPU와 주기억장치 간의 데이터 접근 속도 차이를 극복하기 위해 사용하는 고속의 기억장치는?

① cache memory ② associative memory
③ destructive memory ④ nonvolatile memory

해설 cache memory
컴퓨터에서 CPU와 주기억장치 간의 데이터 접근 속도 차이를 극복하기 위해 사용하는 고속의 기억장치를 의미한다.

정답 45. ② 46. ② 47. ③ 48. ①

49 게이지 블록 중 표준용(calibration grade)으로서 측정기류의 정도 검사 등에 사용되는 게이지의 등급은?

① 00(AA)급　　　　② 0(A)급
③ 1(B)급　　　　　 ④ 2(C)급

해설 블록 게이지의 용도
① 검사용(2급): 공구절삭, 공구의 설치, 게이지 제작, 측정기의 조정, 공작용으로 검사는 6개월, 정밀도(평행도 허용치)는 ±0.4
② 검사용(1급): 기계부품 공구 등의 검사, 게이지 정도 검사 검사는 1년, 정밀도(평행도 허용치)는 ±0.2μ
③ 표준형(0급): 일람용, 검사용, B/G의 정도 검사, 측정기류의 정도 검사 검사는 2년, 정밀도(평행도 허용치)는 ±0.1μ
④ 참조형(00급): 표준용 B/G의 정도 검사, 학술용 검사는 3년, 정밀도(평행도 허용치)는 ±0.05μ

50 일반적으로 각도 측정에 사용되는 것이 아닌 것은?

① 컴비네이션 세트　　② 나이프 에지
③ 광학식 클리노미터　④ 오토콜리메이터

해설 나이프 에지는 진직도 측정과 비교 측정에 이용된다.

51 표면 거칠기 측정법의 방식이 아닌 것은?

① 수준기식　　　　② 광절단식
③ 광파간섭식　　　④ 촉침 전기식

해설 표면 거칠기의 측정법
① 비교용 표준편과의 비교 측정
② 광절단식 표면 거칠기 측정법
③ 광파간섭식 표면 거칠기 측정법
④ 촉침식 표면 거칠기 측정법

52 N.P.L식 각도게이지의 설명 중 맞는 것은?

① 5′까지 조립 가능
② 네 모서리에 각도가 가공되어 있다
③ 조립 후 정도가 2″ - 3″이다.
④ 홀더가 필요하다.

해설 100×15mm의 강철제 블록으로 되어있고, 12개의 게이지를 한 조로 하며, 두 개 이상 조합해서 0°에서 81°까지 6″ 간격으로 임의의 각도를 만들 수 있고 조립 후의 정도는 ±2~3″이다.

정답　49. ②　50. ②　51. ①　52. ③

53. HM형 높이 게이지를 사용하여 공작물의 평면도를 검사하려고 한다. 필요한 어태치먼트는 어느 것인가?

① 오프셋형 스크라이퍼
② 깊이 바아
③ 게이지 블록
④ 다이얼 게이지

해설 HM형 높이 게이지를 사용하여 공작물의 평면도를 검사하는 어태치먼트는 다이얼 게이지이다.

54. 게이지 블록의 밀착상태, 돌기의 유무, 평면도를 알아보는 측정기는?

① 오토 콜로 메이터
② 석 정반
③ 스트레이트 에지
④ 광선 선반

55. 오스테나이트 상태에서 Ar"와 Ar' 중간의 솔트배스에 담금질하여 강인한 하부 베이나이트로 만드는 담금질 방법은?

① 마퀜칭
② 마템퍼
③ 오스템퍼
④ Ms퀜칭

해설
① **마퀜칭**: Ms점보다 다소 높은 온도의 열욕에 담금질, 마텐자이트 조직
② **마템퍼**: Ms점 이하 항온변태 후 열처리
③ **오스템퍼**: Ms 변태점 간의 열욕에 담금질, 베이나이트 조직
④ **Ms퀜칭**: Ms점보다 약간 낮은 온도, 물 또는 기름에 급랭

56. 베어링 같은 단품을 배치할 때 한쪽 면에서 일정 간격을 유지하는 것보다 양쪽 면에서 일정 간격을 유지하고 싶을 때 구속조건 명령어는?

① 일치
② 동심
③ 옵셋
④ 대칭

57. 그래픽 데이터 표준규격인 IGES(Initial Graphics Exchanges Specification) 파일 구조가 아닌 것은?

① Start 섹션
② Global 섹션
③ Blocks 섹션
④ Directory 섹션

정답 53. ④ 54. ④
55. ③ 56. ④
57. ③

해설 IGES 파일 구조
① 개시 섹션(Start Section)
② 글로벌 섹션(Global Section)
③ 디렉토리 섹션(Directory Section)
④ 파라미터 섹션(Parameter Section)
⑤ 종결 섹션(Terminate Section)
⑥ 플래그 섹션(flag section)

58 형상은 같으나 치수가 다른 도형 등을 작성할 때 가변되는 기본 도형을 작성하여 놓고 필요에 따라 치수를 입력하여 비례되는 도형을 작성하는 기능을 무엇이라 하는가?

① 매크로화 기능
② 디스플레이 변형 기능
③ 도면화 기능
④ 파라메트릭 도형 기능

해설 CAD 소프트웨어의 옵션 기능
① 파라메트릭 도형 기능: 형상은 같으나 치수가 다른 도형 등을 작성할 때 가변되는 기본 도형을 작성하여 놓고 필요에 따라 치수를 입력하여 비례되는 도형을 작성하는 기능
② 그밖에 비도형 정보처리 기능, 도형 처리 언어, 메뉴 관리 기능, 데이터 호환 기능, NC 정보 기능 등이 있다.

59 CAD 명령어에서 이동(Move)기능과 복사(Copy)기능의 차이는?

① 오브젝트의 변위
② 오브젝트의 위치
③ 오브젝트의 수
④ 오브젝트의 변환

해설 CAD 명령어에서 이동(Move)기능과 복사(Copy)기능의 차이는 오브젝트의 수이다.

60 구멍이 없는 간단한 다면체의 경계를 표현하는 오일러 공식은?
(단, V는 꼭지점의 수, E는 모서리의 수, F는 면의 수를 의미한다.)

① $V-E-F=2$
② $V+E-F=2$
③ $V-E+F=2$
④ $V+E+F=2$

해설 Boundary representation(B-rep) 방식
사용자가 형상을 구성하고 있는 정점(vertex), 면(face), 모서리(edge)가 어떠한 관계를 가지는지에 따라 표현하는 방법이며 그 관계식은 정점+면-모서리=2이다. 즉, "$V-E+F-H=2(s-p)$" 오일러-포앙카레 공식이 만족해야 한다.
• 오일러(Euler)식
 n=꼭지점의 수+면의 수-모서리의 수 $-5+5-8=2$

답안 표기란				
58	①	②	③	④
59	①	②	③	④
60	①	②	③	④

정답 58.④ 59.③
60.③

04회 CBT 모의고사

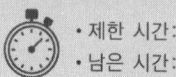

01. 강재의 크기에 따라 표면이 급랭되어 경화하기 쉬우나 중심부에 갈수록 냉각속도가 늦어져 경화량이 적어지는 현상은?
   ① 경화능   ② 잔류응력
   ③ 질량효과   ④ 노치효과

   해설 **질량효과**: 강재의 크기에 따라 표면이 급랭되어 경화하기 쉬우나 중심부에 갈수록 냉각속도가 늦어져 경화량이 적어지는 현상이다.

02. 다음 중 합금공구강의 KS 재료기호는?
   ① SKH   ② SPS
   ③ STS   ④ GC

   해설
   ① SKH: 고속도강
   ② SPS: 일반구조용 탄소강관
   ③ STS: 합금공구강
   ④ GC: 회주철품

03. 구리에 니켈 40~50% 정도를 함유하는 합금으로서 통신기, 전열선 등의 전기저항 재료로 이용되는 것은?
   ① 인바   ② 엘린바
   ③ 콘스탄탄   ④ 모넬메탈

   해설 **콘스탄탄**: 구리에 니켈 40~50% 정도를 함유하는 합금으로서 통신기, 전열선 등의 전기저항 재료로 사용된다.

04. 구리에 아연이 5~20% 첨가되어 전연성이 좋고 색깔이 아름다워 장식품에 많이 쓰이는 황동은?
   ① 포금   ② 톰백
   ③ 문쯔메탈   ④ 7:3 황동

   해설 **톰백**: 구리에 아연이 5~20% 첨가되어 전연성이 좋고 색깔이 아름다워 장식품에 많이 쓰이는 황동이다.

05. Fe-C 상태도에서 온도가 낮은 것부터 일어나는 순서가 옳은 것은?
   ① 포정점 → A_2변태점 → 공석점 → 공정점

정답 01. ③ 02. ③ 03. ③ 04. ② 05. ②

② 공석점 → A₂변태점 → 공정점 → 포정점
③ 공석점 → 공정점 → A₂변태점 → 포정점
④ 공정점 → 공석점 → A₂변태점 → 포정점

해설 Fe-C 상태도에서 온도가 낮은 것부터 일어나는 순서: 공석점 → A₂변태점(자기변태점) → 공정점 → 포정점

06 소결 초경합금 공구강을 구성하는 탄화물이 아닌 것은?
① WC
② TiC
③ TaC
④ TMo

해설 초경합금: W-Ti-Ta 등의 탄화물 분말을 Co 또는 Ni을 결합하여 1400℃ 이상에서 소결시킨 것이다(주성분: W, Ti, Co, C 등).

07 다음 중 표면을 경화시키기 위한 열처리 방법이 아닌 것은?
① 풀림
② 침탄법
③ 질화법
④ 고주파 경화법

해설 풀림(annealing): 재료를 단조, 주조 및 기계 가공을 하면 조직이 불균일하며 거칠어지고 가공경화나 내부응력이 생기게 되는데, 이를 제거하기 위해 변태점 이상의 적당한 온도로 가열하여 서서히 냉각시키는 작업을 풀림이라 한다.

08 다음 중 축 중심에 직각방향으로 하중이 작용하는 베어링을 말하는 것은?
① 레이디얼 베어링(radial bearing)
② 스러스트 베어링(thrust bearing)
③ 원뿔 베어링(cone bearing)
④ 피벗 베어링(pivot bearing)

해설 레이디얼 베어링(radial bearing): 축 중심에 직각 방향으로 하중이 작용하는 베어링이다.

09 리베팅이 끝난 뒤에 리벳머리의 주위 또는 강판의 가장자리를 정으로 때려 그 부분을 밀착시켜 틈을 없애는 작업은?
① 시밍
② 코킹
③ 커플링
④ 해머링

해설 코킹: 리베팅이 끝난 뒤에 리벳머리의 주위 또는 강판의 가장자리를 정으로 때려 그 부분을 밀착시켜 틈을 없애는 작업이다.

정답 06. ④ 07. ① 08. ① 09. ②

10 모듈이 2이고 잇수가 각각 36, 74개인 두 기어가 맞물려 있을 때 축 간 거리는 약 몇 mm인가?

① 100mm   ② 110mm
③ 120mm   ④ 130mm

해설 $C = \dfrac{M(Z_1 + Z_2)}{2} = \dfrac{2 \times (36 + 74)}{2} = 110\text{mm}$

11 외부 이물질이 나사의 접촉면 사이의 틈새나 볼트의 구멍으로 흘러 나오는 것을 방지할 필요가 있을 때 사용하는 너트는?

① 홈붙이 너트   ② 플랜지 너트
③ 슬리브 너트   ④ 캡 너트

해설 캡 너트: 외부 이물질이 나사의 접촉면 사이의 틈새나 볼트의 구멍으로 흘러나오는 것을 방지할 필요가 있을 때 사용한다.

12 다음 중 자동하중 브레이크에 속하지 않는 것은?

① 원추 브레이크   ② 웜 브레이크
③ 캠 브레이크   ④ 원심 브레이크

해설 원추 브레이크는 축 방향 브레이크이다.

13 나사에서 리드(lead)의 정의를 가장 옳게 설명한 것은?

① 나사가 1회전 했을 때 축 방향으로 이동한 거리
② 나사가 1회전 했을 때 나사산상의 1점이 이동한 원주거리
③ 암나사가 2회전 했을 때 축 방향으로 이동한 거리
④ 나사가 1회전 했을 때 나사산상의 1점이 이동한 원주각

해설 리드(lead): 나사가 1회전 했을 때 축 방향으로 이동한 거리

14 축에 작용하는 비틀림 토크가 2.5kN이고 축의 허용전단응력이 49MPa일 때 축 지름은 약 몇 mm 이상이어야 하는가?

① 2.4   ② 3.6
③ 4.8   ④ 6.4

답안 표기란
10 ① ② ③ ④
11 ① ② ③ ④
12 ① ② ③ ④
13 ① ② ③ ④
14 ① ② ③ ④

정답 10. ② 11. ④
12. ① 13. ①
14. ④

해설 $d = \sqrt[3]{\dfrac{5.1T}{\tau_a}} = \sqrt[3]{\dfrac{5.1 \times 2500}{49}} = 6.4\,\text{mm}$

15 가는 1점 쇄선으로 끝부분 및 방향이 변하는 부분을 굵게 한 선의 용도에 의한 명칭은?

① 파단선 ② 절단선
③ 가상선 ④ 특수 지시선

해설 ① **파단선**: 대상물의 보이지 않는 부분의 형상을 표시
② **절단선**: 단면도를 그리는 경우 그 절단 위치를 대응하는 도면에 표시하는 데 사용
③ **가상선**: 인접 부분을 참고로 표시, 도시된 단면의 앞쪽에 있는 부분을 표시
④ **특수 지시선**: 특수한 가공을 하는 부분 등 특별한 요구사항을 적용할 수 있는 범위를 표시하는 데 사용

16 얇은 부분의 단면 표시를 하는 데 사용하는 선은?

① 아주 굵은 실선
② 불규칙한 파형의 가는 실선
③ 굵은 1점 쇄선
④ 가는 파선

해설 아주 굵은 실선: 얇은 부분의 단면도시를 명시하는 데 사용

17 다음 기하 공차의 기호 중 위치도 공차를 나타내는 것은?

①   ②
③ ⌖   ④ ⊘

해설 ↗: 흔들림, ⌖: 위치도

18 제도 표시를 단순화하기 위해 공차 표시가 없는 선형 치수에 대해 일반 공차를 4개의 등급으로 나타낼 수 있다. 이 중 공차 등급이 "거침"에 해당하는 호칭 기호는?

① c   ② f
③ m   ④ v

해설 ① c: 거친급
② f: 정밀급
③ m: 보통급
④ v: 아주 거친급

정답 15. ② 16. ①
17. ③ 18. ①

19 다음 그림의 치수 기입에 대한 설명으로 틀린 것은?

① 기준 치수는 지름 20이다.
② 공차는 0.013이다.
③ 최대허용치수는 19.93이다.
④ 최소허용치수는 19.98이다.

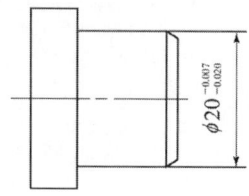

해설 최대허용치수는 20 − 0.007 = 19.993이다.

20 다음 중 치수와 같이 사용하는 기호가 아닌 것은?

① S∅
② SR
③ ⊠
④ □

해설

구분	기호
지름	ϕ
반지름	R
구의 지름	Sϕ
구의 반지름	SR
정사각형의 변	□

21 그림과 같이 표면의 결 도시기호가 지시되었을 때 표면의 줄무늬 방향은?

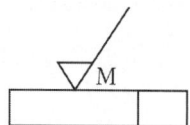

① 가공으로 생긴 선이 거의 동심원
② 가공으로 생긴 선이 여러 방향
③ 가공으로 생긴 선이 방향이 없거나 돌출됨
④ 가공으로 생긴 선이 투상면에 직각

해설

⊥	가공으로 생긴 앞줄의 방향이 기호를 기입한 그림의 투영면에 수직
X	가공으로 생긴 선이 두 방향으로 교차
M	가공으로 생긴 선이 다방면으로 교차 또는 무 방향
C	가공으로 생긴 선이 거의 동심원

정답 19. ③ 20. ③
21. ②

22 다음 기호가 나타내는 각법은?

① 제1각법
② 제2각법
③ 제3각법
④ 제4각법

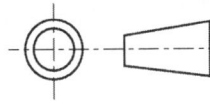

해설 각법의 기호

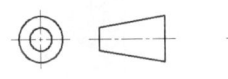   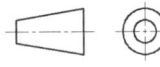

3각법 기호   1각법 기호

23 다음 중 다이캐스팅용 알루미늄 합금 재료기호는?

① AC1B
② ZDC1
③ ALDC3
④ MGC1

해설
- **ALDC3**: 다이캐스팅용 알루미늄합금
- **ZDC1**: 다이캐스팅용 아연합금
- **AC1A-F**: 알루미늄 합금주물
- **MgC1-F**: 마그네슘 합금주물

24 표면 거칠기 지시기호가 옳지 않은 것은?

①
②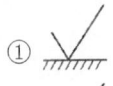
③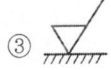
④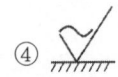

해설
- ∇ : 제거가공의 필요 여부를 문제삼지 않는다.
- ∇' : 제거가공을 해서는 안 된다.
- ∇ : 제거가공을 필요로 한다.

25 핸들이나 암, 리브, 축 등의 절단면을 90° 회전시켜서 나타내는 단면도는?

① 부분 단면도
② 회전도시 단면도
③ 계단 단면도
④ 조합에 의한 단면도

해설 회전도시 단면도
핸들이나 바퀴 등의 암이나 리브, 훅, 축, 구조물의 부재 등의 절단면은 90° 회전하여 도시하거나 절단할 곳의 전후를 끊어서 그 사이에 그린다.

정답 22. ③ 23. ③ 24. ④ 25. ②

04회 CBT 모의고사

26 투상도를 나타내는 방법에 대한 설명으로 옳지 않은 것은?

① 형상의 이해를 위해 주 투상도를 보충하는 보조 투상도를 되도록 많이 사용한다.
② 주 투상도에는 대상물의 모양, 기능을 가장 명확하게 표시하는 면을 그린다.
③ 특별한 이유가 없는 경우 주 투상도는 가로길이로 놓은 상태로 그린다.
④ 서로 관련되는 그림의 배치는 되도록 숨은선을 쓰지 않는다.

> **해설** 주 투상도에는 대상물의 모양·기능을 가장 명확하게 나타내는 면을 정면도로 선택하고, 주 투상도를 보충하는 보조 투상도를 사용하지 않는다.

27 그림에서 나타난 정면도와 평면도에 적합한 좌측면도는?

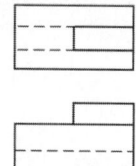

① 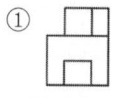 ②

③ 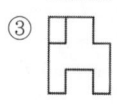 ④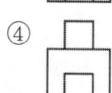

28 도면 작성 시 선이 한 장소에 겹쳐서 그려야 할 경우 나타내야 할 우선 순위로 옳은 것은?

① 외형선 〉 숨은선 〉 중심선 〉 무게 중심선 〉 치수선
② 외형선 〉 중심선 〉 무게 중심선 〉 치수선 〉 숨은선
③ 중심선 〉 무게 중심선 〉 치수선 〉 외형선 〉 숨은선
④ 중심선 〉 치수선 〉 외형선 〉 숨은선 〉 무게 중심선

> **해설** 겹치는 선의 우선순위
> 도면에서 2종류 이상의 선이 같은 장소에 중복될 경우에는 다음에 순위에 따라 우선되는 종류의 선부터 그린다.
> ① 외형선 ② 숨은선 ③ 절단선 ④ 중심선 ⑤ 무게중심선 ⑥ 치수보조선

정답 26. ① 27. ④ 28. ①

29 구멍 ∅55H7, 축 ∅55g6인 끼워 맞춤에서 최대 틈새는 몇 μm인가? (단, 기준 치수 ∅55에 대하여 H7의 위 치수허용차는 +0.030, 아래 치수허용차는 0이고, g6의 위 치수허용차는 -0.010, 아래 치수허용차는 -0.029이다.)

① 40μm
② 59μm
③ 29μm
④ 10μm

해설

예제	구멍	축
최대 허용치수	A=55.030mm	a=54.99mm
최소 허용치수	B=55.000mm	b=54.971mm
최대 틈새	A−b=0.059mm(59μm)	
최소 틈새	B−a=0.01mm(10μm)	

30 제3각법으로 투상한 그림과 같은 정면도와 우측면도에 적합한 평면도는?

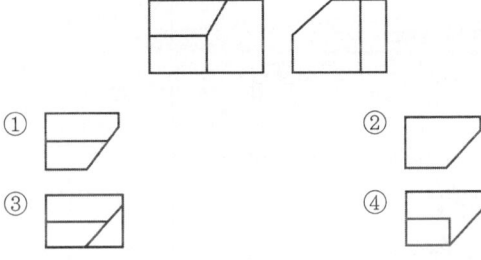

31 다음 도면의 제도방법에 관한 설명 중 옳은 것은?
① 도면에는 어떠한 경우에도 단위를 표시할 수 없다.
② 척도를 기입할 때 A : B로 표기하며, A는 물체의 실제 크기, B는 도면에 그려지는 크기를 표시한다.
③ 축척, 배척으로 제도했더라도 도면의 치수는 실제 치수를 기입해야 한다.
④ 각도 표시는 항상 도, 분, 초(°, ′, ″) 단위로 나타내야 한다.

해설 척도의 표시방법

A : B
(도면에서의 크기) : (물체의 실제 크기)

정답 29.② 30.① 31.③

32. 다음과 같이 도면에 기입된 기하 공차에서 0.011이 뜻하는 것은?

//	0.011	A
	0.05/200	

① 기준 길이에 대한 공차값
② 전체 길이에 대한 공차값
③ 전체 길이 공차값에서 기준 길이 공차값을 뺀 값
④ 누진치수 공차값

해설 그림에서 A면에 대하여 전체 길이에 대한 평행도 공차값이 0.011mm이고, 200mm에 대해서는 평행도 공차값이 0.05mm이다.

33. 다음 중 도면에 기입되는 치수에 대한 설명으로 옳은 것은?

① 재료 치수는 재료를 구입하는 데 필요한 치수로 잘림 여유나 다듬질 여유가 포함되어 있지 않다.
② 소재 치수는 주물 공장이나 단조 공장에서 만들어진 그대로의 치수를 말하며 가공할 여유가 없는 치수이다.
③ 마무리 치수는 가공 여유를 포함하지 않은 치수로 가공 후 최종으로 검사할 완성된 제품의 치수를 말한다.
④ 도면에 기입되는 치수는 특별히 명시하지 않는 한 소재 치수를 기입한다.

해설 도면에 기입되는 치수는 최종 완성된 제품치수이다.

34. 다음에 설명하는 캠은?

- 원동절의 회전 운동을 종동절의 직선 운동으로 바꾼다.
- 내연기관의 흡배기 밸브를 개폐하는 데 많이 사용한다.

① 판 캠
② 원통 캠
③ 구면 캠
④ 경사판 캠

해설 **판 캠**: 원동절의 회전 운동을 종동절의 직선 운동으로 바꾼다.

정답 32. ② 33. ③ 34. ①

35 그림에서 도시된 기호는 무엇을 나타낸 것인가?

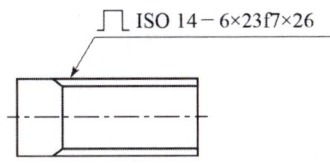

① 사다리꼴 나사 ② 스플라인
③ 사각나사 ④ 세레이션

해설 ⌐: 스플라인 가공표시

36 나사의 도시 방법에 관한 설명 중 틀린 것은?
① 수나사와 암나사의 골 밑을 표시하는 선은 가는 실선으로 그린다.
② 완전 나사부와 불완전 나사부의 경계선은 가는 실선으로 그린다.
③ 불완전 나사부는 기능상 필요한 경우 혹은 치수 지시를 하기 위해 필요한 경우 경사된 가는 실선으로 표시한다.
④ 수나사와 암나사의 측면도시에서 각각의 골지름은 가는 실선으로 약 3/4에 거의 같은 원의 일부로 그린다.

해설 완전 나사부와 불완전 나사부의 경계선은 굵은 실선으로 그린다.

37 용접기호에서 그림과 같은 표시가 있을 때 그 의미는?
① 현장 용접
② 일주 용접
③ 매끄럽게 처리한 용접
④ 이면판재 사용한 용접

38 평행 핀의 호칭이 다음과 같이 나타났을 때 이 핀의 호칭 지름은 몇 mm인가?

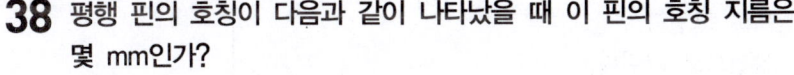

① 1mm ② 6mm
③ 8mm ④ 30mm

해설
• 8: 호칭 치수
• m6: 공차

정답 35. ② 36. ②
37. ① 38. ③

39. 스프로킷 휠의 도시 방법에서 단면으로 도시할 때 이뿌리원은 어떤 선으로 표시하는가?

① 가는 1점 쇄선
② 가는 실선
③ 가는 2점 쇄선
④ 굵은 실선

해설 스프로킷 휠 제도법
① 바깥지름(이끝원)은 굵은 실선으로 그린다.
② 피치원은 가는 1점 쇄선으로 그린다.
③ 이뿌리원은 가는 실선으로 그린다.

40. 미터 보통 나사에서 수나사의 호칭 지름은 무엇을 기준으로 하는가?

① 유효지름
② 골 지름
③ 바깥지름
④ 피치원 지름

해설 수나사의 호칭 지름은 바깥지름이다.

41. 구름 베어링의 호칭 기호가 다음과 같이 나타날 때 이 베어링의 안지름은 몇 mm인가?

> 6026 P6

① 26
② 60
③ 130
④ 300

해설 26×5=130mm

42. 스퍼 기어의 도시법에 관한 설명으로 옳은 것은?

① 피치원은 가는 실선으로 그린다.
② 잇봉우리원은 가는 실선으로 그린다.
③ 축에 직각인 방향에서 본 그림을 단면으로 도시할 때 이골의 선은 가는 실선으로 표시한다.
④ 축 방향에서 본 이골원은 가는 실선으로 표시한다.

해설
① 피치원은 가는 1점 쇄선으로 그린다.
② 잇봉우리원은 굵은 실선으로 그린다.
③ 축에 직각인 방향에서 본 그림을 단면으로 도시할 때 이골의 선은 굵은 실선으로 표시한다.

정답 39. ④ 40. ③ 41. ③ 42. ④

43 표준 스퍼 기어에서 모듈이 4이고, 피치원 지름이 160mm일 때, 기어의 잇수는?

① 20 ② 30
③ 40 ④ 50

해설 $D = MZ = \dfrac{160}{4} = 40$

44 CAD 시스템의 기본적인 하드웨어 구성으로 거리가 먼 것은?

① 입력장치 ② 중앙처리장치
③ 통신장치 ④ 출력장치

해설 컴퓨터의 3대 장치
① 입·출력장치(Input/Out Put Unit)
② 중앙처리장치(CPU: Central Processing Unit)
③ 기억장치(Memory Unit)

45 좌표 방식 중 원점이 아닌 현재 위치, 즉 출발점을 기준으로 하여 해당 위치까지의 거리로 그 좌표를 나타내는 방식은?

① 절대 좌표 방식 ② 상대 좌표 방식
③ 직교 좌표 방식 ④ 원통 좌표 방식

해설 상대 좌표 방식: 좌표 방식 중 원점이 아닌 현재 위치, 즉 출발점을 기준으로 하여 해당 위치까지의 거리로 그 좌표를 나타내는 방식이다.

46 컴퓨터의 처리 속도 단위 중 ps(피코 초)란?

① 10^{-3}초 ② 10^{-6}초
③ 10^{-9}초 ④ 10^{-12}초

해설 컴퓨터의 처리속도 단위
ms(밀리/초: milli second): 10^{-3}
μs(마이크로/초: micro second): 10^{-6}
ns(나노/초: nano second): 10^{-9}
ps(피코/초: pico second): 10^{-12}
fs(펨토/초: femto second): 10^{-15}
as(아토/초: atto second): 10^{-18}

47 에어리점과 베셀점은?

① A=0.2113L, β=0.2203L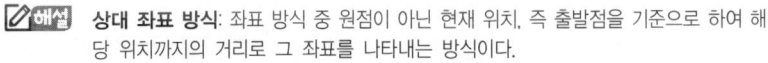
② A=0.2203L, β=0.2113L
③ A=0.2213L, β0.2243L
④ A=0.2243L, β0.2113L

[정답] 43. ③ 44. ③
45. ② 46. ④
47. ①

48 다른 모델링과 비교하여 와이어프레임 모델링의 일반적인 특징을 설명한 것 중 틀린 것은?

① 데이터의 구조가 간단하다.
② 처리속도가 느리다.
③ 숨은선을 제거할 수 없다.
④ 체적 등의 물리적 성질을 계산하기가 용이하지 않다.

> **해설** 와이어프레임 모델링(Wire-frame modeling)
> ① data의 구성이 단순하다.
> ② Model 작성을 쉽게 할 수 있다.
> ③ 처리 속도가 빠르다.
> ④ 3면 투시도의 작성이 용이하다.
> ⑤ 은선 제거(hidden line removal)가 불가능하다.
> ⑥ 단면도(section drawing) 작성이 불가능하다.
> ⑦ 물리적 성질의 계산이 불가능하다.

49 하이트 게이지는 다음과 같은 것들의 조합이다. 관계가 없는 것은?

① 스케일(scale)
② 베이스(base)
③ 스퀘어(square)
④ 서피스 게이지(surface gauge)

50 게이지 블록 부속품이 아닌 것은?

① 둥근형 조(jaw)와 평행 조(jaw)
② 스크라이버 포인트(scriber point)
③ 홀더(holder)
④ 센터 게이지(center gauge)

> **해설** 게이지 블록 부속품
> ① 둥근형 조(jaw)와 평행 조(jaw)
> ② 스크라이버 포인트(scriber point)
> ③ 홀더(holder)
> ④ 센터 포인트(center point)
> ⑤ 베이스 블록(base block)
> ⑥ 삼각 스트레이트 에지(triangle straight edge)

정답 48. ② 49. ④ 50. ④

51 미세 이송 및 각도를 조정할 수 있는 정밀 바이스를 측정 보조 도구로 선정하여 사용하는 장치는?

① 게이지 블록 고정 장치
② V-블록과 고정 장치
③ 표면 거칠기 고정 장치
④ 형상 측정기의 제품 고정 장치

52 길이측정의 경우 측정 오차를 피할 수 있는 사용 방법은?

① 치환법　　　② 편위법
③ 영위법　　　④ 보상법

> 해설　① **치환법**: 길이측정의 경우 치환법을 사용하면 측정 오차를 피할 수 있는 방법이 된다.
> ② **편위법**: 정밀도를 높이기에는 곤란하지만, 조작이 간단하므로 널리 쓰이고 있다.
> ③ **영위법**: 기준량을 준비하여 측정량에 평행 시켜 계측기의 지시가 0 위치를 나타낼 때의 크기로부터 측정량의 크기를 간접으로 아는 방식이다.
> ④ **보상법**: 측정량과 크기가 거의 같은 미리 알고 있는 양의 분동을 준비하여, 분동과 측정량의 차이로부터 알아내는 방법을 보상법이라 한다.

53 측정 제품 형상의 특성을 고려하여 원형 제품의 고정이나 원주 흔들림 등과 같이 비교적 간단한 측정이나 고정할 때 선정하는 장치는?

① 게이지 블록 고정 장치
② V-블록과 고정 장치
③ 표면 거칠기 고정 장치
④ 형상 측정기의 제품 고정 장치

54 Ms점 이하의 항온염욕(salt bath) 중에 담금질하여 항온변태 완료 후에 상온까지 냉각하여 마텐자이트와 베이나이트 혼합조직이 된다. 이 열처리 방법은?

① 오스템퍼(austemper)　　② 마템퍼(martemper)
③ 마퀜칭(marquenching)　　④ 어닐링(annealing)

55 조립 구속조건이 아닌 것은? ④

① 일치　　　② 동심
③ 옵셋　　　④ 직각

> 해설　각도, 대칭, 고정, 일치, 동심, 옵셋 등이 있다.

정답　51. ④　52. ①
53. ②　54. ②
55. ④

56. 다음 중 CAD 데이터 교환형식인 IGES(Initial Graphics Exchange Specification)에 관한 설명으로 틀린 것은?

① 서로 다른 CAD/CAM/CAE 시스템 사이에 제품정의 데이터를 교환하기 위하여 개발한 표준교환형식이다.
② ISO(International Organization for Stan-dardization)에서 1985년 IGES를 국제표준으로 채택했다.
③ 데이터 변환과정을 거치므로 유효숫자 및 라운드 오프 에러가 발생할 수 있다.
④ IGES에서 지원하지 않는 요소로 모델링한 경우 비슷한 요소로 변환하므로 정보전달 과정에 오류가 발생할 수 있다.

해설 IGES는 1993년 ANSI에 의해서 승인을 받아 미국규격으로 시작하여 세계적인 표준이며 ISO 국제규격은 STEP이다. IGES 파일의 구조는 Start, Global, Directory, Parameter, Terminate 5개의 Section으로 구성되어 있다.

57. 3차원 솔리드 모델링에서 일반적으로 사용되는 프리미티브(primitive)로 틀린 것은?

① 면(plane)
② 구(sphere)
③ 원뿔(cone)
④ 원기둥(cylinder)

해설 프리미티브(primitive) 형상
① 기본형상 구성 기능(primitive): 육면체(box), 원기둥(cylinder), 구(sphere), 원추(cone), 회전체(revolution), 프리즘(prism), 스윕(sweep) 등
② 기본형상 조합기능: 두 물체 더하기, 빼내기, 공통부분 찾기 등

58. 솔리드 표현 방식 중 B-rep 방식의 기본 데이터 구조로 틀린 것은?

① 정점
② 면
③ 모서리
④ 직육면체

해설 B-rep 방식
사용자가 형상을 구성하고 있는 정점(vertex), 면(face), 모서리(edge)가 어떠한 관계를 갖는지에 따라 표현하는 방법이며, 그 관계식은 정점+면-모서리=2이다. 즉, 'v-e+f-h=2(s-p)' 오일러-포앙카레 공식을 만족해야 한다.

정답 56. ② 57. ①
58. ④

59 다음 중 NURBS 곡선에 관한 설명으로 틀린 것은?

① 일반적인 B-spline 곡선을 포함한다.
② 모든 조정점을 지나는 부드러운 곡선이다.
③ 원, 타원, 포물선, 쌍곡선 등 원추 곡선을 정확하게 나타낼 수 있다.
④ 3차 NURBS 곡선은 특정 노트 구간에서 4개의 조정점 외에 4개의 가중치(weight value)와 절점(knot) 벡터의 정보가 이용된다.

해설 NURBS 곡선
① NURBS의 곡선으로 B-spline, Bezier, 원추 곡선도 표현할 수 있다.
② 4개의 좌표의 조종점 사용으로 곡선의 변형이 자유롭다.
③ NURBS 곡선은 곡선의 양끝점을 반드시 통과해야 한다.
④ 원, 타원, 포물선, 쌍곡선 등 원 곡선을 정확하게 나타낼 수 있다.
⑤ 특정 노트 구간에서 4개의 조정점 외에 4개의 가중값(Weights Value)과 노트(Knot) 벡터의 정보가 이용된다.

60 아래 그림처럼 직선 모서리를 곡선 모서리로 바꾸고 그 모서리에서 만나는 면들을 새로운 곡면을 바꿀 수 있는 작업은?

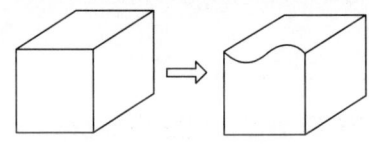

① 스위핑(sweeping) ② 스키닝(skinning)
③ 트위킹(tweaking) ④ 리프팅(lifting)

정답 59. ④ 60. ③

05회 CBT 모의고사

01 6-4 황동에 철 1~2%를 첨가함으로써 강도와 내식성이 향상되어 광산기계, 선박용 기계, 화학기계 등에 사용되는 특수 황동은?

① 쾌삭 메탈　　② 델타 메탈
③ 네이벌 황동　④ 애드머럴티 황동

해설 **델타 메탈**: 6-4 황동에 철 1~2%를 첨가함으로써 강도와 내식성이 향상되어 광산기계, 선박용 기계, 화학기계 등에 사용되는 특수 황동이다.

02 냉간 가공된 황동제품들이 공기 중의 암모니아 및 염류로 인하여 입간부식에 의한 균열이 생기는 것은?

① 저장균열　② 냉간균열
③ 자연균열　④ 열간균열

해설 **자연균열**: 냉간 가공된 황동제품들이 공기 중의 암모니아 및 염류로 인하여 입간부식에 의한 균열이 생기는 것이다.

03 탄소강에 함유된 원소 중 백점이나 헤어크랙의 원인이 되는 원소는?

① 황　② 인
③ 수소　④ 구리

해설 가스(O_2, N_2, H_2): 산소는 적열 메짐성의 원인이 되며, 질소는 경도와 강도를 증가시키고, 수소는 백점(flake)이나 헤어크랙(hair crack)의 원인이 된다.

04 절삭 공구로 사용되는 재료가 아닌 것은?

① 페놀　② 서멧
③ 세라믹　④ 초경합금

해설 페놀은 합성수지 계통이다.

05 상온이나 고온에서 단조성이 좋아지므로 고온가공이 용이하며 강도를 요하는 부분에 사용하는 황동은?

① 톰백　② 6-4 황동
③ 7-3 황동　④ 함석황동

해설 **6-4 황동**: 상온이나 고온에서 단조성이 좋아지므로 고온가공이 용이하며 강도를 요하는 부분에 사용하는 황동이다.

정답 01. ②　02. ③　03. ③　04. ①　05. ②

06 철강의 열처리 목적으로 틀린 것은?

① 내부의 응력과 변형을 증가시킨다.
② 강도, 연성, 내마모성 등을 향상시킨다.
③ 표면을 경화시키는 등의 성질을 변화시킨다.
④ 조직을 미세화하고 기계적 특성을 향상시킨다.

해설 철강의 열처리 목적은 내부의 응력제거와 변형을 감소시킨다.

07 탄소강에 함유되는 원소 중 강도, 연신율, 충격치를 감소시키며 적열 취성의 원인이 되는 것은?

① Mn
② Si
③ P
④ S

해설 황(S): 적열 상태에서는 메짐성이 커 적열취성의 원인이 되며, 인장강도, 연신율, 충격 값을 감소시킨다. 강의 용접성을 나쁘게 하며, 강의 유동성을 해치고 기포를 발생시킨다. 망간과 화합하여 절삭성이 좋아진다.

08 일반 스퍼 기어와 비교한 헬리컬 기어의 특징에 대한 설명으로 틀린 것은?

① 임의의 비틀림각을 선택할 수 있어서 축 중심거리의 조절이 용이하다.
② 물림 길이가 길고 물림률이 크다.
③ 최소 잇수가 적어서 회전비를 크게 할 수가 있다.
④ 추력이 발생하지 않아서 진동과 소음이 적다.

해설 헬리컬 기어는 스퍼 기어보다 접촉선이 길어서 큰 힘을 전달할 수 있고, 진동과 소음이 적다. 반면에 제작하기가 어렵고 톱니가 경사져 있어서 축 방향으로 추력이 발생한다.

09 체인 전동의 일반적인 특징으로 거리가 먼 것은?

① 속도비가 일정하다.
② 유지 및 보수가 용이하다.
③ 내열, 내유, 내습성이 강하다.
④ 진동과 소음이 없다.

해설 체인 전동의 일반적인 특징
① 큰 동력 전달 효율이 95% 이상이다.
② 체인의 탄성으로 어느 정도 충격하중을 흡수한다.
③ 진동, 소음이 생기기 쉽다.
④ 고속회전에 부적당하고 저속, 대마력에 적당하며, 윤활이 필요하다.

정답 06. ① 07. ④
      08. ④ 09. ④

10 8kN의 인장하중을 받는 정사각봉의 단면에 발생하는 인장응력이 5MPa이다. 이 정사각봉의 한 변의 길이는 약 몇 mm인가?

① 40
② 60
③ 80
④ 100

해설 $a = \sqrt{\dfrac{W}{\sigma_a}} = \sqrt{\dfrac{8000}{5}} = 40\text{mm}$

11 회전체의 균형을 좋게 하거나 너트를 외부에 돌출시키지 않으려고 할 때 주로 사용하는 너트는?

① 캡 너트
② 둥근 너트
③ 육각 너트
④ 와셔붙이 너트

해설 둥근 너트: 회전체의 균형을 좋게 하거나 너트를 외부에 돌출시키지 않으려고 할 때 주로 사용한다.

12 핀(pin)의 종류에 대한 설명으로 틀린 것은?

① 테이퍼 핀은 보통 1/50 정도의 테이퍼를 가지며, 축에 보스를 고정시킬 때 사용 할 수 있다.
② 평행 핀은 분해·조립하는 부품의 맞춤면의 관계 위치를 일정하게 할 필요가 있을 때 주로 사용된다.
③ 분할 핀은 한쪽 끝이 2가닥으로 갈라진 핀으로 축에 끼워진 부품이 빠지는 것을 막는데 사용할 수 있다.
④ 스프링 핀은 2개의 봉을 연결하기 위해 구멍에 수직으로 핀을 끼워 2개의 봉이 상대각운동을 할 수 있도록 연결한 것이다.

해설 스프링 핀: 탄성을 이용하여 물체를 고정시키는 데 사용되며, 해머로 때려 박을 수 있는 핀이다.

13 기계의 운동에너지를 흡수하여 운동속도를 감속 또는 정지시키는 장치는?

① 기어
② 커플링
③ 마찰자
④ 브레이크

해설 브레이크: 기계의 운동에너지를 흡수하여 운동속도를 감속 또는 정지시키는 장치이다.

정답 10.① 11.② 12.④ 13.④

14 한쪽은 오른나사, 다른 한쪽은 왼나사로 되어 양끝을 서로 당기거나 밀거나 할 때 사용하는 기계요소는?

① 아이 볼트   ② 세트 스크류
③ 플레이트 너트   ④ 턴 버클

해설 **턴 버클**: 한쪽은 오른나사, 다른 한쪽은 왼나사로 되어 있다.

15 마이크로미터의 구조에서 구성부품에 속하지 않는 것은?

① 앤빌   ② 스핀들
③ 슬리브   ④ 스크라이버

해설 **스크라이버**: 스크라이버는 하이트 게이지 부속품으로 선단으로 금긋기 작업을 할 때 사용한다.

16 제품의 표면 거칠기를 나타낼 때 표면 조직의 파라미터를 "평가된 프로파일의 산술 평균 높이"로 사용하고자 한다면 그 기호로 옳은 것은?

① Rt   ② Rq
③ Rz   ④ Ra

해설 ① 최대높이 거칠기(Ry)
② 산술 평균 거칠기(Ra)
③ 10점 평균 거칠기(Rz)

17 다음은 어떤 물체를 제3각법으로 투상한 것이다. 이 물체의 등각 투상도로 가장 적합한 것은?

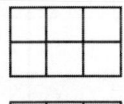

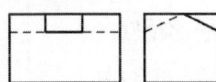

① 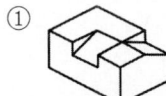   ②

③    ④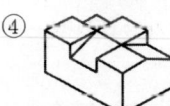

정답 14. ④ 15. ④ 16. ④ 17. ②

18. 가는 실선으로만 사용하지 않는 선은?

① 지시선
② 절단선
③ 해칭선
④ 치수선

해설 절단선: 가는 1점 쇄선으로 끝부분 및 방향이 변하는 부분을 굵게 한다.

19. 재료의 기호와 명칭이 맞는 것은?

① STC: 기계구조용 탄소 강재
② STKM: 용접 구조용 압연 강재
③ SPHD: 탄소 공구 강재
④ SS: 일반 구조용 압연 강재

해설
① STC: 탄소 공구 강재
② STKM: 기계구조용 탄소강관
③ SHP1: 열간 압연 연강판 및 강대
④ SS: 일반 구조용 압연 강재

20. 도면이 구비하여야 할 구비 조건이 아닌 것은?

① 무역 및 기술의 국제적인 통용성
② 제도자의 독창적인 제도법에 대한 창의성
③ 면의 표면, 재료, 가공방법 등의 정보성
④ 대상물의 도형, 크기, 모양, 자세, 위치 등의 정보성

해설 기계나 구조물의 모양 또는 크기를 일정한 규격에 따라 점, 선, 문자, 숫자, 기호 등을 사용하여 도면을 작성한다.

21. 투상도를 표시하는 방법에 관한 설명으로 가장 옳지 않은 것은?

① 조립도 등 주로 기능을 나타내는 도면에서는 대상물을 사용하는 상태로 표시한다.
② 물체의 중요한 면은 가급적 투상면에 평행하거나 수직이 되도록 표시한다.
③ 물품의 형상이나 기능을 가장 명료하게 나타내는 면을 주 투상도가 아닌 보조 투상도로 선정한다.
④ 가공을 위한 도면은 가공량이 많은 공정을 기준으로 가공할 때 놓여진 상태와 같은 방향으로 표시한다.

해설 물품의 형상이나 기능을 가장 명료하게 나타내는 면을 주 투상도로 선정한다.

정답 18. ② 19. ④
      20. ② 21. ③

22 다음 내용이 설명하는 투상법은?

> 투사선이 평행하게 물체를 지나 투상면에 수직으로 닿고 투상된 물체가 투상면에 나란하기 때문에 어떤 물체의 형상도 정확하게 표현할 수 있다. 이 투상법에는 1각법과 3각법이 속한다.

① 투시 투상법   ② 등각 투상법
③ 사 투상법   ④ 정 투상법

해설 정 투상법에는 제3각법과 제1각법이 있고 입체적 투상도에는 등각도, 사 투상도, 투시도가 있다.

23 아래 그림과 같은 치수 기입 방법은?

① 직렬 치수 기입 방법
② 병렬 치수 기입 방법
③ 누진 치수 기입 방법
④ 복합 치수 기입 방법

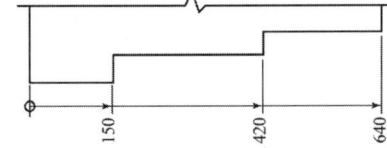

해설
① **직렬 치수 기입법**: 직렬로 나란히 연결된 개개의 치수에 주어지는 치수 공차가 차례로 누적되어도 상관없는 경우에 적용한다.
② **병렬 치수 기입법**: 한 곳을 중심으로 치수를 기입하는 방법으로, 개개의 치수 공차는 다른 치수의 공차에는 영향을 주지 않는다.
③ **누진 치수 기입법**: 하나의 연속된 치수선으로 간단히 표시할 수 있다. 치수의 기준이 되는 위치는 기호(0, zero)로 표시하고, 치수선의 다른 끝은 화살표를 그린다.

24 기계관련 부품도에서 ⌀80H7/g6로 표기된 것의 설명으로 틀린 것은?

① 구멍 기준식 끼워 맞춤이다.
② 구멍의 끼워 맞춤 공차는 H7이다.
③ 축의 끼워 맞춤 공차는 g6이다.
④ 억지 끼워 맞춤이다.

해설 ⌀80H7/g6: 헐거운 끼워 맞춤이다.

25 모떼기를 나타내는 치수보조 기호는?

① R   ② SR
③ t   ④ C

해설

구분	기호
반지름	R
구의 지름	S⌀
구의 반지름	SR
판의 두께	t
45°의 모떼기	C

정답 22. ④ 23. ③ 24. ④ 25. ④

26. 그림에서 기하 공차 기호로 기입할 수 없는 것은?

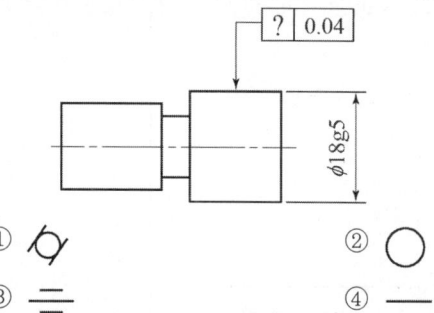

① ◇ ② ○
③ ═ ④ ─

해설

모양 공차	─	진직도 공차
	▱	평면도 공차
	○	진원도 공차
	◇	원통도 공차
	═	대칭도 공차

27. KS규격에서 규정하고 있는 단면도의 종류가 아닌 것은?

① 온 단면도 ② 한쪽 단면도
③ 부분 단면도 ④ 복각 단면도

해설
① **온 단면도**: 물체의 기본적인 모양을 가장 잘 나타낼 수 있도록 물체의 중심에서 반으로 절단하여 나타낸 것이다.
② **한쪽 단면도**: 상하 또는 좌우 대칭형의 물체는 기본 중심선을 경계로 1/2은 외형도로, 나머지 1/2은 단면도로 동시에 나타낸다.
③ **부분 단면도**: 외형도에서 필요로 하는 일부분만을 부분 단면도로 도시할 수 있다.

28. 열처리, 도금 등 특별한 요구사항을 적용할 수 있는 범위를 표시하는 데 사용하는 특수 지정선은?

① 굵은 실선 ② 가는 실선
③ 굵은 파선 ④ 굵은 1점 쇄선

해설 **굵은 1점 쇄선**: 열처리, 도금 등 특별한 요구사항을 적용할 수 있는 범위를 표시하는 데 사용하는 특수 지정선이다.

정답 26. ③ 27. ④ 28. ④

29 제3각법으로 그린 투상도에서 우측면도로 옳은 것은?

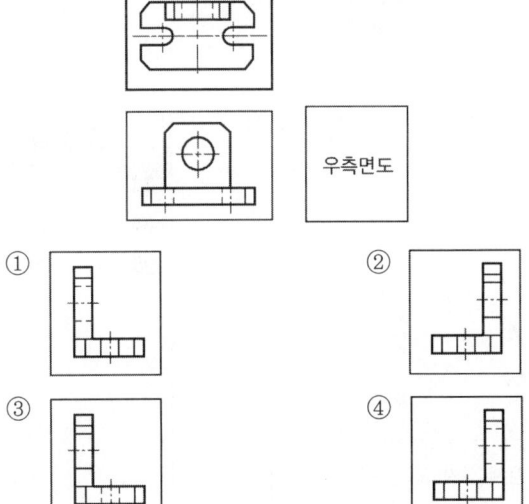

30 도면에서 구멍의 치수가 $\varnothing 50^{+0.05}_{-0.02}$ 로 기입되어 있다면 치수 공차는?

① 0.02　　　　② 0.03
③ 0.05　　　　④ 0.07

해설 $0.05 + 0.02 = 0.07$

31 도면관리에 필요한 사항과 도면내용에 관한 중요한 사항이 기입되어 있는 도면 양식으로 도명이나 도면번호와 같은 정보가 있는 것은?

① 재단마크　　　　② 표제란
③ 비교눈금　　　　④ 중심마크

해설 표제란: 도면관리에 필요한 사항과 도면내용에 관한 중요한 사항이 기입되어 있는 도면 양식으로 도명이나 도면번호와 같은 정보가 있다.

32 기하 공차의 종류와 기호 설명이 잘못된 것은?

① ▱ : 평면도 공차　　② ○ : 원통도 공차
③ ⌖ : 위치도 공차　　④ ⊥ : 직각도 공차

해설 문제 26번 해설 참소

정답 29. ④　30. ④
31. ②　32. ②

33. 다음 면의 지시기호 표시에서 제거가공을 허락하지 않는 것을 지시하는 기호는?

①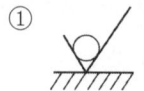
②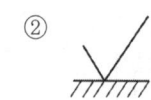
③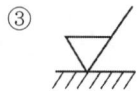
④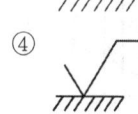

해설

기호	설명
	절삭 등 제거가공의 필요 여부를 문제 삼지 않는 경우
	제거가공을 필요로 한다는 것을 지시할 때에는 면의 지시기호의 짧은 쪽의 다리 끝에 가로선을 부가한다.
	제거가공해서는 안 된다는 것을 지시할 때에는 면의 지시기호에 내접하는 원을 부가한다.

34. 도면을 작성할 때 쓰이는 문자의 크기를 나타내는 기준은?

① 문자의 폭
② 문자의 높이
③ 문자의 굵기
④ 문자의 경사도

해설 문자의 높이: 도면을 작성할 때 쓰이는 문자의 크기를 나타내는 기준이다.

35. 다음 중 억지 끼워 맞춤에 속하는 것은?

① H8/e8
② H7/t6
③ H8/f8
④ H6/k6

해설 상용하는 구멍 기준 끼워 맞춤

기준축	구멍 공차역 클래스										
	헐거운 끼워 맞춤			중간 끼워 맞춤			억지 끼워 맞춤				
H6			g5	h5	js5	k5	m5				
		f6	g6	h6	js6	k6	m6	n6	p6		
H7		f6	g6	h6	js6	k6	m6	n6	p6	r6	t6
	e7	f7		h7	js7						
H8		f7		h7							
	e8	f8		h8							
	e9										

정답 33. ① 34. ② 35. ②

36 축을 제도하는 방법에 관한 설명으로 틀린 것은?

① 긴 축은 단축하여 그릴 수 있으나 길이는 실제 길이를 기입한다.
② 축은 일반적으로 길이 방향으로 절단하여 단면을 표시한다.
③ 구석 라운드 가공부는 필요에 따라 확대하여 기입할 수 있다.
④ 필요에 따라 부분 단면은 가능하다.

해설 축은 길이 방향으로 단면 도시를 하지 않는다. 단, 부분 단면은 허용한다.

37 스퍼 기어의 도시 방법에 대한 설명으로 틀린 것은?

① 축에 직각인 방향으로 본 투상도를 주 투상도로 할 수 있다.
② 잇봉우리원은 굵은 실선으로 그린다.
③ 피치원은 가는 1점 쇄선으로 그린다.
④ 축 방향으로 본 투상도에서 이골원은 굵은 실선으로 그린다.

해설 이뿌리원(이골원)은 가는 실선으로 그린다. 단, 축에 직각인 방향으로 본 그림(이하 주 투상도라 한다)의 단면으로 도시할 때에는 이뿌리원(이골원)은 굵은 실선으로 그린다. 또, 베벨 기어와 웜휠에서는 이뿌리원은 생략해도 좋다.

38 다음 중 베어링의 안지름이 17mm인 베어링은?

① 6303
② 32307K
③ 6317
④ 607U

해설 안지름 번호(세 번째, 네 번째 숫자)
안지름 번호 1~9까지는 안지름 번호와 안지름이 같고 안지름 번호가 안지름 20mm 이상 480mm 미만에서는 안지름을 5로 나눈 수가 안지름 번호이다.
00: 안지름 10mm
01: 안지름 12mm
02: 안지름 15mm
03: 안지름 17mm

39 스프로킷 휠의 피치원을 표시하는 선의 종류는?

① 굵은 실선
② 가는 실선
③ 가는 1점 쇄선
④ 가는 2점 쇄선

해설 스프로킷 휠 제도법
① 바깥지름(이끝원)은 굵은 실선으로 그린다.
② 피치원은 가는 1점 쇄선으로 그린다.
③ 이뿌리원은 가는 실선으로 그린다.

정답 36. ② 37. ④ 38. ① 39. ③

40. 키의 호칭이 다음과 같이 나타날 때 설명으로 틀린 것은?

KS B 1311 PS-B 25×14×90

① 키에 관련한 규격은 KS B 1311에 따른다.
② 평행키로서 나사용 구멍이 있다.
③ 키의 끝부가 양쪽 둥근형이다.
④ 키의 높이는 14mm이다.

해설 키의 호칭법

| 규격 번호 | 종류 및 호칭 치수 | × | 길이 | 끝 모양의 특별 지정 | 재료 |

41. 나사의 제도방법을 바르게 설명한 것은?

① 수나사와 암나사의 골 밑은 굵은 실선으로 그린다.
② 완전 나사부와 불완전 나사부의 경계는 가는 실선으로 그린다.
③ 나사 끝면에서 본 그림에서 나사의 골 밑은 가는 실선으로 원주의 3/4에 가까운 원의 일부로 그린다.
④ 수나사와 암나사가 결합되었을 때의 단면은 암나사가 수나사를 가린 형태로 그린다.

해설 나사의 도시 방법
① 수나사의 바깥지름과 암나사의 안지름을 표시하는 선은 굵은 실선으로 그린다.
② 수나사와 암나사의 골을 표시하는 선은 가는 실선으로 그린다.
③ 완전 나사부와 불완전 나사부의 경계선은 굵은 실선으로 그린다.
④ 수나사와 암나사의 결합부의 단면은 수나사로 나타낸다.

42. 전체 둘레 현장 용접을 나타내는 보조 기호는?

① 🚩   ② ◯
③ (flag on circle)   ④ 🚩

해설

현장 용접	🚩
전체 둘레 용접	◯
전체 둘레 현장 용접	(flag on circle)

정답 40. ③ 41. ③ 42. ③

43 스프링 제도에서 스프링 종류와 모양만을 도시하는 경우 스프링 재료의 중심선은 어느 선으로 나타내야 하는가?

① 굵은 실선 ② 가는 1점 쇄선
③ 굵은 파선 ④ 가는 실선

해설 스프링 재료의 중심선은 굵은 실선이다.

44 다음 표준 스퍼 기어에 대한 요목표에서 전체 이 높이는 몇 mm인가?

스퍼 기어		
기어 치형		표준
공구	치형	보통이
	모듈	2
	압력 각	20°
잇수		31
피치원 지름		62
전체 이 높이		
다듬질 방법		호브 절삭
정밀도		KS B 1405, 5급

① 4 ② 4.5
③ 5 ④ 5.5

해설 전체 이 높이 = $M \times 2.25 = 2 \times 2.25 = 4.5$

45 ISO 규격에 있는 관용 테이퍼 나사로 테이퍼 수나사를 표시하는 기호는?

① R ② Rc
③ PS ④ Tr

해설
① R: 관용 테이퍼 수나사(ISO 규격)
② Rc: 관용 테이퍼 암나사(ISO 규격)
③ PS: 관용 평행 암나사(ISO 규격 없음)
④ Tr: 미터 사다리꼴 나사

46 CAD 시스템에서 도면상 임의의 점을 입력할 때 변하지 않는 원점 (0,0)을 기준으로 정한 좌표계는?

① 상대 좌표계 ② 상승 좌표계
③ 증분 좌표계 ④ 절대 좌표계

해설 절대 좌표계: CAD 시스템에서 도면상 임의의 점을 입력할 때 변하지 않는 원점(0, 0)을 기준으로 정한 좌표계이다.

[정답] 43. ① 44. ② 45. ① 46. ④

47 컴퓨터 입력장치의 한 종류로 직사각형의 판에 사용자가 손에 잡고 움직일 수 있는 펜 모양의 스타일러스 혹은 버튼이 달린 라인 커서 장치의 2가지 부분으로 구성되며 펜이나 커서의 움직임에 대한 좌표 정보를 읽어서 컴퓨터에 나타내는 장치는?

① 디지타이저(digitizer)
② 광학 마크 판독기(OMR)
③ 음극선관(CRT)
④ 플로터(plotter)

해설 디지타이저(digitizer): 펜이나 커서의 움직임에 대한 좌표 정보를 읽어서 컴퓨터에 나타내는 입력장치이다.

48 데이터를 표현하는 최소단위를 무엇이라고 하는가?

① byte
② bit
③ word
④ file

해설 bit: 데이터를 표현하는 최소단위

49 다음이 설명하는 3차원 모델링 방식은?

- 간섭체크를 할 수 있다.
- 질량 등의 물리적 특성 계산이 가능하다.

① 와이어프레임 모델링
② 서피스 모델링
③ 솔리드 모델링
④ DATA 모델링

해설 솔리드 모델링의 용도
① 표면적, 부피, 관성 모멘트 계산
② 유한요소해석
③ 솔리드 모델들 간의 간섭현상 검사
④ NC 공구 경로 생성
⑤ 도면 생성

50 내측 및 외측을 측정할 때 사용하는 게이지 블록 부속품은?

① 둥근형 조(jaw)와 평행 조(jaw)
② 스크라이버 포인트(scriber point)
③ 베이스 블록(base block)
④ 센터 포인트(center point)

정답 47. ① 48. ② 49. ③ 50. ①

51 실린더 게이지, 버니어 캘리퍼스, 마이크로미터를 교정할 때 사용하는 게이지 블록 부속품은?

① 홀더(holder)
② 스크라이버 포인트(scriber point)
③ 베이스 블록(base block)
④ 센터 포인트(center point)

52 측정하려는 면에 대고 반대쪽에서 새어 나오는 빛으로 틈새를 판단하여 면의 진직도와 평면도를 검사하는 데 사용하는 게이지 블록 부속품은?

① 삼각 스트레이트 에지(triangle straight edge)
② 스크라이버 포인트(scriber point)
③ 베이스 블록(base block)
④ 센터 포인트(center point)

53 마이크로미터는 어떤 측정 방식에 속하는가?

① 영위법 ② 진위법
③ 회의법 ④ 진행법

해설 **영위법**: 기준량을 준비하여 측정량에 평행시켜 계측기의 지시가 0위치를 나타낼 때의 크기로부터 측정량의 크기를 간접으로 아는 방식
[예] 마이크로미터, 휘스톤 브리지, 전위차계 등
[특징] 0 위치로부터 불평형을 검출하여 기준량에 피드백시켜 평행이 되도록 기준량의 크기를 조정하는 것

54 측정에서 다음 설명에 해당하는 원리는?

> 표준자와 피측정물은 동일 축선상에 있어야 한다.

① 아베의 원리 ② 버니어의 원리
③ 에어리의 원리 ④ 헤르쯔의 원리

해설 **아베의 원리**: 측정하려는 길이를 표준자로 사용되는 눈금의 연장 선상에 놓는다. 라는 것인데 이는 피측정물과 표준자와는 측정 방향에 있어서 동일 직선상에 배치하여야 한다(독일의 아베). 길이 측정의 경우 치환법을 응용하면 기하학적 위치에 의한 측정오차를 가장 확실하게 피할 수 있다(컴퍼레이터의 원리: 비교 측정기).
① 만족: 외측 마이크로, 측장기
② 불만족: 버니어 캘리퍼스

[정답] 51. ① 52. ④
53. ① 54. ①

55. 게이지 블록의 특징이 아닌 것은?

① 정밀도가 매우 높다.
② 사용이 편리하다.
③ 많은 수량으로 밀착할수록 정도가 낮아진다.
④ 광파장으로부터 직접 길이를 결정할 수 있다.

56. 다음 중 항온 열처리의 종류에 해당되지 않는 것은? 라

① 마템퍼링
② 오스템퍼링
③ 마퀜칭
④ 오스퀜칭

해설 항온열처리
① 오스템퍼링: 베이나이트 조직
② 마템퍼링: 마텐자이트+베이나이트 조직
③ 마퀜칭: 마텐자이트 조직

57. 항온열처리에서 항온변태 곡선을 TTT 곡선 또는 S 곡선 등으로 나타낸다. 다음 중 이 항온변태 곡선에 관계되는 것으로 잘못된 것은?

① 온도
② 시간
③ 변태
④ 압력

58. 아래 그림처럼 평면을 새로운 곡면으로 바꿔서 해당 면과 그 경계 모서리를 변형시킬 수 있는 작업은?

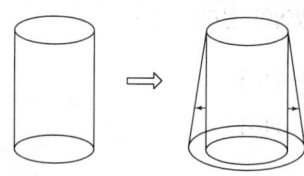

① 스위핑(sweeping)
② 스키닝(skinning)
③ 트위킹(tweaking)
④ 리프팅(lifting)

정답 55. ④ 56. ④ 57. ④ 58. ③

59 일반적으로 어셈블리에서 부를 수 있는 것은 다음과 같다. 틀린 것은?

① 파트 모델링 작업을 통하여 만들었던 기존 형상이 있다.
② 다른 어셈블리 상에서 만들어진 서브 어셈블리는 부를 수가 없다.
③ 어셈블리 상에 배치하여 새롭게 시작하는 단품이나 서브 어셈블리가 있다.
④ 어셈블리에서는 모델링을 하는 작업이 아니라 단품 및 서브 어셈블리에 대해 배치를 하는 작업이다.

해설 다른 어셈블리 상에서 만들어진 서브 어셈블리가 있다.

60 CAD/CAM 시스템 간에 데이터베이스가 서로 호환성을 가질 수 있도록 해주는 모델의 입출력 데이터 표준 형식으로 사용되는 것은?

① ISO
② LISP
③ ANSI
④ IGES

해설 IGES: CAD/CAM 시스템 간에 데이터베이스가 서로 호환성을 가질 수 있도록 해주는 모델의 입출력 데이터 표준 형식으로 사용한다.
IGES 파일의 구조는 Start, Global, Directory, Parameter, Terminate 5개의 섹션(Section)으로 구성되어 있다.

정답 59. ② 60. ④

 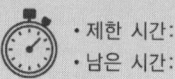

01 면심입방격자 구조로서 전성과 연성이 우수한 금속으로 짝지어진 것은?

① 금, 크롬, 카드뮴
② 금, 알루미늄, 구리
③ 금, 은, 카드뮴
④ 금, 몰리브덴, 코발트

해설
① 체심입방격자(BCC): Cr, W, Mo, V, Li, Na, Ta, K, α-Fe, δ-Fe
② 면심입방격자(FCC): Al, Ag, Au, Cu, Ni, Pb, Ca, Co, γ-Fe
③ 조밀육방격자(HCP): Mg, Zn, Cd, Ti, Be, Zr, Ce

02 강의 담금질 조직에서 경도가 큰 순서대로 올바르게 나열한 것은?

① 솔바이트 > 트루스타이트 > 마텐자이트
② 솔바이트 > 마텐자이트 > 트루스타이트
③ 트루스타이트 > 솔바이트 > 마텐자이트
④ 마텐자이트 > 트루스타이트 > 솔바이트

해설 조직의 경도가 큰 순서
시멘타이트 > 마텐자이트 > 트루스타이트 > 베이나이트 > 솔바이트 > 펄라이트 > 오스테나이트 > 페라이트

03 니켈, 크롬, 몰리브덴, 구리 등을 첨가하여 재질을 개선한 것으로 노듈러 주철, 덕타일 주철 등으로 불리는 이 주철은 내마멸성, 내열성, 내식성 등이 대단히 우수하여 자동차용 주물이나 주조용 재료로 가장 많이 쓰이는 것은?

① 칠드주철
② 구상흑연 주철
③ 보통주철
④ 펄라이트 가단주철

해설 **구상흑연 주철**: 니켈, 크롬, 몰리브덴, 구리 등을 첨가하여 재질을 개선한 것으로 노듈러 주철, 덕타일 주철 등으로 불리는 이 주철은 내마멸성, 내열성, 내식성 등이 대단히 우수하여 자동차용 주물이나 주조용 재료로 가장 많이 사용한다.

04 지름 240mm 및 360mm의 외접 마찰차에서 중심거리는?

① 60mm
② 300mm
③ 400mm
④ 600mm

해설 $\dfrac{m(Z_1+Z_2)}{2} = \dfrac{(240+360)}{2} = 300\,mm$

정답 01.② 02.④ 03.② 04.②

05 절구 베어링이라고도 하며, 세워져 있는 축에 의하여 추력을 받을 때 사용되는 베어링의 종류 명칭으로 가장 적합한 것은?

① 피벗 베어링 ② 칼라 베어링
③ 단일체 베어링 ④ 분할 베어링

해설 **피벗 베어링**: 절구 베어링이라고도 하며, 세워져 있는 축에 의하여 추력을 받을 때 사용

06 다음 원소 중 탄소강의 적열취성 원인이 되는 것은?

① S ② Mn
③ P ④ Si

해설 **황(S)**: 적열 상태에서는 메짐성이 커 적열취성의 원인이 되며, 인장강도, 연신율, 충격값을 감소시킨다. 강의 용접성을 나쁘게 하며, 강의 유동성을 해치고 기포를 발생시킨다. 망간과 화합하여 절삭성이 좋아진다.

07 미터나사에 관한 설명으로 잘못된 것은?

① 기호는 M으로 표기한다.
② 나사산의 각은 60°이다.
③ 호칭 지름을 인치(inch)로 나타낸다.
④ 부품의 결합 및 위치의 조정 등에 사용된다.

해설 호칭 지름의 수나사의 외경을 기준으로 밀리미터(mm)로 나타낸다.

08 백심가단주철에서 사용되는 탈탄제는?

① 알루미나, 탄소가루
② 알루미나, 철광석
③ 철광석, 밀 스케일의 산화철
④ 유리탄소, 알루미나

해설 백심가단주철에서 사용되는 탈탄제는 철광석, 밀 스케일의 산화철 등이 사용된다.

09 인장 코일 스프링에 3N의 하중을 걸었을 때 변위가 30mm이었다면, 이 스프링의 상수는 얼마인가?

① 0.1 N/mm ② 0.2 N/mm
③ 5 N/mm ④ 10 N/mm

해설 $k = \dfrac{w(하중)}{\delta} = k = \dfrac{3}{30} = 0.1\,\text{N/mm}$

[정답] 05. ① 06. ①
07. ③ 08. ③
09. ①

10 축에 키 홈을 가공하지 않고 사용하는 키(key)는?

① 성크 키
② 새들 키
③ 반달 키
④ 스플라인

해설 안장 키(saddle Key): 축에는 홈을 파지 않고 축과 키 사이의 마찰력으로 회전력을 전달. 축의 강도를 감소시키지 않고 고정할 수 있으나, 큰 동력을 전달시킬 수 없으므로 경하중의 소직경에 사용한다.

11 자동하중 브레이크의 종류에 해당되지 않는 것은?

① 나사 브레이크
② 웜 브레이크
③ 원심 브레이크
④ 원판 브레이크

해설 자동하중 브레이크의 종류: 웜, 나사, 캠, 코일, 체인, 원심 브레이크 등

12 회전력의 전달과 동시에 보스를 축 방향으로 이동시킬 때 가장 적합한 키는?

① 새들 키
② 반달 키
③ 미끄럼 키
④ 접선 키

해설 미끄럼 키(sliding key): 안내 키, 페더 키(feather key)라고도 하며, 보스와 축이 상대적으로 축 방향으로만 이동이 가능한 키로서 키를 작은 나사로 고정한다.

13 베어링의 호칭 번호 6304에서 6은 무엇인가?

① 형식 기호
② 치수 기호
③ 지름 번호
④ 등급 기준

해설 • 6: 형식 기호 • 3: 치수 기호 • 04: 안지름 번호

14 모듈 3, 잇수 30과 60을 갖는 한 쌍의 표준 평기어 중심거리는 얼마인가?

① 114mm
② 126mm
③ 135mm
④ 148mm

해설 $C = \dfrac{M(Z_1 + Z_2)}{2} = \dfrac{3 \times (30+60)}{2} = 135\text{mm}$

정답 10. ② 11. ④ 12. ③ 13. ① 14. ③

15 피치 3mm인 3줄 나사의 리드는 몇 mm인가?
① 1
② 2.87
③ 3.14
④ 9

해설 3mm × 3줄 = 9mm

16 다음 중 각도를 측정할 수 있는 측정기는?
① 버니어 캘리퍼스
② 오토 콜리메이터
③ 옵티컬플랫
④ 다이얼게이지

해설 오토 콜리메이터(시준기)의 원리
반사경과 망원경의 위치 관계가 기울기로 변했을 때 망원경 내의 상의 위치가 이동하는 것을 이용하여 미소각도를 측정한다.

17 IT 공차에 대한 설명으로 옳은 것은?
① IT 01부터 IT 18까지 20등급으로 구분되어 있다.
② IT 01~IT 4는 구멍 기준공차에서 게이지 제작공차이다.
③ IT 6~IT 10은 축 기준공차에서 끼워 맞춤 공차이다.
④ IT 10~IT 18은 구멍 기준공차에서 끼워 맞춤 이외의 공차이다.

해설 IT 기본 공차는 IT 01부터 IT 18까지 20등급으로 구분한다.

용도	게이지 제작 공차	끼워 맞춤 공차	끼워 맞춤 이외 공차
구멍	IT 01~IT 05	IT 06~IT 10	IT 11~IT 18
축	IT 01~IT 04	IT 05~IT 09	IT 10~IT 18

18 대상면의 일부에 특수한 가공을 하는 부분의 범위를 표시할 때 사용하는 선은?
① 굵은 1점 쇄선
② 굵은 실선
③ 파선
④ 가는 2점 쇄선

해설 특수한 가공 부위 표시선: 굵은 1점 쇄선

19 끼워 맞춤에서 최대 죔새를 구하는 방법은?
① 축의 최대 허용 치수 – 구멍의 최소 허용 치수
② 구멍의 최소 허용 치수 – 축의 최대 허용 치수
③ 구멍의 최대 허용 치수 – 축의 최소 허용 치수
④ 축의 최소 허용 치수 – 구멍의 최대 허용 치수

해설 최대 죔새: 축의 최대 허용 치수 – 구멍의 최소 허용 치수

정답 15. ④ 16. ②
17. ① 18. ①
19. ①

20. 도면에서 대상물의 보이지 않는 부분의 모양을 표시하는 선은?
① 파선
② 굵은 실선
③ 가는 1점 쇄선
④ 가는 2점 쇄선

해설 숨은선(파선): 대상물의 보이지 않는 부분의 형상을 표시

21. 제도에서 도면의 크기 및 양식에 관련된 내용 중 틀린 것은?
① 제도 용지의 세로와 가로의 비는 1 : $\sqrt{2}$ 이다.
② A2 도면의 크기는 420×594이다.
③ 반드시 마련해야 하는 도면의 양식은 윤곽선, 표제란, 중심마크이다.
④ 도면을 접어서 보관할 경우에는 A3의 크기로 한다.

해설 도면을 접어서 보관할 경우에는 A4의 크기로 한다.

22. 스케치도를 작성할 필요가 없는 경우는?
① 도면이 없는 부품을 제작하고자 할 경우
② 도면이 없는 부품이 파손되어 수리 제작할 경우
③ 현품을 기준으로 개선된 부품을 고안하려 할 경우
④ 없어진 기계부품을 만들려고 할 경우

해설 스케치도
① 도면이 없는 경우 스케치도를 작성
② 프리핸드로 그린다.
③ 분해 및 조립 공구가 있어야 한다.

23. 2종류 이상의 선이 같은 장소에서 중복될 경우에 다음 중 가장 우선되는 선의 종류는?
① 치수선
② 무게 중심선
③ 치수 보조선
④ 절단선

해설 겹치는 선의 우선순위
① 외형선 ② 숨은선 ③ 절단선
④ 중심선 ⑤ 무게중심선 ⑥ 치수보조선

정답 20.① 21.④ 22.④ 23.④

24 보기의 등각 투상도를 온 단면도로 나타낸 것은?

[보기]

① 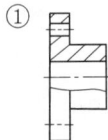 ②

③ 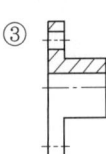 ④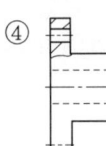

25 다음은 어떤 물체를 보고 제3각법으로 그린 정 투상도이다. 화살표 방향을 정면으로 보았을 때 등각 투상도로 올바른 것은?

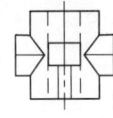
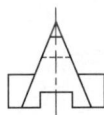 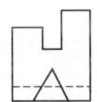

① 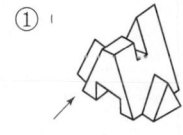 ②

③ 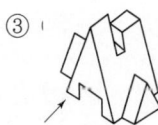 ④

26 물체의 한 면이 경사진 경우 경사면에 평행한 별도의 투상도를 나타내는데 이렇게 그려진 투상도의 명칭은?

① 회전 투상도 ② 보조 투상도
③ 부분 투상도 ④ 국부 투상도

해설 **보조 투상도**: 물체의 한 면이 경사진 경우 경사면에 평행한 별도의 투상도를 나타낸다.

정답 24. ② 25. ① 26. ②

27. 다음 그림과 같은 치수기입 방법은?

① 직렬 치수 기입법
② 병렬 치수 기입법
③ 누진 치수 기입법
④ 좌표 치수 기입법

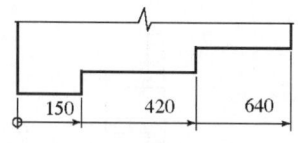

해설 **누진 치수 기입법**: 이 방법에 따르면 치수 공차에 관하여 병렬 치수 기입법과 완전히 동등한 의미를 가지면서, 한 개의 연속된 치수선으로 간편하게 표시할 수 있다. 기점 기호(O)와 치수선의 다른 끝은 화살표로 표시한다.

28. 단면도의 해칭 방법에서 틀린 것은?

① 조립도에서 인접하는 부품의 해칭은 선의 방향 또는 각도를 바꾸어 구별한다.
② 절단 면적이 넓을 경우에는 외형선을 따라 적절히 해칭을 한다.
③ 해칭면에 문자, 기호 등을 기입할 경우 해칭을 중단해서는 안 된다.
④ KS규격에 제시된 재료의 단면 표시기호를 사용할 수 있다.

해설 해칭을 하는 부분 속에 문자, 기호 등을 기입하기 위해 필요한 경우에는 해칭을 중단한다.

29. 그림에서 면의 지시기호에 대한 설명으로 옳지 않은 것은?

① a – 기준 길이
② b – 가공방법
③ c – 컷 오프 값
④ d – 줄무늬 방향 기호

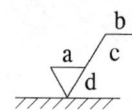

해설 a – 산술 평균 거칠기 값

30. 스프로킷 휠의 도시 방법으로 적절한 것은?

① 바깥지름 – 굵은 실선
② 피치원 – 가는 실선
③ 이뿌리원 – 가는 1점 쇄선
④ 축직각 단면으로 도시할 때 이뿌리선 – 굵은 파선

정답 27. ③ 28. ③
29. ① 30. ①

해설
① 바깥지름 – 굵은 실선
② 피치원 – 가는 1점 쇄선
③ 이뿌리원 – 가는 실선
④ 축직각 단면으로 도시할 때 이뿌리선 – 굵은 실선

31 기계구조용 탄소 강재를 나타내는 재료 표시기호 SM20C에 대한 설명 중 틀린 것은?

① S는 강(steel)을 나타낸다.
② M은 기계구조용을 나타낸다.
③ 20은 탄소함유량이 15%~25%의 중간값을 나타낸다.
④ C는 탄소를 의미한다.

해설 20은 탄소함유량이 0.15%~0.25%의 중간값을 나타낸다.

32 축의 도시법에 대한 설명 중 틀린 것은?

① 축은 길이 방향으로 절단하여 온 단면도로 도시한다.
② 긴축은 중간을 파단하여 짧게 그리고 치수는 실제 치수를 기입한다.
③ 축에 빗줄 널링을 표시할 경우에는 축선에 대하여 30°로 엇갈리게 그린다.
④ 축의 키 홈은 부분 단면하여 나타낼 수 있다.

해설 축은 길이 방향으로 단면도시를 하지 않는다. 단, 부분 단면은 허용한다.

33 대칭인 물체의 외부와 내부를 동시에 볼 수 있도록 물체의 1/4을 절단하여 나타내는 단면도는?

① 부분 단면도
② 온 단면도
③ 한쪽 단면도
④ 회전도시 단면도

해설 한쪽 단면도: 대칭인 물체의 외부와 내부를 동시에 볼 수 있도록 물체의 1/4을 절단하여 나타낸다.

34 치수 기입의 일반 형식 중에서 이론적으로 정확한 치수의 도시 방법은?

①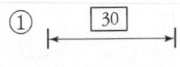
②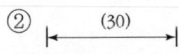
③ | 30 |
④ 30 / 25

해설 이론적으로 정확한 치수는 직각 테두리로 표시

정답 31. ③ 32. ① 33. ③ 34. ①

35. 모양 공차기호 중에서 원통도를 나타내는 기호는?

① ○　　② ⌀
③ ◎　　④ ⊕

해설

⊕	위치도 공차
◎	동축도 또는 동심도 공차
○	진원도 공차

36. ISO 규격에 있는 것으로 미터 사다리꼴 나사의 종류를 표시하는 기호는?

① M　　② S
③ Rc　　④ Tr

해설 ISO 규격

유니파이 보통 나사	UNC
유니파이 가는 나사	UNF
미터 사다리꼴 나사	Tr

37. 결합용 기계요소라고 볼 수 없는 것은?

① 나사　　② 키
③ 베어링　　④ 코터

해설 ① 체결용 기계요소: 나사, 키, 핀, 코터, 리벳, 용접 수축확대 및 테이퍼 이음
② 축계 기계요소: 축, 축 이음 및 베어링

38. 작은 쪽의 지름을 호칭 지름으로 나타내는 핀은?

① 평행 핀 A형　　② 평행 핀 B형
③ 분할 핀　　④ 테이퍼 핀

해설 테이퍼 핀: 작은 쪽의 지름을 호칭 지름으로 나타냄.

39. 축의 도시 방법에 대한 설명으로 틀린 것은?

① 긴축은 중간 부분을 파단하여 짧게 그리고 실제 치수를 기입한다.
② 길이 방향으로 절단하여 단면을 도시한다.

답안 표기란

35	①	②	③	④
36	①	②	③	④
37	①	②	③	④
38	①	②	③	④
39	①	②	③	④

정답 35. ② 36. ④
37. ③ 38. ④
39. ②

③ 축의 끝에는 조립을 쉽고 정확하게 하기 위해서 모따기를 한다.
④ 축의 일부 중 평면 부위는 가는 실선의 대각선으로 표시한다.

해설 길이 방향으로 절단하여 단면을 도시하지 않는다.

40 모듈이 2이고 잇수가 20과 40인 표준 평기어의 중심거리는?
① 30mm   ② 40mm
③ 60mm   ④ 80mm

해설 $C = \dfrac{M(Z_1 + Z_2)}{2} = \dfrac{2 \times (20 + 40)}{2} = 60\text{mm}$

41 코일 스프링의 제도에 대한 설명 중 틀린 것은?
① 스프링은 원칙적으로 하중이 걸리지 않은 상태로 도시한다.
② 스프링의 종류와 모양만을 도시할 때에는 재료의 중심선만을 굵은 실선으로 그린다.
③ 축의 끝에는 조립을 쉽고 정확하게 하기 위해서 모따기를 한다.
④ 축의 일부 중 평면 부위는 가는 실선의 대각선으로 표시한다.

해설 코일 부분의 중간 부분을 생략할 때에는 생략한 부분을 가는 1점 쇄선으로 표시하거나, 또는 가는 2점 쇄선으로 표시해도 좋다.

42 벨트풀리의 도시 방법에 관한 내용이다. 틀린 것은?
① 벨트풀리는 축직각 방향의 투상을 주 투상도로 한다.
② 모양이 대칭형인 벨트풀리는 그 일부만을 도시할 수는 없다.
③ 암(arm)은 길이 방향으로 절단하여 단면을 도시하지 않는다.
④ 벨트풀리의 홈 부분 치수는 해당하는 형별, 호칭 지름에 따라 결정된다.

해설 모양이 대칭형인 벨트풀리는 그 일부분만을 도시한다.

43 스퍼 기어의 도시 방법을 설명한 것 중 틀린 것은?
① 보통 축에 직각인 방향에서 본 투상도를 주 투상도로 할 수 있다.
② 정면도, 측면도 모두 이끝원은 굵은 실선으로 그린다.
③ 피치원은 가는 1점 쇄선으로 그린다.
④ 이뿌리원은 가는 2점 쇄선으로 그리지만 측면도에서는 생략해도 좋다.

해설 이뿌리원은 가는 실선으로 그린다. 단, 축에 직각인 방향으로 본 그림(이하 주 투상도라 한다)의 단면으로 도시할 때에는 이뿌리원은 굵은 실선으로 그린다. 또, 베벨 기어와 웜 휠에서는 이뿌리원은 생략해도 좋다.

정답 40. ③ 41. ④
        42. ② 43. ④

44. 베어링의 호칭이 [6026P6]이다. 여기서 P6가 나타내는 것은?
① 등급 기호
② 안지름 번호
③ 계열 번호
④ 치수 계열

해설 6008C2P6
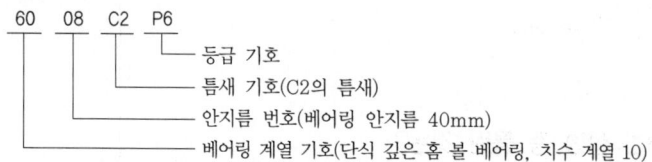

45. 용접부의 기호 중 플러그 용접을 나타내는 것은?
① ||
② ○
③ ◺
④ □

해설
- 필릿: ◺
- 플러그: □
- 점, 프로젝션: ○
- 심: ⊖

46. 칼라 디스플레이(color display)에 의해서 표현할 수 있는 색들은 어느 3색의 혼합에 의해서 인가?
① 빨강, 파랑, 초록
② 빨강, 하얀, 노랑
③ 파랑, 검정, 하얀
④ 하얀, 검정, 노랑

해설 칼라 디스플레이 3색: 빨강, 파랑, 초록

47. 중앙처리장치(CPU)의 구성 요소가 아닌 것은?
① 주기억장치
② 파일저장장치
③ 논리연산장치
④ 제어장치

해설 중앙처리장치(CPU: Central Processing Unit)
① 제어장치(control unit)
② 연산장치(ALU: Arithmetic & Logic Unit)
③ 레지스터(register): 주기억장치

정답 44. ① 45. ④ 46. ① 47. ②

48 CAD 프로그램에서 사용되지 않는 좌표계는?

① 직교 좌표계　　② 원통 좌표계
③ 극 좌표계　　　④ 원형 좌표계

해설 좌표계의 종류
① 직교 좌표계: 공간상 교차하는 지점인 $P(x_1, y_1, z_1)$
② 극 좌표계: 평면상의 한 점 P(거리, 각도)
③ 원통 좌표계: 점 $P(r, \theta, z_1)$를 직교 좌표
④ 구면 좌표계: 공간상의 점 $P(\rho, \varphi, \theta)$

49 아래 그림은 공간상의 선을 이용하여 3차원 물체의 가장자리 능선을 표시하여 주는 모델이다. 이러한 모델링은?

① 서피스 모델링
② 와이어프레임 모델링
③ 솔리드 모델링
④ 이미지 모델링

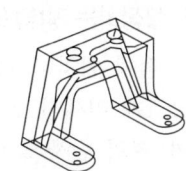

해설 와이어프레임
공간상의 선을 이용하여 3차원 물체의 가장자리 능선을 표시하여 주는 모델

50 표면 거칠기 기입 방법으로 틀린 것은?

① 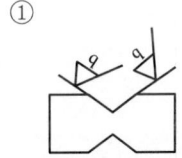 　②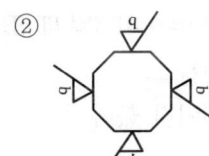

③ 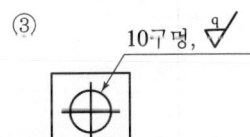 　④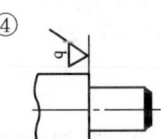

해설 표면 거칠기 기입 방법

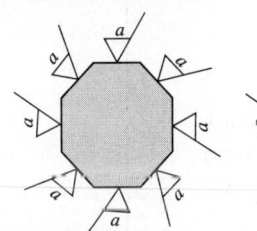 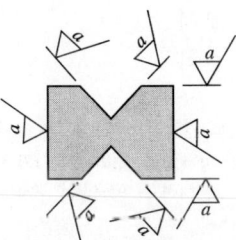

정답　48. ④　49. ②
　　　50. ④

51. 아베의 원리에 적합한 측정기는?

① 버니어 캘리퍼스
② 포인트 마이크로미터
③ 캘리퍼형 내측 마이크로미터
④ 그루브 마이크로미터

52. 버니어 캘리퍼스의 0점을 설정하는 방법으로 틀린 것은?

① 조의 상태가 양호한지 0점에 위치하도록 밀착해서 밝은 빛에서 서로 다른 조 사이로 고르게 미세한 빛이 들어오는지 확인한다.
② 깊이 바의 무딘 상태와 휨의 발생은 없는지 확인한다.
③ 슬라이드를 이송했을 때 빡빡하도록 조정한다.
④ 0점에서 눈금 정확도를 확인한다.

해설 슬라이드를 이송했을 때 지나치게 헐겁거나 빡빡한 느낌은 없는지 확인한다.

53. 마이크로미터에서 0점 오차가 약 ±0.01mm 이내일 때 조정방법은?

① 슬리브
② 딤블
③ 링 게이지
④ 게이지 블록

해설
① 0점 오차가 약 ±0.01mm 이내일 때(슬리브에 의한 0점 조정)
② 0점 오차가 약 ±0.01mm 이상일 때(딤블에 의한 0점 조정)

54. 측정기, 피측정물, 자연환경 등 측정자가 파악할 수 없는 변화에 의하여 발생하는 오차는?

① 시차
② 우연 오차
③ 계통 오차
④ 후퇴 오차

해설
① **시차**: 측정자의 부주의 즉, 읽음에 있어서 시선의 방향에 따라 생기는 오차이다.
② **우연 오차**: 측정기, 측정물 및 환경 등의 원인을 파악할 수 없어 측정자가 보정할 수 없는 오차이다. 이럴 경우에는 여러 번 반복 측정하여 그 평균값을 구하는 것이 좋다.
③ **계통 오차**: 측정기로 동일한 측정 조건하에서 피측정물를 측정할 때에 같은 크기와 부호가 발생되는 오차로서 이는 보정하여 측정값을 수정할 수 있다.
④ **후퇴 오차**: 주위 환경이 변화되지 않는 상태에서 읽음 값에 대해서 지침의 측정량이 증가하는 상태에서의 읽음 값과 감소상태에서의 읽음 값의 차이다.

정답 51. ② 52. ③ 53. ① 54. ②

55 길이가 긴 게이지 블록의 양 단면이 항상 평행하게 하기 위한 지지점은? (단, L은 게이지 블록의 길이이다.)

① 0.2113L
② 0.2203L
③ 0.2232L
④ 0.2386L

해설
① 0.2113L: 에어리 점(Airy Point)
눈금이 중립면에 없는 경우 및 게이지 블록과 단도기를 수평으로 지지할 때 사용되는 방법으로서, 처음 평행한 2개의 단면이 지지에 의하여 굽힘이 발생한 후에도 양단면이 평행을 유지할 수 있는 지지 방법으로서 길이의 오차도 최소화할 수 있다.
② 0.2203L: 베셀점(Bessel Point)
중립면에 눈금을 만든 표준자를 지지할 때 사용되는 방법이며, 눈금 면의 직선거리와의 차이를 최소화하는데 사용되는 방법으로 중립축 또는 중립면의 변위를 최소화할 수 있다.
③ 0.2232L: 전장에 걸쳐 변형이 가장 작으며, 양단과 중앙의 처짐이 동일하게 된다.
④ 0.2386L: 지지점 사이 즉 중앙부의 처짐을 최소화(0점)할 수 있으므로 중앙부의 직선의 유지가 필요한 경우에 사용된다.

56 탄소강은 용융 상태에서 주조한 것 또는 고온으로 가열한 것은 결정입자가 크고, 거칠며 약하다. 이와 같은 결점을 제거하기 위해 하는 처리는?

① 저온풀림
② 완전풀림
③ 중간풀림
④ 항온풀림

해설 완전풀림
강을 아공석강 또는 과공석강 이상의 고온에서 일정시간 가열 후 노냉한다. 강을 연화시키며 기계 가공과 소성가공을 쉽게 하고자 한다.

57 다음 설명이 의미하는 데이터 표준규격은?

① 내부 처리구조가 다른 CAD/CAM 시스템으로부터 쉽게 변환 정보를 교환할 수 있는 장점이 있다.
② 모델링된 곡면을 정확히 다면체로 옮길 수 없다.
③ 오차를 줄이기 위해보다 정확히 변환시키려면 용량을 많이 차지하는 단점이 있다.

① STEP
② STL
③ DXF
④ IGES

해설 STL
이 규격은 쾌속 조형의 표준입력파일 포맷으로 많이 사용되고 있으며, 내부 처리구조가 다른 CAD/CAM 시스템에서 쉽게 정보를 교환할 수 있는 장점이 있으나, 모델링된 곡면을 정확히 삼각형 다면체로 옮길 수 없는 점과, 이를 정확히 변환시키려면 용량이 많이 차지하는 단점도 있다.

정답 55. ① 56. ② 57. ②

58. 마이크로미터 0점 조정시 슬리브의 기선과 딤블의 눈금이 하나 이하의 차이가 있을 때는 무엇을 돌려 수정해야 하는가?

① 슬리브
② 딤블
③ 래칫스톱
④ 클램프

59. CSG(Constructive Solid Geometry)에 대한 설명으로 틀린 것은?

① 동일 모델의 경우 데이터의 기억용량이 B-Rep보다 커야 한다.
② 윤곽, 교차선, 능선 등의 경계 정보가 필요하면 이를 계산해 내야 한다.
③ 기본 도형을 직접 입력한다.
④ 데이터의 수정이 용이하다.

해설
① CSG(Constructive Solid Geometry)
복잡한 물체를 단순(primitive)의 조합으로 표현하며 부울 연산자(합, 적, 차)를 사용
㉠ 장점
- 기본 도형을 직접입력(box, cylinder, cone, …)
- 간결한 파일로 저장
- 메모리가 적다.
- 데이터 수정이 용이
- 중량계산 가능

㉡ 단점
- 디스플레이 시 시간이 오래 걸린다.
- 3면도, 투시도, 전개도 작성이 곤란
- 표면적 계산 곤란

② B-rep(Boundary representation)
㉠ 장점
- 화면 재생 시간이 적게 소요
- 3면도, 투시도, 전개도 작성 용이
- 데이터의 상호 교환이 쉬워 많이 사용
- 비행기의 동체나 날개 부분, 자동차의 외형 구성 및 어려운 물체 모델화에 편리
- 표면적 계산 용이

㉡ 단점
- 모델의 외곽 저장으로 메모리 필요
- 중량 계산 곤란
- 입체 내부까지 유한요소법 적용

정답 58. ① 59. ①

60 NURBS(Non-Uniform Rational B-Spline) 곡선에 대한 설명 중 틀린 것은?

① 조정점을 호모지니어스 좌표(homogeneous coordinate)계로 표현한다.
② 매듭값(knot value) 간의 간격이 일정하다.
③ 곡선의 형상을 국부적으로 수정할 수 있다.
④ 원을 정확하게 표현할 수 있다.

해설 NURBS 곡선의 특징
① 조정점을 호모지니어스 좌표(homogeneous coordinate)계로 표현한다.
② 곡선을 원하는 치수까지 연속성 및 불연속성을 유지할 수 있다.
③ 곡선의 형상을 국부적으로 수정할 수 있다.
④ 원을 정확하게 표현할 수 있다.
⑤ 4개의 자유도를 조절하는 곡선이다.

답안 표기란
60 ① ② ③ ④

정답 60. ②

week 3

전산응용기계제도기능사
CBT 모의고사

01회 CBT 모의고사
02회 CBT 모의고사
03회 CBT 모의고사
04회 CBT 모의고사
05회 CBT 모의고사
06회 CBT 모의고사

01회 CBT 모의고사

01 비 자성체로서 Cr과 Ni를 함유하며, 일반적으로 18-8 스테인리스강이라 부르는 것은?

① 페라이트계 스테인리스강   ② 오스테나이트계 스테인리스강
③ 마텐자이트계 스테인리스강   ④ 펄라이트계 스테인리스강

해설 18-8 스테인리스강이라 함은 그 성분이 18% Cr, 8% Ni인 것이다.

02 금속은 전류를 흘리면 전류가 소모되는데 어떤 종류의 금속에서는 어느 일정온도에서 갑자기 전기저항이 '0'이 되는 현상은?

① 초전도 현상   ② 임계 현상
③ 전기장 현상   ④ 자기장 현상

해설 **초전도 현상**: 금속은 전류를 흘리면 전류가 소모되는데 어떤 종류의 금속에서는 어느 일정온도에서 갑자기 전기저항이 '0'이 되는 현상

03 황동의 합금성분으로 가장 적합한 것은?

① Cu+Zn   ② Cu+Sn
③ Cu+Pb   ④ Cu+Mn

해설 황동: Cu+Zn

04 주조용 알루미늄 합금이 아닌 것은?

① Al-Cu계 합금   ② Al-Si계 합금
③ Al-Mg계 합금   ④ 두랄루민

해설 두랄루민은 가공용이다.

05 구리의 특성 설명으로 틀린 것은?

① 비중이 8.9 정도이며, 용융점이 1083℃ 정도이다.
② 전연성이 좋으나 가공이 용이하지 않다.
③ 전기 및 열의 전도성이 우수하다.
④ 아름다운 광택과 귀금속적 성질이 우수하다.

해설 전연성이 좋아 가공이 용이하다.

정답 01.② 02.① 03.① 04.④ 05.②

06 특수강 중에서 자경성(self-handening)이 있어 담금질성과 뜨임 효과를 좋게 하며, 탄소와 결합하여 탄화물을 만들어 강에 내마멸성을 좋게 하고 내식성, 내산화성을 향상시켜 강인한 강을 만드는 것은?

① Co강 ② Cr강
③ Ni강 ④ Si강

해설 Cr강(1~2% Cr첨가): 상온에서 펄라이트 조직, 자경성, 내마모성이 목적

07 열처리에 대한 설명으로 틀린 것은?
① 금속 재료에 필요한 성질을 주기 위한 것이다.
② 가열 및 냉각의 조작으로 처리한다.
③ 금속의 기계적 성질을 변화시키는 처리이다.
④ 결정립 조대화하는 처리이다.

해설 금속재료를 적당히 가열하여 일정한 시간을 유지한 다음 냉각하면 재료의 조직이 변화되어 기계적 성질, 물리적 성질 등을 변화시킬 수 있다. 이와 같이 금속재료의 성질을 이용하여 특별한 성질을 부여하는 조작을 열처리라 한다.

08 다음 그림 "A"는 반시계방향으로 회전하는 롤러를 고정시키기 위한 나사축이다. 이 나사의 종류와 역할로 가장 적합한 것은?

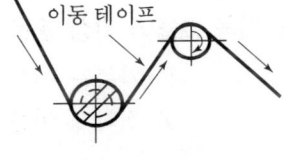
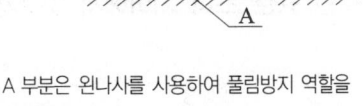

① 오른나사 - 회전원활
② 오른나사 - 풀림방지
③ 왼나사 - 회전원활
④ 왼나사 - 풀림방지

해설 이동 테이프가 반시계방향으로 회전하므로 A 부분은 왼나사를 사용하여 풀림방지 역할을 한다.

09 축심의 어긋남을 자동적으로 조정하고, 큰 반지름 하중 이외에 양방향의 트러스트 하중도 받치며, 충격하중에 강하므로 산업기계용으로 널리 사용되는 베어링은?

① 자동 조심 롤러 베어링 ② 니이들 롤러 베어링
③ 원뿔 롤러 베어링 ④ 원통 롤러 베어링

해설 자동 조심 롤러 베어링: 축심의 어긋남을 자동적으로 조정하고, 큰 반지름 하중 이외에 양방향의 트러스트 하중도 받치며, 충격하중에 강하므로 산업기계용으로 널리 사용한다.

[정답] 06. ② 07. ④ 08. ④ 09. ①

10 두께가 3.2mm 강판에 지름 4cm인 구멍을 펀칭하려면 펀치에 약 몇 N의 힘을 가해야 하는가? (단, 판의 전단저항은 37N/mm²로 한다.)

① 1810
② 3620
③ 7240
④ 14480

해설 $P = k \cdot \pi \cdot \tau \cdot d \cdot t$
$P = \pi \times 40 \times 3.2 \times 37 = 14476.5 \text{N/mm}^2$

11 피치 3mm인 2줄 나사의 리드(lead)는 얼마인가?

① 1.5mm
② 6mm
③ 2mm
④ 0.66mm

해설 피치 3×2줄=6mm 리드

12 평 벨트의 이음 방법 중 이음 효율이 가장 좋은 것은?

① 이음쇠 이음
② 가죽끈 이음
③ 철사 이음
④ 접착제 이음

해설 평 벨트의 이음 방법 중 이음 효율이 가장 좋은 것은 접착제 이음이다.

13 피치원 지름이 250mm인 표준 스퍼 기어에서 잇수가 50개일 때 모듈은?

① 2
② 3
③ 5
④ 7

해설 모듈(m): $m = \dfrac{p}{\pi} = \dfrac{D}{Z} = \dfrac{250}{50} = 5$

14 게이지 블록의 표준 조합 선택 및 치수의 조립시 고려하여야 할 사항으로 거리가 먼 것은?

① 게이지 블록의 윤관 판독 방식
② 필요로 하는 치수에 대하여 밀착되는 개수를 될 수 있는 한 적게 할 것

정답 10.④ 11.②
12.④ 13.③
14.①

③ 필요로 하는 최소 치수의 단계
④ 정해진 치수를 고를 때는 맨 끝자리부터 고를 것

해설 게이지 블록
① 고탄소 크롬강, 초경합금, 세라믹 공구 등을 사용되며 초정밀 래핑 가공되어 밀착하는 특성이 있으므로 필요한 치수는 여러 개를 조합하여 얻을 수 있다.
② 내마모성을 높이기 위하여 HRC 65(Hv 800 이상) 정도로 열처리 한 후 시효경화 처리가 되어 있다. 수량에 따라 분류하면 103조, 76조, 47조, 32조, 8조 등으로 나눈다.

15 각도 측정에 사용되는 측정기가 아닌 것은?
① 사인 바
② 수준기
③ 오토 콜리메이터
④ 측장기

해설 측장기: 자체에 표준자와 기타의 길이 기준을 갖고 있어 이것과 축미현미경에 의하여 길이를 직접 측정하는 것이다.

16 그림과 같은 φ50H7-r6 끼워 맞춤에서 최소 죔새는 얼마인가?

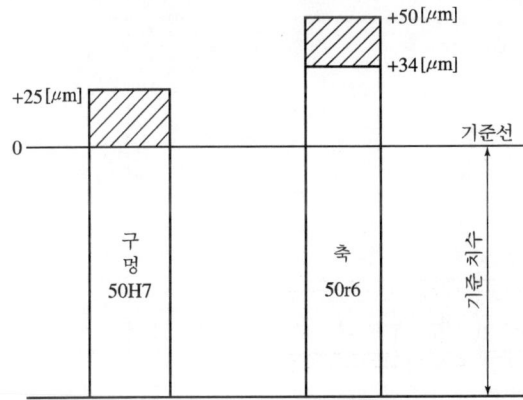

① 0.009
② 0.025
③ 0.034
④ 0.05

해설 최소 죔새=축의 최소-구멍의 최대=0.034-0.025=0.009

17 다음 중 나사 간략 도시 방법에서 골을 표시하는 선의 종류는?
① 굵은 실선
② 굵은 일점 쇄선
③ 가는 실선
④ 가는 일점 쇄선

해설 수나사와 암나사의 골을 표시하는 선은 가는 실선으로 그린다.

정답 15. ④ 16. ① 17. ③

18 기하 공차의 기호 중 동심도를 나타낸 것은?

① ○
② ⌭
③ ⌒
④ ◎

해설

○	진원도 공차
⌭	원통도 공차
◎	동축도 또는 동심도 공차
⌒	면의 윤곽도 공차

19 베어링의 호칭이 6026이다. 안지름은 몇 mm인가?

① 26
② 52
③ 100
④ 130

해설 $26 \times 5 = 130\,mm$

20 투상도에 사용된 단면도는?

① 부분 단면도
② 온 단면도
③ 한쪽 단면도
④ 회전도시 단면도

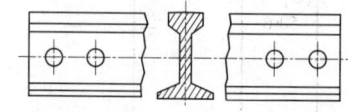

해설 **회전도시 단면도**: 핸들이나 바퀴 등의 암 및 림, 리브, 훅, 축, 구조물의 부재 등의 절 단면은 90° 회전하여 표시하여도 좋다.

21 "6구멍과" 같이 형체의 공차에 연관시켜 지시할 때 올바른 기입 방법은?

① | ⌖ | φ0.1 | 6구멍 |

② 6구멍
| ⌖ | φ0.1 |

③ | ⌖ | φ0.1 |
6구멍

④ | 6구멍 | ⌖ | φ0.1 |

정답 18. ④ 19. ④
20. ④ 21. ②

해설 "6구멍", "4면"과 같은 공차붙이 형체에 연관시켜서 지시하는 주기는 공차 기입 틀의 위쪽에 쓴다.

22 서피스 모델링(surface modeling)의 특징을 설명한 것 중 옳지 않은 것은?

① 복잡한 형상의 표현이 가능하다.
② 단면도를 작성할 수 없다.
③ 물리적 성질을 계산하기가 곤란하다.
④ NC가공 정보를 얻을 수 있다.

해설 단면도를 작성할 수 있다.

23 공학적인 해석을 할 때 사용되는 여러 가지 물리적 성질(무게중심, 관성모멘트 등)을 제공할 수 있는 모델링은?

① 솔리드 모델링
② 서피스 모델링
③ 와이어프레임 모델링
④ 시스템 모델링

해설 **솔리드 모델링**: 공학적인 해석을 할 때 사용되는 여러 가지 물리적 성질(무게중심, 관성모멘트 등)을 제공할 수 있다.

24 컴퓨터에서 중앙처리장치의 구성이라 볼 수 없는 것은?

① 제어장치
② 주기억장치
③ 연산장치
④ 입출력장치

해설 **중앙처리장치(CPU: Central Processing Unit)**
① 제어장치(control unit)
② 연산장치(ALU: Arithmetic & Logic Unit)
③ 레지스터(register): 주기억장치

25 국부 투상도의 설명에 해당하는 것은?

① 대상물의 구멍, 홈 등과 같이 한 부분의 모양을 도시하는 것으로 충분한 경우의 투상도
② 그림의 특정 부분만을 확대하여 그린 그림
③ 복잡한 물체를 절단하여 투상한 것
④ 물체의 경사면의 맞서는 위치에 그린 투상도

해설 **국부 투상도**: 대상물의 구멍, 홈 등 한 국부만의 모양을 도시하는 것으로 충분한 경우에는 그 필요한 부분만을 국부 투상도로서 나타낸다.

답안 표기란

22	①	②	③	④
23	①	②	③	④
24	①	②	③	④
25	①	②	③	④

정답 22. ② 23. ①
24. ④ 25. ①

01회 CBT 모의고사

26. 축의 지름이 $\phi 50^{+0.025}_{-0.020}$일 때 공차는?

① 0.025 ② 0.02
③ 0.045 ④ 0.005

해설 $0.025 - (-0.02) = 0.045$

27. 도면이 구비하여야 할 기본 요건이 아닌 것은?

① 보는 사람이 이해하기 쉬운 도면
② 도면을 그린 사람이 임의로 그린 도면
③ 표면 정도, 재질, 가공방법 등의 정보성을 포함한 도면
④ 대상물의 크기, 모양, 자세, 위치 등의 정보성을 포함한 도면

해설 도면이 구비하여야 할 기본 요건
① 적합성, 보편성을 가져야 한다.
② 국제성, 호환성이 있어야 한다.
③ 표현상 명확한 뜻을 가져야 한다.

28. 줄무늬 방향 기호의 뜻으로 틀린 것은?

① =: 가공에 의한 커터의 줄무늬 방향이 기호를 기입한 그림의 투상면에 평행
② ⊥: 가공에 의한 커터의 줄무늬 방향이 기호를 기입한 그림의 투상면에 직각
③ X: 가공에 의한 커터의 줄무늬 방향이 여러 방향으로 교차 또는 무방함
④ C: 가공에 의한 커터의 줄무늬가 기호를 기입한 면의 중심에 대하여 대략 동심원 모양

해설

X	가공으로 생긴 선이 두 방향으로 교차
M	가공으로 생긴 선이 다방면으로 교차 또는 무방향

29. 도면에 기입되는 치수는 특별히 명시하지 않는 한 보통 어떤 치수를 기입하는가?

① 재료 치수 ② 마무리 치수
③ 반제품 치수 ④ 소재 치수

해설 보통 어떤 치수는 완성(마무리) 치수이다.

정답 26. ③ 27. ② 28. ③ 29. ②

30 정 투상 방법에 관한 설명 중 틀린 것은?

① 한국 산업 규격에서는 제3각법으로 도면을 작성하는 것을 원칙으로 한다.
② 한 도면에 제1각법과 제3각법을 혼용하여 사용해도 된다.
③ 제3각법은 눈 → 투상면 → 물체 순으로 놓고 투상한다.
④ 제1각법에서 평면도는 정면도 밑에 우측면도는 정면도 좌측에 배치한다.

해설 한 도면에 제1각법과 제3각법을 혼용하여 사용하면 안 된다.

31 제3각법으로 투상한 그림과 같은 도면에서 누락된 평면도에 가장 적합한 것은?

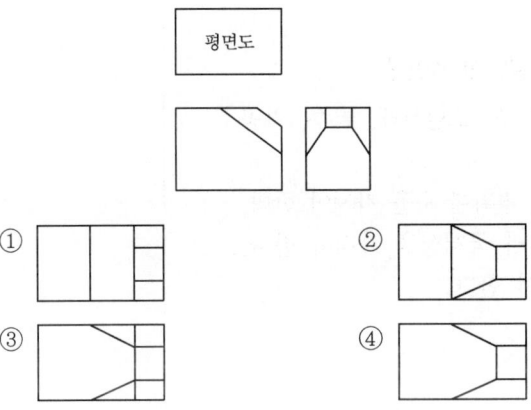

32 다음과 같은 기하학적 치수 공차 방식의 설명으로 틀린 것은?

| ⊥ | 0.009/150 | A |

① ⊥: 공차의 종류 기호
② 0.009: 공차값
③ 150: 전체 길이
④ A: 데이텀 문자 기호

해설 150: 기준 길이

33 수나사의 호칭은 무엇을 기준으로 하는가?

① 유효지름
② 골지름
③ 바깥지름
④ 피치

해설 수나사의 호칭은 무엇을 기준은 바깥지름이다.

정답 30. ② 31. ④ 32. ③ 33. ③

34. 관용 테이퍼 수나사의 ISO 규격의 기호는?

① R
② M
③ G
④ E

해설

관용 테이퍼 나사	테이퍼 수나사	R
	테이퍼 암나사	Rc
	평행 암나사	Rp
관용 평행 나사		G

35. 도면이 구비해야 할 기본 요건을 잘못 설명한 것은?

① 대상물의 도형과 함께 필요로 하는 구조, 조립상태, 치수, 가공법 등의 정보를 포함하여야 한다.
② 애매한 해석이 생기지 않도록 표현상 명확한 뜻을 가져야 한다.
③ 무역 및 기술의 국제 교류의 입장에서 국제성을 가져야 한다.
④ 제품의 가격 정보를 항상 포함하여야 한다.

해설 제품의 가격 정보를 항상 포함하지 않는다.

36. 스퍼 기어의 모듈이 2이고 기어의 잇수가 30인 경우 피치원의 지름은 몇 mm인가?

① 15
② 32
③ 60
④ 120

해설 $D = M \times Z = 2 \times 30 = 60 \, mm$

37. 기계요소 중에서 길이 방향으로 절단하여 단면을 표시할 수 있는 것은?

① 기어의 이, 바퀴의 암
② 베어링, 부시
③ 볼트, 작은 나사
④ 리벳, 키

해설 길이 방향으로 절단하지 않는 것
- 물체의 한 부분 중: 리브, 암, 기어의 이, 체인 스프로켓의 이 등
- 부품 중: 축, 핀, 볼트, 너트, 와셔, 작은 나사, 리벳, 강구, 키, 원통 롤러 등

정답 34. ① 35. ④ 36. ③ 37. ②

38 다음 중 억지 끼워 맞춤은?

① H7/h6　　② F7/h6
③ G7/h6　　④ H7/p6

해설　H7/p6: 억지 끼워 맞춤

39 스퍼 기어 제도 시 축 방향에서 본 도면의 이뿌리원은 어느 선으로 나타내는가?

① 가는 실선　　② 굵은 1점 쇄선
③ 가는 1점 쇄선　　④ 가는 2점 쇄선

해설　이뿌리원은 가는 실선, 이끝원은 굵은 실선, 피치원은 가는 1점 쇄선으로 그린다.

40 다음은 나사의 표시방법이다. 설명으로 틀린 것은?

좌 2줄 M50X2 - 6H

① 2줄 왼나사이다.
② 미터 가는 나사이다.
③ 유니파이 나사를 의미한다.
④ 6H 나사의 등급을 의미한다.

해설　미터 나사를 의미한다.

41 CAD 시스템에서 그려진 도면요소를 용지에 출력하는 장치는?

① 모니터　　② 플로터
③ 음극선관　　④ 디지타이저

해설　도면요소를 용지에 출력하는 장치는 플로터, 프린터이다.

42 다음 선의 종류 중 가는 실선을 사용하지 않는 것은?

① 지시선　　② 치수 보조선
③ 해칭선　　④ 피치선

중심선	
기준선	가는 1점 쇄선
피치선	

정답　38. ④　39. ①
40. ③　41. ②
42. ④

43 다음 관의 장치도를 단선으로 표시한 것이다. 체크 밸브를 나타내는 기호는 어느 것인가?

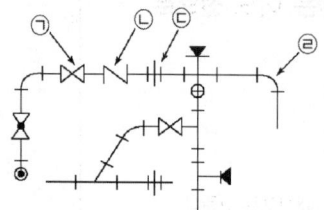

① ㉠
② ㉡
③ ㉢
④ ㉣

해설
㉠ 슬루스 밸브
㉡ 체크 밸브
㉢ 유니언
㉣ 90° 엘보

44 도면에 반드시 마련해야 할 양식이 아닌 것은?

① 윤곽선
② 비교 눈금
③ 표제란
④ 중심 마크

해설 도면의 양식
① 설정하지 않으면 안 되는 사항: 도면의 윤곽 – 윤곽선, 중심 마크, 표제란
② 설정하는 것이 바람직한 사항: 비교 눈금, 도면의 구역 – 구분 기호, 재단 마크, 부품란 – 대조 번호, 도면의 내역란

45 다음 치수 보조 기호의 사용 방법이 올바른 것은?

① ∅: 구의 지름 치수 앞에 붙인다.
② R: 원통의 지름 치수 앞에 붙인다.
③ □: 정사각형의 한 변의 치수 수치 앞에 붙인다.
④ SR: 원형의 지름 치수 앞에 붙인다.

해설

∅	지름 치수의 수치 앞에 붙인다.
R	반지름 치수의 수치 앞에 붙인다.
S∅	구의 지름 치수 수치 앞에 붙인다.
SR	구의 반지름 치수 수치 앞에 붙인다.
□	정사각형의 한변의 치수 수치 앞에 붙인다.

정답 43. ② 44. ② 45. ③

46 피치가 1.25mm인 한 줄 나사 볼트를 5바퀴 돌렸다. 이때 볼트가 전진한 거리는 얼마인가?

① 1.25mm
② 6.25mm
③ 2.50mm
④ 5.0mm

해설 피치가 1.25×5바퀴 = 6.25mm

47 어떤 구멍의 치수 $\phi 20^{+0.041}_{+0.025}$에 대한 설명으로 틀린 것은?

① 구멍의 기준 치수는 $\phi 20$이다.
② 구멍의 위 치수허용차는 +0.041이다.
③ 최대허용한계 치수는 $\phi 20.041$이다.
④ 구멍의 공차는 0.066이다.

해설 공차는 0.041 − 0.025 = 0.016이다.

48 코일 스프링의 제도 원칙 설명으로 틀린 것은?

① 스프링은 원칙적으로 하중이 걸린 상태로 도시한다.
② 하중과 높이 또는 휨과의 관계를 표시할 필요가 있을 때는 선도 또는 요목표에 표시한다.
③ 특별한 단서가 없는 한 모두 오른쪽 감기로 도시한다.
④ 스프링의 종류와 모양만을 도시할 때에는 재료의 중심선만을 굵은 실선으로 그린다.

해설 스프링은 원칙적으로 무 하중인 상태로 그린다. 만약, 하중이 걸린 상태에서 그릴 때에는 선도 또는 그 때의 치수와 하중을 기입한다.

49 보기와 같이 숫자를 □ 속에 기입하는 이유는?

① 이론적으로 정확한 치수를 표시
② 주조의 가공을 위한 치수를 표시
③ 정정이 가능하도록 임시로 치수를 표시
④ 가공 여유를 주기 위하여 치수를 표시

해설

이론적으로 정확한 치수	□	이론적으로 정확한 치수를 붙인다.
참고 치수	( )	참고 치수의 치수 수치를 둘러싼다.

정답 46. ② 47. ④ 48. ① 49. ①

50. 은선 및 은면 제거에 대한 설명 중 틀린 것은?

① 후향면(back-face) 알고리즘에서는 물체의 바깥쪽 방향에 있는 법선벡터가 관찰자 쪽을 향하고 있다면 물체의 면이 가시적이고, 그렇지 않으면 비가시적이다.
② 깊이 분류(depth sorting) 알고리즘에서는 물체의 면들이 관찰자로부터의 거리로 정렬되며, 가장 가까운 면부터 가장 먼 면으로 각각의 색깔로 채워진다.
③ z-버퍼 방법의 원리는 임의의 스크린 영역이 관찰자에게 가장 가까운 요소들에 의해 차지된다는 깊이 분류(depth sorting) 알고리즘과 기본적으로 유사하다.
④ 은선 제거를 위해서는 물체의 모든 모서리를 수반된 물체들의 면들에 의해 가려졌는지를 테스트하며, 각각의 중첩된 면들에 의해 가려진 부분을 모서리로부터 순차적으로 제거한 후 모든 모서리들의 남아 있는 부분을 모아 그린다.

해설 깊이 분류(depth sorting) 알고리즘에서는 물체의 면들이 관찰자로부터의 거리로 정렬되며, 가장 먼 면부터 가장 가까운 면으로 각각의 색깔로 채워진다.
깊이 정렬법 특징은 다음과 같다.
① 면들을 깊이가 감소하는 방향으로 정렬
② 면들을 가장 큰 깊이를 가진 면부터 주사 변환
③ 일명 화가 알고리즘

51. 광원으로부터 나오는 광선이 직접 또는 반사 및 굴절을 거쳐 화면에 도달하는 경로를 역 추적하여 화면을 구성하는 각 화소의 빛의 강도와 색깔을 결정하는 렌더링 방법은?

① 광선 투사(ray tracing)법
② Z-버퍼 방법
③ 화가 알고리즘(painter's algorithm) 방법
④ 후향면 제거(back-face culling) 방법

해설 광선 투사(ray tracing)법
광원으로부터 나오는 광선이 직접 또는 반사 및 굴절을 거쳐 화면에 도달하는 경로를 역 추적하여 화면을 구성하는 각 화소의 빛의 강도와 색깔을 결정하는 렌더링 방법이다.

정답 50. ② 51. ①

52 모델링 기법 중에서 실루엣(silhouette)을 구할 수 없는 것은?

① CSG 방식
② Surface model 방식
③ B-rep 방식
④ Wireframe model 방식

📝해설 와이어프레임 모델링은 실루엣이 표현이 안되며 해석용으로 사용 못한다.

53 3차원 솔리드 모델링 형상 표현 방법 중 CSG(Constructive Solid Geometry)에 해당되는 사항은?

① 경계면에 의한 표현
② 로프트(loft)에 의한 표현
③ 스위프(sweep)에 의한 표현
④ 프리미티브(primitive)에 의한 표현

📝해설 CSG는 복잡한 형상을 단순한 형상(primitive: 구, 실린더, 직육면체, 원추 등)의 조합으로 생성하는데 여기서는 불리언 연산자(합, 차, 적)를 사용한다.

54 담금질 변형을 작게 하기 위한 방법으로 옳지 못한 것은?

① 담금질 전에 가공 응력을 미리 제거한다.
② 가열은 빠르게 그리고 균일하게 한다.
③ 경사담금질을 한다.
④ 미리 역 캠버를 준 다음 담금질한다.

55 CAD system을 이용하여 힌자와 영문자, 숫자 크기의 비율은 어느 정도 크기로 하는 것이 적절한가?

① 1 : 0.83
② 1 : 0.75
③ 1 : 1
④ 1 : 0.90

56 가공방법의 약호에 대한 설명 중 옳지 않은 것은?

① FB: 브러싱
② GH: 호닝가공
③ BR: 래핑
④ CD: 다이캐스팅

📝해설
• BR: 브로치
• FL: 래핑

[정답] 52. ④ 53. ④
54. ③ 55. ①
56. ③

01회 CBT 모의고사

57 액체 침탄법의 이점에 대한 설명으로 틀린 것은?
① 온도 조절이 용이하고 일정 시간을 지속할 수 있다.
② 침탄층의 깊이가 깊다.
③ 산화 방지 및 시간 절약의 효과가 있다.
④ 균일한 가열이 가능하고 제품변형을 억제한다.

58 260kN·mm의 토크를 받는 직경 60mm의 회전축에 사용하는 묻힘 키의 폭×높이×길이는 18mm×12mm×100mm이다. 이때 키에 생기는 전단응력은?
① 6.1 N/mm² ② 5.7 N/mm²
③ 4.8 N/mm² ④ 3.2 N/mm²

해설 $\tau = \dfrac{2T}{bld} = \dfrac{2 \times 260000}{18 \times 100 \times 60} = 4.8 \text{N/mm}^2$

59 허용전단응력 60N/mm²의 리벳이 있다. 이 리벳에 15kN의 전단하중을 작용시킬 때 리벳의 지름은 약 몇 mm 이상이어야 안전한가?
① 17.85 ② 20.50
③ 25.25 ④ 30.85

해설 $\sqrt{\dfrac{4W}{\pi\tau}} = \sqrt{\dfrac{4 \times 15000}{\pi \times 60}} = 17.84$

60 나사의 풀림 방지법으로 적절하지 않은 것은?
① 로크너트(lock nut)에 의한 방법
② 핀 또는 작은 나사를 이용하는 법
③ 와셔를 사용하는 방법
④ 접착제에 의한 방법

해설 나사의 풀림 방지법
① 와셔를 사용하는 방법
② 로크너트를 사용하는 방법
③ 자동죔너트에 의한 방법
④ 핀, 작은나사, 멈춤 나사에 의한 방법

정답 57.② 58.③ 59.① 60.④

02회 CBT 모의고사

01 탄소강에 함유된 5대 원소는?

① 황(S), 망간(Mn), 탄소(C), 규소(Si), 인(P)
② 탄소(C), 규소(Si), 인(P), 망간(Mn), 니켈(Ni)
③ 규소(Si), 탄소(C), 니켈(Ni), 크롬(Cr), 인(P)
④ 인(P), 규소(Si), 황(S), 망간(Mn), 텅스텐(W)

해설 탄소강에 함유된 5대 원소
황(S), 망간(Mn), 탄소(C), 규소(Si), 인(P)

02 Cu 4%, Mn 0.5%, Mg 0.5% 함유된 알루미늄합금으로 기계적 성질이 우수하여 항공기, 차량부품 등에 많이 쓰이는 재료는?

① Y합금
② 실루민
③ 두랄루민
④ 켈밋합금

해설 두랄루민
Cu 4%, Mn 0.5%, Mg 0.5% 함유된 알루미늄합금으로 기계적 성질이 우수하여 항공기, 차량부품 등에 많이 사용된다.

03 내식용 알루미늄(Al)합금이 아닌 것은?

① 알민(almin)
② 알드레이(aldrey)
③ 하이드로닐륨(hydronalium)
④ 라우탈(lautal)

해설 라우탈(lautal)은 주조용 알루미늄(Al)합금

04 표준형 고속도강의 성분이 바르게 표기된 것은?

① 18% W - 4% Cr - 1% V
② 14% W - 4% Cr - 1% V
③ 18% Cr - 4% Ni
④ 14% Cr - 4% Ni

해설 표준형 고속도강
18% W - 4% Cr - 1% V

정답 01. ① 02. ③ 03. ④ 04. ①

05 강철 줄자를 쭉 뺏다가 집어넣을 때 자동으로 빨려 들어간다. 내부에 어떤 스프링을 사용하였는가?

① 코일 스프링
② 판 스프링
③ 와이어 스프링
④ 태엽 스프링

해설 태엽 스프링(spiral spring)
시계나 강철 줄자 등의 변형 에너지를 저장하여 동력용으로 사용한다.

06 경금속에 속하지 않는 것은?

① 알루미늄   ② 마그네슘
③ 베릴륨   ④ 주석

해설 비중
- 알루미늄: 2.7
- 마그네슘: 1.7
- 베릴륨: 1.84
- 주석: 7.29

07 모듈이 2이고, 피치원의 지름이 60mm인 스퍼 기어에 맞물려 돌아가고 있는 피니언의 피치원의 지름이 38mm이다. 피니언의 잇수는?

① 18   ② 19
③ 36   ④ 38

해설 피치원의 지름
$$D = M \times Z = Z = \frac{D}{M} = \frac{38}{2} = 19$$

08 와셔를 기계용과 너트 풀림방지용으로 분류할 때, 기계용으로 사용되는 것은?

① 혀붙이 와셔   ② 클로오 와셔
③ 둥근 평 와셔   ④ 스프링 와셔

해설 ① 기계용: 둥근평 와셔
② 너트 풀림 방지용: 스프링 와셔, 이붙이 와셔, 혀붙이 와셔, 클로오 와셔 등

정답 05.④ 06.④ 07.② 08.③

09 롤링 베어링에서 전동체가 접촉되지 않고 일정한 간격을 유지할 수 있게 하는 것은?

① 내륜
② 저널(journal)
③ 외륜
④ 리테이너(retainer)

해설 리테이너
롤링(볼) 베어링에서 전동체가 접촉되지 않고 일정한 간격을 유지할 수 있게 한다.

10 동력전달용 V 벨트의 규격(형)이 아닌 것은?

① B
② A
③ F
④ E

해설 V 벨트의 종류에는 M형 및 A, B, C, D, E형 등의 6종류가 있다.

11 나사 종류의 표시 기호 중 틀린 것은?

① 미터 보통 나사 - M
② 유니파이 가는 나사 - UNC
③ 미터 사다리꼴 나사 - Tr
④ 관용 평행 나사 - G

해설
• 유니파이 가는 나사 - UNF
• 유니파이 보통 나사 - UNC

12 하물(荷物)을 감아올릴 때는 제동 작용은 하지 않고 클러치 작용을 하며, 내릴 때는 하물 자중에 의해 브레이크 작용을 하는 것은?

① 블럭 브레이크
② 밴드 브레이크
③ 자동하중 브레이크
④ 축압 브레이크

해설 자동하중 브레이크
하물(荷物)을 감아올릴 때는 제동 작용은 하지 않고 클러치 작용을 하며, 내릴 때는 하물 자중에 의해 브레이크 작용을 한다.

13 외경이 500mm, 내경이 490mm인 얇은 원통의 내부에 3MPa의 압력이 작용할 때 원주 방향의 응력은 몇 N/mm²인가?

① 75
② 147
③ 222
④ 294

해설 $\sigma = \dfrac{Dp}{2t} = \dfrac{490 \times 3}{2 \times 5} = 147 \text{N/mm}^2$

정답 09. ④ 10. ③
11. ② 12. ③
13. ②

14 베어링의 호칭 번호 6304에서 6은?

① 형식 기호
② 치수 기호
③ 지름 번호
④ 등급 기준

해설
- 6: 형식 기호
- 3: 치수 기호
- 04: 안지름 번호

15 모듈 M=3, 잇수 Z=32의 표준 스퍼 기어를 가공하려 한다. 소재의 직경은 얼마가 가장 적당한가?

① $\phi 96$mm
② $\phi 99$mm
③ $\phi 102$mm
④ $\phi 108$mm

해설 $3 \times (32+2) = 102$

16 치수의 허용한계를 기입할 때의 일반사항에 대한 설명으로 틀린 것은?

① 기능에 관련되는 치수와 허용한계는, 기능을 요구하는 부위에 직접 기입하는 것이 좋다.
② 직렬 치수 기입법으로 치수를 기입할 때는 치수 공차가 누적되므로, 공차의 누적이 기능에 관계가 없는 경우에만 사용하는 것이 좋다.
③ 병렬 치수 기입법으로 치수를 기입할 때 치수 공차는 다른 치수의 공차에 영향을 주기 때문에 기능 조건을 고려하여 공차를 적용한다.
④ 축과 같이 직렬 치수 기입법으로 치수를 기입할 때 중요도가 작은 치수는 괄호를 붙여서 참고 치수로 기입하는 것이 좋다.

해설 병렬 치수 기입법으로 치수를 기입할 때 개개의 치수 공차는 다른 치수의 공차에 영향을 미치지 않는다.

17 반복 도형의 피치를 잡는 기준이 되는 피치선의 선의 종류는?

① 가는 실선
② 굵은 실선
③ 가는 1점 쇄선
④ 굵은 1점 쇄선

해설 피치선은 가는 1점 쇄선으로 표시한다.

정답 14. ① 15. ③ 16. ③ 17. ③

18 보기는 3각법으로 정 투상한 도면이다. 등각 투상도로 맞는 것은 어느 것인가?

[보기]

①    ②
③ 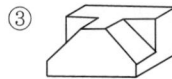   ④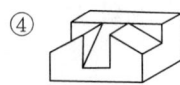

19 부품도에서 일부분만 부분적으로 열처리를 하도록 지시해야 한다. 이때 열처리 부위를 나타내기 위해 사용하는 특수 지정선은?

① 굵은 1점 쇄선   ② 파선
③ 가는 1점 쇄선   ④ 가는 실선

해설 **굵은 1점 쇄선**: 열처리 부위를 나타내기 위해 사용하는 특수 지정선

20 다음 그림은 어느 단면도에 해당하는가?

① 온 단면도
② 한쪽 단면도
③ 회전 단면도
④ 부분 단면도

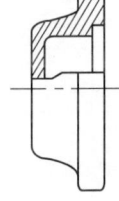

해설 **부분 단면도**: 외형도에서 필요한 일부분만 단면으로 도시한다.

21 다음 중 한 도면에서 두 종류 이상의 선이 같은 장소에 겹치는 경우 가장 우선적으로 그려야 할 선은?

① 숨은선   ② 무게 중심선
③ 절단선   ④ 중심선

해설 겹치는 선의 우선 순위
① 외형선   ② 숨은선
③ 절단선   ④ 중심선
⑤ 무게중심선 ⑥ 치수보조선

정답 18. ③ 19. ①
      20. ④ 21. ①

22 투상도를 표시하는 방법 중 올바른 것은?

① 얇은 두께를 가지는 육면체는 투상도 배열 위치를 위와 아래의 수직배열이 되도록 그린다.
② 대상물의 특징이 가장 잘 나타나는 면을 평면도로 선택한다.
③ 길이가 긴 물체는 대상물을 수직으로 세워 놓은 상태에서 그린다.
④ 자동차축과 같이 원통의 크기가 연속된 긴 물체는 중심선을 수평으로 하여 가공이 많은 쪽이 왼쪽에 있도록 하여 투상도를 그린다.

해설 ① 대상물의 특징이 가장 잘 나타나는 면을 정면도로 선택한다.
② 길이가 긴 물체는 대상물을 수평으로 놓은 상태에서 그린다.
③ 자동차축과 같이 원통의 크기가 연속된 긴 물체는 중심선을 수평으로 하여 가공이 많은 쪽이 오른쪽에 있도록 하여 투상도를 그린다.

23 다음 그림은 20H7-p6로 억지 끼워 맞춤을 나타내는 것이다. 최대 죔새는?

① 0.001
② 0.014
③ 0.035
④ 0.043

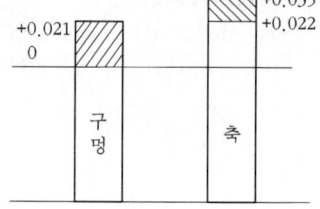

해설 축의 최대-구멍의 최소=20.035-20
=0.035

24 다음 중 나사의 종류를 표시하는 기호로 맞는 것은?

① 미터 보통 나사: BC
② 미니추어 나사: SM
③ 유니파이 보통 나사: UNC
④ 미터 사다리꼴 나사: G

해설

미터 보통 나사	M
미터 가는 나사	
미니추어 나사	S
유니파이 보통 나사	UNC
유니파이 가는 나사	UNF

정답 22. ① 23. ③
24. ③

25 그림과 같은 단면 도시법을 무엇이라고 하는가?

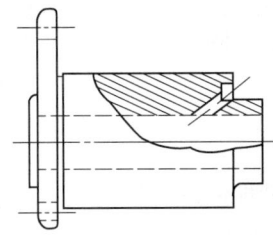

① 온 단면도
② 한쪽 단면도
③ 부분 단면도
④ 회전도시 단면도

해설 ① **온 단면도**: 보통 물체의 절반을 절단하여 작도한다.
② **한쪽 단면도(반 단면도)**: 상하 또는 좌우 대칭인 물체는 1/4을 떼어 낸 것으로 보고 기본 중심선을 경계로 하여 1/2은 외형, 1/2은 단면으로 동시에 나타낸 것으로 대칭중심의 우측 또는 위쪽을 단면한다.
③ **부분 단면도**: 외형도에서 필요로 하는 일부분만을 도시할 수 있다. 이 경우 파단선(가는 실선)에 의해서 경계를 나타낸다.
④ **회전도시 단면도**: 핸들이나 바퀴 등의 암 및 림, 리브, 훅, 축, 구조물의 부재 등의 절단면은 90° 회전하여 표시하여도 좋다.

26 다음 중 커서(cursor)의 설명으로 옳은 것은?

① 화면을 나타내는 기본 단위이다.
② CAD의 처리속도를 나타내는 단위이다.
③ 화면에서 텍스트와 그래픽 화면을 전환하는 요소이다.
④ 화면에서 물체의 특정 위치를 인식하고 조정하는 역할을 한다.

해설 **커서(cursor)**: 화면에서 물체의 특정 위치를 인식하고 조정하는 역할을 한다.

27 다음 중 물체를 입체적으로 나타낸 도면이 아닌 것은?

① 투시도
② 등각도
③ 캐비닛도
④ 정 투상도

해설 ① **투시 투상법**
투시 투상법은 투상면에서 어떤 거리에 있는 시점과 물체의 각 점을 연결한 투상선이 투상면을 지날 때 나타나는 모양을 그리는 투상법으로 물체의 원근감을 나타낼 때 사용하며 건축, 토목조감도 등에 사용한다.
② **사 투상법**
– 투상선이 투상면에 사선으로 지나는 평행 투상
– 일반적으로 투상선이 하나
– 종류: 캐비닛도, 카발리에도 등이 있다.
③ **축측 투상법**
– 대상물의 좌표면이 투상면에 대하여 경사를 이룬 직각 투상
– 일반적으로 투상면이 하나
– 등각 투상도, 2등각 투상도, 부등각 투상도가 있다.

[정답] 25. ③ 26. ④
27. ④

28 다음 축에 대한 제도 설명 중 옳은 것은?

① 축은 옆으로 길게 또는 수직으로 세워 놓은 상태로 도시한다.
② 축은 길이 방향으로 절단하여 전 단면도로 표현하지 않는다.
③ 단면의 모양이 같은 긴 축은 중간 부분을 파단하여 짧게 표현하고, 전체 길이 치수 밑에 밑줄을 긋는다.
④ 축의 끝에는 모따기를 하지 않아도 된다.

해설 축의 도시 방법
① 축은 길이 방향으로 단면 도시를 하지 않는다. 단, 부분 단면은 허용한다.
② 긴축은 중간을 파단하여 짧게 그릴 수 있으며 실제 치수를 기입한다.
③ 축 끝에는 모따기 및 라운딩을 할 수 있다.
④ 축에 있는 널링의 도시는 빗줄인 경우는 축선에 대하여 30°로 엇갈리게 그린다.

29 치수 기입에서 (100)으로 표시하였을 때 ( )은 무엇을 뜻하는가?

① 완성 치수
② 지름 치수
③ 기준 치수
④ 참고 치수

해설

이론적으로 정확한 치수	□
참고 치수	( )

30 그림과 같은 투상도는 무슨 투상도인가?

① 부분 확대도
② 국부 투상도
③ 부분 투상도
④ 회전 투상도

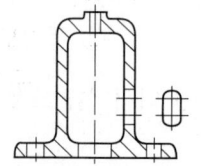

해설 **국부 투상도**: 대상물의 구멍, 홈 등 한 국부만의 모양을 도시하는 것으로 충분한 경우에는 그 필요한 부분만을 국부 투상도로서 나타낸다.

31 치수 기입의 원칙에 대한 설명으로 틀린 것은?

① 치수는 되도록 계산하여 구할 필요가 없도록 기입한다.
② 치수는 필요에 따라 기준으로 하는 점, 선 또는 면을 기초로 한다.

[정답] 28. ② 29. ④ 30. ② 31. ③

③ 치수는 되도록 정면도 외에 분산하여 기입하고 중복 기입을 피한다.
④ 치수는 선에 겹치게 기입해서는 안 된다.

해설 치수는 되도록 정면도에 집중하여 기입하고 중복 기입을 피한다.

32 보기는 어떤 물체를 3각법으로 A는 정면도, B는 우측면도를 도시한 것이다. 보기의 C에 맞는 평면도는?

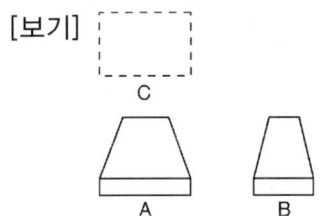

① ② ③ ④

33 다음 중 구멍용 게이지 제작 공차에 적용하는 IT 공차는?
① IT 6~IT 10   ② IT 01~IT 5
③ IT 11~IT 18   ④ IT 5~IT 9

해설 기본 공차: IT 기본 공차는 IT 01부터 IT 18까지 20등급으로 구분한다.

용도	게이지 제작 공차	끼워 맞춤 공차	끼워 맞춤 이외 공차
구멍축	IT 01~IT 05 IT 01~IT 04	IT 06~IT 10 IT 05~IT 09	IT 11~IT 18 IT 10~IT 18

34 "M24 – 6H/5g"로 표시된 나사 설명으로 틀린 것은?
① 미터 나사
② 호칭 지름은 24mm
③ 암나사 5급
④ 수나사 5급

해설 M24 – 6H/5g
미터 보통 나사(M 24) 암나사 6급과 수나사 5급의 조합

정답 32. ② 33. ② 34. ③

35 다음 축의 도시 방법으로 적당하지 않은 것은?

① 축은 길이 방향으로 단면 도시를 하지 않는다.
② 널링 도시 시 빗줄인 경우 축선에 대하여 45° 엇갈리게 그린다.
③ 단면 모양이 같은 긴축은 중간을 파단하여 짧게 그릴 수 있다.
④ 축의 끝에는 주로 모따기를 하고, 모따기 치수를 기입한다.

해설 널링 도시 시 빗줄인 경우 축선에 대하여 30° 엇갈리게 그린다.

36 다음 용접기호의 설명으로 옳은 것은?

① 필릿 용접
② 점 용접
③ 플러그 용접
④ 심 용접

해설
- 필릿: ◸
- 플러그: ⊓
- 점, 프로젝션: ○
- 심: ⊖

37 평 벨트풀리의 도시 방법을 설명한 것 중 옳은 것은?

① 벨트풀리는 축 방향으로 본 모양만을 도시한다.
② 모양이 대칭형인 벨트풀리는 전체를 그린다.
③ 암의 단면 모양은 도형의 안이나 밖에 회전 단면을 도시한다.
④ 암은 길이 방향으로 절단하여 단면 도시한다.

해설 평 벨트풀리의 도시법
① 벨트풀리는 축직각 방향의 투상을 정면도로 한다.
② 모양이 대칭형인 벨트풀리는 그 일부분만을 도시한다.
③ 방사형으로 되어 있는 암(arm)은 수직 중심선 또는 수평 중심선까지 회전하여 투상한다.
④ 암은 길이 방향으로 절단하여 단면을 도시하지 않는다.

정답 35. ② 36. ① 37. ③

38 나사의 도시에 관한 내용 중 나사 각부를 표시하는 선의 종류가 틀린 것은?

① 수나사의 골 지름과 암나사의 골 지름은 가는 실선으로 그린다.
② 가려서 보이지 않는 나사부는 파선으로 그린다.
③ 완전 나사부와 불완전 나사부의 경계는 가는 실선으로 그린다.
④ 수나사의 바깥지름과 암나사의 안지름은 굵은 실선으로 그린다.

해설 완전 나사부와 불완전 나사부의 경계는 굵은 실선으로 그린다.

39 구름 베어링의 호칭 번호 6008 C2 P6를 설명한 것이다. 번호와 설명이 일치하지 않는 것은?

① 60 - 베어링 계열 기호
② 08 - 안지름 번호
③ C2 - 밀봉 또는 실드 기호
④ P6 - 정밀도 등급 기호(6급)

해설 C2 - 틈새 기호(C2의 틈새)

40 스플릿 테이퍼 핀의 테이퍼 값은?

① 1/20 ② 1/25
③ 1/50 ④ 1/100

해설 스플릿 테이퍼 핀의 테이퍼 값은 1/50이다.

41 베벨 기어에서 피치원은 무슨 선으로 표시하는가?

① 가는 1점 쇄선 ② 굵은 1점 쇄선
③ 가는 2점 쇄선 ④ 굵은 실선

해설 베벨 기어에서 피치원: 가는 1점 쇄선

42 나사산의 모양에 따른 나사의 종류에서 삼각나사에 해당하지 않는 것은?

① 미터 나사 ② 유니파이 나사
③ 관용 나사 ④ 톱니 나사

해설 톱니 나사는 특수 나사이다.

[정답] 38. ③ 39. ③
40. ③ 41. ①
42. ④

43. 모듈이 2이고, 피치원 지름이 64mm인 스퍼 기어의 잇수는 몇 개인가?

① 20
② 32
③ 64
④ 128

해설 $\dfrac{\text{피치원의 지름 } 64}{\text{모듈 } 2} = 32$개

44. 다음 중 솔리드 모델링의 특징에 해당하지 않는 것은?

① 복잡한 형상의 표현이 가능하다.
② 체적, 관성 모멘트 등의 계산이 가능하다.
③ 부품 상호 간의 간섭을 체크할 수 있다.
④ 다른 모델링에 비해 데이터의 양이 적다.

해설 다른 모델링에 비해 데이터의 양이 많다.

45. 컴퓨터에서 중앙처리장치의 구성으로만 짝지어진 것은?

① 출력장치, 입력장치
② 제어장치, 입력장치
③ 보조기억장치, 출력장치
④ 제어장치, 연산장치

해설 중앙처리장치(CPU: Central Processing Unit)
① 제어장치(control unit)
② 연산장치(ALU: Arithmetic & Logic Unit)
③ 레지스터(register): 주기억장치

46. 일반적으로 CAD작업에서 사용되는 좌표계와 거리가 먼 것은?

① 상대 좌표
② 절대 좌표
③ 극 좌표
④ 원점 좌표

해설 좌표계의 종류
① 직교 좌표계: 공간상 교차하는 지점인 $P(x_1, y_1, z_1)$
② 극 좌표계: 평면상의 한 점 P(거리, 각도)
③ 원통 좌표계: 점 $P(r, \theta, z_1)$를 직교 좌표
④ 구면 좌표계: 공간상의 점 $P(\rho, \varphi, \theta)$

정답 43. ② 44. ④ 45. ④ 46. ④

47 다음 중 CAD 시스템의 출력장치가 아닌 것은?

① 플로터 ② 프린터
③ 모니터 ④ 라이트 펜

해설 라이트 펜은 입력장치이다.

48 솔리드 모델링의 특징에 관한 설명 중 틀린 것은?

① 은선 제거가 가능하다.
② 물리적 성질 등의 계산이 불가능하다.
③ 간섭 체크가 용이하다.
④ 와이어프레임 모델링에 비해 데이터 처리양이 많다.

해설 솔리드 모델링의 용도
① 표면적, 부피, 관성 모멘트 계산
② 유한요소해석
③ 솔리드 모델들 간의 간섭현상 검사
④ NC 공구 경로 생성
⑤ 도면 생성

49 솔리드 모델링에 관련된 설명으로 틀린 것은?

① CSG(Constructive Solid Geometry)는 프리미티브(primitive)들을 불리안 작업을 하여 원하는 형상을 모델링 한다.
② 솔리드를 구성하는 면(face), 모서리(edge), 꼭지점(vertex) 등의 이웃 관계 정보를 위상관계(topology)라 한다.
③ B-rep(Boundary representation)으로 표현되면 현실 세계에서 반드시 존재하는 모델이다.
④ Half-edge 자료구조는 솔리드를 표현하는 데이터 구조의 일종이다.

해설 경계 표현(B-rep: Boundary representation)
입체를 둘러싸고 있는 면, 모서리, 꼭지점 등의 경계 요소를 사용하여 표현하므로, 다양한 모델링, 위상관계 정보를 쉽게 얻으며, 데이터 구조 복잡 및 모델 수정이 용이하지 않을 때 발생한다.

50 곡면 모델링 방법에 따른 곡면 분류로 틀린 것은?

① 회전(revolve) 곡면 ② 토폴로지(topology) 곡면
③ 블렌딩(blending) 곡면 ④ 스윕(sweep) 곡면

해설 토폴로지(topology: 형상의 구성방식)
형상을 구성하는 정점(vertex), 면(face), 모서리(edge)의 연결 상태가 어떻게 이루어져 있는가를 기술하는 것이다.

정답 47. ④ 48. ②
     49. ③ 50. ②

51. CAD 프로그램에서 자유곡선을 표현할 때 주로 많이 사용하는 방정식의 형태는?

① 양함수식(explicit equation)
② 음함수식(implicit equation)
③ 하이브리드식(hybrid equation)
④ 매개 변수식(parametric equation)

해설 매개 변수식(parametric equation)
CAD 프로그램에서 자유 곡선을 표현할 때 주로 많이 사용하는 방정식의 형태이다.

52. 다음 중 지정된 모든 조정점을 반드시 통과하도록 고안된 곡선은?

① Bezier
② B-spline
③ spline
④ NURBS

해설 spline: 지정된 모든 조정점을 반드시 통과하도록 고안된 곡선이다.

53. 고체 침탄할 때 촉진제로 사용되는 화합물은?

① 탄산바륨($BaCO_3$)
② 시안화나트륨($NaCN$)
③ 염화칼륨(KCl)
④ 염화칼슘(Na_2CO_3)

해설 고체 침탄법은 60%의 목탄, 30%의 $BaCO_3$, 10%의 Na_2CO_3의 고체 침탄제를 사용하여 표면에 침탄 탄소를 확산 침투시켜 표면을 경화시키는 방법이다.

54. 다음 강철의 표면경화에서 질화법 중 질화강제로서 질화강에 일반적으로 함유하는 원소가 아닌 것은?

① 크롬
② 몰리브덴
③ 티탄
④ 알루미늄

해설 가스 질화법은 암모니아 가스 중에서 질화강(Al-Cr-Mo강)을 500~550℃로 약 2시간 정도 가열하는 방법으로 암모니아 가스가 질화 온도에서 분해하여 발생기의 질소(N)가 침투된다.

정답 51. ④ 52. ③
53. ① 54. ③

55 표면경화 열처리 중 질화 처리한 것의 특징으로서 틀린 것은?
① 경화층은 얇고, 경도는 침탄한 것보다 크다.
② 마모 및 부식에 대한 저항이 적고, 산화가 잘된다.
③ 질화 처리 후 담금질할 필요가 없다.
④ 300℃ 이하의 온도에서도 경도가 감소되지 않는다.

56 도면에서 2종류 이상의 선이 같은 장소에서 겹치게 될 때 우선순위로 알맞은 것은?
① 외형선 〉 숨은선 〉 절단선 〉 중심선
② 외형선 〉 절단선 〉 숨은선 〉 중심선
③ 외형선 〉 중심선 〉 숨은선 〉 절단선
④ 외형선 〉 절단선 〉 중심선 〉 숨은선

해설 겹치는 선의 우선순위
① 외형선 ② 숨은선 ③ 절단선 ④ 중심선 ⑤ 무게중심선 ⑥ 치수보조선

57 I형강의 치수 표시방법으로 옳은 것은? (단, B: 폭, H: 높이, t: 두께, L: 길이)
① IB×H×t-L
② IH×B×t-L
③ It×H×B-L
④ IL×H×B-t

해설

종류	단면 모양	표시 방법
등변 ㄱ형강		∟$A×B×t-L$
I형강		I$H×B×t-L$
ㄷ형강		ㄷ$H×B×t_1×t_2-L$

정답 55. ② 56. ① 57. ②

58. 기계 도면을 용도에 따른 분류와 내용에 따른 분류로 구분할 때, 용도에 따른 분류에 속하지 않는 것은?

① 부품도　　② 제작도
③ 견적도　　④ 계획도

해설 용도에 따른 분류
① 계획도(Scheme drawing): 설계자의 설계 의도와 계획을 나타낸 도면
② 제작도(manufacture drawing, production drawing): 건설 또는 제조에 필요한 모든 정보를 전달하기 위한 도면
③ 주문도(drawing for order): 주문하는 사람이 주문하는 물건의 크기, 형태, 정밀도, 정보 등의 주문 내용을 나타낸 도면으로 주문서에 첨부한다.
④ 견적도(drawing for estimate, estimation drawing): 견적 의뢰를 받은 사람이 의뢰 받은 물건의 견적 내용을 나타낸 도면으로 견적서에 첨부한다.
⑤ 승인도(approved drawing): 주문자 또는 기타 관계자의 승인을 얻은 도면이다.
⑥ 설명도(explanation drawing): 사용자에게 물품의 구조·기능·성능 등을 설명하기 위한 도면으로 주로 카탈로그(catalogue)에 사용한다.

59. 프레스 등의 동력 전달용으로 사용되며 축방향의 큰 하중을 받는 곳에 주로 쓰이는 나사는?

① 미터나사　　② 관용 평행 나사
③ 사각나사　　④ 둥근 나사

60. 키 재료의 허용전단응력 60N/mm², 키의 폭×높이가 16mm×10mm인 성크 키를 지름이 50mm인 축에 사용하여 250rpm으로 40kW를 전달시킬 때, 성크 키의 길이는 몇 mm 이상이어야 하는가?

① 51　　② 64
③ 78　　④ 93

해설 $T = 9.55 \times 10^6 \times \dfrac{H}{n} = \dfrac{9.55 \times 10^6 \times 40}{250} = 1,528,000 \text{N} \cdot \text{mm}$

$l = \dfrac{2T}{b\tau d} = \dfrac{2 \times 1,528,000}{16 \times 60 \times 50} = 63.67 \text{mm}$

정답 58. ① 59. ③ 60. ②

03회 CBT 모의고사

01 결정구조를 가지지 않는 아몰포스 구조를 하고 있어 경도와 강도가 높고 인성 또한 우수하며, 자기적 특성이 우수하여 변압기용 철심 등에 활용되는 것은?

① 비정질 합금
② 초소성 합금
③ 제진 합금
④ 초전도 합금

해설 비정질 합금
결정구조를 가지지 않는 아몰포스 구조를 하고 있어 경도와 강도가 높고 인성 또한 우수하며, 자기적 특성이 우수하여 변압기용 철심 등에 활용된다.

02 바탕이 펄라이트로써 인장강도가 350~450MPa인 이 주철은 담금질이 가능하고 연성과 인성이 대단히 크며, 두께 차이에 의한 성질의 변화가 매우 적어 내연기관의 실린더 등에 사용되는 주철은?

① 펄라이드주철
② 칠드주철
③ 보통주철
④ 미하나이트주철

해설 미하나이트주철
펄라이트로서 인장강도가 350~450MPa인 이 주철은 담금질이 가능하고 연성과 인성이 대단히 크며, 두께 차이에 의한 성질의 변화가 매우 적어 내연기관의 실린더 등에 사용된다.

03 구리의 원자기호와 비중으로 옳은 것은?

① Cu - 8.96
② Ag - 8.96
③ Cu - 9.86
④ Ag - 9.86

해설 구리는 비중이 8.9 정도이며, 용융점이 1083℃ 정도이다.

04 합성수지의 공통된 성질 중 틀린 것은?

① 가볍고 튼튼하다.
② 전기 절연성이 좋다.
③ 단단하며 열에 강하다.
④ 가공성이 크고 성형이 간단하다.

해설 단단하며, 열에 약하다.

정답 01. ① 02. ④ 03. ① 04. ③

05 황동의 합금원소는 무엇인가?
① Cu - Sn
② Cu - Zn
③ Cu - Al
④ Cu - Ni

해설
- 황동: Cu - Zn 합금
- 청동: Cu - Sn 합금

06 기계 재료에 필요한 일반적인 성질로 틀린 것은?
① 주조성, 소성, 절삭성이 좋아야 한다.
② 열처리성은 떨어지나, 표면처리가 좋아야 한다.
③ 기계적 성질, 화학적 성질이 우수해야 한다.
④ 재료의 보급과 대량 생산이 가능해야 한다.

해설 열처리성이 좋을 것

07 가스 질화법에 사용하는 기체는?
① 탄산가스
② 코크스
③ 목탄가스
④ 암모니아가스

해설 가스 침탄 질화법: 침탄성 가스에 암모니아를 혼입하는 방법

08 핀 이음에서 한쪽 포크(fork)에 아이(eye) 부분을 연결하여 구멍에 수직으로 평행 핀을 끼워 두 부분이 상대적으로 각운동을 할 수 있도록 연결한 것은?
① 코터
② 너클 핀
③ 분할 핀
④ 스플라인

해설 너클 핀: 핀 이음에서 한쪽 포크(fork)에 아이(eye) 부분을 연결하여 구멍에 수직으로 평행 핀을 끼워 두 부분이 상대적으로 각운동을 할 수 있도록 연결한 것

09 레이디얼 엔드 저어널 베어링의 베어링 압력에 관한 설명으로 옳은 것은?
① 하중을 투상 면적으로 나눈 평면 압력
② 응력을 투상 면적으로 나눈 평면 압력

[정답] 05. ② 06. ②
07. ④ 08. ②
09. ①

③ 투상 면적을 하중으로 나눈 평면 압력
④ 투상 면적을 응력으로 나눈 평면 압력

해설 레이디얼 엔드 저어널 베어링의 베어링 압력은 하중을 투상 면적으로 나눈 평면 압력이다.

10 두 축이 교차하는 경우에 동력을 전달하려면 어떤 기어를 사용하여야 하는가?
① 스퍼 기어
② 헬리컬 기어
③ 래크
④ 베벨 기어

해설 두 축이 교차하는 경우에 베벨 기어 사용

11 볼베어링에서 볼을 적당한 간격으로 유지시켜 주는 베어링 부품은?
① 리테이너
② 레이스
③ 하우징
④ 부시

해설 리테이너: 롤링(볼) 베어링에서 전동체가 접촉되지 않고 일정한 간격을 유지할 수 있게 한다.

12 표준 스퍼 기어에서 모듈이 2이고, 잇수가 50일 때 이끝원 지름은 얼마인가?
① 96mm
② 100mm
③ 102mm
④ 104mm

해설 $2 \times (50 + 2) = 104 \text{mm}$

13 다음 중 대칭도 공차를 나타내는 기호는?
① ═
② ◎
③ ⊕
④ //

해설

자세 공차	//	평행도 공차	최대실체공차 적용(MMC)
	⊥	직각도 공차	
	∠	경사도 공차	
위치 공차	⊕	위치도 공차	최대실체공차 적용(MMC)
	◎	동축도 또는 동심도 공차	
	═	대칭도 공차	

답안 표기란
10 ① ② ③ ④
11 ① ② ③ ④
12 ① ② ③ ④
13 ① ② ③ ④

정답 10. ④ 11. ①
12. ④ 13. ①

14. 가는 일점쇄선으로 끝부분 및 방향이 변하는 부분을 굵게 한 선의 용도에 의한 명칭은?

① 파단선
② 절단선
③ 가상선
④ 특수 지시선

해설
① **파단선**: 불규칙한 파형의 가는 실선 또는 지그재그선
② **절단선**: 가는 1점 쇄선으로 끝부분 및 방향이 변하는 부분을 굵게 한 것
③ **가상선**: 가는 2점 쇄선

15. 그림과 같이 부품의 일부를 도시하는 것으로 충분한 경우에는 그 필요 부분만을 표시할 수 있는 투상도는?

① 회전 투상도
② 부분 투상도
③ 국부 투상도
④ 요점 투상도

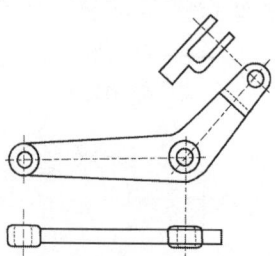

해설
① **회전 투상도**: 대상물의 일부가 어느 각도를 가지고 있기 때문에 투상면에 그 실형이 나타나지 않을 때에 그 부분을 회전해서 그 실형을 도시할 수 있다.
② **부분 투상도**: 그림의 일부를 도시하는 것으로 충분한 경우에는 그 필요 부분만을 부분 투상도로서 표시한다.
③ **국부 투상도**: 대상물의 구멍, 홈 등 한 국부만의 모양을 도시하는 것으로 충분한 경우에는 그 필요한 부분만을 국부 투상도로서 나타낸다.
④ **요점 투상도**: 보조적인 투상도에 보이는 부분을 모두 표시하면 도면이 복잡해져서 오히려 알아보기가 어려운 경우가 있다. 이때에는 요점 부분만 투상도로 표시한다.

16. 일반적인 3차원 기하학적 형상 모델링 기법이 아닌 것은?

① 솔리드 모델링
② 서피스 모델링
③ 와이어프레임 모델링
④ 디지털 모델링

해설 3차원 기하학적 형상 모델링 기법은 솔리드 모델링, 서피스 모델링, 와이어프레임 모델링이 있다.

17. 좌표원점 (0, 0, 0)을 기준으로 x, y, z축 방향의 거리로 표시되는 좌표는?

① 사용자 좌표
② 절대 좌표
③ 상대 좌표
④ 원통 좌표

정답 14. ② 15. ② 16. ④ 17. ②

해설 ① **절대좌표**: 원점에서 해당 축 방향으로 이동한 거리
② **상대 좌표**: 먼저 지정된 점으로부터 해당 축 방향으로 이동한 거리
③ **상대극좌표**: 먼저 지정된 점과 지정된 점까지의 직선거리 방향은 각도계와 일치

18 스프로킷 휠 제도법에 대한 설명 중 맞는 것은?

① 바깥지름은 굵은 실선으로 그린다.
② 피치원은 가는 실선으로 그린다.
③ 이뿌리원은 굵은 실선으로 그린다.
④ 이의 부분을 상세히 그릴 때는 조립도를 추가한다.

해설 스프로킷 휠 제도법
① 바깥지름(이끝원)은 굵은 실선으로 그린다.
② 피치원은 가는 1점 쇄선으로 그린다.
③ 이뿌리원은 가는 실선으로 그린다.
④ 정면도를 단면으로 도시할 경우 이뿌리는 굵은 실선으로 그린다.

19 다음 그림에서 φ20 구멍의 개수와 A부분의 길이는?

① 13, 1170mm
② 20, 1170mm
③ 13, 1080mm
④ 20, 1080mm

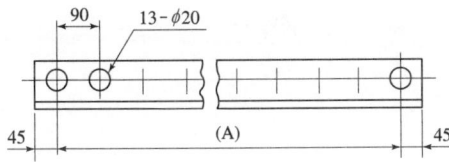

해설 13개 × 90mm = 1170mm

20 기하 공차의 종류 중 자세 공차가 아닌 것은?

① //   ② ⊥
③ ⊕   ④ ∠

해설

자세 공차	//	평행도 공차
	⊥	직각도 공차
	∠	경사도 공차

21 기준 A에 평행하고 지정길이 100mm에 대하여 0.01mm의 공차값을 지정할 경우 표시방법으로 옳은 것은?

① | A | 0.01/100 | // |
② | // | 100/0.01 | A |
③ | A | // | 100/0.01 |
④ | // | 0.01/100 | A |

해설 | // | 0.01/100 | A |
A에 평행하고 지정길이 100mm에 대하여 0.01mm의 공차값

[정답] 18. ① 19. ①
20. ③ 21. ④

22. 제품의 표면 거칠기를 나타내는 방법이 아닌 것은?

① 산술 평균 거칠기(Ra)   ② 최대높이(Ry)
③ 10점 평균 거칠기(Rz)   ④ 평균 면적 거칠기(Rs)

해설 표면 거칠기 방법
① 최대높이(Ry): 가장 높은 곳과 낮은 곳의 차를 측정
② 10점 평균 거칠기(Rz): 가장 높은 곳 5점의 세 번째 점을 가장 낮은 곳의 5점의 세 번째의 차를 측정
③ 산술 평균 거칠기(Ra): 산과 골의 중심에 선을 그어 산쪽의 중심과 골 쪽의 중심거리차를 측정

23. 한국산업규격 중 기계 분야에 관한 규격 기호는?

① KS A   ② KS B
③ KS C   ④ KS D

해설 기계 분야: KS B

24. 다음 중에서 정 투상 방법에 대한 설명으로 틀린 것은?

① 제1각법은 눈 → 물체 → 투상면 순서로 놓고 투상한다.
② 제3각법은 눈 → 투상면 → 물체 순서로 놓고 투상한다.
③ 한 도면에 제1각법과 제3각법을 혼용하여 사용해도 된다.
④ 제1각법과 제3각법에서 배면도의 위치는 같다.

해설 한 도면에 제1각법과 제3각법을 혼용하여 사용하면 안 된다.

25. 다음 중 도면제작 시 도면에 반드시 마련해야 할 사항으로 짝지어진 것은?

① 도면의 윤곽, 표제란, 중심 마크
② 도면의 윤곽, 표제란, 비교 눈금
③ 도면의 구역, 재단마크, 비교 눈금
④ 도면의 구역, 재단마크, 중심 마크

해설 도면의 양식
① 설정하지 않으면 안 되는 사항: 도면의 윤곽 – 윤곽선, 중심 마크, 표제란
② 설정하는 것이 바람직한 사항: 비교 눈금, 도면의 구역 – 구분 기호, 재단 마크, 부품란 – 대조 번호, 도면의 내역란

정답 22. ④ 23. ② 24. ③ 25. ①

26 다음 평 벨트풀리의 도시 방법으로 맞는 것은?
① 암은 길이 방향으로 절단하여 도시한다.
② 벨트풀리는 축직각 방향의 투상을 주 투상도로 한다.
③ 암의 단면 모양은 도형의 안이나 밖에 회전 단면을 하여 도시하지 않는다.
④ 암의 테이퍼 부분 치수를 기입할 때 치수 보조선은 경사선으로 그어서는 안 된다.

> **해설** 평 벨트풀리의 도시법
> ① 벨트풀리는 축직각 방향의 투상을 정면도로 한다.
> ② 모양이 대칭형인 벨트풀리는 그 일부분만을 도시한다.
> ③ 방사형으로 되어 있는 암(arm)은 수직 중심선 또는 수평 중심선까지 회전하여 투상한다.
> ④ 암은 길이 방향으로 절단하여 단면을 도시하지 않는다.
> ⑤ 암의 단면형은 도형의 안이나 밖에 회전 단면을 도시한다.
> ⑥ 암의 테이퍼 부분 치수를 기입할 때 치수 보조선은 경사선(수평과 60° 또는 30°)으로 긋는다.

27 치수 기입시 유의사항 설명으로 틀린 것은?
① 관련된 치수는 되도록 한곳에 모아 기입한다.
② 치수는 선에 겹치게 기입해서는 안 된다.
③ 중복 치수는 피하고 되도록 평면도에 집중하여 기입한다.
④ 필요에 따라 기준선, 점, 가공 면을 기준으로 기입하여도 무방하다.

> **해설** 중복 치수는 피하고 되도록 정면도에 집중하여 기입한다.

28 도면의 촬영, 복사 및 도면 접기의 편의를 위한 중심 마크의 굵기는 얼마인가?
① 0.1mm   ② 0.3mm
③ 0.5mm   ④ 1mm

> **해설** 중심 마크(centering mark): 도면을 마이크로 필름에 촬영하거나 복사할 때의 편의를 위하여 마련한다. 윤곽선 중앙으로부터 용지의 가장자리에 이르는 굵기 0.5mm의 수직한 직선으로, 허용치는 ±5mm로 한다.

29 미터 사다리꼴 나사 [Tr 40×7 LH]에서 LH가 뜻하는 것은?
① 피치   ② 나사의 등급
③ 리드   ④ 왼나사

> **해설** 호칭 지름 40mm, 피치 7, LH 왼나사

정답 26. ② 27. ③
      28. ③ 29. ④

30. 컴퓨터 시스템에서 정보를 기억하는 최소단위인 정보단위는 어느 것인가?

① 비트(bit)
② 바이트(byte)
③ 워드(word)
④ 블록(block)

해설 비트(bit): 컴퓨터 시스템에서 정보를 기억하는 최소단위인 정보단위
Bite: $2^8 = 256$Bite

31. 코일 스프링을 그릴 때의 설명으로 올바른 것은?

① 원칙적으로 하중이 걸린 상태에서 그린다.
② 특별한 단서가 없는 한 모두 왼쪽 감기로 그린다.
③ 중간 부분을 생략할 때에는 생략한 부분을 가는 실선으로 그린다.
④ 스프링의 종류 및 모양만을 도시하는 경우에는 중심선을 굵은 실선으로 그린다.

해설
① 원칙적으로 무하중 상태에서 그린다.
② 특별한 단서가 없는 한 모두 오른쪽 감기로 그린다.
③ 코일 부분의 중간 부분을 생략할 때에는 생략한 부분을 가는 1점 쇄선으로 표시하거나, 또는 가는 2점 쇄선으로 표시해도 좋다.

32. 다음 도면에서 전체 길이를 표시하고 있는 (A)부의 치수는?

① 1020
② 1080
③ 1170
④ 1220

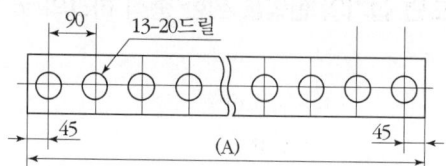

해설 90mm × 13개 = 1170mm

33. 베어링의 호칭 번호가 "6202"이면 베어링의 안지름은?

① 5mm
② 10mm
③ 12mm
④ 15mm

해설 안지름 번호(세 번째, 네 번째 숫자)
안지름 번호 1에서 9까지는 안지름 번호와 안지름이 같고 안지름 번호의 00 안지름 10mm, 01 안지름 12mm, 02 안지름 15m, 03 안지름 17mm, 안지름 20mm 이상 480mm 미만은 안지름을 5로 나눈 수가 안지름 번호(2자리)이다.

정답 30. ① 31. ④ 32. ③ 33. ④

34 외접 헬리컬 기어의 주 투상도를 단면으로 도시할 때, 잇줄 방향의 표시방법은?

① 1개의 가는 실선
② 3개의 가는 실선
③ 1개의 가는 2점 쇄선
④ 3개의 가는 2점 쇄선

해설 외접 헬리컬 기어의 주 투상도를 단면으로 도시할 때에는 잇줄 방향 도시는 3개와 가는 2점 쇄선으로 그린다.

35 다음 기하 공차에 대한 설명으로 틀린 것은?

① ○ - 진원도 공차
② ∠ - 경사도 공차
③ ⊥ - 직각도 공차
④ ◎ - 흔들림 공차

해설
| ◎ | 동축도 공차 또는 동심도 공차 |
| | 원주 흔들림 공차 |

36 슬롯(스플릿) 테이퍼 핀의 호칭방법으로 맞는 것은?

① 명칭, 지름×길이 재료
② 명칭, 길이×지름, 재료
③ 명칭, 종류, 길이×지름
④ 명칭, 등급, 지름×길이

해설
핀의 종류	그림	호칭 지름	호칭방법
평행 핀		핀의 지름	규격 번호 또는 명칭, 종류, 형식, 호칭, 지름×길이, 재료
테이퍼 핀		작은 쪽의 지름	명칭, 등급, $d×l$, 재료
슬롯 테이퍼 핀		갈라진 부분의 지름	명칭, $d×l$, 재료, 지정 사항

37 도면의 크기가 얼마만큼 확대 또는 축소되었는지를 확인하기 위해 도면 아래 중심선 바깥쪽에 마련하는 도면의 양식은?

① 표제란
② 부품란
③ 중심 마크
④ 비교 눈금

해설 비교 눈금(metric reference graduation): 비교 눈금은 도면을 축소 또는 확대했을 경우, 그 정도를 알기 위해 도면의 아래쪽에 중심 마크를 중심으로 하여 마련한다.

정답 34. ④ 35. ④ 36. ① 37. ④

38. 다음 중 상용하는 구멍기준 끼워 맞춤 중 억지 끼워 맞춤은?

① H7/f6
② H7/g6
③ H7/js6
④ H7/t6

해설 끼워 맞춤
① 헐거움 끼워 맞춤: H7/f6, H7/g6
② 중간 끼워 맞춤: H7/js6
③ 억지 끼워 맞춤: H7/t6

39. 좌우 또는 상하가 대칭인 물체의 1/4을 잘라내고 중심선을 기준을 외형도와 내부 단면도를 나타내는 단면의 도시 방법은?

① 한쪽 단면도
② 부분 단면도
③ 회전 단면도
④ 온 단면도

해설 **한쪽 단면도**: 상하 또는 좌우 대칭형의 물체의 1/4로 잘라내고, 대칭 중심선의 우측 또는 위쪽을 단면으로 도시한다.

40. 구멍이 $\phi 15^{+0.018}_{0}$ 이고, 축이 $\phi 15^{+0.018}_{+0.007}$ 최대 죔새와 최대 틈새는?

① 최대 죔새 0.018, 최대 틈새 0.011
② 최대 죔새 0.011, 최대 틈새 0.018
③ 최대 죔새 0.018, 최대 틈새 0.025
④ 최대 죔새 0.00, 최대 틈새 0.011

해설 최대 죔새=축의 최대−구멍의 최소=15.018−15=0.018
최대 틈새=구멍의 최대−축의 최소=15.018−15.007=0.011

41. 다음은 나사의 제도법에 대한 설명이다. 틀린 것은?

① 암나사의 골을 표시하는 선은 굵은 실선으로 그린다.
② 수나사의 바깥지름은 굵은 실선으로 그린다.
③ 수나사의 측면도시에 골지름은 가는 실선으로 그린다.
④ 완전 나사부와 불완전 나사부의 경계선은 굵은 실선으로 그린다.

해설 수나사와 암나사의 골을 표시하는 선은 가는 실선으로 그린다.

정답 38. ④ 39. ① 40. ① 41. ①

42 도면에 $\phi 70^{+0.07}_{-0.04}$ 로 표시되어 있을 때 치수 공차는?

① +0.07
② -0.04
③ 0.03
④ 0.011

해설 치수 공차 = 최대치수 - 최소치수 = 70.07 - 69.96 = 0.11

43 원호의 길이를 나타내는 치수선과 치수 보조선의 도시 방법으로 올바른 것은?

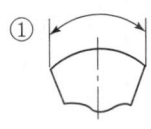 ①
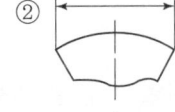 ②
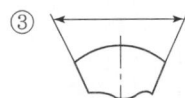 ③
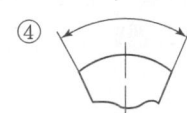 ④

해설 치수보조선을 긋고 그 원호와 동심인 원호를 치수선으로 하고, 치수 수치의 위에 원호의 길이 기호⌒를 붙인다. 그림 ②는 현의 길이치수, 그림 ④는 각도 치수를 표시한다.

44 다음 나사의 도시법에 대한 설명으로 틀린 것은?

① 수나사의 바깥지름과 암나사의 안지름을 나타내는 선은 굵은 실선으로 그린다.
② 수나사와 암나사의 골을 표시하는 선은 가는 실선으로 그린다.
③ 완전 나사부와 불완전 나사부의 경계선은 가는 실선으로 그린다.
④ 수나사와 암나사의 측면도시에서 골지름은 가는 실선으로 그린다.

해설 완전 나사부와 불완전 나사부의 경계선은 굵은 실선으로 그린다.

45 길이에 비해 지름이 아주 작은(보통 5mm 이하) 긴 원통형 모양의 롤러를 사용하는 베어링으로 일반적으로 리테이너는 없지만, 롤러의 굽힘을 방지하기 위해 일부 리테이너가 장착되기도 하는 베어링은?

① 테이퍼 롤러 베어링
② 구면 롤러 베어링
③ 니들 롤러 베어링
④ 자동 조심 롤러 베어링

해설 니들 롤러 베어링
길이에 비해 지름이 아주 작은(보통 5mm 이하) 긴 원통형 모양의 롤러를 사용하는 베어링으로 일반적으로 리테이너는 없지만, 롤러의 굽힘을 방지하기 위해 일부 리테이너가 장착되기도 한다.

46 축을 설계할 때 고려해야 할 사항이 아닌 것은?
① 강도 및 변형 ② 진동
③ 회전 방향 ④ 열응력

해설 축설계 시 고려사항: 강도, 변형, 응력집중, 진동, 부식, 열응력 등

47 어떤 축이 굽힘 모멘트 M과 비틀림 모멘트 T를 동시에 받고 있을 때, 최대 주응력설에 의한 상당 굽힘 모멘트 M_e는?

① $M_e = \dfrac{1}{2}(M + \sqrt{M^2 + T^2})$

② $M_e = \dfrac{1}{2}(M^2 + \sqrt{M + T})$

③ $M_e = \dfrac{1}{2}(M^2 + \sqrt{M^2 + T^2})$

④ $M_e = \dfrac{1}{2}(M + \sqrt{M + T})$

해설 ① 상당 굽힘 모멘트 $M_e = \dfrac{1}{2}(M + \sqrt{M^2 + T^2})$
② 상당 비틀림 모멘트 $T_e = \sqrt{(M^2 + T^2)}$

48 작용하중의 방향에 따른 베어링 분류 중에서 축선에 직각으로 작용하는 하중과 축선 방향으로 작용하는 하중이 동시에 작용하는데 사용하는 베어링은?
① 레이디얼 베어링(radial bearing)
② 스러스트 베어링(thrust bearing)
③ 테이퍼 베어링(taper bearing)
④ 칼라 베어링(collar bearing)

해설 테이퍼 베어링(taper bearing)
작용하중의 방향에 따른 베어링 분류 중에서 축선에 직각으로 작용하는 하중과 축선 방향으로 작용하는 하중이 동시에 작용하는 데 사용하는 베어링이다.

49 형상 모델링에서 서피스 모델링(Surface Modeling)의 특징을 잘못 설명한 것은?
① 복잡한 형상을 표현할 수 있다.

정답 46. ③ 47. ①
48. ③ 49. ③

② 단면도 작성이 가능하다.
③ NC 데이터를 생성할 수 없다.
④ 2개 면의 교선을 구할 수 있다.

해설 **서피스 모델링**: 면 정보에 의한 모델
① 은선 제거 및 면의 구분 가능하다.
② NC data에 의한 NC 가공 작업이 수월하다.
③ 복잡한 형상 처리가능하다.
④ 단면도 및 전개도 작성가능하다.
⑤ 해석용 모델 및 유한 요소법(FEM) 해석 어렵다.
⑥ 물리적 성질을 계산하기가 곤란하다.

50 비유리(non-rational) 곡면으로도 정확하게 표현할 수 있는 것은?

① 평면(plane)
② 회전 곡면(revolved surface)
③ 구면(sphere)
④ 실린더 곡면(cylinder surface)

해설 비유리(non-rational) 곡면으로도 정확하게 표현할 수 있는 것은 평면(plane)이다.

51 아래 그림처럼 주어진 물체의 특정 면의 전부 또는 일부를 원하는 방향으로 움직여서 물체가 그 방향으로 늘어난 효과를 갖도록 하는 작업은?

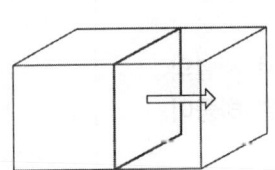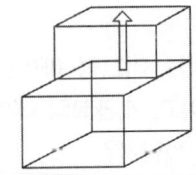

① 스위핑(sweeping)   ② 스키닝(skinning)
③ 트위킹(tweaking)   ④ 리프팅(lifting)

52 ㄷ 형강의 표시가 바르게 된 것은?

① $ㄷ H \times B \times t_1 \times t_2 - L$
② $ㄷ H \times B \times t_1 - t_2 - L$
③ $ㄷ H \times B - t_1 - t_2 - L$
④ $ㄷ H \times B - t_1 \times t_2 - L$

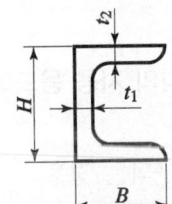

해설 **형강의 표시방법**: 형상 높이×나비×두께-길이
[예] $ㄷ H \times B \times t_1 \times t_2 - l$
    $ㄴ H \times B \times t - l$
    $I H \times B \times t - l$

정답 50. ① 51. ④
52. ①

53. 다음 중 가공방법과 그 기호의 관계가 틀린 것은?

① 호닝가공: GH
② 래핑: FL
③ 스크레이핑: FS
④ 줄 다듬질: FB

해설 줄 다듬질: FF

54. 도면의 크기와 대상물의 크기 사이에는 정확한 비례관계를 가져야 하나 예외로 할 수 있는 도면은?

① 부품도
② 제작도
③ 설명도
④ 확대도

해설
① 척도는 도면에서 그려진 길이와 대상물의 실제 길이와의 비율로 나타내며, 한 도면에서 공통으로 사용되는 척도를 표제란에 기입해야 한다. 그러나 같은 도면에서 다른 척도를 사용할 때는 필요에 따라 그림 부근에 기입한다.
② 척도의 표시를 잘못 볼 염려가 없을 때는 기재하지 않아도 좋다. 도면에 그려진 길이와 대상물의 실제 길이가 같은 현척이 가장 보편적으로 사용되나 대상물이 비교적 클 때는 축척을 사용하고, 작거나 복잡한 대상물은 배척을 사용한다.
③ 설명도에는 도면의 크기와 대상물의 크기 사이에는 정확한 비례관계를 규정하지 않고 있다.

55. 400rpm으로 전동축을 지지하고 있는 미끄럼 베어링에서 저널의 지름은 6cm, 저널의 길이는 10cm이고, 4.2kN의 레이디얼 하중이 작용할 때, 베어링 압력은 약 몇 MPa인가?

① 0.5
② 0.6
③ 0.7
④ 0.8

해설 $p = \dfrac{W}{dl} = \dfrac{4200}{60 \times 100} = 0.7$

56. 동력 전달에 사용되는 마찰차의 사용 용도로 가장 적합한 것은?

① 회전력이 대단히 큰 경우
② 동력전달에 정확성이 요구되는 경우
③ 무단으로 변속이 가능하지 않은 경우
④ 전달 회전력이 적고, 정확성이 요구되지 않은 경우

[정답] 53. ④ 54. ③
55. ③ 56. ④

해설 마찰차의 사용 범위
① 전달 동력이 적고 속도비가 어느 정도 정확하지 않을 때
② 고속 회전으로 정숙하게 회전시키고 싶을 때
③ 원동축을 회전시킨 채로 시동, 변속, 정지하고 싶을 때
④ 양축 사이를 빈번히 단속할 필요가 있을 때
⑤ 무단변속을 시키는 경우와 안전장치의 역할이 필요한 경우
⑥ 회전 속도가 커서 보통의 기어를 사용할 수 없는 경우

57 950N·m의 토크를 전달하는 지름 50mm인 축에 안전하게 사용할 키의 최소 길이는 약 몇 mm인가? (단, 묻힘 키의 폭과 높이는 모두 8mm이고, 키의 허용 전단응력은 80 N/mm²이다.)

① 45　　　　　② 50
③ 65　　　　　④ 60

해설 $l = \dfrac{2T}{bd\tau} = \dfrac{2 \times 950000}{8 \times 50 \times 80} = 59.4 ≒ 60$

58 다음 그림과 같은 와셔의 명칭은? (단, d는 볼트의 지름이다.)

① 혀붙이 와셔
② 클로 와셔
③ 스프링 와셔
④ 둥근평 와셔

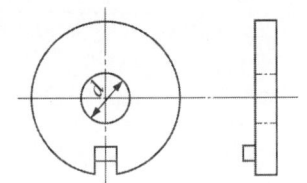

해설 구름베어링용 와셔라고도 한다.

59 가공방법에 따른 KS 가공방법 기호가 바르게 연결된 것은?
① 방전 가공: SPED　　② 전해 가공: SPU
③ 전해 연삭: SPEC　　④ 초음파 가공: SPLB

60 청화법(cyaniding) 중 침지법의 장점으로서 가장 틀린 것은?
① 마모 및 부식에 대한 저항이 크고, 취성이 큰 크랭크축 등이 가공에 적합하다.
② 균일한 가열이 가능하고 제품의 변형을 방지할 수 있다.
③ 온도 조절이 쉽고 일정한 시간 지속할 수 있다.
④ 산화가 방지되며 시간이 절약된다.

정답　57. ④　58. ②
　　　59. ①　60. ①

01 금속재료가 가지고 있는 일반적인 특성이 아닌 것은?

① 금속 고유의 광택을 가진다.
② 전기 및 열의 양도체이다.
③ 일반적으로 투명하다.
④ 소성변형성이 있어 가공하기 쉽다.

해설 불투명하고 고유의 색상이 있으며, 빛을 반사한다.

02 표준 고속도강의 주성분으로 적합한 것은?

① 18(W) - 7(Cr) - 1(V)
② 18(W) - 4(Cr) - 1(V)
③ 28(W) - 7(Cr) - 1(V)
④ 28(W) - 12(Cr) - 1(V)

해설 표준 고속도강: 18(W)-4(Cr)-1(V)

03 Al-Mg계 합금으로 내식성이 우수한 합금은?

① 하이드로날륨   ② 모넬메탈
③ 포금   ④ 켈멧

해설

내식용 Al 합금	Al-Mn계	알민
	Al-Mg-Si계	알드레이
	Al-Mg계	하이드로날륨

04 스테인리스강의 종류에 해당하지 않는 것은?

① 페라이트계 스테인리스강
② 펄라이트계 스테인리스강
③ 오스테이나이트계 스테인리스강
④ 마텐자이트계 스테인리스강

해설 스테인리스강
Cr, Ni을 다량 첨가하여 내식성을 현저히 향상시킨 강으로서 마텐자이트계와 페라이트계 및 오스테나이트계로 분류되는데, 그 대표적인 것은 18-8형 스테인리스강인 오스테나이트계 스테인리스강이다.

정답 01. ③ 02. ② 03. ① 04. ②

05 주철의 탄소(C) 함유량 범위로 가장 적합한 것은?

① 0.028~2.11% ② 2.11~6.67%
③ 0.0218% 이하 ④ 6.68% 이상

해설 주철의 탄소(C) 함유량: 2.11~6.67%

06 주조용 알루미늄 합금이 아닌 것은?

① 실루민 ② 라우탈
③ 하이드로 날륨 ④ 두랄루민

해설 주조용 알루미늄 합금
① Al-Cu계: 실용합금으로는 4% Cu 합금인 알코아 195(Alcoa)가 있다.
② Al-Si계: 대표합금으로 실루민(silumin) 알펙스(alpax) 등이 있다.
③ Al-Cu-Si계: 대표적인 합금으로 라우탈이 있다.
④ Al-Mg 합금: 하이드로 날륨(hydronalium)

07 전기에너지를 이용하여 제동력을 가해 주는 브레이크는?

① 블록 브레이크 ② 밴드 브레이크
③ 디스크 브레이크 ④ 전자 브레이크

해설 전자 브레이크: 전기에너지를 이용하여 제동력을 가해 주는 브레이크

08 나사의 사용 목적에 따라 분류할 때 용도가 다른 것은?

① 사다리꼴 나사 ② 삼각나사
③ 볼나사 ④ 사각나사

해설 ① 미터 나사: 체결용 나사
② 사다리꼴 나사, 볼나사, 사각나사: 운동용 나사

09 스프링을 용도에 따라 분류할 때 진동이나 충격을 흡수하는 곳에 사용하는 스프링은?

① 자동차의 현가장치 ② 시계 태엽
③ 압력 게이지 ④ 총의 방아쇠

해설 겹판 스프링(leaf spring)
너비가 좁고 얇은 긴 보로서 하중을 지시한다. 여러 장 겹쳐서 사용하는 것을 겹판 스프링이라 한다. 자동차의 현가장치로 널리 사용한다.

정답 05. ② 06. ④
07. ④ 08. ②
09. ①

10 일면 우드러프 키라고도 하며, 키와 키 홈 등이 모두 가공하기 쉽고, 키와 보스를 결합하는 과정에서 자동적으로 키가 자리를 잡을 수 있는 장점이 있으며 자동차, 공작기계 등에 널리 사용되는 키는?

① 성크 키
② 접선 키
③ 반달 키
④ 스플라인

> **해설** 반달 키(woddruff key)
> 반월상의 키로서 축의 홈이 깊게 되어 축의 강도가 약하게 되기는 하나 축과 키 홈의 가공이 쉽고, 키가 자동적으로 축과 보스 사이에 자리를 잡을 수 있어 자동차, 공작기계 등의 60mm 이하의 작은 축이나 테이퍼 축에 사용한다.

11 한 쌍의 기어 잇수가 40 및 60 이고 두 축 간의 거리는 100mm일 때 기어의 모듈은?

① 1
② 2
③ 3
④ 4

> **해설** $C = \dfrac{m(Z_1 + Z_2)}{2} = \dfrac{2 \times (40 + 60)}{100} = 2$

12 베어링메탈의 재료가 구비해야 할 조건이 아닌 것은?

① 녹아 붙지 않을 것
② 마멸이 적을 것
③ 내식성이 작을 것
④ 피로 강도가 클 것

> **해설** 내식성이 클 것

13 벨트 전동의 일반적인 장점으로 볼 수 없는 것은?

① 원동축의 진동, 충격을 피동축에 거의 전달하지 않는다.
② 미끄럼이 안전장치의 역할을 하여 원활한 동력 전달이 가능하다.
③ 축 간 거리가 먼 경우에도 동력 전달이 가능하다.
④ 일정한 속도비를 얻을 수 있어 정확한 동력 전달이 된다.

> **해설** 벨트 전동의 장점
> • 정확한 속도비를 얻을 수 있다.
> • 충격하중을 흡수하며 진동을 감소시킨다.
> • 미끄러짐으로 인한 무리한 전동을 방지하여 안전장치 역할을 한다.
> • 구조가 간단하고 제작비가 저렴하다.
> 선택지 ④는 체인 전동의 장점이다.

정답 10. ③ 11. ② 12. ③ 13. ④

14 구멍용 한계게이지가 아닌 것은?
① 원통형 플러그 게이지 ② 테보 게이지
③ 봉게이지 ④ 링 게이지

해설 링 게이지는 축용 한계게이지이다.

15 길이의 기준으로 사용되고 있는 평행 단도기로서 1개 또는 2개 이상의 조합으로 사용되며, 다른 측정기의 교정 등에 사용되는 측정기는?
① 컴비네이션 세트 ② 마이크로미터
③ 다이얼 게이지 ④ 게이지 블록

해설 **게이지 블록**: 길이의 기준으로 사용되고 있는 평행 단도기로서 1개 또는 2개 이상의 조합으로 사용되며, 다른 측정기의 교정 등에 사용되는 측정기이다.

16 일감을 −20℃∼−150℃ 정도 냉각시켜 공구의 마멸이 적어지고 절삭성능이 향상되는 재료가 있다. 이러한 방법으로 절삭 가공하는 방법을 무엇이라 하는가?
① 저온절삭 ② 고온절삭
③ 상온절삭 ④ 열간절삭

해설 **저온절삭**: 일감을 −20℃∼−150℃ 정도 냉각시켜 공구의 마멸이 적어지고 절삭성능이 향상되는 재료가 있다. 이러한 방법으로 절삭 가공하는 방법이다.

17 다음 중 기하 공차의 기호 설명으로 잘못된 것은?
① 원통도: ② 평행노: //
③ 경사도: / ④ 평면도: ▱

해설
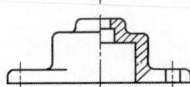

18 다음 그림과 같은 단면도는?
① 온 단면도
② 부분 단면도
③ 한쪽 단면도
④ 회전도시 단면도

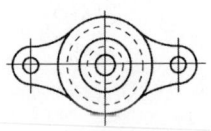

해설 **한쪽 단면도(반 단면도)**: 상하 또는 좌우 대칭인 물체는 1/4을 떼어 낸 것으로 보고 기본 중심선을 경계로 하여 1/2은 외형, 1/2은 단면으로 동시에 나타낸 것으로 대칭 중심의 우측 또는 위쪽을 단면한다.

[정답] 14. ④ 15. ④ 16. ① 17. ① 18. ③

19 다음은 제 3각법으로 그린 투상도이다. 평면도로 알맞은 것은?

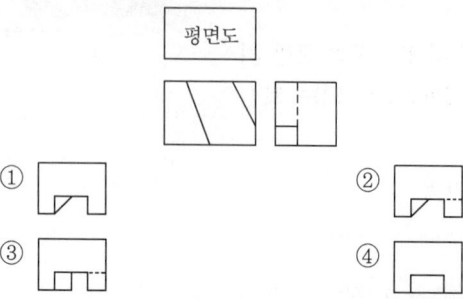

20 구멍이 $\varnothing 50^{+0.025}_{0}$이고, 축이 $\varnothing 50^{+0.033}_{+0.017}$인 끼워 맞춤에서 최대 죔새를 계산한 것은?

① 0.008 ② 0.017
③ 0.025 ④ 0.033

해설 최대 죔새=축 최대허용치수-구멍 최소허용치수
0.033=50.033-50.000

21 기준치수가 30, 최대허용치수가 29.98, 최소허용치수가 29.95일 때 아래 치수 허용차는 얼마인가?

① +0.03 ② +0.05
③ −0.02 ④ −0.05

해설 아래 치수 허용차: 30-29.95=-0.05

22 구의 반지름을 나타내는 치수 보조 기호는?

① ϕ ② Sϕ
③ SR ④ C

해설

지름	ϕ
반지름	R
구의 지름	Sϕ
구의 반지름	SR

정답 19. ③ 20. ④
      21. ④ 22. ③

23 제3각법에 대한 설명으로 틀린 것은?

① 투상 원리는 눈 → 투상면 → 물체의 관계이다.
② 투상면 앞쪽에 물체를 놓는다.
③ 배면도는 우측면도의 오른쪽에 놓는다.
④ 좌측면도는 정면도의 좌측에 놓는다.

해설 투상면 뒤쪽에 물체를 놓는다.

24 도면에서 가는 실선을 사용하지 않는 것은?

① 지시선
② 치수선
③ 해칭선
④ 피치선

해설

중심선	
기준선	가는 1점 쇄선
피치선	

25 IT 기본 공차는 몇 등급으로 분류하는가?

① 12등급
② 15등급
③ 18등급
④ 20등급

해설 IT 기본 공차는 IT 01부터 IT 18까지 20등급으로 구분한다.

26 다음 중 부품란에 기입할 사항이 아닌 것은?

① 품번
② 품명
③ 재질
④ 투상법

해설 부품란(item block): 부품번호(품번), 부품명칭(품명), 재질, 수량, 무게, 공정, 비고란 등을 마련한다.

27 그림에서 사용한 투상도를 무엇이라고 하는가?

① 부분 투상도
② 부분 확대도
③ 국부 투상도
④ 회전 투상도

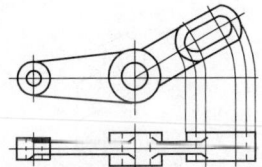

해설 회전 투상도
대상물의 일부가 어느 각도를 가지고 있기 때문에 투상면에 그 실형이 나타나지 않을 때에 그 부분을 회전해서 그 실형을 도시할 수 있다. 또한, 잘못 볼 우려가 있을 경우에는 작도에 사용한 선을 남긴다.

[정답] 23. ② 24. ④ 25. ④ 26. ④ 27. ④

28. 해칭에 대한 설명으로 틀린 것은?

① 대게 기본 중심선에 대하여 45°로 가는 실선을 등 간격으로 도시한다.
② 해칭의 간격은 단면도 절단자리의 크기에 따라 선택한다.
③ 해칭할 부분 속에 문자, 기호 등을 기입할 때에도 해칭을 중단해서는 안 된다.
④ 인접한 각기 다른 절단 자리의 해칭은 선의 방향 또는 각도를 바꾸거나 간격을 바꿔서 구별한다.

해설 해칭할 부분 속에 문자, 기호 등을 기입할 때에도 해칭을 중단한다.

29. 도면에서 2종류 이상의 선이 같은 장소에 겹치게 될 경우 선의 우선순위로 맞는 것은?

① 외형선, 숨은선, 절단선, 중심선, 무게중심선
② 외형선, 중심선, 절단선, 숨은선, 무게중심선
③ 외형선, 중심선, 숨은선, 무게중심선, 절단선
④ 외형선, 절단선, 숨은선, 무게중심선, 중심선

해설 겹치게 될 경우 선의 우선순위: 외형선, 숨은선, 절단선, 중심선, 무게중심선

30. 다음은 어떤 물체를 제3각법으로 투상한 것이다. 이 물체의 등각 투상도로 맞는 것은?

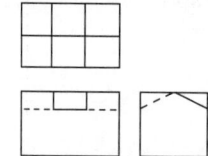

① 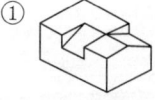   ②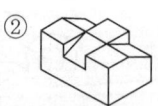

③ 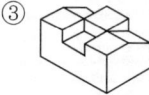   ④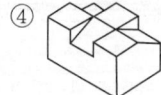

정답 28. ③ 29. ① 30. ②

31 치수 기입 방법에 대한 설명으로 틀린 것은?
① 치수의 자릿수가 많을 경우에는 세 자리 숫자마다 콤마를 붙인다.
② 길이 치수는 원칙적으로 밀리미터(mm)의 단위로 기입하고, 단위 기호는 붙이지 않는다.
③ 각도 치수를 라디안의 단위로 기입하는 경우에는 단위기호 rad를 기입한다.
④ 각도 치수를 일반적으로 도의 단위를 기입하고, 필요한 경우에는 분 및 초를 같이 사용할 수 있다.

해설 치수의 자릿수가 많을 경우에는 세 자리 숫자마다 콤마를 붙이지 않는다.

32 제거가공 또는 다른 방법으로 얻어진 가공 전의 상태를 그대로 남겨두는 것만을 지시하기 위한 기호는?

①   ②
③   ④

해설 대상면을 지시하는 기호
① 절삭 등 제거가공의 필요 여부를 문제 삼지 않는 경우에는 면에 지시 기호를 붙여서 사용한다.
② 제거가공을 필요로 한다는 것을 지시할 때에는 면의 지시 기호의 짧은 쪽의 다리 끝에 가로선을 부가한다.
③ 제거가공해서는 안 된다는 것을 지시할 때에는 면의 지시 기호에 내접하는 원을 그린다.

33 다음 재료기호 중 탄소 공구 강재는?
① SM   ② SPS
③ STC   ④ SKH

해설
① STC: 탄소 공구 강재
② SM: 기계구조용 탄소강재
③ SPS: 스프링 강재
④ SKH: 고속도강

34 KS의 부분별 기호 연결이 틀린 것은?
① KS A: 기본   ② KS B: 기계
③ KS C: 전기   ④ KS D: 광산

해설 KS D: 금속

정답 31. ① 32. ①
33. ③ 34. ④

35 다음과 같이 도면에 기입된 기하 공차에서 0.011이 뜻하는 것은?

//	0.011	A
	0.05/200	

① 기준 길이에 대한 공차값
② 전체 길이에 대한 공차값
③ 전체 길이 공차값에서 기준 길이 공차값을 뺀 값
④ 치수 공차값

해설 A면에 대하여 소정이 길이 200mm에 대하여 0.05mm, 전체 길이 0.011mm의 평행도에 대한 공차값

36 가공에 의한 커터의 줄무늬가 여러 방향으로 교차 또는 무 방향을 나타낸 기호는?

① C
② X
③ M
④ =

해설

=	가공으로 생긴 앞줄의 방향이 기호를 기입한 그림의 투영면에 평행
⊥	가공으로 생긴 앞줄의 방향이 기호를 기입한 그림의 투영면에 수직
X	가공으로 생긴 선이 두 방향으로 교차
M	가공으로 생긴 선이 다방면으로 교차 또는 무 방향
C	가공으로 생긴 선이 거의 동심원
R	가공으로 생긴 선이 거의 방사상(레이디얼형)

37 미터 사다리꼴 나사의 호칭 지름 40mm, 피치 7, 수나사 등급이 7e인 경우 옳게 표시한 방법은?

① TM40x7 - 7e
② TW40x7 - 7e
③ Tr40x7 - 7e
④ TS40x7 - 7e

해설 Tr40x7 - 7e: 미터 사다리꼴 나사의 호칭 지름 40mm, 피치 7, 수나사 등급이 7e

38 나사 제도 시 수나사와 암나사의 골지름을 표시하는 선은?

① 굵은 실선
② 가는 1점 쇄선
③ 가는 실선
④ 가는 2점 쇄선

정답 35. ② 36. ③ 37. ③ 38. ③

해설 나사 도시 방법
① 수나사의 바깥지름과 암나사의 안지름을 표시하는 선은 굵은 실선으로 그린다.
② 수나사와 암나사의 골을 표시하는 선은 가는 실선으로 그린다.
③ 완전 나사부와 불완전 나사부의 경계선은 굵은 실선으로 그린다.

39 다음 리벳 이음의 도시 방법으로 올바른 것은?

① 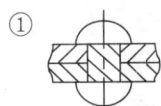   ②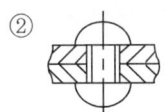

③ 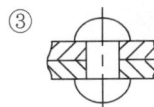   ④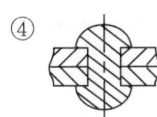

40 축의 도시 방법에 대한 설명으로 옳은 것은?
① 축은 길이 방향으로 단면 도시를 할 수 있다.
② 축 끝의 모따기는 폭의 치수만 기입한다.
③ 긴축은 중간을 파단하여 짧게 그릴 수 없다.
④ 널링 도시시 빗줄인 경우 축선에 대하여 30°로 엇갈리게 그린다.

해설 축의 도시 방법
① 축은 길이 방향으로 단면도시를 하지 않는다. 단, 부분 단면은 허용한다.
② 긴축은 중간을 파단하여 짧게 그릴 수 있으며 실제 치수를 기입한다.
③ 축 끝에는 모따기 및 라운딩을 할 수 있다.
④ 축에 있는 널링의 도시는 빗줄인 경우는 축선에 대하여 30°로 엇갈리게 그린다.

41 맞물리는 한 쌍의 평 기어에서 모듈이 2이고 잇수가 각각 20, 30일 때 두 기어의 중심거리는?
① 30mm ② 40mm
③ 50mm ④ 60mm

해설 $C = \dfrac{M(Z_1 + Z_2)}{2} = \dfrac{2 \times (20 + 30)}{2} = 50\text{mm}$

42 볼 베어링의 호칭 번호가 62/22이면 안지름은?
① 22mm ② 110mm
③ 55mm ④ 100mm

해설 62/22, 안지름 22mm

답안 표기란
39 ① ② ③ ④
40 ① ② ③ ④
41 ① ② ③ ④
42 ① ② ③ ④

정답 39. ③ 40. ④
      41. ③ 42. ①

43 스퍼 기어의 도시 방법에 대한 설명 중 틀린 것은?

① 축에 직각인 방향으로 본 투상도를 주 투상도로 할 수 있다.
② 이끝원은 굵은 실선으로 그린다.
③ 피치원은 가는 실선으로 그린다.
④ 축 방향으로 본 투상도에 이뿌리원은 가는 실선으로 그린다.

해설 피치원은 가는 1점 쇄선으로 그린다.

44 평 벨트풀리의 제도방법을 설명한 것 중 틀린 것은?

① 암은 길이 방향으로 절단하여 단면도를 도시한다.
② 모양이 대칭형인 벨트풀리는 그 일부분만을 도시한다.
③ 암의 테이퍼 부분 치수를 기입할 때 치수 보조선은 경사선으로 긋는다.
④ 암의 단면 모양은 도형의 안이나 밖에 회전 단면을 도시한다.

해설 암은 길이 방향으로 절단하여 단면을 도시하지 않는다.

45 다음 중 코일 스프링의 도시 방법으로 틀린 것은?

① 스프링은 원칙적으로 무 하중인 상태로 그린다.
② 하중이 걸린 상태에서 그릴 때에는 그때의 치수와 하중을 기입한다.
③ 오른쪽 감기로 도시할 때에는 "감긴 방향 오른쪽"이라고 표시한다.
④ 그림 안에 기입하기 힘든 사항은 일괄하여 요목표에 표시한다.

해설 특별한 단서가 없는 한 모두 오른쪽 감기로 도시하고, 왼쪽 감기로 도시할 때에는 '감긴 방향 왼쪽'이라고 표시한다.

46 용접부의 기본 기호 중에서 필릿 용접을 나타내는 것은?

① △
② ⊏
③ ○
④ ⊖

해설
- 필릿: △
- 플러그: ⊏
- 점, 프로젝션: ○
- 심: ⊖

정답 43. ③ 44. ①
45. ③ 46. ①

47 다음 중 CAD 시스템의 입력장치가 아닌 것은?
① 라이트 펜　　② 마우스
③ 트랙 볼　　　④ 그래픽 디스플레이

해설　그래픽 디스플레이는 출력장치이다.

48 컴퓨터의 기억용량을 나타내는 단위 중에서 Gigabyte는 몇 bit를 말하는가?
① 2^{10}　　② 2^{20}
③ 2^{30}　　④ 2^{40}

해설　기억용량 단위
- B(Kilo Byte): $2^{10}=1024$
- MB(Mega Byte): $2^{20}=1024\times1024$
- GB(Giga Byte): $2^{30}=1024\times1024\times1024$
- TB(Tera Byte): $2^{40}=1024\times1024\times1024\times1024$

49 CAD 시스템에서 사용되는 형상 모델링 방식이 아닌 것은?
① 와이어프레임 모델링　　② 디지털 모델링
③ 서피스 모델링　　　　　④ 솔리드 모델링

해설　형상 모델링 방식은 솔리드 모델링, 서피스 모델링, 와이어프레임 모델링이 있다.

50 CAD 시스템에서 점을 정의하기 위해 사용하는 좌표계가 아닌 것은?
① 직교 좌표계　　② 타원 좌표계
③ 극 좌표계　　　④ 구면 좌표계

해설　좌표계의 종류
① 직교 좌표계 : 공간상 교차하는 지점인 $P(x_1, y_1, z_1)$
② 극 좌표계 : 평면상의 한 점 P(거리, 각도)
③ 원통 좌표계 : 점 $P(r, \theta, z_1)$를 직교 좌표
④ 구면 좌표계 : 공간상의 점 $P(\rho, \varphi, \theta)$

51 프로판, 메탄가스를 사용해서 효율이 가장 좋고 다량 생산할 수 있는 법은?
① 고체 침탄법　　② 가스 침탄법
③ 액체 침탄법　　④ 고주파 건조법

정답　47. ④　48. ③
　　　49. ②　50. ②
　　　51. ②

52 아래 그림처럼 미리 정해진 연속된 단면을 덮는 표면 곡면을 생성시켜 닫혀진 부피 영역 혹은 솔리드 모델을 만드는 방법은?

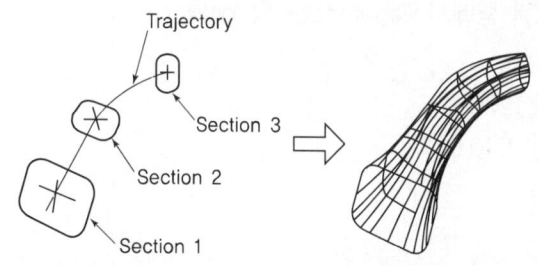

① 스위핑(sweeping) ② 스키닝(skinning)
③ 트위킹(tweaking) ④ 리프팅(lifting)

53 아래 그림과 같은 모델링은?

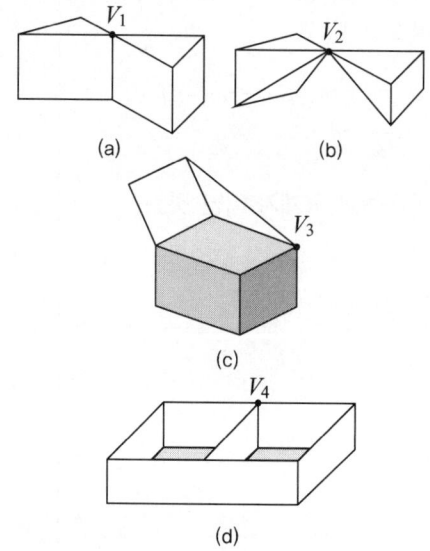

① Decomposition(분해) 모델링
② 비례 전개법 모델링
③ Variational Design
④ 비다양체(nonmanifold) 모델링

정답 52. ② 53. ④

54 모델링 시스템은 비다양체 상황을 허용하지 않는다는 것으로 비다양체 상황의 예가 아닌 것은?

① 하나의 점에서 만나는 두 개의 곡면
② 곡선을 따라가면서 만나는 두 개의 곡면
③ 평면
④ 모서리

해설 비다양체 상황의 예로는 다음과 같다.
① 하나의 점에서 만나는 두 개의 곡면
② 곡선을 따라가면서 만나는 두 개의 곡면
③ 공통 경계로 면
④ 모서리
⑤ 꼭지점을 공유하는 두 개의 독립된 닫힌 부피 영역
⑥ 곡면 위의 한점에서 뻗어 나온 와이어 모서리
⑦ 셀구조를 이루는 면 등

55 강을 열처리하지 않고 강의 표면을 다른 금속으로 피복함으로써 표면의 강도를 높이고 표면의 광택을 증가시키며, 내식성을 부여하는 표면처리법을 무엇이라고 하는가?

① 전해 연마
② 화학 연마
③ 도금
④ 질화

56 다음 중 주로 운동용으로 사용되는 나사에 속하지 않는 것은?

① 사각나사
② 미터나사
③ 톱니 나사
④ 사다리꼴 나사

해설 미터나사: 체결용 나사

57 미터나사의 용도로 틀린 것은?

① 보통 나사보다 강도를 필요로 하는 곳
② 살이 얇은 원통 부
③ 정밀기계, 공작기계의 이완 방지용
④ 공작기계의 이송나사에 사용

해설 미터나사의 용도
• 자동차, 비행기 등의 롤링 베어링 부품
• 진동에 의해 나사의 이완이 있는 부분
• 수밀이나 기밀을 필요로 하는 부문

정답 54. ③ 55. ③
     56. ② 57. ④

58. 다음 중 축에는 가공을 하지 않고 보스 쪽에만 홈을 가공하여 조립하는 키는?

① 안장 키(saddle key)
② 납작 키(flat key)
③ 묻힘 키(sunk key)
④ 둥근 키(round key)

해설
① 안장 키(saddle key): 축에는 홈을 파지 않고 축과 키 사이의 마찰력으로 회전력을 전달. 경하중 소직경에 사용한다.
② 납작 키(flat key): 을 키의 폭만큼 납작하게 깎아서 보스의 키 홈과의 사이에 밀어 넣는다. 1/100의 기울기를 붙이기도 하고 새들키보다 약간 큰 힘을 전달시킬 수 있다.
③ 묻힘 키(sunk key): 축과 보스 양쪽에 모두 키 홈을 파서 비틀림 모멘트를 전달하는 키로서 가장 많이 사용된다.
④ 둥근 키(round key): 핸들과 같이 작은 것의 고정에 사용되고 단면은 원형이고 하중이 작을 때만 사용된다.

59. 기계나 구조물을 구성하는 각 부품의 위치나 그 물품의 구조를 파악하는데 가장 적합한 도면은?

① 상세도
② 부품도
③ 배치도
④ 조립도

60. 도면의 양식에서 다음 중 반드시 표시하지 않아도 되는 항목은?

① 표제란
② 그림 영역을 한정하는 윤곽선
③ 비교 눈금
④ 중심 마크

해설 도면의 양식
① 설정하지 않으면 안 되는 사항: 도면의 윤곽 – 윤곽선, 중심 마크, 표제란
② 설정하는 것이 바람직한 사항: 비교 눈금, 도면의 구역 – 구분 기호, 재단 마크, 부품란 – 대조 번호, 도면의 내역란

정답 58. ① 59. ③ 60. ③

05회 CBT 모의고사

01 냉간가공을 한 황동의 파이프, 봉재 및 제품들은 저장 중에 균열이 생기는 경우가 있는데 이것을 무엇이라 하는가?

① 자연균열
② 저장균열
③ 냉간균열
④ 열간균열

해설 황동은 공기 중에 암모니아 등 기타 염류에 의해서 입간 부식을 일으키며 냉간가공을 한 황동의 파이프, 봉재 및 제품들은 저장 중에 균열이 생기는 현상으로 자연균열을 일으키는 주된 원인은 상온취성이다.

02 응력-변형율 선도에서 후크의 법칙이 적용되는 구간은?

① 비례한도
② 항복점
③ 인장강도
④ 파단점

해설
- **비례한도**: 응력-변형률 선도에서 후크의 법칙이 적용되는 구간
- **후크(Hooke)의 법칙**: 비례한도 내에서 변형의 크기는 작용하는 외력에 비례한다.

03 공업용으로 많이 사용되는 황동(brass)은 다음 중 어느 것들의 합금인가?

① Cu+Zn
② Cu+Sn
③ Cu+Al
④ Cu+Mg

해설 **황동**: Cu+Zn 합금이며 청동은 Cu+Sn

04 기계부품이나 자동차부품 등에 내마모성, 인성, 기계적 성질을 개선하기 위한 표면 경화법은?

① 침탄법
② 항온 풀림
③ 저온 풀림
④ 고온 뜨임

해설 **침탄법**
탄소의 함유량(0.2% 이하)이 적은 저탄소강을 탄소 또는 탄소를 많이 함유한 목탄, 골탄 등으로 표면에 탄소를 침투시켜 고탄소강으로 만든 다음에 이것을 급랭시켜 표면을 표면경화하는 방법이다. 침탄 후 담금질 열처리를 케이스 하드닝이라 한다.

정답 01. ① 02. ① 03. ① 04. ①

05회 CBT 모의고사

05 냉간가공에서 가공할수록 재료가 단단해지는 현상을 무엇이라고 하는가?

① 시효경화 ② 표면경화
③ 냉간경화 ④ 가공경화

해설 가공경화
① 재료에 외력을 가하여 변형시키면 굳어지는 현상
② 보통 냉간가공으로 경도가 크고 강해진 현상

06 플라스틱 재료로서 동일 중량으로 기계적 강도가 강철보다 강력한 재질은?

① 글라스 섬유 ② 폴리카보네이트
③ 나일론   ④ FRT

해설 ① 금속을 사용하면 섬유강화 금속(FRM, Fiber Reinforced Metals)
② 플라스틱을 사용하면 섬유강화 플라스틱(FRP, Fiber Reinforced Plastics)

07 6 : 4 황동에 주석을 0.75%~1% 정도 첨가하여 판, 봉으로 가공되어 용접봉, 파이프, 선박용 기계에 주로 사용되는 것은?

① 애드미럴티 황동(admiralty brass)
② 네이벌 황동(naval brass)
③ 델타메탈(delta metal)
④ 듀라나 메탈(durana metal)

해설 ① 애드미럴티황동(admiralty brass)
7-3 황동에 1% Sn 첨가 관, 판으로 증발기, 열교환기에 사용
② 네이벌황동(naval brass)
6-4 황동에 0.75% Sn 첨가 파이프, 용접봉, 선박 기계부품으로 사용
③ 델타메탈(delta metal)
6-4 황동에 1~2% Fe 함유 강도, 내식성 증가, 광신기계, 선박, 화학기계용으로 사용된다.
④ 듀라나메탈(durana metal)
7-3 황동에 2% Fe, 그리고 소량의 Sn, Al 첨가

08 탄성계수(Young's modulus: E)에 대하여 옳게 설명한 것은?

① 수직응력을 세로변형률로 나눈 값
② 세로변형률을 수직응력으로 나눈 값

정답 05. ④ 06. ④
07. ② 08. ①

③ 가로변형률을 전단응력으로 나눈 값
④ 전단응력을 가로변형률로 나눈 값

해설 탄성계수: 수직응력을 세로변형률로 나눈 값

09 미끄럼 베어링과 비교한 구름 베어링의 특징에 대한 설명으로 틀린 것은?
① 마찰계수가 작고 특히 기동마찰이 적다.
② 규격화되어 있어 표준형 양산품이 있다.
③ 진동하중에 강하고 호환성이 없다.
④ 전동체가 있어서 고속회전에 불리하다.

해설 추력하중을 용이하게 받으며 호환성이 높다.

10 비틀림각이 30°인 헬리컬 기어에서 잇수가 40이고 축직각 모듈이 4일 때 피치원의 직경은 몇 mm인가?
① 160
② 170.27
③ 168
④ 184.75

해설 $D = \dfrac{mZ}{\cos\beta} = \dfrac{4 \times 40}{\cos 30} = 184.75$

11 다음 그림에서 $W = 300\text{N}$의 하중이 작용하고 있다. 스프링 상수가 $k_1 = 5\text{N/mm}$, $k_2 = 10\text{N/mm}$라면, 늘어난 길이는 몇 mm인가?
① 15
② 20
③ 25
④ 30

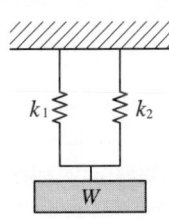

해설 $k = 5 + 10 = 15$
$k = \dfrac{W}{\delta}$에서, $\delta = \dfrac{300}{15} = 20\text{mm}$

12 V 벨트는 단면 형상에 따라 구분되는데, 가장 단면이 큰 벨트의 형은?
① A
② C
③ E
④ M

해설 V 벨트의 종류에는 M형 및 A, B, C, D, E형 등의 6종류가 있으며, M형이 가장 작고 E형이 가장 크다.

정답 09. ③ 10. ④
11. ② 12. ③

13. 가공재료의 단면에 수직 방향으로 작용하는 하중은?

① 전단 하중
② 굽힘 하중
③ 인장 하중
④ 비틀림 하중

해설 전단 하중(Shearing Load)
재료를 단면에 수직 방향으로 자르려는 것과 같은 하중

14. 브레이크의 마찰면이 원판으로 되어 있고, 원판의 수에 따라 단판 브레이크와 다판 브레이크로 분류되는 것은?

① 블록 브레이크
② 밴드 브레이크
③ 드럼 브레이크
④ 디스크 브레이크

해설 디스크 브레이크
마찰면이 원판으로 되어 있고, 원판의 수에 따라 단판 브레이크와 다판 브레이크로 분류

15. 마이크로미터 스핀들 나사의 피치가 0.5mm이고 딤블의 원주 눈금이 100등분되어 있으며 최소 측정값은 몇 mm인가?

① 0.05
② 0.01
③ 0.005
④ 0.001

해설 $M = P \times \dfrac{1}{100} = 0.005\text{mm}$

16. 마이크로미터의 종류 중 게이지블록과 마이크로미터를 조합한 측정기는?

① 공기 마이크로미터
② 하이트 마이크로미터
③ 나사 마이크로미터
④ 외측 마이크로미터

해설 하이트 마이크로미터는 게이지블록과 마이크로미터를 조합한 측정기다.

17. 제도의 목적을 달성하기 위하여 도면이 구비하여야 할 기본 요건이 아닌 것은?

① 면의 표면 거칠기, 재료선택, 가공방법 등의 정보
② 도면 작성방법에 있어서 설계자 임의의 창의성

정답 13. ① 14. ④ 15. ③ 16. ② 17. ②

③ 무역 및 기술의 국제 교류를 위한 국제적 통용성
④ 대상물의 도형, 크기, 모양, 자세, 위치의 정보

해설 도면 작성방법에 있어서 설계자 임의의 창의성은 설계의 개념이다.

18 가공에 의한 커터의 줄무늬가 여러 방향으로 교차 또는 무방향을 나타낸 기호를 바르게 표시한 것은?

① 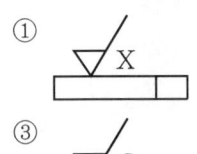 ②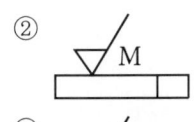

③ 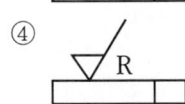 ④

해설

=	가공으로 생긴 앞줄의 방향이 기호를 기입한 그림의 투영면에 평행
⊥	가공으로 생긴 앞줄의 방향이 기호를 기입한 그림의 투영면에 수직
X	가공으로 생긴 선이 두 방향으로 교차
M	가공으로 생긴 선이 다방면으로 교차 또는 무방향
C	가공으로 생긴 선이 거의 동심원
R	가공으로 생긴 선이 거의 방사상(레이디얼형)

19 $\phi 40g6$ 축을 가공할 때 허용한계치수가 맞게 계산된 것은? (단, IT 6의 공차값 T=16μm, $\phi 40g6$ 축에 대한 기초가 되는 치수 허용차 값 $i = -9\mu m$)

① 위 치수허용차=39.991, 아래 치수허용차=39.975
② 위 치수허용치=40.009, 아래 치수허용차=40.016
③ 위 치수허용차=39.975, 아래 치수허용차=39.964
④ 위 치수허용자=40.016, 아래 치수허용차=40.025

해설 $\phi 40g6$의 상용 끼워 맞춤 공차는 $\phi 40 ^{-0.009}_{-0.025}$ 이다.

20 치수기입에 관한 설명으로 틀린 것은?

① 수직방향의 치수선에 대해서는 투상도의 오른쪽에서 읽을 수 있도록 기입힌다.
② 수치는 치수선 중앙의 위에 약간 띄어서 쓴다.
③ 비례척이 아닌 경우는 치수 수치 위에 선을 긋는다.
④ 한 도면내의 치수는 일정한 크기로 쓴다.

해설 비례척이 아닌 경우는 치수 수치 밑에 선을 긋는다.

[정답] 18. ② 19. ① 20. ③

21 기하 공차의 종류와 기호 설명이 틀린 것은?

① //: 평행도 공차
② ↗: 원주 흔들림 공차
③ ○: 동축도 또는 동심도 공차
④ ⊥: 직각도 공차

> **해설** ○: 진원도,
> ◎: 동축도 또는 동심도 공차

22 원호의 길이를 나타내는 치수 보조기호는?

① □50
② φ50
③ $\overset{\frown}{50}$(또는 ⌒50)
④ t50

> **해설**
> | 원호의 길이 | ⌒ |

23 도면에서 도면의 관리상 필요한 사항(도면번호, 도명, 책임자, 척도, 투상법 등)과 도면 내에 있는 내용에 관한 사항을 모아서 기입하는 것을 무엇이라 하는가?

① 주서란
② 요목표
③ 표제란
④ 부품란

> **해설** 표제란
> 도면에서 도면의 관리상 필요한 사항(도면번호, 도명, 책임자, 척도, 투상법 등)과 도면 내에 있는 내용에 관한 사항을 모아서 기입한다.

24 축과 구멍의 공차값이 아래 보기와 같을 때 이러한 끼워 맞춤을 무엇이라 하는가?

> 보기: 축 $25^{+0.035}_{+0.022}$, 구멍 $25^{+0.021}_{0}$

① 헐거운 끼워 맞춤
② 억지 끼워 맞춤
③ 중간 끼워 맞춤
④ 슬라이딩 끼워 맞춤

> **해설** 축의 치수가 구멍 치수보다 정밀하므로 억지 끼워 맞춤에 해당한다.

정답 21. ③ 22. ③
23. ③ 24. ②

25 부품도에서 어느 일부분에만 도금을 하려고 한다. 이를 지시하기 위해 그 범위를 지시하는 선은?

① 가는 2점쇄선 ② 파선
③ 굵은 1점쇄선 ④ 가는 실선

해설 특수한 가공(열처리, 도금)을 지시하는 하는 선은 굵은 1점쇄선이다.

26 다음과 같은 제3각법 정 투상도에서의 평면도에 해당하는 것은?

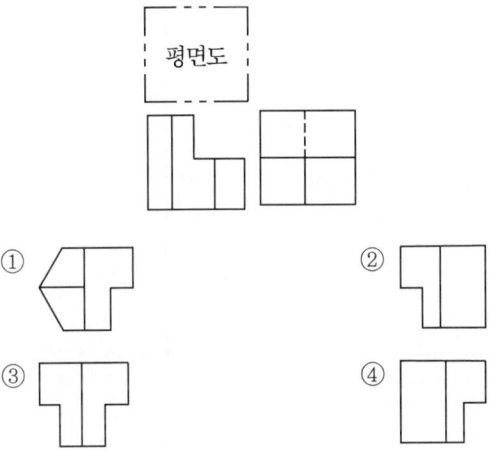

27 다음 그림에 표시된 기하 공차 설명으로 옳은 것은?

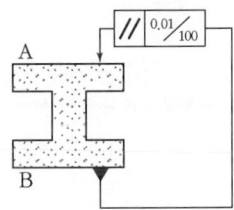

① 기준면 A의 길이는 100mm이고, B면은 이것과의 평행도가 0.01mm이다.
② 길이 100mm인 기준면 A와 B면의 평행도는 0.01mm이다.
③ A면은 기준면 B와 평행하되 부분 구간 100mm당의 평행도는 0.01mm이다.
④ B면은 기준면 A와 평행하되 부분 구간 100mm당의 평행도는 0.01mm이다.

해설 그림의 A면은 기준면 B와 평행하되 부분 구간 100mm당의 평행도는 0.01mm이다.

정답 25. ③ 26. ③
27. ③

05회 CBT 모의고사

28 제1각법의 설명으로 틀린 것은?

① 평면도는 정면도 아래에 배치한다.
② 눈 → 물체 → 투상면의 순서가 된다.
③ 물체를 투상면의 앞쪽에 놓고 투상한다.
④ 좌측면도는 정면도 좌측에 배치한다.

해설 좌측면도는 정면도 우측에 배치한다.

29 구멍기준식 끼워 맞춤에 사용되는 기준구멍의 공차 범위는?

① h5~h9
② H5~H9
③ h6~h10
④ H6~H10

해설 구멍기준식 끼워 맞춤 공차 범위는 H6~H10이다.

30 다음의 두 투상도에 사용된 단면도는?

① 부분 단면도
② 한쪽 단면도
③ 전 단면도
④ 회전 단면도

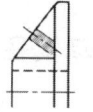 

해설 **회전도시 단면도**: 핸들이나 바퀴 등의 암 및 림, 리브, 훅, 축, 구조물의 부재 등의 절단면은 90° 회전하여 표시하여도 좋다.

31 다음과 같은 등각 투상도의 평면도를 옳게 그린 것은? (제3각법의 경우)

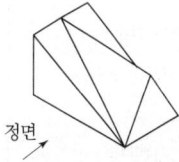

①
②
③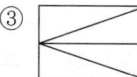
④

정답 28. ④ 29. ④ 30. ④ 31. ③

32 한국 산업규격에서 규정하고 있는 표면 거칠기를 구하는 종류에 속하지 않는 것은?

① 최대높이(Ry)　　② 10점 평균 거칠기(Rz)
③ 산술 평균 거칠기(Ra)　　④ 회전면 평균 거칠기(Rc)

해설 표면 거칠기 방법
① 최대높이(Ry): 가장 높은 곳과 낮은 곳의 차를 측정
② 10점 평균 거칠기(Rz): 가장 높은 곳 5점의 세 번째 점을 가장 낮은 곳의 5점의 3번째의 차를 측정
③ 산술 평균 거칠기(Ra): 산과 골의 중심에 선을 그어 산쪽의 중심과 골쪽의 중심거리 차를 측정

33 아래 그림과 같이 도형을 표시하는 투상도의 명칭은?

① 보조 투상도
② 부분 투상도
③ 국부 투상도
④ 회전 투상도

해설 보조 투상도: 물체의 한 면이 경사진 경우 경사면에 평행한 별도의 투상도를 나타낸다.

34 제도에 사용하는 가는 선, 굵은 선, 아주 굵은 선들의 선 굵기 비율로 옳은 것은?

① 1 : 2 : 4　　② 1 : 2.5 : 5
③ 1 : 3 : 6　　④ 1 : 3.5 : 4

해설 가는 선, 굵은 선, 아주 굵은 선들의 선 굵기 비율은 1 : 2 : 4이다.

35 인접 부분을 참고로 표시하는 데 쓰이는 가상선으로 사용하는 선의 종류는?

① 가는 2점 쇄선　　② 가는 실선
③ 숨은선　　④ 가는 1점 쇄선

해설 가상선: 가는 2점 쇄선

36 큰 동력을 일정한 속도비로 정확하게 전달할 수 있는 기계요소는?

① 마찰차　　② 기어
③ 벨트　　④ 로프

해설 기어: 큰 동력을 일정한 속도비로 정확하게 전달할 수 있는 기계요소

[정답] 32. ④　33. ①
34. ①　35. ①
36. ②

37 평 벨트풀리의 도시 방법으로 틀린 것은?

① 벨트풀리는 축직각 방향의 투상을 측면도로 한다.
② 벨트풀리와 같이 대칭형인 것은 그 일부분만을 도시한다.
③ 암은 길이방향으로 절단하여 단면으로 도시 하지 않는다.
④ 암의 단면도는 암의 안이나 밖에 회전 단면을 도시한다.

해설 벨트풀리는 축직각 방향의 투상을 정면도로 한다.

38 구름 베어링에서 호칭 번호가 "6022P6"이다. 안지름은 몇 mm인가?

① 22   ② 35
③ 60   ④ 110

해설 22×5=110

39 기어 제도방법에 대한 설명 중 틀린 것은?

① 스퍼 기어의 축 방향에서 본 이끝원은 굵은 실선으로 그린다.
② 축 방향에서 본 맞물리는 한 쌍 기어의 도시에서 맞물림부의 이끝원은 모두 굵은 실선으로 그린다.
③ 축직각방향에서 본 헬리컬 기어의 잇줄 방향은 3개의 가는 실선으로 그린다.
④ 스퍼 기어의 축 방향에서 본 피치원은 가는 2점 쇄선으로 그린다.

해설 스퍼 기어의 축 방향에서 본 피치원은 가는 1점 쇄선으로 그린다.

40 겹판 스프링 제도시 무 하중 상태를 나타내는 선의 종류는?

① 가는 실선
② 가는 파선
③ 가상선
④ 파단선

해설 겹판 스프링 제도시 무 하중 상태를 나타내는 선은 가상선(가는2점 쇄선)으로 그린다.

정답 37. ① 38. ④ 39. ④ 40. ③

41 키의 호칭 방법에 포함되지 않는 것은?

① 종류 및 호칭 치수
② 길이
③ 인장강도
④ 재료

해설 **키의 호칭법**: 규격 번호×종류×호칭 치수×길이×재료

42 축의 도시 방법에 대한 설명으로 틀린 것은?

① 가공 방향을 고려하여 도시한다.
② 축은 길이 방향으로 절단하여 온 단면도로 표현하지 않는다.
③ 빗줄 널링의 경우에는 축선에 대하여 30°로 엇갈리게 그린다.
④ 긴축은 중간을 파단하여 짧게 표현하고, 치수 기입은 도면상에 그려진 길이로 나타낸다.

해설 긴축은 중간을 파단하여 짧게 표현하고, 치수 기입은 실제 길이로 나타낸다.

43 나사의 도시 방법 중 옳은 것은?

① 수나사와 암나사의 골 지름은 굵은 실선으로 그린다.
② 암나사의 안지름은 가는 실선으로 그린다.
③ 완전 나사부와 불완전 나사부의 경계선은 굵은 실선으로 그린다.
④ 가려서 보이지 않는 부분의 나사부는 가는 1점 쇄선으로 그린다.

해설 **나사의 도시 방법**
① 수나사와 암나사의 골 지름을 표시하는 선은 가는 실선으로 그린다.
② 암나사의 안지름과 수나사의 바깥지름은 굵은 실선으로 그린다.
③ 완전 나사부와 불완전 나사부의 경계선은 굵은 실선으로 그린다.
④ 가려서 보이지 않는 나사부는 파선으로 그린다.

44 CAD 시스템의 입력장치가 아닌 것은?

① 자판(keyboard)
② 마우스(mouse)
③ 플로터(plotter)
④ 라이트 펜(light pen)

해설 플로터는 출력장치이다.

정답 41. ③ 42. ④ 43. ③ 44. ③

45 관용 테이퍼 수나사의 ISO 규격 기호는?

① R
② M
③ G
④ E

해설

관용 테이퍼 나사	테이퍼 수나사	R
	테이퍼 암나사	Rc
	평행 암나사	Rp
관용 평행 나사		G
30° 사다리꼴 나사		TM

46 화면 표시장치 각각의 영역에서 판독 위치, 입력가능 위치 및 입력상태 등을 표현하여 주는 표식은?

① 좌표 원점(origin point)
② 도면 요소(entity)
③ 커서(cursor)
④ 대화 상자(dialogue box)

해설 커서(cursor)
화면 표시장치 각각의 영역에서 판독 위치, 입력가능 위치 및 입력상태 등을 표현하여 주는 표식

47 CAD의 기하학적 도형 표현 방법에서 서피스(surface) 모델의 특징을 바르게 설명한 것은?

① 은선 제거가 불가능하다.
② NC 데이터를 생성할 수가 있다.
③ 물리적 성질을 계산하기 쉽다.
④ 단면도 작성이 불가능하다.

해설 서피스 모델링의 용도
① NC 공구 경로 생성
② 솔리드 프리미티브 생성
③ 음영처리와 같은 렌더링을 이용한 곡면의 품질평가
④ 도면 생성

48 CAD 시스템에서 마지막 입력 점을 기준으로 다음 점까지의 직선거리와 기준 직교축과 그 직선이 이루는 각도로 입력하는 좌표계는?

① 절대좌표계
② 구면좌표계
③ 원통좌표계
④ 상대 극좌표계

정답 45. ① 46. ③ 47. ② 48. ④

해설 상대 극좌표계
마지막 입력 점을 기준으로 다음 점까지의 직선거리와 기준 직교축과 그 직선이 이루는 각도로 입력하는 좌표계

49 렌더링 기법 중 광선 투사법(ray tracing)에 관한 내용으로 틀린 설명은?

① 광선이 광원으로부터 나와 물체에 반사되어 뷰잉 평면에 투사될 때까지의 궤적을 거꾸로 추적한다.
② 뷰잉 화면 상의 화소(pixel)의 개수에 제한을 받지 않고 빛의 강도와 색깔을 결정할 수 있다.
③ 뷰잉 화면상에서 거꾸로 추적한 광선이 광원까지 도달하였다면 광원과 화소 사이에는 반사체가 존재한다고 해석한다.
④ 뷰잉 화면상에서 거꾸로 추적한 광선이 광원까지 도달하지 않는다면 그 반사면에서의 색깔을 화소에 부여한다.

50 음영법에 대한 설명으로 틀린 것은?

① 음영처리는 어떤 표면을 형성하는 화소들이 한가지 색깔로 칠해지지 않는다는 점을 제외하고는 은선 제거 처리와 유사하다.
② 각각의 화소는 투영이 된 후에 나타나는 표면의 색깔과 반사되는 빛의 강도에 의해 칠해진다.
③ 물체상의 각 점에서 반사되는 빛의 강도와 색깔을 계산하는 것이 주된 작업이다.
④ 어떤 물체의 표면은 광원으로부터 간접적으로 다가오는 빛으로 직접조명과 다른 표면으로부터 반사되는 빛으로 직접조명의 혼합에 의해서 표현된다.

해설 어떤 물체의 표면은 광원으로부터 직접적으로 다가오는 빛으로 직접조명과 다른 표면으로부터 반사되는 빛으로 간접조명의 혼합에 의해서 표현된다.

51 3D 형상 모델은 일반적으로 여러 개의 명령어와 작업들을 조합해서 만드는 방법으로 틀린 것은?

① 돌출과 돌출 빼기 명령어를 이용한 방법
② 회전 돌출과 회전 교차 빼기 명령어 방법
③ 스케치에서 프로파일을 선택하여 솔리드를 생성하는 방법
④ 스케치 기반 형상 명령어에서 결합 명령어를 사용하는 방법

[정답] 49. ② 50. ④ 51. ②

52 와이어프레임 모델의 장점에 해당하지 않는 것은?

① 데이터의 구조가 간단하다.
② 모델 작성이 용이하다.
③ 투시도의 작성이 용이하다.
④ 물리적 성질(질량)의 계산이 가능하다.

해설 와이어 모델의 특징
① data의 구성이 단순하다.
② Model 작성을 쉽게 할 수 있다.
③ 처리 속도가 빠르다.
④ 3면 투시도의 작성이 용이하다.
⑤ 은선 제거(Hidden Line Removal)가 불가능하다.
⑥ 단면도(Section Drawing) 작성이 불가능하다.
⑦ 물리적 성질의 계산이 불가능하다.

53 컨트롤 다이얼(control dial)은 주로 다음과 같은 작업에 편리하게 사용되는데 적당하지 않은 것은?

① 모델의 회전(rotation)
② 모델의 패닝(panning)
③ 모델의 줌밍(zoomming)
④ 모델의 트리밍(trimming)

54 다음 중 금속재료의 가공도에서 재결정온도의 관계를 가장 올바르게 나타낸 항은?

① 가공도가 큰 것은 재결정온도가 높아진다.
② 가공도가 큰 것은 재결정온도가 낮아진다.
③ 재결정온도가 낮은 금속은 가공도가 적다.
④ 가공도의 재결정온도는 관계없다.

55 금속의 냉각 속도가 빠르면 조직은 어떻게 되는가?

① 조직이 치밀해진다.
② 조직이 거칠어진다.
③ 불순물이 적어진다.
④ 냉각속도와 조직은 아무런 관계가 없다.

정답 52. ④ 53. ④ 54. ② 55. ①

56 제도용지의 세로와 가로의 길이 비는 얼마인가?

① $1 : \sqrt{2}$
② $\sqrt{2} : 1$
③ $1 : 2$
④ $2 : 1$

해설 제도용지의 세로와 가로의 길이 비는 $1 : \sqrt{2}$ 이다(A0면적÷$1m^2$).
① 도면의 크기는 A열(A0~A4) 사이즈를 사용한다.
② 도면은 긴 쪽을 좌우 방향으로 놓고서 사용한다(단, A4는 짧은 쪽을 좌우 방향으로 놓고서 사용하여도 좋다).
③ 도면을 접을 때는 그 크기는 원칙적으로 A4(210×297)로 하며 표제란이 보이도록 접는다.
④ 도면에는 반드시 중심 마크를 설치한다.
⑤ 원도는 접지 않는 것이 보통이다. 원도를 말아서 보관하는 경우에는 그 안지름은 40mm 이상으로 하는 것이 좋다.

57 벡터 리프레쉬(Vector-refresh) 그래픽장치의 단점으로 화면이 껌벅거리는 현상은?

① 플리커링(flickering)
② 동적 디스플레이(dynamic display)
③ 섀도우 마스크(shadow mask)
④ 직선을 항상 직선으로 나타내는 기능

해설 플리커링(flickering) 또는 플리커(flicker)
프레임에 맞춰 백라이트가 깜빡거리는 현상으로 리프레시(refresh, 화면 깜박임)에 의해 약간 화면이 흐려지고 밝아지는 것이 일어날 때 화면이 흔들리는 현상을 말한다. 이를 방지하기 위하여 매초 30~60회의 리프레시가 필요하다.

58 리프레시(refresh)에 의해 약간 화면이 흐려지고 밝아지는 현상이 일어나는데 이 과정에서 화면이 흔들리는 현상을 무엇이라 하는가?

① 플리커(flicker)
② 포커싱(focusing)
③ 디플렉션(deflection)
④ 래스터(raster)

해설 ① 플리커(flicker)
리프레시(refresh)에 의해 약간 화면이 흐려지고 밝아지는 현상이 일어나는데 이 과정에서 화면이 흔들리는 현상이다.
② 포커싱(focusing)
TV나 래스터 주사 디스플레이어에서 화면 안쪽 표면상의 한 점에 점자빔을 집약시키는 것이다.
③ 디플렉션(deflection)
빛이나 전자 빔 등이 진행 방향을 임의로 변화시키는 것이다.
④ 래스터(raster)
CRT 화면상에 미리 정해진 수평선의 집합 형태로 이 선들은 전자 빔에 의해 주사되어 일정한 간격을 유지하며 전체화면을 고르게 덮고 있다.

[정답] 56. ① 57. ①
58. ①

59. 축 방향으로 보스를 미끄럼 운동시킬 필요가 있을 때 사용하는 키는?

① 페더(feather) 키
② 반달(woodruff) 키
③ 성크(sunk) 키
④ 안장(saddle) 키

해설
① 페더(feather) 키
안내키, 미끄럼 키(Sliding Key)라고도 하며 보스와 축이 상대적으로 축 방향으로만 이동이 가능한 키
② 반달(woodruff) 키
축과 키 홈의 가공이 쉽고, 키가 자동적으로 축과 보스 사이에 자리를 잡을 수 있어 자동차, 공작기계 등의 60mm 이하의 작은 축이나 테이퍼 축에 사용
③ 성크(sunk) 키
축과 보스 양쪽에 모두 키 홈을 파서 비틀림 모멘트를 전달하는 키
④ 안장(saddle) 키
축에는 홈을 파지 않고 축과 키 사이의 마찰력으로 회전력을 전달. 축의 강도를 감소시키지 않고 고정할 수 있으나, 큰 동력을 전달시킬 수 없으므로 경하중 소직경에 사용

60. 핸들이나 바퀴 등의 암 및 림, 리브 등 절단선의 연장선 위에 90° 회전하여 실선으로 그리는 단면도는?

① 온 단면도
② 한쪽 단면도
③ 조합 단면도
④ 회전도시 단면도

해설
① 온 단면도
물체의 기본적인 모양을 가장 잘 나타낼 수 있도록 물체의 중심에서 반으로 절단하여 나타낸다.
② 한쪽 단면도
상하 또는 좌우 대칭형의 물체는 기본 중심선을 경계로 1/2은 외형도로, 나머지 1/2은 단면도로 동시에 나타낸다. 대칭 중심선의 우측 또는 위쪽을 단면으로 한다.
③ 조합 단면도
2개 이상의 절단면에 의한 단면도를 조합하여 행하는 단면도시로 필요에 따라서 단면을 보는 방향을 나타내는 화살표와 글자기호를 붙인다.
④ 회전도시 단면도
핸들이나 바퀴 등의 암이나 리브, 훅, 축, 구조물의 부재 등의 절단면은 90° 회전하여 도시하거나 절단할 곳의 전후를 끊어서 그사이에 그린다.

정답 59. ① 60. ④

06회 CBT 모의고사

01 고강도 알루미늄 합금인 두랄루민의 주성분은?
① Al-Cu-Mg-Zn
② Al-Cu-Mg-Mn
③ Al-Cu-Si-Mn
④ Al-Cu-Si-Zn

해설

두랄루민(dralumin)	Al-Cu-Mg-Mn의 합금으로 시효경화 처리한 대표적인 합금, 이외에도 인장강도 186MPa 이상의 초두랄루민이 있다.
초강 두랄루민	Al-Cu-Zn-Mg의 합금으로 인장강도 227MPa 이상으로 알코아 75S 등이 이에 속한다.

02 구리(Cu)에 관한 다음 사항 중 틀린 것은?
① 비중이 1.7이다.
② 용융점이 1083℃ 정도이다.
③ 비 자성으로 내식성이 철강보다 우수하다.
④ 전기 및 열의 양도체이다.

해설 구리의 비중이 8.96이다.

03 다음 중 특히 심랭처리(Sub-Zero treatment) 해야 하는 강은 어느 것인가?
① 스테인리스강
② 내열 강
③ 게이지강
④ 구조용 강

해설 심랭처리: 담금질 후 경도 증가, 시효변형 방지하기 위하여 0℃ 이하의 온도로 냉각하면 잔류 오스테나이트를 마텐자이트로 만드는 처리를 심랭처리라 한다. 특히, 스테인리스강에서의 기계적 성질 개선과 조직 안정화와 게이지강에서의 자연시효 및 경도 증대를 위해 실시하며 게이지강에 주로 적용

04 베어링의 재료는 다음과 같은 성질을 갖고 있어야 한다. 이 중 틀린 것은?
① 눌러 붙지 않는 내열성을 가져야 한다.
② 마찰계수가 적어야 한다.
③ 피로 강도가 높아야 한다.
④ 압축 강도가 낮아야 한다.

해설 베어링의 재료는 압축 강도가 높아야 한다.

[정답] 01. ② 02. ① 03. ③ 04. ④

05 6:4 황동에 철 1~2%를 첨가한 동합금으로 강도가 크고 내식성이 좋아 광산기계, 선반용 기계에 사용되는 것은?

① 톰백
② 문츠메탈
③ 네이벌황동
④ 델타메탈

해설 델타메탈: 6-4 황동에 철 1~2%를 첨가한 동합금으로 강도가 크고 내식성이 좋아 광산기계, 선반용 기계에 사용

06 다음 중 동력 전달용 기계요소가 아닌 것은?

① 기어
② 마찰차
③ 체인
④ 유압 댐퍼

해설 유압 댐퍼는 동력 전달용 기계요소가 아니다.

07 백심가단주철에서 사용되는 탈탄제는?

① 알루미나, 탄소가루
② 알루미나, 철광석
③ 철광석, 밀 스케일의 산화철
④ 유리탄소, 알루미나

해설 백심가단주철에서 사용되는 탈탄제는 철광석, 밀 스케일의 산화철 등이 사용된다.

08 금속 탄화물의 분말형 금속 원소를 프레스로 성형한 다음 이것을 소결하여 만든 합금으로 절삭 공구와 내열, 내마멸성이 요구되는 부품에 많이 사용되는 금속은?

① 초경합금
② 주조 경질 합금
③ 합금 공구강
④ 세라믹

해설 초경합금: Co, W, C 등의 분말형 탄화물을 프레스로 성형하여 소결시킨 것으로 소결 경질 합금이라고도 한다.

09 미터나사에 관한 설명으로 잘못된 것은?

① 기호는 M으로 표기한다.
② 나사산의 각은 60°이다.

정답 05. ④ 06. ④
07. ③ 08. ①
09. ③

③ 호칭 지름을 인치(inch)로 나타낸다.
④ 부품의 결합 및 위치의 조정 등에 사용된다.

해설 호칭 지름을 수나사의 외경을 미터(mm)로 나타낸다.

10 내열강의 구비 조건으로 틀린 것은?
① 기계적 성질이 우수할 것   ② 화학적으로 안정할 것
③ 열팽창계수가 클 것   ④ 조직이 안정할 것

해설 내열강은 열팽창 및 열 변형이 적어야 한다.

11 축에 키 홈을 가공하지 않고 사용하는 키(key)는?
① 성크 키   ② 새들 키
③ 반달 키   ④ 스플라인

해설 안장 키(Saddle Key): 축에는 홈을 파지 않고 축과 키 사이의 마찰력으로 회전력을 전달. 축의 강도를 감소시키지 않고 고정할 수 있으나, 큰 동력을 전달시킬 수 없으므로 경하중 소직경에 사용

12 모듈 3, 잇수 30과 60을 갖는 한 쌍의 표준 평기어 중심거리는 얼마인가?
① 114mm   ② 126mm
③ 135mm   ④ 148mm

해설 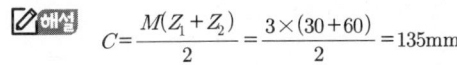 $C = \dfrac{M(Z_1 + Z_2)}{2} = \dfrac{3 \times (30 + 60)}{2} = 135mm$

13 베어링의 호칭 번호 6304에서 6은 무엇인가?
① 형식 기호   ② 치수 기호
③ 지름 번호   ④ 등급 기준

해설 6(형식 기호), 3(치수 기호), 04(안지름 번호)

14 뜨임은 보통 어떤 강재에 하는가?
① 가공경화된 강   ② 담금질하여 경화된 강
③ 용접 응력이 생긴 강   ④ 풀림하여 연화된 강

해설 뜨임은 담금질하여 경화된 강에 인성을 부여하기 위한 열처리이다.

[정답] 10. ③ 11. ②
12. ③ 13. ①
14. ②

15 연강재 볼트에 8000N의 하중이 축 방향으로 작용할 때, 볼트의 골 지름은 몇 mm 이상이어야 하는가? (단, 허용압축응력은 40N/mm² 이다.)

① 6.63
② 20.02
③ 12.85
④ 15.96

해설 $d = \sqrt{\dfrac{4 \times 8000}{\pi \times 40}} = 15.96\text{mm}$

16 길이가 100mm인 스프링의 한 끝을 고정하고, 다른 끝에 무게 40N의 추를 달았더니 스프링의 전체 길이가 120mm로 늘어났다. 이 때의 스프링 상수(N/mm)는?

① 0.5
② 1
③ 2
④ 4

해설
- 변형량(δ) = 120 − 100 = 20mm
- 스프링상수(k) = $\dfrac{W}{\delta} = \dfrac{40}{20} = 2\text{N/mm}$

17 피측정물을 양 센터에 지지하고, 360° 회전시켜 다이얼게이지의 최대값과 최소값의 차이로서 진원도를 측정하는 것은?

① 직경법
② 반경법
③ 3점법
④ 센터법

해설 반경법: 피측정물을 양 센터에 지지하고, 360° 회전시켜 다이얼게이지의 최대값과 최소값의 차이로서 진원도를 측정한다.

18 다음 축의 도시법에 대한 설명 중 틀린 것은?

① 축은 길이 방향으로 절단하여 온 단면도를 표현한다.
② 긴축은 중간을 파단하여 짧게 그린다.
③ 축에 있는 널링의 도시는 빗줄인 경우 축선에 대하여 30°로 엇갈리게 그린다.
④ 축의 가공 방향을 고려하여 도시한다.

해설 축은 길이 방향으로 단면도시를 하지 않는다. 단, 부분 단면은 허용한다.

정답 15. ④ 16. ③ 17. ② 18. ①

19 다음 중 치수 기입의 원칙 설명으로 틀린 것은?

① 대상물의 기능, 제작, 조립 등을 고려하여 필요한 치수를 명료하게 도면에 기입한다.
② 도면에 나타내는 치수는 특별히 명시하지 않는 한 도시한 대상물의 마무리
③ 치수는 되도록이면 정면도, 측면도, 평면도에 분산하여 기입한다.
④ 치수는 되도록이면 계산할 필요가 없도록 기입하고 중복되지 않게 기입한다.

해설 치수는 되도록 주 투상도(정면도)에 집중시키며, 중복 기입을 피하고 되도록 계산하여 구할 필요가 없도록 기입한다.

20 구멍 φ50H7과의 끼워 맞춤에서 틈새가 가장 큰 경우는?

① φ50g6
② φ50m6
③ φ50js6
④ φ50p6

해설 ① 헐거운 끼워맞춤: φ50g6
② 중간 끼워 맞춤: φ50m6, φ50js6
③ 억지 끼워 맞춤: φ50p6

21 보기는 3각법으로 정 투상한 도면이다. 입체도로 맞는 것은 어느 것인가?

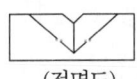
(정면도)

① 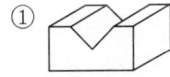　　②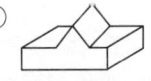
③ 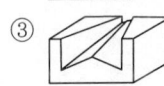　　④

22 재질을 SM45C로 나타냈다면 여기서 45가 의미하는 것은?

① 인장강도
② 재질
③ 탄소함유량
④ 규격

해설 SM20C(기계구조용 탄소 강재)
• SM: 기계구조용 탄소강
• 45C: 탄소함유량(0.40~0.50%의 중간값)

정답 19. ③　20. ①
21. ④　22. ③

23. 치수 기입 방법을 나타낸 것 중 적합하지 않은 것은?

① 치수 보조선은 치수선보다 2~3mm 길게 긋는다.
② 치수선 또는 그 연장선 끝에는 화살표나 검정 점, 사선을 붙인다.
③ 치수를 기입하기 위한 지시선의 각도는 수평선 60°가 되도록 긋는 것이 좋다.
④ 중심선, 외형선, 기준선을 치수선으로 주로 사용한다.

해설 중심선, 외형선, 기준선 및 이들의 연장선을 치수선으로 사용해서는 안 된다.

24. [보기]의 내용은 어떤 볼트에 대한 설명인가?

> [보기]
> • 양끝에 나사를 깎은 머리 없는 볼트이다.
> • 한 끝은 본체에 박고 다른 끝에는 너트를 끼워 죈다.

① 관통볼트   ② 탭 볼트
③ 기초 볼트   ④ 스터드 볼트

해설 스터드 볼트
막대의 양끝에 나사를 깎은 머리 없는 볼트로서 한 끝을 본체에 튼튼하게 박고 다른 끝에는 너트를 끼워서 죈다.

25. 다음 중 평 벨트풀리의 도시 방법으로 틀린 것은?

① 벨트풀리는 축직각 방향의 투상을 주 투상도로 할 수 있다.
② 암은 길이 방향으로 절단하여 단면을 도시한다.
③ 암의 단면모양은 도형의 안이나 밖에 회전 단면을 도시한다.
④ 암의 테이퍼 부분치수를 기입할 때 치수보조선은 경사선으로 긋는다.

해설 암은 길이 방향으로 절단하여 단면을 도시하지 않는다.

26. 미터 가는 나사의 표시방법으로 맞는 것은?

① 3/8-16 UNC   ② M8×1
③ Tr 12×3   ④ Rp 3/4

정답 23. ④ 24. ④
      25. ② 26. ②

> 📝 **해설**
>
> | 미터 보통 나사 | M | M 8 |
> |---|---|---|
> | 미터 가는 나사 | | M 8×1 |

27 다음 그림과 같이 기하 공차를 적용할 때 알맞은 기하 공차 기호는?

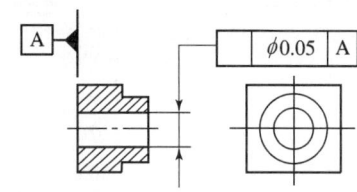

① ◎ ② //
③ ⌰ ④ ⊥

> 📝 **해설**
>
> | // | 평행도 공차 | |
> |---|---|---|
> | ⊥ | 직각도 공차 | 최대실체공차 적용 |
> | ∠ | 경사도 공차 | (MMC) |
> | ⊕ | 위치도 공차 | |
> | ◎ | 동축도 공차 또는 동심도 공차 | |

28 다음 중 필릿 용접 기호는 어느 것인가?

① //   ② ⊓
③ △   ④ ○

> 📝 **해설**
> • 필릿: △ • 플러그: ⊓ • 점: ○
> • 심: ⊖ • 오프셋: //

29 다음 입체도에서 화살표 방향에서 본 투상도로 올바른 것은?

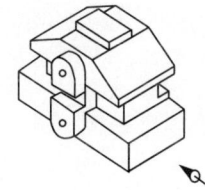

① 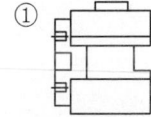 ②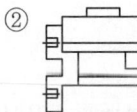

③ 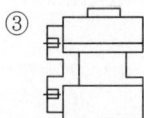 ④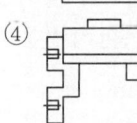

정답 27. ④ 28. ③
29. ③

30. 솔리드 모델링(solid modeling)을 쓰는 이유 중에 가장 타당한 것은?

① 물리적 특성 계산이 가능하다.
② 일반 모델링보다 처리속도가 빠르다.
③ 2차원 모델링에 주로 쓴다.
④ 일반 모델링보다 데이터양이 적다.

해설 솔리드 모델링의 용도
① 표면적, 부피, 관성 모멘트 계산
② 유한요소해석
③ 솔리드 모델들 간의 간섭현상 검사
④ NC공구 경로 생성
⑤ 도면 생성

31. 기어 제도법에 대한 설명 중 옳지 않는 것은?

① 스퍼 기어의 축 방향에서 본 이끝원은 굵은 실선으로 그린다.
② 맞물리는 한 쌍 기어의 도시에서 맞물리부의 이끝원은 모두 굵은 실선으로 그린다.
③ 헬리컬 기어의 잇줄 방향은 3개의 가는 실선으로 그린다.
④ 스퍼 기어의 축 방향에서 본 피치원은 가는 2점 쇄선으로 그린다.

해설 스퍼 기어의 축 방향에서 본 이끝원은 굵은 실선으로 그리고 피치원은 가는 1점 쇄선으로 그린다.

32. 다음은 롤링베어링의 호칭 번호이다. 안지름은 몇 mm인가?

```
6026 P6
```

① 25
② 60
③ 130
④ 300

해설 26×5=130mm

33. CAD 시스템의 입력장치 중에서 광 점자 센서가 붙어있어 화면에 접촉하여 명령어 선택이나 좌표 입력이 가능한 것은?

① 조이스틱(joystick)
② 마우스(mouse)
③ 라이트 펜(light pen)
④ 태블릿(tablet)

정답 30. ① 31. ④ 32. ③ 33. ③

해설 라이트 펜(light pen)
광 점자 센서가 붙어있어 화면에 접촉하여 명령어 선택이나 좌표 입력이 가능하며, 커서 제어기구로 그래픽 스크린(CRT)상에 접촉한 빛을 인식하는 장치로 CRT나 태블릿 등의 디스플레이에 부속된 장치

34 가공에 의한 커터의 줄무늬 방향이 그림과 같을 때, (가) 부분의 기호는?

① C
② M
③ R
④ X

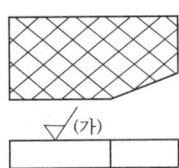

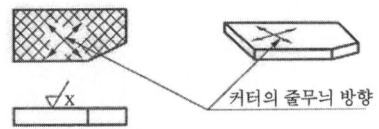

가공으로 생긴 선이 두 방향으로 교차

35 스퍼 기어와 관계가 없는 것은?

① 압력 각
② 모듈
③ 잇수
④ 비틀림각

해설 비틀림각은 헬리컬 기어와 관계가 있다.

36 다음 중 컴퓨터의 처리 속도 단위 중 가장 빠른 시간 단위는?

① m
② μs
③ ns
④ ps

해설 컴퓨터의 처리속도 단위
- ms(밀리/초: milli second): 10^{-3}
- μs(마이크로/초: micro second): 10^{-6}
- ns(나노/초: nano second): 10^{-9}
- ps(피코/초: pico second): 10^{-12}
- fs(펨토/초: femto second): 10^{-15}
- as(아토/초: atto second): 10^{-18}

37 기하 공차의 종류와 기호 설명이 잘못된 것은?

① ⌒: 평면도 공차
② ○: 원통도 공차
③ ⌖: 위치도 공차
④ ⊥: 직각도 공차

해설 ○: 진원도 공차, : 원통도 공차

정답 34. ④ 35. ④ 36. ④ 37. ②

38 다음 중에서 현척의 의미(뜻)은 어느 것인가?

① 실물보다 축소하여 그린 것
② 실물보다 확대하여 그린 것
③ 실물과 관계없이 그린 것
④ 실물과 같은 크기로 그린 것

> **해설** 척도의 종류
> ① 축척: 실물을 축소해서 그린 도면
> ② 현척(실척): 실물과 같은 크기로 그린 도면
> ③ 배척: 실물을 확대해서 그린 도면
> ④ NS(Non Scale): 비례척이 아닌 임의의 척도

39 아래 그림과 같은 키의 종류는?

① 반달 키
② 묻힘 키
③ 안장 키
④ 스플라인

> **해설** 스플라인 키(Spline Key)
> 축의 원주에 수많은 키를 깎은 것으로 큰 토크를 전달시키고, 내구력이 크며 축과 보스의 중심축을 정확하게 맞출 수 있고 축 방향으로 이동도 가능

40 끼워 맞춤에서 최소 틈새란 무엇인가?

① 축의 최소허용치수 – 구멍의 최대허용치수
② 축의 최대허용치수 – 구멍의 최소허용치수
③ 구멍의 최대허용치수 – 축의 최소허용치수
④ 구멍의 최소허용치수 – 축의 최대허용치수

> **해설** 끼워 맞춤 종류
> ① 최소 틈새=구멍의 최소허용치수-축의 최대허용치수
> ② 최대 틈새=구멍의 최대허용치수-축의 최소허용치수
> ③ 최소 죔새=축의 최대허용치수-구멍의 최소허용치수
> ④ 최대 틈새=구멍의 최대허용치수-축의 최소허용치수

41 다음 IT 공차에 대한 설명으로 옳은 것은?

① IT 01부터 IT 18까지 20 등급으로 구분되어 있다.
② IT 01~IT 4는 구멍 기준공차에서 게이지 제작 공차이다.

정답 38. ④ 39. ④
     40. ④ 41. ①

③ IT 6~IT 10은 축 기준 공차에서 끼워 맞춤 공차이다.
④ IT 10~IT 18은 구멍 기준 공차에서 끼워 맞춤 이외의 공차이다.

해설 **기본 공차**: IT 기본 공차는 IT 01부터 IT 18까지 20등급으로 구분한다.

용도	구멍 축
게이지 제작 공차	IT 01~IT 05 IT 01~IT 04
끼워 맞춤 공차	IT 06~IT 10 IT 05~IT 09
끼워 맞춤 이외 공차	IT 11~IT 18 IT 10~IT 18

42 도형의 생략에 관한 설명 중 틀린 것은?

① 대치의 경우에는 대칭 중심선의 한쪽 도형만을 그리고 그 대칭 중심선의 양 끝 부분에 짧은 두 개의 나란한 가는 실선을 그린다.
② 도면을 이해할 수 있더라도 숨은선은 생략해서는 안 된다.
③ 같은 종류, 같은 모양의 것이 다수 줄지어 있는 경우에는 지시선을 사용하여 기술할 수 있다.
④ 물체가 긴 경우 도면의 여백을 활용하기 위하여 파단선이나 지그재그 선을 사용하여 투상도를 단축할 수 있다.

해설 도면에서 숨은선이 없어도 이해할 수 있는 경우에는 도형을 생략하여도 좋다.

43 치수 보조 기호에 대한 설명 중 옳은 것은?

① ☐: 정사각형의 한 변의 치수를 표시하는 기호
② SR: 원의 반지름 치수를 표시하는 기호
③ C: 모서리의 라운딩 치수를 표시하는 기호
④ Sφ: 구의 지름 치수를 표시하는 기호

해설
- ☐: 정사각형의 평면를 표시하는 기호
- SR: 구의 반지름 치수를 표시하는 기호
- C: 모따기 치수를 표시하는 기호

44 ISO 규격에 없는 나사의 호칭은?

① M
② S
③ PT
④ Tr

해설

ISO 규격에 없는 것	30° 사다리꼴 나사		TM
	29° 사다리꼴 나사		TW
	관용 테이퍼 나사	테이퍼 나사	PT
		평행 암나사	PS
	관용 평행 나사		PF

정답 42. ② 43. ④ 44. ③

45 각도를 가지고 있는 물체의 그 실제 모양을 나타내기 위해 그 부분을 회전하여 실제 모양을 나타내는 그림과 같은 투상도를 무엇이라 하는가?

① 회전 투상도
② 국부 투상도
③ 부분 투상도
④ 보조 투상도

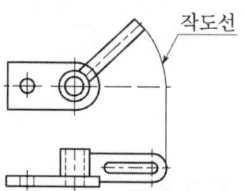

해설 회전 투상도
대상물의 일부가 어느 각도를 가지고 있기 때문에 투상면에 그 실형이 나타나지 않을 때에 그 부분을 회전해서 그 실형을 도시할 수 있다. 또한, 잘못 볼 우려가 있을 경우에는 작도에 사용한 선을 남긴다.

46 한국 산업 규격에서 기계부분을 나타내는 분류 기호는?

① KS A
② KS B
③ KS C
④ KS D

해설

분류기호	KS A	KS B	KS C	KS D
부문	기본	기계	전기	금속

47 다음 선의 용도에 대한 설명이 틀린 것은?

① 외형선: 대상물의 보이는 부분의 겉 모양을 표시하는 데 사용
② 숨은선: 대상물의 보이지 않는 부분의 모양을 표시하는 데 사용
③ 파단선: 단면도를 그리기 위해 절단 위치를 나타내는 데 사용
④ 해칭선: 단면도의 절단면을 표시하는 데 사용

해설 파단선
불규칙한 파형의 가는 실선 또는 지그재그 선으로 대형물의 일부를 파단한 경계 또는 일부를 떼어낸 경계를 표시

48 다음 중 CAD 시스템에서 점을 정의하기 위해 사용되는 좌표계가 아닌 것은?

① 극 좌표계
② 원통 좌표계
③ 회전 좌표계
④ 직교 좌표계

정답 45. ① 46. ② 47. ③ 48. ③

해설 **좌표계의 종류**
① 직교 좌표계(cartesian coordinate system): 공간상 교차하는 지점인 $P(x_1, y_1, z_1)$
② 극 좌표계(polar coordinate system): 평면상의 한 점 P(거리, 각도)
③ 원통 좌표계(cylindrical coordinate system): 점 $P(r, \theta, z_1)$를 직교 좌표
④ 구면 좌표계(spherical coordinate system): 공간상에 점 $P(\rho, \phi, \theta)$

49 코일 스프링제도에 관한 설명 중 적당하지 않은 것은?
① 스프링은 원칙적으로 무 하중인 상태로 그린다.
② 특별한 단서가 없는 한 오른쪽 감기로 도시한다.
③ 중간부분을 생략할 때는 생략부분을 가는 2점 쇄선으로 표시한다.
④ 스프링의 종류와 모양만을 도시할 때는 재료의 중심선을 굵은 1점 쇄선으로 표시한다.

해설 스프링의 종류와 모양만을 도시할 때에는 재료의 중심선만을 굵은 실선으로 그린다.

50 다음의 기계요소들 중 길이 방향으로 단면을 표시할 수 있는 것은?
① 축   ② 핀
③ 볼트 ④ 몸체

해설 KS에서는 다음과 같은 것들은 길이 방향으로 절단하지 않도록 규정하고 있다.
• 물체의 한 부분 중: 리브, 암, 기어의 이, 체인 스프로켓의 이 등.
• 부품 중: 축, 핀, 볼트, 너트, 와셔, 작은 나사, 리벳, 강구, 키, 원통롤러 등.

51 8Js7의 공차 표시가 옳은 것은? (단, 기본 공차의 수치는 $18\mu m$이다.)
① $18^{+0.018}_{0}$ ② $18^{0}_{-0.0180}$
③ 18 ± 0.009 ④ 18 ± 0.018

해설 JS의 공차는 $\pm \dfrac{IT}{2}$이므로 $\pm \dfrac{0.18}{2} = \pm 0.009$이다.

52 다음 중 마찰차의 종류가 아닌 것은?
① 원통 마찰차   ② 원추 마찰차
③ 홈붙이 마찰차 ④ 구형 마찰차

해설 **마찰차의 종류**
① 원통 마찰차: 두 축이 평행하고 바퀴는 원통형으로 평마찰차와 V홈 마찰차가 있다.
② 원추 마찰차: 두 축이 서로 교차하고 바퀴는 원추형으로 속도비가 일정하다.
③ 구 마찰차: 두 축이 평행 또는 교차하며 속도비가 일정하다.
④ 변속 마찰차: 속도비를 일정한 범위 내에서는 자유롭게 연속적으로 변화시킬 수 있다.

[정답] 49. ④ 50. ④ 51. ③ 52. ④

53. 지름 100mm인 원동 마찰차의 회전수를 1/4로 감소시키는 데 사용할 종동 마찰차의 지름은 얼마인가?

① 400mm
② 300mm
③ 250mm
④ 25mm

해설 마찰차의 속비 $i = \dfrac{N_2}{N_1} = \dfrac{D_1}{D_2}$ 에서 $\dfrac{1}{4} = \dfrac{100}{D_2}$ ∴ $D_2 = 400\text{mm}$

54. 원동차의 지름 300mm, 종동차의 지름 450mm, 나비 75mm인 원통 마찰차에서 원동차가 300rpm으로 회전할 때의 전달 동력을 구하여라. (단, 허용압력 2N/mm, 마찰계수 0.2)

① 0.128kW
② 0.141kW
③ 1.485kW
④ 1.585kW

해설 $H = \dfrac{\mu \cdot F \cdot V}{102 \times 9.81} = \dfrac{0.2 \times 75 \times 2 \times \dfrac{\pi \times 300 \times 300}{1000 \times 60}}{102 \times 9.81} = 0.141\text{kW}$

55. 기어의 특징으로 틀린 것은?

① 전동이 확실하고, 큰 동력을 일정한 속도비로 전달할 수 있다.
② 축 압력이 작으며, 사용 범위가 넓다.
③ 회전비가 정확하고, 전동 효율이 좋고 감속비가 작다.
④ 충격음을 흡수하는 성질이 약하고, 소음과 진동이 발생한다.

해설 기어의 특징
① 한 쌍의 바퀴 둘레에 이를 만들고, 이 두 바퀴의 이가 서로 맞물려 회전하며 동력을 전달하는 장치이다.
② 기어 전동은 동력 전달이 확실하고 내구성도 좋아 각종 기계의 회전 속도와 힘의 크기를 정확히 변경하고자 할 때 사용한다.
③ 회전비가 정확하고, 전동 효율이 좋고 감속비가 크다.
④ 서로 맞물려 있는 한 쌍의 기어 잇수 비를 다르게 하면 전달하는 회전수를 조절 가능하다.
⑤ 시계의 기어 상자나 자동차 변속기에 사용 예를 들 수 있다.

56. 다음 중 두 축이 서로 교차하면서 회전력을 전달하는 기어는?

① 스퍼 기어(spur gear)
② 헬리컬 기어(helical gear)

정답 53. ① 54. ② 55. ③ 56. ④

③ 래크와 피니언(rack and pinion)
④ 스파이럴 베벨 기어(spiral bevel gear)

해설
① **스퍼 기어(spur gear)**: 직선 치형을 가지며 잇줄이 축에 평행하며, 가장 일반적으로 사용된다.
② **헬리컬 기어(helical gear)**: 이를 축에 경사 시킨 것으로 이의 물림이 좋아 조용한 운전을 하나 축에 트러스트 발생한다.
③ **래크와 피니언(rack and pinion)**: 회전운동을 직선운동으로 바꾸는데 사용되며, 래크는 원통 기어의 반지름이 무한대로 큰 경우의 일부분이라고 볼 수 있으며 피니언의 회전에 대하여 래크는 직선운동을 한다.
④ **스파이럴 베벨 기어(spiral bevel gear)**: 잇줄이 곡선이고 모직선에 대하여 비틀려 있는 기어로서 이의 물림이 좋고 조용한 회전을 하나 제작이 어렵다.

57 화면의 CAD 모델 표면을 현실감 있게 채색, 원근감, 음영 처리하는 작업은 무엇인가?

① Animation   ② Simulation
③ Modelling   ④ Rendering

해설 Rendering: 화면의 CAD 모델 표면을 현실감 있게 채색, 원근감, 음영 처리하는 작업이다.

58 원근 투영에 대한 설명으로 틀린 것은?

① 건축 분야의 CAD/CAM에서 사용된다.
② 투영면과 관찰자와의 거리가 무한대인 경우이다.
③ 투영의 결과가 실제 사람의 눈으로 보는 것과 비슷하다.
④ 같은 길이의 물체라도 가까운 것을 크게, 먼 것을 작게 그린다.

해설 **원근 투영**: 3D 렌더링으로 3D 장면을 모사하고 2D 표면으로 투영하는 이 과정을 원근 투영이라고 한다.
① 원하는 것을 머릿속에 그리며 시작한다.
② 물체는 보는 사람에게 가까울수록 크게 보이고 멀수록 작게 보인다.
③ 물체가 보는 사람으로부터 바로 뒤로 멀어지고 있다면 화면 중앙으로 수렴한다.

59 화면에 그려진 솔리드 모델의 음영효과(shading)를 결정하는 주된 요소는?

① 모델의 크기
② 화면의 배경색
③ 평행광선의 경우, 모델과 조명과의 거리
④ 모델의 표면을 구성하는 면의 수직 벡터

해설 화면에 그려진 솔리드 모델의 음영효과(shading)는 모델의 표면을 구성하는 면의 수직 벡터이다.

정답 57. ④ 58. ② 59. ④

60 기하학적인 도형의 표현 방법 중 가장 기본적인 형태로서 점과 선만을 이용하여 화면에 표현하는 방식은?

① wireframe modeling 방식
② solid modeling 방식
③ Boundary modeling 방식
④ finite modeling 방식

해설 wireframe modeling 방식: 기하학적인 도형의 표현방법 중 가장 기본적인 형태로서 점과 선만을 이용하여 화면에 표현하는 방식이다.

정답 60. ①

week 4

전산응용기계제도기능사
CBT 모의고사

- 01회 CBT 모의고사
- 02회 CBT 모의고사
- 03회 CBT 모의고사
- 04회 CBT 모의고사
- 05회 CBT 모의고사
- 06회 CBT 모의고사

01회 CBT 모의고사

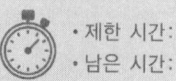

01 열처리 방법 중에서 표면경화법에 속하지 않는 것은?
① 침탄법 ② 질화법
③ 고주파 경화법 ④ 항온열처리법

해설
(1) **열처리 방법 중에서 표면경화법**
화학적 처리 방법인 침탄법, 시안화법, 질화법이 있고, 물리적 처리 방법인 고주파 경화법, 불꽃(화염) 경화법이 있다.
(2) **항온열처리 종류**
① 오스템퍼(austemper): Ms 상부과냉 오스테나이트에 변태가 완료될 때까지(염욕에 넣어) 항온 유지하여 베이나이트를 충분히 석출시킨 후 공랭하며, 이것을 베이나이트 담금질이라고 한다.
② 마템퍼(martemper): Ms점 이하 100~200℃인 항온염욕 중에 담금질하여 냉각시킨 것으로 오스테나이트에서 마텐사이트와 베이나이트의 혼합조직으로 변한 조직이다.
③ 마퀜칭(marquenching): Ms보다 다소 높은 온도의 염욕에서 담금질한 것을 강의 내외의 온도가 동일하도록 항온 유지하고 꺼내어 공냉하는 방법이다.

02 일반적으로 경금속과 중금속을 구분하는 비중의 경계는?
① 1.6 ② 2.6
③ 3.6 ④ 4.6

해설 **금속의 분류**: 비중 4.6(또는 4.5)을 기준으로 경금속과 중금속을 구분한다.
① 경금속: Al(2.7), Mg(1.74), Na(0.97), Si(2.33), Li(0.53)
② 중금속: Fe(7.87), Cu(8.96), Ni(8.85), Au(19.32), Ag(10.5), Sn(7.3), Pb(11.34), Ir(22.5)

03 황동의 자연균열 방지책이 아닌 것은?
① 온도 180~260℃에서 응력제거 풀림처리
② 도료나 안료를 이용하여 표면처리
③ Zn 도금으로 표면처리
④ 물에 침전처리

해설 **황동의 자연 균열(Season Cracking)**
일종의 응력부식균열(stress corrosion cracking)로 잔류 응력에 기인하는 현상으로 방지책은 도료 및 Zn 도금, 180~260℃에서 응력제거 풀림 등으로 잔류 응력을 제거한다.

04 주철의 성장원인이 아닌 것은?
① 흡수한 가스에 의한 팽창

정답 01. ④ 02. ④ 03. ④ 04. ③

② Fe_3C의 흑연화에 의한 팽창
③ 고용 원소인 Sn의 산화에 의한 팽창
④ 불균일한 가열에 의해 생기는 파열 팽창

해설 주철의 성장 원인
① 펄라이트 조직 중의 Fe_3C 분해에 따른 흑연화에 의한 팽창
② 페라이트 조직 중의 규소(Si)의 산화에 의한 팽창
③ A_1 변태의 반복 과정에서 오는 체적 변화에 따른 미세한 균열이 형성되어 생기는 팽창
④ 흡수된 가스에 의한 팽창
⑤ 불균일한 가열로 생기는 균열에 의한 팽창
⑥ 시멘타이트의 흑연화에 의한 팽창

05 열경화성 수지가 아닌 것은?

① 아크릴수지
② 멜라민수지
③ 페놀수지
④ 규소수지

해설 합성수지의 특징 및 용도

종류		용도
열경화성 수지	페놀수지	전기 기구, 식기, 판재, 무음 기어
	요소수지	건축재료, 문방구 일반, 성형품
	멜라민수지	테이블판 가공
	규소수지	전기 절연재료, 도표, 그리스
열가소성 수지	스티렌수지	고주파 절연재료, 잡화
	염화비닐	관, 판재, 마루, 건축재료
	폴리에틸렌	판, 피름
	초산비닐	접착제, 껌
	아크릴수지	방풍, 광학 렌즈

06 알루미늄의 특성에 대한 설명 중 틀린 것은?

① 내식성이 좋다.
② 열 전도성이 좋다.
③ 순도가 높을수록 강하다.
④ 가볍고 전연성이 우수하다.

해설 알루미늄 합금의 성질
① 마그네슘, 베릴륨 다음으로 가벼운 금속으로 비중이 2.7, 용융점 660℃, 변태점이 없다.
② 열 및 전기의 양도체이다(구리 다음).
③ 내식성이 우수하고, 전연성이 풍부하며, 400~500℃에서 연신율이 최대이다.
④ 순도가 높을수록 약하다.

정답 05. ① 06. ③

01회 CBT 모의고사

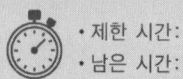

07 강을 절삭할 때 쇳밥(chip)을 잘게 하고 피삭성을 좋게 하기 위해 황, 납 등의 특수원소를 첨가하는 강은?

① 레일강
② 쾌삭강
③ 다이스강
④ 스테인레스강

해설 **쾌삭강**: 강을 절삭할 때 쇳밥(chip)을 잘게 하고 피삭성을 좋게 하기 위해 황, 납 등의 특수원소를 첨가하는 강이다.

08 스프링을 사용하는 목적이 아닌 것은?

① 힘 축적
② 진동 흡수
③ 동력 전달
④ 충격 완화

해설 **스프링의 용도**
① 완충용(충격 에너지 흡수, 방진): 차량용 현가장치, 승강기 완충 스프링
② 에너지 축적용: 계기용 스프링, 시계의 태엽, 완구용 스프링, 축음기, 총포의 격심용 스프링
③ 측정용: 힘의 변형원리를 이용하여 압축력(또는 인장력)에 의한 변형 길이로 힘을 측정한다. 저울 등이 이에 해당한다.
④ 조정용: 안전밸브, 조속기, 스프링 와셔

09 저널 베어링에서 저널의 지름이 30mm, 길이가 40mm, 베어링의 하중이 2400N일 때 베어링의 압력(N/km^2)은?

① 1
② 2
③ 3
④ 4

해설 저널 베어링의 하중 $W = pdl$ [N]에서
저널 베어링의 압력 $p = \dfrac{W}{dl} = \dfrac{2400}{30 \times 40} = 2$

10 웜 기어에서 웜이 3줄이고 웜휠의 잇수가 60개일 때의 속도비는?

① 1/10
② 1/20
③ 1/30
④ 1/60

해설 웜 기어의 속도비
$i = \dfrac{N_2}{N_1} = \dfrac{n}{Z} = \dfrac{3}{60} = \dfrac{1}{20}$

정답 07. ② 08. ③ 09. ② 10. ②

11 부품의 위치결정 또는 고정 시에 사용되는 체결 요소가 아닌 것은?
① 핀(pin) ② 너트(nut)
③ 볼트(bolt) ④ 기어(gear)

해설
① **체결용 기계요소**: 나사, 키, 핀, 코터, 리벳, 용접 수축확대 및 테이퍼 이음
② **축계 기계요소**: 축, 축 이음 및 베어링
③ **완충 및 제동용 기계요소**: 브레이크, 스프링 및 플라이휠 등
④ **전동용 기계요소**: 벨트, 로프, 체인, 링크 마찰차 및 캠 기어 등

12 비틀림 모멘트를 받는 회전축으로 치수가 정밀하고 변형량이 적어 주로 공작기계의 주축에 사용하는 축은?
① 차축 ② 스핀들
③ 플렉시블축 ④ 크랭크축

해설 축의 작용 하중에 따른 분류
① 전동축(동력축): 비틀림과 힘을 동시에 받으며, 동력 전달이 주목적으로 주로 공장의 동력 전달 축으로 사용되며 주축, 선축, 중간축으로 구성한다.
② 차축(Axel): 하중을 받치는 축으로 굽힘 모멘트를 받으며 철도 차량, 자동차 등의 바퀴가 연결된 축이다.
③ 스핀들(Spindle): 비틀림 모멘트를 받는 회전축으로 치수가 정밀하고 변형량이 적어 주로 공작기계의 주축에 사용한다.

13 축에 키 홈을 파지 않고 축과 키 사이의 마찰력만으로 회전력을 전달하는 키는?
① 새들 키 ② 성크 키
③ 반달 키 ④ 둥근 키

해설
① **안장(새들) 키(Saddle Key)**: 축에 키 홈을 파지 않고 축과 키 사이의 마찰력만으로 회전력을 전달에 사용
② **묻힘 키(Sunk Key)**: 축과 보스 양쪽에 모두 키 홈을 파서 비틀림 모멘트를 전달하는 키로써 가장 많이 사용
③ **반달 키(Woddruff Key)**: 자동적으로 축과 보스 사이에 자리를 잡을 수 있어 자동차, 공작기계 등의 60mm 이하의 작은 축이나 테이퍼 축에 사용
④ **둥근 키(Round Key)**: 핀 키라고도 하며, 핸들과 같이 작은 것의 고정에 사용되고 단면은 원형이고 하중이 작을 때만 사용

14 측정자의 직선 또는 원호 운동을 기계적으로 확대하여 그 움직임을 지침의 회전 변위로 변환시켜 눈금을 읽을 수 있는 측정기는?
① 다이얼게이지 ② 마이크로미터
③ 만능 투영기 ④ 3차원 측정기

해설 다이얼게이지: 측정자의 직선 또는 원호 운동을 기계적으로 확대하여 그 움직임을 지침의 회전 변위로 변환시켜 눈금을 읽을 수 있는 측정기이다.

정답 11. ④ 12. ② 13. ① 14. ①

15. 표면 거칠기 값(6.3)만을 직접 면에 지시하는 경우 표시 방향이 잘못된 것은?

① ㄱ
② ㄴ
③ ㄷ
④ ㄹ

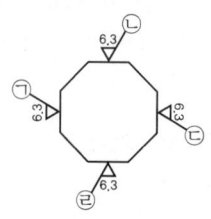

해설 위 그림에서 표면 거칠기 값(6.3)의 면에 지시하는 경우 ③의 표시 방향이 잘못된 방향이다. 올바른 표시 방향은 (그림) 이다.

16. 대상물의 일부를 떼어낸 경계를 표시하는 데 사용하는 선은?

① 외형선
② 숨은선
③ 가상선
④ 파단선

해설
① **외형선**: 대상물의 보이는 부분의 형상을 표시
② **숨은선**: 대상물의 보이지 않는 부분의 형상을 표시
③ **가상선**
 • 인접 부분을 참고로 표시
 • 공구, 지그의 위치를 참고로 표시
 • 가동 부분을 이동 중의 특정한 위치 또는 이동 한계의 위치를 표시
 • 가공 전 또는 가공 후의 형상을 표시
 • 되풀이하는 것을 표시
 • 도시된 단면의 앞쪽에 있는 부분을 표시
④ **파단선**: 대형물의 일부를 파단한 경계 또는 일부를 떼어낸 경계를 표시

17. 제3각법에 대한 설명으로 틀린 것은?

① 투상 원리는 눈 → 투상면 → 물체의 관계이다.
② 투상면 앞쪽에 물체를 놓는다.
③ 배면도는 우측면도의 오른쪽에 놓는다.
④ 좌측면도는 정면도의 좌측에 놓는다.

해설 **제3각법**: 물체를 제3각 안에 놓고 물체를 투상한 것을 말한다. 즉 물체의 앞의 유리판에 투영한다.
 ① 투상 순서는 눈 → 투상 → 물체이다
 ② 좌측면도는 정면도의 좌측에 위치한다.
 ③ 평면도는 정면도의 위에 위치한다.
 ④ 우측면도는 정면도의 우측에 위치한다.
 ⑤ 저면도는 정면도의 아래에 위치한다.
 ⑥ 배면도는 우측면도의 오른쪽에 놓는다.
 ⑦ 물체를 투상면의 뒤쪽에 놓고 투상한다.

정답 15. ③ 16. ④
17. ②

18 특수한 가공을 하는 부분 등 특별한 요구사항을 적용할 수 있는 범위를 표시하는 데 사용하는 선의 종류는?

① 가는 1점 쇄선 ② 굵은 1점 쇄선
③ 가는 2점 쇄선 ④ 굵은 2점 쇄선

해설 ① **가는 1점 쇄선**: 도형의 중심을 표시 및 중심 이동한 중심 괘적을 표시
② **굵은 1점 쇄선**: 특수한 가공을 하는 부분 등 특별한 요구사항을 적용할 수 있는 범위를 표시하는 데 사용
③ **가는 2점 쇄선**: 가상선에 사용
④ **아주 굵은 실선**: 얇은 부분의 단면도시를 명시하는 데 사용

19 다음 중 모양 공차에 속하지 않는 것은?

① 평면도 공차 ② 원통도 공차
③ 면의 윤곽도 공차 ④ 평행도 공차

해설 평행도 공차(//)는 자세 공차에 속한다.

모양 공차	─	진직도 공차
	▱	평면도 공차
	○	진원도 공차
	⌀	원통도 공차
	⌒	선의 윤곽도 공차
	⌓	면의 윤곽도 공차

20 다음 재료기호 중 기계구조용 탄소강재는?

① SM 45C ② SPS 1
③ STC 3 ④ SKH 2

해설 ① **SM 45C**: 기계구조용 탄소강재
② **SPS 1**: 스프링 강재
③ **STC 3**: 탄소공구강재
④ **SKH 2**: 고속도강재

21 다음 그림의 치수 기입에 대한 설명으로 틀린 것은?

① 기준 치수는 지름 20이다.
② 공차는 0.013이다.
③ 최대허용치수는 19.93이다.
④ 최소허용치수는 19.98이다.

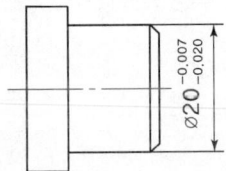

해설 ① 기준 치수는 지름 ⌀20이다.
② 공차는 0.02 - 0.007 = 0.013이다.
③ 최대허용치수는 20 - 0.007 = 19.993이다.
④ 최소허용치수는 20 - 0.02 = 19.980이다.

정답 18. ② 19. ④ 20. ① 21. ③

01회 CBT 모의고사

22 표면의 결인 줄무늬 방향의 지시기호 "C"의 설명으로 맞는 것은?

① 가공에 의한 커터의 줄무늬 방향이 기호로 기입한 그림의 투상면에 경사 지고 두 방향으로 교차
② 가공에 의한 커터의 줄무늬 방향이 여러 방향으로 교차 또는 두 방향
③ 가공에 의한 커터의 줄무늬가 기호를 기입한 면의 중심에 대하여 거의 동심원 모양
④ 가공에 의한 커터의 줄무늬가 기호를 기입한 면의 중심에 대하여 대략 레이디얼 모양

해설

X	가공으로 생긴 선이 두 방향으로 교차
M	가공으로 생긴 선이 다방면으로 교차 또는 무방향
C	가공으로 생긴 선이 거의 동심원
R	가공으로 생긴 선이 거의 방사상(레이디얼형)

23 다음과 같이 도면에 기하 공차가 표시되어 있다. 이에 대한 설명으로 틀린 것은?

| // | 0.05/100 | A |

① 기하 공차 허용값은 0.05mm이다.
② 기하 공차 기호는 평행도를 나타낸다.
③ 관련 형체로 데이텀은 A이다.
④ 기하 공차 전체 길이에 적용된다.

해설 데이텀 A면에 대하여 길이 100mm에 평행도 공차 허용값은 0.05mm이다.

24 그림과 같이 축의 홈이나 구멍 등과 같이 부분적인 모양을 도시하는 것으로 충분한 경우의 투상도는?

① 회전 투상도
② 부분 확대도
③ 국부 투상도
④ 보조 투상도

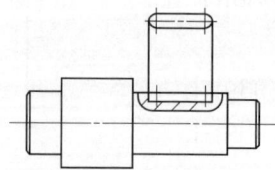

해설
① **회전 투상도**: 투상 면이 어느 각도를 가지고 있기 때문에 그 물체의 실제 모형을 표시하지 못할 때는 그 부분을 회전해서 물체의 실제 모형을 도시할 수 있다.
② **부분 확대도**: 그림의 일부를 도시하는 것으로 충분한 경우에는 필요한 부분만 투

답안 표기란

22	①	②	③	④
23	①	②	③	④
24	①	②	③	④

정답 22. ③ 23. ④ 24. ③

상도로써 나타낸다. 이러한 경우 생략한 부분과 경계를 파단선으로 나타낸다. 명확한 경우에는 파단선을 생략한다.
③ **국부 투상도**: 물체의 구멍이나 홈 등의 한 국부만의 모양을 도시하는 것으로 충분한 경우에는 필요한 부분을 국부 투상도로 나타낸다.
④ **보조 투상도**: 물체의 경사면을 실형으로 그려서 바꾸기 할 필요가 있을 경우에는 그 경사면과 위치에 필요 부분만을 보조 투상도로 표시합니다.

25 ∅50H7/p6와 같은 끼워 맞춤에서 H7의 공차값은 $^{+\,0.025}_{\qquad 0}$이고, p6의 공차값은 $^{+\,0.042}_{+\,0.026}$이다. 최대 죔새는?

① 0.001 ② 0.027
③ 0.042 ④ 0.067

해설

	구멍	축
최대허용치수	A=50.025mm	a=50.042mm
최소허용치수	B=50.000mm	b=50.026mm
최대 죔새	a−B=0.042mm	
최소 죔새	b−A=0.001mm	

26 제3각법으로 그린 투상도에서 우측면도로 옳은 것은?

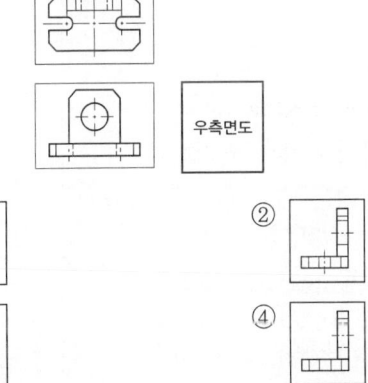

해설 제3각법으로 그린 투상도에서 우측면도로 옳은 것은 ④이다.

27 제3각법으로 그린 정 투상도 중 잘못 그려진 투상이 있는 것은?

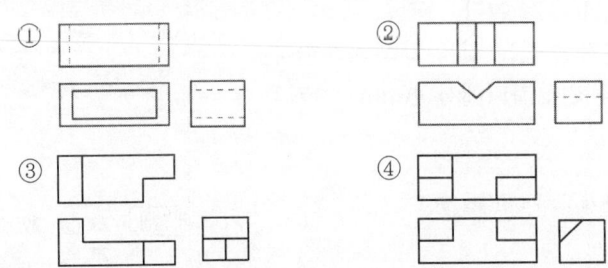

[정답] 25. ③ 26. ④
27. ④

28 치수의 위치와 기입 방향에 대한 설명 중 틀린 것은?

① 치수는 투상도와 모양 및 치수의 대조 비교가 쉽도록 관련 투상도 쪽으로 기입한다.
② 하나의 투상도인 경우, 길이 치수 위치는 수평 방향의 치수선에 대해서는 투상도의 위쪽에서 수직 방향의 치수선에 대해서는 투상도의 오른쪽에서 읽을 수 있도록 기입한다.
③ 각도 치수는 기울어진 각도 방향에 관계없이 읽기 쉽게 수평 방향으로만 기입한다.
④ 치수는 수평 방향의 치수선에는 위쪽, 수직 방향의 치수선에는 왼쪽으로 약 0.5mm 정도 띄어서 중앙에 치수를 기입한다.

해설 각도 치수는 치수선을 중단하지 않고 치수선 위쪽에 약간 띄워서 중앙에 기입한다. 수직선에 대하여 시계 반대방향으로 향하여 약 30° 이하의 각도를 이루는 방향에는 치수의 기입을 피한다. 치수는 도면의 아래쪽에서 읽을 수 있도록 쓴다. 그러므로 수평 방향 이외의 치수선은 치수를 끼우기 위하여 중앙을 중단하여 기입한다.

29 척도 기입 방법에 대한 설명으로 틀린 것은?

① 척도는 표제란에 기입하는 것이 원칙이다.
② 같은 도면에서는 서로 다른 척도를 사용할 수 없다.
③ 표제란이 없는 경우에는 도명이나 품번 가까운 곳에 기입한다.
④ 현척의 척도 값은 1 : 1이다.

해설 **척도의 기입 방법**
척도는 도면의 표제란에 기입한다. 같은 도면에 다른 척도를 사용할 때는 필요에 따라 그 그림 부근에도 기입한다. 도형이 치수에 비례하지 않는 경우에는 그 취지를 적당한 곳에 명기한다. 또, 이들 척도의 표는 잘못 볼 염려가 없을 경우에는 기입하지 않아도 좋다.

30 한국 산업 표준에서 정한 도면의 크기에 대한 내용으로 틀린 것은?

① 제도용지 A2의 크기는 420×594mm이다.
② 제도용지 세로와 가로의 비는 $1 : \sqrt{2}$이다.
③ 복사한 도면을 접을 때는 A4 크기로 접는 것을 원칙으로 한다.
④ 도면을 철할 때 윤곽선은 용지 가장자리에서 10mm 간격을 둔다.

해설 도면을 철할 때 윤곽선은 용지 가장자리에서 25mm 간격을 둔다.

정답 28. ③ 29. ② 30. ④

31 IT 공차에 대한 설명으로 옳은 것은?

① IT 01부터 IT 18까지 20등급으로 구분되어 있다.
② IT 01~IT 4는 구멍 기준공차에서 게이지 제작 공차이다.
③ IT 6~IT 10은 축 기준공차에서 끼워 맞춤 공차이다.
④ IT 10~IT 18은 구멍 기준공차에서 끼워 맞춤 이외의 공차이다.

해설 IT 기본 공차는 IT 01부터 IT 18까지 20등급으로 구분한다.

용도	게이지 제작 공차	끼워 맞춤 공차	끼워 맞춤 이외 공차
구멍	IT 01~IT 5	IT 6~IT 10	IT 11~IT 18
축	IT 01~IT 4	IT 5~IT 9	IT 10~IT 18

32 제작 도면으로 완성된 도면에서 문자, 선 등이 겹칠 때 우선 순위로 맞는 것은?

① 외형선 → 숨은선 → 중심선 → 숫자, 문자
② 숫자, 문자 → 외형선 → 숨은선 → 중심선
③ 외형선 → 숫자, 문자 → 중심선 → 숨은선
④ 숫자, 문자 → 숨은선 → 외형선 → 중심선

해설 제작 도면으로 완성된 도면에서 문자, 선 등이 겹칠 때 우선 순위: 숫자, 문자 → 외형선 → 숨은선 → 중심선

33 그림과 같이 V 벨트풀리의 일부분을 잘라내고 필요한 내부 모양을 나타내기 위한 단면도는?

① 온 단면도
② 한쪽 단면도
③ 부분 단면도
④ 회전도시 단면도

해설 위 그림에서 V 벨트풀리의 단면도는 부분 단면도이다.

34 이론적으로 정확한 치수를 나타내는 치수 보조기호는?

① <u>50</u>   ② $\boxed{50}$
③ ~~50~~   ④ (50)

해설 ①은 비례척이 아님, ②는 중요치수, ③은 치수 수정 시, ④는 참고 치수이다.

정답 31. ① 32. ② 33. ③ 34. ②

35. 다음은 계기의 도시기호를 나타낸 것이다. 압력계를 나타낸 것은?

① 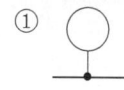   ②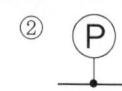

③ 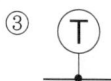   ④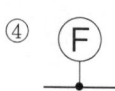

해설 압력계를 나타낸 것은 ②이다.

36. 외접 헬리컬 기어를 축에 직각인 방향에서 본 단면으로 도시할 때, 잇줄 방향의 표시방법은?

① 1개의 가는 실선
② 3개의 가는 실선
③ 1개의 가는 2점 쇄선
④ 3개의 가는 2점 쇄선

해설 기어의 잇줄 방향은 보통 3개의 가는 실선으로 그린다(단, 외접 헬리컬 기어의 주투상도를 단면으로 도시할 때 잇줄 방향 도시는 3개의 가는 2점 쇄선으로 그린다).

37. 모듈 6, 잇수 $Z_1 = 45$, $Z_2 = 85$, 압력 각 14.5°의 한 쌍의 표준기어를 그리려고 할 때, 기어의 바깥지름 D_1, D_2를 얼마로 그리면 되는가?

① 282mm, 522mm
② 270mm, 510mm
③ 382mm, 622mm
④ 280mm, 610mm

해설 바깥지름: $D_0 = m(Z+2)$
$D_1 = 6 \times (45+2) = 282$
$D_2 = 6 \times (85+2) = 522$

38. 다음 용접 이음의 기본 기호 중에서 잘못 도시된 것은?

① V형 맞대기 용접: ∨
② 필릿 용접: ◺
③ 플러그 용접: ▯
④ 심 용접: ○

해설 심 용접: ⊖, 점 용접: ○이다.

정답 35. ② 36. ④ 37. ① 38. ④

39 V 벨트풀리에 대한 설명으로 올바른 것은?

① A형은 원칙적으로 한 줄만 걸친다.
② 암은 길이 방향으로 절단하여 도시한다.
③ V 벨트풀리는 축직각 방향의 투상을 정면도로 한다.
④ V 벨트풀리의 홈의 각도는 35°, 38°, 40°, 42° 4종류가 있다.

> **해설** V 벨트풀리의 도시 방법
> ① V 벨트풀리의 홈 수는 규정이 없으나 M형은 한 줄 걸기를 원칙으로 한다.
> ② V 벨트풀리는 림이 V자형으로 되어 있으므로 호칭 지름(D)은 V를 걸었을 때 V 단면의 중앙을 지나는 가상원의 지름으로 나타낸다.
> ③ V 벨트풀리는 축직각 방향의 투상을 정면도로 한다.
> ④ V 벨트풀리의 홈의 각도는 40°이다.

40 다음 나사의 종류와 기호 표시로 틀린 것은?

① 미터보통 나사: M
② 관용평행 나사: G
③ 미니추어 나사: S
④ 전구 나사: R

> **해설**
> • 전구 나사: E
> • 관용 테이퍼 수나사: R

41 구름 베어링의 호칭 번호가 "6203 ZZ"이면 이 베어링의 안지름은 몇 mm인가?

① 15
② 17
③ 60
④ 62

> **해설** 안지름 번호(세 번째, 네 번째 숫자)
> 안지름 번호 1~9까지는 안지름 번호와 안지름이 같고 안지름 번호의 안지름 20mm 이상 480mm 미만에서는 안지름을 5로 나눈 수가 안지름 번호이다.
> 00: 안지름 10mm, 01: 안지름 12mm, 02: 안지름 15mm, 03: 안지름 17mm

42 스플릿 테이퍼 핀의 테이퍼 값은?

① 1/20
② 1/25
③ 1/50
④ 1/100

> **해설** 스플릿 테이퍼 핀의 테이퍼 값은 1/500이다.

43 CAD 시스템의 입력장치가 아닌 것은?

① 키보드
② 라이트 펜
③ 플로터
④ 마우스

> **해설** 플로터는 출력장치이다.

정답 39. ③ 40. ④ 41. ② 42. ③ 43. ③

44. 스프링의 제도에 있어서 틀린 것은?

① 코일 스프링은 원칙적으로 무하중 상태로 그린다.
② 하중과 높이 등의 관계를 표시할 필요가 있을 때에는 선도 또는 요목표에 표시한다.
③ 특별한 단서가 없는 한 모두 왼쪽으로 감은 것을 나타낸다.
④ 종류와 모양만을 간략도로 나타내는 경우 재료의 중심선만을 굵은 실선으로 그린다.

해설 특별한 단서가 없는 한 모두 오른쪽 감기로 도시하고, 왼쪽 감기로 도시할 때에는 '감긴 방향 왼쪽'이라고 한다.

45. 다음 나사의 도시 방법으로 틀린 것은?

① 암나사의 안지름은 굵은 실선으로 그린다.
② 완전 나사부와 불완전 나사부의 경계선은 굵은 실선으로 그린다.
③ 수나사의 바깥지름은 굵은 실선으로 그린다.
④ 수나사와 암나사의 측면도시에서 골지름은 굵은 실선으로 그린다.

해설 수나사와 암나사의 측면도시에서 각각의 골지름은 가는 실선으로 약 3/4원으로 그린다.

46. 다음 표기는 무엇을 나타낸 것인가?

① 사다리꼴 나사
② 스플라인
③ 사각나사
④ 세레이션

ISO 14-6x23f7x26

해설 위 그림에서 나사 표기는 스플라인을 나타낸 것이다.

47. 다음 중 서피스 모델링의 특징으로 틀린 것은?

① NC 가공정보를 얻기가 용이하다.
② 복잡한 형상표현이 가능하다.
③ 구성된 형상에 대한 중량계산이 용이하다.
④ 은선 제거가 가능하다.

정답 44. ③ 45. ④ 46. ② 47. ③

해설 서피스 모델링(Surface Modeling)
① 은선 제거가 가능하다.
② Section Drawing(단면)할 수 있다.
③ 2개의 면의 교선을 구할 수 있다.
④ 복잡한 형상을 표현할 수 있다.
⑤ NC data 생성할 수가 있다
⑥ 물리적 성질(Weight, Center of Gravity, Moment)을 구하기 어렵다.
⑦ 유한요소법(FEM: finite element me- thod)의 적용을 위한 요소분할이 어렵다.

48 도형의 좌표변환 행렬과 관계가 먼 것은?
① 미러(mirror)
② 회전(rotate)
③ 스케일(scale)
④ 트림(trim)

해설 컴퓨터에 의해 제작된 도면이나 형상 모델을 조작하기 위해서는 이미 작성된 데이터를 이동, 회전 및 스케일, 미러 등을 할 필요가 있는데 이를 도형의 좌표변환이라 한다.

49 컴퓨터의 중앙처리장치(CPU)를 구성하는 요소가 아닌 것은?
① 제어장치
② 주기억장치
③ 보조기억장치
④ 연산논리장치

해설 중앙처리장치(CPU: Central Processing Unit)
컴퓨터 시스템에서 가장 핵심이 되는 장치로 인간의 뇌에 해당함
① 제어장치(control unit)
② 연산장치(ALU: Arithmetic & Logic Unit)
③ 주기억장치: 레지스터(register)

50 드릴 홈과 같은 골지름을 측정하는 것은?
① 포인트 마이크로미터
② 나사 마이크로미터
③ 직접 지시 마이크로미터
④ 캘리퍼스형 마이크로미터

해설 나사 마이크로미터

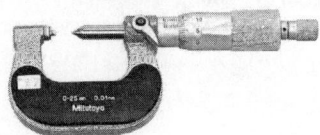

51 비교 측정하는 방식의 측정기는?
① 측장기
② 마이크로미터
③ 다이얼 게이지
④ 버니어 캘리퍼스

해설 다이얼 게이지: 길이의 비교 측정에 사용되며 평면이나 원통형의 평활도, 원통의 진원도, 축의 흔들림 정도 등의 검사나 측정에 쓰이고 시계형, 부채꼴형 등이 있다.

[정답] 48. ④ 49. ③ 50. ② 51. ③

52 다이얼 게이지에 의한 측정은 다음 중 어느 계측법에 속하는가?
① 영위법
② 치환법
③ 보상법
④ 편위법

해설 편위법은 비교 측정치를 얻는 것으로 다이얼 게이지이고, 영위법은 마이크로미터이다.

53 원형의 측정 물을 V블록 위에 올려놓은 뒤 회전하였더니 다이얼 게이지의 눈금에 0.5mm의 차이가 있었다면 그 진원도는 얼마인가?
① 0.125mm
② 0.25mm
③ 0.5mm
④ 1.0mm

해설 $\dfrac{0.5}{2} = 0.25\,mm$

54 측정자의 직선 또는 원호 운동을 기계적으로 확대하여 그 움직임을 지침의 회전 변위로 변환시켜 눈금으로 읽을 수 있는 측정기는?
① 수준기
② 스냅 게이지
③ 게이지 블록
④ 다이얼 게이지

해설 다이얼 게이지: 측정자의 직선 또는 원호 운동을 기계적으로 확대하여 그 움직임을 지침의 회전 변위로 변환시켜 눈금으로 읽을 수 있는 측정기이다.

55 +4 μm의 오차가 있는 호칭 치수 30mm의 게이지 블록과 다이얼 게이지를 사용하여 비교 측정한 결과 30.274mm를 얻었다면 실체 치수는?
① 30.278mm
② 30.270mm
③ 30.266mm
④ 30.282mm

해설 계기 오차 = 측정값 − 참값 = 30.274 − 30 = 0.274
실제 치수 = 측정값 + 오차 = 30.274 + 0.004 = 30.278

56 표면경화 처리 중 담금질이 필수적인 것은?
① 침탄법
② 질화법
③ 숏 피닝
④ 크로마이징

[정답] 52. ④ 53. ②
54. ④ 55. ①
56. ①

57 다음 도형에서 와이어프레임의 윤곽선 수는?

① 31
② 41
③ 51
④ 61

해설 도형에서 모서리 수-27개
구멍에서 원-4개, 반원-2개, 모서리 수-8개

58 Boundary Representation 솔리드 데이터는 Geometry 데이터와 Topology 데이터로 구분해서 생각할 수 있다. 다음 용어 중 Topology 용어가 아닌 것은?

① Face
② Edge
③ Loop
④ Bridge

해설 토폴로지(Topology: 위상기하학) 용어: Vertex, Face, Edge, Loop 등

59 프로파일은 경로 곡선을 따라 피쳐가 생성되는 부품 피쳐는?

① 돌출(Extrude)
② 회전(Revolve)
③ 스윕(Sweep)
④ 로프트(Loft)

해설 ① **돌출**(Extrude): 스케치를 3차원으로 돌출하여 볼록한 형상으로 만든다.
② **회전**(Revolve): 스케치한 도형을 회전시켜 3차원으로 만든다.
③ **구멍**(Hole): 동심, 점을 선택하여 원형 구멍을 만든다.
④ **로프트**(Loft): 두 개 이상의 프로파일 사이에서 로프트를 만든다.
⑤ **스윕**(Sweep): 프로파일은 경로 곡선을 따라 피쳐가 생성된다.

60 다음 구조용 복합 재료 중에서 섬유 강화금속은?

① SPF
② FRM
③ FRP
④ GFRP

해설 ① **FRS**: 섬유 강화 초합금
② **FRM**: 섬유 강화 금속
③ **FRP**: 섬유 강화 플라스틱
④ **PSM**: 입자분산강화금속
⑤ **GFRP**: 플라스틱 + 유리섬유
⑥ **CFRP**: 플라스틱 + 탄소섬유
⑦ **MFRP**: 플라스틱 + 금속섬유
⑧ **FRC**: 섬유강화 세라믹

정답 57. ② 58. ②
59. ③ 60. ②

02회 CBT 모의고사

01 주조경질합금의 대표적인 스텔라이트의 주성분을 올바르게 나타낸 것은?

① 몰리브덴 - 크롬 - 바나듐 - 탄소 - 티탄
② 크롬 - 타소 - 니켈 - 마그네슘
③ 탄소 - 텅스텐 - 크롬 - 알루미늄
④ 코발트 - 크롬 - 텅스텐 - 탄소

> **해설** **주조경질 합금**
> 주조한 강을 연마하여 사용하는 공구 재료로서 충분한 강도를 가지고 있으므로 열처리가 필요 없고 단조가 불가능하다. 대표적인 것으로는 Co를 주성분으로 하는 Co - Cr - W - C계의 스텔라이트(stellite)가 있으며 절삭용 공구, 다이스(dies), 드릴(drill), 의료용 기구, 착암기의 비트(bit) 등에 사용된다.

02 설계도면에 SM40C로 표시된 부품이 있다. 어떤 재료를 사용해야 하는가?

① 인장강도가 40MPa인 일반구조용 탄소강
② 인장강도가 40MPa인 기계구조용 탄소강
③ 탄소를 0.37%~0.43% 함유한 일반구조용 탄소강
④ 탄소를 0.37%~0.43% 함유한 기계구조용 탄소강

> **해설** M40C: 탄소를 0.37%~0.43% 함유한 기계구조용 탄소강이다.

03 강괴를 탈산 정도에 따라 분류할 때 이에 속하지 않는 것은?

① 림드강
② 세미 림드강
③ 킬드강
④ 세미 킬드강

> **해설** **강괴의 종류 및 특징**
> ① **킬드강**: 페로실리콘(Fe - Si), 알루미늄(Al) 등의 강탈산제를 사용하여 완전히 탈산한 강으로 헤어크랙이 생기기 쉬우며 강괴의 중앙 상부에 큰 수축관이 생긴다.
> ② **세미킬드강**: 킬드강과 림드강의 중간 정도로 탈산한 강으로 일반 구조용강, 두꺼운 판 등의 소재에 쓰인다.
> ③ **림드강**: 페로망간(Fe - Mn)을 첨가하여 탈산 및 기타 가스 처리가 불충분한 상태의 강으로 주형의 외벽으로 림(rim)을 형성한다.
> ④ **캡트강**: 림드강을 변형시킨 강으로 비등을 억제시켜 림 부분을 얇게 한 강이며, 탈산제로 Fe - Si, Al, Fe - Mn 등이 쓰인다.

정답 01. ④ 02. ④
03. ②

04 Cr 10~11%, Co 26~58%, Ni 10~16% 함유하는 철합금으로 온도 변화에 대한 탄성률의 변화가 극히 적고, 공기 중이나 수중에서 부식되지 않고, 스프링, 태엽 기상관측용 기구의 부품에 사용되는 불변강은?

① 인바(invar)
② 코엘린바(coelinvar)
③ 퍼멀로이(permalloy)
④ 플래티나이트(platinite)

해설
① 인바(invar): Ni 36%를 함유하는 Fe-Ni 합금으로 상온에서 열팽창계수가 매우 적고 내식성이 대단히 좋으므로 줄자, 시계의 진자, 바이메탈 등에 쓰인다.
② 코엘린바(coelinvar): Cr 10~11%, Co 26~58%, Ni 10~16% 함유하는 철합금으로 온도변화에 대한 탄성률의 변화가 극히 적고 공기 중이나 수중에서 부식되지 않고, 스프링, 태엽 기상관측용 기구의 부품에 사용한다.
③ 퍼멀로이(permalloy): Ni 75~80%, Co 0.5% 함유, 약한 자장으로 큰 투자율을 가지므로 해저전선의 장하 코일용으로 사용되고 있다.
④ 플래티나이트(platinite): Ni 40~50%, 나머지 Fe이고, 전구의 도입선과 같은 유리와 금속의 봉착용으로 쓰이는 Fe-Ni계 합금이다.

05 주철의 흑연화를 촉진시키는 원소가 아닌 것은?

① Al
② Mn
③ Ni
④ Si

해설 주철의 흑연화 촉진
시멘타이트(Fe_3C)를 분해시켜 철(Fe)과 흑연으로 바꾸게 하는 물질이다. Fe_3C의 분해를 조장하는 물질로서 대체로 규소(Si), 니켈(Ni), 알루미늄(Al) 등은 흑연화 촉진제로 취급되고 있다.
주철 중 탄소의 흑연화를 저해하는 원소는 Mn, V, Cr, S 등이 있다.

06 담금질한 탄소강을 뜨임 처리하면 어떤 성질이 증가되는가?

① 강도
② 경도
③ 인성
④ 취성

해설 담금질한 탄소강을 뜨임 처리하면 인성이 증가한다.

07 체인 전동의 특징으로 잘못된 것은?

① 고속 회전의 전동에 적합하다.
② 내열성, 내유성, 내습성이 있다.
③ 큰 동력 전달이 가능하고 전농 효율이 높다.
④ 미끄럼이 없고 정확한 속도비를 얻을 수 있다.

해설 체인 전동의 단점
① 진동, 소음이 생기기 쉽다.
② 고속 회전에 부적당하고 저속, 대마력에 적당하며, 윤활이 필요하다.

정답 04. ② 05. ②
06. ③ 07. ①

02회 CBT 모의고사

08 철강 재료에 관한 올바른 설명은?
① 광로에서 생산된 철은 강이다.
② 탄소강은 탄소함유량이 3.0%~4.3% 정도이다.
③ 합금강은 탄소강에 필요한 합금원소를 첨가한 것이다.
④ 탄소강의 기계적 성질에 가장 큰 영향을 끼치는 원소는 규소(Si)이다.

해설 철강 재료
① 용광로에서 생산된 철은 선철이다.
② 탄소강은 탄소함유량이 0.05%~1.2% 정도이다.
③ 합금강은 탄소강에 필요한 합금원소를 첨가한 것이다.
④ 탄소강의 기계적 성질에 가장 큰 영향을 끼치는 원소는 탄소(C)이다.

09 나사결합부에 진동하중이 작용하든가 심한 하중 변화가 있으면 어느 순간에 너트는 풀리기 쉽다. 너트의 풀림 방지법으로 사용하지 않는 것은?
① 나비 너트   ② 분할 핀
③ 로크너트   ④ 스프링 와셔

해설 나사의 풀림 방지법
① 스프링 와셔, 이붙이 와셔를 사용하는 방법
② 로크너트를 사용하는 방법
③ 자동죔너트에 의한 방법
④ 분할 핀, 작은 나사, 멈춤 나사에 의한 방법
⑤ 철사에 의한 방법
⑥ 플라스틱 플러그에 의한 방법

10 나사 및 너트의 이완을 방지하기 위하여 주로 사용되는 핀은?
① 테이퍼 핀   ② 평행 핀
③ 스프링 핀   ④ 분할 핀

해설 분할 핀: 나사 및 너트의 이완을 방지하기 위하여 주로 사용한다.

11 구름 베어링 중에서 볼 베어링의 구성요소와 관련이 없는 것은?
① 외륜   ② 내륜
③ 니들   ④ 리테이너

정답 08. ③ 09. ① 10. ④ 11. ③

해설 구름 베어링 중에서 볼 베어링의 구성요소
① 외륜 ② 내륜 ③ 리테이너
※ **구름 베어링의 구조**: 궤도륜(외륜과 내륜) 사이에 전동체가 들어 있고, 전동체는 리테이너에 의하여 일정한 간격을 유지하도록 되어 있어 마멸과 소음을 방지하게 된다. 보통 내륜은 축과 결합하고 외륜은 하우징과 결합한다.

12. 평기어에서 피치원의 지름이 132mm, 잇수가 44개인 기어의 모듈은?

① 1
② 3
③ 4
④ 6

해설 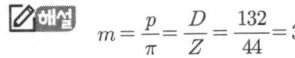 $m = \dfrac{p}{\pi} = \dfrac{D}{Z} = \dfrac{132}{44} = 3$

13. 나사에 관한 설명으로 옳은 것은?

① 1줄 나사와 2줄 나사의 리드(lead)는 같다.
② 나사의 리드각과 비틀림각의 합은 90°이다.
③ 수나사의 바깥지름은 암나사의 안지름과 같다.
④ 나사의 크기는 수나사의 골지름으로 나타낸다.

해설 ① 1줄 나사와 2줄 나사의 리드(lead)는 다르다. l(리드)$= n$(줄수)$\times p$(피치)이다.
② 나사의 리드각과 비틀림각의 합은 90°이다.
③ 수나사의 바깥지름은 암나사의 골지름과 같다.
④ 나사의 크기는 수나사의 바깥지름으로 나타낸다.

14. 압축 코일 스프링에서 코일의 평균 지름(D)이 50mm, 감김 수가 10회, 스프링지수(C)가 5.0일 때 스프링 재료의 지름은 약 몇 mm인가?

① 5
② 10
③ 15
④ 20

해설 스프링지수$(C) = \dfrac{\text{코일의 평균 지름}(D)}{\text{소선의 지름}(d)}$

소선의 지름$(d) = \dfrac{\text{코일의 평균 지름}(D)}{\text{스프링지수}(C)} = \dfrac{50}{5.0} = 10\text{mm}$

15. 드릴의 홈, 나사의 골지름, 곡면 형상의 두께를 측정하는 마이크로미터는?

① 외경 마이크로미터
② 캘리퍼형 마이크로미터
③ 나사 마이크로미터
④ 포인트 마이크로미터

해설 **포인트 마이크로미터**: 드릴의 홈, 나사의 골지름, 곡면 형상의 두께를 측정할 수 있다.

[정답] 12. ② 13. ② 14. ② 15. ④

16. 초경합금의 주성분은?

① W, Cr, V
② W, C, Co
③ TiC, TiN
④ Al_2O_3

해설 **초경합금**: W-Ti-Ta 등의 탄화물 분말을 Co 또는 Ni를 결합하여 1400℃ 이상에서 소결시킨 것이다(주성분: W, Ti, Co, C 등).

17. 바이트의 날끝 반지름이 1.2mm인 바이트로 이송을 0.05mm/rev로 깎을 때 이론상의 최대높이 거칠기는 몇 μm인가?

① 0.57
② 0.45
③ 0.33
④ 0.26

해설 $H = \dfrac{s^2}{8r} = \dfrac{0.05^2}{8 \times 1.2} = 0.00026 \text{mm} = 0.26 \mu m$

18. 구멍의 치수가 $\phi 50^{+0.025}_{\ 0}$, 축의 치수가 $\phi 50^{-0.009}_{-0.025}$일 때 최대 틈새는 얼마인가?

① 0.025
② 0.05
③ 0.07
④ 0.009

해설
① **최소 틈새**: 구멍의 최소허용치수-축의 최대허용치수=0-(-0.009)=0.009
② **최대 틈새**: 구멍의 최대허용치수-축의 최소허용치수=0.025-(-0.025)=0.05
③ **최소 죔새**: 축의 최소허용치수-구멍의 최대허용치수=-0.025-(+0.025)=0
④ **최대 죔새**: 축의 최대허용치수-구멍의 최소허용치수=-0.009-(0)=-0.009

19. 다듬질 면의 지시기호가 틀린 것은?

① ② ③ ④

해설 ① 절삭 등 제거 가공의 필요 여부를 문제 삼지 않는 경우에는 그림과 같이 면에 지시기호를 붙여서 사용한다.

② 제거 가공을 필요로 한다는 것을 지시할 때에는 면의 지시기호의 짧은 쪽의 다리 끝에 가로선을 부가한다.

③ 제거 가공해서는 안 된다는 것을 지시할 때에는 면의 지시기호에 내접하는 원을 부가한다.

정답 16. ② 17. ④
18. ② 19. ②

20 그림의 투상에서 정면도로 맞는 것은?

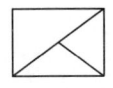

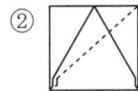
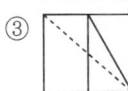
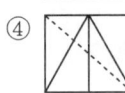

✏️**해설** 그림의 투상에서 정면도로 맞는 것은 ②이다.

21 물체가 구의 지름임을 나타내는 치수 보조 기호는?
① SØ
② C
③ Ø
④ R

✏️**해설**

지름	ϕ
반지름	R
구의 지름	Sϕ
구의 반지름	SR
정사각형의 변	□

22 치수 기입의 원칙에 맞지 않는 것은?
① 가공에 필요한 요구사항을 치수와 같이 기입할 수 있다.
② 치수는 주로 주 투상도에 집중시킨다.
③ 치수는 되도록 도면 사용자가 계산하도록 기입한다.
④ 공정마다 배열을 나누어서 기입한다.

✏️**해설** 치수 기입의 원칙에서 치수는 되도록 도면 사용자가 계산하지 않도록 기입한다.

23 보기에서 ⓐ가 지시하는 선의 용도에 의한 명칭으로 맞는 것은?
① 회선 난번선
② 파단선
③ 절단선
④ 특수 지정선

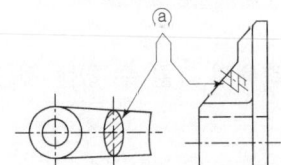

✏️**해설** 보기에서 ⓐ가 지시하는 선의 용도에 의한 명칭은 회전 단면선이다.

정답 20. ② 21. ①
22. ③ 23. ①

24 제도의 목적을 달성하기 위하여 도면이 구비하여야 할 기본 요건이 아닌 것은?

① 면의 표면 거칠기, 재료선택, 가공방법 등의 정보
② 도면 작성방법에 있어서 설계자 임의의 창의성
③ 무역 및 기술의 국제 교류를 위한 국제적 통용성
④ 대상물의 도형, 크기, 모양, 자세, 위치의 정보

해설 도면이 구비하여야 할 기본 요건은 도면 작성방법에 있어서 설계자 임의의 창의성 작성이 아니라 KS 제도법에 의해 도면을 작성하여야 한다.

25 일반 치수 공차 기입 방법 중 잘못된 기입 방법은?

① 10 ± 0.1
② $10^{+0.1}_{\ 0}$
③ $10^{+0.2}_{-0.5}$
④ $10^{-0.1}_{\ 0}$

해설 ④의 올바른 표기법: $10^{\ 0}_{-0.1}$

26 대칭형의 물체를 1/4 절단하여 내부와 외부의 모습을 동시에 보여주는 단면도는?

① 온 단면도
② 한쪽 단면도
③ 부분 단면도
④ 회전도시 단면도

해설
① **온 단면도**: 물체의 기본적인 모양을 가장 잘 나타낼 수 있도록 물체의 중심에서 반으로 절단하여 나타내는 단면도이다.
② **한쪽 단면도**: 대칭형의 물체를 1/4 절단하여 내부와 외부의 모습을 동시에 보여주는 단면도이다.
③ **부분 단면도**: 외형도에서 필요로 하는 일부분만을 부분 단면도로 도시할 수 있다. 파단선(가는 실선)으로 단면의 경계를 표시하고 프리핸드로 외형선의 1/2 굵기로 그린다.
④ **회전도시 단면도**: 핸들이나 바퀴 등의 암이나 리브, 훅, 축, 구조물의 부재 등의 절단면은 90° 회전하여 도시하거나 절단할 곳의 전후를 끊어 그 사이에 그릴 때는 굵은 실선으로 그린다.

27 중간 부분을 생략하여 단축해서 그릴 수 없는 것은?

① 관
② 스퍼 기어
③ 래크
④ 교량의 난간

정답 24. ② 25. ④ 26. ② 27. ②

해설 중간 부분의 생략: 잘라낸 끝부분은 파단선으로 나타낸다.
① 축, 막대, 관, 형강
② 래크, 공작기계의 어미나사, 교량의 난간, 사다리
③ 테이퍼 축

28 제3각법에서 정면도 아래에 배치하는 투상도를 무엇이라 하는가?
① 평면도
② 좌측면도
③ 배면도
④ 저면도

해설 제3각법에서 정면도 아래에 배치하는 투상도를 저면도라 한다.

29 기하 공차 기호에서 다음 중 자세 공차를 나타내는 것이 아닌 것은?
① 대칭도 공차
② 직각도 공차
③ 경사도 공차
④ 평행도 공차

해설 기본 공차: IT 기본 공차는 IT 01부터 IT 18까지 20등급으로 구분한다.

자세 공차	//	평행도 공차	위치 공차	⊕	위치도 공차
	⊥	직각도 공차		◎	동축도 또는 동심도 공차
	∠	경사도 공차		=	대칭도 공차

30 도면을 철하지 않을 경우 A2 용지의 윤곽선은 용지의 가장자리로부터 최소 얼마나 떨어지게 표시하는가?
① 10mm
② 15mm
③ 20mm
④ 25mm

해설

크기의 호칭		A0	A1	A2
	a×b	841×1189	594×841	420×594
윤곽선	c(최소)	20	20	10
	d(최소) 철하지 않을 때	20	20	10
	d(최소) 철할 때	25	25	25

31 다음 표면 거칠기의 표시에서 C가 의미하는 것은?
① 주조가공
② 밀링가공
③ 가공으로 생긴 선이 무방향
④ 가공으로 생긴 선이 거의 동심원

해설 표면 거칠기의 표시에서 C의 의미: 가공으로 생긴 선이 거의 동심원

정답 28.④ 29.① 30.① 31.④

32 기하 공차에 있어서 평면도의 공차값이 지정 넓이 75×75mm에 대해 0.1mm일 경우 도시가 바르게 된 것은?

① ▱ | 75×75 | 0.1
② ▱ | 0.1/75
③ ▱ | 75×75/0.1
④ ▱ | 0.1/75×75

해설) ▱ | 0.1/75×75
평면도의 공차값이 지정 넓이 75×75mm에 대해 0.1mm일 경우의 도시이다.

33 다음은 제3각법으로 정 투상한 도면이다. 등각 투상도로 적합한 것은?

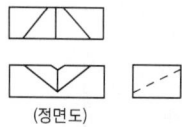
(정면도)

① 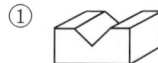   ②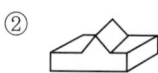

③    ④

해설) 그림에서 투상한 등각 투상도로 적합한 것은 ④이다.

34 최대허용치수가 구멍 50.025mm, 축 49.975mm이며 최소허용치수가 구멍 50.000mm, 축 49.950mm일 때 끼워 맞춤의 종류는?

① 중간 끼워 맞춤
② 억지 끼워 맞춤
③ 헐거운 끼워 맞춤
④ 상용 끼워 맞춤

해설) 구멍 치수가 모두 축 치수보다 크므로 헐거움 끼워 맞춤에 해당한다.
① **최소 틈새**: 구멍의 최소허용치수 − 축의 최대허용치수
50.000 − 49.950 = 0.05
② **최대 틈새**: 구멍의 최대허용치수 − 축의 최소허용치수
50.025 − 49.950 = 0.075

35 제도 시 선의 굵기에 대한 설명으로 틀린 것은?
① 선은 굵기 비율에 따라 표시하고 3종류로 한다.
② 선의 최대 굵기는 0.5mm로 한다.

정답 32. ④ 33. ④
34. ③ 35. ②

③ 동일 도면에서는 선의 종류마다 굵기를 일정하게 한다.
④ 선의 최소 굵기는 0.18mm로 한다.

해설 선의 굵기의 기준은 0.18mm, 0.25mm, 0.35mm, 0.5mm, 0.7mm 및 1mm로 한다.
① **가는 선**: 굵기가 0.18~0.5mm인 선
② **굵은 선**: 굵기가 0.35~1mm인 선(가는 선 굵기의 2배)
③ **아주 굵은 선**: 굵기가 0.7~1mm인 선(굵은 선 굵기의 2배)
※ 선 굵기의 비율은 1(가는 선) : 2(굵은 선) : 4(아주 굵은 선)

36 투상도의 선택 방법에 대한 설명 중 틀린 것은?

① 대상물의 모양이나 기능을 가장 뚜렷하게 나타내는 부분을 정면도로 선택한다.
② 기능을 나타내는 도면에서는 대상물을 사용하는 상태로 놓고 표시한다.
③ 특별한 이유가 없는 한 대상물을 모두 세워서 그린다.
④ 비교 대조가 불편한 경우를 제외하고는 숨은선을 사용하지 않도록 투상을 선택한다.

해설 **투상도의 선택 방법**
① 주 투상도에는 대상물의 모양·기능을 가장 명확하게 나타내는 면을 정면도로 선택한다.
② 조립도 등 주로 기능을 표시하는 도면에서는 대상물을 사용하는 상태로 표시한다.
③ 부품도 등 공작기계로 가공하는 물체는 가장 많은 공정을 가공할 때와 같은 방향으로 정면도를 선택하여 투상한다.
④ 비교 대조가 불편한 경우를 제외하고는 숨은선을 사용하지 않도록 투상을 선택한다.

37 다음 중 재료의 기호와 명칭이 맞는 것은?

① STC: 기계구조용 탄소 강재
② STKM: 용접 구조용 압연 강재
③ SC: 탄소 공구 강재
④ SS: 일반 구조용 압연 강재

해설 ① **STC**: 탄소공구 강재　② **STKM**: 기계구조용 탄소강관
③ **SC**: 탄소 주강품　④ **SS**: 일반 구조용 압연강판

38 베벨 기어 제도 시 피치원을 나타내는 선의 종류는?

① 굵은 실선　② 가는 1점 쇄선
③ 가는 실선　④ 가는 2점 쇄선

해설 ① 이끝원은 굵은 실선으로 그리고 피치원은 가는 1점 쇄선으로 그린다.
② 이뿌리원은 가는 실선으로 그린다. 단, 축에 직각인 방향으로 본 그림(이하 주 투상도라 한다)의 단면으로 도시할 때에는 이뿌리원은 굵은 실선으로 그린다. 또 베벨 기어와 웜휠에서는 이뿌리원은 생략해도 좋다.

정답 36. ③　37. ④
38. ②

39. 벨트풀리의 도시법에 대한 설명으로 틀린 것은?

① 벨트풀리는 축직각 방향의 투상을 주투상도로 할 수 있다.
② 벨트풀리는 모양이 대칭형이므로 그 일부분만을 도시할 수 있다.
③ 암은 길이 방향으로 절단하여 도시한다.
④ 암의 단면형은 도형의 안이나 밖에 회전 단면을 도시한다.

해설 평 벨트풀리의 도시법
① 벨트풀리는 축직각 방향의 투상을 정면도로 한다.
② 모양이 대칭형인 벨트풀리는 그 일부분만을 도시한다.
③ 방사형으로 되어 있는 암(arm)은 수직 중심선 또는 수평 중심선까지 회전하여 투상한다.
④ 암은 길이 방향으로 절단하여 단면을 도시하지 않는다.
⑤ 암의 단면형은 도형의 안이나 밖에 회전 단면을 도시한다.
⑥ 암의 테이퍼 부분 치수를 기입할 때 치수 보조선은 경사선(수평과 60° 또는 30°)으로 긋는다.

40. 다음 기호 중 화살표 쪽의 표면에 V형 홈 맞대기 용접을 하라고 지시하는 것은?

①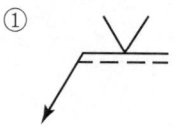
②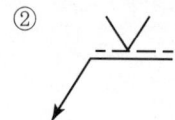
③
④

해설 화살표 쪽의 표면에 V형 홈 맞대기 용접을 하라고 지시하는 것은 ①항이다.

41. 나사의 종류와 표시하는 기호로 틀린 것은?

① 0.5: 미니추어나사
② Tr 10×2: 미터 사다리꼴 나사
③ Rc 3/4: 관용 테이퍼 암나사
④ E10: 미싱나사

해설 E10: 전구나사

정답 39. ③ 40. ①
41. ④

42 축의 도시 방법에 대한 설명으로 틀린 것은?
① 긴 축은 중간 부분을 파단하여 짧게 그리고 실제 치수를 기입한다.
② 길이 방향으로 절단하여 단면을 도시한다.
③ 축의 끝에는 조립을 쉽고 정확하게 하기 위해서 모따기를 한다.
④ 축의 일부 중 평면 부위는 가는 실선의 대각선으로 표시한다.

해설 축의 도시 방법
① 축은 길이 방향으로 단면도시를 하지 않는다. 단, 부분 단면은 허용한다.
② 긴축은 중간을 파단하여 짧게 그릴 수 있으며 실제 치수를 기입한다.
③ 축 끝에는 모따기 및 라운딩을 할 수 있다.
④ 축에 있는 널링(knurling)의 도시는 빗줄인 경우는 축선에 대하여 30°로 엇갈리게 그린다.

43 스퍼 기어의 모듈이 2이고, 잇수가 56개일 때 이 기어의 이끝원 지름은 몇 mm인가?
① 56
② 112
③ 114
④ 116

해설 $D = (Z+2) \times M = (56+2) \times 2 = 116 \text{mm}$

44 주어진 테이퍼 핀의 호칭 지름으로 맞는 부위는?

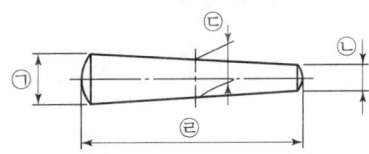

① ㉠
② ㉡
③ ㉢
④ ㉣

해설

핀의 종류	그림	호칭 지름	호칭 방법
평행 핀		핀의 지름	규격 번호 또는 명칭, 종류, 형식, 호칭, 지름×길이, 재료
테이퍼 핀		작은 쪽의 지름	명칭, 등급 $d \times l$, 재료

[정답] 42. ② 43. ④ 44. ②

45. 기계요소 중 캠에 대한 설명으로 맞는 것은?

① 평면 캠에는 판 캠, 원뿔 캠, 빗판 캠이 있다.
② 입체 캠에는 원통 캠, 정면 캠, 직선운동 캠이 있다.
③ 캠 기구는 원동절(캠), 종동절, 고정절로 구성되어 있다.
④ 캠을 작도할 때는 캠 윤곽, 기초원, 캠 선도 순으로 완성한다.

해설
(1) 평면 캠의 종류
  ① 판 캠(plate cam)
  ② 직동 캠(translation cam)
  ③ 정면 캠(face cam)
  ④ 역 캠(inverse cam)
(2) 입체 캠의 종류
  ① 원통 캠(cylindrical cam)
  ② 원추 캠(conical cam)
  ③ 구면 캠(spherical cam)
  ④ 단면 캠(end cam)
  ⑤ 경사판 캠(swash plate cam)
(3) 캠을 작도할 때는 기초원, 캠 윤곽, 캠 선도 순으로 완성한다.

46. 나사의 도시에서 완전 나사부와 불완전 나사부의 경계선을 나타내는 선의 종류는?

① 굵은 실선
② 가는 실선
③ 가는 1점 쇄선
④ 가는 2점 쇄선

해설

나사의 각부	선의 종류
수나사의 바깥지름	굵은 실선
수나사의 골	가는 실선
완전 나사부와 불완전 나사부의 경계선	굵은 실선
불완전 나사부의 끝 밑선	가는 실선
측면도시에서 골지름	가는 실선(3/4원)

47. 구름 베어링 호칭 번호의 순서가 올바르게 나열된 것은?

① 형식 기호 - 치수 계열 기호 - 안지름 번호 - 접촉 각 기호
② 치수 계열 기호 - 형식 기호 - 안지름 번호 - 접촉 각 기호
③ 형식 기호 - 안지름 번호 - 치수 계열 기호 - 틈새 기호
④ 치수 계열 기호 - 안지름 번호 - 형식 기호 - 접촉 각 기호

정답 45. ③ 46. ① 47. ①

해설 구름 베어링 호칭 번호의 순서: 형식 기호 - 치수 계열 기호 - 안지름 번호 - 접촉 각 기호

48 CAD 시스템의 3차원 모델링 중 서피스 모델링 일반적인 특징으로 틀린 것은?

① 은선 처리가 가능하다.
② 관성모멘트 등 물리적 성질을 계산할 수 있다.
③ 단면도 작성을 할 수 있다.
④ NC 가공 데이터 생성에 사용된다.

해설 서피스 모델링: 면 정보에 의한 모델
① 은선 제거 및 면의 구분 가능하다.
② NC data에 의한 NC 가공작업 수월하다.
③ 복잡한 형상처리 가능하다.
④ 단면도 및 전개도 작성가능하다.
⑤ 해석용 모델 및 유한 요소법(FEM) 해석이 어렵다.
⑥ 물리적 성질을 계산하기가 곤란하다.

49 CAD의 좌표 표현 방식 중 임의의 점을 지정할 때 원점을 기준으로 좌표를 지정하는 방법은?

① 상대좌표
② 상대극좌표
③ 절대좌표
④ 혼합좌표

구 분	설 명
절대좌표	원점을 기준으로 해당 축 방향으로 이동한 거리
상대극좌표	먼저 지정된 점과 지정된 점까지의 직선거리 방향은 각도계와 일치
상대좌표	먼저 지정된 점으로부터 해당 축 방향으로 이동한 거리
최종좌표	지정될 점 이전의 마지막으로 지정된 점

50 CAD 시스템의 입력장치 중에서 광점자 센서가 붙어 있어 화면에 접촉하여 명령어 선택이나 좌표입력이 가능한 것은?

① 조이스틱(joystick)
② 마우스(mouse)
③ 라이트 펜(light pen)
④ 태블릿(tablet)

해설 라이트 펜(light pen): 광점자 센서가 붙어있어 화면에 접촉하여 명령어 선택이나 좌표 입력이 가능하다.

51 변환 확대 기구로 래크와 피니언을 이용한 측정기는?

① 오토콜리 메이터
② 요한슨 각도게이지
③ 다이얼 게이지
④ 레벨 컴퍼레이터

정답 48. ② 49. ③ 50. ③ 51. ③

52 다음 중 다이얼 게이지에 의한 진원도 측정방법이 아닌 것은?
① 촉침법
② 3점법
③ 직경법
④ 반경법

해설 진원도 측정에는 직경법, 3점법, 반경법이 있다.

53 게이지 블록의 취급 시 주의사항으로 틀린 것은?
① 먼지가 적고 건조한 실내에서 사용할 것
② 사용한 뒤에는 세척하여 염수를 발라둘 것
③ 측정 면은 깨끗한 천이나 가죽으로 잘 닦을 것
④ 목제 테이블이나 천 또는 가죽 위에서 사용할 것

해설 게이지 블록의 취급법
① 먼지 적고 건조한 실내 사용
② 목재, 천 가죽 위에서 취급
③ 천이나 가죽으로 세척
④ 상자 보관을 원칙으로 한다.
⑤ 사용 후 방청유로 세척 보관

54 검사용 게이지 블록의 검사나 조정에 사용되는 게이지는?
① 일감용 게이지
② 공작용 게이지
③ 표준용 게이지
④ 형판 게이지

55 게이지 블록의 부속품이 아닌 것은?
① 기준봉
② 평형 조
③ 둥근형 조
④ 홀더 포인트

56 20℃에서 20mm인 게이지 블록이 손과 접촉 후 온도가 36℃가 되었을 때, 게이지 블록에 생긴 오차는 몇 mm인가? (단, 선팽창계수는 1.0×10^{-6}/℃이다.)
① 3.2×10^{-4}
② 3.2×10^{-3}
③ 6.4×10^{-4}
④ 6.4×10^{-3}

해설 $l\{\alpha(t_2 - t_1)\} = 20 \times 1.0 \times 10^{-6}(36 - 20) = 3.2 \times 10^{-4} = 0.32\mu m$

[정답] 52. ① 53. ②
54. ③ 55. ①
56. ①

57 측정기에 대한 설명으로 옳은 것은?
① 일반적으로 버니어 캘리퍼스가 마이크로미터보다 측정 정밀도가 높다.
② 사인 바(sine bar)는 공작물의 내경을 측정한다.
③ 다이얼 게이지는 각도 측정기이다.
④ 스트레이트 에지(straight edge)는 평면도의 측정에 사용된다.

해설 ① 일반적으로 버니어 캘리퍼스가 마이크로미터보다 측정 정밀도가 낮다.
② 사인 바(sine bar)는 공작물의 각도를 측정한다.
③ 다이얼 게이지는 비교 측정기로서 평면이나 원통형의 평활도, 원통의 진원도, 축의 흔들림 정도 등의 검사나 측정에 사용된다.

58 강을 오스테나이트 상태에서 냉각할 때 어떤 정지온도에서 변태시켜 온도-시간 곡선으로 나타낸 것을 이용하는 열처리 방법은?
① 항온 열처리
② 담금질
③ 뜨임
④ 풀림

59 4면체를 와이어프레임 모델(wireframe model)로 표현하였을 때 모서리(edges) 수는 몇 개인가?
① 6
② 5
③ 4
④ 3

해설 4면체를 와이어프레임 모델로 표현하면
① 정점(vertice): 4개
② 모서리(edges): 6개
③ 면(face): 4개

60 형상 모델링에서는 기본적으로 곡면을 많은 사각형 또는 삼각형으로 분할하여 분할된 단위 곡면요소들을 이어서 곡면을 표현하는데 이 사각형 또는 삼각형의 곡면요소를 무엇이라고 하는가?
① 프리미티브(primitive)
② 요소(element)
③ 패치(patch)
④ 놋(knot)

정답 57. ④ 58. ① 59. ① 60. ③

01 강재의 크기에 따라 표면이 급랭되어 경화하기 쉬우나 중심부에 갈수록 냉각속도가 늦어져 경화량이 적어지는 현상은?

① 경화능
② 잔류 응력
③ 질량 효과
④ 노치 효과

해설
① **경화능**: 철강을 담금질을 함으로써 경화시킨 경우에 경화가 되기 쉬운 정도. 담금질에 의해 강이 마텐자이트(martensite)로 경화하는 성능을 말한다. 이는 열처리용 강에서는 매우 중요한 성질로 결정립도 및 화학성분에 따라 달라지며, 경화능을 증대시키는 원소로는 Mn, Cr, Mo, Ni 등과 약 0.8%까지의 C의 함유량 증가와 함께 증대한다.
② **잔류 응력**: 외력을 제거한 후 재료 내부에 존재하는 응력. 냉간 가공이나 담금질, 용접 등에 의한 불균일 소성변형의 결과 때문에 생긴다. 잔류 응력에는 인장 잔류 응력(residual tension stress)과 압축 잔류 응력(residual compression stress)의 두 가지가 있다. 일반적으로 인장 잔류 응력은 표면에 압축 잔류 응력이 나타나고, 내부에는 인장 잔류 응력을 발생한다.
③ **질량 효과**: 강재의 크기에 따라 표면이 급랭되어 경화하기 쉬우나 중심부에 갈수록 냉각속도가 늦어져 경화량이 적어지는 현상
④ **노치 효과**: 재료에 노치를 만들면 피로나 충격과 같은 외력이 작용할 때 집중응력이 생겨서 파괴되기 쉬운 성질을 갖게 된다. 이 효과를 노치 효과라고 한다.

02 구리에 니켈 40~50% 정도 함유하는 합금으로서 통신기, 전열선 등의 전기저항 재료로 이용되는 것은?

① 모넬메탈
② 콘스탄탄
③ 엘린바
④ 인바

해설
① **모넬메탈**: 내산(耐酸)합금의 일종으로 Ni 64~69%, Cu 26~32%를 주성분으로 하고, Fe, Mn을 미량씩 함유한다. 주로 화학 기계, 염색기, 터빈 날개 등에 사용되며 미국인 모넬(Ambrose Monel)의 발명품이다.
② **콘스탄탄**: 구리에 니켈 40~50% 정도 함유하는 합금으로 통신기, 전열선 등의 전기저항 재료로 이용된다.
③ **엘린바**: Ni 36%, Cr 12%를 함유하는 Ni 합금으로 상온에 있어서 실용상 탄성률이 불변하며 열팽창계수가 적기 때문에 고급 시계, 크로노미터 등에 단일 금속 밸런스로 사용된다.
④ **인바**: Fe 60%, Ni 36%의 합금으로써 불변강(不變鋼)이라고 하며, 선팽창계수 1.2×10^{-6}/℃로 Fe의 1/10이다. 표준 시계의 흔들이(振子)나 길이의 표준용 기구에 사용된다.

03 구리의 일반적 특성에 관한 설명으로 틀린 것은?

① 전연성이 좋아 가공이 용이하다.
② 전기 및 열의 전도성이 우수하다.

정답 01. ③ 02. ② 03. ③

③ 화학적 저항력이 작아 부식이 잘된다.
④ Zn, Sn, Ni, Ag 등과는 합금이 잘된다.

해설 **구리의 성질**: 비중이 8.9 정도이며, 용융점이 1083℃ 정도이다.
① 전기 및 열 전도성이 우수하다.
② 전연성이 좋아 가공이 용이하다.
③ 내식성이 강해 부식이 안 된다.
④ 아름다운 광택과 귀금속적 성질이 우수하다.
⑤ Zn, Sn, Ni, Ag 등과 용이하게 합금을 만든다.
⑥ 구리는 철과 같은 동소변태가 없고, 재결정온도는 약 200℃ 정도이다. 또한, 상온 중 크리프 현상이 일어난다.

04 일반적으로 탄소강에서 탄소함유량이 증가하면 용해 온도는?
① 낮아진다.
② 높아진다.
③ 불변이다.
④ 불규칙적이다.

해설 일반적으로 탄소강에서 탄소함유량이 증가하면 용해 온도는 낮아진다.

05 유리섬유에 합침(合浸)시키는 것이 가능하기 때문에 FRP(fiber reinforced plastic)용으로 사용되는 열경화성 플라스틱은?
① 폴리에틸렌계
② 불포화 폴리에스테르계
③ 아크릴계
④ 폴리염화비닐계

해설 **불포화 폴리에스테르계**
유리섬유에 합침(合浸)시키는 것이 가능하기 때문에 FRP(Fiber Reinforced Plastic)용으로 사용되는 열경화성 플라스틱이다.

06 열간가공이 쉽고 다듬질 표면이 아름다우며 특히 용접성이 좋고 고온강도가 큰 장점을 갖고 있어 각종 축, 기어, 강력볼트, 암, 레버 등에 사용하는 것으로 기호 표시를 SCM으로 하는 강은?
① 니켈-크롬강
② 니켈-크롬-몰리브덴강
③ 크롬-몰리브덴강
④ 크롬-망간-규소강

해설 ① **니켈-크롬강**: 보통 Ni은 5% 이하이며, Ni과 Cr의 비율은 2:1 또는 3:1 정도이다. 이 강은 다른 강에 비하여 아주 강인(强靭)만 하는 것이 아니라 질량 효과도 적고, 대형강(大型鋼)으로도 내부 깊숙이 담금질 효과를 줄 수가 있다.
② **니켈-크롬-몰리브덴강**: 니켈크롬강에 소량의 Mo을 첨가한 것으로서 인성(靭性)이 증가하고, 열처리도 용이하며 구조용강(構造用鋼)으로 매우 적합하다.
③ **크롬-몰리브덴강**: 열간가공이 쉽고 다듬질 표면이 아름다우며 특히 용접성이 좋고 고온강도가 큰 장점을 갖고 있어 각종 축, 기어, 강력볼트, 암, 레버 등에 사용하는 것으로 기호 표시를 SCM으로 하는 강
④ **크롬-규소강**: 내열강으로써 내연기관의 밸브 등에 쓰인다.
⑤ **망간 크롬강**: 망간에 크롬을 첨가하여 담금질성을 향상시킨 강

[정답] 04. ① 05. ② 06. ③

07 탄소강의 가공에 있어서 고온가공의 장점 중 틀린 것은?

① 강괴 중의 기공이 압착된다.
② 결정립이 미세화 되어 강의 성질을 개선시킬 수 있다.
③ 편석에 의한 불균일 부분이 확산되어서 균일한 재질을 얻을 수 있다.
④ 상온가공에 비해 큰 힘으로 가공도를 높일 수 있다.

해설 고온가공
금속의 재결정온도 이상에서의 가공을 말한다. 너무 높은 고온에서는 결정립이 최대화되고 표면 산화가 너무 지나치게 일어나 일부 융해되는 경우도 있기 때문에 적당한 온도 범위에서 행한다. 가공경화가 일어나도 곧바로 어닐링되어 연화되기 때문에 가공도, 가공속도를 크게 할 수 있으며, 또 재료조직을 변화시켜 성질 개선도 가능하다. 탄소강의 가공에 있어서 상온가공에 비해 큰 힘으로 가공도를 높일 수 없다.

08 평 벨트 전동과 비교한 V 벨트 전동의 특징이 아닌 것은?

① 고속운전이 가능하다.
② 미끄럼이 적고 속도비가 크다.
③ 바로 걸기와 엇걸기 모두 가능하다.
④ 접촉 면적이 넓으므로 큰 동력을 전달한다.

해설 V 벨트의 특징
① 고속운전이 가능하며 속도비가 크다($i=7\sim10$).
② 짧은 거리의 운전이 가능, 2~5m까지 전동 가능하다.
③ 미끄럼이 적고 능률이 높다. 효율은 보통 90~95% 정도
④ 운전이 원활하고 정숙하며, 충격이 아주 작다.
⑤ 이음이 없어 전체가 균일한 강도를 가지나 끊어졌을 때 접합이 불가능하다.
⑥ V 벨트 단면의 형상은 M, A, B, C, D, E형의 6종류가 있으며, M에서 E쪽으로 가면 단면이 커진다.
⑦ V 벨트의 길이는 사다리꼴 단면의 중앙을 통과하는 원둘레의 길이를 유효길이라 부른다.

09 주로 강도만을 필요로 하는 리벳 이음으로서 철교, 선박, 차량 등에 사용하는 리벳은?

① 용기용 리벳
② 보일러용 리벳
③ 코킹
④ 구조용 리벳

해설 ① **용기용 리벳**: 강도보다는 수밀을 필요로 하는 리벳으로 저압 탱크 등에 사용
② **보일러용 리벳**: 강도와 기밀을 필요로 하는 리벳 이음으로, 보일러, 고압탱크 등에 사용

정답 07. ④ 08. ③
09. ④

③ **코킹**: 고압 탱크, 보일러와 같이 기밀을 필요로 할 때에는 리벳팅이 끝난 후 리벳 머리의 주위와 강판의 가장자리를 정으로 때려 그 부분을 밀착시켜서 틈을 없애는 작업
④ **구조용 리벳**: 주로 강도를 목적으로 하는 리벳 이음. 차량, 철교, 구조물 등에 사용

10 24산 3줄 유니파이 보통 나사의 리드는 몇 mm인가?

① 1.175
② 2.175
③ 3.175
④ 4.175

해설 리드 = 줄 수 × 피치 = 3 × (25.4/24) = 3.175mm

11 회전 운동을 하는 드럼이 안쪽에 있고 바깥에서 양쪽 대칭으로 드럼을 밀어붙여 마찰력이 발생하도록 한 브레이크는?

① 블록 브레이크
② 밴드 브레이크
③ 드럼 브레이크
④ 캘리퍼형 원판브레이크

해설
① **블록 브레이크**: 차량, 기중기 등에 많이 사용되는 장치로 브레이크 드럼의 원주상에 1개 또는 2개의 브레이크 블록을 브레이크 레버로 밀어붙여 마찰에 의해 제동 작동을 하는 브레이크이다.
② **밴드 브레이크**: 브레이크륜의 외주에 강철밴드를 감고 밴드에 장력을 주어 밴드와 브레이크륜 사이의 마찰에 의하여 제동작용을 하는 것으로 마찰계수를 크게 하기 위하여 밴드의 안쪽에 나무조각, 가죽, 석면직물 등을 라이닝한다.
③ **드럼 브레이크**: 마찰면이 안쪽에 있어 먼지와 기름 등이 마찰면에 부착되지 않으며 브레이크륜의 바깥 면에서 열을 발산시키는 데 편리하다. 유압장치를 사용하는 것은 자동차용으로 널리 쓰인다.
④ **캘리퍼형 원판브레이크**: 회전운동을 하는 드럼이 안쪽에 있고 바깥에서 양쪽 대칭으로 드럼을 밀어붙여 마찰력이 발생하도록 한 브레이크이다.

12 평판 모양의 쐐기를 이용하여 인장력이나 압축력을 받는 2개의 축을 연결하는 결합용 기계요소는?

① 코터
② 커플링
③ 아이 볼트
④ 테이퍼 키

해설 **코터**: 평판 모양의 쐐기를 이용하여 인장력이나 압축력을 받는 2개의 축을 연결하는 결합용 기계요소이다.

13 오차가 +20 μm인 마이크로미터로 측정한 결과 55.25mm의 측정값을 얻었다면 실제값은?

① 55.18mm
② 55.23mm
③ 55.25mm
④ 55.27mm

해설 55.25mm − 0.02 = 55.23mm(20 μm = 0.02mm)

[정답] 10. ③ 11. ④
12. ① 13. ②

14 키의 종류 중 페더 키(feather key)라고도 하며, 회전력의 전달과 동시에 축 방향으로 보스를 이동시킬 필요가 있을 때 사용되는 것은?

① 미끄럼 키
② 반달 키
③ 새들 키
④ 접선 키

해설
① **미끄럼 키**: 페더 키(feather key)라고도 하며, 회전력의 전달과 동시에 축 방향으로 보스를 이동시킬 필요가 있을 때 사용한다.
② **반달 키**: 반월상의 키로써 축의 홈이 깊게 되어 축의 강도가 약하게 되는 하나 축과 키 홈의 가공이 쉽고, 키가 자동적으로 축과 보스 사이에 자리를 잡을 수 있어 60mm 이하의 작은 축이나 테이퍼 축에 사용한다.
③ **새들 키**: 축에는 홈을 파지 않고 축과 키 사이의 마찰력으로 회전력을 전달. 축의 강도를 감소시키지 않고 고정할 수 있으나, 큰 동력을 전달시킬 수 없으므로 경하중 소직경에 사용된다.
④ **접선 키**: 접선 방향에 설치하는 키로써 1/100의 기울기를 가진 2개의 키를 한 쌍으로 하여 사용된다. 회전 방향이 양방향일 경우 중심각이 120° 되는 위치에 2조 설치한다. 아주 큰 회전력의 경우에 사용된다.

15 대칭인 물체를 1/4 절단하여 물체의 안과 밖의 모양을 동시에 나타낼 수 있는 단면도는?

① 한쪽 단면도
② 온 단면도
③ 부분 단면도
④ 회전도시 단면도

해설
① **한쪽 단면도**: 대칭인 물체를 1/4 절단하여 물체의 안과 밖의 모양을 동시에 나타낼 수 있는 단면도이다.
② **온 단면도**: 물체의 기본적인 모양을 가장 잘 나타낼 수 있도록 물체의 중심에서 반으로 절단하여 나타낸 단면도이다.
③ **부분 단면도**: 외형도에서 필요로 하는 일부분만을 부분 단면도로 도시할 수 있다. 파단선(가는 실선)으로 단면의 경계를 표시하고 프리핸드로 외형선의 1/2 굵기로 그린다.
④ **회전도시 단면도**: 핸들이나 바퀴 등의 암이나 리브, 훅, 축, 구조물의 부재 등의 절단면은 90° 회전하여 도시하거나 절단할 곳의 전후를 끊어서 그 사이에 그린다.

16 도면에 마련하는 양식 중에서 마이크로 필름 등으로 촬영하거나 복사 및 철할 때의 편의를 위하여 마련하는 것은?

① 윤곽선
② 표제란
③ 중심마크
④ 비교 눈금

정답 14. ① 15. ① 16. ③

해설 ① **윤곽선**: 도면의 윤곽에 사용하는 윤곽선의 굵기는 0.5mm 이상 실선으로 하며 도면의 훼손을 방지하고 안정성을 주기 위하여 사용된다.
② **표제란**: 도면의 오른쪽 아래에 잡는 것이 보통이지만 부득이한 경우 왼쪽 윗부분이나 오른쪽 윗부분에 둔다. 도면번호, 도명, 척도 및 투상법, 소속, 도면 작성 연월일, 제도자 이름 등을 기입한다.
③ **중심마크**: 도면에 마련하는 양식 중에서 마이크로 필름 등으로 촬영하거나 복사 및 철할 때의 편의를 위하여 마련하는 것이다.
④ **비교 눈금**: 비교 눈금은 도면을 축소 또는 확대했을 경우, 그 정도를 알기 위해 도면의 아래쪽에 중심마크를 중심으로 하여 마련한다.

17 구멍의 최소치수가 축의 최대치수보다 큰 경우는 무슨 끼워 맞춤인가?

① 헐거운 끼워 맞춤
② 중간 끼워 맞춤
③ 억지 끼워 맞춤
④ 강한 억지 끼워 맞춤

해설 ① **헐거운 끼워 맞춤**: 구멍의 최소치수가 축의 최대치수보다 큰 경우이며, 항상 틈새가 생기는 끼워 맞춤으로 미끄럼 운동이나 회전운동이 필요한 기계 부품 조립에 적용한다.
② **중간 끼워 맞춤**: 축, 구멍의 치수에 따라 틈새 또는 죔쇠가 생기는 끼워 맞춤으로, 헐거운 끼워 맞춤이나 억지 끼워 맞춤으로 얻을 수 없는 더욱 작은 틈새나 죔쇠를 얻는 데 적용하다.
③ **억지 끼워 맞춤**: 구멍의 최대치수가 축의 최소치수보다 작은 경우이며, 항상 죔쇠가 생기는 끼워 맞춤으로 동력 전달을 하기 위한 기계 조립이나 분해 조립이 불필요한 영구 조립 부품에 적용한다.

18 다음 그림 기호는 정 투상 방법의 몇 각법을 나타내는가?

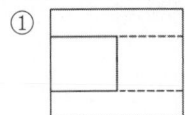 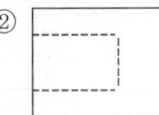
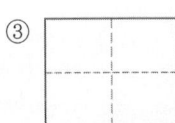 

해설 숨은선을 올바르게 적용한 것은 ①이며 ②, ③, ④는 끝선이 서로 끊어지지 않고 연결되어야 한다.

정답 17. ① 18. ①

19 다음의 기하 공차 기호를 바르게 해석한 것은?

//	0.1
	0.05/100

① 평행도가 전체 길이에 대해 0.1mm, 지정길이 100mm에 대해 0.05mm의 허용치를 갖는다.
② 평행도가 전체 길이에 대해 0.05mm, 지정길이 100mm에 대해 0.1mm의 허용치를 갖는다.
③ 대칭도가 전체 길이에 대해 0.1mm, 지정길이 100mm에 대해 0.05mm의 허용치를 갖는다.
④ 대칭도가 전체 길이에 대해 0.05mm, 지정길이 100mm에 대해 0.1mm의 허용치를 갖는다.

해설

//	0.1
	0.05/100

평행도가 전체 길이에 대해 0.1mm, 지정길이 100mm에 대해 0.05mm의 허용치를 갖는다.

20 투상도의 올바른 선택 방법으로 틀린 것은?
① 대상 물체의 모양이나 기능을 가장 잘 나타낼 수 있는 면을 주투상도로 한다.
② 조립도와 같이 주로 물체의 기능을 표시하는 도면에서는 대상물을 사용하는 상태로 그린다.
③ 부품도는 조립도와 같은 방향으로만 그려야 한다.
④ 길이가 긴 물체는 특별한 사유가 없는 한 안정감 있게 옆으로 누워서 그린다.

해설 투상도의 선택 방법
① 주투상도에는 대상물의 모양·기능을 가장 명확하게 나타내는 면을 정면도로 선택한다. 또한, 대상물을 도시하는 상태는 도면의 목적에 따라 다음 어느 것인가에 따른다.
② 조립도 등 주로 기능을 표시하는 도면에서는 대상물을 사용하는 상태
③ 부품도 등 공작기계로 가공하는 물체는 가공자가 도면을 보면서 가공하기 편리하도록 가공량이 가장 많은 공정을 가공할 때와 같은 방향으로 정면도를 선택하여 투상한다.

21 대상물의 가공 전 또는 가공 후의 모양을 표시하는 데 사용하는 선은?
① 가는 1점 쇄선
② 가는 2점 쇄선
③ 가는 실선
④ 굵은 실선

[정답] 19.① 20.③ 21.②

해설 ① **가는 1점 쇄선**: 도형의 중심을 표시, 중심 이동한 중심 궤적을 표시 등에 사용
② **가는 2점 쇄선**: 대상물의 가공 전 또는 가공 후의 모양을 표시 등에 사용
③ **가는 실선**
 • 치수선: 치수를 기입하기 위하여 사용
 • 지시선: 기술, 기호 등을 표시하기 위하여 끌어내는 데 사용
 • 해칭선: 물체의 절단면 표시 등에 사용
④ **굵은 실선**: 물체의 보이는 부분의 모양을 나타내는 데 사용

22 부문별 분류 기호에서 기계를 나타내는 것은?
① KS A
② KS B
③ KS K
④ KS H

해설 • KS A: 기본 • KS B: 기계
• KS K: 섬유 • KS H: 식료품

23 다음 중 재료기호에 대한 명칭이 잘못된 것은?
① SM20C: 기계구조용 탄소강재
② BC3: 황동 주물
③ GC200: 회 주철품
④ SC 450: 탄소강 주강품

해설 • BC3: 청동 주물 • BsC3: 황동 주물

24 치수의 허용한계를 기입할 때 일반사항에 대한 설명으로 틀린 것은?
① 기능에 관련되는 치수와 허용한계는 기능을 요구하는 부위에 직접 기입하는 것이 좋다.
② 직렬 치수 기입법으로 치수를 기입할 때는 치수 공차가 누적되므로 공차의 누적이 기능에 관계가 없는 경우에만 사용하는 것이 좋다.
③ 병렬 치수 기입법으로 치수를 기입할 때 치수 공차는 다른 치수의 공차에 영향을 주기 때문에 기능 조건을 고려하여 공차를 적용한다.
④ 축과 같이 직렬 치수 기입법으로 치수를 기입할 때 중요도가 작은 치수는 괄호를 붙여서 참고 치수로 기입하는 것이 좋다.

해설 ① **직렬 치수 기입법**: 직렬로 나란히 연결된 개개의 치수에 주어지는 치수 공차가 차례로 누적되어도 상관없는 경우에 적용한다.
② **병렬 치수 기입법**: 한곳을 중심으로 치수를 기입하는 방법으로, 개개의 치수 공차는 다른 치수의 공차에는 영향을 주지 않는다. 기준이 되는 치수 보조선의 위치는 기능, 가공 등의 조건을 고려하여 적절히 선택하는 것이 좋다.
③ **누진 치수 기입법**: 치수 공차에 대해서는 병렬 치수 기입법과 같은 의미를 가지며 하나의 연속된 치수선으로 간단히 표시할 수 있다. 치수의 기준이 되는 위치는 기호 0(zero)로 표시하고, 치수선의 다른 끝은 화살표를 그린다.

정답 22. ② 23. ② 24. ③

25 도면을 그릴 때 가는 2점 쇄선으로 그려야 하는 것은?

① 숨은선
② 피치선
③ 가상선
④ 해칭선

해설
① **숨은선**: 가는 파선 또는 굵은 파선
② **피치선**: 가는 1점 쇄선
③ **가상선**: 가는 2점 쇄선
④ **해칭선**: 가는 실선

26 다음 그림은 제3각법으로 제도한 것이다. 이 물체의 등각 투상도로 알맞은 것은?

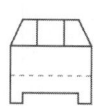

① 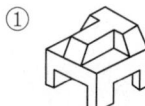   ②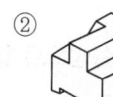

③ 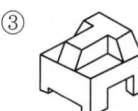   ④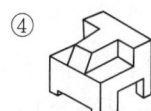

27 구멍의 치수가 $\varnothing 30^{+0.025}_{0}$, 축의 치수가 $\varnothing 30^{+0.020}_{-0.005}$일 때 최대 죔새는 얼마인가?

① 0.030
② 0.025
③ 0.020
④ 0.005

해설
① 최소 틈새 = 구멍의 최소허용치수 − 축의 최대허용치수
  = 30 − 30.020 = −0.02
② 최대 틈새 = 구멍의 최대허용치수 − 축의 최소허용치수
  = 30.025 − 29.995 = 0.03
③ 최소 죔새 = 축의 최소허용치수 − 구멍의 최대허용치수
  = 29.995 − 30.025 = −0.03
④ 최대 죔새 = 축의 최대허용치수 − 구멍의 최소허용치수
  = 30.020 − 30 = 0.02

정답 25. ③ 26. ③
27. ③

28 다음 등각 투상도에서 화살표 방향을 정면도로 할 경우 평면도로 올바른 것은?

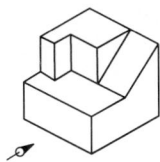

① ② ③ ④

29 제3각법으로 그린 투상도의 평면도로 옳은 것은?

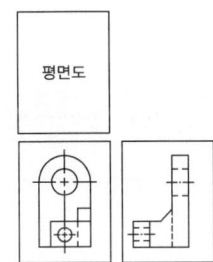

① ② ③ ④

30 가공방법의 약호에서 연삭가공의 기호는?

① L ② D
③ G ④ M

해설

선반가공	L
드릴가공	D
연삭가공	G
밀링가공	M

정답 28. ③ 29. ②
30. ③

31 다음 중 치수 기입 방법으로 맞는 것은?

① 길이의 치수는 원칙적으로 밀리미터의 단위로 기입하고, 단위 기호를 붙인다.
② 각도의 치수는 일반적으로 도, 분, 초 등의 단위를 기입한다.
③ 관련되는 치수는 나누어서 기입한다.
④ 가공이나 조립할 때, 기준으로 하는 곳이 있더라도 상관없이 기입한다.

해설 치수 기입 방법
① 단위에는 mm를 사용하나 단위 기호인 mm는 기입하지 않는다.
② 각도의 치수는 일반적으로 도, 분, 초 등의 단위를 기입한다.
③ 관련되는 치수는 모아서 기입한다.
④ 가공이나 조립할 때, 기준으로 치수를 기입한다.

32 기하 공차의 구분 중 모양 공차의 종류에 속하지 않는 것은?

① 진직도 공차 ② 평행도 공차
③ 진원도 공차 ④ 면의 윤곽도 공차

해설

공차의 종류		기호	공차의 종류		기호
모양 공차	진직도	─	자세 공차	평행도	//
	평면도	▱		직각도	⊥
	진원도	○		경사도	∠
	원통도	⌭			
	선의 윤곽도	⌒			
	면의 윤곽도	⌓			

33 다음의 표면 거칠기 기호 중 주조품의 표면 제거 가공을 허락하지 않는 것을 지시하는 기호는?

① 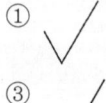 ②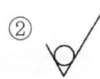

③  ④

해설 ① 절삭 등 제거 가공의 필요 여부를 문제 삼지 않는 경우에는 그림 (a)와 같이 면에 지시기호를 붙여서 사용한다.
② 제거 가공을 필요로 한다는 것을 지시할 때에는 그림 (b)와 같이 면의 지시기호의 짧은 쪽의 다리 끝에 가로선을 부가한다.

정답 31. ② 32. ②
33. ②

③ 제거 가공해서는 안 된다는 것을 지시할 때에는 그림 (c)와 같이 면의 지시기호에 내접하는 원을 부가한다.

(a)　　　(b)　　　(c)

34 구의 지름을 나타내는 치수 보조기호는?

① ∅
② C
③ S∅
④ R

해설

구분	기호
지름	ϕ
반지름	R
구의 지름	Sϕ
45°의 모따기	C

35 용접부 표면의 형상에서 동일 평면으로 다듬질함을 표시하는 보조기호는?

① ─
② ⌒
③ ⌣
④ ▱

해설 ①은 평면, ②은 볼록, ③은 오목이다.

36 구름 베어링의 호칭 번호가 6204일 때 베어링의 안지름은 얼마인가?

① 62mm
② 31mm
③ 20mm
④ 15mm

해설 안지름 번호(세 번째, 네 번째 숫자)
안지름 번호 1~9까지는 안지름 번호와 안지름이 같고 안지름 번호의 안지름 20mm 이상 480mm 미만에서는 안지름을 5로 나눈 수가 안지름 번호이다.
00: 안지름 10mm, 01: 안지름 12mm, 02: 안지름 15mm, 03: 안지름 17mm

37 볼트의 규격 M12×80의 설명으로 맞는 것은?

① 미터나사 호칭 지름이 12mm이다.
② 미터나사 골지름이 12mm이다.
③ 미터나사 피치가 80mm이다.
④ 미터나사 바깥지름이 80mm이다.

해설 M12×80: 미터나사 호칭 지름이 12mm이며 볼트 길이가 80mm이다.

정답 34. ③ 35. ①
　　　 36. ③ 37. ①

38. 코일 스프링의 도시 방법으로 적합한 것은?

① 모양만을 도시할 때는 스프링의 외형을 가는 파선으로 그린다.
② 특별한 단서가 없는 한 모두 오른쪽 감기로 도시한다.
③ 중간 부분을 생략할 때는 생략한 부분을 파단선을 이용하여 도시한다.
④ 원칙적으로 하중이 걸린 상태에서 도시한다.

해설 코일 스프링의 도시 방법
① 스프링은 원칙적으로 하중이 걸리지 않은 상태로 그린다. 만약, 하중이 걸린 상태인 경우에는 선도 또는 그때의 치수와 하중을 기입한다.
② 하중과 높이(또는 길이) 또는 처짐과의 관계를 표시할 필요가 있을 때는 선도 또는 표와 같이 항목표에 표시한다. 선도는 사용상 지장이 없는 한 직선으로 표시하고, 그 굵기는 스프링을 표시하는 선과 같게 한다.
③ 특별한 단서가 없는 한 모두 오른쪽 감기로 도시하고, 왼쪽 감기로 도시할 때에는 '감긴 방향 왼쪽'이라고 한다.
④ 그림 안에 기입하기 힘든 사항은 일괄하여 항목표에 표시한다.
⑤ 코일 부분의 투상은 나선이 되고, 시트에 근접한 부분의 피치 및 각도가 연속적으로 변하는 것은 직선으로 표시한다.
⑥ 코일 부분의 중간 부분을 생략할 때에는 생략한 부분을 가는 1점 쇄선으로 표시하거나 또는 가는 2점 쇄선으로 표시해도 좋다.
⑦ 스프링의 종류와 모양만을 도시할 때에는 재료의 중심선만을 굵은 실선으로 그린다.

39. 축에서 도형 내의 특정 부분이 평면 또는 구멍의 일부가 평면임을 나타낼 때의 도시 방법은?

① "평면"이라고 표시한다.
② 가는 파선을 사각형으로 나타낸다.
③ 굵은 실선을 대각선으로 나타낸다.
④ 가는 실선을 대각선으로 나타낸다.

해설 축에서 도형 내의 특정 부분이 평면 또는 구멍의 일부가 평면임을 나타낼 때의 도시 방법은 가는 실선을 대각선으로 나타낸다.

40. 리벳 이음의 도시 방법에 대한 설명 중 옳은 것은?

① 리벳은 길이 방향으로 절단하여 도시한다.
② 구조물에 쓰이는 리벳은 약도로 표시할 수 있다.
③ 얇은 판, 형강 등의 단면은 가는 실선으로 도시한다.
④ 리벳의 위치만을 표시할 때는 굵은 실선으로 그린다.

정답 38.② 39.④ 40.②

해설 리벳 이음의 도시법은 다음과 같다.
① 리벳의 위치만을 표시할 경우에는 중심선만을 그린다.
② 리벳은 길이 방향으로 절단하여 도시하지 않는다.
③ 얇은 판, 형강 등의 단면은 굵은 실선으로 도시할 수 있다.
④ 여러 장의 얇은 판이 있을 때에는 각 판의 파단선은 어긋나게 긋는다.
⑤ 구조물에 쓰이는 리벳은 약도로 표시할 수 있다.

41 도면에 3/8-16UNC-2A로 표시되어 있다. 이에 대한 설명 중 틀린 것은?

① 3/8은 나사의 지름을 표시하는 숫자이다.
② 16은 1인치 내의 나사산의 수를 표시한 것이다.
③ UNC는 유니파이 보통나사를 의미한다.
④ 2A는 수량을 의미한다.

해설 2A는 등급을 의미한다.

42 스퍼 기어에서 축 방향에서 본 투상도의 이뿌리원을 나타내는 선은?

① 가는 1점 쇄선
② 가는 실선
③ 굵은 실선
④ 가는 2점 쇄선

해설 기어 제도의 도시법은 다음과 같다.
① 이끌원은 굵은 실선으로 그린다.
② 피치원은 가는 1점 쇄선으로 그린다.
③ 이뿌리원은 가는 실선으로 그린다.

43 스프로킷 휠의 도시 방법으로 틀린 것은?

① 바깥지름 - 굵은 실선
② 피치원 - 가는 1점 쇄선
③ 이뿌리원 - 가는 1점 쇄선
④ 축직각 단면으로 도시할 때 이뿌리선 - 굵은 실선

해설 이뿌리원은 가는 실선으로 그린다.

44 기어의 요목표에 기준래크의 치형, 압력 각, 모듈을 기입한다. 여기서 기준래크란 무엇을 뜻하는가?

① 기어 이를 가공할 기계 종류를 지정한 것이다.
② 기어 이를 가공할 때 설치할 곳을 지정한 것이다.
③ 기어 이를 가공할 공구를 지정한 것이다.
④ 기어 이를 검사할 측정기를 지정한 것이다.

해설 기준래크란 기어 이를 가공할 공구를 지정한 것이다.

답안 표기란				
41	①	②	③	④
42	①	②	③	④
43	①	②	③	④
44	①	②	③	④

[정답] 41. ④ 42. ② 43. ③ 44. ③

45. CAD 시스템에서 사용되는 입력장치의 종류가 아닌 것은?
① 키보드
② 마우스
③ 디지타이저
④ 플로터

해설 플로터는 출력장치이다.

46. 3차원 형상을 솔리드 모델링하기 위한 기본요소를 프리미티브라고 한다. 이 프리미티브가 아닌 것은?
① 박스(box)
② 실린더(cylinder)
③ 원뿔(cone)
④ 퓨전(fusion)

해설 프리미티브(primitive): 박스, 구, 실린더, 직육면체, 원뿔 등

47. 마지막 입력 점으로부터 다음 점까지의 거리와 각도를 입력하는 좌표입력 방법은?
① 절대 좌표입력
② 상대 좌표입력
③ 상대 극좌표 입력
④ 요소 투영점 입력

해설

구 분	입력 방법	설 명
절대 좌표	X, Y	원점에서 해당 축 방향으로 이동한 거리
상대 극좌표	@거리〈방향	먼저 지정된 점과 지정된 점까지의 직선거리 방향은 각도계와 일치
상대 좌표	@X, Y	먼저 지정된 점으로부터 해당 축 방향으로 이동한 거리
최종 좌표	@	지정될 점 이전의 마지막으로 지정된 점

48. 캐시 메모리(cache memory)에 대한 설명으로 맞는 것은?
① 연산장치로서 주로 나눗셈에 이용된다.
② 제어장치로 명령을 해독하는 데 주로 사용된다.
③ 중앙처리장치와 주기억장치 사이의 속도 차이를 극복하기 위해 사용한다.
④ 보조기억장치로서 휴대가 가능하다.

해설 캐시 메모리(cache memory): CPU(중앙처리장치)와 DRAM으로 구성된 주기억장치와의 처리 속도 차를 줄이기 위해 SRAM으로 구성된 캐시 메모리를 두어 CPU의 작업을 돕는 데 사용한다.

정답 45. ④ 46. ④ 47. ③ 48. ③

49 측장기에 대한 설명 중 틀린 것은?

① 비교적 소형 치수의 측정에 쓰인다.
② 각종 게이지나 정밀 공구 측정에 쓰인다.
③ 측정의 최소 눈금은 0.001mm~0.01mm로 정밀 측정이 된다.
④ 현미경 고정식, 현미경 이동식의 2가지가 있다.

해설 일반적으로 길이만을 측정하는 일차원의 측정기를 측장기라 한다.

50 다음 각도게이지 중 정도가 가장 좋은 것은?

① 요한슨식 각도게이지
② N.P.L식 각도게이지
③ 기계식 각도 정규
④ 광학식 각도 정규

해설 요한슨식 각도게이지의 정도는 조합 시 ±24″ 정도이며, N.P.L식 각도게이지의 조합 후 정도는 2–3″이다. 그리고 기계식 각도 정규는 5′이며, 광학적 각도 정규는 1도를 12등분한 것이 있다.

51 곧은자의 좌측에 스퀘어 헤드가 있고, 우측에는 센터 헤드가 있으며, 2면이 이루는 각도 측정 및 부품의 중심을 내는 금긋기에 사용하는 각도게이지는 어느 것인가?

① 콤비네이션 세트
② 베벨각도기
③ 광학식 클리노미터
④ 광학식 각도기

해설 콤비네이션 세트는 곧은자의 좌측에 스퀘어 헤드가 있고, 우측에는 센터 헤드가 있으며, 높이 측정에 사용하거나 중심을 내는데 사용한 각도게이지이다.

52 삼각법에 의한 각도 측정방법이 아닌 것은?

① 사인 바에 의한 각도 측정
② NPL식 각도게이지에 의한 각도 측정
③ 탄젠트 바에 의한 각도 측정
④ 롤러에 의한 각도 측정

해설 삼각법에 의한 각도 측정
① 사인 바
② 탄젠트 바
③ 원통 롤러

정답 49. ① 50. ② 51. ① 52. ②

53 수준기에서 1 눈금의 길이를 2mm로 하고, 1 눈금이 각도 5″(초)를 나타내는 기포관의 곡률 반경은?

① 7.26m
② 8.23
③ 72.6m
④ 82.5m

해설 $\rho = 206265 \times \dfrac{a}{R} = R = \dfrac{206265 \times 2}{5초} = 82506 \div 1000 = 82.5\,m$

54 광선정반으로 평면도를 측정하고자 할 때 평면도를 구하는 공식은? (단, a: 간섭무늬의 중심 간격, b: 간섭무늬의 굽은 양, λ: 사용되는 빛의 파장일 때이다.)

① 평면도 $F = \dfrac{\lambda}{2} \times \dfrac{a}{b}$
② 평면도 $F = \dfrac{\lambda}{3} \times \dfrac{a}{b}$
③ 평면도 $F = \dfrac{\lambda}{2} \times \dfrac{b}{a}$
④ 평면도 $F = \dfrac{\lambda}{3} \times \dfrac{b}{a}$

55 마텐자이트를 가열하면 600℃ 정도에서 탄화물이 구상화된다. 이때의 조직은?

① 소르바이트
② 펄라이트
③ 트루스타이트
④ 오스테나이트

56 다음 중 유리섬유 강화 플라스틱은?

① CFRP
② MFRP
③ GFRP
④ FRTP

해설
① CFRP: 탄소섬유 강화 플라스틱
② MFRP: 금속섬유 강화 플라스틱
③ GFRP: 유리섬유 강화 플라스틱
④ FRTP: 열가소성 강화 플라스틱
⑤ FRP: 열경화성 강화 플라스틱(섬유강화 플라스틱)

57 CAD 소프트웨어에서 명령어를 아이콘으로 만들어 아이템별로 묶어 명령을 편리하게 이용할 수 있도록 한 것은?

① 툴바
② 스크롤 바
③ 스크린 메뉴
④ 풀다운 메뉴바

정답 53. ④ 54. ① 55. ① 56. ③ 57. ①

해설
① 툴바: CAD 소프트웨어에서 명령어를 아이콘으로 만들어 아이템별로 묶어 명령을 편리하게 이용할 수 있도록 한 도구이다.
② 스크롤 바: 윈도 방식의 프로그램에서, 하나의 윈도 안에서 모든 정보를 표시할 수 없을 때 현재 화면의 정보가 전체에서 어디쯤 위치하는지를 표시해 주는 도구이다.
③ 스크린 메뉴: 필요한 항목을 선택하여 사용할 수 있는 화면메뉴이다.
④ 풀다운 메뉴바: 메뉴를 구성하는 방식의 하나. 한 줄의 메뉴바가 화면의 위쪽에 항상 나와 있으며, 마우스나 키보드를 사용해 메뉴바의 항목 중 하나를 선택하면 거기서 밑으로 메뉴 창이 열리면서 그 항목에 따르는 하위 메뉴가 다시 나타나게 되어있다.

58 캐드에서 도면 작업 영역에서 설계 작업에 집중하는 데 도움을 주기 위해서 마우스 포인터 주위에 명령 프롬프트 인터페이스를 제공하며 헤드업 디자인(head-up design)이라고도 하는 보조 도구는?

① 동적 입력(dynamic input)
② 구속조건 추정(infer constraints)
③ 스냅(snap)
④ OSNAP

해설 동적 입력(dynamic input)
도면 작업 영역에서 설계 작업에 집중하는 데 도움을 주기 위해서 마우스 포인터 주위에 명령 프롬프트 인터페이스를 제공한다. 이는 헤드업 디자인(head-up design)이라고도 한다.

59 기계구조용 탄소강 SM45C(K)에서 45이 의미하는 것은?
① 재료표시 기호
② 최저 인장강도
③ 재료 형상 기호
④ 탄소함유량

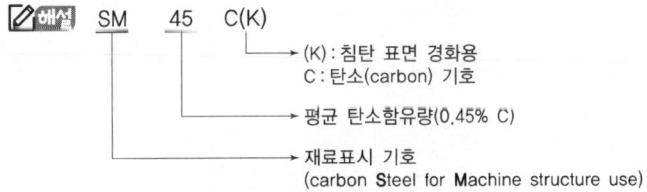

60 3차원 형상 모델을 분해 모델로 저장하는 방법 중 틀린 것은?
① 복셀(Voxel) 모델
② 옥트리(Octree)표현
③ 세포분해(Cell Decomposition) 모델
④ Facet 모델

정답 58. ① 59. ④ 60. ④

04회 CBT 모의고사

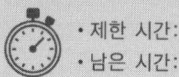

01 베릴륨 청동 합금에 대한 설명으로 옳지 않은 것은?
① 구리에 2~3%의 Be을 첨가한 석출 경화성 합금이다.
② 피로한도, 내열성, 내식성이 우수하다.
③ 베어링, 고급 스프링 재료에 이용된다.
④ 가공이 쉽게 되고 가격이 싸다.

해설 베릴륨 청동: Cu에 2~3%의 Be을 첨가한 시효경화성 합금으로 구리합금 중 최고 강도(약 980MPa)를 가진다. 담금질하여 시효경화시키면 기계적 성질이 합금강에 뒤떨어지지 않으며, 피로한도, 내열성, 내식성도 우수하여 기어, 베어링, 판스프링 등에 이용된다.

02 형상기억합금의 종류에 해당하지 않는 것은?
① 니켈 티타늄계 합금
② 구리 - 알루미늄 - 니켈계 합금
③ 니켈 - 티타늄 - 구리계 합금
④ 니켈 크롬 - 철계 합금

해설 형상기억합금: 가공된 어떤 물체가 망가지거나 변형되어도 끓는 물 등으로 열을 가하면 원래의 형상으로 되돌아가는 합금을 말한다. 합금으로서는 니켈 - 티타늄 합금, 구리 - 아연 - 알루미늄 합금, 구리 - 알루미늄 - 니켈 합금, 니켈 - 티타늄 - 구리 합금이 있다.

03 열가소성 수지가 아닌 재료는?
① 멜라민 수지
② 초산비닐 수지
③ 폴리에틸렌 수지
④ 폴리염화비닐 수지

해설 열경화성 수지에는 페놀계 수지, 요소 수지, 멜라민 수지, 실리콘 수지, 푸란 수지, 폴리에스테르 수지 및 에폭시 수지 등이 있고, 열가소성 수지에는 스티렌 수지, 염화비닐 수지, 폴리에틸렌 수지, 초산비닐 수지, 아크릴 수지, 폴리아미드 수지, 불소 수지 및 쿠마론인덴 수지 등이 있다.

04 다이캐스팅용 합금의 성질로서 우선적으로 요구되는 것은?
① 유동성
② 절삭성
③ 내산성
④ 내식성

해설 다이캐스팅용 합금은 유동성이 우선적으로 요구된다.

정답 01. ④ 02. ④ 03. ① 04. ①

05 Al-Cu-Mg-Mn의 합금으로 시효경화 처리한 대표적인 알루미늄 합금은?

① 두랄루민
② Y-합금
③ 코비탈륨
④ 로우엑스 합금

해설
① **두랄루민**: 알루미늄(Al)에 구리(Cu), 마그네슘(Mg), 망간(Mn)을 섞어 만들어서 가볍고 구리가 섞여 있어 내식성이 떨어지지만, 경도가 높고 기계적 성질이 우수하여 항공기나 경주용 자동차 등을 만드는 데 쓴다.
② **Y-합금**: Cu 4%, Ni 2%, Mg 1.5% 정도이고, 나머지가 Al인 합금이다. 내열용 합금으로서 고온에서 강한 것이 특징이며, 사형 또는 금형 주물 및 단조물로 사용한다. 피스톤, 베어링 등에 사용된다.

06 주철의 성장 원인 중 틀린 것은?

① 펄라이트 조직 중의 Fe_3C 분해에 따른 흑연화
② 페라이트 조직 중의 Si의 산화
③ A_1 변태의 반복 과정에서 오는 체적 변화에 기인되는 미세한 균열의 발생
④ 흡수된 가스의 팽창에 따른 부피의 감소

해설 주철의 성장원인
① 펄라이트 조직 중의 Fe_3C 분해에 따른 흑연화에 의한 팽창
② 페라이트 조직 중의 규소의 산화에 의한 팽창
③ A_1 변태의 반복 과정에서 오는 체적 변화에 따른 미세한 균열이 형성되어 생기는 팽창
④ 흡수된 가스에 의한 팽창에 따른 부피의 증가
⑤ 불균일한 가열로 생기는 균열에 의한 팽창
⑥ 시멘타이트의 흑연화에 의한 팽창

07 다음 중 로크웰 경도를 표시하는 기호는?

① HBS
② HS
③ HV
④ HRC

해설
• **로크웰 경도**: HRC
• **비커즈 경도**: HV
• **브리넬 경도**: HB
• **쇼어 경도**: HS

08 3줄 나사, 피치가 4mm인 수나사를 1/10 회전시키면 축 방향으로 이동하는 거리는 몇 mm인가?

① 0.1
② 0.4
③ 0.6
④ 1.2

해설 3줄 나사×피치 4 = 12mm = $\frac{12}{10}$ = 1.2mm

[정답] 05. ① 06. ④ 07. ④ 08. ④

09. 다음 ISO 규격 나사 중에서 미터 보통 나사를 기호로 나타내는 것은?

① Tr
② R
③ M
④ S

해설

미터 보통 나사		M
미니추어 나사		S
미터 사다리꼴 나사		Tr
관용 테이퍼 나사	테이퍼 수나사	R
	테이퍼 암나사	Rc
	평행 암나사	Rp

10. 레디얼 볼 베어링 번호 6200의 안지름은?

① 10mm
② 12mm
③ 15mm
④ 17mm

해설 안지름 번호(세 번째, 네 번째 숫자)
안지름 번호 1에서 9까지는 안지름 번호와 안지름이 같고, 안지름 번호의
00: 안지름 10mm, 01: 안지름 12mm, 02: 안지름 15mm, 03: 안지름 17mm
안지름 20mm 이상 480mm 미만은 안지름을 5로 나눈 수가 안지름 번호(2자리)이다.

11. 모듈이 m인 표준 스퍼 기어(미터식)에서 총 이 높이는?

① 1.25m
② 1.5708m
③ 2.25m
④ 3.2504m

해설 기어의 이에 있어서 이뿌리부터 이끝까지의 높이.
보통 이의 총 이 높이 h는 h ≥ 2.25m, m: 모듈

12. 축 이음 설계 시 고려사항으로 틀린 것은?

① 충분한 강도가 있을 것
② 진동에 강할 것
③ 비틀림각의 제한을 받지 않을 것
④ 부식에 강할 것

해설 축 이음 설계 시 고려사항
• 비틀림각 변형: 주기적 또는 확실한 전동을 요하는 축은 비틀림각에 제한을 받게 된다.

정답 09. ③ 10. ① 11. ③ 12. ③

13 스프링에서 스프링 상수(K)값의 단위로 옳은 것은?

① N
② N/mm
③ N/mm²
④ mm

해설 스프링 상수
스프링의 변형률 δ은 탄성한도 내에서 하중 W에 비례하고 비례상수가 K이므로 $W = K\delta$ 의 관계가 성립된다.
∴ $K = \dfrac{W}{\delta}$ [N/mm]

14 분할 핀에 관한 설명이 아닌 것은?

① 테이퍼 핀의 일종이다.
② 너트의 풀림을 방지하는 데 사용된다.
③ 핀 한쪽 끝이 두 갈래로 되어 있다.
④ 축에 끼워진 부품의 빠짐을 방지하는 데 사용된다.

해설 분할 핀(split pin)
너트의 풀림 방지나 바퀴가 축에서 빠지는 것을 방지하기 위하여 사용하며, 핀 한쪽 끝이 두 갈래로 되어 있다.

15 마이크로미터의 구조에서 부품에 속하지 않는 것은?

① 앤빌
② 스핀들
③ 슬리브
④ 스크라이버

해설 마이크로미터 구조: 앤빌, 스핀들, 슬리브, 딤블 등의 부품으로 되어 있다.

16 다음의 내용과 가장 관련이 있는 가공에 의한 커터의 줄무늬 방향 기호는?

> 가공에 의한 커터의 줄무늬가 기호를 기입한 면의 중심에 대하여 거의 방사 모양

① ⊥
② X
③ M
④ R

해설

⊥	가공으로 생긴 앞줄의 방향이 기호를 기입한 그림의 투영면에 수직
X	가공으로 생긴 선이 두 방향으로 교차
M	가공으로 생긴 선이 다방면으로 교차 또는 무방향
R	가공으로 생긴 선이 거의 방사상(레이디얼형)

정답 13. ② 14. ①
15. ④ 16. ④

17 그림과 같은 단면도(빗금친 부분)를 무엇이라 하는가?

① 회전도시 단면도
② 부분 단면도
③ 온 단면도
④ 한쪽 단면도

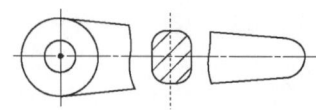

해설 회전도시 단면도
핸들이나 바퀴 등의 암이나 리브, 훅, 축, 구조물의 부재 등의 절단면은 90° 회전하여 도시하거나 절단할 곳의 전후를 끊어서 그 사이에 그린다.

18 반복도형의 피치를 잡는 기준이 되는 선은?

① 가는 실선
② 가는 파선
③ 가는 1점 쇄선
④ 가는 2점 쇄선

해설 가는 1점 쇄선: 반복도형의 피치를 잡는 기준이 되는 선이다.

19 단면의 표시와 단면도의 해칭에 관한 설명 중 틀린 것은?

① 일반적으로 단면부의 해칭은 생략하여 도시하고 특별한 경우는 예외로 한다.
② 인접한 부품의 단면은 해칭의 각도 또는 간격을 달리하여 구별할 수 있다.
③ 해칭하는 부분에 글자 등을 기입하는 경우, 해칭을 중단할 수 있다.
④ 해칭선의 각도는 일반적으로 주된 중심선에 대하여 45°로 하여 가는 실선으로 등간격으로 그린다.

해설 단면도의 해칭
① 보통 사용하는 해칭은 주된 중심선에 대하여 45°의 가는 실선으로 등 간격으로 표시한다.
② 동일 부품의 단면은 떨어져 있어도 해칭의 방향과 간격 등을 같게 한다.
③ 서로 인접하는 단면의 해칭은 선의 방향 또는 각도 및 그 간격을 바꾸어서 구별한다.
④ 경사진 단면의 해칭선은 경사진 면에 수평이나 수직으로 그리지 않고 재질에 관계없이 기본 중심에 대하여 45° 경사진 각도로 그린다.
⑤ 해칭을 하는 부분 속에 문자, 기호 등을 기입하기 위해 필요한 경우에는 해칭을 중단한다.

정답 17. ① 18. ③ 19. ①

20 컴퓨터 도면관리 시스템의 일반적인 장점을 잘못 설명한 것은?
① 여러 가지 도면 및 파일의 통합관리체계를 구축 가능하다.
② 반영구적인 저장 매체로 유실 및 훼손의 염려가 없다.
③ 도면의 질과 정확도를 향상시킬 수 있다.
④ 정전 시에도 도면 검색 및 작업을 할 수 있다.

해설 정전 시 도면 검색 및 작업을 할 수 없다.

21 표제란에 기입할 사항으로 거리가 먼 것은?
① 도면 번호 ② 도면 명칭
③ 부품 기호 ④ 투상법

해설 표제란에는 도면 번호, 도면 명칭, 기업(단체)명, 책임자의 서명, 도면 작성 연월일, 척도, 투상법 등을 기입한다.

22 다음 중 길이 및 허용한계 기입을 잘못한 것은?

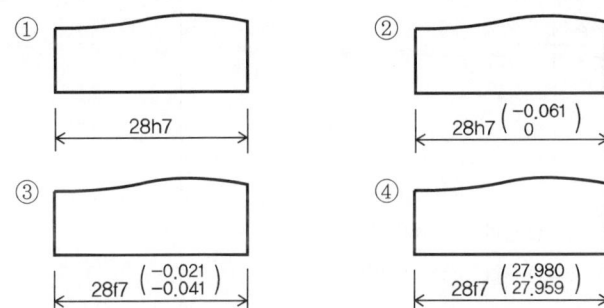

해설 ②의 올바른 기입 방법: $28h7\left(_{-0.061}^{0}\right)$

23 IT 공차 등급에 대한 설명 중 틀린 것은?
① 공차 등급은 IT 기호 뒤에 등급을 표시하는 숫자를 붙여 사용한다.
② 공차역의 위치에 사용하는 알파벳은 모든 알파벳을 사용할 수 있다.
③ 공차역의 위치는 구멍인 경우 알파벳 대문자, 축인 경우 알파벳 소문자를 사용한다.
④ 공차 등급은 IT 01부터 IT 18까지 20등급으로 구분한다.

해설 공차역의 위치에 사용하는 알파벳 중에서 I, O, Q 등은 사용하지 않는다.

정답 20. ④ 21. ③ 22. ② 23. ②

24 도면에 나타난 그림의 크기가 치수와 비례하지 않을 때 표시하는 방법 중 틀린 것은?

① 치수 아래쪽에 굵은 실선을 긋는다.
② "비례하지 않음"으로 표시한다.
③ NS로 기입한다.
④ 치수를 ( ) 안에 넣는다.

해설 치수를 ( ) 안에 넣는 것은 참고 치수이다.

25 다음 그림은 15H7-m6의 구멍과 축에 중간 끼워 맞춤을 나타낸 것으로 최대 죔새를 A, 최대 틈새를 B라 할 때 옳은 것은?

① A=0.018, B=0.011
② A=0.011, B=0.018
③ A=0.018, B=0.025
④ A=0.011, B=0.025

해설
- 최대 죔새=축의 최대허용치수-구멍의 최소허용치수=0.018-0=0.018
- 최대 틈새=구멍의 최대허용치수-축의 최소허용치수=0.018-0.007=0.011

26 다음 중 치수 기입의 원칙 설명으로 틀린 것은?

① 설계자의 특별한 요구사항을 치수와 함께 기입할 수 있다.
② 도면에 나타내는 치수는 특별히 명시하지 않는 한 도시한 대상물의 마무리 치수를 표시한다.
③ 치수는 되도록 정면도, 측면도, 평면도에 분산하여 기입한다.
④ 치수는 되도록이면 계산할 필요가 없도록 기입하고 중복되지 않게 기입한다.

해설 치수는 되도록 주 투상도(정면도)에 집중시키며, 중복 기입을 피하고 되도록 계산할 필요가 없도록 기입한다.

정답 24. ④ 25. ①
26. ③

27 기준 A에 평행하고 지정길이 100mm에 대하여 0.01mm의 공차값을 지정할 경우 표시방법으로 옳은 것은?

① | A | 0.01 / 100 | // |
② | // | 100 / 0.01 | A |
③ | A | // | 100 / 0.01 |
④ | // | 0.01 / 100 | A |

해설 위 예문에서 올바른 표시방법은 ④이다.

28 기하 공차의 기호와 공차의 명칭이 서로 맞는 것은?
① ─: 진직도 공차
② ◎: 위치도 공차
③ ○: 원통도 공차
④ ∠: 동심도 공차

해설

─	진직도 공차	⌭	원통도 공차
▱	평면도 공차	⊕	위치도 공차
○	진원도 공차	◎	동축도 또는 동심도 공차

29 다음 중 구상흑연주철품 재질 기호는?
① SC 410
② GC 300
③ GCD 400-18
④ SF 490 A

해설
① SC 410: 탄소 주강품
② GC 300: 회주철품
③ GCD 400-18: 구상흑연주철품
④ SF 490 A: 탄소강 단강품

30 다음 중에서 '제거 가공을 허용하지 않는다'는 것을 시시하는 기호는?
①
②
③ W로 표시
④ 6.3으로 표시

해설

기호	거칠기 정도(Ra)	적용
	─	절삭가공 등 가공을 하지 않은 표면, 주물의 표면
W	약 25~100 μm	일반 절식가공만 하고 끼워 맞춤이 없는 표면(드릴구멍, 선삭기공부 등)
X	약 6.3~25 μm	끼워 맞춤만 있고 상대운동은 없는 표면(커버와 몸체의 끼워 맞춤부, 키홈, 축과 회전체의 결합부 등)

정답 27. ④ 28. ① 29. ③ 30. ①

31. 투상도의 표시방법에서 보조 투상도에 관한 설명으로 옳은 것은?

① 복잡한 물체를 절단하여 나타낸 투상도
② 경사면부가 있는 물체의 경사면과 맞서는 위치에 그린 투상도
③ 특정 부분의 도형이 작아서 그 부분만을 확대하여 그린 투상도
④ 물체의 홈, 구멍 등 특정 부위만 도시한 투상도

해설 보조 투상도
물체의 경사면을 실형으로 그려서 바꾸기 할 필요가 있을 경우에는 그 경사면과 위치에 필요 부분만을 보조 투상도로 표시한다.

32. 모양에 따른 선의 종류에 대한 설명으로 틀린 것은?

① 실선: 연속적으로 이어진 선
② 파선: 짧은 선을 일정한 간격으로 나열한 선
③ 1점 쇄선: 길고 짧은 2종류의 선을 번갈아 나열한 선
④ 2점 쇄선: 긴 선 2개와 짧은 선 2개를 번갈아 나열한 선

해설 2점 쇄선: 긴 선과 짧은 선 2개를 서로 규칙적으로 나열한 선

33. 제3각법으로 투상한 그림과 같은 도면에서 누락된 평면도에 가장 적합한 것은?

① 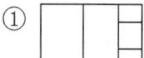   ②

③    ④

해설 그림에서 등각 투상도는 ④이다.

정답 31. ② 32. ④ 33. ④

34 다음은 제3각법으로 정 투상한 도면이다. 등각 투상도로 맞는 것은 어느 것인가?

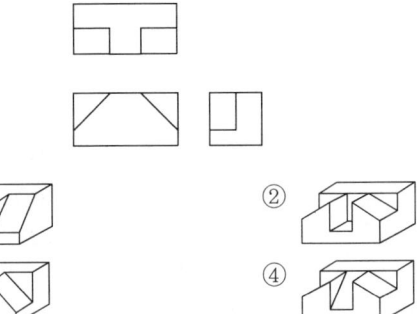

해설 그림에서 등각 투상도는 ③이다.

35 제1각법과 제3각법의 설명 중 틀린 것은?
① 제1각법은 물체를 1상한에 놓고 정투상법으로 나타낸 것이다.
② 제1각법은 눈 → 투상면 → 물체의 순서로 나타낸다.
③ 제3각법은 물체를 3상한에 놓고 정 투상법으로 나타낸 것이다.
④ 한 도면에 제1각법과 제3각법을 같이 사용해서는 안 된다.

해설 제1각법은 눈 → 물체 → 투상면의 순서이다.

36 벨트풀리의 도시 방법 설명으로 틀린 것은?
① 모양이 대칭형인 벨트풀리는 그 일부분만을 도시할 수 있다.
② 암은 길이 방향으로 절단하여 그 단면을 도시할 수 있다.
③ 암의 단면형은 도형의 안이나 밖에 회전 단면을 도시할 수 있다.
④ 벨트풀리의 홈 부분 치수는 해당하는 형별, 호칭 지름에 따라 결정된다.

해설 암은 길이 방향으로 절단하여 단면을 도시하지 않는다.

37 나사용 구멍이 없고 양쪽 둥근형 평행키의 호칭으로 옳은 것은?
① R-A 25×14×90
② TG 20×12×70
③ WA 23×16
④ T-C 22×12×60

해설 나사용 구멍이 없고 양쪽 둥근형 평행키의 호칭: P-A 25×14×90

정답 34. ③ 35. ②
　　　36. ② 37. ①

38 스프링 제도에 대한 설명으로 맞는 것은?

① 오른쪽 감기로 도시할 때는 '감긴 방향 오른쪽'이라고 반드시 명시해야 한다.
② 하중이 걸린 상태에서 그리는 것을 원칙으로 한다.
③ 하중과 높이 및 처짐과의 관계는 선도 또는 요목표에 나타낸다.
④ 스프링의 종류와 모양만을 도시할 때에는 재료의 중심선만을 가는 실선으로 그린다.

해설 스프링 제도
① 특별한 단서가 없는 한 모두 오른쪽 감기로 도시하고, 왼쪽 감기로 도시할 때에는 '감긴 방향 왼쪽'이라고 한다.
② 스프링은 원칙적으로 하중이 걸리지 않은 상태로 그린다. 만약, 하중이 걸린 상태인 경우에는 선도 또는 그때의 치수와 하중을 기입한다.
③ 하중과 높이(또는 길이)또는 처짐과의 관계를 표시할 필요가 있을 때에는 선도 또는 항목표에 표시한다.
④ 스프링의 종류와 모양만을 도시할 때에는 재료의 중심선만을 굵은 실선으로 그린다.

39 다음은 육각 볼트의 호칭이다. ⓒ이 의미하는 것은?

KS B 1002   육각 볼트   A
   ㉠   ㉡   ㉢

M12×80   −8.8   MFZn2
   ㉣   ㉤   ㉥

① 강도
② 부품 등급
③ 종류
④ 규격번호

해설 ⓒ이 의미하는 것은 부품 등급이다.

40 다음은 단속 필릿 용접부의 주요 치수를 나타낸 기호이다. 기호에 대한 설명으로 틀린 것은?

① a: 목 두께
② n: 용접부의 개수
③ l: 목 길이
④ e: 인접한 용접부 간의 간격

해설 l: 용접 길이이다.

정답 38. ③ 39. ② 40. ③

41 일반적으로 스퍼 기어의 요목표에 기입하는 사항이 아닌 것은?

① 치형
② 잇수
③ 피치원 지름
④ 비틀림각

해설 (예) 스퍼 기어의 요목표

스퍼 기어 요목표	
기어 치형	표준
공구 치형	보통 이
공구 모듈	3
공구 압력 각	20°
잇수	40
피치원 지름	PCD Ø120
전체 이 높이	4.5
다듬질 방법	호브 절삭
정밀도	KS B1405, 5급

42 기어의 제도 방법 중 틀린 것은?

① 축 방향에서 본 이끝원은 굵은 실선으로 표시한다.
② 축 방향에서 본 피치원은 가는 1점 쇄선으로 표시한다.
③ 서로 물려 있는 한 쌍의 기어에서 맞물림부의 이끝원은 가는 실선으로 표시한다.
④ 베벨 기어 및 웜휠의 축 방향에서 본 그림에서 이뿌리원은 생략하는 것이 보통이다.

해설 맞물리는 한쌍 기어의 도시에서 맞물림부의 이끝원은 모두 굵은 실선으로 그리고, 주 투상도를 단면으로 도시할 때에는 맞물림부의 한쪽 이끝원을 표시하는 선은 가는 파선 또는 굵은 파선으로 그린다.

43 좌 2줄 M50×3-6H는 나사 표시방법의 보기이다. 리드는 몇 mm 인가?

① 3
② 6
③ 9
④ 12

해설 리드=줄 수×피치=2×3=6mm

44 볼 베어링 6203 ZZ에서 ZZ는 무엇을 나타내는가?

① 실드 기호
② 내부 틈새 기호
③ 등급 기호
④ 안지름 기호

해설
- 62(베어링 계열 기호)
- 03(안지름 번호: 베어링 안지름 170mm)
- ZZ(실드 기호)

[정답] 41.④ 42.③ 43.② 44.①

45 다음 중 축의 도시 방법에 대한 설명으로 틀린 것은?

① 축은 길이 방향으로 절단하여 단면도시하지 않는다.
② 긴 축은 중간 부분을 생략해서 그릴 수 있다.
③ 축에 널링을 도시할 때 빗줄인 경우는 축선에 대하여 45°로 엇갈리게 그린다.
④ 축은 일반적으로 중심선을 수평 방향으로 놓고 그린다.

해설 축에 있는 널링(knurling)의 도시는 빗줄인 경우는 축선에 대하여 30°로 엇갈리게 그린다.

46 그림과 같이 위치를 알 수 없는 점 A에서 점 B로 이동하려고 한다. 어느 좌표계를 사용해야 하는가?

① 상대 좌표
② 절대 좌표
③ 절대 극 좌표
④ 원통 좌표

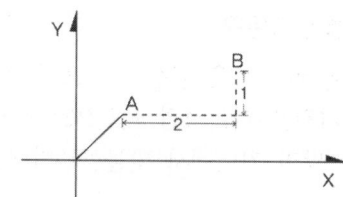

해설 그림에서 사용한 좌표계는 상대 좌표다.

47 3차원의 물체의 외부 형상뿐만 아니라 중량, 무게중심, 관성모멘트 등의 물리적 성질도 제공할 수 있는 형상 모델링은?

① 와이어프레임 모델링   ② 서피스 모델링
③ 솔리드 모델링   ④ 곡면 모델링

해설 솔리드 모델링의 용도
① 표면적, 부피, 관성모멘트 계산
② 유한 요소 해석
③ 솔리드 모델들 간의 간섭현상 검사
④ NC공구 경로 생성
⑤ 도면 생성

48 중앙처리장치(CPU)와 주기억장치 사이에서 원활한 정보의 교환을 위하여 주기억장치의 정보를 일시적으로 저장하는 고속 기억장치는?

① floppy disk   ② CD-ROM
③ cache memory   ④ oprocessor

정답 45. ③ 46. ①
47. ③ 48. ③

> **해설** 캐시 메모리(Cache Memory)
> CPU와 DRAM으로 구성된 주기억장치와의 처리속도 차를 줄이기 위해 SRAM으로 구성된 캐시 메모리를 두어 CPU의 작업을 돕는 데 사용한다.

49 CAD 시스템의 입력장치에 해당하지 않는 것은?

① 키보드(keyboard) ② 마우스(mouse)
③ 디스플레이(display) ④ 라이트 펜(light pen)

> **해설** 디스플레이는 출력장치이다.

50 KS에 규정된 표면 거칠기 표시방법이 아닌 것은?

① 산술 평균 거칠기(Ra)
② 최대높이(Ry)
③ 10점 평균 거칠기((Rz)
④ 제곱 평균 거칠기(Ra)

51 제품이 크기가 비교적 작고, 수량이 많은 제품의 높이, 단차, 폭, 길이 등을 비교 측정방법으로 측정하는 데 사용하는 측정 보조기구는?

① 다이얼 게이지 스탠드
② 마그네틱 스탠드
③ 하이트 게이지
④ 높이 게이지

52 다음 중 아베의 원리에 맞는 측정기는?

① 하이트 게이지
② 버니어캘리퍼스
③ 3차원 좌표 측정기
④ 단체형 내측 마이크로미터

> **해설** 아베의 원리는 "측정하려는 길이를 표준자로 사용되는 눈금의 연장선상에 놓는다"라는 것인데, 이는 피 측정물과 표준자와는 측정 방향에 있어서 동일 직선상에 배치하여야 한다.

53 다음 중 이베의 원리에 맞는 것은?

① 버니어 캘리퍼스 ② 옵티컬 플렛
③ 측장기 ④ 하이트 게이지

[정답] 49. ③ 50. ④
51. ① 52. ④
53. ③

54 내측 마이크로미터의 0점 조정방법이 아닌 것은?
① 링 게이지를 이용하는 방법
② 게이지 블록 부속품을 이용하는 방법
③ 외측 마이크로미터를 이용하는 방법
④ 버니어 캘리퍼스를 이용하는 방법

해설 내측 마이크로미터의 0점 조정방법에는 링 게이지를 이용하는 방법, 게이지 블록 부속품을 이용하는 방법, 외측 마이크로미터를 이용하는 방법 등이 있다.

55 어미자의 최소 눈금이 0.5mm이고 아들자의 눈금기입 방법이 39mm를 20등분한 버니어 캘리퍼스의 최소 측정값은?
① 0.015mm
② 0.020mm
③ 0.025mm
④ 0.050mm

해설 $\dfrac{\text{어미자의 눈금수}}{\text{아들자의 등분수}} = \dfrac{0.5}{20} = 0.025$

56 CAD에서 임시 저장되는 파일의 확장자는?
① ac$
② bak
③ dwt
④ log

57 CAD 시스템에 의한 도형처리를 할 때 1점 쇄선 긴 선 길이의 간격과 짧은 선 길이의 비율은?
① 9 : 1 : 1
② 9 : 3 : 1
③ 15 : 1 : 1
④ 15 : 3 : 1

58 자유곡면을 정의할 때 parameter space (domain)를 knots에 의해 분할하여 정의하는 것이 편리하다. 이렇게 분할된 구간의 단위 곡면을 무엇이라 하는가?
① element
② patch
③ primitive
④ segment

해설 patch : 자유곡면을 정의할 때 parameter space (domain)를 knots에 의해 분할하여 정의하는 것이 편리하며 이렇게 분할된 구간의 단위 곡면을 patch라 한다.

정답 54. ④ 55. ③
56. ① 57. ①
58. ②

59 아래 그림처럼 관련된 부분을 변형시키면서 꼭지점을 새로운 위치로 옮길 수 있는 작업은?

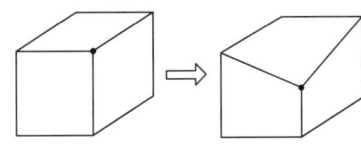

① 스위핑(sweeping)
② 스키닝(skinning)
③ 트위킹(tweaking)
④ 리프팅(lifting)

60 다음 곡선(curve)의 특징에 대한 설명으로 틀린 것은?
① NURBS 곡선은 2개의 좌표의 조정점 사용으로 곡선의 변형이 제한적이다.
② NURBS 곡선은 양 끝점을 반드시 통과해야 한다.
③ Bezier 곡선은 반드시 주어진 시작점과 끝점을 통과한다.
④ Bezier 곡선은 다각형의 꼭지점 순서가 거꾸로 되어도 같은 곡선이 생성되어야 한다.

> **해설** 곡선(curve)의 특징
> ① 3차 NURBS 곡선은 특정 노트 구간에서 4개의 조정점 외에 가중값(weights value)과 노트(knot) 벡터의 정보가 이용된다.
> ② B-Spline은 각각의 조정점에서 3개의 자유도를 갖고 NURBS에서는 4개의 자유도를 갖는다.

정답 59. ③ 60. ①

05회 CBT 모의고사

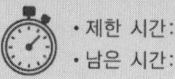

01 공구강의 구비조건 중 틀린 것은?
① 강인성이 클 것
② 내마모성이 작을 것
③ 고온에서 경도가 클 것
④ 열처리가 쉬울 것

해설 공구강의 구비조건
① 가공 재료보다 경도가 클 것
② 고온에서 경도가 감소되지 않아야 한다.
③ 인성, 강도와 내마모성이 클 것
④ 마찰계수가 적을 것
⑤ 열처리가 쉽고 원하는 모양으로 쉽게 만들 수 있어야 한다.
⑥ 취급이 편리하고 가격이 싸고 경제적이어야 한다.

02 Al-Si계 합금인 실루민의 주조 조직에 나타나는 Si의 거친 결정을 미세화시키고 강도를 개선하기 위하여 개량처리를 하는 데 사용되는 것은?
① Na
② Mg
③ Al
④ Mn

해설 로엑스 합금(Lo-Ex)
Al-Si계에 Cu, Mg, Ni을 첨가한 특수 실루민으로 Na으로 개량처리 하며 AC₃A계 합금은 실루민이라 부른다.

03 스텔라이트계 주조 경질합금에 대한 설명으로 틀린 것은?
① 주성분이 Co이다.
② 단조품이 많이 쓰인다.
③ 800℃까지의 고온에서도 경도가 유지된다.
④ 열처리가 불필요하다.

해설 주조 경질합금
주조한 강을 연마하여 사용하는 공구 재료로서 충분한 강도를 가지고 있으므로 열처리가 필요 없고 단조가 불가능하다. 대표적인 것으로는 Co를 주성분으로 하는 Co-Cr-W-C계의 스텔라이트(stellite)가 있으며 800℃까지의 고온에서도 경도가 유지된다.

04 다음 합성수지 중 일명 EP라고 하며, 현재 이용되고 있는 수지 중 가장 우수한 특성을 지닌 것으로 널리 이용되는 것은?
① 페놀 수지
② 폴리에스테르 수지
③ 에폭시 수지
④ 멜라민 수지

정답 01.② 02.① 03.② 04.③

해설 에폭시(Epoxy resin: EP)
수지의 특성은 가볍고 가공이 쉬우며 내식성이 우수한 장점을 갖고 있으나, 열에 매우 약하며 강도가 부족한 것이 일반적인 단점이다. 현재 이용되고 있는 수지 중 가장 우수한 특성을 지닌 것으로 널리 사용된다.

05 금속을 상온에서 소성변형 시켰을 때, 재질이 경화되고 연신율이 감소하는 현상은?

① 재결정
② 가공경화
③ 고용강화
④ 열변형

해설 **가공경화**: 재료에 외력을 가하여 변형시키면 굳어지는 현상으로, 금속을 상온에서 소성변형 시켰을 때 재질이 경화되고 연신율이 감소하며 보통 냉간가공으로 경도가 크고 강해지는 현상이다.

06 황동의 자연균열 방지책이 아닌 것은?

① 수은
② 아연도금
③ 도료
④ 저온풀림

해설 황동의 자연균열은 응력부식 균열로 잔류 응력에 기인되는 현상이며, 방지책은 아연도금, 도료, 저온풀림 등으로 잔류 응력 제거이다.

07 강을 충분히 가열한 후 물이나 기름 속에 급랭시켜 조직변태에 의한 재질의 경화 주목적으로 하는 것은?

① 담금질
② 뜨임
③ 풀림
④ 불림

해설
① **담금질**: 강의 경화
② **뜨임**: 인성증가
③ **풀림**: 강의 연화 및 내부 응력 제거
④ **불림**: 강의 표준화

08 다음 중 핀(Pin)의 용도가 아닌 것은?

① 핸들과 축의 고정
② 너트의 풀림 방지
③ 볼트의 마모 방지
④ 분해 조립할 때 조립할 부품의 위치결정

해설 핀(Pin)의 용도
① 핸들과 축의 고정
② 너트의 풀림 방지
③ 분해 조립할 때 조립할 부품의 위치결정
④ 고정물체의 탈락방지 및 기타 키 대용으로 사용

[정답] 05. ② 06. ① 07. ① 08. ③

09 기계요소 부품 중에서 직접 전동용 기계요소에 속하는 것은?

① 벨트
② 기어
③ 로프
④ 체인

해설 전동용 기계요소
벨트, 로프, 체인, 링크 마찰차 및 캠은 간접 전동용 기계요소이고, 기어는 직접 전동용 기계요소이다.

10 평 벨트풀리의 구조에서 벨트와 직접 접촉하여 동력을 전달하는 부분은?

① 림
② 암
③ 보스
④ 리브

해설 림: 평 벨트와 직접 접촉하여 동력을 전달하는 부분이다.

11 회전하고 있는 원동 마찰차의 지름이 250mm이고 전동차의 지름이 400mm일 때 최대 토크는 몇 N/m인가? (단, 마찰차의 마찰계수는 0.2이고 서로 밀어붙이는 힘은 2kN이다.)

① 20
② 40
③ 80
④ 160

해설 $T = \dfrac{\mu P D_b}{2} = \dfrac{0.2 \times 2 \times 400}{2} = 80\text{N/m}$

12 수나사의 호칭 치수는 무엇을 표시하는가?

① 골지름
② 바깥지름
③ 평균 지름
④ 유효지름

해설 나사의 호칭 치수는 수나사의 바깥지름으로 표시한다.

13 다음 스프링 중 나비가 좁고 얇은 긴 보의 형태로 하중을 지지하는 것은?

① 원판 스프링
② 겹판 스프링
③ 인장 코일 스프링
④ 압축 코일 스프링

정답 09. ② 10. ① 11. ③ 12. ② 13. ②

해설 겹판 스프링(leaf spring): 너비가 좁고 얇은 긴 보로서 하중을 지지한다. 여러 장 겹쳐서 사용하는 것을 겹판 스프링이라 한다. 자동차의 현가장치로 널리 사용한다.

14 다음 나사 중 백래시를 작게 할 수 있는 높은 정밀도를 오래 유지할 수 있으며 효율이 가장 좋은 것은?

① 사각나사 ② 톱니 나사
③ 볼 나사 ④ 둥근 나사

해설
① **사각나사**: 용도는 축 방향에 큰 하중을 받아 운동 전달에 적합.
② **톱니 나사**: 한쪽 방향으로 집중하중이 작용하여 압착기, 바이스, 나사 잭 등과 같이 압력의 방향이 항상 일정할 때 사용.
③ **너클 나사(둥근 나사)**: 급격한 충격을 받는 부분, 전구, 먼지와 모래 등이 많이 끼는 경우와 오염된 액체의 밸브 또는 호스 이음나사 등에 사용.
④ **볼 나사**: 백래시를 작게 할 수 있는 높은 정밀도를 오래 유지할 수 있으며 효율이 가장 높음.

15 그림과 같은 사인 바(sine bar)를 이용한 각도 측정에 대한 설명으로 틀린 것은?

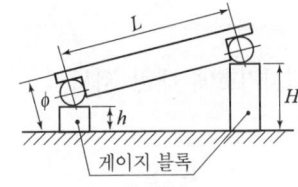

① 게이지 블록 등을 병용하고 3각 함수 사인(sine)을 이용하여 각도를 측정하는 기구이다.
② 사인 바는 롤러의 중심거리가 보통 100mm 또는 200mm로 제작한다.
③ 45°보다 큰 각을 측정할 때에는 오차가 작아진다.
④ 정반 위에서 정반면과 사인봉과 이루는 각을 표시하면 $\sin \phi = (H-h)/L$ 식이 성립한다.

해설 사인 바를 이용하여 각도 측정 시 $\alpha > 45$도로 되면 오차가 커지므로 기준면에 대하여 45도 이하로 설정한다.

16 다음 선의 용도에 의한 명칭 중 선의 굵기가 다른 것은?

① 치수선 ② 지시선
③ 외형선 ④ 치수 보조선

해설
• **가는 실선**: 치수선, 지시선, 치수 보조선
• **굵은 실선**: 외형선

[정답] 14. ③ 15. ③
16. ③

17 다음 도면에서 표현된 단면도로 모두 맞는 것은?

① 전 단면도, 한쪽 단면도, 부분 단면도
② 한쪽 단면도, 부분 단면도, 회전도시 단면도
③ 부분 단면도, 회전도시 단면도, 계단 단면도
④ 전 단면도, 한쪽 단면도, 회전도시 단면도

해설 위 도면에서 단면도는 한쪽 단면도, 부분 단면도, 회전도시 단면도로 표시되어 있다.

18 다음 그림은 표면 거칠기의 지시이다. 면의 지시기호에 대한 지시 사항에서 D의 위치에 나타내는 것은?

① 표면 파상도
② 줄무늬 방향 기호
③ 다듬질 여유 기호
④ 중심선 평균 거칠기 값

해설
- B: 가공방법
- A: 산술 평균 거칠기 값
- E: 다듬질 여유 기입
- D: 줄무늬 방향 기호

19 IT 기본 공차에 대한 설명으로 틀린 것은?

① IT 기본 공차는 치수 공차와 끼워 맞춤에 있어서 정해진 모든 치수 공차를 의미한다.
② IT 기본 공차의 등급은 IT 01부터 IT 18까지 20등급으로 구분되어 있다.
③ IT 공차 적용 시 제작의 난이도를 고려하여 구멍에는 IT n-1, 축에는 IT n을 부여한다.
④ 끼워 맞춤 공차를 적용할 때 구멍일 경우 IT 6~IT 10이고, 축일 때에는 IT 5~IT 9이다.

정답 17. ② 18. ② 19. ③

> **해설** IT 기본 공차
> ① IT 기본 공차는 국제 표준화 기구(ISO) 공차 방식에 따라 분류하며 IT 01부터 IT 18까지 20등급으로 구분하여 KS B 0401에 규정하고 있다. IT 01과 IT 0에 대한 값은 사용 빈도가 낮아 별도로 정하고 있다.
> ② IT 공차의 수치: 기준 치수가 500 이하인 경우와 500을 초과하여 3150까지 공차 등급 IT 1부터 IT 18에 대한 기본 공차의 수치를 나타낸다.

용 도	게이지 제작 공차	끼워 맞춤 공차	끼워 맞춤 이외 공차
구 멍	IT 01~IT 5	IT 6~IT 10	IT 11~IT 18
축	IT 01~IT 4	IT 5~IT 9	IT 10~IT 18

20 다음 기계요소 중 길이 방향으로 단면을 할 수 있는 부품으로 묶은 것은?

① 히브, 바퀴의 암, 기어의 이
② 볼트, 너트, 작은 나사
③ 축, 핀, 리벳, 키
④ 부시, 칼라, 베어링

> **해설** 길이 방향으로 단면을 표시할 수 있는 부품은 내경을 나타낼 수 있는 부시, 칼라, 베어링 등이다.

21 KS B 0001에 규정된 도면의 크기에 해당하는 A열 사이즈의 호칭에 해당하지 않는 것은?

① A0
② A3
③ A5
④ A1

> **해설** 도면의 크기: 원도 및 복사한 도면의 마무리 치수는 종이의 재단 치수에서 규정하는 A0~A4에 따른다. 제도용지의 크기는 A열 사이즈를 사용한다. 다만, 연장하는 경우에는 연장 사이즈를 사용한다. 제도용지의 세로와 가로의 비는 $1:\sqrt{2}$ 이며, 원도의 크기는 긴 쪽을 좌우 방향으로 놓고 사용한다. 다만 A4는 짧은 쪽을 좌우 방향으로 놓고 사용할 수 있다.

22 다음 등각도를 3각법으로 투상할 때 평면도로 맞는 것은?

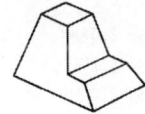

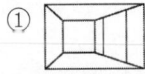 ① 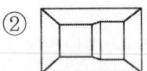 ②
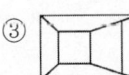 ③  ④

> **해설** 그림에서 평면도는 ②이다.

[정답] 20. ④ 21. ③ 22. ②

23. 가는 실선을 사용하는 선의 용도에 해당하지 않는 것은?

① 기호 및 지시사항을 기입하기 위하여 끌어내는 데 쓰인다.
② 도면의 중심선을 간략하게 표시하는 데 쓰인다.
③ 수면, 유면 등의 위치를 명시하는 데 쓰인다.
④ 도시된 단면의 앞쪽에 있는 부분을 표시하는 데 쓰인다.

해설 도시된 단면의 앞쪽에 있는 부분을 표시는 가상선(가는 2점 쇄선)이다.
- 가는 실선의 용도
  ① 치수를 기입하기 위하여 사용
  ② 치수를 기입하기 위하여 도형으로부터 끌어내는 데 사용
  ③ 기술, 기호 등을 표시하기 위하여 끌어내는 데 사용
  ④ 도형 내에 그 지분의 끊은 곳을 90° 회전하여 표시
  ⑤ 도형의 중심선을 간략하게 표시
  ⑥ 수면, 유면 등의 위치를 표시

24. 다음 설명 중 반지름 치수 기입 방법으로 옳은 것은?

① 반지름 치수를 표시할 때에는 치수선의 양쪽에 화살표를 모두 붙인다.
② 화살표나 치수를 기입할 여유가 없을 경우에는 중심방향으로 치수선을 연장하여 긋고 화살표를 붙인다.
③ 반지름이 커서 그 중심 위치까지 치수선을 그을 수 없을 때에는 자유 실선을 원호 쪽에 사용하여 치수를 표기한다.
④ 반지름 치수는 중심을 반드시 표시하여 기입해야 한다.

해설 반지름의 표시방법
① 반지름의 치수는 반지름의 기호 R을 치수 수치 앞에 치수 숫자와 같은 크기로 기입하여 표시한다. 다만 반지름을 나타내기 위한 치수선을 원호의 중심까지 긋는 경우에는 이 기호를 생략하여도 좋다.
② 원호의 반지름을 나타내기 위한 치수선에는 원호 쪽에만 화살표를 붙이고 중심 쪽에는 붙이지 않는다.
③ 반지름의 치수를 나타내기 위하여 원호의 중심 위치를 표시할 필요가 있을 경우에는 +자 또는 검은 둥근 점으로 그 위치를 나타낸다. 반지름이 큰 원호의 중심 위치를 나타낼 필요가 있을 경우, 지면 등의 제약이 있을 때에는 그 반지름의 치수선을 꺾어도 좋다. 이 경우, 치수선의 화살표가 붙은 부분은 정확히 중심을 향하고 있어야 한다.
④ 동일중심을 가진 반지름은 길이 치수와 같이 누진 치수 기입법을 사용해서 표시할 수 있다.

정답 23. ④ 24. ②

25 제거가공 또는 다른 방법으로 얻어진 가공 전의 상태를 그대로 남겨두는 것만을 지시하기 위한 기호는?

①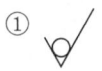
②
③
④

해설 ∀ 제거가공 또는 다른 방법으로 얻어진 가공 전의 상태를 그대로 남겨두는 것만을 지시하기 위한 기호이다.

26 다음과 같이 기하 공차가 기입되었을 때 설명으로 틀린 것은?

| // | 0.01 | A |

① 0.01은 공차값이다.
② //은 모양 공차이다.
③ //은 공차의 종류 기호이다.
④ A는 데이텀을 지시하는 문자 기호이다.

해설 //(평행도)은 자세 공차이다.

27 끼워 맞춤 방식에서 축의 지름이 구멍의 지름보다 큰 경우 조립 전 두 지름의 차를 무엇이라 하는가?

① 죔새 ② 틈새
③ 공차 ④ 허용차

해설 끼워 맞춤: 구멍과 축이 조립되는 관계를 끼워 맞춤이라 하고, 구멍의 지름이 축의 지름보다 큰 경우 두 지름의 차를 틈새, 축의 지름이 구멍의 지름보다 큰 경우 두 지름의 차를 죔새라 한다.

28 모양, 자세, 위치의 정밀도를 나타내는 종류와 기호를 바르게 나타낸 것은?

① 진원도: ⌭
② 동축도: ⊕
③ 원통도: ○
④ 직각도: ⊥

해설

○	진원도 공차
⌭	원통도 공차
⊥	직각도 공차
⊕	위치도 공차
◎	동축도 공차

정답 25. ① 26. ② 27. ① 28. ④

29. 제3각법으로 표시된 다음 정면도나 측면도를 보고 평면도에 해당하는 것은?

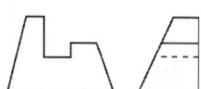

① 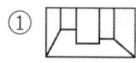   ②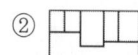
③ 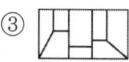   ④

해설 그림에서 평면도는 ①이다.

30. 정면, 평면, 측면을 하나의 투상면 위에서 동시에 볼 수 있도록 그린 도법은?

① 보조 투상도   ② 단면도
③ 등각 투상도   ④ 전개도

해설 등각 투상도
정면, 평면, 측면을 하나의 투상면 위에서 동시에 볼 수 있도록 그린 도법이다.

31. 다음 그림에서 부품 ①의 공차와 부품 ②의 공차가 순서대로 바르게 나열된 것은?

① 0.01, 0.02
② 0.01, 0.03
③ 0.03, 0.03
④ 0.03, 0.07

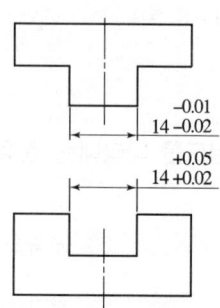

해설 부품 ①의 공차는 0.02−0.01=0.01
부품 ②의 공차는 0.05−0.02=0.03

32. 도면을 접어서 사용하거나 보관하고자 할 때 앞부분에 나타내어 보이도록 하는 부분은?

① 부품 번호가 있는 부분

정답 29. ① 30. ③ 31. ② 32. ②

② 표제란이 있는 부분
③ 조립도가 있는 부분
④ 도면이 그려지지 않은 뒷면

해설 도면을 접어서 사용하거나 보관하고자 할 때 앞부분에 나타내어 표제란이 있는 부분이 보이도록 한다.

33 부분 확대도의 도시 방법으로 틀린 것은?

① 특정한 부분의 도형이 작아서 그 부분을 확대하여 나타내는 표현 방법이다.
② 확대할 부분을 굵은 실선으로 에워싸고 한글이나 알파벳 대문자를 표시한다.
③ 확대도에도 치수 기입과 표면 거칠기를 표시할 수 있다.
④ 확대한 투상도 위에 확대를 표시하는 문자 기호와 척도를 기입한다.

해설 **부분 확대도**
특정 부분의 도형이 작은 관계로 그 부분의 상세한 도시나 치수 기입을 할 수 없을 때는 그 부분을 가는 실선으로 에워싸고, 영자의 대문자로 표시함과 동시에 그 해당 부분을 다른 장소에 확대하여 그리고, 표시하는 문자 및 척도를 부기한다.

34 치수 보조 기호의 S∅는 무엇을 나타내는가?

① 표면
② 구의 반지름
③ 피치
④ 구의 지름

해설

지름	∅
반지름	R
구의 지름	S∅
구의 반지름	SR

35 나사의 종류를 나타내는 기호 중 틀린 것은?

① R: 관용 테이퍼 수나사
② S: 미니어처 나사
③ UNC: 유니파이 보통 나사
④ TM: 29° 사다리꼴 나사

해설
- TM: 30° 사다리꼴 나사
- TW: 29° 사다리꼴 나사

정답 33. ② 34. ④ 35. ④

36. 나사의 각 부를 표시하는 선에 대한 설명으로 틀린 것은?

① 수나사의 바깥지름과 암나사의 안지름은 굵은 실선으로 그린다.
② 수나사와 암나사의 골을 표시하는 선을 굵은 실선으로 그린다.
③ 완전 나사부와 불완전 나사부의 경계선을 굵은 실선으로 그린다.
④ 가려서 보이지 않는 나사부는 파선으로 그린다.

해설 수나사와 암나사의 골을 표시하는 선은 가는 실선으로 그린다.

37. 다음 그림에서 (가) 부의 용접은 어떤 자세로 작업하는가?

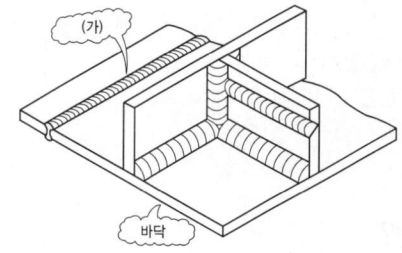

① 수평 자세
② 수직 자세
③ 아래 보기 자세
④ 위 보기 자세

해설 그림에서 (가) 부의 용접은 아래 보기 자세로 작업한다.

38. 스퍼 기어를 축 방향으로 단면 투상할 경우 도시 방법으로 틀린 것은?

① 이끝원은 굵은 실선으로 그린다.
② 피치원은 가는 1점 쇄선으로 그린다.
③ 이뿌리원은 파선으로 그린다.
④ 맞물리는 한 쌍의 기어의 이끝원은 굵은 실선으로 그린다.

해설 이뿌리원은 가는 실선으로 그린다.

39. 스프로킷 휠의 도시법에 대한 설명으로 틀린 것은?

① 바깥지름은 굵은 실선, 피치원은 가는 1점 쇄선으로 도시한다.
② 이뿌리원을 축에 직각인 방향에서 단면도시할 경우에는 가는 실선으로 도시한다.

정답 36. ② 37. ③ 38. ③ 39. ②

③ 이뿌리원은 가는 실선으로 도시하나 기입을 생략해도 좋다.
④ 항목표에는 원칙적으로 이의 특성에 관한 사항과 이의 절삭에 필요한 치수를 기입한다.

해설 축에 직각인 방향으로 본 그림(이하 주 투상도라 한다)의 단면으로 도시할 때에는 이뿌리원은 굵은 실선으로 그린다.

40 테이퍼 핀의 호칭 지름을 표시하는 부분은?

① 핀의 큰 쪽 지름
② 핀의 작은 쪽 지름
③ 핀의 중간 부분 지름
④ 핀의 작은 쪽 지름에서 전체의 1/3되는 부분

해설 테이퍼 핀의 호칭 지름은 핀의 작은 쪽 지름으로 표시한다.

41 베어링의 호칭 번호 6203Z에서 Z가 뜻하는 것은?

① 한쪽 실드
② 리테이너 없음
③ 보통 틈새
④ 등급 표시

해설
- 62(베어링의 계열기호: 단열 깊은 볼 베어링, 치수계열 02)
- 03(내경 번호: 안지름 17)
- Z(실드 기호: 한쪽 실드)

42 맞물리는 한 쌍의 평 기어에서 모듈이 2이고 잇수가 각각 20, 30일 때 두 기어의 중심거리는?

① 30mm
② 40mm
③ 50mm
④ 60mm

해설 $C = \dfrac{M(Z_1 + Z_2)}{2} = \dfrac{2 \times (20 + 30)}{2} = 50\text{mm}$

43 축을 제도하는 방법을 설명한 것이다. 틀린 것은?

① 긴 축은 단축하여 그릴 수 있고 길이는 실제 길이를 기입한다.
② 축은 일반적으로 길이 방향으로 절단하여 단면을 표시한다.
③ 구석 라운드 가공부는 필요에 따라 확대하여 기입할 수 있다.
④ 필요에 따라 부분 단면은 가능하다.

해설 축은 일반적으로 길이 방향으로 절단하여 단면을 표시하지 않는다.

정답 40. ② 41. ①
      42. ③ 43. ②

44. 코일 스프링의 제도 방법 중 맞는 것은?

① 원칙적으로 하중이 걸린 상태로 그린다.
② 그림 안에 기입하기 힘든 사항은 일관하여 요목표에 표시한다.
③ 코일 스프링의 중간 부분을 생략할 때는 생략부분을 파단선으로 긋는다.
④ 특별한 단서가 없는 한 모두 왼쪽 감기로 도시한다.

해설 코일 스프링의 제도
① 스프링은 원칙적으로 무하중인 상태로 그린다.
② 그림 안에 기입하기 힘든 사항은 일관하여 요목표에 표시한다.
③ 코일 부분의 중간 부분을 생략할 때에는 생략한 부분을 가는 1점 쇄선으로 표시하거나, 또는 가는 2점 쇄선으로 표시해도 좋다.
④ 특별한 단서가 없는 한 모두 오른쪽 감기로 도시하고, 왼쪽 감기로 도시할 때에는 '감긴 방향 왼쪽'이라고 표시한다.

45. 일반적으로 CAD 시스템에서 사용되는 좌표계가 아닌 것은?

① 직교 좌표계
② 타원 좌표계
③ 극 좌표계
④ 구면 좌표계

해설 좌표계의 종류
① 직교 좌표계(cartesian coordinate system): 공간상 교차하는 지점인 $P(x_1, y_1, z_1)$
② 극 좌표계(polar coordinate system): 평면상의 한 점 P(거리, 각도)
③ 원통 좌표계(cylindrical coordinate system): 점 $P(r, \theta, z_1)$를 직교 좌표
④ 구면 좌표계(spherical coordinate system): 공간상에 점 $P(\rho, \phi, \theta)$

46. 컴퓨터 시스템의 중앙처리 장치 구성요소가 아닌 것은?

① 보조기억장치
② 제어장치
③ 연산장치
④ 주기억장치

해설 중앙처리 장치 구성요소: 제어장치, 연산장치, 주기억장치이다.

47. 3차원 물체를 외부 형상뿐만 아니라 내부 고조의 정보까지도 표현하여 물리적 성질 등의 계산까지 가능한 모델은?

① 와이어프레임 모델
② 서피스 모델
③ 솔리드 모델
④ 엔티티 모델

정답 44. ② 45. ② 46. ① 47. ③

해설 솔리드 모델: 3차원 물체를 외부 형상뿐만 아니라 내부 고조의 정보까지도 표현하여 물리적 성질 등의 계산까지 가능하다.

48 동일 직경 3개의 핀을 이용하여 수나사의 유효지름을 측정하는 방법은?

① 광학법 ② 삼침법
③ 지름법 ④ 반지름법

해설 삼침법: 나사 게이지 등과 같이 정밀도가 높은 나사의 유효지름 측정에 삼침법(삼선법)이 쓰이며, 지름이 같은 3개의 핀 게이지를 나사산의 골에 끼운 상태에서 바깥지름을 마이크로미터 등으로 측정하여 계산하며, 유효지름을 측정하는 가장 정밀한 방법이다.

49 삼침법으로 미터나사의 유효경 측정값이 다음과 같을 때 유효지름은 약 몇 mm인가?

- 삼침을 끼우고 측정한 외측 치수: 43mm
- 나사의 피치: 4mm
- 측정 핀의 직경: 5mm

① 18.53 ② 19.46
③ 24.53 ④ 31.46

해설 $d_2 = M - 3d + 0.86603P = 43 - 3 \times 5 + 0.86603 \times 4 = 31.46$

50 나사를 1회전시킬 때 나사산이 축 방향으로 움직인 거리를 무엇이라 하는가?

① 각도(angle) ② 리드(lead)
③ 피치(pitch) ④ 플랭크(flank)

해설 리드(lead): 나사를 1회전시킬 때 나사산이 축 방향으로 움직인 거리이다.

51 최소 눈금 1mm, 어미자 39mm를 20등분한 버니어 캘리퍼스의 최소 측정값은?

① 0.01 ② 0.02
③ 0.05 ④ 0.5

해설 최소 측정값 $= \dfrac{\text{어미자의 최소눈금}}{\text{등분수}(m)} = \dfrac{1}{20} = 0.05$

답안 표기란				
48	①	②	③	④
49	①	②	③	④
50	①	②	③	④
51	①	②	③	④

정답 48. ② 49. ④
     50. ② 51. ③

52. 나사의 피치나 나사산의 반각과 유효지름 등을 광학적으로 쉽게 측정할 수 있는 것은?

① 공구현미경
② 오토콜리미터
③ 촉침식 측정기
④ 옵티컬 플랫

해설
① **공구현미경**: 나사의 피치나 나사산의 반각과 유효지름 등을 광학적으로 쉽게 측정
② **오토콜리미터**: 평면경, 프리즘 등을 이용하여 미소한 각도의 변화 또는 평면의 기울기 등을 측정
③ **촉침식 측정기**: 표면 거칠기 측정법의 대표적인 것으로 측정 원리는 피측정면에 수직으로 움직이는 뾰족한 바늘로 피측정면의 표면을 긁어 상하의 움직임 양을 전기적인 신호로 변환하고, 다음에 증폭시킨 다음 그래프로 나타낸다.
④ **옵티컬 플랫**: 평면도의 측정에 사용되고 백색광에 의한 적색 간섭무늬의 수에 의해서 측정

53. 측정 오차에 관한 설명으로 틀린 것은?

① 계통 오차는 측정값에 일정한 영향을 주는 원인에 의해 생기는 오차이다.
② 우연 오차는 측정자와 관계없이 발생하고, 반복적이고 정확한 측정으로 오차 보정이 가능하다.
③ 개인 오차는 측정자의 부주의로 생기는 오차이며, 주의해서 측정하고 결과를 보정하면 줄일 수 있다.
④ 계기 오차는 측정 압력, 측정온도, 측정기 마모 등으로 생기는 오차이다.

해설 우연 오차는 측정하는 과정에서 우발적으로 발생하는 오차를 말하며, 발생 원인으로는 측정자의 심리적 변화, 측정기의 성능, 필연적이나 우발적으로 발생하는 사항 등이 있으며, 오차를 최소화하기 위하여 반복측정에 의한 산술평균으로 측정치를 결정한다.

54. 금속의 표면에 스텔라이트나 경합금 등의 특수금속을 용착시켜 표면 경화층을 만드는 것은?

① 쇼트피닝
② 하드 페이싱
③ 금속침투법
④ 시안화법

해설 **금속침투법**: 피복하고자 하는 부품을 가열해서 그 표면에 다른 종류의 피복 금속을 부착시키는 동시에 확산에 의해 합금 피복층을 형성시키는 방법으로 내식성, 방청성, 내고온 산화성 등의 화학적 성질을 개선할 목적으로 사용한다. 확산 침투 원소로는 Zn, Cr, Al, Si, B 등이 사용된다.

정답 52. ① 53. ② 54. ③

55 강재의 굵기나 두께가 커지면 담금질하기가 힘들게 된다. 이와 같은 현상을 무엇이라 하는가?
① 시효경화 ② 노치 효과
③ 질량 효과 ④ 표면 효과

56 모델링에서 어셈블리 구조에 대한 설명으로 틀린 것은?
① 완성품이라고 하는 것은 하나 이상의 단품들이 조립되어 기능을 할 수 있는 제품을 말한다.
② 3D CAD 프로그램에서는 파트 모델링에서 디자인한 여러 개의 단품을 조립하기 위하여 어셈블리 작업을 하게 된다.
③ 어셈블리란 단품을 부를 수도 있고, 다른 어셈블리를 부를 수도 있다. 어셈블리를 부를 수 있는 기능은 어셈블리를 세분화하게 만들고, 상위 어셈블리에서 단품화하여 처리할 수 있게 하는 것이다.
④ 실제 현장에서 보면, 완성품을 만들기 위하여 단품들을 조립하는 경우도 있지만, 단품끼리 조립된 하나의 모듈을 완성품에 조립되기도 한다. 이러한 모듈 단위를 하향식 어셈블리라고 생각하면 된다.

> **해설** 실제 현장에서 보면, 완성품을 만들기 위하여 단품들을 조립하는 경우도 있지만, 단품끼리 조립된 하나의 모듈을 완성품에 조립되기도 한다. 이러한 모듈 단위를 서브 어셈블리라고 생각하면 된다.

57 형상은 같으나 치수가 다른 도형 등을 작성할 때 가변되는 기본 도형을 작성하여 놓고 필요에 따라 치수를 입력하여 비례되는 도형을 작성하는 기능은?
① 비도형 정보처리 기능 ② 파라메트릭 도형 기능
③ 도형 처리 언어 ④ 메뉴 관리 기능

> **해설** CAD 소프트웨어의 옵션 기능
> ① 비도형 정보처리 기능: 도형의 선의 종류, 도형의 계층, 도형에 부여하는 재질, 밀도, 주기 등의 정보를 입출력하여 계산이나 표를 만드는 데 이용하는 기능
> ② 파라메트릭 도형 기능: 형상은 같으나 치수가 다른 도형 등을 작성할 때 가변되는 기본 도형을 작성하여 놓고 필요에 따라 치수를 입력하여 비례되는 도형을 작성하는 기능
> ③ 도형 처리 언어: 형상 및 치수가 변경되는 가변 도형 처리나 해석, 판정처리, 반복 처리 등을 조합한 전용 명령어를 작성할 수 있는 CAD 전용 언어
> ④ 메뉴 관리 기능: 매크로화 기능이나 노형 처리 전용 언어를 이용하여 작성된 전용 명령어를 메뉴에 배치할 때 이용할 수 있도록 하는 기능

정답 55. ③ 56. ④ 57. ②

58. 솔리드 모델링의 B-Rep 표현 중 루프(loop)라는 용어에 관한 설명으로 옳은 것은?

① 하나의 모서리를 두 개의 다른 방향의 모서리로 쪼개어 놓은 것
② 모든 면에 대하여 이들을 내부와 외부로 경계 짓는 모서리들이 연결된 닫혀진 회로(closed circuit)
③ 면과 면이 연결되어 공간상에서 하나의 닫혀진 면의 고리를 이룬 것
④ 면과 면이 연결되어 공간상에서 하나의 닫혀진 입체를 이룬 것

해설 루프(loop): 모든 면에 대하여 이들을 내부와 외부로 경계 짓는 모서리들이 연결된 닫혀진 회로(closed circuit)

59. 3차원 솔리드 모델에서 사용되는 프리미티브(primitive)라고 할 수 없는 것은?

① cone ② box
③ sphere ④ point

60. 형상은 같으나 치수가 다른 도형 등을 작성할 때 가변되는 기본 도형을 작성하여 놓고 필요에 따라 치수를 입력하여 비례되는 도형을 작성하는 기능을 무엇이라 하는가?

① 매크로화 기능
② 디스플레이 변형 기능
③ 도면화 기능
④ 파라메트릭 도형 기능

정답 58. ② 59. ④ 60. ④

06회 CBT 모의고사

01 스프링강의 특성에 대한 설명으로 틀린 것은?
① 항복강도와 크리프 저항이 커야 한다.
② 반복하중에 잘 견딜 수 있는 성질이 요구된다.
③ 냉간 가공방법으로만 제조된다.
④ 일반적으로 열처리를 하여 사용한다.

해설 스프링강은 보통 냉간 가공의 것과 열간 가공의 것이 있다. 철사, 스프링, 얇은 판스프링 등은 냉간 가공, 판스프링, 코일 스프링은 열간 가공된다.

02 자기 감응도가 크고, 잔류자기 및 항자력이 작아 변압기 철심이나 교류기계의 철심 등에 쓰이는 강은?
① 자석강
② 규소강
③ 고 니켈강
④ 고 크롬강

해설 규소강: 자기 감응도가 크고, 잔류자기 및 항자력이 작아 변압기 철심이나 교류기계의 철심 등에 쓰이는 강이다.

03 다음 중 황동에 납(Pb)을 첨가한 합금은?
① 델타메탈
② 쾌삭황동
③ 문쯔메탈
④ 고강도 황동

해설 쾌삭황동: 황동에 납(Pb)을 첨가한 합금이다.

04 다음 중 내식용 알루미늄 합금이 아닌 것은?
① 알민
② 알드레이
③ 하이드로날륨
④ 라우탈

해설

내식용 Al 합금	Al-Mn계	알민(Almin)
	Al-Mg-Si계	알드레이(Aldrey)
	Al-Mg계	하이드로날륨(hydronalium)

05 다음 중 나사의 피치가 일정할 때 리드(lead)가 가장 큰 것은?
① 4줄 나사
② 3줄 나사
③ 2줄 나사
④ 1줄 나사

해설 리드(L)=줄수(n)×피치(p)이므로, 문제에서 4줄 나사의 리드(lead)가 가장 크다.

[정답] 01. ③ 02. ②
03. ② 04. ④
05. ①

06회 CBT 모의고사

06 황(S)이 함유된 탄소강의 적열취성을 감소시키기 위해 첨가하는 원소는?

① 망간
② 규소
③ 구리
④ 인

해설 탄소강 중의 타 원소의 영향
① 규소(Si): 단접성을 해치고 주조성(유동성)을 좋게 한다.
② 망간(Mn): 황과 화합하여 적열취성을 방지하게 되어 황의 해(적열취성)를 막아주며, 고온 가공을 용이하게 한다. 주조성을 좋게 하고 담금질 효과를 크게 한다.
③ 인(P): 가공 시 편석 및 균열을 일으킨다. 상온 메짐성의 원인이 된다. 기포가 없는 주물을 만들 수 있고, 절삭성이 좋아진다.
④ 구리(Cu): 인장강도, 탄성 한도를 증가시키고 내식성을 증가시킨다.

07 다음 중 청동의 주성분 구성은?

① Cu-Zn 합금
② Cu-Pb 합금
③ Cu-Sn 합금
④ Cu-Ni 합금

해설 청동의 주성분은 Cu(구리)-Sn(주석) 합금이다.

08 불스 아이(bull's eye) 조직은 어느 주철에 나타나는가?

① 가단주철
② 미하나이트주철
③ 칠드주철
④ 구상흑연주철

해설 구상흑연주철
① 주철은 보통 주방 상태에서 흑연이 편상으로 된다. 그러나 특수한 처리(특수원소 첨가, 열처리)를 하면 흑연이 구상으로 되는데 이것을 구상흑연주철이라 한다.
② 인장강도는 주조상태가 370~800MPa, 풀림 상태가 230~480MPa이다.
③ 구상흑연주철은 조직에 따라 페라이트형, 펄라이트형, 시멘타이트형을 분류된다. 페라이트형은 그 모양이 마치 황소의 눈과 같다고 하여 황소의 눈(bull's eye) 조직이라고 한다.

09 코터 이음에서 코터의 너비가 10mm, 평균 높이가 50mm인 코터의 허용전단응력이 20N/mm²일 때, 이 코터 이음에 가할 수 있는 최대 하중(kN)은?

① 10
② 20
③ 100
④ 200

정답 06.① 07.③ 08.④ 09.②

해설 $\tau = \dfrac{W}{2bh}$

$W = 2bh\tau = 2 \times 10 \times 50 \times 20 = 20000\,\text{N} = 20\,\text{kN}$

10 베어링의 호칭 번호가 608일 때, 이 베어링의 안지름은 몇 mm인가?

① 8 ② 12
③ 15 ④ 40

해설 **안지름 번호(내륜 안지름)**
뒷자리가 10mm 미만은 뒷자리 정수가 안지름이다. 따라서 608은 안지름이 8mm이다.
00: 10mm
01: 12mm
02: 15mm
03: 17mm
04×5=20mm ~ 495mm까지

11 표준 스퍼 기어의 잇수가 40개, 모듈이 3인 소재의 바깥지름(mm)은?

① 120 ② 126
③ 184 ④ 204

해설 $D = M \times (Z+2) = 3 \times (40+2) = 126$

12 기계 부분의 운동에너지를 열에너지나 전기에너지 등으로 바꾸어 흡수함으로써 운동속도를 감소시키거나 정지시키는 장치는?

① 브레이크 ② 커플링
③ 캠 ④ 마찰차

해설 **브레이크**: 기계 부분의 운동에너지를 열에너지나 전기에너지 등으로 바꾸어 흡수함으로써 운동속도를 감소시키거나 정지시키는 장치이다.

13 다음 중 마찰차를 활용하기에 적합하지 않은 것은?

① 속도비가 중요하지 않을 때
② 전달할 힘이 클 때
③ 회전속도가 클 때
④ 두 축 사이를 단속할 필요가 있을 때

해설 **마찰차의 응용 범위**
① 전달하여야 할 힘이 크지 않고 속도비를 중요시 하지 않을 때
② 회전속도가 커서 보통의 기어를 사용할 수 없는 경우
③ 양축 사이를 빈번히 단속할 필요가 있을 때
④ 무단 변속을 시키는 경우와 안전장치의 역할이 필요한 경우

[정답] 10. ① 11. ②
12. ① 13. ②

06회 CBT 모의고사

14 다음 나사 중 먼지, 모래 등이 들어가기 쉬운 곳에 사용되는 것은?
① 둥근 나사 ② 사다리꼴 나사
③ 톱니 나사 ④ 볼 나사

해설
① **둥근 나사**: 급격한 충격을 받는 부분, 전구, 먼지와 모래 등이 많이 끼는 경우와 오염된 액체의 밸브 또는 호스 이음나사 등에 사용
② **사다리꼴 나사**: 스러스트를 전달시키는 운동용 나사
③ **톱니 나사**: 한쪽 방향으로 집중하중이 작용하여 압착기, 바이스, 나사 잭 등과 같이 압력의 방향이 항상 일정할 때 사용
④ **볼 나사**: 백래시를 작게 할 수 있는 높은 정밀도를 오래 유지할 수 있으며 효율이 가장 높음

15 N.P.L식 각도게이지에 대한 설명과 관계가 없는 것은?
① 쐐기형의 열처리된 블록이다.
② 12개의 게이지를 한 조로 한다.
③ 조합 후 정밀도는 2~3초 정도이다.
④ 2개의 각도게이지를 조합할 때에는 홀더가 필요하다.

해설 N.P.L식 각도게이지
100×15mm의 쐐기형 강철제 블록으로 되어 있고 N.P.L식 각도게이지는 12개의 게이지 6″, 18″, 30″, 1′, 3′, 9′, 27′, 1°, 3°, 9°, 27°, 41°를 한 조로 2개 이상 조합해서 0°~81°까지 6″ 간격으로 임의의 각도를 만들 수 있고, 조립 후의 정도는 ±2~3″이다.

16 다음 중 한계게이지가 아닌 것은?
① 게이지 블록 ② 봉 게이지
③ 플러그 게이지 ④ 링 게이지

해설 게이지 블록은 길이의 기준으로 사용되고 있는 평행 단도기로서, 횡단면이 직사각형이고 평행하며, 편평한 측정면을 가진 강편이며, 공작용 길이 표준으로 널리 사용된다.

17 다음 중 한 도면에서 두 종류 이상의 선이 같은 장소에 겹치는 경우 가장 우선적으로 그려야 할 선은?
① 숨은선 ② 무게 중심선
③ 절단선 ④ 중심선

해설 겹치는 선의 우선순위
① 외형선 ② 숨은선 ③ 절단선 ④ 중심선 ⑤ 무게중심선 ⑥ 치수보조선

정답 14. ① 15. ④ 16. ① 17. ①

18 다음 중 위 치수 허용차가 "0"이 되는 IT 공차는?

① js7　　② g7
③ h7　　④ k7

해설 ∅25을 축 기준으로 할 경우
- js7 : $\varnothing 25^{-0.008}$
- g7 : $\varnothing 25^{-0.007}$
- h7 : $\varnothing 25^{0}$
- k7 : $\varnothing 25^{+0.002}$

19 제거 가공을 허락하지 않는 면의 지시기호는?

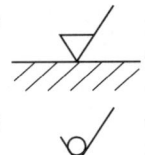

해설 : 절삭가공 등 가공을 하지 않은 표면 주물의 표면이다.

20 그림과 같은 면의 지시기호에 대한 각 지시 사항의 기입 위치에 대한 설명으로 틀린 것은?

① a: 표면 거칠기(R_a) 값
② d: 줄무늬 방향의 기호
③ g: 표면 파상도
④ c: 가공방법

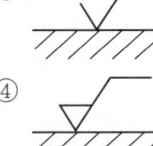

해설
- a: 산술평균 거칠기 값
- c: 컷 오프 값
- d: 줄무늬 방향 기호
- e: 다듬질 여유 기입
- g: 표면 파상도

21 다음 축척의 종류 중 우선적으로 사용되는 척도가 아닌 것은?

① 1 : 2　　② 1 : 3
③ 1 : 5　　④ 1 : 10

해설 우선적으로 사용되는 척도
1 : 2, 1 : 5, 1 : 10, 1 : 20, 1 : 50, 1 : 100, 1 : 200

정답　18. ③　19. ③
　　　20. ④　21. ②

22 그림의 일부를 도시하는 것으로도 충분한 경우 필요한 부분만을 투상하여 그리는 그림과 같은 투상도는?

① 특수 투상도
② 부분 투상도
③ 회전 투상도
④ 국부 투상도

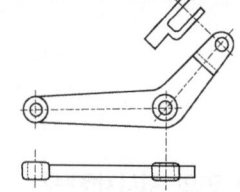

해설
① **요점 투상도**: 보조적인 투상도에 보이는 부분을 모두 표시하면 도면이 복잡해져서 오히려 알아보기가 어려운 경우에는 요점 부분만 투상도로 표시한다.
② **부분 투상도**: 그림의 일부를 도시하는 것으로 충분한 경우에는 필요한 부분만 투상도로서 나타낸다.
③ **회전 투상도**: 투상 면이 어느 각도를 가지고 있기 때문에 그 물체의 실제 모형을 표시하지 못할 때는 그 부분을 회전해서 물체의 실제 모형을 도시할 수 있다.
④ **국부 투상도**: 물체의 구멍이나 홈 등의 한 국부만의 모양을 도시하는 것으로 충분한 경우에는 필요한 부분을 국부 투상도로 나타낸다.

23 45° 모떼기(chamfering)의 기호로 사용되는 것은?

① H
② F
③ M
④ C

해설

45°의 모떼기	C
원호의 길이	⌒
참고 치수	( )
이론적으로 정확한 치수	□

24 정 투상법의 제1각법에 의한 투상도의 배치에서 정면도의 위쪽에 놓이는 것은?

① 우측면도
② 평면도
③ 배면도
④ 저면도

해설 제1각법
① 평면도는 정면도의 아래에 위치한다.
② 좌측면도는 정면도의 우측에 위치한다.
③ 우측면도는 정면도의 좌측에 위치한다.
④ 저면도는 정면도의 위쪽에 위치한다.

정답 22. ② 23. ④ 24. ④

25 치수 기입의 원칙에 대한 설명으로 틀린 것은?

① 치수는 되도록 주 투상도에 집중한다.
② 치수는 중복 기입을 할 수 있고 각 투상도에 고르게 치수를 기입한다.
③ 관련되는 치수는 되도록 한곳에 모아서 기입한다.
④ 치수는 되도록 공정마다 배열을 분리하여 기입한다.

해설 중복 치수는 피하고, 가능하면 정면도에 집중하여 기입한다.

26 끼워 맞춤 공차가 ∅50H7/m6일 때 끼워 맞춤의 상태로 알맞은 것은?

① 구멍 기준식 중간 끼워 맞춤
② 구멍 기준식 억지 끼워 맞춤
③ 구멍 기준식 헐거운 끼워 맞춤
④ 축 기준식 억지 끼워 맞춤

해설 ∅50H7/m6: 구멍 기준식 중간 끼워 맞춤

27 기하 공차 기호에서 ◎은 무엇을 나타내는가?

① 진원도 ② 동축도
③ 위치도 ④ 원통도

해설

기호	공차
─	진직도 공차
▱	평면도 공차
○	진원도 공차
⌭	원통도 공차

28 길이 방향으로 단면하여 나타낼 수 있는 것은?

① 기어(gear)의 이 ② 볼트(bolt)
③ 강구(steel ball) ④ 파이프(pipe)

해설 길이 방향으로 단면하여 나타낼 수 있는 것은 내경을 나타낼 수 있는 파이프(pipe)이다.

29 볼 베어링의 KS 호칭 번호가 6026 P6일 때 P6이 나타내는 것은?

① 등급 기호 ② 틈새 기호
③ 실드 기호 ④ 복합 표시 기호

해설
- 60(베어링의 계열기호: 단열 깊은 볼 베어링, 치수계열 10)
- 26(내경 번호: 5×26=130)
- P6(등급 기호: 6급)

[정답] 25. ② 26. ①
27. ② 28. ④
29. ①

30 어떤 물체를 제3각법으로 투상했을 때 평면도로 올바른 것은?

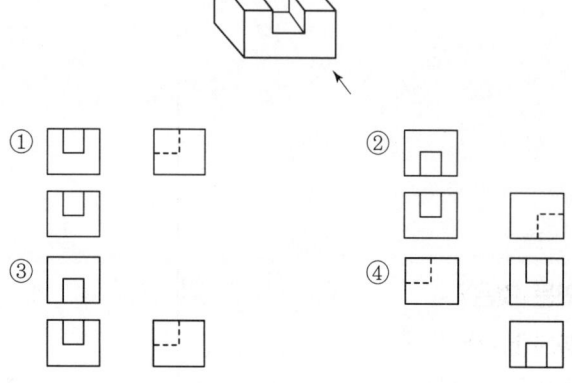

해설 그림에서 평면도 그림으로 옳은 것은 ①이다.

31 다음 입체도에서 화살표 방향을 정면도로 했을 때 제3각법에 맞는 3면도는?

해설 그림의 입체도에서 제3각법에 맞는 3면도는 ③이다.

32 가상선의 용도로 맞지 않는 것은?
① 인접 부분을 참고로 표시하는 데 사용
② 도형의 중심을 표시하는 데 사용
③ 가공 전 또는 가공 후의 모양을 표시하는 데 사용
④ 도시된 단면의 앞쪽에 있는 부분을 표시하는 데 사용

정답 30. ① 31. ③ 32. ②

해설 가상선의 용도
① 인접 부분을 참고로 표시
② 공구, 지그의 위치를 참고로 표시
③ 가동 부분을 이동 중의 특정한 위치 또는 이동 한계의 위치를 표시
④ 가공 전 또는 가공 후의 형상을 표시
⑤ 되풀이하는 것을 표시
⑥ 도시된 단면의 앞쪽에 있는 부분을 표시

33 다음과 같은 치수가 있을 경우 끼워 맞춤의 종류로 맞는 것은?

	구멍	축
최대허용치수	50.025	49.975
최소허용치수	50.000	49.950

① 절대 끼워 맞춤
② 억지 끼워 맞춤
③ 헐거운 끼워 맞춤
④ 중간 끼워 맞춤

해설 헐거운 끼워 맞춤
구멍의 최소치수가 축의 최대치수보다 큰 경우이며, 항상 틈새가 생기는 끼워 맞춤으로 미끄럼 운동이나 회전 운동이 필요한 기계 부품 조립에 적용한다.

34 다음 그림에서 기하 공차 기호 ◎ φ0.08 A-B 의 설명으로 옳은 것은?

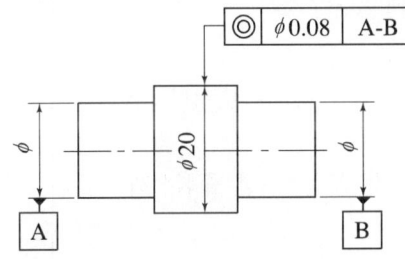

① 데이텀 A-B를 기준으로 흔들림 공차가 지름 0.08mm의 원통 안에 있어야 한다.
② 데이텀 A-B를 기준으로 동심도 공차가 지름 0.08mm의 두 평면 안에 있어야 한다.
③ 데이텀 A-B를 기준으로 동심도 공차가 지름 0.08mm의 원통 안에 있어야 한다.
④ 데이텀 A-B를 기준으로 원통도 공차가 지름 0.08mm의 두 평면 안에 있어야 한다.

해설 ◎ φ0.08 A-B
데이텀 A-B를 기준으로 동심도 공차가 지름 0.08mm의 원통 안에 있어야 한다.

정답 33. ③ 34. ③

35. 다음의 두 투상도에 사용된 단면도의 종류는?

① 부분 단면도
② 한쪽 단면도
③ 온 단면도
④ 회전도시 단면도

 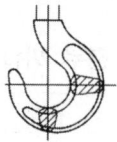

해설
① **부분 단면도**: 외형도에서 필요로 하는 일부분만을 부분 단면도로 도시할 수 있다. 파단선(가는 실선)으로 단면의 경계를 표시하고 프리핸드로 외형선의 1/2 굵기로 그린다.
② **한쪽 단면도**: 상하 또는 좌우 대칭형의 물체는 기본 중심선을 경계로 1/2은 외형도로, 나머지 1/2은 단면도로 동시에 나타낸다. 대칭 중심선의 우측 또는 위쪽을 단면으로 한다.
③ **온 단면도**: 물체의 기본적인 모양을 가장 잘 나타낼 수 있도록 물체의 중심에서 반으로 절단하여 나타낸 것을 온 단면도 혹은 전 단면도라 한다.
④ **회전 단면도**: 단면의 모양이 여러 개로 표시되어 도면 내에 회전 단면을 그릴 여유가 없는 경우에 절단선과 연장선상이나 임의의 위치에 단면을 빼내어 그린다.

36. 평 벨트풀리의 도시 방법으로 잘못 설명된 것은?

① 풀리는 축직각 방향의 투상을 주투상도로 할 수 있다.
② 벨트풀리는 모양이 대칭형이므로 그 일부분만을 도시할 수 있다.
③ 방사형으로 되어 있는 암은 수직 중심선 또는 수평 중심선까지 회전하여 투상할 수 있다.
④ 암은 길이 방향으로 절단하여 단면을 도시한다.

해설 암은 길이 방향으로 절단하지 않으며 단면형은 도형의 밖이나 도형 속에 표시한다.

37. 코일 스프링의 일반적인 도시 방법으로 틀린 것은?

① 스프링은 원칙적으로 무하중인 상태로 그린다.
② 하중이 걸린 상태에서 그릴 때에는 그때의 치수와 하중을 기입한다.
③ 특별한 단서가 없는 한 모두 왼쪽 감기로 도시하고 오른쪽 감기로 도시할 때에는 "감긴 방향 오른쪽"이라고 표시한다.
④ 그림 안에 기입하기 힘든 사항은 일괄하여 요목표에 표시한다.

해설 특별한 단서가 없는 한 모두 오른쪽 감기로 도시하고, 왼쪽 감기로 도시할 때에는 '감긴 방향 왼쪽'이라고 한다.

정답 35. ④ 36. ④ 37. ③

38 용접부의 실제 모양인 그림과 같을 때 용접 기호 표시로 맞는 것은?

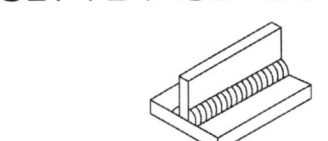

① |⟨　　　　　　② ⋁
③ ◺　　　　　　④ ⋀

해설 용접 기호 표시
① 플레어 V형: |⟨
② V형, 양면 V형: ⋁
③ 필릿: ◺
④ 양쪽 플랜지형: ⋀

39 축의 도시법에서 잘못된 것은?
① 축의 구석 홈 가공부는 확대하여 상세 치수를 기입할 수 있다.
② 길이가 긴 축의 중간 부분을 생략하여 도시하였을 때 치수는 실제 길이를 기입한다.
③ 축은 일반적으로 길이 방향으로 절단하지 않는다.
④ 축은 일반적으로 축 중심선을 수직 방향으로 놓고 그린다.

해설 축은 일반적으로 축 중심선을 수평 방향으로 놓고 그린다.

40 "M20×2"는 미터 가는 나사의 호칭 보기이다. 여기서 2는 무엇을 나타내는가?
① 나사의 피치　　② 나사의 호칭 지름
③ 나사의 등급　　④ 나사의 경도

해설 미터 가는 나사의 호칭법

| 나사의 종류를 표시하는 기호 | 나사의 호칭 지름을 표시하는 숫자 | × | 피치 |

(예) M50 × 2

41 나사의 도시 방법에서 골 지름을 표시하는 선의 종류는?
① 굵은 실선　　② 굵은 1점 쇄선
③ 가는 실선　　④ 가는 1점 쇄선

해설 나사의 도시 방법
① 수나사의 바깥지름과 암나사의 안지름을 표시하는 선은 굵은 실선으로 그린다.
② 수나사와 암나사의 골을 표시하는 선은 가는 실선으로 그린다.
③ 완전 나사부와 불완전 나사부의 경계선은 굵은 실선으로 그린다.

[정답] 38. ③　39. ④　40. ①　41. ③

42 다음 그림은 어떤 기어(gear)를 간략 도시한 것인가?
① 베벨 기어
② 스파이럴 베벨 기어
③ 헬리컬 기어
④ 웜과 웜 기어

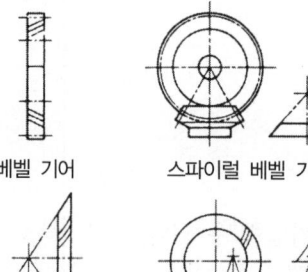

베벨 기어 　 스파이럴 베벨 기어

헬리컬 기어 　 웜과 웜 기어

43 다음 표는 스퍼 기어의 요목표이다. 빈칸 (A), (B)에 적합한 숫자로 맞는 것은?

스퍼 기어 요목표		
기어 치형		표준
기준 래크	치형	보통 이
	모듈	2
	압력 각	20°
잇수		45
피치원 지름		(A)
전체 이 높이		(B)
다듬질 방법		호브 절삭

① A: ⌀90, B: 4.5
② A: ⌀45, B: 4.5
③ A: ⌀90, B: 4.0
④ A: ⌀45, B: 4.0

- 피치원 지름(D) = 모듈(M) × 잇수(Z) = 2 × 45 = ⌀90
- 전체 이 높이(압력 각이 20°인 경우) = (2 + 0.25) × 모듈(M) = 2.25 × 2 = 4.5

정답 42. ② 43. ①

44 테이퍼 핀의 호칭 지름을 표시하는 부분은?
① 가는 부분의 지름
② 굵은 부분의 지름
③ 가는 쪽에서 전체 길이의 1/3되는 부분의 지름
④ 굵은 쪽에서 전체 길이의 1/3되는 부분의 지름

해설 테이퍼 핀의 호칭 지름은 가는 부분의 지름으로 표시한다.

45 컬러 디스플레이의 기본 색상이 아닌 것은?
① 빨강: R   ② 파랑: B
③ 노랑: Y   ④ 초록: G

해설 컬러 디스플레이의 기본 색상: 빨강(R), 파랑(B), 초록(G)이다.

46 다음 중 솔리드 모델링의 특징에 해당하지 않는 것은?
① 복잡한 형상의 표현이 가능하다.
② 체적, 관성모멘트 등의 계산이 가능하다.
③ 부품 상호간의 간섭을 체크할 수 있다.
④ 다른 모델링에 비해 데이터의 양이 적다.

해설 솔리드 모델링은 다른 모델링에 비해 데이터의 양이 많다.

47 CAD 시스템에서 마지막 입력점을 기준으로 다음점까지의 직선 거리와 기준 직교축과 그 직선이 이루는 각도로 입력하는 좌표계는?
① 절대 좌표계   ② 구면 좌표계
③ 원통 좌표계   ④ 상대 극좌표계

해설 상대 극좌표계
CAD 시스템에서 마지막 입력점을 기준으로 다음 점까지의 직선거리와 기준 직교축과 그 직선이 이루는 각도로 입력하는 좌표계이다.

48 CPU(중앙처리장치)의 기능이라고 할 수 없는 것은?
① 제어 기능   ② 연산 기능
③ 대화 기능   ④ 기억 기능

해설 중앙처리장치(CPU: Central Processing Unit)
컴퓨터 시스템에서 가장 핵심이 되는 장치로 인간의 뇌에 해당하며 시스템 선제 상태를 총괄하고 제어 및 처리 데이터에 대해 연산(논리연산과 산술연산)을 수행하는 장치 중앙처리장치의 구성은 크게 제어장치, 연산장치(ALU), 기억장치로 되어 있다.

정답 44. ① 45. ③ 46. ④ 47. ④ 48. ③

49 다음 중 실제 치수와 표준 치수와의 차를 측정하는데 사용되는 측정기는?

① 게이지 블록
② 실린더 게이지
③ 캘리퍼스
④ 마이크로미터

50 측정기의 측정 압력, 측정기나 소재의 탄성 변형, 측정방법 등으로 발생하는 오차는?

① 측정기에 의한 오차
② 사람에 의한 오차
③ 환경에 의한 오차
④ 복잡한 요소가 중복된 오차

51 어미자의 1눈금이 0.5mm이며, 아들자의 눈금이 12mm를 25등분한 버니어 캘리퍼스의 최소 측정값은?

① 0.01mm
② 0.02mm
③ 0.04mm
④ 0.05mm

> **해설** $\dfrac{\text{어미자의 눈금 수}}{\text{아들자의 등분 수}} = \dfrac{0.5}{25} = 0.02\,\text{mm}$

52 최소 눈금(딤블의 1 눈금)이 0.01mm인 마이크로미터에서 스핀들 나사의 피치가 0.5mm이면 딤블의 원주 눈금은 몇 등분되어 있는가?

① 10등분
② 50등분
③ 100등분
④ 200등분

> **해설** 표준마이크로미터는 나사의 피치 0.5mm, 딤블의 원주 눈금이 50등분 되어 있으므로 딤블의 1회전에 의한 스핀들의 이동량(M)은 0.01mm의 측정이 가능하다.
> $M = 0.5 \times \dfrac{1}{50} = \dfrac{1}{100} = 0.01\,\text{mm}$

53 자동차의 크랭크 축, 캠(cam), 스핀들, 동력전달용 체인 펌프축, 밸브, 톱니바퀴 등과 같은 제품의 표면경화법으로 가장 적합한 것은?

① 질화법
② 청화법
③ 화염경화법
④ 침탄법

정답 49. ① 50. ③ 51. ② 52. ② 53. ①

54 마이크로미터의 나사 피치가 0.25mm일 때 딤블의 원주를 100등분하였다면 딤블 1눈금의 회전에 의한 스핀들의 이동량은 몇 mm인가?

① 0.005
② 0.0025
③ 0.01
④ 0.02

해설 $M = 0.25 \times \dfrac{1}{100} = 0.0025\,\text{mm}$

55 나사의 유효지름을 측정하는 방법이 아닌 것은?

① 삼침법에 의한 측정
② 투영기에 의한 측정
③ 플러그 게이지에 의한 측정
④ 나사 마이크로미터에 의한 측정

해설 플러그 게이지에 의한 측정은 구멍을 측정한다.

56 모델링에서 상향식 설계(bottom up design)에 대한 설명으로 틀린 것은?

① 조립품을 구축하는 전통적인 방법이다.
② 항상 다른 부품들을 먼저 정의한다.
③ 조립품의 구속조건을 이용하여 서브 조립품을 만들고 그 서브 조립품을 상위 조립품에 배치하여 최상위 조립품까지 만드는 과정을 하향식 설계 방식이라고 한다.
④ 컴포넌트 레벨에서 제품을 분석하여 마스터 어셈블리가 되도록 작업한다.

해설 조립품의 구속조건을 이용하여 서브 조립품을 만들고 그 서브 조립품을 상위 조립품에 배치하여 최상위 조립품까지 만드는 과정을 상향식 설계 방식이라고 한다.

57 임의의 삼각형의 꼭지점에서 이웃 삼각형들과 법선 벡터의 평균을 사용하여 반사광을 계산하는 음영법(shading)은?

① Phong 음영법
② Gouraud 음영법
③ Lambert 음영법
④ Faceted 음영법

해설 **Gouraud 음영법**: 임의의 삼각형 꼭지점에서 이웃 삼각형들과 법선 벡터의 평균을 사용하여 반사광을 계산하는 음영법이다.

정답 54. ② 55. ③ 56. ③ 57. ②

58. 다음 중 고온 풀림에 해당하는 것은?

① 구상화 풀림(spheroidizing annealing)
② 프로세스 풀림(prosess annealing)
③ 응력제거 풀림(stress relief annealing)
④ 확산 풀림(diffusion annealing)

해설 **확산 풀림(diffusion annealing)**: 유화물의 편석을 제거하면 Ni강에서 망상으로 석출한 유화물은 적열취성의 원인이 되므로 100~1150℃에서 확산풀림을 하고 특수강 주물은 1100~120℃에서 장시간 유지하면 나뭇가지 모양의 결정이 발달하여 편석이 제거된다.

59. CAD/CAM 시스템에서 모델링된 도형을 보다 현실감 있게 정적으로 화면에 디스플레이 하기 위해 사용되는 것이 아닌 것은?

① 모핑(morphing)
② 음영기법(shading)
③ 색채 모델링(color modeling)
④ 은선/은면 제거(hidden line/surface removal)

해설 **모핑(morphing)**: 2차원의 이미지나 3차원의 이미지를 다른 형상으로 변화시키는 작업으로 CAD/CAM 시스템에서 모델링 화면 디스플레이와 관계가 없다.

60. 3차원 뷰잉(viewing) 기법 중 아이소메트릭 투영(isometric projection)에 해당하는 투영 기법은?

① 경사 투영
② 원근 투영
③ 직교 투영
④ 캐비닛 투영

해설 **직교 투영**: 3차원 뷰잉(viewing) 기법 중 아이소메트릭 투영(isometric projection)에 해당한다.

정답 58. ④ 59. ①
60. ③

week 5 / CBT 모의고사

전산응용기계제도기능사

- 01회 CBT 모의고사
- 02회 CBT 모의고사
- 03회 CBT 모의고사
- 04회 CBT 모의고사
- 05회 CBT 모의고사
- 06회 CBT 모의고사

01회 CBT 모의고사

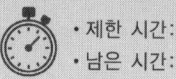

01 산화물계 세라믹의 주재료는?
① SiO_2
② SiC
③ TiC
④ TiN

해설 세라믹공구(Ceramictool)
Al_2O_3 외 99% 이상의 분말을 산화물(SiO_2), 탄화물(TiC) 등을 배합하여 1600℃ 이상에서 소결한 공구로 1000℃ 이상에서 경도를 유지할 수 있다. 하지만, 초경합금보다 취약하고 열충격에 약한 단점이 있다. Al_2O_3 – Tic계 세라믹은 이 결점을 개선한 것이다.

02 고강도 알루미늄 합금강으로 항공기공 재료 등에 사용되는 것은?
① 두랄루민
② 인바
③ 콘스탄탄
④ 서멧

해설 두랄루민(dralumin)
Al – Cu – Mg계로 Al – Cu – Mg – Mn의 구리 4%, 마그네슘 0.5%, 망간 0.5%, 나머지가 알루미늄인 고강도 알루미늄합금으로 시효경화 처리한 대표적인 합금. 이외에도 인장강도 186MPa 이상의 초두랄루민이 있다. 항공기, 자동차, 리벳, 기계재료 등에 사용된다.

03 브레이크 재료 중 마찰계수가 가장 큰 것은?
① 주철
② 석면직물
③ 청동
④ 황동

해설 브레이크 재료 중 마찰계수가 가장 큰 것은 석면직물이다. 나무 조각, 가죽 등도 함께 사용한다.

04 18 – 8계 스테인리스강의 설명으로 틀린 것은?
① 오스테나이트계 스테인리스강이라고도 하며 담금질로서 경화되지 않는다.
② 내식, 내산성이 우수하며, 상온 가공하면 경화되어 다소 자성을 갖게 된다.
③ 가공된 제품은 수중 또는 유중 담금질하여 해수용 펌프 및 밸브 등의 재료로 많이 사용된다.
④ 가공성 및 용접성과 내식성이 좋다.

정답 01. ① 02. ① 03. ② 04. ③

해설 18-8 스테인리스강이라 함은 그 성분이 18% Cr, 8% Ni인 것으로 그 특징은
① 내산 및 내식성이 13% Cr 스테인리스강보다 우수하다.
② 비자성이다.
③ 인성이 좋으므로 가공이 용이하다.
④ 산과 알칼리에 강하다.

05 황동에 첨가하면 강도와 연신율은 감소하나 절삭성을 좋게 하는 것은?

① 납
② 알루미늄
③ 주석
④ 철

해설 일반적인 합금원소의 영향
- 탄소 – 주된 경화 원소
- 유황 – 기계 가공성 향상
- 인 – 기계 가공성 향상
- 알루미늄 – 탈산제
- 납 – 기계 가공성 향상

06 피치원 지름 165mm이고, 잇수 55인 표준평기어의 모듈은?

① 2
② 3
③ 4
④ 6

해설 $m = \dfrac{D}{Z} = \dfrac{165}{55} = 3$

07 나사에서 리드(L), 피치(P), 나사 줄 수(n)와의 관계식으로 바르게 나타낸 것은?

① L=P
② L=2P
③ L=nP
④ L=n

해설 리드(L)=줄 수(n)×피치(P)

08 짝(pair)을 선짝과 면짝으로 구분할 때 선짝의 예에 속하는 것은?

① 선반의 베드와 왕복대
② 축과 미끄럼 베어링
③ 암나사와 수나사
④ 한 쌍의 맞물리는 기어

해설
- **면대우(짝)의 종류**: 회전, 미끄럼, 나사, 면 운동의 선반의 베드와 왕복대, 축과 미끄럼 베어링, 암나사와 수나사 등
- **선대우(짝)의 종류**: 구름 운동, 미끄럼 운동의 한 쌍의 맞물리는 기어 등

[정답] 05. ① 06. ② 07. ③ 08. ④

01회 CBT 모의고사

09 축에는 키 홈을 가공하지 않고 보스에만 테이퍼 키 홈을 만들어서 홈 속에 키를 끼우는 것은?

① 묻힘 키(성크 키) ② 새들 키(안장 키)
③ 반달 키 ④ 둥근 키

해설
① **묻힘 키(Sunk Key)**: 축과 보스 양쪽에 모두 키 홈을 파서 비틀림 모멘트를 전달하는 키로서 가장 많이 사용된다.
② **안장 키(Saddle Key)**: 축에는 홈을 파지 않고 축과 키 사이의 마찰력으로 회전력을 전달. 축의 강도를 감소시키지 않고 고정할 수 있으나, 큰 동력을 전달시킬 수 없으므로 경하중소직경에 사용
③ **반달 키(Woddruff Key)**: 반월상의 키로서 축의 홈이 깊게 되어 축의 강도가 약하게 되기는 하나 축과 키 홈의 가공이 쉽고, 키가 자동적으로 축과 보스 사이에 자리를 잡을 수 있어 자동차, 공작기계 등의 60mm 이하의 작은 축이나 테이퍼 축에 사용한다.
④ **둥근 키(Round Key)**: 핀 키라고도 하며, 핸들과 같이 작은 것의 고정에 사용되고 단면은 원형이고 하중이 작을 때만 사용된다.

10 주조성이 우수한 백선 주물을 만들고, 열처리하여 강인한 조직으로 단조를 가능하게 한 주철은?

① 가단주철 ② 칠드주철
③ 구상흑연주철 ④ 보통주철

해설
① **구상흑연주철**: 니켈, 크롬, 몰리브덴, 구리 등을 첨가하여 재질을 개선한 것으로 노듈러 주철, 덕타일 주철 등으로 불리는 이 주철은 내마멸성, 내열성, 내식성 등이 대단히 우수하여 자동차용 주물이나 주조용 재료로 가장 많이 사용한다.
② **가단주철**: 주철의 취약성을 개량하기 위해서 백주철을 열처리하여 제조하기 쉽고 강인성을 부여시킨 주철
③ **칠드주철**: 응용상태에서 금형에 주입하여 표면은 백주철로 하고, 내부는 연한 회주철로 만든 것으로 압연용 칠드 롤러, 차륜 등과 같은 것에 사용된다.

11 강을 Ms 점과 Mf 점 사이에서 항온 유지 후 꺼내어 공기 중에서 냉각하여 마텐자이트와 베이나이트의 혼합조직으로 만드는 열처리는?

① 풀림 ② 담금질
③ 침탄법 ④ 마템퍼

해설 항온 담금질(Isothermal quenching)
① 오스템퍼(austemper): 오스테나이트 상태에서 Ar'와 Ar''(Ms 점) 변태점 사이의 온도에서 염욕에 담금질한 후 과냉한 오스테나이트가 변태 완료할 때까지 항온으로 유지하여 베이나이트를 충분히 석출시킨 후 공랭하는 열처리로서 베이나이트 조직이 되며 뜨임이 필요 없고 담금질 균열이나 변형이 잘 생기지 않는다.

정답 09. ② 10. ① 11. ④

② 마템퍼(martemper): 담금질 온도로 가열한 강재를 Ms와 Mf 점 사이의 열욕(100~200℃)에 담금질하여 과냉 오스테나이트의 변태가 거의 완료할 때까지 항온 유지한 후에 꺼내어 공랭하는 열처리로서 마텐자이트와 베이나이트의 혼합조직이며, 경도와 인성이 크다.

③ 마퀜칭(marquenching): 담금질 온도까지 가열된 강을 Ar"(Ms) 점보다 다소 높은 온도의 열욕에 담금질한 후 마텐자이트로 변태를 시켜서 담금질 균열과 변형을 방지하는 방법으로 복잡하고, 변형이 많은 강재에 적합하다.

12 스프링 상수의 단위로 옳은 것은?
① N · mm
② N/mm
③ N · mm^2
④ N/mm^2

해설 스프링 상수의 단위는 N/mm이다.

13 강자성체에 속하지 않는 성분은?
① Co
② Fe
③ Ni
④ Sb

해설 자성
① 강자성체: Fe, Ni, Co
② 상자성체: Al, Pt, Sn, Mn
③ 반자성체: Cu, Zn, Sb, Ag, Au

14 비교 측정에 사용하는 측정기가 아닌 것은?
① 버니어 캘리퍼스
② 다이얼 테스트 인디케이터
③ 다이얼 게이지
④ 지침 측미기

해설 비교 측정: 기준이 되는 일정한 치수와 피측정물을 비교하여 그 측정치의 차이를 읽는 방법으로 비교 측정은 다이얼 게이지, 미니미터, 공기마이크로미터(공기의 흐름을 확대 기구를 이용하여 길이를 측정하는 방식), 전기마이크로미터, 다이얼 테스트 인디케이터, 지침 측미기 등이 있다.

15 다음 투상도의 평면도로 알맞은 것은? (제3각법의 경우)

정면도

측면도

①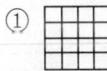
②
③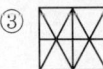
④

16. 다음 그림에서 면의 지시기호에 대한 각 지시사항의 기입 위치 중 e에 해당하는 것은?

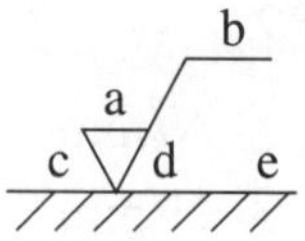

① 컷 오프 값
② 기준 길이
③ 다듬질 여유
④ 표면 파상도

해설 면의 지시기호에 대한 각 지시 사항의 기입 위치

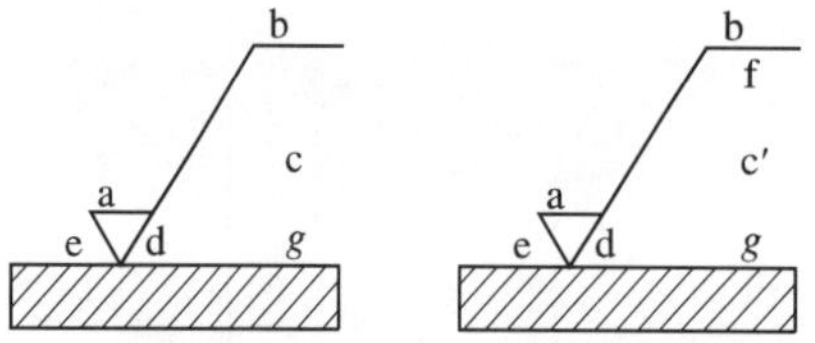

- a: 산술 평균 거칠기 값
- c: 컷 오프 값
- d: 줄무늬 방향 기호
- g: 표면 파상도
- b: 가공방법
- c': 기준 길이
- e: 다듬질 여유 기입
- f: 산술평균 거칠기 이외의 표면 거칠기 값

17. 원을 등각 투상법으로 투상하면 어떻게 나타나는가?

① 진원
② 타원
③ 마름모
④ 직사각형

해설 원을 등각 투상법으로 투상하면 타원모양이다.

18. 기하 공차 중 원통도 공차를 나타내는 기호는?

① ⌀ ② ○
③ ◎ ④ ⊕

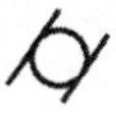

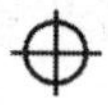

해설

기호	공차의 종류
○	진원도 공차
⌀	원통도 공차
⊕	위치도 공차
◎	동축도 또는 동심도 공차

정답 16. ④ 17. ② 18. ①

19 도면에 $\phi 100^{+0.015}_{-0.005}$로 표시된 것의 공차는 얼마인가?

① 0.005
② 0.015
③ 0.010
④ 0.020

해설 $\phi 100^{+0.015}_{-0.005}$에서 공차는 0.015+0.005=0.02

20 두 가지의 데이텀 형체에 의해서 설정하는 공통 데이텀을 지시하기 위한 도시 방법으로 옳게 표현된 것은?

① | | | A/B |
② | | | A−B |
③ | | | A | B |
④ | | | AB |

해설 데이텀을 지시하는 문자 기호를 공차 기입 틀에 기입할 때에는 다음에 따른다.
① 한 개의 형체에 의하여 설정하는 데이텀은 그 데이텀을 지시하는 한 개의 문자 기호로 나타낸다(그림 (a)).
② 두 개의 데이텀 형체에 의하여 설정하는 공통 데이텀은 데이텀을 지시하는 두 개의 문자 기호를 하이픈으로 연결한 기호로 나타낸다(그림 (b)).
③ 두 개 이상의 데이텀이 있고, 그들 데이텀에 우선순위를 지정할 때에는 우선순위가 높은 순서로 왼쪽에서 오른쪽으로 데이텀을 지시하는 문자 기호를 각각 다른 칸에 기입한다(그림 (c)).
④ 두 개 이상의 데이텀이 있고 그들 데이텀의 우선순위를 문제삼지 않을 때에는 데이텀을 지시하는 문자 기호를 같은 칸 내에 나란히 기입한다(그림 (d)).

| | | A |
(a)

| | | A−B |
(b)

| | | A | C | B |
(c)

| | | AB |
(d)

21 IT 기본 공차에서 주로 축의 끼워 맞춤 공차에 적용되는 공차의 등급은?

① IT 01 ~ IT 5
② IT 6 ~ IT 10
③ IT 10 ~ IT 18
④ IT 5 ~ IT 9

해설 IT 기본 공차는 IT 01부터 IT 18까지 20등급으로 구분된다.

용도	게이지 제작 공차	끼워 맞춤 공차	끼워 맞춤 이외 공차
구멍	IT 01~IT 5	IT 6~IT 10	IT 11~IT 18
축	IT 01~IT 4	IT 5~IT 9	IT 10~IT 18

정답 19. ④ 20. ② 21. ④

22. 단면도를 나타낼 때 긴 쪽 방향으로 절단하여 도시할 수 있는 것은?

① 볼트, 너트, 와셔
② 축, 핀, 리브
③ 리벳, 강구, 키
④ 기어의 보스

해설 길이 방향으로 절단하지 않는 것
절단했기 때문에 이해를 방해하는 것 또는 절단하여도 의미가 없는 것은 원칙으로 긴 쪽 방향으로는 절단하지 않는다.
KS에서는 다음과 같은 것들은 길이 방향으로 절단하지 않도록 규정하고 있다.
① 물체의 한 부분 중: 리브, 암, 기어의 이, 체인 스프로켓의 이 등
② 부품 중: 축, 핀, 볼트, 너트, 와셔, 작은 나사, 리벳, 강구, 키, 원통 롤러 등

23. 다음 치수 기입의 원칙을 설명한 것 중 틀린 것은?

① 특별히 명시하지 않는 한 도시한 대상물의 마무리 치수를 기입한다.
② 서로 관련되는 치수는 되도록 분산하여 기입한다.
③ 기능상 필요한 경우 치수의 허용한계를 기입한다.
④ 참고 치수에 대해서는 수치에 괄호를 붙여 기입한다.

해설 치수는 되도록 주 투상도에 집중시키며, 중복 기입을 피하고 되도록 계산하여 구할 필요가 없도록 기입한다.

24. 재료기호 [GC200]이 나타내는 명칭은?

① 황동 주물
② 회주철품
③ 주강
④ 탄소강

해설
① 황동 주물: BC1
② 회주철품: GC200
③ 탄소주강품: SC360~SC480
④ 탄소공구강: STC1~STC7

25. 다음 중 단면도시 방법에 대한 설명으로 틀린 것은?

① 단면 부분을 확실하게 표시하기 위하여 보통 해칭(hatching)을 한다.
② 해칭을 하지 않아도 단면이라는 것을 알 수 있을 때에는 해칭을 생략해도 된다.

정답 22. ④ 23. ② 24. ② 25. ③

③ 같은 절단면 위에 나타나는 같은 부품의 단면은 해칭선의 간격을 달리한다.
④ 단면은 필요로 하는 부분만을 파단하여 표시할 수 있다.

해설 단면도의 절단면에 해칭을 할 필요가 있을 경우
① 보통 사용하는 해칭은 주된 중심선에 대하여 45°로 가는 실선으로 등간격으로 표시한다.
② 동일 부품의 단면은 떨어져 있어도 해칭의 방향과 간격 등을 같게 한다.
③ 서로 인접하는 단면의 해칭은 선의 방향 또는 각도(30°, 45°, 60° 임의의 각도) 및 그 간격을 바꾸어서 구별한다.

26 우선적으로 사용하는 배척의 종류가 아닌 것은?
① 50 : 1
② 25 : 1
③ 5 : 1
④ 2 : 1

해설

척도의 종류	값
축척	1 : 2, 1 : 5, 1 : 10, 1 : 20, 1 : 50, 1 : 100, 1 : 200 1 : $\sqrt{2}$, 1 : 2.5, 1 : 2$\sqrt{2}$, 1 : 3, 1 : 4, 1 : 5$\sqrt{2}$, 1 : 25, 1 : 250
현척	1 : 1
배척	2 : 1, 5 : 1, 10 : 1, 20 : 1, 50 : 1 $\sqrt{2}$: 1, 2.5 : $\sqrt{2}$: 1, 100 : 1

27 투상도 선택 방법에 맞지 않는 것은?
① 도면을 보는 사람이 알기 쉽게 선택한다.
② 제작공정을 쉽게 파악할 수 있도록 한다.
③ 제도자 위주로 선택하여 그릴 수 있도록 한다.
④ 가공자가 가공과 측정하기 용이하도록 선택한다.

해설 제3각법에 의하여 정확한 위치에 투상하여 그린다.

28 다음 그림에서 모떼기가 C2일 때 모떼기의 각도는?
① 15°
② 30°
③ 45°
④ 60°

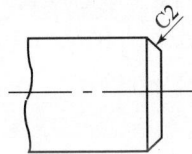

해설 각도 표시가 없는 경우에는 모떼기의 각도는 45°로 가공한다.

정답 26. ② 27. ③ 28. ③

29 다음 제3각법으로 나타낸 정 투상도를 입체도로 바르게 나타낸 것은?

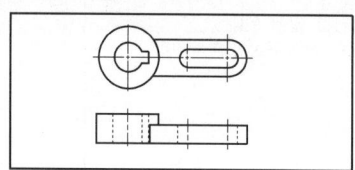

 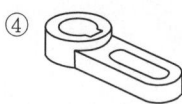

30 대상 면을 지시하는 기호 중 제거 가공을 허락하지 않는 것을 지시하는 것은?

① 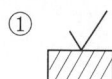 ②

③ 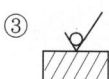 ④

해설
∨ : 제거가공의 필요여부를 문제삼지 않는다.
∀ : 제거가공을 해서는 안 된다.
▽ : 제거가공을 필요로 한다.

31 일반적인 도면의 검사에서 주의할 사항으로 가장 거리가 먼 것은?
① 공차 및 끼워 맞춤, 가공기호, 재료 선택
② 투상법, 척도, 치수 기입
③ 요목표 작성, 표제란, 지시사항
④ 도면 보관 방법

해설 도면 보관 방법은 도면의 검사항목이 아니다.

정답 29. ④ 30. ③
31. ④

32 다음 중에서 가는 실선으로만 사용하지 않는 선은?

① 지시선　② 절단선
③ 해칭선　④ 치수선

해설 **가는 실선**: 치수선, 치수 보조선, 지시선, 회전 단면선, 중심선

33 다음 끼워 맞춤을 표시한 것 중 옳지 못한 것은?

① 20H7 − g6　② 20H7/g6
③ $20\frac{H7}{g6}$　④ 20g6H7

해설 ④는 20H7g6으로 구멍을 앞에 표시한다.

34 다음 중 완성된 도면에서 서로 겹치는 경우 가장 우선적으로 나타내야 하는 것은?

① 절단선　② 숨은선
③ 치수　④ 중심선

해설 **겹치는 선의 우선순위**
① 치수　② 외형선
③ 숨은선　④ 절단선
⑤ 중심선　⑥ 무게중심선
⑦ 치수보조선

35 기어의 제작상 중요한 치형, 모듈, 압력 각, 피치원 지름 등 기타 필요한 사항들을 기록한 것을 무엇이라 하는가?

① 주서　② 표제란
③ 부품란　④ 요목표

해설 **요목표**: 기어의 제작상 중요한 치형, 모듈, 압력 각, 피치원 지름 등 기타 필요한 사항들을 기록한다.

36 코일 스프링에서 양 끝을 제외한 동일 모양 부분의 일부를 생략하는 경우 생략되는 부분의 선 지름의 중심선을 나타내는 선은?

① 가는 실선　② 가는 1점 쇄선
③ 굵은 실선　④ 은선

해설 코일 부분의 중간 부분을 생략할 때에는 생략한 부분을 가는 1점 쇄선으로 표시하거나, 또는 가는 2점 쇄선으로 표시해도 좋다.

답안 표기란

32	①	②	③	④
33	①	②	③	④
34	①	②	③	④
35	①	②	③	④
36	①	②	③	④

정답 32. ② 33. ④ 34. ③ 35. ④ 36. ②

01회 CBT 모의고사

37 구름 베어링의 호칭 번호가 "6202"이면 베어링의 안지름은?
① 5mm ② 10mm
③ 12mm ④ 15mm

해설 베어링의 셋째, 넷째 자리는 안지름 번호
00: 10mm 01: 12mm
02: 15mm 03: 17mm
04부터는 ×5를 해준다.

38 나사 제도에서 완전 나사부와 불완전 나사부의 경계선을 나타내는 선은?
① 가는 실선 ② 파선
③ 가는 1점 쇄선 ④ 굵은 실선

해설 나사 도시 방법
① 수나사의 바깥지름과 암나사의 안지름을 표시하는 선은 굵은 실선으로 그린다.
② 수나사와 암나사의 골을 표시하는 선은 가는 실선으로 그린다.
③ 완전 나사부와 불완전 나사부의 경계선은 굵은 실선으로 그린다.

39 주철제 V-벨트풀리는 호칭 지름에 따라 홈의 각도를 달리하는데, 홈의 각도로 사용되지 않는 것은?
① 34° ② 36°
③ 38° ④ 40°

해설 V 벨트의 종류에는 M형 및 A, B, C, D, E형 등의 6종류가 있으며, M형이 가장 작고 E형이 가장 크다(벨트의 각(θ)은 40°이다).

40 용접부 표면의 형상에서 동일 평면으로 다듬질함을 표시하는 보조 기호는?
① ─ ② ⌒
③ ⌣ ④ ⋏

해설 ① 동일 평면
② 오목요철
③ 블록요철
④ 끝단부를 매끄럽게 함

정답 37. ④ 38. ④
39. ④ 40. ①

41 축의 도시 방법에 대한 설명으로 옳은 것은?

① 축은 길이 방향으로 단면도시를 할 수 있다.
② 축 끝의 모따기는 폭의 치수만 기입한다.
③ 긴 축은 중간을 파단하여 짧게 그릴 수 없다.
④ 널링을 도시할 때 빗줄인 경우 축선에 대하여 30°로 엇갈리게 그린다.

해설 축의 도시 방법
① 축은 길이 방향으로 단면도시를 하지 않는다. 단, 부분 단면은 허용한다.
② 긴축은 중간을 파단하여 짧게 그릴 수 있으며 실제 치수를 기입한다.
③ 축 끝에는 모따기 및 라운딩을 할 수 있다.
④ 축에 있는 널링(knurling)의 도시는 빗줄인 경우는 축선에 대하여 30°로 엇갈리게 그린다.

42 다음 그림은 어떤 키(key)를 나타낸 것인가?

① 묻힘 키
② 안장 키
③ 접선 키
④ 원뿔 키

해설 키의 종류
① 묻힘 키(Sunk Key): 축과 보스 양쪽에 모두 키 홈을 파서 비틀림 모멘트를 전달하는 키로서 가장 많이 사용된다.
② 안장 키(Saddle Key): 축에는 홈을 파지 않고 축과 키 사이의 마찰력으로 회전력을 전달, 큰 동력을 전달시킬 수 없으므로 경하중 소직경에 사용
③ 접선 키(Tangential Key): 회전 방향이 양방향일 경우 중심각이 120°되는 위치에 2조 설치한다. 아주 큰 회전력의 경우에 사용
④ 원뿔 키(Cone Key): 축과 보스에 키를 파지 않고 보스 구멍을 테이퍼 구멍으로 하여 속이 빈 원뿔을 끼워 마찰력만으로 밀착시키는 키

43 스퍼 기어의 제도에서 피치원 지름은 어느 선으로 나타내는가?

① 가는 1점 쇄선
② 가는 2점 쇄선
③ 가는 실선
④ 굵은 실선

해설 기어 제도법
① 바깥지름(이끝원)은 굵은 실선으로 그린다.
② 피치원은 가는 1점 쇄선으로 그린다.
③ 이뿌리원은 가는 실선으로 그린다.
④ 정면도를 단면으로 도시할 경우 이뿌리는 굵은 실선으로 그린다.

정답 41. ④　42. ①
43. ①

44. 나사산의 모양에 따른 나사의 종류에서 삼각나사에 해당하지 않는 것은?

① 미터 나사
② 유니파이 나사
③ 관용 나사
④ 톱니 나사

해설 톱니 나사(Buttress screw thread): 운동용 나사로 용도는 한쪽 방향으로 집중하중이 작용하여 압착기 · 바이스 · 나사 잭 등과 같이 압력의 방향이 항상 일정할 때 사용

45. 서피스 모델링(surface modeling)의 특징으로 거리가 먼 것은?

① NC 가공정보를 얻을 수 있다.
② 은선 제거가 불가능하다.
③ 물리적 성질 계산이 곤란하다.
④ 복잡한 형상 표현이 가능하다.

해설 서피스 모델링은 은선 제거가 가능하다.

46. 일반적으로 CAD 시스템 좌표계로 사용하지 않는 것은?

① 직교 좌표계
② 극 좌표계
③ 원통 좌표계
④ 기계 좌표계

해설 CAD/CAM 좌표계의 종류
① 직교 좌표계(cartesian coordinate system): 공간상 교차하는 지점인 $P(x_1, y_1, z_1)$
② 극 좌표계(polar coordinate system): 평면상의 한 점 P(거리, 각도)
③ 원통 좌표계(cylindrical coordinate system): 점 $P(r, \theta, z_1)$를 직교 좌표
④ 구면 좌표계(spherical coordinate system): 공간상에 점 $P(\rho, \phi, \theta)$

47. 컴퓨터에서 중앙처리장치의 구성으로만 짝지어진 것은?

① 출력장치, 입력장치
② 제어장치, 입력장치
③ 보조기억장치, 출력장치
④ 제어장치, 연산장치

해설 중앙처리장치(CPU: Central Processing Unit)
① 컴퓨터 시스템에서 가장 핵심이 되는 장치로 인간의 뇌에 해당한다.
② 시스템 전체 상태를 총괄하고 제어 및 처리 데이터에 대해 연산(논리연산과 산술연산)을 수행하는 장치 중앙처리장치의 구성은 크게 제어장치와 논리 연산장치(ALU)로 되어 있다.

정답 44. ④ 45. ② 46. ④ 47. ④

48 다음 강의 표면 경화법 중 물리적인 방법에 해당하는 것은?

① 침탄법
② 금속 침투법
③ 화염 경화법
④ 질화법

49 우연 오차는 측정 횟수가 매우 많아지면 다음과 같은 특성이 나타난다. 틀린 것은?

① 작은 오차는 큰 오차보다 많이 나온다.
② 같은 크기의 음(-), 양(+)의 오차는 다르게 나온다.
③ 매우 큰 오차는 나오지 않는다.
④ 측정값에는 산포가 따르는 것이 보통이다.

해설 같은 크기의 음(-), 양(+)의 오차는 같은 횟수로 나온다.

50 중립축(bessel point)의 길이 변화가 가장 적게 유지되도록 지지하는 점은?

① a=0.2113L
② a=0.2203L
③ a=0.2232L
④ a=0.2386L

해설 중립축 또는 중립면의 변위를 최소화할 수 있는 것은 베셀점으로 0.2203L이다. 양단과 중앙의 처짐이 동일은 0.2232L이고, 중앙부의 처짐을 최소화는 0.2386L이다.

51 다음 하이트 게이지의 종류 중 스크라이버 밑면이 정반 면에 닿아 정반 면으로부터 높이를 측정할 수 있으며 강철자는 스탠드 홈을 따라 상하로 조금씩 이동시킬 수 있기 때문에 0점 조정할 수 있는 하이트 게이지는?

① HT형
② HB형
③ HM형
④ HC형

52 다이얼 게이지로 V-블록을 이용하여 측정할 수 있는 것은?

① 동심도, 원통도
② 동심도, 평행도
③ 원통도, 평행도
④ 대칭도, 평면도

53 -50μ의 오차가 있는 표준편으로 셋팅한 높이 게이지로 정하면서 27.25mm를 얻었다면 실제값은?

① 26.75mm
② 27.20mm
③ 27.30mm
④ 27.25mm

해설 27.25-(-0.05) = 27.20mm

[정답] 48. ③ 49. ② 50. ② 51. ① 52. ① 53. ③

54. 줄 다듬질 가공을 나타내는 가공 기호는?

① FF ② FS
③ PS ④ SH

해설 ① FF: 줄 다듬질 ② FS: 스크레이퍼 다듬질
③ P: 평삭반 가공 ④ SH: 형삭반 가공

55. 모델링에서 상향식 설계(bottom up design)에 대한 설명으로 틀린 것은?

① 상향식 설계가 성공하려면 마스터 어셈블리에 대한 기본적인 이해가 필요 없다.
② 상향식 방식을 바탕으로 하는 설계는 설계 의도의 활용도가 크지 않기 때문에 하향식 설계와 결과가 같을 수는 있지만, 융통성이 부족한 설계로 설계 충돌과 오류의 위험이 증가할 수 있다.
③ 상향식 설계는 현재 설계 업계에서 가장 많이 사용하는 패러다임이다.
④ 유사한 제품이나 제품의 라이프 사이클 동안 수정이 많지 않은 제품을 설계하는 회사에서 상향식 설계 방식을 사용한다.

해설 상향식 설계가 성공하려면 마스터 어셈블리에 대한 기본적인 이해가 필요하다.

56. CAD 시스템의 형상 모델링에서 B-Spline 방정식으로는 완벽하게 표현이 불가능하였지만 NURBS에서는 완벽한 표현이 가능한 것은?

① 원 ② 직선
③ 삼각형 ④ 사각형

해설 원: CAD 시스템의 형상 모델링에서 B-Spline 방정식으로는 완벽하게 표현이 불가능하였지만 NURBS에서는 완벽한 표현이 가능하다.

57. 다음 중 가공 특징 형상(feature)이 아닌 것은?

① 모따기(chamfer) ② 구멍(hole)
③ 슬롯(slot) ④ 보스(boss)

해설 대부분의 시스템이 제공하는 전형적인 특징 형상으로는 모따기(chamfer), 구멍(hole), 슬롯(slot), 포켓(pocket) 등이 있다.

정답 54. ① 55. ① 56. ① 57. ④

58 파라메트릭 모델링에 관한 다음 설명 중 가장 거리가 먼 것은?

① 형상 구속조건과 치수 구속조건을 이용하여 모델링한다.
② 구속 조건식을 푸는 방법으로 순차적 풀기, 동시 풀기 방법에 따라 결과 형상이 달라질 수 있다.
③ 특징 형상의 파라미터에 따라 모델의 크기를 바꾸는 것도 파라메트릭 모델링의 한 형태이다.
④ 파라메트릭 모델링의 형상 요소를 한번 만든 후에는 조건식을 이용하여 수정하는 것보다 직접 형상 요소를 수정하는 것이 효과적이다.

해설 파라메트릭 모델링의 형상 요소를 한번 만든 후에는 직접 형상 요소를 수정하는 것보다 조건식을 이용하여 수정하는 것이 효과적이다.

59 그림과 같은 형상을 표현하는 곡면 모델링 기법은?

① ruled surface
② sweep surface
③ numbs surface
④ coons surface

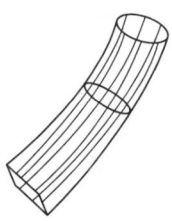

해설

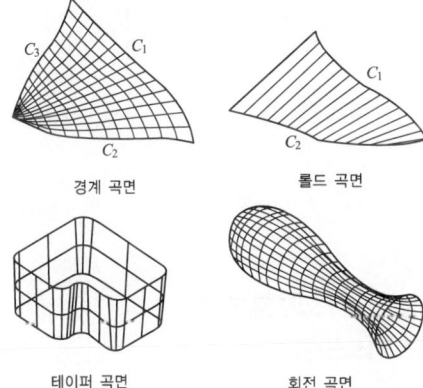

경계 곡면　　롤드 곡면

테이퍼 곡면　　회전 곡면

60 3D 솔리드 모델링 시스템에서 특징형상 기반 모델링 적용 시 대부분의 시스템에서 지원되는 전형적인 특징형상으로 볼 수 없는 것은?

① 널링(Knurling)　　② 포켓(Pocket)
③ 필렛(Fillet)　　④ 모따기(Chamfer)

해설 널링(Knurling)은 특징형상 기반 모델링 적용이 되지 않는다.

정답 58. ④　59. ②
60. ①

02회 CBT 모의고사

01 에너지 흡수 능력이 크고, 스프링 작용 외에 구조용 부재기능을 겸하고 있으며, 재료 가공이 용이하여 자동차 현가용으로 많이 사용하는 스프링은?

① 공기 스프링
② 겹판 스프링
③ 코일 스프링
④ 태엽 스프링

해설
① **코일 스프링**(coil spring): 인장용과 압축용이 있고, 제작비가 저렴하며 기능이 확실 유효하여 경량소형으로 제조할 수 있다.
② **겹판 스프링**(leaf spring): 너비가 좁고 얇은 긴 보로서 하중을 지지한다. 여러 장 겹쳐서 사용하는 것을 겹판 스프링이라 한다. 자동차의 현가장치로 널리 사용한다.
③ **태엽 스프링**(spiral spring): 시계나 계기류의 등의 변형 에너지를 저장하여 동력용으로 사용한다.

02 자동차용 신소재인 파인세라믹스(fine ceramics)에 대한 설명 중 틀린 것은?

① 가볍다.
② 강도가 강하다.
③ 내화학성이 우수하다.
④ 내마모성 및 내열성이 우수하다.

해설 자동차용 신소재인 파인세라믹스는 강도가 약한 편이다.

03 증기나 기름 등이 누출되는 것을 방지하는 부위 또는 외부로부터 먼지 등의 오염물 침입을 막는데 주로 사용하는 너트는?

① 캡 너트(cap nut)
② 와셔붙이 너트(washer based nut)
③ 둥근 너트(circular nut)
④ 육각 너트(hexagon nut)

해설 **캡 너트**(cap nut)
증기나 기름 등이 누출되는 것을 방지하는 부위 또는 외부로부터 먼지 등의 오염물 침입을 막는 데 주로 사용한다.

정답 01. ② 02. ② 03. ①

04 에너지를 소멸시키고 충격, 진동 등의 진폭을 경감시키기 위해 사용하는 장치는?

① 차음재
② 로프(rope)
③ 댐퍼(damper)
④ 스프링(spring)

해설 댐퍼(damper): 에너지를 소멸시키고 충격, 진동 등의 진폭을 경감시키기 위해 사용하는 장치이다.

05 나사의 피치가 일정할 때 리드(lead)가 가장 큰 것은?

① 4줄 나사
② 3줄 나사
③ 2줄 나사
④ 1줄 나사

해설 리드(lead): 나사산이 원통을 한 바퀴 회전하여 축 방향으로 나아가는 거리
• 리드와 피치 사이의 관계: $l = np$
  l: 리드(mm), n: 줄 수, p: 피치(mm)

06 베어링의 재료가 구비할 성질이 아닌 것은?

① 가공이 쉬울 것
② 부식에 강할 것
③ 충격하중에 강할 것
④ 피로 강도가 작을 것

해설 베어링의 재료
① 녹아 붙지 않을 것(내융착성)
② 길들림이 좋은 것(친숙성)
③ 부식에 강할 것(내식성)
④ 피로 강도가 클 것(내피로성)

07 항온 열처리 방법에 포함되지 않는 것은?

① 오스템퍼
② 시안화법
③ 마퀜칭
④ 마템퍼

해설 항온 담금질(Isothermal quenching)
① **오스템퍼(austemper)**: 오스테나이트 상태에서 Ar'와 Ar"(Ms 점) 변태점 사이의 온도에서 염욕에 담금질한 후 과냉한 오스테나이트가 변태 완료할 때까지 항온으로 유지하여 베이나이트를 충분히 석출시킨 후 공랭하는 열처리
② **마템퍼(martemper)**: 담금질 온도로 가열한 강재를 Ms와 Mf 점 사이의 열욕(100~200°C)에 담금질하여 과냉 오스테나이트의 변태가 거의 완료할 때까지 항온 유지한 후에 꺼내어 공랭하는 열처리로서 마텐자이트와 베이나이트의 혼합조직이며, 경도와 인성이 크다.
③ **마퀜칭(marquenching)**: 담금질 온도까지 가열된 강을 Ar"(Ms) 점보다 다소 높은 온도의 열욕에 담금질한 후 마텐자이트로 변태를 시켜서 담금질 균열과 변형을 방지하는 방법으로 복잡하고, 변형이 많은 강재에 적합하다.

정답 04. ③ 05. ① 06. ④ 07. ②

08. 주조 시 주형에 냉금을 삽입하여 주물 표면을 급랭시키므로 백선화하고 경도를 증가시킨 내마모성 주철은?

① 보통주철　　② 고급주철
③ 합금주철　　④ 칠드주철

해설
① **보통주철**: 강인성이 적고 단조가 되지 않으며, 용융점이 낮아 유동성이 좋은 편이므로 기계구조 부분 등에 사용된다.
② **고급주철**: C 2.5~3.2%, Si 1~2%이고 현미경 조직은 펄라이트와 미세한 흑연으로 된 것으로 인장강도 245MPa 이상인 것을 말한다. 고강도, 내마멸성을 요구하는 기계 부품(피스톤 링)에 많이 사용된다.
③ **합금주철**: 내열성인 Al 주철, 내식성인 Cr 주철, 내마모성인 Ni 주철과 내마모 주철
④ **칠드주철**: 주조 시 주형에 냉금을 삽입하여 주물 표면을 급랭시키므로 백선화하고 경도를 증가시킨 내마모성 주철

09. 가스 질화법으로 강의 표면을 경화하고자 할 때 질화효과를 크게 하는 원소는?

① 코발트　　② 니켈
③ 마그네슘　　④ 알루미늄

해설 알루미늄: 가스 질화법으로 강의 표면을 경화하고자 할 때 질화효과를 크게 하는 원소이다.

10. 묻힘 키(sunk key)에 관한 설명으로 틀린 것은?

① 기울기가 없는 평행 성크 키도 있다.
② 머리 달린 경사 키도 성크 키의 일종이다.
③ 축과 보스의 양쪽에 모두 키 홈을 파서 토크를 전달시킨다.
④ 대개 윗면에 1/5 정도의 기울기를 가지고 있는 수가 많다.

해설 묻힘 키(Sunk Key): 축과 보스 양쪽에 모두 키 홈을 파서 비틀림 모멘트를 전달하는 키로서 가장 많이 사용되며 윗면에 1/100 정도의 기울기를 가지고 있는 경사 키가 있다.

11. 내열강에서 내열성, 내마모성, 내식성 등을 증가시키기 위해 첨가되는 대표적인 원소는?

① 크롬(Cr)　　② 니켈(Ni)
③ 티탄(Ti)　　④ 망간(Mn)

해설 크롬(Cr): 내열강에서 내열성, 내마모성, 내식성 등을 증가시키기 위해 첨가되는 대표적인 원소이다.

정답　08. ④　09. ④　10. ④　11. ①

12 접촉면의 압력을 p, 속도를 v, 마찰계수가 μ일 때 브레이크 용량(brake capacity)을 표시하는 것은?

① μpv
② $\dfrac{1}{\mu pv}$
③ $\dfrac{pv}{\mu}$
④ $\dfrac{\mu}{pv}$

해설 브레이크 용량(brake capacity)을 표시는 μpv이다.

13 나사산과 골이 같은 반지름의 원호로 이은 모양이 둥글게 되어 있는 나사는?

① 볼나사
② 톱니나사
③ 너클나사
④ 사다리꼴 나사

해설 너클나사: 나사산과 골이 같은 반지름의 원호로 이은 모양이 둥글게 되어 있는 나사로 나사산의 각은 30°로 용도는 급격한 충격을 받는 부분, 전구, 먼지와 모래 등이 많이 끼는 경우와 오염된 액체의 밸브 또는 호스 이음 나사 등에 사용

14 탄소강 중 함유되어 헤어크랙(hair crack)이나 백점을 발생하게 하는 원소는?

① 규소(Si)
② 망간(Mn)
③ 인(P)
④ 수소(H)

해설 헤어크랙(hair crack): 수소(H_2)가스에 의해 머리칼 모양으로 미세하게 갈라지는 균열하는 것으로 킬드강에서 발생한다.

15 버니어 캘리퍼스(vernier calipers)에서 어미자의 한 눈금이 1mm이고, 아들자의 눈금 19mm를 20등분 한 경우에 최소 측정치는 몇 mm인가?

① 0.01mm
② 0.02mm
③ 0.05mm
④ 0.1mm

해설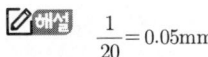

16 가공에 사용하는 공구나 지그 등의 위치를 참고로 도시할 경우에 사용되는 선은?

① 굵은 실선
② 가는 2점 쇄선
③ 가는 파선
④ 굵은 1점 쇄선

해설 공구, 지그 등의 위치를 참고로 도시하는 가상선은 가는 2점 쇄선으로 그린다.

[정답] 12. ① 13. ③ 14. ④ 15. ③ 16. ②

17 그림에서 더브테일을 φ10핀을 이용하여 측정할 때 M의 길이는 약 얼마인가?

① 45.36mm
② 60.65mm
③ 73.46mm
④ 94.56mm

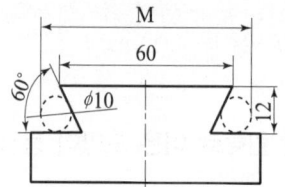

해설
$a = 60 - \left(\dfrac{12}{\tan 60 \times 2}\right) = 56.54$

$M = 56.54 + \dfrac{6}{\tan 30} + 6 = 72.93$

18 아래와 같은 구멍과 축의 끼워 맞춤에서 최대 틈새는?

구멍: $\phi 45 H7 = \phi 45^{+0.025}_{0}$
축: $\phi 45 k6 = \phi 45^{+0.018}_{+0.002}$

① 0.018
② 0.023
③ 0.050
④ 0.027

해설
① 최소 틈새 = 구멍의 최소허용치수 − 축의 최대허용치수
= 45.000 − 45.018 = −0.018
② 최대 틈새 = 구멍의 최대허용치수 − 축의 최소허용치수
= 45.025 − 45.002 = 0.023

19 다음 투상방법 설명 중 틀린 것은?

① 경사면부가 있는 대상물에서 그 경사면의 실형을 표시할 때에는 보조 투상도로 나타낸다.
② 그림의 일부를 도시하는 것으로 충분한 경우에는 부분 투상도로서 나타낸다.
③ 대상물의 구멍, 홈 등 한 부분만의 모양을 도시하는 것으로 충분한 경우에는 그 필요한 부분만을 회전 투상도로서 나타낸다.
④ 특정 부분의 도형이 작은 이유로 그 부분의 상세한 도시나 치수 기입을 할 수 없을 때에는 부분 확대도로 나타낸다.

해설 대상물의 구멍, 홈 등 한 부분만의 모양을 도시하는 것으로 충분한 경우에는 그 필요한 부분만을 국부 투상도로서 나타낸다.

정답 17. ③ 18. ②
19. ③

20 다음 중 끼워 맞춤에서 치수 기입 방법으로 틀린 것은?

①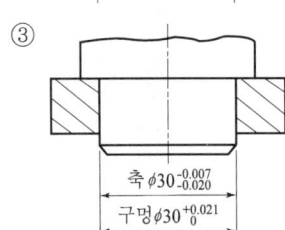
②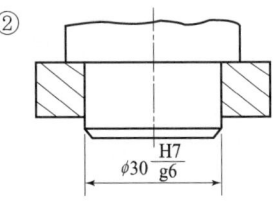
③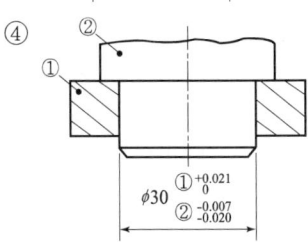

해설 ③의 올바른 표기방법

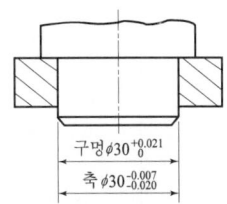

21 다음과 같이 원뿔을 경사지게 자른 경우의 전개 형태로 올바른 것은?

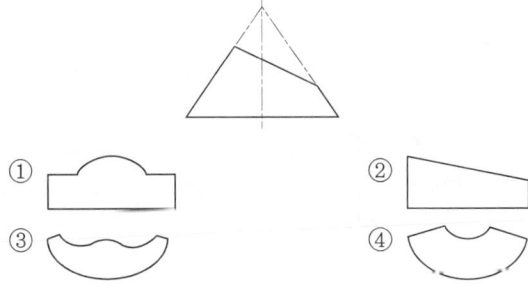

22 치수 기입 원칙 중 맞지 않는 것은?
① 치수는 되도록 주투상도에 집중한다.
② 치수는 가능한 중복 기입을 한다.
③ 관련되는 치수는 되도록 한 곳에 모아서 기입한다.
④ 치수와 함께 특별한 제작 요구사항을 기입 할 수 있다.

해설 치수는 가능한 중복 기입을 하지 않는다.

[정답] 20. ③ 21. ③ 22. ②

02회 CBT 모의고사

23 한국 산업 표준 중 기계 부문에 대한 분류 기호는?

① KS A ② KS B
③ KS C ④ KS D

해설

분류 기호	KS A	KS B	KS C	KS D
부문	기본	기계	전기	금속

24 줄무늬 방향의 기호에서 가공에 의한 커터의 줄무늬가 여러 방향으로 교차될 때 나타내는 기호는?

① R ② C
③ F ④ M

해설

M	가공으로 생긴 선이 다방면으로 교차 또는 무방향	
C	가공으로 생긴 선이 거의 동심원	
R	가공으로 생긴 선이 거의 방사상(레이디얼형)	

25 길이가 50mm인 축을 도면에 5 : 1 척도로 그릴 때 기입되는 치수로 옳은 것은?

① 10 ② 250
③ 50 ④ 100

해설 도면에 배척(5 : 1)으로 표시하더라도 치수는 그대로(50mm)로 표시한다.

26 한국산업표준에서 정한 도면에 사용하는 선 굵기의 기준이 아닌 것은?

① 0.18mm ② 0.35mm
③ 0.75mm ④ 1mm

정답 23. ② 24. ④
　　　25. ③ 26. ③

> **해설** 선의 굵기의 기준은 0.18mm, 0.25mm, 0.35mm, 0.5mm, 0.7mm 및 1mm로 한다.
> ① 가는 선: 굵기가 0.18~0.5mm인 선
> ② 굵은 선: 굵기가 0.35~1mm인 선(가는 선 굵기의 2배)
> ③ 아주 굵은 선: 굵기가 0.7~1mm인 선(굵은 선 굵기의 2배)
> ※ 선 굵기의 비율은 1(가는 선): 2(굵은 선): 4(아주 굵은 선)

27 리브(rib), 암(arm) 등의 회전도시 단면을 도형 내의 절단한 곳에 겹쳐서 나타낼 때 사용하는 선은?

① 굵은 실선 ② 굵은 1점쇄선
③ 가는 파선 ④ 가는 실선

> **해설** 가는 실선: 리브(rib), 암(arm) 등의 회전도시 단면을 도형 내의 절단한 곳에 겹쳐서 나타낼 때 사용하는 선이다.

28 축의 끼워 맞춤에 사용하는 IT 공차의 급수에 해당하는 것은?

① IT 01~IT 4 ② IT 01~IT 5
③ IT 5~IT 9   ④ IT 6~IT 10

> **해설** 기본 공차: IT 기본 공차는 IT 01부터 IT 18까지 20등급으로 구분한다.
>
> | 용도 | 게이지 제작 공차 | 끼워 맞춤 공차 | 끼워 맞춤 이외 공차 |
> |---|---|---|---|
> | 구멍 | IT 01~IT 5 | IT 6~IT 10 | IT 11~IT 18 |
> | 축 | IT 01~IT 4 | IT 5~IT 9 | IT 10~IT 18 |

29 다음 치수 보조기호 표시 중 의미가 잘못 표시된 것은?

① Sφ: 구의 지름 ② SR: 구의 반지름
③ C: 45° 모떼기 ④ (20): 완성치수 20

> **해설** (20): 참고 치수 20이다.

30 주로 금형으로 생산되는 플라스틱 눈금자와 같은 제품 등에 제거 가공 여부를 묻지 않을 때 사용되는 기호는?

① 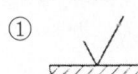 ②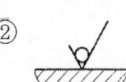

③ 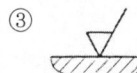 ④

> **해설** ∨: 제거가공의 필요여부를 문제삼지 않는다.
> ∨: 제거가공을 해서는 안 된다.
> ∨: 제거가공을 필요로 한다.

정답 27. ④ 28. ③ 29. ④ 30. ①

31 다음은 어떤 물체를 제3각법으로 투상하여 정면도와 우측면도를 나타낸 것이다. 평면도로 옳은 것은?

32 기하 공차의 기호 연결이 옳은 것은?

① 진원도: ◎   ② 원통도: ○
③ 위치도: ⊕   ④ 진직도: ⊥

 해설

기호	공차
○	진원도 공차
⌭	원통도 공차
⊥	직각도 공차
∠	경사도 공차
⊕	위치도 공차
◎	동축도 또는 동심도 공차

33 다음은 제3각법으로 투상한 투상도이다. 입체도로 알맞은 것은? (단, 화살표 방향이 정면도이다.)

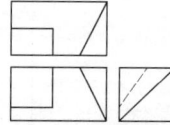

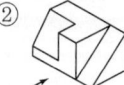

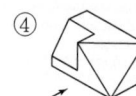

정답 31. ① 32. ③ 33. ③

34 다음 등각 투상도에서 화살표 방향을 정면도로 할 경우 평면도로 올바른 것은?

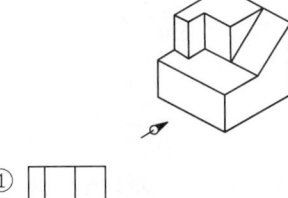

① 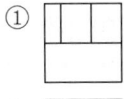   ②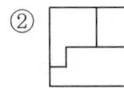

③    ④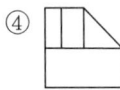

35 다음 공차 기입의 표시방법 중 복수의 데이텀(datum)을 표시하는 방법으로 올바른 것은?

① 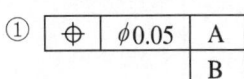   ②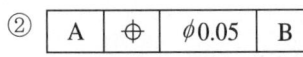

③ 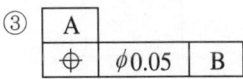   ④ ⊕ | ⌀0.05 | A | B

해설 복수의 데이텀(datum)을 표시하는 방법

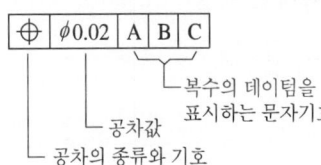

공차값
공차의 종류와 기호
복수의 데이텀을 표시하는 문자기호

36 기어의 도시 방법에 대한 설명으로 틀린 것은?
① 기어의 도면에는 주로 기어소재를 제작하는 데 필요한 치수만을 기입한다.
② 피치원 지름을 기입할 때에는 치수 앞에 PCR(Pitch Circle Radius)이라 기입한다.
③ 요목표의 위치는 도시된 기어와 가까운 곳에 정한다.
④ 요목표에는 치형, 모듈, 압력 각 등 이의 가공에 필요한 사항을 기입한다.

해설 피치원 지름을 기입할 때는 치수 앞에 PCD(Pitch Center Diameter)라고 기입한다.

정답 34. ② 35. ④ 36. ②

37 리벳 이음의 제도에 관한 설명으로 바른 것은?

① 리벳은 길이 방향으로 절단하여 표시하지 않는다.
② 얇은 판, 형강 등 얇은 것의 단면은 가는 실선으로 그린다.
③ 형판 또는 형강의 치수는 호칭 지름×길이×재료로 표시한다.
④ 리벳의 위치만을 표시할 때에는 원 모두를 굵게 그린다.

해설 리벳 이음의 도시법
① 리벳을 크게 도시할 필요가 없을 때는 리벳 구멍을 약도로 도시한다.
② 리벳의 체결 위치만 표시할 경우에는 중심선만을 그린다.
③ 같은 간격으로 연속하는 같은 종류의 구멍 표시방법은 간단히 기입한다.
④ 여러 장의 얇은 판의 단면도시에서 각 판의 파단선은 서로 어긋나게 긋는다.
⑤ 리벳은 길이 방향으로 절단하여 도시하지 않는다.

38 다음 중 벨트풀리의 도시 방법으로 틀린 것은?

① 벨트풀리는 축직각 방향의 투상을 주 투상도로 할 수 있다.
② 벨트풀리는 대칭형이므로 그 일부분만을 나타낼 수 있다.
③ 암은 길이 방향으로 절단하여 도시하지 않는다.
④ 암의 단면형은 도형의 안이나 밖에 부분 단면으로 나타낸다.

해설 벨트풀리의 도시 방법에서 암의 단면형은 도형의 안이나 밖에 회전 단면을 도시한다.

39 나사의 도시 방법에서 가는 실선으로 그려야 하는 것은?

① 완전 나사부와 불완전 나사부의 경계선
② 수나사 및 암나사의 골
③ 암나사의 안지름
④ 수나사의 바깥지름

해설 나사 도시 방법
① 수나사의 바깥지름과 암나사의 안지름을 표시하는 선은 굵은 실선으로 그린다.
② 수나사와 암나사의 골을 표시하는 선은 가는 실선으로 그린다.
③ 완전 나사부와 불완전 나사부의 경계선은 굵은 실선으로 그린다.

40 축의 도시 방법 중 바르게 설명한 것은?

① 긴 축은 중간을 파단하여 짧게 그릴 수 있으며 치수는 실제의 길이를 기입한다.
② 축 끝의 모따기는 각도와 폭을 기입하되 60° 모따기인 경우에 한하여 치수 앞에 "C"를 기입한다.

[정답] 37.① 38.④ 39.② 40.①

③ 둥근 축이나 구멍 등의 일부 면이 평면임을 나타낼 경우에는 굵은 실선의 대각선을 그어 표시한다.
④ 축에 있는 널링(knurling)의 도시는 빗줄인 경우 축선에 대하여 45°로 엇갈리게 그린다.

해설 축의 도시 방법
① 축은 길이 방향으로 단면도시를 하지 않는다. 단, 부분 단면은 허용한다.
② 긴축은 중간을 파단하여 짧게 그릴 수 있으며 실제 치수를 기입한다.
③ 축 끝에는 모따기 및 라운딩을 할 수 있다.
④ 축에 있는 널링(knurling)의 도시는 빗줄인 경우는 축선에 대하여 30°로 엇갈리게 그린다.

41 다음 스프링에 관한 제도 설명 중 틀린 것은?

① 코일 스프링에서 코일 부분의 중간 부분을 생략하는 경우에는 생략하는 부분의 선 지름의 중심선을 가는 1점 쇄선으로 나타낸다.
② 하중 또는 처짐 등을 표시할 필요가 있을 때에는 선도 또는 항목표로 나타낸다.
③ 도면에서 특별한 지시가 없는 한 모두 오른쪽 감기로 도시한다.
④ 벌류트 스프링은 원칙적으로 하중이 가해진 상태에서 그리는 것을 원칙으로 한다.

해설 스프링은 원칙적으로 무하중인 상태로 그린다. 만약, 하중이 걸린 상태에서 그릴 때에는 선도 또는 그 때의 치수와 하중을 기입한다.

42 미터 사다리꼴 나사의 호칭 지름 40mm, 피치 7, 수나사 등급이 7e인 경우 옳게 표시한 방법은?

① TM40×7-7e
② TW40×7-7e
③ Tr40×7-7e
④ TS40×7-7e

해설 미터 사다리꼴 나사의 표시방법: Tr40×7-7e

43 주어진 베어링 호칭에 대한 안지름 치수가 틀린 것은?

① 6312 → 안지름 치수 60mm
② 6300 → 안지름 치수 10mm
③ 6302 → 안지름 치수 15mm
④ 6317 → 안지름 치수 17mm

해설 안지름 번호(세 번째, 네 번째 숫자)
안지름 번호 1에서 9까지는 안지름 번호와 안지름이 같고 안지름 번호의 00 안지름 10mm, 01 안지름 12mm, 02 안지름 15m, 03 안지름 17mm, 04부터 ×5를 하면 된다. 따라서 12×5=60mm, 17×5=85mm이다.

정답 41.④ 42.③ 43.④

44 스퍼 기어에서 피치원의 지름이 160mm이고, 잇수가 40일 때 모듈(module)은?

① 2
② 4
③ 6
④ 8

해설 모듈(m): $m = \dfrac{p}{\pi} = \dfrac{D}{Z} = \dfrac{160}{40} = 4$

45 다음 그림은 용접부의 기호 표시방법이다. (가)와 (나)에 대한 설명으로 틀린 것은?

그림 (가) 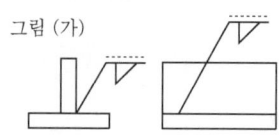   그림 (나)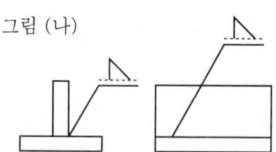

① 그림 (가)의 실제 모양이다(한쪽 용접).

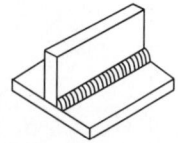

② 그림 (나)의 실제 모양이다(양쪽 용접).

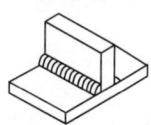

③ 그림 (가)는 화살표 쪽을 용접하라는 뜻이다.
④ 그림 (나)는 화살표 반대쪽을 용접하라는 뜻이다.

해설 그림 (나)의 실제 모양이다(한쪽 용접).

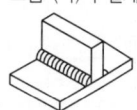

46 CAD 시스템에서 마지막 점에서 다음 점까지의 각도와 거리를 입력하여 선긋기를 하는 입력 방법은?

① 절대 직교 좌표입력 방법
② 상대 직교 좌표입력 방법
③ 절대 원통 좌표입력 방법
④ 상대 극좌표입력 방법

정답   44. ②   45. ②   46. ④

해설

구분	입력방법	해설
절대 좌표	X, Y	원점에서 해당 축 방향으로 이동한 거리
상대 극좌표	@거리〈방향	먼저 지정된 점과 지정된 점까지의 직선거리 방향은 각도계와 일치
상대 좌표	@X, Y	먼저 지정된 점으로부터 해당 축 방향으로 이동한 거리
최종 좌표	@	지정될 점 이전의 마지막으로 지정된 점

47 다음 입·출력장치의 연결이 잘못된 것은?

① 입력장치 - 키보드, 라이트펜
② 출력장치 - 프린터, COM
③ 입력장치 - 트랙볼, 태블릿
④ 출력장치 - 디지타이저, 플로터

해설 디지타이저는 입력장치이다.

48 컴퓨터에서 CPU와 주변기기 간의 속도 차이를 극복하기 위하여 두 장치 사이에 존재하는 보조기억장치는?

① cache memory
② associative memory
③ destructive memory
④ nonvolatile memory

해설 캐시 메모리(cache memory)
CPU와 DRAM으로 구성된 주기억장치와의 처리 속도 차를 줄이기 위해 SRAM으로 구성된 캐시 메모리를 두어 CPU의 작업을 돕는 데 사용한다.

49 CAD 시스템을 이용한 3차원 모델링 중 체적, 무게중심, 관성 모멘트 등의 물리적 성질을 구할 수 있는 것은?

① 와이어프레임 모델링
② 서피스 모델링
③ 솔리드 모델링
④ 시스템 모델링

해설 솔리드 모델링: 체적, 무게중심, 관성 모멘트 등의 물리적 성질을 구할 수 있다.

50 가공방법과 기호의 연결이 옳은 것은?

① 래핑 - MSL
② 브로칭 - BR
③ 스크레이핑 - SB
④ 평면 연삭 - GBS

해설
① 래핑 - FL
② 브로칭 - BR
③ 스크레이핑 - FS
④ 연삭 - G

[정답] 47. ④ 48. ①
49. ③ 50. ②

02회 CBT 모의고사

51 견고하여 금긋기에 적당하며, 비교적 대형으로 영점 조정이 불가능한 하이트 게이지로 옳은 것은?

① HT형　　② HB형
③ HM형　　④ HC형

해설
① **HT형**: 정반으로부터 높이를 측정할 수 있으며, 눈금자가 별도로 스탠드 홈을 따라 상하로 이동하기 때문에 0점 조정을 할 수 있고, 슬라이더를 조금씩 이동시킬 수 있는 장치가 있다.
② **HB형**: 슬라이더가 상자 모양으로 되어있으며, 스크라이버의 밑면은 정반 면까지 내려갈 수 없으나 슬라이더의 이동 거리가 곧 높이가 된다. 이는 무게가 가벼워 측정용에 사용하고 금긋기용으로는 약해서 힘에 의한 오차가 생기기 쉽다.
③ **HM형**: 견고하여 금긋기 작업에 적당하고, 0점을 조정할 수 없으며, 슬라이더를 조금씩 이동시킬 수는 있다.

52 다이얼 게이지로 진원도 측정방법이 아닌 것은?

① 지름법　　② 반지름법
③ 3점법　　④ 삼침법

53 다음 중 내경 측정용 측정기의 0점 조정용인 것은?

① 실린더 게이지(Cylinder gauge)
② 텔레스코핑 게이지(Telesooping gauge)
③ 마스터 링 게이지(Masterring gauge)
④ 스몰 홀 게이지(Small hole gauge)

해설 마스터 링게이지는 블록 게이지를 이용 외경 마이크로미터와 함께 실린더 게이지의 0점 조정을 한다.

54 다음 측정기 중 대량생산품의 내경 측정에 가장 적당한 것은?

① 공기 마이크로미터　　② 전기 마이크로미터
③ 실린더 게이지　　④ 내측 마이크로미터

55 경하층은 경도가 대단히 크고 내마멸성과 내식성이 크며 암모니아(NH₃)로 표면을 경화하는 방법은?

① 침탄법　　② 시안화법
③ 질화법　　④ 고주파경화

정답 51. ③　52. ④　53. ③　54. ③　55. ③

해설 ① **질화법**: 암모니아(NH₃)로 표면을 경화하는 방법
② **시안화법(액체침탄법)**: 청화법이라고도 하며 KCN, KaCN 등을 주성분으로 한 방법

56 준비한 측정기(링 게이지, 마이크로미터 등)에 기준 치수를 맞춘 후 외경 마이크로미터(Micrometer)를 활용하여 0점을 조정하는 측정기는?

① 마이크로미터
② 인디케이터
③ 실린더 게이지
④ 하이트 게이지

57 형상 모델링에서 스윕(sweep) 곡면의 설명으로 옳은 것은?

① 많은 점 데이터로부터 생성되는 곡면
② 안내 곡선을 따라 단면 곡선이 일정 규칙에 따라 이동되면서 생성되는 곡면
③ 만들어진 곡면을 불러들여 기존 모델의 평면을 변경하여 생성되는 곡면
④ 두 곡면이 만나는 부분을 부드럽게 하기 위하여 생성하는 곡면

해설 sweep 곡면: 두 개 이상의 곡선에서 안내 곡선을 따라 이동 곡선이 이동규칙에 따라 이동하면서 생성되는 곡면

58 CAD/CAM 시스템에서 컵이나 병 등의 형상을 만들 때 회전 곡면(revolution surface)을 이용한다. 다음 중 revolution 작업 시 필요한 자료가 아닌 것은?

① 회전각도
② 회전 중심축
③ 회전 단면선
④ 옵셋(offset)량

해설 옵셋(offset)량은 revolution(회전) 명령어와 관계가 없다.

59 CAD 시스템으로 모델링한 물체를 화면에 나타낼 때 실제 볼 수 있는 선과 면만을 나타내어 보는 시점에서의 모호성을 없애는 기법은?

① 렌더링
② 뷰포트
③ 솔리드 모델
④ 은선과 은면 제거

해설 은선과 은면 제거: 모델링한 물체를 화면에 나타낼 때 실제 볼 수 있는 선과 면만을 나타내어 보는 시점에서의 모호성을 없애는 기법이다.

[정답] 56. ③ 57. ② 58. ④ 59. ④

60 은선 및 은면 처리를 위해 화면에 표시되어야 할 형상 요소들의 깊이 방향 값을 메모리에 저장하여 이용하는 방법은?

① Z 버터 방법
② 변환행렬 방법
③ 깊이 분류 알고리즘
④ 후향 면 제거 알고리즘

해설 **Z 버터 방법**: 은선 및 은면 처리를 위해 화면에 표시되어야 할 형상 요소들의 깊이 방향 값을 메모리에 저장하여 이용하는 방법이다.

정답 60. ①

03회 CBT 모의고사

- 수험번호:
- 수험자명:
- 제한 시간:
- 남은 시간:

글자 크기 100% 150% 200% 화면 배치
- 전체 문제 수:
- 안 푼 문제 수:

01 델타메탈(delta metal)의 성분으로 올바른 것은?
① 6 : 4 황동에 철을 1~2% 첨가
② 7 : 3 황동에 주석을 3% 내외 첨가
③ 6 : 4 황동에 망간을 1~2% 첨가
④ 7 : 3 황동에 니켈을 3% 내외 첨가

해설 　델타메탈: 6 : 4 황동에 철을 1~2% 첨가

02 핀 이음에서 한쪽 포크(fork)에 아이(eye) 부분을 연결하여 구멍에 수직으로 평행 핀을 끼워 두 부분이 상대적으로 각운동을 할 수 있도록 연결한 것은?
① 코터
② 너클 핀
③ 분할 핀
④ 스플라인

해설 　너클 핀: 핀 이음에서 한쪽 포크(fork)에 아이(eye) 부분을 연결하여 구멍에 수직으로 평행 핀을 끼워 두 부분이 상대적으로 각운동을 할 수 있도록 연결한 것

03 다음 금속 중 비중이 가장 큰 것은?
① 철
② 구리
③ 납
④ 크롬

해설 　① 철: 7.87　② 구리: 8.96　③ 납: 11.34　④ 크롬: 7.09

04 두 축이 교차하는 경우에 동력을 전달하려면 어떤 기어를 사용하여야 하는가?
① 스퍼 기어
② 헬리컬 기어
③ 래크
④ 베벨 기어

해설 　두 축이 교차하는 경우에 베벨 기어를 사용한다.

05 동력전달용 V 벨트의 규격(형)이 아닌 것은?
① B
② A
③ F
④ E

해설 　V 벨트의 종류에는 M형 및 A, B, C, D, E형 등의 6종류가 있다.

답안 표기란
01	①	②	③	④
02	①	②	③	④
03	①	②	③	④
04	①	②	③	④
05	①	②	③	④

[정답] 01. ①　02. ②
　　　03. ③　04. ④
　　　05. ③

06 합성수지의 공통된 성질 중 틀린 것은?

① 가볍고 튼튼하다.
② 전기 절연성이 좋다.
③ 단단하며 열에 강하다.
④ 가공성이 크고 성형이 간단하다.

해설
- 단단하나 열에는 약하다.
- 가열하면 연소되어 사용할 수 없고, 열전도율(熱傳導率)이 낮아 부분적으로 과열(過熱)되기 쉬우므로 주의해야 한다.

07 나사 종류의 표시기호 중 틀린 것은?

① 미터 보통 나사 - M
② 유니파이 가는 나사 - UNC
③ 미터 사다리꼴 나사 - Tr
④ 관용 평행 나사 - G

해설
- 유니파이 가는 나사 - UNF
- 유니파이 보통 나사 - UNC

08 하물(荷物)을 감아올릴 때는 제동 작용은 하지 않고 클러치작용을 하며, 내릴 때는 하물 자중에 의해 브레이크 작용을 하는 것은?

① 블럭 브레이크
② 밴드 브레이크
③ 자동하중 브레이크
④ 축압 브레이크

해설 자동하중 브레이크
하물(荷物)을 감아 올릴 때는 제동 작용은 하지 않고 클러치작용을 하며, 내릴 때는 하물 자중에 의해 브레이크 작용을 한다.

09 외경이 500mm, 내경이 490mm인 얇은 원통의 내부에 3MPa의 압력이 작용할 때 원주 방향의 응력은 몇 N/mm²인가?

① 75
② 147
③ 222
④ 294

해설 $\sigma = \dfrac{Dp}{2t} = \dfrac{490 \times 3}{2 \times 5} = 147 \text{N/mm}^2$

정답 06. ③ 07. ②
08. ③ 09. ②

10 비중이 8.90이고 용융온도가 1453℃인 은백색의 금속으로 도금으로도 널리 이용되는 것은?

① Cu
② W
③ Ni
④ Si

해설 Ni: 비중이 8.90이고 용융온도가 1453℃인 은백색의 금속으로 도금으로도 널리 이용

11 스프링 소재를 기준에 따라 금속 스프링과 비금속 스프링으로 분류할 때 비금속 스프링에 속하지 않은 것은?

① 고무 스프링
② 합성수지 스프링
③ 비철 스프링
④ 공기 스프링

해설 재료에 의한 분류
금속 스프링(비철, 강철, 인청동, 황동 등), 금속 스프링(고무, 나무, 합성수지 등), 유체 스프링(공기, 물, 기름 등)

12 베어링의 호칭 번호 6304에서 6은?

① 형식 기호
② 치수 기호
③ 지름 번호
④ 등급 기준

해설
- 6: 형식 기호
- 3: 치수 기호
- 04: 안지름 번호

13 일반적으로 탄소강과 주철로 구분되는 가장 적절한 탄소(C), 함량(%) 한계는?

① 0.15
② 0.77
③ 2.11
④ 4.3

해설 보통 강과 주철은 탄소함유량으로 구분하는데, 학술상 분류는 강은 아공석강(0.025~0.77%C), 공석강(0.77%C), 과공석강(0.77~2.11%C)으로 되어 있고, 주철은 아공정 주철(2.11~4.3%C), 공정 주철(4.3%C), 과공정 주철(4.3~6.68%C)으로 되어 있다.

14 주조용 알루미늄(Al)합금 중에서 Al-Si계에 속하는 것은?

① 실루민
② 하이드로날륨
③ 라우탈
④ 와이(Y)합금

해설 주조용 알루미늄 합금
① Al-Cu계
② Al-Si계
③ Al-Cu-Si계
④ Al-Mg 합금

[정답] 10. ③ 11. ③ 12. ① 13. ③ 14. ①

03회 CBT 모의고사

15 스케일(scale)과 베이스(base) 및 서피스 게이지를 하나의 기본 구조로 하는 게이지는?

① 버니어 캘리퍼스 ② 마이크로미터
③ 블록 게이지 ④ 하이트 게이지

해설 **하이트 게이지**: 스케일(scale)과 베이스(base) 및 서피스 게이지를 하나의 기본 구조로 하며, 높이를 측정하는 측정기이며, 또 스크라이버의 선단으로 금긋기 작업을 할 때 사용한다. 종류로는 HB형, HM형, HT형의 세 종류가 대표적이다. HT와 HM형의 복합형이 가장 많이 사용된다.

16 각도를 측정할 수 있는 측정기는?

① 버니어 캘리퍼스 ② 오토콜리미터
③ 옵티컬 플랫 ④ 하이트 게이지

해설 **오토콜리미터(시준기)의 원리**: 반사경과 망원경의 위치 관계가 기울기로 변했을 때 망원경 내의 상의 위치가 이동하는 것을 이용하여 미소각도를 측정한다.

17 기계·설비의 설계과정에서 안전화 확보에 고려하지 않아도 되는 사항은?

① 외관의 안전화 ② 기능의 안전화
③ 운전비용의 안전화 ④ 구조부분의 안전화

해설 운전비용은 안전하고는 관계가 없다.

18 정 투상법으로 물체를 투상하여 정면도를 기준으로 배열할 때 제1각법 또는 제3각법에 관계없이 배열의 위치가 같은 투상도는?

① 정면도 ② 좌측면도
③ 평면도 ④ 배면도

해설 제1각법 또는 제3각법에 관계없이 배열의 위치가 같은 투상도는 배면도이다.

19 투상도의 선택 방법으로 맞는 것은?

① 물체의 특징을 가장 잘 나타내는 면을 평면도로 선택한다.
② 선반 가공의 경우, 가공이 많은 쪽이 왼쪽에 있도록 수평 상태로 그린다.

정답 15. ④ 16. ②
17. ③ 18. ④
19. ③

③ 길이가 긴 물체는 길이 방향으로 놓은 자연스런 상태로 그린다.
④ 정면도를 보충하는 다른 투상도는 되도록 크게 많이 그린다.

해설 ① 물체의 특징을 가장 잘 나타내는 면을 정면도로 선택한다.
② 선반 가공의 경우, 가공이 많은 쪽이 오른쪽에 있도록 수평 상태로 그린다.

20 모양에 따른 선의 종류에 대한 설명으로 틀린 것은?
① 실선: 연속적으로 이어진 선
② 파선: 짧은 선을 일정한 간격으로 나열한 선
③ 1점 쇄선: 길고 짧은 2종류의 선을 번갈아 나열한 선
④ 2점 쇄선: 긴 선 2개와 짧은 선 2개를 번갈아 나열한 선

해설 2점 쇄선: 긴 선과 짧은 선 2개를 서로 규칙적으로 나열한 선이다.

21 단면도에 대한 설명으로 틀린 것은?
① 개스킷이나 철판과 같이 극히 얇은 제품의 단면표시는 1개의 굵은 일점쇄선으로 표시한다.
② 치수, 문자, 기호는 해칭이나 스머징보다 우선하므로 해칭이나 스머징을 중단하거나 피해서 기입한다.
③ 절단면 뒤에 나타나는 숨은선과 중심선은 표시하지 않는 것을 원칙으로 한다.
④ 단면 표시는 45도의 가는 실선으로 단면부의 면적에 따라 3~5mm의 간격으로 경사선을 긋는다.

해설 얇은 두께의 단면을 아주 굵은 실선으로 표시한다.

22 물체의 가공 전이나 가공 후의 모양을 나타낼 때 사용되는 선의 종류는?
① 가는 2점 쇄선   ② 굵은 2점 쇄선
③ 가는 1점 쇄선   ④ 굵은 1점 쇄선

해설 물체의 가공 전이나 가공 후의 모양을 나타낼 때 사용되는 선은 가상선(가는 2점 쇄선)이다.

23 도면상에 구멍, 축 등의 호칭 치수를 의미하는 치수는?
① IT치수   ② 실 치수
③ 허용한계치수   ④ 기준 치수

해설 호칭 치수를 의미하는 치수는 기준 치수이다.

[정답] 20. ④ 21. ① 22. ① 23. ④

24 치수 기입 중 치수의 배치 방법이 아닌 것은?

① 누진 치수 기입법 ② 병렬 치수 기입법
③ 가로 치수 기입법 ④ 좌표 치수 기입법

📝해설 치수의 배치
① 직렬 치수 기입법 ② 병렬 치수 기입법
③ 누진 치수 기입법 ④ 좌표 치수 기입법

25 18JS7의 공차 표시가 옳은 것은? (단, 기본 공차의 수치는 18 μm 이다.)

① $18^{+0.018}_{0}$ ② $18^{0}_{-0.018}$
③ 18 ± 0.009 ④ 18 ± 0.018

📝해설 JS의 공차는 $\pm \dfrac{IT}{2}$ 이므로 $\pm \dfrac{0.18}{2} = \pm 0.009$

26 최대높이 거칠기 값이 25S로 표시되어 있을 때 측정값은?

① 0.025 mm ② 0.25 mm
③ 2.5 mm ④ 25 mm

📝해설 25S = 0.025 mm

27 다음 테이퍼 표기법 중 표기방법이 틀린 것은?

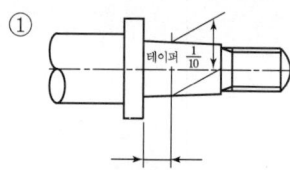
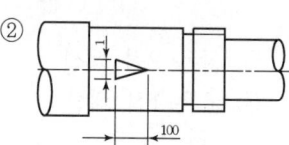
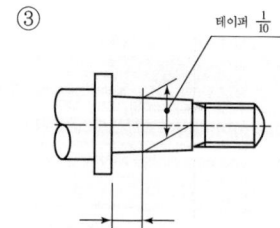
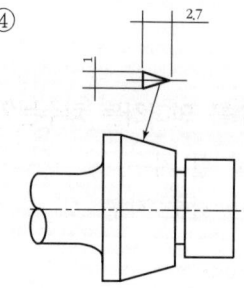

정답 24. ③ 25. ③
26. ① 27. ③

28 다음 중 화살표 방향에서 본 그림을 나타낸 것은?

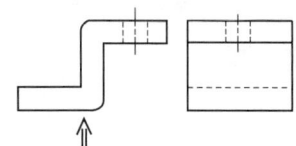

① [도형] ② [도형]
③ [도형] ④ [도형]

29 다음 그림이 뜻하는 기하 공차는?

① A 부분의 진직도
② B 부분의 진직도
③ C 부분의 진직도
④ D 부분의 진직도

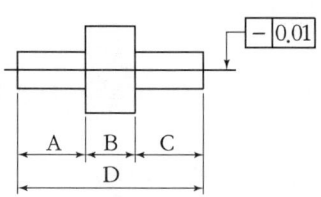

해설 그림은 D 부분의 진직도이다.

30 데이텀의 필요치 않은 기하 공차의 기호는?

① ◎   ② ⊥
③ ∠   ④ ○

해설 데이텀의 필요치 않은 기하 공차

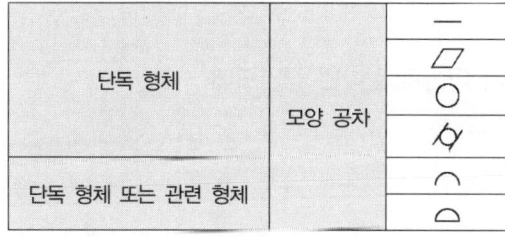

단독 형체	모양 공차	—
		⌭
		○
		⌯
단독 형체 또는 관련 형체		⌒
		⌓

31 조립한 상태에서 끼워 맞춤 공차의 기호를 표시한 것으로 옳은 것은?

① $\phi 30g6H7$
② $\phi 30g6-H7$
③ $\phi 30g6/H7$
④ $\phi 30 \dfrac{H7}{g6}$

해설 조립한 상태에서 끼워 맞춤 공차의 기호는 $\phi 30 \dfrac{H7}{g6}$ 이다.

정답 28. ① 29. ④ 30. ④ 31. ④

32 다음 그림의 도면 양식에 관한 설명 중 틀린 것은?

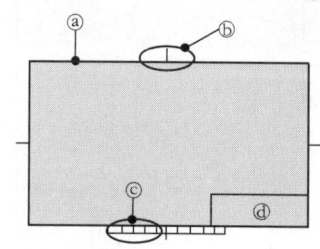

① ⓐ는 0.5mm 이상의 굵은 실선으로 긋고 도면의 윤곽을 나타내는 선이다.
② ⓑ는 0.5mm 이상의 굵은 실선으로 긋고 마이크로필름으로 촬영할 때 편의를 위하여 사용한다.
③ ⓒ는 0.5mm 이상의 굵은 실선으로 긋고 출력된 도면을 규격에 맞게 자르는 데 사용하는 눈금자이다.
④ ⓓ는 표제란으로 척도, 투상법, 도번, 도명, 설계자 등 도면에 관한 정보를 표시한다.

> **해설** 비교 눈금(metric reference graduation)
> 도면을 축소 또는 확대했을 경우, 그 정도를 알기 위해 도면의 아래쪽에 중심마크를 중심으로 하여 마련한다.

33 정 투상 방법에 따라 평면도와 우측면도가 다음과 같다면 정면도에 해당하는 것은?

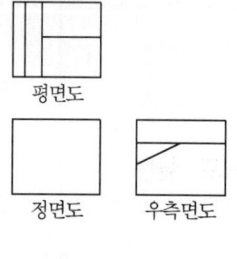

①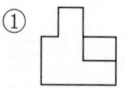
②
③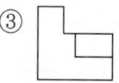
④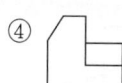

정답 32. ③ 33. ②

34 도면의 변경 방법에 대한 사항으로 틀린 것은?

① 변경 전의 형상을 알 수 있도록 한다.
② 변경된 부분에 수정 횟수를 삼각형 기호로 표시한다.
③ 도면 변경란에 변경이유 및 연월일을 기입한다.
④ 변경 전의 치수를 지우고 기입한다.

해설 변경 전의 치수를 적당히 보존한다.

35 다음 표면의 줄무늬 방향 기호 R이 뜻하는 것은?

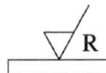

① 가공에 의한 커터의 줄무늬가 기호를 기입한 면의 중심에 대하여 대략 레디얼 모양임을 표시
② 가공에 의한 커터의 줄무늬 방향이 기호를 기입한 그림의 투상면에 평행임을 표시
③ 가공에 의한 커터의 줄무늬 방향이 기호를 기입한 그림의 투상면에 직각임을 표시
④ 가공에 의한 커터의 줄무늬가 여러 방향으로 교차 또는 무 방향임을 표시

해설

=	가공으로 생긴 앞줄의 방향이 기호를 기입한 그림의 투영면에 평행
⊥	가공으로 생긴 앞줄의 방향이 기호를 기입한 그림의 투영면에 수직
X	가공으로 생긴 선이 두 방향으로 교차
M	가공으로 생긴 선이 다방면으로 교차 또는 무방향
C	가공으로 생긴 선이 거의 동심원
R	가공으로 생긴 선이 거의 방사상(레이디얼형)

36 다음은 어떤 물체를 제3각법으로 투상하여 정면도와 우측면도를 나타낸 것이다. 평면도로 옳은 것은?

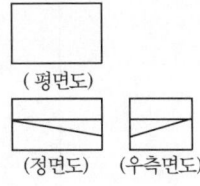

① 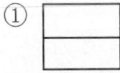   ②

③    ④

[정답] 34. ④ 35. ①
36. ②

37. 다음은 축의 도시에 대한 설명이다. 맞는 것은?

① 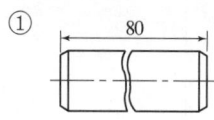 긴 축은 중간 부분을 파단하여 짧게 그리며, 그림의 80은 짧게 줄인 치수를 기입한 것이다.

② 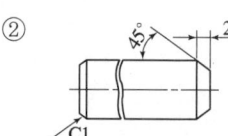 축의 끝에는 모떼기를 하고 모떼기 치수 기입은 그림과 같이 기입할 수 있다.

③ 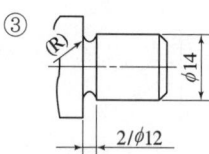 그림은 축에 단을 주는 치수 기입으로, 홈의 나비가 12mm이고, 홈의 지름이 2mm이다.

④ 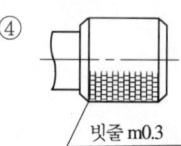 그림은 빗줄널링에 대한 도시이며, 축선에 대하여 45° 엇갈리게 그린다.

해설
① 긴 축은 중간을 파단하여 짧게 그릴 수 있으며 실제 치수를 기입한다.
③ 홈의 나비가 2mm이고, 홈의 지름이 12mm이다.
④ 축선에 대하여 30° 엇갈리게 그린다.

38. 기어의 도시 방법에 관한 내용으로 올바른 것은?

① 이끝원은 가는 실선으로 그린다.
② 피치원은 가는 1점 쇄선으로 그린다.
③ 이뿌리원은 2점 쇄선으로 그린다.
④ 잇줄 방향은 보통 3개의 파선으로 그린다.

해설
① 잇줄 방향은 보통 3개의 가는 실선으로 그린다.
② 이끝원은 굵은 실선으로 그린다.
③ 이뿌리원은 가는 실선으로 그린다.

39. V 벨트의 종류 중에서 단면적이 가장 작은 것은?

① M형　　② A형
③ C형　　④ E형

해설 V 벨트의 종류에는 M형 및 A, B, C, D, E형 등의 6종류가 있으며, M형이 가장 작고 E형이 가장 크다.

[정답] 37. ② 38. ② 39. ①

40 나사의 제도방법에 대한 설명으로 옳은 것은?

① 암나사의 안지름은 가는 실선으로 그린다.
② 불완전 나사부와 완전 나사부의 경계선은 가는 실선으로 그린다.
③ 수나사와 암나사의 결합 부분은 암나사 기준으로 표시한다.
④ 단면 시 암나사는 안지름까지 해칭한다.

> **해설** 나사 도시 방법
> ① 수나사의 바깥지름과 암나사의 안지름을 표시하는 선은 굵은 실선으로 그린다.
> ② 수나사와 암나사의 골을 표시하는 선은 가는 실선으로 그린다.
> ③ 완전 나사부와 불완전 나사부의 경계선은 굵은 실선으로 그린다.
> ④ 수나사와 암나사의 결합 부분은 수나사 기준으로 표시한다.

41 스퍼 기어에서 모듈이 2, 기어의 잇수가 30인 경우 피치원의 지름은 몇 mm인가?

① 15　　　　② 32
③ 60　　　　④ 120

> **해설** $D = mZ = 2 \times 30 = 60$

42 스프로킷 휠에 대한 설명으로 틀린 것은?

① 스프로킷 휠의 호칭 번호는 피치원 지름으로 나타낸다.
② 스프로킷 휠의 바깥지름은 굵은 실선으로 그린다.
③ 그림에는 주로 스프로킷 소재를 제작하는 데 필요한 치수를 기입한다.
④ 스프로킷 휠의 피치원 지름은 가는 1점 쇄선으로 그린다.

> **해설** 스프로킷 휠의 호칭 번호는 이끝원(바깥지름)으로 나타낸다.

43 호칭 번호가 6203인 베어링이 있다. 이 베어링 안지름의 크기는 몇 mm인가?

① 3　　　　② 10
③ 15　　　④ 17

> **해설** 베어링의 셋째, 넷째 자리는 안지름 번호
> 00: 10mm
> 01: 12mm
> 02: 15mm
> 03: 17mm
> 04부터는 ×5를 해준다.

정답 40.④　41.③　42.①　43.④

44. 평행키에서 나사용 구멍이 없는 것의 보조기호는?
① P ② PS ③ T ④ TG

해설 평행키에서 나사용 구멍이 없는 것의 보조기호는 P이다.

45. 규격 치수를 사용하지 않고 수나사와 암나사의 약도를 그릴 때, 각 부 치수를 결정하는 기준이 되는 것은?
① 수나사의 바깥지름
② 수나사의 골지름
③ 암나사의 안지름
④ 암나사의 골지름

해설 수나사와 암나사의 약도를 그릴 때, 각부 치수를 결정하는 기준이 되는 것은 수나사의 바깥지름이다.

46. 스폿 용접 이음의 기호는?
① ○ ② ⊖ ③ △ ④ ▢

해설 ① 점, 스폿(프로젝션): ○   ② 심: ⊖
③ 필릿: △   ④ 플러그: ▢

47. 서피스 모델링(surface modeling)의 특징을 설명한 것 중 틀린 것은?
① 복잡한 형상의 표현이 가능하다.
② 단면도를 작성할 수 없다.
③ 물리적 성질을 계산하기가 곤란하다.
④ NC가공 정보를 얻을 수 있다.

해설 단면도를 작성할 수 있다.

48. 다음 중 컴퓨터 시스템에서 정보를 기억하는 최소 단위는?
① 비트(bit)
② 바이트(byte)
③ 워드(word)
④ 블록(block)

정답 44. ① 45. ① 46. ① 47. ② 48. ①

해설 기억 용량 단위
- Bite: $2^8 = 256$ Bite
- KB(Kilo Byte): $2^{10} = 1024$
- MB(Mega Byte): $2^{20} = 1024 \times 1024$
- GB(Giga Byte): $2^{30} = 1024 \times 1024 \times 1024$
- TB(Tera Byte): $2^{40} = 1024 \times 1024 \times 1024 \times 1024$

49 다음은 컴퓨터의 입력장치 중 어느 것에 대한 설명인가?

> 광점자 센서(sensor)가 부착되어 그래픽 스크린상에 접촉하여 특정의 위치나 도형을 지정하거나 명령어 선택이나 좌표입력이 가능하다.

① 조이스틱(joy stick) ② 태블릿(tablet)
③ 마우스(mouse) ④ 라이트 펜(light pen)

해설 라이트 펜(light pen)
커서 제어기구로 그래픽 스크린(CRT)상에 접촉한 빛을 인식하는 장치로 CRT나 태블릿 등의 디스플레이에 부속된 장치이다.

50 그림과 같이 점 A에서 점 B로 이동하려고 한다. 다음 중 어느 것을 사용해야 하는가? (단, A, B 점의 위치는 알 수 없음)

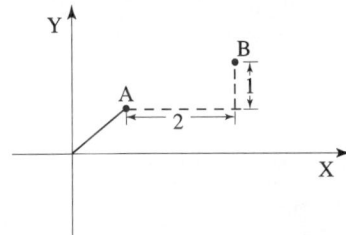

① 상대 좌표 ② 절대 좌표
③ 극 좌표 ④ 원통 좌표

해설 상대 좌표: 먼저 지정된 점으로부터 해당 축 방향으로 이동한 거리이다.

51 직접 측정용 길이 측정기가 아닌 것은?
① 강철자 ② 사인 바
③ 마이크로미터 ④ 버니어 캘리퍼스

해설 직접 측정
일정한 길이나 각도로 표시된 측정기를 사용하여 피 측정물에 직접 접촉하여 눈금을 읽는 방식이다.

정답 49. ④ 50. ①
51. ②

52 그림과 같이 테이퍼 1/30의 검사를 할 때 A에서 B까지 다이얼 게이지를 이동시키면 다이얼 게이지의 차이는 몇 mm인가?

① 1.5mm
② 2.5mm
③ 2mm
④ 3mm

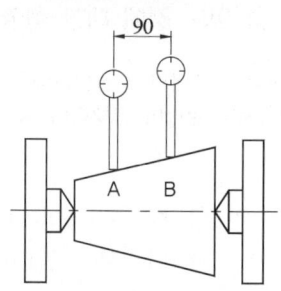

해설 $\dfrac{1}{30} = \dfrac{a-b}{90}$

$a - b = \dfrac{90}{30} = 3 \div 2 = 1.5$

53 다이얼 게이지 기어의 백래시(back lash)로 인해 발생하는 오차는?

① 인접 오차
② 지시 오차
③ 진동 오차
④ 되돌림 오차

해설 **되돌림 오차**: 측정기 자체에 의한 것(기기 오차)으로 다이얼게이지 기어의 백 래시(back lash)로 인해 발생하는 오차로 동일 측정량에 대하여 다른 방향으로부터 접근한 경우 지시의 평균값의 차로 백래시(back lash)를 의미한다.

54 다음 그림과 같이 피측정물의 구면을 측정할 때 다이얼 게이지의 눈금이 0.5mm 움직이면 구면의 반지름(mm)은 얼마인가? (단, 다이얼 게이지 측정자로부터 구면계의 다리까지의 거리는 20mm이다.)

① 100.25
② 200.25
③ 300.25
④ 400.25

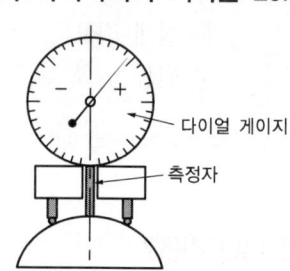

해설 반지름이므로 20mm×20=400mm
0.5mm÷2=0.25, 따라서 400.25mm이다.

55 선반에서 면판과 주축 중심선과의 직각도 검사에서 다음 계측기 중에 어느 것이 가장 적합한가?

① 수준기
② 다이얼 게이지
③ 버니어 캘리퍼스
④ 마이크로미터

[정답] 52.① 53.④ 54.④ 55.②

56 다음 중 항온변태를 통해서만 얻어지는 조직은?

① 트루스타이트(troostite)
② 솔바이트(sorbite)
③ 레데브라이트(ledbrite)
④ 베이나이트(bainite)

57 모델링에서 혼합형 설계에 대한 설명으로 틀린 것은?

① 혼합형 설계란 위에서 언급한 상향식 설계 방식과 하향식 설계 방식을 적절하게 혼합하여 사용하는 설계 방식이다.
② 표준 부품과 같은 단품인 경우는 파트 모델링 상에서 다른 부품에 대한 제약 조건 없이 해당 단품에 대한 형상만 모델링하기 때문에 단품에 대한 파트 모델링 작업을 하는 것이 어렵다.
③ 단품에 대한 설계 방식에 따라 파트에서 작업을 하든, 어셈블리 상에서 파트 작업을 하든, 원하는 방식을 사용자가 선택적으로 진행하는 방식을 말한다.
④ 현장에서는 단품들은 회사에서 데이터베이스로 보관하고 있으므로 기존 부품들의 활용도를 높이는 것이 설계하는 시간을 단축할 수 있는 지름길이다.

 표준부품과 같은 단품인 경우는 부분 모델링 상에서 다른 부품에 대한 제약 조건 없이 해당 단품에 대한 형상만 모델링하기 때문에 단품에 대한 파트 모델링 작업을 하는 것이 편리하지만 사용자의 의도대로 설계해야 하는 단품인 경우는 다른 부품에 대한 간섭 등을 체크하면서 설계하는 것이 편리하다.

58 VDI라는 이름으로 시작된 하드웨어 기준의 표준으로, 그래픽 기능과 하드웨어 간에 공유되어 하드웨어를 제어할 수 있는 표준규격은?

① GKS
② CGI
③ CGM
④ IGES

① **GKS**: 컴퓨터 그래픽의 표준화 움직임은 ACM과 SIGGRAPH에 의해 CORE라고 불리는 표준안을 만들게 되었다.
② **CGI**: VDI(Virtual Device Interface)라는 이름으로 시작된 하드웨어 기준의 표준으로, 그래픽 기능과 하드웨어 간에 공유되어 하드웨어를 제어할 수 있다.
③ **CGM**: VDM(Virtual Device Metafile)이라고도 한다. CGM은 서로 다른 시스템 간에 형상된 모형에 관한 도형의 이미지와 정보의 저장방법 및 도형정보를 File로 저장할 때, 도형의 종류에 따라 일정한 규칙을 정하여 저장파일을 구성하게 하는 표준이다.
④ **IGES**: 기계, 전기, 선사, 유한요소해석(FEM), Solid Model 등의 표현 및 3차원 곡면 데이터를 포함하여 CAD/CAM Data를 교환하는 세계적인 표준이다.

[정답] 56. ④ 57. ②
58. ②

59. CAD 모델의 차수들 간에 관계식을 설정하여 매개변수를 통해 모델의 수정을 용이하게 하는 모델링 방식은?

① Feature-based modeling
② Parametric modeling
③ Assembly modeling
④ Hybrid modeling

해설 Parametric modeling: CAD 모델의 차수들 간에 관계식을 설정하여 매개변수를 통해 모델의 수정을 용이하게 하는 모델링 방식이다.

60. 형상의 정확한 치수보다 미적 표현을 중요시한 곡면으로 일반 가전제품의 외형이나 용기류 등의 플라스틱 제품에서 널리 쓰이는 곡면은?

① 공학적 곡면
② 심미적 곡면
③ 유체역학적 곡면
④ 물리적 곡면

해설 곡면을 용도에 따른 곡면형태는 미적 곡면, 유체역학적 곡면, 공학적인 곡면 등으로 분류된다.
- **심미적 곡면**: 형상의 정확한 치수보다 미적 표현을 중요시한 곡면으로 일반 가전제품의 외형이나 용기류 등의 플라스틱 제품에서 널리 쓰이는 곡면이다.
- **유체역학적 곡면**: 방향성을 가진 곡면으로 곡면에서 유체의 유동성을 고려한 곡면
- **공학적인 곡면**: 심미적이나 유체역학적 곡면을 제한한 곡면의 형태가 기능이 있는 곡면으로 변화되어서는 안 된다.

정답 59. ② 60. ②

04회 CBT 모의고사

01 가장 널리 쓰이는 키(key)로 축과 보스 양쪽에 모두 키 홈을 파서 동력을 전달하는 것은?

① 성크 키
② 반달 키
③ 접선 키
④ 원뿔 키

해설 **묻힘 키(Sunk Key)**: 축과 보스 양쪽에 모두 키 홈을 파서 비틀림 모멘트를 전달하는 키로서 가장 많이 사용된다.

02 스프링을 사용하는 목적으로 볼 수 없는 것은?

① 힘 축적
② 진동·흡수
③ 동력 전달
④ 충격의 완화

해설 스프링의 용도
① 완충용(충격 에너지 흡수, 방진): 차량용 현가장치, 승강기 완충 스프링
② 에너지 축적 이용: 계기용 스프링, 시계의 태엽, 완구용 스프링, 축음기, 총포의 격심용 스프링
③ 측정용: 힘의 변형원리를 이용하여 압축력(또는 인장력)에 의한 변형 길이로 힘을 측정하며.. 저울 등이 이에 해당함
④ 동력용: 안전밸브, 조속기, 스프링 와셔

03 구리에 아연을 5~20%를 첨가한 것으로 색깔이 아름답고 장식품에 많이 쓰이는 황동은?

① 톰백
② 포금
③ 문쯔메탈
④ 커머셜 브론즈

해설 **톰백**: 구리에 아연을 5~20%를 첨가한 것으로 색깔이 아름답고 장식품에 많이 쓰이는 황동

04 제동장치를 작동 부분의 구조에 따라 분류할 때 이에 해당하지 않는 것은?

① 유압 브레이크
② 밴드 브레이크
③ 디스크 브레이크
④ 블록 브레이크

해설 작동 부분의 구조에 따라
블록 브레이크, 밴드 브레이크, 디스크 브레이크, 축압 브레이크, 사동 브레이크

정답 01. ① 02. ③ 03. ① 04. ①

05 기준 랙 공구의 기준 피치선이 기어의 기준 피치원에 접하지 않는 기어는?

① 웜 기어
② 표준 기어
③ 전위 기어
④ 베벨 기어

해설 전위 기어: 기준 랙 공구의 기준 피치선이 기어의 기준 피치원에 접하지 않는 기어

06 순수 비중이 2.7인 이 금속은 주조가 쉽고 가벼울 뿐만 아니라 대기 중에서 내식력이 강하고 전기와 열의 양도체로 다른 금속과 합금하여 쓰이는 것은?

① 구리(Cu)
② 알루미늄(Al)
③ 마그네슘(Mg)
④ 텅스텐(W)

해설 알루미늄(Al): 순수 비중이 2.7인 이 금속은 주조가 쉽고 가벼울 뿐만 아니라 대기 중에서 내식력이 강하고 전기와 열의 양도체이다.

07 유체의 유량이 30m³/s이고, 평균 속도가 1.5m/s일 때 관의 안지름은 약 몇 mm인가?

① 2059
② 3089
③ 4119
④ 5045

해설 $d = 1128\sqrt{\dfrac{Q}{V_m}} = 1128\sqrt{\dfrac{30}{1.5}} = 5044.6\,\text{mm}$

08 금속재료 중 주석, 아연, 납, 안티몬의 합금으로 주성분인 주석과 구리, 안티몬을 함유한 것은 베빗메탈이라고도 하는 것은?

① 켈밋
② 합성수지
③ 트리메탈
④ 화이트메탈

해설 화이트메탈: 주석, 아연, 납, 안티몬의 합금으로 주성분인 주석과 구리, 안티몬을 함유한 것은 베빗메탈이라고도 한다.

09 탄소강의 성질을 설명한 것 중 옳지 않은 것은?

① 소량의 구리를 첨가하면 내식성이 좋아진다.
② 인장강도와 경도는 공석점 부근에서 최대가 된다.

정답 05. ③ 06. ②
07. ④ 08. ④
09. ③

③ 탄소강의 내식성은 탄소량이 감소할수록 증가한다.
④ 표준상태에서는 탄소가 많을수록 강도나 경도가 증가한다.

해설 탄소강의 내식성은 탄소량이 증가할수록 감소한다.

10 스테인리스강의 종류에 해당하지 않는 것은?
① 페라이트계 스테인리스강
② 펄라이트계 스테인리스강
③ 마텐자이트계 스테인리스강
④ 오스테나이트계 스테인리스강

해설 **스테인리스강**: Cr, Ni을 다량 첨가하여 내식성을 현저히 향상시킨 강으로서 마텐자이트계와 페라이트계 및 오스테나이트계로 분류되는데, 그 대표적인 것은 18-8형 스테인리스강인 오스테나이트계 스테인리스강이다.

11 수나사의 크기는 무엇을 기준으로 표시하는가?
① 유효지름
② 수나사의 안지름
③ 수나사의 바깥지름
④ 수나사의 골지름

해설 수나사의 크기는 수나사의 바깥지름이 기준이다.

12 평 벨트를 벨트풀리에 걸 때 벨트와 벨트풀리의 접촉각을 크게 하기 위해 이완 측에 설치하는 것은?
① 링
② 단차
③ 균형 추
④ 긴장 풀리

해설 평 벨트를 벨트풀리에 걸 때 벨트와 벨트풀리의 접촉각을 크게 하기 위해 이완 측에 긴장 풀리를 설치한다.

13 주철의 일반적 설명으로 틀린 것은?
① 강에 비하여 취성이 작고 강도가 비교적 높다.
② 주철은 파면상으로 분류하면 회주철, 백주철, 반주철로 구분할 수 있다.
③ 주철 중 탄소의 흑연화를 위해서는 탄소량 및 규소의 함량이 중요하다.
④ 고온에서 소성변형이 곤란하나 주조성이 우수하여 복잡한 형상을 쉽게 생산할 수 있다.

해설 주철의 단점
① 인장강도, 휨 강도가 작고 충격에 대해 약하다.
② 충격값, 연신율이 작고 취성이 크다.

[정답] 10. ② 11. ③ 12. ④ 13. ①

14 신소재인 초전도 재료의 초전도 상태에 대한 설명으로 옳은 것은?

① 상온에서 자화시켜 강한 자기장을 얻을 수 있는 금속이다.
② 알루미나가 주가 되는 재료로 높은 온도에서 잘 견디어 낸다.
③ 비금속의 무기 재료(classical ceramics)를 고온에서 소결처리 하여 만든 것이다.
④ 어떤 종류의 순금속이나 합금을 극저온으로 냉각하면 특정 온도에서 갑자기 전기저항이 영(0)이 된다.

해설 초전도 재료
금속은 전기저항이 있기 때문에 전류를 흐르면 전류가 소모된다. 보통 금속은 온도가 내려갈수록 전기저항이 감소하지만, 절대온도 근방으로 냉각하여도 금속 고유의 전기저항은 남는다. 그러나 초전도 재료는 일정 온도에서 전기저항이 0이 되는 현상이 나타나는 재료를 말한다.

15 어미자의 눈금이 0.5mm이며, 아들자의 눈금 12mm를 25등분한 버니어 캘리퍼스의 최소 측정값은?

① 0.01mm
② 0.02mm
③ 0.05mm
④ 0.025mm

해설 최소측정값 = $\dfrac{\text{어미자의 최소눈금}}{\text{등분수(m)}}$

$\dfrac{0.5}{25} = 0.02$

16 정반 위에서 테이퍼를 측정하여 그림과 같은 측정결과를 얻었을 때 테이퍼 양은 얼마인가?

① $\dfrac{1}{2}$
② $\dfrac{1}{2.5}$
③ $\dfrac{1}{5}$
④ $\dfrac{1}{7.5}$

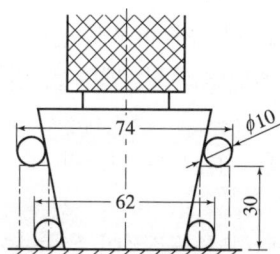

해설 $\dfrac{1}{x} = \dfrac{M2 - M1}{H}$

$\dfrac{1}{x} = \dfrac{74 - 62}{30} = \dfrac{12}{30} = \dfrac{1}{2.5}$

답안 표기란
14 ① ② ③ ④
15 ① ② ③ ④
16 ① ② ③ ④

정답 14. ④ 15. ②
16. ②

17 치수 기입 시 사용되는 보조 기호와 설명이 일치하지 않는 것은?
① □: 정사각형의 변   ② R: 반지름
③ φ: 지름   ④ C: 구의 지름

해설 C: 45°의 모떼기

18 스케치도를 그리는 방법으로 올바르지 않은 것은?
① 스케치할 물체의 특징을 파악하여 주 투상도를 결정한다.
② 스케치도에는 주 투상도만 그리고 치수, 재질, 가공법 등은 기입하지 않는다.
③ 부품 표면에 광명단 또는 스탬프 잉크를 칠한 다음 용지에 찍어 실제 형상으로 모양을 뜨는 방법도 있다.
④ 실제 부품을 용지 위에 올려놓고 본을 뜨는 방법도 있다.

해설 스케치도에는 주 투상도(정면도)만 그리고 치수, 재질, 가공법 등은 기입하지 않는다.

19 치수 공차의 기입법 중 φ25E8 구멍의 공차역은? (단, IT8급의 기본 공차는 0.033mm이고, 25에 대한 E구멍의 기초가 되는 치수 허용차는 0.040mm이다.)
① $\phi 25^{+0.073}_{+0.040}$ ② $\phi 25^{+0.040}_{+0.033}$
③ $\phi 25^{+0.073}_{+0.033}$ ④ $\phi 25^{+0.073}_{+0.007}$

해설 φ25E8 구멍의 공차역은 $\phi 25^{+0.073}_{+0.040}$이다.

20 다음 중 길이 방향으로 절단하여 도시하여도 좋은 것은?
① 축   ② 볼트
③ 키   ④ 보스

해설 길이 방향으로 절단하지 않는 것
• 물체의 한 부분 중: 리브, 암, 기어의 이, 체인 스프로켓의 이 등
• 부품 중: 축, 핀, 볼트, 너트, 와셔, 작은 나사, 리벳, 강구, 키, 원통 롤러 등

21 제도용지의 크기가 279×420mm일 때 도면 크기의 호칭으로 옳은 것은?
① A2   ② A3
③ A4   ④ A5

해설
• **A1**: 용지의 크기 594×841   • **A2**: 용지의 크기 420×594
• **A3**: 용지의 크기 297×420   • **A4**: 용지의 크기 210×297

[정답] 17. ④ 18. ② 19. ① 20. ④ 21. ②

04회 CBT 모의고사

22 최대허용한계 치수에서 기준 치수를 뺀 값을 무엇이라 하는가?
① 아래 치수허용차
② 위 치수허용차
③ 실 치수
④ 치수 공차

해설 위 치수허용차=최대허용한계 치수－기준 치수

23 기하 공차의 구분 중 모양 공차의 종류에 해당하는 것은?
① ⌒   ② ∥
③ ⊥   ④ ⊕

해설

모양 공차	─	진직도 공차
	▱	평면도 공차
	○	진원도 공차
	⌖	원통도 공차
	⌒	선의 윤곽도 공차
	⌓	면의 윤곽도 공차

24 아래 투상도는 어떤 물체를 보고 제3각법으로 투상한 것이다. 이 물체의 등각 투상도로 맞는 것은?

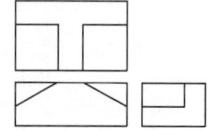

① 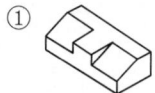   ②

③ 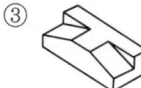   ④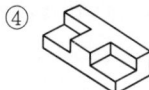

25 도면에서 2종류 이상의 선이 같은 장소에서 중복될 경우 선의 우선 순위로 옳은 것은?
① 숨은선 → 외형선 → 절단선 → 중심선 → 무게중심선 → 치수 보조선

정답 22. ② 23. ① 24. ③ 25. ②

② 외형선 → 숨은선 → 절단선 → 중심선 → 무게중심선 → 치수보조선
③ 중심선 → 외형선 → 숨은선 → 절단선 → 무게중심선 → 치수보조선
④ 무게중심선 → 치수보조선 → 외형선 → 숨은선 → 절단선 → 중심선

해설 겹치는 선의 우선순위
① 외형선 ② 숨은선 ③ 절단선 ④ 중심선 ⑤ 무게중심선 ⑥ 치수보조선

26 가공에 의한 커터의 줄무늬 방향이 그림과 같을 때, (가) 부분의 기호는?
① C
② M
③ R
④ X

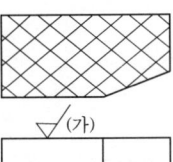

해설

=	가공으로 생긴 앞줄의 방향이 기호를 기입한 그림의 투영면에 평행
⊥	가공으로 생긴 앞줄의 방향이 기호를 기입한 그림의 투영면에 수직
X	가공으로 생긴 선이 두 방향으로 교차
M	가공으로 생긴 선이 다방면으로 교차 또는 무방향
C	가공으로 생긴 선이 거의 동심원
R	가공으로 생긴 선이 거의 방사상(레이디얼형)

27 다음 중 가상선으로 나타내지 않는 것은?
① 물품의 보이지 않는 부분의 모양을 표시하는 경우
② 이동하는 부분의 운동 범위를 표시하는 경우
③ 가공 후의 모양을 표시하는 경우
④ 물품의 인접 부분을 참고로 표시하는 경우

해설 가상선의 용도
① 인접 부분을 참고로 표시
② 공구, 지그의 위치를 참고로 표시
③ 가동 부분을 이동 중의 특정한 위치 또는 이동 한계의 위치를 표시
④ 가공 전 또는 가공후의 형상을 표시
⑤ 되풀이하는 것을 표시
⑥ 도시된 단면의 앞쪽에 있는 부분을 표시

[정답] 26. ④ 27. ①

28 다음 치수 기입 방법에 대한 설명으로 틀린 것은?

① 치수의 단위는 mm이고 단위 기호는 붙이지 않는다.
② cm나 m를 사용할 필요가 있을 경우는 반드시 cm나 m 등의 기호를 기입하여야 한다.
③ 한 도면 안에서의 치수는 같은 크기로 기입한다.
④ 치수 숫자의 단위 수라 많은 경우에는 3단위마다 숫자 사이를 조금 띄우고 콤마를 사용한다.

해설 치수 숫자의 단위 수라 많은 경우에도 3단위마다 콤마를 사용하지 않는다.

29 다음 투상도의 설명으로 틀린 것은?

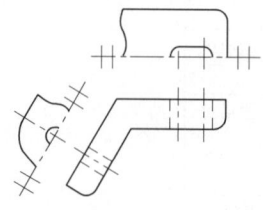

① 경사면을 보조 투상도로 나타낸 도면이다.
② 평면도의 일부를 생략한 도면이다.
③ 좌측면도를 회전 투상도로 나타낸 도면이다.
④ 대칭 기호를 사용해 한쪽을 생략한 도면이다.

해설 보충하는 투상도에 보이는 부분을 전부 그리면, 도면이 오히려 알기 어렵게 될 경우에는 부분 투상도 또는 보조 투상도를 활용하여 표시하는 것이 좋다.

30 끼워 맞춤 기호의 가입에 대한 설명으로 옳은 것은?

① 끼워 맞춤 방식에 의한 치수 허용차는 기준 치수 다음에 끼워 맞춤 종류의 기호 및 등급을 기입하여 표시한다.
② IT 공차에서 구멍은 알파벳의 소문자로 축은 대문자로 표시한다.
③ 같은 호칭 치수에 대하여 구멍 및 축에 끼워 맞춤 종류의 기호를 병기할 필요가 있을 때에는 구멍의 기호를 치수선 아래에 축의 기호를 치수선 위에 기입한다.
④ 구멍 또는 축의 전체 길이에 걸쳐 조립되지 않을 경우에는 필요한 부분 이외에도 공차를 주도록 한다.

정답 28. ④ 29. ③
30. ①

해설 끼워 맞춤 방식에 의한 치수 허용차는 기준 치수 다음에 끼워 맞춤 종류의 기호 및 등급을 기입하여 표시한다.

31 회전도시 단면도에 대한 설명 중 틀린 것은?

① 암, 리브 등의 절단면은 90° 회전하여 표시한다.
② 절단한 곳의 전후를 끊어서 그 사이에 그릴 수 있다.
③ 도형 내 절단한 곳에 겹쳐서 그릴 때는 가는 1점 쇄선을 사용하여 그린다.
④ 절단선의 연장선 위에 그릴 수 있다.

해설 도형 내 절단한 곳에 겹쳐서 그릴 때는 가는 실선을 사용하여 그린다.

32 다음은 어떤 물체를 제3각법으로 투상하여 정면도와 우측면도를 나타낸 것이다. 평면도로 옳은 것은?

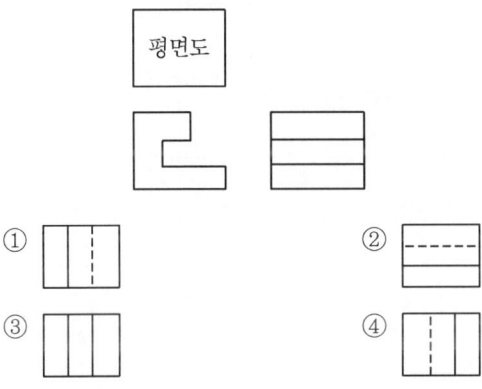

33 등각 투상도에 대한 설명으로 틀린 것은?

① 원근감을 느낄 수 있도록 하나의 시점과 물체의 각점을 방사선으로 이어서 그린다.
② 정면, 평면, 측면을 하나의 투상도에서 동시에 볼 수 있다.
③ 직육면체에서 직각으로 만나는 3개의 모서리는 120°를 이룬다.
④ 한 축이 수직일 때에는 나머지 두 축은 수평선과 30°를 이룬다.

해설 투시 투상법
원근감을 느낄 수 있도록 하나의 시점과 물체의 각 점을 방사선으로 이어서 그린다.

[정답] 31. ③ 32. ④
33. ①

34 기하 공차 표기에서 그림과 같이 수치에 사각형 테두리를 씌운 것은 무엇을 나타내는 것인가?

① 데이텀
② 돌출공차역
③ 이론적으로 정확한 치수
④ 최대 실체 공차방식

이론적으로 정확한 치수	50
돌출 공차역	ⓟ
최대 실체 공차 방식	Ⓜ

35 표면 거칠기의 표시방법 중 제거가공을 필요로 하는 경우 지시하는 기호로 옳은 것은?

①   ②
③   ④

해설
√ : 제거가공의 필요여부를 문제 삼지 않는다.
∅√ : 제거가공을 해서는 안 된다.
√ : 제가가공을 필요로 한다.

36 축의 도시 방법을 설명한 것 중 틀린 것은?
① 축은 길이 방향으로 절단하여 온 단면을 하여 그린다.
② 단면 모양이 같은 긴 축은 중간을 파단하여 짧게 그릴 수 있다.
③ 축의 끝은 모따기를 하고 모따기 치수를 기입한다.
④ 축의 키 홈 부분의 표시는 부분 단면도로 나타낸다.

해설 축은 길이 방향으로 단면도시를 하지 않는다. 단, 부분 단면은 허용한다.

37 다음 중 나사의 표시방법으로 틀린 것은?
① 나사산의 감긴 방향이 오른 나사인 경우에는 표시하지 않는다.
② 나사산의 줄 수는 한 줄 나사인 경우에는 표시하지 않는다.

정답 34. ③ 35. ②
36. ① 37. ④

③ 암나사와 수나사의 등급을 동시에 나타낼 필요가 있을 경우에는 암나사의 등급, 수나사의 등급 순서로 그 사이에 사선(/)을 넣어서 표시한다.
④ 나사의 등급은 생략하면 안 된다.

해설 나사의 등급은 생략하여도 된다.

38 용접부 표면 또는 용접부 형상의 보조기호 중 영구적인 이면 판재(backing strip) 사용을 표시하는 기호는?

①    ② 人
③ MR   ④ M

해설 영구적인 이면 판재 표시 기호: M

39 베어링 기호 NA4916V의 설명 중 틀린 것은?
① NA: 니들 베어링   ② 49: 치수계열
③ 16: 안지름 번호   ④ V: 접촉각 기호

해설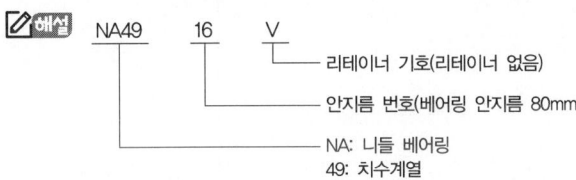
NA49 16 V
리테이너 기호(리테이너 없음)
안지름 번호(베어링 안지름 80mm)
NA: 니들 베어링
49: 치수계열

40 주철제 V-벨트풀리의 홈부분 각도가 아닌 것은?
① 34°   ② 36°
③ 38°   ④ 40°

해설 V-벨트풀리의 홈 부분 각도는 40°이다. 풀리 홈의 각도는 34°~38°이다.

41 보기의 그림은 어떤 키(key)를 나타낸 것인가?
① 묻힘 키
② 접선 키
③ 세레이션
④ 스플라인

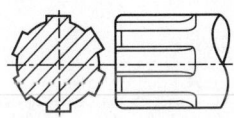

해설 스플라인 키(Spline Key): 축의 원주에 수많은 키를 깎은 것으로 큰 토크를 전달시키고, 내구력이 크며 축과 보스의 중심축을 정확하게 맞출 수 있고 축 방향으로 이동도 가능

정답 38.④ 39.④ 40.④ 41.④

42. 스퍼 기어 제도 시 요목표에 기입되지 않는 것은?

① 압력 각
② 모듈
③ 잇수
④ 비틀림각

해설 비틀림각은 헬리컬 기어 제도 시 적용한다.

43. 다음 중 스프링 제도에 대한 설명으로 틀린 것은?

① 코일 스프링은 원칙적으로 하중이 걸린 상태에서 그린다.
② 겹판 스프링은 원칙적으로 스프링 판이 수평한 상태에서 그린다.
③ 그림에 단서가 없는 코일 스프링은 오른쪽으로 감긴 것을 표시한다.
④ 코일 스프링이 왼쪽으로 감긴 경우는 "감긴방향 왼쪽"이라고 표시한다.

해설 코일 스프링은 원칙적으로 무 하중이 걸린 상태에서 그린다.

44. 스퍼 기어의 도시법에서 피치원을 나타내는 선의 종류는?

① 가는 실선
② 가는 1점 쇄선
③ 가는 2점 쇄선
④ 굵은 실선

해설 기어의 도시법
① 이끝원은 굵은 실선으로 그리고 피치원은 가는 1점 쇄선으로 그린다.
② 이뿌리원은 가는 실선으로 그린다. 단면으로 도시할 때에는 이뿌리원은 굵은 실선으로 그린다.

45. 다음과 같이 표시된 너트의 호칭 중에서 형식을 나타내는 것은?

```
KS B 1012 6각 너트 스타일1
   B M12-8 MFZn II-C
```

① 스타일1
② B
③ M12
④ 8

해설 6각 너트(너트의 종류), 스타일1(형식), B(부품등급), M12-8(나사의 호칭 범위 및 등급), MFZn II-C(재료 및 지적사항)

정답 42. ④ 43. ① 44. ② 45. ①

46 일반적인 CAD 시스템에서 사용되는 좌표계가 아닌 것은?

① 직교 좌표계　　② 타원 좌표계
③ 극 좌표계　　　④ 구면 좌표계

해설 좌표계의 종류
① 직교 좌표계(cartesian coordinate system): 공간상 교차하는 지점인 $P(x_1, y_1, z_1)$
② 극 좌표계(polar coordinate system): 평면상의 한 점 P(거리, 각도)
③ 원통 좌표계(cylindrical coordinate system): 점 $P(r, \theta, z_1)$를 직교 좌표
④ 구면 좌표계(spherical coordinate system): 공간상에 점 $P(\rho, \phi, \theta)$

47 컴퓨터의 중앙처리장치(CPU)의 기능과 관계가 먼 것은?

① 입출력 기능　　② 제어 기능
③ 연산 기능　　　④ 기억 기능

해설 중앙처리장치(CPU)의 기능은 제어 기능, 연산 기능, 기억 기능

48 컬러 디스플레이(color display)에서 표현할 수 있는 색은 3가지 색의 혼합비에 의해 정해지는데, 그 3가지 색에 해당하는 것은?

① 빨강, 노랑, 파랑　　② 빨강, 파랑, 초록
③ 검정, 파랑, 노랑　　④ 빨강, 노랑, 초록

해설 컬러 디스플레이(color display)에서 표현할 수 있는 3가지 색은 빨강, 파랑, 초록

49 CAD 시스템을 이용하여 제품에 대한 기하학적 모델링 후 체적, 무게중심, 관성 모멘트 등의 물리적 성질을 알아보려고 한다면 필요한 모델링은?

① 와이어프레임 모델링　　② 서피스 모델링
③ 솔리드 모델링　　　　　④ 시스템 모델링

해설 솔리드 모델링: 기하학적 모델링 후 체적, 무게중심, 관성 모멘트 등의 물리적 성질을 알 수 있다.

50 게이지 블록으로 17.485mm를 조합할 때 가장 오차가 적은 것은?

① 1.005 + 1.48 + 15.00
② 1.005 + 1.48 + 11.00 + 4.00
③ 1.005 + 1.40 + 12.00 + 3.00 + 0.08
④ 1.005 + 1.08 + 1.4 + 15.0

[정답] 46. ② 47. ①
48. ② 49. ③
50. ①

51 각도 측정기인 컴비네이션 세트에 관한 설명 중 올바른 것은?
① 센터 헤드는 높이 측정에 사용된다.
② 각도기에는 수준기가 붙어 있다.
③ 스퀘어 헤드는 중심을 내는 금긋기 작업에 사용한다.
④ 분할대가 붙어 있어 분할각도 검사에 적합하다.

52 N.P.L식 각도게이지를 보기와 같이 조합했을 때 α는 몇 도인가?
① 43°59′
② 52°58′
③ 53°2′
④ 55°

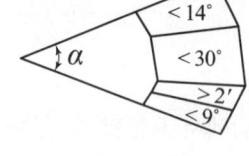

📝해설 14+30+9−2′= 52°58′

53 정밀측정에서 아베의 원리에 대한 설명으로 옳은 것은?
① 내측 측정시는 최대값을 택한다.
② 눈금선의 간격은 일치 되어야 한다.
③ 단도기의 지지는 양끝 단편이 평행하도록 한다.
④ 표준자와 피측정물은 동일 축 선상에 있어야 한다.

📝해설 **아베의 원리**: 측정하려는 길이를 표준자로 사용되는 눈금의 연장 선상에 놓는다라는 것인데 이는 피측정물과 표준자와는 측정 방향에 있어서 동일 직선상에 배치하여야 한다.
① 만족: 외측 마이크로, 측장기
② 불만족: 버니어 캘리퍼스

54 정반을 기준으로 정반 면에 접촉시킨 후 0점을 점검하는 마이크로미터는?
① 깊이 마이크로미터
② 외경 마이크로미터
③ 나사 마이크로미터
④ 디스크 마이크로미터

55 호칭 치수가 200mm인 사인 바로 20°30′의 각도를 측정할 때 낮은 쪽 게이지 블록의 높이가 5mm라면 높은 쪽은 얼마인가? (단, sin20°30′ = 0.3665이다.)

[정답] 51. ① 52. ②
53. ④ 54. ①
55. ②

① 73.3mm　　② 78.3mm
③ 83.3mm　　④ 88.3mm

해설　$\sin\theta = \dfrac{H-h}{L} = 0.3665 = \dfrac{H-5}{200} = H = 78.3$

56. 상온 가공한 강의 탄성한계를 향상시키기 위하여 200~360℃로 가열하는 작업은?

① 서브제로처리(subzero treatment)
② 오스포밍(ausforming)
③ 블루잉(bluing)
④ 어닐링(annealing)

해설　**블루잉(bluing)**: 상온 가공한 강의 탄성한계를 향상시키기 위하여 200~360℃로 가열하는 작업

57. 도면 데이터를 교환하기 위해 사용되는 DXF(Drawing Exchange Format) 파일의 구성요소로 틀린 것은?

① header section　　② tables section
③ entities section　　④ post section

해설　**DXF 파일의 구성**
① 헤더 섹션(header section): 도면에 대한 일반적인 자료와 자 변수명(Variable Name)과 사용된 값을 수록하고 있다.
② 테이블 섹션(table section): L Type, Layer, Style, View, HCS, Vport, Dimstyle, Appid(응용 부분 테이블)이 수록되어 있다.
③ 블록 섹션(block section): 도면에서 사용된 블록에 대한 자료를 수록한 블록정의 부분을 수록하고 있다.
④ 엔티티 섹션(entity section): 도면을 구성하는 도형요소 및 블록의 참고사항 등을 수록히고 있다.
⑤ END OF FILE: 파일의 끝을 표시한다.

58. 형상 모델링에서 아래 그림과 같이 구에서 원통과 직육면체를 빼냄(subtraction)으로써 원하는 형상을 모델링하는 방법은?

① B-rep 방식
② Trust 방식
③ CSG 방식
④ NURBS 방식

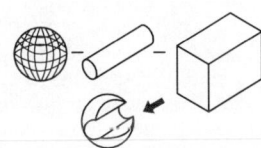

해설　**CSG 방식**
복잡한 형상을 단순한 형상(primitive: 구, 실린더, 직육면체, 원추 등)의 조합으로 생성하는데 여기서는 불리언 연산자(합, 차, 적)를 사용한다.

정답　56. ③　57. ④　58. ③

59. B-spline과 NURB 곡선에 대한 설명으로 잘못된 것은?

① B-spline 곡선식은 NURB(Non-uniform Rational B-spline) 곡선식을 포함하는 보다 일반적인 형태의 곡선이다.
② B-spline 곡선에서는 곡선의 모양을 변화시키기 위해서 각각의 control point의 좌표를 조절하지만, NURB 곡선에서는 동차 좌푯값까지 포함하여 4개의 자유도가 있다.
③ B-spline 곡선은 원, 타원, 포물선 등 원추 곡선을 근사할 수 있다.
④ NURB 곡선은 원, 타원, 포물선 등 원추 곡선을 표현할 수 있어, 프로그램 개발 시 모든 곡선을 NURB 곡선으로 나타냄으로써 작업량을 줄여준다.

해설 B-spline의 일종으로 ARC, CONIC을 B-spline에서는 완벽한 표현이 불가능하나, NURB로는 표현이 가능하다.

60. 구속조건 기반 모델링으로 형상을 정의할 때 매개변수로 정의하고, 설계 의도에 따라 조정하면서 형상을 만드는 모델링은?

① 와이어프레임 모델링
② 파라메트릭 모델링
③ 서피스 모델링
④ 시스템 모델링

해설 파라메트릭 모델링
구속조건 기반 모델링으로 형상을 정의할 때 매개변수로 정의하고, 설계 의도에 따라 조정하면서 형상을 만드는 모델링이다.

정답 59. ① 60. ②

01 구리(Cu)에 관한 내용으로 틀린 것은?

① 비중이 1.7이다.
② 용융점이 1083℃ 정도이다.
③ 비자성으로 내식성이 철강보다 우수하다.
④ 전기 및 열의 양도체이다.

해설 구리의 비중이 8.96이다.

02 열경화성 수지에서 높은 전기 절연성이 있어 전기부품 재료를 많이 쓰고 있는 베크라이트(bakelite)라고 불리는 수지는?

① 요소 수지　　② 페놀 수지
③ 멜라민 수지　④ 에폭시 수지

해설 **페놀 수지**: 열경화성 수지에서 높은 전기 절연성이 있어 전기부품 재료를 많이 쓰고 있는 베크라이트(bakelite)라고 불리는 수지

03 복식 블록 브레이크의 설명 중 틀린 것은?

① 큰 회전력의 제동에 적당하다.
② 브레이크 드럼을 양쪽에서 누른다.
③ 축에 구부림이 작용하지 않는다.
④ 축의 역전 방지 기구로 사용된다.

해설 **래칫 휠**: 축의 역전 방지 기구로 사용된다.

04 설계자에게 친숙한 형태의 모양을 미리 정의한 후에 이를 이용하여 보다 복잡한 형상을 모델링하는 방법은?

① 조립체 모델링　　② 서피스 모델링
③ 특징 형상 모델링　④ 파라메트릭 모델링

해설 **특징 형상 모델링**
설계자에게 친숙한 형태의 모양을 미리 정의한 후에 이를 이용하여 보다 복잡한 형상을 모델링하는 방법이다.

정답 01. ① 02. ②　03. ④ 04. ③

05 철강재 스프링 재료가 갖추어야 할 조건이 아닌 것은?

① 가공하기 쉬운 재료이어야 한다.
② 높은 응력에 견딜 수 있고, 영구변형이 적어야 한다.
③ 피로 강도와 파괴인성치가 낮아야 한다.
④ 부식에 강해야 한다.

해설 피로 강도와 파괴인성치가 높아야 한다.

06 모듈이 3이고, 잇수가 각각 30과 60인 한 쌍의 표준 평 기어의 중심거리는?

① 114mm
② 126mm
③ 135mm
④ 148mm

해설 $C = \dfrac{M(Z_1 + Z_2)}{2} = \dfrac{3 \times (30 + 60)}{2} = 135\text{mm}$

07 레이디얼 볼 베어링의 안지름이 20mm인 것은?

① 6204
② 6201
③ 6200
④ 6310

해설 04 × 5 = 20

08 알루미늄과 양은의 차이점은?

① 알루미늄은 단일원소이고 양은은 구리 – 아연 – 니켈의 합금이다.
② 알루미늄은 단일원소이고 양은은 구리 – 주석 – 니켈의 합금이다.
③ 알루미늄은 구리 – 아연 – 니켈의 합금이고 양은은 단일 원소이다.
④ 알루미늄은 구리 – 주석 – 니켈의 합금이고 양은은 단일 원소이다.

해설 알루미늄은 단일원소이고 양은은 구리 – 아연 – 니켈의 합금이다.

정답 05. ③ 06. ③ 07. ① 08. ①

09 TTT 곡선도에서 TTT가 의미하는 것 중 틀린 것은?

① 시간(Time)
② 뜨임(Tempering)
③ 온도(Temperature)
④ 변태(Transformation)

해설 TTT 의미: 시간, 온도, 변태

10 표면 경도를 필요로 하는 부분만을 급랭하여 경화시키고 내부는 본래의 연한 조직으로 남게 하는 주철은?

① 칠드주철
② 가단주철
③ 구상흑연주철
④ 내열주철

해설 칠드주철: 표면 경도를 필요로 하는 부분만을 급랭하여 경화시키고 내부는 본래의 연한 조직으로 남게 하는 주철

11 18-4-1 형의 고속도강에서 18-4-1에 해당하는 원소로 맞는 것은?

① W-Cr-Co
② W-Ni-V
③ W-Cr-V
④ W-Si-Co

해설 W-Cr-V: 18-4-1 형의 고속도강

12 벨트 전동에 관한 설명으로 틀린 것은?

① 벨트풀리에 벨트를 감는 방식은 크로스벨트 방식과 오픈벨트 방식이 있다.
② 오픈벨트 방식에서는 양 벨트풀리가 반대 방향으로 회전한다.
③ 벨트가 원동차에 들어가는 측을 인(긴)장측이라 한다.
④ 벨트가 원동차로부터 풀려 나오는 측을 이완 측이라 한다.

해설 바로 걸기(오픈벨트 방식) 방법에서는 원동차와 종동차의 회전방향이 같으며, 엇걸기(크로스벨트 방식) 방법에서는 회전 방향이 반대이다.

13 다음 중 가장 큰 하중이 걸리는 데 사용되는 키(key)는?

① 새들 키
② 묻힘 키
③ 둥근 키
④ 평 키

해설 하중의 크기 순서
세레이션 〉 스플라인 〉 접선 키 〉 묻힘(성크) 키 〉 평 키 〉 새들(안장) 키 〉 둥근 키

[정답] 09. ② 10. ① 11. ③ 12. ② 13. ②

14 길이를 측정하고 직각 삼각형의 삼각 함수를 이용한 계산에 의하여 임의의 각 측정 또는 임의의 각을 만드는 측정기는?

① 사인 바
② 높이 게이지
③ 깊이 게이지
④ 공기 마이크로미터

해설 사인 바: 길이를 측정하고 직각 삼각형의 삼각 함수를 이용한 계산에 의하여 임의의 각을 측정한다.

15 게이지 블록의 표준조합 선택 및 치수의 조립시 고려하여야 할 사항으로 거리가 먼 것은?

① 게이지 블록의 윤곽 판독 방식
② 소숫점 아래 첫째 자리 숫자가 5보다 큰 경우에는 5를 뺀 나머지 숫자부터 선택
③ 조합의 개수를 최소로 할 것
④ 정해진 치수를 고를 때는 맨 끝자리부터 고를 것

해설 게이지 블록은 최소 개수로 밀착조립방식

16 회전도시 단면도를 설명한 것으로 가장 올바른 것은?

① 도형 내의 절단한 곳에 겹쳐서 90° 회전시켜 도시한다.
② 물체의 1/4을 전단하여 1/2은 단면, 1/2은 외형을 동시에 도시한다.
③ 물체의 반을 절단하여 투상면 전체를 단면으로 도시한다.
④ 외형도에서 필요한 일부분만 단면으로 도시한다.

해설 ① 회전도시 단면도: 도형 내의 절단한 곳에 겹쳐서 90° 회전시켜 도시한다.
② 한쪽 단면도(반 단면도): 물체의 1/4을 전단하여 1/2은 단면, 1/2은 외형을 동시에 도시한다.
③ 전 단면도(온 단면도): 물체의 반을 절단하여 투상면 전체를 단면으로 도시한다.
④ 부분 단면도: 외형도에서 필요한 일부분만 단면으로 도시한다.

17 한국 산업 표준(KS)에서 기계부문을 나타내는 분류기호는?

① KS A
② KS B
③ KS C
④ KS D

정답 14. ① 15. ① 16. ① 17. ②

📝해설

KS A	KS B	KS C	KS D
기본	기계	전기	금속

18 도면에서 다음과 같은 기하 공차 기호에 알맞은 설명은?

| // | 0.01/100 | A |

① 평면도가 평면 A에 대하여 지정길이 0.01mm에 대하여 100mm의 허용 값을 가지는 것을 말한다.
② 평면도가 직선 A에 대하여 지정길이 100mm에 대하여 0.01mm의 허용 값을 가지는 것을 말한다.
③ 평행도가 기준 A에 대하여 지정길이 0.01mm에 대한 100mm의 허용 값을 가지는 것을 말한다.
④ 평행도가 기준 A에 대하여 지정길이 100mm에 대한 0.01mm의 허용 값을 가지는 것을 말한다.

📝해설

| // | 0.01/100 | A |

평행도가 기준 A에 대하여 지정길이 100mm에 대한 0.01mm의 허용 값

19 도면에 마련하는 양식 중에서 마이크로필름 등으로 촬영하거나 복사 및 철할 때의 편의를 위하여 마련하는 것은?
① 윤곽선 ② 표제란
③ 중심마크 ④ 비교 눈금

📝해설 **중심마크**: 마이크로필름 등으로 촬영하거나 복사 및 철할 때의 편의를 위하여 마련하는 곳

20 각도 치수가 잘못 기입된 것은?

①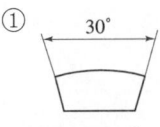
②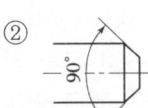
③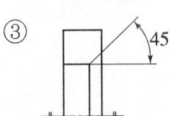
④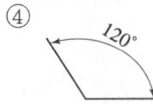

📝해설 현의 길이 표시방법

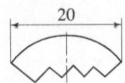

정답 18. ④ 19. ③
20. ①

21. 치수 기입의 요소가 아닌 것은?
① 치수선
② 치수보조선
③ 치수 숫자
④ 해칭선

해설 해칭선: 도형의 한정된 특정 부분을 다른 부분과 구별하는 데 사용한다.

22. 기계제도에서 가는 실선으로 나타내는 것이 아닌 것은?
① 치수선
② 회전 단면선
③ 외형선
④ 해칭선

해설 외형선: 굵은 실선으로 표시한다.

23. 다음 그림과 같이 정면은 정 투상도의 정면도와 같고 옆면 모서리를 수평선과 임의 각도로 하여 그린 투상도는?
① 등각 투상도
② 부등각 투상도
③ 사 투상도
④ 투시 투상도

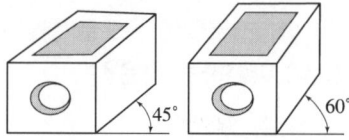

해설 사 투상법
① 투상선이 투상면에 사선으로 지나는 평행 투상
② 일반적으로 투상선이 하나
③ 종류: 캐비닛도, 카발리에도 등

24. IT 기본 공차는 치수 공차와 끼워 맞춤에 있어서 정해진 모든 치수 공차를 의미하는 것으로 국제 표준화 기구(ISO) 공차 방식에 따라 분류한다. 구멍 끼워 맞춤에 해당되는 공차의 등급 범위는?
① IT 03~IT 05
② IT 06~IT 10
③ IT 11~IT 14
④ IT 16~IT 18

해설 기본 공차: IT 기본 공차는 IT 01부터 IT 18까지 20등급으로 구분하다.

용도	게이지 제작 공차	끼워 맞춤 공차	끼워 맞춤 이외 공차
구멍축	IT 01~IT 05 IT 01~IT 04	IT 06~IT 10 IT 05~IT 09	IT 11~IT 18 IT 10~IT 18

정답 21. ④ 22. ③ 23. ③ 24. ②

25 그림과 같은 φ50H7-r6 끼워 맞춤에서 최소 죔새는 얼마인가?

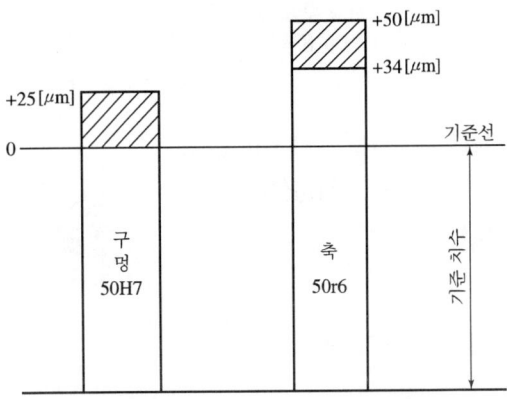

① 0.009
② 0.025
③ 0.034
④ 0.05

해설 축의 최소-구멍의 최대=0.034-0.025=0.009

26 φ70H7에서 70mm IT 7급의 기본 공차값은 30μm이고 아래 치수 허용차는 0일 때 다음 중 틀린 것은?

① 위 치수허용차는 30μm이다.
② 최대허용치수는 φ70.030mm이다.
③ 최소허용치수는 φ70.000mm이다.
④ 기준 치수는 φ69.970mm이다.

해설 기준 치수는 φ70mm이다.

27 다음의 등각 투상도에서 화살표 방향을 정면도로 하여 제3각법으로 투상 하였을 때 맞는 것은?

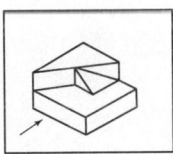

① ② ③ ④

정답 25. ① 26. ④ 27. ①

28 부품도에서 일부분만 부분적으로 열처리를 하도록 지시해야 한다. 이때 열처리 범위를 나타내기 위해 사용하는 특수 지정선은?

① 굵은 1점 쇄선
② 파선
③ 가는 1점 쇄선
④ 가는 실선

해설 **굵은 1점 쇄선**: 특수한 가공을 하는 부분 등 특별한 요구사항을 적용할 수 있는 범위를 표시하는 데 사용한다.

29 다음은 어떤 물체를 제3각법으로 투상하여 평면도와 우측면도를 나타낸 것이다. 정면도로 옳은 것은?

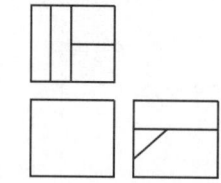

①    ②

③ 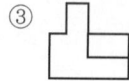   ④

30 그림과 같이 기입된 표면 지시기호의 설명으로 옳은 것은?

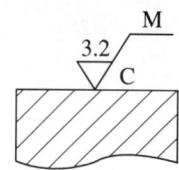

① 연삭 가공을 하고 가공무늬는 동심원이 되게 한다.
② 밀링 가공을 하고 가공무늬는 동심원이 되게 한다.
③ 연삭 가공을 하고 가공무늬는 방사상이 되게 한다.
④ 밀링 가공을 하고 가공무늬는 방사상이 되게 한다.

해설 그림은 밀링 가공을 하고 가공무늬는 동심원이 되게 한다.

정답 28. ① 29. ① 30. ②

31 다음 그림에서 표시된 기하 공차 기호는?

① 선의 윤곽도
② 면의 윤곽도
③ 원통도
④ 위치도

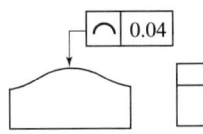

해설

⊕	위치도 공차
⌭	원통도 공차
⌒	선의 윤곽도 공차
⌓	면의 윤곽도 공차

32 정사각형 변의 길이를 나타내는 기호는?

① □
② φ
③ C
④ ∨

해설

지름	φ
반지름	R
구의 지름	Sφ
구의 반지름	SR
정사각형의 변	□
45°의 모떼기	C

33 재료의 표시에서 SM35C에서 35C가 나타내는 뜻은?

① 인장강도
② 재료의 종별
③ 탄소함유량
④ 규격명

해설 탄소 0.37~0.43% 함유한 기계구조용이다.

34 다음 중 도면에서 2종류 이상의 선이 같은 곳에서 겹치는 경우 최우선하여 그리는 선은?

① 외형선
② 절단선
③ 중심선
④ 치수 보조선

해설 겹치는 선의 우선순위
① 외형선 ② 숨은선
③ 절단선 ④ 중심
⑤ 무게중심선 ⑥ 치수보조선

정답 31. ① 32. ①
33. ③ 34. ①

35 도형의 표시방법에서 적합하지 않은 것은?

① 가능한 한 자연, 안정, 사용의 상태로 표시한다.
② 물품의 주요 면이 가능한 한 투상면에 수직 또는 수평하게 한다.
③ 물품의 형상이나 기능을 가장 명료하게 나타내는 면을 평면도로 선정한다.
④ 서로 관련되는 도면의 배열을 가능한 한 숨은선을 사용하지 않도록 한다.

해설 물품의 형상이나 기능을 가장 명료하게 나타내는 면을 정면도로 선정한다.

36 나사의 도시 방법에 대한 내용 중 틀린 것은?

① 암나사의 안지름은 가는 실선으로 그린다.
② 수나사의 바깥지름은 굵은 실선으로 그린다.
③ 완전 나사부와 불완전 나사부의 경계선은 굵은 실선으로 그린다.
④ 불완전 나사부의 골을 나타내는 선은 경사진 가는 실선으로 그린다.

해설 수나사의 바깥지름과 암나사의 안지름을 표시하는 선은 굵은 실선으로 그린다.

37 축의 도시 방법으로 올바른 것은?

① 축은 길이 방향으로 단면도시를 한다.
② 긴 축은 중간을 파단하여 그릴 수 없다.
③ 축 끝에는 모떼기를 할 수 있다.
④ 중심선을 수직 방향으로 놓고 축을 길게 세워 놓은 상태로 도시한다.

해설 축의 도시 방법
① 축은 길이 방향으로 단면도시를 하지 않는다. 단, 부분 단면은 허용한다.
② 긴축은 중간을 파단하여 짧게 그릴 수 있으며 실제 치수를 기입한다.
③ 축 끝에는 모따기 및 라운딩을 할 수 있다.
④ 축에 있는 널링의 도시는 빗줄인 경우는 축선에 대하여 30°로 엇갈리게 그린다.

38 구름 베어링의 호칭 번호 "608C2P06"에서 C2가 나타내는 것은?

① 베어링 계열 번호 ② 안지름 번호
③ 접촉각 기호   ④ 내부 틈새 기호

정답 35. ③ 36. ①
37. ③ 38. ④

해설
- 60: 베어링 계열 기호(단식 깊은 홈 볼 베어링, 치수 계열 10)
- 08: 안지름 번호(베어링 안지름 40mm)
- C2: 틈새 기호(C2의 틈새)
- P6: 등급 기호

39 다음 그림과 같은 반달 키의 호칭 치수 표시방법으로 맞는 것은?

① b×d
② b×L
③ v×h
④ h×L

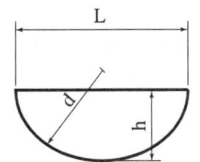 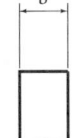

해설 반달 키의 호칭 치수: b×d

40 평 벨트풀리의 도시 방법에 관한 설명 중 틀린 것은?

① 벨트풀리는 축직각 방향의 투상을 주 투상도로 한다.
② 벨트풀리와 같이 모양이 대칭형인 것은 그 일부분만을 도시한다.
③ 암은 길이 방향으로 절단하여 단면도시한다.
④ 암은 단면형은 도형의 안이나 밖에 회전 단면을 도시한다.

해설 암은 길이 방향으로 절단하여 단면도시하지 않는다.

41 다음 그림과 같이 용접하고자 한다. 올바른 도시 방법은?

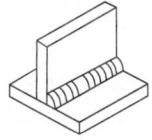

①    ②

③ 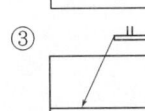   ④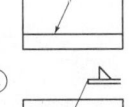

42 표준 스퍼 기어의 모듈이 2이고 기어의 잇수가 32일 때 바깥지름은?

① 64mm   ② 68mm
③ 72mm   ④ 76mm

해설 $D = m(Z+2) = 2(32+2) = 68$

정답 39.① 40.③ 41.④ 42.②

43 스퍼 기어의 피치원을 나타낼 때 사용하는 선은?
① 굵은 실선 ② 가는 실선
③ 가는 1점 쇄선 ④ 가는 2점 쇄선

해설 피치원은 가는 1점 쇄선으로 그린다.

44 〈보기〉의 설명을 나사 표시방법으로 옳게 나타낸 것은?

〈보기〉
- 왼나사이며 두 줄 나사이다.
- 미터 가는 나사로 호칭 지름이 50mm, 피치가 2mm이다.
- 수나사 등급이 4h 정밀급 나사이다.

① 왼 2줄 M50×2-4h ② 우 2줄 M2×50-4h
③ 오른 2줄 M50×2-4h ④ 좌 2줄 M2×50-4h

해설 왼 2줄 M50×2-4h

45 코일 스프링의 제도 방법으로 틀린 것은?
① 원칙적으로 하중이 걸린 상태에서 그린다.
② 특별한 단서가 없는 한 모두 오른쪽 감기로 도시한다.
③ 코일 부분의 중간을 생략할 때에는 가는 2점 쇄선으로 표시한다.
④ 스프링의 종류와 모양만을 도시할 때에는 재료의 중심선만을 굵은 실선으로 그린다.

해설 원칙적으로 무 하중이 걸린 상태에서 그린다.

46 일반적으로 CAD 시스템에서 사용되는 좌표계의 종류가 아닌 것은?
① 극 좌표계 ② 원통 좌표계
③ 회전 좌표계 ④ 직교 좌표계

해설 좌표계의 종류
① 직교 좌표계(cartesian coordinate system): 공간상 교차하는 지점인 $P(x_1, y_1, z_1)$
② 극 좌표계(polar coordinate system): 평면상의 한 점 P(거리, 각도)
③ 원통 좌표계(cylindrical coordinate system): 점 $P(r, \theta, z_1)$를 직교 좌표
④ 구면 좌표계(spherical coordinate system): 공간상에 점 $P(\rho, \phi, \theta)$

정답 43. ③ 44. ① 45. ① 46. ③

47 다음 설명에 해당하는 3차원 모델링에 해당하는 것은?

> • 데이터의 구조가 간단하다.   • 처리속도가 빠르다.
> • 단면도 작성이 불가능하다.   • 은선 제거가 불가능하다.

① 와이어프레임 모델링
② 서피스 모델링
③ 솔리드 모델링
④ 시스템 모델링

해설 와이어프레임 모델링(Wire-frame Modeling)
① data의 구성이 단순하다.
② Model 작성을 쉽게 할 수 있다.
③ 처리 속도가 빠르다.
④ 3면 투시도의 작성이 용이하다.
⑤ 은선 제거(Hidden Line Removal)가 불가능하다.
⑥ 단면도(Section Drawing) 작성이 불가능하다.
⑦ 물리적 성질의 계산이 불가능하다.

48 컴퓨터의 처리속도 단위 중 가장 빠른 시간 단위는?

① 밀리 초(ms)
② 마이크로 초(μs)
③ 나노 초(ns)
④ 피코 초(ps)

해설 컴퓨터의 처리속도 단위
• ms(밀리/초: milli second): 10^{-3}
• μs(마이크로/초: micro second): 10^{-6}
• ns(나노/초: nano second): 10^{-9}
• ps(피코/초: pico second): 10^{-12}
• fs(펨토/초: femto second): 10^{-15}
• as(아토/초: atto second): 10^{-18}

49 다음 중 CAD 시스템의 입력장치가 아닌 것은?

① 라이트 펜(light pen)
② 마우스(mouse)
③ 트랙 볼(track ball)
④ 그래픽 디스플레이(graphic display)

해설 그래픽 디스플레이는 출력장치이다.

50 200mm인 사인 바로 피측정물의 경사면과 사인 바 측정면이 일치할 때 블록 게이지 높이가 42mm이면, 이때 각도(α)는?

① 12°
② 16°
③ 19°
④ 30°

해설 $H = L \times \sin\alpha$
$\sin\alpha = \dfrac{H}{L} = \sin^{-1}\dfrac{42}{200} = 12°$

정답 47. ① 48. ④ 49. ④ 50. ①

51. 삼침법이란 수나사의 무엇을 측정하는 방법인가?

① 골지름
② 피치
③ 유효지름
④ 바깥지름

해설 삼침법이란 수나사의 유효지름을 측정한다.

※ 유효지름의 측정방법
① 삼침법: 나사 게이지 등과 같이 정밀도가 높은 나사의 유효지름 측정에 삼침법(삼선법)이 쓰이며, 지름이 같은 3개의 핀 게이지를 나사산의 골에 끼운 상태에서 바깥지름을 마이크로미터 등으로 측정하여 계산하며, 유효지름을 측정하는 가장 정밀한 방법이다.
② 나사 마이크로미터에 의한 방법: 엔빌 측에 V홈 측정자를 스핀들 측에 원뿔형 측정자를 사용하여 유효지름 값을 직접 읽을 수 있다.
③ 광학적인 방법: 투영기, 공구현미경 등의 광학적 측정기에서 나사축 선과 직각으로 움직이는 전후 이동 마이크로미터 헤드의 읽음 값으로 구할 수 있다.

52. 나사의 유효지름 측정방법 중 정밀도가 가장 높은 것은?

① 나사 마이크로미터
② 3침법
③ 나사 한계게이지
④ 센터 게이지

해설 삼침법: 지름이 같은 3개의 핀 게이지를 나사산의 골에 끼운 상태에서 바깥지름을 마이크로미터 등으로 측정하여 계산하며, 유효지름을 측정하는 가장 정밀한 방법이다.

53. 투영기에 의해 측정을 할 수 있는 것은?

① 진원도 측정
② 진직도 측정
③ 각도 측정
④ 원주 흔들림 측정

해설 투영기: 물체를 스크린상에 확대 투영하고 그 물체의 형상이나 치수를 측정 검사하는 광학 기기로 각도 측정, 나사 유효지름, 나사산의 반각, 피치, 표면 거칠기, 윤곽 등을 측정할 수 있다.

54. NPL식 각도게이지가 요한슨식 각도게이지와 다른 점은? 3

① 쐐기(wedge) 형상
② 밀착(wringing)하는 성질
③ 홀더(Holder) 사용
④ 재질은 고탄소강, 또는 초경합금

해설 NPL식 각도게이지: 측정면이 요한슨식 각도게이지보다 크고 몇 개의 블록을 조합해서 임의의 각도를 만들 수 있고 그 위에 밀착이 가능하며(홀더 불필요) 현장에서도 많이 쓰이고 있다.

정답 51. ③ 52. ②
53. ③ 54. ③

55 기포관 내의 기포 이동량에 따라 측정하며, 수평 또는 수직을 측정하는 데 사용하는 것은?

① 직각자   ② 사인 바
③ 측장기   ④ 수준기

해설 수준기의 감도는 KS에서 기포관의 1 눈금(2mm)이 변위 되는데 필요한 경사각을 밑면 1m에 대한 높이 또는 각도로 표시된다. 따라서 $\rho = 206265 \times \dfrac{a}{R}$가 된다.

56 오스테나이트(austenite)에서 마텐자이트(martensite)로 변환하는 과정의 시작점은?

① 공정점   ② Ms
③ Mf   ④ Mc

57 항온 열처리 방법은 (1), (2), (3) 등 3종의 변화를 1도 표로서 표시하여, 목적한 열처리 경도 및 조직을 얻을 수 있는데 대량생산에 대단히 편리하여 널리 사용되고 있다. ( )에 각각 들어갈 적합한 용어는?

① 1: 온도, 2: 시간, 3: 변태
② 1: 시간, 2: 변태, 3: 경화
③ 1: 경화, 2: 온도, 3: 시간
④ 1: 변태, 2: 경화, 3: 온도

58 모델링에서 하향식 설계(top down design)에 대한 설명으로 틀린 것은?

① 하향식 설계는 빈번한 설계 변경이 발생하는 제품을 설계하거나 광범위한 제품을 설계하는 회사에서 많이 사용하는 방식이다.
② 대략적인 구상을 스케치 등을 통하여 밑그림을 그리고 어셈블리 상에서 단품들의 형상을 구체화하는 것이다.
③ 다른 단품이나 다른 서브 어셈블리와의 간섭 등에 대한 체크를 바로 할 수 없다.
④ 기본적으로 설계 의도가 반영된 마스터 파일이라고 할 수 있는 하나의 부품이 전체 디자인과 새로운 부품을 제어하는 기준이 된다.

해설 다른 단품이나 다른 서브 어셈블리와의 간섭 등에 대한 체크를 바로 할 수 있다.

정답 55. ④ 56. ② 57. ① 58. ③

59. 서로 다른 CAD 시스템 간에 설계정보를 교환하기 위한 표준 중립 파일(neutral file)이 아닌 것은?

① DXF
② GUI
③ IGES
④ STEP

해설 소프트웨어 인터페이스
① GKS: 2차원 그래픽 시스템을 위한 표준 규격이다.
② IGES: 서로 다른 CAD/CAM 시스템 사이에서 도형정보를 옮기거나 공동사용할 수 있도록 하기 위한 데이터베이스의 표준 표시방식이다.
③ DXF: CAD 시스템에서 구성된 자료에 대해 서로 다른 CAD 소프트웨어를 사용하더라도 서로의 CAD 자료를 공통으로 사용하기 위한 가장 일반적 데이터 교환방식이다.
④ STEP: 개별적인 생산 및 설계 시스템 간에 데이터 공유를 통한 유기적 연결을 위해 국제표준기구에서 정한 "생산 정보 모델에 대한 자료의 교환을 위한 표준"이다.
⑤ STL: 쾌속 조형의 표준 입력파일 포맷으로 많이 사용되고 있다.

60. 형상 구속조건과 치수 조건을 이용하여 형태를 모델링하고, 형상 구속조건, 치수값, 치수 관계식을 사용하여 효율적으로 형상을 수정하는 모델링 방법은?

① 비다양체(nonmanifold) 모델링
② 파트(part) 모델링
③ 파라메트릭(parametric) 모델링
④ 옵셋(offset) 모델링

해설 파라메트릭(parametric) 모델링
형상 구속조건과 치수 조건을 이용하여 형태를 모델링하고, 형상 구속조건, 치수값, 치수 관계식을 사용하여 효율적으로 형상을 수정하는 모델링 방법이다.

정답 59. ② 60. ③

06회 CBT 모의고사

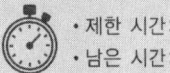

01 재료를 상온에서 다른 형상으로 변형시킨 후 원래 모양으로 회복되는 온도로 가열하면 원래 모양으로 돌아오는 합금은?

① 제진 합금　　② 형상기억 합금
③ 비정질 합금　　④ 초전도 합금

해설 형상기억 합금: 재료를 상온에서 다른 형상으로 변형시킨 후 원래 모양으로 회복되는 온도로 가열하면 원래 모양으로 돌아오는 합금

02 강의 표면 경화법에 해당하지 않는 것은?

① 질화법　　② 침탄법
③ 항온풀림　　④ 시멘테이션

해설 강의 표면 경화법의 종류는 질화법, 침탄법, 시멘테이션 등이 있다.

03 주조성이 좋으며 열처리에 의하여 기계적 성질을 개량할 수 있는 라우탈(Lautal)의 대표적인 합금은?

① Al-Cu계 합금　　② Al-Si계 합금
③ Al-Cu-Si계 합금　　④ Al-Mg-Si계 합금

해설 주조용 알루미늄 합금
① Al-Cu계: 담금질과 시효경화에 의해 강도 증가, 내열성, 연율, 절삭성이 좋으나 고온취성이 크며 수축균열이 있다. 실용합금으로는 4% Cu 합금인 알코아 195(Alcoa)가 있다.
② Al-Si계: 이 합금의 주조조직의 Si는 육각판상의 거친 조직이므로 실용화 할 수 있도록 개량(개질) 처리한다. 대표 합금으로 실루민(Silumin) 알펙스(Alpax) 등이 있다.
③ Al-Cu-Si계: Si에 의해 주조성 개선 Cu로 피삭성을 좋게 한 합금으로 대표적인 합금으로 라우탈이 있다.
④ Al-Mg 합금: 내식성이 크고 절삭성도 좋은 합금이지만 용해될 때 용탕 표면에 생기는 산화피막 때문에 주조가 곤란하고 내압 주물로서 부적당하다.

04 두 축이 나란하지도 교차하지도 않는 기어는?

① 베벨 기어　　② 헬리컬 기어
③ 스퍼 기어　　④ 하이포이드 기어

해설 두 축이 평행하지도 만나지도 않는 경우(엇갈림 축 기어)
① 웜 기어(worm gear)
② 하이포이드 기어(hypoid gear)
③ 나사 기어(screw gear)
④ 스큐 기어(skew gear)

답안 표기란

01	①	②	③	④
02	①	②	③	④
03	①	②	③	④
04	①	②	③	④

정답 01. ② 02. ③ 03. ③ 04. ④

06회 CBT 모의고사

05 축과 보스의 둘레에 4개에서 수십 개의 턱을 만들어 회전력의 전달과 동시에 보스를 축 방향으로 이동시킬 필요가 있을 때 사용되는 것은?

① 반달 키
② 접선 키
③ 원뿔 키
④ 스플라인

해설 스플라인 키(Spline Key)
축의 원주에 수많은 키를 깎은 것으로 큰 토크를 전달시키고, 내구력이 크며 축과 보스의 중심축을 정확하게 맞출 수 있고 축 방향으로 이동도 가능

06 오스테나이트계 18-8형 스테인리스강의 성분은?

① 크롬 18%, 니켈 8%
② 니켈 18%, 크롬 8%
③ 티탄 18%, 니켈 8%
④ 크롬 18%, 티탄 8%

해설 18-8 스테인리스강이라 함은 그 성분이 18% Cr, 8% Ni인 것으로 그 특징은 다음과 같다.
① 내산 및 내식성이 13% Cr 스테인리스강보다 우수하다.
② 비자성이다.
③ 인성이 좋으므로 가공이 용이하다.
④ 산과 알칼리에 강하다.
⑤ 용접하기 쉽다.

07 전자력을 이용하여 제동력을 가해 주는 브레이크는?

① 블록 브레이크
② 밴드 브레이크
③ 디스크 브레이크
④ 전자 브레이크

해설 전자 브레이크
고정 원판식 코일에 전류를 통하면 전자력에 의하여 회전원판이 잡아 당겨져 제동이 되는 작동원리로 공작 기계, 승강기 등에 사용된다.

08 강판 또는 형강 등을 영구적으로 결합하는 데 사용되는 것은?

① 핀
② 키
③ 용접
④ 볼트와 너트

해설 강판 또는 형강 등을 영구적으로 결합은 용접이다.

정답 05. ④ 06. ① 07. ④ 08. ③

09 단조용 알루미늄 합금으로 Al-Cu-Mg-Mn계 합금이며 기계적 성질이 우수하여 항공기, 차량부품 등에 많이 쓰이는 재료는?

① Y 합금　　　　　　　② 실루민
③ 두랄루민　　　　　　 ④ 켈멧합금

해설

두랄루민(dralumin)	Al-Cu-Mg-Mn의 합금으로 시효경화 처리한 대표적인 합금, 이외에도 인장강도 186MPa 이상의 초두랄루민이 있다.
초강 두랄루민	Al-Cu-Zn-Mg의 합금으로 인장강도 227MPa 이상으로 알코아 75S 등이 이에 속한다.

10 V 벨트 전동의 특징에 대한 설명으로 틀린 것은?

① 평 벨트보다 잘 벗겨진다.
② 이음매가 없어 운전이 정숙하다.
③ 평 벨트보다 비교적 작은 장력으로 큰 회전력을 전달할 수 있다.
④ 지름이 작은 풀리에도 사용할 수 있다.

해설 평 벨트보다 잘 벗겨지지 않는다.

11 보통 주철의 특징이 아닌 것은?

① 주조가 쉽고 가격이 저렴하다.
② 고온에서 기계적 성질이 우수하다.
③ 압축 강도가 크다.
④ 경도가 높다.

해설
(1) 주철의 장점
① 주조성이 우수하고 복잡한 부품의 성형이 가능하다.
② 가격이 저렴하다.
③ 잘 녹슬지 않고 칠(도색)이 좋다.
④ 마찰저항이 우수하고 절삭가공이 쉽다.
⑤ 압축 강도가 인장강도에 비하여 3~4배 정도 좋다.

(2) 주철의 단점
① 인장강도, 휨 강도가 작고 충격에 대해 약하다.
② 충격값, 연신율이 작고 취성이 크다.
③ 소성가공(고온가공)이 불가능하다.
④ 단조, 담금질, 뜨임이 불가능하다.

12 물체가 변형에 견디지 못하고 파괴되는 성질로 인성에 반대되는 성질은?

① 탄성　　　　　　　　② 전성
③ 소성　　　　　　　　④ 취성

해설 취성: 물체가 변형에 견디지 못하고 파괴되는 성질로 인성(질긴 성질)에 반대되는 성질

[정답] 09. ③　10. ①　11. ②　12. ④

13 2개의 기계요소가 점접촉으로 이루어지는 것은?
① 실린더와 피스톤 ② 볼트와 너트
③ 스퍼 기어 ④ 볼베어링

해설 볼베어링은 2개의 기계요소가 점 접촉으로 이루어져 있다.

14 그림과 같이 접속된 스프링에 100N의 하중이 작용할 처짐량은 약 몇 mm인가? (단, 스프링 상수 K_1은 10N/mm, K_2는 50N/mm 이다.)
① 1.7
② 12
③ 15
④ 18

해설
$k = \dfrac{1}{\dfrac{1}{10} + \dfrac{1}{50}} = \dfrac{50}{6}$

$k = \dfrac{W}{\delta}$ 에서 $\delta = \dfrac{6 \times 100}{50} = 12\text{mm}$

15 각도 측정기가 아닌 것은?
① 사인 바 ② 수준기
③ 오토콜리미터 ④ 외경 마이크로미터

해설 마이크로미터는 길이 측정기로 표준마이크로미터는 나사의 피치 0.5mm, 딤블의 원주 눈금이 50등분되어 있기 때문에 딤블의 1회전에 의한 스핀들의 이동량(M)은 0.01mm 의 측정이 가능하다.
$M = 0.5 \times \dfrac{1}{50} = \dfrac{1}{100} = 0.01\text{mm}$

16 측정기의 눈금과 눈의 위치가 같지 않은 데서 생기는 측정 오차(誤差)를 무엇이라 하는가?
① 샘플링 오차 ② 계기 오차
③ 우연 오차 ④ 시차(視差)

해설 시차: 측정기의 눈금과 눈의 위치가 같지 않은 데서 생기는 측정 오차

정답 13. ④ 14. ②
15. ④ 16. ④

17 게이지 블록을 다듬질 가공할 때 가장 적합한 방법은?
① 버핑
② 호닝
③ 래핑
④ 수퍼피니싱

해설 래핑
① 마모(마멸) 현상을 가공에 응용
② 공작물과 랩 공구 사이에 미분말 상태의 랩제와 윤활제를 넣고 상대운동으로 표면을 매끈하게 가공하는 방법
③ 게이지류(블록, 스냅, 리미트, 프러그 등) 볼, 롤러, 내연 기관용 연료 분사펌프 등, 정밀기계부품 및 렌즈프리즘, 광학 기계용 유리 기구를 다듬질

18 IT 기본 공차는 몇 등급으로 구분되는가?
① 12
② 15
③ 18
④ 20

해설 IT 기본 공차는 IT 01부터 IT 18까지 20등급으로 구분한다.

19 제도에 대한 설명으로 적합하지 않은 것은?
① 제도자의 창의력을 발휘하여 주관적인 투상법을 사용할 수 있다.
② 설계자의 의도를 제작자에게 명료하게 전달하는 정보전달 수단으로 사용된다.
③ 기술의 국제 교류가 이루어짐에 따라 도면에도 국제 규격을 적용하게 되었다.
④ 우리나라에서는 제도의 기본적이며 공통적인 사항을 제도통칙 KS A에 규정하고 있다.

해설 제도를 규격화하면 도면이 정확, 간단하고 제품상호 호환성이 유지되며 품질의 향상, 제품생산의 능률화, 제품원가 절감 등의 경제적, 기술적인 여러 가지 이익을 가져온다.

20 정 투상도에서 제1각법을 나타내는 그림 기호는?

①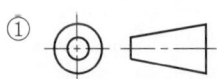
②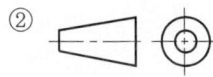
③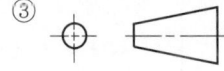
④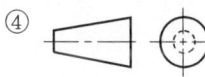

해설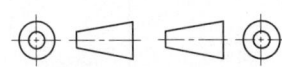
제3각법   제1각법

정답 17. ③ 18. ④ 19. ① 20. ②

06회 CBT 모의고사

21 제작도면을 그릴 때 서로 겹치는 경우 가장 우선적으로 나타내야 하는 것은?

① 중심선
② 절단선
③ 숫자와 기호
④ 치수보조선

해설 겹치는 선의 우선순위
① 외형선 ② 숨은선 ③ 절단선 ④ 중심선 ⑤ 무게중심선 ⑥ 치수보조선

22 기하 공차 기호의 기입에서 선 또는 면의 어느 한정된 범위에만 공차값을 적용할 때 한정 범위를 나타내는 선의 종류는?

① 가는 1점 쇄선
② 굵은 1점 쇄선
③ 굵은 실선
④ 가는 파선

해설 기하 공차 기호의 기입에서 선 또는 면의 어느 한정된 범위에만 공차값을 적용할 때 한정 범위를 나타내는 선은 굵은 1점 쇄선이다.

23 주조, 압연, 단조 등으로 생산되어 제거가공을 하지 않은 상태로 그대로 두고자 할 때 사용하는 지시기호는?

①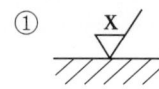
②
③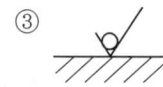
④

해설
∨ : 제거가공의 필요 여부를 문제 삼지 않는다.
∀ : 제거가공을 해서는 안 된다.
∇ : 제가가공을 필요로 한다.

24 다음의 기하 공차는 무엇을 뜻하는가?

① 원주 흔들림
② 진직도
③ 대칭도
④ 원통도

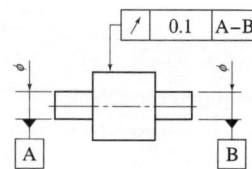

정답 21. ③ 22. ②
23. ③ 24. ①

✎해설

| / | 원주 흔들림 공차 |
| // | 온 흔들림 공차 |

25 치수선과 치수 보조선에 대한 설명으로 틀린 것은?

① 치수선과 치수 보조선은 가는 실선을 사용한다.
② 치수 보조선은 치수를 기입하는 형상에 대해 평행하게 그린다.
③ 외형선, 중심선, 기준선 및 이들의 연장선을 치수선으로 사용하지 않는다.
④ 치수 보조선과 치수선의 교차는 피해야 하나 불가피한 경우에는 끊김 없이 그린다.

✎해설 치수 보조선은 지시하는 치수의 끝에 해당하는 도형상의 점 또는 선의 중심을 지나 치수선에 직각으로 긋고, 치수선을 약간 넘도록 연장한다. 이때 치수보조선과 도형 사이를 약간 띄워도 좋다. 또한, 치수를 지시하는 점 또는 선을 명확하게 하기 위하여 특별히 필요한 경우에는 치수선에 대하여 적당한 각도를 갖는 서로 평행한 치수 보조선을 그을 수 있다. 이 각도는 60°가 좋다.

26 다음 도면은 3각법에 의한 정면도와 평면도이다. 우측면도를 완성한 것은?

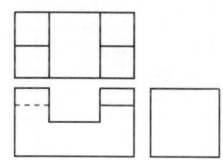

① 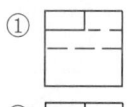   ②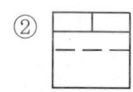

③ 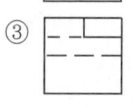   ④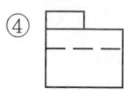

27 2개 이상의 입체 면과 면이 만나는 경계선을 무엇이라고 하는가?

① 절단선   ② 파단선
③ 작도선   ④ 상관선

✎해설 상관선: 2개 이상의 입체 면과 면이 만나는 경계선

28 단면에 무게중심을 연결한 선을 표시하는 데 사용되는 선은?

① 굵은 실선   ② 가는 1점 쇄선
③ 가는 2점 쇄선   ④ 가는 파선

✎해설 단면의 무게중심을 연결한 선을 표시하는 데 사용되는 선은 가는 2점 쇄선을 사용한다.

답안 표기란				
25	①	②	③	④
26	①	②	③	④
27	①	②	③	④
28	①	②	③	④

정답 25. ② 26. ①
       27. ④ 28. ③

29 지름, 반지름 치수 기입에 대하여 설명한 것으로 틀린 것은?
① 원형의 그림에 지름의 치수를 기입할 때 기호 φ는 생략할 수 있다.
② 원호는 반지름이 클 경우 중심을 옮겨, 치수선을 꺾어 표시해도 된다.
③ 원호의 중심위치를 표시할 필요가 있을 때는 X자 또는 0로 표시한다.
④ 반지름을 표시하는 치수는 R 기호를 치수 앞에 붙여서 기입한다.

해설 반지름의 치수를 나타내기 위하여 원호의 중심위치를 표시할 필요가 있을 경우에는 +자 또는 검은 둥근점으로 그 위치를 나타낸다. 반지름이 큰 원호의 중심 위치를 나타낼 필요가 있을 경우, 지면 등의 제약이 있을 때는 그 반지름의 치수선을 꺾어도 좋다. 이 경우, 치수선의 화살표가 붙은 부분은 정확히 중심을 향하고 있어야 한다.

30 다음 그림에 대한 설명으로 옳은 것은?
① 실제 제품을 1/2로 줄여서 그린 도면이다.
② 실제 제품을 2배로 확대해서 그린 도면이다.
③ 치수는 실제 크기를 1/2로 줄여서 기입한 것이다.
④ 치수는 실제 크기를 2배로 늘려서 기입한 것이다.

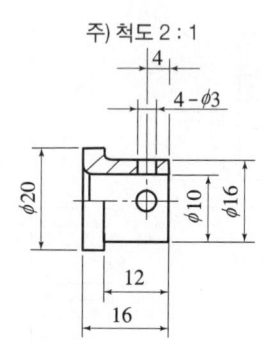

해설 실제 제품을 2배로 확대해서 그린 도면이다.

31 다음 φ100H7/g6의 끼워 맞춤 상태에서 최대 틈새는 얼마인가? (단, 100에서 H7의 IT 공차값=35 μm, g6의 IT 공차값=22 μm, φ100의 g축의 기초가 되는 치수허용차 값= -12 μm 이다.)
① 0.025
② 0.045
③ 0.057
④ 0.069

해설 (0.035+0.022) - (-0.012) = 0.069

정답 29. ③ 30. ② 31. ④

32 그림과 같이 도형 내의 절단한 곳에 겹쳐서 가는 실선으로 나타내는데 사용된 단면도법은?

① 부분 단면도
② 회전도시 단면도
③ 한쪽 단면도
④ 온 단면도

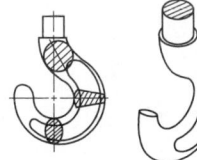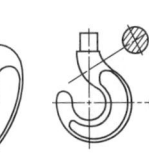

해설 회전도시 단면도
핸들이나 바퀴 등의 암 및 림, 리브, 훅, 축, 구조물의 부재 등의 절단면은 90° 회전하여 표시하여도 좋다.

33 다음 등각 투상도에서 화살표 방향을 정면도로 할 경우 평면도로 옳은 것은?

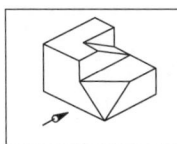

① ② ③ ④

34 길이 치수에서 중요 부위 치수 공차를 기입할 경우 적합하지 않은 것은?

① 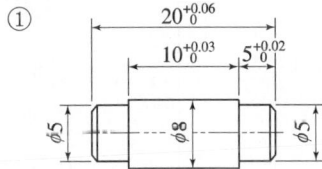   ②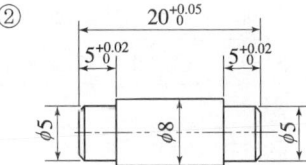

③ 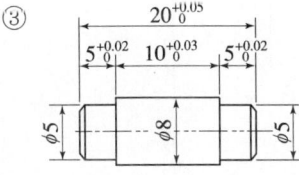   ④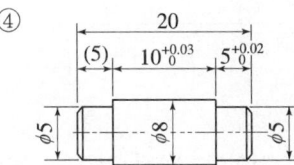

해설 ③은 공차 누적으로 잘못된 치수 기입이다.

정답 **32.** ② **33.** ③
      34. ③

35. 그림과 같이 부품의 일부를 도시하는 것으로 충분한 경우 그 필요 부분만을 도시하는 투상도는?

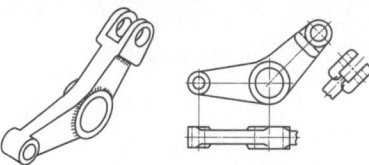

① 회전 투상도
② 부분 투상도
③ 국부 투상도
④ 부분 확대도

해설 **부분 투상도**: 그림의 일부를 도시하는 것으로 충분한 경우에는 그 필요 부분만을 부분 투상도로서 표시한다. 이 경우에는 생략한 부분과의 경계를 파단선으로 나타낸다. 다만, 명확한 경우에는 파단선을 생략하여도 좋다.

36. 도면에서 표면 상태를 줄무늬 방향의 기호로 표시할 경우 R은 무엇을 뜻하는가?

① 가공에 의한 커터의 줄무늬 방향이 투상면에 평행
② 가공에 의한 커터의 줄무늬 방향이 레이디얼 모양
③ 가공에 의한 커터의 줄무늬 방향이 동심원 모양
④ 가공에 의한 줄무늬 방향이 경사지고 두 방향으로 교차

해설

기호	설명
=	가공으로 생긴 앞줄의 방향이 기호를 기입한 그림의 투영면에 평행
⊥	가공으로 생긴 앞줄의 방향이 기호를 기입한 그림의 투영면에 수직
X	가공으로 생긴 선이 두 방향으로 교차
M	가공으로 생긴 선이 다방면으로 교차 또는 무 방향
C	가공으로 생긴 선이 거의 동심원
R	가공으로 생긴 선이 거의 방사상(레이디얼형)

37. 다음은 볼트의 호칭을 나타낸 것이다. 옳게 연결한 것은?

> 6각 볼트 A M12×80-8.8

① A: 나사의 형식
② M12: 나사의 종류
③ 80: 호칭 길이
④ 8.8: 나사부의 길이

정답 35. ② 36. ② 37. ③

해설 ① A: 부품등급 ② M12: 나사의 호칭
③ 80: 호칭 길이 ④ 8.8: 기계적 성질 강도 구분

38 코일 스프링의 도시 방법으로 맞는 것은?

① 특별한 단서가 없는 한 모두 왼쪽 감기로 도시한다.
② 종류와 모양만을 도시할 때는 스프링 재료의 중심선을 굵은 실선으로 그린다.
③ 스프링은 원칙적으로 하중이 걸린 상태로 그린다.
④ 스프링의 중간부분을 생략할 때는 안지름과 바깥지름을 가는 실선으로 그린다.

해설 **코일 스프링의 제도**
① 스프링은 원칙적으로 무하중인 상태로 그린다. 만약, 하중이 걸린 상태에서 그릴 때는 선도 또는 그 때의 치수와 하중을 기입한다.
② 하중과 높이(또는 길이) 또는 처짐과의 관계를 표시할 필요가 있을 때는 선도 또는 항목표에 나타낸다.
③ 특별한 단서가 없는 한 모두 오른쪽 감기로 도시하고, 왼쪽 감기로 도시할 때는 '감긴 방향 왼쪽'이라고 표시한다.
④ 코일 부분의 중간 부분을 생략할 때는 생략한 부분을 가는 1점 쇄선으로 표시하거나, 또는 가는 2점 쇄선으로 표시해도 좋다.
⑤ 스프링의 종류와 모양만을 도시할 때는 재료의 중심선만을 굵은 실선으로 그린다.

39 축을 도시할 때의 설명으로 맞는 것은?

① 축은 조립 방향을 고려하여 중심축을 수직 방향으로 놓고 도시한다.
② 축은 길이 방향으로 절단하여 온 단면도로 도시한다.
③ 축의 끝에는 모양을 좋게 하기 위해 모따기를 하지 않는다.
④ 단면 모양이 같은 긴축은 중간 부분을 생략하여 짧게 도시할 수 있다.

해설 **축의 도시 방법**
① 축은 길이 방향으로 단면도시를 하지 않는다. 단, 부분 단면은 허용한다.
② 긴축은 중간을 파단하여 짧게 그릴 수 있으며 실제 치수를 기입한다.
③ 축 끝에는 모따기 및 라운딩을 할 수 있다.
④ 축에 있는 널링(knurling)의 도시는 빗줄인 경우는 축선에 대하여 30°로 엇갈리게 그린다.

40 기어의 이(tooth) 크기를 나타내는 방법으로 옳은 것은?

① 모듈   ② 중심거리
③ 압력 각   ④ 치형

해설 기어의 이 크기를 나타내는 방법은 모듈이다.

정답 38. ② 39. ④ 40. ①

41 구름 베어링의 호칭 번호가 6205일 때 베어링의 안지름은?

① 5mm ② 20mm
③ 25mm ④ 62mm

해설 05×5=25mm

42 웜의 제도시 이뿌리원 도시 방법으로 옳은 것은?

① 가는 실선으로 도시한다.
② 파선으로 도시한다.
③ 굵은 실선으로 도시한다.
④ 굵은 1점 쇄선으로 도시한다.

해설 ① 이끝원은 굵은 실선으로 그리고 피치원은 가는 1점 쇄선으로 그린다.
② 이뿌리원은 가는 실선으로 그린다. 단, 축에 직각인 방향으로 본 그림(이하 주 투상도라 한다)의 단면으로 도시할 때에는 이뿌리원은 굵은 실선으로 그린다. 또 베벨 기어와 웜휠에서는 이뿌리원은 생략해도 좋다.

43 벨트풀리를 도시하는 방법으로 틀린 것은?

① 방사형 암은 암의 중심을 수평 또는 수직 중심선까지 회전하여 도시한다.
② V 벨트풀리의 홈 부분 치수는 호칭 지름에 관계없이 일정하다.
③ 암의 단면도시는 도형 안이나 밖에 회전 단면으로 도시한다.
④ 벨트풀리는 축직각 방향의 투상을 정면도로 한다.

해설 V 벨트풀리의 홈 부분 치수는 호칭 지름에 따라 다르다.

44 용접 이음 중 맞대기 이음은 어느 것인가?

① 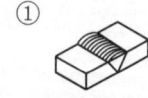 ②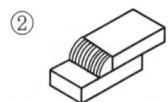

③ 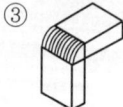 ④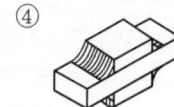

정답 41. ③ 42. ①
43. ② 44. ①

45 일반적으로 테이퍼 핀의 테이퍼 값은?

① 1/20
② 1/30
③ 1/40
④ 1/50

해설 테이퍼 핀

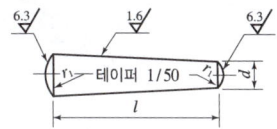

46 유니파이 나사에서 호칭 치수 3/8인치, 1인치 사이에 16산의 보통 나사가 있다. 표시방법으로 옳은 것은?

① 8/3-16 UNC
② 3/8-16 UNF
③ 3/8-16 UNC
④ 8/3-16 UNF

해설

유니파이 보통 나사	3/8-16 UNC
유니파이 가는 나사	No. 8-36 UNF

47 일반적인 CAD 시스템에서 A, B, C에 알맞은 것은?

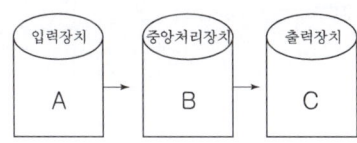

① A: 키보드, B: 플로터, C: 연산장치
② A: 마우스, B: 제어장치, C: 플로터
③ A: 그래픽 터미널, B: 보조기억장치, C: 프린터
④ A: 라이트 펜, B: 플로터, C: 태블릿

해설 일반적인 CAD 시스템의 구성
• A(마우스): 물리적 입력장치 중 커서 제어기구로서 볼 방식과 광학적 방식 2가지가 있다.
• B(제어장치): 입·출력장치와 기억장치 및 연산장치 등을 제어하는 장치이다.
• C(플로터): CAD 시스템에서 그려진 도면요소를 용지에 출력하는 장치이다. (= 프린터)

48 CAD 시스템에서 그려진 도면요소를 용지에 출력하는 장치는?

① 모니터
② 플로터
③ LCD
④ 디지타이저

해설 CAD 시스템에서 그려진 도면요소를 용지에 출력하는 장치: 플로터, 프린터

답안 표기란				
45	①	②	③	④
46	①	②	③	④
47	①	②	③	④
48	①	②	③	④

정답 45. ④ 46. ③ 47. ② 48. ②

49 CAD 시스템에서 점을 정의하기 위해 사용되는 좌표계가 아닌 것은?

① 극 좌표계
② 원통 좌표계
③ 회전 좌표계
④ 직교 좌표계

해설

구분	입력 방법	해설
절대 좌표	X, Y	원점에서 해당 축 방향으로 이동한 거리
상대극 좌표	@거리〈방향	먼저 지정된 점과 지정된 점까지의 직선거리 방향은 각도계와 일치
상대 좌표	@X, Y	먼저 지정된 점으로부터 해당 축 방향으로 이동한 거리
최종 좌표	@	지정될 점 이전의 마지막으로 지정된 점

50 슬리브의 최소 눈금이 0.5mm인 마이크로미터에서 딤블(thimble)의 원주 눈금이 100등분 되었다면 최소한 읽을 수 있는 값은?

① 0.01mm
② 0.005mm
③ 0.002mm
④ 0.05mm

해설 $0.5 \times \dfrac{1}{100} = 0.005\,mm$

51 나사의 유효지름 측정과 관계없는 것은?

① 삼침법
② 공구 현미경
③ 나사 마이크로 미터
④ 전기 마이크로 미터

해설 유효지름의 측정
① 삼침법: 나사 게이지 등과 같이 정밀도가 높은 나사의 유효지름 측정에 삼침법(삼선법)이 쓰이며, 지름이 같은 3개의 핀 게이지를 나사산의 골에 끼운 상태에서 바깥지름을 마이크로미터 등으로 측정하여 계산하며, 유효지름을 측정하는 가장 정밀한 방법이다.
② 나사 마이크로미터에 의한 방법: 엔빌 측에 V홈 측정자를 스핀들 측에 원뿔형 측정자를 사용하여 유효지름 값을 직접 읽을 수 있다.
③ 광학적인 방법: 투영기, 공구현미경 등의 광학적 측정기에서 나사축 선과 직각으로 움직이는 전후 이동 마이크로미터 헤드의 읽음 값으로 구할 수 있다.

52 동일 조건 상태에서 항상 같은 크기와 같은 부호를 가지는 오차는?

① 절대 오차
② 측정 오차
③ 계통적 오차
④ 우연 오차

정답 49. ③ 50. ② 51. ④ 52. ③

53 나사산의 각도를 측정하는 기기가 아닌 것은?

① 투영기
② 공구 현미경
③ 오토콜리미터
④ 만능 측정 현미경

해설 오토콜리미터: 각도측정, 진직도 측정, 평면도 측정, 등에 사용된다.

54 각도 측정을 할 수 있는 사인 바(sine bar)의 설명으로 틀린 것은?

① 정밀한 각도측정을 하기 위해서는 평면도가 높은 평면에서 사용해야 한다.
② 롤러의 중심거리는 보통 100mm, 20mm로 만든다.
③ 45° 이상의 큰 각도를 측정하는 데 유리하다.
④ 사인 바는 길이를 측정하여 직각 삼각형의 삼각함수를 이용한 계산에 의하여 임의각의 측정 또는 임의각을 만드는 기구이다.

해설 사인 바: 삼각함수의 사인을 이용하여 임의의 각도를 설정 및 측정하는 측정기로서, 크기는 롤러 중심 간의 거리로 표시하며 일반적으로 100mm, 200mm를 많이 사용한다.
$\sin\alpha = H/L$
$H = L \times \sin\alpha = \sin^{-1}\dfrac{H}{L}$
사인 바를 이용하여 각도 측정 시 $\alpha > 45°$로 되면 오차가 커지므로 기준면에 대하여 45° 이하로 설정한다.

55 NPL식 앵글 게이지를 잘못 설명한 것은?

① 9개조 또는 12개조 것이 있다.
② 길이 100mm, 폭 15mm의 쐐기 모양이 조합된다.
③ 웨지 게이지 블록이라고도 한다.
④ 쐐기 모양의 것을 더함으로써 조합된다.

해설 조는 12개조 만 있다.

56 다음 설명 중 강의 열처리에서 Mf 점을 바르게 설명한 것은?

① 전체가 전부 마텐자이트로 되는 온도
② 마텐자이트가 전부 미세한 펄라이트로 변태하는 온도
③ 오스테나이트가 전부 미세한 펄라이트로 변태하는 온도
④ 고용 탄소가 유리 탄소로 변하는 온도

정답 53. ③ 54. ③ 55. ① 56. ②

57. 모델링에서 하향식 설계(top down design)에 대한 설명으로 틀린 것은?

① 하향식 설계는 완성된 제품에서 제품을 분석하여 세부적인 작업을 진행하는 것을 말한다.
② 마스터 어셈블리부터 시작하여 해당 어셈블리를 어셈블리와 서브 어셈블리로 나누게 된다.
③ 주 어셈블리 컴포넌트와 핵심 모델을 확인하고 어셈블리 간의 관계를 이해하고 제품이 조립되는 방법을 평가한다.
④ 하향식 설계를 사용하면 설계를 계획하고 전체 설계 의도를 특정 모델에 적용할 수 없다.

해설 하향식 설계를 사용하면 설계를 계획하고 전체 설계 의도를 특정 모델에 적용할 수 있다.

58. CAD 데이터 교환을 위한 중립 파일들 중 특수한 서식의 문자열을 가진 아스키(ASCII) 파일인 것은?

① CAT
② DXF
③ GKS
④ PHIGS

해설 DXF 파일은 Auto CAD 데이터와의 호환성을 위해 제정한 자료 공유 파일을 말한다. 또한, DXF 파일은 아스키(ASCII) 텍스트 파일로 구성된다.

59. 다음은 가공경로 계획에서 parametric 방식과 Cartesian 방식을 비교하여 설명한 것이다. Cartesian 방식에 대한 설명으로 적절한 것은?

① 규칙적인 사각형 곡면을 가공하는 경우에 적합하다.
② 수치적 계산이 더 복잡하다.
③ 곡면이 삼각형 패치로 정의된 경우에는 부적합하다.
④ 피삭체 형상에 따라 적합하지 못한 경우가 있다.

해설 Cartesian 방식은 수치적 계산이 더 복잡하다.

정답 57. ④ 58. ② 59. ②

60 3차원 모델링 표현 방법 중 3차원 공간을 작은 단위 입체로 분할하고, 물체가 이 단위 입체를 점유하는지 여부에 따라 대응하는 memory bit를 0 또는 1로 표현하는 방법은?

① 경계 표현
② 메쉬 표현
③ 복셀 표현
④ CSG 표현

해설 **복셀 표현**: 3차원 모델링 표현 방법 중 3차원 공간을 작은 단위 입체로 분할하고, 물체가 이 단위 입체를 점유하는지 여부에 따라 대응하는 memory bit를 0 또는 1로 표현하는 방법이다.

정답 60. ③

전산응용기계제도기능사 필기
5개년 과년도 1800제

정가 | 29,000원

지은이 | 정연택 · 유판열
　　　　손일권 · 서동원
　　　　고강호
펴낸이 | 차 승 녀
펴낸곳 | 도서출판 건기원

2023년 1월 19일 제1판 제1인쇄
2023년 1월 20일 제1판 제1발행

주소 | 경기도 파주시 연다산길 244(연다산동 186-16)
전화 | (02)2662-1874~5
팩스 | (02)2665-8281
등록 | 제11-162호, 1998. 11. 24

- 건기원은 여러분을 책의 주인공으로 만들어 드리며 출판 윤리 강령을 준수합니다.
- 본 수험서를 복제 · 변형하여 판매 · 배포 · 전송하는 일체의 행위를 금하며, 이를 위반할 경우 저작권법 등에 따라 처벌받을 수 있습니다.

ISBN 979-11-5767-704-7　13550